Equações Diferenciais Elementares e Problemas de Valores de Contorno

O GEN | Grupo Editorial Nacional – maior plataforma editorial brasileira no segmento científico, técnico e profissional – publica conteúdos nas áreas de ciências exatas, humanas, jurídicas, da saúde e sociais aplicadas, além de prover serviços direcionados à educação continuada e à preparação para concursos.

As editoras que integram o GEN, das mais respeitadas no mercado editorial, construíram catálogos inigualáveis, com obras decisivas para a formação acadêmica e o aperfeiçoamento de várias gerações de profissionais e estudantes, tendo se tornado sinônimo de qualidade e seriedade.

A missão do GEN e dos núcleos de conteúdo que o compõem é prover a melhor informação científica e distribuí-la de maneira flexível e conveniente, a preços justos, gerando benefícios e servindo a autores, docentes, livreiros, funcionários, colaboradores e acionistas.

Nosso comportamento ético incondicional e nossa responsabilidade social e ambiental são reforçados pela natureza educacional de nossa atividade e dão sustentabilidade ao crescimento contínuo e à rentabilidade do grupo.

Equações Diferenciais Elementares e Problemas de Valores de Contorno

Décima Segunda Edição

WILLIAM E. BOYCE
Anteriormente Professor Emérito Edward P. Hamilton
Departamento de Ciências Matemáticas
Rensselaer Polytechnic Institute

RICHARD C. DIPRIMA
Anteriormente Professor da Eliza Ricketts Foundation
Departamento de Ciências Matemáticas
Rensselaer Polytechnic Institute

DOUGLAS B. MEADE
Departamento de Matemática
University of South Carolina – Columbia

Tradução e Revisão Técnica
VALÉRIA DE MAGALHÃES IORIO
Ph.D. em Matemática pela Universidade da Califórnia, em Berkeley
Professora Aposentada do Departamento de Matemática da Pontifícia
Universidade Católica do Rio de Janeiro (PUC-Rio), da Escola Superior
de Desenho Industrial da Universidade do Estado do Rio de Janeiro
(UERJ) e do Centro Universitário Serra dos Órgãos (Unifeso)

- Os autores deste livro e a editora empenharam seus melhores esforços para assegurar que as informações e os procedimentos apresentados no texto estejam em acordo com os padrões aceitos à época da publicação. Entretanto, tendo em conta a evolução das ciências, as atualizações legislativas, as mudanças regulamentares governamentais e o constante fluxo de novas informações sobre os temas que constam do livro, recomendamos enfaticamente que os leitores consultem sempre outras fontes fidedignas, de modo a se certificarem de que as informações contidas no texto estão corretas e de que não houve alterações nas recomendações ou na legislação regulamentadora.

- Data do fechamento do livro: 30/05/2024

- Os autores e a editora se empenharam para citar adequadamente e dar o devido crédito a todos os detentores de direitos autorais de qualquer material utilizado neste livro, dispondo-se a possíveis acertos posteriores caso, inadvertida e involuntariamente, a identificação de algum deles tenha sido omitida.

- **Atendimento ao cliente:** (11) 5080-0751 | faleconosco@grupogen.com.br

Traduzido de
ELEMENTARY DIFFERENTIAL EQUATIONS AND BOUNDARY VALUE PROBLEMS, TWELFTH EDITION
Copyright © 2022, 2017, 2012, and 2009 John Wiley & Sons, Inc.
All Rights Reserved. This translation published under license with the original publisher John Wiley & Sons Inc.
ISBN: 9781119777670

- Direitos exclusivos para a língua portuguesa
Copyright © 2024 by
LTC | LIVROS TÉCNICOS E CIENTÍFICOS EDITORA LTDA.
Uma editora integrante do GEN | Grupo Editorial Nacional
Travessa do Ouvidor, 11
Rio de Janeiro – RJ – CEP 20040-040
www.grupogen.com.br

- Reservados todos os direitos. É proibida a duplicação ou reprodução deste volume, no todo ou em parte, em quaisquer formas ou por quaisquer meios (eletrônico, mecânico, gravação, fotocópia, distribuição pela Internet ou outros), sem permissão, por escrito, da LTC | Livros Técnicos e Científicos Editora Ltda.

- Adaptação de Capa: Rejane Megale

- Imagem da capa: oxygen/Getty Images

- Editoração eletrônica: Padovan Serviços Gráficos e Editoriais

- Ficha catalográfica

CIP-BRASIL. CATALOGAÇÃO NA PUBLICAÇÃO
SINDICATO NACIONAL DOS EDITORES DE LIVROS, RJ

B784e
12. ed.

    Boyce, William E., 1930-2019
      Equações diferenciais elementares e problemas de valores de contorno / William E. Boyce, Richard C. DiPrima, Douglas B. Meade ; tradução e revisão técnica Valéria de Magalhães Iorio. - 12. ed. - Rio de Janeiro : LTC, 2024.

    Tradução de: Elementary differential equations and boundary value problems
    Inclui índice
    ISBN 978-85-216-3883-4

      1. Equações diferenciais. 2. Problemas de valores de contorno. I. DiPrima, Richard C. II. Meade, Douglas B. III. Iorio, Valéria de Magalhães. IV. Título.

24-89069
                    CDD: 515.35
                    CDU: 517.9

Meri Gleice Rodrigues de Souza - Bibliotecária - CRB-7/6439

Para Bill Boyce, por sua gentileza, devoção ao seu trabalho e por sua paixão por ensinar. Bill foi um dos proponentes de mudança na comunidade matemática e continuará a fazer diferença nas vidas de estudantes por meio deste livro. Ele fará falta.

Em memória de Bill e de Richard. Dois homens cuja paixão por equações diferenciais foi instrumental na formação de minha carreira. Sou eternamente grato.

Sobre os Autores

WILLIAM E. BOYCE (falecido) recebeu o grau de bacharel (BA) em Matemática pelo Rhodes College, e os graus de mestrado (MS) e doutorado (PhD) em Matemática pela Carnegie Mellon University. Foi membro da American Mathematical Society, da Mathematical Association of America e da Society for Industrial and Applied Mathematics. Também foi Professor Emérito de Educação em Ciência Edward P. Hamilton (Departamento de Ciências Matemáticas) no Rensselaer (Rensselaer Polytechnic Institute). Foi autor de diversos artigos técnicos sobre problemas de valores de contorno e equações diferenciais aleatórias e suas aplicações, e também de diversos livros-texto, incluindo dois sobre equações diferenciais, e coautor (com M. H. Holmes, J. G. Ecker e W. L. Siegmann) de um texto usando o programa Maple para explorar o Cálculo. Também foi coautor (com R. L. Borrelli e C. S. Coleman) de *Differential Equations Laboratory Workbook* (Wiley, 1992), e recebeu o prêmio EDUCOM de Melhor Inovação Curricular em Matemática em 1993. Professor Boyce foi, também, um membro do CODEE (Consortium for Ordinary Differential Equations Experiments), patrocinado pela NSF (National Science Foundation) e que gerou *ODE Architect* (Arquiteto de EDO), muito recomendado. Atuou, também, na inovação e reforma dos currículos. Entre outras atividades, iniciou o projeto "Computers in Calculus", em Rensselaer, com auxílio parcial da NSF. Recebeu, em 1991, o prêmio William H. Wiley Distinguished Faculty Award, oferecido por Rensselaer. O professor Boyce faleceu em 4 de novembro de 2019.

RICHARD C. DIPRIMA (falecido) concluiu seu bacharelado (BS), seu mestrado (MS) e seu doutorado (PhD) em Matemática na Carnegie Mellon University. Juntou-se ao corpo docente do Rensselaer Polytechnic Institute depois de ter ocupado posições de pesquisa no MIT (Massachussets Institute of Technology), em Harvard, e em Hughes Aircraft. Foi Professor associado da Eliza Ricketts Foundation of Mathematics em Rensselaer, e membro da American Society of Mechanical Engineers, da American Academy of Mechanics e da American Physical Society. Foi, também, membro da American Mathematical Society, da Mathematical Association of America e da Society for Industrial e Applied Mathematics. Atuou como Chefe do Departamento de Ciências Matemáticas em Rensselaer, como Presidente da Sociedade de Matemática Industrial e Aplicada e como Presidente do Comitê Executivo da Divisão de Mecânica Aplicada da ASME. Em 1980, recebeu o prêmio William H. Wiley Distinguished Faculty Award, oferecido pelo Rensselaer. Recebeu bolsas da Fulbright em 1964-1965 e em 1983 e uma bolsa Guggenheim em 1982-1983. Foi autor de diversos artigos técnicos sobre estabilidade hidrodinâmica e teoria de lubrificação, e de dois livros sobre equações diferenciais e problemas de valores de contorno. O Professor DiPrima faleceu em 10 de setembro de 1984.

DOUGLAS B. MEADE recebeu o bacharelado (BS) em Matemática e Ciência da Computação pela Bowling Green State University, o mestrado (MS) em Matemática Aplicada pela Carnegie Mellon University e o doutorado (PhD) em Matemática pela mesma instituição. Depois de um período de dois anos na Purdue University, juntou-se ao corpo docente da University of South Carolina, onde é, atualmente, Professor associado de Matemática. É membro da American Mathematical Society, da Mathematics Association of America e da Society for Industrial and Applied Mathematics. Em 2016, foi nomeado ICTCM *Fellow* na International Conference on Technology in Collegiate Mathematics (ICTCM). O Professor Meade participa, atualmente, do Comitê de Dados da AMSASA-MAA-SIAM e do Comitê da MAA sobre Articulação e Colocação. Seu interesse principal em pesquisa é na área de soluções numéricas de equações diferenciais parciais decorrentes de problemas de propagação de ondas em domínios não limitados e de modelos populacionais para doenças infecciosas. Ele também é bastante conhecido pelo uso de sistemas computacionais algébricos em Educação, especialmente o Maple. Seus trabalhos nessa linha incluem *Getting Started with Maple* (em conjunto com M. May, C-K. Cheung e G. E. Keough, Wiley, 2009), *Engineer's Toolkit: Maple for Engineers* (em conjunto com E. Bourkoff, Addison-Wesley, 1998) e diversos suplementos usando Maple para muitos livros-texto de cálculo, álgebra linear e equações diferenciais – inclusive para edições anteriores deste livro. O projeto *Maplets for Calculus*, projeto em conjunto com o Professor Philip Yasskin (Texas A&M), recebeu o prêmio ICTCM Award em 2008. Foi membro do MathDL New Collections Working Group for Single Variable Calculus, presidiu o Working Groups for Differential Equations and Linear Algebra e foi parcialmente apoiado por diversos subsídios da NSF de 2008 a 2016.

Prefácio

Ao preparar uma edição atualizada, nossas primeiras prioridades foram preservar, e melhorar, as qualidades que tornaram as edições anteriores tão bem-sucedidas. Em particular, adotamos o ponto de vista do matemático aplicado com interesse em equações diferenciais, que pode variar de altamente teórico até intensamente prático – em geral, uma combinação dos dois. Os três pilares de nossa apresentação deste material são: métodos de solução, análise das soluções e aproximações de soluções. Independentemente do ponto de vista específico adotado, tentamos garantir que a exposição seja, ao mesmo tempo, correta e completa, mas não desnecessariamente abstrata.

O público-alvo deste livro são os estudantes de graduação em áreas técnico-científicas (Ciências, Tecnologia, Engenharias, Matemática) cujo currículo inclui uma disciplina introdutória sobre equações diferenciais durante os dois primeiros anos de estudo. O pré-requisito essencial é saber trabalhar com cálculo, o que pode ser obtido a partir de uma sequência de dois ou três semestres ou equivalente. Embora alguma familiaridade com matrizes possa ser útil, as Seções 7.2 e 7.3 fornecem uma visão geral das ideias básicas de álgebra linear necessárias para a parte do livro que trata de sistemas de equações diferenciais (o restante do Capítulo 7, a Seção 8.5 e o Capítulo 9).

Uma das vantagens deste livro é que ele pode se adaptar a uma ampla variedade de estratégias curriculares. Em particular, permite que professores tenham flexibilidade na seleção e na ordem dos tópicos a serem contemplados, além da utilização de tecnologia. O núcleo essencial é formado pelo Capítulo 1 e pelas Seções 2.1 a 2.5 e 3.1 a 3.5. Depois do estudo dessas seções, a seleção de tópicos adicionais, além da ordem e da profundidade de abordagem, ficam, em geral, a critério do professor. Os Capítulos 4 a 11 são essencialmente independentes entre si, exceto que o Capítulo 7 deve ser estudado antes do Capítulo 9, e o Capítulo 10 deve vir antes do Capítulo 11 (os Capítulos 10 e 11 estão no Ambiente de aprendizagem do GEN).

Um aspecto particularmente interessante de equações diferenciais é que mesmo as equações mais simples têm uma correspondência imediata com fenômenos físicos que ocorrem na prática: crescimento e decaimento exponenciais, sistemas mola-massa, circuitos elétricos, competição entre espécies, doenças infecciosas e propagação de ondas. A compreensão de processos naturais mais complexos pode ser feita, muitas vezes, mediante a combinação e construção de modelos básicos mais simples. O conhecimento profundo desses modelos básicos, das equações diferenciais que os descrevem e de suas soluções – sejam elas soluções explícitas ou propriedades qualitativas das soluções – é o primeiro e mais importante passo indispensável na análise de soluções de problemas mais complexos e realistas. O processo de modelagem está detalhado no Capítulo 1 e na Seção 2.3. Construções cuidadosas de modelos também aparecem nas Seções 2.5, 3.7, 9.4, 9.5 e nos Apêndices A e B

do Capítulo 10. Diversos conjuntos de exercícios ao longo do livro incluem problemas que envolvem modelagem para a formulação de uma equação diferencial apropriada, seguida de resolução da equação diferencial ou determinação de algumas propriedades qualitativas de suas soluções. O objetivo principal desses problemas aplicados é fornecer aos estudantes experiência prática na formulação de situações físicas em termos de equações diferenciais, e convencê-los de que equações diferenciais aparecem naturalmente em uma ampla variedade de aplicações no mundo real.

Outro conceito importante enfatizado repetidamente ao longo do livro é a possibilidade de transposição do conhecimento matemático. Embora um método específico de solução se aplique apenas a uma classe particular de equações diferenciais, ele pode ser usado em qualquer aplicação em que apareça este tipo de equação diferencial. Uma vez estabelecido esse ponto de maneira convincente, acreditamos não ser necessário fornecer aplicações específicas de todos os métodos de solução ou tipos de equações considerados. Esta decisão nos ajuda a manter o livro de tamanho razoável, e permite que a ênfase principal seja no desenvolvimento de mais métodos de solução para tipos adicionais de equações diferenciais.

Do ponto de vista do estudante, os problemas para casa e os que aparecem nas avaliações é que determinam a disciplina. Acreditamos que a característica mais marcante deste livro é a quantidade, e, acima de tudo, a variedade e amplitude, dos problemas que contém. Muitos problemas são exercícios simples, mas muitos outros são mais desafiadores, e alguns são bastante gerais, podendo servir como base para projetos de estudos independentes. Os 1.600 problemas são uma quantidade muito maior do que qualquer docente pode usar em uma disciplina específica, e isso oferece aos professores uma infinidade de opções para adaptar o curso aos seus objetivos e às necessidades dos estudantes. As respostas de quase todos esses problemas podem ser encontradas nas Respostas dos Problemas, disponíveis no Ambiente de aprendizagem do GEN.

Embora façamos muitas referências ao uso de tecnologia, fazemos isso sem limitar a liberdade do professor de usar tanta, ou tão pouca, tecnologia quanto quiser. Tecnologias apropriadas incluem calculadoras gráficas avançadas (TI Nspire), planilhas (Excel), recursos baseados na Web (*applets*), sistemas de álgebra computacional (Maple, Mathematica, Sage), sistemas computacionais científicos (MATLAB) ou linguagens de programação tradicionais (FORTRAN, Javascript, Python). Problemas marcados com **G** são os que consideramos que devem ser abordados com uma ferramenta gráfica; os marcados com **N** devem ser resolvidos com alguma ferramenta numérica. Os professores devem definir suas políticas próprias sobre o uso de tecnologia pelos estudantes, consistentes com seus interesses e objetivos, na resolução de problemas propostos.

A melhor resolução de muitos problemas neste livro é feita a partir de uma combinação de métodos analíticos, gráficos e numéricos. Métodos manuais, usando lápis e papel, são usados para desenvolver um modelo que deverá ser resolvido (ou analisado) por meio de uma ferramenta simbólica ou gráfica. Os resultados quantitativos e os gráficos, produzidos, com frequência, por meio de recursos baseados em computadores, servem para ilustrar e tornar mais claras conclusões que poderiam não ser facilmente vistas por meio de uma fórmula complicada para uma solução explícita. Reciprocamente, a implementação de um método numérico eficiente para obter uma solução aproximada necessita, em geral, de muita análise preliminar – para determinar propriedades qualitativas da solução como guia para o cálculo, investigar casos limítrofes ou especiais, ou descobrir intervalos de variação de parâmetros ou variáveis que precisam de uma combinação apropriada de cálculos analíticos e numéricos. Também pode ser necessário bom senso para escolher o melhor método de solução em cada caso particular. Neste contexto, observamos que problemas que pedem um "esboço" devem ser, em geral, concluídos sem o uso de tecnologia (exceto seu dispositivo de escrita).

Acreditamos que é importante os estudantes compreenderem que o objetivo de resolver uma equação diferencial raramente se limita a obter uma solução (com a possível exceção de disciplinas de equações diferenciais). Em vez disso, o interesse na solução consiste em compreender o comportamento do processo supostamente modelado pela equação. Em outras palavras, a solução não é o objetivo final. Por isso, incluímos muitos problemas, além de alguns exemplos no texto, que pedem para concluir alguma coisa sobre a solução. Às vezes, isso corresponde a encontrar o valor de uma variável independente no qual a solução satisfaz certa propriedade, ou a determinar o comportamento da solução no longo prazo. Outros problemas perguntam sobre o efeito da variação de um parâmetro ou pedem para determinar todos os valores de um parâmetro nos quais a solução muda substancialmente. Tais problemas são característicos dos que aparecem em aplicações de equações diferenciais, e, dependendo dos objetivos da disciplina, um professor tem a opção de pedir para os estudantes fazerem alguns ou muitos deles.

Leitores familiarizados com a edição anterior observarão que a estrutura geral do livro permanece inalterada. As pequenas revisões desta edição são, muitas vezes, o resultado de sugestões de usuários de edições anteriores. Os objetivos compreendem melhorar a clareza e a legibilidade de nossa apresentação de material básico sobre equações diferenciais e suas aplicações.

Descobri que as equações diferenciais fornecem uma fonte inesgotável de resultados matemáticos e explanações de fenômenos físicos interessantes e, algumas vezes, surpreendentes. Espero que os leitores deste livro, tanto estudantes quanto professores, compartilhem desse entusiasmo pelo assunto.

Douglas B. Meade
Columbia, SC
29 de agosto de 2021

Agradecimentos

É um prazer expressar meus agradecimentos às muitas pessoas que ajudaram de diversas maneiras, generosamente, na preparação deste livro.

Às pessoas listadas a seguir, que revisaram o manuscrito e/ou deram muitas sugestões valiosas para melhorá-lo:

Irina Gheorghiciuc, Carnegie Mellon University
Bernard Brooks, Rochester Institute of Technology
James Moseley, West Virginia University
D. Glenn Lasseigne, Old Dominion University
Stephen Summers, University of Florida
Fabio Milner, Arizona State University
Mohamed Boudjelkha, Rensselaer Polytechnic Institute
Yuval Flicker, The Ohio State University
Y. Charles Li, University of Missouri, Columbia
Will Murray, California State University, Long Beach
Yue Zhao, University of Central Florida
Vladimir Shtelen, Rutgers University
Zhilan Feng, Purdue University
Mathew Johnson, University of Kansas
Bulent Tosun, University of Alabama
Juha Pohjanpelto, Oregon State University
Patricia Diute, Rochester Institute of Technology
Ning Ju, Oklahoma State University
Ian Christie, West Virginia University
Jonathan Rosenberg, University of Maryland
Irina Kogan, North Carolina State University

Aos colegas e estudantes na University of South Carolina, cujas sugestões e reações ao longo dos anos contribuíram muito para afiar meus conhecimentos de equações diferenciais, assim como minhas ideias de como apresentar o assunto.

Aos leitores da edição anterior, que nos alertaram sobre erros ou omissões.

A Tom Polaski (Winthrop University), responsável pela revisão do Instructor's Solutions Manual e do Student Solutions Manual, da obra original.

A Mark McKibben (West Chester University), que verificou se estavam corretas as respostas de todos os problemas e do Instructor's Solutions Manual, da obra original, e verificou cuidadosamente todo o livro.

Para Bob Lincoln, MD (*Medical Doctor*, doutorado em Medicina), que passou três anos de sua aposentadoria trabalhando nos detalhes do livro, compartilhando correções e ideias comigo.

Às equipes do editorial e da produção da John Wiley & Sons, que sempre estiveram prontas para ajudar e mostraram um altíssimo padrão de profissionalismo.

Finalmente, e mais importante, quero agradecer a minha esposa, Betsy, por seu encorajamento, paciência e compreensão.

DOUGLAS B. MEADE

Material Suplementar

Este livro conta com os seguintes materiais suplementares:

- Capítulo 10: Equações Diferenciais Parciais e Séries de Fourier.
- Capítulo 11: Problemas de Valores de Contorno e Teoria de Sturm-Liouville.
- Respostas dos Problemas.

O acesso ao material suplementar é gratuito. Basta que o leitor se cadastre e faça seu *login* em nosso *site* (www.grupogen.com.br) e, depois, clique em Ambiente de aprendizagem. Em seguida, insira no canto superior esquerdo o código PIN de acesso localizado na orelha deste livro.

O acesso ao material suplementar online fica disponível até seis meses após a edição do livro ser retirada do mercado.

Caso haja alguma mudança no sistema ou dificuldade de acesso, entre em contato conosco (gendigital@grupogen.com.br).

Sumário Geral

1 Introdução   **1**

2 Equações Diferenciais de Primeira Ordem   **19**

3 Equações Diferenciais Lineares de Segunda Ordem   **75**

4 Equações Diferenciais Lineares de Ordem Mais Alta   **119**

5 Soluções em Série para Equações Lineares de Segunda Ordem   **133**

6 Transformada de Laplace   **167**

7 Sistemas de Equações Lineares de Primeira Ordem   **194**

8 Métodos Numéricos   **246**

9 Equações Diferenciais Não Lineares e Estabilidade   **272**

10 Equações Diferenciais Parciais e Séries de Fourier*   **326**

11 Problemas de Valores de Contorno e Teoria de Sturm-Liouville*   **327**

RESPOSTAS DOS PROBLEMAS*   **328**

ÍNDICE ALFABÉTICO   **329**

---

*Este capítulo encontra-se disponível no Ambiente de aprendizagem do GEN.

Sumário

1 Introdução 1

1.1 Alguns Modelos Matemáticos Básicos; Campos de Direção 1

1.2 Soluções de Algumas Equações Diferenciais 7

1.3 Classificação de Equações Diferenciais 12

2 Equações Diferenciais de Primeira Ordem 19

2.1 Equações Diferenciais Lineares; Método dos Fatores Integrantes 19

2.2 Equações Diferenciais Separáveis 24

2.3 Modelagem com Equações de Primeira Ordem 28

2.4 Diferenças entre Equações Diferenciais Lineares e Não Lineares 37

2.5 Equações Diferenciais Autônomas e Dinâmica Populacional 42

2.6 Equações Diferenciais Exatas e Fatores Integrantes 51

2.7 Aproximações Numéricas: Método de Euler 54

2.8 Teorema de Existência e Unicidade 59

2.9 Equações de Diferenças de Primeira Ordem 65

3 Equações Diferenciais Lineares de Segunda Ordem 75

3.1 Equações Diferenciais Homogêneas com Coeficientes Constantes 75

3.2 Soluções de Equações Lineares Homogêneas; o Wronskiano 79

3.3 Raízes Complexas da Equação Característica 86

3.4 Raízes Repetidas; Redução de Ordem 90

3.5 Equações Não Homogêneas; Método dos Coeficientes Indeterminados 94

3.6 Variação dos Parâmetros 100

3.7 Vibrações Mecânicas e Elétricas 104

3.8 Vibrações Forçadas 111

4 Equações Diferenciais Lineares de Ordem Mais Alta 119

4.1 Teoria Geral para Equações Diferenciais Lineares de Ordem n 119

4.2 Equações Diferenciais Homogêneas com Coeficientes Constantes 123

4.3 Método dos Coeficientes Indeterminados 127

4.4 Método de Variação dos Parâmetros 130

5 Soluções em Série para Equações Lineares de Segunda Ordem 133

5.1 Revisão de Séries de Potências 133

5.2 Soluções em Série Perto de um Ponto Ordinário, Parte I 136

5.3 Soluções em Série Perto de um Ponto Ordinário, Parte II 142

5.4 Equações de Euler; Pontos Singulares Regulares 146

5.5 Soluções em Série Perto de um Ponto Singular Regular, Parte I 151

5.6 Soluções em Série Perto de um Ponto Singular Regular, Parte II 154

5.7 Equação de Bessel 158

6 Transformada de Laplace 167

6.1 Definição da Transformada de Laplace 167

6.2 Solução de Problemas de Valor Inicial 171

6.3 Funções Degrau 177

6.4 Equações Diferenciais sob a Ação de Forças Externas Descontínuas 182

6.5 Funções de Impulso 185

6.6 Integral de Convolução 188

7 Sistemas de Equações Lineares de Primeira Ordem 194

7.1 Introdução 194

7.2 Matrizes 198

7.3 Sistemas Lineares de Equações Algébricas; Independência Linear, Autovalores, Autovetores 203

7.4 Teoria Básica de Sistemas de Equações Lineares de Primeira Ordem 209

7.5 Sistemas Lineares Homogêneos com Coeficientes Constantes 213

7.6 Autovalores Complexos 219

7.7 Matrizes Fundamentais 227

7.8 Autovalores Repetidos 231

7.9 Sistemas Lineares Não Homogêneos 237

xviii Equações Diferenciais Elementares e Problemas de Valores de Contorno

8 Métodos Numéricos 246

8.1 Método de Euler ou Método da Reta Tangente 246

8.2 Aprimoramentos no Método de Euler 252

8.3 Método de Runge-Kutta 255

8.4 Métodos de Passos Múltiplos 257

8.5 Sistemas de Equações de Primeira Ordem 261

8.6 Mais sobre Erros; Estabilidade 262

9 Equações Diferenciais Não Lineares e Estabilidade 272

9.1 Plano de Fase: Sistemas Lineares 272

9.2 Sistemas Autônomos e Estabilidade 280

9.3 Sistemas Localmente Lineares 286

9.4 Espécies em Competição 293

9.5 Equações Predador-Presa 300

9.6 Segundo Método de Liapunov 305

9.7 Soluções Periódicas e Ciclos Limites 311

9.8 Caos e Atratores Estranhos: Equações de Lorenz 318

10 Equações Diferenciais Parciais e Séries de Fourier* 326

10.1 Problemas de Valores de Contorno para Fronteiras com Dois Pontos e-1

10.2 Séries de Fourier e-5

10.3 Teorema de Convergência de Fourier e-10

10.4 Funções Pares e Ímpares e-13

10.5 Separação de Variáveis; Condução de Calor em uma Barra e-18

10.6 Outros Problemas de Condução de Calor e-23

10.7 Equação de Onda: Vibrações de uma Corda Elástica e-28

10.8 Equação de Laplace e-35

11 Problemas de Valores de Contorno e Teoria de Sturm-Liouville* 327

11.1 Ocorrência de Problema de Valores de Contorno em Fronteiras com Dois Pontos e-49

11.2 Problemas de Valores de Contorno de Sturm-Liouville e-53

11.3 Problemas de Valores de Contorno Não Homogêneos e-60

11.4 Problemas de Sturm-Liouville Singulares e-68

11.5 Observações Adicionais sobre o Método de Separação de Variáveis: Expansão em Funções de Bessel e-72

11.6 Séries de Funções Ortogonais: Convergência na Média e-75

RESPOSTAS DOS PROBLEMAS* 328

ÍNDICE ALFABÉTICO 329

*Este capítulo encontra-se disponível no Ambiente de aprendizagem do GEN.

CAPÍTULO **1**

Introdução

Neste primeiro capítulo, forneceremos os fundamentos para seu estudo de equações diferenciais de diversas maneiras diferentes. Primeiro, vamos usar dois problemas para ilustrar algumas das ideias básicas a que retornaremos com frequência e que serão aprofundadas ao longo deste livro. Com o objetivo de fornecer uma estrutura organizacional para o livro, indicamos, mais adiante, diversos modos de classificar equações.

O estudo das equações diferenciais atraiu a atenção dos maiores matemáticos do mundo durante os três últimos séculos. Por outro lado, é importante reconhecer que equações diferenciais continuam sendo uma área de pesquisa dinâmica hoje em dia, com muitas questões interessantes em aberto. Esboçamos algumas das tendências mais importantes no desenvolvimento histórico deste assunto e mencionamos alguns dos matemáticos brilhantes que contribuíram para a área. Informações bibliográficas adicionais sobre alguns deles serão mencionadas nos lugares apropriados nos capítulos a seguir.

1.1 Alguns Modelos Matemáticos Básicos; Campos de Direção

Antes de começar um estudo sério de equações diferenciais (lendo este livro ou partes substanciais dele, por exemplo), você deve ter alguma ideia dos benefícios que isso pode lhe trazer. Para alguns estudantes, o interesse intrínseco do assunto é motivação suficiente, mas, para a maioria, são as possíveis aplicações importantes em outros campos que fazem com que tal estudo valha a pena.

Muitos dos princípios, ou leis, que regem o comportamento do mundo físico são proposições, ou relações, envolvendo a taxa segundo a qual as coisas acontecem. Representadas em linguagem matemática, as relações são equações, e as taxas são derivadas. Equações contendo derivadas são **equações diferenciais**. Portanto, para compreender e investigar problemas envolvendo o movimento de fluidos, o fluxo de corrente elétrica em circuitos, a dissipação de calor em objetos sólidos, a propagação e detecção de ondas sísmicas, o aumento ou diminuição de populações, entre muitos outros, é necessário saber alguma coisa sobre equações diferenciais.

Uma equação diferencial que descreve algum processo físico é chamada, muitas vezes, de **modelo matemático** do processo, e muitos desses modelos são discutidos ao longo deste livro. Começamos esta seção com dois modelos que nos levam a equações fáceis de resolver. Vale a pena observar que mesmo as equações diferenciais mais simples fornecem modelos úteis de processos físicos importantes.

EXEMPLO 1.1.1 | Objeto em Queda

Suponha que um objeto está caindo na atmosfera, perto do nível do mar. Formule uma equação diferencial que descreva o movimento.

Solução:

Começamos introduzindo letras para representar as diversas quantidades de interesse neste problema. O movimento ocorre durante determinado intervalo de tempo, logo, vamos usar t para denotar o tempo. Além disso, vamos usar v para representar a velocidade do objeto em queda. A velocidade deve variar com o tempo, de modo que vamos considerar v como uma função de t; em outras palavras, t é a variável independente e v é a variável dependente. A escolha de unidades de medida é um tanto arbitrária, e não há nada no enunciado do problema que sugira unidades apropriadas, de modo que estamos livres para escolher unidades que nos pareçam razoáveis. Especificamente, vamos medir o tempo t em segundos e a velocidade v em metros por segundo. Além disso, vamos supor que a velocidade v é positiva quando o sentido do movimento é para baixo – ou seja, quando o objeto está caindo.

A lei física que governa o movimento de objetos é a **segunda lei de Newton**, que diz que a massa do objeto multiplicada por sua aceleração é igual à força total atuando sobre o objeto. Em linguagem matemática, essa lei é expressa pela equação

$$F = ma, \tag{1}$$

em que m é a massa do objeto, a é sua aceleração e F é a força total agindo sobre o objeto. Para manter nossas unidades consistentes, mediremos m em quilogramas, a em metros por segundo ao quadrado e F em newton. É claro que a e v estão relacionadas por $a = dv/dt$, de modo que podemos reescrever a Eq. (1) na forma

$$F = m\frac{dv}{dt}. \tag{2}$$

A seguir, considere as forças que agem no objeto em queda. A gravidade exerce uma força igual ao peso do objeto, ou mg, em que g é a aceleração por causa da gravidade. Nas unidades de medida que escolhemos, g foi determinada de modo experimental como aproximadamente igual a 9,8 m/s² próximo à superfície da Terra.

Existe, também, uma força resultante da resistência do ar, que é mais difícil de modelar. Este não é o local para uma discussão aprofundada da força de resistência do ar; basta dizer que se supõe, muitas vezes, que a resistência do ar é proporcional à velocidade, e faremos essa suposição aqui. Assim, a força de resistência do ar tem magnitude (ou módulo) γv, em que γ é uma constante chamada coeficiente de resistência do ar. O valor numérico do coeficiente de resistência do ar varia muito de um objeto para outro; objetos com superfície lisa e formato aerodinâmico têm coeficiente de resistência do ar muito menor do que objetos com superfície rugosa e formato não aerodinâmico. As unidades físicas para γ são de massa por unidade de tempo, ou seja, kg/s neste problema; se essas unidades parecem estranhas, lembre-se de que γv precisa ter unidades de força, ou seja, kg·m/s².

Ao escrever uma expressão para a força total F, precisamos lembrar que a gravidade sempre age para baixo (no sentido positivo), enquanto a resistência do ar age para cima (no sentido negativo), como ilustrado na **Figura 1.1.1**. Logo,

$$F = mg - \gamma v \tag{3}$$

e a Eq. (2) torna-se

$$m \frac{dv}{dt} = mg - \gamma v. \tag{4}$$

A equação diferencial (4) é um modelo matemático para a velocidade v de um objeto caindo na atmosfera, perto do nível do mar. Note que o modelo contém as três constantes m, g e γ. As constantes m e γ dependem muito do objeto particular que está caindo e serão diferentes, em geral, para objetos diferentes. É comum referir-se a essas constantes como parâmetros, já que podem tomar um conjunto de valores durante um experimento. Por outro lado, g é uma constante física, cujo valor é o mesmo para todos os objetos.

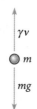

FIGURA 1.1.1 Diagrama de forças agindo sobre um objeto em queda livre.

Para resolver a Eq. (4), precisamos encontrar uma função $v = v(t)$ que satisfaça a equação. Isso não é difícil de fazer e vamos mostrar como na próxima seção. Agora, no entanto, veremos o que podemos descobrir sobre soluções sem encontrar, de fato, nenhuma delas. Nossa tarefa pode ser ligeiramente simplificada se atribuirmos valores numéricos para m e γ, mas o procedimento é o mesmo, independentemente dos valores escolhidos. Vamos supor que $m = 10$ kg e $\gamma = 2$ kg/s. Então, a Eq. (4) pode ser escrita como

$$\frac{dv}{dt} = 9,8 - \frac{v}{5}. \tag{5}$$

EXEMPLO 1.1.2 | Objeto em Queda (continuação)

Investigue o comportamento das soluções da Eq. (5) sem resolver a equação diferencial.

Solução:

Vamos considerar, primeiro, que informações podem ser obtidas diretamente da equação diferencial. Suponha que a velocidade v tenha determinado valor. Então, calculando a expressão à direita do sinal de igualdade na equação diferencial (5), podemos encontrar o valor correspondente de dv/dt. Por exemplo, se $v = 40$, então $dv/dt = 1,8$. Isso significa que o coeficiente angular (ou inclinação) da reta tangente ao gráfico de uma solução $v = v(t)$ tem valor 1,8 em qualquer ponto no qual $v = 40$. Podemos apresentar essa informação graficamente no plano tv desenhando pequenos segmentos de reta com inclinação 1,8 em diversos pontos ao longo da reta $v = 40$. [Veja a **Figura 1.1.2(a)**.] De modo similar, se $v = 50$, então $dv/dt = -0,2$, e, quando $v = 60$, $dv/dt = -2,2$, de modo que desenhamos segmentos de reta com coeficiente angular $-0,2$ em diversos pontos ao longo da reta $v = 50$ [veja a **Figura 1.1.2(b)**] e segmentos de reta com inclinação $-2,2$ em diversos pontos sobre a reta $v = 60$ [veja a **Figura 1.1.2(c)**]. Procedendo da mesma maneira com outros valores de v, criamos um **campo de direções** ou **campo de inclinações**. O campo de direções para a equação diferencial (5) está ilustrado na **Figura 1.1.3**.

Lembre-se de que uma solução da Eq. (5) é uma função $v = v(t)$ cujo gráfico é uma curva no plano tv. A importância da Figura 1.1.3 é que cada segmento de reta é tangente ao gráfico de uma dessas curvas-solução. Assim, mesmo não tendo encontrado solução alguma e não aparecendo o gráfico de nenhuma solução na figura, podemos fazer deduções qualitativas sobre o comportamento das soluções. Por exemplo, se v for menor do que certo valor crítico, então todos os segmentos de reta têm coeficientes angulares positivos, e a velocidade do objeto em queda aumenta enquanto ele cai. Por outro lado, se v for maior do que o valor crítico, então os segmentos de reta têm coeficientes angulares negativos, e o objeto em queda vai diminuindo a velocidade à medida que cai. Qual é esse valor crítico de v que separa objetos cuja velocidade está aumentando daqueles cuja velocidade está diminuindo? Referindo-nos, novamente, à Eq. (5), perguntamos quais os valores de v que farão com que dv/dt seja zero. A resposta é $v = (5)(9,8) = 49$ m/s.

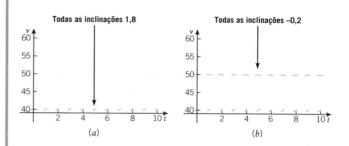

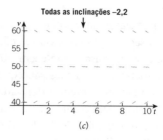

FIGURA 1.1.2 Construção de um campo de direções para a Eq. (5): $dv/dt = 9,8 - v/5$. (a) Quando $v = 40$, $dv/dt = 1,8$, (b) quando $v = 50$, $dv/dt = -0,2$ e (c) quando $v = 60$, $dv/dt = -2,2$.

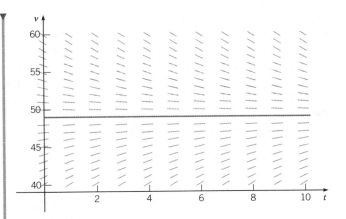

FIGURA 1.1.3 Campo de direções e solução de equilíbrio para a Eq. (5): $dv/dt = 9,8 - v/5$.

De fato, a função constante $v(t) = 49$ é uma solução da Eq. (5). Para verificar essa afirmação, substitua $v(t) = 49$ na Eq. (5) e note que as expressões dos dois lados do sinal de igualdade são iguais a zero. Como essa solução não varia com o tempo, $v(t) = 49$ é chamada **solução de equilíbrio**. É a solução que corresponde a um equilíbrio perfeito entre a gravidade e a resistência do ar. Mostramos, na Figura 1.1.3, a solução de equilíbrio $v(t) = 49$ superposta no campo de direções. Dessa figura podemos chegar a outra conclusão, a saber, que todas as outras soluções parecem estar convergindo para a solução de equilíbrio quando t aumenta. Então, nesse contexto, a solução de equilíbrio é chamada, muitas vezes, de **velocidade terminal**.

A abordagem ilustrada no Exemplo 1.1.2 pode ser igualmente aplicada à equação diferencial (4), mais geral, em que os parâmetros m e γ são números positivos não especificados. Os resultados são, essencialmente, idênticos aos do Exemplo 1.1.2. A solução de equilíbrio da Eq. (4) é uma solução constante $v(t) = mg/\gamma$. Soluções abaixo da solução de equilíbrio aumentam com o tempo, soluções acima diminuem com o tempo. Logo, concluímos que todas as outras soluções se aproximam da solução de equilíbrio quando t fica muito grande.

Campos de Direções. Campos de direções são ferramentas valiosas no estudo de soluções de equações diferenciais da forma

$$\frac{dy}{dt} = f(t, y), \qquad (6)$$

em que f é uma função dada de duas variáveis, t e y, algumas vezes chamada **função taxa**. Um campo de direções para equações da forma (6) pode ser construído calculando-se f em cada ponto de uma malha retangular. Em cada ponto da malha, desenha-se um pequeno segmento de reta cujo coeficiente angular é o valor da função f naquele ponto. Dessa forma, cada segmento de reta é tangente ao gráfico de uma solução contendo aquele ponto. Um campo de direções desenhado em uma malha razoavelmente fina fornece uma boa ideia do comportamento global das soluções de uma equação diferencial. Basta, em geral, uma malha contendo algumas centenas de pontos. A construção de um campo de direções é, muitas vezes, um primeiro passo bastante útil na investigação de uma equação diferencial.

Vale a pena fazer duas observações. A primeira é que, para construir um campo de direções, não precisamos resolver a Eq. (6), mas apenas calcular a função dada $f(t, y)$ muitas vezes. Assim, campos de direção podem ser construídos com facilidade, mesmo para equações muito difíceis de resolver. A segunda observação é que cálculos repetidos de uma função dada constituem uma tarefa para a qual um computador é particularmente apropriado e você deve, em geral, usá-lo para desenhar um campo de direções. Todos os campos de direção mostrados neste livro, como os das Figuras 1.1.2 e 1.1.3, foram gerados por um computador.

Ratos do Campo e Corujas. Vamos olhar, agora, um exemplo bem diferente. Considere uma população de ratos do campo que habitam certa área rural. Vamos supor que, na ausência de predadores, a população de ratos cresce a uma taxa proporcional à população atual. Essa hipótese não é uma lei física muito bem estabelecida (como a lei de Newton para o movimento no Exemplo 1.1.1), mas é uma hipótese inicial usual[1] em um estudo de crescimento populacional. Se denotarmos o tempo por t e a população de ratos no instante t por $p(t)$, então a hipótese sobre o crescimento populacional pode ser representada pela equação

$$\frac{dp}{dt} = rp, \qquad (7)$$

na qual o fator de proporcionalidade r é chamado **taxa constante** ou **taxa de crescimento**. Especificamente, suponhamos que o tempo é medido em meses e que a taxa constante r tem o valor de 0,5 por mês. Então, cada uma das expressões na Eq. (7) tem unidades de ratos por mês.

Vamos aumentar o problema supondo que diversas corujas moram na mesma vizinhança e que elas matam 15 ratos do campo por dia. Para incorporar essa informação ao modelo, precisamos acrescentar outro termo à equação diferencial (7), de modo que ela se transforma em

$$\frac{dp}{dt} = \frac{p}{2} - 450. \qquad (8)$$

Observe que o termo correspondente à ação do predador é −450 em vez de −15, já que o tempo está sendo medido em meses, então o que precisamos é a taxa predatória mensal.

EXEMPLO 1.1.3

Investigue graficamente as soluções da Eq. (8).

Solução:

A **Figura 1.1.4** mostra um campo de direções para a Eq. (8). Pode-se observar da figura, ou mesmo diretamente da Eq. (8), que, para valores suficientemente grandes de p, dp/dt é positivo, de modo que a solução aumenta. Por outro lado, se p for pequeno, dp/dt será negativo e a solução diminuirá. Novamente, o valor crítico de p que separa as soluções que crescem das que decrescem é o valor de p para o qual dp/dt é igual a zero. Fazendo dp/dt igual a zero na Eq. (8) e resolvendo depois para p, encontramos a solução de equilíbrio $p(t) = 900$, para a qual os termos para o crescimento e para a ação predatória na Eq. (8) estão perfeitamente equilibrados. A solução de equilíbrio também está ilustrada na Figura 1.1.4.

---

[1] Um modelo melhor para o crescimento populacional é discutido na Seção 2.5.

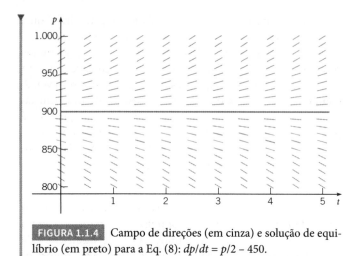

FIGURA 1.1.4 Campo de direções (em cinza) e solução de equilíbrio (em preto) para a Eq. (8): $dp/dt = p/2 - 450$.

Comparando os Exemplos 1.1.2 e 1.1.3, vemos que, em ambos os casos, a solução de equilíbrio separa as soluções crescentes das decrescentes. No Exemplo 1.1.2, as outras soluções convergem para a solução de equilíbrio, ou são atraídas para ela, de modo que, depois de o objeto cair em tempo suficiente, um observador o verá movendo-se perto da velocidade de equilíbrio. Por outro lado, no Exemplo 1.1.3, as outras soluções divergem da solução de equilíbrio, ou são repelidas por ela. As soluções se comportam de maneiras bem diferentes, dependendo de se elas começam acima ou abaixo da solução de equilíbrio. À medida que o tempo passa, um observador pode ver populações muito maiores ou muito menores do que a população de equilíbrio, mas a solução de equilíbrio propriamente dita nunca será observada na prática. Em ambos os problemas, no entanto, a solução de equilíbrio é muito importante para a compreensão do comportamento das soluções da equação diferencial dada.

Uma versão mais geral da Eq. (8) é

$$\frac{dp}{dt} = rp - k, \qquad (9)$$

em que a taxa de crescimento r e a taxa predatória k são constantes positivas que não estão especificadas. As soluções dessa equação mais geral são muito semelhantes às soluções da Eq. (8). A solução de equilíbrio da Eq. (9) é $p(t) = k/r$. As soluções acima da solução de equilíbrio crescem, enquanto as que estão abaixo decrescem.

Você deve manter em mente que ambos os modelos discutidos nesta seção têm suas limitações. O modelo (5) do objeto em queda só é válido enquanto o objeto está em queda livre, sem encontrar obstáculos. Se a velocidade for suficientemente grande, a hipótese de que a resistência do ar é proporcional à velocidade tem de ser substituída por uma aproximação não linear (veja o Problema **21**). O modelo populacional (8) prevê a existência, após um longo tempo, de um número negativo (se $p < 900$) ou de um número imenso (se $p > 900$) de ratos. Ambas as previsões não são realistas, de modo que esse modelo se torna inaceitável após um período de tempo razoavelmente curto.

Construção de Modelos Matemáticos. Para aplicar as equações diferenciais nos diversos campos em que são úteis, é preciso primeiro formular a equação diferencial apropriada que descreve, ou modela, o problema em questão. Consideramos, nesta seção, dois exemplos desse processo de modelagem, um vindo da física e outro da ecologia. Ao construir seus próprios modelos matemáticos futuros, você deve reconhecer que cada problema é diferente, e que a arte de modelar não é uma habilidade que pode ser reduzida a uma lista de regras. De fato, a construção de um modelo satisfatório é, algumas vezes, a parte mais difícil do problema. Apesar disso, pode ser útil listar alguns passos que, frequentemente, fazem parte do processo:

1. Identifique as variáveis independente e dependente, atribuindo letras para representá-las. Muitas vezes, a variável independente é o tempo.
2. Escolha as unidades de medida para cada variável. De certa forma, essa escolha é arbitrária, mas algumas podem ser muito mais convenientes do que outras. Por exemplo, escolhemos medir o tempo em segundos no caso de um objeto em queda e em meses no problema populacional.
3. Use o princípio básico subjacente ou a lei que rege o problema que você está investigando. Isso pode ser uma lei física amplamente reconhecida, como a lei do movimento de Newton, ou pode ser uma hipótese um tanto especulativa baseada na sua própria experiência ou observações. De qualquer modo, essa provavelmente não será uma etapa puramente matemática, mas uma que vai requerer familiaridade com o campo de aplicação no qual o problema se originou.
4. Expresse o princípio ou lei do passo 3 em função das variáveis escolhidas no passo 1. Isso pode ser mais fácil falar do que fazer. Pode haver necessidade de introduzir constantes físicas ou parâmetros (como o coeficiente da resistência do ar no Exemplo 1.1.1) e a determinação de valores apropriados para eles. Ou o processo pode envolver o uso de variáveis auxiliares, ou intermediárias, que têm de estar relacionadas com as variáveis primárias.
5. Se as unidades são as mesmas, então sua equação está, pelo menos, consistente do ponto de vista dimensional, embora possa conter outros erros que esse teste não revela.
6. Nos problemas considerados aqui, o resultado do passo 4 é uma única equação diferencial, que constitui o modelo matemático desejado. Lembre-se, no entanto, de que, em problemas mais complexos, o modelo matemático resultante pode ser muito mais complicado, podendo envolver, por exemplo, um sistema com várias equações diferenciais.

Contexto Histórico, Parte I: Newton, Leibniz e a Família Bernoulli. Sem saber alguma coisa sobre equações diferenciais e métodos para resolvê-las, é difícil apreciar a história desse ramo importante da Matemática. Além disso, o desenvolvimento das equações diferenciais está intimamente ligado ao desenvolvimento geral da Matemática e não pode ser separado dele. Apesar disso, para fornecer alguma perspectiva histórica, vamos indicar aqui algumas das tendências principais na história desse assunto e identificar os matemáticos atuantes no período inicial de desenvolvimento que mais se destacaram. O foco do contexto histórico nesta seção está nos primeiros que contribuíram para a área no século XVII. A história continua no fim da Seção 1.2 com uma visão geral das contribuições de Euler e outros matemáticos do século XVIII (e do início do século XIX). Avanços mais recentes, incluindo o uso de computadores e outras tecnologias, estão resumidos no fim da Seção 1.3. Outras informações históricas estão contidas em notas de rodapé ao longo do livro e na bibliografia listada ao fim do capítulo.

As equações diferenciais começaram com o estudo do cálculo por Isaac Newton (1643-1727) e Gottfried Wilhelm Leibniz (1646-1716) durante o século XVII. Newton cresceu no interior da Inglaterra, foi educado no Trinity College, em Cambridge, e se tornou professor de Matemática, na cadeira fundada por Lucas, em 1669. Suas descobertas sobre o cálculo e as leis fundamentais da Mecânica datam de 1665. Elas circularam privadamente, entre seus amigos, mas Newton era muito sensível a críticas e só começou a publicar seus resultados a partir de 1687, em seu livro mais famoso *Philosophiae Naturalis Principia Mathematica*. Apesar de Newton ter atuado relativamente pouco na área de equações diferenciais propriamente ditas, seu desenvolvimento do cálculo e a elucidação dos princípios básicos da Mecânica forneceram a base para a aplicação das equações diferenciais no século XVIII, especialmente por Euler. (Veja Contexto Histórico, Parte II, na Seção 1.2.) Newton identificou três formas para as equações diferenciais de primeira ordem: $dy/dx = f(x)$, $dy/dx = f(y)$ e $dy/dx = f(x, y)$. Ele desenvolveu um método para resolver esta última equação no caso em que $f(x, y)$ é um polinômio em x e y usando séries infinitas. Newton parou de fazer pesquisa matemática no início da década de 1690, exceto pela solução de "problemas desafiadores" ocasionais e pela revisão e publicação de resultados obtidos muito antes. Foi nomeado *Warden of the British Mint* (responsável pela Casa da Moeda britânica) em 1696 e pediu demissão de sua posição de professor alguns anos depois. Recebeu o título de cavaleiro em 1705 e, após sua morte em 1727, foi o primeiro cientista enterrado na Capela de Westminster.

Leibniz nasceu em Leipzig, na Alemanha, e completou seu doutorado em Filosofia na University of Altdorf quando tinha 20 anos. Ao longo de sua vida, engajou-se em atividades acadêmicas em diversos campos diferentes. Era basicamente autodidata em Matemática, já que seu interesse no assunto se desenvolveu quando ele tinha 20 e poucos anos. Leibniz chegou aos resultados sobre cálculo independentemente, embora um pouco depois de Newton, mas foi o primeiro a publicá-los, em 1684. Leibniz compreendia o poder de uma boa notação matemática e foi responsável pela notação dy/dx para a derivada, assim como o sinal de integral. Descobriu o método de separação de variáveis (Seção 2.2) em 1691, a redução de equações homogêneas a equações separáveis (Seção 2.2, Problema **30**)

em 1691 e o procedimento para resolver equações lineares de primeira ordem (Seção 2.1) em 1694. Passou sua vida como embaixador e conselheiro de diversas famílias reais alemãs, o que permitiu que viajasse muito e mantivesse uma correspondência extensa com outros matemáticos, especialmente os irmãos Bernoulli. No decorrer dessa correspondência foram resolvidos muitos problemas em equações diferenciais durante a parte final do século XVII.

Os irmãos Bernoulli, Jakob (1654-1705) e Johann (1667-1748), nativos da Basileia, na Suíça, fizeram muito sobre o desenvolvimento de métodos para resolver equações diferenciais e para ampliar o campo de suas aplicações. Jakob tornou-se professor de Matemática na Basileia em 1687, e Johann foi nomeado para a mesma posição quando seu irmão faleceu, em 1705. Ambos eram briguentos, ciumentos e estavam frequentemente envolvidos em disputas, especialmente entre si. Apesar disso, os dois irmãos fizeram contribuições significativas em diversas áreas da Matemática. Com a ajuda do cálculo, eles resolveram muitos problemas em Mecânica, formulando-os como equações diferenciais. Por exemplo, Jakob Bernoulli resolveu a equação diferencial $y' = a^3/(b^2y - a^3)$ (veja o Problema **9** na Seção 2.2) em 1690 e, no mesmo artigo, usou pela primeira vez a palavra "integral" no sentido moderno. Em 1694, Johann Bernoulli foi capaz de resolver a equação $dy/dx = y/(ax)$ (veja o Problema **10** na Seção 2.2). Um problema resolvido por ambos os irmãos e que gerou muito atrito entre eles foi o **problema da braquistócrona** (veja o Problema **24** na Seção 2.3). O problema da braquistócrona foi resolvido, também, por Leibniz, por Newton e pelo Marquês de l'Hôpital. Diz-se, embora sem comprovação, que Newton soube do problema no fim da tarde de um dia cansativo na Casa da Moeda e que o resolveu naquela noite após o jantar. Ele publicou a solução anonimamente, mas, ao vê-la, Johann Bernoulli observou: "Ah, conheço o leão pela sua pata".

Daniel Bernoulli (1700-1782), filho de Johann, emigrou para São Petersburgo, na Rússia, em sua juventude, para se incorporar à St. Petersburg Academy, recém-fundada, mas retornou à Basileia em 1733 como professor de Botânica e, mais tarde, de Física. Seus interesses eram, principalmente, em equações diferenciais parciais e suas aplicações. Por exemplo, é seu nome que está associado à equação de Bernoulli em mecânica dos fluidos. Foi, também, o primeiro a encontrar as funções que seriam conhecidas, um século mais tarde, como funções de Bessel (Seção 5.7).

Problemas

Nos Problemas **1** a **4**, desenhe um campo de direções para a equação diferencial dada. Com base no campo de direções, determine o comportamento de y quando $t \to \infty$. Se esse comportamento depender do valor inicial de y em $t = 0$, descreva essa dependência.

G 1. $y' = 3 - 2y$

G 2. $y' = 2y - 3$

G 3. $y' = -1 - 2y$

G 4. $y' = 1 + 2y$

Nos Problemas **5** e **6**, escreva uma equação diferencial da forma $dy/dt = ay + b$ cujas soluções têm o comportamento pedido quando $t \to \infty$.

5. Todas as soluções se aproximam de $y = 2/3$.

6. Todas as soluções se afastam de $y = 2$.

Nos Problemas **7** a **10**, (a) desenhe um campo de direções para a equação diferencial dada e (b) use o campo de direções para determinar o comportamento de y quando $t \to \infty$. Se esse comportamento depender do valor inicial de y em $t = 0$, descreva essa dependência. Note que, nesses problemas, as equações diferenciais não são da forma

6 Capítulo 1

$y' = ay + b$, e o comportamento de suas soluções é um pouco mais complicado do que o das soluções das equações no texto.

G 7. $y' = y(4 - y)$

G 8. $y' = -y(5 - y)$

G 9. $y' = y^2$

G 10. $y' = y(y - 2)^2$

Considere a lista a seguir de equações diferenciais, algumas das quais produziram os campos de direção ilustrados nas **Figuras 1.1.5** a **1.1.10**. Nos Problemas 11 a 16, identifique a equação diferencial que corresponde ao campo de direções dado.

a. $y' = 2y - 1$
b. $y' = 2 + y$
c. $y' = y - 2$
d. $y' = y(y + 3)$
e. $y' = y(y - 3)$
f. $y' = 1 + 2y$
g. $y' = -2 - y$
h. $y' = y(3 - y)$
i. $y' = 1 - 2y$
j. $y' = 2 - y$

11. O campo de direções na **Figura 1.1.5**.

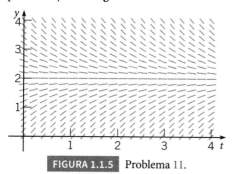

FIGURA 1.1.5 Problema 11.

12. O campo de direções na **Figura 1.1.6**.

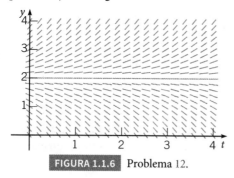

FIGURA 1.1.6 Problema 12.

13. O campo de direções na **Figura 1.1.7**.

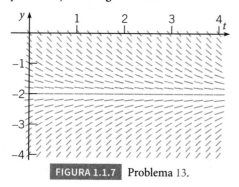

FIGURA 1.1.7 Problema 13.

14. O campo de direções na **Figura 1.1.8**.

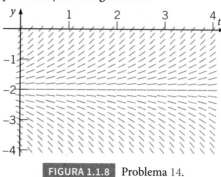

FIGURA 1.1.8 Problema 14.

15. O campo de direções na **Figura 1.1.9**.

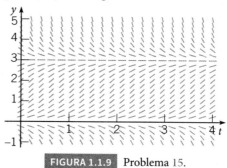

FIGURA 1.1.9 Problema 15.

16. O campo de direções na **Figura 1.1.10**.

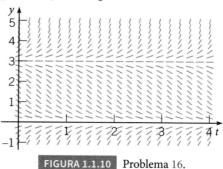

FIGURA 1.1.10 Problema 16.

17. Uma lagoa contém, inicialmente, 1.000.000 de galões (aproximadamente 4.550.000 litros) de água e uma quantidade desconhecida de um produto químico indesejável. A lagoa recebe água contendo 0,01 grama dessa substância por galão a uma taxa de 300 galões por hora. A mistura sai à mesma taxa, de modo que a quantidade de água na lagoa permanece constante. Suponha que o produto químico está distribuído uniformemente na lagoa.

    a. Escreva uma equação diferencial para a quantidade de produto químico na lagoa em um instante qualquer.
    b. Qual a quantidade do produto químico que estará na lagoa após um período muito longo de tempo? Essa quantidade limite depende da quantidade presente inicialmente?

18. Uma gota de chuva esférica evapora a uma taxa proporcional à sua área de superfície. Escreva uma equação diferencial para o volume de uma gota de chuva em função do tempo.

19. A lei do resfriamento de Newton diz que a temperatura de um objeto varia a uma taxa proporcional à diferença entre a temperatura do objeto e a de seu meio ambiente (na maioria dos casos, a temperatura do ar ambiente). Suponha que a temperatura ambiente é de 70 °F (cerca de 20 °C) e que a taxa constante é 0,05 (min)$^{-1}$.

Escreva uma equação diferencial para a temperatura do objeto em qualquer instante de tempo. Note que a equação diferencial é a mesma, independentemente se a temperatura do objeto está acima ou abaixo da temperatura ambiente.

20. Determinado remédio está sendo injetado na veia de um paciente hospitalizado. O líquido, contendo 5 mg/cm³ do remédio, entra na corrente sanguínea do paciente a uma taxa de 100 cm³/h. O remédio é absorvido pelos tecidos do corpo, ou deixa a corrente sanguínea de outro modo, a uma taxa proporcional à quantidade presente, com um coeficiente de proporcionalidade igual a 0,4/h.

   a. Supondo que o remédio esteja sempre distribuído uniformemente na corrente sanguínea, escreva uma equação diferencial para a quantidade de remédio presente na corrente sanguínea em qualquer instante de tempo.

   b. Quanto do remédio continua presente na corrente sanguínea após muito tempo?

[N] 21. Para objetos pequenos, caindo devagar, a hipótese no texto sobre a resistência do ar ser proporcional à velocidade é boa. Para objetos maiores, caindo mais rapidamente, uma hipótese mais precisa é a de que a resistência do ar é proporcional ao quadrado da velocidade.[2]

   a. Escreva uma equação diferencial para a velocidade de um objeto de massa m em queda, supondo que a magnitude da força de resistência do ar é proporcional ao quadrado da velocidade e que o sentido dessa força é oposto ao da velocidade.

   b. Determine a velocidade limite após um longo período de tempo.

   c. Se $m = 10$ kg, encontre o coeficiente de resistência do ar de modo que a velocidade limite seja 49 m/s.

   [N] d. Usando os dados em (c), desenhe um campo de direções e compare-o com a Figura 1.1.3.

Nos Problemas 22 a 25, (a) desenhe um campo de direções para a equação diferencial dada e (b) use o campo de direções para determinar o comportamento de y quando $t \to \infty$. Se esse comportamento depender do valor inicial de y em $t = 0$, descreva essa dependência. Note que a expressão à direita do sinal de igualdade nessas equações depende de t, além de y; portanto, suas soluções podem exibir um comportamento mais complicado do que as no texto.

[G] 22. $y' = -2 + t - y$

[G] 23. $y' = e^{-t} + y$

[G] 24. $y' = 3\operatorname{sen}(t) + 1 + y$

[G] 25. $y' = -\dfrac{2t + y}{2y}$

1.2 Soluções de Algumas Equações Diferenciais

Na seção anterior, deduzimos as equações diferenciais

$$m\frac{dv}{dt} = mg - \gamma v \tag{1}$$

e

$$\frac{dp}{dt} = rp - k. \tag{2}$$

A Eq. (1) modela um objeto em queda e a Eq. (2), uma população de ratos do campo caçados por corujas. Ambas são da forma geral

$$\frac{dy}{dt} = ay - b, \tag{3}$$

em que a e b são constantes dadas. Fomos capazes de descobrir algumas propriedades qualitativas importantes sobre o comportamento de soluções das Eqs. (1) e (2) analisando os campos de direções associados. Para responder perguntas de natureza quantitativa, no entanto, precisamos encontrar as soluções propriamente ditas. Vamos ver, agora, como fazer isso.

EXEMPLO 1.2.1 | Ratos do Campo e Corujas (continuação)

Considere a equação

$$\frac{dp}{dt} = 0,5p - 450, \tag{4}$$

que descreve a interação de determinadas populações de ratos do campo e corujas [veja a Eq. (8) da Seção 1.1]. Encontre soluções dessa equação.

---

[2]Veja Lyle N. Long e Howard Weiss. "The Velocity Dependence of Aerodynamic Drag: A Primer for Mathematicians", *American Mathematical Monthly*, 106 (1999), 2, p. 127-135.

Solução:

Para resolver a Eq. (4), precisamos encontrar funções $p(t)$ que, ao serem substituídas na equação, transformam-na em uma identidade óbvia. Eis um modo de proceder. Primeiro, coloque a Eq. (4) na forma

$$\frac{dp}{dt} = \frac{p - 900}{2}, \tag{5}$$

ou, se $p \neq 900$,

$$\frac{dp/dt}{p - 900} = \frac{1}{2}. \tag{6}$$

Pela regra da cadeia, a expressão à esquerda do sinal de igualdade na Eq. (6) é a derivada de $\ln|p - 900|$ em relação a t, logo, temos

$$\frac{d}{dt}\ln|p - 900| = \frac{1}{2}. \tag{7}$$

Então, integrando as expressões na Eq. (7), obtemos

$$\ln|p - 900| = \frac{t}{2} + C, \tag{8}$$

em que C é uma constante de integração arbitrária. Portanto, aplicando a exponencial à Eq. (8), vemos que

$$|p - 900| = e^{t/2 + C} = e^{C}e^{t/2}, \tag{9}$$

ou

$$p - 900 = \pm e^{C}e^{t/2} \tag{10}$$

e, finalmente,

$$p = 900 + ce^{t/2}, \tag{11}$$

na qual $c = \pm e^{C}$ é, também, uma constante (não nula) arbitrária. Note que a função constante $p = 900$ também é solução da Eq. (5) e está contida na expressão (11) se permitirmos que c assuma o valor zero. A **Figura 1.2.1** mostra gráficos da Eq. (11) para diversos valores de c. Note que essas soluções são do tipo inferido pelo campo de direções na Figura 1.1.4. Por exemplo, soluções em qualquer dos lados da solução de equilíbrio $p = 900$ tendem a se afastar dessa solução.

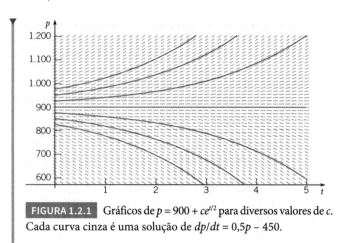

FIGURA 1.2.1 Gráficos de $p = 900 + ce^{t/2}$ para diversos valores de c. Cada curva cinza é uma solução de $dp/dt = 0{,}5p - 450$.

Encontramos, no Exemplo 1.2.1, uma infinidade de soluções da equação diferencial (4), correspondendo à infinidade de valores possíveis que a constante arbitrária c pode assumir na Eq. (11). Isso é típico do que acontece quando se resolve uma equação diferencial. O processo de solução envolve uma integração, que traz consigo uma constante arbitrária, cujos valores possíveis geram uma família infinita de soluções.

Com frequência, queremos focalizar nossa atenção em um único elemento dessa família infinita de soluções, especificando o valor da constante arbitrária. Na maior parte das vezes, isso é feito indiretamente, a partir de um ponto dado que tem de pertencer ao gráfico da solução. Por exemplo, para determinar a constante c na Eq. (11), poderíamos pedir que a população em determinado instante tivesse um valor dado, tal como 850 elementos no instante $t = 0$. Em outras palavras, o gráfico da solução tem de conter o ponto $(0, 850)$. Simbolicamente, essa condição pode ser representada como

$$p(0) = 850. \tag{12}$$

Substituindo, então, os valores $t = 0$ e $p = 850$ na Eq. (11), obtemos

$$850 = 900 + c.$$

Logo, $c = -50$ e, inserindo esse valor na Eq. (11), obtemos a solução desejada, a saber,

$$p = 900 - 50e^{t/2}. \tag{13}$$

A condição adicional (12) que usamos para determinar c é exemplo de uma **condição inicial**. A equação diferencial (4) junto com a condição inicial (12) formam um **problema de valor inicial**.

Vamos considerar, agora, o problema mais geral consistindo na equação diferencial (3)

$$\frac{dy}{dt} = ay - b$$

e a condição inicial

$$y(0) = y_0, \tag{14}$$

em que y_0 é um valor inicial arbitrário. Podemos resolver esse problema pelo mesmo método que usamos no Exemplo 1.2.1. Se $a \neq 0$ e $y \neq b/a$, então podemos reescrever a Eq. (3) como

$$\frac{dy/dt}{y - \frac{b}{a}} = a. \tag{15}$$

Integrando essa equação, obtemos,

$$\ln\left|y(t) - \frac{b}{a}\right| = at + C, \tag{16}$$

em que C é uma constante arbitrária. Aplicando a exponencial na Eq. (16) e resolvendo para y, vemos que

$$y(t) = \frac{b}{a} + ce^{at}, \tag{17}$$

em que $c = \pm e^C$ também é uma constante arbitrária. Note que $c = 0$ corresponde à solução de equilíbrio $y(t) = b/a$. Finalmente, a condição inicial (14) implica que $c = y_0 - (b/a)$, de modo que a solução do problema de valor inicial (3), (14) é

$$y(t) = \frac{b}{a} + \left(y_0 - \frac{b}{a}\right)e^{at}. \tag{18}$$

Para $a \neq 0$, a expressão (17) contém todas as soluções possíveis da Eq. (3) e é chamada **solução geral**.[3] A representação geométrica da solução geral (17) é uma família infinita de curvas, chamadas **curvas integrais**. Cada curva integral está associada a um valor particular de c e é o gráfico da solução correspondente àquele valor de c. Satisfazer uma condição inicial significa identificar a curva integral que contém o ponto inicial dado.

Para relacionar a solução (18) com a Eq. (2), que modela a população de ratos do campo, basta substituir a pela taxa de crescimento r e b pela taxa predatória k; assumimos que $r > 0$ e $k > 0$. A solução (18) fica, então,

$$p(t) = \frac{k}{r} + \left(p_0 - \frac{k}{r}\right)e^{rt}, \tag{19}$$

em que p_0 é a população inicial de ratos do campo. A solução (19) confirma as conclusões obtidas com base no campo de direções e no Exemplo 1.2.1. Se $p_0 = k/r$, então segue, da Eq. (19), que $p(t) = k/r$ para todo t; essa é a solução constante ou de equilíbrio. Se $p_0 \neq k/r$, então o comportamento da solução depende do sinal do coeficiente $p_0 - k/r$ no termo exponencial na Eq. (19). Se $p_0 > k/r$, então p cresce exponencialmente com o tempo t; se $p_0 < k/r$, então p decresce e acaba se tornando nulo (em um tempo finito), o que corresponde à extinção dos ratos. Valores negativos de p, embora sendo possíveis na expressão (19), não fazem sentido no contexto desse problema particular.

Para colocar a Eq. (1), que descreve a queda de um objeto, na forma (3), precisamos identificar a com $-\gamma/m$ e b com $-g$. Observe que assumir $\gamma > 0$ e $m > 0$ implica que $a < 0$ e $b < 0$. Fazendo essas substituições na Eq. (18), obtemos

$$v(t) = \frac{mg}{\gamma} + \left(v_0 - \frac{mg}{\gamma}\right)e^{-\gamma t/m}, \tag{20}$$

em que v_0 é a velocidade inicial. Mais uma vez, essa solução confirma as conclusões a que chegamos na Seção 1.1 com base no campo de direções. Existe uma solução de equilíbrio, ou constante, $v(t) = mg/\gamma$, e todas as outras soluções tendem a essa

---

[3]Se $a = 0$, então a solução da Eq. (3) não é dada pela Eq. (17). Deixamos a cargo do estudante encontrar a solução geral nesse caso.

solução de equilíbrio. A velocidade da convergência para essa solução de equilíbrio é determinada pelo expoente $-\gamma/m$. Assim, para um objeto com massa m dada, a velocidade se aproxima do valor de equilíbrio mais depressa à medida que o coeficiente de resistência do ar γ aumenta.

EXEMPLO 1.2.2 | Objeto em Queda (continuação)

Vamos considerar, como no Exemplo 1.1.2, um objeto em queda com massa $m = 10$ kg e coeficiente da resistência do ar $\gamma = 2$ kg/s. A equação de movimento (1) fica, então,

$$\frac{dv}{dt} = 9{,}8 - \frac{v}{5}. \qquad (21)$$

Suponha que esse objeto cai de uma altura de 300 m. Encontre sua velocidade em qualquer instante t. Quanto tempo vai levar para ele chegar ao chão e quão rápido estará se movendo no instante do impacto?

Solução:

O primeiro passo é enunciar uma condição inicial apropriada para a Eq. (21). A palavra "cai" no enunciado do problema sugere que a velocidade inicial é zero, de modo que usaremos a condição inicial

$$v(0) = 0. \qquad (22)$$

A solução da Eq. (21) pode ser encontrada substituindo-se os valores dos coeficientes na solução (20), mas, em vez disso, vamos resolver diretamente a Eq. (21). Primeiro, coloque a equação na forma

$$\frac{dv/dt}{v-49} = -\frac{1}{5}. \qquad (23)$$

Integrando, obtemos

$$\ln|v(t) - 49| = -\frac{t}{5} + C, \qquad (24)$$

e a solução geral da Eq. (21) é, então,

$$v(t) = 49 + ce^{-t/5}, \qquad (25)$$

em que a constante c é arbitrária. Para determinar o valor de c que corresponde à condição inicial (22), substituímos $t = 0$ e $v = 0$ na Eq. (25), obtendo $c = -49$. Logo, a solução do problema de valor inicial (21), (22) é

$$v(t) = 49(1 - e^{-t/5}). \qquad (26)$$

A Eq. (26) fornece a velocidade do objeto em queda em qualquer instante positivo depois da queda – e antes de atingir o chão, é claro.

A **Figura 1.2.2** mostra gráficos da solução (25) para diversos valores de c, com a solução (26) ilustrada pela curva cinza-escura. É evidente que, independentemente da velocidade inicial do objeto, todas as soluções tendem à solução de equilíbrio $v(t) = 49$. Isso confirma as conclusões a que chegamos na Seção 1.1 mediante análise dos campos de direção nas Figuras 1.1.2 e 1.1.3.

Para encontrar a velocidade do objeto quando ele atinge o solo, precisamos saber o instante do impacto. Em outras palavras, precisamos saber quanto tempo leva para o objeto cair 300 m. Para isso, observamos que a distância x percorrida pelo objeto está relacionada com sua velocidade pela equação $v = dx/dt$, ou

$$\frac{dx}{dt} = 49(1 - e^{-t/5}). \qquad (27)$$

Portanto, integrando a Eq. (27) em relação a t, obtemos

$$x = 49t + 245e^{-t/5} + k, \qquad (28)$$

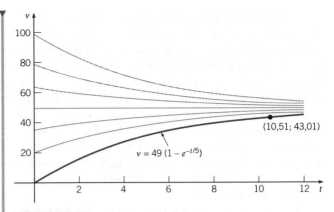

FIGURA 1.2.2 Gráficos das soluções (25), $v = 49 + ce^{-t/5}$, para diversos valores de c. A curva cinza-escura corresponde à condição inicial $v(0) = 0$. O ponto $(10{,}51; 43{,}01)$ mostra a velocidade quando o objeto atinge o solo.

em que k é uma constante de integração arbitrária. O objeto começa a cair em $t = 0$, de modo que sabemos que $x = 0$ quando $t = 0$. Da Eq. (28), segue que $k = -245$, logo a distância percorrida pelo objeto até um instante t é dada por

$$x = 49t + 245e^{-t/5} - 245. \qquad (29)$$

Seja T o instante em que o objeto atinge o solo; então, $x = 300$ quando $t = T$. Substituindo esses valores na Eq. (29), obtemos a equação

$$49T + 245e^{-T/5} - 245 = 300. \qquad (30)$$

O valor de T que satisfaz a Eq. (30) pode ser aproximado por um processo numérico[4] usando-se uma calculadora científica ou outra ferramenta computacional, resultando em $T \cong 10{,}51$ s. Nesse instante, a velocidade correspondente v_T é encontrada, da Eq. (26), como $v_T \cong 43{,}01$ m/s. O ponto $(10{,}51; 43{,}01)$ também está marcado na Figura 1.2.2.

Observações Adicionais sobre Modelagem Matemática. Até agora, nossa discussão de equações diferenciais esteve restrita a modelos matemáticos de um objeto em queda e de uma relação hipotética entre ratos do campo e corujas. A dedução desses modelos pode ter sido plausível, ou talvez até convincente, mas você deve lembrar que o teste decisivo de qualquer modelo matemático consiste em se suas previsões coincidem com observações ou resultados experimentais. Não temos nenhuma observação da realidade nem resultados experimentais aqui para comparação, mas existem diversas fontes de discrepâncias possíveis.

No caso de um objeto em queda, o princípio físico subjacente (a lei do movimento de Newton) está bem estabelecido e amplamente aplicável. No entanto, a hipótese sobre a resistência do ar ser proporcional à velocidade não está tão comprovada. Mesmo que essa hipótese esteja correta, a determinação do coeficiente γ da resistência do ar a partir de medidas diretas apresenta dificuldades. De fato, algumas vezes, o coeficiente de resistência do ar é encontrado indiretamente – por exemplo, medindo-se o tempo de queda de determinada altura e, depois, calculando-se o valor de γ que prevê esse tempo observado.

---

[4]Um sistema de álgebra computacional pode fazer isso; muitas calculadoras também já vêm com rotinas para resolver tais equações.

10 Capítulo 1

O modelo populacional dos ratos do campo está sujeito a diversas incertezas. A determinação da taxa de crescimento r e da taxa predatória k depende de observações sobre populações reais, que podem sofrer uma variação considerável. A hipótese de que r e k são constantes também pode ser questionada. Por exemplo, uma taxa predatória constante torna-se difícil de sustentar quando a população de ratos do campo torna-se menor. Além disso, o modelo prevê que uma população acima do valor de equilíbrio cresce exponencialmente, ficando cada vez maior. Isso não parece estar de acordo com a observação sobre populações reais; veja a discussão adicional sobre dinâmica populacional na Seção 2.5.

Se as diferenças entre observações realizadas e as previsões de um modelo matemático forem muito grandes, então você precisa refinar seu modelo, fazer observações mais cuidadosas, ou as duas coisas. Quase sempre existe uma troca entre precisão e simplicidade. Ambas são desejáveis, mas, em geral, um ganho em uma delas envolve uma perda na outra. No entanto, mesmo se um modelo matemático for incompleto ou não muito preciso, ele ainda pode ser útil para explicar características qualitativas do problema sob investigação. Ele pode, também, dar resultados satisfatórios em algumas circunstâncias e não em outras. Portanto, você deve sempre usar seu julgamento e bom senso na construção de modelos matemáticos e ao utilizar suas previsões.

Contexto Histórico, Parte II: Euler, Lagrange e Laplace.
O maior matemático do século XVIII, Leonhard Euler (1707-1783), cresceu perto de Basileia na Suíça e foi aluno de Johann Bernoulli. Ele seguiu seu amigo Daniel Bernoulli e foi para São Petersburgo em 1727. Durante o resto de sua vida esteve associado à St. Petersburg Academy (1727-1741 e 1766-1783) e à Berlin Academy (1741-1766). A perda de seu olho direito em 1738 e do seu olho esquerdo em 1766 não impediu Euler de ser um dos matemáticos mais prolíficos de todos os tempos. Além de ter publicado mais de 500 livros e artigos durante sua vida, outros 400 surgiram depois de sua morte.

De interesse especial aqui é a formulação matemática de problemas em Mecânica e seu desenvolvimento de métodos para resolvê-los. Sobre o trabalho de Euler em Mecânica, Lagrange disse ser "o primeiro trabalho importante no qual a análise é aplicada à ciência do movimento". Entre outras coisas, Euler identificou a condição para que equações diferenciais de primeira ordem sejam exatas (Seção 2.6) em 1734-1735, desenvolveu a teoria de fatores integrantes (Seção 2.6) no mesmo artigo e encontrou a solução geral para equações lineares homogêneas com coeficientes constantes (Seções 3.1, 3.3, 3.4 e 4.2) em 1743. Estendeu este último resultado para equações não homogêneas em 1750-1751. Começando em torno de 1750, Euler usou frequentemente séries de potências (Capítulo 5) para resolver

equações diferenciais. Propôs, também, um procedimento numérico (Seções 2.7 e 8.1) em 1768-1769, fez contribuições importantes em equações diferenciais parciais e forneceu o primeiro tratamento sistemático do cálculo de variações.

Joseph-Louis Lagrange (1736-1813) tornou-se professor de Matemática em sua cidade natal, Turim, na Itália, com 19 anos. Sucedeu a Euler na cadeira de Matemática na Berlin Academy, em 1766, e foi para a Paris Academy em 1787. Ele é mais conhecido pelo seu trabalho monumental *Mécanique analytique*, publicado em 1788, um tratado elegante e completo sobre mecânica newtoniana. Em relação a equações diferenciais elementares, Lagrange mostrou, no período 1762-1765, que a solução geral de uma equação diferencial linear homogênea de ordem n é uma combinação linear de n soluções independentes (Seções 3.2 e 4.1). Mais tarde, em 1774-1775, desenvolveu completamente o método de variação dos parâmetros (Seções 3.6 e 4.4). Lagrange também é conhecido pelo seu trabalho fundamental em equações diferenciais parciais e cálculo de variações.

Pierre-Simon de Laplace (1749-1827) viveu na Normandia, na França, quando menino, mas foi para Paris em 1768 e rapidamente deixou sua marca nos meios científicos, sendo eleito para a Académie des Sciences em 1773. Destacou-se no campo da mecânica celeste; seu trabalho mais importante, *Traité de mécanique céleste*, foi publicado em cinco volumes entre 1799 e 1825. A equação de Laplace é fundamental em muitos ramos da Física Matemática, e Laplace a estudou extensamente em conexão com a atração gravitacional. A transformada de Laplace (Capítulo 6) recebeu o nome em sua homenagem, embora sua utilidade na resolução de equações diferenciais só tenha sido reconhecida muito mais tarde.

No fim do século XVIII, muitos métodos elementares para resolver equações diferenciais ordinárias já tinham sido descobertos. No século XIX, o interesse migrou para a investigação de questões teóricas de existência e unicidade, assim como o desenvolvimento de métodos menos elementares, como os baseados em expansão em séries de potências (veja o Capítulo 5). Esses métodos encontram seu ambiente natural no plano complexo. Por causa disso, eles se beneficiaram e, até certo ponto, estimularam o desenvolvimento mais ou menos simultâneo da teoria de funções analíticas complexas. As equações diferenciais parciais começaram também a ser estudadas intensamente, à medida que se tornava claro seu papel crucial em Física Matemática. Com isso, muitas funções, soluções de certas equações diferenciais ordinárias, começaram a aparecer repetidamente e foram exaustivamente estudadas. Conhecidas coletivamente como funções transcendentais, muitas delas estão associadas a nomes de matemáticos, incluindo Bessel (Seção 5.7), Legendre (Seção 5.3), Hermite (Seção 5.2), Chebyshev (Seção 5.3), Hankel e muitos outros.

Problemas

G **1.** Resolva cada um dos problemas de valor inicial a seguir e desenhe os gráficos das soluções para diversos valores de y_0. Depois descreva, em poucas palavras, as semelhanças e diferenças entre as soluções.

a. $dy/dt = -y + 5, \quad y(0) = y_0$

b. $dy/dt = -2y + 5, \quad y(0) = y_0$

c. $dy/dt = -2y + 10, \quad y(0) = y_0$

G 2. Siga as instruções do Problema **1** para os problemas de valor inicial a seguir:

   a. $dy/dt = y - 5$, $y(0) = y_0$
   b. $dy/dt = 2y - 5$, $y(0) = y_0$
   c. $dy/dt = 2y - 10$, $y(0) = y_0$

3. Considere a equação diferencial

$$dy/dt = -ay + b,$$

em que a e b são números positivos.

   a. Encontre a solução geral da equação diferencial.
   G b. Esboce a solução para diversas condições iniciais diferentes.
   c. Descreva como a solução muda sob cada uma das seguintes condições:
      i. a aumenta.
      ii. b aumenta.
      iii. Ambos a e b aumentam, mas a razão b/a permanece constante.

4. Considere a equação diferencial $dy/dt = ay - b$.

   a. Encontre a solução de equilíbrio y_e.
   b. Seja $Y(t) = y - y_e$; então, $Y(t)$ é o desvio da solução de equilíbrio. Encontre a equação diferencial satisfeita por $Y(t)$.

5. **Coeficientes a Determinar.** Vamos mostrar um modo diferente de resolver a equação

$$\frac{dy}{dt} = ay - b. \tag{31}$$

   a. Resolva a equação mais simples

$$\frac{dy}{dt} = ay. \tag{32}$$

Denote a solução por $y_1(t)$.

   b. Observe que a única diferença entre as Eqs. (31) e (32) é a constante $-b$ na Eq. (31). Parece razoável, portanto, supor que as soluções dessas duas equações diferem apenas por uma constante. Teste essa hipótese tentando encontrar uma constante k tal que $y = y_1(t) + k$ é uma solução da Eq. (31).
   c. Compare sua solução no item **b** com a dada no texto pela Eq. (17).

Nota: esse método também pode ser usado em alguns casos em que a constante b é substituída por uma função $g(t)$. Depende se você é capaz de prever a forma geral que a solução deve ter. Esse método é descrito em detalhe na Seção 3.5 em conexão com equações de segunda ordem.

6. Use o método do Problema **5** para resolver a equação

$$\frac{dy}{dt} = -ay + b.$$

7. A população de ratos do campo no Exemplo 1.2.1 satisfaz a equação diferencial

$$\frac{dp}{dt} = \frac{p}{2} - 450.$$

   a. Encontre o instante em que a população é extinta se $p(0) = 850$.
   b. Encontre o instante de extinção se $p(0) = p_0$, em que $0 < p_0 < 900$.
   N c. Encontre a população inicial p_0 se a população se torna extinta em um ano.

8. O objeto em queda no Exemplo 1.2.2 satisfaz o problema de valor inicial

$$\frac{dv}{dt} = 9,8 - \frac{v}{5}, \quad v(0) = 0.$$

   a. Encontre o tempo necessário para que o objeto atinja 98% de sua velocidade limite.
   b. Qual a distância percorrida pelo objeto até o instante encontrado no item a?

9. Considere o objeto de massa 10 kg em queda do Exemplo 1.2.2, mas suponha agora que o coeficiente de resistência do ar é proporcional ao quadrado da velocidade.

   a. Se a velocidade limite for 49 m/s (a mesma que no Exemplo 1.2.2), mostre que a equação de movimento pode ser escrita como

$$\frac{dv}{dt} = \frac{1}{245}(49^2 - v^2).$$

Veja também o Problema 21 da Seção 1.1.

   b. Se $v(0) = 0$, encontre uma expressão para $v(t)$ em qualquer instante.
   G c. Faça o gráfico da solução encontrada no item **b** e da solução (26) do Exemplo 1.2.2 no mesmo conjunto de eixos.
   d. Com base nos gráficos encontrados no item **c**, compare o efeito de um coeficiente de resistência do ar quadrático com um linear.
   e. Encontre a distância $x(t)$ percorrida pelo objeto até o instante t.
   N f. Encontre o tempo T que demora para o objeto cair 300 m.

10. Um material radioativo, como o isótopo tório-234, desintegra a uma taxa proporcional à quantidade presente. Se $Q(t)$ for a quantidade presente no instante t, então $dQ/dt = -rQ$, em que $r > 0$ é a taxa de decaimento.

   a. Se 100 mg de tório-234 decaem a 82,04 mg em uma semana, determine a taxa de decaimento r.
   b. Encontre uma expressão para a quantidade de tório-234 presente em qualquer instante t.
   c. Encontre o tempo necessário para que o tório-234 decaia à metade da quantidade original.

11. A **meia-vida** de um material radioativo é o tempo necessário para que uma quantidade desse material decaia à metade de sua quantidade original. Mostre que, para qualquer material radioativo que decaia de acordo com a equação $Q' = -rQ$, a meia-vida τ e a taxa de decaimento r estão relacionadas pela equação $r\tau = \ln(2)$.

12. De acordo com a lei do resfriamento de Newton (veja o Problema **19** da Seção 1.1), a temperatura $u(t)$ de um objeto satisfaz a equação diferencial

$$\frac{du}{dt} = -k(u - T),$$

em que T é a temperatura ambiente constante e k é uma constante positiva. Suponha que a temperatura inicial do objeto é $u(0) = u_0$.

   a. Encontre a temperatura do objeto em qualquer instante.
   b. Seja τ o instante no qual a diferença inicial de temperatura $u_0 - T$ foi reduzida pela metade. Encontre a relação entre k e τ.

13. Considere um circuito elétrico contendo um capacitor, um resistor e uma bateria; veja a **Figura 1.2.3**. A carga $Q(t)$ no capacitor satisfaz a equação[5]

$$R\frac{dQ}{dt} + \frac{Q}{C} = V,$$

em que R é a resistência, C é a capacitância e V é a voltagem constante fornecida pela bateria.

   G a. Se $Q(0) = 0$, encontre $Q(t)$ em qualquer instante t e esboce o gráfico de Q em função de t.
   b. Encontre o valor limite Q_L para onde $Q(t)$ tende após um longo período de tempo.
   G c. Suponha que $Q(t_1) = Q_L$ e que, no instante $t = t_1$, a bateria é removida e o circuito é fechado novamente. Encontre $Q(t)$ para $t > t_1$ e esboce seu gráfico.

---

[5]Essa equação resulta das leis de Kirchhoff, que são discutidas na Seção 3.7.

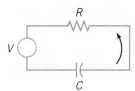

FIGURA 1.2.3 Circuito elétrico do Problema **13**.

N 14. Uma lagoa contendo 1.000.000 de galões (cerca de 4.550.000 litros) de água encontra-se, inicialmente, livre de certo produto químico indesejável (veja o Problema **17** da Seção 1.1). A lagoa recebe água contendo 0,01 g/gal de um produto químico a uma taxa de 300 gal/h, e a água sai da lagoa à mesma taxa. Suponha que o produto químico está distribuído uniformemente na lagoa.

a. Seja $Q(t)$ a quantidade de produto químico na lagoa no instante t. Escreva um problema de valor inicial para $Q(t)$.
b. Resolva o problema no item a para $Q(t)$. Quanto produto químico a lagoa terá ao fim de um ano?
c. Ao fim de um ano, a fonte do produto químico despejado na lagoa é retirada; a partir deste instante, a lagoa recebe água pura e a mistura sai à mesma taxa de antes. Escreva o problema de valor inicial que descreve essa nova situação.
d. Resolva o problema de valor inicial no item **c**. Qual é a quantidade de produto químico que ainda permanece na lagoa após mais um ano (dois anos após o início do problema)?
e. Quanto tempo vai levar para que $Q(t)$ seja igual a 10 g?
G f. Faça o gráfico de $Q(t)$ em função de t para até três anos.

1.3 Classificação de Equações Diferenciais

O objetivo principal deste livro é discutir algumas das propriedades de soluções de equações diferenciais e descrever alguns dos métodos que se mostraram eficazes para encontrar soluções ou, em alguns casos, aproximá-las. Para fornecer uma estrutura organizacional para a nossa apresentação, vamos descrever agora diversas maneiras úteis de classificar equações diferenciais. O domínio desse vocabulário é essencial para selecionar os métodos apropriados de solução e descrever as propriedades das soluções das equações diferenciais que você encontrará mais adiante neste livro – e na vida real.

Equações Diferenciais Ordinárias e Parciais. Uma classificação importante baseia-se em se a função desconhecida depende de uma única variável independente ou de diversas variáveis independentes. No primeiro caso, aparecem apenas derivadas simples na equação diferencial, e ela é dita uma **equação diferencial ordinária**. No segundo caso, as derivadas são derivadas parciais e a equação é chamada de **equação diferencial parcial**.

Todas as equações diferenciais discutidas nas duas seções precedentes são equações diferenciais ordinárias. Outro exemplo de equação diferencial ordinária é

$$L\frac{d^2Q(t)}{dt^2} + R\frac{dQ(t)}{dt} + \frac{1}{C}Q(t) = E(t), \quad (1)$$

para a carga $Q(t)$ em um capacitor em um circuito com capacitância C, resistência R e indutância L; essa equação é deduzida na Seção 3.7. Exemplos típicos de equações diferenciais parciais são a equação de calor

$$\alpha^2 \frac{\partial^2 u(x,t)}{\partial x^2} = \frac{\partial u(x,t)}{\partial t} \quad (2)$$

e a equação de onda

$$a^2 \frac{\partial^2 u(x,t)}{\partial x^2} = \frac{\partial^2 u(x,t)}{\partial t^2}. \quad (3)$$

Aqui, α^2 e a^2 são certas constantes físicas. Note que, em ambas as Eqs. (2) e (3), a variável dependente u depende de duas variáveis independentes, x e t. A equação de calor descreve a condução de calor em um corpo sólido, e a equação de onda aparece em uma variedade de problemas envolvendo movimento ondulatório em sólidos ou fluidos.

Sistemas de Equações Diferenciais. Outra classificação de equações diferenciais depende do número de funções desconhecidas. Se existe uma única função a ser determinada, uma equação é suficiente. Se existem, no entanto, duas ou mais funções que devem ser determinadas, precisamos de um sistema de equações. Por exemplo, as equações de Lotka-Volterra, ou predador-presa, são importantes em modelagem ecológica. Elas têm a forma

$$\begin{aligned} \frac{dx}{dt} &= ax - \alpha xy \\ \frac{dy}{dt} &= -cy + \gamma xy, \end{aligned} \quad (4)$$

em que $x(t)$ e $y(t)$ são as populações respectivas das espécies presa e predadora. As constantes a, α, c e γ são baseadas em observações empíricas e dependem do par específico de espécies em estudo. Sistemas de equações são discutidos nos Capítulos 7 e 9; em particular, as equações de Lotka-Volterra são examinadas na Seção 9.5. Não é incomum, em algumas áreas, encontrar sistemas muito grandes contendo centenas ou até milhares de equações diferenciais.

Ordem. A **ordem** de uma equação diferencial é a ordem da derivada de maior ordem que aparece na equação. As equações nas seções anteriores são todas de primeira ordem, enquanto a Eq. (1) é uma equação de segunda ordem. As Eqs. (2) e (3) também são equações diferenciais parciais de segunda ordem. De maneira mais geral, a equação

$$F\left(t, u(t), u'(t), \ldots, u^{(n)}(t)\right) = 0 \quad (5)$$

é uma equação diferencial ordinária de ordem n. A Eq. (5) expressa uma relação entre a variável independente t e os valores da função u e de suas n primeiras derivadas, u', u'', ..., $u^{(n)}$. É conveniente e usual em equações diferenciais substituir $u(t)$ por y e $u'(t), u''(t), \ldots, u^{(n)}(t)$ por $y', y'', \ldots, y^{(n)}$, respectivamente. Assim, a Eq. (5) fica

$$F\left(t, y, y', \ldots, y^{(n)}\right) = 0. \quad (6)$$

Por exemplo,

$$y''' + 2e^t y'' + yy' = t^4 \qquad (7)$$

é uma equação diferencial de terceira ordem para $y = u(t)$. Algumas vezes, outras letras serão usadas no lugar de t e y para as variáveis independentes e dependentes; o significado deve ficar claro pelo contexto.

Vamos supor que é sempre possível resolver uma equação diferencial ordinária dada para a maior derivada, obtendo

$$y^{(n)} = f\left(t, y, y', y'', \ldots, y^{(n-1)}\right). \qquad (8)$$

A razão principal disso é evitar ambiguidades que possam aparecer, já que uma única equação da forma (6) pode corresponder a diversas equações da forma (8). Por exemplo, a equação

$$(y')^2 + ty' + 4y = 0 \qquad (9)$$

leva a duas equações,

$$y' = \frac{-t + \sqrt{t^2 - 16y}}{2} \quad \text{ou} \quad y' = \frac{-t - \sqrt{t^2 - 16y}}{2}. \qquad (10)$$

Equações Lineares e Não Lineares. Uma classificação crucial de equações diferenciais é se elas são lineares ou não. A equação diferencial ordinária

$$F\left(t, y, y', \ldots, y^{(n)}\right) = 0$$

será dita **linear** se F for uma função linear das variáveis y, y', ..., $y^{(n)}$; uma definição análoga se aplica às equações diferenciais parciais. Assim, a equação diferencial ordinária linear geral de ordem n é

$$a_0(t) y^{(n)} + a_1(t) y^{(n-1)} + \cdots + a_n(t) y = g(t). \qquad (11)$$

A maioria das equações que você viu até agora neste livro é linear; exemplos são as equações nas Seções 1.1 e 1.2, que descrevem um objeto em queda e a população de ratos do campo. De maneira análoga, nesta seção, a Eq. (1) é uma equação diferencial ordinária linear e as Eqs. (2) e (3) são equações diferenciais parciais lineares. Uma equação que não é da forma (11) é uma equação **não linear**. A Eq. (7) é não linear em razão do termo yy'. De modo similar, cada equação no sistema (4) é não linear, por causa de expressões envolvendo o produto xy das duas funções desconhecidas.

Um problema físico simples que leva a uma equação diferencial não linear é o problema do pêndulo. O ângulo $\theta = \theta(t)$ que um pêndulo de comprimento L oscilando faz com a direção vertical (veja a **Figura 1.3.1**) satisfaz a equação

$$\frac{d^2\theta}{dt^2} + \frac{g}{L} \operatorname{sen}(\theta) = 0, \qquad (12)$$

cuja dedução está delineada nos Problemas 22 a 24. A presença do termo envolvendo $\operatorname{sen}(\theta)$ faz com que a Eq. (12) seja não linear.

A teoria matemática e os métodos para resolver equações lineares estão bastante desenvolvidos. Em contraste, a teoria para equações não lineares é mais complicada, e os métodos de resolução são menos satisfatórios. Em vista disso, é promissor que muitos problemas significativos levem a equações diferenciais ordinárias lineares ou possam ser aproximados por

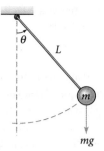

FIGURA 1.3.1 Pêndulo oscilando.

equações lineares. Por exemplo, para o pêndulo, se o ângulo θ for pequeno, então $\operatorname{sen}(\theta) \cong \theta$ e a Eq. (12) pode ser aproximada pela equação linear

$$\frac{d^2\theta}{dt^2} + \frac{g}{L}\theta = 0. \qquad (13)$$

Esse processo de aproximar uma equação não linear por uma linear é chamado **linearização** e é extremamente útil para tratar equações não lineares. Apesar disso, existem muitos fenômenos físicos que não podem ser representados adequadamente por equações lineares. Para estudar esses fenômenos, é imprescindível tratar com equações não lineares.

Em um texto elementar, é natural enfatizar as partes mais simples e diretas do assunto. Portanto, a maior parte deste livro trata de equações lineares e diversos métodos para resolvê-las. No entanto, os Capítulos 8 e 9, assim como partes do Capítulo 2, consideram equações não lineares. Sempre que for apropriado, vamos observar por que as equações não lineares são, em geral, mais difíceis e por que muitas das técnicas úteis na resolução de equações lineares não podem ser aplicadas às equações não lineares.

Soluções. Uma **solução** da equação diferencial ordinária de ordem n (8) no intervalo $\alpha < t < \beta$ é uma função ϕ tal que ϕ', ϕ'', ..., $\phi^{(n)}$ existem e satisfazem

$$\phi^{(n)}(t) = f\left(t, \phi(t), \phi'(t), \ldots, \phi^{(n-1)}(t)\right) \qquad (14)$$

para todo t tal que $\alpha < t < \beta$. A menos que explicitado o contrário, vamos supor que a função f na Eq. (8) assume valores reais e que estamos interessados em encontrar soluções reais $y = \phi(t)$.

Lembre-se de que encontramos, na Seção 1.2, soluções de determinadas equações por um processo de integração direta. Por exemplo, vimos que a equação

$$\frac{dp}{dt} = \frac{p}{2} - 450 \qquad (15)$$

tem a solução

$$p(t) = 900 + ce^{t/2}, \qquad (16)$$

em que c é uma constante arbitrária.

Muitas vezes, não é tão fácil encontrar soluções de equações diferenciais. No entanto, se você encontrar uma função que pode ser solução de uma equação diferencial dada, é muito fácil, em geral, verificar se a função é de fato solução: basta substituir a função na equação.

14 Capítulo 1

Por exemplo, dessa maneira é fácil mostrar que a função $y_1(t) = \cos(t)$ é uma solução de

$$y'' + y = 0 \qquad (17)$$

para todo t. Para confirmar isso, note que $y_1'(t) = -\mathrm{sen}(t)$ e $y_1''(t) = -\cos(t)$, segue então que $y_1''(t) + y_1(t) = 0$. Da mesma maneira, é fácil mostrar que $y_2(t) = \mathrm{sen}\ t$ também é solução da Eq. (17).

É claro que isso não é um modo satisfatório de resolver a maioria das equações diferenciais, já que existe um número grande demais de funções possíveis para que se tenha alguma chance de encontrar a função correta aleatoriamente. De qualquer modo, é importante compreender que é possível verificar se qualquer solução proposta está correta substituindo-a na equação diferencial. Essa pode ser uma verificação útil e você deve transformar essa verificação em hábito.

Algumas Questões Relevantes. Embora tenhamos sido capazes de verificar que determinadas funções simples são soluções das Eqs. (15) e (17), não temos, em geral, tais soluções disponíveis. Uma questão fundamental, então, é a seguinte: uma equação da forma (8) sempre tem solução? A resposta é "não". Escrever, simplesmente, uma equação da forma (8) não significa, necessariamente, que existe uma função $y = \phi(t)$ que a satisfaça. Como podemos saber, então, se determinada equação tem solução? Esse é o problema de *existência* de solução, e é respondido por teoremas que afirmam que, sob certas condições sobre a função f na Eq. (8), a equação sempre tem solução. Essa não é uma preocupação puramente matemática por pelo menos duas razões. Se um problema não tem solução, gostaríamos de saber disso antes de investir tempo e esforço na tentativa vã de resolvê-lo. Além disso, se um problema físico razoável está sendo modelado matematicamente por uma equação diferencial, então a equação deveria ter solução. Se não tiver, presume-se que há algo de errado com a formulação. Nesse sentido, o engenheiro ou cientista tem um modo de verificar a validade do modelo matemático.

Se supusermos que uma equação diferencial dada tem pelo menos uma solução, pode ser necessário investigar quantas soluções ela tem e que condições adicionais devem ser especificadas para se obter uma única solução. Esse é o problema de *unicidade*. Em geral, soluções de equações diferenciais contêm uma ou mais constantes arbitrárias de integração, como a solução (16) da Eq. (15). A Eq. (16) representa uma infinidade de funções correspondentes à infinidade de escolhas possíveis para a constante c. Como vimos na Seção 1.2, se p for especificado em algum instante t, essa condição determinará um valor para c; mesmo assim, não descartamos a possibilidade de que possam existir outras soluções da Eq. (15) para as quais p tem o valor especificado no instante t dado. Como no problema de existência de soluções, a questão de unicidade também tem implicações práticas e teóricas. Se formos suficientemente felizes para encontrar uma solução de um problema dado, e se soubermos que o problema tem uma única solução, então podemos ter certeza de que resolvemos completamente o problema. Se existirem outras soluções, talvez devamos continuar procurando-as.

Uma terceira questão importante é: dada uma equação diferencial da forma (8), podemos determinar de fato uma solução e, nesse caso, como? Note que, se encontrarmos uma solução da equação dada, responderemos, ao mesmo tempo, a questão de existência de solução. No entanto, sem conhecer a teoria de existência poderíamos, por exemplo, usar um computador para encontrar uma aproximação numérica para uma "solução" que não existe. Por outro lado, mesmo sabendo que a solução existe, pode não ser possível expressá-la em termos das funções elementares usuais – funções polinomiais, trigonométricas, exponenciais, logarítmicas e hiperbólicas. Infelizmente, essa é a situação para a maioria das equações diferenciais. Assim, discutimos tanto métodos elementares que podem ser usados para obter soluções de determinados problemas relativamente simples quanto métodos de natureza mais geral que podem ser usados para aproximar soluções em problemas mais difíceis.

Uso de Tecnologia em Equações Diferenciais. A tecnologia pode ser uma ferramenta extremamente útil no estudo de equações diferenciais. Há muitos anos, os computadores vêm sendo utilizados para executar algoritmos numéricos, como os descritos na Seção 2.7 e no Capítulo 8, de modo a construir aproximações numéricas de soluções de equações diferenciais. Esses algoritmos foram refinados em um nível extremamente alto de generalidade e eficiência. Algumas poucas linhas de código, escritas em uma linguagem de programação de alto nível e executadas (em uma fração de segundo, frequentemente) em um computador, *tablet* ou *smartphone* relativamente barato, são suficientes para aproximar com muita precisão as soluções de um espectro amplo de equações diferenciais. Rotinas mais sofisticadas também estão disponíveis com facilidade. Essas rotinas combinam a habilidade de tratar sistemas muito grandes e complicados com diversas características de diagnósticos que alertam o usuário quanto a problemas possíveis à medida que vão sendo encontrados.

A saída usual de um algoritmo numérico é uma tabela de números, listando valores selecionados da variável independente e os valores correspondentes da variável dependente. Com programas apropriados, é fácil mostrar graficamente a solução de uma equação diferencial, quer ela tenha sido obtida numericamente ou como resultado de um procedimento analítico de alguma espécie. Tais apresentações gráficas são, muitas vezes, mais claras e úteis para compreender e interpretar a solução de uma equação diferencial do que uma tabela de números ou uma fórmula analítica complicada. Em um passado não tão distante, representações gráficas de soluções de equações diferenciais só eram possíveis com a aquisição de pacotes de programas computacionais específicos. Hoje em dia, ferramentas gráficas de alta qualidade estão acessíveis na internet, facilmente e de graça, para qualquer pessoa que tenha um computador, um celular (*smartphone*) ou qualquer outro dispositivo portátil do mesmo tipo. Melhorias no desempenho e no acesso continuarão a ocorrer. O aumento da potência e sofisticação de celulares modernos (*smartphones*), *tablets* e outros dispositivos móveis tornaram acessíveis capacidades computacionais e gráficas poderosas para os estudantes, individualmente. Diversos programas entre nossos favoritos estão listados na bibliografia ao fim deste capítulo. Você deve considerar, dependendo de suas circunstâncias, como aproveitar melhor os recursos computacionais disponíveis. Você certamente achará isso instrutivo.

Outro aspecto da utilização de computadores bastante relevante para o estudo de equações diferenciais é a disponibilidade de pacotes gerais extremamente poderosos que podem efetuar uma gama muito grande de operações matemáticas. Entre esses estão o Maple, o Mathematica e o MATLAB, cada qual podendo ser usado em diversos tipos de plataformas computacionais, que vão de celulares a computadores gigantescos com arquitetura paralela. Todos esses três programas podem executar cálculos numéricos extensos e têm recursos gráficos versáteis. Por exemplo, eles podem executar os passos analíticos necessários para a resolução de muitas equações diferenciais, frequentemente em resposta a um único comando. Qualquer pessoa que espera tratar equações diferenciais de um modo mais do que superficial deve se familiarizar com pelo menos um desses produtos e as diversas possibilidades de uso.

Para você, estudante, esses recursos computacionais afetam a maneira de estudar equações diferenciais. Para se tornar confiante no uso de equações diferenciais, é essencial compreender como os métodos de solução funcionam, e essa compreensão é obtida, em parte, fazendo-se um número suficiente de exemplos detalhadamente. No entanto, no fim você deve planejar usar ferramentas computacionais apropriadas para completar muitos dos detalhes rotineiros (muitas vezes repetitivos), enquanto presta mais atenção à formulação correta do problema e à interpretação da solução. Nosso ponto de vista é que você deve sempre tentar usar os melhores métodos e ferramentas disponíveis para cada tarefa. Em particular, deve tentar combinar métodos numéricos, gráficos e analíticos de modo a obter a maior compreensão possível sobre o comportamento da solução e dos processos subjacentes que o problema modela. Você deve se lembrar, também, de que algumas tarefas são mais bem executadas com lápis e papel, enquanto outras necessitam de algum tipo de tecnologia computacional. Muitas vezes é necessário ter bom senso e experiência para selecionar uma combinação efetiva.

Contexto Histórico, Parte III: Progressos Recentes e em Andamento. As inúmeras equações diferenciais que resistiram a métodos analíticos levaram à investigação de métodos de aproximação numérica (veja o Capítulo 8). Por volta de 1900, já haviam sido desenvolvidos métodos efetivos de integração numérica, mas sua implementação estava severamente prejudicada pela necessidade de se executar os cálculos à mão ou com equipamentos computacionais muito primitivos. Desde a Segunda Guerra Mundial, o desenvolvimento de computadores cada vez mais poderosos e versáteis aumentou muito a gama de problemas que podem ser investigados, de maneira efetiva, por métodos numéricos. Durante este mesmo período, foram desenvolvidos integradores numéricos extremamente refinados e robustos, facilmente disponíveis, até mesmo para celulares e outros dispositivos móveis. Esses progressos tecnológicos tornaram possível para estudantes a resolução de muitos problemas significativos.

Outra característica das equações diferenciais modernas foi a concepção de métodos geométricos ou topológicos, especialmente para equações não lineares. O objetivo é compreender, pelo menos qualitativamente, o comportamento de soluções de um ponto de vista geométrico, assim como analítico. Se há necessidade de mais detalhes, isso pode ser obtido, em geral, usando-se aproximações numéricas. O Capítulo 9 contém uma introdução a métodos geométricos. Concluímos essa breve revisão histórica com dois exemplos que ilustram como experiências computacionais na vida real motivaram descobertas importantes analíticas e teóricas.

Em 1834, John Scott Russell (1808-1882), um engenheiro civil escocês, estava fazendo experimentos para determinar o projeto mais eficiente para botes em canais quando observou que, "quando o bote parava de repente", a água que estava sendo empurrada pelo bote "acumulava-se em torno da proa do bote em um estado de agitação violenta e depois, deixando [o bote] para trás, [a água] movimentava-se para a frente com uma velocidade grande, assumindo a forma de uma elevação solitária alta, um monte de água arredondado, suave e bem definido".[6] Muitos matemáticos não acreditavam que as ondas viajantes solitárias descritas por Russell existissem. Mas, quando a dissertação de doutorado do matemático holandês Gustav de Vries (1866-1934) modelou ondas de água em um canal raso por uma equação diferencial parcial não linear, essas objeções foram silenciadas. Hoje em dia, essas equações são conhecidas como as equações de Korteweg-de Vries (KdV). Diederik Johannes Korteweg (1848-1941) orientou a tese de doutorado de de Vries. Sem que Korteweg e de Vries soubessem, o modelo Korteweg-de Vries surgiu como uma nota de rodapé 10 anos antes no tratado de 680 páginas de Joseph Valentin Boussinesq (1842-1929), *Essai sur la théorie des eaux courantes*. Os trabalhos de Boussinesq e de Korteweg-de Vries permaneceram praticamente despercebidos até dois norte-americanos, o físico Norman J. Zabusky (1929-2018) e o matemático Martin David Kruskal (1925-2006), usarem simulações computacionais para descobrir, em 1965, que todas as soluções das equações KdV consistem, finalmente, em um conjunto finito de ondas viajantes localizadas. Hoje em dia, quase 200 anos depois das observações de Russell e 50 anos após os experimentos computacionais de Zabusky e Kruskal, o estudo de "sólitons" permanece uma área ativa na pesquisa de equações diferenciais. Outros matemáticos que contribuíram para os estudos iniciais de propagação de ondas não lineares foram David Hilbert (alemão, 1862-1943), Richard Courant (alemão-americano, 1888-1972) e John von Neumann (húngaro-americano, 1903-1957); encontraremos algumas dessas ideias novamente no Capítulo 9.

Resultados computacionais também foram essenciais na descoberta da "teoria do caos". Em 1961, Edward Lorenz (1917-2008), um matemático e meteorologista norte-americano que trabalhava no Massachusetts Institute of Technology, estava desenvolvendo modelos de previsão do tempo quando observou resultados diferentes ao recomeçar uma simulação no meio do período de tempo usando resultados calculados anteriormente. (Lorenz recomeçou os cálculos com soluções aproximadas usando três dígitos, não os seis dígitos armazenados no computador.) Em 1976, o matemático australiano Sir Robert M. May (1938-2020) introduziu e analisou o mapa logístico, mostrando que existem valores especiais do parâmetro do problema em que as soluções sofrem mudanças drásticas. O fato de que pequenas variações no problema produzem grandes mudanças na solução representa uma das caraterísticas que definem o caos. O mapa

---

[6]"Report on waves", em *Proceedings of the Fourteenth Meeting of the British Association for the Advancement of Science*, p. 311-390, 1845, e quadros 47-57. Disponível em: http://www.macs.hw.ac.uk/~chris/Scott-Russell/SR44.pdf.

16 Capítulo 1

logístico de May está discutido em mais detalhe na Seção 2.9. Outros exemplos clássicos do que consideramos "caos" incluem o trabalho do matemático francês Henri Poincaré (1854-1912) sobre movimento planetário e os estudos de fluxo de fluido turbulento pelo matemático soviético Andrey Nikolaevich Kolmogorov (1903-1987), pelo matemático norte-americano Mitchell Feigenbaum (1944-2019) e por muitos outros. Além desses e outros exemplos clássicos de caos, continuam sendo encontrados novos exemplos.

Sólitons e caos são apenas dois dos muitos exemplos em que computadores e, especialmente, computação gráfica, trouxeram um novo ímpeto ao estudo de sistemas de equações diferenciais não lineares. Foram descobertos outros fenômenos inesperados (Seção 9.8), tais como atratores estranhos (David Ruelle, belga, 1935-) e fractais (Benoit Mandelbrot, polonês, 1924-2010), que estão sendo intensamente estudados e vêm gerando novas e importantes ideias em diversas aplicações diferentes. Embora seja um assunto antigo sobre o qual muito se sabe, o estudo das equações diferenciais no século XXI permanece sendo uma fonte fértil de problemas fascinantes e importantes ainda não resolvidos.

Problemas

Nos Problemas 1 a 4, determine a ordem da equação diferencial dada e diga se ela é linear ou não linear.

1. $t^2 \dfrac{d^2 y}{dt^2} + t \dfrac{dy}{dt} + 2y = \text{sen}(t)$

2. $\left(1 + y^2\right) \dfrac{d^2 y}{dt^2} + t \dfrac{dy}{dt} + y = e^t$

3. $\dfrac{d^4 y}{dt^4} + \dfrac{d^3 y}{dt^3} + \dfrac{d^2 y}{dt^2} + \dfrac{dy}{dt} + y = 1$

4. $\dfrac{d^2 y}{dt^2} + \text{sen}\,(t + y) = \text{sen}(t)$

Nos Problemas 5 a 10, verifique que cada função dada é uma solução da equação diferencial.

5. $y'' - y = 0$; $\;y_1(t) = e^t$, $\;y_2(t) = \cosh(t)$

6. $y'' + 2y' - 3y = 0$; $\;y_1(t) = e^{-3t}$, $\;y_2(t) = e^t$

7. $ty' - y = t^2$; $\;y = 3t + t^2$

8. $y'''' + 4y''' + 3y = t$; $\;y_1(t) = t/3$, $\;y_2(t) = e^{-t} + t/3$

9. $t^2 y'' + 5ty' + 4y = 0$, $\;t > 0$; $\;y_1(t) = t^{-2}$, $\;y_2(t) = t^{-2} \ln(t)$

10. $y' - 2ty = 1$; $\;y = e^{t^2} \displaystyle\int_0^t e^{-s^2}\,ds + e^{t^2}$

Nos Problemas 11 a 13, determine os valores de r para os quais a equação diferencial dada tem uma solução da forma $y = e^{rt}$.

11. $y' + 2y = 0$

12. $y'' + y' - 6y = 0$

13. $y''' - 3y'' + 2y' = 0$

Nos Problemas 14 e 15, determine os valores de r para os quais a equação diferencial dada tem uma solução da forma $y = t^r$ para $t > 0$.

14. $t^2 y'' + 4ty' + 2y = 0$

15. $t^2 y'' - 4ty' + 4y = 0$

Nos Problemas 16 a 18, determine a ordem da equação diferencial e diga se ela é linear ou não linear. Derivadas parciais são denotadas por índices.

16. $u_{xx} + u_{yy} + u_{zz} = 0$

17. $u_{xxxx} + 2u_{xxyy} + u_{yyyy} = 0$

18. $u_t + uu_x = 1 + u_{xx}$

Nos Problemas 19 a 21, verifique que cada função dada é uma solução da equação diferencial parcial dada.

19. $u_{xx} + u_{yy} = 0$; $\;u_1(x, y) = \cos(t)\cosh(y)$,
$u_2(x, y) = \ln(x^2 + y^2)$

20. $\alpha^2 u_{xx} = u_t$; $\;u_1(x, t) = e^{-\alpha^2 t}\,\text{sen}(x)$,
$u_2(x, t) = e^{-\alpha^2 \lambda^2 t}\,\text{sen}(\lambda x)$, $\;\lambda$ uma constante real

21. $a^2 u_{xx} = u_{tt}$; $\;u_1(x, t) = \text{sen}(\lambda x)\,\text{sen}(\lambda a t)$,
$u_2(x, t) = \text{sen}(x - at)$, $\;\lambda$ uma constante real

22. Siga os passos indicados aqui para deduzir a equação de movimento de um pêndulo, Eq. (12) no texto. Suponha que a barra do pêndulo é rígida e sem peso, que a massa é pontual e que não existe atrito ou resistência em nenhum ponto do sistema.

   a. Suponha que a massa está em uma posição deslocada arbitrária, indicada pelo ângulo θ. Desenhe um diagrama mostrando as forças que agem sobre a massa.

   b. Aplique a lei do movimento de Newton na direção tangencial ao arco circular sobre o qual a massa se move. Então, a força de tensão sobre a barra não aparece na equação. Observe que é necessário encontrar a componente da força gravitacional na direção tangencial. Note também que a aceleração linear, em oposição à aceleração angular, é $Ld^2\theta/dt^2$, em que L é o comprimento da barra.

   c. Simplifique o resultado obtido no item b para obter a Eq. (12) do texto.

23. Outra maneira de deduzir a equação do pêndulo (12) baseia-se no princípio de conservação de energia.

   a. Mostre que a energia cinética T do pêndulo em movimento é
   $$T = \frac{1}{2}mL^2 \left(\frac{d\theta}{dt}\right)^2.$$

   b. Mostre que a energia potencial V do pêndulo relativa à posição de repouso é
   $$V = mgL(1 - \cos(\theta)).$$

   c. Pelo princípio de conservação de energia, a energia total $E = T + V$ é constante. Calcule dE/dt, iguale a zero e mostre que a equação resultante pode ser reduzida à Eq. (12).

24. Uma terceira dedução da equação do pêndulo depende do princípio do momento angular: a taxa de variação do momento angular em torno de qualquer ponto é igual ao momento externo total em torno do mesmo ponto.

   a. Mostre que o momento angular M em torno do ponto de suporte é dado por $M = mL^2 d\theta/dt$.

   b. Iguale dM/dt ao momento da força gravitacional e mostre que a equação resultante pode ser reduzida à Eq. (12). Note que os momentos positivos são no sentido trigonométrico (anti-horário).

Questões Conceituais

C1.1. Qual é o coeficiente angular da solução de $y' = x^2 + y^2$ quando contém cada um dos pontos a seguir?

    a. $(1, 2)$

    b. $(-3, 0)$

    c. $(0, 0)$

    d. (π, e)

    Alguma solução dessa equação diferencial pode ser decrescente? Por quê?

C1.2. Descreva, em uma frase completa, um campo de direções para uma equação diferencial da forma $y' = f(t, y)$.

C1.3. Qual é outro nome para um campo de inclinações?

C1.4. Todos os modelos matemáticos envolvem equações diferenciais?

C1.5. Qual assunto foi desenvolvido antes: equações diferenciais ou cálculo?

C1.6. Quais são as partes de um problema de valor inicial?

C1.7. Pode existir mais de um modelo matemático para o mesmo problema físico?

C1.8. Determine se cada uma das afirmações a seguir é falsa ou verdadeira. Explique cada resposta, especialmente se for falsa.

    a. Quando a ordem de uma equação diferencial aumenta, ela se torna mais difícil de resolver.

    b. Equações diferenciais lineares são mais fáceis de resolver do que as não lineares.

    c. Modelos usando equações diferenciais parciais são mais precisos do que modelos usando equações diferenciais ordinárias.

C1.9. Quais são as três questões fundamentais que devem ser feitas sobre uma equação diferencial?

Respostas das Questões Conceituais

C1.1.   **a.** 5

    b. 9

    c. 0

    d. $\pi^2 + e^2$

    Não. O coeficiente angular é sempre maior ou igual a zero, logo nunca pode ser decrescente.

C1.2. Um campo de direções é uma representação gráfica de uma equação diferencial que usa segmentos de reta pequenos para mostrar o coeficiente angular das retas tangentes às soluções nos pontos diferentes do plano (t, y).

C1.3. Campo de direções, já que mostra a direção em que as soluções se movem, como as linhas de fluxo em um movimento.

C1.4. Não. Embora equações diferenciais possam ser usadas para modelar uma grande variedade de problemas diferentes, elas não fornecem o único tipo de modelos. (Apesar de não serem discutidos neste texto, outros tipos de modelos incluem modelos estatísticos, modelos discretos e sistemas dinâmicos. Muitos problemas envolvem uma combinação destas e de outras áreas da Matemática.)

C1.5. Newton e Leibniz recebem crédito sobre a origem do estudo de cálculo e equações diferenciais, mas nenhum deles identificou seu trabalho nesses termos. Ambos viram seu trabalho como uma maneira de descrever (modelar) os princípios da Mecânica (Física).

C1.6. Todo problema de valor inicial consiste em duas partes: (i) uma equação diferencial e (ii) uma ou mais condições iniciais.

C1.7. Certamente! A maior parte dos modelos matemáticos envolve hipóteses ou outros dados incertos. Modelos bons são muito explícitos sobre essas hipóteses e, muitas vezes, indicam ou exploram diversas possibilidades para determinar a sensibilidade das soluções sob hipóteses diferentes.

C1.8.   **a.** Falsa. A ordem descreve a ordem da maior derivada que aparece na equação. Muitas vezes, o fato de uma equação diferencial ser linear ou não linear faz muita diferença sobre a dificuldade de resolução. Por exemplo, é mais fácil resolver a equação diferencial de segunda ordem $y'' + y = 0$ do que resolver a equação de primeira ordem $y' = t^2 + y^2$.

    b. Falsa. Ainda está cedo neste texto para fornecer uma resposta definitiva para esta questão. Assim como se sabe muito mais sobre equações algébricas lineares do que sobre as não lineares, veremos que há muito mais teoria e estrutura sobre equações diferenciais lineares do que sobre as não lineares.

    c. Falsa. O tipo de equação diferencial que aparece em um modelo matemático depende da situação específica. Se o problema tiver apenas uma variável independente, digamos tempo ou posição (em uma reta), então uma equação diferencial ordinária deve funcionar bem. Se for necessário incluir tanto o tempo quanto a posição (em uma reta) ou se a posição tiver mais do que uma componente, então provavelmente uma equação diferencial parcial será mais apropriada.

C1.9. A equação diferencial tem solução? A solução é única? (Pode haver mais de uma solução?) A solução (ou soluções) pode ser escrita em forma fechada?

Bibliografia

Programas de computador para equações diferenciais mudam muito rápido para que se possam dar boas referências em um livro como este. Uma busca pelo Google sobre Maple, Mathematica, Sage ou MATLAB é uma boa maneira de começar se você precisa de informações sobre um desses sistemas de álgebra computacional e numérico.

    Existem muitos livros instrutivos sobre sistemas de álgebra computacional, como os seguintes:

Cheung, C.-K., Keough, G. E., Gross, R. H. and Landraitis, C. *Getting Started with Mathematica*. 3. ed. New York: Wiley, 2009.

Meade, D. B., May, M., Cheung, C.-K. and Keough, G. E. *Getting Started with Maple*. 3. ed. New York: Wiley, 2009.

    Para ler mais sobre a história da Matemática, procure livros como os listados a seguir:

Boyer, C. B. and Merzbach, U. C. *A History of Mathematics*. 2. ed. New York: Wiley, 1989.

Kline, M. *Mathematical Thought from Ancient to Modern Times* (3 volumes). New York: Oxford University Press, 1990.

Um apêndice histórico útil sobre o desenvolvimento inicial das equações diferenciais aparece em:

Ince, E. L. *Ordinary Differential Equations*. London: Longmans, Green, 1927; New York: Dover, 1956.

Fontes enciclopédicas de informação sobre vidas e feitos de matemáticos do passado são:

Gillespie, C. C. (ed.). *Dictionary of Scientific Biography* (15 volumes). New York: Scribner's, 1971.

Koertge, N. (ed.). *New Dictionary of Scientific Biography* (8 volumes). New York: Scribner's, 2007.

Koertge, N. (ed.). *Complete Dictionary of Scientific Biography*. New York: Scribner's, 2007 [*e-book*].

Muita informação histórica pode ser encontrada na internet. Um *site* excelente é o *MacTutor History of Mathematics*, disponível em http://mathshistory.st-andrews.ac.uk, de O'Connor. J. J. e Robertson, E. F., do Departamento de Matemática e Estatística da University of St. Andrews, na Escócia.

CAPÍTULO **2**

Equações Diferenciais de Primeira Ordem

Este capítulo trata de equações diferenciais de primeira ordem,

$$\frac{dy}{dt} = f(t, y), \tag{1}$$

em que f é uma função dada de duas variáveis. Qualquer função diferenciável $y = \phi(t)$ que satisfaz essa equação para todo t em algum intervalo é chamada de solução. Nosso objetivo é determinar se tal função existe e, nesse caso, desenvolver métodos para encontrá-la. Infelizmente, não existe método geral para resolver a equação em termos de funções elementares para uma função arbitrária f. Em vez disso, descreveremos diversos métodos, cada um deles aplicável a determinada subclasse de equações de primeira ordem.

As mais importantes dessas são as equações lineares (Seção 2.1), as equações separáveis (Seção 2.2) e as equações exatas (Seção 2.6). Outras seções deste capítulo descrevem algumas das aplicações importantes de equações diferenciais de primeira ordem, introduzem a ideia de aproximar uma solução por cálculos numéricos e discutem algumas questões teóricas relacionadas com a existência e a unicidade de soluções. A última seção inclui um exemplo de soluções caóticas no contexto de equações de diferenças finitas de primeira ordem, que têm alguns pontos importantes de semelhança com equações diferenciais e são mais simples de investigar.

2.1 Equações Diferenciais Lineares; Método dos Fatores Integrantes

Se a função f na Eq. (1) depender linearmente da variável dependente y, então a Eq. (1) é dita uma equação linear de primeira ordem. Nas Seções 1.1 e 1.2, discutimos um tipo restrito de equações lineares de primeira ordem, as que têm coeficientes constantes. Um exemplo típico é

$$\frac{dy}{dt} = -ay + b, \tag{2}$$

em que a e b são constantes dadas. Lembre-se de que uma equação dessa forma descreve o movimento de um objeto em queda na atmosfera.

Agora, consideraremos a equação linear de primeira ordem geral, obtida substituindo-se os coeficientes a e b na Eq. (2)

por funções arbitrárias de t. Em geral, escreveremos a **equação diferencial linear de primeira ordem** geral na forma-padrão

$$\frac{dy}{dt} + p(t)y = g(t), \tag{3}$$

em que p e g são funções dadas da variável independente t. Algumas vezes, é mais conveniente escrever a equação na forma

$$P(t)\frac{dy}{dt} + Q(t)y = G(t), \tag{4}$$

na qual P, Q e G são dadas. É claro que, sempre que $P(t) \neq 0$, você pode converter a Eq. (4) na Eq. (3) dividindo a Eq. (4) por $P(t)$.

Em alguns casos, é possível resolver uma equação diferencial linear de primeira ordem imediatamente por integração, como no exemplo a seguir.

EXEMPLO 2.1.1

Resolva a equação diferencial

$$(4 + t^2)\frac{dy}{dt} + 2ty = 4t. \tag{5}$$

Solução:

A expressão à esquerda do sinal de igualdade na Eq. (5) é uma combinação linear de dy/dt e y, uma combinação que também aparece em cálculo na regra para a derivada de um produto. De fato,

$$(4 + t^2)\frac{dy}{dt} + 2ty = \frac{d}{dt}\big((4 + t^2)y\big);$$

segue que a Eq. (5) pode ser escrita como

$$\frac{d}{dt}\big((4 + t^2)y\big) = 4t. \tag{6}$$

Assim, embora y seja desconhecida, podemos integrar a Eq. (6) em relação a t obtendo

$$(4 + t^2)y = 2t^2 + c, \tag{7}$$

em que c é uma constante de integração arbitrária. Resolvendo para y, encontramos

$$y = \frac{2t^2}{4 + t^2} + \frac{c}{4 + t^2}. \tag{8}$$

Essa é a solução geral da Eq. (5).

Infelizmente, a maioria das equações diferenciais lineares de primeira ordem não pode ser resolvida como no Exemplo 2.1.1, já que as expressões à esquerda do sinal de igualdade nem sempre são iguais à derivada do produto de *y* com outra função. Entretanto, Leibniz descobriu que, se a equação diferencial for multiplicada por determinada função $\mu(t)$, então a equação transforma-se em uma que é imediatamente integrável usando-se a regra para a derivada de um produto, exatamente como no Exemplo 2.1.1. A função $\mu(t)$ é chamada **fator integrante** e nossa tarefa principal é determinar como encontrá-la para uma equação dada. Mostraremos, primeiramente, como esse método funciona em um exemplo e, depois, como funciona para a equação diferencial geral de primeira ordem na forma-padrão (3).

EXEMPLO 2.1.2

Encontre a solução geral da equação diferencial

$$\frac{dy}{dt} + \frac{1}{2}y = \frac{1}{2}e^{t/3}. \qquad (9)$$

Desenhe o gráfico de algumas curvas integrais representativas, ou seja, desenhe o gráfico de soluções correspondentes a diversos valores da constante arbitrária *c*. Encontre também a solução particular cujo gráfico contém o ponto (0, 1).

Solução:

O primeiro passo é multiplicar a Eq. (9) por uma função $\mu(t)$, ainda a determinar; assim,

$$\mu(t)\frac{dy}{dt} + \frac{1}{2}\mu(t)y = \frac{1}{2}\mu(t)e^{t/3}. \qquad (10)$$

O problema agora é se podemos escolher $\mu(t)$ de tal modo que a expressão à esquerda do sinal de igualdade na Eq. (10) seja a derivada do produto $\mu(t)y$. Para qualquer função diferenciável $\mu(t)$, temos

$$\frac{d}{dt}(\mu(t)y) = \mu(t)\frac{dy}{dt} + \frac{d\mu(t)}{dt}y. \qquad (11)$$

Portanto, a expressão à esquerda do sinal de igualdade na Eq. (10) e a expressão à direita do sinal de igualdade na Eq. (11) serão idênticas se escolhermos $\mu(t)$ satisfazendo

$$\frac{d\mu(t)}{dt} = \frac{1}{2}\mu(t). \qquad (12)$$

Nossa busca por um fator integrante terá sucesso se pudermos encontrar uma solução da Eq. (12). Talvez você possa identificar imediatamente uma função que satisfaz a Eq. (12): que função bem conhecida do cálculo tem derivada igual à metade da função original? De maneira mais sistemática, escreva a Eq. (12) como

$$\frac{1}{\mu(t)}\frac{d\mu(t)}{dt} = \frac{1}{2},$$

que é equivalente a

$$\frac{d}{dt}\ln|\mu(t)| = \frac{1}{2}. \qquad (13)$$

Segue então que

$$\ln|\mu(t)| = \frac{1}{2}t + C,$$

ou

$$\mu(t) = ce^{t/2}. \qquad (14)$$

A função $\mu(t)$ dada pela Eq. (14) é um fator integrante para a Eq. (9). Como não precisamos do fator integrante mais geral possível, escolheremos *c* igual a um na Eq. (14) e usaremos $\mu(t) = e^{t/2}$.

Vamos voltar à Eq. (9) e multiplicá-la pelo fator integrante $e^{t/2}$ para obter

$$e^{t/2}\frac{dy}{dt} + \frac{1}{2}e^{t/2}y = \frac{1}{2}e^{5t/6}. \qquad (15)$$

Pela escolha que fizemos do fator integrante, a expressão à esquerda do sinal de igualdade na Eq. (15) é a derivada de $e^{t/2}y$, de modo que a Eq. (15) fica

$$\frac{d}{dt}(e^{t/2}y) = \frac{1}{2}e^{5t/6}. \qquad (16)$$

Integrando a Eq. (16), obtemos

$$e^{t/2}y = \frac{3}{5}e^{5t/6} + c, \qquad (17)$$

em que *c* é uma constante arbitrária. Finalmente, resolvendo a Eq. (17) para *y*, obtemos a solução geral da Eq. (9), a saber,

$$y = \frac{3}{5}e^{t/3} + ce^{-t/2}. \qquad (18)$$

Para encontrar a solução cujo gráfico contém o ponto (0, 1), fazemos $t = 0$ e $y = 1$ na Eq. (18), obtendo $1 = 3/5 + c$. Logo, $c = 2/5$ e a solução desejada é

$$y = \frac{3}{5}e^{t/3} + \frac{2}{5}e^{-t/2}. \qquad (19)$$

A **Figura 2.1.1** inclui os gráficos da Eq. (18) para diversos valores de *c* com um campo de direções ao fundo. A solução contendo o ponto (0, 1) corresponde à curva cinza-escura.

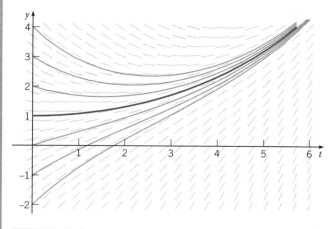

FIGURA 2.1.1 Campo de direções e curvas integrais de $y' + \frac{1}{2}y = \frac{1}{2}e^{t/3}$; a curva cinza-escura contém o ponto (0, 1).

Vamos agora estender o método dos fatores integrantes a equações da forma

$$\frac{dy}{dt} + ay = g(t), \qquad (20)$$

em que *a* é uma constante dada e $g(t)$ é uma função dada. Procedendo como no Exemplo 2.1.2, vemos que o fator integrante $\mu(t)$ tem de satisfazer

$$\frac{d\mu}{dt} = a\mu, \qquad (21)$$

em vez da Eq. (12). Logo, o fator integrante é $\mu(t) = e^{at}$. Multiplicando a Eq. (20) por $\mu(t)$, obtemos

$$e^{at}\frac{dy}{dt} + ae^{at}y = e^{at}g(t),$$

ou

$$\frac{d}{dt}(e^{at}y) = e^{at}g(t). \quad (22)$$

Integrando a Eq. (22), vemos que

$$e^{at}y = \int e^{at}g(t)dt + c, \quad (23)$$

em que c é uma constante arbitrária. Para muitas funções simples $g(t)$, podemos calcular a integral na Eq. (23) e expressar a solução y em termos de funções elementares, como no Exemplo 2.1.2. No entanto, para funções $g(t)$ mais complicadas, pode ser necessário deixar a solução em forma integral. Nesse caso,

$$y = e^{-at}\int_{t_0}^{t} e^{as}g(s)ds + ce^{-at}. \quad (24)$$

Observe que denotamos por s a variável de integração na Eq. (24) para distingui-la da variável independente t, e escolhemos algum valor conveniente t_0 para o limite inferior de integração. (Veja o Teorema 2.4.1.) A escolha de t_0 determina o valor específico da constante c, mas não muda a solução. Por exemplo, fazendo $t = t_0$ na Eq. (24), obtemos $c = y(t_0)e^{at_0}$.

EXEMPLO 2.1.3

Encontre a solução geral da equação diferencial

$$\frac{dy}{dt} - 2y = 4 - t \quad (25)$$

e desenhe gráficos de diversas soluções. Discuta o comportamento das soluções quando $t \to \infty$.

Solução:
A Eq. (25) é da forma (20) com $a = -2$; logo, o fator integrante é $\mu(t) = e^{-2t}$. Multiplicando a equação diferencial (25) por $\mu(t)$, obtemos

$$e^{-2t}\frac{dy}{dt} - 2e^{-2t}y = 4e^{-2t} - te^{-2t},$$

ou

$$\frac{d}{dt}(e^{-2t}y) = 4e^{-2t} - te^{-2t}. \quad (26)$$

Então, integrando esta última equação, temos

$$e^{-2t}y = -2e^{-2t} + \frac{1}{2}te^{-2t} + \frac{1}{4}e^{-2t} + c,$$

em que usamos integração por partes no último termo da Eq. (26). Assim, a solução geral da Eq. (25) é

$$y = -\frac{7}{4} + \frac{1}{2}t + ce^{2t}. \quad (27)$$

A **Figura 2.1.2** mostra o campo de direções e gráficos da solução (27) para diversos valores de c. O comportamento das soluções para valores grandes de t é determinado pelo termo ce^{2t}. Se $c \neq 0$, a solução cresce exponencialmente em módulo com o mesmo sinal que c. Portanto, a solução diverge quando t se torna muito grande. A fronteira entre soluções que divergem positivamente e que divergem negativamente ocorre quando $c = 0$. Se escolhermos $c = 0$ na Eq. (27) e fizermos $t = 0$, veremos que $y = -7/4$ é o ponto de separação no eixo dos y. Note que, para esse valor inicial, a solução é $y = -\frac{7}{4} + \frac{1}{2}t$; essa solução cresce positivamente, mas linearmente, não exponencialmente.

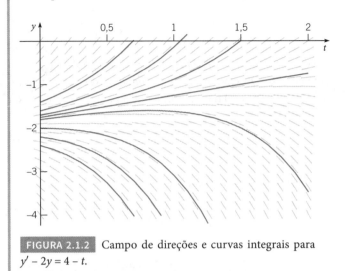

FIGURA 2.1.2 Campo de direções e curvas integrais para $y' - 2y = 4 - t$.

Vamos voltar para a equação linear geral de primeira ordem (3)

$$\frac{dy}{dt} + p(t)y = g(t),$$

em que p e g são funções dadas. Para determinar um fator integrante apropriado, multiplicamos a Eq. (3) por uma função $\mu(t)$ a ser determinada, obtendo

$$\mu(t)\frac{dy}{dt} + p(t)\mu(t)y = \mu(t)g(t). \quad (28)$$

Seguindo a mesma linha de raciocínio do Exemplo 2.1.2, vemos que a expressão à esquerda do sinal de igualdade na Eq. (28) será a derivada de um produto $\mu(t)y$ se $\mu(t)$ satisfizer a equação

$$\frac{d\mu(t)}{dt} = p(t)\mu(t). \quad (29)$$

Supondo, temporariamente, que $\mu(t)$ é positiva, temos

$$\frac{1}{\mu(t)}\frac{d\mu(t)}{dt} = p(t)$$

e, em consequência,

$$\ln|\mu(t)| = \int p(t)dt + k.$$

Escolhendo a constante arbitrária k como zero, obtemos a função mais simples possível para μ, a saber,

$$\mu(t) = \exp\int p(t)dt. \quad (30)$$

Note que $\mu(t)$ é positiva para todo t, como supusemos. Voltando para a Eq. (28), temos

$$\frac{d}{dt}(\mu(t)y) = \mu(t)g(t). \quad (31)$$

Portanto,

$$\mu(t)y = \int \mu(t)g(t)dt + c, \quad (32)$$

na qual c é uma constante arbitrária. Algumas vezes, a integral na Eq. (32) pode ser calculada em termos de funções elementares.

No entanto, em geral, isso não é possível, de modo que a solução geral da Eq. (3) é

$$y = \frac{1}{\mu(t)} \left(\int_{t_0}^{t} \mu(s)g(s)\,ds + c \right), \quad (33)$$

em que, mais uma vez, t_0 é algum limite inferior de integração conveniente. Observe que a Eq. (33) envolve duas integrações, uma para obter $\mu(t)$ da Eq. (30) e outra para determinar y da Eq. (33).

EXEMPLO 2.1.4

Resolva o problema de valor inicial

$$ty' + 2y = 4t^2, \quad (34)$$

$$y(1) = 2. \quad (35)$$

Solução:

Para determinar $p(t)$ e $g(t)$ corretamente, precisamos, primeiramente, colocar a Eq. (34) na forma-padrão (3). Temos

$$y' + \frac{2}{t}y = 4t, \quad (36)$$

de modo que $p(t) = 2/t$ e $g(t) = 4t$. Para resolver a Eq. (36), inicialmente calculamos o fator integrante $\mu(t)$:

$$\mu(t) = \exp\left(\int \frac{2}{t} dt\right) = e^{2\ln|t|} = t^2.$$

Multiplicando a Eq. (36) por $\mu(t) = t^2$, obtemos

$$t^2 y' + 2ty = (t^2 y)' = 4t^3$$

e, portanto,

$$t^2 y = \int 4t^3\, dt = t^4 + c,$$

em que c é uma constante arbitrária. Segue que, para $t > 0$,

$$y = t^2 + \frac{c}{t^2} \quad (37)$$

é a solução geral da Eq. (34). A **Figura 2.1.3** mostra curvas integrais para a Eq. (34) para diversos valores de c.

Para satisfazer a condição inicial (35), escolha $t = 1$ e $y = 2$ na Eq. (37): $2 = 1 + c$, logo $c = 1$; assim,

$$y = t^2 + \frac{1}{t^2}, \quad t > 0 \quad (38)$$

é a solução do problema de valor inicial (34), (35). Esta solução corresponde à curva cinza-escura na Figura 2.1.3. Note que ela se torna ilimitada e se aproxima assintoticamente do semieixo positivo dos y quando $t \to 0$ pela direita. Esse é o efeito da descontinuidade infinita no coeficiente $p(t)$ na origem. É importante observar que, embora a função $y = t^2 + 1/t^2$ para $t < 0$ seja parte da solução geral dada pela Eq. (34), ela não faz parte da solução desse problema de valor inicial.

Este é o primeiro exemplo no qual a solução não existe para alguns valores de t. Novamente, isso se deve à descontinuidade infinita na função $p(t)$ em $t = 0$, o que restringe a solução ao intervalo $0 < t < \infty$.

Olhando novamente para a Figura 2.1.3, vemos que algumas soluções (aquelas para as quais $c > 0$) são assintóticas ao semieixo positivo dos y quando $t \to 0$ pela direita, enquanto outras soluções (para as quais $c < 0$) são assintóticas ao semieixo negativo dos y. Se generalizarmos a condição inicial (35) para

$$y(1) = y_0, \quad (39)$$

então, $c = y_0 - 1$ e a solução (38) fica

$$y = t^2 + \frac{y_0 - 1}{t^2}, \quad t > 0 \quad (40)$$

Note que, quando $y_0 = 1$, $c = 0$ e a solução é $y = t^2$, que permanece limitada e diferenciável mesmo em $t = 0$. (Esta é a curva em preto na Figura 2.1.3.)

Como no Exemplo 2.1.3, este é outro caso em que um valor crítico inicial, a saber, $y_0 = 1$, separa soluções com determinado comportamento de outras que se comportam de modo bem diferente.

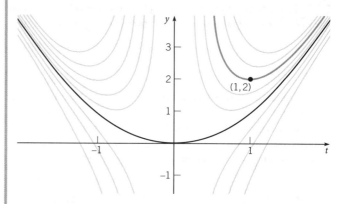

FIGURA 2.1.3 Curvas integrais para a equação diferencial $ty' + 2y = 4t^2$; a curva cinza-escura corresponde à solução particular em que $y(1) = 2$. A curva preta corresponde à solução particular em que $y(1) = 1$.

EXEMPLO 2.1.5

Resolva o problema de valor inicial

$$2y' + ty = 2, \quad (41)$$

$$y(0) = 1. \quad (42)$$

Solução:

Para colocar a equação diferencial (41) na forma-padrão (3), precisamos dividir a Eq. (41) por 2, obtendo

$$y' + \frac{t}{2}y = 1. \quad (43)$$

Logo, $p(t) = t/2$ e o fator integrante é $\mu(t) = \exp(t^2/4)$. Então, multiplique a Eq. (43) por $\mu(t)$, de modo que

$$e^{t^2/4} y' + \frac{t}{2} e^{t^2/4} y = e^{t^2/4}. \quad (44)$$

A expressão à esquerda do sinal de igualdade na Eq. (44) é a derivada de $e^{t^2/4} y$; portanto, integrando a Eq. (44), obtemos

$$e^{t^2/4} y = \int e^{t^2/4}\, dt + c. \quad (45)$$

A integral na Eq. (45) não pode ser calculada em termos das funções elementares usuais, de modo que a deixamos em forma integral.

No entanto, escolhendo o limite inferior de integração como o ponto inicial $t = 0$, podemos substituir a Eq. (45) por

$$e^{t^2/4}y = \int_0^t e^{s^2/4}\,ds + c, \tag{46}$$

em que c é uma constante arbitrária. Segue então que a solução geral y da Eq. (41) é dada por

$$y = e^{-t^2/4}\int_0^t e^{s^2/4}\,ds + ce^{-t^2/4}. \tag{47}$$

Para determinar a solução particular que satisfaz a condição inicial (42), faça $t = 0$ e $y = 1$ na Eq. (47):

$$\begin{aligned}1 &= e^0 \int_0^0 e^{-s^2/4}\,ds + ce^0 \\ &= 0 + c,\end{aligned}$$

de modo que $c = 1$.

O principal objetivo deste exemplo é ilustrar que, algumas vezes, a solução tem de ser deixada em função de uma integral. Em geral, isso é, no máximo, ligeiramente inconveniente e não um obstáculo sério. Para um dado valor de t, a integral na Eq. (47) é uma integral definida e pode ser aproximada com qualquer precisão desejada usando-se integradores numéricos facilmente disponíveis. Repetindo esse processo para muitos valores de t e plotando os resultados em um gráfico, você pode obter um gráfico da solução. De maneira alternativa, você pode usar um método numérico de aproximação, como os discutidos no Capítulo 8, que partem diretamente da equação diferencial e não precisam de uma expressão para a solução. Programas como Maple, Mathematica, MATLAB e Sage executam rapidamente tais procedimentos e produzem gráficos de soluções de equações diferenciais.

A **Figura 2.1.4** mostra gráficos das soluções (47) para diversos valores de c. A curva cinza-escura corresponde à solução particular que satisfaz a condição inicial $y(0) = 1$. Da figura, parece plausível conjecturar que todas as soluções tendem a um limite quando $t \to \infty$. O limite também pode ser encontrado analiticamente (veja o Problema **22**).

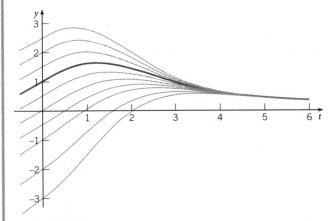

FIGURA 2.1.4 Curvas integrais para $2y' + ty = 2$; a curva cinza-escura corresponde à solução particular que satisfaz a condição inicial $y(0) = 1$.

Problemas

Nos Problemas 1 a 8:

    G a. Desenhe um campo de direções para a equação diferencial dada.
    b. Com base em uma análise do campo de direções, descreva o comportamento das soluções para valores grandes de t.
    c. Encontre a solução geral da equação diferencial dada e use-a para determinar o comportamento das soluções quando $t \to \infty$.

1. $y' + 3y = t + e^{-2t}$
2. $y' - 2y = t^2 e^{2t}$
3. $y' + y = te^{-t} + 1$
4. $y' + \dfrac{1}{t}y = 3\cos(2t), \quad t > 0$
5. $y' - 2y = 3e^t$
6. $ty' - y = t^2 e^{-t}, \quad t > 0$
7. $y' + y = 5\operatorname{sen}(2t)$
8. $2y' + y = 3t^2$

Nos Problemas 9 a 12, encontre a solução do problema de valor inicial dado.

9. $y' - y = 2te^{2t}, \quad y(0) = 1$
10. $y' + 2y = te^{-2t}, \quad y(1) = 0$
11. $y' + \dfrac{2}{t}y = \dfrac{\cos(t)}{t^2}, \quad y(\pi) = 0, \quad t > 0$
12. $ty' + (t+1)y = t, \quad y(\ln 2) = 1, \quad t > 0$

Nos Problemas 13 e 14:

    G a. Desenhe um campo de direções para a equação diferencial dada. Como parece que as soluções se comportam quando t assume valores grandes? O comportamento depende da escolha do valor inicial a? Seja a_0 o valor de a no qual ocorre a transição de um tipo de comportamento para outro. Estime o valor de a_0.
    b. Resolva o problema de valor inicial e encontre precisamente o valor crítico a_0.
    c. Descreva o comportamento da solução correspondente ao valor inicial a_0.

13. $y' - \dfrac{1}{2}y = 2\cos(t), \quad y(0) = a$
14. $3y' - 2y = e^{-\pi t/2}, \quad y(0) = a$

Nos Problemas 15 e 16:

    G a. Desenhe um campo de direções para a equação diferencial dada. Como parece que as soluções se comportam quando $t \to 0$? O comportamento depende da escolha do valor inicial a? Seja a_0 o valor crítico de a, ou seja, o valor inicial tal que as soluções para $a < a_0$ e as soluções para $a > a_0$ têm comportamentos diferentes quando $t \to \infty$. Estime o valor de a_0.
    b. Resolva o problema de valor inicial e encontre precisamente o valor crítico a_0.
    c. Descreva o comportamento da solução correspondente ao valor inicial a_0.

15. $ty' + (t+1)y = 2te^{-t}, \quad y(1) = a, \quad t > 0$
16. $(\operatorname{sen}(t))y' + (\cos(t))y = e^t, \quad y(1) = a, \quad 0 < t < \pi$

24 Capítulo 2

Ⓖ 17. Considere o problema de valor inicial

$$y' + \frac{1}{2}y = 2\cos(t), \quad y(0) = -1.$$

Encontre as coordenadas do primeiro ponto de máximo local da solução para $t > 0$.

Ⓝ 18. Considere o problema de valor inicial

$$y' + \frac{2}{3}y = 1 - \frac{1}{2}t, \quad y(0) = y_0.$$

Encontre o valor de y_0 para o qual a solução toca, mas não cruza o eixo dos t.

19. Considere o problema de valor inicial

$$y' + \frac{1}{4}y = 3 + 2\cos(2t), \quad y(0) = 0.$$

a. Encontre a solução deste problema de valor inicial e descreva seu comportamento para valores grandes de t.

Ⓝ b. Determine o valor de t para o qual a solução intercepta pela primeira vez a reta $y = 12$.

20. Encontre o valor de y_0 para o qual a solução do problema de valor inicial

$$y' - y = 1 + 3\operatorname{sen}(t), \quad y(0) = y_0.$$

permanece finita quando $t \to \infty$.

21. Considere o problema de valor inicial

$$y' - \frac{3}{2}y = 3t + 2e^t, \quad y(0) = y_0.$$

Encontre o valor de y_0 que separa as soluções que crescem positivamente quando $t \to \infty$ das que crescem em módulo, mas permanecem negativas. Como a solução que corresponde a esse valor crítico de y_0 se comporta quando $t \to \infty$?

22. Mostre que todas as soluções de $2y' + ty = 2$ [veja a Eq. (41) no texto] tendem a um limite quando $t \to \infty$ e encontre esse limite. *Sugestão*: considere a solução geral, Eq. (47). Mostre que o primeiro termo na solução (47) é uma indeterminação do tipo $0 \cdot \infty$ e use a regra de L'Hôpital para calcular o limite quando $t \to \infty$.

23. Mostre que, se a e λ são constantes positivas e se b é um número real arbitrário, então toda solução da equação

$$y' + ay = be^{-\lambda t}$$

tem a propriedade que $y \to 0$ quando $t \to \infty$.
Sugestão: considere os casos $a = \lambda$ e $a \neq \lambda$ separadamente.

Nos Problemas 24 a 27, construa uma equação diferencial linear de primeira ordem cujas soluções têm o comportamento descrito quando $t \to \infty$. Depois resolva sua equação e confirme que todas as soluções têm, de fato, a propriedade especificada.

24. Todas as soluções têm limite 3 quando $t \to \infty$.

25. Todas as soluções são assintóticas à reta $y = 3 - t$ quando $t \to \infty$.

26. Todas as soluções são assintóticas à reta $y = 2t - 5$ quando $t \to \infty$.

27. Todas as soluções se aproximam da curva $y = 4 - t^2$ quando $t \to \infty$.

28. **Variação dos Parâmetros**. Considere o seguinte método de resolução da equação linear de primeira ordem geral:

$$y' + p(t)y = g(t). \tag{48}$$

a. Se $g(t) = 0$ para todo t, mostre que a solução é

$$y = A\exp\left(-\int p(t)dt\right), \tag{49}$$

em que A é uma constante.

b. Se $g(t)$ não for identicamente nula, suponha que a solução da Eq. (48) é da forma

$$y = A(t)\exp\left(-\int p(t)dt\right), \tag{50}$$

em que A agora é uma função de t. Substituindo y na equação diferencial dada, mostre de $A(t)$ tem de satisfazer a condição

$$A'(t) = g(t)\exp\left(\int p(t)dt\right). \tag{51}$$

c. Encontre $A(t)$ da Eq. (51). Depois substitua $A(t)$ na Eq. (50) e determine y. Verifique se a solução obtida dessa maneira é igual à solução da Eq. (33) no texto. Esta técnica é conhecida como o método de **variação dos parâmetros**; é discutida em detalhes na Seção 3.6 em conexão com equações lineares de segunda ordem.

Nos Problemas 29 e 30, use o método do Problema 28 para resolver a equação diferencial dada.

29. $y' - 2y = t^2 e^{2t}$

30. $y' + \frac{1}{t}y = \cos(2t), \quad t > 0$

2.2 Equações Diferenciais Separáveis

Na Seção 1.2, usamos um processo de integração direta para resolver equações lineares de primeira ordem da forma

$$\frac{dy}{dt} = ay + b, \tag{1}$$

em que a e b são constantes. Vamos mostrar agora que esse processo pode ser aplicado, de fato, a uma classe muito maior de equações.

Vamos usar x, em vez de t, para denotar a variável independente nesta seção por duas razões. Em primeiro lugar, letras diferentes são utilizadas com frequência para as variáveis em uma equação diferencial, e você não deve ficar acostumado a um único par. Em particular, a letra x é muito usada para a variável independente. Além disso, queremos reservar t para outro propósito mais adiante na seção.

A equação diferencial geral de primeira ordem é

$$\frac{dy}{dx} = f(x, y). \tag{2}$$

Consideramos equações diferenciais lineares na seção precedente, mas, quando a Eq. (2) é não linear, não existe método universalmente aplicável para resolver a equação. Vamos considerar aqui uma subclasse das equações de primeira ordem que podem ser resolvidas por integração direta.

Para identificar essa classe de equações, colocaremos a Eq. (2) na forma

$$M(x, y) + N(x, y)\frac{dy}{dx} = 0. \tag{3}$$

Sempre é possível fazer isso definindo $M(x, y) = -f(x, y)$ e $N(x, y) = 1$, mas também existem outras maneiras. No caso em que M só depende de x e N só depende de y, a Eq. (3) fica

$$M(x) + N(y)\frac{dy}{dx} = 0. \quad (4)$$

Tal equação é dita **separável** porque, se for escrita na **forma diferencial**

$$M(x)dx + N(y)dy = 0, \quad (5)$$

então, se você quiser, as parcelas envolvendo cada variável podem ser colocadas em lados opostos do sinal de igualdade. A forma diferencial (5) também é mais simétrica e tende a diminuir a diferença entre a variável independente e a dependente.

Uma equação separável pode ser resolvida integrando-se as funções M e N. Vamos ilustrar o processo com um exemplo e depois discuti-lo em geral para a Eq. (4).

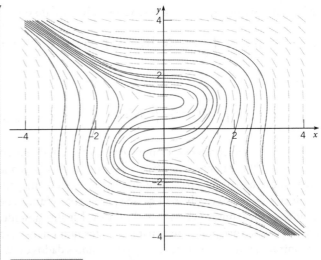

FIGURA 2.2.1 Campo de direções e curvas integrais para $y' = x^2/(1 - y^2)$.

EXEMPLO 2.2.1

Mostre que a equação

$$\frac{dy}{dx} = \frac{x^2}{1 - y^2} \quad (6)$$

é separável e, depois, encontre uma equação para suas curvas integrais.

Solução:

Se colocarmos a Eq. (6) na forma

$$-x^2 + (1 - y^2)\frac{dy}{dx} = 0, \quad (7)$$

ela fica na forma (4) e, portanto, é separável. Do cálculo, lembre-se de que, se y for uma função de x, então, pela regra da cadeia,

$$\frac{d}{dx}f(y) = \frac{d}{dy}f(y)\frac{dy}{dx} = f'(y)\frac{dy}{dx}.$$

Por exemplo, se $f(y) = y - y^3/3$, então

$$\frac{d}{dx}\left(y - \frac{y^3}{3}\right) = (1 - y^2)\frac{dy}{dx}.$$

Logo, o segundo termo na Eq. (7) é a derivada de $y - y^3/3$ em relação a x, e o primeiro é a derivada de $-x^3/3$. Assim, a Eq. (7) pode ser escrita como

$$\frac{d}{dx}\left(-\frac{x^3}{3}\right) + \frac{d}{dx}\left(y - \frac{y^3}{3}\right) = 0,$$

ou

$$\frac{d}{dx}\left(-\frac{x^3}{3} + y - \frac{y^3}{3}\right) = 0.$$

Portanto, integrando (e multiplicando o resultado por 3), obtemos

$$-x^3 + 3y - y^3 = c, \quad (8)$$

em que c é uma constante arbitrária.

A Eq. (8) é uma equação para as curvas integrais da Eq. (6). A **Figura 2.2.1** mostra um campo de direções e diversas curvas integrais. Qualquer função diferenciável $y = \phi(x)$ que satisfaz a Eq. (8) é uma solução da Eq. (6). Uma equação para a curva integral que contém um ponto particular (x_0, y_0) pode ser encontrada substituindo x e y, respectivamente, por x_0 e y_0 na Eq. (8) para determinar o valor correspondente de c.

Essencialmente, o mesmo procedimento pode ser seguido para qualquer equação separável. Voltando à Eq. (4), sejam H_1 e H_2 duas primitivas quaisquer de M e N, respectivamente. Então,

$$H_1'(x) = M(x), \quad H_2'(y) = N(y), \quad (9)$$

e a Eq. (4) fica

$$H_1'(x) + H_2'(y)\frac{dy}{dx} = 0. \quad (10)$$

Se y for considerado função de x, então, de acordo com a regra da cadeia,

$$H_2'(y)\frac{dy}{dx} = \frac{d}{dy}H_2(y)\frac{dy}{dx} = \frac{d}{dx}H_2(y). \quad (11)$$

Em consequência, podemos escrever a Eq. (10) como

$$\frac{d}{dx}(H_1(x) + H_2(y)) = 0. \quad (12)$$

Integrando a Eq. (12) em relação a x, obtemos

$$H_1(x) + H_2(y) = c, \quad (13)$$

em que c é uma constante arbitrária. Qualquer função diferenciável $y = \phi(x)$ que satisfaz a Eq. (13) é uma solução da Eq. (4); em outras palavras, a Eq. (13) define a solução implicitamente, em vez de explicitamente. Na prática, a Eq. (13) é obtida, em geral, da Eq. (5) integrando-se o primeiro termo em relação a x e o segundo em relação a y. A justificativa para isso é o argumento que acabamos de dar.

A equação diferencial (4), juntamente com uma condição inicial

$$y(x_0) = y_0, \quad (14)$$

forma um problema de valor inicial. Para resolver esse problema de valor inicial, precisamos determinar o valor apropriado da constante c na Eq. (13). Fazemos isso configurando $x = x_0$ e $y = y_0$ na Eq. (13), o que resulta em

$$c = H_1(x_0) + H_2(y_0). \quad (15)$$

Substituindo c na Eq. (13) por esse valor e observando que

$$H_1(x) - H_1(x_0) = \int_{x_0}^{x} M(s)ds, \quad H_2(y) - H_2(y_0) = \int_{y_0}^{y} N(s)ds,$$

obtemos

$$\int_{x_0}^{x} M(s)ds + \int_{y_0}^{y} N(s)ds = 0. \tag{16}$$

A Eq. (16) é uma representação implícita da solução da equação diferencial (4) que também satisfaz a condição inicial (14). Tenha em mente o fato de que, para obter uma fórmula explícita para a solução, é preciso resolver a Eq. (16) para y como função de x. Infelizmente, muitas vezes isso é impossível analiticamente; em tais casos, você pode apelar para métodos numéricos para encontrar valores aproximados de y para valores dados de x.

EXEMPLO 2.2.2

Resolva o problema de valor inicial
$$\frac{dy}{dx} = \frac{3x^2 + 4x + 2}{2(y-1)}, \quad y(0) = -1, \tag{17}$$
e determine o intervalo no qual a solução existe.

Solução:

A equação diferencial pode ser escrita como
$$2(y-1)dy = (3x^2 + 4x + 2)dx.$$

Integrando a expressão à esquerda do sinal de igualdade em relação a y e a expressão à direita em relação a x, obtemos
$$y^2 - 2y = x^3 + 2x^2 + 2x + c, \tag{18}$$

em que c é uma constante arbitrária. Para determinar a solução que satisfaz a condição inicial dada, substituímos $x = 0$ e $y = -1$ na Eq. (18), obtendo $c = 3$. Logo, a solução do problema de valor inicial é dada implicitamente por
$$y^2 - 2y = x^3 + 2x^2 + 2x + 3. \tag{19}$$

Para obter a solução explícita, precisamos resolver a Eq. (19) para y em função de x. Isso é fácil nesse caso, já que a Eq. (19) é do segundo grau em y; obtemos
$$y = 1 \pm \sqrt{x^3 + 2x^2 + 2x + 4}. \tag{20}$$

A Eq. (20) nos fornece duas soluções da equação diferencial, mas apenas uma delas satisfaz a condição inicial. Esta é a solução correspondente ao sinal de menos na Eq. (20), de modo que, finalmente, obtemos
$$y = \phi(x) = 1 - \sqrt{x^3 + 2x^2 + 2x + 4} \tag{21}$$

como solução do problema de valor inicial (17). Note que, se o sinal de mais fosse escolhido erradamente na Eq. (20), obteríamos a solução da mesma equação diferencial que satisfaz a condição inicial $y(0) = 3$. Finalmente, para determinar o intervalo no qual a solução (21) é válida, precisamos encontrar o intervalo no qual a expressão dentro da raiz quadrada é positiva. O único zero real dessa expressão é $x = -2$, de modo que o intervalo desejado é $x > -2$. Algumas curvas integrais da equação diferencial estão ilustradas na **Figura 2.2.2**. A curva cinza mais escura é a que contém o ponto $(0, -1)$, logo é a solução do problema de valor inicial (17). Observe que a fronteira do intervalo de validade da solução (21) é determinada pelo ponto $(-2, 1)$ no qual a reta tangente é vertical.

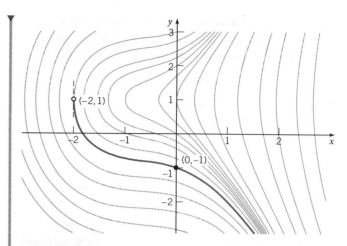

FIGURA 2.2.2 Curvas integrais para $y' = (3x^2 + 4x + 2)/2(y - 1)$; a solução que satisfaz $y(0) = -1$ está ilustrada em cinza mais escuro e é válida para $x > -2$.

EXEMPLO 2.2.3

Resolva a equação
$$\frac{dy}{dx} = \frac{4x - x^3}{4 + y^3} \tag{22}$$
e desenhe gráficos de diversas curvas integrais. Encontre, também, a solução que contém o ponto $(0, 1)$ e determine seu intervalo de validade.

Solução:

Colocando a Eq. (22) na forma
$$(4 + y^3)dy = (4x - x^3)dx,$$

integrando cada lado, multiplicando por 4 e arrumando os termos, obtemos
$$y^4 + 16y + x^4 - 8x^2 = c, \tag{23}$$

em que c é uma constante arbitrária. Qualquer função diferenciável $y = \phi(x)$ que satisfaz a Eq. (23) é uma solução da equação diferencial (22). A **Figura 2.2.3** mostra gráficos da Eq. (23) para diversos valores de c.

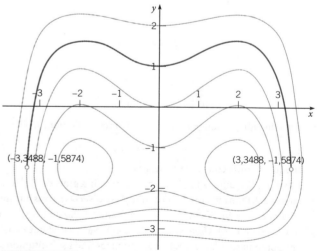

FIGURA 2.2.3 Curvas integrais para $y' = (4x - x^3)/(4 + y^3)$. A solução contendo o ponto $(0, 1)$ está ilustrada pela curva cinza-escura.

Para encontrarmos a solução particular que contém o ponto (0, 1), fazemos $x = 0$ e $y = 1$ na Eq. (23), obtendo $c = 17$. Logo, a solução em pauta é dada implicitamente por

$$y^4 + 16y + x^4 - 8x^2 = 17. \tag{24}$$

Ela está ilustrada na Figura 2.2.3 pela curva cinza mais escura. O intervalo de validade dessa solução estende-se dos dois lados do ponto inicial enquanto a função permanece diferenciável. Da figura, vemos que o intervalo termina quando encontramos pontos em que a reta tangente é vertical. Segue da equação diferencial (22) que esses pontos correspondem a $4 + y^3 = 0$, ou $y = (-4)^{1/3} \cong -1{,}5874$. Da Eq. (24), os valores correspondentes de x são $x \cong \pm 3{,}3488$. Esses pontos estão marcados no gráfico na Figura 2.2.3.

Nota 1: algumas vezes, uma equação da forma (2):

$$\frac{dy}{dx} = f(x, y)$$

tem uma solução constante $y = y_0$. Em geral, tal solução é fácil de encontrar porque, se $f(x, y_0) = 0$ para algum valor de y_0 e para todo x, então a função constante $y = y_0$ será solução da equação diferencial (2). Por exemplo, a equação

$$\frac{dy}{dx} = \frac{(y-3)\cos(x)}{1 + 2y^2} \tag{25}$$

tem a solução constante $y = 3$. Outras soluções dessa equação podem ser obtidas separando as variáveis e integrando.

Nota 2: a investigação de uma equação diferencial não linear de primeira ordem pode ser facilitada, algumas vezes, considerando-se ambas x e y como funções de uma terceira variável t, ou seja,

$$\frac{dy}{dx} = \frac{dy / dt}{dx / dt}. \tag{26}$$

Se a equação diferencial for

$$\frac{dy}{dx} = \frac{F(x, y)}{G(x, y)}, \tag{27}$$

então, comparando os numeradores e denominadores nas Eqs. (26) e (27), obtemos o sistema

$$\frac{dx}{dt} = G(x, y), \quad \frac{dy}{dt} = F(x, y). \tag{28}$$

À primeira vista pode parecer estranho que um problema possa ser simplificado substituindo-se uma única equação por duas, mas, de fato, o sistema (28) pode ser mais simples de analisar do que a Eq. (27). O Capítulo 9 trata de sistemas não lineares da forma (28).

Nota 3: não foi difícil, no Exemplo 2.2.2, resolver explicitamente o problema de valor inicial para y em função de x. No entanto, essa situação é excepcional e, muitas vezes, é melhor deixar a solução em forma implícita, como nos Exemplos 2.2.1 e 2.2.3. Assim, nos problemas a seguir e em outras seções nas quais aparecem equações não lineares, as palavras "resolva a equação diferencial a seguir" significam encontrar a solução explícita se for conveniente, mas, caso contrário, encontrar uma equação que defina a solução implicitamente.

Problemas

Nos Problemas 1 a 8, resolva a equação diferencial dada.

1. $y' = \dfrac{x^2}{y}$

2. $y' + y^2 \text{sen}(x) = 0$

3. $y' = \cos^2(x)\cos^2(2y)$

4. $xy' = (1 - y^2)^{1/2}$

5. $\dfrac{dy}{dx} = \dfrac{x - e^{-x}}{y + e^y}$

6. $\dfrac{dy}{dx} = \dfrac{x^2}{1 + y^2}$

7. $\dfrac{dy}{dx} = \dfrac{y}{x}$

8. $\dfrac{dy}{dx} = \dfrac{-x}{y}$

Nos Problemas 9 a 16:

   a. Encontre a solução do problema de valor inicial dado em forma explícita.

   G b. Desenhe o gráfico da solução.

   c. Determine (pelo menos aproximadamente) o intervalo no qual a solução está definida.

9. $y' = (1 - 2x)y^2$, $y(0) = -1/6$

10. $y' = (1 - 2x)/y$, $y(1) = -2$

11. $x\,dx + ye^{-x}dy = 0$, $y(0) = 1$

12. $dr / d\theta = r^2 / \theta$, $r(1) = 2$

13. $y' = xy^3(1 + x^2)^{-1/2}$, $y(0) = 1$

14. $y' = 2x / (1 + 2y)$, $y(2) = 0$

15. $y' = (3x^2 - e^x)/(2y - 5)$, $y(0) = 1$

16. $\text{sen}(2x)dx + \cos(3y)dy = 0$, $y(\pi/2) = \pi/3$

Alguns dos resultados pedidos nos Problemas 17 a 22 podem ser obtidos resolvendo-se a equação dada analiticamente ou gerando-se gráficos de aproximações numéricas das soluções. Tente formar uma opinião sobre as vantagens e desvantagens de cada abordagem.

G 17. Resolva o problema de valor inicial

$$y' = \frac{1 + 3x^2}{3y^2 - 6y}, \quad y(0) = 1$$

e determine o intervalo de validade da solução.

Sugestão: para encontrar o intervalo de validade, procure pontos nos quais a curva integral tem uma tangente vertical.

G 18. Resolva o problema de valor inicial

$$y' = \frac{3x^2}{3y^2 - 4}, \quad y(1) = 0$$

e determine o intervalo de validade da solução.

Sugestão: para encontrar o intervalo de validade, procure pontos nos quais a curva integral tem uma tangente vertical.

28 Capítulo 2

G **19.** Resolva o problema de valor inicial

$$y' = 2y^2 + xy^2, \quad y(0) = 1$$

e determine onde a solução atinge seu valor mínimo.

G **20.** Resolva o problema de valor inicial

$$y' = \frac{2 - e^x}{3 + 2y}, \quad y(0) = 0$$

e determine onde a solução atinge seu valor máximo.

G **21.** Considere o problema de valor inicial

$$y' = \frac{ty(4 - y)}{3}, \quad y(0) = y_0.$$

a. Determine o comportamento da solução em função do valor inicial y_0 quando t aumenta.

b. Suponha que $y_0 = 0{,}5$. Encontre o instante T no qual a solução atinge, pela primeira vez, o valor 3,98.

G **22.** Considere o problema de valor inicial

$$y' = \frac{ty(4 - y)}{1 + t}, \quad y(0) = y_0 > 0.$$

a. Determine o comportamento da solução quando $t \to \infty$.

b. Se $y_0 = 2$, encontre o instante T no qual a solução atinge, pela primeira vez, o valor 3,99.

c. Encontre o intervalo de valores iniciais para os quais a solução fica no intervalo $3{,}99 < y < 4{,}01$ no instante $t = 2$.

23. Resolva a equação

$$\frac{dy}{dx} = \frac{ay + b}{cy + d},$$

em que a, b, c e d são constantes.

24. Separe as variáveis para resolver a equação diferencial

$$\frac{dQ}{dt} = r(a + bQ), \quad Q(0) = Q_0,$$

em que a, b, r e Q_0 são constantes. Determine o comportamento da solução quando $t \to \infty$.

Equações Homogêneas. Se a função à direita do sinal de igualdade na equação $dy/dx = f(x, y)$ puder ser expressa como uma função só de y/x, então a equação é dita homogênea.[1] Tais equações sempre podem ser transformadas em equações separáveis por uma mudança da variável dependente. O Problema 25 ilustra como resolver equações homogêneas de primeira ordem.

N **25.** Considere a equação

$$\frac{dy}{dx} = \frac{y - 4x}{x - y}. \tag{29}$$

a. Mostre que a Eq. (29) pode ser escrita na forma

$$\frac{dy}{dx} = \frac{(y/x) - 4}{1 - (y/x)}; \tag{30}$$

logo, a Eq. (29) é homogênea.

b. Introduza uma nova variável dependente v de modo que $v = y/x$, ou $y = xv(x)$. Expresse dy/dx em função de x, v e dv/dx.

c. Substitua y e dy/dx na Eq. (30) pelas expressões no item **(b)** envolvendo v e dv/dx. Mostre que a equação diferencial resultante é

$$v + x\frac{dv}{dx} = \frac{v - 4}{1 - v},$$

ou

$$x\frac{dv}{dx} = \frac{v^2 - 4}{1 - v}. \tag{31}$$

Note que a Eq. (31) é separável.

d. Resolva a Eq. (31) obtendo v implicitamente em função de x.

e. Encontre a solução da Eq. (29) substituindo v por y/x na solução encontrada no item **(d)**.

f. Desenhe um campo de direções e algumas curvas integrais para a Eq. (29). Lembre-se de que a expressão à direita do sinal de igualdade na Eq. (29) depende, de fato, apenas da razão y/x. Isso significa que as curvas integrais têm a mesma inclinação em todos os pontos pertencentes a uma mesma reta contendo a origem, embora essa inclinação varie de uma reta para outra. Portanto, o campo de direções e as curvas integrais são simétricos em relação à origem. Essa propriedade de simetria é evidente em seus gráficos?

O método esboçado no Problema 25 pode ser usado em qualquer equação homogênea. Ou seja, a substituição $y = xv(x)$ transforma uma equação homogênea em uma equação separável. Esta última equação pode ser resolvida por integração direta, e depois a substituição de v por y/x fornece a solução da equação original. Nos Problemas 26 a 31:

a. Mostre que a equação dada é homogênea.

b. Resolva a equação diferencial.

G c. Desenhe um campo de direções e algumas curvas integrais. Elas são simétricas em relação à origem?

26. $\dfrac{dy}{dx} = \dfrac{x^2 + xy + y^2}{x^2}$

27. $\dfrac{dy}{dx} = \dfrac{x^2 + 3y^2}{2xy}$

28. $\dfrac{dy}{dx} = \dfrac{4y - 3x}{2x - y}$

29. $\dfrac{dy}{dx} = -\dfrac{4x + 3y}{2x + y}$

30. $\dfrac{dy}{dx} = \dfrac{x^2 - 3y^2}{2xy}$

31. $\dfrac{dy}{dx} = \dfrac{3y^2 - x^2}{2xy}$

2.3 Modelagem com Equações de Primeira Ordem

Equações diferenciais são de interesse para, principalmente, não matemáticos por causa da possibilidade de serem usadas para investigar uma variedade de problemas nas ciências físicas, biológicas e sociais. Uma razão para isso é que modelos matemáticos e suas soluções levam a equações que relacionam as variáveis e os parâmetros no problema. Essas equações permitem, muitas vezes, fazer previsões sobre como os processos naturais se comportarão em diversas circunstâncias. Muitas vezes, é fácil permitir a variação dos parâmetros no modelo matemático em um amplo intervalo, enquanto isso poderia levar muito tempo ou ser muito caro, se não impossível, em um ambiente experimental. De qualquer modo, ambas, a modelagem matemática e a experimentação ou observação, são criticamente importantes

---

[1]A palavra "homogênea" tem significados diferentes em contextos matemáticos distintos. As equações homogêneas consideradas aqui nada têm a ver com as equações homogêneas que aparecerão no Capítulo 3 e em outros lugares.

e têm papéis um tanto complementares nas investigações científicas. Modelos matemáticos são validados comparando-se suas previsões com resultados experimentais. Por outro lado, análises matemáticas podem não só sugerir as direções mais promissoras para exploração experimental, como indicar, com boa precisão, que dados experimentais serão mais úteis.

Nas Seções 1.1 e 1.2, formulamos e investigamos alguns modelos matemáticos simples. Vamos começar recordando e expandindo algumas das conclusões a que chegamos naquelas seções. Independentemente do campo específico de aplicação, existem três passos identificáveis que estão sempre presentes na modelagem matemática.

Passo 1: Construção do Modelo. Neste passo, você traduz a situação física em expressões matemáticas, frequentemente usando os passos listados no fim da Seção 1.1. Talvez o ponto mais crítico nesse estágio seja enunciar claramente o(s) princípio(s) físico(s) que, acredita-se, governa(m) o processo. Por exemplo, foi observado em algumas circunstâncias que o calor passa de um corpo mais quente para um mais frio a uma taxa proporcional à diferença de temperaturas, que objetos se movem de acordo com a lei do movimento de Newton e que populações isoladas de insetos crescem a uma taxa proporcional à população atual. Cada uma dessas afirmações envolve uma taxa de variação (derivada) e, em consequência, quando expressas matematicamente, levam a uma equação diferencial. A equação diferencial é um modelo matemático do processo.

É importante compreender que as equações matemáticas são, quase sempre, apenas uma descrição aproximada do processo real. Por exemplo, corpos movimentando-se a velocidades próximas à velocidade da luz não são governados pelas leis de Newton, as populações de insetos não crescem indefinidamente como enunciado em razão de limitações de comida ou de espaço, e a transferência de calor é afetada por outros fatores além da diferença de temperatura. Assim, você deve estar sempre atento às limitações do modelo, de modo a usá-lo apenas quando for razoável acreditar em sua precisão. De maneira alternativa, você poderia adotar o ponto de vista de que as equações matemáticas descrevem exatamente as operações de um modelo físico simplificado, que foi construído (ou imaginado) com vistas a incorporar as características mais importantes do processo real. Às vezes, o processo de modelagem matemática envolve a substituição conceitual de um processo discreto por um contínuo. Por exemplo, o número de elementos em uma população de insetos varia em quantidades discretas; no entanto, se a população for muito grande, pode parecer razoável considerá-la como uma variável contínua e até falar de sua derivada.

Passo 2: Análise do Modelo. Uma vez formulado matematicamente o problema, você encontra, muitas vezes, o desafio de resolver equações diferenciais ou, caso não consiga, descobrir tudo que for possível sobre as propriedades da solução. Pode acontecer que o problema matemático seja muito difícil e, nesse caso, podem ser necessárias outras aproximações neste estágio que o tornem tratável matematicamente. Por exemplo, uma equação não linear pode ser aproximada por uma linear, ou um coeficiente que varia lentamente pode ser substituído por uma constante. É claro que tais aproximações também têm de ser examinadas do ponto de vista físico, para se ter certeza de que o problema matemático simplificado ainda reflete as características essenciais do processo físico que está sendo investigado. Ao mesmo tempo, um conhecimento profundo da física do problema pode sugerir aproximações matemáticas razoáveis que tornarão o problema matemático mais suscetível a análises. Essa interação entre a compreensão do fenômeno físico e o conhecimento das técnicas matemáticas e de suas limitações é característica da Matemática aplicada em sua melhor forma, sendo indispensável no sucesso da construção de modelos matemáticos úteis para processos físicos complicados.

Passo 3: Comparação com Experimentos ou Observações. Finalmente, tendo obtido a solução (ou, pelo menos, alguma informação sobre ela), você precisa interpretar essa informação no contexto do problema. Em particular, você sempre deve verificar se a solução matemática parece ser fisicamente razoável. Se possível, calcule os valores da solução em pontos selecionados e compare-os com valores observados experimentalmente. Ou pergunte se o comportamento da solução depois de um longo período de tempo é consistente com as observações. Ou examine as soluções correspondentes a determinados valores particulares dos parâmetros do problema. É claro que o fato de a solução matemática parecer razoável não garante que esteja correta. No entanto, se as previsões do modelo matemático estiverem seriamente inconsistentes com as observações do sistema físico que o modelo pretende descrever, isso sugere que há erros na resolução do problema matemático, que o modelo matemático propriamente dito precisa ser refinado ou que as observações devem ser feitas com mais cuidado.

Os exemplos nesta seção são típicos de aplicações nas quais aparecem equações diferenciais de primeira ordem.

EXEMPLO 2.3.1 | Mistura

No instante $t = 0$, um tanque contém Q_0 libras de sal dissolvido em 100 galões de água; veja a **Figura 2.3.1**. Suponha que está entrando no tanque, a uma taxa de r galões por minuto, água contendo ¼ de libra de sal por galão,* e que a mistura bem mexida está saindo do tanque à mesma taxa. Escreva o problema de valor inicial que descreve esse fluxo. Encontre a quantidade de sal $Q(t)$ no tanque em qualquer instante t e, também, a quantidade limite Q_L presente após um período de tempo bem longo. Se $r = 3$ e $Q_0 = 2Q_L$, encontre o instante T após o qual o nível de sal está a 2% de Q_L. Encontre, também, a taxa de fluxo necessária para que o valor de T não seja maior do que 45 minutos.

Solução:

Vamos supor que o sal não é criado nem destruído no tanque. Portanto, as variações na quantidade de sal estão relacionadas somente com os fluxos de entrada e de saída do tanque. Mais precisamente, a taxa de variação de sal no tanque, dQ/dt, é igual à taxa segundo a qual o sal está entrando, menos a taxa segundo a qual ele está saindo. Em símbolos,

$$\frac{dQ}{dt} = \text{taxa de entrada} - \text{taxa de saída}. \tag{1}$$

---

*N.T.: Uma libra é da ordem de 435,5 gramas e um galão americano corresponde a 3,785 litros, de modo que essa taxa corresponde a aproximadamente 0,3 g/L.

FIGURA 2.3.1 Tanque de água no Exemplo 2.3.1.

A taxa de entrada de sal no tanque é a concentração ¼ lb/gal (libra por galão) vezes a taxa de fluxo r gal/min (galões por minuto), ou $r/4$ lb/min. Para encontrar a taxa segundo a qual o sal deixa o tanque, precisamos multiplicar a concentração de sal no tanque pela taxa de fluxo, r gal/min. Como as taxas de fluxo de saída e de entrada são iguais, o volume de água no tanque permanece constante e igual a 100 gal; como a mistura está "bem mexida", a concentração é uniforme no tanque, a saber, $Q(t)/100$ lb/gal. Portanto, a taxa de saída do sal no tanque é $rQ(t)/100$ lb/min. Logo, a equação diferencial que governa esse processo é

$$\frac{dQ}{dt} = \frac{r}{4} - \frac{rQ}{100}. \qquad (2)$$

A condição inicial é

$$Q(0) = Q_0. \qquad (3)$$

Pensando no problema fisicamente, poderíamos antecipar que em alguma hora a mistura original será essencialmente substituída pela mistura que está entrando, cuja concentração é ¼ lb/gal. Em consequência, poderíamos esperar que a quantidade de sal no tanque finalmente devesse ficar bem próxima de 25 lb. Também podemos encontrar a quantidade limite $Q_L = 25$ igualando dQ/dt a zero na Eq. (2) e resolvendo a equação algébrica resultante para Q.

Para resolver o problema de valor inicial (2), (3) analiticamente, note que a Eq. (2) é linear. (Ela também é separável, veja o Problema 24 na Seção 2.2.) Colocando-a na forma-padrão para uma equação linear, temos

$$\frac{dQ}{dt} + \frac{rQ}{100} = \frac{r}{4}. \qquad (4)$$

Assim, o fator integrante é $e^{rt/100}$ e a solução geral é

$$Q(t) = 25 + ce^{-rt/100}, \qquad (5)$$

em que c é uma constante arbitrária. Para satisfazer a condição inicial (3), precisamos escolher $c = Q_0 - 25$. Portanto, a solução do problema de valor inicial (2), (3) é

$$Q(t) = 25 + (Q_0 - 25)e^{-rt/100}, \qquad (6)$$

ou

$$Q(t) = 25(1 - e^{-rt/100}) + Q_0 e^{-rt/100}. \qquad (7)$$

Da Eq. (6) ou da Eq. (7), você pode ver que $Q(t) \to 25$ (lb) quando $t \to \infty$, de modo que o valor limite Q_L é 25, confirmando nossa intuição física.

Além disso, $Q(T)$ se aproxima desse limite mais rapidamente quando r aumenta. Ao interpretar a solução (7), note que o segundo termo à direita do sinal de igualdade é a porção do sal original que permanece no tanque no instante t, enquanto o primeiro termo fornece a quantidade de sal no tanque em consequência da ação dos fluxos. Gráficos das soluções para $r = 3$ e diversos valores de Q_0 estão ilustrados na **Figura 2.3.2**.

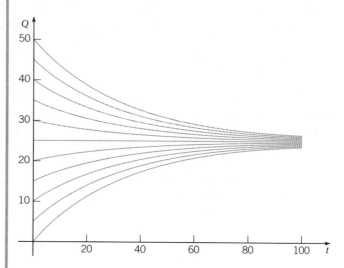

FIGURA 2.3.2 Soluções do problema de valor inicial (2): $dQ/dt = r/4 - rQ/100$, $Q(0) = Q_0$ para $r = 3$ e diversos valores de Q_0.

Suponha agora que $r = 3$ e $Q_0 = 2Q_L = 50$; então a Eq. (6) fica

$$Q(t) = 25 + 25e^{-0,03t}. \qquad (8)$$

Como 2% de 25 é 0,5, queremos encontrar o instante T no qual $Q(t)$ tem o valor 25,5. Fazendo $t = T$ e $Q = 25,5$ na Eq. (8) e resolvendo para T, obtemos

$$T = \frac{\ln(50)}{0,03} \cong 130,4 \text{ (min)}. \qquad (9)$$

Para determinar r de modo que $T = 45$, vamos voltar à Eq. (6), fazer $t = 45$, $Q_0 = 50$, $Q(t) = 25,5$ e resolver para r. O resultado é

$$r = \frac{100}{45}\ln 50 \cong 8,69 \text{ gal/min}. \qquad (10)$$

Como este exemplo é hipotético, a validade do modelo não está em discussão. Se as taxas de fluxo são como enunciadas e se a concentração de sal no tanque é uniforme, então a equação diferencial (1) é uma descrição precisa do processo de fluxo. Embora este exemplo particular não tenha significado especial, modelos desse tipo são usados, muitas vezes, em problemas envolvendo poluentes em um lago ou um remédio em um órgão do corpo, por exemplo, em vez de um tanque com água salgada. Nesses casos, as taxas de fluxo podem não ser fáceis de determinar ou podem variar com o tempo. Da mesma maneira, a concentração pode estar longe de ser uniforme em alguns casos. Finalmente, as taxas de fluxo de entrada e de saída podem ser diferentes, o que significa que a variação de líquido no problema também tem de ser levada em consideração.

EXEMPLO 2.3.2 | Juros Compostos

Suponha que seja depositada uma quantia S_0 em dinheiro em um banco, que paga juros a uma taxa anual r. O valor $S(t)$ do investimento em qualquer instante t depende tanto da frequência de capitalização dos juros quanto da taxa de juros. As instituições financeiras têm políticas variadas em relação à capitalização: em algumas, a capitalização é mensal; em outras, é semanal, e algumas até capitalizam diariamente. Se supusermos que a capitalização é feita *continuamente*, podemos montar um problema de valor inicial simples que descreve o crescimento do investimento.

Solução:

A taxa de variação do valor do investimento é dS/dt e essa quantidade é igual à taxa segundo a qual os juros acumulam, que é a taxa de juros r multiplicada pelo valor atual do investimento $S(t)$. Assim,

$$\frac{dS}{dt} = rS \tag{11}$$

é a equação diferencial que governa o processo. Se denotarmos por t o tempo em anos a partir do depósito original, a condição inicial correspondente é

$$S(0) = S_0. \tag{12}$$

Então, a solução do problema de valor inicial (11), (12) fornece o saldo total $S(t)$ na conta em qualquer instante t. Esse problema de valor inicial pode ser resolvido facilmente, já que a equação diferencial (11) é linear e separável. Logo, resolvendo as Eqs. (11) e (12), encontramos

$$S(t) = S_0 e^{rt}. \tag{13}$$

Portanto, uma conta bancária com juros capitalizados continuamente cresce exponencialmente.

O modelo no Exemplo 2.3.2 pode ser facilmente estendido a situações envolvendo depósitos ou retiradas, além do acúmulo de juros, dividendos ou ganhos de capital. Se supusermos que os depósitos ou retiradas ocorrem a uma taxa constante k, então a Eq. (11) é substituída por

$$\frac{dS}{dt} = rS + k,$$

ou, em forma-padrão,

$$\frac{dS}{dt} - rS = k, \tag{14}$$

em que k é positivo para depósitos e negativo para retiradas.

A Eq. (14) é linear com o fator integrante e^{-rt}, de modo que sua solução geral é

$$S(t) = ce^{rt} - \frac{k}{r},$$

em que c é uma constante arbitrária. Para satisfazer a condição inicial (12), precisamos escolher $c = S_0 + k/r$. Assim, a solução do problema de valor inicial (12), (14) é

$$S(t) = S_0 e^{rt} + \frac{k}{r}(e^{rt} - 1). \tag{15}$$

O primeiro termo na expressão (15) é a parte de $S(t)$ associada à acumulação de retornos na quantidade inicial S_0, e o segundo termo é a parte referente a depósitos ou retiradas a uma taxa k.

A vantagem de enunciar o problema desse modo geral, sem valores específicos para S_0, r ou k, é a generalidade da fórmula resultante (15) para $S(t)$. Com essa fórmula, podemos imediatamente comparar resultados de diferentes programas de investimento ou taxas de retorno diferentes.

Por exemplo, suponha que alguém abre uma conta para um plano de previdência privada (PPP) aos 25 anos, com investimentos anuais de R\$ 2.000,00 continuamente. Supondo uma taxa de retorno de 8%, qual será o saldo no PPP aos 65 anos? Temos $S_0 = 0$, $r = 0,08$, $k = $ R\$ 2.000,00 e queremos determinar $S(40)$. Da Eq. (15), temos

$$S(40) = 25.000(e^{3,2} - 1) = \text{ R\$ } 588.313. \tag{16}$$

É interessante notar que a quantidade total investida é R\$ 80.000,00, de modo que a quantia restante de R\$ 508.313,00 resulta do retorno acumulado do investimento. O saldo depois de 40 anos também é bastante sensível à taxa. Por exemplo, $S(40) = $ R\$ 508.948,00 se $r = 0,075$ e $S(40) = $ R\$ 681.508,00 se $r = 0,085$.

Vamos examinar as hipóteses que foram usadas no modelo. Primeiro, supusemos que o retorno é capitalizado continuamente e que o capital adicional é investido continuamente. Nenhuma dessas hipóteses é verdadeira em uma situação financeira real. Também supusemos que a taxa de retorno r é constante por todo o período envolvido, quando, de fato, ela provavelmente flutuará bastante. Embora não possamos prever taxas futuras com confiança, podemos usar a expressão (15) para determinar o efeito aproximado de projeções de taxas diferentes. Também é possível considerar r e k na Eq. (14) como funções de t em vez de constantes; nesse caso, é claro que a solução pode ser muito mais complicada do que a Eq. (15).

O problema de valor inicial (12), (14) e a solução (15) também podem ser usados para analisar diversas outras situações financeiras, incluindo financiamentos para a casa própria, hipotecas e financiamentos para a compra de carros.

Vamos agora comparar os resultados desse modelo contínuo (sem outros depósitos ou retiradas) com a situação em que a capitalização acontece em intervalos finitos de tempo. Se os juros forem capitalizados uma vez por ano, depois de t anos teremos

$$S(t) = S_0(1 + r)^t.$$

Se os juros forem capitalizados duas vezes por ano, ao fim de seis meses o valor do investimento será $S_0[1 + (r/2)]$ e, ao fim do primeiro ano, será $S_0[1 + r/2]^2$. Logo, depois de t anos, teremos

$$S(t) = S_0\left(1 + \frac{r}{2}\right)^{2t}.$$

Em geral, se os juros forem capitalizados m vezes por ano, então

$$S(t) = S_0\left(1 + \frac{r}{m}\right)^{mt}. \tag{17}$$

A relação entre as fórmulas (13) e (17) fica mais clara se lembrarmos do cálculo que

$$\lim_{m \to \infty} S_0\left(1 + \frac{r}{m}\right)^{mt} = S_0 e^{rt}.$$

O mesmo modelo também pode ser aplicado a investimentos mais gerais, em que podem ser acumulados dividendos e talvez ganhos de capital, além dos juros. Em reconhecimento desse fato, vamos nos referir a r como a taxa de retorno.

A **Tabela 2.3.1** mostra o efeito da mudança na frequência da capitalização para uma taxa de retorno r de 8%. A segunda e a terceira colunas foram calculadas da Eq. (17) para capitalização trimestral e diária, respectivamente, enquanto a quarta coluna foi calculada da Eq. (13) para capitalização contínua. Os resultados mostram que a frequência de capitalização não é tão importante na maioria dos casos. Por exemplo, durante um período de 10 anos, a diferença entre capitalização trimestral e diária é de R$ 17,50 por R$ 1.000,00 investidos, ou menos de R$ 2,00 por ano. A diferença seria um pouco maior para taxas de retorno maiores e seria menor para taxas menores. Da primeira linha na tabela, vemos que, para uma taxa de retorno $r = 8\%$, o rendimento anual com capitalização trimestral é de 8,24% e, com capitalização diária ou contínua, é de 8,33%.

TABELA 2.3.1 Crescimento do Capital a uma Taxa de Retorno $r = 8\%$ para Modos de Capitalização Diversos

Anos	$S(t)/S(t_0)$ da Eq. (17) $m = 4$	$m = 365$	$S(t)/S(t_0)$ da Eq. (13)
1	1,0824	1,0833	1,0833
2	1,1717	1,1735	1,1735
5	1,4859	1,4918	1,4918
10	2,2080	2,2253	2,2255
20	4,8754	4,9522	4,9530
30	10,7652	11,0203	11,0232
40	23,7699	24,5239	24,5325

EXEMPLO 2.3.3 | Produtos Químicos em uma Lagoa

Considere uma lagoa que contém, inicialmente, 10 milhões de galões de água fresca. Água contendo um produto químico indesejável flui para a lagoa a uma taxa de 5 milhões de gal/ano (galões por ano) e a mistura sai da lagoa à mesma taxa. A concentração $\gamma(t)$ do produto químico na água que entra varia periodicamente com o tempo t de acordo com a expressão $\gamma(t) = 2 + \text{sen}(2t)$ g/gal (gramas por galão). Construa um modelo matemático desse processo de fluxo e determine a quantidade de produto químico na lagoa em qualquer instante. Desenhe o gráfico da solução e descreva em palavras o efeito da variação na concentração da água que entra na lagoa.

Solução:

Como os fluxos de entrada e de saída de água são iguais, a quantidade de água na lagoa permanece constante com 10^7 galões. Vamos denotar o tempo por t, medido em anos, e a massa do produto químico por $Q(t)$, medida em gramas. Este exemplo é semelhante ao Exemplo 2.3.1, e o mesmo princípio de entrada/saída pode ser aplicado. Assim,

$$\frac{dQ}{dt} = \text{taxa de entrada} - \text{taxa de saída},$$

em que "taxa de entrada" e "taxa de saída" referem-se às taxas segundo as quais o produto químico flui para dentro e para fora da lagoa, respectivamente. A taxa segundo a qual o produto químico entra na lagoa é dada por

$$\text{taxa de entrada} = (5 \times 10^6) \text{gal/ano } (2 + \text{sen}(2t)) \text{g/gal}. \quad (18)$$

A concentração de produto químico na lagoa é de $Q(t)/10^7$ g/gal, de modo que a taxa de saída é

$$\text{taxa de saída} = (5 \times 10^6) \text{gal/ano } (Q(t)/10^7)\text{g/gal} = Q(t)/2 \text{ g/ano}. \quad (19)$$

Obtemos, então, a equação diferencial

$$\frac{dQ}{dt} = (5 \times 10^6)(2 + \text{sen}(2t)) - \frac{Q(t)}{2}, \quad (20)$$

em que cada termo tem unidades de g/ano.

Para tornar os coeficientes mais facilmente administráveis, é conveniente introduzir uma nova variável dependente, definida por $q(t) = Q(t)/10^6$ ou $Q(t) = 10^6 q(t)$. Isso significa que $q(t)$ é medida em milhões de gramas, ou megagramas (toneladas). Se fizermos essa substituição na Eq. (20), então cada termo conterá o fator 10^6, que poderá ser cancelado. Se também transpusermos o termo envolvendo $q(t)$ para o lado esquerdo do sinal de igualdade, teremos, finalmente,

$$\frac{dq}{dt} + \frac{1}{2}q = 10 + 5\text{sen}(2t). \quad (21)$$

Originalmente, não havia produto químico na lagoa, de modo que a condição inicial é

$$q(0) = 0. \quad (22)$$

A Eq. (21) é linear e, embora a expressão à direita do sinal de igualdade seja uma função de t, o coeficiente de q é constante. Assim, o fator integrante é $e^{t/2}$. Multiplicando a Eq. (21) por esse fator e integrando a equação resultante, obtemos a solução geral

$$q(t) = 20 - \frac{40}{17}\cos(2t) + \frac{10}{17}\text{sen}(2t) + ce^{-t/2}. \quad (23)$$

A condição inicial (22) exige $c = -300/17$, de modo que a solução do problema de valor inicial (21), (22) é

$$q(t) = 20 - \frac{40}{17}\cos(2t) + \frac{10}{17}\text{sen}(2t) - \frac{300}{17}e^{-t/2}. \quad (24)$$

A **Figura 2.3.3** mostra o gráfico da solução (24), junto com a reta $q = 20$ (em preto). O termo exponencial na solução é importante para valores pequenos de t, mas diminui rapidamente quando t aumenta. Mais tarde, a solução vai consistir em uma oscilação, em razão dos termos sen$(2t)$ e cos$(2t)$, em torno do nível constante $q = 20$. Note que, se o termo sen$(2t)$ não estivesse presente na Eq. (21), então $q = 20$ seria a solução de equilíbrio daquela equação.

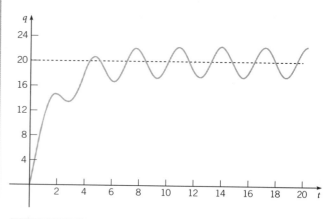

FIGURA 2.3.3 Solução do problema de valor inicial (21), (22): $dq/dt + q/2 = 10 + 5 \text{sen}(2t)$, $q(0) = 0$.

Vamos considerar agora o quão adequado é o modelo matemático para este problema. O modelo baseia-se em diversas hipóteses que ainda não foram enunciadas explicitamente. Em primeiro lugar, a quantidade de água na lagoa é inteiramente controlada pelas taxas de entrada e de saída – nada se perde por evaporação ou por absorção pelo solo, e nada se ganha com a chuva. O mesmo é verdade para o produto químico; ele entra e sai da lagoa, mas nada é absorvido por peixes ou outros organismos que vivem na lagoa. Além disso, supusemos que a concentração do produto químico é uniforme em toda a lagoa. A precisão, ou não, dos resultados obtidos com o modelo depende fortemente da validade dessas hipóteses simplificadoras.

EXEMPLO 2.3.4 | Velocidade de Escape

Um corpo de massa constante m é projetado da Terra em uma direção perpendicular à superfície da Terra com uma velocidade inicial v_0. Supondo que não há resistência do ar, mas levando em consideração a variação do campo gravitacional da Terra com a distância, encontre uma expressão para a velocidade durante o movimento resultante. Calcule a velocidade inicial necessária para levantar o corpo até uma altitude máxima $A_{\text{máx}}$ acima da superfície da Terra e, também, a menor velocidade inicial para a qual o corpo não retornará à Terra; esta última é a **velocidade de escape**.

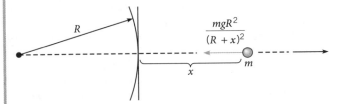

FIGURA 2.3.4 Um corpo no campo gravitacional da Terra é puxado para o centro da Terra.

Solução:

Coloque o semieixo positivo dos x apontando para fora do centro da Terra ao longo da linha de movimento, com $x = 0$ correspondendo à superfície da Terra; veja a **Figura 2.3.4**. A figura está desenhada horizontalmente para lembrar que a gravidade está direcionada para o centro da Terra, que não é necessariamente para baixo se olhado de uma perspectiva de longe da superfície da Terra. A força gravitacional agindo no corpo (ou seja, seu peso) é inversamente proporcional ao quadrado da distância ao centro da Terra e é dada por $w(x) = -k/(x + R)^2$, em que k é uma constante, R é o raio da Terra e o sinal de menos significa que $w(x)$ está orientada no sentido negativo do eixo dos x. Sabemos que, na superfície da Terra, $w(0)$ é dada por $-mg$, em que g é a aceleração em função da gravidade no nível do mar. Portanto, $k = mgR^2$ e

$$w(x) = -\frac{mgR^2}{(R+x)^2}. \qquad (25)$$

Como não há outras forças agindo sobre o corpo, a equação de movimento é

$$m\frac{dv}{dt} = -\frac{mgR^2}{(R+x)^2}, \qquad (26)$$

e a condição inicial é

$$v(0) = v_0. \qquad (27)$$

Infelizmente, a Eq. (26) envolve um número grande demais de variáveis, já que depende de t, x e v. Para consertar essa situação, vamos eliminar t da Eq. (26) pensando em x, em vez de t, como a variável independente. Então, podemos expressar dv/dt em função de dv/dx pela regra da cadeia; logo,

$$\frac{dv}{dt} = \frac{dv}{dx}\frac{dx}{dt} = v\frac{dv}{dx},$$

e a Eq. (26) é substituída por

$$v\frac{dv}{dx} = -\frac{gR^2}{(R+x)^2}. \qquad (28)$$

A Eq. (28) é separável, mas não linear, de modo que, separando as variáveis e integrando, obtemos

$$\frac{v^2}{2} = \frac{gR^2}{R+x} + c. \qquad (29)$$

Como $x = 0$ quando $t = 0$, a condição inicial (27) em $t = 0$ pode ser substituída pela condição $v = v_0$ quando $x = 0$. Logo, $c = (v_0^2/2) - gR$ e

$$v = \pm\sqrt{v_0^2 - 2gR + \frac{2gR^2}{R+x}}. \qquad (30)$$

Note que a Eq. (30) fornece a velocidade em função da altitude, em vez do tempo. Deve-se escolher o sinal de mais se o corpo estiver subindo, e o sinal de menos, se estiver caindo de volta à Terra.

Para determinar a altitude máxima $A_{\text{máx}}$ alcançada pelo corpo, fazemos $v = 0$ e $x = A_{\text{máx}}$ na Eq. (30) e depois resolvemos para $A_{\text{máx}}$, obtendo

$$A_{\text{máx}} = \frac{v_0^2 R}{2gR - v_0^2}. \qquad (31)$$

Resolvendo a Eq. (31) para v_0, encontramos a velocidade inicial necessária para levantar o corpo até a altitude $A_{\text{máx}}$, a saber,

$$v_0 = \sqrt{2gR\frac{A_{\text{máx}}}{R + A_{\text{máx}}}}. \qquad (32)$$

A velocidade de escape v_e é encontrada, então, fazendo $A_{\text{máx}} \to \infty$. Portanto,

$$v_e = \sqrt{2gR}. \qquad (33)$$

O valor numérico de v_e é, aproximadamente, 6,9 mi/s (milhas por segundo) ou 11,1 km/s.

O cálculo precedente da velocidade de escape não leva em consideração o efeito da resistência do ar, de modo que a velocidade de escape real (incluindo o efeito da resistência do ar) é um pouco maior. Por outro lado, a velocidade de escape efetiva pode ser significativamente reduzida se o corpo for transportado, antes de ser lançado, a uma altura considerável acima do nível do mar. Ambas as forças, gravitacional e de atrito, são reduzidas; a resistência do ar, em particular, diminui muito rapidamente com o aumento da altitude. Você deve manter em mente, também, que pode ser impraticável dar uma velocidade inicial instantaneamente muito grande; veículos espaciais, por exemplo, recebem sua aceleração inicial durante alguns minutos.

Problemas

1. Considere um tanque usado em determinados experimentos em hidrodinâmica. Depois de um experimento, o tanque contém 200 L (litros) de uma solução de tinta com uma concentração de 1 g/L. Para preparar o tanque para o próximo experimento, ele é lavado com água fresca fluindo a uma taxa de 2 L/min, e a solução bem misturada flui para fora à mesma taxa. Encontre o tempo gasto até a concentração de tinta no tanque atingir 1% de seu valor original.

34 Capítulo 2

2. Um tanque contém inicialmente 120 L de água pura. Uma mistura contendo uma concentração de γ g/L de sal entra no tanque a uma taxa de 2 L/min e a mistura bem mexida sai do tanque à mesma taxa. Encontre uma expressão para a quantidade de sal no tanque em qualquer instante t em termos de γ. Encontre, também, a quantidade limite de sal no tanque quando $t \to \infty$.

3. Um tanque contém 100 gal (galões) de água e 50 oz (onças)* de sal. Água contendo uma concentração de sal de (¼) [1 + (½)sen(t)] oz/gal entra no tanque a uma taxa de 2 gal/min, e a mistura sai do tanque à mesma taxa.

   a. Encontre a quantidade de sal no tanque em qualquer instante.
   🅖 b. Desenhe o gráfico da solução por um período de tempo longo o suficiente para que você veja o comportamento final do gráfico.
   c. O comportamento da solução para períodos longos de tempo é uma oscilação em torno de um nível constante. Qual é esse nível? E qual é a amplitude da oscilação?

4. Suponha que um tanque contendo determinado líquido tem uma saída próxima do fundo. Seja $h(t)$ a altura da superfície do líquido acima da saída no instante t. O princípio de Torricelli[2] diz que a velocidade v do fluxo na saída é igual à velocidade de uma partícula em queda livre (sem atrito) caindo da altura h.

   a. Mostre que $v = \sqrt{2gh}$, em que g é a aceleração da gravidade.
   b. Igualando a taxa de saída à taxa de variação de líquido no tanque, mostre que $h(t)$ satisfaz a equação

   $$A(h)\frac{dh}{dt} = -\alpha a\sqrt{2gh}, \tag{34}$$

   em que $A(h)$ é a área da seção reta do tanque na altura h e a é a área da saída. A constante α é um coeficiente de contração responsável pelo fato observado de que a seção reta do fluxo (suave) de saída é menor do que a. O valor de α para a água é aproximadamente 0,6.
   c. Considere um tanque de água em forma de um cilindro circular reto três metros acima da saída. O raio do tanque é um metro e o raio da saída circular é 0,1 m. Se o tanque estiver inicialmente cheio de água, determine quanto tempo vai levar para esvaziar o tanque até o nível da saída.

5. Suponha que determinada quantia S_0 está investida a uma taxa anual de retorno r capitalizada continuamente.

   a. Encontre o tempo T necessário para que a soma original dobre de valor em função de r.
   b. Determine T, se $r = 7\%$.
   c. Encontre a taxa de retorno necessária para que o investimento inicial dobre em oito anos.

6. Uma pessoa jovem sem capital inicial investe k reais por ano a uma taxa anual de retorno r. Suponha que os investimentos são feitos continuamente e que o retorno é capitalizado continuamente.

   a. Determine a quantia $S(t)$ acumulada em qualquer instante t.
   b. Se $r = 7,5\%$, determine k de modo que um milhão de reais esteja disponível para a aposentadoria em 40 anos.
   c. Se $k = $ R\$ 2.000,00 por ano, determine qual deve ser a taxa de retorno r para se ter um milhão de reais em 40 anos.

7. Determinado universitário pede um empréstimo de R\$ 8.000,00 para comprar um carro. A financeira cobra juros de 10% ao ano. Supondo que os juros são capitalizados continuamente e que os pagamentos são realizados continuamente a uma taxa anual constante k, determine a taxa de pagamento k necessária para quitar o empréstimo em três anos. Determine, também, quanto é pago de juros durante esses três anos.

🅝 8. Um recém-formado pegou emprestado o valor de R\$ 150.000,00 a uma taxa de juros de 6% ao ano para comprar um apartamento. Antecipando constantes aumentos de salário, ele espera pagar a uma taxa mensal de 800 + 10t, em que t é o número de meses desde o início do empréstimo.

   a. Supondo que o programa de pagamento possa ser mantido, quando o empréstimo estará quitado?
   b. Supondo o mesmo programa de pagamento, qual deve ser a quantia emprestada para que seja paga em exatamente 20 anos?

9. Uma ferramenta importante em pesquisa arqueológica é a datação por carbono radioativo, desenvolvida pelo químico norte-americano Willard F. Libby.[3] Esse é um modo para determinar a idade de determinados resíduos de madeira e plantas, e, portanto, de ossos de animais ou homens, ou artefatos encontrados enterrados nos mesmos níveis. A datação por carbono radioativo baseia-se no fato de que alguns restos de madeira ou plantas contêm quantidades residuais de carbono-14, um isótopo radioativo do carbono. Esse isótopo se acumula durante a vida da planta e começa a decair na sua morte. Como a meia-vida do carbono-14 é longa (aproximadamente 5.730 anos),[4] quantidades mensuráveis de carbono-14 permanecem depois de muitos milhares de anos. Se mesmo uma fração mínima da quantidade original de carbono-14 ainda está presente, então, por meio de medidas apropriadas em laboratório, pode-se determinar com precisão a *proporção* da quantidade original de carbono-14 que permanece. Em outras palavras, se $Q(t)$ é a quantidade de carbono-14 no instante t e Q_0 é a quantidade original, então a razão $Q(t)/Q_0$ pode ser determinada, pelo menos se essa quantidade não for pequena demais. Técnicas atuais de medida permitem o uso desse método por períodos de tempo de 50.000 anos ou mais.

   a. Supondo que Q satisfaz a equação diferencial $Q' = -rQ$, determine a constante de decaimento r para o carbono-14.
   b. Se $Q(0) = Q_0$, encontre uma expressão para $Q(t)$ em qualquer instante t.
   c. Suponha que determinados restos foram descobertos nos quais a quantidade residual atual de carbono-14 é 20% da quantidade original. Determine a idade desses restos.

🅝 10. Suponha que determinada população tem uma taxa de crescimento que varia com o tempo e que essa população satisfaz a equação diferencial

   $$\frac{dy}{dt} = (0{,}5 + \text{sen}(t))\frac{y}{5}.$$

   a. Se $y(0) = 1$, encontre (ou estime) o instante τ no qual a população dobrou. Escolha outras condições iniciais e determine se o tempo de duplicação τ depende da população inicial.
   b. Suponha que a taxa de crescimento é substituída pelo seu valor médio 1/10. Determine o tempo de duplicação τ nesse caso.
   c. Suponha que o termo sen(t) na equação diferencial é substituído por (2πt); ou seja, a variação na taxa de crescimento tem uma frequência substancialmente mais alta. Qual o efeito disso no tempo de duplicação τ?

---

*N.T.: Uma onça ≈ 28,34 gramas e 50 onças ≈ 1.417 gramas.
[2]Evangelista Torricelli (1608-1647), sucessor de Galileu como matemático da corte em Florença, publicou este resultado em 1644. Além de seu trabalho em dinâmica dos fluidos, ele também é conhecido por ter construído o primeiro barômetro de mercúrio e por contribuições importantes em geometria.

[3]Willard F. Libby (1908-1980) nasceu na zona rural do estado de Colorado, nos Estados Unidos, e recebeu sua educação na University of California, em Berkeley. Desenvolveu o método de datação por carbono radioativo a partir de 1947, quando estava na University of Chicago. Recebeu o prêmio Nobel de Química em 1960 por esse trabalho.
[4]*McGraw-Hill Encyclopedia of Science and Technology*. 8. ed. New York: McGraw-Hill, p. 48, 1997. v. 5.

d. Faça o gráfico das soluções obtidas nos itens **(a)**, **(b)** e **(c)** em um único conjunto de eixos.

N 11. Suponha que determinada população satisfaz o problema de valor inicial

$$dy/dt = r(t)y - k, \quad y(0) = y_0,$$

em que a taxa de crescimento $r(t)$ é dada por $r(t) = (1 + \text{sen}(t))/5$, e k representa a taxa predatória.

G a. Suponha que $k = 1/5$. Faça gráficos de y em função de t para diversos valores de y_0 entre ½ e 1.

b. Estime a população inicial crítica y_c abaixo da qual a população será extinta.

c. Escolha outros valores de k e encontre a população crítica y_c correspondente para cada um deles.

G d. Use os dados encontrados nos itens **(b)** e **(c)** para fazer o gráfico de y_c em função de k.

12. A lei do resfriamento de Newton diz que a temperatura de um objeto varia a uma razão proporcional à diferença entre sua temperatura e a temperatura ambiente. Suponha que a temperatura de uma xícara de café obedece à lei do resfriamento de Newton. Se o café estiver a uma temperatura de 200 °F* quando colocado na xícara e, um minuto depois, esfriar para 190 °F em uma sala à temperatura de 70 °F, determine quando o café alcançará a temperatura de 150 °F.

13. O calor transferido de um corpo para seu ambiente por radiação, baseado na lei de Stefan-Boltzmann,[5] é descrito pela equação diferencial

$$\frac{du}{dt} = -\alpha(u^4 - T^4), \tag{35}$$

em que $u(t)$ é a temperatura absoluta (em graus Kelvin) do corpo no instante t, T é a temperatura absoluta do ambiente e α é uma constante que depende dos parâmetros físicos do corpo. No entanto, se u for muito maior do que T, as soluções da Eq. (35) podem ser bem aproximadas por soluções da equação mais simples

$$\frac{du}{dt} = -\alpha u^4. \tag{36}$$

Suponha que um corpo, a uma temperatura inicial de 2.000 K, está em um meio à temperatura de 300 K e que $\alpha = 2,0 \times 10^{-12}$ K^{-3}/s.

a. Determine a temperatura do corpo em um instante qualquer resolvendo a Eq. (36).

G b. Faça o gráfico de u em função de t.

N c. Encontre o instante τ no qual $u(\tau) = 600$, ou seja, o dobro da temperatura ambiente. Até esse instante, o erro ao usar a Eq. (36) para aproximar as soluções da Eq. (35) não é maior do que 1%.

N 14. Considere uma caixa isolada termicamente (um prédio, talvez) com temperatura interna $u(t)$. De acordo com a lei do resfriamento de Newton, u satisfaz a equação diferencial

$$\frac{du}{dt} = -k(u - T(t)), \tag{37}$$

em que $T(t)$ é a temperatura do ambiente (externo). Suponha que $T(t)$ varia como uma senoide; por exemplo, suponha que $T(t) = T_0 + T_1 \cos(\omega t)$.

a. Resolva a Eq. (37) e expresse $u(t)$ em termos de t, k, T_0, T_1 e ω. Observe que parte de sua solução tende a zero quando t fica muito grande; esta é chamada de parte transiente. O restante da solução é chamado de estado estacionário; denote-a por $S(t)$.

G b. Suponha que t está medido em horas e que $\omega = \pi/12$, correspondendo a um período de 24 horas para $T(t)$. Além disso, sejam $T_0 = 60$ °F, $T_1 = 15$ °F e $k = 0,2$/h. Desenhe gráficos de $S(t)$ e de $T(t)$ em função de t nos mesmos eixos. A partir de seu gráfico, estime a amplitude R da parte oscilatória de $S(t)$. Estime, também, a diferença de tempo τ entre os máximos correspondentes de $T(t)$ e de $S(t)$.

c. Sejam k, T_0, T_1 e ω não especificados. Escreva a parte oscilatória de $S(t)$ na forma $R \cos[\omega(t - \tau)]$. Use identidades trigonométricas para encontrar expressões para R e τ. Suponha que T_1 e ω têm os valores dados no item (b), e desenhe gráficos de R e τ em função de k.

15. Considere um lago, de volume constante V, contendo, no instante t, uma quantidade $Q(t)$ de poluentes distribuídos uniformemente em todo o lago com uma concentração $c(t)$, em que $c(t) = Q(t)/V$. Suponha que está entrando no lago água contendo uma concentração k de poluentes a uma taxa r e que está saindo água do lago à mesma taxa. Suponha também que são adicionados poluentes diretamente no lago a uma taxa constante P. Note que as hipóteses feitas não consideram uma série de fatores que podem ser importantes em alguns casos – por exemplo, a água adicionada ou perdida em face da precipitação, da absorção ou da evaporação; a estratificação em consequência das diferenças de temperatura em um lago profundo; a produção de baías protegidas, por causa de irregularidades na borda; e o fato de que os poluentes não são depositados uniformemente em todo o lago (em geral), mas em pontos isolados em sua periferia. Os resultados a seguir têm de ser interpretados levando em consideração que não foram contemplados fatores como esses.

a. Se a concentração de poluentes no instante $t = 0$ for c_0, encontre uma expressão para a concentração $c(t)$ em qualquer instante t. Qual é a concentração limite quando $t \to \infty$?

b. Se a adição de poluentes no lago termina ($k = 0$ e $P = 0$ para $t > 0$), determine o intervalo de tempo T necessário para que a concentração de poluentes seja reduzida a 50% de seu valor original; e a 10% de seu valor original.

c. A **Tabela 2.3.2** contém dados[6] para os Grandes Lagos.** Usando esses dados, determine, a partir do item (b), o tempo T necessário para reduzir a contaminação desses lagos a 10% de seu valor original.

TABELA 2.3.2	Dados sobre Volume e Fluxo nos Grandes Lagos	
Lago	$10^3 \times V$ (km³)	r (km³/ano)
Superior	12,2	65,2
Michigan	4,9	158
Erie	0,46	175
Ontario	1,6	209

N 16. Uma bola com massa de 0,15 kg é jogada para cima, com velocidade inicial de 20 m/s, do teto de um prédio com 30 m de altura. Não leve em consideração a resistência do ar.

---

*N.T.: A fórmula para conversão de Fahrenheit para Celsius é (F – 32)/9 = C/5. Então, 200 °F é, aproximadamente, 93 °C.

[5]Jozef Stefan (1835-1893), professor de Física em Viena, enunciou a lei de radiação empiricamente em 1879. Seu aluno Ludwig Boltzmann (1844-1906) deduziu-a teoricamente dos princípios da termodinâmica em 1884. Boltzmann é mais conhecido por seu trabalho pioneiro em Mecânica estatística.

[6]Este problema baseia-se no artigo "*Natural Displacement of Pollution from the Great Lakes*", de R. H. Rainey, publicado em *Science*, 155, p. 1242-1243, 1967. A informação na tabela foi retirada dessa fonte.

**N.T.: Esses lagos ficam na fronteira entre os Estados Unidos e o Canadá.

a. Encontre a altura máxima acima do solo alcançada pela bola.
b. Supondo que a bola não atinge o prédio quando desce, encontre o instante em que ela bate no chão.
c. Desenhe os gráficos da velocidade e da posição em função do tempo.

17. Suponha que as condições são como no Problema 16, exceto que existe uma força resultante da resistência do ar com sentido oposto ao da velocidade e magnitude $|v|/30$, em que a velocidade v é medida em m/s.
   a. Encontre a altura máxima acima do solo alcançada pela bola.
   b. Encontre o instante em que a bola bate no chão.
   c. Desenhe os gráficos da velocidade e da posição em função do tempo. Compare esse par de gráficos com os gráficos correspondentes no Problema 16.

18. Suponha que as condições são como no Problema 16, exceto que existe uma força resultante da resistência do ar com sentido oposto ao da velocidade e magnitude $v^2/1.325$, em que a velocidade é medida em m/s.
   a. Encontre a altura máxima acima do solo alcançada pela bola.
   b. Encontre o instante em que a bola bate no chão.
   c. Desenhe os gráficos da velocidade e da posição em função do tempo. Compare esses gráficos com os gráficos correspondentes nos Problemas 16 e 17.

19. Um corpo de massa m é projetado verticalmente para cima com uma velocidade inicial v_0 em um meio que oferece uma resistência $k|v|$, em que k é constante. Não leve em consideração variações na força gravitacional.
   a. Encontre a altura máxima x_m alcançada pelo corpo e o instante t_m no qual essa altura máxima é atingida.
   b. Mostre que, se $kv_0/mg < 1$, então t_m e x_m podem ser representados como

   $$t_m = \frac{v_0}{g}\left(1 - \frac{1}{2}\frac{kv_0}{mg} + \frac{1}{3}\left(\frac{kv_0}{mg}\right)^2 - \cdots\right),$$

   $$x_m = \frac{v_0^2}{2g}\left(1 - \frac{2}{3}\frac{kv_0}{mg} + \frac{1}{2}\left(\frac{kv_0}{mg}\right)^2 - \cdots\right).$$

   c. Mostre que a quantidade kv_0/mg é adimensional.

20. Um corpo de massa m é projetado verticalmente para cima com uma velocidade inicial v_0 em um meio que oferece uma resistência $k|v|$, em que k é constante. Suponha que a atração gravitacional da Terra é constante.
   a. Encontre a velocidade $v(t)$ do corpo em qualquer instante t.
   b. Use o resultado do item (a) para calcular o limite de $v(t)$ quando $k \to 0$, ou seja, quando a resistência tende a zero. Esse resultado é igual à velocidade de uma massa m projetada para cima com uma velocidade inicial v_0 no vácuo?
   c. Use o resultado do item (a) para calcular o limite de $v(t)$ quando $m \to 0$, ou seja, quando a massa se aproxima de zero.

21. Um corpo caindo em um fluido relativamente denso, óleo, por exemplo, está sob a ação de três forças (veja a **Figura 2.3.5**): uma força de resistência R, um empuxo B e seu peso w em razão da gravidade. O empuxo é igual ao peso do fluido deslocado pelo objeto. Para um corpo esférico de raio a se movimentando lentamente, a força de resistência é dada pela lei de Stokes, $R = 6\pi\mu a|v|$, em que v é a velocidade do corpo e μ é o coeficiente de viscosidade do fluido.[7]

a. Encontre a velocidade limite de uma esfera sólida de raio a e densidade ρ caindo livremente em um meio de densidade ρ' e coeficiente de viscosidade μ.
b. Em 1910, R. A. Millikan[8] estudou o movimento de gotículas de óleo caindo em um campo elétrico. Um campo de intensidade E exerce uma força Ee em uma gotícula com carga e. Suponha que E foi ajustado de modo que a gotícula é mantida estacionária ($v = 0$) e que w e B são dados como descrito no enunciado. Encontre uma expressão para e. Millikan repetiu esse experimento muitas vezes e, a partir dos dados coletados, deduziu a carga de um elétron.

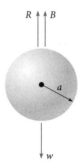

FIGURA 2.3.5 Um corpo caindo em um fluido denso (veja o Problema 21).

22. Sejam $v(t)$ e $w(t)$ as componentes horizontal e vertical, respectivamente, da velocidade de uma bola de beisebol rebatida (ou lançada). Na ausência de resistência do ar, v e w satisfazem as equações

$$\frac{dv}{dt} = 0, \quad \frac{dw}{dt} = -g.$$

a. Mostre que

$$v = u\cos(A), \quad w = -gt + u\,\text{sen}(A),$$

em que u é a velocidade escalar inicial da bola e A é o ângulo inicial de elevação.
b. Sejam $x(t)$ e $y(t)$, respectivamente, as coordenadas horizontal e vertical da bola no instante t. Se $x(0) = 0$ e $y(0) = h$, encontre $x(t)$ e $y(t)$ em qualquer instante t.
c. Sejam $g = 32$ pés/s², $u = 125$ pés/s e $h = 3$ pés. Desenhe a trajetória da bola para diversos valores do ângulo A, ou seja, faça os gráficos de $x(t)$ e $y(t)$ parametricamente.
d. Suponha que o muro que delimita o campo está a uma distância L e tem altura H. Encontre uma relação entre u e A que tem de ser satisfeita para que a bola passe por cima do muro.
e. Suponha que $L = 350$ pés e $H = 10$ pés. Usando a relação no item (d), encontre (ou estime a partir de um gráfico) o intervalo de valores de A que correspondem a uma velocidade escalar inicial $u = 110$ pés/s.

---

[7] Sir George Gabriel Stokes (1819-1903) nasceu na Irlanda, mas passou a maior parte de sua vida na Cambridge University, primeiro como estudante e depois como professor. Stokes foi um dos mais proeminentes matemáticos aplicados do século XIX, mais conhecido por seu trabalho em dinâmica dos fluidos e na teoria ondulatória da luz. As equações básicas da mecânica dos fluidos (equações de Navier-Stokes) são nomeadas em parte em sua homenagem, e um dos teoremas fundamentais do cálculo vetorial leva seu nome. Ele também foi um dos pioneiros na utilização de séries divergentes (assintóticas).

[8] Robert A. Millikan (1868-1953) estudou na Oberlin College e na Columbia University. Mais tarde, foi professor na University of Chicago e no California Institute of Technology. Em 1910, publicou um trabalho contendo a determinação da carga do elétron. Recebeu o prêmio Nobel de Física em 1923 por esse trabalho e por outros estudos sobre o efeito fotoelétrico.

f. Para $L = 350$ e $H = 10$, encontre a velocidade inicial mínima u e o ângulo ótimo correspondente A para o qual a bola passa por cima do muro.

N 23. Um modelo mais realista (do que o no Problema 22) para a trajetória de uma bola de beisebol inclui o efeito da resistência do ar. Nesse caso, as equações de movimento são

$$\frac{dv}{dt} = -rv, \quad \frac{dw}{dt} = -g - rw,$$

em que r é o coeficiente de resistência.

a. Determine $v(t)$ e $w(t)$ em termos da velocidade escalar inicial u e do ângulo inicial de elevação A.
b. Encontre $x(t)$ e $y(t)$ se $x(0) = 0$ e $y(0) = h$.
G c. Desenhe as trajetórias da bola para $r = 1/5$, $u = 125$, $h = 3$ e para diversos valores de A. Como essas trajetórias diferem das do Problema 22 com $r = 0$?
d. Supondo $r = 1/5$ e $h = 3$, encontre a velocidade inicial mínima u e o ângulo ótimo correspondente A para o qual a bola passa por cima de um muro que está a uma distância de 350 pés e tem 10 pés de altura. Compare esse resultado com o do Problema 22(f).

24. **Problema da Braquistócrona.** Um dos problemas famosos na história da Matemática é o problema da braquistócrona:[9] encontrar uma curva ao longo da qual uma partícula desliza sem atrito em um tempo mínimo, de um ponto dado P até outro ponto Q, em que o segundo ponto está mais baixo do que o primeiro, mas não diretamente debaixo (veja a **Figura 2.3.6**). Esse problema foi proposto por Johann Bernoulli em 1696, como um desafio para os matemáticos da época. Johann Bernoulli e seu irmão Jakob Bernoulli, Isaac Newton, Gottfried Leibniz e o Marquês de L'Hôpital encontraram soluções corretas. O problema da braquistócrona é importante no desenvolvimento da Matemática como um dos precursores do cálculo das variações.

Ao resolver este problema, é conveniente colocar a origem no ponto superior P e orientar os eixos conforme ilustrado na Figura 2.3.6. O ponto mais baixo Q tem coordenadas (x_0, y_0). É possível mostrar, então, que a curva de tempo mínimo é dada por uma função $y = \phi(x)$ que satisfaz a equação diferencial

$$(1 + y'^2)y = k^2, \quad (38)$$

em que k^2 é certa constante positiva a ser determinada mais tarde.

a. Resolva a Eq. (38) para y'. Por que é necessário escolher a raiz quadrada positiva?
b. Introduza uma nova variável t pela relação

$$y = k^2 \operatorname{sen}^2(t). \quad (39)$$

Mostre que a equação encontrada no item **(a)** fica, então, na forma

$$2k^2 \operatorname{sen}^2(t) dt = dx. \quad (40)$$

c. Fazendo $\theta = 2t$, mostre que a solução da Eq. (40) para a qual $x = 0$ quando $y = 0$ é dada por

$$x = k^2(\theta - \operatorname{sen}(\theta))/2, \quad y = k^2(1 - \cos(\theta))/2. \quad (41)$$

As Eqs. (41) são equações paramétricas da solução da Eq. (38) que contém o ponto (0, 0). O gráfico das Eqs. (41) é chamado de **cicloide**.

d. Se fizermos uma escolha apropriada da constante k, então a cicloide também contém o ponto (x_0, y_0) e é a solução do problema da braquistócrona. Encontre k, se $x_0 = 1$ e $y_0 = 2$.

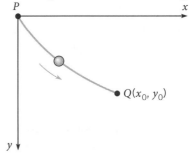

FIGURA 2.3.6 Braquistócrona (veja o Problema 24).

2.4 Diferenças entre Equações Diferenciais Lineares e Não Lineares

Até aqui, estivemos basicamente interessados em mostrar que equações de primeira ordem podem ser usadas para investigar muitos tipos diferentes de problemas nas ciências naturais e em apresentar métodos para resolver tais equações se forem lineares ou separáveis. Agora está na hora de considerar algumas questões gerais de equações diferenciais e explorar com mais detalhes algumas diferenças importantes entre equações lineares e não lineares.

Existência e Unicidade de Soluções. Até agora, discutimos uma série de problemas de valor inicial, cada um dos quais tinha uma solução e, aparentemente, apenas uma. Isso levanta a questão de se isso é verdade para todos os problemas de valor inicial para equações de primeira ordem. Em outras palavras, todo problema de valor inicial tem exatamente uma solução?

Esse é um ponto importante até para não matemáticos. Se você encontrar um problema de valor inicial ao investigar algum problema físico, pode querer saber se ele tem solução antes de gastar muito tempo e esforço tentando resolvê-lo. Além disso, se encontrar uma solução, você pode estar interessado em saber se deve continuar a busca por outras soluções possíveis ou se pode ter certeza de que não existem outras soluções. Para equações lineares, as respostas para essas questões são dadas pelo teorema fundamental a seguir.

Teorema 2.4.1 | Teorema de Existência e Unicidade para Equações Lineares de Primeira Ordem

Se as funções p e g forem contínuas em um intervalo aberto I: $\alpha < t < \beta$ contendo o ponto $t = t_0$, então existe uma única função $y = \phi(t)$ que satisfaz a equação diferencial

$$y' + p(t)y = g(t) \quad (1)$$

para cada t em I, e que também satisfaz a condição inicial

$$y(t_0) = y_0, \quad (2)$$

em que y_0 é um valor inicial arbitrário dado.

---

[9] A palavra "braquistócrona" vem das palavras gregas *brachistos*, que significa o mais curto, e *chronos*, que significa tempo.

Observe que o Teorema 2.4.1 diz que o problema de valor inicial dado *tem* uma solução e, também, que o problema tem *apenas uma* solução. Em outras palavras, o teorema afirma tanto a *existência* quanto a *unicidade* da solução do problema de valor inicial (1). Além disso, ele diz que a solução existe em qualquer intervalo I contendo o ponto inicial t_0 no qual os coeficientes p e g são contínuos. Ou seja, a solução pode ser descontínua ou deixar de existir apenas em pontos em que pelo menos uma das funções p e g é descontínua. Frequentemente, tais pontos podem ser identificados facilmente.

A demonstração desse teorema está parcialmente contida na discussão na Seção 2.1 que nos levou à fórmula [veja a Eq. (32) na Seção 2.1]

$$\mu(t)y = \int \mu(t)g(t)dt + c, \tag{3}$$

em que [Eq. (30) na Seção 2.1]

$$\mu(t) = \exp\left(\int p(t)dt\right). \tag{4}$$

A dedução dessas fórmulas na Seção 2.1 mostra que, se a Eq. (1) tiver solução, então ela terá que ser dada pela Eq. (3). Analisando um pouco melhor aquela dedução, também podemos concluir que a equação diferencial (1) precisa ter, de fato, uma solução. Como p é contínua para $\alpha < t < \beta$, segue que μ está definida nesse intervalo, e é uma função diferenciável que nunca se anula. Multiplicando a Eq. (1) por $\mu(t)$, obtemos

$$(\mu(t)y)' = \mu(t)g(t). \tag{5}$$

Como ambas μ e g são contínuas, a função μg é integrável, e a Eq. (3) segue da Eq. (5). Além disso, a integral de μg é diferenciável, de modo que y dado pela Eq. (3) existe e é diferenciável no intervalo $\alpha < t < \beta$. Substituindo a expressão para y da Eq. (3) em uma das equações (1) ou (5), você pode verificar que essa expressão satisfaz a equação diferencial no intervalo $\alpha < t < \beta$. Finalmente, a condição inicial (2) determina a constante c unicamente, de modo que o problema de valor inicial só tem uma solução, o que completa a demonstração.

A Eq. (4) determina o fator integrante $\mu(t)$ até um fator multiplicativo que depende do limite inferior de integração. Se escolhermos esse limite como t_0, então

$$\mu(t) = \exp \int_{t_0}^{t} p(s)ds, \tag{6}$$

e segue que $\mu(t_0) = 1$. Usando o fator integrante dado pela Eq. (6) e escolhendo também t_0 como o limite inferior de integração na Eq. (3), obtemos a solução geral da Eq. (1) na forma

$$y = \frac{1}{\mu(t)} \left(\int_{t_0}^{t} \mu(s)g(s)ds + c \right). \tag{7}$$

Para satisfazer a condição inicial (2), precisamos escolher $c = y_0$. Assim, a solução do problema de valor inicial (1) é

$$y = \frac{1}{\mu(t)} \left(\int_{t_0}^{t} \mu(s)g(s)ds + y_0 \right), \tag{8}$$

em que $\mu(t)$ é dado pela Eq. (6).

Voltando nossa atenção para equações diferenciais não lineares, precisamos substituir o Teorema 2.4.1 por um teorema geral, como a seguir.

Teorema 2.4.2 | Teorema de Existência e Unicidade para Equações Não Lineares de Primeira Ordem

Suponha que as funções f e $\partial f/\partial y$ sejam contínuas em algum retângulo $\alpha < t < \beta$, $\gamma < y < \delta$ contendo o ponto (t_0, y_0). Então, em algum intervalo $t_0 - h < t < t_0 + h$ contido em $\alpha < t < \beta$, existe uma única solução $y = \phi(t)$ do problema de valor inicial

$$y' = f(t, y), \quad y(t_0) = y_0. \tag{9}$$

Observe que as hipóteses no Teorema 2.4.2 se reduzem às do Teorema 2.4.1 se a equação diferencial for linear. Nesse caso,

$$f(t, y) = -p(t)y + g(t) \quad \text{e} \quad \frac{\partial f(t, y)}{\partial y} = -p(t),$$

de modo que a continuidade de f e de $\partial f/\partial y$ é equivalente à continuidade de p e de g.

A demonstração do Teorema 2.4.1 foi relativamente simples porque se baseou na expressão (3), que fornece a solução de uma equação linear arbitrária. Não existe expressão correspondente para a solução da equação diferencial em (9), de modo que a demonstração do Teorema 2.4.2 é muito mais difícil. Ela é discutida, em parte, na Seção 2.8 e, com mais profundidade, em livros mais avançados de equações diferenciais.

Observamos que as condições enunciadas no Teorema 2.4.2 são suficientes para garantir a existência de uma única solução do problema de valor inicial (9) em algum intervalo $(t_0 - h, t_0 + h)$, mas elas não são necessárias. Em outras palavras, a conclusão permanece verdadeira sob hipóteses ligeiramente mais fracas sobre a função f. De fato, a existência de uma solução (mas não sua unicidade) pode ser estabelecida supondo-se apenas a continuidade de f.

Uma consequência geométrica importante da unicidade nos Teoremas 2.4.1 e 2.4.2 é que os gráficos de duas soluções não podem se interceptar. Caso contrário, existiriam duas soluções satisfazendo a condição inicial correspondente no ponto de interseção, em violação do Teorema 2.4.1 ou 2.4.2.

Vamos ver alguns exemplos.

EXEMPLO 2.4.1

Use o Teorema 2.4.1 para encontrar um intervalo no qual o problema de valor inicial

$$ty' + 2y = 4t^2, \tag{10}$$

$$y(1) = 2 \tag{11}$$

tem uma única solução. Então, faça o mesmo quando a condição inicial for mudada para $y(-1) = 2$.

Solução:

Colocando a Eq. (10) na forma-padrão (1), temos

$$y' + (2/t)y = 4t,$$

de modo que $p(t) = 2/t$ e $g(t) = 4t$. Assim, para essa equação, g é contínua para todo t, enquanto p só é contínua para $t < 0$ ou $t > 0$. O intervalo $t > 0$ contém o ponto inicial; portanto, o Teorema 2.4.1 garante que o Problema (10), (11) tem uma única solução no intervalo $0 < t < \infty$. No Exemplo 2.1.4, vimos que a solução desse problema de valor inicial é

$$y = t^2 + \frac{1}{t^2}, \quad t > 0. \tag{12}$$

Suponha agora que mudamos a condição inicial (11) para $y(-1) = 2$. Então, o Teorema 2.4.1 afirma que existe uma única solução para $t < 0$. Como você pode verificar facilmente, a solução é dada, novamente, pela Eq. (12), só que agora no intervalo $t < 0$.

EXEMPLO 2.4.2

Aplique o Teorema 2.4.2 ao problema de valor inicial

$$\frac{dy}{dx} = \frac{3x^2 + 4x + 2}{2(y-1)}, \quad y(0) = -1. \tag{13}$$

Repita essa análise quando a condição inicial mudar para $y(0) = 1$.

Solução:

Note que o Teorema 2.4.1 não é aplicável a este problema, já que a equação diferencial não é linear. Para aplicar o Teorema 2.4.2, note que

$$f(x, y) = \frac{3x^2 + 4x + 2}{2(y-1)}, \quad \frac{\partial f}{\partial y}(x, y) = -\frac{3x^2 + 4x + 2}{2(y-1)^2}.$$

Então, cada uma dessas funções é contínua em toda parte, exceto na reta $y = 1$. Logo, podemos desenhar um retângulo em torno do ponto inicial $(0, -1)$ no qual ambas as funções f e $\partial f/\partial y$ são contínuas. Portanto, o Teorema 2.4.2 garante que o problema de valor inicial tem uma única solução em algum intervalo em torno de $x = 0$. No entanto, embora o retângulo possa ser esticado indefinidamente para x positivo e negativo, isso não significa, necessariamente, que a solução existe para todo x. De fato, o problema de valor inicial (13) foi resolvido no Exemplo 2.2.2, e a solução só existe para $x > -2$.

Suponha agora que mudamos a condição inicial para $y(0) = 1$. O ponto inicial agora está na reta $y = 1$, de modo que não podemos desenhar nenhum retângulo em torno dele no qual as funções f e $\partial f/\partial y$ sejam contínuas. Então, o Teorema 2.4.2 não diz nada sobre soluções possíveis para esse problema modificado. No entanto, se separarmos as variáveis e integrarmos, como na Seção 2.2, veremos que

$$y^2 - 2y = x^3 + 2x^2 + 2x + c.$$

Além disso, se $x = 0$ e $y = 1$, então $c = -1$. Finalmente, resolvendo para y, obtemos

$$y = 1 \pm \sqrt{x^3 + 2x^2 + 2x}. \tag{14}$$

A Eq. (14) nos dá duas funções que satisfazem a equação diferencial para $x > 0$ e também satisfazem a condição inicial $y(0) = 1$. O fato de que existem duas soluções reforça a conclusão de que o Teorema 2.4.2 não é aplicável para esse problema de valor inicial.

EXEMPLO 2.4.3

Considere o problema de valor inicial

$$y' = y^{1/3}, \quad y(0) = 0 \tag{15}$$

para $t \geq 0$. Aplique o Teorema 2.4.2 a este problema de valor inicial e depois o resolva.

Solução:

A função $f(t, y) = y^{1/3}$ é contínua em toda a parte, mas $\frac{\partial f}{\partial y} = \frac{1}{3} y^{-2/3}$ não existe quando $y = 0$; logo, não é contínua aí. Assim, o Teorema 2.4.2 não pode ser aplicado a esse problema e não podemos tirar nenhuma conclusão a partir dele. No entanto, pela observação após o Teorema 2.4.2, a continuidade de f garante a existência de soluções, mas não sua unicidade.

Para compreender melhor a situação, vamos resolver o problema, o que é fácil, já que a equação é separável. Temos

$$y^{-1/3} dy = dt,$$

então

$$\frac{3}{2} y^{2/3} = t + c$$

e

$$y = \left(\frac{2}{3}(t + c)\right)^{3/2}.$$

A condição inicial será satisfeita se $c = 0$, de modo que

$$y = \phi_1(t) = \left(\frac{2}{3} t\right)^{3/2}, \quad t \geq 0 \tag{16}$$

satisfaz ambas as Eqs. (15). Por outro lado, a função

$$y = \phi_2(t) = -\left(\frac{2}{3} t\right)^{3/2}, \quad t \geq 0 \tag{17}$$

também é solução do problema de valor inicial. Além disso, a função

$$y = \psi(t) = 0, \quad t \geq 0 \tag{18}$$

é mais uma solução. De fato, para qualquer t_0 positivo, as funções

$$y = \chi(t) = \begin{cases} 0, & \text{se } 0 \leq t < t_0, \\ \pm \left(\frac{2}{3}(t - t_0)\right)^{3/2}, & \text{se } t \geq t_0 \end{cases} \tag{19}$$

são contínuas, diferenciáveis (em particular, em $t = t_0$) e são soluções do problema de valor inicial (15). Portanto, esse problema tem uma família infinita de soluções; veja a **Figura 2.4.1**, em que estão ilustradas algumas dessas soluções.

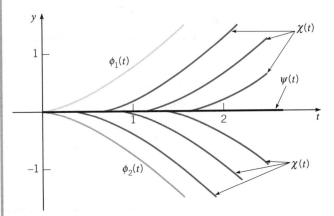

FIGURA 2.4.1 Diversas soluções do problema de valor inicial $y' = y^{1/3}, y(0) = 0$.

Como já observamos, a falta de unicidade de soluções do problema (15) não contradiz o teorema de existência e unicidade, já que ele não é aplicável se o ponto inicial pertencer ao eixo dos t. Se (t_0, y_0) for qualquer ponto que não pertence ao eixo dos t, porém, o teorema garante que existe uma única solução da equação diferencial $y' = y^{1/3}$ que contém o ponto (t_0, y_0).

40 Capítulo 2

Intervalo de Existência. De acordo com o Teorema 2.4.1, a solução de uma equação linear (1),

$$y' + p(t)y = g(t),$$

sujeita à condição inicial $y(t_0) = y_0$, existe em qualquer intervalo em torno de $t = t_0$ no qual as funções p e g são contínuas. Assim, assíntotas verticais ou outras descontinuidades da solução só podem ocorrer em pontos de descontinuidade de p ou de g. Por exemplo, as soluções no Exemplo 2.4.1 (com uma exceção) são assintóticas ao eixo dos y, correspondendo à descontinuidade em $t = 0$ do coeficiente $p(t) = 2/t$, mas nenhuma das soluções tem outro ponto em que não existe ou não é diferenciável. A solução excepcional mostra que as soluções podem permanecer contínuas, às vezes, mesmo em pontos de descontinuidade dos coeficientes.

Por outro lado, para um problema de valor inicial não linear satisfazendo as hipóteses do Teorema 2.4.2, o intervalo em que a solução existe pode ser difícil de determinar. A solução $y = \phi(t)$ certamente existe enquanto o ponto $(t, \phi(t))$ permanece em uma região na qual as hipóteses do Teorema 2.4.2 são satisfeitas. Isto é o que determina o valor de h no teorema. No entanto, como geralmente $\phi(t)$ não é conhecida, pode ser impossível localizar o ponto $(t, \phi(t))$ em relação a essa região. De qualquer modo, o intervalo de existência da solução pode não ter uma relação simples com a função f na equação diferencial $y' = f(t, y)$. Isso está ilustrado no próximo exemplo.

EXEMPLO 2.4.4

Resolva o problema de valor inicial

$$y' = y^2, \quad y(0) = 1, \tag{20}$$

e determine o intervalo no qual a solução existe.

Solução:

O Teorema 2.4.2 garante que esse problema tem uma única solução, já que $f(t, y) = y^2$ e $\partial f/\partial y = 2y$ são contínuas em toda parte. Para encontrar a solução, separamos as variáveis e integramos, resultando em

$$y^{-2}\,dy = dt \tag{21}$$

e

$$-y^{-1} = t + c.$$

Então, resolvendo para y, temos

$$y = -\frac{1}{t+c}. \tag{22}$$

Para satisfazer a condição inicial, precisamos escolher $c = -1$, de modo que

$$y = \frac{1}{1-t} \tag{23}$$

é a solução do problema de valor inicial dado. É claro que a solução se torna ilimitada quando $t \to 1$; portanto, a solução só existe no intervalo $-\infty < t < 1$. Não há indicação alguma na equação diferencial propriamente dita, entretanto, que mostra que o ponto $t = 1$ é diferente de alguma maneira. Além disso, se a condição inicial for substituída por

$$y(0) = y_0, \tag{24}$$

então a constante c na Eq. (22) tem de ser igual a $c = -1/y_0$ ($y_0 \neq 0$) e segue que

$$y = \frac{y_0}{1 - y_0 t} \tag{25}$$

é a solução do problema de valor inicial com condição inicial (24). Observe que a solução (25) se torna ilimitada quando $t \to 1/y_0$, de modo que o intervalo de existência da solução é $-\infty < t < 1/y_0$ se $y_0 > 0$, e é $1/y_0 < t < \infty$ se $y_0 < 0$. Este exemplo ilustra outra característica de problemas de valor inicial para equações não lineares: as singularidades da solução podem depender, de maneira essencial, tanto da condição inicial quanto da equação diferencial.

Solução Geral. Outro aspecto no qual as equações lineares e as não lineares diferem está relacionado com o conceito de solução geral. Para uma equação linear de primeira ordem, é possível obter uma solução contendo uma constante arbitrária, da qual resultam todas as soluções possíveis atribuindo-se valores a essa constante. Isso pode não ocorrer para equações não lineares; mesmo que seja possível encontrar uma solução contendo uma constante arbitrária, podem existir outras soluções que não podem ser obtidas atribuindo-se valores a essa constante. Por exemplo, para a equação diferencial $y' = y^2$ no Exemplo 2.4.4, a expressão na Eq. (22) contém uma constante arbitrária, mas não inclui todas as soluções da equação diferencial. Para mostrar isso, note que a função $y = 0$ para todo t é, certamente, uma solução da equação diferencial, mas não pode ser obtida da Eq. (22) atribuindo-se um valor para c. Poderíamos prever, nesse exemplo, que algo desse tipo poderia ocorrer porque, para reescrever a equação diferencial original na forma (21), tivemos de supor que y não se anula. Entretanto, a existência de soluções "adicionais" não é incomum para equações não lineares; um exemplo menos óbvio é dado no Problema **18**. Assim, só usaremos a expressão "solução geral" quando discutirmos equações lineares.

Soluções Implícitas. Lembre-se novamente de que, para um problema de valor inicial para uma equação linear de primeira ordem, a Eq. (8) fornece uma fórmula explícita para a solução $y = \phi(t)$. Desde que seja possível encontrar as primitivas necessárias, o valor da solução em qualquer ponto pode ser determinado substituindo-se, simplesmente, o valor apropriado de t na equação. A situação para equações não lineares é muito menos satisfatória. Em geral, o melhor que podemos esperar é encontrar uma equação da forma

$$F(t, y) = 0 \tag{26}$$

envolvendo t e y que é satisfeita pela solução $y = \phi(t)$. Mesmo isso só pode ser feito para equações de certos tipos particulares, entre as quais as equações separáveis são as mais importantes. A Eq. (26) é chamada uma integral, ou primeira integral, da equação diferencial e (como já observamos) seu gráfico é uma curva integral ou, talvez, uma família de curvas integrais. A Eq. (26), supondo que possa ser encontrada, define a solução implicitamente; ou seja, para cada valor de t, precisamos resolver a Eq. (26) para encontrar o valor correspondente de y. Se a Eq. (26) for suficientemente simples, talvez seja possível resolvê-la analiticamente para y, obtendo, assim, uma fórmula explícita para a solução. No entanto, na maioria dos casos isto não será possível, e você terá que recorrer a cálculos numéricos para determinar o valor (aproximado) de y para um valor dado de t. Uma vez calculados diversos pares de valores de t

Equações Diferenciais de Primeira Ordem **41**

e de y, é útil, muitas vezes, colocá-los em um gráfico e depois esboçar a curva integral que os contém. Você deve aproveitar a grande variedade de ferramentas computacionais e gráficas para efetuar esses cálculos e elaborar o gráfico de uma ou mais curvas integrais.

Os Exemplos 2.4.2 a 2.4.4 são problemas não lineares nos quais é fácil encontrar uma fórmula explícita para a solução $y = \phi(t)$. Por outro lado, os Exemplos 2.2.1 e 2.2.3 são casos nos quais é melhor deixar a solução em forma implícita e usar métodos numéricos para calculá-la para valores particulares da variável independente. Esta última situação é mais típica; a menos que a relação implícita seja quadrática em y ou tenha alguma outra forma particularmente simples, provavelmente não será possível resolvê-la exatamente por métodos analíticos. De fato, com frequência, é impossível até encontrar uma expressão implícita para a solução de uma equação não linear de primeira ordem.

Construção Gráfica ou Numérica de Curvas Integrais. Em razão da dificuldade em obter soluções analíticas exatas de equações diferenciais não lineares, métodos que geram soluções aproximadas ou outras informações qualitativas sobre as soluções acabam tendo uma importância maior. Já descrevemos, na Seção 1.1, como o campo de direções de uma equação diferencial pode ser construído. O campo de direções pode mostrar, muitas vezes, a forma qualitativa das soluções e também pode ser útil na identificação das regiões no plano ty em que as soluções exibem propriedades interessantes, que merecem uma investigação mais detalhada, analítica ou numérica. Métodos gráficos para equações de primeira ordem são mais discutidos na Seção 2.5. Na Seção 2.7, é dada uma introdução a métodos numéricos para equações de primeira ordem, mas o Capítulo 8 contém uma discussão sistemática de métodos numéricos. Entretanto, não é necessário estudar os algoritmos numéricos propriamente ditos para usar

eficazmente um dos muitos pacotes de programas que geram e fazem gráficos de aproximações numéricas de soluções de problemas de valor inicial.

Resumo. A equação linear $y' + p(t)y = g(t)$ tem diversas propriedades boas que podem ser resumidas nas afirmações a seguir:

1. Supondo que os coeficientes são contínuos, existe uma solução geral, contendo uma constante arbitrária, que inclui todas as soluções da equação diferencial. Uma solução particular que satisfaz uma condição inicial dada pode ser encontrada escolhendo-se o valor apropriado para a constante arbitrária.
2. Existe uma expressão para a solução, a saber, Eq. (7) ou (8). Além disso, embora envolva duas integrações, a expressão fornece uma solução explícita para a solução $y = \phi(t)$, em vez de uma equação que define ϕ implicitamente.
3. Os possíveis pontos de descontinuidade, ou singularidades, da solução podem ser identificados (sem resolver o problema) simplesmente encontrando os pontos de descontinuidade dos coeficientes. Assim, se os coeficientes forem contínuos para todo t, a solução também existirá e será diferenciável para todo t.

Nenhuma dessas afirmações é verdadeira, em geral, para equações não lineares. Embora uma equação não linear possa ter uma solução envolvendo uma constante arbitrária, também podem existir outras soluções. Não existe fórmula geral para soluções de equações não lineares. Se você for capaz de integrar uma equação não linear, provavelmente irá obter uma equação definindo soluções implicitamente, em vez de explicitamente. Finalmente, as singularidades das soluções de equações não lineares só podem ser encontradas, em geral, resolvendo a equação e examinando a solução. É provável que as singularidades dependam tanto da condição inicial quanto da equação diferencial.

Problemas

Nos Problemas 1 a 4, determine (sem resolver o problema) um intervalo no qual a solução do problema de valor inicial dado certamente existe.

1. $(t-3)y' + (\ln(t))y = 2(t), \ y(1) = 2$

2. $y' + (\tan(t))y = \operatorname{sen}(t), \ y(\pi) = 0$

3. $(4-t^2)y' + 2ty = 3t^2, \ y(-3) = 1$

4. $(\ln(t))y' + y = \cot(t), \ y(2) = 3$

Nos Problemas 5 a 8, diga onde, no plano ty, as hipóteses do Teorema 2.4.2 são satisfeitas.

5. $y' = (1 - t^2 - y^2)^{1/2}$

6. $y' = \dfrac{\ln|ty|}{1 - t^2 + y^2}$

7. $y' = (t^2 + y^2)^{3/2}$

8. $y' = \dfrac{1 + t^2}{3y - y^2}$

Nos Problemas 9 a 12, resolva o problema de valor inicial dado e determine como o intervalo no qual a solução existe depende do valor inicial y_0.

9. $y' = -4t/y, \ y(0) = y_0$

10. $y' = 2ty^2, \ y(0) = y_0$

11. $y' + y^3 = 0, \ y(0) = y_0$

12. $y' = \dfrac{t^2}{y(1 + t^3)}, \ y(0) = y_0$

Nos Problemas 13 a 16, desenhe um campo de direções e desenhe (ou esboce) gráficos de diversas soluções da equação diferencial dada. Descreva como as soluções parecem se comportar quando t aumenta e como seus comportamentos dependem do valor inicial y_0 quando $t = 0$.

Ⓖ 13. $y' = ty(3 - y)$

Ⓖ 14. $y' = y(3 - ty)$

Ⓖ 15. $y' = -y(3 - ty)$

Ⓖ 16. $y' = t - 1 - y^2$

17. Considere o problema de valor inicial $y' = y^{1/3}, y(0) = 0$, do Exemplo 2.4.3 no texto.

42 Capítulo 2

a. Existe uma solução que contém o ponto $(1, 1)$? Em caso afirmativo, encontre-a.

b. Existe uma solução que contém o ponto $(2, 1)$? Em caso afirmativo, encontre-a.

c. Considere todas as soluções possíveis do problema de valor inicial dado. Determine o conjunto de valores que essas soluções têm em $t = 2$.

18. a. Verifique se ambas as funções $y_1(t) = 1 - t$ e $y_2(t) = -t^2/4$ são soluções do problema de valor inicial

$$y' = \frac{-t + \sqrt{t^2 + 4y}}{2}, \quad y(2) = -1.$$

Em que intervalos essas soluções são válidas?

b. Explique por que a existência de duas soluções para o problema dado não contradiz a unicidade no Teorema 2.4.2.

c. Mostre que $y = ct + c^2$, em que c é uma constante arbitrária, satisfaz a equação diferencial no item (a) para $t \geq -2c$. Se $c = -1$, a condição inicial também é satisfeita, e obtemos a solução $y = y_1(t)$. Mostre que não existe escolha de c que fornece a segunda solução $y = y_2(t)$.

19. a. Mostre que $\phi(t) = e^{2t}$ é uma solução de $y' - 2y = 0$ e que $y = c\phi(t)$ também é solução dessa equação para qualquer valor da constante c.

b. Mostre que $\phi(t) = 1/t$ é uma solução de $y' + y^2 = 0$ para $t > 0$, mas que $y = c\phi(t)$ não é solução dessa equação, a menos que $c = 0$ ou $c = 1$. Note que a equação do item (b) é não linear, enquanto a do item (a) é linear.

20. Mostre que, se $y = \phi(t)$ for uma solução de $y' + p(t)y = 0$, então $y = c\phi(t)$ também será solução para qualquer valor da constante c.

21. Seja $y = y_1(t)$ uma solução de

$$y' + p(t)y = 0, \tag{27}$$

e seja $y = y_2(t)$ uma solução de

$$y' + p(t)y = g(t). \tag{28}$$

Mostre que $y = y_1(t) + y_2(t)$ também é solução da Eq. (28).

22. a. Mostre que a solução (7) da equação linear geral (1) pode ser escrita na forma

$$y = cy_1(t) + y_2(t), \tag{29}$$

em que c é uma constante arbitrária.

b. Mostre que y_1 é uma solução da equação diferencial

$$y' + p(t)y = 0, \tag{30}$$

correspondente a $g(t) = 0$.

c. Mostre que y_2 é solução da equação linear completa (1). Veremos mais tarde (por exemplo, na Seção 3.5) que soluções de equações lineares de ordem mais alta têm um padrão semelhante ao da Eq. (29).

Equações de Bernoulli. Algumas vezes, é possível resolver uma equação não linear fazendo uma mudança da variável dependente que a transforma em uma equação linear. O exemplo mais importante de tal equação é da forma

$$y' + p(t)y = q(t)y^n,$$

e é chamada de equação de Bernoulli, em honra a Jakob Bernoulli. Os Problemas 23 a 25 tratam de equações deste tipo.

23. a. Resolva a equação de Bernoulli quando $n = 0$ e quando $n = 1$.

b. Mostre que, se $n \neq 0$ e $n \neq 1$, então a substituição $v = y^{1-n}$ reduz a equação de Bernoulli a uma equação linear. Esse método de solução foi encontrado por Leibniz em 1696.

Nos Problemas 24 e 25, é dada uma equação de Bernoulli. Em cada caso, resolva-a usando a substituição mencionada no Problema 23b.

24. $y' = ry - ky^2$, $r > 0$ e $k > 0$. Esta equação é importante em dinâmica populacional e é discutida em detalhes na Seção 2.5.

25. $y' = \varepsilon y - \sigma y^3$, $\varepsilon > 0$ e $\sigma > 0$. Esta equação aparece no estudo da estabilidade de fluxo de fluidos.

Coeficientes Descontínuos. Às vezes, ocorrem equações diferenciais lineares com uma ou ambas as funções p e g tendo descontinuidades do tipo salto. Se t_0 for tal ponto de descontinuidade, será necessário resolver a equação separadamente para $t < t_0$ e para $t > t_0$. Depois, juntam-se as duas soluções de modo que y seja contínua em t_0; isso é feito por uma escolha apropriada das constantes arbitrárias. Os dois problemas a seguir ilustram essa situação. Note que, em cada caso, é impossível tornar y' contínua em t_0.

26. Resolva o problema de valor inicial

$$y' + 2y = g(t), \quad y(0) = 0,$$

em que

$$g(t) = \begin{cases} 1, & 0 \leq t \leq 1, \\ 0, & t > 1. \end{cases}$$

27. Resolva o problema de valor inicial

$$y' + p(t)y = 0, \quad y(0) = 1,$$

em que

$$p(t) = \begin{cases} 2, & 0 \leq t \leq 1, \\ 1, & t > 1. \end{cases}$$

2.5 Equações Diferenciais Autônomas e Dinâmica Populacional

Uma classe importante de equações de primeira ordem são aquelas nas quais a variável independente não aparece explicitamente. Tais equações são ditas **autônomas** e têm a forma

$$dy/dt = f(y). \tag{1}$$

Vamos discutir essas equações no contexto de crescimento ou declínio populacional de uma espécie dada, um assunto importante em campos que vão da Medicina à ecologia e à economia global. Algumas outras aplicações são mencionadas em alguns dos problemas. Lembre-se de que consideramos, nas Seções 1.1 e 1.2, o caso especial da Eq. (1) no qual $f(y) = ay + b$.

A Eq. (1) é separável, de modo que podemos aplicar a discussão da Seção 2.2, mas o objetivo principal desta seção é mostrar como métodos geométricos podem ser usados para obter informação qualitativa importante sobre as soluções diretamente da equação diferencial, sem resolvê-la. Os conceitos de estabilidade e instabilidade de soluções de equações diferenciais são fundamentais nesse esforço. Essas ideias foram introduzidas informalmente no Capítulo 1, mas sem usar essa terminologia. Vamos discuti-las mais aqui e examiná-las em maior profundidade e em um contexto geral no Capítulo 9.

Crescimento Exponencial. Seja $y = \phi(t)$ a população de determinada espécie no instante t. A hipótese mais simples em relação à variação da população é que a taxa de variação de y é proporcional[10] ao valor atual de y; ou seja,

$$\frac{dy}{dt} = ry, \quad (2)$$

em que a constante de proporcionalidade r é chamada **taxa de crescimento** ou **declínio**, dependendo se r é positiva ou negativa. Vamos supor aqui que a população está crescendo, de modo que $r > 0$.

Resolvendo a Eq. (2) sujeita à condição inicial[11]

$$y(0) = y_0, \quad (3)$$

obtemos

$$y = y_0 e^{rt}. \quad (4)$$

Assim, o modelo matemático que consiste no problema de valor inicial (2), (3) com $r > 0$ prevê que a população vai crescer exponencialmente todo o tempo, como mostra a **Figura 2.5.1** para diversos valores de y_0. Sob condições ideais, observou-se que a Eq. (4) é razoavelmente precisa para muitas populações, pelo menos por períodos limitados de tempo. Entretanto, é claro que tais condições ideais não podem continuar indefinidamente; eventualmente, limitações de espaço, suprimento de comida ou de outros recursos reduzirá a taxa de crescimento e terminará com o crescimento exponencial ilimitado.

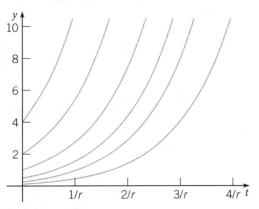

FIGURA 2.5.1 Crescimento exponencial: y em função de t para $dy/dt = ry$ $(r > 0)$.

Crescimento Logístico. Para levar em consideração o fato de que a taxa de crescimento da população depende, de fato, da população, substituímos a constante r na Eq. (2) por uma função $h(y)$ e obtemos, então, a equação modificada

$$\frac{dy}{dt} = h(y)y. \quad (5)$$

Agora queremos escolher $h(y)$ tal que $h(y) \approx r > 0$ quando y for pequeno, $h(y)$ diminuirá quando y aumentar e $h(y) < 0$ quando y for suficientemente grande. A função mais simples que tem essas propriedades é $h(y) = r - ay$, em que a também é uma constante positiva. Usando essa função na Eq. (5), obtemos

$$\frac{dy}{dt} = (r - ay)y. \quad (6)$$

A Eq. (6) é conhecida como a equação de Verhulst[12] ou **equação logística**. Muitas vezes é conveniente escrever a equação logística na forma equivalente

$$\frac{dy}{dt} = r\left(1 - \frac{y}{K}\right)y, \quad (7)$$

em que $K = r/a$. Nessa forma, a constante r é chamada **taxa de crescimento intrínseca** – ou seja, a taxa de crescimento na ausência de qualquer fator limitador. A interpretação de K ficará clara em breve.

Investigaremos as soluções da Eq. (7) em detalhe mais adiante nesta seção. Antes disso, no entanto, mostraremos como você pode desenhar facilmente um esboço *qualitativamente correto* das soluções. Os mesmos métodos também se aplicam à equação mais geral (1).

Primeiro, vamos procurar soluções da Eq. (7) do tipo mais simples possível – ou seja, funções constantes. Para uma tal solução, $dy/dt = 0$ para todo t, de modo que qualquer solução constante da Eq. (7) tem de satisfazer a equação algébrica

$$r\left(1 - \frac{y}{K}\right)y = 0.$$

Assim, as soluções constantes são $y = \phi_1(t) = 0$ e $y = \phi_2(t) = K$. Essas soluções são chamadas de **soluções de equilíbrio** da Eq. (7), já que não há variação ou mudança no valor de y quando t aumenta. Da mesma maneira, soluções de equilíbrio da equação mais geral (1) podem ser encontradas localizando-se as raízes de $f(y) = 0$. Os zeros de $f(y)$ também são chamados **pontos críticos**.

Para visualizar outras soluções da Eq. (7) e esboçar seus gráficos rapidamente, podemos começar desenhando o gráfico de $f(y)$ em função de y. No caso da Eq. (7), $f(y) = r(1 - y)/K)y$; logo, o gráfico é a parábola ilustrada na **Figura 2.5.2**. As interseções com os eixos são $(0, 0)$ e $(K, 0)$, correspondendo aos pontos críticos da Eq. (7), e o vértice da parábola está em $(K/2, rK/4)$. Note que $dy/dt > 0$ para $0 < y < K$; portanto, y é uma função crescente de t quando y está nesse intervalo; isso está indicado na Figura 2.5.2 pelas setas próximas ao eixo dos y apontando para a direita. De maneira análoga, se $y > K$, então $dy/dt < 0$; logo, y é decrescente, como indicado pela seta apontando para a esquerda na Figura 2.5.2.

---

[10]Aparentemente, foi o economista inglês Thomas Malthus (1766-1834) quem observou primeiro que muitas populações biológicas aumentam a uma taxa proporcional à população. Seu primeiro artigo sobre populações foi publicado em 1798.

[11]Nesta seção, como a função desconhecida corresponde a uma população, vamos supor que $y_0 > 0$.

[12]Pierre F. Verhulst (1804-1849) foi um matemático belga que introduziu a Eq. (6) como um modelo para o crescimento populacional em 1838. Ele referiu-se a este modelo como crescimento logístico, por isso a Eq. (6) é chamada muitas vezes de equação logística. Ele não pôde testar a precisão de seu modelo em face de dados inadequados de censo, não tendo recebido muita atenção até muitos anos depois. R. Pearl (1930) demonstrou concordância razoável com dados experimentais para populações de *Drosophila melanogaster* (mosca-das-frutas) e G. F. Gause (1935) fez o mesmo para populações de *Paramecium* e de *Tribolium* (besouro castanho).

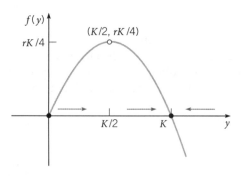

FIGURA 2.5.2 $f(y)$ em função de y para $dy/dt = r(1 - y/K)y$.

Nesse contexto, o eixo dos y é chamado muitas vezes de **reta de fase**, e está reproduzido em sua orientação vertical usual na **Figura 2.5.3(a)**. Os pontos em $y = 0$ e $y = K$ são os pontos críticos, ou soluções de equilíbrio. As setas indicam novamente que y é crescente sempre que $0 < y < K$ e que y é decrescente quando $y > K$.

Além disso, da Figura 2.5.2, note que, se y estiver próximo de zero ou de K, então a inclinação $f(y)$ estará próxima de zero, de modo que as curvas-solução têm tangentes próximas da horizontal. Elas se tornarão mais inclinadas quando o valor de y ficar mais longe de zero ou de K.

Para esboçar os gráficos das soluções da Eq. (7) no plano ty, começamos com as soluções de equilíbrio $y = \phi_1(t) = 0$ e $y = \phi_2(t) = K$; depois, desenhamos outras curvas que são crescentes quando $0 < y < K$, decrescentes quando $y > K$ e cujas tangentes se aproximam da horizontal quando y se aproxima de 0 ou de K. Logo, os gráficos das soluções da Eq. (7) devem ter a forma geral ilustrada na **Figura 2.5.3(b)**, independentemente dos valores de r e de K.

A Figura 2.5.3(b) parece mostrar que outras soluções interceptam a solução de equilíbrio $y = K$, mas isso é possível? Não, a parte de unicidade do Teorema 2.4.2, o teorema fundamental de existência e unicidade, afirma que apenas uma solução pode conter um ponto dado no plano ty. Assim, embora outras soluções possam ser assintóticas à solução de equilíbrio quando $t \to \infty$, elas não podem interceptá-la em tempo finito. Em consequência, uma solução que começa no intervalo $0 < y < K$ permanece nesse intervalo para todo o tempo e, analogamente, uma solução que começa no intervalo $K < y < \infty$ também aí permanece.

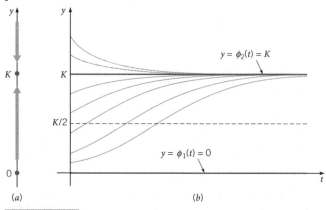

FIGURA 2.5.3 Crescimento logístico: $dy/dt = r(1 - y/K)y$. (a) Reta de fase. (b) Gráficos de y em função de t.

Para ir um pouco mais fundo na investigação, podemos determinar a concavidade das curvas-solução e a localização dos pontos de inflexão calculando d^2y/dt^2. Da equação diferencial (1), obtemos (usando a regra da cadeia)

$$\frac{d^2y}{dt^2} = \frac{d}{dt}\frac{dy}{dt} = \frac{d}{dt}f(y) = f'(y)\frac{dy}{dt} = f'(y)f(y). \quad (8)$$

O gráfico de y em função de t é convexo quando $y'' > 0$ – ou seja, quando f e f' têm o mesmo sinal. De modo similar, o gráfico é côncavo quando $y'' < 0$, o que ocorre quando f e f' têm sinais contrários. Os sinais de f e de f' podem ser identificados facilmente do gráfico de $f(y)$ em função de y. Podem ocorrer pontos de inflexão quando $f'(y) = 0$.

No caso da Eq. (7), as soluções são convexas para $0 < y < K/2$, em que f é positiva e crescente (veja a Figura 2.5.2), de modo que ambas f e f' são positivas. As soluções também são convexas para $y > K$, em que f é negativa e decrescente (ambas, f e f', são negativas). Para $K/2 < y < K$, as soluções são côncavas, já que f é positiva e decrescente, de modo que f é positiva, mas f' é negativa. Toda vez que o gráfico de y em função de t cruza a reta $y = K/2$ há um ponto de inflexão aí. Os gráficos na Figura 2.5.3(b) exibem essas propriedades.

Finalmente, note que K representa a cota superior que é aproximada, mas nunca excedida, por populações crescentes começando abaixo desse valor. Então, é natural nos referirmos a K como o **nível de saturação** ou a **capacidade de sustentação ambiental** para a espécie em questão.

Uma comparação entre as Figuras 2.5.1 e 2.5.3(b) revela que soluções da equação não linear (7) são muito diferentes das soluções da Eq. (1) quando esta última for linear, pelo menos para valores grandes de t. Independentemente do valor de K – ou seja, não importa quão pequeno seja o termo não linear na Eq. (7) – as soluções dessa equação tendem a um valor finito quando $t \to \infty$, enquanto as soluções da Eq. (1) linear crescem (exponencialmente) sem limite quando $t \to \infty$. Assim, mesmo um termo não linear minúsculo na equação diferencial (7) tem um efeito decisivo na solução para valores grandes de t.

Em muitas situações, basta obter a informação qualitativa ilustrada na Figura 2.5.3(b) sobre uma solução $y = \phi(t)$ da Eq. (7). Essa informação foi inteiramente obtida a partir do gráfico de $f(y)$ como função de y, sem resolver a equação diferencial (7). Entretanto, se quisermos ter uma descrição mais detalhada do crescimento logístico – por exemplo, se quisermos saber o número de elementos na população em um instante particular – então, precisaremos resolver a Eq. (7) sujeita à condição inicial (3). Se $y \neq 0$ e $y \neq K$, podemos escrever (7) na forma

$$\frac{dy}{(1 - y/K)y} = r\,dt.$$

Usando uma expansão em frações parciais na expressão à esquerda do sinal de igualdade, obtemos

$$\left(\frac{1}{y} + \frac{1/K}{1 - y/K}\right)dy = r\,dt.$$

Integrando, temos

$$\ln|y| - \ln\left|1 - \frac{y}{K}\right| = rt + c, \quad (9)$$

em que c é uma constante arbitrária de integração a ser determinada da condição inicial $y(0) = y_0$. Já observamos que, se $0 < y_0 < K$, então y permanece nesse intervalo para todo tempo. Portanto, nesse caso, podemos remover as barras de módulo na Eq. (9) e, calculando a exponencial de todos os termos na Eq. (9), vemos que

$$\frac{y}{1-(y/K)} = Ce^{rt}, \qquad (10)$$

em que $C = e^c$. Para que a condição inicial $y(0) = y_0$ seja satisfeita, precisamos escolher $C = y_0/[1 - (y_0/K)]$. Usando esse valor de C na Eq. (10) e resolvendo para y (veja o Problema **10**), obtemos

$$y = \frac{y_0 K}{y_0 + (K - y_0)e^{-rt}}. \qquad (11)$$

Deduzimos a solução (11) sob a hipótese de que $0 < y_0 < K$. Se $y_0 > K$, os detalhes ao tratar com a Eq. (9) ficam ligeiramente diferentes e deixamos a cargo do leitor mostrar que a Eq. (11) também é válida nesse caso. Finalmente, note que a Eq. (11) também contém as soluções de equilíbrio $y = \phi_1(t) = 0$ e $y = \phi_2(t) = K$ que correspondem às condições iniciais $y_0 = 0$ e $y_0 = K$, respectivamente.

Todas as conclusões qualitativas a que chegamos anteriormente por raciocínios geométricos podem ser confirmadas examinando a solução (11). Em particular, se $y_0 = 0$, então a Eq. (11) confirma que $y(t) = 0$ para todo t. Se $y_0 > 0$ e se fizermos $t \to \infty$ na Eq. (11), obteremos

$$\lim_{t \to \infty} y(t) = \frac{y_0 K}{y_0} = K.$$

Assim, para cada $y_0 > 0$, a solução tende à solução de equilíbrio $y = \phi_2(t) = K$ assintoticamente quando $t \to \infty$. Portanto, a solução constante $\phi_2(t) = K$ é dita uma **solução assintoticamente estável** da Eq. (7) e o ponto $y = K$ é um ponto de equilíbrio, ou ponto crítico, assintoticamente estável. Depois de muito tempo, a população está próxima de seu nível de saturação K, independentemente do tamanho inicial da população, desde que seja positivo. Outras soluções tendem à solução de equilíbrio mais rapidamente quando r aumenta.

Por outro lado, a situação para a solução de equilíbrio $y = \phi_1(t) = 0$ é bem diferente. Mesmo soluções que começam muito próximas de zero crescem quanto t aumenta e, como vimos, tendem a K quando $t \to \infty$. Dizemos que $\phi_1(t) = 0$ é uma **solução de equilíbrio instável** ou que $y = 0$ é um ponto de equilíbrio, ou ponto crítico, instável. Isso significa que a única maneira de garantir que a solução permaneça próxima de zero é fazer com que seu valor inicial seja *exatamente* igual a zero.

EXEMPLO 2.5.1

O modelo logístico tem sido aplicado ao crescimento natural da população de linguado gigante em determinadas áreas do Oceano Pacífico.[13] Seja y, medido em quilogramas, a massa total, ou biomassa, da população de linguado gigante no instante t. Estima-se que os parâmetros na equação logística tenham os valores $r = 0{,}71$ por ano e $K = 80{,}5 \times 10^6$ kg. Se a biomassa inicial for $y_0 = 0{,}25K$, encontre a biomassa dois anos depois. Calcule, também, o instante τ para o qual $y(\tau) = 0{,}75K$.

Solução:

É conveniente mudar a escala da solução (11), dividindo-a pela capacidade de sustentação K; assim, colocamos a Eq. (11) na forma

$$\frac{y}{K} = \frac{y_0/K}{(y_0/K) + (1 - y_0/K)e^{-rt}}. \qquad (12)$$

Usando os dados do problema, encontramos

$$\frac{y(2)}{K} = \frac{0{,}25}{0{,}25 + 0{,}75 e^{-1{,}42}} \cong 0{,}5797.$$

Em consequência, $y(2) \cong 46{,}7 \times 10^6$ kg.

Para encontrar τ, o instante em que $y_0/K = 0{,}75$ resolvemos primeiro a Eq. (12) para t, obtendo

$$e^{-rt} = \frac{(y_0/K)(1 - y/K)}{(y/K)(1 - y_0/K)};$$

então

$$t = -\frac{1}{r} \ln\left(\frac{(y_0/K)(1 - y/K)}{(y/K)(1 - y_0/K)}\right). \qquad (13)$$

Usando os valores dados para r e y_0/K e fazendo $y/K = 0{,}75$, encontramos

$$\tau = -\frac{1}{0{,}71} \ln \frac{(0{,}25)(0{,}25)}{(0{,}75)(0{,}75)} = \frac{1}{0{,}71} \ln 9 \cong 3{,}095 \text{ anos}.$$

A **Figura 2.5.4** mostra os gráficos de y/K em função de t para os valores dados dos parâmetros e diversas condições iniciais. A curva cinza mais escura corresponde à condição inicial $y_0 = 0{,}25K$.

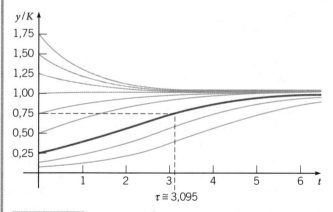

FIGURA 2.5.4 y/K em função de t para o modelo populacional do linguado gigante no Oceano Pacífico. A curva cinza mais escura satisfaz a condição inicial $y(0)/K = 0{,}25$. A solução para $y(0) = 0{,}25$ alcança 75% de sua capacidade de sustentação no instante $t = \tau \cong 3{,}095$ anos.

Limiar Crítico. Vamos considerar agora a equação

$$\frac{dy}{dt} = -r\left(1 - \frac{y}{T}\right)y, \qquad (14)$$

em que r e T são constantes positivas dadas. Observe que (exceto pela substituição de K por T) essa equação só difere da equação logística (7) pela presença do sinal de menos na expressão à

---

[13]Uma boa fonte de informação sobre dinâmica populacional e economia envolvida no uso eficiente de um recurso renovável, com ênfase em pesca, é o livro de Clark listado na Bibliografia ao fim deste capítulo. Os valores dos parâmetros usados aqui estão na página 53 daquele livro e foram obtidos de um estudo de H. S. Mohring.

direita do sinal de igualdade. No entanto, como veremos, o comportamento das soluções da Eq. (14) é muito diferente do das soluções da Eq. (7).

Para a Eq. (14), o gráfico de $f(y)$ em função de y é a parábola ilustrada na **Figura 2.5.5**. As interseções com o eixo dos y são os pontos críticos $y = 0$ e $y = T$, correspondendo às soluções de equilíbrio $y = \phi_1(t) = 0$ e $y = \phi_2(t) = T$. Se $0 < y < T$, então $dy/dt < 0$, y é positivo e decrescente como função de t, de modo que $\phi_1(t) = 0$ é uma solução de equilíbrio assintoticamente estável. Por outro lado, se $y > T$, então $dy/dt > 0$, y é positivo e crescente como função de t, logo $y = \phi_2(t) = T$ é uma solução de equilíbrio instável.

A concavidade das soluções pode ser determinada analisando-se o sinal de $y'' = f'(y) f(y)$; veja a Eq. (8). A Figura 2.5.5 mostra claramente que $f'(y)$ é negativa para $0 < y < T/2$ e positiva para $T/2 < y < T$, de modo que o gráfico de y em função de t é, respectivamente, convexo e côncavo nesses intervalos. Além disso, $f'(y)$ e $f(y)$ são ambas positivas para $y > T$, de modo que o gráfico de y em função de t também é convexo aqui.

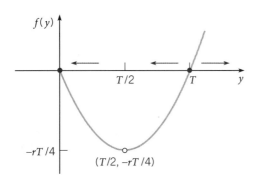

FIGURA 2.5.5 $f(y)$ em função de y para $dy/dt = -r(1 - y/T)y$.

A **Figura 2.5.6(a)** mostra a reta de fase (o eixo dos y) para a Eq. (14). Os pontos em $y = 0$ e $y = T$ são os pontos críticos, ou soluções de equilíbrio, e as setas indicam onde as soluções são crescentes ou decrescentes.

As curvas-solução da Eq. (14) agora podem ser esboçadas rapidamente da seguinte maneira. Primeiro, desenhe as soluções de equilíbrio $y = \phi_1(t) = 0$ e $y = \phi_2(t) = T$. Depois, esboce curvas na faixa $0 < y < T$ decrescentes quando t aumenta e que mudam a concavidade quando cruzam a reta $y = T/2$. A seguir, desenhe curvas acima de $y = T$ que aumentam cada vez mais rapidamente quando y e t aumentam. Certifique-se de que todas as curvas têm tangentes próximas da horizontal quando t está próximo de zero ou de T. O resultado é a **Figura 2.5.6(b)**, que é um esboço qualitativamente preciso de soluções da Eq. (14) para quaisquer valores de r e T. Dessa figura, parece que, quando t aumenta, y tende a zero ou cresce sem limite, dependendo se o valor inicial y_0 é menor ou maior do que T. Assim, T é um **limiar**, abaixo do qual não há crescimento.

Podemos confirmar as conclusões a que chegamos por meios geométricos resolvendo a equação diferencial (14). Isso pode ser feito por separação de variáveis e integração, exatamente como fizemos para a Eq. (7). Entretanto, se notarmos que a Eq. (14) pode ser obtida da Eq. (7) substituindo K por T e r por $-r$, podemos fazer as mesmas substituições na solução (11) para obter

$$y = \frac{y_0 T}{y_0 + (T - y_0)e^{rt}}, \qquad (15)$$

que é a solução da Eq. (14) sujeita à condição inicial $y(0) = y_0$.

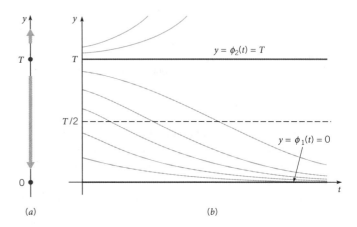

FIGURA 2.5.6 Crescimento com um limiar: $dy/dt = -r(1 - y/T)y$; $y = T$ é uma solução de equilíbrio assintoticamente instável, enquanto $y = 0$ é assintoticamente estável. (a) Reta de fase. (b) Gráficos de y em função de t.

Se $0 < y_0 < T$, segue da Eq. (15) que $y \to 0$ quando $t \to \infty$. Isso está de acordo com nossa análise geométrica qualitativa. Se $y_0 > T$, então o denominador na expressão à direita do sinal de igualdade da Eq. (15) se anula para determinado valor finito de t. Vamos denotar esse valor por t^* e calculá-lo da fórmula

$$y_0 - (y_0 - T)e^{rt^*} = 0,$$

que nos dá (veja o Problema **12**)

$$t^* = \frac{1}{r} \ln \frac{y_0}{y_0 - T}. \qquad (16)$$

Assim, se a população inicial y_0 está acima do limiar T, o modelo com limiar prevê que o gráfico de y em função de t tem uma assíntota vertical em $t = t^*$; em outras palavras, a população torna-se ilimitada em um tempo finito que depende de y_0, T e r. A existência e localização dessa assíntota não apareceram na nossa análise geométrica, de modo que, nesse caso, a solução explícita forneceu uma informação importante qualitativa, e não só quantitativa.

A população de algumas espécies exibe o fenômeno de existência de limiar. Se estiverem presentes muito poucos, então a espécie não pode se propagar com sucesso, e a população é extinta. No entanto, se a população é maior do que o limiar, ela cresce ainda mais. É claro que a população não pode ficar ilimitada, de modo que, eventualmente, a Eq. (14) tem de ser modificada para levar isso em consideração.

Limiares críticos também ocorrem em outras circunstâncias. Por exemplo, em mecânica dos fluidos, equações da forma (7) ou (14) muitas vezes governam a evolução de pequenos distúrbios y em um fluxo *laminar* (ou suave). Por exemplo, se a Eq. (14) é válida e $y < T$, então o distúrbio é amortecido e o fluxo laminar persiste. No entanto, se $y > T$, então o distúrbio aumenta e o fluxo laminar torna-se turbulento. Nesse caso, T é chamado de *amplitude crítica*. Pesquisadores falam em manter o nível de distúrbio em um túnel de vento suficientemente baixo para que possam estudar fluxo laminar em um aerofólio, por exemplo.

Crescimento Logístico com Limiar. Como mencionamos na última subseção, o modelo com limiar (14) pode precisar ser modificado de modo a evitar crescimento ilimitado quando y está acima do limiar T. A maneira mais simples de fazer isto é introduzir outro fator que tornará dy/dt negativo para y grande. Vamos considerar, então,

$$\frac{dy}{dt} = -r\left(1 - \frac{y}{T}\right)\left(1 - \frac{y}{K}\right) y, \qquad (17)$$

em que $r > 0$ e $0 < T < K$.

A **Figura 2.5.7** mostra o gráfico de $f(y)$ em função de y. Nesse problema, existem três pontos críticos, $y = 0$, $y = T$ e $y = K$, correspondendo às soluções de equilíbrio $y = \phi_1(t) = 0$, $y = \phi_2(t) = T$ e $y = \phi_3(t) = K$, respectivamente. Podemos observar na Figura 2.5.7 que $dy/dt > 0$ para $T < y < K$ e, portanto, y é crescente aí. Temos $dy/dt < 0$ para $y < T$ e para $y > K$; logo, y é decrescente nesses intervalos. Em consequência, as soluções de equilíbrio $y = \phi_1(t) = 0$ e $y = \phi_3(t) = K$ são assintoticamente estáveis, enquanto a solução $y = \phi_2(t) = T$ é instável.

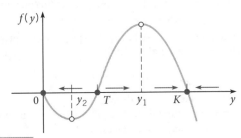

FIGURA 2.5.7 $f(y)$ em função de y para $dy/dt = -r(1 - y/T)(1 - y/K)y$.

A reta de fase para a Eq. (17) está ilustrada na **Figura 2.5.8(a)**, e os gráficos de algumas soluções estão esboçados na **Figura 2.5.8(b)**. Você deve se certificar que compreende a relação entre essas duas figuras, assim como a relação entre as Figuras 2.5.7 e 2.5.8(a). Da Figura 2.5.8(b), vemos que, se y começar abaixo do limiar T, então y diminuirá até chegar à extinção. Por outro lado, se y começar acima de T, então y acabará, finalmente, se aproximando da capacidade de sustentação K. Os pontos de inflexão nos gráficos de y em função de t na Figura 2.5.8(b) correspondem aos pontos de máximo e mínimo, y_1 e y_2, respectivamente, no gráfico de $f(y)$ em função de y na Figura 2.5.7. Esses valores podem ser obtidos diferenciando-se a expressão à direita do sinal de igualdade na Eq. (17) em relação a y, igualando o resultado a zero e resolvendo para y. Obtemos

$$y_{1,2} = \frac{1}{3}(K + T \pm \sqrt{K^2 - KT + T^2}), \qquad (18)$$

em que o sinal de mais corresponde a y_1, e o de menos, a y_2.

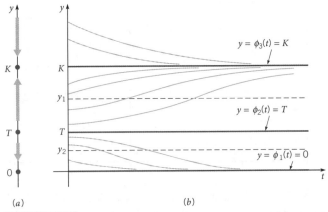

FIGURA 2.5.8 Crescimento logístico com limiar: $dy/dt = -r(1 - y/T)(1 - y/K)y$; $y = \phi_1(t) = 0$ e $y = \phi_3(t) = K$ são soluções de equilíbrio assintoticamente estáveis, enquanto $y = \phi_2(t) = T$ corresponde a um equilíbrio assintoticamente instável. (a) Reta de fase. (b) Gráficos de y em função de t.

Aparentemente, um modelo desse tipo geral descreve a população dos pombos viajantes,[14] presentes nos Estados Unidos em vasta quantidade até o fim do século XIX. Foram muito caçados para comida e como esporte e, em consequência, por volta de 1880 seu número estava bastante reduzido. Infelizmente, o pombo viajante só podia se reproduzir, aparentemente, quando presente em uma grande concentração, correspondendo a um limiar relativamente alto T. Embora ainda existisse um número razoavelmente grande de pássaros individuais no fim da década de 1880, não havia uma quantidade suficiente em um único lugar para permitir a reprodução, e a população declinou rapidamente até a extinção. O último sobrevivente morreu em 1914. O declínio precipitado na população de pombos viajantes, de números enormes até a extinção em poucas décadas, foi um dos fatores iniciais que contribuíram para a preocupação com a conservação naquele país.

Problemas

Os Problemas 1 a 4 envolvem equações da forma $dy/dt = f(y)$. Em cada problema, esboce o gráfico de $f(y)$ em função de y, determine os pontos críticos (de equilíbrio) e classifique cada um como assintoticamente estável ou instável. Desenhe a reta de fase e esboce diversos gráficos de soluções no plano ty.

G 1. $dy/dt = ay + by^2$, $a > 0, b > 0$, $-\infty < y_0 < \infty$

G 2. $dy/dt = y(y-1)(y-2)$, $y_0 \geq 0$

G 3. $dy/dt = e^y - 1$, $-\infty < y_0 < \infty$

G 4. $dy/dt = e^{-y} - 1$, $-\infty < y_0 < \infty$

5. **Soluções de Equilíbrio Semiestável.** Algumas vezes, uma solução de equilíbrio constante tem a propriedade de que soluções situadas em um lado da solução de equilíbrio tendem a se aproximar dela, enquanto soluções do outro lado tendem a se afastar (veja a **Figura 2.5.9**). Nesse caso, a solução de equilíbrio é dita **semiestável**.

a. Considere a equação

$$dy/dt = k(1 - y)^2, \qquad (19)$$

---
[14]Veja, por exemplo, Oliver L. Austin, Jr., *Birds of the World*. New York: Golden Press, p. 143-145, 1983.

em que k é uma constante positiva. Mostre que $y = 1$ é o único ponto crítico, correspondendo à solução de equilíbrio $\phi(t) = 1$.

b. Esboce o gráfico de $f(y)$ em função de y. Mostre que y é uma função crescente de t para $y < 1$ e também para $y > 1$. A reta de fase tem setas apontando para cima tanto abaixo quanto acima de $y = 1$. Assim, soluções abaixo da solução de equilíbrio aproximam-se dela, enquanto as soluções acima se afastam dela. Portanto, $\phi(t) = 1$ é semiestável.

c. Resolva a Eq. (19) sujeita à condição inicial $y(0) = y_0$ e confirme as conclusões do item (b).

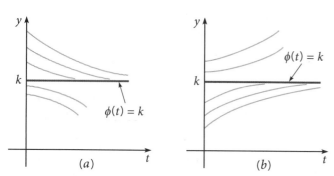

FIGURA 2.5.9 Em ambos os casos, a solução de equilíbrio $\phi(t) = k$ é semiestável. (a) $dy/dt \leq 0$; (b) $dy/dt \geq 0$.

Os Problemas 6 a 9 envolvem equações da forma $dy/dt = f(y)$. Em cada problema, esboce o gráfico de $f(y)$ em função de y, determine os pontos críticos (de equilíbrio) e classifique-os como assintoticamente estável, instável ou semiestável (veja o Problema 5). Desenhe a reta de fase e esboce diversos gráficos de soluções no plano ty.

6. $dy/dt = y^2(y^2 - 1)$, $-\infty < y_0 < \infty$

7. $dy/dt = y(1 - y^2)$, $-\infty < y_0 < \infty$

8. $dy/dt = y^2(4 - y^2)$, $-\infty < y_0 < \infty$

9. $dy/dt = y^2(1 - y)^2$, $-\infty < y_0 < \infty$

10. Complete a dedução da fórmula explícita para a solução (11) do modelo logístico resolvendo a Eq. (10) para y.

11. No Exemplo 2.5.1, complete os cálculos necessários para chegar à Eq. (13). Ou seja, resolva a Eq. (11) para t.

12. Complete a dedução da localização da assíntota vertical na solução (15) quando $y_0 > T$. Ou seja, deduza a Eq. (16) encontrando o valor de t quando o denominador na expressão à direita do sinal de igualdade na Eq. (15) se anula.

13. Complete a dedução da fórmula (18) para a localização dos pontos de inflexão da solução para o modelo logístico com limiar (17). *Sugestão*: siga os passos indicados no parágrafo anterior à Eq. (18).

14. Considere a equação $dy/dt = f(y)$ e suponha que y_1 é um ponto crítico – ou seja, $f(y_1) = 0$. Mostre que a solução constante de equilíbrio $\phi(t) = y_1$ é assintoticamente estável se $f'(y_1) < 0$ e é assintoticamente instável se $f'(y_1) > 0$.

15. Suponha que determinada população obedece à equação logística $dy/dt = ry(1 - y/K)$.

    a. Se $y_0 = K/3$, encontre o instante τ no qual a população inicial dobrou. Encontre o valor de τ correspondente a $r = 0{,}025$ por ano.

    b. Se $y_0/K = \alpha$, encontre o instante T no qual $y(T)/K = \beta$, em que $0 < \alpha, \beta < 1$. Note que $T \to \infty$ quando $\alpha \to 0$ ou $\beta \to 1$. Encontre o valor de T para $r = 0{,}025$ por ano, $\alpha = 0{,}1$ e $\beta = 0{,}9$.

16. Outra equação usada para modelar crescimento populacional é a equação de Gompertz[15]
$$\frac{dy}{dt} = ry\ln\left(\frac{K}{y}\right),$$
em que r e K são constantes positivas.

    a. Esboce o gráfico de $f(y)$ em função de y, encontre os pontos críticos e determine se cada um deles é assintoticamente estável ou instável.

    b. Para $0 \leq y \leq K$, determine os intervalos em que o gráfico de y em função de t é convexo e onde é côncavo.

    c. Para cada y tal que $0 < y \leq K$, mostre que dy/dt, como dado pela equação de Gompertz, nunca é menor do que dy/dt, como dado pela equação logística.

17. a. Resolva a equação de Gompertz
$$\frac{dy}{dt} = ry\ln\left(\frac{K}{y}\right),$$
sujeita à condição inicial $y(0) = y_0$.

    Sugestão: você pode querer definir $u = \ln(y/K)$.

    b. Para os dados no Exemplo 2.5.1 do texto ($r = 0{,}71$ por ano, $K = 80{,}5 \times 10^6$ kg, $y_0/K = 0{,}25$), use o modelo de Gompertz para encontrar o valor previsto de $y(2)$.

    c. Para os mesmos dados do item (b), use o modelo de Gompertz para encontrar o instante τ no qual $y(\tau) = 0{,}75K$.

18. Uma poça grande é formada quando a água se acumula em uma depressão cônica de raio a e profundidade h. Suponha que a água flui para dentro a uma taxa constante k e é perdida por evaporação a uma taxa proporcional à área de superfície.

    a. Mostre que o volume $V(t)$ de água na poça em qualquer instante t satisfaz a equação diferencial
$$\frac{dV}{dt} = k - \alpha\pi(3a/\pi h)^{2/3} V^{2/3},$$
em que α é o coeficiente de evaporação.

    b. Encontre a profundidade de equilíbrio de água na poça. Esse equilíbrio é assintoticamente estável?

    c. Encontre uma condição que tem de ser satisfeita para a poça não transbordar.

Administração de um Recurso Renovável. Suponha que a população y de determinada espécie de peixe (por exemplo, atum ou linguado gigante) em certa área do oceano é descrita pela equação logística
$$\frac{dy}{dt} = r\left(1 - \frac{y}{K}\right)y.$$
Embora seja desejável utilizar essa fonte de alimento, é claro, intuitivamente, que, se forem pescados peixes demais, a população de peixes pode ser reduzida abaixo de um nível de utilidade, podendo até ser levada à extinção. Os Problemas 19 e 20 exploram algumas das questões envolvidas na formulação de uma estratégia racional para administrar a pesca.[16]

19. Para determinado nível de empenho, é razoável supor que a taxa de captura dos peixes depende da população y: quanto mais peixes houver, mais fácil será capturá-los. Vamos supor então que a taxa segundo a qual os peixes são capturados é dada por Ey, em que E é uma constante positiva, com unidades iguais ao inverso do

---

[15]Benjamin Gompertz (1779-1865) foi um atuário inglês. Ele desenvolveu seu modelo de crescimento populacional, publicado em 1825, durante a construção de tabelas de mortalidade para sua companhia de seguros.

[16]Um excelente tratamento desse tipo de problema, que vai muito mais longe do que esboçado aqui, pode ser encontrado no livro de Clark mencionado anteriormente, especialmente nos dois primeiros capítulos. Diversas referências adicionais são citadas ali.

tempo, que mede o empenho total feito para administrar a espécie de peixe em consideração. Para incluir esse efeito, a equação logística é substituída por

$$\frac{dy}{dt} = r\left(1 - \frac{y}{K}\right)y - Ey. \tag{20}$$

Essa equação é conhecida como **modelo de Schaefer**, em homenagem ao biologista M. B. Schaefer, que a aplicou a populações de peixes.

a. Mostre que, se $E < r$, então existem dois pontos de equilíbrio, $y_1 = 0$ e $y_2 = K(1 - E/r) > 0$.

b. Mostre que $y = y_1$ é instável e que $y = y_2$ é assintoticamente estável.

c. Uma produção sustentável Y de pesca é uma taxa segundo a qual os peixes podem ser pescados indefinidamente. É o produto do empenho E com a população assintoticamente estável y_2. Encontre Y em função do esforço E; o gráfico dessa função é conhecido como a curva produção-empenho.

d. Determine E de modo a maximizar Y encontrando, assim, a **produção máxima sustentável** Y_m.

20. Neste problema, vamos supor que os peixes são pegos a uma taxa constante h, que é independente do tamanho da população. Então, y satisfaz

$$\frac{dy}{dt} = r\left(1 - \frac{y}{K}\right)y - h. \tag{21}$$

A hipótese de que a taxa de pesca h é constante pode ser razoável quando y for muito grande, mas torna-se menos razoável quando y for pequeno.

a. Se $h < rK/4$, mostre que a Eq. (21) tem dois pontos de equilíbrio y_1 e y_2 com $y_1 < y_2$; determine esses pontos.

b. Mostre que y_1 é instável e que y_2 é assintoticamente estável.

c. Analisando o gráfico de $f(y)$ em função de y, mostre que, se a população inicial $y_0 > y_1$, então $y \to y_2$ quando $t \to \infty$; mas, se $y_0 < y_1$, então y diminui quando t aumenta. Note que $y = 0$ não é um ponto de equilíbrio, de modo que, se $y_0 < y_1$, a população será extinta em um tempo finito.

d. Se $h > rK/4$, mostre que y diminui até zero quando t aumenta, independentemente do valor de y_0.

e. Se $h = rK/4$, mostre que existe um único ponto de equilíbrio $y = K/2$ e que esse ponto é semiestável (veja o Problema 5). Logo, a produção máxima sustentável é $h_m = rK/4$, correspondendo ao valor de equilíbrio $y = K/2$. Note que h_m tem o mesmo valor que Y_m no Problema **19d**. A pesca é considerada superexplorada se y se reduzir a um nível abaixo de $K/2$.

Epidemias. A utilização de métodos matemáticos para estudar a disseminação de doenças contagiosas vem desde a década de 1760, pelo menos, quando Daniel Bernoulli fez um trabalho relativo à varíola. Em anos mais recentes, muitos modelos matemáticos foram propostos e estudados para diversas doenças diferentes.[17] Os Problemas **21** a **23** tratam alguns dos modelos mais simples e as conclusões que podem ser tiradas deles. Modelos semelhantes também têm sido usados para descrever a disseminação de boatos e de produtos de consumo.

21. Suponha que uma dada população pode ser dividida em duas partes: os que têm determinada doença e podem infectar outros, e os que não têm, mas são suscetíveis. Seja x a proporção de indivíduos suscetíveis, e seja y a proporção de indivíduos infectados; então $x + y = 1$. Suponha que a doença se espalha a partir do contato entre os elementos doentes da população e os sãos, e

que a taxa de disseminação dy/dt é proporcional ao número de tais contatos. Além disso, suponha que os elementos de ambos os grupos se movem livremente, de modo que o número de contatos é proporcional ao produto de x e y. Como $x = 1 - y$, obtemos o problema de valor inicial

$$\frac{dy}{dt} = \alpha y(1 - y), \quad y(0) = y_0, \tag{22}$$

em que α é um fator de proporcionalidade positivo e y_0 é a proporção inicial de indivíduos infectados.

a. Encontre os pontos de equilíbrio para a equação diferencial (22) e determine se cada um deles é assintoticamente estável, semiestável ou instável.

b. Resolva o problema de valor inicial **22** e verifique se as conclusões a que você chegou no item (a) estão corretas. Mostre que $y(t) \to 1$ quando $t \to \infty$, o que significa que, finalmente, a população inteira ficará doente.

22. Algumas doenças (como tifo) são disseminadas por *portadores*, indivíduos que podem transmitir a doença, mas que não exibem sintomas aparentes. Sejam x e y as proporções de suscetíveis e portadores na população, respectivamente. Suponha que os portadores são identificados e removidos da população a uma taxa β, de modo que

$$\frac{dy}{dt} = -\beta y. \tag{23}$$

Suponha, também, que a doença se espalha a uma taxa proporcional ao produto de x e y, de modo que

$$\frac{dx}{dt} = -\alpha xy. \tag{24}$$

a. Determine y em qualquer instante de tempo t resolvendo a Eq. (23) sujeita à condição inicial $y(0) = y_0$.

b. Use o resultado do item (a) para encontrar x em qualquer instante t resolvendo a Eq. (24) sujeita à condição inicial $x(0) = x_0$.

c. Encontre a proporção da população que escapa da epidemia calculando o valor limite de x quando $t \to \infty$.

23. O trabalho de Daniel Bernoulli, em 1760, tinha como objetivo avaliar o quão efetivo estava sendo um programa controverso de inoculação contra a varíola, que era um grande problema de saúde pública na época. Seu modelo se aplica igualmente bem a qualquer outra doença que, uma vez adquirida, se o paciente sobreviver, ganha imunidade para o resto da vida.

Considere o conjunto de indivíduos nascidos em um dado ano ($t = 0$) e seja $n(t)$ o número desses indivíduos que sobrevivem t anos depois. Seja $x(t)$ o número de elementos desse conjunto que ainda não tiveram varíola até o ano t e que são, portanto, suscetíveis. Seja β a taxa segundo a qual indivíduos suscetíveis contraem varíola e seja ν a taxa segundo a qual pessoas que contraem varíola morrem da doença. Finalmente, seja $\mu(t)$ a taxa de morte por qualquer outro motivo diferente da varíola. Então, dx/dt, a taxa segundo a qual o número de indivíduos suscetíveis varia, é dada por

$$\frac{dx}{dt} = -(\beta + \mu(t))x. \tag{25}$$

O primeiro termo na expressão à direita do sinal de igualdade na Eq. (25) é a taxa segundo a qual os indivíduos suscetíveis contraem a doença, e o segundo termo é a taxa segundo a qual eles morrem de outras causas. Temos também

$$\frac{dn}{dt} = -\nu\beta x - \mu(t)n, \tag{26}$$

em que dn/dt é a taxa de mortalidade do conjunto inteiro, e os dois termos à direita do sinal de igualdade são as taxas de mortalidade em consequência da varíola e de outras causas, respectivamente.

---

[17] Uma fonte padrão é o livro de autoria de Bailey, listado na Bibliografia. Os modelos nos Problemas **21**, **22** e **23** são discutidos por Bailey nos Capítulos 5, 10 e 20, respectivamente.

a. Seja $z = x/n$ e mostre que z satisfaz o problema de valor inicial
$$\frac{dz}{dt} = -\beta z(1-\nu z), \quad z(0) = 1. \tag{27}$$
Observe que o problema de valor inicial (27) não depende de $\mu(t)$.
b. Encontre $z(t)$ resolvendo a Eq. (27).
c. Bernoulli estimou que $\nu = \beta = 1/8$. Usando esses valores, determine a proporção de indivíduos com 20 anos que ainda não tiveram varíola.

Nota: com base no modelo que acabamos de descrever e nos melhores dados de mortalidade disponíveis na época, Bernoulli calculou que, se as mortes resultantes da varíola pudessem ser eliminadas ($\nu = 0$), então seria possível adicionar aproximadamente três anos à expectativa média de vida (em 1760) de 26 anos e sete meses. Portanto, ele apoiou o programa de inoculação.

Pontos de Bifurcação. Para uma equação da forma
$$\frac{dy}{dt} = f(a, y), \tag{28}$$
em que a é um parâmetro real, os pontos críticos (soluções de equilíbrio) dependem, em geral, do valor de a. Quando a aumenta ou diminui constantemente, acontece, muitas vezes, que, para determinado valor de a, chamado de **ponto de bifurcação**, os pontos críticos se juntam, ou se separam, e soluções de equilíbrio podem ser perdidas ou podem aparecer. Pontos de bifurcação são de grande interesse em muitas aplicações porque, perto deles, a natureza das soluções da equação diferencial subjacente muda bruscamente. Por exemplo, em mecânica dos fluidos, um fluxo suave (laminar) pode se dispersar e se tornar turbulento. Ou uma coluna com carga axial pode empenar, subitamente, e exibir um grande deslocamento lateral. Ou, quando a quantidade de um dos produtos químicos em uma mistura aumentar, podem surgir, subitamente, padrões de diversas cores em ondas espirais em um fluido originalmente em repouso. Os Problemas 24 a 26 descrevem três tipos de bifurcação que podem ocorrer em equações simples da forma (28).

24. Considere a equação
$$\frac{dy}{dt} = a - y^2. \tag{29}$$
a. Encontre todos os pontos críticos da Eq. (29). Note que não existem pontos críticos se $a < 0$, existe um ponto crítico se $a = 0$ e existem dois pontos críticos, se $a > 0$.
G b. Desenhe a reta de fase em cada caso e determine se cada ponto crítico é assintoticamente estável, semiestável ou instável.
G c. Em cada caso, desenhe diversas soluções da Eq. (29) no plano ty.

Nota: se fizermos o gráfico da localização dos pontos críticos em função de a no plano ay, obteremos a **Figura 2.5.10**, chamada **diagrama de bifurcação** para a Eq. (29). A bifurcação em $a = 0$ é chamada bifurcação **nó de sela**. Esse nome é mais natural no contexto de sistemas de segunda ordem, que serão discutidos no Capítulo 9.

25. Considere a equação
$$\frac{dy}{dt} = ay - y^3 = y(a - y^2). \tag{30}$$
G a. Considere, novamente, os casos $a < 0$, $a = 0$ e $a > 0$. Em cada caso, encontre os pontos críticos, desenhe a reta de fase e determine se cada ponto crítico é assintoticamente estável, semiestável ou instável.
G b. Em cada caso, esboce diversas soluções da Eq. (30) no plano ty.
G c. Desenhe o diagrama de bifurcação para a Eq. (30) – ou seja, faça o gráfico da localização dos pontos críticos em função de a.

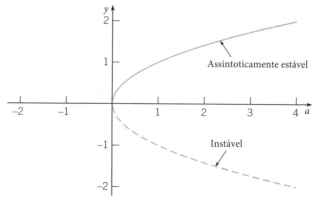

FIGURA 2.5.10 Diagrama de bifurcação para $y' = a - y^2$.

Nota: para a Eq. (30), o ponto de bifurcação em $a = 0$ é chamado **bifurcação tridente**; seu diagrama pode sugerir por que esse nome é apropriado.

26. Considere a equação
$$\frac{dy}{dt} = ay - y^2 = y(a - y). \tag{31}$$
a. Considere, novamente, os casos $a < 0$, $a = 0$ e $a > 0$. Em cada caso, encontre os pontos críticos, desenhe a reta de fase e determine se cada ponto crítico é assintoticamente estável, semiestável ou instável.
b. Em cada caso, esboce diversas soluções da Eq. (31) no plano ty.
c. Desenhe o diagrama de bifurcação para a Eq. (31).

Nota: observe que, para a Eq. (31), o número de pontos críticos é o mesmo para $a < 0$ e para $a > 0$, mas a estabilidade deles muda. Para $a < 0$, a solução de equilíbrio $y = 0$ é assintoticamente estável e $y = a$ é instável, enquanto, para $a > 0$, a situação se inverte. Logo, há uma **mudança de estabilidade** quando a passa pelo ponto de bifurcação $a = 0$. Esse tipo de bifurcação é chamado **bifurcação transcrítica**.

27. **Reações Químicas.** Uma reação química de segunda ordem envolve a interação (colisão) de uma molécula de uma substância P com uma molécula de uma substância Q para produzir uma molécula de uma nova substância X; isso é denotado por $P + Q \to X$. Suponha que p e q, com $p \neq q$, são as concentrações iniciais de P e de Q, respectivamente, e seja $x(t)$ a concentração de X no instante t. Então $p - x(t)$ e $q - x(t)$ são as concentrações de P e de Q no instante t, e a taxa segundo a qual a reação ocorre é dada pela equação
$$\frac{dx}{dt} = \alpha(p - x)(q - x), \tag{32}$$
em que α é uma constante positiva.

a. Se $x(0) = 0$, determine o valor limite de $x(t)$ quando $t \to \infty$ sem resolver a equação diferencial. Depois resolva o problema de valor inicial e encontre $x(t)$ para qualquer t.
b. Se as substâncias P e Q são a mesma, então $p = q$ e a Eq. (32) é substituída por
$$\frac{dx}{dt} = \alpha(p - x)^2. \tag{33}$$
Se $x(0) = 0$, determine o valor limite de $x(t)$ quando $t \to \infty$ sem resolver a equação diferencial. Então, resolva o problema de valor inicial e encontre $x(t)$ para qualquer t.

2.6 Equações Diferenciais Exatas e Fatores Integrantes

Para equações diferenciais de primeira ordem, existem diversos métodos de integração aplicáveis a várias classes de problemas. As mais importantes são as equações lineares e as separáveis, que discutimos anteriormente. Vamos considerar aqui uma classe de equações conhecidas como equações diferenciais exatas, para as quais também existe um método bem definido de solução. Lembre-se, no entanto, de que as equações diferenciais de primeira ordem que podem ser resolvidas por métodos de integração elementares são bastante especiais; a maioria das equações de primeira ordem não pode ser resolvida dessa maneira.

EXEMPLO 2.6.1

Resolva a equação diferencial

$$2x + y^2 + 2xyy' = 0. \tag{1}$$

Solução:

A equação não é linear nem separável, de modo que não podemos aplicar aqui os métodos adequados para esses tipos de equações. Entretanto, note que a função $\psi(x, y) = x^2 + xy^2$ tem a propriedade

$$2x + y^2 = \frac{\partial \psi}{\partial x}, \quad 2xy = \frac{\partial \psi}{\partial y}. \tag{2}$$

Portanto, a equação diferencial pode ser escrita como

$$\frac{\partial \psi}{\partial x} + \frac{\partial \psi}{\partial y} \frac{dy}{dx} = 0. \tag{3}$$

Supondo que y é uma função de x e usando a regra da cadeia, podemos escrever a expressão à esquerda do sinal de igualdade na Eq. (3) como $d\psi(x, y)/dx$. Então a Eq. (3) fica na forma

$$\frac{d\psi}{dx}(x, y) = \frac{d}{dx}(x^2 + xy^2) = 0. \tag{4}$$

Integrando a Eq. (4), obtemos

$$\psi(x, y) = x^2 + xy^2 = c, \tag{5}$$

em que c é uma constante arbitrária. As curvas de nível de $\psi(x, y)$ são as curvas integrais da Eq. (1). As soluções da Eq. (1) são definidas implicitamente pela Eq. (5).

Ao resolver a Eq. (1), o passo-chave foi o reconhecimento de que existe uma função ψ que satisfaz as Eqs. (2). De modo geral, considere a equação diferencial

$$M(x, y) + N(x, y)y' = 0. \tag{6}$$

Suponha que possamos identificar uma função $\psi(x, y)$ tal que

$$\frac{\partial \psi}{\partial x}(x, y) = M(x, y), \quad \frac{\partial \psi}{\partial y}(x, y) = N(x, y), \tag{7}$$

e tal que $\psi(x, y) = c$ define $y = \phi(x)$ implicitamente como uma função diferenciável de x.[18]

Quando existe uma função $\psi(x, y)$ com $\psi_x = M$ e $\psi_y = N$, temos

$$M(x, y) + N(x, y)y' = \frac{\partial \psi}{\partial x} + \frac{\partial \psi}{\partial y} \frac{dy}{dx} = \frac{d}{dx}\psi(x, \phi(x))$$

e a equação diferencial (6) fica

$$\frac{d}{dx}\psi(x, \phi(x)) = 0. \tag{8}$$

Nesse caso, a Eq. (6) é dita uma **equação diferencial exata**, já que ela pode ser expressa exatamente como a derivada de uma função específica. Soluções da Eq. (6), ou da equação equivalente (8), são dadas implicitamente por

$$\psi(x, y) = c, \tag{9}$$

em que c é uma constante arbitrária.

No Exemplo 2.6.1, foi relativamente fácil ver que a equação diferencial era exata e, de fato, foi fácil encontrar sua solução, pelo menos implicitamente, reconhecendo-se a função desejada ψ. Para equações mais complicadas, pode não ser possível fazer isso tão facilmente. Como podemos saber se determinada equação é exata e, se for, como podemos encontrar a função $\psi(x, y)$? O teorema a seguir responde à primeira pergunta, e sua demonstração fornece um modo de responder à segunda.

Teorema 2.6.1

Suponha que as funções M, N, M_y e N_x, em que os índices denotam derivadas parciais, são contínuas em uma região retangular[19] R: $\alpha < x < \beta$, $\gamma < y < \delta$. Então, a Eq. (6)

$$M(x, y) + N(x, y)y' = 0$$

será uma equação diferencial exata em R se e somente se

$$M_y(x, y) = N_x(x, y) \tag{10}$$

em cada ponto de R. Ou seja, existe uma função ψ satisfazendo as Eqs. (7),

$$\psi_x(x, y) = M(x, y), \quad \psi_y(x, y) = N(x, y),$$

se e somente se M e N satisfizerem a Eq. (10).

A demonstração desse teorema tem duas partes. Primeiro, vamos mostrar que, se existir uma função ψ tal que as Eqs. (7) são verdadeiras, então a Eq. (10) será satisfeita. Calculando M_y e N_x das Eqs. (7), obtemos

$$M_y(x, y) = \psi_{xy}(x, y), \quad N_x(x, y) = \psi_{yx}(x, y). \tag{11}$$

Como M_y e N_x são contínuas, segue que ψ_{xy} e ψ_{yx} também o são. Isto garante a igualdade dessas funções, e a Eq. (10) é válida.

Agora vamos mostrar que, se M e N satisfizerem a Eq. (10), então a Eq. (6) é exata. A demonstração envolve a construção de uma função ψ satisfazendo as Eqs. (7),

$$\psi_x(x, y) = M(x, y), \quad \psi_y(x, y) = N(x, y).$$

---

[18]Embora uma discussão completa de quando $\psi(x, y) = c$ define $y = \phi(x)$ implicitamente como função diferenciável de x esteja fora do escopo e do foco deste livro, em termos gerais, essa condição é satisfeita, localmente, nos pontos (x, y) em que $\partial\psi/\partial y(x, y) \neq 0$. Mais detalhes podem ser encontrados na maioria dos livros de cálculo avançado.

[19]Não é essencial que a região seja retangular, só que seja simplesmente conexa. Em duas dimensões, isso significa que não há buracos em seu interior. Assim, por exemplo, regiões circulares ou retangulares são simplesmente conexas, mas regiões anulares não. Mais detalhes podem ser encontrados na maioria dos livros de cálculo avançado.

52 Capítulo 2

Começamos integrando a primeira das Eqs. (7) em relação a x, mantendo y constante. Obtemos

$$\psi(x, y) = Q(x, y) + h(y), \tag{12}$$

em que $Q(x, y)$ é qualquer função diferenciável tal que $Q_x = M$. Por exemplo, poderíamos escolher

$$Q(x, y) = \int_{x_0}^{x} M(s, y)ds, \tag{13}$$

em que x_0 é alguma constante especificada com $\alpha < x_0 < \beta$. A função h na Eq. (12) é uma função diferenciável arbitrária de y, fazendo o papel da constante (em relação a x) de integração. Agora precisamos mostrar que sempre é possível escolher $h(y)$ de modo que a segunda das equações em (7) seja satisfeita, ou seja, $\psi_y = N$. Derivando a Eq. (12) em relação a y e igualando o resultado a $N(x, y)$, obtemos

$$\psi_y(x, y) = \frac{\partial Q}{\partial y}(x, y) + h'(y) = N(x, y).$$

Então, resolvendo para $h'(y)$, temos

$$h'(y) = N(x, y) - \frac{\partial Q}{\partial y}(x, y). \tag{14}$$

Para que possamos determinar $h(y)$ da Eq. (14), a expressão à direita do sinal de igualdade na Eq. (14), apesar de sua aparência, tem de ser uma função só de y. Um modo de mostrar que isso procede é provando que sua derivada em relação a x é igual a zero. Assim, derivamos a expressão à direita do sinal de igualdade na Eq. (14) em relação a x, obtendo

$$\frac{\partial N}{\partial x}(x, y) - \frac{\partial}{\partial x}\frac{\partial Q}{\partial y}(x, y). \tag{15}$$

Trocando a ordem das derivadas na segunda parcela da Eq. (15), temos

$$\frac{\partial N}{\partial x}(x, y) - \frac{\partial}{\partial y}\frac{\partial Q}{\partial x}(x, y),$$

ou, como $Q_x = M$,

$$\frac{\partial N}{\partial x}(x, y) - \frac{\partial M}{\partial y}(x, y),$$

que é zero por causa da Eq. (10). Logo, apesar de sua forma aparente, a expressão à direita da Eq. (14) não depende, de fato, de x. Assim, encontramos $h(y)$ integrando a Eq. (14) e, substituindo essa função na Eq. (12), obtemos a função desejada $\psi(x, y)$. Isso completa a demonstração do Teorema 2.6.1.

É possível obter uma expressão explícita para $\psi(x, y)$ em termos de integrais (veja o Problema **13**), mas, ao resolver equações exatas específicas, geralmente é mais simples e fácil repetir o procedimento usado na demonstração precedente. Ou seja, depois de mostrar que $M_y = N_x$, integre $\psi_x = M$ em relação a x, incluindo uma função arbitrária $h(y)$ em vez de uma constante arbitrária, depois diferencie o resultado em relação a y e iguale a N. Finalmente, use esta última equação para resolver para $h(y)$. O próximo exemplo ilustra esse procedimento.

EXEMPLO 2.6.2

Resolva a equação diferencial

$$(y\cos(x) + 2xe^y) + (\text{sen}(x) + x^2e^y - 1)y' = 0. \tag{16}$$

Solução:

Calculando M_y e N_x, vemos que

$$M_y(x, y) = \cos(x) + 2xe^y = N_x(x, y),$$

de modo que a equação dada é exata. Então, existe uma $\psi(x, y)$ tal que

$$\psi_x(x, y) = y\cos(x) + 2xe^y,$$
$$\psi_y(x, y) = \text{sen}(x) + x^2e^y - 1.$$

Integrando a primeira dessas equações com relação a x, obtemos

$$\psi(x, y) = y\,\text{sen}(x) + x^2e^y + h(y). \tag{17}$$

A seguir, calculando ψ_x da Eq. (17) e fazendo $\psi_y = N$, temos

$$\psi_y(x, y) = \text{sen}(x) + x^2e^y + h'(y) = \text{sen}(x) + x^2e^y - 1.$$

Assim, $h'(y) = -1$ e $h(y) = -y$. A constante de integração pode ser omitida, já que qualquer solução da equação diferencial precedente é satisfatória; não precisamos da mais geral possível. Substituindo $h(y)$ na Eq. (17), obtemos

$$\psi(x, y) = y\,\text{sen}(x) + x^2e^y - y.$$

Portanto, as soluções da Eq. (16) são dadas implicitamente por

$$y\,\text{sen}(x) + x^2e^y - y = c. \tag{18}$$

EXEMPLO 2.6.3

Resolva a equação diferencial

$$(3xy + y^2) + (x^2 + xy)y' = 0. \tag{19}$$

Solução:

Temos

$$M_y(x, y) = 3x + 2y, \quad N_x(x, y) = 2x + y;$$

já que $M_y \neq N_x$, a equação dada não é exata. Para ver que ela não pode ser resolvida pelo procedimento descrito antes, vamos procurar uma função ψ tal que

$$\psi_x(x, y) = 3xy + y^2, \quad \psi_y(x, y) = x^2 + xy. \tag{20}$$

Integrando a primeira das Eqs. (20) em relação a x, obtemos

$$\psi(x, y) = \frac{3}{2}x^2y + xy^2 + h(y), \tag{21}$$

em que h é uma função arbitrária que só depende de y. Para tentar satisfazer a segunda das Eqs. (20), calculamos ψ_y da Eq. (21) e a igualamos a N, obtendo

$$\frac{3}{2}x^2 + 2xy + h'(y) = x^2 + xy$$

ou

$$h'(y) = -\frac{1}{2}x^2 - xy. \tag{22}$$

Como a expressão à direita do sinal de igualdade na Eq. (22) depende tanto de x quanto de y, é impossível resolver a Eq. (22) para $h(y)$. Logo, não há função $\psi(x, y)$ que satisfaça ambas as Eqs. (20).

Fatores Integrantes. Algumas vezes, é possível converter uma equação diferencial que não é exata em uma exata multiplicando-se a equação por um fator integrante apropriado. Lembre-se de que foi esse o procedimento que usamos para resolver equações lineares na Seção 2.1. Para investigar a possibilidade de usar essa ideia em um contexto geral, vamos multiplicar a equação

$$M(x, y) + N(x, y)y' = 0 \tag{23}$$

por uma função μ e depois tentar escolher μ de modo que a equação resultante

$$\mu(x, y)M(x, y) + \mu(x, y)N(x, y)y' = 0 \tag{24}$$

seja exata. Pelo Teorema 2.6.1, a Eq. (24) será exata se e somente se

$$(\mu M)_y = (\mu N)_x. \tag{25}$$

Como M e N são funções dadas, a Eq. (25) diz que o fator integrante μ tem de satisfazer a equação diferencial parcial de primeira ordem

$$M\mu_y - N\mu_x + (M_y - N_x)\mu = 0. \tag{26}$$

Se pudermos encontrar uma função μ satisfazendo a Eq. (26), então a Eq. (24) será exata. A solução da Eq. (24) pode ser obtida, portanto, pelo método descrito na primeira parte desta seção. A solução encontrada desse modo também satisfaz a Eq. (23), já que podemos dividir a Eq. (24) pelo fator integrante μ.

Uma equação diferencial parcial da forma (26) pode ter mais de uma solução; nesse caso, qualquer uma das soluções pode ser usada como um fator integrante para a Eq. (23). Esta possibilidade de não unicidade do fator integrante está ilustrada no Exemplo 2.6.4.

Infelizmente, a Eq. (26) que determina o fator integrante μ é, em muitos casos, pelo menos tão difícil de resolver quanto a equação original (23). Portanto, embora, em princípio, o método de fatores integrantes seja uma ferramenta poderosa para resolver equações diferenciais, na prática só pode ser usado em casos especiais. As situações mais importantes nas quais fatores integrantes simples podem ser encontrados ocorrem quando μ é uma função de só uma das variáveis x ou y, em vez de ambas.

Determinaremos condições sobre M e N para que a Eq. (23) tenha um fator integrante que só depende de x. Supondo que μ é uma função só de x, a derivada parcial μ_x se reduz à derivada ordinária $d\mu/dx$ e $\mu_y = 0$. Fazendo essas substituições na Eq. (26), encontramos

$$\frac{d\mu}{dx} = \frac{M_y - N_x}{N}\mu. \tag{27}$$

Se $(M_y - N_x)/N$ for uma função só de x, então existirá um fator integrante μ que também só depende de x. Além disso, $\mu(x)$ pode ser encontrado resolvendo-se a Eq. (27), que é linear e separável.

Um procedimento semelhante pode ser usado para determinar uma condição sob a qual a Eq. (23) tenha um fator integrante que depende só de y; veja o Problema 17.

EXEMPLO 2.6.4

Encontre um fator integrante para a equação

$$(3xy + y^2) + (x^2 + xy)y' = 0 \tag{19}$$

e depois resolva a equação.

Solução:

Mostramos, no Exemplo 2.6.3, que esta equação não é exata. Vamos determinar se ela tem um fator integrante que só depende de x. Calculando $(M_y - N_x)/N$, vemos que

$$\frac{M_y(x, y) - N_x(x, y)}{N(x, y)} = \frac{3x + 2y - (2x + y)}{x^2 + xy} = \frac{1}{x}. \tag{28}$$

Logo, existe um fator integrante μ que é uma função só de x e satisfaz a equação diferencial

$$\frac{d\mu}{dx} = \frac{\mu}{x}. \tag{29}$$

Portanto (veja o Problema 7 na Seção 2.2),

$$\mu(x) = x. \tag{30}$$

Multiplicando a Eq. (19) por esse fator integrante, obtemos

$$(3x^2 y + xy^2) + (x^3 + x^2 y)y' = 0. \tag{31}$$

A Eq. (31) é exata, já que

$$\frac{\partial}{\partial y}(3x^2 y + xy^2) = 3x^2 + 2xy = \frac{\partial}{\partial x}(x^3 + x^2 y).$$

Então, existe uma função ψ tal que

$$\psi_x(x, y) = 3x^2 y + xy^2, \quad \psi_y(x, y) = x^3 + x^2 y. \tag{32}$$

Integrando a primeira das Eqs. (32) em relação a x, obtemos

$$\psi(x, y) = x^3 y + \frac{1}{2}x^2 y^2 + h(y).$$

Substituindo essa expressão para $\psi(x, y)$ na segunda das Eqs. (32), encontramos

$$x^3 + x^2 y + h'(y) = x^3 + x^2 y,$$

de modo que $h'(y) = 0$ e $h(y)$ é uma constante. Assim, as soluções da Eq. (31) e, portanto, da Eq. (19) são dadas implicitamente por

$$x^3 y + \frac{1}{2}x^2 y^2 = c. \tag{33}$$

Soluções explícitas também podem ser encontradas prontamente, já que a Eq. (33) é quadrática em y.

Você pode verificar também que um segundo fator integrante para a Eq. (19) é

$$\mu(x, y) = \frac{1}{xy(2x + y)}$$

e que a mesma solução é obtida, embora com mais dificuldade, se esse fator integrante for usado (veja o Problema 22).

54 Capítulo 2

Problemas

Determine se cada uma das equações nos Problemas 1 a 8 é exata. Se for, encontre a solução.

1. $(2x + 3) + (2y - 2)y' = 0$

2. $(2x + 4y) + (2x - 2y)y' = 0$

3. $(3x^2 - 2xy + 2) + (6y^2 - x^2 + 3)y' = 0$

4. $\dfrac{dy}{dx} = -\dfrac{ax + by}{bx + cy}$

5. $\dfrac{dy}{dx} = -\dfrac{ax - by}{bx - cy}$

6. $(ye^{xy}\cos(2x) - 2e^{xy}\operatorname{sen}(2x) + 2x) + (xe^{xy}\cos(2x) - 3)y' = 0$

7. $(y/x + 6x) + (\ln x - 2)y' = 0, \quad x > 0$

8. $\dfrac{x}{(x^2 + y^2)^{3/2}} + \dfrac{y}{(x^2 + y^2)^{3/2}}\dfrac{dy}{dx} = 0$

Nos Problemas 9 e 10, resolva o problema de valor inicial dado e determine, pelo menos aproximadamente, em que intervalo a solução é válida.

9. $(2x - y) + (2y - x)y' = 0, \quad y(1) = 3$

10. $(9x^2 + y - 1) - (4y - x)y' = 0, \quad y(1) = 0$

Nos Problemas 11 e 12, encontre o valor de b para o qual a equação dada é exata e depois a resolva usando esse valor de b.

11. $(xy^2 + bx^2y) + (x + y)x^2y' = 0$

12. $(ye^{2xy} + x) + bxe^{2xy}y' = 0$

13. Suponha que a Eq. (6) satisfaz as condições do Teorema 2.6.1 em um retângulo R e é, portanto, exata. Mostre que uma função $\psi(x, y)$ possível é

$$\psi(x, y) = \int_{x_0}^{x} M(s, y_0)\,ds + \int_{y_0}^{y} N(x, t)\,dt,$$

em que (x_0, y_0) é um ponto em R.

14. Mostre que qualquer equação separável

$$M(x) + N(y)y' = 0$$

também é exata.

Nos Problemas 15 e 16, mostre que a equação dada não é exata, mas torna-se exata quando multiplicada pelo fator integrante dado. Depois resolva a equação.

15. $x^2y^3 + x(1 + y^2)y' = 0, \quad \mu(x, y) = 1/\left(xy^3\right)$

16. $(x + 2)\operatorname{sen}(y) + (x\cos(y))y' = 0, \quad \mu(x, y) = xe^x$

17. Mostre que, se $(N_x - M_y)/M = Q$, em que Q é uma função só de y, então a equação diferencial

$$M + Ny' = 0$$

tem um fator integrante da forma

$$\mu(y) = \exp\left(\int Q(y)\,dy\right).$$

Nos Problemas 18 a 21, encontre um fator integrante e resolva a equação dada.

18. $(3x^2y + 2xy + y^3) + (x^2 + y^2)y' = 0$

19. $y' = e^{2x} + y - 1$

20. $1 + (x/y - \operatorname{sen}(y))y' = 0$

21. $y + (2xy - e^{-2y})y' = 0$

22. Resolva a equação diferencial

$$(3xy + y^2) + (x^2 + xy)y' = 0$$

usando o fator integrante $\mu(x, y) = 1/(xy(2x + y))$. Verifique que a solução é a mesma que a obtida no Exemplo 2.6.4 com um fator integrante diferente.

2.7 Aproximações Numéricas: Método de Euler

Lembre-se de dois fatos importantes sobre o problema de valor inicial de primeira ordem

$$\frac{dy}{dt} = f(t, y), \quad y(t_0) = y_0. \tag{1}$$

Primeiro, se f e $\partial f/\partial y$ forem contínuas, então o problema de valor inicial (1) terá uma única solução $y = \phi(t)$ em algum intervalo contendo o ponto inicial $t = t_0$. Segundo, não é possível, em geral, encontrar a solução ϕ por manipulações simbólicas da equação diferencial. Até agora, consideramos as principais exceções a esta última afirmação: equações diferenciais que são lineares, separáveis ou exatas, ou que podem ser transformadas em um desses tipos. Apesar disso, ainda é verdade que soluções da maioria dos problemas de valor inicial de primeira ordem não podem ser encontradas por métodos analíticos como os considerados na primeira parte deste capítulo.

É importante, portanto, ser capaz de abordar o problema de outras maneiras. Como já vimos, uma dessas maneiras consiste em desenhar o campo de direções para a equação diferencial (o que não envolve resolver a equação) e depois visualizar o comportamento das soluções a partir do campo de direções. Este método tem a vantagem de ser um processo relativamente simples, mesmo para equações diferenciais complicadas. No entanto, não serve para cálculos quantitativos ou comparações, o que é, muitas vezes, uma deficiência crítica.

Por exemplo, a **Figura 2.7.1** mostra um campo de direções para a equação diferencial

$$\frac{dy}{dt} = 3 - 2t - \frac{y}{2}. \tag{2}$$

Do campo de direções você pode visualizar o comportamento de soluções no retângulo ilustrado na figura. Nesse retângulo, uma solução começando em um ponto no eixo dos y inicialmente aumenta com t, mas logo atinge um valor máximo e começa a diminuir quando t continua aumentando.

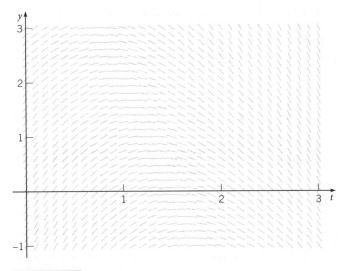

FIGURA 2.7.1 Campo de direções para a Eq. (2): $dy/dt = 3 - 2t - y/2$.

Você também pode observar, na Figura 2.7.1, que muitos segmentos de retas tangentes em valores sucessivos de t quase se tocam. Basta só um pouco de imaginação para produzir um gráfico linear por partes começando em um ponto no eixo dos y e unindo os segmentos para valores sucessivos de t na malha. Tal gráfico seria, aparentemente, uma aproximação de uma solução da equação diferencial. Para transformar essa ideia em um método útil de geração de soluções aproximadas, precisamos responder a diversas perguntas, inclusive às seguintes:

1. Podemos efetuar essa união de segmentos de retas tangentes de modo sistemático e direto?
2. Em caso afirmativo, a função linear por partes resultante fornece uma aproximação para a solução de fato da equação diferencial?
3. Em caso afirmativo, podemos descobrir a precisão da aproximação? Ou seja, podemos estimar o quão longe a aproximação está da solução?

Ocorre que a resposta a cada uma dessas perguntas é afirmativa. O método resultante, desenvolvido por Euler em torno de 1768, é conhecido como **método da reta tangente** ou **método de Euler**. Vamos tratar as duas primeiras perguntas nesta seção, mas adiaremos uma discussão sistemática da terceira pergunta até o Capítulo 8.

Para ver como o método de Euler funciona, vamos considerar como poderíamos usar retas tangentes para aproximar a solução $y = \phi(t)$ do problema de valor inicial (1) perto de $t = t_0$. Sabemos que a solução contém o ponto inicial (t_0, y_0) e, da equação diferencial, também sabemos que a inclinação nesse ponto é $f(t_0, y_0)$. Podemos, então, escrever uma equação para a reta tangente à curva-solução em (t_0, y_0), a saber,

$$y = y_0 + f(t_0, y_0)(t - t_0). \tag{3}$$

A reta tangente é uma boa aproximação da curva-solução em um intervalo suficientemente pequeno, de modo que a inclinação da solução não varie apreciavelmente de seu valor no ponto inicial; veja a **Figura 2.7.2**. Assim, se t_1 estiver suficientemente próximo de t_0, poderemos aproximar $\phi(t_1)$ pelo valor y_1 determinado substituindo $t = t_1$ na aproximação pela reta tangente em $t = t_0$; logo,

$$y_1 = y_0 + f(t_0, y_0)(t_1 - t_0). \tag{4}$$

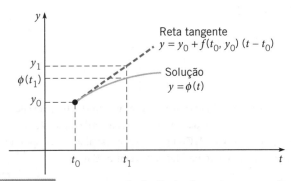

FIGURA 2.7.2 Aproximação de $y' = f(t, y)$ pela reta tangente em (t_0, y_0).

Para prosseguir, vamos tentar repetir o processo. Infelizmente, não sabemos o valor $\phi(t_1)$ da solução em t_1. O melhor que podemos fazer é usar o valor aproximado y_1. Então, construímos a reta que contém (t_1, y_1) com coeficiente angular $f(t_1, y_1)$,

$$y = y_1 + f(t_1, y_1)(t - t_1). \tag{5}$$

Para aproximar o valor de $\phi(t)$ em um ponto próximo t_2, usamos a Eq. (5), em vez da Eq. (3), obtendo

$$y_2 = y_1 + f(t_1, y_1)(t_2 - t_1). \tag{6}$$

Continuando dessa maneira, usamos o valor de y calculado em cada passo para determinar o coeficiente angular para o próximo passo. A expressão geral para a reta tangente começando em (t_n, y_n) é

$$y = y_n + f(t_n, y_n)(t - t_n); \tag{7}$$

portanto, o valor aproximado y_{n+1} em t_{n+1} em termos de t_n, t_{n+1} e y_n é

$$y_{n+1} = y_n + f(t_n, y_n)(t_{n+1} - t_n), \quad n = 0, 1, 2, \ldots \tag{8}$$

Se introduzirmos a notação $f_n = f(t_n, y_n)$, podemos escrever a Eq. (8) como

$$y_{n+1} = y_n + f_n \cdot (t_{n+1} - t_n), \quad n = 0, 1, 2, \ldots \tag{9}$$

Finalmente, se supusermos que o tamanho do passo h é constante entre os pontos $t_0, t_1, t_2, \ldots$, então $t_{n+1} = t_n + h$ para cada n, e obteremos a fórmula de Euler na forma

$$y_{n+1} = y_n + f_n h, \quad n = 0, 1, 2, \ldots \tag{10}$$

Para usar o método de Euler, simplesmente calcule a Eq. (9) ou a Eq. (10) repetidamente, dependendo se o tamanho do passo é constante ou não, usando o resultado de cada passo para executar o próximo passo. Desse modo, você gera uma sequência de valores $y_1, y_2, y_3, \ldots$ que aproximam os valores da solução $\phi(t)$ nos pontos $t_1, t_2, t_3, \ldots$ Se você precisar de uma função para aproximar a solução $\phi(t)$, em vez de uma sequência de pontos, você poderá usar a função linear por partes construída da coleção de segmentos de retas tangentes. Ou seja, y é dada no intervalo $[t_0, t_1]$ pela Eq. (7) com $n = 0$, em $[t_1, t_2]$ pela Eq. (7) com $n = 1$ e assim por diante.

EXEMPLO 2.7.1

Considere o problema de valor inicial

$$\frac{dy}{dt} = 3 - 2t - \frac{y}{2}, \quad y(0) = 1. \quad (11)$$

Use o método de Euler com passos de tamanho $h = 0,2$ para encontrar valores aproximados da solução do problema de valor inicial (11) em $t = 0,2; 0,4; 0,6; 0,8$ e 1. Compare-os com os valores correspondentes da solução exata do problema de valor inicial.

Solução:

Observe que a equação diferencial no problema de valor inicial dado é a que está na Eq. (2); seu campo de direções está ilustrado na Figura 2.7.1. Antes de aplicar o método de Euler, note que essa equação é linear, de modo que pode ser resolvida, como na Seção 2.1, usando o fator integrante $e^{t/2}$. A solução resultante do problema de valor inicial (11) é

$$y = \phi(t) = 14 - 4t - 13e^{-t/2}. \quad (12)$$

Usaremos essa informação para comparar a solução aproximada obtida pelo método de Euler com a solução exata.

Para aproximar essa solução pelo método de Euler, note que $f(t, y) = 3 - 2t - y/2$, nesse caso. Usando os valores iniciais $t_0 = 0$ e $y_0 = 1$, encontramos

$$f_0 = f(t_0, y_0) = f(0, 1) = 3 - 0 - 0,5 = 2,5$$

e, então, da Eq. (3), a aproximação pela reta tangente perto de $t = 0$ é

$$y = 1 + 2,5(t - 0) = 1 + 2,5t. \quad (13)$$

Fazendo $t = 0,2$ na Eq. (13), encontramos o valor aproximado y_1 da solução em $t = 0,2$, a saber,

$$y_1 = 1 + (2,5)(0,2) = 1,5.$$

No próximo passo, temos

$$f_1 = f(t_1, y_1) = f(0,2; 1,5) = 3 - 2(0,2) - (1,5)/2 =$$
$$= 3 - 0,4 - 0,75 = 1,85.$$

Então, a aproximação pela reta tangente perto de $t = 0,2$ é

$$y = 1,5 + 1,85(t - 0,2) = 1,13 + 1,85t. \quad (14)$$

Calculando a expressão na Eq. (14) para $t = 0,4$, obtemos

$$y_2 = 1,13 + 1,85(0,4) = 1,87.$$

Repetindo esse procedimento computacional mais três vezes, obtemos os resultados na Tabela 2.7.1.

A segunda coluna contém os valores de t separados pelo tamanho do passo $h = 0,2$. A terceira coluna mostra os valores correspondentes de y, calculados pela fórmula de Euler (10). A quarta coluna contém os coeficientes angulares f_n da reta tangente no ponto atual, (t_n, y_n).

Na quinta coluna estão as aproximações pela reta tangente dadas pela Eq. (7). A sexta coluna contém os valores da solução (12) do problema de valor inicial (11), correta até cinco casas decimais. A solução (12) e a aproximação pela reta tangente também estão desenhadas na **Figura 2.7.3**.

TABELA 2.7.1 Resultados do Método de Euler com $h = 0,2$ para $y' = 3 - 2t - y/2$, $y(0) = 1$

n	t_n	y_n	$f_n = f(t_n, y_n)$	Reta tangente	Valor exato de $y(t_n)$
0	0,0	1,00000	2,5	$y = 1 + 2,5(t - 0)$	1,00000
1	0,2	1,50000	1,85	$y = 1,5 + 1,85(t - 0,2)$	1,43711
2	0,4	1,87000	1,265	$y = 1,87 + 1,265(t - 0,4)$	1,75650
3	0,6	2,12300	0,7385	$y = 2,123 + 0,7385(t - 0,6)$	1,96936
4	0,8	2,27070	0,26465	$y = 2,2707 + 0,26465(t - 0,8)$	2,08584
5	1,0	2,32363			2,11510

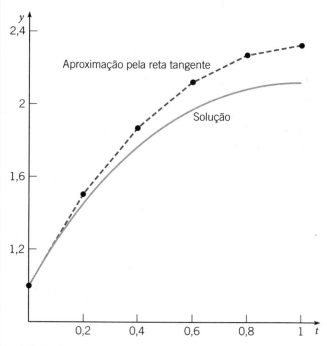

FIGURA 2.7.3 Gráficos da solução e da aproximação pela reta tangente com $h = 0,2$ para o problema de valor inicial (11): $dy/dt = 3 - 2t - y/2$, $y(0) = 1$.

Da Tabela 2.7.1 e da Figura 2.7.3, vemos que as aproximações dadas pelo método de Euler para esse problema são maiores do que os valores correspondentes da solução de fato. Isto ocorre porque o gráfico da solução é côncavo e, portanto, a aproximação pela reta tangente fica acima do gráfico.

A precisão das aproximações neste exemplo não é boa o suficiente para ser satisfatória em uma aplicação típica, científica ou de engenharia. Por exemplo, em $t = 1$, o erro na aproximação é $2,32363 - 2,11510 = 0,20853$, que é um erro percentual em torno de 9,86% em relação à solução exata. Um modo de obter resultados mais precisos consiste em usar um tamanho de passo menor, com um aumento correspondente no número de passos a serem calculados. Exploraremos essa possibilidade no próximo exemplo.

É claro que cálculos como os do Exemplo 2.7.2 e em outros exemplos nesta seção são feitos, em geral, em um computador. Alguns pacotes incluem código para o método de Euler, outros não. Em qualquer caso, pode-se escrever facilmente um programa para computador que realize os cálculos necessários para produzir resultados como os da Tabela 2.7.1. Basicamente, precisamos de um laço que calcule repetidamente a Eq. (10), juntamente com instruções adequadas para entrada e saída. A saída pode ser uma lista de números como na Tabela 2.7.1, ou um gráfico, como na Figura 2.7.3. As instruções específicas podem ser escritas em qualquer linguagem de programação de alto nível que você conheça.

EXEMPLO 2.7.2

Considere novamente o problema de valor inicial (11)

$$\frac{dy}{dt} = 3 - 2t - \frac{y}{2}, \quad y(0) = 1.$$

Use o método de Euler com diversos tamanhos de passos para calcular valores aproximados da solução para $0 \leq t \leq 5$. Compare os resultados calculados com os valores correspondentes da solução exata (12)

$$y = 14 - 4t - 13e^{-t/2}.$$

Solução:

Usamos passos de tamanho $h = 0,1; 0,05; 0,025$ e $0,01$, correspondendo, respectivamente, a 50, 100, 200 e 500 passos para ir de $t = 0$ a $t = 5$. Os resultados desses cálculos estão apresentados na Tabela 2.7.2, juntamente com os valores da solução exata. Todos os elementos foram arredondados para quatro casas decimais, embora tenham sido utilizadas mais casas decimais nos cálculos intermediários.

TABELA 2.7.2	Comparação da Solução Exata com o Método de Euler para Diversos Tamanhos de Passos h para $y' = 3 - 2t - y/2, y(0) = 1$				
t	$h = 0,1$	$h = 0,05$	$h = 0,025$	$h = 0,01$	Exata
0,0	1,0000	1,0000	1,0000	1,0000	1,0000
1,0	2,2164	2,1651	2,1399	2,1250	2,1151
2,0	1,3397	1,2780	1,2476	1,2295	1,2176
3,0	−0,7903	−0,8459	−0,8734	−0,8898	−0,9007
4,0	−3,6707	−3,7152	−3,7373	−3,7506	−3,7594
5,0	−7,0003	−7,0337	−7,0504	−7,0604	−7,0671

Que conclusões podemos tirar dos dados na Tabela 2.7.2? A observação mais importante é que, para um valor fixo de t, os valores aproximados calculados tornam-se mais precisos quando o tamanho do passo h diminui. Você pode ver isto lendo determinada linha na tabela da esquerda para a direita. Claramente, é o que esperávamos, mas é encorajador que os dados confirmem nossa expectativa. Por exemplo, para $t = 2$, o valor aproximado com $h = 0,1$ é maior por 0,1221 (em torno de 10%), enquanto o valor com $h = 0,01$ é maior por apenas 0,0119 (cerca de 1%). Nesse caso, dividindo o tamanho do passo por dez (e executando dez vezes mais cálculos) também divide o erro por cerca de dez. Comparando os erros para outros pares de valores na tabela, você pode verificar que essa relação entre o tamanho do passo e o erro também é válida para eles: dividir o tamanho do passo por um número também divide o erro por aproximadamente o mesmo número. Isso significa que, para o método

de Euler, o erro é aproximadamente proporcional ao tamanho do passo? É claro que um exemplo não estabelece tal resultado geral, mas é uma conjectura interessante, pelo menos.[20]

Uma segunda observação que podemos fazer a partir da Tabela 2.7.2 é que, para um tamanho de passo dado h, as aproximações tornam-se mais precisas quando t aumenta, pelo menos para $t > 2$. Por exemplo, para $h = 0,1$, o erro em $t = 5$ é só de 0,0668, pouco mais da metade do erro em $t = 2$. Voltaremos a esse assunto mais adiante nesta seção.

Levando tudo em consideração, o método de Euler parece funcionar bem para esse problema. São obtidos resultados razoavelmente bons, mesmo para um tamanho de passo moderadamente grande $h = 0,1$, e a aproximação pode ser melhorada diminuindo h.

Vamos ver outro exemplo.

EXEMPLO 2.7.3

Considere o problema de valor inicial

$$\frac{dy}{dt} = 4 - t + 2y, \quad y(0) = 1. \tag{15}$$

A solução geral desta equação diferencial foi encontrada no Exemplo 2.1.2, e a solução do problema de valor inicial (15) é

$$y = -\frac{7}{4} + \frac{1}{2}t + \frac{11}{4}e^{2t}. \tag{16}$$

Use o método de Euler com diversos tamanhos de passos para encontrar valores aproximados da solução no intervalo $0 \leq t \leq 5$. Compare os resultados com os valores correspondentes da solução (16).

Solução:

Usando os mesmos tamanhos de passos que no Exemplo 2.7.2, obtemos os resultados apresentados na Tabela 2.7.3.

TABELA 2.7.3	Comparação entre Solução Exata e Resultados do Método de Euler para Diversos Tamanhos de Passos h para $y' = 4 - t + 2y, y(0) = 1$				
t	$h = 0,1$	$h = 0,05$	$h = 0,025$	$h = 0,01$	Exata
0,0	1,000000	1,000000	1,000000	1,000000	1,000000
1,0	15,77728	17,25062	18,10997	18,67278	19,06990
2,0	104,6784	123,7130	135,5440	143,5835	149,3949
3,0	652,5349	837,0745	959,2580	1045,395	1109,179
4,0	4042,122	5633,351	6755,175	7575,577	8197,884
5,0	25026,95	37897,43	47555,35	54881,32	60573,53

Os dados na Tabela 2.7.3 confirmam, novamente, nossa expectativa de que, para um valor dado de t, a precisão aumenta quando o tamanho do passo é reduzido. Por exemplo, para $t = 1$, o erro percentual diminui de 17,3%, quando $h = 0,1$, para 2,1%, quando $h = 0,01$. Entretanto, o erro aumenta razoavelmente rápido quando t aumenta para um h fixo. Mesmo para $h = 0,01$, o erro em $t = 5$ é de 9,4%, e muito maior para tamanhos de passos maiores. É claro que a precisão necessária depende dos objetivos para os quais serão usados os resultados, mas os erros na Tabela 2.7.3 são grandes demais para a maioria das aplicações em Ciências ou Engenharia. Para melhorar a situação, poder-se-iam tentar passos menores ou restringir os cálculos a um intervalo bem curto contendo o ponto inicial. Apesar disso, é claro que o método de Euler é muito menos eficaz nesse exemplo do que no Exemplo 2.7.2.

---

[20]Uma discussão mais detalhada dos erros, quando se utiliza o método de Euler, consta no Capítulo 8.

Para entender melhor o que está acontecendo nesses exemplos, vamos considerar novamente o método de Euler para o problema de valor inicial geral (1),

$$\frac{dy}{dt} = f(t,y), \quad y(t_0) = y_0,$$

cuja solução exata denotaremos por $\phi(t)$. Lembre-se de que uma equação diferencial de primeira ordem tem uma família infinita de soluções, indexada por uma constante arbitrária c, e que a condição inicial seleciona um elemento dessa família, determinando o valor de c. Assim, na família infinita de soluções, $\phi(t)$ é a que satisfaz a condição inicial $\phi(t_0) = y_0$.

No primeiro passo, o método de Euler usa a aproximação pela reta tangente ao gráfico de $y = \phi(t)$ que contém o ponto inicial (t_0, y_0), e isso produz o valor aproximado y_1 em t_1. Em geral, $y_1 \neq \phi(t_1)$, de modo que, no segundo passo, o método de Euler não usa a reta tangente à solução $y = \phi(t)$, mas a reta tangente a uma solução próxima $y = \phi_1(t)$ que contém o ponto (t_1, y_1). Então, em cada passo subsequente, o método de Euler usa uma sucessão de aproximações pelas retas tangentes a uma sequência de soluções diferentes $\phi(t), \phi_1(t), \phi_2(t), \ldots$ da equação diferencial. Em cada passo, constrói-se a reta tangente a uma solução contendo o ponto determinado pelo resultado do passo precedente, como ilustrado na **Figura 2.7.4**. A qualidade da aproximação depois de muitos passos depende fortemente do comportamento do conjunto de soluções contendo os pontos (t_n, y_n) para $n = 1, 2, 3, \ldots$

No Exemplo 2.7.2, a solução geral da equação diferencial era

$$y = 14 - 4t + ce^{-t/2} \quad (17)$$

e a solução do problema de valor inicial (11) correspondia a $c = -13$. A família de soluções (17) é uma família convergente, já que o termo envolvendo a constante arbitrária tende a zero quando $t \to \infty$. Não faz muita diferença quais soluções estão sendo usadas para o cálculo das retas tangentes no método de Euler, já que todas as soluções estão ficando cada vez mais próximas quando t aumenta.

Por outro lado, no Exemplo 2.7.3, a solução geral da equação diferencial era

$$y = -\frac{7}{4} + \frac{1}{2}t + ce^{2t} \quad (18)$$

e, como o termo envolvendo a constante arbitrária c cresce sem limite quando $t \to \infty$, essa é uma família divergente. Note que as soluções correspondendo a dois valores próximos de c tornam-se arbitrariamente longe uma da outra quando t aumenta. Tentamos seguir a solução para $c = 11/4$ no Exemplo 2.7.3, mas, ao usar o método de Euler, em cada passo estávamos seguindo outra solução que se afastava da solução desejada cada vez mais rapidamente com o aumento de t. Isso explica por que os erros no Exemplo 2.7.3 são tão maiores do que os no Exemplo 2.7.2.

Ao usar um procedimento numérico como o método de Euler, você tem de manter sempre em mente o problema da precisão da aproximação, se ela é suficientemente boa para ser útil. Nos exemplos precedentes, a precisão do método numérico pôde ser determinada diretamente por comparação com a solução obtida analiticamente. É claro que, em geral, não existe uma solução analítica disponível quando se usa um método numérico, de modo que é necessário obter cotas, ou, pelo menos, estimativas, para o erro que não dependam do conhecimento da solução exata. Você também deve se lembrar de que o melhor que podemos esperar de uma aproximação numérica é que ela reflita o comportamento da solução de fato. Assim, um elemento de uma família divergente de soluções será sempre mais difícil de ser aproximado do que um elemento de uma família convergente.

Se quiser ler mais sobre aproximações numéricas de soluções de problemas de valor inicial, você pode ir diretamente para o Capítulo 8. Apresentamos ali alguma informação sobre a análise de erros e discutimos também diversos algoritmos muito mais eficientes computacionalmente do que o método de Euler.

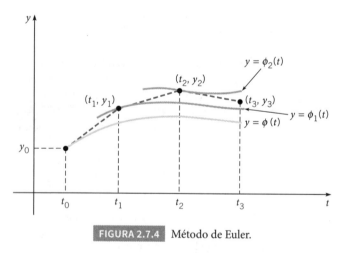

FIGURA 2.7.4 Método de Euler.

Problemas

Nota sobre Variações dos Resultados Calculados. A maioria dos problemas nesta seção requer cálculos numéricos bastante extensos. Para tratá-los, você precisará de computadores e programas apropriados. Lembre-se de que resultados numéricos podem variar um pouco dependendo de como seu programa foi desenvolvido e de como seu computador calcula as operações aritméticas, os arredondamentos etc. Pequenas variações na última casa decimal podem decorrer de tais causas e não indicam que alguma coisa está necessariamente errada. As respostas ao fim do livro são dadas com seis casas decimais na maioria dos casos, embora os cálculos intermediários tenham sido efetuados com mais casas decimais.

Nos Problemas 1 a 4:

- **N** a. Encontre valores aproximados da solução do problema de valor inicial dado em $t = 0{,}1$; $0{,}2$; $0{,}3$ e $0{,}4$ usando o método de Euler com $h = 0{,}1$.
- **N** b. Repita o item (a) com $h = 0{,}05$. Compare os resultados com os encontrados no item **(a)**.
- **N** c. Repita o item **(a)** com $h = 0{,}025$. Compare os resultados com os encontrados nos itens **(a)** e **(b)**.
- **N** d. Encontre a solução $y = \phi(t)$ do problema dado e calcule $\phi(t)$ em $t = 0{,}1$; $0{,}2$; $0{,}3$ e $0{,}4$. Compare esses valores com os resultados dos três itens anteriores.

1. $y' = 3 + t - y$, $y(0) = 1$

2. $y' = 2y - 1$, $y(0) = 1$

3. $y' = 1/2 - t + 2y$, $y(0) = 1$

4. $y' = 3\cos(t) - 2y$, $y(0) = 0$

Nos Problemas 5 a 8, desenhe um campo de direções para a equação diferencial dada e diga se as soluções estão convergindo ou divergindo.

G 5. $y' = 5 - 3\sqrt{y}$

G 6. $y' = y(3 - ty)$

G 7. $y' = -ty + y^3/10$

G 8. $y' = t^2 + y^2$

Nos Problemas 9 e 10, use o método de Euler para encontrar valores aproximados da solução do problema de valor inicial em $t = 0,5$; 1; 1,5; 2; 2,5 e 3: (a) com $h = 0,1$, (b) com $h = 0,05$, (c) com $h = 0,025$, (d) com $h = 0,01$.

N 9. $y' = 5 - 3\sqrt{y}$, $y(0) = 2$

N 10. $y' = y(3 - ty)$, $y(0) = 0,5$

11. Considere o problema de valor inicial
$$y' = \frac{3t^2}{3y^2 - 4}, \quad y(1) = 0.$$

N a. Use o método de Euler com $h = 0,1$ para obter valores aproximados da solução em $t = 1,2$; 1,4; 1,6 e 1,8.

N b. Repita o item (a) com $h = 0,05$.

c. Compare os resultados dos itens (a) e (b). Note que eles estão razoavelmente próximos para $t = 1,2$; 1,4 e 1,6, mas são muito diferentes para $t = 1,8$. Note também (da equação diferencial) que a reta tangente à solução é paralela ao eixo dos y quando $y = \pm 2/\sqrt{3} \cong \pm 1,155$. Explique como isso pode acarretar tal diferença nos valores calculados.

N 12. Considere o problema de valor inicial
$$y' = t^2 + y^2, \quad y(0) = 1.$$

Use o método de Euler com $h = 0,1$; 0,05; 0,025 e 0,01 para explorar a solução desse problema para $0 \le t \le 1$. Qual é sua melhor estimativa para o valor da solução em $t = 0,8$? E em $t = 1$? Seus resultados estão consistentes com o campo de direções no Problema 8?

13. Considere o problema de valor inicial
$$y' = -ty + 0,1y^3, \quad y(0) = \alpha,$$

em que α é um número dado.

G a. Desenhe um campo de direções para a equação diferencial (ou reexamine o campo no Problema 7). Observe que existe um valor crítico de α no intervalo $2 \le \alpha \le 3$ que separa as soluções convergentes das divergentes. Chame esse valor crítico de α_0.

N b. Use o método de Euler com $h = 0,01$ para estimar α_0. Faça isso restringindo α_0 a um intervalo $[a, b]$ em que $b - a = 0,01$.

14. Considere o problema de valor inicial
$$y' = y^2 - t^2, \quad y(0) = \alpha,$$

em que α é um número dado.

G a. Desenhe um campo de direções para a equação diferencial. Observe que existe um valor crítico de α no intervalo $0 \le \alpha \le 1$ que separa as soluções convergentes das divergentes. Chame esse valor crítico de α_0.

N b. Use o método de Euler com $h = 0,01$ para estimar α_0. Faça isso restringindo α_0 a um intervalo $[a, b]$ em que $b - a = 0,01$.

15. **Convergência do Método de Euler.** Pode-se mostrar que, sob condições apropriadas para f, a aproximação numérica gerada pelo método de Euler para o problema de valor inicial $y' = f(t, y)$, $y(t_0) = y_0$ converge para a solução exata quando o tamanho h do passo diminui. Isto está ilustrado no exemplo a seguir. Considere o problema de valor inicial
$$y' = 1 - t + y, \quad y(t_0) = y_0.$$

a. Mostre que a solução exata é $y = \phi(t) = (y_0 - t_0)e^{t - t_0} + t$.

N b. Usando a fórmula de Euler, mostre que
$$y_k = (1 + h)y_{k-1} + h - ht_{k-1}, \quad k = 1, 2, \ldots$$

c. Observando que $y_1 = (1 + h)(y_0 - t_0) + t_1$, mostre por indução que
$$y_n = (1 + h)^n(y_0 - t_0) + t_n \tag{19}$$

para cada inteiro positivo n.

d. Considere um ponto fixo $t > t_0$ e, para n dado, escolha $h = (t - t_0)/n$. Então $t_n = t$ para todo n. Note também que $h \to 0$ quando $n \to \infty$. Substituindo h na Eq. (19) e fazendo $n \to \infty$, mostre que $y_n \to \phi(t)$ quando $n \to \infty$.

Sugestão: $\lim_{n \to \infty} \left(1 + a/n\right)^n = e^a$.

Nos Problemas 16 e 17, use a técnica discutida no Problema 15 para mostrar que a aproximação obtida pelo método de Euler converge para a solução exata em qualquer ponto fixo quando $h \to 0$.

16. $y' = y$, $y(0) = 1$

17. $y' = 2y - 1$, $y(0) = 1$ *Sugestão:* $y_1 = (1 + 2h)/2 + 1/2$

2.8 Teorema de Existência e Unicidade

Vamos discutir, nesta seção, a demonstração do Teorema 2.4.2, o teorema fundamental de existência e unicidade para problemas de valor inicial de primeira ordem. Este teorema afirma que, sob certas condições sobre $f(t, y)$, o problema de valor inicial
$$y' = f(t, y), \quad y(t_0) = y_0 \tag{1}$$

tem uma única solução em algum intervalo contendo o ponto t_0.

Em alguns casos (por exemplo, se a equação diferencial for linear), a existência de uma solução para o problema de valor inicial (1) pode ser estabelecida diretamente resolvendo o problema e exibindo uma fórmula para a solução. No entanto, em geral, essa abordagem não é factível, pois não existe um método de resolução de equações diferenciais que se aplique a todos os casos. Portanto, para o caso geral, é necessário adotar uma abordagem indireta que demonstre a existência de uma solução para o problema de valor inicial (1), mas que, normalmente,

60 Capítulo 2

não fornece um modo prático para encontrá-la. O ponto crucial desse método é a construção de uma sequência de funções que converge a uma função limite satisfazendo o problema de valor inicial, embora os elementos individuais da sequência não o satisfaçam. Como regra geral, é impossível calcular explicitamente mais do que alguns poucos elementos da sequência; portanto, a função limite só pode ser determinada em casos raros. Apesar disso, sob as restrições sobre $f(t, y)$ enunciadas no Teorema 2.4.2, é possível mostrar que a sequência em questão converge e que a função limite tem as propriedades desejadas. O argumento é razoavelmente complicado e depende, em parte, de técnicas e resultados normalmente encontrados pela primeira vez em cursos de cálculo avançado. Em consequência, não entraremos em todos os detalhes da demonstração aqui; indicaremos, no entanto, suas características principais e apontaremos algumas das dificuldades envolvidas.

Em primeiro lugar, note que basta considerar o problema no qual o ponto inicial (t_0, y_0) é a origem; ou seja, vamos considerar o problema

$$y' = f(t, y), \quad y(0) = 0. \tag{2}$$

Se for dado algum outro ponto inicial, então sempre podemos fazer uma mudança preliminar de variáveis, correspondendo à translação dos eixos coordenados, que leva o ponto dado (t_0, y_0) para a origem. O teorema de existência e unicidade pode ser enunciado agora da seguinte forma:

Teorema 2.8.1 | Existência e Unicidade de Soluções de $y' = f(t, y), y(0) = 0$

Se f e $\partial f/\partial y$ forem contínuas em um retângulo R: $|t| \leq a$, $|y| \leq b$, então existe algum intervalo $|t| \leq h \leq a$ no qual existe uma única solução $y = \phi(t)$ do problema de valor inicial (2).

Para o método de demonstração discutido aqui, é necessário colocar o problema de valor inicial (2) em uma forma mais conveniente. Se supusermos, temporariamente, que existe uma função $y = \phi(t)$ que satisfaz o problema de valor inicial, então $f(t, \phi(t))$ é uma função contínua que só depende de t. Logo, podemos integrar $y' = f(t, y)$ do ponto inicial $t = 0$ até um valor arbitrário de t, obtendo

$$\phi(t) = \int_0^t f(s, \phi(s)) ds, \tag{3}$$

em que usamos a condição inicial $\phi(0) = 0$. Usamos também s para denotar a variável de integração.

Como a Eq. (3) contém uma integral da função desconhecida ϕ, ela é chamada de uma **equação integral**. Essa equação integral não é uma fórmula para a solução do problema de valor inicial, mas fornece outra relação que é satisfeita por qualquer solução das Eqs. (2). Por outro lado, suponha que existe uma função contínua $y = \phi(t)$ que satisfaz a equação integral (3); então, essa função também satisfaz o problema de valor inicial (2). Para mostrar isto, substituímos, primeiro, t por zero na Eq. (3), o que mostra que a condição inicial é satisfeita. Além disso, como o integrando na Eq. (3) é contínuo, segue, do teorema fundamental do cálculo, que ϕ é diferenciável e $\phi'(t) = f(t, \phi(t))$. Portanto, o problema de valor inicial e a equação integral são equivalentes, no sentido de que qualquer solução de um desses problemas também é solução do outro. É mais conveniente mostrar que existe uma única solução da equação integral em algum intervalo $|t| \leq h$. A mesma conclusão será válida, então, para o problema de valor inicial (2).

Um método para mostrar que a equação integral (3) tem uma única solução é conhecido como **método das aproximações sucessivas** ou **método de iteração de Picard**.[21] Ao usar esse método, começamos escolhendo uma função inicial ϕ_0, arbitrária ou que aproxima, de alguma forma, a solução do problema de valor inicial. A escolha mais simples é

$$\phi_0(t) = 0; \tag{4}$$

então, ϕ_0 pelo menos satisfaz a condição inicial nas Eqs. (2), embora, presume-se, não satisfaça a equação diferencial. A próxima aproximação, ϕ_1, é obtida substituindo $\phi(s)$ por $\phi_0(s)$ na integral da Eq. (3) e chamando de $\phi_1(t)$ o resultado dessa operação. Assim,

$$\phi_1(t) = \int_0^t f(s, \phi_0(s)) ds. \tag{5}$$

De maneira análoga, ϕ_2 é obtida de ϕ_1:

$$\phi_2(t) = \int_0^t f(s, \phi_1(s)) ds \tag{6}$$

e, em geral,

$$\phi_{n+1}(t) = \int_0^t f(s, \phi_n(s)) ds. \tag{7}$$

Desse modo, geramos a sequência de funções $\{\phi_n\} = \{\phi_0, \phi_1, \phi_2, \ldots, \phi_n, \ldots\}$.

Cada elemento da sequência satisfaz a condição inicial, mas, em geral, nenhum deles satisfaz a equação diferencial. No entanto, se, em algum estágio, por exemplo, para $n = k$, encontrarmos que $\phi_{k+1}(t) = \phi_k(t)$, então segue que ϕ_k é uma solução da equação integral (3). Portanto, ϕ_k também é solução do problema de valor inicial (2), e a sequência termina nesse ponto. Em geral, isto não acontece, sendo necessário considerar toda a sequência infinita.

Para estabelecer o Teorema 2.8.1, temos que responder quatro perguntas importantes:

1. Existem todos os elementos da sequência $\{\phi_n\}$, ou o processo pode ter que ser interrompido em algum estágio?
2. A sequência converge?
3. Quais são as propriedades da função limite? Em particular, ela satisfaz a equação integral (3) e, portanto, o problema de valor inicial (2)?
4. Essa é a única solução ou podem existir outras?

---

[21]Charles-Émile Picard (1856-1914) foi professor da Sorbonne antes dos 30 anos. Exceto por Henri Poincaré, é talvez o matemático francês mais importante de sua geração. É conhecido por teoremas importantes em variáveis complexas e geometria algébrica, além de equações diferenciais. Um caso particular do método das aproximações sucessivas foi publicado primeiro por Liouville em 1838. No entanto, em geral, o crédito do método é dado a Picard, que o estabeleceu em generalidade e de forma amplamente aplicável em uma série de artigos a partir de 1890.

Vamos mostrar, primeiro, como essas perguntas podem ser respondidas em um exemplo específico relativamente simples e comentar, depois, sobre algumas dificuldades que podem ser encontradas no caso geral.

EXEMPLO 2.8.1

Resolva o problema de valor inicial

$$y' = 2t(1+y), \quad y(0) = 0 \tag{8}$$

pelo método das aproximações sucessivas.

Solução:

Em primeiro lugar, note que, se $y = \phi(t)$, a equação integral correspondente é

$$\phi(t) = \int_0^t 2s(1+\phi(s))\,ds. \tag{9}$$

Se a aproximação inicial for $\phi_0(t) = 0$, segue que

$$\phi_1(t) = \int_0^t 2s(1+\phi_0(s))\,ds = \int_0^t 2s\,ds = t^2. \tag{10}$$

Analogamente,

$$\phi_2(t) = \int_0^t 2s(1+\phi_1(s))\,ds = \int_0^t 2s(1+s^2)\,ds = t^2 + \frac{t^4}{2} \tag{11}$$

e

$$\phi_3(t) = \int_0^t 2s(1+\phi_2(s))\,ds = \int_0^t 2s\left(1+s^2+\frac{s^4}{2}\right)ds =$$
$$= t^2 + \frac{t^4}{2} + \frac{t^6}{2\cdot 3}. \tag{12}$$

As Eqs. (10), (11) e (12) sugerem que

$$\phi_n(t) = t^2 + \frac{t^4}{2!} + \frac{t^6}{3!} + \cdots + \frac{t^{2n}}{n!} \tag{13}$$

para cada $n \geq 1$, e esse resultado pode ser estabelecido por indução matemática como se segue. A Eq. (13) é certamente verdadeira para $n = 1$; veja a Eq. (10). Precisamos mostrar que, se ela for válida para $n = k$, então também será válida para $n = k+1$. Temos

$$\phi_{k+1}(t) = \int_0^t 2s(1+\phi_k(s))\,ds$$
$$= \int_0^t 2s\left(1+s^2+\frac{s^4}{2!}+\cdots+\frac{s^{2k}}{k!}\right)ds$$
$$= \int_0^t 2s + 2s^3 + \frac{2s^5}{2!} + \cdots + \frac{2s^{2k+1}}{k!}\,ds \tag{14}$$
$$= t^2 + \frac{t^4}{2!} + \frac{t^6}{3!} + \cdots + \frac{t^{2k+2}}{(k+1)!},$$

e a demonstração por indução está completa.

Os gráficos dos quatro primeiros iterados, $\phi_1(t)$, $\phi_2(t)$, $\phi_3(t)$ e $\phi_4(t)$, estão ilustrados na **Figura 2.8.1**. Quando k aumenta, os iterados parecem permanecer próximos em um intervalo gradualmente crescente, sugerindo convergência para uma função limite.

Segue, da Eq. (13), que $\phi_n(t)$ é a n-ésima soma parcial da série infinita

$$\sum_{k=1}^{\infty} \frac{t^{2k}}{k!}; \tag{15}$$

logo, $\lim_{n\to\infty} \phi_n(t)$ existirá se, e somente se, a série (15) convergir.

Aplicando o teste da razão, vemos que, para cada t,

$$\left|\frac{t^{2k+2}}{(k+1)!}\cdot\frac{k!}{t^{2k}}\right| = \frac{t^2}{k+1} \to 0 \quad \text{quando } k \to \infty. \tag{16}$$

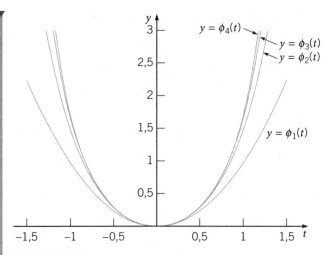

FIGURA 2.8.1 Gráficos dos quatro primeiros iterados de Picard $y = \phi_1(t), \ldots, y = \phi_4(t)$ para o Exemplo 2.8.1: $dy/dt = 2t(1+y)$, $y(0) = 0$.

Assim, o intervalo de convergência para a série (15) é todo o eixo dos t. Isso significa que sua soma $\phi(t)$ é o limite da sequência $\{\phi_n(t)\}$ para todos os valores de t. Além disso, como a série (15) é uma série de Taylor, ela pode ser diferenciada ou integrada termo a termo para todos os valores de t. Portanto, podemos verificar por cálculos diretos que $\phi(t) = \sum_{k=1}^{\infty} t^{2k}/k!$ é solução da equação integral (9). De outro modo, substituindo y por $\phi(t)$ nas Eqs. (8), podemos verificar que essa função satisfaz o problema de valor inicial (8). Nesse exemplo também é possível, a partir da série (15), identificar a solução $\phi(t)$ em termos de funções elementares, a saber, $\phi(t) = e^{t^2} - 1$. (Veja o Problema 13.) No entanto, isto não é necessário para a discussão de existência e unicidade.

O conhecimento explícito de $\phi(t)$ não torna possível visualizar a convergência da sequência de iterados mais claramente do que fazendo o gráfico de $e_k(t) = \phi(t) - \phi_k(t)$ para diversos valores de k. A **Figura 2.8.2** mostra essa diferença para $k = 1, 2, 3, 4$. Essa figura ilustra claramente o intervalo gradualmente crescente sobre o qual aproximações sucessivas fornecem uma boa aproximação da solução do problema de valor inicial.

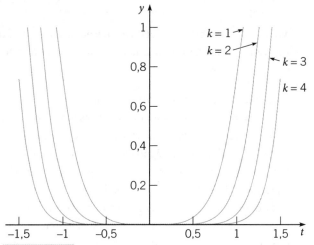

FIGURA 2.8.2 Gráficos de $y = e_k(t) = \phi(t) - \phi_k(t)$ para o Exemplo 2.8.1 com $k = 1, \ldots, 4$.

Finalmente, para tratar a questão de unicidade, vamos supor que o problema de valor inicial tenha duas soluções diferentes ϕ e ψ.

A hipótese de que ϕ e ψ são diferentes significa que existe pelo menos um valor de t para o qual $\phi(t) - \psi(t) \neq 0$. Além disso, como ambas ϕ e ψ satisfazem a equação integral (9), subtraindo (e usando a linearidade da integral), obtemos

$$\phi(t) - \psi(t) = \int_0^t 2s(\phi(s) - \psi(s))ds.$$

Tomando valores absolutos, temos, se $t > 0$,

$$|\phi(t) - \psi(t)| = \left|\int_0^t 2s(\phi(s) - \psi(s))ds\right| \leq \int_0^t 2s|\phi(s) - \psi(s)|ds.$$

Restringindo t ao intervalo $0 \leq t \leq A/2$, em que A é arbitrário, temos $2t \leq A$ e

$$|\phi(t) - \psi(t)| \leq A\int_0^t |\phi(s) - \psi(s)|ds \text{ para } 0 \leq t \leq A/2. \quad (17)$$

Agora é conveniente definir a função U por

$$U(t) = \int_0^t |\phi(s) - \psi(s)|ds. \quad (18)$$

Então, segue imediatamente que

$$U(0) = 0, \quad (19)$$

$$U(t) \geq 0, \text{ para } t \geq 0. \quad (20)$$

Além disso, U é diferenciável e $U'(t) = |\phi(t) - \psi(t)|$. Portanto, pela Eq. (17),

$$U'(t) - AU(t) \leq 0 \text{ para } 0 \leq t \leq A/2. \quad (21)$$

A multiplicação da Eq. (21) pela quantidade positiva e^{-At} fornece

$$\left(e^{-At}U(t)\right)' \leq 0 \text{ para } 0 \leq t \leq A/2. \quad (22)$$

Então, integrando a Eq. (22) de zero a t e usando a Eq. (19), obtemos

$$e^{-At}U(t) \leq 0 \text{ para } 0 \leq t \leq A/2.$$

Portanto, $U(t) \leq 0$ para $0 \leq t \leq A/2$. No entanto, como A é arbitrário, concluímos que $U(t) \leq 0$ para todo t não negativo. Esse resultado e a Eq. (20) só são compatíveis se $U(t) = 0$ para cada $t \geq 0$. Assim, $U'(t) = 0$ e $\psi(t) = \phi(t)$ para todo $t \geq 0$. Isso contradiz a hipótese de que ϕ e ψ são duas soluções diferentes. Em consequência, não pode haver duas soluções diferentes do problema de valor inicial para $t \geq 0$. Uma ligeira modificação desse argumento leva à mesma conclusão para $t \leq 0$.

Voltando ao problema geral de resolução da equação integral (3), vamos considerar rapidamente cada uma das questões levantadas anteriormente:

1. *Existem todos os elementos da sequência $\{\phi_n\}$?*

No exemplo, f e $\partial f/\partial y$ eram contínuas em todo o plano ty e cada elemento da sequência podia ser calculado explicitamente. Em contraste, no caso geral, supõe-se que f e $\partial f/\partial y$ são contínuas apenas em um retângulo R: $|t| \leq a, |y| \leq b$ (veja a **Figura 2.8.3**). Além disso, os elementos da sequência não podem, normalmente, ser determinados explicitamente. O perigo é que, em alguma etapa, por exemplo, $n = k$, o gráfico de $y = \phi_k(t)$ contenha pontos fora do retângulo R. Mais precisamente, no cálculo de $\phi_{k+1}(t)$ seria necessário calcular a função $f(t, y)$ em pontos em que não sabemos se ela é contínua, ou mesmo se existe. Assim, o cálculo de $\phi_{k+1}(t)$ poderia ser impossível.

Para evitar esse perigo, pode ser necessário restringir t a um intervalo menor do que $|t| \leq a$. Para encontrar tal intervalo, usamos o fato de que uma função contínua em uma região fechada limitada é limitada. Portanto, f é limitada em R; logo, existe um número positivo M tal que

$$|f(t, y)| \leq M, \quad (t, y) \text{ em } R. \quad (23)$$

Mencionamos anteriormente que

$$\phi_n(0) = 0$$

para cada n. Como $f(t, \phi_k(t))$ é igual a $\phi'_{k+1}(t)$, o coeficiente angular máximo, em valor absoluto, para as retas tangentes ao gráfico da função $y = \phi_{k+1}(t)$ é M. Como esse gráfico contém o ponto $(0, 0)$, ele tem de estar contido nas regiões formadas por dois triângulos simétricos na **Figura 2.8.4**. Portanto, o ponto $(t, \phi_{k+1}(t))$ permanece em R, pelo menos enquanto R contiver as regiões triangulares, o que ocorre se $|t| \leq b/M$. Daqui em diante, vamos considerar apenas o retângulo D: $|t| \leq h, |y| \leq b$, em que h é igual ao menor dos números a ou b/M. Com essa restrição, todos os elementos da sequência $\{\phi_n(t)\}$ existem. Note que, sempre que $b/M < a$, você pode tentar obter um valor maior para h encontrando uma cota melhor (ou seja, menor) M para $|f(t, y)|$, se possível.

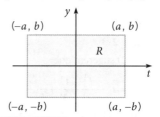

FIGURA 2.8.3 Região de definição para o Teorema 2.8.1.

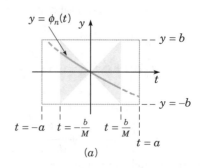

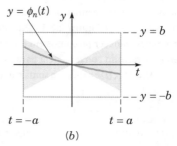

FIGURA 2.8.4 Regiões formadas por dois triângulos simétricos nas quais estão os iterados sucessivos. (a) Se $b/M < a$, então $h = b/M$; (b) se $b/M > a$, então $h = a$.

2. *A sequência $\{\phi_n(t)\}$ converge?*

Podemos identificar $\phi_n(t) = \phi_1(t) + (\phi_2(t) - \phi_1(t)) + \ldots + (\phi_n(t) - \phi_{n-1}(t))$ como a n-ésima soma parcial da série

$$\phi_1(t) + \sum_{k=1}^{\infty}(\phi_{k+1}(t) - \phi_k(t)). \tag{24}$$

A convergência da sequência $\{\phi_n(t)\}$ é estabelecida mostrando que a série (24) converge. Para isso, é necessário estimar o módulo $|\phi_{k+1}(t) - \phi_k(t)|$ do termo geral. O argumento usado para essa estimativa está indicado nos Problemas **14** a **17** e será omitido aqui. Supondo que a sequência converge, denotamos a função limite por ϕ, de modo que

$$\phi(t) = \lim_{n \to \infty} \phi_n(t). \tag{25}$$

3. *Quais são as propriedades da função limite ϕ?*

Em primeiro lugar, gostaríamos de saber que ϕ é contínua. Isso não é, no entanto, uma consequência necessária da convergência da sequência $\{\phi_n(t)\}$, mesmo que cada elemento da sequência seja contínuo. Algumas vezes, uma sequência de funções contínuas converge a uma função limite descontínua. Um exemplo simples desse fenômeno é dado no Problema **11**. Um modo de provar que ϕ é contínua é mostrar não só que a sequência $\{\phi_n\}$ converge, mas que ela converge de certo modo específico, conhecido como **convergência uniforme**. Não vamos discutir essa questão aqui; observamos, apenas, que o argumento a que nos referimos na discussão da questão 2 é suficiente para estabelecer a convergência uniforme da sequência $\{\phi_n\}$ e, portanto, a continuidade da função limite ϕ no intervalo $|t| \leq h$.

Vamos voltar à Eq. (7),

$$\phi_{n+1}(t) = \int_0^t f(s, \phi_n(s))ds.$$

Fazendo n tender a ∞, obtemos

$$\phi(t) = \lim_{n \to \infty} \int_0^t f(s, \phi_n(s))ds. \tag{26}$$

Gostaríamos de trocar a ordem da integral e do limite na expressão à direita do sinal de igualdade na Eq. (26), de modo a obter

$$\phi(t) = \int_0^t \lim_{n \to \infty} f(s, \phi_n(s))ds. \tag{27}$$

Em geral, tal troca não é permitida (veja o Problema **12**, por exemplo), porém, mais uma vez, o fato de que a sequência $\{\phi_n(t)\}$ converge uniformemente é suficiente para nos permitir colocar o limite dentro do sinal de integral. A seguir, gostaríamos de colocar o limite dentro da função f, o que nos daria

$$\phi(t) = \int_0^t f\left(s, \lim_{n \to \infty} \phi_n(s)\right)ds \tag{28}$$

e, portanto,

$$\phi(t) = \int_0^t f(s, \phi(s))ds. \tag{29}$$

A afirmação

$$\lim_{n \to \infty} f(s, \phi_n(s)) = f\left(s, \lim_{n \to \infty} \phi_n(s)\right)$$

é equivalente ao fato de que f é contínua em sua segunda variável, o que é conhecido por hipótese. Logo, a Eq. (29) é válida, e a função ϕ satisfaz a equação integral (3). Então, $y = \phi(t)$ também é solução do problema de valor inicial (2).

4. *Existem outras soluções da equação integral (3) além de $y = \phi(t)$?*

Para mostrar a unicidade da solução $y = \phi(t)$, vamos proceder de maneira semelhante à do exemplo. Primeiro, suponha a existência de outra solução $y = \psi(t)$. Então, é possível mostrar (veja o Problema **18**) que a diferença $\phi(t) - \psi(t)$ satisfaz a desigualdade

$$|\phi(t) - \psi(t)| \leq A \int_0^t |\phi(s) - \psi(s)|ds \tag{30}$$

para $0 \leq t \leq h$ e um número positivo apropriado A. A partir desse ponto, o argumento é idêntico ao dado no exemplo, e concluímos que não existe outra solução do problema de valor inicial (2) além da gerada pelo método de aproximações sucessivas.

Problemas

Nos Problemas **1** e **2**, transforme o problema de valor inicial dado em um problema equivalente com ponto inicial na origem.

1. $dy/dt = t^2 + y^2$, $y(1) = 2$

2. $dy/dt = 1 - y^3$, $y(-1) = 3$

Nos Problemas **3** e **4**, seja $\phi_0(t) = 0$ e defina $\{\phi_n(t)\}$ pelo método das aproximações sucessivas.

    a. Determine $\phi_n(t)$ para um valor arbitrário de n.

    Ⓖ **b.** Faça o gráfico de $\phi_n(t)$ para $n = 1, \ldots, 4$. Observe se os iterados parecem estar convergindo.

    c. Expresse $\lim\limits_{n \to \infty} \phi_n(t) = \phi(t)$ em termos de funções elementares, ou seja, resolva o problema de valor inicial dado.

    Ⓖ **d.** Faça o gráfico de $|\phi(t) - \phi_n(t)|$ para $n = 1, \ldots, 4$. Para $\phi_1(t)$, $\ldots, \phi_4(t)$, estime o intervalo em que cada uma dessas funções é uma aproximação razoavelmente boa para a solução exata.

Ⓝ **3.** $y' = 2(y+1)$, $y(0) = 0$

Ⓝ **4.** $y' = -y/2 + t$, $y(0) = 0$

Nos Problemas **5** e **6**, seja $\phi_0(t) = 0$ e use o método das aproximações sucessivas para resolver o problema de valor inicial dado.

    a. Determine $\phi_n(t)$ para um valor arbitrário de n.

    Ⓖ **b.** Faça o gráfico de $\phi_n(t)$ para $n = 1, \ldots, 4$. Observe se os iterados parecem estar convergindo.

    c. Mostre que a sequência $\{\phi_n(t)\}$ converge.

5. $y' = ty + 1$, $y(0) = 0$

6. $y' = t^2 y - t$, $y(0) = 0$

Nos Problemas **7** e **8**, seja $\phi_0(t) = 0$ e use o método das aproximações sucessivas para aproximar a solução do problema de valor inicial dado.

64 Capítulo 2

a. Calcule $\phi_1(t)$, ..., $\phi_3(t)$.

G b. Faça o gráfico de $\phi_1(t)$, ..., $\phi_3(t)$. Observe se os iterados parecem estar convergindo.

7. $y' = t^2 + y^2$, $y(0) = 0$

8. $y' = 1 - y^3$, $y(0) = 0$

Nos Problemas **9** e **10**, seja $\phi_0(t) = 0$ e use o método das aproximações sucessivas para aproximar a solução do problema de valor inicial dado.

a. Calcule $\phi_1(t)$, ..., $\phi_4(t)$ ou (se necessário) aproximações de Taylor desses iterados. Mantenha termos até a sexta ordem.

G b. Faça o gráfico das funções encontradas no item (a) e observe se elas parecem estar convergindo.

9. $y' = -\text{sen}(y) + 1$, $y(0) = 0$

10. $y' = \dfrac{3t^2 + 4t + 2}{2(y-1)}$, $y(0) = 0$

11. Seja $\phi_n(x) = x^n$ para $0 \leq x \leq 1$ e mostre que

$$\lim_{n \to \infty} \phi_n(x) = \begin{cases} 0, & 0 \leq x < 1, \\ 1, & x = 1. \end{cases}$$

Este exemplo mostra que uma sequência de funções contínuas pode convergir a uma função limite que é descontínua.

12. Considere a sequência $\phi_n(x) = 2nxe^{-nx^2}$, $0 \leq x \leq 1$.

a. Mostre que $\lim\limits_{n \to \infty} \phi_n(x) = 0$ para $0 \leq x \leq 1$; logo,

$$\int_0^1 \lim_{n \to \infty} \phi_n(x)dx = 0.$$

b. Mostre que $\int_0^1 2nxe^{-nx^2}dx = 1 - e^{-n}$; então,

$$\lim_{n \to \infty} \int_0^1 \phi_n(x)dx = 1.$$

Assim, neste exemplo,

$$\lim_{n \to \infty} \int_a^b \phi_n(x)dx \neq \int_a^b \lim_{n \to \infty} \phi_n(x)dx,$$

embora $\lim\limits_{n \to \infty} \phi_n(x)$ exista e seja contínuo.

13. a. Verifique que $\phi(t) = \sum\limits_{k=1}^{\infty} \dfrac{t^{2k}}{k!}$ é uma solução da equação integral (9).

b. Verifique que $\phi(t)$ também é solução do problema de valor inicial (8).

c. Use o fato de que $\sum\limits_{k=0}^{\infty} \dfrac{t^k}{k!} = e^t$ para calcular $\phi(t)$ em termos de funções elementares.

d. Resolva o problema de valor inicial (8) como uma equação separável.

e. Resolva o problema de valor inicial (8) como uma equação linear de primeira ordem.

Nos Problemas **14** a **17**, indicamos como provar que a sequência $\{\phi_n(t)\}$, definida pelas equações (4) a (7), converge.

14. Se $\partial f/\partial y$ for contínua no retângulo D, mostre que existirá uma constante positiva K tal que

$$|f(t, y_1) - f(t, y_2)| \leq K|y_1 - y_2|, \tag{31}$$

em que (t, y_1) e (t, y_2) são dois pontos quaisquer em D com a mesma coordenada t. Essa desigualdade é conhecida como uma condição de Lipschitz.[22]

Sugestão: mantenha t fixo e use o teorema do valor médio em f como função só de y. Escolha K como o valor máximo de $|\partial f/\partial y|$ em D.

15. Se $\phi_{n-1}(t)$ e $\phi_n(t)$ são elementos da sequência $\{\phi_n(t)\}$, use o resultado do Problema **14** para mostrar que

$$|f(t, \phi_n(t)) - f(t, \phi_{n-1}(t))| \leq K|\phi_n(t) - \phi_{n-1}(t)|.$$

16. a. Mostre que, se $|t| \leq h$, então

$$|\phi_1(t)| \leq M|t|,$$

em que M é escolhido de modo que $|f(t, y)| \leq M$ para (t, y) em D.

b. Use os resultados do Problema **15** e do item **(a)** deste Problema **16** para mostrar que

$$|\phi_2(t) - \phi_1(t)| \leq \frac{MK|t|^2}{2}.$$

c. Mostre, por indução matemática, que

$$|\phi_n(t) - \phi_{n-1}(t)| \leq \frac{MK^{n-1}|t|^n}{n!} \leq \frac{MK^{n-1}h^n}{n!}.$$

17. Note que

$$\phi_n(t) = \phi_1(t) + (\phi_2(t) - \phi_1(t)) + \cdots + (\phi_n(t) - \phi_{n-1}(t)).$$

a. Mostre que

$$|\phi_n(t)| \leq |\phi_1(t)| + |\phi_2(t) - \phi_1(t)| + \cdots + |\phi_n(t) - \phi_{n-1}(t)|.$$

b. Use os resultados do Problema **16** para mostrar que

$$|\phi_n(t)| \leq \frac{M}{K}\left(Kh + \frac{(Kh)^2}{2!} + \cdots + \frac{(Kh)^n}{n!}\right).$$

c. Mostre que a soma no item **(b)** converge quando $n \to \infty$ e, portanto, a soma no item (a) também converge quando $n \to \infty$. Conclua, então, que a sequência $\{\phi_n(t)\}$ converge, já que é a sequência das somas parciais de uma série convergente infinita.

18. Vamos tratar, neste problema, a questão de unicidade de solução para a equação integral (3),

$$\phi(t) = \int_0^t f(s, \phi(s))ds.$$

a. Suponha que ϕ e ψ são duas soluções da Eq. (3). Mostre que, para $t \geq 0$,

$$\phi(t) - \psi(t) = \int_0^t (f(s, \phi(s)) - f(s, \psi(s)))ds.$$

b. Mostre que

$$|\phi(t) - \psi(t)| \leq \int_0^t (f(s, \phi(s)) - f(s, \psi(s)))ds.$$

c. Use o resultado do Problema **14** para mostrar que

$$|\phi(t) - \psi(t)| \leq K\int_0^t |\phi(s) - \psi(s)|ds,$$

em que K é uma cota superior para $|\partial f/\partial y|$ em D. Essa equação é igual à Eq. (30), e o restante da demonstração pode ser feito como indicado no texto.

---

[22]O matemático alemão Rudolf Lipschitz (1832-1903), professor na University of Bonn por muitos anos, trabalhou em diversas áreas da Matemática.

A desigualdade (31) pode substituir a hipótese de continuidade de $\partial f/\partial y$ no Teorema 2.8.1, levando a um teorema um pouco mais forte.

2.9 Equações de Diferenças de Primeira Ordem

Enquanto um modelo contínuo que leva a uma equação diferencial é razoável e atraente para muitos problemas, existem alguns casos em que um modelo discreto pode ser mais natural. Por exemplo, o modelo contínuo para juros compostos usado na Seção 2.3 é apenas uma aproximação do processo real, que é discreto. De maneira similar, às vezes o crescimento populacional pode ser descrito de modo mais preciso por um modelo discreto, em vez de contínuo. Isso é verdade, por exemplo, para espécies cujas gerações não se sobrepõem e que se propagam a intervalos regulares, tais como em épocas específicas do ano. Então, a população y_{n+1} da espécie no ano $n + 1$ é uma função de n e da população y_n do ano anterior, ou seja,

$$y_{n+1} = f(n, y_n), \quad n = 0, 1, 2, \ldots \tag{1}$$

A Eq. (1) é chamada **equação de diferenças de primeira ordem**. Ela é de primeira ordem porque o valor de y_{n+1} depende do valor de y_n, mas não de valores anteriores como y_{n-1}, y_{n-2}, e assim por diante. Como para as equações diferenciais, a equação de diferenças (1) é **linear** se f for uma função afim de y_n; caso contrário, ela é **não linear**. Uma **solução** da equação de diferenças (1) é uma sequência de números $y_0, y_1, y_2, \ldots$ que satisfazem a equação para cada n. Além da equação de diferenças, pode também haver uma **condição inicial**

$$y_0 = \alpha \tag{2}$$

que fornece o valor do primeiro termo da sequência solução.

Vamos supor, temporariamente, que a função f na Eq. (1) depende apenas de y_n, mas não de n. Nesse caso,

$$y_{n+1} = f(y_n), \quad n = 0, 1, 2, \ldots \tag{3}$$

Se y_0 for dado, então os termos sucessivos da solução podem ser encontrados pela Eq. (3). Assim,

$$y_1 = f(y_0)$$

e

$$y_2 = f(y_1) = f(f(y_0)).$$

A quantidade $f(f(y_0))$ é chamada de segunda iterada da equação de diferenças e é, algumas vezes, denotada por $f^2(y_0)$. Analogamente, o terceiro iterado y_3 é dado por

$$y_3 = f(y_2) = f\big(f\big(f(y_0)\big)\big) = f^3(y_0),$$

e assim por diante. Em geral, o n-ésimo iterado y_n é

$$y_n = f(y_{n-1}) = f^n(y_0).$$

Referimo-nos a esse procedimento como a iteração da equação de diferenças. Muitas vezes, o interesse principal é determinar o comportamento de y_n quando $n \to \infty$. Em particular, y_n tende a um limite e, nesse caso, qual é o seu valor?

Soluções para as quais y_n tem o mesmo valor para todo n são chamadas de **soluções de equilíbrio**. Elas têm, com frequência, importância especial, como no estudo de equações diferenciais. Se existirem soluções de equilíbrio, podemos achá-las fazendo y_{n+1} igual a y_n na Eq. (3) e resolvendo a equação resultante

$$y_n = f(y_n) \tag{4}$$

para y_n.

Equações Lineares. Suponha que a população de determinada espécie em uma dada região no ano $n + 1$, denotada por y_{n+1}, seja um múltiplo positivo ρ_n da população y_n no ano n, ou seja,

$$y_{n+1} = \rho_n y_n, \quad n = 0, 1, 2, \ldots \tag{5}$$

Note que a taxa de reprodução ρ_n pode variar de ano para ano. A equação de diferenças (5) é linear e pode ser facilmente resolvida por iteração. Obtemos

$$y_1 = \rho_0 y_0,$$
$$y_2 = \rho_1 y_1 = \rho_1 \rho_0 y_0$$

e, em geral,

$$y_n = \rho_{n-1} \cdots \rho_0 y_0, \quad n = 1, 2, \ldots \tag{6}$$

Assim, se a população inicial y_0 for dada, então a população de cada geração subsequente será determinada pela Eq. (6). Embora, para um problema populacional, ρ_n seja intrinsecamente positivo, a solução (6) também será válida se ρ_n for negativo para alguns ou todos os valores de n. Note, no entanto, que, se ρ_n for zero para algum n, então y_{n+1} e todos os valores sucessivos de y serão nulos; em outras palavras, a espécie será extinta.

Se a taxa de reprodução ρ_n tiver o mesmo valor ρ para todo n, então a equação de diferenças (5) fica

$$y_{n+1} = \rho y_n \tag{7}$$

e sua solução é

$$y_n = \rho^n y_0. \tag{8}$$

A Eq. (7) também tem uma solução de equilíbrio, a saber, $y_n = 0$ para todo n, correspondendo ao valor inicial $y_0 = 0$. O comportamento limite de y_n é fácil de determinar da Eq. (8). De fato,

$$\lim_{n \to \infty} y_n = \begin{cases} 0, & \text{se } |\rho| < 1; \\ y_0, & \text{se } \rho = 1; \\ \text{não existe}, & \text{caso contrário.} \end{cases} \tag{9}$$

Em outras palavras, a solução de equilíbrio $y_n = 0$ é assintoticamente estável se $|\rho| < 1$ e instável se $|\rho| > 1$.

Vamos modificar o modelo populacional representado pela Eq. (5) para incluir o efeito de imigração ou emigração. Se b_n for o aumento total da população no ano n em razão da imigração, então a população no ano $n + 1$ é a soma dos aumentos por causa da reprodução natural e da imigração. Assim,

$$y_{n+1} = \rho y_n + b_n, \quad n = 0, 1, 2, \ldots, \tag{10}$$

em que estamos supondo agora que a taxa de reprodução ρ é constante. Podemos resolver a Eq. (10) iterando como antes.

66 Capítulo 2

Temos

$$y_1 = \rho y_0 + b_0,$$

$$y_2 = \rho(\rho y_0 + b_0) + b_1 = \rho^2 y_0 + \rho b_0 + b_1,$$

$$y_3 = \rho(\rho^2 y_0 + \rho b_0 + b_1) + b_2 = \rho^3 y_0 + \rho^2 b_0 + \rho b_1 + b_2,$$

e assim por diante. Em geral, obtemos

$$y_n = \rho^n y_0 + \rho^{n-1} b_0 + \cdots + \rho b_{n-2} + b_{n-1} =$$

$$= \rho^n y_0 + \sum_{j=0}^{n-1} \rho^{n-1-j} b_j. \qquad (11)$$

Note que a primeira parcela na Eq. (11) representa os descendentes da população original, enquanto as outras parcelas representam a população no ano n resultante da imigração em todos os anos precedentes.

No caso especial em que $b_n = b \neq 0$ para todo n, a equação de diferenças é

$$y_{n+1} = \rho y_n + b, \qquad (12)$$

cuja solução, pela Eq. (11), é

$$y_n = \rho^n y_0 + (1 + \rho + \rho^2 + \cdots + \rho^{n-1})b. \qquad (13)$$

Se $\rho \neq 1$, podemos escrever essa solução na forma mais compacta

$$y_n = \rho^n y_0 + \frac{1 - \rho^n}{1 - \rho} b, \qquad (14)$$

em que, novamente, as duas parcelas na expressão à direita do sinal de igualdade representam os efeitos da população original e da imigração, respectivamente. Escrevendo a Eq. (14) na forma

$$y_n = \rho^n \left(y_0 - \frac{b}{1 - \rho} \right) + \frac{b}{1 - \rho} \qquad (15)$$

deixa mais evidente o comportamento de y_n em longo prazo. Segue da Eq. (15) que $y_n \to b/(1 - \rho)$ se $|\rho| < 1$. Se $|\rho| > 1$ ou se $\rho = -1$, então y_n não tem limite, a menos que $y_0 = b/(1 - \rho)$. A quantidade $b/(1 - \rho)$, para $\rho \neq 1$, é uma solução de equilíbrio da Eq. (12), como pode ser visto diretamente daquela equação. É claro que a Eq. (14) não é válida para $\rho = 1$. Para tratar esse caso, precisamos voltar à Eq. (13) e fazer $\rho = 1$ lá. Segue que

$$y_n = y_0 + nb, \qquad (16)$$

de modo que, nesse caso, y_n torna-se ilimitada quando $n \to \infty$.

O mesmo modelo fornece, também, um arcabouço para resolver muitos problemas de natureza financeira. Em tais problemas, y_n é o saldo na conta no n-ésimo período de tempo, $\rho_n = 1 + r_n$, em que r_n é a taxa de juros para aquele período e b_n é a quantia depositada ou retirada. O exemplo a seguir é típico.

EXEMPLO 2.9.1

Um recém-graduado da faculdade faz um empréstimo de R$ 10.000 para comprar um carro. Se a taxa de juros for de 12% ao ano, quais os pagamentos mensais necessários para ele quitar o empréstimo em quatro anos?

Solução:

A equação de diferenças relevante é a Eq. (12), em que y_n é o saldo do empréstimo no n-ésimo mês, $\rho = 1 + r$, em que r é a taxa de

---

juros mensal e b é o efeito do pagamento mensal. Note que $\rho = 1{,}01$, correspondendo a uma taxa de juros de 1% ao mês. Como pagamentos reduzem o saldo do empréstimo, b tem de ser negativo; o pagamento de fato é $|b|$.

A solução da equação de diferenças (12) com esse valor de ρ e a condição inicial $y_0 = 10.000$ é dada pela Eq. (15), ou seja,

$$y_n = (1{,}01)^n (10.000 + 100b) - 100b. \qquad (17)$$

O pagamento b necessário para que o empréstimo seja quitado em quatro anos é encontrado fazendo-se $y_{48} = 0$ e resolvendo para b. Isto nos dá

$$b = -100 \frac{(1{,}01)^{48}}{(1{,}01)^{48} - 1} = -263{,}34. \qquad (18)$$

O pagamento total do empréstimo é 48 vezes $|b|$, ou R$ 12.640,32. Desse total, R$ 10.000,00 é o pagamento do principal e os R$ 2.640,32 restantes correspondem aos juros.

Equações Não Lineares. Equações de diferenças não lineares são muito mais complicadas e têm soluções bem mais variadas do que as equações lineares. Vamos restringir nossa atenção a uma única equação, a **equação de diferenças logística**

$$y_{n+1} = \rho y_n \left(1 - \frac{y_n}{k} \right), \qquad (19)$$

que é análoga à equação diferencial logística

$$\frac{dy}{dt} = ry \left(1 - \frac{y}{K} \right) \qquad (20)$$

discutida na Seção 2.5. Note que, se a derivada dy/dt na Eq. (20) for substituída pela diferença $(y_{n+1} - y_n)/h$, então a Eq. (20) se reduz à Eq. (19) com $\rho = 1 + hr$ e $k = (1 + hr)K/(hr)$. Para simplificar a Eq. (19) um pouco mais, podemos fazer uma mudança de escala na variável y_n definindo uma nova variável $u_n = y_n/k$. Então, a Eq. (19) fica

$$u_{n+1} = \rho u_n (1 - u_n), \qquad (21)$$

em que ρ é um parâmetro positivo.

Começamos nossa investigação da Eq. (21) procurando as soluções de equilíbrio, ou constantes. Elas podem ser encontradas igualando-se u_{n+1} a u_n na Eq. (21), o que corresponde a fazer dy/dt igual a zero na Eq. (20). A equação resultante é

$$u_n = \rho u_n - \rho u_n^2, \qquad (22)$$

de modo que as soluções de equilíbrio da Eq. (21) são

$$u_n = 0, \quad u_n = \frac{\rho - 1}{\rho}. \qquad (23)$$

A próxima pergunta é se as soluções de equilíbrio são assintoticamente estáveis ou instáveis. Ou seja, para uma condição inicial próxima a uma das soluções de equilíbrio, a sequência solução resultante se aproxima ou se afasta da solução de equilíbrio?

Um modo de examinar essa questão é aproximar a Eq. (21) por uma equação linear na vizinhança de uma solução de equilíbrio. Por exemplo, próximo à solução de equilíbrio $u_n = 0$, a quantidade u_n^2 é pequena comparada a u_n, logo, podemos supor desprezível a parcela quadrática na Eq. (21) em comparação com as parcelas lineares. Isso nos deixa com uma equação de diferenças linear

$$u_{n+1} = \rho u_n, \quad (24)$$

que é, presume-se, uma boa aproximação para a Eq. (21) para u_n suficientemente próximo de zero. No entanto, a Eq. (24) é igual à Eq. (7), e já concluímos, na Eq. (9), que $u_n \to 0$ quando $n \to \infty$ se e somente se $|\rho| < 1$ ou (como ρ tem de ser positivo) se $0 < \rho < 1$. Assim, a solução de equilíbrio $u_n = 0$ é assintoticamente estável para a aproximação linear (24) para esse conjunto de valores de ρ, de modo que concluímos que é, também, assintoticamente estável para a equação não linear completa (21).

A conclusão anterior está correta, embora nosso argumento não esteja completo. O que está faltando é um teorema que diz que as soluções da equação não linear (21) parecem com as da equação linear (24) próximas à solução de equilíbrio $u_n = 0$. Não vamos discutir essa questão aqui; ela é tratada para equações diferenciais na Seção 9.3.

Vamos considerar agora a outra solução de equilíbrio $u_n = (\rho - 1)/\rho$. Para estudar soluções em uma vizinhança desse ponto, escrevemos

$$u_n = \frac{\rho - 1}{\rho} + v_n, \quad (25)$$

em que supomos que v_n é pequeno. Substituindo a Eq. (25) na Eq. (21) e simplificando a equação resultante, obtemos, ao final,

$$v_{n+1} = (2 - \rho)v_n - \rho v_n^2. \quad (26)$$

Como v_n é pequeno, desprezamos, novamente, o termo quadrático em comparação com os lineares e obtemos, assim, a equação linear

$$v_{n+1} = (2 - \rho)v_n. \quad (27)$$

Referindo-nos, mais uma vez, à Eq. (9), vemos que $v_n \to 0$ quando $n \to \infty$ para $|2 - \rho| < 1$, ou seja, para $1 < \rho < 3$. Portanto, concluímos que, para esse conjunto de valores de ρ, a solução de equilíbrio $u_n = (\rho - 1)/\rho$ é assintoticamente estável.

A **Figura 2.9.1** contém os gráficos das soluções da Eq. (21) para $\rho = 0{,}8$, $\rho = 1{,}5$ e $\rho = 2{,}8$, respectivamente. Observe que a solução converge para zero quando $\rho = 0{,}8$ e converge para a solução de equilíbrio diferente de zero quando $\rho = 1{,}5$ e $\rho = 2{,}8$. A convergência é monótona (finalmente) para $\rho = 0{,}8$ e

$\rho = 1{,}5$, e é oscilatória para $\rho = 2{,}8$. Embora estejam ilustrados os gráficos para condições iniciais particulares, os gráficos para outras condições iniciais são semelhantes.

Outra maneira de apresentar a solução de uma equação de diferenças está ilustrada na Figura 2.9.2. Em cada parte dessa figura, aparecem os gráficos da parábola $y = \rho x(1 - x)$ e da reta $y = x$. As soluções de equilíbrio correspondem aos pontos de interseção dessas duas curvas. O gráfico linear por partes, consistindo em segmentos de retas verticais e horizontais sucessivos, é chamado, algumas vezes, de diagrama escada, e representa a sequência solução. A sequência começa no ponto u_0 no eixo dos x. O segmento de reta vertical desenhado em u_0 até a parábola corresponde ao cálculo de $\rho u_0(1 - u_0) = u_1$. Esse valor é transferido, então, do eixo dos y para o eixo dos x; esse passo é representado pelo segmento de reta horizontal da parábola à reta $y = x$. Então, o processo é repetido indefinidamente. É claro que a sequência converge para a origem na **Figura 2.9.2(a)** e para a solução de equilíbrio não nula nos dois outros casos.

Para resumir nossos resultados até agora: a equação de diferenças (21) tem duas soluções de equilíbrio, $u_n = 0$ e $u_n = (\rho - 1)/\rho$; a primeira é assintoticamente estável para $0 \leq \rho < 1$ e a segunda é assintoticamente estável para $1 < \rho < 3$. Quando $\rho = 1$, as duas soluções de equilíbrio coincidem em $u = 0$; pode-se mostrar que essa solução é assintoticamente estável. O parâmetro ρ na **Figura 2.9.3** está no eixo horizontal e u está no eixo vertical. Estão ilustradas as soluções de equilíbrio $u = 0$ e $u = (\rho - 1)/\rho$. Os intervalos em que cada uma delas é assintoticamente estável estão indicados pelas partes sólidas das curvas. Há uma **mudança de estabilidade** de uma solução de equilíbrio para a outra em $\rho = 1$.

Para $\rho > 3$, nenhuma das soluções de equilíbrio é estável, e as soluções da Eq. (21) exibem complexidade cada vez maior quando ρ aumenta. Para ρ um pouco maior do que 3, a sequência u_n aproxima-se, rapidamente, de uma oscilação estacionária de período 2, ou seja, u_n oscila entre dois valores distintos. A Figura 2.9.4 mostra uma solução para $\rho = 3{,}2$. Para n maior do que cerca de 20, os valores da solução alternam entre 0,5130 e 0,7995. O gráfico foi feito para a condição inicial particular $u_0 = 0{,}3$, mas é semelhante para todos os outros valores iniciais entre 0 e 1. A **Figura 2.9.4(b)** também mostra a mesma oscilação estacionária como um caminho retangular percorrido repetidamente no sentido horário.

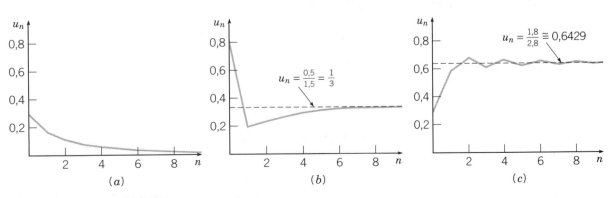

FIGURA 2.9.1 Soluções de $u_{n+1} = \rho u_n(1 - u_n)$: (a) $\rho = 0{,}8$; (b) $\rho = 1{,}5$; (c) $\rho = 2{,}8$.

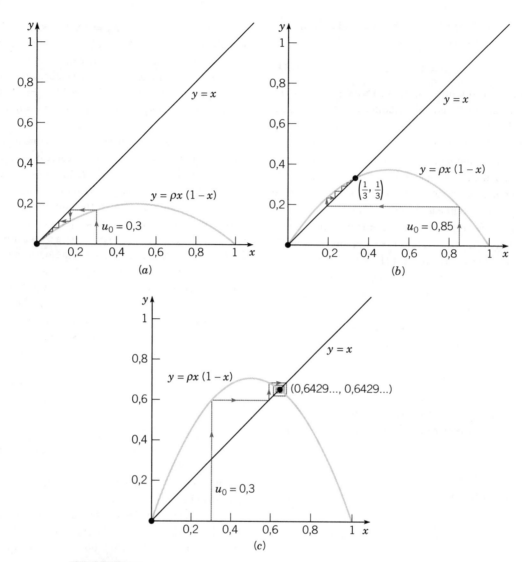

FIGURA 2.9.2 Iterados de $u_{n+1} = \rho u_n(1 - u_n)$: (a) $\rho = 0{,}8$; (b) $\rho = 1{,}5$; (c) $\rho = 2{,}8$.

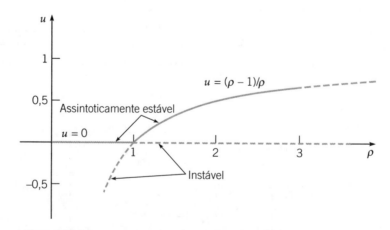

FIGURA 2.9.3 Mudança de estabilidade para $u_{n+1} = \rho u_n(1 - u_n)$.

Equações Diferenciais de Primeira Ordem **69**

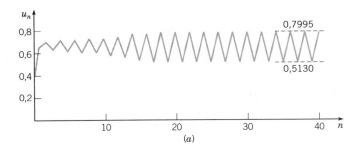

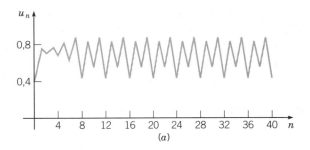

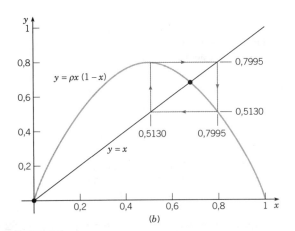

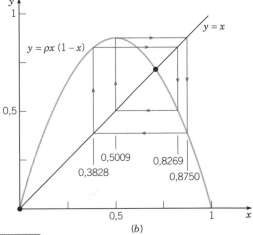

FIGURA 2.9.4 Uma solução de $u_{n+1} = \rho u_n(1 - u_n)$ para $\rho = 3{,}2$; período 2. (a) u_n em função de n; (b) o diagrama escada mostra que os iterados estão em um ciclo de período 2.

FIGURA 2.9.5 Uma solução de $u_{n+1} = \rho u_n(1 - u_n)$ para $\rho = 3{,}5$; período 4. (a) u_n em função de n; (b) o diagrama escada mostra que os iterados estão em um ciclo de período 4.

Para ρ aproximadamente igual a 3,449, cada estado na oscilação de período 2 se divide em dois estados distintos, e a solução torna-se periódica com período 4; veja a **Figura 2.9.5**, que mostra uma solução de período 4 para $\rho = 3{,}5$. Como ρ continua crescendo, aparecem soluções periódicas com períodos 8, 16, ... A transição de soluções com um período para soluções com um período novo que ocorre em determinado valor do parâmetro é chamada de **bifurcação**; o valor do parâmetro em que ocorre a bifurcação é chamado de **valor de bifurcação** do parâmetro.

Os valores de ρ nos quais ocorrem as sucessivas duplicações de período tendem a um limite que é aproximadamente igual a 3,57. Para $\rho > 3{,}57$, as soluções possuem alguma regularidade, mas nenhum padrão detalhado perceptível para a maioria dos valores de ρ. Por exemplo, a **Figura 2.9.6** mostra uma solução para $\rho = 3{,}65$. Ela oscila entre 0,3 e 0,9 aproximadamente, mas sua estrutura mais fina é imprevisível. A expressão **caótica** é usada para descrever essa situação. Uma das características de soluções caóticas é sua extrema sensibilidade às condições iniciais. Isso está ilustrado na **Figura 2.9.7**, em que há duas soluções da Eq. (21) para $\rho = 3{,}65$. Uma solução é a mesma que na Figura 2.9.6 e tem valor inicial $u_0 = 0{,}3$, enquanto a outra solução tem valor inicial $u_0 = 0{,}305$. Por aproximadamente 15 iterações, as duas soluções permanecem próximas e são difíceis de distinguir uma da outra na figura. Depois disso, embora elas continuem circulando em aproximadamente o mesmo conjunto de valores, seus gráficos são bem diferentes. Certamente não seria possível usar uma dessas soluções para estimar o valor da outra para valores de n maiores do que aproximadamente 15.

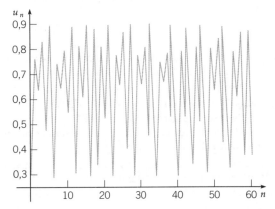

FIGURA 2.9.6 Uma solução de $u_{n+1} = \rho u_n(1 - u_n)$ para $\rho = 3{,}65$; uma solução caótica.

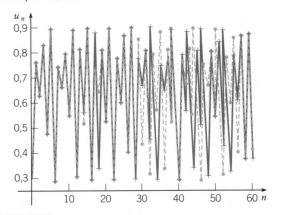

FIGURA 2.9.7 Duas soluções de $u_{n+1} = \rho u_n(1 - u_n)$ para $\rho = 3{,}65$; $u_0 = 0{,}3$ e $u_0 = 0{,}305$.

70 Capítulo 2

Apenas recentemente é que as soluções caóticas de equações de diferenças e de equações diferenciais tornaram-se amplamente conhecidas. A Eq. (20) foi um dos primeiros exemplos de caos matemático a ser encontrado e estudado em detalhe, por Robert May,[23] em 1974. Com base em sua análise dessa equação como um modelo para a população de determinada espécie de inseto, May sugeriu que, se a taxa de crescimento ρ for grande demais, será impossível fazer previsões efetivas em longo prazo sobre essas populações de insetos. A ocorrência de soluções caóticas em problemas simples estimulou uma enorme quantidade de pesquisa, mas muitas perguntas permanecem sem resposta. É cada vez mais claro, no entanto, que soluções caóticas são muito mais comuns do que se suspeitava inicialmente e podem fazer parte da investigação de um amplo leque de fenômenos.

Problemas

Nos Problemas 1 a 4, resolva a equação de diferenças dada em função do valor inicial y_0. Descreva o comportamento da solução quando $n \to \infty$.

1. $y_{n+1} = -0,9 y_n$

2. $y_{n+1} = \sqrt{\dfrac{n+3}{n+1}}\, y_n$

3. $y_{n+1} = (-1)^{n+1} y_n$

4. $y_{n+1} = 0,5 y_n + 6$

5. Um investidor deposita R\$ 1.000,00 em uma conta que rende juros de 8% ao ano, compostos mensalmente, e faz, também, depósitos adicionais de R\$ 25,00 por mês. Encontre o saldo na conta após três anos.

6. Um recém-formado faz um empréstimo de R\$ 8.000,00 para comprar um carro. O empréstimo é feito com juros anuais de 10%. Que taxa de pagamento mensal é necessária para liquidar o empréstimo em três anos? Compare seu resultado com o do Problema 7 na Seção 2.3.

7. Uma pessoa recebe um financiamento de R\$ 100.000,00 para comprar um imóvel, com taxa de juros anuais de 9%. Qual é o pagamento mensal necessário para quitar o empréstimo em 30 anos? E em 20 anos? Qual é a quantia total paga em cada um desses casos?

8. Se a taxa de juros, em um financiamento de 20 anos, permanece fixa em 10% e se um pagamento mensal de R\$ 1.000,00 é o máximo que o comprador pode pagar, qual é o empréstimo máximo que pode ser feito sob essas condições?

9. Uma pessoa gostaria de comprar um imóvel com financiamento de R\$ 95.000,00, pagável em 20 anos. Qual é a maior taxa de juros que o comprador pode pagar se os pagamentos mensais não podem exceder R\$ 900,00?

Equação de Diferenças Logística. Os Problemas 10 a 15 tratam da equação de diferenças (21), $u_{n+1} = \rho u_n (1 - u_n)$.

10. Faça os detalhes para a análise de estabilidade linear da solução de equilíbrio $u_n = (\rho - 1)/\rho$, ou seja, deduza a equação de diferenças (26) no texto para a perturbação v_n.

11. **N** a. Para $\rho = 3,2$, faça o gráfico ou calcule a solução da equação logística (21) para diversas condições iniciais, por exemplo, $u_0 = 0,2;\ 0,4;\ 0,6$ e $0,8$. Observe que, em cada caso, a solução se aproxima de uma oscilação estacionária entre os mesmos dois valores. Isso ilustra que o comportamento em longo prazo da solução é independente das condições iniciais.

N b. Faça cálculos semelhantes e verifique que a natureza da solução para n grande é independente da condição inicial para outros valores de ρ, como 2,6, 2,8 e 3,4.

12. Suponha que $\rho > 1$ na Eq. (21).

G a. Desenhe um diagrama escada qualitativamente correto, mostrando, assim, que, se $u_0 < 0$, então $u_n \to -\infty$ quando $n \to \infty$.

G b. De maneira análoga, determine o que acontece quando $n \to \infty$ se $u_0 > 1$.

13. As soluções da Eq. (21) mudam de sequências convergentes para oscilações periódicas de período 2 quando o parâmetro ρ passa pelo valor 3. Para ver mais claramente como isso ocorre, efetue os cálculos indicados a seguir.

N a. Faça o gráfico ou calcule a solução para $\rho = 2,9$, $2,95$ e $2,99$, respectivamente, usando um valor inicial u_0 de sua escolha no intervalo $(0, 1)$. Estime, em cada caso, quantas iterações são necessárias para a solução tornar-se "muito próxima" do valor limite. Use qualquer interpretação conveniente para o significado de "muito próximo" na frase anterior.

N b. Faça o gráfico ou calcule a solução para $\rho = 3,01$, $3,05$ e $3,1$, respectivamente, usando a mesma condição inicial que no item (a). Estime, em cada caso, quantas iterações são necessárias para atingir uma solução estado estacionário. Encontre ou estime, também, os dois valores na oscilação estado estacionário.

N 14. Calculando ou fazendo o gráfico da solução da Eq. (21) para valores diferentes de ρ, estime o valor de ρ para o qual a solução muda de uma oscilação de período 2 para uma de período 4. De modo análogo, estime o valor de ρ para o qual a solução muda de período 4 para período 8.

N 15. Seja ρ_k o valor de ρ para o qual a solução da Eq. (21) muda do período 2^{k-1} para o período 2^k. Então, como observado no texto, $\rho_1 = 3$, $\rho_2 \cong 3,449$ e $\rho_3 \cong 3,544$.

a. Usando esses valores para ρ_1, ρ_2 e ρ_3, ou os que você encontrou no Problema 14, calcule $(\rho_2 - \rho_1)/(\rho_3 - \rho_2)$.

b. Seja $\delta_n = (\rho_n - \rho_{n-1})/(\rho_{n+1} - \rho_n)$. Pode-se mostrar que δ_n tende a um limite δ quando $n \to \infty$, em que $\delta \cong 4,6692$ é conhecido como o número de Feigenbaum.[24] Determine a diferença percentual entre o valor limite δ e δ_2, como calculado no item (a).

c. Suponha que $\delta_3 = \delta$ e use essa relação para estimar ρ_4, o valor de ρ para o qual aparecem soluções de período 16.

G d. Fazendo o gráfico ou calculando soluções próximas do valor de ρ_4 encontrado no item (c), tente detectar a aparição de uma solução de período 16.

---

[23]Robert M. May (1936-2020) nasceu em Sydney, na Austrália, e recebeu sua educação na University of Sydney com um doutorado em Física teórica, em 1959. Seus interesses logo se voltaram para dinâmica populacional e ecologia teórica; o trabalho citado no texto é descrito em dois artigos listados na Bibliografia ao fim deste capítulo. Ele foi professor em Sydney, em Princeton, no Colégio Imperial (em Londres) e (desde 1988) em Oxford.

[24]Este resultado para a equação de diferenças logística foi descoberto em agosto de 1975 por Mitchell Feigenbaum (1944-2019), enquanto trabalhava no Los Alamos National Laboratory. Em um espaço de algumas poucas semanas, ele estabeleceu que o mesmo valor limite aparece também em uma grande classe de equações de diferenças com duplicação de períodos. Feigenbaum completou seu doutorado em Física pelo MIT, tendo trabalhado na Rockefeller University até seu falecimento.

e. Observe que

$$\rho_n = \rho_1 + (\rho_2 - \rho_1) + (\rho_3 - \rho_2) + \cdots + (\rho_n - \rho_{n-1}).$$

Supondo que

$$\rho_4 - \rho_3 = (\rho_3 - \rho_2)\delta^{-1}, \ \rho_5 - \rho_4 = (\rho_3 - \rho_2)\delta^{-2},$$

e assim por diante, expresse ρ_n como uma soma geométrica. Depois encontre o limite de ρ_n quando $n \to \infty$. Isso é uma estimativa do valor de ρ no qual começa a aparecer comportamento caótico na solução da equação logística (21).

Questões Conceituais

C2.1. Explique, em palavras, a ideia geral subjacente sobre o uso de um fator integrante para uma equação diferencial linear de primeira ordem.

C2.2. Por que multiplicar a equação diferencial $y' + py = g$ por $\mu(t) = \exp(\int p(t)dt)$ facilita encontrar a solução geral desta equação diferencial?

C2.3. Associe cada fator integral (a) a (d) com a equação diferencial correspondente (i) a (iv).

a. $\mu(t) = e^{3t}$		**i.** $y' + \dfrac{3}{t}y = g(t)$	
b. $\mu(t) = e^{-3t}$		**ii.** $y' - 3y = g(t)$	
c. $\mu(t) = t^3$		**iii.** $y' - \dfrac{3}{t}y = g(t)$	
d. $\mu(t) = t^{-3}$		**iv.** $y' + 3y = g(t)$	

C2.4. **a.** É possível encontrar uma solução explícita para qualquer ED linear de primeira ordem? Por quê?

b. É possível encontrar uma solução explícita para qualquer ED separável? Por quê?

C2.5. Descreva, em palavras, a lei geral de balanceamento para um problema de mistura.

C2.6. Para que valor (ou valores) de a todas as soluções de $y' = ay + b$

a. permanecem limitadas para todo t?

b. tornam-se ilimitadas quando $t \to \infty$?

C2.7. O que o Teorema 2.4.2 diz sobre as soluções de uma equação diferencial linear de primeira ordem $y' + p(t)y = g(t)$? (Suponha que p e g são contínuas para $-\infty < t < \infty$.)

C2.8. Considere o problema de valor inicial $y' = y^\alpha$, $y(0) = y_0$. (Suponha que α é um número real.)

a. Para que valor (ou valores) de α pode ser aplicado o Teorema 2.4.1?

b. Para que valor (ou valores) de α pode ser aplicado o Teorema 2.4.2?

C2.9. Qual é a característica do campo de direções de uma equação diferencial autônoma que permite que o campo de direções seja condensado em uma reta de fase?

C2.10. Qual é a solução de equilíbrio de uma equação diferencial autônoma $y' = f(y)$?

C2.11. Como você pode reconhecer uma solução de equilíbrio em um campo de direções?

C2.12. É possível para uma equação diferencial de primeira ordem com soluções de equilíbrio $y = -1$, $y = 0$ e $y = 1$ (e sem outras soluções de equilíbrio) ter os comportamentos qualitativos a seguir? Se for, dê um exemplo. Se não, explique por que não.

a. $y = -1$ é assintoticamente estável, $y = 0$ é semiestável e $y = 1$ é instável.

b. Ambas as soluções $y = \pm 1$ são semiestáveis e $y = 0$ é assintoticamente estável.

c. Ambas as soluções $y = \pm 1$ são instáveis. (O que isto implica sobre a estabilidade de $y = 0$?)

d. Todas as três soluções de equilíbrio são assintoticamente estáveis.

e. Todas as três soluções de equilíbrio são semiestáveis.

f. Exatamente duas das soluções de equilíbrio são assintoticamente estáveis.

C2.13. Explique, em palavras, a ideia geral subjacente ao uso de um fator integrante para uma equação diferencial não linear de primeira ordem.

C2.14. É possível encontrar a solução explícita para qualquer equação diferencial exata? Explique.

C2.15. É possível encontrar um fator integrante para transformar qualquer equação diferencial de primeira ordem em uma equação diferencial exata? Explique.

C2.16. Suponha que $\mu(x, y)$ torna uma equação diferencial exata. Esse fator integrante é único? Se não for, qual outro fator integrante também torna essa mesma equação diferencial em exata?

C2.17. Explique, em palavras, a ideia (ou ideias) usada no método de Euler.

C2.18. Por que o método de Euler também é conhecido como o método da reta tangente?

C2.19. A função $y(t)$ que satisfaz a equação integral $y(t) = y_0 + \int_{y_0}^{t} f(s, y(s))\, ds$ também satisfaz qual problema de valor inicial para uma equação diferencial de primeira ordem?

C2.20. Quando a equação integral $y(t) = y_0 + \int_{y_0}^{t} f(s, y(s))\, ds$ fornece uma fórmula explícita para a solução do problema de valor inicial $y' = f(t, y)$, $y(t_0) = y_0$?

C2.21. **a.** Qual é a solução de equilíbrio para a equação de diferenças linear de primeira ordem $y_{n+1} = ay_n + b$? Que hipóteses precisam ser feitas sobre a e b?

b. Qual é a solução de equilíbrio para a equação diferencial linear de primeira ordem $y' = ay + b$? Que hipóteses precisam ser feitas sobre a e b?

72 Capítulo 2

Respostas das Questões Conceituais

C2.1. O fator integrante permite que os dois termos à esquerda do sinal de igualdade na equação diferencial linear de primeira ordem, em sua forma padrão, sejam combinados em um único termo como uma derivada, que é facilmente invertido por integração.

C2.2. A função $\mu(t)$ é um fator integrante para a equação diferencial linear de primeira ordem geral em forma padrão. A multiplicação da equação diferencial por $\mu(t)$ permite que a expressão à esquerda do sinal de igualdade na equação seja escrita como a derivada do produto $\mu(t)y(t)$.

C2.3. a. (iv)

      b. (ii)

      c. (i)

      d. (iii)

C2.4. a. Depois da multiplicação pelo fator integrante e da integração, a fórmula explícita para $y(t)$ é encontrada dividindo-se por $\mu(t)$.

      b. Uma solução explícita só é possível quando o resultado da integração em y é uma expressão que pode ser resolvida explicitamente para y. É raro que essa antiderivada seja simples o suficiente para resolver explicitamente para y. Em geral, precisamos estar preparados para trabalhar com uma solução implícita.

C2.5. A taxa de variação instantânea da quantidade de substância no tanque é igual à diferença entre a taxa segundo a qual a substância está sendo adicionada ao tanque e a taxa segundo a qual a substância está sendo removida do tanque. Resumindo, "taxa de variação igual à taxa de entrada menos taxa de saída". Isto se torna uma equação diferencial porque a taxa segundo a qual a substância está sendo removida depende da quantidade de substância no tanque em cada instante.

C2.6. a. $a \leq 0$

      b. $a > 0$

C2.7. O Teorema 2.4.2 é o teorema de existência e unicidade para equações diferenciais *não lineares* de primeira ordem. Para aplicar esse resultado à equação diferencial linear, precisamos reescrever a equação na forma $y' = -p(t)y + g(t)$, de modo que $f(t, y) = -p(t)y + g(t)$ e $\partial f / \partial y = -p(t)$. As hipóteses de que p e g são contínuas para todo t nos dizem que f e $\partial f / \partial y$ são contínuas para todo t e todo y. Portanto, para qualquer condição inicial $y(t_0) = y_0$, o Teorema 2.4.2 garante a existência de uma solução única em algum intervalo contendo t_0. De fato, o Teorema 2.4.1 garante que essa solução existe e é única para todos os valores de t.

C2.8. a. O Teorema 2.4.1 pode ser aplicado quando a equação diferencial for linear; isto ocorre quando $\alpha = 0$ e quando $\alpha = 1$.

      b. O Teorema 2.4.2 pode ser aplicado quando $f(t, y) = y^\alpha$ e $\partial f / \partial y = \alpha y^{\alpha-1}$ são contínuas em $y = y_0 = 0$; ou seja, quando $\alpha \geq 0$ e $\alpha - 1 \geq 0$ ou $\alpha = 0$. O Teorema 2.4.1 pode ser aplicado quando $\alpha \geq 1$ e $\alpha = 0$.

C2.9. Como o coeficiente angular depende apenas de y (e não de t), todos os cortes verticais do campo de direções parecem iguais; é esta informação que está mostrada na reta de fase.

C2.10. Soluções de equilíbrio são funções constantes $y(t) = c$ que satisfazem a equação diferencial. Isto significa que $f(c) = 0$.

C2.11. Como soluções de equilíbrio são constantes, elas são facilmente reconhecidas em um campo de direções por um valor de y em que o coeficiente angular é zero para todos os valores de t.

C2.12. a. $y' = (y - 1)y^2(y + 1)$

       b. $y' = -(y - 1)^2 y(y + 1)^2$

       c. $y' = (y - 1)y(y + 1)$

       d. não é possível

       e. $y' = (y - 1)^2 y^2(y + 1)^2$

       f. $y' = -(y - 1)y(y + 1)$

C2.13. Existem muitas maneiras da mesma equação diferencial ser escrita na forma $M(x, y) + N(x, y)\, dy/dx = 0$. A maneira mais simples ou natural de escrever uma equação diferencial pode não ser exata, mas outra forma equivalente pode ser exata multiplicando-se a equação diferencial original por uma função apropriada.

C2.14. Como no caso de equações diferenciais separáveis, é raro que a função implícita $\Psi(x, y) = C$ possa ser resolvida para y como função de x.

C2.15. Para equações diferenciais lineares de primeira ordem, existe um fator integrante que torna a equação diferencial exata. Porém, para uma equação diferencial não linear geral não há garantia de que existe um fator integrante (isto envolve equações diferenciais parciais) e encontrar um fator integrante só é prático em um número relativamente pequeno de casos, quando a equação diferencial parcial simplifica a uma equação diferencial ordinária que sabemos como resolver ou quando alguma outra simplificação permite a identificação de um fator integrante para a equação diferencial dada.

C2.16. Não. Qualquer constante não nula, múltipla de um fator integrante, também produzirá uma equação diferencial exata.

C2.17. O método de Euler produz uma aproximação, linear por partes, da solução exata de um problema de valor inicial para uma equação diferencial de primeira ordem, em que o coeficiente angular de cada segmento de reta é o coeficiente angular exato da reta tangente à solução exata na extremidade esquerda deste segmento de reta.

C2.18. Porque os segmentos de reta, usados na construção da solução aproximada pelo método de Euler, são tangentes à solução na extremidade esquerda de cada segmento de reta.

C2.19. $y' = f(t, y)$, $y(t_0) = y_0$

C2.20. Quando a inclinação depende apenas da variável independente, ou seja, quando $f(t, y) = f(t)$.

C2.21. a. Soluções de equilíbrio para a equação de diferenças satisfazem $y_{n=1} = y_n$. Assim, $y = ay + b$, de modo que $y = b/(1 - a)$, supondo que $a \neq 1$.

       b. Soluções de equilíbrio para a equação diferencial satisfazem $dy/dx = 0$. Assim, $0 = ay + b$, de modo que $y = -b/a$, supondo que $a \neq 0$.

Problemas de Revisão do Capítulo

Problemas Variados. Uma das dificuldades em resolver equações de primeira ordem é que existem diversos métodos de resolução, cada um dos quais podendo ser usado em determinado tipo de equação. Pode levar algum tempo para se tornar proficiente em escolher o melhor método para uma equação. Os 24 primeiros problemas a seguir são apresentados de modo a você obter alguma prática na identificação do método ou métodos aplicáveis a uma equação dada. Os problemas restantes envolvem certos tipos de equações que podem ser resolvidos por métodos especializados.

Nos Problemas 1 a 24, resolva a equação diferencial. Se for dada uma condição inicial, encontre, também, a solução que a satisfaz.

1. $\dfrac{dy}{dx} = \dfrac{x^3 - 2y}{x}$

2. $\dfrac{dy}{dx} = \dfrac{1 + \cos(x)}{2 - \text{sen}(y)}$

3. $\dfrac{dy}{dx} = \dfrac{2x + y}{3 + 3y^2 - x}, \quad y(0) = 0$

4. $\dfrac{dy}{dx} = 3 - 6x + y - 2xy$

5. $\dfrac{dy}{dx} = -\dfrac{2xy + y^2 + 1}{x^2 + 2xy}$

6. $x\dfrac{dy}{dx} + xy = 1 - y, \quad y(1) = 0$

7. $x\dfrac{dy}{dx} + 2y = \dfrac{\text{sen}(x)}{x}, \quad y(2) = 1$

8. $\dfrac{dy}{dx} = -\dfrac{2xy + 1}{x^2 + 2y}$

9. $(x^2 y + xy - y) + (x^2 y - 2x^2)\dfrac{dy}{dx} = 0$

10. $(x^2 + y) + (x + e^y)\dfrac{dy}{dx} = 0$

11. $(x + y) + (x + 2y)\dfrac{dy}{dx} = 0, \quad y(2) = 3$

12. $(e^x + 1)\dfrac{dy}{dx} = y - ye^x$

13. $\dfrac{dy}{dx} = \dfrac{e^{-x}\cos(y) - e^{2y}\cos(x)}{-e^{-x}\,\text{sen}(y) + 2e^{2y}\,\text{sen}(x)}$

14. $\dfrac{dy}{dx} = e^{2x} + 3y$

15. $\dfrac{dy}{dx} + 2y = e^{-x^2 - 2x}, \quad y(0) = 3$

16. $\dfrac{dy}{dx} = \dfrac{3x^2 - 2y - y^3}{2x + 3xy^2}$

17. $y' = e^{x+y}$

18. $\dfrac{dy}{dx} + \dfrac{2y^2 + 6xy - 4}{3x^2 + 4xy + 3y^2} = 0$

19. $t\dfrac{dy}{dt} + (t + 1)y = e^{2t}$

20. $xy' = y + xe^{y/x}$

21. $\dfrac{dy}{dx} = \dfrac{x}{x^2 y + y^3}$ *Sugestão*: fazer $u = x^2$.

22. $\dfrac{dy}{dx} = \dfrac{x + y}{x - y}$

23. $(3y^2 + 2xy) - (2xy + x^2)\dfrac{dy}{dx} = 0$

24. $xy' + y - y^2 e^{2x} = 0, \quad y(1) = 2$

25. **Equações de Riccati.** A equação
$$\frac{dy}{dt} = q_1(t) + q_2(t)y + q_3(t)y^2$$
é conhecida como uma equação de Riccati.[25] Suponha que se conhece alguma solução particular y_1 desta equação. Uma solução geral contendo uma constante arbitrária pode ser obtida pela substituição
$$y = y_1(t) + \frac{1}{v(t)}.$$
Mostre que $v(t)$ satisfaz a equação *linear* de primeira ordem
$$\frac{dv}{dt} = -(q_2 + 2q_3 y_1)v - q_3.$$
Note que $v(t)$ vai conter uma única constante arbitrária.

26. Verifique que a função dada é uma solução particular da equação de Riccati dada. Então, use o método do Problema **25** para resolver as equações de Riccati a seguir:

   a. $y' = 1 + t^2 - 2ty + y^2; \quad y_1(t) = t$

   b. $y' = -\dfrac{1}{t^2} - \dfrac{y}{t} + y^2; \quad y_1(t) = \dfrac{1}{t}$

   c. $\dfrac{dy}{dt} = \dfrac{2\cos^2(t) - \text{sen}^2(t) + y^2}{2\cos(t)}; \quad y_1(t) = \text{sen}(t)$

27. A propagação de uma única ação em uma população grande (por exemplo, motoristas ligando os faróis ao pôr do sol) muitas vezes depende parcialmente de circunstâncias externas (o escurecer) e parcialmente de uma tendência de imitar os outros que já executaram a ação em questão. Nesse caso, a proporção $y(t)$ de pessoas que já executaram a ação pode ser descrita[26] pela equação
$$dy/dt = (1 - y)(x(t) + by), \tag{28}$$
em que $x(t)$ mede o estímulo externo e b é o coeficiente de imitação.

   a. Note que a Eq. (28) é uma equação de Riccati e que $y_1(t) = 1$ é uma solução. Use a transformação sugerida no Problema 25 e encontre a equação linear satisfeita por $v(t)$.

   b. Encontre $v(t)$ no caso em que $x(t) = at$, em que a é uma constante. Deixe sua resposta em forma integral.

Algumas Equações Diferenciais de Segunda Ordem Especiais. Equações de segunda ordem envolvem a derivada segunda de uma função desconhecida e têm a forma geral $y'' = f(t, y, y')$. Em geral, tais equações não podem ser resolvidas por métodos projetados para equações de primeira ordem. No entanto, existem dois tipos de equações de segunda

---

[25]As equações de Riccati são nomeadas em homenagem a Jacopo Francesco Riccati (1676-1754), um nobre de Veneza que rejeitou propostas de universidades na Itália, na Áustria e na Rússia para fazer seus estudos matemáticos com privacidade em casa. Riccati estudou extensivamente essas equações; no entanto, o resultado enunciado neste problema foi descoberto por Euler (em 1760).

[26]Veja Anatol Rapoport, "Contribution to the Mathematical Theory of Mass Behavior: I. The Propagation of Single Acts". *Bulletin of Mathematical Biophysics*, 14, p. 159-169, 1952; e John Z. Hearon, "Note on the Theory of Mass Behavior". *Bulletin of Mathematical Biophysics*, 17, p. 7-13, 1955.

74 Capítulo 2

ordem que podem ser transformadas em equações de primeira ordem por uma mudança de variável apropriada. A equação resultante pode ser resolvida, algumas vezes, pelos métodos apresentados neste capítulo. Os Problemas 28 a 37 tratam desses tipos de equações.

Equações sem a Variável Dependente. Para uma equação diferencial de segunda ordem da forma $y'' = f(t, y')$, a substituição $v = y'$, $v' = y''$ leva a uma equação de primeira ordem da forma $v' = f(t, v)$. Se essa equação diferencial de primeira ordem puder ser resolvida para v, então y pode ser obtida integrando-se $dy/dt = v$. Note que é obtida uma constante arbitrária ao se resolver a equação de primeira ordem para v, e uma segunda constante é obtida na integração para encontrar y. Nos Problemas 28 a 31, use essa substituição para resolver a equação dada.

28. $t^2 y'' + 2ty' - 1 = 0$, $t > 0$

29. $ty'' + y' = 1$, $t > 0$

30. $y'' + t(y')^2 = 0$

31. $2t^2 y'' + (y')^3 = 2ty'$, $t > 0$

Equações sem a Variável Independente. Considere equações diferenciais de segunda ordem da forma $y'' = f(y, y')$, na qual a variável independente t não aparece explicitamente. Se definirmos $v = y'$,

obteremos $dv/dt = f(y, v)$. Como a expressão à direita do sinal de igualdade depende de y e v, em vez de t e v, essa equação contém variáveis demais. No entanto, se pensarmos em y como a variável independente, pela regra da cadeia temos $dv/dt = (dv/dy)(dy/dt) = v(dv/dy)$. Portanto, a equação diferencial original pode ser escrita como $v(dv/dy) = f(y, v)$. Se essa equação de primeira ordem puder ser resolvida, obteremos v como função de y. Então, poderemos obter uma relação entre y e t resolvendo $dy/dt = v(y)$, que é uma equação separável. Novamente, o resultado final contém duas constantes arbitrárias. Nos Problemas 32 a 35, use esse método para resolver a equação diferencial dada.

32. $yy'' + (y')^2 = 0$

33. $y'' + y = 0$

34. $yy'' - (y')^3 = 0$

35. $y'' + (y')^2 = 2e^{-y}$

Sugestão: no Problema 35, a equação transformada é uma equação de Bernoulli. Veja o Problema 23 na Seção 2.4.

Nos Problemas 36 e 37, resolva o problema de valor inicial dado usando os métodos dos Problemas 28 a 35.

36. $y'y'' = 2$, $y(0) = 1$, $y'(0) = 2$

37. $(1 + t^2)y'' + 2ty' + 3t^{-2} = 0$, $y(1) = 2$, $y'(1) = -1$

Bibliografia

Os dois livros mencionados na Seção 2.5 são:

Bailey, N. T. J. *The Mathematical Theory of Infectious Diseases and Its Applications*. 2. ed. New York: Hafner Press, 1975.

Clark, Colin W. *Mathematical Bioeconomics*. 2. ed. New York: Wiley-Interscience, 1990.

Uma boa introdução geral à dinâmica populacional é:

Frauenthal, J. C. *Introduction to Population Modeling*. Boston: Birkhauser, 1980.

Uma discussão mais completa da demonstração do teorema fundamental de existência e unicidade pode ser encontrada em muitos livros mais avançados sobre equações diferenciais. Dois que são razoavelmente acessíveis a leitores sem muita bagagem matemática são:

Coddington, E. A. *An Introduction to Ordinary Differential Equations*. Englewood Cliffs, NJ: Prentice-Hall, 1961; New York: Dover, 1989.

Brauer, F. and Nohel, J. *The Qualitative Theory of Ordinary Differential Equations*. New York: Benjamin,1969; New York: Dover, 1989.

Um compêndio valioso de métodos de resolução de equações diferenciais é:

Zwillinger, D. *Handbook of Differential Equations*. 3. ed. San Diego: Academic Press, 1998.

Para mais discussões e exemplos de fenômenos não lineares, incluindo bifurcações e caos, veja:

Strogatz, Steven H. *Nonlinear Dynamics and Chaos*. Reading, MA: Addison-Wesley, 1994.

Uma referência geral sobre equações de diferenças é:

Mickens, R. E. *Difference Equations, Theory and Applications*. 2. ed. New York: Van Nostrand Reinhold, 1990.

Os dois artigos de Robert May citados no texto são:

R. M. May. "Biological Populations with Nonoverlapping Generations: Stable Points, Stable Cycles, and Chaos." *Science, 186*, p. 645-647, 1974; "Biological Populations Obeying Difference Equations: Stable Points, Stable Cycles, and Chaos". *Journal of Theoretical Biology, 51*, p. 511-524, 1975.

Um tratamento elementar de soluções caóticas de equações de diferenças pode ser encontrado em:

Devaney, R. L. *Chaos, Fractals, and Dynamics*. Reading, MA: Addison-Wesley, 1990.

CAPÍTULO 3

Equações Diferenciais Lineares de Segunda Ordem

Equações lineares de segunda ordem têm importância crucial no estudo de equações diferenciais, por duas razões principais. A primeira é que equações lineares têm uma estrutura teórica rica, subjacente a diversos métodos sistemáticos de resolução. Além disso, uma parte substancial dessa estrutura e desses métodos é compreensível em um nível matemático relativamente elementar. Para apresentar as ideias fundamentais em um contexto o mais simples possível, vamos descrevê-las neste capítulo para equações de segunda ordem. A segunda razão para estudar equações lineares de segunda ordem é que elas são essenciais para qualquer investigação séria das áreas clássicas da Física-Matemática. Não se pode progredir muito no estudo de mecânica dos fluidos, condução de calor, movimento ondulatório ou fenômenos eletromagnéticos sem esbarrar na necessidade de resolver equações diferenciais lineares de segunda ordem. Vamos ilustrar isso no fim deste capítulo com uma discussão de oscilações de alguns sistemas mecânicos e elétricos básicos.

3.1 Equações Diferenciais Homogêneas com Coeficientes Constantes

Muitas equações diferenciais de segunda ordem têm a forma

$$\frac{d^2 y}{dt^2} = f\left(t, y, \frac{dy}{dt}\right), \tag{1}$$

em que f é alguma função dada. Em geral, denotaremos a variável independente por t, já que o tempo é, com frequência, a variável independente em fenômenos físicos, mas, algumas vezes, usaremos x em seu lugar. Usaremos y ou, ocasionalmente, outra letra, para denotar a variável dependente. A Eq. (1) é dita **linear** se a função f tem a forma

$$f\left(t, y, \frac{dy}{dt}\right) = g(t) - p(t)\frac{dy}{dt} - q(t)y, \tag{2}$$

ou seja, se f é linear em y e em dy/dt. Na Eq. (2), g, p e q são funções especificadas da variável independente t, mas não dependem de y. Nesse caso, reescrevemos a Eq. (1), em geral, como

$$y'' + p(t)y' + q(t)y = g(t), \tag{3}$$

em que a linha denota diferenciação em relação a t. No lugar da Eq. (3), encontramos, com frequência, a equação

$$P(t)y'' + Q(t)y' + R(t)y = G(t). \tag{4}$$

É claro que, se $P(t) \neq 0$, podemos dividir a Eq. (4) por $P(t)$, obtendo, assim, a Eq. (3) com

$$p(t) = \frac{Q(t)}{P(t)}, \ q(t) = \frac{R(t)}{P(t)}, \ g(t) = \frac{G(t)}{P(t)}. \tag{5}$$

Ao discutir a Eq. (3) e tentar resolvê-la, vamos nos restringir a intervalos nos quais as funções p, q e g sejam contínuas.[1]

Se a Eq. (1) não for da forma (3) ou (4), então ela é dita **não linear**. Investigações analíticas de equações não lineares são relativamente difíceis, de modo que teremos pouco a dizer sobre elas neste livro. Abordagens numéricas ou geométricas são frequentemente mais apropriadas, e serão discutidas nos Capítulos 8 e 9.

Um problema de valor inicial consiste em uma equação diferencial, como as Eqs. (1), (3) ou (4), juntamente com um par de condições iniciais

$$y(t_0) = y_0, \ y'(t_0) = y_0', \tag{6}$$

em que y_0 e y_0' são números dados que descrevem os valores de y e de y' no ponto inicial t_0. Note que as condições iniciais para uma equação de segunda ordem não indicam apenas um ponto particular (t_0, y_0) que deve pertencer ao gráfico da solução, mas, também, o coeficiente angular y_0' da reta tangente ao gráfico naquele ponto. É razoável esperar que sejam necessárias duas condições iniciais para uma equação de segunda ordem, já que, grosso modo, precisa-se de duas integrações para encontrar a solução, e cada integração introduz uma constante arbitrária. Presume-se que duas condições iniciais serão suficientes para a determinação dos valores dessas duas constantes.

Uma equação diferencial linear de segunda ordem é dita **homogênea** se a função $g(t)$ na Eq. (3), ou $G(t)$ na Eq. (4), for igual a zero para todo t. Caso contrário, a equação é dita **não**

---

[1]Há um tratamento correspondente para equações lineares de ordem mais alta no Capítulo 4. Se quiser, você pode ler as partes apropriadas do Capítulo 4 em paralelo com o Capítulo 3.

76 Capítulo 3

homogênea. O termo não homogêneo $g(t)$, ou $G(t)$, às vezes é chamado de força externa, já que, em muitas aplicações, descreve uma força aplicada externamente. Vamos começar nossa discussão com equações homogêneas, que escreveremos na forma

$$P(t)y'' + Q(t)y' + R(t)y = 0. \tag{7}$$

Mais tarde, nas Seções 3.5 e 3.6, mostraremos que, uma vez resolvida a equação homogênea, sempre é possível resolver a equação não homogênea correspondente (4) ou, pelo menos, expressar sua solução em função de uma integral. Assim, o problema de resolver a equação homogênea é o mais fundamental.

Neste capítulo, trataremos apenas de equações em que as funções P, Q e R são constantes. Nesse caso, a Eq. (7) fica

$$ay'' + by' + cy = 0, \tag{8}$$

em que a, b e c são constantes dadas. Acontece que a Eq. (8) sempre pode ser facilmente resolvida em termos das funções elementares do cálculo. Por outro lado, é muito mais difícil, em geral, resolver a Eq. (7) se os coeficientes não forem constantes e, portanto, adiaremos o tratamento deste caso até o Capítulo 5. Antes de resolver a Eq. (8), vamos adquirir alguma experiência analisando um exemplo simples, mas, de certa forma, típico.

EXEMPLO 3.1.1

Resolva a equação

$$y'' - y = 0. \tag{9}$$

Encontre, também, a solução que satisfaz as condições iniciais

$$y(0) = 2, \quad y'(0) = -1. \tag{10}$$

Solução:

Note que a Eq. (9) é simplesmente a Eq. (8), com $a = 1$, $b = 0$ e $c = -1$. Em outras palavras, a Eq. (9) diz que procuramos uma função com a propriedade de que a derivada segunda da função é igual a ela mesma. Alguma das funções que você estudou em Cálculo tem essa propriedade? Um pouco de reflexão produzirá, provavelmente, pelo menos uma dessas funções, a saber, a função exponencial $y_1(t) = e^t$. Um pouco mais de reflexão poderia produzir, também, uma segunda função, $y_2(t) = e^{-t}$. Um pouco de experimentação revela que múltiplos constantes dessas duas soluções também são soluções. Por exemplo, as funções $2e^t$ e $5e^{-t}$ também satisfazem a Eq. (9), como você pode verificar calculando suas derivadas segundas. Da mesma maneira, as funções $c_1 y_1(t) = c_1 e^t$ e $c_2 y_2(t) = c_2 e^{-t}$ satisfazem a equação diferencial (9) para todos os valores das constantes c_1 e c_2.

A seguir, é fundamental notar que a soma de duas soluções quaisquer da Eq. (9) também é uma solução. Em particular, como $c_1 y_1(t)$ e $c_2 y_2(t)$ são soluções da Eq. (9) quaisquer que sejam os valores de c_1 e c_2, a função

$$y = c_1 y_1(t) + c_2 y_2(t) = c_1 e^t + c_2 e^{-t} \tag{11}$$

também é solução. Mais uma vez, isso pode ser verificado calculando-se a derivada segunda y'' a partir da Eq. (11). Temos $y' = c_1 e^t - c_2 e^{-t}$ e $y'' = c_1 e^t + c_2 e^{-t}$; logo, y'' é igual a y, e a Eq. (9) é satisfeita.

Vamos resumir o que fizemos até agora neste exemplo. Uma vez observado que as funções $y_1(t) = e^t$ e $y_2(t) = e^{-t}$ são soluções da Eq. (9), segue que a combinação linear geral (11) dessas funções também é solução. Como os coeficientes c_1 e c_2 na Eq. (11) são

arbitrários, essa expressão representa uma família infinita a dois parâmetros de soluções da equação diferencial (9).

Vamos considerar, agora, como escolher um elemento particular dessa família infinita de soluções que satisfaça, também, o conjunto dado de condições iniciais (10). Em outras palavras, procuramos uma solução cujo gráfico contenha o ponto (0, 2) e que tenha uma reta tangente neste ponto com coeficiente angular −1. Primeiro, para garantir que o gráfico da solução contém o ponto (0, 2), fazemos $t = 0$ e $y = 2$ na Eq. (11), o que nos dá a equação

$$c_1 + c_2 = 2. \tag{12}$$

A seguir, diferenciamos a Eq. (11), o que resulta em

$$y' = c_1 e^t - c_2 e^{-t}. \tag{13}$$

Então, para garantir que o coeficiente angular em (0, 2) seja −1, fazemos $t = 0$ e $y' = -1$ na Eq. (13), o que nos dá a equação

$$c_1 - c_2 = -1. \tag{14}$$

Resolvendo simultaneamente as Eqs. (12) e (14) para c_1 e c_2, encontramos

$$c_1 = \frac{1}{2}, \quad c_2 = \frac{3}{2}. \tag{15}$$

Finalmente, inserindo esses valores na Eq. (11), obtemos

$$y = \frac{1}{2} e^t + \frac{3}{2} e^{-t}, \tag{16}$$

a solução do problema de valor inicial que consiste na equação diferencial (9) e nas condições iniciais (10).

O que podemos concluir do exemplo precedente que vai nos ajudar a tratar a equação mais geral (8),

$$ay'' + by' + cy = 0,$$

cujos coeficientes a, b e c são constantes (reais) arbitrárias? Em primeiro lugar, as soluções no exemplo eram funções exponenciais. Além disso, quando identificamos duas soluções, fomos capazes de usar uma combinação linear delas para satisfazer as condições iniciais dadas, além da equação diferencial propriamente dita.

Ocorre que, explorando essas duas ideias, podemos resolver a Eq. (8) para quaisquer valores de seus coeficientes e satisfazer, também, qualquer conjunto dado de condições iniciais para y e y'.

Começamos procurando soluções exponenciais da forma $y = e^{rt}$, em que r é um parâmetro a ser determinado. Segue que $y' = re^{rt}$ e $y'' = r^2 e^{rt}$. Substituindo essas expressões para y, y' e y'' na Eq. (8), obtemos

$$(ar^2 + br + c)e^{rt} = 0.$$

Como $e^{rt} \neq 0$, essa condição só é satisfeita quando o outro fator se anula:

$$ar^2 + br + c = 0. \tag{17}$$

A Eq. (17) é chamada de **equação característica** para a equação diferencial (8). Seu significado reside no fato de que, se r for uma raiz da equação polinomial (17), então $y = e^{rt}$ será solução da equação diferencial (8). Como a Eq. (17) é uma equação de segundo grau com coeficientes reais, ela tem duas raízes que podem ser reais e distintas, complexas conjugadas ou reais e iguais. Vamos considerar o primeiro caso aqui e os dois últimos nas Seções 3.3 e 3.4, respectivamente.

Supondo que as raízes da equação característica (17) são reais e distintas, vamos denotá-las por r_1 e r_2, em que $r_1 \neq r_2$. Então $y_1(t) = e^{r_1 t}$ e $y_2(t) = e^{r_2 t}$ são duas soluções da Eq. (8). Como no Exemplo 3.1.1, segue que

$$y = c_1 y_1(t) + c_2 y_2(t) = c_1 e^{r_1 t} + c_2 e^{r_2 t} \quad (18)$$

também é solução da Eq. (8). Para verificar que isso é verdade, podemos diferenciar a expressão na Eq. (18); portanto,

$$y' = c_1 r_1 e^{r_1 t} + c_2 r_2 e^{r_2 t} \quad (19)$$

e

$$y'' = c_1 r_1^2 e^{r_1 t} + c_2 r_2^2 e^{r_2 t}. \quad (20)$$

Substituindo y, y' e y'' na Eq. (8) por essas expressões e arrumando os termos, obtemos

$$ay'' + by' + cy = \\ = c_1\left(ar_1^2 + br_1 + c\right)e^{r_1 t} + c_2\left(ar_2^2 + br_2 + c\right)e^{r_2 t}. \quad (21)$$

O fato de r_1 ser uma raiz da equação característica (17) significa que $ar_1^2 + br_1 + c = 0$. Como r_2 também é raiz da equação característica (17), segue que $ar_2^2 + br_2 + c = 0$. Isso completa a verificação de que y, dado pela Eq. (18), é, de fato, uma solução da Eq. (8).

Vamos supor agora que queremos encontrar o elemento particular da família de soluções (18) que satisfaz as condições iniciais (6),

$$y(t_0) = y_0, \quad y'(t_0) = y'_0.$$

Fazendo $t = t_0$ e $y = y_0$ na Eq. (18), obtemos

$$c_1 e^{r_1 t_0} + c_2 e^{r_2 t_0} = y_0. \quad (22)$$

De maneira análoga, fazendo $t = t_0$ e $y' = y'_0$ na Eq. (19), temos

$$c_1 r_1 e^{r_1 t_0} + c_2 r_2 e^{r_2 t_0} = y'_0. \quad (23)$$

Resolvendo simultaneamente as Eqs. (22) e (23) para c_1 e c_2, encontramos

$$c_1 = \frac{y'_0 - y_0 r_2}{r_1 - r_2} e^{-r_1 t_0}, \quad c_2 = \frac{y_0 r_1 - y'_0}{r_1 - r_2} e^{-r_2 t_0}. \quad (24)$$

Como estamos supondo que as raízes da equação característica (17) são diferentes, $r_1 - r_2 \neq 0$, as expressões na Eq. (24) sempre fazem sentido. Assim, não importa que condições iniciais sejam dadas – ou seja, independentemente dos valores de t_0, y_0 e y'_0 nas Eqs. (6) – sempre é possível determinar c_1 e c_2 de modo que as condições iniciais sejam satisfeitas. Além disso, existe apenas uma escolha possível de c_1 e c_2 para cada conjunto dado de condições iniciais. Com os valores de c_1 e c_2 dados pela Eq. (24), a expressão (18) é a solução do problema de valor inicial

$$ay'' + by' + cy = 0, \quad y(t_0) = y_0, \quad y'(t_0) = y'_0. \quad (25)$$

É possível mostrar, com base no teorema fundamental citado na próxima seção, que todas as soluções da Eq. (8) estão incluídas na expressão (18), pelo menos no caso em que as raízes da Eq. (17) são reais e distintas. Portanto, chamamos a Eq. (18) de **solução geral** da Eq. (8). O fato de que quaisquer condições iniciais possíveis podem ser satisfeitas pela escolha adequada das constantes na Eq. (18) torna mais plausível a ideia de que essa expressão inclui, de fato, todas as soluções da Eq. (8).

Vamos considerar mais alguns exemplos.

EXEMPLO 3.1.2

Encontre a solução geral de

$$y'' + 5y' + 6y = 0. \quad (26)$$

Solução:

Supondo que $y = e^{rt}$, segue que r tem de ser raiz da equação característica

$$r^2 + 5r + 6 = (r+2)(r+3) = 0.$$

Assim, os valores possíveis de r são $r_1 = -2$ e $r_2 = -3$; a solução geral da Eq. (26) é

$$y = c_1 e^{-2t} + c_2 e^{-3t}. \quad (27)$$

EXEMPLO 3.1.3

Encontre a solução do problema de valor inicial

$$y'' + 5y' + 6y = 0, \quad y(0) = 2, \quad y'(0) = 3. \quad (28)$$

Solução:

A solução geral da equação diferencial foi encontrada no Exemplo 3.1.2 e é dada pela Eq. (27). Para satisfazer a primeira condição inicial, fazemos $t = 0$ e $y = 2$ na Eq. (27); assim, c_1 e c_2 têm de satisfazer

$$c_1 + c_2 = 2. \quad (29)$$

Para usar a segunda condição inicial, primeiro precisamos diferenciar a Eq. (27). Isso nos dá $y' = -2c_1 e^{-2t} - 3c_2 e^{-3t}$. Fazendo, agora, $t = 0$ e $y' = 3$, obtemos

$$-2c_1 - 3c_2 = 3. \quad (30)$$

Resolvendo as Eqs. (29) e (30), vemos que $c_1 = 9$ e $c_2 = -7$. Usando esses valores na expressão (27), obtemos a solução

$$y = 9e^{-2t} - 7e^{-3t} \quad (31)$$

do problema de valor inicial (28). A **Figura 3.1.1** mostra o gráfico da solução.

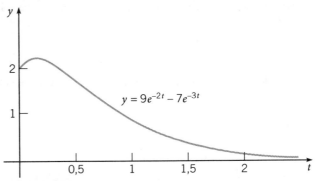

FIGURA 3.1.1 Solução do problema de valor inicial (28): $y'' + 5y' + 6y = 0$, $y(0) = 2$, $y'(0) = 3$.

EXEMPLO 3.1.4

Encontre a solução do problema de valor inicial

$$4y'' - 8y' + 3y = 0, \quad y(0) = 2, \quad y'(0) = \frac{1}{2}. \tag{32}$$

Solução:

Se $y = e^{rt}$, então obtemos a equação característica

$$4r^2 - 8r + 3 = 0$$

cujas raízes são $r = \frac{3}{2}$ e $r = \frac{1}{2}$. Portanto, a solução geral da equação diferencial é

$$y = c_1 e^{3t/2} + c_2 e^{t/2}. \tag{33}$$

Usando as condições iniciais, obtemos as duas equações seguintes para c_1 e c_2:

$$c_1 + c_2 = 2, \quad \frac{3}{2}c_1 + \frac{1}{2}c_2 = \frac{1}{2}.$$

A solução dessas equações é $c_1 = -\frac{1}{2}$, $c_2 = \frac{5}{2}$, de modo que a solução do problema de valor inicial (32) é

$$y = -\frac{1}{2} e^{3t/2} + \frac{5}{2} e^{t/2}. \tag{34}$$

A **Figura 3.1.2** mostra o gráfico da solução.

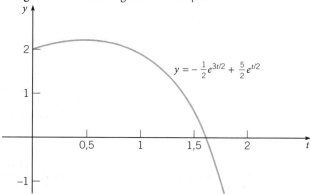

FIGURA 3.1.2 Solução do problema de valor inicial (32): $4y'' - 8y' + 3y = 0$, $y(0) = 2$, $y'(0) = \frac{1}{2}$.

EXEMPLO 3.1.5

A solução (31) do problema de valor inicial (28) começa crescendo (já que o coeficiente angular da reta tangente a seu gráfico é positivo, inicialmente), mas acaba tendendo a zero (pois ambas as parcelas contêm exponenciais com expoentes negativos). Portanto, a solução tem de atingir um máximo, e o gráfico na Figura 3.1.1 confirma isso. Determine a localização desse ponto de máximo.

Solução:

É possível estimar as coordenadas do ponto de máximo por meio do gráfico, mas, para encontrá-las precisamente, procuramos o ponto em que o gráfico da solução tem reta tangente horizontal. Diferenciando a solução (31), $y = 9e^{-2t} - 7e^{-3t}$, em relação a t, obtemos

$$y' = -18e^{-2t} + 21e^{-3t}. \tag{35}$$

Igualando y' a zero e multiplicando por e^{3t}, encontramos o valor crítico t_m que satisfaz $e^t = 7/6$; logo,

$$t_m = \ln(7/6) \cong 0{,}15415. \tag{36}$$

O valor máximo correspondente y_m é dado por

$$y_m = 9e^{-2t_m} - 7e^{-3t_m} = \frac{108}{49} \cong 2{,}20408. \tag{37}$$

Neste exemplo, o coeficiente angular inicial é três, mas a solução da equação diferencial dada se comporta de maneira semelhante para qualquer coeficiente angular inicial positivo. O Problema **19** pede que você determine como as coordenadas do ponto de máximo dependem do coeficiente angular inicial.

Voltando para a equação $ay'' + by' + cy = 0$ com coeficientes arbitrários, lembre-se de que, quando $r_1 \neq r_2$, sua solução geral (18) é a soma de duas funções exponenciais. Portanto, a solução tem um comportamento geométrico relativamente simples: quando t aumenta, a solução, em módulo, ou tende a zero (quando ambos os expoentes forem negativos), ou cresce rapidamente (quando pelo menos um dos expoentes for positivo). Esses dois casos estão ilustrados pelas soluções dos Exemplos 3.1.3 e 3.1.4 nas Figuras 3.1.1 e 3.1.2, respectivamente. Note que, no caso em que o módulo da solução tende a infinito, se a solução tende a $+\infty$ ou a $-\infty$ quando $t \to \infty$ vai depender do sinal do coeficiente da exponencial correspondente à maior raiz da equação característica. (Veja o Problema **21**.) Existe um terceiro caso menos frequente: a solução tende a um valor constante se um dos expoentes for nulo e o outro for negativo.

Voltaremos ao problema de resolver a equação $ay'' + by' + cy = 0$ nas Seções 3.3 e 3.4 quando as raízes da equação característica forem, respectivamente, complexas conjugadas ou reais e iguais. Enquanto isso, na Seção 3.2, fornecemos uma discussão sistemática da estrutura matemática das soluções de todas as equações lineares homogêneas de segunda ordem.

Problemas

Nos Problemas **1** a **6**, encontre a solução geral da equação diferencial dada.

1. $y'' + 2y' - 3y = 0$
2. $y'' + 3y' + 2y = 0$
3. $6y'' - y' - y = 0$
4. $y'' + 5y' = 0$
5. $4y'' - 9y = 0$
6. $y'' - 2y' - 2y = 0$

Nos Problemas **7** a **12**, encontre a solução do problema de valor inicial dado. Esboce o gráfico da solução e descreva seu comportamento quando t aumenta.

G 7. $y'' + y' - 2y = 0$, $y(0) = 1$, $y'(0) = 1$

G 8. $y'' + 4y' + 3y = 0$, $y(0) = 2$, $y'(0) = -1$

G 9. $y'' + 3y' = 0$, $y(0) = -2$, $y'(0) = 3$

G 10. $2y'' + y' - 4y = 0$, $y(0) = 0$, $y'(0) = 1$

Equações Diferenciais Lineares de Segunda Ordem **79**

G 11. $y'' + 8y' - 9y = 0$, $y(1) = 1$, $y'(1) = 0$

G 12. $4y'' - y = 0$, $y(-2) = 1$, $y'(-2) = -1$

13. Encontre uma equação diferencial cuja solução geral é $y = c_1 e^{2t} + c_2 e^{-3t}$.

G 14. Encontre a solução do problema de valor inicial

$$y'' - y = 0, \quad y(0) = \frac{5}{4}, \quad y'(0) = -\frac{3}{4}.$$

Faça o gráfico da solução para $0 \le t \le 2$ e determine seu valor mínimo.

15. Encontre a solução do problema de valor inicial

$$2y'' - 3y' + y = 0, \quad y(0) = 2, \quad y'(0) = \frac{1}{2}.$$

Depois determine o valor máximo da solução e encontre, também, o ponto em que a solução se anula.

16. Resolva o problema de valor inicial $y'' - y' - 2y = 0$, $y(0) = \alpha$, $y'(0) = 2$. Depois encontre α de modo que a solução tenda a zero quando $t \to \infty$.

Nos Problemas 17 e 18, determine os valores de α, se existirem, para os quais todas as soluções tendem a zero quando $t \to \infty$; determine, também, os valores de α, se existirem, para os quais todas as soluções (não nulas) tornam-se ilimitadas quando $t \to \infty$.

17. $y'' - (2\alpha - 1)y' + \alpha(\alpha - 1)y = 0$

18. $y'' + (3 - \alpha)y' - 2(\alpha - 1)y = 0$

19. Considere o problema de valor inicial (veja o Exemplo 3.1.5)

$$y'' + 5y' + 6y = 0, \quad y(0) = 2, \quad y'(0) = \beta,$$

em que $\beta > 0$.

   a. Resolva o problema de valor inicial.

   b. Determine as coordenadas t_m e y_m do ponto de máximo da solução como funções de β.

   c. Determine o menor valor de β para o qual $y_m \ge 4$.

   d. Determine o comportamento de t_m e de y_m quando $\beta \to \infty$.

20. Considere a equação $ay'' + by' + cy = d$, em que a, b, c e d são constantes.

   a. Encontre todas as soluções de equilíbrio, ou constantes, desta equação diferencial.

   b. Denote por y_e uma solução de equilíbrio e seja $Y = y - y_e$. Então, Y é o desvio de uma solução y de uma solução de equilíbrio. Encontre a equação diferencial satisfeita por Y.

21. Considere a equação $ay'' + by' + cy = 0$, em que a, b e c são constantes com $a > 0$. Encontre condições sobre a, b e c para que as raízes da equação característica sejam:

   a. reais, diferentes e negativas;

   b. reais com sinais opostos;

   c. reais, diferentes e positivas.

Em cada caso, determine o comportamento da solução quando $t \to \infty$.

3.2 | Soluções de Equações Lineares Homogêneas; o Wronskiano

Na seção precedente, mostramos como resolver algumas equações diferenciais da forma

$$ay'' + by' + cy = 0,$$

em que a, b e c são constantes. A partir desses resultados, vamos obter uma visão mais clara da estrutura das soluções de todas as equações lineares homogêneas de segunda ordem. Essa compreensão nos auxiliará, por sua vez, a resolver outros problemas que encontraremos mais adiante.

Ao discutir propriedades gerais de equações diferenciais lineares, é conveniente usar a notação de **operador diferencial**. Sejam p e q funções contínuas em um intervalo aberto I – ou seja, para $\alpha < t < \beta$. Os casos $\alpha = -\infty$, $\beta = \infty$ ou ambos estão incluídos. Então, para qualquer função ϕ duas vezes diferenciável em I, definimos o operador diferencial L pela fórmula

$$L[\phi] = \phi'' + p\phi' + q\phi. \tag{1}$$

É importante compreender que o resultado da aplicação do operador L a uma função ϕ é outra função, que denotamos por $L[\phi]$. O valor de $L[\phi]$ em um ponto t é

$$L[\phi](t) = \phi''(t) + p(t)\phi'(t) + q(t)\phi(t).$$

Por exemplo, se $p(t) = t^2$, $q(t) = 1 + t$ e $\phi(t) = \mathrm{sen}(3t)$, então

$$L[\phi](t) = (\mathrm{sen}(3t))'' + t^2(\mathrm{sen}(3t))' + (1+t)\mathrm{sen}(3t) =$$
$$= -9\,\mathrm{sen}(3t) + 3t^2\cos(3t) + (1+t)\mathrm{sen}(3t).$$

O operador L é, muitas vezes, escrito na forma $L = D^2 + pD + q$, em que D é o operador derivada, ou seja, $D[\phi] = \phi'$.

Vamos estudar, nesta seção, a equação diferencial linear homogênea de segunda ordem $L[\phi](t) = 0$. Como é habitual usar o símbolo y para denotar $\phi(t)$, escreveremos, normalmente, esta equação na forma

$$L[y] = y'' + p(t)y' + q(t)y = 0. \tag{2}$$

Associamos à Eq. (2) um conjunto de condições iniciais,

$$y(t_0) = y_0, \quad y'(t_0) = y_0', \tag{3}$$

em que t_0 é qualquer ponto no intervalo I, e y_0 e y_0' são números reais dados. Gostaríamos de saber se o problema de valor inicial (2), (3) sempre tem solução e se pode ter mais de uma solução. Gostaríamos, também, de saber se é possível dizer alguma coisa sobre a forma e a estrutura das soluções que possa ajudar a encontrar soluções de problemas particulares. As respostas a essas questões estão contidas nos teoremas desta seção.

O resultado teórico fundamental para problemas de valor inicial para equações lineares de segunda ordem está enunciado no Teorema 3.2.1, que é análogo ao Teorema 2.4.1 para equações lineares de primeira ordem. Como o resultado também pode ser aplicado a equações não homogêneas, o teorema está enunciado nessa forma mais geral.

Teorema 3.2.1 | Teorema de Existência e Unicidade

Considere o problema de valor inicial

$$y'' + p(t)y' + q(t)y = g(t), \quad y(t_0) = y_0, \quad y'(t_0) = y_0', \tag{4}$$

80 Capítulo 3

em que p, q e g são contínuas em um intervalo aberto I que contém o ponto t_0. Então, existe exatamente uma solução $y = \phi(t)$ para este problema, e a solução existe em todo o intervalo I.

Enfatizamos que o teorema diz três coisas:

1. O problema de valor inicial *tem* uma solução; em outras palavras, *existe* uma solução.
2. O problema de valor inicial tem *apenas uma* solução; ou seja, a solução é *única*.
3. A solução ϕ está definida *em todo o intervalo I*, em que os coeficientes são contínuos, e é pelo menos duas vezes diferenciável aí.

Para alguns problemas, algumas dessas afirmações são fáceis de provar. Por exemplo, vimos no Exemplo 3.1.1 que o problema de valor inicial

$$y'' - y = 0, \quad y(0) = 2, \quad y'(0) = -1 \tag{5}$$

tem a solução

$$y = \frac{1}{2}e^t + \frac{3}{2}e^{-t}. \tag{6}$$

O fato de que encontramos uma solução certamente estabelece que existe uma solução para este problema de valor inicial. Além disso, a solução (6) é duas vezes diferenciável, de fato diferenciável qualquer número de vezes em todo o intervalo $(-\infty, \infty)$, em que os coeficientes da equação diferencial são contínuos. Por outro lado, não é óbvio, e é mais difícil provar, que o problema de valor inicial (5) não tem outras soluções além da solução dada pela Eq. (6). Não obstante, o Teorema 3.2.1 afirma que esta solução é, de fato, a única solução do problema de valor inicial (5).

Para a maioria dos problemas da forma (4), não é possível escrever uma expressão útil para a solução. Essa é uma grande diferença entre equações lineares de primeira e de segunda ordem. Portanto, todas as partes do teorema têm de ser demonstradas por métodos gerais, que não envolvem a obtenção de tal expressão. A demonstração do Teorema 3.2.1 é razoavelmente difícil e não será discutida aqui.[2] Aceitaremos, entretanto, o Teorema 3.2.1 como verdadeiro e o utilizaremos sempre que necessário.

EXEMPLO 3.2.1

Encontre o maior intervalo no qual a solução do problema de valor inicial

$$(t^2 - 3t)y'' + ty' - (t+3)y = 0, \quad y(1) = 2, \quad y'(1) = 1$$

existe com certeza.

Solução:

Se a equação diferencial dada for escrita na forma da Eq. (4), então

$$p(t) = \frac{1}{t-3}, \quad q(t) = -\frac{t+3}{t(t-3)} \text{ e } g(t) = 0.$$

---

[2]Uma demonstração do Teorema 3.2.1 pode ser encontrada, por exemplo, no Capítulo 6, Seção 8, do livro de autoria de Coddington listado na Bibliografia ao fim deste capítulo.

Os únicos pontos de descontinuidade dos coeficientes são $t = 0$ e $t = 3$. Logo, o maior intervalo aberto contendo o ponto inicial $t = 1$, no qual todos os coeficientes são contínuos, é $0 < t < 3$. Portanto, esse é o maior intervalo no qual o Teorema 3.2.1 garante que a solução existe.

EXEMPLO 3.2.2

Encontre a única solução do problema de valor inicial

$$y'' + p(t)y' + q(t)y = 0, \quad y(t_0) = 0, \quad y'(t_0) = 0,$$

em que p e q são contínuas em um intervalo aberto I contendo t_0.

Solução:

A função $y = \phi(t) = 0$ para todo t em I certamente satisfaz a equação diferencial e as condições iniciais. Pela parte referente à unicidade no Teorema 3.2.1, essa é a única solução do problema dado.

Vamos supor, agora, que y_1 e y_2 são duas soluções da Eq. (2); em outras palavras,

$$L[y_1] = y_1'' + py_1' + qy_1 = 0$$

e, analogamente, para y_2. Então, como nos exemplos na Seção 3.1, podemos gerar mais soluções formando as combinações lineares de y_1 e y_2. Enunciamos esse resultado como um teorema.

Teorema 3.2.2 | Princípio da Superposição

Se y_1 e y_2 forem soluções da equação diferencial (2),

$$L[y] = y'' + p(t)y' + q(t)y = 0,$$

então, a combinação linear $c_1y_1 + c_2y_2$ também será solução, quaisquer que sejam os valores das constantes c_1 e c_2.

Um caso particular do Teorema 3.2.2 ocorre se c_1 ou c_2 for zero. Podemos concluir, então, que qualquer múltiplo constante de uma solução da Eq. (2) também é solução.

Para provar o Teorema 3.2.2, precisamos apenas substituir y na Eq. (2) pela expressão

$$y = c_1y_1(t) + c_2y_2(t). \tag{7}$$

Calculando as derivadas indicadas e arrumando os termos, obtemos

$$
\begin{aligned}
L[c_1y_1 + c_2y_2] &= \\
&= (c_1y_1 + c_2y_2)'' + p(t)(c_1y_1 + c_2y_2)' + q(t)(c_1y_1 + c_2y_2) = \\
&= c_1y_1'' + c_2y_2'' + c_1p(t)y_1' + c_2p(t)y_2' + c_1q(t)y_1 + c_2q(t)y_2 = \\
&= c_1(y_1'' + p(t)y_1' + q(t)y_1) + c_2(y_2'' + p(t)y_2' + q(t)y_2) = \\
&= c_1L[y_1] + c_2L[y_2].
\end{aligned}
$$

Como $L[y_1] = 0$ e $L[y_2] = 0$, segue que $L[c_1y_1 + c_2y_2] = 0$. Portanto, independentemente dos valores de c_1 e c_2, y dado pela Eq. (7) satisfaz a equação diferencial (2) e a demonstração do Teorema 3.2.2 está completa.

O Teorema 3.2.2 diz que, começando com apenas duas soluções da Eq. (2), podemos construir uma família infinita de soluções a partir da Eq. (7). A próxima pergunta é se todas as soluções da Eq. (2) estão incluídas na Eq. (7) ou se podem existir soluções com formas diferentes. Começamos a estudar essa questão examinando se as constantes c_1 e c_2 na Eq. (7) podem ser escolhidas de modo que a solução satisfaça as condições iniciais (3). Essas condições iniciais obrigam c_1 e c_2 a satisfazerem as equações

$$c_1 y_1(t_0) + c_2 y_2(t_0) = y_0,$$
$$c_1 y_1'(t_0) + c_2 y_2'(t_0) = y_0'. \qquad (8)$$

O determinante dos coeficientes do sistema (8) é

$$W = \begin{vmatrix} y_1(t_0) & y_2(t_0) \\ y_1'(t_0) & y_2'(t_0) \end{vmatrix} = y_1(t_0)y_2'(t_0) - y_1'(t_0)y_2(t_0). \qquad (9)$$

Se $W \ne 0$, as Eqs. (8) têm uma única solução (c_1, c_2), não importa quais sejam os valores de y_0 e y_0'. Esta solução é dada por

$$c_1 = \frac{y_0 y_2'(t_0) - y_0' y_2(t_0)}{y_1(t_0)y_2'(t_0) - y_1'(t_0)y_2(t_0)},$$
$$c_2 = \frac{-y_0 y_1'(t_0) + y_0' y_1(t_0)}{y_1(t_0)y_2'(t_0) - y_1'(t_0)y_2(t_0)}, \qquad (10)$$

ou, em termos de determinantes,

$$c_1 = \frac{\begin{vmatrix} y_0 & y_2(t_0) \\ y_0' & y_2'(t_0) \end{vmatrix}}{\begin{vmatrix} y_1(t_0) & y_2(t_0) \\ y_1'(t_0) & y_2'(t_0) \end{vmatrix}}, \quad c_2 = \frac{\begin{vmatrix} y_1(t_0) & y_0 \\ y_1'(t_0) & y_0' \end{vmatrix}}{\begin{vmatrix} y_1(t_0) & y_2(t_0) \\ y_1'(t_0) & y_2'(t_0) \end{vmatrix}}. \qquad (11)$$

Com esses valores para c_1 e c_2, a combinação linear $y = c_1 y_1(t) + c_2 y_2(t)$ satisfaz as condições iniciais (3), assim como a equação diferencial (2). Note que o denominador comum nas expressões para c_1 e c_2 é o determinante não nulo W.

Por outro lado, se $W = 0$, então os denominadores que aparecem nas Eqs. (10) e (11) são iguais a zero. Neste caso, as Eqs. (8) não têm solução, a menos que y_0 e y_0' tenham valores que também anulam os numeradores nas Eqs. (10) e (11). Assim, quando $W = 0$, existem muitas condições iniciais que não podem ser satisfeitas, independentemente das escolhas de c_1 e de c_2.

O determinante W é chamado de **determinante wronskiano**,[3] ou, simplesmente, **wronskiano**, das soluções y_1 e y_2. Usamos, algumas vezes, a notação completa $W[y_1, y_2](t_0)$ para denotar a expressão mais à direita na Eq. (9), enfatizando, desse modo, o fato de que o wronskiano depende das funções y_1 e y_2 e que é calculado no ponto t_0. O argumento precedente mostra o seguinte resultado.

Teorema 3.2.3

Sejam y_1 e y_2 duas soluções da Eq. (2):

$$L[y] = y'' + p(t)y' + q(t)y = 0,$$

e suponha que as condições iniciais (3)

$$y(t_0) = y_0, \quad y'(t_0) = y_0'$$

sejam atribuídas. Então, sempre é possível escolher constantes c_1, c_2 tais que

$$y = c_1 y_1(t) + c_2 y_2(t)$$

satisfaça a equação diferencial (2) e as condições iniciais (3) se e somente se o wronskiano

$$W[y_1, y_2] = y_1 y_2' - y_1' y_2$$

não se anular em t_0.

EXEMPLO 3.2.3

No Exemplo 3.1.2, vimos que $y_1(t) = e^{-2t}$ e $y_2(t) = e^{-3t}$ são soluções da equação diferencial

$$y'' + 5y' + 6y = 0.$$

Encontre o wronskiano de y_1 e y_2.

Solução:

O wronskiano dessas duas funções é

$$W[e^{-2t}, e^{-3t}] = \begin{vmatrix} e^{-2t} & e^{-3t} \\ -2e^{-2t} & -3e^{-3t} \end{vmatrix} = -e^{-5t}.$$

Como W é diferente de zero para todos os valores de t, as funções y_1 e y_2 podem ser usadas para construir soluções da equação diferencial dada juntamente com quaisquer condições iniciais prescritas para qualquer valor de t. Um desses problemas de valor inicial foi resolvido no Exemplo 3.1.3.

O próximo teorema justifica a expressão "solução geral" introduzida na Seção 3.1 para a combinação linear $c_1 y_1 + c_2 y_2$.

Teorema 3.2.4

Suponha que y_1 e y_2 são duas soluções da equação diferencial (2),

$$L[y] = y'' + p(t)y' + q(t)y = 0.$$

Então, a família de dois parâmetros de soluções

$$y = c_1 y_1(t) + c_2 y_2(t)$$

com coeficientes arbitrários c_1 e c_2 incluirá todas as soluções da Eq. (2) se e somente se existir um ponto t_0 em que o wronskiano de y_1 e y_2 não é nulo.

Seja ϕ uma solução qualquer da Eq. (2). Para provar o teorema, precisamos determinar se ϕ está incluída no conjunto de combinações lineares $c_1 y_1 + c_2 y_2$. Ou seja, precisamos determinar se existem valores das constantes c_1 e c_2 que tornam a combinação linear igual a ϕ. Seja t_0 um ponto em que o wronskiano de y_1 e y_2 é diferente de zero. Calcule ϕ e ϕ' neste ponto e chame esses valores de y_0 e y_0', respectivamente; assim,

$$y_0 = \phi(t_0), \quad y_0' = \phi'(t_0).$$

A seguir, considere o problema de valor inicial

$$y'' + p(t)y' + q(t)y = 0, \quad y(t_0) = y_0, \quad y'(t_0) = y_0'. \qquad (12)$$

A função ϕ é, certamente, solução desse problema de valor inicial. Além disso, como estamos supondo que $W[y_1, y_2](t_0)$

---

[3]Os determinantes wronskianos recebem esse nome por causa de Jósef Maria Hoëné-Wronski (1776-1853), que nasceu na Polônia, mas viveu a maior parte de sua vida na França. Wronski era um homem talentoso, mas complicado, e sua vida foi marcada por disputas acaloradas frequentes com outros indivíduos e instituições.

82 Capítulo 3

é diferente de zero, então é possível (pelo Teorema 3.2.3) escolher c_1 e c_2 tais que $y = c_1 y_1(t) + c_2 y_2(t)$ também é solução do problema de valor inicial (12). De fato, os valores apropriados de c_1 e c_2 são dados pelas Eqs. (10) ou (11). A parte relativa à unicidade no Teorema 3.2.1 garante que essas duas soluções do mesmo problema de valor inicial são iguais; então, para uma escolha apropriada de c_1 e c_2,

$$\phi(t) = c_1 y_1(t) + c_2 y_2(t) \tag{13}$$

e, portanto, ϕ está incluída na família de funções $c_1 y_1 + c_2 y_2$. Finalmente, como ϕ é uma solução *arbitrária* da Eq. (2), segue que *toda* solução desta equação está incluída nessa família.

Suponha, agora, que não existe ponto t_0 em que o wronskiano não seja nulo. Logo, $W[y_1, y_2](t_0) = 0$, qualquer que seja o ponto t_0 selecionado. Então (pelo Teorema 3.2.3), existem valores de y_0 e y_0' para os quais não há valores de c_1 e c_2 que satisfazem o sistema (8). Selecione um par de tais valores para y_0 e y_0' e escolha a solução $\phi(t)$ da Eq. (2) que satisfaz as condições iniciais (3). Note que o Teorema 3.2.1 garante a existência de tal solução. Entretanto, esta solução não está incluída na família $y = c_1 y_1 + c_2 y_2$. Assim, nos casos em que $W[y_1, y_2](t_0) = 0$ para todo t_0, as combinações lineares de y_1 e y_2 não incluem todas as soluções da Eq. (2). Isso completa a demonstração do Teorema 3.2.4.

O Teorema 3.2.4 afirma que a combinação linear $c_1 y_1 + c_2 y_2$ conterá todas as soluções da Eq. (2) se e somente se o wronskiano de y_1 e y_2 não for identicamente nulo. É, portanto, natural (e já o fizemos na seção precedente) chamar a expressão

$$y = c_1 y_1(t) + c_2 y_2(t)$$

com coeficientes constantes arbitrários de **solução geral** da Eq. (2). Diremos que as soluções y_1 e y_2 formam um **conjunto fundamental de soluções** para a Eq. (2) se e somente se seu wronskiano for diferente de zero.

Podemos colocar o resultado do Teorema 3.2.4 em linguagem ligeiramente diferente: para encontrar a solução geral e, portanto, todas as soluções, de uma equação da forma (2), precisamos apenas achar duas soluções da equação dada cujo wronskiano seja diferente de zero. Fizemos precisamente isso em diversos exemplos na Seção 3.1, embora não tenhamos calculado ali os wronskianos. Você deve voltar e fazer isso, verificando, assim, que todas as soluções que chamamos de "solução geral" na Seção 3.1 satisfazem, de fato, a condição necessária sobre o wronskiano.

Agora que você adquiriu alguma experiência verificando a condição de wronskiano diferente de zero para os exemplos na Seção 3.1, os exemplos a seguir tratam de todas as equações diferenciais lineares de segunda ordem cujos polinômios característicos têm duas raízes reais distintas.

EXEMPLO 3.2.4

Suponha que $y_1(t) = e^{r_1 t}$ e $y_2(t) = e^{r_2 t}$ são duas soluções de uma equação da forma (2). Mostre que y_1 e y_2 formam um conjunto fundamental de soluções da Eq. (2), se $r_1 \neq r_2$.

Solução:

Vamos calcular o wronskiano de y_1 e y_2:

$$W = \begin{vmatrix} e^{r_1 t} & e^{r_2 t} \\ r_1 e^{r_1 t} & r_2 e^{r_2 t} \end{vmatrix} = (r_2 - r_1) \exp[(r_1 + r_2)t].$$

Como a função exponencial nunca se anula e como estamos supondo que $r_2 - r_1 \neq 0$, segue que W é diferente de zero para todo valor de t. Em consequência, y_1 e y_2 formam um conjunto fundamental de soluções para a Eq. (2).

EXEMPLO 3.2.5

Mostre que $y_1(t) = t^{1/2}$ e $y_2(t) = t^{-1}$ formam um conjunto fundamental de soluções para a equação

$$2t^2 y'' + 3ty' - y = 0, \quad t > 0. \tag{14}$$

Solução:

Mostraremos como resolver a Eq. (14) mais tarde (veja o Problema 25 na Seção 3.3). No entanto, neste estágio, podemos verificar por substituição direta que y_1 e y_2 são soluções da equação diferencial (14). Como $y_1'(t) = \frac{1}{2} t^{-1/2}$ e $y_1''(t) = -\frac{1}{4} t^{-3/2}$, temos

$$2t^2 \left(-\frac{1}{4} t^{-3/2} \right) + 3t \left(\frac{1}{2} t^{-1/2} \right) - t^{1/2} = \left(-\frac{1}{2} + \frac{3}{2} - 1 \right) t^{1/2} = 0.$$

De modo similar, $y_2'(t) = -t^{-2}$ e $y_2''(t) = 2t^{-3}$; logo,

$$2t^2 (2t^{-3}) + 3t(-t^{-2}) - t^{-1} = (4 - 3 - 1)t^{-1} = 0.$$

A seguir, vamos calcular o wronskiano W de y_1 e y_2:

$$W = \begin{vmatrix} t^{1/2} & t^{-1} \\ \frac{1}{2} t^{-1/2} & -t^{-2} \end{vmatrix} = -\frac{3}{2} t^{-3/2}. \tag{15}$$

Como $W \neq 0$ para $t > 0$, concluímos que y_1 e y_2 formam um conjunto fundamental de soluções. Assim, a solução geral da equação diferencial (14) é $y(t) = c_1 t^{1/2} + c_2 t^{-1}$ para $t > 0$.

Fomos capazes de encontrar, em diversos casos, um conjunto fundamental de soluções e, portanto, a solução geral de uma equação diferencial dada. No entanto, muitas vezes isso é uma tarefa difícil, e uma pergunta natural é se uma equação diferencial da forma (2) sempre tem um conjunto fundamental de soluções. O teorema a seguir nos dá uma resposta afirmativa a essa pergunta.

Teorema 3.2.5

Considere a equação diferencial (2),

$$L[y] = y'' + p(t)y' + q(t)y = 0,$$

cujos coeficientes p e q são contínuos em algum intervalo aberto I. Escolha algum ponto t_0 em I. Seja y_1 a solução da Eq. (2) que também satisfaz as condições iniciais

$$y(t_0) = 1, \quad y'(t_0) = 0,$$

e seja y_2 a solução da Eq. (2) que satisfaz as condições iniciais

$$y(t_0) = 0, \quad y'(t_0) = 1.$$

Então, y_1 e y_2 formam um conjunto fundamental de soluções da Eq. (2).

Observe, em primeiro lugar, que a *existência* das funções y_1 e y_2 é garantida pelo Teorema 3.2.1. Para mostrar que elas formam um conjunto fundamental de soluções, só precisamos calcular seu wronskiano em t_0:

$$W(y_1, y_2)(t_0) = \begin{vmatrix} y_1(t_0) & y_2(t_0) \\ y_1'(t_0) & y_2'(t_0) \end{vmatrix} = \begin{vmatrix} 1 & 0 \\ 0 & 1 \end{vmatrix} = 1.$$

Como seu wronskiano não se anula no ponto t_0, as funções y_1 e y_2 formam, de fato, um conjunto fundamental de soluções, completando, assim, a demonstração do Teorema 3.2.5.

Note que a parte difícil dessa demonstração, mostrar a existência de um par de soluções, é obtida invocando-se o Teorema 3.2.1. Note, também, que o Teorema 3.2.5 não fala nada sobre como encontrar as soluções y_1 e y_2 resolvendo os problemas de valor inicial especificados. Não obstante, pode ser confortador saber que sempre existe um conjunto fundamental de soluções.

EXEMPLO 3.2.6

Encontre o conjunto fundamental de soluções y_1 e y_2 especificado pelo Teorema 3.2.5 para a equação diferencial

$$y'' - y = 0, \tag{16}$$

usando o ponto inicial $t_0 = 0$.

Solução:

Vimos, na Seção 3.1, que duas soluções da Eq. (16) são $y_1(t) = e^t$ e $y_2(t) = e^{-t}$. O wronskiano dessas soluções é $W[y_1, y_2](t) = -2 \neq 0$, logo, elas formam um conjunto fundamental de soluções. No entanto, não formam o conjunto fundamental de soluções indicado no Teorema 3.2.5, já que não satisfazem as condições iniciais mencionadas nesse teorema no ponto $t = 0$.

Para encontrar o conjunto fundamental de soluções especificado no teorema, precisamos achar as soluções que satisfazem as condições iniciais apropriadas. Vamos denotar por $y_3(t)$ a solução da Eq. (16) que satisfaz as condições iniciais

$$y(0) = 1, \quad y'(0) = 0. \tag{17}$$

A solução geral da Eq. (16) é

$$y = c_1 e^t + c_2 e^{-t}, \tag{18}$$

e as condições iniciais (17) são satisfeitas se $c_1 = 1/2$ e $c_2 = 1/2$. Assim,

$$y_3(t) = \frac{1}{2}e^t + \frac{1}{2}e^{-t} = \cosh(t).$$

De maneira análoga, se $y_4(t)$ satisfaz as condições iniciais

$$y(0) = 0, \quad y'(0) = 1, \tag{19}$$

então

$$y_4(t) = \frac{1}{2}e^t - \frac{1}{2}e^{-t} = \operatorname{senh}(t).$$

Como o wronskiano de y_3 e y_4 é

$$W[y_3, y_4](t) = \cosh^2(t) - \operatorname{senh}^2(t) = 1,$$

essas funções também formam um conjunto fundamental de soluções, como enunciado no Teorema 3.2.5. Portanto, a solução geral da Eq. (16) pode ser escrita como

$$y = k_1 \cosh(t) + k_2 \operatorname{senh}(t), \tag{20}$$

assim como na forma (18). Usamos k_1 e k_2 para as constantes arbitrárias na Eq. (20) porque não são as mesmas constantes c_1 e c_2 na Eq. (18). Um dos objetivos deste exemplo é tornar claro que uma equação diferencial dada tem mais de um conjunto fundamental de soluções; de fato, tem uma infinidade deles (veja o Problema 16). Como regra, você deve escolher o conjunto mais conveniente.

Na próxima seção, encontraremos equações que têm soluções complexas. O teorema a seguir é fundamental para tratar tais equações e suas soluções.

Teorema 3.2.6

Considere, novamente, a equação diferencial linear de segunda ordem (2),

$$L[y] = y'' + p(t)y' + q(t)y = 0,$$

em que p e q são funções reais contínuas. Se $y = u(t) + iv(t)$ for uma solução complexa da Eq. (2), então suas partes real e imaginária, u e v, também serão soluções desta equação.

Para provar esse teorema, vamos substituir y, em $L[y]$, por $u(t) + iv(t)$, obtendo

$$\begin{aligned} L[y](t) = u''(t) + iv''(t) + p(t)(u'(t) + iv'(t)) + \\ + q(t)(u(t) + iv(t)). \end{aligned} \tag{21}$$

Então, separando a Eq. (21) em suas partes real e imaginária – e aqui é necessário saber onde $p(t)$ e $q(t)$ assumem valores reais –, vemos que

$$\begin{aligned} L[y](t) &= (u''(t) + p(t)u'(t) + q(t)u(t)) + i(v''(t) + \\ &+ p(t)v'(t) + q(t)v(t)) = \\ &= L[u](t) + iL[v](t). \end{aligned}$$

Lembre-se de que um número complexo será igual a zero se, e somente se, suas partes real e imaginária forem ambas nulas. Sabemos que $L[y] = 0$, já que y é uma solução da Eq. (2). Portanto, $L[u] = 0$ e $L[v] = 0$; em consequência, u e v também são soluções da Eq. (2), e o teorema está provado. Veremos exemplos do uso do Teorema 3.2.6 na Seção 3.3.

Aliás, o complexo conjugado $\bar{y}$ de uma solução complexa y também é solução. Embora isso possa ser demonstrado por um argumento semelhante ao que acabamos de usar para provar o Teorema 3.2.6, também é uma consequência do Teorema 3.2.2, já que $\bar{y} = u(t) - iv(t)$ é uma combinação linear de duas soluções.

Agora vamos examinar melhor as propriedades do wronskiano de duas soluções de uma equação diferencial linear homogênea de segunda ordem. O teorema a seguir, talvez de forma surpreendente, fornece uma fórmula explícita simples para o wronskiano de duas soluções quaisquer de tal equação, mesmo que as soluções propriamente ditas não sejam conhecidas.

84 Capítulo 3

Teorema 3.2.7 | Teorema de Abel[4]

Se y_1 e y_2 forem soluções da equação diferencial

$$L[y] = y'' + p(t)y' + q(t)y = 0, \qquad (22)$$

em que p e q são contínuas em um intervalo aberto I, então o wronskiano $W[y_1, y_2](t)$ será dado por

$$W[y_1, y_2](t) = c\exp\left(-\int p(t)dt\right), \qquad (23)$$

em que c é uma certa constante que só depende de y_1 e y_2, mas não de t. Além disso, $W[y_1, y_2](t)$ ou é nulo para todo t em I (se $c = 0$) ou nunca se anula em I (se $c \neq 0$).

Para provar o teorema de Abel, começamos observando que y_1 e y_2 satisfazem

$$\begin{aligned} y_1'' + p(t)y_1' + q(t)y_1 &= 0, \\ y_2'' + p(t)y_2' + q(t)y_2 &= 0. \end{aligned} \qquad (24)$$

Se multiplicarmos a primeira equação por $-y_2$, multiplicarmos a segunda por y_1 e somarmos as equações resultantes, obteremos

$$(y_1 y_2'' - y_1'' y_2) + p(t)(y_1 y_2' - y_1' y_2) = 0. \qquad (25)$$

A seguir, seja $W(t) = W[y_1, y_2](t)$ e note que

$$W' = y_1 y_2'' - y_1'' y_2. \qquad (26)$$

Podemos, então, escrever a Eq. (25) na forma

$$W' + p(t)W = 0. \qquad (27)$$

A Eq. (27) pode ser resolvida imediatamente, já que é tanto uma equação linear de primeira ordem (Seção 2.1) quanto uma equação separável (Seção 2.2). Logo,

$$W(t) = c\exp\left(-\int p(t)dt\right), \qquad (28)$$

em que c é uma constante.

O valor de c depende do par de soluções da Eq. (22) envolvido. No entanto, como a função exponencial nunca se anula, $W(t)$ não é zero, a menos que $c = 0$ e, neste caso, $W(t)$ é igual a zero para todo t. Isso completa a demonstração do Teorema 3.2.7.

Note que os wronskianos de dois conjuntos fundamentais de soluções quaisquer para a mesma equação diferencial só podem diferir por uma constante multiplicativa, e que o wronskiano de qualquer conjunto fundamental de soluções pode ser determinado, a menos de uma constante multiplicativa, sem resolver a equação diferencial. Além disso, como, sob as condições do Teorema 3.2.7, o wronskiano W é sempre zero ou nunca se anula, você pode determinar qual caso ocorre, de fato, calculando W para um único valor conveniente de t.

EXEMPLO 3.2.7

No Exemplo 3.2.5, verificamos que $y_1(t) = t^{1/2}$ e $y_2(t) = t^{-1}$ são soluções da equação

$$2t^2 y'' + 3ty' - y = 0, \quad t > 0. \qquad (29)$$

Verifique que o wronskiano de y_1 e y_2 é dado pela fórmula de Abel (23).

Solução:

Do exemplo citado, sabemos que $W[y_1, y_2](t) = -\dfrac{3}{2}t^{-3/2}$. Para usar a Eq. (23), precisamos escrever a equação diferencial (29) na forma-padrão, com o coeficiente de y'' igual a 1. Obtemos, então,

$$y'' + \frac{3}{2t}y' - \frac{1}{2t^2}y = 0,$$

de modo que $p(t) = \dfrac{3}{2t}$. Portanto,

$$\begin{aligned} W[y_1, y_2](t) &= c\exp\left(-\int \frac{3}{2t}dt\right) = c\exp\left(-\frac{3}{2}\ln(t)\right) = \\ &= ct^{-3/2}. \end{aligned} \qquad (30)$$

A Eq. (30) fornece o wronskiano de qualquer par de soluções da Eq. (29). Para as soluções particulares dadas neste exemplo, precisamos escolher $c = -\dfrac{3}{2}$.

Resumo. Podemos resumir a discussão desta seção da seguinte maneira: para encontrar a solução geral da equação diferencial

$$y'' + p(t)y' + q(t)y = 0, \quad \alpha < t < \beta,$$

precisamos, primeiro, encontrar duas soluções y_1 e y_2 que satisfaçam a equação diferencial em $\alpha < t < \beta$. Depois precisamos nos certificar de que existe um ponto no intervalo em que o wronskiano W de y_1 e y_2 não se anula. Nessas circunstâncias, y_1 e y_2 formam um conjunto fundamental de soluções, e a solução geral é

$$y = c_1 y_1(t) + c_2 y_2(t),$$

em que c_1 e c_2 são constantes arbitrárias. Se as condições iniciais forem dadas em um ponto em $\alpha < t < \beta$, então as constantes c_1 e c_2 poderão ser escolhidas de modo a satisfazer essas condições.

Problemas

Nos Problemas 1 a 5, encontre o wronskiano do par de funções dado.

1. e^{2t}, $\quad e^{-3t/2}$

2. $\cos(t)$, $\quad \text{sen}(t)$

3. e^{-2t}, $\quad te^{-2t}$

4. $e^t \text{sen}(t)$, $\quad e^t \cos(t)$

5. $\cos^2(\theta)$, $\quad 1 + \cos(2\theta)$

---

[4]O resultado no Teorema 3.2.7 foi deduzido pelo matemático norueguês Niels Henrik Abel (1802-1829), em 1827, e é conhecido como **fórmula de Abel**. Abel também mostrou que não existe fórmula geral para resolver uma equação polinomial de quinto grau usando apenas operações algébricas explícitas sobre os coeficientes, resolvendo, desse modo, uma questão em aberto desde o século XVI. Suas maiores contribuições, no entanto, foram em análise, especialmente no estudo de funções elípticas. Infelizmente, seu trabalho só foi amplamente conhecido depois de sua morte. O eminente matemático francês Legendre chamou seu trabalho de um "monumento mais duradouro do que bronze".

Nos Problemas **6** a **9**, determine o maior intervalo no qual o problema de valor inicial dado certamente tem uma única solução duas vezes diferenciável. Não tente encontrar a solução.

6. $ty'' + 3y = t$, $y(1) = 1$, $y'(1) = 2$

7. $t(t-4)y'' + 3ty' + 4y = 2$, $y(3) = 0$, $y'(3) = -1$

8. $y'' + (\cos(t))y' + 3(\ln|t|)y = 0$, $y(2) = 3$, $y'(2) = 1$

9. $(x-2)y'' + y' + (x-2)(\tan(x))y = 0$, $y(3) = 1$, $y'(3) = 2$

10. Verifique que $y_1(t) = t^2$ e $y_2(t) = t^{-1}$ são duas soluções da equação diferencial $t^2 y'' - 2y = 0$ para $t > 0$. Então, mostre que $y = c_1 t^2 + c_2 t^{-1}$ também é solução dessa equação quaisquer que sejam c_1 e c_2.

11. Verifique que $y_1(t) = 1$ e $y_2(t) = t^{1/2}$ são soluções da equação diferencial $yy'' + (y')^2 = 0$ para $t > 0$. Então, mostre que $y = c_1 + c_2 t^{1/2}$ não é, em geral, solução desta equação. Explique por que este resultado não contradiz o Teorema 3.2.2.

12. Mostre que, se $y = \phi(t)$ for uma solução da equação diferencial $y'' + p(t)y' + q(t)y = g(t)$, em que $g(t)$ não é identicamente nula, então $y = c\phi(t)$, em que c é qualquer constante diferente de um, não será solução. Explique por que este resultado não contradiz a observação após o Teorema 3.2.2.

13. A função $y = \text{sen}(t^2)$ pode ser solução em um intervalo contendo $t = 0$, de uma equação da forma $y'' + p(t)y' + q(t)y = 0$ com coeficientes contínuos? Explique sua resposta.

14. Se o wronskiano W de f e g for $3e^{4t}$ e se $f(t) = e^{2t}$, encontre $g(t)$.

15. Se o wronskiano de f e g for $t \cos(t) - \text{sen}(t)$ e se $u = f + 3g$, $v = f - g$, encontre o wronskiano de u e v.

16. Suponha que y_1 e y_2 formem um conjunto fundamental de soluções para $y'' + p(t)y' + q(t)y = 0$ e sejam $y_3 = a_1 y_1 + a_2 y_2$, $y_4 = b_1 y_1 + b_2 y_2$, em que a_1, a_2, b_1 e b_2 são constantes arbitrárias. Mostre que
$$W[y_3, y_4] = (a_1 b_2 - a_2 b_1)W[y_1, y_2].$$
y_3 e y_4 também formam um conjunto fundamental de soluções? Por quê?

Nos Problemas **17** e **18**, encontre o conjunto fundamental de soluções especificado pelo Teorema 3.2.5 para a equação diferencial e o ponto inicial dados.

17. $y'' + y' - 2y = 0$, $\quad t_0 = 0$

18. $y'' + 4y' + 3y = 0$, $\quad t_0 = 1$

Nos Problemas **19** a **21**, verifique que as funções y_1 e y_2 são soluções da equação diferencial dada. Elas formam um conjunto fundamental de soluções?

19. $y'' + 4y = 0$; $\quad y_1(t) = \cos(2t)$, $\quad y_2(t) = \text{sen}(2t)$

20. $y'' - 2y' + y = 0$; $\quad y_1(t) = e^t$, $\quad y_2(t) = te^t$

21. $x^2 y'' - x(x+2)y' + (x+2)y = 0$, $\quad x > 0$;
$y_1(x) = x$, $\quad y_2(x) = xe^x$

22. Considere a equação $y'' - y' - 2y = 0$.
   a. Mostre que $y_1(t) = e^{-t}$ e $y_2(t) = e^{2t}$ formam um conjunto fundamental de soluções.
   b. Sejam $y_3(t) = -2e^{2t}$, $y_4(t) = y_1(t) + 2y_2(t)$ e $y_5(t) = 2y_1(t) - 2y_3(t)$. As funções $y_3(t)$, $y_4(t)$ e $y_5(t)$ também são soluções da equação diferencial dada?
   c. Determine se cada par a seguir forma um conjunto fundamental de soluções: $\{y_1(t), y_3(t)\}$; $\{y_2(t), y_3(t)\}$; $\{y_1(t), y_4(t)\}$; $\{y_4(t); y_5(t)\}$.

Nos Problemas **23** a **25**, encontre o wronskiano de duas soluções da equação diferencial dada sem resolver a equação.

23. $t^2 y'' - t(t+2)y' + (t+2)y = 0$

24. $(\cos(t))y'' + (\text{sen}(t))y' - ty = 0$

25. $(1-x^2)y'' - 2xy' + \alpha(\alpha+1)y = 0$, equação de Legendre

26. Mostre que, se p for diferenciável e $p(t) > 0$, então o wronskiano $W(t)$ de duas soluções de $[p(t)y']' + q(t)y = 0$ será $W(t) = c/p(t)$, em que c é uma constante.

27. Se y_1 e y_2 formarem um conjunto fundamental de soluções para a equação diferencial $ty'' + 2y' + te^t y = 0$ e se $W[y_1, y_2](1) = 2$, encontre o valor de $W[y_1, y_2](5)$.

28. Se o wronskiano de duas soluções quaisquer de $y'' + p(t)y' + q(t)y = 0$ for constante, o que isso implica sobre os coeficientes p e q?

Nos Problemas **29** e **30**, suponha que p e q são contínuas e que as funções y_1 e y_2 são soluções da equação diferencial $y'' + p(t)y' + q(t)y = 0$ em um intervalo aberto I.

29. Prove que, se y_1 e y_2 se anularem em um mesmo ponto em I, então não poderão formar um conjunto fundamental de soluções neste intervalo.

30. Prove que, se y_1 e y_2 tiverem um ponto de inflexão em comum em t_0 em I, então não poderão formar um conjunto fundamental de soluções neste intervalo, a menos que ambas as funções p e q se anulem em t_0.

31. **Equações Exatas.** A equação
$$P(x)y'' + Q(x)y' + R(x)y = 0$$
é dita exata se puder ser escrita na forma
$$(P(x)y')' + (f(x)y)' = 0,$$
em que $f(x)$ pode ser determinada em função de $P(x)$, $Q(x)$ e $R(x)$. Esta última equação pode ser integrada uma vez imediatamente, resultando em uma equação de primeira ordem para y que pode ser resolvida como na Seção 2.1. Igualando os coeficientes das equações precedentes e eliminando $f(x)$, mostre que uma condição necessária para que a equação seja exata é que
$$P''(x) - Q'(x) + R(x) = 0.$$
Pode-se mostrar que esta condição também é suficiente.

Nos Problemas **32** a **34**, use o resultado do Problema **31** para determinar se a equação dada é exata. Se for, então resolva a equação.

32. $y'' + xy' + y = 0$

33. $xy'' - (\cos(x))y' + (\text{sen}(x))y = 0$, $\quad x > 0$

34. $x^2 y'' + xy' - y = 0$, $\quad x > 0$

35. **Equação Adjunta.** Se uma equação linear homogênea de segunda ordem não for exata, ela pode se tornar exata multiplicando-se por um fator integrante apropriado $\mu(x)$. Precisamos, então, que $\mu(x)$ seja tal que
$$\mu(x)P(x)y'' + \mu(x)Q(x)y' + \mu(x)R(x)y = 0$$
possa ser escrita na forma
$$(\mu(x)P(x)y')' + (f(x)y)' = 0.$$
Igualando os coeficientes nessas duas equações e eliminando $f(x)$, mostre que a função μ precisa satisfazer
$$P\mu'' + (2P' - Q)\mu' + (P'' - Q' + R)\mu = 0.$$

86 Capítulo 3

Esta equação, conhecida como **adjunta** da equação original, é importante na teoria avançada de equações diferenciais. Em geral, o problema de resolver a equação diferencial adjunta é tão difícil quanto o de resolver a equação original, de modo que só é possível encontrar um fator integrante para uma equação de segunda ordem de vez em quando.

Nos Problemas 36 e 37, use o resultado do Problema 35 para encontrar a adjunta da equação diferencial dada.

36. $x^2 y'' + xy' + (x^2 - \nu^2) y = 0$, equação de Bessel

37. $y'' - xy = 0$, equação de Airy

38. Uma equação linear de segunda ordem $P(x)y'' + Q(x)y' + R(x)y = 0$ é dita **autoadjunta** se sua adjunta for igual à equação original. Mostre que uma condição necessária para esta equação ser autoadjunta é que $P'(x) = Q(x)$. Determine se cada uma das equações nos Problemas 36 e 37 é autoadjunta.

3.3 Raízes Complexas da Equação Característica

Vamos continuar nossa discussão sobre a equação diferencial linear de segunda ordem

$$ay'' + by' + cy = 0, \tag{1}$$

em que a, b e c são números reais dados. Vimos, na Seção 3.1, que se procurarmos soluções da forma $y = e^{rt}$, então r tem de ser raiz da equação característica

$$ar^2 + br + c = 0. \tag{2}$$

Mostramos na Seção 3.1 que, se as raízes r_1 e r_2 forem reais e distintas, o que ocorrerá sempre que o discriminante $b^2 - 4ac$ for positivo, então a solução geral da Eq. (1) será

$$y = c_1 e^{r_1 t} + c_2 e^{r_2 t}. \tag{3}$$

Suponha, agora, que $b^2 - 4ac$ é negativo. Então, as raízes da Eq. (2) são números complexos conjugados; vamos denotá-los por

$$r_1 = \lambda + i\mu, \quad r_2 = \lambda - i\mu, \tag{4}$$

em que λ e μ são reais. As expressões correspondentes para y são

$$y_1(t) = \exp((\lambda + i\mu)t), \quad y_2(t) = \exp((\lambda - i\mu)t). \tag{5}$$

Nossa primeira tarefa é explorar o significado dessas expressões, o que envolve o cálculo de uma função exponencial com expoente complexo. Por exemplo, se $\lambda = -1$, $\mu = 2$ e $t = 3$, então, da Eq. (5),

$$y_1(3) = e^{-3+6i}. \tag{6}$$

O que significa elevar o número e a uma potência complexa? A resposta é dada por uma relação importante conhecida como fórmula de Euler.

Fórmula de Euler. Para atribuir significado às expressões nas Eqs. (5), precisamos definir a função exponencial complexa. É claro que queremos que a definição se reduza à função exponencial real habitual quando o expoente for real. Existem várias maneiras de descobrir como essa extensão da função exponencial deveria ser definida. Vamos usar aqui um método baseado em séries infinitas; um método alternativo está esquematizado no Problema **20**.

Lembre-se, do cálculo, de que a série de Taylor para e^t em torno de $t = 0$ é

$$e^t = 1 + t + \frac{t^2}{2} + \cdots + \frac{t^n}{n!} + \cdots = \sum_{n=0}^{\infty} \frac{t^n}{n!}, \quad -\infty < t < \infty. \tag{7}$$

Se assumirmos que é possível substituir t por it na Eq. (7), teremos

$$e^{it} = \sum_{n=0}^{\infty} \frac{(it)^n}{n!}. \tag{8}$$

Para simplificar essa série, escrevemos $(it)^n = i^n t^n$ e usamos o fato de que $i^2 = -1$, $i^3 = -i$, $i^4 = 1$ e assim por diante. Quando n for par, existirá um inteiro k tal que $n = 2k$; neste caso, $i^n = i^{2k} = (-1)^k$. E quando n for ímpar, $n = 2k + 1$, de modo que $i^n = i^{2k+1} = i(-1)^k$. Isso sugere a separação dos termos na série à direita do sinal de igualdade na Eq. (8) em suas partes real e imaginária. O resultado é[5]

$$e^{it} = \sum_{k=0}^{\infty} \frac{(-1)^k t^{2k}}{(2k)!} + i\sum_{k=0}^{\infty} \frac{(-1)^k t^{2k+1}}{(2k+1)!}. \tag{9}$$

A primeira série na Eq. (9) é precisamente a série de Taylor para $\cos(t)$ em torno de $t = 0$, e a segunda é a série de Taylor para $\operatorname{sen}(t)$ em torno de $t = 0$. Temos, então,

$$e^{it} = \cos(t) + i\operatorname{sen}(t). \tag{10}$$

A Eq. (10) é conhecida como **fórmula de Euler**, uma relação matemática extremamente importante.

Embora nossa dedução da Eq. (10) esteja baseada na hipótese não verificada de que a série (7) pode ser usada para números complexos da mesma forma que para números reais da variável independente, nossa intenção é usar essa dedução apenas para tornar a Eq. (10) mais plausível. Vamos colocar as coisas em uma fundação sólida agora adotando a Eq. (10) como *definição* de e^{it}. Em outras palavras, sempre que escrevermos e^{it}, queremos dizer a expressão à direita do sinal de igualdade na Eq. (10).

Existem algumas variantes da fórmula de Euler que vale a pena notar. Substituindo t por $-t$ na Eq. (10) e lembrando que $\cos(-t) = \cos(t)$ e $\operatorname{sen}(-t) = -\operatorname{sen}(t)$, temos

$$e^{-it} = \cos(t) - i\operatorname{sen}(t). \tag{11}$$

Além disso, se t for substituído por μt na Eq. (10), então obtemos uma versão generalizada da fórmula de Euler, a saber,

$$e^{i\mu t} = \cos(\mu t) + i\operatorname{sen}(\mu t). \tag{12}$$

---

[5]Lembre-se do cálculo que é permitido reordenar os termos à direita do sinal de igualdade na Eq. (9) porque a série converge absolutamente em $-\infty < t < \infty$.

A seguir, queremos estender a definição de exponencial complexa para expoentes complexos arbitrários da forma $(\lambda + i\mu)t$. Como queremos que as propriedades usuais da função exponencial continuem válidas para expoentes complexos, certamente queremos que $\exp((\lambda + i\mu)t)$ satisfaça

$$e^{(\lambda+i\mu)t} = e^{\lambda t} e^{i\mu t}. \tag{13}$$

Então, substituindo $e^{i\mu t}$ pela expressão dada na Eq. (12), obtemos

$$\begin{aligned} e^{(\lambda+i\mu)t} &= e^{\lambda t}(\cos(\mu t) + i\,\text{sen}(\mu t)) = \\ &= e^{\lambda t}\cos(\mu t) + ie^{\lambda t}\,\text{sen}(\mu t). \end{aligned} \tag{14}$$

Tomamos agora a Eq. (14) como a definição de $\exp((\lambda + i\mu)t)$. O valor da função exponencial com expoente complexo é um número complexo cujas partes real e imaginária são dadas pelas expressões à direita do sinal de igualdade na Eq. (14). Note que as partes real e imaginária de $\exp((\lambda + i\mu)t)$ estão expressas inteiramente em termos de funções elementares reais. Por exemplo, a quantidade na Eq. (6) tem o valor

$$e^{-3+6i} = e^{-3}\cos(6) + ie^{-3}\,\text{sen}(6) \cong 0{,}0478041 - 0{,}0139113i.$$

Com as definições (10) e (14), é fácil mostrar que as regras usuais de exponenciação são válidas para a função exponencial complexa. Você também pode usar a Eq. (14) para verificar que a fórmula de diferenciação

$$\frac{d}{dt}(e^{rt}) = re^{rt} \tag{15}$$

é válida para valores complexos de r.

EXEMPLO 3.3.1

Encontre a solução geral da equação diferencial

$$y'' + y' + 9{,}25y = 0. \tag{16}$$

Encontre, também, a solução que satisfaz as condições iniciais

$$y(0) = 2, \quad y'(0) = 8, \tag{17}$$

e desenhe seu gráfico para $0 < t < 10$.

Solução:

A equação característica para a Eq. (16) é

$$r^2 + r + 9{,}25 = 0$$

de modo que suas raízes são

$$r_1 = -\frac{1}{2} + 3i, \quad r_2 = -\frac{1}{2} - 3i.$$

Portanto, duas soluções da Eq. (16) são

$$y_1(t) = \exp\left(\left(-\frac{1}{2} + 3i\right)t\right) = e^{-t/2}(\cos(3t) + i\,\text{sen}(3t)) \tag{18}$$

e

$$y_2(t) = \exp\left(\left(-\frac{1}{2} - 3i\right)t\right) = e^{-t/2}(\cos(3t) - i\,\text{sen}(3t)). \tag{19}$$

Você pode verificar que o wronskiano é $W[y_1, y_2](t) = -6ie^{-t}$, que nunca se anula, de modo que a solução geral da Eq. (16) pode ser expressa como uma combinação linear de $y_1(t)$ e $y_2(t)$ com coeficientes arbitrários.

Entretanto, o problema de valor inicial (16), (17) só tem coeficientes reais, e é desejável, muitas vezes, expressar a solução de tais problemas em termos de funções reais. Para isso, podemos usar o Teorema 3.2.6, que afirma que as partes real e imaginária de uma solução complexa da Eq. (16) também são soluções da mesma equação diferencial. Assim, a partir de $y_1(t)$, obtemos

$$u(t) = e^{-t/2}\cos(3t), \quad v(t) = e^{-t/2}\,\text{sen}(3t) \tag{20}$$

que são soluções reais[6] da Eq. (16). Calculando o wronskiano de $u(t)$ e $v(t)$, encontramos $W[u, v](t) = 3e^{-t}$, que nunca se anula; logo, $u(t)$ e $v(t)$ formam um conjunto fundamental de soluções e a solução geral da Eq. (16) pode ser escrita como

$$y = c_1 u(t) + c_2 v(t) = e^{-t/2}(c_1 \cos(3t) + c_2 \text{sen}(3t)), \tag{21}$$

em que c_1 e c_2 são constantes arbitrárias.

Para satisfazer as condições iniciais (17), primeiro substituímos $t = 0$ e $y = 2$ na Eq. (20), obtendo $c_1 = 2$. Então, diferenciando a Eq. (21), fazendo $t = 0$ e $y' = 8$, obtemos $-\frac{1}{2}c_1 + 3c_2 = 8$, de modo que $c_2 = 3$. Portanto, a solução do problema de valor inicial (16), (17) é

$$y = e^{-t/2}(2\cos(3t) + 3\,\text{sen}(3t)). \tag{22}$$

A **Figura 3.3.1** mostra o gráfico desta solução.

Vemos, do gráfico, que a solução deste problema oscila, com período $2\pi/3$ e amplitude decaindo. O fator contendo seno e cosseno controla a natureza oscilatória da solução, enquanto o fator exponencial com expoente negativo faz com que as amplitudes das oscilações diminuam quando o tempo aumenta.

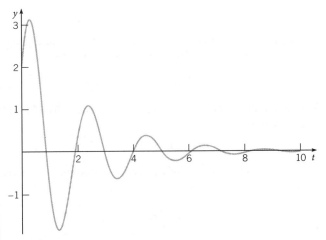

FIGURA 3.3.1 Solução do problema de valor inicial (16), (17): $y'' + y' + 9{,}25y = 0$, $y(0) = 2$, $y'(0) = 8$.

Raízes Complexas; Caso Geral. As funções $y_1(t)$ e $y_2(t)$, dadas pelas Eqs. (5) e com o significado expresso pela Eq. (14), são soluções da Eq. (1) quando as raízes da equação característica (2) são números complexos $\lambda \pm i\mu$. No entanto, as soluções y_1 e y_2 são funções que assumem valores complexos, ao passo que, em geral, preferiríamos ter soluções reais, já que a própria

---

[6] Se você não tiver certeza absoluta de que $u(t)$ e $v(t)$ são soluções da equação diferencial dada, deve substituir essas funções na Eq. (16) e confirmar que elas satisfazem a equação. (Veja o Problema 23.)

equação diferencial só tem coeficientes reais. Como no Exemplo 3.3.1, podemos usar o Teorema 3.2.6 para encontrar um conjunto fundamental de soluções reais escolhendo a parte real e a parte imaginária de $y_1(t)$ ou de $y_2(t)$. Assim, obtemos as soluções

$$u(t) = e^{\lambda t}\cos(\mu t), \quad v(t) = e^{\lambda t}\operatorname{sen}(\mu t). \tag{23}$$

Calculando diretamente (veja o Problema 19), você pode mostrar que o wronskiano de u e v é

$$W[u, v](t) = \mu e^{2\lambda t}. \tag{24}$$

Portanto, desde que $\mu \neq 0$, o wronskiano W não é nulo, de modo que u e v formam um conjunto fundamental de soluções. (É claro que, se $\mu = 0$, então as raízes são reais e a discussão nesta seção e na Seção 3.1 não se aplica.) Em consequência, se as raízes da equação característica forem números complexos $\lambda \pm i\mu$, com $\mu \neq 0$, então a solução geral da Eq. (1) será

$$y = c_1 e^{\lambda t}\cos(\mu t) + c_2 e^{\lambda t}\operatorname{sen}(\mu t), \tag{25}$$

em que c_1 e c_2 são constantes arbitrárias. Note que a solução (25) pode ser escrita tão logo sejam conhecidos os valores de λ e μ. Vamos considerar mais alguns exemplos.

EXEMPLO 3.3.2

Encontre a solução do problema de valor inicial

$$16y'' - 8y' + 145y = 0, \quad y(0) = -2, \quad y'(0) = 1. \tag{26}$$

Solução:

A equação característica é $16r^2 - 8r + 145 = 0$ e suas raízes são $r = \frac{1}{4} \pm 3i$. Logo, a solução geral da equação diferencial é

$$y(t) = c_1 e^{t/4}\cos(3t) + c_2 e^{t/4}\operatorname{sen}(3t). \tag{27}$$

Para aplicar a primeira condição inicial, fazemos $t = 0$ na Eq. (27), o que nos dá

$$y(0) = c_1 = -2.$$

Para a segunda condição inicial, precisamos diferenciar a Eq. (27) antes de fazer $t = 0$. Desse modo, vemos que

$$y'(0) = \frac{1}{4}c_1 + 3c_2 = 1,$$

da qual temos que $c_2 = \frac{1}{2}$. Usando esses valores de c_1 e c_2 na solução geral (27), obtemos

$$y = -2e^{t/4}\cos(3t) + \frac{1}{2}e^{t/4}\operatorname{sen}(3t) \tag{28}$$

como solução do problema de valor inicial (26). O gráfico desta solução está ilustrado na **Figura 3.3.2**.

Neste caso, observamos que a solução é uma oscilação com amplitude crescente. Novamente, os fatores trigonométricos na Eq. (28) determinam a parte oscilatória da solução (mais uma vez, com período $2\pi/3$), enquanto o fator exponencial (com expoente positivo dessa vez) faz com que a magnitude da oscilação aumente com o tempo.

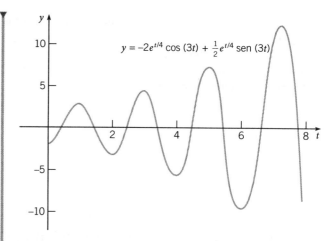

FIGURA 3.3.2 Solução do problema de valor inicial (26): $16y'' - 8y' + 145y = 0$, $y(0) = -2$, $y'(0) = 1$.

EXEMPLO 3.3.3

Encontre a solução geral de

$$y'' + 9y = 0. \tag{29}$$

Solução:

A equação característica é $r^2 + 9 = 0$, com raízes $r = \pm 3i$; logo, $\lambda = 0$ e $\mu = 3$. A solução geral é

$$y = c_1\cos(3t) + c_2\operatorname{sen}(3t). \tag{30}$$

Note que, se a parte real das raízes for zero, como neste exemplo, então a solução não tem fator exponencial. A **Figura 3.3.3** mostra o gráfico de duas soluções da Eq. (29) com condições iniciais diferentes. Em cada caso, a solução é uma oscilação pura com período $2\pi/3$, mas cujas amplitude e fase são determinadas pelas condições iniciais. Como a solução (30) não tem fator exponencial, a amplitude de cada oscilação permanece constante no tempo.

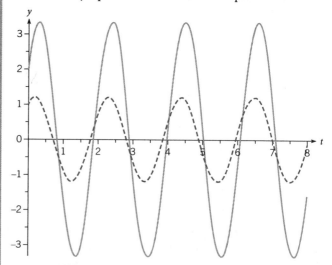

FIGURA 3.3.3 Soluções da Eq. (29): $y'' + 9y = 0$, com dois conjuntos de condições iniciais: $y(0) = 1$, $y'(0) = 2$ (linha tracejada) e $y(0) = 2$, $y'(0) = 8$ (linha sólida). Ambas as soluções têm o mesmo período, mas amplitudes diferentes, e estão fora de fase.

Problemas

Nos Problemas **1** a **4**, use a fórmula de Euler para escrever a expressão dada na forma $a + ib$.

1. $\exp(2 - 3i)$
2. $e^{i\pi}$
3. $e^{2 - (\pi/2)i}$
4. 2^{1-i}

Nos Problemas **5** a **11**, encontre a solução geral da equação diferencial dada.

5. $y'' - 2y' + 2y = 0$
6. $y'' - 2y' + 6y = 0$
7. $y'' + 2y' + 2y = 0$
8. $y'' + 6y' + 13y = 0$
9. $y'' + 2y' + 1,25y = 0$
10. $9y'' + 9y' - 4y = 0$
11. $y'' + 4y' + 6,25y = 0$

Nos Problemas **12** a **15**, encontre a solução do problema de valor inicial dado. Esboce o gráfico da solução e descreva seu comportamento para valores cada vez maiores de t.

G 12. $y'' + 4y = 0$, $y(0) = 0$, $y'(0) = 1$

G 13. $y'' - 2y' + 5y = 0$, $y(\pi/2) = 0$, $y'(\pi/2) = 2$

G 14. $y'' + y = 0$, $y(\pi/3) = 2$, $y'(\pi/3) = -4$

G 15. $y'' + 2y' + 2y = 0$, $y(\pi/4) = 2$, $y'(\pi/4) = -2$

N 16. Considere o problema de valor inicial

$$3u'' - u' + 2u = 0, \quad u(0) = 2, \quad u'(0) = 0.$$

  a. Encontre a solução $u(t)$ deste problema.
  b. Para $t > 0$, encontre o primeiro instante no qual $|u(t)| = 10$.

N 17. Considere o problema de valor inicial

$$5u'' + 2u' + 7u = 0, \quad u(0) = 2, \quad u'(0) = 1.$$

  a. Encontre a solução $u(t)$ deste problema.
  b. Encontre o menor T para o qual $|u(t)| \le 0{,}1$ para todo $t > T$.

N 18. Considere o problema de valor inicial

$$y'' + 2y' + 6y = 0, \quad y(0) = 2, \quad y'(0) = \alpha \ge 0.$$

  a. Encontre a solução $y(t)$ deste problema.
  b. Encontre α tal que $y = 0$ quando $t = 1$.
  c. Encontre o menor valor positivo de t, em função de α, para o qual $y = 0$.
  d. Determine o limite da expressão encontrada no item (**c**) quando $\alpha \to \infty$.

19. Mostre que $W[e^{\lambda t}\cos(\mu t), e^{\lambda t}\operatorname{sen}(\mu t)] = \mu e^{2\lambda t}$.

20. Neste problema, esquematizamos um modo diferente de obter a fórmula de Euler.

  a. Mostre que $y_1(t) = \cos(t)$ e $y_2(t) = \operatorname{sen}(t)$ formam um conjunto fundamental de soluções para $y'' + y = 0$; ou seja, mostre que são soluções e que seu wronskiano não se anula.
  b. Mostre (formalmente) que $y = e^{it}$ também é solução de $y'' + y = 0$. Portanto,

$$e^{it} = c_1 \cos(t) + c_2 \operatorname{sen}(t) \tag{31}$$

para constantes c_1 e c_2 apropriadas. Por que isso ocorre?

  c. Faça $t = 0$ na Eq. (31) para mostrar que $c_1 = 1$.
  d. Supondo que a Eq. (15) é válida, diferencie a Eq. (31) e depois faça $t = 0$ para concluir que $c_2 = i$. Use os valores de c_1 e c_2 na Eq. (31) para chegar à fórmula de Euler.

21. Usando a fórmula de Euler, mostre que

$$\frac{e^{it} + e^{-it}}{2} = \cos(t), \quad \frac{e^{it} - e^{-it}}{2i} = \operatorname{sen}(t).$$

22. Se e^{rt} for dado pela Eq. (14), mostre que $e^{(r_1 + r_2)t} = e^{r_1 t} e^{r_2 t}$, quaisquer que sejam os números complexos r_1 e r_2.

23. Considere a equação diferencial

$$ay'' + by' + cy = 0,$$

em que $b^2 - 4ac < 0$ e a equação característica tem raízes complexas $\lambda \pm i\mu$. Substitua y pelas funções

$$u(t) = e^{\lambda t}\cos(\mu t) \quad \text{e} \quad v(t) = e^{\lambda t}\operatorname{sen}(\mu t)$$

na equação diferencial, confirmando, assim, que elas são soluções.

24. Se as funções y_1 e y_2 formarem um conjunto fundamental de soluções para $y'' + p(t)y' + q(t)y = 0$, mostre que entre dois zeros consecutivos de y_1 existe um, e apenas um, zero de y_2. Note que esse comportamento é ilustrado pelas soluções $y_1(t) = \cos(t)$ e $y_2(t) = \operatorname{sen}(t)$ da equação $y'' + y = 0$.

Sugestão: suponha que t_1 e t_2 são dois zeros de y_1 entre os quais não existe zero de y_2. Aplique o teorema de Rolle a y_1/y_2 para chegar a uma contradição.

Mudança de Variáveis. Às vezes, uma equação diferencial com coeficientes variáveis,

$$y'' + p(t)y' + q(t)y = 0, \tag{32}$$

pode ser colocada em uma forma mais adequada, para encontrar uma solução, mediante uma mudança da variável independente. Vamos explorar essas ideias nos Problemas **25** a **36**. Em particular, no Problema **25** mostramos que as equações conhecidas como equações de Euler podem ser transformadas em equações com coeficientes constantes por uma mudança simples da variável independente. Os Problemas **26** a **31** são exemplos desse tipo de equação. O Problema **32** determina condições sob as quais a equação mais geral (32) pode ser transformada em uma equação diferencial com coeficientes constantes. Os Problemas **33** a **36** fornecem aplicações específicas deste procedimento.

25. **Equações de Euler.** Uma equação da forma

$$t^2 \frac{d^2 y}{dt^2} + \alpha t \frac{dy}{dt} + \beta y = 0, \quad t > 0, \tag{33}$$

em que α e β são constantes reais, é chamada **equação de Euler**.

  a. Seja $x = \ln(t)$ e calcule dy/dt e d^2y/dt^2 em termos de dy/dx e d^2y/dx^2.
  b. Use os resultados do item (**a**) para transformar a Eq. (33) em

$$\frac{d^2 y}{dx^2} + (\alpha - 1)\frac{dy}{dx} + \beta y = 0. \tag{34}$$

Note que a Eq. (34) tem coeficientes constantes. Se $y_1(x)$ e $y_2(x)$ formarem um conjunto fundamental de soluções para a Eq. (34), então $y_1(\ln(t))$ e $y_2(\ln(t))$ formarão um conjunto fundamental de soluções da Eq. (33).

Nos Problemas **26** a **31**, use o método do Problema **25** para resolver a equação dada para $t > 0$.

90 Capítulo 3

26. $t^2 y'' + ty' + y = 0$

27. $t^2 y'' + 4ty' + 2y = 0$

28. $t^2 y'' - 4ty' - 6y = 0$

29. $t^2 y'' - 4ty' + 6y = 0$

30. $t^2 y'' + 3ty' - 3y = 0$

31. $t^2 y'' + 7ty' + 10y = 0$

32. Neste problema vamos determinar condições sobre p e q de modo que a Eq. (32) possa ser transformada em uma equação com coeficientes constantes mediante uma mudança da variável independente. Seja $x = u(t)$ a nova variável independente, com a relação entre x e t a ser especificada mais tarde.

a. Mostre que

$$\frac{dy}{dt} = \frac{dx}{dt}\frac{dy}{dx}, \qquad \frac{d^2 y}{dt^2} = \left(\frac{dx}{dt}\right)^2 \frac{d^2 y}{dx^2} + \frac{d^2 x}{dt^2}\frac{dy}{dx}.$$

b. Mostre que a equação diferencial (32) se torna

$$\left(\frac{dx}{dt}\right)^2 \frac{d^2 y}{dx^2} + \left(\frac{d^2 x}{dt^2} + p(t)\frac{dx}{dt}\right)\frac{dy}{dx} + q(t)y = 0. \qquad (35)$$

c. Para que a Eq. (35) tenha coeficientes constantes, é preciso que os coeficientes de d^2y/dx^2, dy/dx e y sejam todos proporcionais.

Se $q(t) > 0$, então podemos escolher a constante de proporcionalidade como um; logo, depois de integrar em relação a t,

$$x = u(t) = \int (q(t))^{1/2}\, dt. \qquad (36)$$

d. Com x escolhido como no item **(c)**, mostre que o coeficiente de dy/dx na Eq. (35) também é constante, desde que a expressão

$$\frac{q'(t) + 2p(t)q(t)}{2(q(t))^{3/2}} \qquad (37)$$

seja constante. Assim, a Eq. (32) pode ser transformada em uma equação com coeficientes constantes a partir de uma mudança da variável independente, desde que a função $(q' + 2pq)/q^{3/2}$ seja constante.

e. Como a análise e o resultado em **(d)** serão modificados se $q(t) < 0$?

Nos Problemas 33 a 36, tente transformar a equação dada em uma com coeficientes constantes pelo método do Problema 32. Se isso for possível, encontre a solução geral da equação dada.

33. $y'' + ty' + e^{-t^2} y = 0, \quad -\infty < t < \infty$

34. $y'' + 3ty' + t^2 y = 0, \quad -\infty < t < \infty$

35. $ty'' + (t^2 - 1)y' + t^3 y = 0, \quad 0 < t < \infty$

36. $y'' + ty' - e^{-t^2} y = 0$

3.4 Raízes Repetidas; Redução de Ordem

Nas Seções 3.1 e 3.3, mostramos como resolver a equação

$$ay'' + by' + cy = 0 \qquad (1)$$

quando as raízes da equação característica

$$ar^2 + br + c = 0 \qquad (2)$$

são reais e distintas ou complexas conjugadas. Vamos considerar agora a terceira possibilidade, a saber, quando as duas raízes r_1 e r_2 são iguais. Esse caso faz a transição entre os outros dois e ocorre quando o discriminante $b^2 - 4ac$ é zero. Segue, da fórmula para a equação do segundo grau, que

$$r_1 = r_2 = -\frac{b}{2a}. \qquad (3)$$

A dificuldade é imediatamente aparente: ambas as raízes geram a mesma solução

$$y_1(t) = e^{-bt/(2a)} \qquad (4)$$

da equação diferencial (1), e não é nada óbvio como encontrar uma segunda solução.

EXEMPLO 3.4.1

Resolva a equação diferencial

$$y'' + 4y' + 4y = 0. \qquad (5)$$

Solução:

A equação característica é

$$r^2 + 4r + 4 = (r+2)^2 = 0,$$

de modo que $r_1 = r_2 = -2$. Portanto, uma solução da Eq. (5) é $y_1(t) = e^{-2t}$. Para encontrar a solução geral da Eq. (5), precisamos de uma segunda solução que não seja múltiplo de y_1. Essa segunda solução pode ser encontrada de diversas maneiras (veja os Problemas 15 a 17); usaremos aqui um método descoberto por d'Alembert[7] no século XVIII. Lembre-se de que, como $y_1(t)$ é uma solução da Eq. (1), $cy_1(t)$ também o é para qualquer constante c. A ideia básica é generalizar essa observação substituindo-se c por uma função $v(t)$ e, depois, tentar determinar $v(t)$ de modo que o produto $v(t)y_1(t)$ seja também solução da Eq. (1).

Para seguir esse programa, vamos substituir $y = v(t)y_1(t)$ na Eq. (5) e usar a equação resultante para encontrar $v(t)$. Começando com

$$y = v(t)y_1(t) = v(t)e^{-2t}, \qquad (6)$$

derivamos uma vez para encontrar

$$y' = v'(t)e^{-2t} - 2v(t)e^{-2t} \qquad (7)$$

e, derivando novamente, obtemos

$$y'' = v''(t)e^{-2t} - 4v'(t)e^{-2t} + 4v(t)e^{-2t}. \qquad (8)$$

Substituindo as expressões nas Eqs. (6), (7) e (8) na Eq. (5) e juntando os termos, obtemos

$$(v''(t) - 4v'(t) + 4v(t) + 4v'(t) - 8v(t) + 4v(t))e^{-2t} = 0,$$

que pode ser simplificado para

$$v''(t) = 0. \qquad (9)$$

---

[7]Jean d'Alembert (1717-1783), matemático francês, foi contemporâneo de Euler e Daniel Bernoulli, e é conhecido, principalmente, por seu trabalho em Mecânica e equações diferenciais. O princípio de d'Alembert em Mecânica e o paradoxo de d'Alembert em hidrodinâmica receberam esse nome em sua homenagem, e a equação de onda apareceu pela primeira vez em seu artigo sobre cordas vibrantes, em 1747. Em seus últimos anos, devotou-se principalmente à filosofia e a suas tarefas como editor de ciência da Enciclopédia de Diderot.

Logo,
$$v'(t) = c_1$$
e
$$v(t) = c_1 t + c_2, \quad (10)$$

em que c_1 e c_2 são constantes arbitrárias. Finalmente, substituindo $v(t)$ na Eq. (6), obtemos

$$y = c_1 t e^{-2t} + c_2 e^{-2t}. \quad (11)$$

A segunda parcela à direita do sinal de igualdade na Eq. (11) corresponde à solução original $y_1(t) = \exp(-2t)$, mas a primeira parcela corresponde a uma segunda solução, a saber, $y_2(t) = t\exp(-2t)$. Podemos verificar que essas duas soluções formam um conjunto fundamental de soluções calculando seu wronskiano:

$$W[y_1, y_2](t) = \begin{vmatrix} e^{-2t} & te^{-2t} \\ -2e^{-2t} & (1-2t)e^{-2t} \end{vmatrix} = e^{-4t} - 2te^{-4t} + 2te^{-4t} = e^{-4t} \neq 0.$$

Portanto,
$$y_1(t) = e^{-2t}, \quad y_2(t) = te^{-2t} \quad (12)$$

formam um conjunto fundamental de soluções da Eq. (5), e a solução geral desta equação é dada pela Eq. (11). Note que ambas as funções $y_1(t)$ e $y_2(t)$ tendem a zero quando $t \to \infty$; em consequência, todas as soluções da Eq. (5) se comportam desse modo. A **Figura 3.4.1** mostra o gráfico de uma solução típica.

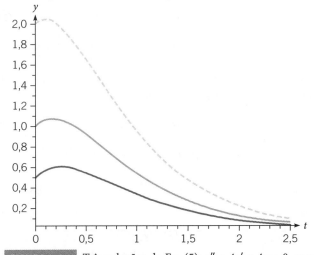

FIGURA 3.4.1 Três soluções da Eq. (5): $y'' + 4y' + 4y = 0$, com conjuntos de condições iniciais diferentes: $y(0) = 2$, $y'(0) = 1$ (cinza-clara, tracejada); $y(0) = 1$, $y'(0) = 1$ (cinza-clara, sólida); $y(0) = \frac{1}{2}$, $y'(0) = 1$ (cinza-escura).

O procedimento usado no Exemplo 3.4.1 pode ser estendido a uma equação geral cuja equação característica tenha raízes repetidas. Ou seja, supomos que os coeficientes na Eq. (1) satisfazem $b^2 - 4ac = 0$, caso em que

$$y_1(t) = e^{-bt/(2a)}$$

é uma solução. Para encontrar uma segunda solução, supomos que

$$y = v(t) y_1(t) = v(t) e^{-bt/(2a)} \quad (13)$$

e substituímos na Eq. (1) para determinar $v(t)$. Temos

$$y' = v'(t) e^{-bt/(2a)} - \frac{b}{2a} v(t) e^{-bt/(2a)} \quad (14)$$

e

$$y'' = v''(t) e^{-bt/(2a)} - \frac{b}{a} v'(t) e^{-bt/(2a)} + \frac{b^2}{4a^2} v(t) e^{-bt/(2a)}. \quad (15)$$

Então, substituindo na Eq. (1), obtemos

$$\left(a\left(v''(t) - \frac{b}{a} v'(t) + \frac{b^2}{4a^2} v(t) \right) + b\left(v'(t) - \frac{b}{2a} v(t) \right) + cv(t) \right) e^{-bt/(2a)} = 0. \quad (16)$$

Cancelando o fator $e^{-bt/(2a)}$, que não se anula, e arrumando os termos restantes, encontramos

$$av''(t) + (-b+b)v'(t) + \left(\frac{b^2}{4a} - \frac{b^2}{2a} + c \right) v(t) = 0. \quad (17)$$

A parcela envolvendo $v'(t)$ é obviamente nula. Além disso, o coeficiente de $v(t)$ é $c - b^2/(4a)$, que também é zero, pois $b^2 - 4ac = 0$ no problema em consideração. Assim, como no Exemplo 3.4.1, a Eq. (17) se reduz a

$$v''(t) = 0,$$

de modo que
$$v(t) = c_1 + c_2 t.$$

Portanto, da Eq. (13), temos

$$y = c_1 e^{-bt/(2a)} + c_2 t e^{-bt/(2a)}. \quad (18)$$

Então, y é uma combinação linear das duas soluções

$$y_1(t) = e^{-bt/(2a)}, \quad y_2(t) = te^{-bt/(2a)}. \quad (19)$$

O wronskiano dessas duas soluções é

$$W(y_1, y_2)(t) = \begin{vmatrix} e^{-bt/(2a)} & te^{-bt/(2a)} \\ -\frac{b}{2a} e^{-bt/(2a)} & \left(1 - \frac{bt}{2a}\right) e^{-bt/(2a)} \end{vmatrix} = e^{-bt/a}. \quad (20)$$

Como $W[y_1, y_2](t)$ nunca se anula, as soluções y_1 e y_2 dadas pela Eq. (19) formam um conjunto fundamental de soluções. Além disso, a Eq. (18) é a solução geral da Eq. (1) quando as raízes da equação característica são iguais. Em outras palavras, neste caso existe uma solução exponencial correspondente à raiz repetida, enquanto uma segunda solução é obtida multiplicando-se a solução exponencial por t.

EXEMPLO 3.4.2

Encontre a solução do problema de valor inicial

$$y'' - y' + \frac{y}{4} = 0, \quad y(0) = 2, \quad y'(0) = \frac{1}{3}. \quad (21)$$

Solução:

A equação característica é

$$r^2 - r + \frac{1}{4} = 0,$$

de modo que as raízes são $r_1 = r_2 = 1/2$. Logo, a solução geral da equação diferencial é

$$y = c_1 e^{t/2} + c_2 t e^{t/2}. \tag{22}$$

A primeira condição inicial requer que

$$y(0) = c_1 = 2.$$

Para satisfazer a segunda condição inicial, primeiro diferenciamos a Eq. (22) e depois fazemos $t = 0$. Isso nos dá

$$y'(0) = \frac{1}{2} c_1 + c_2 = \frac{1}{3},$$

de modo que $c_2 = -2/3$. Portanto, a solução do problema de valor inicial é

$$y = 2 e^{t/2} - \frac{2}{3} t e^{t/2}. \tag{23}$$

A **Figura 3.4.2** mostra, em cinza-claro, o gráfico desta solução.

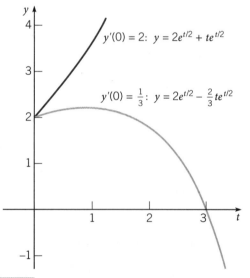

FIGURA 3.4.2 Soluções de $y'' - y' + y/4 = 0$, $y(0) = 2$, com $y'(0) = 1/3$ (em cinza-claro) e $y'(0) = 2$ (em preto).

Vamos modificar, agora, o problema de valor inicial (21) mudando o coeficiente angular inicial; especificamente, vamos trocar a segunda condição inicial por $y'(0) = 2$. A solução desse problema modificado é

$$y = 2 e^{t/2} + t e^{t/2},$$

e seu gráfico é a curva preta na Figura 3.4.2. Os gráficos mostrados nessa figura sugerem a existência de um coeficiente angular inicial crítico, com valor entre 1/3 e 2, que separa as soluções que crescem positivamente quando $t \to \infty$ das que crescem em módulo, mas tornam-se negativas quando $t \to \infty$. O Problema 12 pede que você determine este coeficiente angular crítico.

O comportamento assintótico de soluções é semelhante, nesse caso, quando as raízes são reais e distintas. Se os expoentes são positivos ou negativos, então a solução, em módulo, aumenta ou diminui de acordo; o fator linear t tem pouca influência. A Figura 3.4.1 mostra uma solução decaindo, e a Figura 3.4.2 indica duas soluções crescendo em módulo. No entanto, se a raiz repetida for nula, então a equação diferencial será $y'' = 0$ e a solução geral será uma função linear de t.

Resumo. Podemos resumir, agora, os resultados obtidos para equações lineares homogêneas de segunda ordem com coeficientes constantes

$$ay'' + by' + cy = 0. \tag{24}$$

Sejam r_1 e r_2 as raízes da equação característica correspondente

$$ar^2 + br + c = 0. \tag{25}$$

Se r_1 e r_2 forem reais e distintos, então a solução geral da equação diferencial (24) será

$$y = c_1 e^{r_1 t} + c_2 e^{r_2 t}. \tag{26}$$

Se r_1 e r_2 forem complexos conjugados $\lambda \pm i\mu$, então a solução geral será

$$y = c_1 e^{\lambda t} \cos(\mu t) + c_2 e^{\lambda t} \operatorname{sen}(\mu t). \tag{27}$$

Se $r_1 = r_2$, então a solução geral será

$$y = c_1 e^{r_1 t} + c_2 t e^{r_1 t}. \tag{28}$$

Redução de Ordem. Vale a pena observar que o procedimento usado nesta seção para equações com coeficientes constantes é aplicável mais geralmente. Suponha que conheçamos uma solução $y_1(t)$, não identicamente nula, de

$$y'' + p(t) y' + q(t) y = 0. \tag{29}$$

Para encontrar uma segunda solução, seja

$$y = v(t) y_1(t); \tag{30}$$

então

$$y' = v'(t) y_1(t) + v(t) y_1'(t)$$

e

$$y'' = v''(t) y_1(t) + 2 v'(t) y_1'(t) + v(t) y_1''(t).$$

Substituindo essas expressões para y, y' e y'' na Eq. (29) e juntando os termos, encontramos

$$y_1 v'' + (2 y_1' + p y_1) v' + (y_1'' + p y_1' + q y_1) v = 0. \tag{31}$$

Como y_1 é uma solução da Eq. (29), o coeficiente de v na Eq. (31) é zero, de modo que a Eq. (31) fica

$$y_1 v'' + (2 y_1' + p y_1) v' = 0. \tag{32}$$

Apesar de sua aparência, a Eq. (32) é, de fato, uma equação de primeira ordem para a função v' e pode ser resolvida como uma equação de primeira ordem ou como uma equação separável. Uma vez encontrada v', v é obtida por integração. Finalmente,

Equações Diferenciais Lineares de Segunda Ordem **93**

a solução y é determinada da Eq. (30). Este procedimento é chamado de método de **redução de ordem**, já que o passo crucial é a resolução de uma equação diferencial de primeira ordem para v', em vez da equação de segunda ordem original para y. Embora seja possível escrever uma fórmula para $v(t)$, vamos, em vez disso, ilustrar como o método funciona com um exemplo.

EXEMPLO 3.4.3

Dado que $y_1(t) = t^{-1}$ é uma solução de

$$2t^2 y'' + 3ty' - y = 0, \quad t > 0, \tag{33}$$

encontre um conjunto fundamental de soluções.

Solução:

Vamos fazer $y = v(t)t^{-1}$; então

$$y' = v't^{-1} - vt^{-2}, \quad y'' = v''t^{-1} - 2v't^{-2} + 2vt^{-3}.$$

Substituindo y, y' e y'' na Eq. (33) e juntando os termos, obtemos

$$
\begin{aligned}
2t^2\left(v''t^{-1} - 2v't^{-2} + 2vt^{-3}\right) &+ 3t\left(v't^{-1} - vt^{-2}\right) - vt^{-1} \\
&= 2tv'' + (-4+3)v' + \left(4t^{-1} - 3t^{-1} - t^{-1}\right)v \\
&= 2tv'' - v' = 0.
\end{aligned}
\tag{34}
$$

Note que o coeficiente de v é nulo, como deveria; isso nos dá um ponto útil de verificação dos nossos cálculos algébricos.

Se definirmos $w = v'$, então a equação diferencial linear de segunda ordem (34) será reduzida à equação diferencial separável de primeira ordem

$$2tw' - w = 0.$$

Separando as variáveis e resolvendo para $w(t)$, encontramos

$$w(t) = v'(t) = ct^{1/2};$$

então, uma integração final nos fornece

$$v(t) = \frac{2}{3}ct^{3/2} + k.$$

Segue que

$$y = v(t)t^{-1} = \frac{2}{3}ct^{1/2} + kt^{-1}, \tag{35}$$

em que c e k são constantes arbitrárias. A segunda parcela à direita do sinal de igualdade na Eq. (35) é um múltiplo de $y_1(t)$, e pode ser retirada; porém, a primeira parcela nos dá uma solução nova, $y_2(t) = t^{1/2}$. Você pode verificar que o wronskiano de y_1 e y_2 é

$$W[y_1, y_2](t) = \frac{3}{2}t^{-3/2} \neq 0 \text{ para } t > 0. \tag{36}$$

Em consequência, y_1 e y_2 formam um conjunto fundamental de soluções para a Eq. (33) para $t > 0$.

Problemas

Nos Problemas 1 a 8, encontre a solução geral da equação diferencial dada.

1. $y'' - 2y' + y = 0$

2. $9y'' + 6y' + y = 0$

3. $4y'' - 4y' - 3y = 0$

4. $y'' - 2y' + 10y = 0$

5. $y'' - 6y' + 9y = 0$

6. $4y'' + 17y' + 4y = 0$

7. $16y'' + 24y' + 9y = 0$

8. $2y'' + 2y' + y = 0$

Nos Problemas 9 a 11, resolva o problema de valor inicial dado. Esboce o gráfico da solução e descreva seu comportamento quando t cresce.

9. $9y'' - 12y' + 4y = 0, \quad y(0) = 2, \quad y'(0) = -1$

10. $y'' - 6y' + 9y = 0, \quad y(0) = 0, \quad y'(0) = 2$

11. $y'' + 4y' + 4y = 0, \quad y(-1) = 2, \quad y'(-1) = 1$

12. Considere a modificação a seguir do problema de valor inicial no Exemplo 3.4.2:

$$y'' - y' + \frac{y}{4} = 0, \quad y(0) = 2, \quad y'(0) = b.$$

Encontre a solução em função de b e depois determine o valor crítico de b que separa as soluções que permanecem positivas para todo $t > 0$ das que acabam ficando negativas.

13. Considere o problema de valor inicial

$$4y'' + 4y' + y = 0, \quad y(0) = 1, \quad y'(0) = 2.$$

a. Resolva o problema de valor inicial e faça o gráfico da solução.

b. Determine as coordenadas (t_M, y_M) do ponto de máximo.

c. Mude a segunda condição inicial para $y'(0) = b > 0$ e encontre a solução como função de b.

d. Encontre as coordenadas (t_M, y_M) do ponto de máximo em função de b. Descreva a dependência em b de t_M e de y_M quando b aumenta.

14. Considere a equação $ay'' + by' + cy = 0$. Se as raízes da equação característica correspondente forem reais, mostre que uma solução da equação diferencial é identicamente nula ou pode assumir o valor zero no máximo uma vez.

Os Problemas 15 a 17 indicam outras maneiras de encontrar uma segunda solução quando a equação característica tem raízes repetidas.

15. a. Considere a equação $y'' + 2ay' + a^2y = 0$. Mostre que as raízes da equação característica são $r_1 = r_2 = -a$, de modo que uma solução da equação é e^{-at}.

b. Use a fórmula de Abel [Eq. (23) da Seção 3.2] para mostrar que o wronskiano de duas soluções quaisquer da equação dada é

$$W(t) = y_1(t)y_2'(t) - y_1'(t)y_2(t) = c_1e^{-2at},$$

em que c_1 é uma constante.

c. Seja $y_1(t) = e^{-at}$ e use o resultado do item **(b)** para obter uma equação diferencial satisfeita por uma segunda solução $y_2(t)$. Resolvendo essa equação, mostre que $y_2(t) = te^{-at}$.

94 Capítulo 3

16. Suponha que r_1 e r_2 são raízes de $ar^2 + br + c = 0$ e que $r_1 \neq r_2$; então, $\exp(r_1 t)$ e $\exp(r_2 t)$ são soluções da equação diferencial $ay'' + by' + cy = 0$. Mostre que

$$\phi(t; r_1, r_2) = \frac{e^{r_2 t} - e^{r_1 t}}{r_2 - r_1}$$

também é solução da equação para $r_2 \neq r_1$. Depois, pense em r_1 como fixo e use a regra de L'Hôpital para calcular o limite de $\phi(t; r_1, r_2)$ quando $r_2 \to r_1$ obtendo, assim, a segunda solução no caso de raízes iguais.

17. a. Se $ar^2 + br + c = 0$ tem raízes iguais r_1, mostre que

$$L[e^{rt}] = a(e^{rt})'' + b(e^{rt})' + ce^{rt} = a(r - r_1)^2 e^{rt}. \tag{37}$$

Como a última expressão à direita na Eq. (37) é nula quando $r = r_1$, segue que $\exp(r_1 t)$ é uma solução de $L[y] = ay'' + by' + cy = 0$.

b. Diferencie a Eq. (37) em relação a r e mude as ordens das derivadas em relação a r e a t, mostrando, assim, que

$$\frac{\partial}{\partial r} L[e^{rt}] = L[\frac{\partial}{\partial r} e^{rt}] = L[te^{rt}] =$$
$$= ate^{rt}(r - r_1)^2 + 2ae^{rt}(r - r_1). \tag{38}$$

Como a última expressão à direita na Eq. (38) é zero quando $r = r_1$, conclua que $t\exp(r_1 t)$ também é solução de $L[y] = 0$.

Nos Problemas 18 a 22, use o método de redução de ordem para encontrar uma segunda solução da equação diferencial dada.

18. $t^2 y'' - 4ty' + 6y = 0$, $t > 0$; $y_1(t) = t^2$

19. $t^2 y'' + 2ty' - 2y = 0$, $t > 0$; $y_1(t) = t$

20. $t^2 y'' + 3ty' + y = 0$, $t > 0$; $y_1(t) = t^{-1}$

21. $xy'' - y' + 4x^3 y = 0$, $x > 0$; $y_1(x) = \text{sen}(x^2)$

22. $x^2 y'' + xy' + (x^2 - 0,25)y = 0$, $x > 0$; $y_1(x) = x^{-1/2}\text{sen}(x)$

23. A equação diferencial

$$y'' + \delta(xy' + y) = 0$$

aparece no estudo da turbulência em um fluxo uniforme ao passar por um cilindro circular. Verifique que $y_1(x) = \exp(-\delta x^2/2)$ é uma solução e depois encontre a solução geral na forma de uma integral.

24. O método do Problema 15 pode ser estendido para equações de segunda ordem com coeficientes variáveis. Se y_1 for uma solução conhecida de $y'' + p(t)y' + q(t)y = 0$ que não se anula, mostre que uma segunda solução y_2 irá satisfazer $(y_2/y_1)' = W[y_1, y_2]/y_1^2$, em que $W[y_1, y_2]$ é o wronskiano de y_1 e y_2. Depois use a fórmula de Abel [Eq. (23) da Seção 3.2] para determinar y_2.

Nos Problemas 25 a 27, use o método do Problema 24 para encontrar uma segunda solução independente da equação dada.

25. $t^2 y'' + 3ty' + y = 0$, $t > 0$; $y_1(t) = t^{-1}$

26. $ty'' - y' + 4t^3 y = 0$, $t > 0$; $y_1(t) = \text{sen}(t^2)$

27. $x^2 y'' + xy' + (x^2 - 0,25)y = 0$, $x > 0$; $y_1(x) = x^{-1/2}\text{sen}(x)$

Comportamento de Soluções quando $t \to \infty$. Os Problemas 28 a 30 tratam do comportamento de soluções quando $t \to \infty$.

28. Se a, b e c forem constantes positivas, mostre que todas as soluções de $ay'' + by' + cy = 0$ tendem a zero quando $t \to \infty$.

29. a. Se $a > 0$ e $c > 0$, mas $b = 0$, mostre que o resultado do Problema 28 não continua válido, mas que todas as soluções permanecem limitadas quando $t \to \infty$.

b. Se $a > 0$ e $b > 0$, mas $c = 0$, mostre que o resultado do Problema 28 não continua válido, mas que todas as soluções tendem a uma constante, que depende da condição inicial, quando $t \to \infty$. Determine essa constante para as condições iniciais $y(0) = y_0$, $y'(0) = y_0'$.

30. Mostre que $y = \text{sen}(t)$ é uma solução de

$$y'' + (k\,\text{sen}^2(t))y' + (1 - k\cos(t)\text{sen}(t))y = 0$$

para qualquer valor da constante k. Se $0 < k < 2$, mostre que $1 - k\cos(t)\,\text{sen}(t) > 0$ e $k\,\text{sen}^2(t) \geq 0$. Observe então que, embora os coeficientes dessa equação diferencial com coeficientes variáveis sejam não negativos (e o coeficiente de y' se anule apenas nos pontos $t = 0, \pi, 2\pi, \ldots$), ela tem uma solução que não tende a zero quando $t \to \infty$. Compare essa situação com o resultado do Problema 28. Observamos, assim, uma situação que não é incomum na teoria de equações diferenciais: equações aparentemente bastante semelhantes podem ter propriedades muito diferentes.

Equações de Euler. Nos Problemas 31 a 34, use a substituição introduzida no Problema 25 na Seção 3.3 para resolver a equação diferencial dada.

31. $t^2 y'' - 3ty' + 4y = 0$, $t > 0$

32. $t^2 y'' + 2ty' + 0,25y = 0$, $t > 0$

33. $t^2 y'' + 3ty' + y = 0$, $t > 0$

34. $4t^2 y'' - 8ty' + 9y = 0$, $t > 0$

3.5 Equações Não Homogêneas; Método dos Coeficientes Indeterminados

Vamos considerar agora a equação diferencial linear de segunda ordem não homogênea

$$L[y] = y'' + p(t)y' + q(t)y = g(t), \tag{1}$$

em que p, q e g são funções (contínuas) dadas em um intervalo aberto I. A equação

$$L[y] = y'' + p(t)y' + q(t)y = 0, \tag{2}$$

na qual $g(t) = 0$ e p e q são as mesmas que na Eq. (1), é chamada de equação diferencial homogênea associada à Eq. (1). Os dois resultados a seguir descrevem a estrutura de soluções da equação não homogênea (1) e fornecem uma base para a construção de sua solução geral.

Teorema 3.5.1

Se Y_1 e Y_2 forem duas soluções da equação não homogênea (1), então sua diferença $Y_1 - Y_2$ é uma solução da equação homogênea associada (2). Se, além disso, y_1 e y_2 formarem um conjunto fundamental de soluções para a Eq. (2), então

$$Y_1(t) - Y_2(t) = c_1 y_1(t) + c_2 y_2(t), \tag{3}$$

em que c_1 e c_2 são constantes determinadas.

Para provar esse resultado, note que Y_1 e Y_2 satisfazem as equações

$$L[Y_1](t) = g(t), \quad L[Y_2](t) = g(t). \tag{4}$$

Subtraindo a segunda da primeira dessas equações, temos

$$L[Y_1](t) - L[Y_2](t) = g(t) - g(t) = 0. \tag{5}$$

No entanto,

$$L[Y_1] - L[Y_2] = L[Y_1 - Y_2],$$

de modo que a Eq. (5) se torna

$$L[Y_1 - Y_2](t) = 0. \tag{6}$$

A Eq. (6) diz que $Y_1 - Y_2$ é uma solução da Eq. (2). Finalmente, como pelo Teorema 3.2.4 todas as soluções da Eq. (2) podem ser expressas como uma combinação linear das funções em um conjunto fundamental de soluções, segue que a solução $Y_1 - Y_2$ também pode ser expressa nessa forma. Logo, a Eq. (3) é válida e a demonstração está completa.

Teorema 3.5.2

A solução geral da equação não homogênea (1) pode ser escrita na forma

$$y = \phi(t) = c_1 y_1(t) + c_2 y_2(t) + Y(t), \tag{7}$$

em que y_1 e y_2 formam um conjunto fundamental de soluções da equação homogênea associada (2), c_1 e c_2 são constantes arbitrárias e Y é alguma solução da equação não homogênea (1).

A demonstração do Teorema 3.5.2 segue rapidamente do Teorema 3.5.1. Note que a Eq. (3) será válida se identificarmos Y_1 com uma solução arbitrária ϕ da Eq. (1) e Y_2 com a solução específica Y. Assim, da Eq. (3) obtemos

$$\phi(t) - Y(t) = c_1 y_1(t) + c_2 y_2(t), \tag{8}$$

que é equivalente à Eq. (7). Como ϕ é uma solução arbitrária da Eq. (1), a expressão à direita do sinal de igualdade na Eq. (7) inclui todas as soluções da Eq. (1); é natural, portanto, chamá-la de solução geral da Eq. (1).

Em outras palavras, o Teorema 3.5.2 afirma que, para resolver a equação não homogênea (1), precisamos fazer o seguinte:

1. Encontrar a solução geral $c_1 y_1(t) + c_2 y_2(t)$ da equação homogênea associada. Esta solução é chamada, muitas vezes, de **solução complementar** e pode ser denotada por $y_c(t)$.
2. Encontrar uma única solução $Y(t)$ da equação não homogênea. Referimo-nos a essa solução, muitas vezes, como uma **solução particular**.
3. Somar as duas funções encontradas nas etapas 1 e 2.

Já discutimos como encontrar $y_c(t)$, pelo menos quando a equação homogênea (2) tem coeficientes constantes. Portanto, no restante desta seção e na Seção 3.6, focaremos nossa atenção em encontrar uma solução particular $Y(t)$ da equação diferencial linear não homogênea (1). Existem dois métodos que gostaríamos de discutir. Eles são conhecidos como o método dos coeficientes indeterminados (discutido aqui) e o método

de variação dos parâmetros (veja a Seção 3.6). Cada um tem vantagens e desvantagens.

Método dos Coeficientes Indeterminados. O método dos coeficientes indeterminados requer uma hipótese inicial sobre a forma da solução particular $Y(t)$, mas com os coeficientes não especificados. Substituímos, então, a expressão hipotética na equação diferencial não homogênea (1) e tentamos determinar os coeficientes de modo que a equação seja satisfeita. Se tivermos sucesso, teremos encontrado uma solução da equação diferencial (1) e poderemos usá-la como a solução particular $Y(t)$. Se não pudermos determinar os coeficientes, então não existirá solução da forma que supusemos. Neste caso, temos que modificar a hipótese inicial e tentar novamente.

A maior vantagem do método dos coeficientes indeterminados é a facilidade de sua execução, uma vez feita a hipótese sobre a forma de $Y(t)$. Sua maior limitação é que é útil principalmente para equações para as quais é fácil escrever, antecipadamente, a forma correta da solução particular. Por essa razão, este método só é usado, em geral, para problemas nos quais a equação homogênea tem coeficientes constantes e o termo não homogêneo pertence a uma classe relativamente pequena de funções. Em particular, consideramos apenas termos não homogêneos consistindo em polinômios, funções exponenciais, senos e cossenos. Apesar dessa limitação, o método dos coeficientes indeterminados é útil para resolver muitos problemas que têm aplicações importantes. No entanto, os detalhes dos cálculos podem ser bastante tediosos, e um sistema de álgebra computacional pode ser muito útil nas aplicações práticas. Ilustraremos o método dos coeficientes indeterminados por meio de diversos exemplos e depois resumiremos algumas regras para usá-lo.

EXEMPLO 3.5.1

Encontre uma solução particular de

$$y'' - 3y' - 4y = 3e^{2t}. \tag{9}$$

Solução:

Procuramos uma função Y tal que a combinação $Y''(t) - 3Y'(t) - 4Y(t)$ seja igual a $3e^{2t}$. Como uma função exponencial se reproduz pela diferenciação, a maneira mais plausível de obter o resultado desejado é supor que $Y(t)$ é algum múltiplo de e^{2t},

$$Y(t) = Ae^{2t},$$

em que o coeficiente A ainda precisa ser determinado. Para encontrar A, vamos calcular as duas primeiras derivadas de Y:

$$Y'(t) = 2Ae^{2t}, \quad Y''(t) = 4Ae^{2t},$$

e substituir y, y' e y'' na equação diferencial não homogênea (9) por Y, Y' e Y'', respectivamente. Obtemos

$$Y'' - 3Y' - 4Y = (4A - 6A - 4A)e^{2t} = 3e^{2t}.$$

Portanto, $-6Ae^{2t}$ tem de ser igual a $3e^{2t}$, assim, $-6A = 3$ e concluímos que $A = -\frac{1}{2}$. Portanto, uma solução particular é

$$Y(t) = -\frac{1}{2}e^{2t}. \tag{10}$$

96 Capítulo 3

EXEMPLO 3.5.2

Encontre uma solução particular de

$$y'' - 3y' - 4y = 2\operatorname{sen}(t). \tag{11}$$

Solução:

Por analogia com o Exemplo 3.5.1, vamos supor primeiro que $Y(t) = A\operatorname{sen}(t)$, em que A é uma constante a ser determinada. Substituindo na Eq. (11), obtemos

$$Y'' - 3Y' - 4Y = -A\operatorname{sen}(t) - 3A\cos(t) - 4A\operatorname{sen}(t) = 2\operatorname{sen}(t),$$

ou, movendo todos os termos para o lado esquerdo da equação e juntando os termos envolvendo $\operatorname{sen}(t)$ e $\cos(t)$, chegamos a

$$(2 + 5A)\operatorname{sen}(t) + 3A\cos(t) = 0. \tag{12}$$

Queremos que a Eq. (12) seja válida para todo t. Então, ela tem de ser válida em dois pontos específicos, como $t = 0$ e $t = \pi/2$. Nesses pontos, a Eq. (12) se reduz a $3A = 0$ e $2 + 5A = 0$, respectivamente. Essas condições contraditórias significam que não existe escolha da constante A que torne a Eq. (12) válida para $t = 0$ e $t = \pi/2$, muito menos para todo t. Podemos concluir, então, que nossa hipótese sobre $Y(t)$ não foi adequada.

A aparição de um termo em cosseno na Eq. (12) sugere que modifiquemos nossa hipótese original, incluindo um termo em cosseno em $Y(t)$, ou seja,

$$Y(t) = A\operatorname{sen}(t) + B\cos(t),$$

em que A e B são constantes a serem determinadas. Logo,

$$Y'(t) = A\cos(t) - B\operatorname{sen}(t), \quad Y''(t) = -A\operatorname{sen}(t) - B\cos(t).$$

Substituindo y, y' e y'' por essas expressões na Eq. (11) e juntando os termos, obtemos

$$Y'' - 3Y' - 4Y = (-A + 3B - 4A)\operatorname{sen}(t) + \\ + (-B - 3A - 4B)\cos(t) = 2\operatorname{sen}(t). \tag{13}$$

Agora, trabalhando exatamente do mesmo modo que antes, movemos todos os termos para o lado esquerdo da equação e calculamos para $t = 0$ e $t = \pi/2$; encontramos que A e B têm de satisfazer as equações

$$-5A + 3B - 2 = 0, \quad -3A - 5B = 0.$$

Resolvendo essas equações algébricas para A e B, obtemos $A = -\dfrac{5}{17}$ e $B = \dfrac{3}{17}$, de modo que uma solução particular da Eq. (11) é

$$Y(t) = -\frac{5}{17}\operatorname{sen}(t) + \frac{3}{17}\cos(t).$$

O método ilustrado nos exemplos precedentes também poderá ser usado quando a expressão à direita do sinal de igualdade for um polinômio. Assim, para encontrar uma solução particular de

$$y'' - 3y' - 4y = 4t^2 - 1, \tag{14}$$

supomos, inicialmente, que $Y(t)$ é um polinômio de mesmo grau que o termo não homogêneo, ou seja, $Y(t) = At^2 + Bt + C$.

Para resumir nossas conclusões até agora: se o termo não homogêneo $g(t)$ na equação diferencial (1) for uma função exponencial $e^{\alpha t}$, suponha que $Y(t)$ é proporcional a essa mesma função exponencial; se $g(t)$ for igual a $\operatorname{sen}(\beta t)$ ou a $\cos(\beta t)$, suponha que $Y(t)$ é uma combinação linear de $\operatorname{sen}(\beta t)$ e $\cos(\beta t)$; se $g(t)$ for um polinômio de grau n, suponha que $Y(t)$ é um polinômio de grau n. O mesmo princípio se estende ao caso em que $g(t)$ é um produto de quaisquer dois ou três desses tipos de funções, como mostra o próximo exemplo.

EXEMPLO 3.5.3

Encontre uma solução particular de

$$y'' - 3y' - 4y = -8e^t \cos(2t). \tag{15}$$

Solução:

Nesse caso, supomos que $Y(t)$ é o produto de e^t com uma combinação linear de $\cos(2t)$ e $\operatorname{sen}(2t)$:

$$Y(t) = Ae^t \cos(2t) + Be^t \operatorname{sen}(2t).$$

Os cálculos algébricos são mais tediosos neste exemplo, mas segue que

$$Y'(t) = (A + 2B)e^t \cos(2t) + (-2A + B)e^t \operatorname{sen}(2t)$$

e

$$Y''(t) = (-3A + 4B)e^t \cos(2t) + (-4A - 3B)e^t \operatorname{sen}(2t).$$

Substituindo essas expressões na Eq. (15), vemos que A e B têm de satisfazer

$$10A + 2B = 8, \quad 2A - 10B = 0.$$

Portanto, $A = \dfrac{10}{13}$ e $B = \dfrac{2}{13}$; logo, uma solução particular da Eq. (15) é

$$Y(t) = \frac{10}{13}e^t \cos(2t) + \frac{2}{13}e^t \operatorname{sen}(2t).$$

Suponha, agora, que $g(t)$ é uma soma de dois termos, $g(t) = g_1(t) + g_2(t)$, e suponha que Y_1 e Y_2 são soluções das equações

$$ay'' + by' + cy = g_1(t) \tag{16}$$

e

$$ay'' + by' + cy = g_2(t), \tag{17}$$

respectivamente. Então, $Y_1 + Y_2$ é uma solução da equação

$$ay'' + by' + cy = g(t). \tag{18}$$

Para provar esta afirmação, substitua y na Eq. (18) por $Y_1(t) + Y_2(t)$ e use as Eqs. (16) e (17). Uma conclusão semelhante será válida se $g(t)$ for a soma de qualquer número finito de parcelas. O significado prático deste resultado é que, para resolver uma equação cuja função não homogênea $g(t)$ pode ser expressa como uma soma, podemos resolver diversas equações mais simples e depois somar os resultados. O exemplo a seguir ilustra este procedimento.

EXEMPLO 3.5.4

Encontre uma solução particular de

$$y'' - 3y' - 4y = 3e^{2t} + 2\operatorname{sen}(t) - 8e^t \cos(2t). \tag{19}$$

Solução:

Separando a expressão à direita do sinal de igualdade, obtemos três equações:

$$y'' - 3y' - 4y = 3e^{2t},$$
$$y'' - 3y' - 4y = 2\,\mathrm{sen}(t)$$

e

$$y'' - 3y' - 4y = -8e^t \cos(2t).$$

Foram encontradas soluções dessas três equações nos Exemplos 3.5.1, 3.5.2 e 3.5.3, respectivamente. Portanto, uma solução particular da Eq. (19) é sua soma, ou seja,

$$Y(t) = -\frac{1}{2}e^{2t} + \frac{3}{17}\cos(t) - \frac{5}{17}\,\mathrm{sen}(t) + \frac{10}{13}e^t\cos(2t) + \frac{2}{13}e^t\,\mathrm{sen}(2t).$$

O procedimento ilustrado nesses exemplos permite a resolução de uma classe grande de problemas de um modo razoavelmente eficiente. No entanto, existe uma dificuldade que ocorre ocasionalmente. O próximo exemplo mostra como isso acontece.

EXEMPLO 3.5.5

Encontre uma solução particular de

$$y'' - 3y' - 4y = 2e^{-t}. \tag{20}$$

Solução:

Procedendo como no Exemplo 3.5.1, vamos supor que $Y(t) = Ae^{-t}$. Substituindo na Eq. (20), obtemos

$$Y'' - 3Y' - 4Y = (A + 3A - 4A)e^{-t} = 2e^{-t}. \tag{21}$$

Como a expressão à esquerda do sinal de igualdade na Eq. (21) é zero, não existe escolha de A tal que $0 = 2e^{-t}$. Portanto, não existe solução particular da Eq. (20) que tenha a forma suposta. A razão para esse resultado, possivelmente inesperado, torna-se clara se resolvermos a equação homogênea

$$y'' - 3y' - 4y = 0 \tag{22}$$

associada à Eq. (20). Um conjunto fundamental de soluções para a Eq. (22) é formado por $y_1(t) = e^{-t}$ e $y_2(t) = e^{4t}$. Assim, a forma suposta da solução particular para a Eq. (20) era, de fato, solução da equação homogênea (22); em consequência, não pode ser solução da equação não homogênea (20). Para encontrar uma solução da Eq. (20), precisamos considerar então funções de uma forma um pouco diferente.

Neste ponto, temos diversas alternativas possíveis. Uma é tentar simplesmente adivinhar a forma apropriada da solução particular da Eq. (20). Outra é resolver esta equação de alguma maneira diferente e depois usar o resultado para orientar nossas hipóteses se essa situação aparecer novamente no futuro; veja os Problemas 22 e 27 para outros métodos de solução. Ainda outra possibilidade é buscar uma equação mais simples em que essa dificuldade ocorre e usar sua solução para sugerir como proceder com a Eq. (20). Adotando esta última abordagem, vamos procurar uma equação de primeira ordem análoga à Eq. (20). Uma possibilidade é a equação linear

$$y' + y = 2e^{-t}. \tag{23}$$

Se tentarmos encontrar uma solução particular da Eq. (23) da forma Ae^{-t}, não conseguiremos, pois e^{-t} é uma solução da equação homogênea associada $y' + y = 0$. No entanto, já vimos na Seção 2.1 como

resolver a Eq. (23). Um fator integrante é $\mu(t) = e^t$; multiplicando a equação por $\mu(t)$ e integrando, obtemos a solução

$$y = 2te^{-t} + ce^{-t}. \tag{24}$$

A segunda parcela à direita na Eq. (24) é a solução geral da equação homogênea $y' + y = 0$, mas a primeira é uma solução da equação não homogênea completa (23). Observe que a solução envolve um fator exponencial e^{-t} multiplicado por um fator t. Essa é a pista que estávamos procurando.

Vamos agora voltar para a Eq. (20) e supor uma solução particular da forma $Y(t) = Ate^{-t}$. Então

$$Y'(t) = Ae^{-t} - Ate^{-t}, \quad Y''(t) = -2Ae^{-t} + Ate^{-t}. \tag{25}$$

Substituindo y, y' e y'' na Eq. (20) por essas expressões, obtemos

$$Y'' - 3Y' - 4Y = (-2A - 3A)e^{-t} + (A + 3A - 4A)te^{-t} = 2e^{-t}.$$

O coeficiente de te^{-t} é zero, de modo que, dos termos envolvendo e, obtemos $-5A = 2$, ou $A = -\frac{2}{5}$. Logo, uma solução particular da Eq. (20) é

$$Y(t) = -\frac{2}{5}te^{-t}. \tag{26}$$

O resultado do Exemplo 3.5.5 sugere uma modificação do princípio enunciado anteriormente: se a forma suposta da solução particular duplica uma solução da equação homogênea associada, modifique sua hipótese multiplicando a suposta solução particular por t. De vez em quando, essa modificação não será suficiente para remover todas as duplicidades com as soluções da equação homogênea, caso em que é necessário multiplicar por t uma segunda vez. Para uma equação de segunda ordem, nunca será necessário ir além disso.

Resumo. Vamos resumir as etapas envolvidas em encontrar a solução de um problema de valor inicial consistindo em uma equação não homogênea da forma

$$ay'' + by' + cy = g(t), \tag{27}$$

em que os coeficientes a, b e c são constantes, juntamente com um par dado de condições iniciais.

1. Encontre a solução geral da equação homogênea associada.
2. Certifique-se de que a função $g(t)$ na Eq. (27) pertence à classe de funções discutidas nesta seção, ou seja, não envolve outras funções além de exponenciais, senos, cossenos, polinômios ou somas ou produtos de tais funções. Se não for esse o caso, use o método de variação dos parâmetros (discutido na Seção 3.6).
3. Se $g(t) = g_1(t) + \cdots + g_n(t)$ – ou seja, se $g(t)$ é uma soma de n parcelas –, então, forme n subproblemas, cada um dos quais contendo apenas uma das parcelas $g_1(t), \ldots, g_n(t)$. O i-ésimo subproblema consiste na equação

$$ay'' + by' + cy = g_i(t),$$

em que i varia de 1 a n.
4. Para o i-ésimo subproblema, suponha uma solução particular $Y_i(t)$ consistindo na função apropriada, seja ela exponencial, seno, cosseno, polinomial ou uma combinação dessas. Se

98 Capítulo 3

existir qualquer duplicidade na forma suposta de $Y_i(t)$ com as soluções da equação homogênea (encontrada na etapa 1), então multiplique $Y_i(t)$ por t ou (se necessário) por t^2, de modo a remover a duplicidade. Veja a **Tabela 3.5.1**.

TABELA 3.5.1	**Solução Particular de** $ay'' + by' + cy = g_i(t)$
$g_i(t)$	$Y_i(t)$
$P_n(t) = a_0 t^n + a_1 t^{n-1} + \cdots + a_n$	$t^s(A_0 t^n + A_1 t^{n-1} + \cdots + A_n)$
$P_n(t)e^{\alpha t}$	$t^s(A_0 t^n + A_1 t^{n-1} + \cdots + A_n)e^{\alpha t}$
$P_n(t)e^{\alpha t}\begin{cases}\text{sen}(\beta t)\\ \cos(\beta t)\end{cases}$	$t^s((A_0 t^n + A_1 t^{n-1} + \cdots + A_n)e^{\alpha t}\cos(\beta t)$ $+ (B_0 t^n + B_1 t^{n-1} + \cdots + B_n)e^{\alpha t}\text{sen}(\beta t))$

Notas: aqui, *s* é o menor inteiro não negativo ($s = 0$, 1 ou 2) que garantirá que nenhuma parcela de $Y_i(t)$ seja uma solução da equação homogênea associada. De modo equivalente, para os três casos, *s* é o número de vezes que zero é uma raiz da equação característica, α é uma raiz da equação característica e $\alpha + i\beta$ é uma raiz da equação característica, respectivamente.

5. Encontre uma solução particular $Y_i(t)$ para cada um dos subproblemas. Então, a soma $Y_1(t) + \cdots + Y_n(t)$ será uma solução particular da equação não homogênea completa (27).
6. Forme a soma da solução geral da equação homogênea (etapa 1) com a solução particular da equação não homogênea (etapa 5). Essa é a solução geral da equação não homogênea.
7. Quando forem dadas condições iniciais, use-as para determinar os valores das constantes arbitrárias na solução geral.

Para alguns problemas, todo esse procedimento é fácil de ser feito a mão, mas, em muitos casos, ele necessita de uma quantidade considerável de cálculos algébricos. Uma vez que você tenha compreendido claramente como o método funciona, um sistema de álgebra computacional pode ser de grande auxílio para executar os detalhes.

O método dos coeficientes indeterminados corrige a si mesmo no sentido de que, se você supuser muito pouco sobre $Y(t)$, chegará logo a uma contradição que, em geral, vai apontar o caminho para a modificação necessária na forma suposta. Por outro lado, se você supuser termos demais, vai ter um trabalho desnecessário e alguns coeficientes ficarão iguais a zero, mas pelo menos você chegará à resposta correta.

Demonstração do Método dos Coeficientes Indeterminados. Na discussão precedente, descrevemos o método dos coeficientes indeterminados baseados em diversos exemplos. Para provar que o procedimento sempre funciona como enunciado, vamos dar um argumento geral, em que consideramos três casos, correspondendo às formas diferentes do termo não homogêneo $g(t)$.

Caso 1: $g(t) = P_n(t) = a_0 t^n + a_1 t^{n-1} + \cdots + a_n$. Neste caso, a Eq. (27) fica

$$ay'' + by' + cy = a_0 t^n + a_1 t^{n-1} + \cdots + a_n. \quad (28)$$

Para obter uma solução particular, supomos que

$$Y(t) = A_0 t^n + A_1 t^{n-1} + \cdots + A_{n-2} t^2 + A_{n-1} t + A_n. \quad (29)$$

Substituindo na Eq. (28), obtemos

$$a(n(n-1)A_0 t^{n-2} + \cdots + 2A_{n-2}) + b(nA_0 t^{n-1} + \cdots + A_{n-1}) +$$
$$+ c(A_0 t^n + A_1 t^{n-1} + \cdots + A_n) = a_0 t^n + \cdots + a_n. \quad (30)$$

Igualando os coeficientes das potências iguais de t, começando com t^n, chegamos à seguinte sequência de equações:

$$cA_0 = a_0,$$
$$cA_1 + nbA_0 = a_1,$$
$$\vdots$$
$$cA_n + bA_{n-1} + 2aA_{n-2} = a_n.$$

Desde que $c \neq 0$, a solução da primeira equação é $A_0 = a_0/c$, e as equações restantes determinam $A_1, \ldots, A_n$ sucessivamente.

Se $c = 0$, mas $b \neq 0$, então o polinômio à esquerda do sinal de igualdade na Eq. (30) tem grau $n - 1$ e a Eq. (30) não pode ser satisfeita. Para garantir que $aY''(t) + bY'(t)$ é um polinômio de grau n, precisamos escolher $Y(t)$ como um polinômio de grau $n + 1$. Supomos, então, que

$$Y(t) = t(A_0 t^n + \cdots + A_n).$$

Substituindo essa hipótese na Eq. (28) com $c = 0$ e simplificando, temos

$$aY'' + bY' = bA_0(n+1)t^n + (aA_0(n+1)n + bA_1 n)t^{n-1} + \cdots$$
$$= a_0 t^n + a_1 t^{n-1} + \cdots + a_n.$$

Não existe termo constante nessa expressão para $Y(t)$, mas não há necessidade de incluir tal termo, já que constantes são soluções da equação homogênea quando $c = 0$. Como $b \neq 0$, temos $A_0 = a_0/(b(n + 1))$ e os outros coeficientes $A_1, \ldots, A_n$ podem ser determinados de forma análoga.

Se ambos c e b são iguais a zero, então a equação característica é $ar^2 = 0$ e $r = 0$ é uma raiz repetida. Então, $y_1 = e^{0t} = 1$ e $y_2 = te^{0t} = t$ formam um conjunto fundamental de soluções para a equação homogênea correspondente. Isso nos leva a supor que

$$Y(t) = t^2(A_0 t^n + \cdots + A_n).$$

O termo $aY''(t)$ fornece um termo de grau n e podemos proceder como anteriormente. Novamente, as parcelas constante e linear em $Y(t)$ são omitidas, já que, neste caso, ambas são soluções da equação homogênea.

Caso 2: $g(t) = e^{\alpha t}P_n(t)$. O problema de determinar uma solução particular de

$$ay'' + by' + cy = e^{\alpha t}P_n(t) \quad (31)$$

pode ser reduzido ao caso precedente por meio de uma substituição. Seja

$$Y(t) = e^{\alpha t}u(t);$$

então

$$Y'(t) = e^{\alpha t}(u'(t) + \alpha u(t))$$

e

$$Y''(t) = e^{\alpha t}(u''(t) + 2\alpha u'(t) + \alpha^2 u(t)).$$

Substituindo y, y' e y'' na Eq. (31), cancelando o fator $e^{\alpha t}$ e juntando os termos semelhantes, obtemos

$$au''(t) + (2a\alpha + b)u'(t) + (a\alpha^2 + b\alpha + c)u(t) = P_n(t). \quad (32)$$

A determinação de uma solução particular da Eq. (32) é precisamente o mesmo problema, exceto pelos nomes das constantes, que resolve a Eq. (28). Portanto, se $a\alpha^2 + b\alpha + c$ não for zero, suporemos que $u(t) = A_0 t^n + \cdots + A_n$; logo, uma solução particular da Eq. (31) terá a forma

$$Y(t) = e^{\alpha t}(A_0 t^n + A_1 t^{n-1} + \cdots + A_n). \quad (33)$$

Por outro lado, se $a\alpha^2 + b\alpha + c$ for zero, mas $2a\alpha + b$ não for, precisaremos escolher $u(t)$ da forma $t(A_0 t^n + \cdots + A_n)$. A forma correspondente para $Y(t)$ é t vezes a expressão à direita do sinal de igualdade na Eq. (33). Note que, se $a\alpha^2 + b\alpha + c$ for zero, então $e^{\alpha t}$ será uma solução da equação homogênea.

Se ambos $a\alpha^2 + b\alpha + c$ e $2a\alpha + b$ forem nulos (e isso implica que tanto $e^{\alpha t}$ quanto $te^{\alpha t}$ serão soluções da equação homogênea), então a forma correta para $u(t)$ será $t^2(A_0 t^n + \cdots + A_n)$. Portanto, $Y(t)$ será t^2 vezes a expressão à direita do sinal de igualdade na Eq. (33).

Caso 3: $g(t) = e^{\alpha t} P_n(t) \cos(\beta t)$ ou $e^{\alpha t} P_n(t) \, \text{sen}(\beta t)$. Estes dois casos são semelhantes, logo, consideraremos apenas o último.

Podemos reduzir este problema ao precedente notando que, em consequência da fórmula de Euler, $\text{sen}(\beta t) = (e^{i\beta t} - e^{-i\beta t})/(2i)$. Portanto, $g(t)$ é da forma

$$g(t) = P_n(t) \frac{e^{(\alpha + i\beta)t} - e^{(\alpha - i\beta)t}}{2i},$$

e devemos escolher

$$Y(t) = e^{(\alpha + i\beta)t}(A_0 t^n + \cdots + A_n) + e^{(\alpha - i\beta)t}(B_0 t^n + \cdots + B_n),$$

ou, de modo equivalente,

$$Y(t) = e^{\alpha t}(A_0 t^n + \cdots + A_n)\cos(\beta t) + e^{\alpha t}(B_0 t^n + \cdots + B_n)\text{sen}(\beta t).$$

Em geral, prefere-se essa última forma, já que não envolve coeficientes complexos. Se $\alpha \pm i\beta$ satisfizerem a equação característica associada à equação homogênea, teremos, é claro, que multiplicar cada um dos polinômios por t para aumentar o grau de um.

Se a função não homogênea envolver ambos $\cos(\beta t)$ e $\text{sen}(\beta t)$, será conveniente, em geral, tratar esses termos em conjunto, já que cada um, individualmente, pode gerar a mesma forma de solução particular. Por exemplo, se $g(t) = t\,\text{sen}(t) + 2\cos(t)$, a forma de $Y(t)$ será

$$Y(t) = (A_0 t + A_1)\text{sen}(t) + (B_0 t + B_1)\cos(t),$$

desde que $\text{sen}(t)$ e $\cos(t)$ não sejam soluções da equação homogênea.

Problemas

Nos Problemas 1 a 10, encontre a solução geral da equação diferencial dada.

1. $y'' - 2y' - 3y = 3e^{2t}$

2. $y'' - y' - 2y = -2t + 4t^2$

3. $y'' + y' - 6y = 12e^{3t} + 12e^{-2t}$

4. $y'' - 2y' - 3y = -3te^{-t}$

5. $y'' + 2y' = 3 + 4\text{sen}(2t)$

6. $y'' + 2y' + y = 2e^{-t}$

7. $y'' + y = 3\text{sen}(2t) + t\cos(2t)$

8. $u'' + \omega_0^2 u = \cos(\omega t)$, $\omega^2 \neq \omega_0^2$

9. $u'' + \omega_0^2 u = \cos(\omega_0 t)$

10. $y'' + y' + 4y = 2\text{senh}(t)$ *Sugestão:* $\text{senh}(t) = (e^t - e^{-t})/2$

Nos Problemas 11 a 15, encontre a solução do problema de valor inicial dado.

11. $y'' + y' - 2y = 2t$, $y(0) = 0$, $y'(0) = 1$

12. $y'' + 4y = t^2 + 3e^t$, $y(0) = 0$, $y'(0) = 2$

13. $y'' - 2y' + y = te^t + 4$, $y(0) = 1$, $y'(0) = 1$

14. $y'' + 4y = 3\text{sen}(2t)$, $y(0) = 2$, $y'(0) = -1$

15. $y'' + 2y' + 5y = 4e^{-t}\cos(2t)$, $y(0) = 1$, $y'(0) = 0$

Nos Problemas 16 a 21:

a. Determine uma forma adequada para $Y(t)$ para usar o método dos coeficientes indeterminados.

N b. Use um sistema de álgebra computacional para encontrar uma solução particular da equação dada.

16. $y'' + 3y' = 2t^4 + t^2 e^{-3t} + \text{sen}(3t)$

17. $y'' - 5y' + 6y = e^t\cos(2t) + e^{2t}(3t + 4)\text{sen}(t)$

18. $y'' + 2y' + 2y = 3e^{-t} + 2e^{-t}\cos(t) + 4e^{-t}t^2\text{sen}(t)$

19. $y'' + 4y = t^2\text{sen}(2t) + (6t + 7)\cos(2t)$

20. $y'' + 3y' + 2y = e^t(t^2 + 1)\text{sen}(2t) + 3e^{-t}\cos(t) + 4e^t$

21. $y'' + 2y' + 5y = 3te^{-t}\cos(2t) - 2te^{-2t}\cos(t)$

22. Considere a equação

$$y'' - 3y' - 4y = 2e^{-t} \quad (34)$$

do Exemplo 3.5.5. Lembre-se de que $y_1(t) = e^{-t}$ e $y_2(t) = e^{4t}$ são soluções da equação homogênea associada. Adaptando o método de redução de ordem (Seção 3.4), busque uma solução da equação não homogênea da forma $Y(t) = v(t)y_1(t) = v(t)e^{-t}$, em que $v(t)$ é uma função a ser determinada.

a. Substitua $Y(t)$, $Y'(t)$ e $Y''(t)$ na Eq. (34) e mostre que $v(t)$ tem de satisfazer $v'' - 5v' = 2$.

b. Seja $w(t) = v'(t)$ e mostre que $w(t)$ tem de satisfazer $w' - 5w = 2$. Resolva esta equação para $w(t)$.

c. Integre $w(t)$ para encontrar $v(t)$ e depois mostre que

$$Y(t) = -\frac{2}{5}te^{-t} + \frac{1}{5}c_1 e^{4t} + c_2 e^{-t}.$$

100 Capítulo 3

A primeira parcela na expressão à direita do sinal de igualdade é a solução particular desejada da equação não homogênea. Note que é um produto de t e de e^{-t}.

23. Determine a solução geral de

$$y'' + \lambda^2 y = \sum_{m=1}^{N} a_m \operatorname{sen}(m\pi t),$$

em que $\lambda > 0$ e $\lambda \neq m\pi$ para $m = 1, \ldots, N$.

Ⓝ 24. Em muitos problemas físicos, o termo não homogêneo pode ser especificado por fórmulas diferentes em períodos de tempo diferentes. Como exemplo, determine a solução $y = \phi(t)$ de

$$y'' + y = \begin{cases} t, & 0 \leq t \leq \pi, \\ \pi e^{\pi - t}, & t > \pi, \end{cases}$$

que satisfaz as condições iniciais $y(0) = 0$ e $y'(0) = 1$. Suponha, também, que y e y' são contínuas em $t = \pi$. Faça o gráfico do termo não homogêneo e da solução em função do tempo. *Sugestão*: primeiro, resolva o problema de valor inicial para $t \leq \pi$; depois resolva para $t > \pi$, determinando as constantes nesta última solução a partir das condições de continuidade em $t = \pi$.

Comportamento de Soluções quando $t \to \infty$. Nos Problemas 25 e 26, continuamos a discussão iniciada nos Problemas 28 a 30 na Seção 3.4. Considere a equação diferencial

$$ay'' + by' + cy = g(t), \tag{35}$$

em que a, b e c são constantes positivas.

25. Se $Y_1(t)$ e $Y_2(t)$ forem soluções da Eq. (35), mostre que $Y_1(t) - Y_2(t) \to 0$ quando $t \to \infty$. Este resultado será verdadeiro se $b = 0$?

26. Se $g(t) = d$, uma constante, mostre que toda solução da Eq. (35) tende a d/c quando $t \to \infty$. O que acontece se $c = 0$? E se b também for nulo?

27. Indicamos, neste problema, um procedimento[8] diferente para resolver a equação diferencial

$$y'' + by' + cy = (D^2 + bD + c)y = g(t), \tag{36}$$

em que b e c são constantes, e D denota diferenciação em relação a t. Sejam r_1 e r_2 os zeros do polinômio característico da equação homogênea associada. Essas raízes podem ser reais e distintas, reais e iguais, ou números complexos conjugados.

a. Verifique que a Eq. (36) pode ser escrita na forma fatorada

$$(D - r_1)(D - r_2)y = g(t),$$

em que $r_1 + r_2 = -b$ e $r_1 r_2 = c$.

b. Seja $u = (D - r_2)y$. Mostre que a solução da Eq. (36) pode ser encontrada resolvendo-se as duas equações de primeira ordem a seguir:

$$(D - r_1)u = g(t), \quad (D - r_2)y = u(t).$$

Nos Problemas 28 a 30, use o método do Problema 27 para resolver a equação diferencial dada.

28. $y'' - 3y' - 4y = 3e^{2t}$ (veja o Exemplo 3.5.1)

29. $y'' + 2y' + y = 2e^{-t}$ (veja o Problema 6)

30. $y'' + 2y' = 3 + 4\operatorname{sen}(2t)$ (veja o Problema 5)

3.6 Variação dos Parâmetros

Vamos descrever, nesta seção, um segundo método para encontrar uma solução particular de uma equação não homogênea. Este método, conhecido como **variação dos parâmetros** ou método de Lagrange, complementa muito bem o método dos coeficientes indeterminados. A principal vantagem do método de variação dos parâmetros está no fato de ser um *método geral*; pelo menos em princípio, pode ser aplicado a qualquer equação e não precisa de hipóteses detalhadas sobre a forma da solução. De fato, usaremos este método mais adiante nesta seção para deduzir uma fórmula para uma solução particular de uma equação diferencial linear não homogênea de segunda ordem arbitrária. Por outro lado, o método de variação dos parâmetros sempre precisa do cálculo de determinadas integrais envolvendo o termo não homogêneo da equação diferencial, o que pode apresentar dificuldades. Antes de olhar o método no caso geral, vamos ilustrar seu uso em um exemplo.

EXEMPLO 3.6.1

Encontre uma solução particular de

$$y'' + 4y = 8\tan(t) \quad -\pi/2 < t < \pi/2. \tag{1}$$

Solução:

Observe que este problema não é um bom candidato para o método de coeficientes indeterminados como descrito na Seção 3.5, já que o termo não homogêneo, $g(t) = 8\tan(t)$, envolve um quociente (em vez de uma soma ou produto) de $\operatorname{sen}(t)$ e $\cos(t)$. Portanto, o método

dos coeficientes a determinar não pode ser aplicado; precisamos de uma abordagem diferente.

Note, também, que a equação homogênea associada à Eq. (1) é

$$y'' + 4y = 0, \tag{2}$$

e que a solução geral da Eq. (2) é

$$y_c(t) = c_1 \cos(2t) + c_2 \operatorname{sen}(2t). \tag{3}$$

A ideia básica no método de variação dos parâmetros é semelhante ao método de redução de ordem introduzido no final da Seção 3.4. Na solução geral (3), substitua as constantes c_1 e c_2 por funções $u_1(t)$ e $u_2(t)$, respectivamente, e depois determine essas funções de modo que a expressão resultante

$$y = u_1(t)\cos(2t) + u_2(t)\operatorname{sen}(2t) \tag{4}$$

seja solução da equação não homogênea (1).

Para determinar u_1 e u_2, precisamos substituir y na equação diferencial (1) pela Eq. (4). No entanto, mesmo sem fazer essa substituição, podemos antecipar que o resultado será uma única equação envolvendo alguma combinação de u_1, u_2 e das derivadas primeira e segunda de cada uma delas. Como temos apenas uma equação e duas funções desconhecidas, esperamos ter muitas escolhas possíveis para u_1 e u_2 que satisfaçam nossas necessidades. De outra forma, podemos ser capazes de impor uma segunda condição de nossa escolha, obtendo, assim, duas equações para as duas funções

---

[8] R. S. Luthar. "Another Approach to a Standard Differential Equation", *Two Year College Mathematics Journal*, 10, p. 200-201, 1979. Veja também D. C. Sandell e F. M. Stein. "Factorization of Operators of Second-Order Linear Homogeneous Ordinary Differential Equations", *Two Year College Mathematics Journal*, 8, p. 132-141, 1977, para uma discussão mais geral de operadores que fatoram.

desconhecidas u_1 e u_2. Vamos mostrar em breve (seguindo Lagrange) que é possível escolher essa segunda condição de maneira a tornar os cálculos muito mais eficientes.[9]

Voltando à Eq. (4), diferenciando-a e arrumando os termos, obtemos

$$y' = -2u_1(t)\,\text{sen}(2t) + 2u_2(t)\cos(2t) + \\ + u_1'(t)\cos(2t) + u_2'(t)\,\text{sen}(2t). \qquad (5)$$

Mantendo em mente a possibilidade de escolher uma segunda condição sobre u_1 e u_2, vamos exigir que a soma das duas últimas parcelas na Eq. (5) seja nula; ou seja, vamos exigir que

$$u_1'(t)\cos(2t) + u_2'(t)\,\text{sen}(2t) = 0. \qquad (6)$$

Segue então, da Eq. (5), que

$$y' = -2u_1(t)\,\text{sen}(2t) + 2u_2(t)\cos(2t). \qquad (7)$$

Embora o efeito final da condição (6) ainda não esteja claro, a remoção dos termos envolvendo u_1' e u_2' simplificou a expressão para y'. Diferenciando a Eq. (7), obtemos

$$y'' = -4u_1(t)\cos(2t) - 4u_2(t)\,\text{sen}(2t) - 2u_1'(t)\,\text{sen}(2t) + \\ + 2u_2'(t)\cos(2t). \qquad (8)$$

Então, substituindo y e y'' na Eq. (1) pelas Eqs. (4) e (8), respectivamente, vemos que

$$y'' + 4y = -4u_1(t)\cos(2t) - 4u_2(t)\,\text{sen}(2t) - 2u_1'(t)\,\text{sen}(2t) + \\ + 2u_2'(t)\cos(2t) + 4u_1(t)\cos(2t) + 4u_2(t)\,\text{sen}(2t) = 8\tan(t).$$

Portanto, u_1 e u_2 têm de satisfazer

$$-2u_1'(t)\,\text{sen}(2t) + 2u_2'(t)\cos(2t) = 8\tan(t). \qquad (9)$$

Resumindo nossos resultados até agora, queremos escolher u_1 e u_2 de modo a satisfazer as Eqs. (6) e (9). Essas equações podem ser consideradas como um par de equações lineares *algébricas* para as duas quantidades desconhecidas $u_1'(t)$ e $u_2'(t)$. As Eqs. (6) e (9) podem ser resolvidas de diversas maneiras. Por exemplo, resolvendo a Eq. (6) para $u_2'(t)$, temos

$$u_2'(t) = -u_1'(t)\frac{\cos(2t)}{\text{sen}(2t)}. \qquad (10)$$

Substituindo $u_2'(t)$ na Eq. (9) por essa expressão e simplificando, obtemos

$$u_1'(t) = -\frac{8\tan(t)\,\text{sen}(2t)}{2} = -8\,\text{sen}^2(t). \qquad (11)$$

Agora, substituindo essa expressão para $u_1'(t)$ de volta na Eq. (10) e usando as fórmulas para o ângulo duplo, vemos que

$$u_2'(t) = \frac{8\,\text{sen}^2(t)\cos(2t)}{\text{sen}(2t)} = 4\frac{\text{sen}(t)(2\cos^2(t)-1)}{\cos(t)} = \\ = 4\,\text{sen}(t)\left(2\cos(t) - \frac{1}{\cos(t)}\right). \qquad (12)$$

Tendo obtido $u_1'(t)$ e $u_2'(t)$, o próximo passo é integrar, de modo a obter $u_1(t)$ e $u_2(t)$. O resultado é

$$u_1(t) = 4\,\text{sen}(t)\cos(t) - 4t + c_1 \qquad (13)$$

e

$$u_2(t) = 4\ln(\cos(t)) - 4\cos^2(t) + c_2. \qquad (14)$$

Substituindo essas expressões na Eq. (4), temos

$$y = (4\,\text{sen}(t)\cos(t))\cos(2t) + (4\ln(\cos(t)) - 4\cos^2(t))\,\text{sen}(2t) + \\ + c_1\cos(2t) + c_2\,\text{sen}(2t).$$

Finalmente, usando as fórmulas para o ângulo duplo mais uma vez, obtemos

$$y = -2\,\text{sen}(2t) - 4t\cos(2t) + 4\ln(\cos(t))\,\text{sen}(2t) + \\ + c_1\cos(2t) + c_2\,\text{sen}(2t). \qquad (15)$$

As parcelas na Eq. (15) envolvendo as constantes arbitrárias c_1 e c_2 correspondem à solução geral da equação homogênea associada, enquanto a soma restante forma uma solução particular da equação não homogênea (1). Portanto, a Eq. (15) é a solução geral da Eq. (1).

A solução particular identificada no fim do Exemplo 3.6.1 corresponde a escolher ambos c_1 e c_2 como iguais a zero na Eq. (15). Qualquer outra escolha de c_1 e c_2 também é uma solução particular da mesma equação diferencial não homogênea. Note, em particular, que a escolha de $c_1 = 0$ e $c_2 = 2$ na Eq. (15) gera uma solução particular com apenas dois termos:

$$-4t\cos(2t) + 4\ln(\cos(t))\,\text{sen}(2t).$$

Concluímos esse primeiro encontro com o método de variação dos parâmetros com a observação de que a solução particular envolve termos que podem ser difíceis de prever. Isso explica por que o método de coeficientes a determinar não é um bom candidato para este problema, e por que é necessário o método de variação dos parâmetros.

No exemplo precedente, o método de variação dos parâmetros funcionou bem para determinar uma solução particular e, portanto, a solução geral da Eq. (1). A próxima pergunta é se esse método pode ser aplicado efetivamente a uma equação arbitrária. Vamos considerar, então,

$$y'' + p(t)y' + q(t)y = g(t), \qquad (16)$$

em que p, q e g são funções contínuas dadas. Como ponto de partida, vamos supor que conhecemos a solução geral

$$y_c(t) = c_1y_1(t) + c_2y_2(t) \qquad (17)$$

da equação homogênea associada

$$y'' + p(t)y' + q(t)y = 0. \qquad (18)$$

Essa é uma hipótese importante. Até agora, só mostramos como resolver a Eq. (18) se ela tiver coeficientes constantes. Se a Eq. (18) tiver coeficientes que dependem de t, então, em geral, os métodos descritos no Capítulo 5 têm de ser usados para obter $y_c(t)$.

A ideia crucial, como ilustrado no Exemplo 3.6.1, é substituir as constantes c_1 e c_2 na Eq. (17) por funções $u_1(t)$ e $u_2(t)$, respectivamente; isso nos dá

$$y = u_1(t)y_1(t) + u_2(t)y_2(t). \qquad (19)$$

Podemos, então, tentar determinar $u_1(t)$ e $u_2(t)$ de modo que a expressão na Eq. (19) seja solução da equação não homogênea (16), em vez da equação homogênea (18). Diferenciando a Eq. (19), obtemos

$$y' = u_1'(t)y_1(t) + u_1(t)y_1'(t) + u_2'(t)y_2(t) + u_2(t)y_2'(t). \qquad (20)$$

---

[9]Uma alternativa melhor, do ponto de vista matemático, para a dedução da segunda condição pode ser encontrada nos Problemas 17 a 19 na Seção 7.9.

102 Capítulo 3

Como no Exemplo 3.6.1, vamos igualar a zero a soma das parcelas envolvendo $u_1'(t)$ e $u_2'(t)$ na Eq. (20), ou seja, vamos exigir que

$$u_1'(t)y_1(t) + u_2'(t)y_2(t) = 0. \qquad (21)$$

Então, da Eq. (20), temos

$$y' = u_1(t)y_1'(t) + u_2(t)y_2'(t). \qquad (22)$$

Diferenciando novamente, obtemos

$$y'' = u_1'(t)y_1'(t) + u_1(t)y_1''(t) + u_2'(t)y_2'(t) + u_2(t)y_2''(t). \qquad (23)$$

Agora vamos substituir y, y' e y'' na Eq. (16) pelas expressões nas Eqs. (19), (22) e (23), respectivamente. Após arrumar os termos na equação resultante, vemos que

$$u_1(t)\left(y_1''(t) + p(t)y_1'(t) + q(t)y_1(t)\right) +$$
$$+ u_2(t)\left(y_2''(t) + p(t)y_2'(t) + q(t)y_2(t)\right) +$$
$$+ u_1'(t)y_1'(t) + u_2'(t)y_2'(t) = g(t). \qquad (24)$$

Cada uma das expressões entre parênteses na Eq. (24) é nula, pois ambas as funções y_1 e y_2 são soluções da equação homogênea (18). Portanto, a Eq. (24) se reduz a

$$u_1'(t)y_1'(t) + u_2'(t)y_2'(t) = g(t). \qquad (25)$$

As Eqs. (21) e (25) formam um sistema de duas equações lineares algébricas para as derivadas $u_1'(t)$ e $u_2'(t)$ das funções desconhecidas. Elas correspondem, exatamente, às Eqs. (6) e (9) no Exemplo 3.6.1.

Resolvendo o sistema de equações (21), (25), obtemos

$$u_1'(t) = -\frac{y_2(t)g(t)}{W[y_1, y_2](t)}, \quad u_2'(t) = \frac{y_1(t)g(t)}{W[y_1, y_2](t)}, \qquad (26)$$

em que $W[y_1, y_2]$ é o wronskiano de y_1 e y_2. Note que a divisão por $W[y_1, y_2]$ é permitida, já que y_1 e y_2 formam um conjunto fundamental de soluções e, portanto, seu wronskiano não se anula. Integrando as Eqs. (26), encontramos as funções desejadas $u_1(t)$ e $u_2(t)$, a saber,

$$u_1(t) = -\int \frac{y_2(t)g(t)}{W[y_1, y_2](t)}dt + c_1,$$
$$u_2(t) = \int \frac{y_1(t)g(t)}{W[y_1, y_2](t)}dt + c_2. \qquad (27)$$

Se as integrais nas Eqs. (27) puderem ser calculadas em termos de funções elementares, substituímos os resultados na Eq. (19),

obtendo, assim, a solução geral da Eq. (16). De maneira geral, a solução sempre pode ser expressa como integrais, conforme enunciado no teorema a seguir.

Teorema 3.6.1

Considere a equação diferencial linear não homogênea de segunda ordem

$$y'' + p(t)y' + q(t)y = g(t). \qquad (28)$$

Se as funções p, q e g forem contínuas em um intervalo aberto I, e se as funções y_1 e y_2 formarem um conjunto fundamental de soluções da equação homogênea associada

$$y'' + p(t)y' + q(t)y = 0, \qquad (29)$$

então, uma solução particular da Eq. (28) é

$$Y(t) = -y_1(t)\int_{t_0}^{t} \frac{y_2(s)g(s)}{W[y_1, y_2](s)}ds + y_2(t)\int_{t_0}^{t} \frac{y_1(s)g(s)}{W[y_1, y_2](s)}ds, \qquad (30)$$

em que t_0 é qualquer ponto escolhido convenientemente em I. A solução geral é

$$y = c_1y_1(t) + c_2y_2(t) + Y(t), \qquad (31)$$

como enunciado no Teorema 3.5.2.

Examinando a expressão (30) e revendo o processo segundo o qual a deduzimos, vemos que podem existir duas grandes dificuldades na utilização do método de variação dos parâmetros. Como mencionamos anteriormente, uma é a determinação de $y_1(t)$ e $y_2(t)$, que formam um conjunto fundamental de soluções da equação homogênea (29), quando os coeficientes naquela equação não são constantes. Outra dificuldade possível é o cálculo das integrais que aparecem na Eq. (30). Isso depende inteiramente da natureza das funções y_1, y_2 e g. Ao usar a Eq. (30), certifique-se de que a equação diferencial é exatamente da forma (28); caso contrário, o termo não homogêneo $g(t)$ não será identificado corretamente.

Uma grande vantagem do método de variação dos parâmetros é que a Eq. (30) fornece uma expressão para a solução particular $Y(t)$ em termos de uma força externa não homogênea arbitrária $g(t)$. Essa expressão é um bom ponto de partida se você quiser investigar o efeito de variações no termo não homogêneo, ou se quiser analisar a resposta de um sistema sujeito a um número de forças externas diferentes. (Veja os Problemas 18 a 22.)

Problemas

Nos Problemas 1 a 3, use o método de variação dos parâmetros para encontrar uma solução particular da equação diferencial dada. Depois verifique sua resposta usando o método dos coeficientes indeterminados.

1. $y'' - 5y' + 6y = 2e^t$

2. $y'' - y' - 2y = 2e^{-t}$

3. $4y'' - 4y' + y = 16e^{t/2}$

Nos Problemas 4 a 9, encontre a solução geral da equação diferencial dada. No Problema 9, g é uma função contínua arbitrária.

4. $y'' + y = \tan(t)$, $0 < t < \pi/2$

5. $y'' + 9y = 9\sec^2(3t)$, $0 < t < \pi/6$

6. $y'' + 4y' + 4y = t^{-2}e^{-2t}$, $t > 0$

7. $4y'' + y = 2\sec(t/2)$, $-\pi < t < \pi$

Equações Diferenciais Lineares de Segunda Ordem **103**

8. $y'' - 2y' + y = e^t/(1+t^2)$

9. $y'' - 5y' + 6y = g(t)$

Nos Problemas 10 a 15, verifique que as funções dadas y_1 e y_2 satisfazem a equação homogênea associada; depois encontre uma solução particular da equação não homogênea dada. No Problema 15, g é uma função contínua arbitrária.

10. $t^2 y'' - 2y = 3t^2 - 1$, $t > 0$; $y_1(t) = t^2$, $y_2(t) = t^{-1}$

11. $t^2 y'' - t(t+2)y' + (t+2)y = 2t^3$, $t > 0$;
$y_1(t) = t$, $y_2(t) = te^t$

12. $ty'' - (1+t)y' + y = t^2 e^{2t}$, $t > 0$; $y_1(t) = 1+t$, $y_2(t) = e^t$

13. $x^2 y'' - 3xy' + 4y = x^2 \ln(x)$, $x > 0$; $y_1(x) = x^2$,
$y_2(x) = x^2 \ln(x)$

14. $x^2 y'' + xy' + \left(x^2 - \dfrac{1}{4}\right)y = 3x^{3/2} \operatorname{sen}(x)$, $x > 0$;
$y_1(x) = x^{-1/2} \operatorname{sen}(x)$, $y_2(x) = x^{-1/2} \cos(x)$

15. $x^2 y'' + xy' + (x^2 - 0{,}25)y = g(x)$, $x > 0$;
$y_1(x) = x^{-1/2} \operatorname{sen}(x)$, $y_2(x) = x^{-1/2} \cos(x)$

16. Escolhendo o limite de integração inferior na Eq. (30) no texto como o ponto inicial t_0, mostre que $Y(t)$ fica igual a

$$Y(t) = \int_{t_0}^{t} \frac{y_1(s)y_2(t) - y_1(t)y_2(s)}{y_1(s)y_2'(s) - y_1'(s)y_2(s)} g(s)\,ds.$$

Mostre que $Y(t)$ é uma solução do problema de valor inicial

$$L[y] = g(t), \quad y(t_0) = 0, \quad y'(t_0) = 0.$$

17. Mostre que a solução do problema de valor inicial

$$L[y] = y'' + p(t)y' + q(t)y = g(t), \quad y(t_0) = y_0, \quad y'(t_0) = y_0' \quad (32)$$

pode ser escrita como $y = u(t) + v(t)$, em que u e v são soluções dos dois problemas de valor inicial

$$L[u] = 0, \quad u(t_0) = y_0, \quad u'(t_0) = y_0', \quad (33)$$

$$L[v] = g(t), \quad v(t_0) = 0, \quad v'(t_0) = 0, \quad (34)$$

respectivamente. Em outras palavras, as partes não homogêneas na equação diferencial e nas condições iniciais podem ser tratadas separadamente. Note que u é fácil de achar, se for conhecido um conjunto fundamental de soluções para $L[u] = 0$. E, como vimos no Problema 16, a função v é dada pela Eq. (30).

18. a. Use o resultado do Problema 16 para mostrar que a solução do problema de valor inicial

$$y'' + y = g(t), \quad y(t_0) = 0, \quad y'(t_0) = 0 \quad (35)$$

é

$$y = \int_{t_0}^{t} \operatorname{sen}(t-s)g(s)\,ds. \quad (36)$$

b. Use o resultado do Problema 17 para encontrar a solução do problema de valor inicial

$$y'' + y = g(t), \quad y(0) = y_0, \quad y'(0) = y_0'.$$

19. Use o resultado do Problema 16 para encontrar a solução do problema de valor inicial

$$L[y] = g(t), \quad y(t_0) = 0, \quad y'(t_0) = 0,$$

em que $L[y] = (D - a)(D - b)y$ para números reais a e b com $a \neq b$. Note que $L[y] = y'' - (a+b)y' + aby$.

20. Use o resultado do Problema 16 para encontrar a solução do problema de valor inicial

$$L[y] = g(t), \quad y(t_0) = 0, \quad y'(t_0) = 0,$$

em que $L[y] = (D - (\lambda + i\mu))(D - (\lambda - i\mu))y$, ou seja,

$$L[y] = y'' - 2\lambda y' + (\lambda^2 + \mu^2)y.$$

Note que as raízes da equação característica são $\lambda \pm i\mu$.

21. Use o resultado do Problema 16 para encontrar a solução do problema de valor inicial

$$L[y] = g(t), \quad y(t_0) = 0, \quad y'(t_0) = 0,$$

em que $L[y] = (D - a)^2 y$, ou seja, $L[y] = y'' - 2ay' + a^2 y$, e a é um número real arbitrário.

22. Combinando os resultados dos Problemas 19 a 21, mostre que a solução do problema de valor inicial

$$L[y] = (D^2 + bD + c)y = g(t), \quad y(t_0) = 0, \quad y'(t_0) = 0,$$

com b e c constantes, pode ser escrita na forma

$$y = \phi(t) = \int_{t_0}^{t} K(t-s)g(s)\,ds, \quad (37)$$

em que a função K depende apenas das soluções y_1 e y_2 da equação homogênea associada e é independente do termo não homogêneo. Uma vez determinado K, todos os problemas não homogêneos envolvendo o mesmo operador diferencial L ficam reduzidos ao cálculo de uma integral. Note também que, embora K dependa de ambos t e s, só aparece a combinação $t - s$, de modo que K é, de fato, uma função de uma única variável. Pensando em $g(t)$ como os dados de entrada (*input*) do problema e em $\phi(t)$ como os dados de saída (*output*), segue da Eq. (37) que os dados de saída dependem dos dados de entrada em todo o intervalo, do ponto inicial t_0 ao valor atual t. A integral na Eq. (37) é a **convolução** de K e g, e referimo-nos a K como o **núcleo**.

23. O método de redução de ordem (Seção 3.4) também pode ser usado para a equação não homogênea

$$y'' + p(t)y' + q(t)y = g(t), \quad (38)$$

desde que se conheça uma solução y_1 da equação homogênea associada. Seja $y = v(t)y_1(t)$ e mostre que y satisfaz a Eq. (38) se v for solução de

$$y_1(t)v'' + (2y_1'(t) + p(t)y_1(t))v' = g(t). \quad (39)$$

A Eq. (39) é uma equação linear de primeira ordem em v'. Resolvendo a Eq. (39) para v', integrando o resultado para encontrar v e depois multiplicando por $y_1(t)$, obtemos a solução geral da Eq. (38). Este método encontra, simultaneamente, a segunda solução da equação homogênea e uma solução particular.

Nos Problemas 24 a 26, use o método esquematizado no Problema 23 para resolver a equação diferencial dada.

24. $t^2 y'' - 2ty' + 2y = 4t^2$, $t > 0$; $y_1(t) = t$

25. $t^2 y'' + 7ty' + 5y = t$, $t > 0$; $y_1(t) = t^{-1}$

26. $ty'' - (1+t)y' + y = t^2 e^{2t}$, $t > 0$; $y_1(t) = 1+t$ (veja o problema 12)

3.7 Vibrações Mecânicas e Elétricas

Uma das razões pelas quais vale a pena estudar equações lineares de segunda ordem com coeficientes constantes é que elas servem como modelos matemáticos de muitos processos físicos importantes. Duas áreas importantes de aplicações são os campos de vibrações mecânicas e elétricas. Por exemplo, o movimento de uma massa presa em uma mola, as torções de uma haste com um volante, o fluxo de corrente elétrica em um circuito simples em série e muitos outros problemas físicos são bem descritos pela solução de um problema de valor inicial da forma

$$ay'' + by' + cy = g(t), \quad y(0) = y_0, \quad y'(0) = y'_0. \quad (1)$$

Isso ilustra uma relação fundamental entre a Matemática e a Física: *muitos problemas físicos têm modelos matemáticos equivalentes*. Assim, quando sabemos resolver o problema de valor inicial (1), basta interpretar apropriadamente as constantes a, b e c, e as funções y e g, para obter soluções de problemas físicos diferentes.

Estudaremos o movimento de uma massa presa a uma mola em detalhes porque a compreensão do comportamento desse sistema simples constitui o primeiro passo na investigação de sistemas vibratórios mais complexos. Além disso, os princípios envolvidos são os mesmos para muitos problemas.

Considere uma massa m em repouso, pendurada em uma das extremidades de uma mola vertical com comprimento original l, como mostra a **Figura 3.7.1**. A massa causa um alongamento L da mola para baixo (no sentido positivo). Nessa situação estática, existem duas forças agindo sobre o ponto em que a massa está presa à mola; veja **Figura 3.7.2**. A força gravitacional, ou peso da massa, puxa para baixo e tem módulo igual a $w = mg$, em que g é a aceleração da gravidade. Existe também uma força F_m, em função da mola, que puxa para cima. Se supusermos que o alongamento L da mola é pequeno, a força da mola fica muito próxima de ser proporcional a L; isso é conhecido como a **lei de Hooke**.[10] Assim, escrevemos $F_m = -kL$, em que a constante de proporcionalidade k é chamada de constante da mola, e o sinal de menos é em razão de a força da mola puxar para cima (no sentido negativo). Como a massa está em equilíbrio, as duas forças estão balanceadas, o que significa que

$$w + F_m = mg - kL = 0. \quad (2)$$

Para um dado peso $w = mg$, você pode medir L e depois usar a Eq. (2) para determinar k. Note que k tem unidades de força/comprimento.

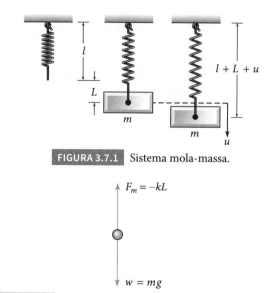

FIGURA 3.7.1 Sistema mola-massa.

FIGURA 3.7.2 Diagrama de forças para um sistema mola-massa.

No problema dinâmico correspondente, estamos interessados em estudar o movimento da massa, seja na presença de uma força externa ou sob um deslocamento inicial. Denote por $u(t)$, medido positivamente no sentido para baixo, o deslocamento da massa a partir de sua posição de equilíbrio no instante t; veja a Figura 3.7.1. Então, $u(t)$ está relacionado com as forças que agem sobre a massa pela lei do movimento de Newton,

$$mu''(t) = f(t), \quad (3)$$

em que u'' é a aceleração da massa e f é a força total agindo sobre a massa. Note que tanto u quanto f são funções do tempo. Neste problema dinâmico existem quatro forças separadas que têm de ser consideradas para determinar f:

1. O peso $w = mg$ da massa sempre age para baixo.
2. A força da mola F_m é suposta ser proporcional ao alongamento total $L + u$ da mola e sempre age para restaurar a mola à sua posição natural. Se $L + u > 0$, então a mola está distendida e sua força está direcionada para cima. Neste caso,

$$F_m = -k(L + u). \quad (4)$$

Por outro lado, se $L + u < 0$, então a mola está comprimida de uma distância $|L + u|$, e a força da mola, agora direcionada para baixo, é dada por $F_m = k|L + u|$. No entanto, quando $L + u < 0$, segue que $|L + s| = -(L + u)$, de modo que F_m é dada novamente pela Eq. (4). Assim, independentemente da posição da massa, a força exercida pela mola sempre é dada pela Eq. (4).

3. A força de amortecimento ou resistência F_a sempre age no sentido oposto ao sentido de movimento da massa. Essa força pode aparecer de diversas fontes: resistência do ar ou de outro meio onde a massa se movimenta, dissipação de energia interna em face da extensão ou compressão da mola, atrito entre a massa e qualquer guia (se existir) que limite seu movimento a uma dimensão, ou um dispositivo mecânico (amortecedor) que gere uma força de resistência ao movimento da massa. Em qualquer caso, supomos que

---
[10] Robert Hooke (1635-1703) foi um cientista inglês com interesses variados. Seu livro mais importante, *Micrographia*, foi publicado em 1665 e descreve uma variedade de observações microscópicas. Hooke publicou sua lei sobre o comportamento elástico pela primeira vez, em 1676, como um anagrama: *ceiiinossttuv*; em 1678, ele deu a solução como *ut tensio sic vis*, o que significa, grosso modo, "como a força, assim é o deslocamento".

essa força de resistência é proporcional à velocidade escalar $|du/dt|$ da massa; em geral, isso é chamado de **amortecimento viscoso**. Se $du/dt > 0$, u está aumentando, de modo que a massa está se movendo para baixo. Então, F_a aponta para cima e é dada por

$$F_a(t) = -\gamma u'(t), \tag{5}$$

em que γ é uma constante positiva de proporcionalidade conhecida como a constante de amortecimento. Por outro lado, se $du/dt < 0$, então u está diminuindo, de modo que a massa está se movendo para cima e F_a aponta para baixo. Nesse caso, $F_a = \gamma |u'(t)|$; como $|u'(t)| = -u'(t)$, segue que a força $F_a(t)$ é dada novamente pela Eq. (5). Assim, independentemente do sentido de movimento da massa, a força de amortecimento sempre é dada pela Eq. (5).

A força de amortecimento pode ser bastante complicada e a hipótese de que ela é modelada adequadamente pela Eq. (5) é discutível. Alguns amortecedores funcionam como a Eq. (5) descreve e, se as outras fontes de dissipação forem pequenas, pode ser possível ignorá-las todas, ou ajustar a constante de amortecimento γ de modo a aproximá-las. Um grande benefício da hipótese (5) é que ela nos leva a uma equação diferencial linear (em vez de não linear). Isso, por sua vez, significa que pode ser feita uma análise completa do sistema diretamente, como mostraremos nesta seção e na Seção 3.8.

4. Pode ser aplicada uma força externa $F(t)$ apontando para baixo ou para cima, dependendo se $F(t)$ é positiva ou negativa. Isso poderia ser uma força por causa do movimento da estrutura onde está presa a mola, ou poderia ser uma força aplicada diretamente na massa. Muitas vezes, a força externa é periódica.

Levando em consideração essas forças, podemos reescrever a lei de Newton (3) como

$$\begin{aligned} mu''(t) &= w + F_m(t) + F_a(t) + F(t) = \\ &= mg - k(L + u(t)) - \gamma u'(t) + F(t). \end{aligned} \tag{6}$$

Como $mg - kL = 0$ pela Eq. (2), segue que a equação de movimento da massa é

$$mu''(t) + \gamma u'(t) + ku(t) = F(t), \tag{7}$$

em que as constantes m, γ e k são positivas. Note que a Eq. (7) tem a mesma forma que a Eq. (1), ou seja, é uma equação diferencial linear não homogênea de segunda ordem com coeficientes constantes.

É importante compreender que a Eq. (7) é apenas uma equação aproximada para o deslocamento $u(t)$. Em particular, ambas as Eqs. (4) e (5) devem ser vistas como aproximações para a força da mola e a força de amortecimento, respectivamente. Também não levamos em consideração na nossa dedução a massa da mola, supondo-a desprezível perto da massa do corpo preso a ela.

A formulação completa do problema de vibração requer que especifiquemos duas condições iniciais, a saber, a posição inicial u_0 e a velocidade inicial v_0 da massa:

$$u(0) = u_0, \quad u'(0) = v_0. \tag{8}$$

Do Teorema 3.2.1, segue que essas condições fazem com que o problema matemático tenha uma única solução para quaisquer valores das constantes u_0 e v_0. Isso é consistente com nossa intuição física de que, se a massa for colocada em movimento com um deslocamento e velocidade iniciais, então sua posição estará unicamente determinada em todos os instantes futuros. A posição da massa é dada (aproximadamente) pela solução da equação diferencial linear de segunda ordem (7) sujeita às condições iniciais dadas (8).

EXEMPLO 3.7.1

Uma massa pesando quatro libras ($4 \text{ lb} \cong 1,8 \text{ kg}$) estica uma mola de duas polegadas (duas polegadas $\cong 5 \text{ cm}$). Suponha que a massa é deslocada seis polegadas adicionais no sentido positivo e, então, solta. A massa está em um meio que exerce uma resistência viscosa de seis libras quando a massa está a uma velocidade de três pés/s (três pés/s $\cong 91 \text{ cm/s}$). Sob as hipóteses discutidas nesta seção, formule o problema de valor inicial que governa o movimento da massa.

Solução:

O problema de valor inicial pedido consiste na equação diferencial (7) com condições iniciais (8), de modo que nossa tarefa consiste em determinar as diversas constantes que aparecem nessas equações. O primeiro passo é escolher as unidades de medida. Da maneira como foi enunciado o problema, é natural usar as medidas inglesas, no lugar do sistema métrico de unidades. A única unidade de tempo mencionada é o segundo, de modo que mediremos t em segundos. Por outro lado, o enunciado contém tanto pés quanto polegadas como unidades de comprimento. Não importa qual a medida a ser usada, mas, uma vez escolhida, é importante que seja consistente. Para definir, vamos medir o deslocamento u em pés (um pé = 12 polegadas).

Como nada foi dito no enunciado do problema sobre uma força externa, vamos supor que $F(t) = 0$. Para determinar m, note que

$$m = \frac{w}{g} = \frac{4 \text{ lb}}{32 \text{ pés/s}^2} = \frac{1}{8} \frac{\text{lb} \cdot \text{s}^2}{\text{pés}}.$$

O coeficiente de amortecimento γ é determinado pela afirmação de que $\gamma u'$ é igual a 6 lb quando u' tem o valor de 3 pés/s. Logo,

$$\gamma = \frac{6 \text{ lb}}{3 \text{ pés/s}} = 2 \frac{\text{lb} \cdot \text{s}}{\text{pés}}.$$

A constante da mola k é encontrada a partir da afirmação de que a massa estica a mola por 2 polegadas, ou $\frac{1}{6}$ pé. Portanto,

$$k = \frac{4 \text{ lb}}{1/6 \text{ pé}} = 24 \frac{\text{lb}}{\text{pés}}.$$

Em consequência, a Eq. (7) fica

$$\frac{1}{8} u'' + 2u' + 24u = 0,$$

ou

$$u'' + 16u' + 192u = 0. \tag{9}$$

As condições iniciais são

$$u(0) = \frac{1}{2}, \quad u'(0) = 0. \tag{10}$$

A segunda condição inicial está implícita na palavra "solta" no enunciado do problema, que interpretamos como a massa sendo colocada em movimento sem velocidade inicial.

Vibrações Livres Não Amortecidas. Se não existir força externa, então $F(t) = 0$ na Eq. (7). Vamos supor, também, que não há amortecimento, de modo que $\gamma = 0$; essa é uma configuração idealizada do sistema, que dificilmente (se alguma vez) acontece na prática. No entanto, se o amortecimento for muito pequeno, a hipótese de que não há amortecimento pode dar resultados satisfatórios em intervalos de tempo pequenos ou até moderados. Neste caso, a equação de movimento (7) se reduz a

$$mu'' + ku = 0. \qquad (11)$$

A equação característica para a Eq. (11) é

$$mr^2 + k = 0$$

e suas raízes são $r = \pm i\sqrt{k/m}$. Assim, a solução geral da Eq. (11) é

$$u = A\cos(\omega_0 t) + B\,\text{sen}(\omega_0 t), \qquad (12)$$

em que

$$\omega_0^2 = \frac{k}{m}. \qquad (13)$$

As constantes arbitrárias A e B podem ser determinadas se forem dadas condições iniciais da forma (8).

Ao discutir a solução da Eq. (11), é conveniente escrever a Eq. (12) na forma

$$u = R\cos(\omega_0 t - \delta), \qquad (14)$$

ou

$$u = R\cos(\delta)\cos(\omega_0 t) + R\,\text{sen}(\delta)\,\text{sen}(\omega_0 t). \qquad (15)$$

Comparando as Eqs. (15) e (12), vemos que as constantes A, B, R e δ estão relacionadas pelas equações

$$A = R\cos(\delta),\ B = R\,\text{sen}(\delta). \qquad (16)$$

Logo,

$$R = \sqrt{A^2 + B^2},\ \tan(\delta) = \frac{B}{A}. \qquad (17)$$

Ao calcular δ, é preciso tomar cuidado para escolher o quadrante correto; isso pode ser feito verificando os sinais de $\cos(\delta)$ e $\text{sen}(\delta)$ nas Eqs. (16).

O gráfico da Eq. (14), ou da equação equivalente (12), para um conjunto típico de condições iniciais aparece na **Figura 3.7.3**. O gráfico é uma onda cosseno deslocada que descreve um movimento periódico, ou **harmônico simples**, da massa. O **período** do movimento é

$$T = \frac{2\pi}{\omega_0} = 2\pi\left(\frac{m}{k}\right)^{1/2}. \qquad (18)$$

A frequência circular $\omega_0 = \sqrt{k/m}$, medida em radianos por unidade de tempo, é chamada **frequência natural** da vibração. O deslocamento máximo R da massa a partir de sua posição de equilíbrio é a **amplitude** do movimento. O parâmetro adimensional δ é chamado **fase**, ou ângulo de fase, e mede o deslocamento da onda a partir de sua posição normal correspondente a $\delta = 0$.

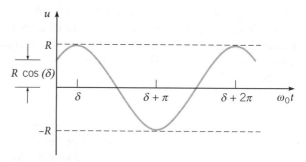

FIGURA 3.7.3 Movimento harmônico simples; $u = R\cos(\omega_0 t - \delta)$. Note que o eixo horizontal corresponde a $\omega_0 t$.

O movimento descrito pela Eq. (14) tem amplitude constante, que não diminui com o tempo. Isso reflete o fato de que, na ausência de amortecimento, o sistema não tem como dissipar a energia dada pelo deslocamento e pela velocidade iniciais. Além disso, para uma massa m e uma constante de mola k dadas, o sistema sempre vibra à mesma frequência ω_0, independentemente das condições iniciais. No entanto, as condições iniciais ajudam a determinar a amplitude do movimento. Finalmente, observe que, pela Eq. (18), o período T aumenta quando m aumenta, de modo que massas maiores vibram mais lentamente. Por outro lado, T diminui quando a constante da mola k aumenta, o que significa que molas mais duras fazem com que o sistema vibre mais rapidamente.

EXEMPLO 3.7.2

Suponha que uma massa pesando dez libras ($\approx$ 4,5 kg) estica uma mola de duas polegadas ($\approx$ 5 cm). Se a massa for deslocada duas polegadas a mais e depois colocada em movimento com uma velocidade inicial apontando para cima de um pé/s ($\approx$ 30 cm/s), determine a posição da massa em qualquer instante posterior. Determine, também, o período, a amplitude e a fase do movimento.

Solução:

A constante da mola é k = 10 lb/duas polegadas = 60 lb/pé, e a massa é $m = w/g = 10/32$ lb·s²/pé.* Logo, a equação de movimento se reduz a

$$u'' + 192u = 0, \qquad (19)$$

e a solução geral é

$$u = A\cos(8\sqrt{3}t) + B\,\text{sen}(8\sqrt{3}t).$$

A solução que satisfaz as condições iniciais $u(0) = 1/6$ pé e $u'(0) = -1$ pé/s é

$$u = \frac{1}{6}\cos(8\sqrt{3}t) - \frac{1}{8\sqrt{3}}\text{sen}(8\sqrt{3}t). \qquad (20)$$

A frequência natural é $\omega_0 = 8\sqrt{3} \cong 13{,}856$ rad/s, de modo que o período é $T = 2\pi/\omega_0 \cong 0{,}453$ s. A amplitude R e a fase δ são dadas pelas Eqs. (17). Temos

$$R^2 = \frac{1}{36} + \frac{1}{192} = \frac{19}{576},\text{ então }R \cong 0{,}182\text{ pé}.$$

---

*N.T.: A aceleração da gravidade nas medidas inglesas é de 32 pés por segundo ao quadrado.

A segunda das Eqs. (17) nos dá $\tan(\delta) = -\sqrt{3}/4$. Existem duas soluções desta equação, uma no segundo quadrante e outra no quarto. No problema atual, $\cos(\delta) > 0$ e $\text{sen}(\delta) < 0$; logo, δ está no quarto quadrante. De fato,

$$\delta = -\arctan\left(\frac{\sqrt{3}}{4}\right) \cong -0{,}40864 \text{ rad.}$$

O gráfico da solução (20) está ilustrado na **Figura 3.7.4**.

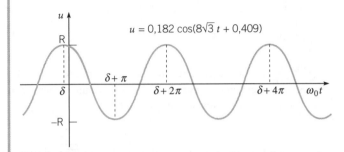

FIGURA 3.7.4 Uma vibração livre não amortecida: $u'' + 192u = 0$, $u(0) = 1/6$, $u'(0) = -1$. Note que a escala do eixo horizontal é $\omega_0 t$.

Vibrações Livres Amortecidas. Se incluirmos o efeito do amortecimento, a equação diferencial que governa o movimento da massa é

$$mu'' + \gamma u' + ku = 0. \quad (21)$$

Estamos especialmente interessados em examinar o efeito da variação no coeficiente de amortecimento γ para valores dados da massa m e da constante da mola k. A equação característica correspondente é

$$mr^2 + \gamma r + k = 0,$$

e suas raízes são

$$r_1, r_2 = \frac{-\gamma \pm \sqrt{\gamma^2 - 4km}}{2m} = \frac{\gamma}{2m}\left(-1 \pm \sqrt{1 - \frac{4km}{\gamma^2}}\right). \quad (22)$$

Dependendo do sinal de $\gamma^2 - 4km$, a solução u tem uma das seguintes formas:

$$\gamma^2 - 4km > 0, \quad u = Ae^{r_1 t} + Be^{r_2 t}; \quad (23)$$

$$\gamma^2 - 4km = 0, \quad u = (A + Bt)e^{-\gamma t/(2m)}; \quad (24)$$

$$\gamma^2 - 4km < 0, \quad u = e^{-\gamma t/(2m)}(A\cos(\mu t) + B\text{sen}(\mu t)),$$
$$\mu = \frac{1}{2m}(4km - \gamma^2)^{1/2} > 0. \quad (25)$$

Como m, γ e k são positivos, $\gamma^2 - 4km$ é sempre menor do que γ^2. Então, se $\gamma^2 - 4km \geq 0$, os valores de r_1 e r_2 dados pela Eq. (22) são *negativos*. Se $\gamma^2 - 4km < 0$, então os valores de r_1 e r_2 são complexos, mas com parte real *negativa*. Assim, em todos os casos, a solução u tende a zero quando $t \to \infty$; isso ocorre independentemente dos valores das constantes arbitrárias A e B – ou seja, independentemente das condições iniciais. Isso confirma nossa expectativa intuitiva, a saber, que o amortecimento dissipa, gradualmente, a energia dada inicialmente ao sistema e, em consequência, o movimento vai parando com o passar do tempo.

O caso mais interessante é o terceiro, que ocorre quando o amortecimento é pequeno. Fazendo $A = R\cos(\delta)$ e $B = R\text{sen}(\delta)$ na Eq. (25), obtemos

$$u = Re^{-\gamma t/(2m)}\cos(\mu t - \delta). \quad (26)$$

O deslocamento u fica entre as curvas $u = \pm Re^{-\gamma t/(2m)}$; logo, parece-se com uma onda cosseno cuja amplitude diminui quando t aumenta. Um exemplo típico está esboçado na **Figura 3.7.5**. O movimento é chamado de oscilação amortecida ou vibração amortecida. O fator R na amplitude depende de m, γ, k e das condições iniciais.

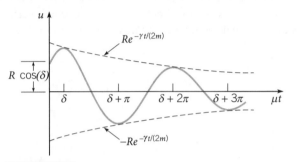

FIGURA 3.7.5 Vibração amortecida; $u = Re^{-\gamma t/2m}\cos(\mu t - \delta)$. Note que a escala para o eixo horizontal é μt.

Embora o movimento não seja periódico, o parâmetro μ determina a frequência segundo a qual a massa oscila para cima e para baixo; em consequência, μ é chamada de **quase frequência**. Comparando μ com a frequência ω_0 do movimento sem amortecimento, vemos que

$$\frac{\mu}{\omega_0} = \frac{(4km - \gamma^2)^{1/2}/(2m)}{\sqrt{k/m}} = \left(1 - \frac{\gamma^2}{4km}\right)^{1/2} \cong 1 - \frac{\gamma^2}{8km}. \quad (27)$$

A última aproximação é válida quando $\gamma^2/4km$ é pequeno; referimo-nos a essa situação como "pouco amortecida" ou com "amortecimento pequeno". Assim, o efeito de um amortecimento pequeno é reduzir, ligeiramente, a frequência da oscilação. Por analogia com a Eq. (18), a quantidade $T_d = 2\pi/\mu$ é chamada de **quase período**. É o tempo entre dois máximos ou dois mínimos sucessivos da posição da massa, ou entre passagens sucessivas da massa por sua posição de equilíbrio indo no mesmo sentido. A relação entre T_d e T é dada por

$$\frac{T_d}{T} = \frac{\omega_0}{\mu} = \left(1 - \frac{\gamma^2}{4km}\right)^{-1/2} \cong 1 + \frac{\gamma^2}{8km}, \quad (28)$$

em que, novamente, a última aproximação é válida quando $\gamma^2/4km$ é pequeno. Assim, um amortecimento pequeno aumenta o quase período.

As Eqs. (27) e (28) reforçam o significado da razão adimensional $\gamma^2/(4km)$. Não é apenas o tamanho de γ que determina se o movimento é pouco ou muito amortecido, mas o tamanho de γ^2 comparado com $4km$. Quando $\gamma^2/(4km)$ é pequeno, o amortecimento pouco afeta a quase frequência e o quase período do movimento. Por outro lado, se quisermos estudar o movimento detalhado da massa em todos os instantes, então *nunca* podemos desprezar a força de amortecimento, não importa quão pequena ela seja.

Quando $\gamma^2/(4km)$ aumenta, a quase frequência μ diminui e o quase período T_a aumenta. De fato, $\mu \to 0$ e $T_a \to \infty$ quando $\gamma \to 2\sqrt{km}$. Como indicado pelas Eqs. (23), (24) e (25), a natureza da solução muda quando γ passa pelo valor $2\sqrt{km}$. O valor $\gamma = 2\sqrt{km}$ é conhecido como **amortecimento crítico**. Para valores maiores de γ, $\gamma > 2\sqrt{km}$, o movimento é dito **superamortecido**. Nesses casos, dados pelas Eqs. (24) e (23), respectivamente, a massa passa pela sua posição de equilíbrio no máximo uma vez (veja a **Figura 3.7.6**) e depois volta devagar para ela. A massa não oscila em torno da posição de equilíbrio, como ocorre quando γ é pequeno. A Figura 3.7.6 mostra dois exemplos típicos de movimento com amortecimento crítico e a situação é mais bem discutida nos Problemas 15 e 16.

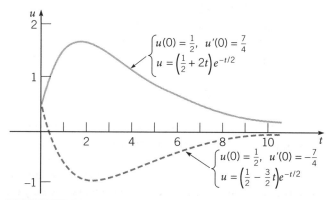

FIGURA 3.7.6 Movimentos criticamente amortecidos: $u'' + u' + 0{,}25u = 0$; $u = (A + Bt)e^{-t/2}$. A curva sólida é a solução que satisfaz $u(0) = 1/2$, $u'(0) = 7/4$; a solução tracejada satisfaz $u(0) = 1/2$, $u'(0) = -7/4$.

EXEMPLO 3.7.3

O movimento de determinado sistema mola-massa é governado pela equação diferencial

$$u'' + \frac{1}{8}u' + u = 0, \qquad (29)$$

em que u está medido em pés e t em segundos. Se $u(0) = 2$ e $u'(0) = 0$, determine a posição da massa em qualquer instante. Encontre a quase frequência e o quase período, assim como o instante no qual a massa passa pela primeira vez pela sua posição de equilíbrio. Encontre, também, o instante τ em que $|u(t)| < 0{,}1$ para todo $t > \tau$.

Solução:

A solução da Eq. (29) é

$$u(t) = e^{-t/16}\left(A\cos\left(\frac{\sqrt{255}}{16}t\right) + B\operatorname{sen}\left(\frac{\sqrt{255}}{16}t\right)\right).$$

Para satisfazer as condições iniciais, precisamos escolher $A = 2$ e $B = 2/\sqrt{255}$; logo, a solução do problema de valor inicial é

$$u = e^{-t/16}\left(2\cos\left(\frac{\sqrt{255}}{16}t\right) + \frac{2}{\sqrt{255}}\operatorname{sen}\left(\frac{\sqrt{255}}{16}t\right)\right) =$$
$$= \frac{32}{\sqrt{255}}e^{-t/16}\cos\left(\frac{\sqrt{255}}{16}t - \delta\right), \qquad (30)$$

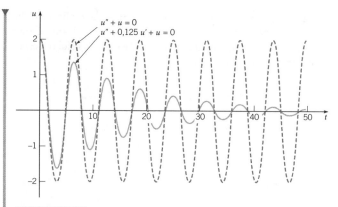

FIGURA 3.7.7 Vibração com pouco amortecimento (curva sólida) e sem amortecimento (curva tracejada). Os dois movimentos têm as mesmas condições iniciais: $u(0) = 2$, $u'(0) = 0$.

em que δ está no primeiro quadrante e $\tan(\delta) = 1/\sqrt{255}$, de modo que $\delta \cong 0{,}06254$. A **Figura 3.7.7** mostra o deslocamento da massa em função do tempo. Para efeitos de comparação, mostramos, também, o movimento no caso em que o amortecimento é desprezado.

A quase frequência é $\mu = \sqrt{255}/16 \cong 0{,}998$ e o quase período é $T_a = 2\pi/\mu \cong 6{,}295$ s. Esses valores diferem apenas ligeiramente dos valores correspondentes (1 e 2π, respectivamente) para a oscilação sem amortecimento. Isso também é evidente pelos gráficos na Figura 3.7.7, que sobem e descem praticamente juntos. O coeficiente de amortecimento é pequeno neste exemplo: apenas um dezesseis avos do valor crítico, de fato. Não obstante, a amplitude da oscilação é rapidamente reduzida.

A **Figura 3.7.8** mostra o gráfico da solução para $40 \leq t \leq 60$, juntamente com os gráficos de $u = \pm 0{,}1$. Pelo gráfico, τ parece estar em torno de 47,5 e um cálculo mais preciso mostra que $\tau \cong 47{,}5149$ s.

Para encontrar o instante em que a massa passa, pela primeira vez, pela sua posição de equilíbrio, referimo-nos à Eq. (30) e igualamos $\sqrt{255}\,t/16 - \delta$ a $\pi/2$, o menor zero positivo da função cosseno. Então, resolvendo para t, obtemos

$$t = \frac{16}{\sqrt{255}}\left(\frac{\pi}{2} + \delta\right) \cong 1{,}637 \text{ s}.$$

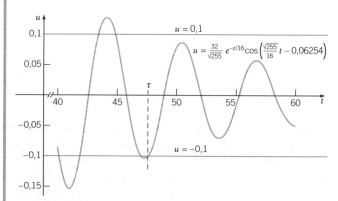

FIGURA 3.7.8 Solução do Exemplo 3.7.3 para $40 \leq t \leq 60$; determinação do instante τ depois do qual $|u(t)| < 0{,}1$.

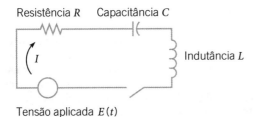

FIGURA 3.7.9 Circuito elétrico simples.

Circuitos Elétricos. Um segundo exemplo da ocorrência de equações diferenciais lineares de segunda ordem com coeficientes constantes é seu uso como modelo do fluxo de corrente elétrica no circuito em série simples ilustrado na **Figura 3.7.9**. A corrente I, medida em ampères (A), é uma função do tempo t. A resistência R em ohms (Ω), a capacitância C em farad (F) e a indutância L em henry (H) são todas constantes positivas que supomos conhecidas. A tensão aplicada E em volt (V) é uma função do tempo dada. Outra quantidade física que entra na discussão é a carga total Q em coulomb (C) no capacitor no instante t. A relação entre a carga Q e a corrente I é

$$I = \frac{dQ}{dt}. \tag{31}$$

O fluxo de corrente no circuito é governado pela segunda lei de Kirchhoff:[11] *Em um circuito fechado, a tensão aplicada é igual à soma das quedas de tensão no resto do circuito.*

De acordo com as leis elementares da eletricidade, sabemos que

A queda de tensão no resistor é RI.

A queda de tensão no capacitor é $\dfrac{Q}{C}$.

A queda de tensão no indutor é $L\dfrac{dI}{dt}$.

Portanto, pela lei de Kirchhoff,

$$L\frac{dI}{dt} + RI + \frac{1}{C}Q = E(t). \tag{32}$$

As unidades para a tensão, a resistência, a corrente, a carga, a capacitância, a indutância e o tempo estão todas relacionadas:

1 volt = 1 ohm · 1 ampère = 1 coulomb/1 farad =
= 1 henry · 1 ampère/1 segundo.

Substituindo I pela expressão na Eq. (31), obtemos a equação diferencial

$$LQ'' + RQ' + \frac{1}{C}Q = E(t) \tag{33}$$

para a carga Q. As condições iniciais são

$$Q(t_0) = Q_0, \quad Q'(t_0) = I(t_0) = I_0. \tag{34}$$

Logo, para saber a carga em qualquer instante, basta saber a carga no capacitor e a corrente no circuito em algum instante inicial t_0.

De modo alternativo, podemos obter uma equação diferencial para a corrente I diferenciando a Eq. (33) em relação a t e depois usando a Eq. (31) para substituir dQ/dt. O resultado é

$$LI'' + RI' + \frac{1}{C}I = E'(t), \tag{35}$$

com as condições iniciais

$$I(t_0) = I_0, \quad I'(t_0) = I'_0. \tag{36}$$

Da Eq. (32), segue que

$$I'_0 = \frac{E(t_0) - RI_0 - \dfrac{Q_0}{C}}{L}. \tag{37}$$

Portanto, I'_0 também é determinado pela carga e pela corrente iniciais, que são quantidades fisicamente mensuráveis.

A conclusão mais importante dessa discussão é que o fluxo de corrente no circuito é descrito por um problema de valor inicial que tem precisamente a mesma forma como o que descreve o movimento de um sistema mola-massa. Esse é um bom exemplo do papel unificador da Matemática: uma vez que você sabe como resolver equações lineares de segunda ordem com coeficientes constantes, você pode interpretar os resultados em termos de vibrações mecânicas, circuitos elétricos ou qualquer outra situação física que leve ao mesmo problema.

Problemas

Nos Problemas **1** e **2**, determine ω_0, R e δ, de modo a escrever a expressão dada na forma $u = R\cos(\omega_0 t - \delta)$.

1. $u = 3\cos(2t) + 4\,\text{sen}(2t)$
2. $u = -2\cos(\pi t) - 3\,\text{sen}(\pi t)$
3. Uma massa de 100 g estica uma mola de 5 cm. Se a massa for colocada em movimento a partir de sua posição de equilíbrio com uma velocidade apontando para baixo de 10 cm/s, e se não houver amortecimento, determine a posição u da massa em qualquer instante t. Quando a massa retorna pela primeira vez à sua posição de equilíbrio?
4. Uma massa pesando 3 lb ($\cong$ 1,36 kg) estica uma mola de 3 polegadas ($\cong$ 7,6 cm). Se a massa for empurrada para cima, contraindo a mola de uma polegada, e depois for colocada em movimento com uma velocidade para baixo de 2 pés/s* (cerca de 61 cm/s), e se não houver amortecimento, encontre a posição u da massa em qualquer instante t. Determine a frequência, o período, a amplitude e a fase do movimento.
5. Uma massa de 20 g estica uma mola de 5 cm. Suponha que a massa também está presa a um amortecedor viscoso com uma constante de amortecimento de 400 dinas · s/cm. Se a massa for

---

[11]Gustav Kirchhoff (1824-1887) era um físico alemão e foi professor em Breslau, Heidelberg e Berlim. Ele formulou as leis básicas dos circuitos elétricos em torno de 1845, enquanto ainda estudante na Albertus University, em Königsberg, onde nasceu. Em 1857, descobriu que uma corrente elétrica em um fio sem resistência viaja à velocidade da luz. Ele também é famoso por seu trabalho fundamental em absorção e emissão eletromagnéticas, e foi um dos fundadores da espectroscopia.

*N.T.: 1 pé = 12 polegadas.

110 Capítulo 3

puxada para baixo mais 2 cm e depois for solta, encontre sua posição u em qualquer instante t. Faça o gráfico de u em função de t. Determine a quase frequência e o quase período. Determine a razão entre o quase período e o período do movimento correspondente sem amortecimento. Encontre, também, o instante τ tal que $|u(t)| < 0{,}05$ cm para todo $t > \tau$.

6. Uma mola é esticada 10 cm por uma força de 3 N. Uma massa de 2 kg é pendurada na mola e presa a um amortecedor viscoso que exerce uma força de 3 N quando a velocidade da massa é de 5 m/s. Se a massa for puxada 5 cm abaixo de sua posição de equilíbrio e receber uma velocidade inicial para baixo de 10 cm/s, determine sua posição u em qualquer instante t. Encontre a quase frequência μ e a razão entre μ e a frequência natural do movimento correspondente sem amortecimento.

7. Um circuito em série tem um capacitor de 10^{-5} F, um resistor de $3 \times 10^2\ \Omega$ e um indutor de 0,2 H. A carga inicial no capacitor é 10^{-6} C e não há corrente inicial. Encontre a carga Q no capacitor em qualquer instante t.

8. Certo sistema vibrando satisfaz a equação $u'' + \gamma u' + u = 0$. Encontre o valor do coeficiente de amortecimento γ para o qual o quase período do movimento amortecido é 50% maior do que o período do movimento correspondente sem amortecimento.

9. Mostre que o período do movimento de uma vibração não amortecida de uma massa pendurada em uma mola vertical é $2\pi\sqrt{L/g}$, em que L é o alongamento da mola em razão da massa e g é a aceleração da gravidade.

10. Mostre que a solução do problema de valor inicial

$$mu'' + \gamma u' + ku = 0, \quad u(t_0) = u_0, \quad u'(t_0) = u_0'$$

pode ser expressa como a soma $u = v + w$, em que v satisfaz as condições iniciais $v(t_0) = u_0$, $v'(t_0) = 0$, w satisfaz as condições iniciais $w(t_0) = 0$, $w'(t_0) = u_0'$, e ambas as funções v e w satisfazem a mesma equação diferencial que u. Esse é outro exemplo de superposição de soluções de problemas mais simples para obter a solução de um problema mais geral.

11. a. Mostre que $A\cos(\omega_0 t) + B\,\text{sen}(\omega_0 t)$ pode ser escrito na forma $r\,\text{sen}(\omega_0 t - \theta)$. Determine r e θ em função de A e B.

    b. Se $R\cos(\omega_0 t - \delta) = r\,\text{sen}(\omega_0 t - \theta)$, determine a relação entre R, r, δ e θ.

12. Se um circuito em série tem um capacitor de $C = 0{,}8 \times 10^{-6}$ F e um indutor de $L = 0{,}2$ H, encontre a resistência R de modo que o circuito tenha amortecimento crítico.

13. Suponha que o sistema descrito pela equação $mu'' + \gamma u' + ku = 0$ tem amortecimento crítico ou está superamortecido. Mostre que a massa pode passar por sua posição de equilíbrio no máximo uma vez, independentemente das condições iniciais.

    Sugestão: determine todos os valores possíveis de t para os quais $u = 0$.

14. Suponha que o sistema descrito pela equação $mu'' + \gamma u' + ku = 0$ tem amortecimento crítico e que as condições iniciais são $u(0) = u_0$, $u'(0) = v_0$. Se $v_0 = 0$, mostre que $u \to 0$ quando $t \to \infty$, mas que u nunca se anula. Se u_0 for positivo, determine uma condição sobre v_0 que garanta que a massa vai passar pela sua posição de equilíbrio após ser solta.

15. **Decremento Logarítmico.** a. Para a oscilação amortecida descrita pela Eq. (26), mostre que o intervalo de tempo entre os máximos sucessivos é de $T_a = 2\pi/\mu$.

    b. Mostre que a razão entre os deslocamentos em dois máximos sucessivos é dada por $\exp(\gamma\,T_a/(2m))$. Note que essa razão não depende do par de máximos sucessivos escolhido. O logaritmo neperiano dessa razão é chamado **decremento logarítmico** e denotado por Δ.

    c. Mostre que $\Delta = \pi\gamma/(m\mu)$. Como m, μ e γ são quantidades facilmente mensuráveis em um sistema mecânico, esse resultado fornece um método conveniente e *prático* para determinar a constante de amortecimento do sistema, que é mais difícil de medir diretamente. Em particular, para o movimento de uma massa vibrando em um fluido viscoso, a constante de amortecimento depende da viscosidade do fluido; para formas geométricas simples, a configuração dessa dependência é conhecida, e a relação precedente permite a determinação da viscosidade experimentalmente. Essa é uma das maneiras mais precisas de determinar a viscosidade de um gás a altas pressões.

16. Tendo em vista o Problema 15, encontre o decremento logarítmico do sistema no Problema 5.

17. A posição de determinado sistema mola-massa satisfaz o problema de valor inicial

$$\frac{3}{2}u'' + ku = 0, \quad u(0) = 2, \quad u'(0) = v.$$

Se for observado que o período e a amplitude do movimento resultante são π e 3, respectivamente, determine os valores de k e v.

18. Considere o problema de valor inicial

$$mu'' + \gamma u' + ku = 0, \quad u(0) = u_0, \quad u'(0) = v_0.$$

Suponha que $\gamma^2 < 4km$.

    a. Resolva o problema de valor inicial.

    b. Escreva a solução na forma $u(t) = Re^{-\gamma t/(2m)}\cos(\mu t - \delta)$. Determine R em função de m, γ, k, u_0 e v_0.

    c. Investigue a dependência de R no coeficiente de amortecimento γ para valores fixos dos outros parâmetros.

19. Um bloco cúbico de lado l e densidade de massa ρ por unidade de volume está flutuando em um fluido com densidade de massa ρ_0 por unidade de volume, em que $\rho_0 > \rho$. Se o bloco for mergulhado ligeiramente e depois solto, ele oscilará na posição vertical. Supondo ser possível desprezar o amortecimento viscoso do fluido e a resistência do ar, deduza a equação diferencial do movimento e determine o período do movimento.

Sugestão: use o princípio de Arquimedes:[12] um objeto completo ou parcialmente submerso em um fluido sofre a ação de uma força empurrando-o para cima (o empuxo) de módulo igual ao peso do fluido deslocado.

20. A posição de determinado sistema mola-massa satisfaz o problema de valor inicial

$$u'' + 2u = 0, \quad u(0) = 0, \quad u'(0) = 2.$$

    a. Encontre a solução deste problema de valor inicial.

    G b. Faça os gráficos de u e de u' em função de t no mesmo par de eixos.

    G c. Faça o gráfico de u' em função de u; ou seja, faça o gráfico paramétrico de $u(t)$ e $u'(t)$, usando t como parâmetro. Esse tipo de gráfico é conhecido como um **retrato de fase**, e o plano uu' é chamado **plano de fase**. Note que uma curva fechada no plano de fase corresponde a uma solução periódica $u(t)$. Qual é o sentido do movimento no retrato de fase quando t aumenta?

---

[12] Arquimedes (287-212 a.C.) foi o melhor matemático da Grécia antiga. Ele viveu em Siracusa, na Ilha da Sicília. Suas descobertas mais notáveis foram em Geometria, mas ele também fez contribuições importantes em Hidrostática e outros ramos da Mecânica. Seu método de exaustão foi um precursor do cálculo integral desenvolvido por Newton e Leibniz quase dois milênios mais tarde. Arquimedes foi morto por um soldado romano durante a Segunda Guerra Púnica.

21. A posição de determinado sistema mola-massa satisfaz o problema de valor inicial

$$u'' + \frac{1}{4}u' + 2u = 0, \quad u(0) = 0, \quad u'(0) = 2.$$

a. Encontre a solução deste problema de valor inicial.
b. Faça os gráficos de u e de u' em função de t no mesmo par de eixos.
c. Faça o gráfico de u' em função de u no plano de fase (veja o Problema 20). Identifique diversos pontos correspondentes nas curvas dos itens (b) e (c). Qual é o sentido do movimento no retrato de fase quando t aumenta?

22. Na ausência de amortecimento, o movimento de um sistema mola-massa satisfaz o problema de valor inicial

$$mu'' + ku = 0, \quad u(0) = a, \quad u'(0) = b.$$

a. Mostre que a energia cinética dada inicialmente à massa é $mb^2/2$ e que a energia potencial armazenada inicialmente na mola é $ka^2/2$, de modo que a energia total inicial do sistema é $(ka^2 + mb^2)/2$.
b. Resolva o problema de valor inicial dado.
c. Usando a solução no item (b), determine a energia total no sistema em qualquer instante t. Seu resultado deve confirmar o princípio de conservação de energia para este sistema.

23. Suponha que uma massa m desliza sem atrito em uma superfície horizontal. A massa está presa a uma mola com constante k, como ilustrado na **Figura 3.7.10**, e está sujeita, também, à resistência viscosa do ar com coeficiente γ. Mostre que o deslocamento $u(t)$ da massa a partir de sua posição de equilíbrio satisfaz a Eq. (21). Como a dedução da equação de movimento neste caso difere da dedução dada no texto?

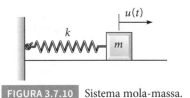

FIGURA 3.7.10 Sistema mola-massa.

24. No sistema mola-massa do Problema 23, suponha que a força exercida pela mola não é dada pela lei de Hooke, mas, em vez disso, satisfaz a relação

$$F_m = -(ku + \epsilon u^3),$$

em que $k > 0$ e ϵ é pequeno em módulo, mas pode ter qualquer sinal. A mola é dita "dura" se $\epsilon > 0$ e "mole" se $\epsilon < 0$. Por que esses termos são apropriados?

a. Mostre que o deslocamento $u(t)$ da massa a partir de sua posição de equilíbrio satisfaz a equação diferencial

$$mu'' + \gamma u' + ku + \epsilon u^3 = 0.$$

Suponha que as condições iniciais são

$$u(0) = 0, \quad u'(0) = 1.$$

No restante deste problema, admita que $m = 1$, $k = 1$ e $\gamma = 0$.

b. Encontre $u(t)$ quando $\epsilon = 0$ e determine, também, a amplitude e o período do movimento.
c. Seja $\epsilon = 0,1$. Faça o gráfico de uma aproximação numérica da solução. Esse movimento parece ser periódico? Se for, estime a amplitude e o período.
d. Repita o item (c) para $\epsilon = 0,2$ e $\epsilon = 0,3$.
e. Plote em um gráfico os valores estimados da amplitude A e do período T em função de ϵ. Descreva a maneira segundo a qual A e T, respectivamente, dependem de ϵ.
f. Repita os itens (c), (d) e (e) para valores negativos de ϵ.

3.8 Vibrações Forçadas

Investigaremos agora a situação em que uma força externa periódica é aplicada a um sistema mola-massa. O comportamento desse sistema simples modela o de muitos sistemas oscilatórios sob a ação de uma força externa, em razão, por exemplo, de um motor preso ao sistema. Primeiro, consideraremos o caso em que há amortecimento e mais adiante o caso particular ideal em que se supõe que não há amortecimento.

Vibrações Forçadas com Amortecimento. Os cálculos algébricos podem ser bem complicados neste tipo de problema, de modo que começaremos com um exemplo relativamente simples.

EXEMPLO 3.8.1

Suponha que o movimento de determinado sistema mola-massa satisfaz a equação diferencial

$$u'' + u' + \frac{5}{4}u = 3\cos(t) \tag{1}$$

e as condições iniciais

$$u(0) = 2, \quad u'(0) = 3. \tag{2}$$

Encontre a solução deste problema de valor inicial e descreva o comportamento da solução para valores grandes de t.

Solução:

A equação homogênea associada à Eq. (1) tem equação característica $r^2 + r + \frac{5}{4} = 0$, com raízes $r = -\frac{1}{2} \pm i$. Assim, a solução geral $u_c(t)$ desta equação homogênea é

$$u_c(t) = c_1 e^{-t/2}\cos(t) + c_2 e^{-t/2}\sen(t). \tag{3}$$

Uma solução particular da Eq. (1) tem a forma $U(t) = A\cos(t) + B\sen(t)$, em que A e B são encontrados substituindo-se u na Eq. (1) por $U(t)$. Temos $U'(t) = -A\sen(t) + B\cos(t)$ e $U''(t) = -A\cos(t) - B\sen(t)$. Logo, da Eq. (1), obtemos

$$\left(\frac{1}{4}A + B\right)\cos(t) + \left(-A + \frac{1}{4}B\right)\sen(t) = 3\cos(t).$$

Em consequência, A e B têm de satisfazer as equações

$$\frac{1}{4}A + B = 3, \quad -A + \frac{1}{4}B = 0,$$

resultando em $A = \frac{12}{17}$ e $B = \frac{48}{17}$. Portanto, a solução particular é

$$U(t) = \frac{12}{17}\cos(t) + \frac{48}{17}\sen(t), \tag{4}$$

e a solução geral da Eq. (1) é

$$u = u_c(t) + U(t) =$$
$$= c_1 e^{-t/2}\cos(t) + c_2 e^{-t/2}\sen(t) + \frac{12}{17}\cos(t) + \frac{48}{17}\sen(t). \tag{5}$$

As constantes restantes c_1 e c_2 são determinadas pelas condições iniciais (2). Da Eq. (5) e de sua primeira derivada, temos

$$u(0) = c_1 + \frac{12}{17} = 2, \quad u'(0) = -\frac{1}{2}c_1 + c_2 + \frac{48}{17} = 3,$$

de modo que $c_1 = \frac{22}{17}$ e $c_2 = \frac{14}{17}$. Assim, obtemos finalmente a solução do problema de valor inicial dado, a saber,

$$u = \frac{22}{17}e^{-t/2}\cos(t) + \frac{14}{17}e^{-t/2}\operatorname{sen}(t) + \frac{12}{17}\cos(t) + \frac{48}{17}\operatorname{sen}(t). \quad (6)$$

O gráfico da solução (6) está ilustrado pela curva sólida em cinza mais escuro na **Figura 3.8.1**.

É importante notar que a solução tem duas partes distintas. As duas primeiras parcelas à direita do sinal de igualdade na Eq. (6) contêm o fator exponencial $e^{-t/2}$; o resultado é que elas se aproximam rapidamente de zero. Costuma-se chamar essa parte de **solução transiente**. As parcelas restantes na Eq. (6) só envolvem senos e cossenos e, portanto, representam uma oscilação que continua para sempre. Referimo-nos a elas como **solução estado estacionário**. As curvas pontilhada e cinza-clara tracejada na Figura 3.8.1 representam as partes transiente e estado estacionário, respectivamente, da solução. A parte transiente vem da solução da equação homogênea associada à Eq. (1) e é necessária para satisfazer as condições iniciais. O estado estacionário é a solução particular da equação não homogênea completa. Depois de um tempo razoavelmente curto, a parte transiente fica muito pequena, quase desaparecendo, e a solução fica essencialmente indistinguível do estado estacionário.

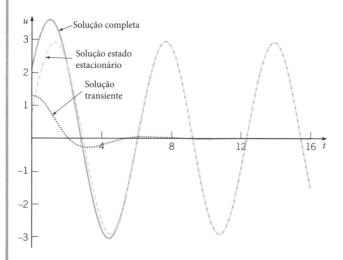

FIGURA 3.8.1 Solução do problema de valor inicial (1), (2): $u'' + u' + 5u/4 = 3\cos(t)$, $u(0) = 2$, $u'(0) = 3$. A solução completa (curva sólida cinza-escura) é a soma da solução transiente (curva pontilhada) e da solução estado estacionário (curva cinza-clara tracejada).

A equação de movimento de um sistema mola-massa geral sujeito a uma força externa $F(t)$ é a Eq. (7) na Seção 3.7:

$$mu''(t) + \gamma u'(t) + ku(t) = F(t), \quad (7)$$

em que m, γ e k são, respectivamente, a massa, o coeficiente de amortecimento e a constante da mola do sistema mola-massa. Suponha agora que a força externa é dada por $F_0 \cos(\omega t)$, em que F_0 e ω são constantes positivas representando a amplitude e a frequência, respectivamente, da força. A Eq. (7) fica, então,

$$mu'' + \gamma u' + ku = F_0 \cos(\omega t). \quad (8)$$

As soluções da Eq. (8) se comportam de maneira muito semelhante à solução do exemplo precedente. A solução geral da Eq. (8) tem a forma

$$u = c_1 u_1(t) + c_2 u_2(t) + A\cos(\omega t) + B\operatorname{sen}(\omega t) = \\ = u_c(t) + U(t). \quad (9)$$

As duas primeiras parcelas na Eq. (9) formam a solução geral $u_c(t)$ da equação homogênea associada à Eq. (8), enquanto as próximas duas parcelas formam uma solução particular $U(t)$ da equação não homogênea completa. Os coeficientes A e B podem ser encontrados, como de hábito, substituindo essas parcelas na equação diferencial (8), enquanto as constantes arbitrárias c_1 e c_2 estão disponíveis para satisfazer as condições iniciais, se houver. As soluções $u_1(t)$ e $u_2(t)$ da equação homogênea dependem das raízes r_1 e r_2 da equação característica $mr^2 + \gamma r + k = 0$. Como m, γ e k são constantes positivas, segue que r_1 e r_2 são raízes reais e negativas ou são complexas conjugadas com parte real negativa. Em qualquer dos casos, ambas $u_1(t)$ e $u_2(t)$ tendem a zero quando $t \to \infty$. Como $u_c(t)$ vai desaparecendo quando t aumenta, ela é chamada de **solução transiente**. Em muitas aplicações, ela tem pouca importância e (dependendo do valor de γ) pode ser praticamente indetectável depois de apenas alguns segundos.

As parcelas restantes na Eq. (9) – a saber, $U(t) = A\cos(\omega t) + B\operatorname{sen}(\omega t)$ – não desaparecem quando t aumenta, mas persistem indefinidamente, ou enquanto a força externa estiver sendo aplicada. Elas representam uma oscilação estacionária na mesma frequência da força externa e sua soma é chamada **solução estado estacionário** ou **resposta forçada** do sistema. A solução transiente nos permite satisfazer quaisquer condições iniciais que sejam impostas. Quando o tempo vai passando, a energia colocada no sistema pelo deslocamento e pela velocidade iniciais é dissipada pela força de amortecimento, e o movimento torna-se, então, a resposta do sistema à força externa. Sem amortecimento, o efeito das condições iniciais persistiria para sempre.

É conveniente expressar $U(t)$ como um único termo trigonométrico, em vez de uma soma de dois termos. Lembre-se de que fizemos isso para outras expressões semelhantes na Seção 3.7. Escrevemos, então,

$$U(t) = R\cos(\omega t - \delta). \quad (10)$$

A amplitude R e a fase δ dependem diretamente de A e de B e indiretamente dos parâmetros na equação diferencial (8). É possível mostrar, por cálculos diretos, porém um tanto longos, que

$$R = \frac{F_0}{\Delta}, \quad \cos(\delta) = \frac{m(\omega_0^2 - \omega^2)}{\Delta} \text{ e } \operatorname{sen}(\delta) = \frac{\gamma\omega}{\Delta}, \quad (11)$$

em que

$$\Delta = \sqrt{m^2(\omega_0^2 - \omega^2)^2 + \gamma^2\omega^2} \text{ e } \omega_0^2 = \frac{k}{m}. \quad (12)$$

Lembre-se de que ω_0 é a frequência natural do sistema sem força externa e sem amortecimento.

Vamos investigar agora como a amplitude R da oscilação estado estacionário depende da frequência ω da força externa.

Substituindo a Eq. (12) na expressão para R na Eq. (11) e fazendo algumas manipulações algébricas, encontramos

$$\frac{Rk}{F_0} = \left[\left(1-\left(\frac{\omega}{\omega_0}\right)^2\right)^2 + \Gamma\left(\frac{\omega}{\omega_0}\right)^2\right]^{-1/2} \quad \text{em que } \Gamma = \frac{\gamma^2}{mk}. \quad (13)$$

Note que a quantidade Rk/F_0 é a razão entre a amplitude R da resposta forçada e F_0/k, o deslocamento estático da mola produzido por uma força F_0.

Para excitações de baixa frequência – ou seja, quando $\omega \to 0$ – segue, da Eq. (13), que $Rk/F_0 \to 1$ ou $R \to F_0/k$. No outro extremo, para excitações de frequência muito alta, a Eq. (13) implica que $R \to 0$ quando $\omega \to \infty$. Em algum valor intermediário de ω, a amplitude pode atingir um máximo. Para encontrar esse ponto de máximo, podemos diferenciar R em relação a ω e igualar o resultado a zero. Dessa maneira, vemos que a amplitude máxima ocorre quando $\omega = \omega_{\text{máx}}$, em que

$$\omega_{\text{máx}}^2 = \omega_0^2 - \frac{\gamma^2}{2m^2} = \omega_0^2\left(1 - \frac{\gamma^2}{2mk}\right). \quad (14)$$

Note que $\omega_{\text{máx}} < \omega_0$ e que $\omega_{\text{máx}}$ estará próximo de ω_0 quando γ for pequeno. O valor máximo de R é

$$R_{\text{máx}} = \frac{F_0}{\gamma\omega_0\sqrt{1-(\gamma^2/4mk)}} \cong \frac{F_0}{\gamma\omega_0}\left(1 + \frac{\gamma^2}{8mk}\right), \quad (15)$$

em que a última expressão é uma aproximação válida para γ pequeno (veja o Problema 5). Se $\frac{\gamma^2}{mk} > 2$, então $\omega_{\text{máx}}$ dado pela Eq. (14) é imaginário; neste caso, o valor máximo de R ocorre para $\omega = 0$, e R é uma função monótona decrescente de ω. Lembre-se de que o amortecimento crítico ocorre quando $\frac{\gamma^2}{mk} = 4$.

Para γ pequeno, segue, da Eq. (15), que $R_{\text{máx}} \cong \frac{F_0}{\gamma\omega_0}$. Assim, para sistemas levemente amortecidos, a amplitude R da resposta forçada quando ω está próximo de ω_0 é bem grande, mesmo para forças externas relativamente pequenas, e quanto menor for o valor de γ, mais pronunciado será esse efeito. Esse fenômeno, conhecido como **ressonância**, com frequência é um ponto importante a considerar em um projeto. A ressonância pode ser boa ou ruim, dependendo das circunstâncias. Ela tem de ser levada seriamente em consideração no projeto de estruturas, como edifícios e pontes, onde pode produzir instabilidade levando, possivelmente, a falhas catastróficas da estrutura. Por outro lado, a ressonância pode ser útil no projeto de instrumentos, como o sismógrafo, feitos para detectar sinais periódicos fracos.

A **Figura 3.8.2** contém alguns gráficos representativos de $\frac{Rk}{F_0}$ em função de $\frac{\omega}{\omega_0}$ para diversos valores de $\Gamma = \frac{\gamma^2}{mk}$. O próximo exemplo explica por que nos referimos a Γ como um parâmetro de amortecimento. O gráfico correspondente a $\Gamma = 0{,}015625$ está incluído porque este é o valor de Γ que ocorre no Exemplo 3.8.2 mais adiante. Observe especialmente o pico pontudo na curva correspondente a $\Gamma = 0{,}015625$ perto de $\frac{\omega}{\omega_0} = 1$. O caso

limite quando $\Gamma \to 0$ também é mostrado. Segue, da Eq. (13), ou das Eqs. (11) e (12), que $R \to \dfrac{F_0}{m\left|\omega_0^2 - \omega^2\right|}$ quando $\gamma \to 0$ e, portanto, $\dfrac{Rk}{F_0}$ é assintótico à reta vertical $\omega = \omega_0$, como mostra a figura. Quando o amortecimento no sistema aumenta, o pico na resposta diminui gradativamente.

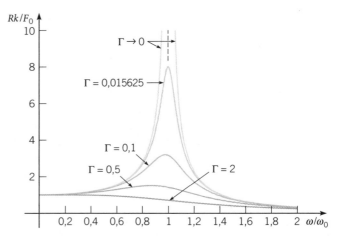

FIGURA 3.8.2 Vibração forçada com amortecimento: amplitude da resposta estado estacionário em função da frequência da força externa para diversos valores do parâmetro adimensional de amortecimento $\Gamma = \gamma^2/mk$.

A Figura 3.8.2 também ilustra a utilidade de variáveis adimensionais. Você pode verificar facilmente que cada uma das quantidades $\dfrac{Rk}{F_0}$, $\dfrac{\omega}{\omega_0}$ e Γ é adimensional (veja o Problema 9d). A importância desta observação é que o número de parâmetros significativos no problema foi reduzido a três, em vez dos cinco que aparecem na Eq. (8). Assim, basta apenas uma família de curvas, algumas delas ilustradas na Figura 3.8.2, para descrever o comportamento da resposta em função da frequência de todos os sistemas governados pela Eq. (8).

O ângulo de fase δ também depende de ω de maneira interessante. Para ω próximo de zero, segue, das Eqs. (11) e (12), que $\cos(\delta) \cong 1$ e $\text{sen}(\delta) \cong 0$. Logo, $\delta \cong 0$ e a resposta está quase em fase com a excitação, o que significa que elas sobem e descem juntas e, em particular, atingem seus respectivos máximos e mínimos praticamente ao mesmo tempo. Para $\omega = \omega_0$, vemos que $\cos(\delta) = 0$ e $\text{sen}(\delta) = 1$, de modo que $\delta = \pi/2$, ou seja, os picos da resposta ocorrem $\pi/2$ mais tarde do que os da excitação, e de modo similar para os vales. Finalmente, para ω muito grande, temos $\cos(\delta) \cong -1$ e $\text{sen}(\delta) \cong 0$. Logo, $\delta \cong \pi$, de modo que a resposta está quase que completamente fora de fase em relação à excitação; isso significa que a resposta é mínima quando a excitação é máxima, e vice-versa. A **Figura 3.8.3** mostra os gráficos de δ em função de ω/ω_0 para diversos valores de Γ. Para pouco amortecimento, a transição de fase de perto de $\delta = 0$ para perto de $\delta = \pi$ ocorre de maneira um tanto abrupta, enquanto para valores grandes do parâmetro de amortecimento, a transição se dá de forma mais gradual.

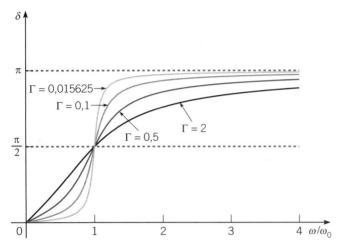

FIGURA 3.8.3 Vibração forçada com amortecimento: fase da resposta estado estacionário em função da frequência da força externa para diversos valores do parâmetro adimensional de amortecimento $\Gamma = \gamma^2/mk$.

EXEMPLO 3.8.2

Considere o problema de valor inicial

$$u'' + \frac{1}{8}u' + u = 3\cos(\omega t), \quad u(0) = 2, \quad u'(0) = 0. \quad (16)$$

Mostre gráficos da solução para valores diferentes da frequência da força externa ω e compare-os com os gráficos correspondentes da força externa.

Solução:

Para este sistema, temos $\omega_0 = 1$ e $\Gamma = 1/64 = 0{,}015625$. Seu movimento sem força externa foi discutido no Exemplo 3.7.3, e a Figura 3.7.7 mostra o gráfico da solução do problema na ausência de força. As Figuras **3.8.4**, **3.8.5** e **3.8.6** mostram a solução do problema com força externa (16) para $\omega = 0{,}3$, $\omega = 1$ e $\omega = 2$, respectivamente. Cada figura mostra, também, o gráfico da força externa correspondente. Neste exemplo, o deslocamento estático F_0/k é igual a 3.

A Figura 3.8.4 mostra o caso de baixa frequência, $\omega/\omega_0 = 0{,}3$. Depois de a resposta inicial transiente ser amortecida substancialmente, a resposta estado estacionário restante está, essencialmente, em fase com a excitação, e a amplitude da resposta é um pouco maior do que o deslocamento estático. Especificamente, $R \cong 3{,}2939$ e $\delta \cong 0{,}041185$.

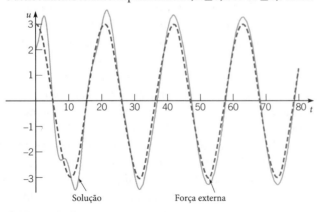

FIGURA 3.8.4 Uma vibração forçada com amortecimento; a solução (curva sólida cinza-clara) da Eq. (16) com $\omega = 0{,}3$: $u'' + \frac{1}{8}u' + u = 3\cos(0{,}3t)$, $u(0) = 2$, $u'(0) = 0$. A curva tracejada é o gráfico da força externa: $F(t) = 3\cos(0{,}3t)$.

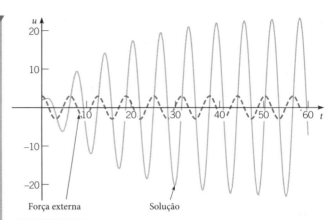

FIGURA 3.8.5 Vibração forçada com amortecimento; a solução (curva sólida cinza-clara) da Eq. (16) com $\omega = 1$: $u'' + \frac{1}{8}u' + u = 3\cos(t)$, $u(0) = 2$, $u'(0) = 0$. A curva tracejada é o gráfico da força externa: $F(t) = 3\cos(t)$.

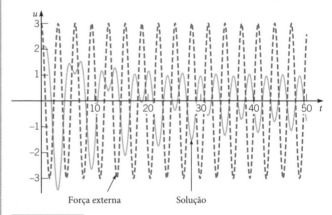

FIGURA 3.8.6 Uma vibração forçada com amortecimento; a solução (curva sólida cinza-clara) da Eq. (16) com $\omega = 2$: $u'' + \frac{1}{8}u' + u = 3\cos(2t)$, $u(0) = 2$, $u'(0) = 0$. A curva tracejada é o gráfico da força externa: $F(t) = 3\cos(2t)$.

O caso ressonante, $\omega/\omega_0 = 1$, está ilustrado na Figura 3.8.5. Aqui, a amplitude da resposta estado estacionário é oito vezes o deslocamento estático, e a figura também mostra o atraso de fase previsto de $\pi/2$ em relação à força externa.

O caso da frequência de excitação razoavelmente alta está ilustrado na Figura 3.8.6. Note que a amplitude da resposta estado estacionário é aproximadamente um terço do deslocamento estático e que a diferença de fase entre a excitação e a resposta é aproximadamente π. Mais precisamente, temos que $R \cong 0{,}99655$ e $\delta \cong 3{,}0585$.

Vibrações Forçadas sem Amortecimento. Vamos supor agora que $\gamma = 0$ na Eq. (8), obtendo, assim, a equação de movimento de um oscilador forçado sem amortecimento

$$mu'' + ku = F_0 \cos(\omega t). \quad (17)$$

A forma da solução geral da Eq. (17) é diferente, dependendo de se a frequência ω da força externa é diferente ou igual à frequência natural $\omega_0 = \sqrt{k/m}$ do sistema sem força externa. Considere primeiro o caso $\omega \neq \omega_0$; então, a solução geral da Eq. (17) é

$$u = c_1 \cos(\omega_0 t) + c_2 \mathrm{sen}(\omega_0 t) + \frac{F_0}{m(\omega_0^2 - \omega^2)} \cos(\omega t). \quad (18)$$

As constantes c_1 e c_2 são determinadas pelas condições iniciais. O movimento resultante é, em geral, a soma de dois movimentos periódicos com frequências diferentes (ω_0 e ω) e amplitudes diferentes também.

É particularmente interessante supor que a massa está inicialmente em repouso, de modo que as condições iniciais são $u(0) = 0$ e $u'(0) = 0$. Então, a energia impulsionando o sistema vem inteiramente da força externa, sem contribuição das condições iniciais. Nesse caso, as constantes c_1 e c_2 na Eq. (18) são dadas por

$$c_1 = -\frac{F_0}{m(\omega_0^2 - \omega^2)}, \quad c_2 = 0, \qquad (19)$$

e a solução da Eq. (17) fica

$$u = \frac{F_0}{m(\omega_0^2 - \omega^2)}(\cos(\omega t) - \cos(\omega_0 t)). \qquad (20)$$

Essa é a soma de duas funções periódicas com períodos diferentes, mas com a mesma amplitude. Usando as identidades trigonométricas para $\cos(A \pm B)$ com $A = \frac{1}{2}(\omega_0 + \omega)t$ e $B = \frac{1}{2}(\omega_0 - \omega)t$, podemos escrever a Eq. (20) na forma

$$u = \frac{2F_0}{m(\omega_0^2 - \omega^2)}\operatorname{sen}\left(\frac{1}{2}(\omega_0 - \omega)t\right)\operatorname{sen}\left(\frac{1}{2}(\omega_0 + \omega)t\right). \qquad (21)$$

Se $|\omega_0 - \omega|$ for pequeno, então $\omega_0 + \omega$ será muito maior do que $|\omega_0 - \omega|$. Em consequência, $\operatorname{sen}\left(\frac{1}{2}(\omega_0 + \omega)t\right)$ é uma função oscilando rapidamente, se comparada com $\operatorname{sen}\left(\frac{1}{2}(\omega_0 - \omega)t\right)$. Então, o movimento será uma oscilação rápida com frequência $\frac{1}{2}(\omega_0 + \omega)$, mas com uma amplitude senoidal variando lentamente

$$\frac{2F_0}{m|\omega_0^2 - \omega^2|}\left|\operatorname{sen}\left(\frac{1}{2}(\omega_0 - \omega)t\right)\right|.$$

Esse tipo de movimento, com uma variação periódica da amplitude, exibe o que é chamado **batimento**. Por exemplo, tal fenômeno ocorre em acústica quando dois diapasões de frequência praticamente iguais são usados simultaneamente. Nesse caso, a variação periódica da amplitude pode ser notada com facilidade pelo ouvido sem recursos extras. Em eletrônica, a variação da amplitude em relação ao tempo é chamada **modulação da amplitude**.

EXEMPLO 3.8.3

Resolva o problema de valor inicial

$$u'' + u = \frac{1}{2}\cos(0{,}8t), \quad u(0) = 0, \quad u'(0) = 0, \qquad (22)$$

e faça o gráfico da solução.

Solução:

Neste caso, $\omega_0 = 1$, $\omega = 0{,}8$ e $F_0 = \frac{1}{2}$, de modo que, pela Eq. (21), a solução do problema dado é

$$u = 2{,}778\operatorname{sen}(0{,}1t)\operatorname{sen}(0{,}9t). \qquad (23)$$

A **Figura 3.8.7** mostra um gráfico desta solução. A variação de amplitude tem uma frequência baixa de 0,1 e um período lento correspondente de $2\pi/0{,}1 = 20\pi$. Note que um meio período de 10π corresponde a um único ciclo de amplitude crescente e depois decrescente. O deslocamento do sistema mola-massa oscila com uma frequência relativamente rápida, de 0,9, ligeiramente menor apenas da frequência natural ω_0.

Imagine agora que a frequência ω da força externa é aumentada, digamos, para $\omega = 0{,}9$. Então, a frequência baixa é cortada pela metade para 0,05, e o meio período lento correspondente dobra para 20π. O multiplicador 2,7778 também aumenta substancialmente para 5,263. No entanto, a frequência rápida aumenta pouco, para 0,95. Você pode visualizar o que acontece quando ω vai assumindo valores cada vez mais próximos da frequência natural $\omega_0 = 1$?

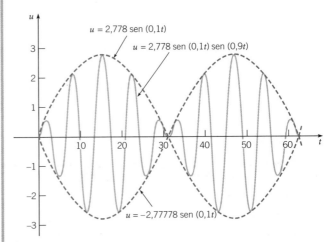

FIGURA 3.8.7 Um batimento; a solução (curva sólida cinza-clara) da Eq. (22): $u'' + u = \frac{1}{2}\cos(0{,}8t)$, $u(0) = 0$, $u'(0) = 0$ é $u = 2{,}778\operatorname{sen}(0{,}1t)\operatorname{sen}(0{,}9t)$. A curva tracejada é o gráfico da força externa, $F(t) = \frac{1}{2}\cos(0{,}8t)$.

Vamos voltar para a Eq. (17) e considerar o caso da ressonância, em que $\omega = \omega_0$, ou seja, a frequência da função externa é igual à frequência natural do sistema. Então, o termo não homogêneo $F_0\cos(\omega t)$ é uma solução da equação homogênea associada. Neste caso, a solução da Eq. (17) é

$$u = c_1\cos(\omega_0 t) + c_2\operatorname{sen}(\omega_0 t) + \frac{F_0}{2m\omega_0}t\operatorname{sen}(\omega_0 t). \qquad (24)$$

Considere o exemplo a seguir.

EXEMPLO 3.8.4

Resolva o problema de valor inicial

$$u'' + u = \frac{1}{2}\cos(t), \quad u(0) = 0, \quad u'(0) = 0, \qquad (25)$$

e desenhe o gráfico da solução.

Solução:

A solução geral da equação diferencial é

$$u = c_1\cos(t) + c_2\operatorname{sen}(t) + \frac{t}{4}\operatorname{sen}(t),$$

e as condições iniciais implicam que $c_1 = c_2 = 0$. Logo, a solução do problema de valor inicial dado é

$$u = \frac{t}{4}\operatorname{sen}(t). \qquad (26)$$

A **Figura 3.8.8** mostra o gráfico da solução.

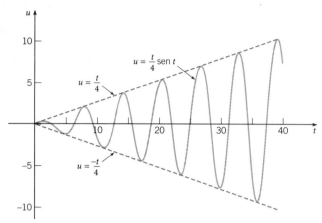

FIGURA 3.8.8 Ressonância; a solução (curva sólida cinza-clara) da Eq. (25): $u'' + u = \frac{1}{2}\cos(t)$, $u(0) = 0$, $u'(0) = 0$ é $u = \frac{t}{4}\text{sen}(t)$.

Por causa do termo $t\,\text{sen}(\omega_0 t)$, a solução (24) prevê que o movimento ficará ilimitado quando $t \to \infty$, independentemente dos valores de c_1 e c_2, e a Figura 3.8.8 confirma isso. É claro que oscilações ilimitadas não ocorrem na vida real, já que a mola não pode ser infinitamente alongada. Além disso, quando u torna-se grande, o modelo matemático no qual a Eq. (17) se baseia não é mais válido, já que a hipótese de que a força da mola depende linearmente do deslocamento requer que u seja pequeno. Como vimos, se o amortecimento estiver incluído no modelo, o movimento previsto permanecerá limitado; no entanto, a resposta correspondente à função de entrada $F_0 \cos(\omega t)$ poderá ser muito grande se o amortecimento for pequeno e ω estiver próximo de ω_0.

Problemas

Nos Problemas 1 a 3, escreva a expressão dada como um produto de duas funções trigonométricas com frequências diferentes.

1. $\text{sen}(7t) - \text{sen}(6t)$
2. $\cos(\pi t) + \cos(2\pi t)$
3. $\text{sen}(3t) + \text{sen}(4t)$
4. Uma massa de 5 kg estica uma mola de 10 cm. A massa sofre a ação de uma força externa de $10\,\text{sen}(t/2)$ N (newton) e se move em um meio que amortece o movimento com uma força viscosa de 2 N quando a velocidade da massa é de 4 cm/s. Se a massa for colocada em movimento a partir de sua posição de equilíbrio com uma velocidade inicial de 3 cm/s, formule o problema de valor inicial que descreve o movimento da massa.
5. a. Encontre a solução do Problema 4.
   b. Identifique as partes transiente e estado estacionário da solução.
   c. Faça o gráfico da solução estado estacionário.
   d. Se a força externa dada for substituída por uma força $2\cos(\omega t)$ com frequência ω, encontre o valor de ω para o qual a amplitude da resposta forçada é máxima.
6. Uma massa pesando 8 lb ($\cong$ 3,6 kg) estica uma mola de seis polegadas ($\approx$ 15 cm). Uma força externa de $8\,\text{sen}(8t)$ lb age sobre o sistema. Se a massa for puxada três polegadas para baixo e depois for solta, determine a posição da massa em qualquer instante de tempo. Determine os quatro primeiros instantes em que a velocidade da massa é nula.
7. Uma mola é esticada seis polegadas por uma massa pesando oito libras. A massa está presa a um mecanismo amortecedor que tem uma constante de amortecimento de $\frac{1}{4}$ lb·s/pé (um pé = 12 polegadas) e está sob a ação de uma força externa igual a $4\cos(2t)$ lb.
   a. Determine a resposta estado estacionário deste sistema.
   b. Se a massa dada for substituída por uma massa m, determine o valor de m para o qual a amplitude da resposta estado estacionário é máxima.
8. A mola de um sistema mola-massa tem constante de 3 N/m. Uma massa de 2 kg é presa na mola, e o movimento se dá em um fluido viscoso que oferece uma resistência numericamente igual ao módulo da velocidade instantânea. Se o sistema sofre a ação de uma força externa de $(3\cos(3t) - 2\,\text{sen}(3t))$ N, determine a resposta estado estacionário. Expresse sua resposta na forma $R\cos(\omega t - \delta)$.

9. Neste problema, pedimos que você forneça alguns dos detalhes na análise de um oscilador forçado com amortecimento.
   a. Deduza as Eqs. (10), (11) e (12) para a solução estado estacionário da Eq. (8).
   b. Deduza a expressão na Eq. (13) para Rk/F_0.
   c. Mostre que $\omega^2_{\text{máx}}$ e $R_{\text{máx}}$ são dados pelas Eqs. (14) e (15), respectivamente.
   d. Verifique que Rk/F_0, ω/ω_0 e $\Gamma = \gamma^2/(mk)$ são todas quantidades adimensionais.

10. Encontre a velocidade da resposta estado estacionário dada pela Eq. (10). Depois mostre que a velocidade é máxima quando $\omega = \omega_0$.

11. Encontre a solução do problema de valor inicial
$$u'' + u = F(t), \quad u(0) = 0, \quad u'(0) = 0,$$
em que
$$F(t) = \begin{cases} F_0 t, & 0 \leq t \leq \pi, \\ F_0(2\pi - t), & \pi < t \leq 2\pi, \\ 0, & 2\pi < t. \end{cases}$$
Sugestão: trate separadamente cada intervalo de tempo e iguale as soluções nos intervalos diferentes supondo que u e u' são funções contínuas de t.

12. Um circuito em série tem um capacitor de $0{,}25 \times 10^{-6}$ F, um resistor de 5×10^3 Ω e um indutor de 1 H. A carga inicial no capacitor é zero. Se uma bateria de 12 volts for conectada ao circuito e o circuito for fechado em $t = 0$, determine a carga no capacitor em $t = 0{,}001$ s, em $t = 0{,}01$ s e em qualquer instante t. Determine, também, a carga limite quando $t \to \infty$.

13. Considere o sistema forçado, mas não amortecido, descrito pelo problema de valor inicial
$$u'' + u = 3\cos(\omega t), \quad u(0) = 0, \quad u'(0) = 0.$$
   a. Encontre a solução $u(t)$ para $\omega \neq 1$.

Equações Diferenciais Lineares de Segunda Ordem

b. Faça o gráfico da solução $u(t)$ em função de t para $\omega = 0{,}7$, $\omega = 0{,}8$ e $\omega = 0{,}9$. Descreva como a resposta $u(t)$ muda quando ω varia nesse intervalo. O que acontece se ω assumir valores cada vez mais próximos de um? Note que a frequência natural do sistema sem a força externa é $\omega_0 = 1$.

14. Considere o sistema vibratório descrito pelo problema de valor inicial

$$u'' + u = 3\cos(\omega t), \quad u(0) = 1, \quad u'(0) = 1.$$

    a. Encontre a solução para $\omega \neq 1$.

    b. Faça o gráfico da solução $u(t)$ em função de t para $\omega = 0{,}7$, $\omega = 0{,}8$ e $\omega = 0{,}9$. Compare os resultados com os do Problema 13; ou seja, descreva o efeito das condições iniciais não nulas.

15. Para o problema de valor inicial no Problema 13, faça o gráfico de u' em função de u para $\omega = 0{,}7$, $\omega = 0{,}8$ e $\omega = 0{,}9$. (Lembre-se de que tal gráfico é chamado de retrato de fase.) Use um intervalo de tempo suficientemente longo para que o retrato de fase apareça como uma curva fechada. Coloque setas na sua curva indicando o sentido de percurso quando t aumenta.

Os Problemas 16 a 18 tratam do problema de valor inicial

$$u'' + \frac{1}{8}u' + 4u = F(t), \quad u(0) = 2, \quad u'(0) = 0.$$

Em cada um desses problemas:

a. Faça os gráficos da função externa $F(t)$ e da solução $u(t)$ em função de t usando o mesmo conjunto de eixos. Use um intervalo de tempo suficientemente longo para que a solução transiente seja substancialmente reduzida. Observe a relação entre a amplitude e a fase da força externa e a amplitude e a fase da resposta. Note que $\omega_0 = \sqrt{k/m} = 2$.

b. Faça o retrato de fase da solução, ou seja, o gráfico de u' em função de u.

16. $F(t) = 3\cos(t/4)$

17. $F(t) = 3\cos(2t)$

18. $F(t) = 3\cos(6t)$

19. Um sistema mola-massa com uma mola dura (Problema 24 da Seção 3.7) sofre a ação de uma força externa periódica. Na ausência de amortecimento, suponha que o deslocamento da massa satisfaz o problema de valor inicial

$$u'' + u + \frac{1}{5}u^3 = \cos(\omega t), \quad u(0) = 0, \quad u'(0) = 0.$$

a. Seja $\omega = 1$ e gere, em um computador, a solução do problema dado. O sistema exibe batimento?

b. Faça o gráfico da solução para diversos valores de ω entre $1/2$ e 2. Descreva como a solução varia quando ω aumenta.

Questões Conceituais

C3.1. Por que $y = e^{rt}$ é uma forma razoável de procurar soluções de $ay'' + by' + cy = 0$?

C3.2. Por que não adianta procurar soluções de $ay'' + by' + cy = 0$ na forma $y = At^p$?

C3.3. Para o problema de valor inicial $y'' + p(t)y' + q(t)y = g(t)$, $y(t_0) = y_0$ e $y'(t_0) = v_0$, qual é o valor de $y''(t_0)$?

C3.4. Em que intervalo existe uma única solução do problema de valor inicial $ay'' + by' + cy = 0$, $y(t_0) = y_0$ e $y'(t_0) = v_0$? (Você pode supor que $a \neq 0$.)

C3.5. Por que é importante saber que $y_1(t)$ e $y_2(t)$ formam um conjunto fundamental de soluções antes de tentar encontrar constantes c_1 e c_2 que fazem com que $y(t) = c_1y_1(t) + c_2y_2(t)$ satisfaça as condições iniciais $y(t_0) = y_0$, $y'(t_0) = v_0$?

C3.6. Como sabemos que o wronskiano $W[y_1, y_2](t)$ é identicamente zero ou nunca se anula no intervalo de existência garantido pelo Teorema de Existência e Unicidade (Teorema 3.2.1)?

C3.7. Considere o problema de valor inicial $ay'' + by' + cy = 0$, $y(0) = y_0$ e $y'(0) = v_0$, em que o polinômio característico tem raízes complexas: $r_{1,2} = \alpha \pm i\beta$. Então $y(t) = c_1e^{r_1t} + c_2e^{r_2t}$ é uma solução para essa equação diferencial que assume valores complexos. Quando você resolver para as constantes c_1 e c_2 que satisfazem

as condições iniciais, a solução resultante assumirá valores complexos ou reais?

C3.8. Qual equação diferencial linear de segunda ordem com raízes repetidas também pode ser solucionada por integração direta?

C3.9. O que você encontrará se incluir um múltiplo de uma solução homogênea na forma para tentar achar uma solução particular?

C3.10. Como os três casos na Tabela 3.5.1 podem ser reduzidos a um único caso?

C3.11. Onde vimos a matriz de coeficientes que aparece no sistema de equações lineares para u_1' e u_2'? Que propriedade especial essa matriz tem?

C3.12. Se o método de Variação dos Parâmetros funciona para qualquer função à direita do sinal de igualdade em uma equação diferencial linear não homogênea, por que não usamos esse método para encontrar uma solução particular para qualquer equação diferencial linear não homogênea?

C3.13. Descreva o sistema mecânico não forçado que tem $k = 0$. Como essa solução se comporta quando $t \to \infty$?

C3.14. Descreva o sistema mecânico não forçado que tem $\gamma = 0$. Como essa solução se comporta quando $t \to \infty$?

C3.15. Para um sistema mola-massa com amortecimento e força externa $F_0\cos(\omega t)$, por que $Y(t) = A\cos(\omega t) + B\,\text{sen}(\omega t)$ sempre é uma forma apropriada para uma solução particular?

Respostas das Questões Conceituais

C3.1. Como as derivadas de $y = e^{rt}$ também são exponenciais da mesma forma, quando essa forma é substituída na equação diferencial, a equação pode ser dividida pela exponencial, resultando em uma equação do segundo grau, que pode ser resolvida por fatoração ou pela fórmula para resolução de equações do segundo grau.

C3.2. Quando $y = At^p$ é substituído na equação diferencial, obtemos

$$Aap(p-1)t^{p-2} + Abpt^{p-1} + Act^p = A(ap(p-1) + bpt + ct^2)t^{p-2} = 0.$$

A única maneira de essa equação ser satisfeita para todos os valores de t é $A = 0$, o que significa que $y = 0$ é uma solução. Já sabíamos disto e estávamos procurando soluções não triviais.

118 Capítulo 3

C3.3. Substituindo $t = t_0$ na equação diferencial e usando os valores dados para $y(t_0)$ e $y'(t_0)$, obtemos
$$y''(t_0) = g(t_0) - p(t_0)v_0 - q(t)y_0.$$

C3.4. Nesse caso $p(t) = \dfrac{b}{a}$, $q(t) = \dfrac{c}{a}$ e $g(t) = 0$ são contínuas em $(-\infty, \infty)$. Para condições iniciais dadas em qualquer t_0, este problema de valor inicial tem uma única solução duas vezes diferenciável definida em $(-\infty, \infty)$.

C3.5. Quando $y_1(t)$ e $y_2(t)$ formam um conjunto fundamental de soluções para uma equação diferencial linear de segunda ordem, o sistema de equações lineares para c_1 e c_2:
$$c_1 y_1(t_0) + c_2 y_2(t_0) = y_0$$
$$c_1 y_1'(t_0) + c_2 y_2'(t_0) = y_0$$
tem exatamente uma solução. Quando $W[y_1, y_2](t_0) = 0$, este sistema não tem solução ou tem uma infinidade de soluções. (E, se $y_1(t)$ e $y_2(t)$ não forem soluções, não há razão para esperar que uma combinação linear dessas funções seja uma solução.)

C3.6. A resposta curta é "Teorema de Abel" ou "Teorema 3.2.7". Uma resposta mais informativa é: $u(t) = W[y_1, y_2](t)$ é uma solução da equação diferencial linear de primeira ordem $u' + p(t)u = 0$, ou seja, $u(t) = ce^{-\int p(t)dt}$. Como exponenciais nunca se anulam, esta solução é zero (quando $c = 0$) ou nunca se anula (quando $c \neq 0$).

C3.7. As raízes r_1 e r_2 são complexas conjugadas: $r_2 = \overline{r_1}$. As soluções com valores complexos $e^{r_1 t}$ e $e^{r_2 t}$ também são complexas conjugadas: $e^{r_2 t} = \overline{e^{r_1 t}}$. Quando você resolver para c_1 e c_2 (quando y_0 e v_0 forem ambos reais), vai encontrar que $c_2 = \overline{c_1}$. Então,
$$y(t) = c_1 y_1(t) + c_2 y_2(t) = c_1 y_1(t) + \overline{c_1 y_1(t)} = 2\Re(c_1 y_1(t)),$$
que é real. Por causa disso (e também por causa do Teorema 3.2.6), substituímos as soluções complexas pelas suas partes real e imaginária: $e^{\alpha t}\cos(\beta t)$ e $e^{\alpha t}\operatorname{sen}(\beta t)$.

C3.8. A equação diferencial $y'' = 0$ tem a equação característica $r^2 = 0$. As soluções da equação característica são $r = 0$ com multiplicidade dois. Por integração direta, encontramos $y' = c_1$ e outra integração fornece $y(t) = c_1 t + c_2$. Esta é uma combinação linear de $y_1(t) = 1$ e $y_2(t) = t$, que é consistente com o resultado geral de que uma segunda solução linearmente independente é obtida multiplicando-se a primeira solução por t. (O wronskiano dessas duas soluções é $W[1, t](t) = 1$.)

C3.9. Quando um múltiplo de uma solução da equação homogênea é substituído à esquerda do sinal de igualdade na equação diferencial, o resultado será zero. Isto significa que o coeficiente para esse termo não aparece no sistema de equações lineares para os coeficientes da forma sugerida e esse coeficiente pode ser qualquer coisa. (Como sabemos que isto vai acontecer, não faz sentido incluir quaisquer termos da solução homogênea na forma da solução particular.)

C3.10. A Linha 1 é a Linha 2 com $\alpha = 0$ e é a Linha 3 com $\alpha = \beta = 0$. A Linha 2 é a Linha 3 com $\beta = 0$. Isto significa que basta a Linha 3. (Apesar disso, sempre é bom lembrar os três casos; eles não são tão difíceis de lembrar.)

C3.11. O determinante da matriz de coeficientes para u_1' e u_2' é o wronskiano das funções que formam um conjunto fundamental de soluções para a equação diferencial homogênea correspondente: $W[y_1, y_2](t)$. Pelo Teorema de Abel, o wronskiano não é zero, o que significa que a matriz de coeficientes é não singular e o sistema sempre tem uma única solução.

C3.12. Embora não seja difícil escrever o sistema de equações lineares satisfeito por u_1' e u_2', ou resolver esse sistema, as integrais que têm de ser calculadas podem ser meio complicadas. Quando o termo não homogêneo é apropriado para usar o Método dos Coeficientes Indeterminados, é preciso derivar a função sugerida e os coeficientes satisfazem um sistema de equações lineares (com coeficientes numéricos que são os coeficientes para o Método de Variação dos Parâmetros). Uma vez resolvido esse sistema, é conhecida uma solução particular – não há necessidade de integração ou outra coisa qualquer.

C3.13. Se $k = 0$, o sistema não tem mola. A equação característica é $mr^2 + kr = 0$, logo as raízes são $r = 0$ e $r = -k/m$. Todas as soluções convergirão para uma constante que pode ser determinada a partir de m, γ, y_0 e v_0.

C3.14. Se $\gamma = 0$, o sistema não tem amortecimento (movimento não amortecido). A equação característica é $mr^2 + k = 0$, que tem raízes $r_{1,2} = \pm\sqrt{k/m}i$. O conjunto fundamental de soluções será $\{\cos(\sqrt{k/m}t), \operatorname{sen}(\sqrt{k/m}t)\}$. Consistente com a afirmação de que esse sistema não tem amortecimento, as soluções são puramente periódicas com amplitude constante.

C3.15. Quando $\gamma > 0$, a parte real das raízes da equação característica será negativa. Isto significa que as soluções em um conjunto fundamental de soluções para a equação diferencial homogênea correspondente terá um termo exponencial. Essa sugestão da forma da solução só não será apropriada quando o sistema for não amortecido ($\gamma = 0$) e a frequência natural for exatamente igual à frequência natural do sistema: $\omega = \sqrt{k/m}$.

Bibliografia

Uma referência boa para encontrar as demonstrações dos resultados teóricos neste capítulo é:

Coddington, E. A. *An Introduction to Ordinary Differential Equations.* Englewood Cliffs, NJ: Prentice-Hall, 1961; New York: Dover, 1989.

Existem muitos livros sobre vibrações mecânicas e circuitos elétricos. Um que trata de ambos é:

Close, C. M. and Frederick, D. K. *Modeling and Analysis of Dynamic Systems.* 3. ed. New York: Wiley, 2001.

Um livro clássico sobre vibrações mecânicas é:

Den Hartog, J. P. *Mechanical Vibrations.* 4. ed. New York: McGraw-Hill, 1956; New York: Dover, 1985.

Um livro de nível intermediário mais recente é:

Thomson, W. T. *Theory of Vibrations with Applications.* 5. ed. Englewood Cliffs, NJ: Prentice-Hall, 1997.

Um livro elementar sobre circuitos elétricos é:

Bobrow, L. S. *Elementary Linear Circuit Analysis.* New York: Oxford University Press, 1996.

CAPÍTULO **4**

Equações Diferenciais Lineares de Ordem Mais Alta

A estrutura teórica e os métodos de resolução desenvolvidos no capítulo precedente para equações lineares de segunda ordem podem ser estendidos, diretamente, para equações lineares de terceira ordem e de ordem mais alta. Neste capítulo, vamos rever rapidamente essa generalização, apontando, em especial, os casos particulares em que aparecem fenômenos novos, em razão da grande variedade de situações que podem ocorrer para equações de ordem mais alta.

4.1 Teoria Geral para Equações Diferenciais Lineares de Ordem n

Uma equação diferencial linear de ordem n é uma equação da forma

$$P_0(t)\frac{d^n y}{dt^n} + P_1(t)\frac{d^{n-1} y}{dt^{n-1}} + \cdots + P_{n-1}(t)\frac{dy}{dt} + P_n(t)y = G(t). \quad (1)$$

Supomos que as funções $P_0, \ldots, P_n$ e G são funções reais e contínuas definidas em algum intervalo $I: \alpha < t < \beta$, e que P_0 nunca se anula nesse intervalo. Então, dividindo a Eq. (1) por $P_0(t)$, obtemos

$$L[y] = \frac{d^n y}{dt^n} + p_1(t)\frac{d^{n-1} y}{dt^{n-1}} + \cdots + p_{n-1}(t)\frac{dy}{dt} + \\ + p_n(t)y = g(t). \quad (2)$$

O operador diferencial linear L de ordem n definido pela Eq. (2) é semelhante ao operador de segunda ordem definido no Capítulo 3. A teoria matemática associada à Eq. (2) é inteiramente análoga à teoria para equações lineares de segunda ordem; por essa razão, apenas enunciaremos os resultados para o problema de ordem n. As demonstrações da maioria dos resultados também são semelhantes às das equações de segunda ordem e, em geral, deixadas como exercício.

Como a Eq. (2) envolve a n-ésima derivada de y em relação a t, serão necessárias, grosso modo, n integrações para resolver a Eq. (2). Cada uma dessas integrações vai gerar uma constante arbitrária. Podemos esperar, portanto, que para obter uma única solução, será preciso especificar n condições iniciais,

$$y(t_0) = y_0, \quad y'(t_0) = y_0', \ldots, y^{(n-1)}(t_0) = y_0^{(n-1)}, \quad (3)$$

em que t_0 pode ser qualquer ponto no intervalo I e $y_0, y_0', \ldots, y_0^{(n-1)}$ é qualquer conjunto dado de constantes reais. O teorema a seguir, semelhante ao Teorema 3.2.1, garante que o problema de valor inicial (2), (3) tem solução e que ela é única.

Teorema 4.1.1

Se as funções $p_1, p_2, \ldots, p_n$ e g são contínuas em um intervalo aberto I, então existe exatamente uma solução $y = \phi(t)$ da equação diferencial (2) que também satisfaz as condições iniciais (3), em que t_0 é qualquer ponto em I. Esta solução existe em todo o intervalo I.

Não demonstraremos esse teorema aqui. No entanto, se os coeficientes $p_1, \ldots, p_n$ forem constantes, poderemos construir a solução do problema de valor inicial (2), (3) de modo semelhante ao que fizemos no Capítulo 3; veja as Seções de 4.2 a 4.4. Embora possamos encontrar a solução nesse caso, não saberemos se ela é única se não usarmos o Teorema 4.1.1. Uma demonstração desse teorema pode ser encontrada nos livros de Ince (Seção 3.32) e de Coddington (Capítulo 6).

Equação Homogênea. Como no problema correspondente de segunda ordem, vamos discutir primeiro a equação homogênea

$$L[y] = y^{(n)} + p_1(t)y^{(n-1)} + \cdots + p_{n-1}(t)y' + p_n(t)y = 0. \quad (4)$$

Se as funções $y_1, y_2, \ldots, y_n$ forem soluções da Eq. (4), segue, por cálculo direto, que a combinação linear

$$y = c_1 y_1(t) + c_2 y_2(t) + \cdots + c_n y_n(t), \quad (5)$$

em que $c_1, \ldots, c_n$ são constantes arbitrárias, também será solução da Eq. (4). É natural, então, perguntar se todas as soluções da Eq. (4) podem ser expressas como uma combinação linear de $y_1, \ldots, y_n$. Isso será verdade, independentemente das condições iniciais (3) dadas, se for possível escolher as constantes $c_1, \ldots, c_n$ de modo que a combinação linear (5) satisfaça as condições iniciais. Ou seja, para qualquer escolha do ponto t_0 em I e para

120 Capítulo 4

qualquer escolha de $y_0, y_0', \ldots, y_0^{(n-1)}$, precisamos ser capazes de determinar $c_1, \ldots, c_n$ de modo que as equações

$$c_1 y_1(t_0) + \cdots + c_n y_n(t_0) = y_0$$
$$c_1 y_1'(t_0) + \cdots + c_n y_n'(t_0) = y_0'$$
$$\vdots \qquad\qquad (6)$$
$$c_1 y_1^{(n-1)}(t_0) + \cdots + c_n y_n^{(n-1)}(t_0) = y_0^{(n-1)}$$

sejam satisfeitas. O sistema (6) de n equações lineares algébricas pode ser resolvido de maneira única para as n constantes $c_1, \ldots, c_n$, desde que o determinante da matriz de coeficientes não seja nulo. Por outro lado, se o determinante da matriz dos coeficientes for nulo, então sempre será possível escolher valores de $y_0, y_0', \ldots, y_0^{(n-1)}$ de modo que as Eqs. (6) não tenham solução. Portanto, uma condição necessária e suficiente para a existência de uma solução para as Eqs. (6) para valores arbitrários de y_0, $y_0', \ldots, y_0^{(n-1)}$ é que o wronskiano

$$W[y_1, \ldots, y_n] = \begin{vmatrix} y_1 & y_2 & \cdots & y_n \\ y_1' & y_2' & \cdots & y_n' \\ \vdots & \vdots & & \vdots \\ y_1^{(n-1)} & y_2^{(n-1)} & \cdots & y_n^{(n-1)} \end{vmatrix} \qquad (7)$$

não se anule em $t = t_0$. Como t_0 pode ser qualquer ponto do intervalo I, é necessário e suficiente que $W[y_1, y_2, \ldots, y_n]$ seja diferente de zero em todos os pontos do intervalo. Do mesmo modo que para equações de segunda ordem, pode-se mostrar que, se $y_1, y_2, \ldots, y_n$ forem soluções da Eq. (4), então $W[y_1, y_2, \ldots, y_n]$ ou será zero para todo t no intervalo I, ou nunca se anulará aí; veja o Problema 15. Temos, portanto, o seguinte teorema:

Teorema 4.1.2

Se as funções $p_1, p_2, \ldots, p_n$ forem contínuas no intervalo aberto I, se as funções $y_1, y_2, \ldots, y_n$ forem soluções da Eq. (4) e se $W[y_1, y_2, \ldots, y_n](t) \neq 0$ para pelo menos um ponto t em I, então toda solução da Eq. (4) poderá ser expressa como uma combinação linear das soluções $y_1, y_2, \ldots, y_n$.

Um conjunto de soluções $y_1, \ldots, y_n$ da Eq. (4) cujo wronskiano não se anula é chamado **conjunto fundamental de soluções**. A existência de um conjunto fundamental de soluções pode ser demonstrada exatamente da mesma maneira que para equações lineares de segunda ordem (veja o Teorema 3.2.5). Como todas as soluções da equação diferencial linear homogênea de ordem n (4) são da forma (5), usamos o termo **solução geral** para nos referir a uma combinação linear arbitrária de qualquer conjunto fundamental de soluções da Eq. (4).

Dependência e Independência Lineares. Vamos explorar agora a relação entre conjuntos fundamentais de soluções e o conceito de independência linear, uma ideia central no estudo de álgebra linear. As funções $f_1, f_2, \ldots, f_n$ são ditas **linearmente dependentes** em um intervalo I se existir um conjunto de constantes $k_1, k_2, \ldots, k_n$, nem todas nulas, tal que

$$k_1 f_1(t) + k_2 f_2(t) + \cdots + k_n f_n(t) = 0 \qquad (8)$$

para todo t em I. As funções $f_1, \ldots, f_n$ são ditas **linearmente independentes** em I se não forem linearmente dependentes aí.

EXEMPLO 4.1.1

Determine se as funções $f_1(t) = 1$, $f_2(t) = t$ e $f_3(t) = t^2$ são linearmente independentes ou linearmente dependentes no intervalo I: $-\infty < t < \infty$.

Solução:

Forme a combinação linear

$$k_1 f_1(t) + k_2 f_2(t) + k_3 f_3(t) = k_1 + k_2 t + k_3 t^2,$$

e a iguale a zero para obter

$$k_1 + k_2 t + k_3 t^2 = 0. \qquad (9)$$

Se a Eq. (9) for válida para todo t em I, então ela certamente será válida em três pontos distintos em I. Quaisquer três pontos servirão para nosso propósito, mas é conveniente escolher $t = 0$, $t = 1$ e $t = -1$. Calculando a Eq. (9) em cada um desses pontos, obtemos o sistema de equações

$$
\begin{aligned}
k_1 & & & = 0, \\
k_1 &+ k_2 &+ k_3 &= 0, \qquad (10) \\
k_1 &- k_2 &+ k_3 &= 0.
\end{aligned}
$$

Da primeira das Eqs. (10) observamos que $k_1 = 0$; segue, das outras duas equações, que $k_2 = k_3 = 0$ também. Então, não existe conjunto de constantes k_1, k_2, k_3, nem todas nulas, para as quais a Eq. (9) seja válida em três pontos escolhidos, muito menos em todo I. Logo, as funções dadas não são linearmente dependentes em I e, portanto, têm de ser linearmente independentes. De fato, elas são linearmente independentes em qualquer intervalo. Isso pode ser estabelecido como acabamos de fazer, possivelmente usando um conjunto diferente de três pontos.

EXEMPLO 4.1.2

Determine se as funções

$$f_1(t) = 1, \quad f_2(t) = 2 + t, \quad f_3(t) = 3 - t^2 \quad \text{e} \quad f_4(t) = 4t + t^2$$

são linearmente independentes ou linearmente dependentes em qualquer intervalo I.

Solução:

Forme a combinação linear

$$
\begin{aligned}
k_1 f_1(t) + k_2 f_2(t) + k_3 f_3(t) + k_4 f_4(t) &= \\
= k_1 + k_2(2 + t) + k_3(3 - t^2) + k_4(4t + t^2) &= \\
= (k_1 + 2k_2 + 3k_3) + (k_2 + 4k_4)t + (-k_3 + k_4)t^2. & \quad (11)
\end{aligned}
$$

Para que essa expressão seja nula em todo um intervalo, certamente basta que

$$k_1 + 2k_2 + 3k_3 = 0, \quad k_2 + 4k_4 = 0, \quad -k_3 + k_4 = 0.$$

Essas três equações com quatro incógnitas têm muitas soluções. Por exemplo, se $k_4 = 1$, então $k_3 = 1$, $k_2 = -4$ e $k_1 = 5$. Se usarmos esses valores para os coeficientes na Eq. (11), teremos

$$5 f_1(t) - 4 f_2(t) + f_3(t) + f_4(t) = 0$$

para cada valor de t. Logo, as funções dadas são linearmente dependentes em qualquer intervalo.

Equações Diferenciais Lineares de Ordem Mais Alta **121**

O conceito de independência linear fornece uma caracterização alternativa do conjunto fundamental de soluções da equação homogênea (4). Suponha que as funções $y_1, \ldots, y_n$ são soluções da Eq. (4) em um intervalo I e considere a equação

$$k_1 y_1(t) + \cdots + k_n y_n(t) = 0. \qquad (12)$$

Diferenciando repetidamente a Eq. (12), obtemos as $n - 1$ equações adicionais

$$k_1 y_1'(t) + \cdots + k_n y_n'(t) = 0,$$
$$\vdots \qquad\qquad (13)$$
$$k_1 y_1^{(n-1)}(t) + \cdots + k_n y_n^{(n-1)}(t) = 0.$$

O sistema consistindo nas Eqs. (12) e (13) é um sistema de n equações algébricas lineares para as n incógnitas $k_1, \ldots, k_n$. O determinante da matriz de coeficientes desse sistema é o wronskiano $W[y_1, \ldots, y_n](t)$ de $y_1, \ldots, y_n$. Isso nos leva ao teorema a seguir.

Teorema 4.1.3

Se $y_1(t), \ldots, y_n(t)$ formarem um conjunto fundamental de soluções da equação diferencial linear homogênea de ordem n (4)

$$L[y] = y^{(n)} + p_1(t) y^{(n-1)} + \cdots + p_{n-1}(t) y' + p_n(t) y = 0$$

em um intervalo I, então $y_1(t), \ldots, y_n(t)$ serão linearmente independentes em I. De modo recíproco, se $y_1(t), \ldots, y_n(t)$ forem soluções da Eq. (4) linearmente independentes em I, então elas formarão um conjunto fundamental de soluções em I.

Para demonstrar esse teorema, suponha primeiro que $y_1(t), \ldots, y_n(t)$ formam um conjunto fundamental de soluções da Eq. (4) em I. Então, o wronskiano $W[y_1, \ldots, y_n](t) \neq 0$ para todo t em I. Logo, o sistema (12), (13) só tem a solução $k_1 = \ldots = k_n = 0$ para todo t em I. Assim, $y_1(t), \ldots, y_n(t)$ não podem ser linearmente dependentes em I e, portanto, têm de ser linearmente independentes aí.

Para demonstrar a recíproca, sejam $y_1(t), \ldots, y_n(t)$ linearmente independentes em I. Para mostrar que essas funções formam um conjunto fundamental de soluções, precisamos mostrar que seu wronskiano nunca se anula em I. Suponha que isso não seja verdade; então, existirá pelo menos um ponto t_0 em que o wronskiano é nulo. Nesse ponto, o sistema (12), (13) tem uma solução não nula; vamos denotá-la por $k_1^*, \ldots, k_n^*$. Forme a combinação linear

$$\phi(t) = k_1^* y_1(t) + \cdots + k_n^* y_n(t). \qquad (14)$$

Então, $y = \phi(t)$ satisfaz o problema de valor inicial

$$L[y] = 0, \ y(t_0) = 0, \ y'(t_0) = 0, \ \ldots, y^{(n-1)}(t_0) = 0. \quad (15)$$

A função ϕ satisfaz a equação diferencial porque é uma combinação linear de soluções; ela satisfaz as condições iniciais porque essas são simplesmente as equações no sistema (12), (13) calculadas em t_0. No entanto, a função $y(t) = 0$ para todo t em I também satisfaz esse problema de valor inicial e, pelo Teorema 4.1.1, a solução do problema de valor inicial (15) é

única. Logo, $\phi(t) = 0$ para todo t em I. Em consequência, $y_1(t), \ldots, y_n(t)$ são linearmente dependentes em I, o que é uma contradição. Então, a hipótese de que existe um ponto no qual o wronskiano se anula não é sustentável. Portanto, o wronskiano nunca se anula em I, como queríamos demonstrar.

Note que, para um conjunto $f_1, \ldots, f_n$ de funções que não são soluções da equação diferencial linear homogênea (4), a recíproca no Teorema 4.1.3 não é necessariamente verdadeira. Elas podem ser linearmente independentes em I, mesmo que seu wronskiano se anule em algum ponto, ou até em todos os pontos, mas com conjuntos diferentes de constantes $k_1, \ldots, k_n$ em pontos diferentes. Veja o Problema **18** para um exemplo.

Equação Não Homogênea. Considere, agora, a equação não homogênea (2),

$$L[y] = y^{(n)} + p_1(t) y^{(n-1)} + \cdots + p_n(t) y = g(t).$$

Se Y_1 e Y_2 forem duas soluções quaisquer da Eq. (2), segue imediatamente, da linearidade do operador L, que

$$L[Y_1 - Y_2](t) = L[Y_1](t) - L[Y_2](t) = g(t) - g(t) = 0.$$

Portanto, a diferença entre duas soluções quaisquer da equação não homogênea (2) é uma solução da equação diferencial homogênea (4). Como qualquer solução da equação homogênea pode ser expressa como uma combinação linear de um conjunto fundamental de soluções $y_1, \ldots, y_n$, segue que qualquer solução da Eq. (2) pode ser escrita na forma

$$y = c_1 y_1(t) + c_2 y_2(t) + \cdots + c_n y_n(t) + Y(t), \qquad (16)$$

em que Y é alguma solução particular da equação diferencial não homogênea (2). A combinação linear (16) é chamada **solução geral** da equação não homogênea (2).

Assim, o problema básico é determinar um conjunto fundamental de soluções $\{y_1, \ldots, y_n\}$ da equação diferencial linear homogênea de ordem n (4). Se os coeficientes forem constantes, esse é um problema relativamente simples que será discutido na próxima seção. Se os coeficientes não forem constantes, é necessário, em geral, usar métodos numéricos como os do Capítulo 8 ou métodos de expansão em série semelhantes aos do Capítulo 5. Esses últimos tendem a ficar cada vez mais complicados quando a ordem da equação aumenta.

Para encontrar uma solução particular $Y(t)$ na Eq. (16), estão disponíveis novamente os métodos de coeficientes indeterminados e de variação dos parâmetros. Eles são discutidos e ilustrados nas Seções 4.3 e 4.4, respectivamente.

O método de redução de ordem (Seção 3.4) também se aplica a equações diferenciais lineares de ordem n. Se y_1 for uma solução da Eq. (4), então a substituição $y = v(t) y_1(t)$ leva a uma equação diferencial linear de ordem $n - 1$ para v' (veja o Problema **19** para o caso $n = 3$). No entanto, se $n \geq 3$, a equação reduzida é, pelo menos, de segunda ordem, e apenas em casos raros vai ser significativamente mais simples do que a equação original. Dessa maneira, na prática, a redução de ordem raramente é útil para equações de ordem maior do que dois.

122 Capítulo 4

Problemas

Nos Problemas 1 a 4, determine os intervalos nos quais existem, com certeza, soluções.

1. $y^{(4)} + 4y''' + 3y = t$

2. $t(t-1)y^{(4)} + e^t y'' + 4t^2 y = 0$

3. $(x-1)y^{(4)} + (x+1)y'' + (\tan(x))y = 0$

4. $(x^2-4)y^{(6)} + x^2 y'' + 9y = 0$

Nos Problemas 5 a 7, determine se as funções dadas são linearmente dependentes ou linearmente independentes. Se forem linearmente dependentes, encontre uma relação linear entre elas.

5. $f_1(t) = 2t - 3$, $\quad f_2(t) = t^2 + 1$, $\quad f_3(t) = 2t^2 - t$

6. $f_1(t) = 2t - 3$, $\quad f_2(t) = 2t^2 + 1$, $\quad f_3(t) = 3t^2 + t$

7. $f_1(t) = 2t - 3$, $\quad f_2(t) = t^2 + 1$, $\quad f_3(t) = 2t^2 - t$,
   $f_4(t) = t^2 + t + 1$

Nos Problemas 8 a 11, verifique se as funções dadas são soluções da equação diferencial, e determine seu wronskiano.

8. $y^{(4)} + y'' = 0$; $\quad 1, \quad t, \quad \cos(t), \quad \text{sen}(t)$

9. $y''' + 2y'' - y' - 2y = 0$; $\quad e^t, \quad e^{-t}, \quad e^{-2t}$

10. $xy''' - y'' = 0$; $\quad 1, \quad x, \quad x^3$

11. $x^3 y''' + x^2 y'' - 2xy' + 2y = 0$; $\quad x, \quad x^2, \quad 1/x$

12. a. Mostre que, calculando diretamente o wronskiano, $W[5, \text{sen}^2(t), \cos(2t)] = 0$ para todo t.

    b. Estabeleça o mesmo resultado sem calcular diretamente o wronskiano.

13. Verifique que o operador diferencial definido por
$$L[y] = y^{(n)} + p_1(t)y^{(n-1)} + \cdots + p_n(t)y$$
é um operador diferencial linear. Ou seja, mostre que
$$L[c_1 y_1 + c_2 y_2] = c_1 L[y_1] + c_2 L[y_2],$$
em que y_1 e y_2 são funções n vezes diferenciáveis e c_1 e c_2 são constantes arbitrárias. Portanto, mostre que, se $y_1, y_2, \ldots, y_n$ forem soluções de $L[y] = 0$, então a combinação linear $c_1 y_1 + \ldots + c_n y_n$ também será solução de $L[y] = 0$.

14. Seja L o operador diferencial linear definido por
$$L[y] = a_0 y^{(n)} + a_1 y^{(n-1)} + \cdots + a_n y,$$
em que $a_0, a_1, \ldots, a_n$ são constantes reais.

    a. Encontre $L[t^n]$.

    b. Encontre $L[e^{rt}]$.

    c. Determine quatro soluções da equação $y^{(4)} - 5y'' + 4y = 0$. Você acha que essas quatro soluções formam um conjunto fundamental de soluções? Por quê?

15. Neste problema, mostramos como generalizar o Teorema 3.2.7 (teorema de Abel) para equações de ordem maior. Vamos primeiro esboçar o procedimento para a equação de terceira ordem
$$y''' + p_1(t)y'' + p_2(t)y' + p_3(t)y = 0.$$
Sejam y_1, y_2 e y_3 soluções desta equação em um intervalo I.

a. Se $W = W[y_1, y_2, y_3]$, mostre que
$$W' = \begin{vmatrix} y_1 & y_2 & y_3 \\ y_1' & y_2' & y_3' \\ y_1''' & y_2''' & y_3''' \end{vmatrix}.$$

Sugestão: a derivada de um determinante 3×3 é a soma de três determinantes 3×3 obtidos derivando-se a primeira, a segunda e a terceira linhas, respectivamente.

b. Substitua y_1''', y_2''' e y_3''' a partir da equação diferencial; multiplique a primeira linha por p_3, a segunda por p_2 e some-as à última linha para obter
$$W' = -p_1(t)W.$$

c. Mostre que
$$W[y_1, y_2, y_3](t) = c \exp\left(-\int p_1(t)dt\right).$$

Logo, W ou é sempre igual a zero ou nunca se anula em I.

d. Generalize esse argumento para a equação de ordem n
$$y^{(n)} + p_1(t)y^{(n-1)} + \cdots + p_n(t)y = 0$$
com soluções $y_1, \ldots, y_n$. Ou seja, estabeleça a **fórmula de Abel**
$$W[y_1, \ldots, y_n](t) = c \exp\left(-\int p_1(t)dt\right) \qquad (17)$$
para este caso.

Nos Problemas 16 e 17, use a fórmula de Abel (17) para encontrar o wronskiano de um conjunto fundamental de soluções para a equação diferencial dada.

16. $y''' + 2y'' - y' - 3y = 0$

17. $ty''' + 2y'' - y' + ty = 0$

18. Sejam $f(t) = t^2|t|$ e $g(t) = t^3$.

    a. Mostre que as funções $f(t)$ e $g(t)$ são linearmente dependentes em $0 < t < 1$.

    b. Mostre que $f(t)$ e $g(t)$ são linearmente dependentes em $-1 < t < 0$.

    c. Mostre que $f(t)$ e $g(t)$ são linearmente independentes em $-1 < t < 1$.

    d. Mostre que $W[f, g](t)$ é zero para todo t em $-1 < t < 1$.

    e. Explique por que os resultados nos itens (c) e (d) não contradizem o Teorema 4.1.3.

19. Mostre que, se y_1 for uma solução de
$$y''' + p_1(t)y'' + p_2(t)y' + p_3(t)y = 0,$$
então, a substituição $y = y_1(t)v(t)$ nos levará à seguinte equação de segunda ordem para v':
$$y_1 v''' + (3y_1' + p_1 y_1)v'' + (3y_1'' + 2p_1 y_1' + p_2 y_1)v' = 0.$$

Nos Problemas 20 e 21, use o método de redução de ordem (Problema 19) para resolver a equação diferencial dada.

20. $(2-t)y''' + (2t-3)y'' - ty' + y = 0$, $t < 2$; $\quad y_1(t) = e^t$

21. $t^2(t+3)y''' - 3t(t+2)y'' + 6(1+t)y' - 6y = 0$, $\quad t > 0$;
   $y_1(t) = t^2$, $\quad y_2(t) = t^3$

4.2 Equações Diferenciais Homogêneas com Coeficientes Constantes

Considere a equação diferencial linear homogênea de ordem n

$$L[y] = a_0 y^{(n)} + a_1 y^{(n-1)} + \cdots + a_{n-1} y' + a_n y = 0, \quad (1)$$

em que $a_0, a_1, \ldots, a_n$ são constantes reais e $a_0 \neq 0$. Do que sabemos sobre equações lineares de segunda ordem com coeficientes constantes, é natural esperar que $y = e^{rt}$ seja solução da Eq. (1) para valores apropriados de r. De fato,

$$L[e^{rt}] = e^{rt}(a_0 r^n + a_1 r^{n-1} + \cdots + a_{n-1} r + a_n) = e^{rt} Z(r) \quad (2)$$

para todo r, em que

$$Z(r) = a_0 r^n + a_1 r^{n-1} + \cdots + a_{n-1} r + a_n. \quad (3)$$

Para os valores de r tais que $Z(r) = 0$, segue que $L[e^{rt}] = 0$ e $y = e^{rt}$ é uma solução da Eq. (1). O polinômio $Z(r)$ é chamado **polinômio característico** e a equação $Z(r) = 0$ é a **equação característica** da equação diferencial (1). Como $a_0 \neq 0$, sabemos que $Z(r)$ é um polinômio de grau n; logo, tem n zeros,[1] digamos $r_1, r_2, \ldots, r_n$, alguns dos quais podem ser iguais. Podemos, portanto, escrever o polinômio característico na forma

$$Z(r) = a_0(r - r_1)(r - r_2) \cdots (r - r_n). \quad (4)$$

Raízes Reais e Distintas. Se as raízes da equação característica forem reais e todas diferentes, então teremos n soluções distintas $e^{r_1 t}, e^{r_2 t}, \ldots, e^{r_n t}$ da Eq. (1). Se essas funções forem linearmente independentes, então a solução geral da Eq. (1) será

$$y = c_1 e^{r_1 t} + c_2 e^{r_2 t} + \cdots + c_n e^{r_n t}. \quad (5)$$

Um modo de estabelecer a independência linear de $e^{r_1 t}, e^{r_2 t}, \ldots, e^{r_n t}$ é calcular seu wronskiano; outra maneira está esquematizada no Problema 30.

EXEMPLO 4.2.1

Encontre a solução geral de

$$y^{(4)} + y''' - 7y'' - y' + 6y = 0. \quad (6)$$

Encontre, também, a solução que satisfaz as condições iniciais

$$y(0) = 1, \quad y'(0) = 0, \quad y''(0) = -2, \quad y'''(0) = -1. \quad (7)$$

Desenhe seu gráfico e determine o comportamento da solução quando $t \to \infty$.

Solução:
Supondo que $y = e^{rt}$, precisamos determinar r resolvendo a equação polinomial

$$r^4 + r^3 - 7r^2 - r + 6 = 0. \quad (8)$$

As raízes desta equação são $r_1 = 1, r_2 = -1, r_3 = 2$ e $r_4 = -3$. Portanto, a solução geral da equação diferencial (6) é

$$y = c_1 e^t + c_2 e^{-t} + c_3 e^{2t} + c_4 e^{-3t}. \quad (9)$$

As condições iniciais (7) exigem que $c_1, \ldots, c_4$ satisfaçam as quatro equações

$$\begin{aligned} c_1 + c_2 + c_3 + c_4 &= 1, \\ c_1 - c_2 + 2c_3 - 3c_4 &= 0, \\ c_1 + c_2 + 4c_3 + 9c_4 &= -2, \\ c_1 - c_2 + 8c_3 - 27c_4 &= -1. \end{aligned} \quad (10)$$

Resolvendo este sistema de quatro equações algébricas lineares, encontramos

$$c_1 = \frac{11}{8}, \quad c_2 = \frac{5}{12}, \quad c_3 = -\frac{2}{3}, \quad c_4 = -\frac{1}{8}.$$

Logo, a solução do problema de valor inicial é

$$y = \frac{11}{8} e^t + \frac{5}{12} e^{-t} - \frac{2}{3} e^{2t} - \frac{1}{8} e^{-3t}. \quad (11)$$

O gráfico da solução está ilustrado na **Figura 4.2.1**. Note que o termo dominante na solução quando $t \to \infty$ é $\frac{2}{3} e^{2t}$. Então, podemos concluir que a solução tende a $-\infty$ quando $t \to \infty$.

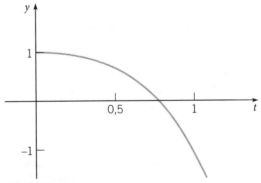

FIGURA 4.2.1 Solução do problema de valor inicial (6), (7): $y^{(4)} + y''' - 7y'' - y' + 6y = 0$, $y(0) = 1$, $y'(0) = 0$, $y''(0) = -2$, $y'''(0) = -1$.

Como mostra o Exemplo 4.2.1, o procedimento para resolver uma equação diferencial linear de ordem n com coeficientes constantes depende da obtenção das raízes de uma equação polinomial de ordem n associada. Se forem dadas condições iniciais, torna-se necessário resolver um sistema de n equações algébricas lineares para determinar os valores apropriados das constantes $c_1, \ldots, c_n$. Cada uma dessas tarefas vai ficando cada vez mais complicada à medida que n aumenta, e omitimos os cálculos detalhados no Exemplo 4.2.1. Auxílio computacional pode ser muito útil em tais problemas.

---

[1]Uma pergunta que foi importante em Matemática durante mais de 200 anos era se toda equação polinomial tinha pelo menos uma raiz. A resposta afirmativa a essa pergunta, que é o teorema fundamental da álgebra, foi dada por Carl Friedrich Gauss (1777-1855) em sua dissertação de doutorado em 1799, embora sua demonstração não seja rigorosa o suficiente para os padrões atuais. Diversas outras demonstrações foram encontradas desde então, incluindo três pelo próprio Gauss. Hoje em dia, os estudantes encontram o teorema fundamental da álgebra, muitas vezes, em um primeiro curso de variáveis complexas, em que pode ser demonstrado como consequência de algumas propriedades básicas de funções analíticas complexas.

Para polinômios de terceiro e quarto graus, existem fórmulas,[2] análogas à fórmula para a equação de segundo grau, só que mais complicadas, que fornecem expressões exatas para as raízes. Algoritmos para encontrar raízes estão disponíveis em calculadoras e computadores. Às vezes, eles estão incluídos no programa que resolve equações diferenciais, de modo que o processo de fatorar o polinômio característico fica escondido e a solução da equação diferencial é produzida automaticamente.

Se você tiver de fatorar o polinômio característico manualmente, eis um resultado que às vezes ajuda. Suponha que o polinômio

$$a_0 r^n + a_1 r^{n-1} + \cdots + a_{n-1} r + a_n = 0 \qquad (12)$$

tem coeficientes inteiros. Se $r = p/q$ é uma raiz racional, em que p e q não têm fatores comuns, então p tem de ser um fator de a_n e q tem de ser um fator de a_0. Por exemplo, na Eq. (8), os fatores de a_0 são ± 1 e os de a_n são ± 1, ± 2, ± 3 e ± 6. Assim, as únicas raízes racionais possíveis para essa equação são ± 1, ± 2, ± 3 e ± 6. Testando essas raízes possíveis, encontramos que 1, –1, 2 e –3 são raízes de fato. Neste caso, não existem outras raízes, já que o polinômio tem grau quatro. Se algumas raízes forem irracionais ou complexas, como geralmente é o caso, então esse processo não vai encontrá-las, mas pelo menos o grau do polinômio pode ser reduzido dividindo-o pelos fatores correspondentes às raízes racionais.

No caso em que as raízes da equação característica são reais e distintas, vimos que a solução geral (5) é, simplesmente, uma soma de funções exponenciais. Para valores grandes de t, a solução será dominada pela parcela correspondente à raiz algebricamente maior. Se essa raiz for positiva, as soluções se tornarão exponencialmente ilimitadas, tendendo a $+\infty$ ou a $-\infty$, dependendo do sinal do termo dominante na solução. Se a maior raiz for negativa, as soluções tenderão exponencialmente a zero. Finalmente, se a maior raiz for nula, as soluções tenderão a uma constante não nula quando t se tornar muito grande. É claro que, para determinadas condições iniciais, o coeficiente da parcela que seria a dominante pode ser nulo; então, a natureza da solução para valores grandes de t será determinada pela maior raiz presente na solução.

Raízes Complexas. Como os coeficientes $a_0, a_1, a_2, \ldots, a_n$ são números reais, se a equação característica tiver raízes complexas, elas têm de aparecer em pares conjugados, $\lambda \pm i\mu$. Ou seja, $r = \lambda + i\mu$ é uma raiz da equação característica, assim como $\bar{r} = \lambda - i\mu$. Desde que nenhuma raiz seja repetida, a solução geral da Eq. (1) ainda tem a forma da Eq. (5). No entanto, da mesma forma que para equações de segunda ordem (Seção 3.3), podemos substituir as soluções complexas $e^{(\lambda+i\mu)t}$ e $e^{(\lambda-i\mu)t}$ pelas soluções reais

$$e^{\lambda t}\cos(\mu t), \qquad e^{\lambda t}\operatorname{sen}(\mu t) \qquad (13)$$

obtidas como as partes real e imaginária de $e^{(\lambda+i\mu)t}$. Dessa maneira, mesmo que algumas das raízes da equação característica sejam complexas, ainda é possível expressar a solução geral da Eq. (1) como combinação linear de soluções reais.

EXEMPLO 4.2.2

Encontre a solução geral de

$$y^{(4)} - y = 0. \qquad (14)$$

Encontre, também, a solução que satisfaz as condições iniciais

$$y(0) = \frac{7}{2}, \quad y'(0) = -4, \quad y''(0) = \frac{5}{2}, \quad y'''(0) = -2 \qquad (15)$$

e desenhe seu gráfico.

Solução:
Substituindo y por e^{rt}, vemos que a equação característica é

$$r^4 - 1 = (r^2 - 1)(r^2 + 1) = 0.$$

Logo, as raízes são $r = 1, -1, i$ e $-i$, e a solução geral da Eq. (14) é

$$y = c_1 e^t + c_2 e^{-t} + c_3 \cos(t) + c_4 \operatorname{sen}(t).$$

Se impusermos as condições iniciais (15), encontraremos (veja o Problema 26a)

$$c_1 = 0, \quad c_2 = 3, \quad c_3 = \frac{1}{2}, \quad c_4 = -1;$$

assim, a solução do problema de valor inicial dado é

$$y = 3e^{-t} + \frac{1}{2}\cos(t) - \operatorname{sen}(t). \qquad (16)$$

O gráfico desta solução está ilustrado na **Figura 4.2.2**.

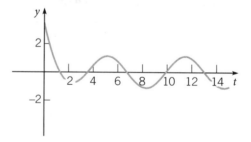

FIGURA 4.2.2 Solução do problema de valor inicial (14), (15): $y^{(4)} - y = 0$, $y(0) = \frac{7}{2}$, $y'(0) = -4$, $y''(0) = \frac{5}{2}$, $y'''(0) = -2$.

Observe que as condições iniciais (15) fazem com que o coeficiente c_1 da parcela exponencial crescente na solução geral seja zero. Esta parcela, portanto, está ausente na solução (16), que descreve um decaimento exponencial para uma oscilação estacionária, como mostra a Figura 4.2.2. No entanto, se as condições iniciais forem ligeiramente alteradas, então provavelmente c_1 não será nulo e a natureza da solução vai mudar radicalmente. Por exemplo, se as três primeiras condições iniciais permanecerem iguais, mas o valor de $y'''(0)$ mudar de -2 para $-\dfrac{15}{8}$, então a solução do problema de valor inicial se tornará (veja o Problema 26b).

---

[2] O método para resolver equações de terceiro grau foi descoberto, aparentemente, por Scipione dal Ferro (1465-1526) em torno de 1500, embora tenha sido publicado primeiro em 1545 por Girolamo Cardano (1501-1576) em sua obra *Ars Magna*. Este livro contém, também, um método para resolver equações de quarta ordem, cuja autoria é atribuída, por Cardano, a seu estudante Ludovico Ferrari (1522-1565). O problema de existência de fórmulas análogas para as raízes de equações de ordem mais alta permaneceu em aberto por mais de dois séculos, até 1826, quando Niels Abel mostrou que não podem existir fórmulas para a solução geral de equações polinomiais de grau cinco ou maior. Uma teoria mais geral foi desenvolvida por Evariste Galois (1811-1832) em 1831, mas, infelizmente, não se tornou amplamente conhecida por muitas décadas. [N.T.: O leitor interessado pode consultar o excelente livro GARBI, Gilberto G. *O Romance das Equações Algébricas*. 4. ed. revista e ampliada. São Paulo: Livraria da Física, 2010.]

$$y = \frac{1}{32}e^t + \frac{95}{32}e^{-t} + \frac{1}{2}\cos(t) - \frac{17}{16}\text{sen}(t). \quad (17)$$

Os coeficientes na Eq. (17) diferem pouco dos coeficientes na Eq. (16), mas a parcela que cresce exponencialmente, mesmo com o coeficiente relativamente pequeno de $\frac{1}{32}$, domina completamente a solução quando t torna-se maior do que quatro ou cinco. Isso pode ser visto claramente na **Figura 4.2.3**, que mostra o gráfico das duas soluções (16) e (17).

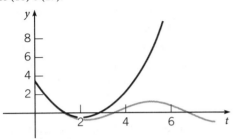

FIGURA 4.2.3 Duas soluções da equação diferencial homogênea (14). A curva cinza-clara satisfaz as condições iniciais; a curva preta satisfaz o problema modificado no qual a última condição foi mudada para $y'''(0) = -15/8$.

Raízes Repetidas. Se as raízes da equação característica não forem distintas – ou seja, se algumas das raízes forem repetidas – então é claro que a solução (5) não será a solução geral da Eq. (1). Lembre-se de que, se r_1 for uma raiz repetida para a equação linear de segunda ordem $a_0y'' + a_1y' + a_2y = 0$, então as duas soluções linearmente independentes serão e^{r_1t} e te^{r_1t}. Para uma equação de ordem n, se uma raiz de $Z(r) = 0$, digamos $r = r_1$, tem multiplicidade s (em que $s \leq n$), então

$$e^{r_1t}, \; te^{r_1t}, \; t^2e^{r_1t}, \ldots, \; t^{s-1}e^{r_1t} \quad (18)$$

são as soluções correspondentes da Eq. (1). Veja o Problema 31 para uma demonstração desta afirmação, que é válida para raízes repetidas reais ou complexas.

Note que uma raiz complexa só pode ser repetida se a equação diferencial (1) for de ordem quatro ou maior. Se uma raiz complexa $\lambda + i\mu$ aparece repetida s vezes, a raiz complexa conjugada $\lambda - i\mu$ também aparece s vezes. Correspondendo a essas $2s$ soluções complexas, podemos encontrar $2s$ soluções reais observando que as partes reais e imaginárias de $e^{(\lambda+i\mu)t}$, $te^{(\lambda+i\mu)t}$, $\ldots$, $t^{s-1}e^{(\lambda+i\mu)t}$ também são soluções linearmente independentes:

$$e^{\lambda t}\cos(\mu t), \; e^{\lambda t}\text{sen}(\mu t), \; te^{\lambda t}\cos(\mu t), \; te^{\lambda t}\text{sen}(\mu t), \ldots,$$
$$t^{s-1}e^{\lambda t}\cos(\mu t), \; t^{s-1}e^{\lambda t}\text{sen}(\mu t).$$

Portanto, a solução geral da Eq. (1) sempre pode ser expressa como uma combinação linear de n soluções reais. Considere o exemplo a seguir.

EXEMPLO 4.2.3

Encontre a solução geral de

$$y^{(4)} + 2y'' + y = 0. \quad (19)$$

Solução:
A equação característica é

$$r^4 + 2r^2 + 1 = (r^2 + 1)(r^2 + 1) = 0.$$

Como $r^2 + 1 = (r - i)(r + i)$, as raízes da equação característica são $r_1 = i$ e $r_2 = -i$. Cada uma dessas raízes tem multiplicidade 2. Assim, a solução geral da Eq. (19) é

$$y = c_1\cos(t) + c_2\text{sen}(t) + c_3t\cos(t) + c_4t\text{sen}(t).$$

Na determinação das raízes de uma equação característica, pode ser necessário calcular raízes cúbicas ou quartas, ou até mesmo raízes de ordem maior de um número (que pode ser complexo). Em geral, a maneira mais conveniente de fazer isso é usando a fórmula de Euler $e^{it} = \cos(t) + i\text{sen}(t)$ e as regras algébricas dadas na Seção 3.3. Isso está ilustrado no exemplo a seguir.

EXEMPLO 4.2.4

Encontre a solução geral de

$$y^{(4)} + y = 0. \quad (20)$$

Solução:
A equação característica é

$$r^4 + 1 = 0.$$

Para resolver a equação, precisamos encontrar as raízes quartas de -1. Mas, considerado como um número complexo, -1 é $-1 + 0i$. Tem módulo 1 e ângulo polar π. Então,

$$-1 = \cos(\pi) + i\text{sen}(\pi) = e^{i\pi}.$$

Além disso, como $\text{sen}(x)$ e $\cos(x)$ têm período 2π, o ângulo está determinado a menos de um múltiplo de 2π:

$$-1 = \cos(\pi + 2m\pi) + i\text{sen}(\pi + 2m\pi) = e^{i(\pi+2m\pi)},$$

em que m é zero ou qualquer inteiro positivo ou negativo. Pelas propriedades dos expoentes,

$$(-1)^{1/4} = \left(e^{i(\pi+2m\pi)}\right)^{1/4} = e^{i(\pi/4 + m\pi/2)} =$$
$$= \cos\left(\frac{\pi}{4} + \frac{m\pi}{2}\right) + i\text{sen}\left(\frac{\pi}{4} + \frac{m\pi}{2}\right).$$

As raízes quartas de -1 são obtidas fazendo $m = 0, 1, 2$ e 3; elas são

$$\frac{1+i}{\sqrt{2}}, \quad \frac{-1+i}{\sqrt{2}}, \quad \frac{-1-i}{\sqrt{2}}, \quad \frac{1-i}{\sqrt{2}}.$$

É fácil verificar que, para qualquer outro valor de m, obtemos uma dessas quatro raízes. Por exemplo, correspondendo a $m = 4$, obtemos $(1+i)/\sqrt{2}$. A solução geral da equação diferencial linear homogênea de quarta ordem (20) é

$$y = e^{t/\sqrt{2}}\left(c_1\cos\left(\frac{t}{\sqrt{2}}\right) + c_2\text{sen}\left(\frac{t}{\sqrt{2}}\right)\right) +$$
$$+ e^{-t/\sqrt{2}}\left(c_3\cos\left(\frac{t}{\sqrt{2}}\right) + c_4\text{sen}\left(\frac{t}{\sqrt{2}}\right)\right). \quad (21)$$

Para concluir, observamos que o problema de encontrar todas as raízes de uma equação polinomial pode não ser inteiramente fácil, mesmo com a ajuda de um computador. Em particular, pode ser difícil determinar se duas raízes são iguais ou se estão, simplesmente, muito próximas. Lembre-se de que a forma da solução geral é diferente nesses dois casos.

126 Capítulo 4

Se as constantes a_0, a_1, ..., a_n na Eq. (1) forem números complexos, a solução da Eq. (1) ainda é da forma (4). Neste caso, no entanto, as raízes da equação característica são, em geral, complexas, e não é mais verdade que o complexo conjugado de uma raiz é também raiz. As soluções correspondentes assumem valores complexos.

Problemas

Nos Problemas **1** a **4**, expresse o número complexo dado na forma $R(\cos(\theta) + i\operatorname{sen}(\theta)) = Re^{i\theta}$.

1. $1 + i$

2. $-1 + \sqrt{3}i$

3. -3

4. $\sqrt{3} - i$

Nos Problemas **5** a **7**, siga o procedimento ilustrado no Exemplo 4.2.4 para determinar as raízes indicadas do número complexo dado.

5. $1^{1/3}$

6. $(1-i)^{1/2}$

7. $(2(\cos(\pi/3) + i\operatorname{sen}(\pi/3)))^{1/2}$

Nos Problemas **8** a **19**, encontre a solução geral da equação diferencial dada.

8. $y''' - y'' - y' + y = 0$

9. $y''' - 3y'' + 3y' - y = 0$

10. $y^{(4)} - 4y''' + 4y'' = 0$

11. $y^{(6)} + y = 0$

12. $y^{(6)} - 3y^{(4)} + 3y'' - y = 0$

13. $y^{(6)} - y'' = 0$

14. $y^{(5)} - 3y^{(4)} + 3y''' - 3y'' + 2y' = 0$

15. $y^{(8)} + 8y^{(4)} + 16y = 0$

16. $y^{(4)} + 2y'' + y = 0$

17. $y''' + 5y'' + 6y' + 2y = 0$

N 18. $y^{(4)} - 7y''' + 6y'' + 30y' - 36y = 0$

N 19. $12y^{(4)} + 31y''' + 75y'' + 37y' + 5y = 0$

Nos Problemas **20** a **25**, encontre a solução do problema de valor inicial dado e faça seu gráfico. Como a solução se comporta quando $t \to \infty$?

G 20. $y''' + y' = 0;\quad y(0) = 0,\quad y'(0) = 1,\quad y''(0) = 2$

G 21. $y^{(4)} + y = 0;\quad y(0) = 0,\quad y'(0) = 0,$
$y''(0) = -1,\quad y'''(0) = 0$

G 22. $y^{(4)} - 4y''' + 4y'' = 0;\quad y(1) = -1,\quad y'(1) = 2,$
$y''(1) = 0,\quad y'''(1) = 0$

G 23. $2y^{(4)} - y''' - 9y'' + 4y' + 4y = 0;\quad y(0) = -2,$
$y'(0) = 0,\quad y''(0) = -2,\quad y'''(0) = 0$

G 24. $4y''' + y' + 5y = 0;\quad y(0) = 2,\quad y'(0) = 1,\quad y''(0) = -1$

G 25. $6y''' + 5y'' + y' = 0;\quad y(0) = -2,\quad y'(0) = 2,\quad y''(0) = 0$

26. **a.** Verifique que $y(t) = 3e^{-t} + \frac{1}{2}\cos(t) - \operatorname{sen}(t)$ é solução de
$$y^{(4)} - y = 0,\ y(0) = \frac{7}{2},\ y'(0) = -4,\ y''(0) = \frac{5}{2},\ y'''(0) = -2.$$

N **b.** Encontre a solução de $y^{(4)} - y = 0$, $y(0) = \dfrac{7}{2}$, $y'(0) = -4$, $y''(0) = \dfrac{5}{2}$, $y'''(0) = -\dfrac{15}{8}$.

Obs.: esses são os problemas de valor inicial considerados no Exemplo 4.2.2.

27. Mostre que a solução geral de $y^{(4)} - y = 0$ pode ser escrita como
$$y = c_1\cos(t) + c_2\operatorname{sen}(t) + c_3\cosh(t) + c_4\operatorname{senh}(t).$$

Determine a solução que satisfaz as condições iniciais $y(0) = 0$, $y'(0) = 0$, $y''(0) = 1$, $y'''(0) = 1$. Por que é conveniente usar as soluções $\cosh(t)$ e $\operatorname{senh}(t)$, em vez de e^t e e^{-t}?

28. Considere a equação $y^{(4)} - y = 0$.

a. Use a fórmula de Abel [Problema **15d** da Seção 4.1] para encontrar o wronskiano de um conjunto fundamental de soluções da equação dada.

b. Determine o wronskiano das soluções e^t, e^{-t}, $\cos(t)$ e $\operatorname{sen}(t)$.

c. Determine o wronskiano das soluções $\cosh(t)$, $\operatorname{senh}(t)$, $\cos(t)$ e $\operatorname{sen}(t)$.

29. Considere o sistema mola-massa ilustrado na **Figura 4.2.4** consistindo em duas massas unitárias suspensas de molas com constantes 3 e 2, respectivamente. Suponha que não há amortecimento no sistema.

a. Mostre que os deslocamentos u_1 e u_2 das massas a partir de suas respectivas posições de equilíbrio satisfazem as equações
$$u_1'' + 5u_1 = 2u_2, \qquad u_2'' + 2u_2 = 2u_1. \tag{22}$$

b. Resolva a primeira das Eqs. (22) para u_2 e substitua o resultado na segunda equação, obtendo, assim, a seguinte equação de quarta ordem para u_1:
$$u_1^{(4)} + 7u_1'' + 6u_1 = 0. \tag{23}$$

Encontre a solução geral da Eq. (23).

c. Suponha que as condições iniciais são
$$u_1(0) = 1, \qquad u_1'(0) = 0, \qquad u_2(0) = 2, \qquad u_2'(0) = 0. \tag{24}$$

Use a primeira das Eqs. (22) e as condições iniciais (24) para obter os valores de $u_1''(0)$ e de $u_1'''(0)$. Depois mostre que a solução da Eq. (23) que satisfaz as quatro condições iniciais em u_1 é $u_1(t) = \cos(t)$. Mostre que a solução correspondente u_2 é $u_2(t) = 2\cos(t)$.

d. Suponha, agora, que as condições iniciais são
$$u_1(0) = -2, \qquad u_1'(0) = 0, \qquad u_2(0) = 1, \qquad u_2'(0) = 0. \tag{25}$$

Proceda como no item **(c)** para mostrar que as soluções correspondentes são
$$u_1(t) = -2\cos\left(\sqrt{6}\,t\right)\ \text{e}\ u_2(t) = \cos\left(\sqrt{6}\,t\right).$$

e. Observe que as soluções obtidas nos itens **(c)** e **(d)** descrevem dois modos de vibração distintos. No primeiro, a frequência natural do movimento é $1/(2\pi)$, e as duas massas se movem em fase, ambas se movendo para cima e para baixo, juntas; a segunda massa se move duas vezes mais rápido do que a primeira. O segundo movimento tem frequência natural $\sqrt{6}/(2\pi)$, e as massas se movem fora de fase uma em relação à outra, uma movendo-se para baixo enquanto a outra se move para cima, e vice-versa. Nesse modo, a primeira massa se move duas vezes mais rápido do que a segunda. Para outras condições iniciais, que não são proporcionais à Eq. (24) nem à Eq. (25), o movimento das massas é uma combinação desses dois modos de vibração.

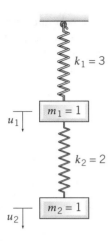

FIGURA 4.2.4 Sistema com duas molas e duas massas.

30. Neste problema, esquematizamos um modo de mostrar que, se $r_1, \ldots, r_n$ forem reais e distintos, então $e^{r_1 t}, \ldots, e^{r_n t}$ serão linearmente independentes em $-\infty < t < \infty$. Para isso, vamos considerar a relação linear

$$c_1 e^{r_1 t} + \cdots + c_n e^{r_n t} = 0, \quad -\infty < t < \infty \quad (26)$$

e mostrar que todas as constantes são nulas.

   a. Multiplique a Eq. (26) por $e^{-r_1 t}$ e derive em relação a t obtendo, assim,
   $$c_2(r_2 - r_1)e^{(r_2 - r_1)t} + \cdots + c_n(r_n - r_1)e^{(r_n - r_1)t} = 0.$$

   b. Multiplique o resultado do item (a) por $e^{-(r_2 - r_1)t}$ e derive em relação a t para obter
   $$c_3(r_3 - r_2)(r_3 - r_1)e^{(r_3 - r_2)t}$$
   $$+ \cdots + c_n(r_n - r_2)(r_n - r_1)e^{(r_n - r_2)t} = 0.$$

   c. Continue o procedimento iniciado nos itens (a) e (b) obtendo, finalmente,
   $$c_n(r_n - r_{n-1}) \cdots (r_n - r_1)e^{(r_n - r_{n-1})t} = 0.$$
   Logo, $c_n = 0$ e, portanto,
   $$c_1 e^{r_1 t} + \cdots + c_{n-1} e^{r_{n-1} t} = 0.$$

   d. Repita o argumento precedente para mostrar que $c_{n-1} = 0$. De maneira análoga, segue que $c_{n-2} = \cdots = c_1 = 0$. Portanto, as funções $e^{r_1 t}, \ldots, e^{r_n t}$ são linearmente independentes.

31. Neste problema, indicamos um modo de mostrar que, se $r = r_1$ for uma raiz de multiplicidade s do polinômio característico $Z(r)$, então $e^{r_1 t}, t e^{r_1 t}, \ldots, t^{s-1} e^{r_1 t}$ serão soluções da Eq. (1). Este problema estende para equações de ordem n o método para equações de segunda ordem dado no Problema 17 da Seção 3.4. Começamos da Eq. (2) no texto

$$L[e^{rt}] = e^{rt} Z(r) \quad (27)$$

e diferenciamos repetidas vezes em relação a r, fazendo $r = r_1$ depois de cada diferenciação.

   a. Lembre-se de que, se r_1 for uma raiz de multiplicidade s, então $Z(r) = (r - r_1)^s q(r)$, em que $q(r)$ é um polinômio de grau $n - s$ e $q(r_1) \neq 0$. Mostre que $Z(r_1), Z'(r_1), \ldots, Z^{(s-1)}(r_1)$ são todos nulos, mas $Z^{(s)}(r_1) \neq 0$.

   b. Diferenciando a Eq. (27) diversas vezes em relação a r, mostre que
   $$\frac{\partial}{\partial r} L[e^{rt}] = L\left[\frac{\partial}{\partial r} e^{rt}\right] = L[t e^{rt}],$$
   $$\vdots$$
   $$\frac{\partial^{s-1}}{\partial r^{s-1}} L[e^{rt}] = L[t^{s-1} e^{rt}].$$

   c. Mostre que $e^{r_1 t}, t e^{r_1 t}, \ldots, t^{s-1} e^{r_1 t}$ são soluções da Eq. (27).

4.3 Método dos Coeficientes Indeterminados

Uma solução particular Y da equação diferencial linear não homogênea de ordem n com coeficientes constantes

$$L[y] = a_0 y^{(n)} + a_1 y^{(n-1)} + \cdots + a_{n-1} y' + a_n y = g(t) \quad (1)$$

pode ser obtida pelo método dos coeficientes indeterminados, desde que o termo não homogêneo $g(t)$ tenha uma forma apropriada. Embora o método dos coeficientes indeterminados não seja tão geral quanto o método de variação dos parâmetros descrito na próxima seção, é muito mais fácil de usar, em geral, quando aplicável.

Como no caso de equações lineares de segunda ordem, quando o operador diferencial linear com coeficientes constantes L for aplicado a um polinômio $A_0 t^m + A_1 t^{m-1} + \cdots + A_m$, a uma função exponencial $e^{\alpha t}$ ou a uma combinação linear de funções seno e cosseno $a_1 \cos(\beta t) + a_2 \text{sen}(\beta t)$, o resultado será um polinômio, uma função exponencial ou uma combinação linear de funções seno e cosseno, respectivamente. Logo, quando $g(t)$ for uma soma de polinômios, exponenciais, senos e cossenos, ou um produto de tais funções, esperamos que seja possível encontrar $Y(t)$ escolhendo convenientemente combinações de polinômios, exponenciais etc., multiplicadas por um número de constantes indeterminadas. As constantes são, então, determinadas substituindo-se a expressão escolhida na equação diferencial não homogênea (1).

A diferença principal em utilizar este método para equações de ordem mais alta vem do fato de que as raízes da equação polinomial característica podem ter multiplicidade maior do que dois. Em consequência, pode ser necessário multiplicar as parcelas propostas para a parte não homogênea da solução por potências mais altas de t de modo a obter funções diferentes das correspondentes à solução da equação homogênea associada. O próximo exemplo ilustra isso. Nesses exemplos, omitimos muitos passos algébricos diretos, pois nosso objetivo principal é mostrar como chegar à forma correta da pretensa solução.

EXEMPLO 4.3.1

Encontre a solução geral de
$$y''' - 3y'' + 3y' - y = 4e^t. \quad (2)$$

128 Capítulo 4

Solução:

O polinômio característico para a equação homogênea associada à Eq. (2) é

$$r^3 - 3r^2 + 3r - 1 = (r-1)^3,$$

de modo que a solução geral da equação homogênea é

$$y_c(t) = c_1 e^t + c_2 te^t + c_3 t^2 e^t. \tag{3}$$

Para encontrar uma solução particular $Y(t)$ da Eq. (2), começamos supondo que $Y(t) = Ae^t$. No entanto, como e^t, te^t e $t^2 e^t$ são todas soluções da equação homogênea, precisamos multiplicar nossa escolha inicial por t^3. Assim, nossa hipótese final é $Y(t) = At^3 e^t$, em que A é um coeficiente indeterminado.

Para encontrar o valor correto de A, diferenciamos $Y(t)$ três vezes, usamos esses resultados para substituir y e suas derivadas na Eq. (2) e juntamos os termos correspondentes na equação resultante. Dessa maneira, obtemos

$$6Ae^t = 4e^t.$$

Portanto, $A = \dfrac{2}{3}$ e a solução particular é

$$Y(t) = \frac{2}{3}t^3 e^t. \tag{4}$$

A solução geral da equação diferencial não homogênea (2) é a soma de $y_c(t)$ da Eq. (3) e $Y(t)$ da Eq. (4):

$$y = c_1 e^t + c_2 te^t + c_3 t^2 e^t + \frac{2}{3}t^3 e^t.$$

EXEMPLO 4.3.2

Encontre uma solução particular da equação

$$y^{(4)} + 2y'' + y = 3\operatorname{sen}(t) - 5\cos(t). \tag{5}$$

Solução:

A solução geral da equação homogênea foi encontrada no Exemplo 4.2.3; ela é

$$y_c(t) = c_1 \cos(t) + c_2 \operatorname{sen}(t) + c_3 t\cos(t) + c_4 t\operatorname{sen}(t), \tag{6}$$

correspondendo às raízes $r = i, i, -i$ e $-i$ da equação característica. Nossa hipótese inicial para uma solução particular é $Y(t) = A\operatorname{sen}(t) + B\cos(t)$, mas precisamos multiplicar essa escolha por t^2 para torná-la diferente de todas as soluções da equação homogênea. Nossa hipótese final é, então,

$$Y(t) = At^2 \operatorname{sen}(t) + Bt^2 \cos(t).$$

A seguir, diferenciamos $Y(t)$ quatro vezes, substituímos na equação diferencial (5) e juntamos os termos correspondentes, obtendo, finalmente,

$$-8A\operatorname{sen}(t) - 8B\cos(t) = 3\operatorname{sen}(t) - 5\cos(t).$$

Assim, $A = -\dfrac{3}{8}$, $B = \dfrac{5}{8}$ e a solução particular da Eq. (4) é

$$Y(t) = -\frac{3}{8}t^2 \operatorname{sen}(t) + \frac{5}{8}t^2 \cos(t). \tag{7}$$

Se $g(t)$ for uma soma de diversas parcelas, é mais fácil, muitas vezes, calcular separadamente a solução particular correspondente a cada parcela que compõe $g(t)$. Como para equações de segunda ordem, a solução particular do problema completo é a soma das soluções particulares dos problemas componentes. Isto está ilustrado no exemplo a seguir.

EXEMPLO 4.3.3

Encontre uma solução particular de

$$y''' - 4y' = t + 3\cos(t) + e^{-2t}. \tag{8}$$

Solução:

Vamos resolver primeiro a equação homogênea. A equação característica é $r^3 - 4r = 0$, e as raízes são $r = 0, \pm 2$; portanto,

$$y_c(t) = c_1 + c_2 e^{2t} + c_3 e^{-2t}.$$

Podemos escrever uma solução particular da Eq. (8) como uma soma das soluções particulares das equações diferenciais

$$y''' - 4y' = t, \qquad y''' - 4y' = 3\cos(t), \qquad y''' - 4y' = e^{-2t}.$$

Nossa escolha inicial para uma solução particular $Y_1(t)$ da primeira equação é $A_0 t + A_1$, mas, como uma constante é solução da equação homogênea, multiplicamos por t. Assim,

$$Y_1(t) = t(A_0 t + A_1).$$

Para a segunda equação escolhemos

$$Y_2(t) = B\cos(t) + C\operatorname{sen}(t),$$

e não há necessidade de modificar essa escolha inicial, já que $\cos(t)$ e $\operatorname{sen}(t)$ não são soluções da equação homogênea. Finalmente, para a terceira equação, como e^{-2t} é uma solução da equação homogênea, supomos que

$$Y_3(t) = Ete^{-2t}.$$

As constantes são determinadas substituindo-se as escolhas nas equações diferenciais individuais; elas são $A_0 = -\dfrac{1}{8}$, $A_1 = 0$, $B = 0$, $C = -\dfrac{3}{5}$ e $E = \dfrac{1}{8}$. Portanto, uma solução particular da Eq. (8) é

$$Y(t) = -\frac{1}{8}t^2 - \frac{3}{5}\operatorname{sen}(t) + \frac{1}{8}te^{-2t}. \tag{9}$$

Você deve manter em mente que a quantidade de álgebra necessária para calcular os coeficientes pode ser bem grande para equações de ordem mais alta, especialmente se o termo não homogêneo é complicado, ainda que moderadamente. Um sistema de álgebra computacional pode ser extremamente útil na execução desses cálculos algébricos.

O método de coeficientes indeterminados pode ser usado sempre que for possível inferir a forma correta de $Y(t)$. No entanto, isso é impossível, em geral, para equações diferenciais que não têm coeficientes constantes ou que contêm termos não homogêneos diferentes dos descritos anteriormente. Para problemas mais complicados, podemos usar o método de variação dos parâmetros, que será discutido na próxima seção.

Problemas

Nos Problemas 1 a 6, determine a solução geral da equação diferencial dada.

1. $y''' - y'' - y' + y = 2e^{-t} + 3$

2. $y^{(4)} - y = 3t + \cos(t)$

3. $y''' + y'' + y' + y = e^{-t} + 4t$

4. $y^{(4)} - 4y'' = t^2 + e^t$

5. $y^{(4)} + 2y'' + y = 3 + \cos(2t)$

6. $y^{(6)} + y''' = t$

Nos Problemas 7 a 9, encontre a solução do problema de valor inicial dado. Depois faça um gráfico da solução.

G 7. $y''' + 4y' = t$; $\quad y(0) = y'(0) = 0$, $\quad y''(0) = 1$

G 8. $y^{(4)} + 2y'' + y = 3t + 4$; $\quad y(0) = y'(0) = 0$,
$y''(0) = y'''(0) = 1$

G 9. $y^{(4)} + 2y''' + y'' + 8y' - 12y = 12\operatorname{sen}(t) - e^{-t}$;
$y(0) = 3$, $\quad y'(0) = 0$, $\quad y''(0) = -1$, $\quad y'''(0) = 2$

Nos Problemas 10 a 13, determine uma forma adequada para $Y(t)$ se for utilizado o método dos coeficientes indeterminados. Não calcule as constantes.

10. $y''' - 2y'' + y' = t^3 + 2e^t$

11. $y''' - y' = te^{-t} + 2\cos(t)$

12. $y^{(4)} - y''' - y'' + y' = t^2 + 4 + t\operatorname{sen}(t)$

13. $y^{(4)} + 2y''' + 2y'' = 3e^t + 2te^{-t} + e^{-t}\operatorname{sen}(t)$

14. Considere a equação diferencial linear não homogênea de ordem n

$$a_0 y^{(n)} + a_1 y^{(n-1)} + \cdots + a_n y = g(t), \qquad (10)$$

em que $a_0, \ldots, a_n$ são constantes. Verifique que, se $g(t)$ tiver a forma

$$e^{\alpha t}(b_0 t^m + \cdots + b_m),$$

então a substituição $y = e^{\alpha t} u(t)$ reduz a Eq. (10) à forma

$$k_0 u^{(n)} + k_1 u^{(n-1)} + \cdots + k_n u = b_0 t^m + \cdots + b_m, \qquad (11)$$

em que $k_0, \ldots, k_n$ são constantes. Determine k_0 e k_n em função de a e α. Assim, o problema de determinar uma solução particular da equação original é reduzido ao problema mais simples de determinar uma solução particular de uma equação com coeficientes constantes e contendo um polinômio como termo não homogêneo.

Método dos Aniquiladores. Nos Problemas 15 a 17, consideramos outra maneira de chegar a uma forma adequada para $Y(t)$ para usar no método dos coeficientes indeterminados. O procedimento baseia-se na observação de que as funções exponenciais, polinomiais ou senoidais (ou somas e produtos de tais funções) podem ser consideradas soluções de certas equações diferenciais lineares homogêneas com coeficientes constantes. É conveniente usar o símbolo D para $\dfrac{d}{dt}$. Então, por exemplo, e^{-t} é uma solução de $(D+1)y = 0$; diz-se que o operador diferencial $D + 1$ *aniquila* e^{-t} ou é um *aniquilador* de e^{-t}. De maneira análoga, $D^2 + 4$ é um aniquilador de $\operatorname{sen}(2t)$ ou $\cos(2t)$, $(D-3)^2 = D^2 - 6D + 9$ é um aniquilador de e^{3t} ou de te^{3t} e assim por diante.

15. Mostre que os operadores diferenciais lineares com coeficientes constantes comutam. Ou seja, mostre que

$$(D-a)(D-b)f = (D-b)(D-a)f$$

quaisquer que sejam a função duas vezes diferenciável f e as constantes a e b. O resultado pode ser imediatamente estendido a qualquer número finito de fatores.

16. Considere o problema de encontrar a forma da solução particular $Y(t)$ de

$$(D-2)^3(D+1)Y = 3e^{2t} - te^{-t}, \qquad (12)$$

em que a expressão à esquerda do sinal de igualdade na equação está escrita de uma forma que corresponde à fatoração do polinômio característico.

a. Mostre que $D - 2$ e $(D + 1)^2$ são aniquiladores, respectivamente, das parcelas à direita do sinal de igualdade na Eq. (12), e que o operador composto $(D - 2)(D + 1)^2$ aniquila ambas estas parcelas simultaneamente.

b. Aplique o operador $(D - 2)(D + 1)^2$ à Eq. (12) e use o resultado do Problema 15 para obter

$$(D-2)^4(D+1)^3 Y = 0. \qquad (13)$$

Logo, Y é uma solução da equação homogênea (13). Resolvendo a Eq. (13), mostre que

$$\begin{aligned} Y(t) = {} & c_1 e^{2t} + c_2 t e^{2t} + c_3 t^2 e^{2t} + c_4 t^3 e^{2t} + c_5 e^{-t} + \\ & + c_6 t e^{-t} + c_7 t^2 e^{-t}, \end{aligned} \qquad (14)$$

em que $c_1, \ldots, c_7$ são constantes, ainda indeterminadas.

c. Note que e^{2t}, te^{2t}, $t^2 e^{2t}$ e e^{-t} são soluções da equação homogênea associada à Eq. (12); portanto, essas expressões não servem para resolver a equação não homogênea. Escolha, então, c_1, c_2, c_3 e c_5 como zero na Eq. (14), de modo que

$$Y(t) = c_4 t^3 e^{2t} + c_6 t e^{-t} + c_7 t^2 e^{-t}. \qquad (15)$$

Esta é a forma da solução particular Y da Eq. (12). Os valores dos coeficientes c_4, c_6 e c_7 podem ser encontrados usando a Eq. (15) na equação diferencial (12).

Resumo do Método dos Aniquiladores. Suponha que

$$L(D)y = g(t), \qquad (16)$$

em que $L(D)$ é um operador diferencial linear com coeficientes constantes e $g(t)$ é uma soma ou produto de funções exponenciais, polinomiais ou senoidais. Para encontrar a forma da solução particular da Eq. (16), você pode proceder da seguinte maneira:

a. Encontre um operador diferencial $H(D)$ com coeficientes constantes que aniquila $g(t)$, ou seja, um operador tal que $H(D)g(t) = 0$.

b. Aplique $H(D)$ à Eq. (16), obtendo

$$H(D)L(D)y = 0, \qquad (17)$$

que é uma equação homogênea de ordem maior.

c. Resolva a Eq. (17).

d. Elimine da solução encontrada no item (**c**) os termos que também aparecem na solução de $L(D)y = 0$. Os termos restantes constituem a forma correta da solução particular para a Eq. (16).

17. Use o método dos aniquiladores para encontrar a forma de uma solução particular $Y(t)$ para cada uma das equações nos Problemas 10 a 13. Não calcule os coeficientes.

130 Capítulo 4

4.4 Método de Variação dos Parâmetros

O método de variação dos parâmetros para determinar uma solução particular de uma equação diferencial linear não homogênea de ordem n

$$L[y] = y^{(n)} + p_1(t)y^{(n-1)} + \cdots + p_{n-1}(t)y' + p_n(t)y = g(t) \quad (1)$$

é uma extensão direta do método para equações diferenciais de segunda ordem (veja a Seção 3.6). Como anteriormente, para usar o método de variação de parâmetros é necessário, primeiro, resolver a equação diferencial homogênea associada. Isso, em geral, pode ser difícil, a menos que os coeficientes sejam constantes. No entanto, o método de variação dos parâmetros é mais geral do que o método de coeficientes indeterminados, pois nos leva a uma expressão para a solução particular para *qualquer* função contínua g, enquanto o método dos coeficientes indeterminados fica restrito, na prática, a uma classe limitada de funções g.

Suponha, então, que conhecemos um conjunto fundamental de soluções $y_1, y_2, \ldots, y_n$ da equação homogênea. Então, a solução geral da equação homogênea é

$$y_c(t) = c_1 y_1(t) + c_2 y_2(t) + \cdots + c_n y_n(t). \quad (2)$$

O método de variação dos parâmetros para determinar uma solução particular da Eq. (1) depende da possibilidade de determinar n funções $u_1, u_2, \ldots, u_n$, tais que $Y(t)$ seja da forma

$$Y(t) = u_1(t)y_1(t) + u_2(t)y_2(t) + \cdots + u_n(t)y_n(t). \quad (3)$$

Como precisamos determinar n funções, teremos que especificar n condições. É claro que uma dessas é que Y satisfaça a Eq. (1). As outras $n-1$ condições são escolhidas de modo a tornar os cálculos o mais simples possível. Como não podemos esperar uma simplificação na determinação de Y se tivermos que resolver equações diferenciais de ordem alta para $u_1, \ldots, u_n$, é natural impor condições que suprimam as parcelas contendo as derivadas de ordem mais alta de $u_1, \ldots, u_n$. Da Eq. (3), obtemos

$$Y' = (u_1 y_1' + u_2 y_2' + \cdots + u_n y_n') +$$
$$+ (u_1' y_1 + u_2' y_2 + \cdots + u_n' y_n), \quad (4)$$

em que omitimos a variável independente t, da qual dependem todas as funções na Eq. (4). Então, a primeira condição que impomos é que

$$u_1' y_1 + u_2' y_2 + \cdots + u_n' y_n = 0. \quad (5)$$

Segue que a expressão (4) para Y' se reduz a

$$Y' = u_1 y_1' + u_2 y_2' + \cdots + u_n y_n'. \quad (6)$$

Continuamos este processo calculando as derivadas sucessivas $Y'', \ldots, Y^{(n-1)}$. Depois de cada diferenciação, igualamos a zero a soma dos termos envolvendo as derivadas de $u_1, \ldots, u_n$. Dessa maneira, obtemos mais $n-2$ condições semelhantes à Eq. (5), ou seja,

$$u_1' y_1^{(m)} + u_2' y_2^{(m)} + \cdots + u_n' y_n^{(m)} = 0, \quad m = 1, 2, \ldots, n-2. \quad (7)$$

Como resultado dessas condições, segue que as expressões para $Y'', \ldots, Y^{(n-1)}$ se reduzem a

$$Y^{(m)} = u_1 y_1^{(m)} + u_2 y_2^{(m)} + \cdots + u_n y_n^{(m)}, \quad m = 2, 3, \ldots, n-1. \quad (8)$$

Finalmente, precisamos impor a condição de que Y tem de ser solução da Eq. (1). Diferenciando $Y^{(n-1)}$ da Eq. (8), obtemos

$$Y^{(n)} = (u_1 y_1^{(n)} + \cdots + u_n y_n^{(n)}) + (u_1' y_1^{(n-1)} + \cdots + u_n' y_n^{(n-1)}). \quad (9)$$

Para satisfazer a equação diferencial, substituímos, na Eq. (1), Y e suas derivadas dadas pelas Eqs. (3), (6), (8) e (9). Depois agrupamos os termos envolvendo cada uma das funções $y_1, \ldots, y_n$ e suas derivadas. Segue que a maioria dos termos desaparece, porque cada uma das funções $y_1, \ldots, y_n$ é uma solução da Eq. (1) e, portanto, $L[y_i] = 0$, $i = 1, 2, \ldots, n$. Os termos restantes fornecem a relação

$$u_1' y_1^{(n-1)} + u_2' y_2^{(n-1)} + \cdots + u_n' y_n^{(n-1)} = g. \quad (10)$$

A Eq. (10), juntamente com a Eq. (5) e as $n-2$ Eqs. (7), fornecem n equações algébricas lineares não homogêneas simultâneas para $u_1', u_2', \ldots, u_n'$:

$$\begin{aligned}
y_1 u_1' + y_2 u_2' + \cdots + y_n u_n' &= 0, \\
y_1' u_1' + y_2' u_2' + \cdots + y_n' u_n' &= 0, \\
y_1'' u_1' + y_2'' u_2' + \cdots + y_n'' u_n' &= 0, \\
\vdots \\
y_1^{(n-1)} u_1' + \cdots + y_n^{(n-1)} u_n' &= g.
\end{aligned} \quad (11)$$

O sistema (11) é um sistema algébrico linear para as quantidades desconhecidas $u_1', \ldots, u_n'$. Resolvendo este sistema e integrando as expressões resultantes, você pode obter os coeficientes $u_1, \ldots, u_n$. Uma condição suficiente para a existência de uma solução do sistema de equações (11) é que o determinante da matriz dos coeficientes não seja nulo para cada valor de t. No entanto, o determinante da matriz dos coeficientes é exatamente $W[y_1, y_2, \ldots, y_n]$, que nunca se anula, já que $y_1, \ldots, y_n$ formam um conjunto fundamental de soluções da equação homogênea. Portanto, é possível determinar $u_1', \ldots, u_n'$. Usando a regra de Cramer,[3] podemos escrever a solução do sistema de equações (11) na forma

$$u_m'(t) = \frac{g(t)W_m(t)}{W(t)}, \qquad m = 1, 2, \ldots, n. \quad (12)$$

Aqui, $W(t) = W[y_1, y_2, \ldots, y_n](t)$ e W_m é o determinante obtido de W substituindo-se a m-ésima coluna pela coluna $(0, 0, \ldots, 0, 1)^T$. Com esta notação, uma solução particular da Eq. (1) é dada por

$$Y(t) = \sum_{m=1}^{n} y_m(t) \int_{t_0}^{t} \frac{g(s)W_m(s)}{W(s)} \, ds, \quad (13)$$

em que t_0 é arbitrário.

---

[3]O crédito da regra de Cramer é dado ao matemático suíço Gabriel Cramer (1704-1752), professor da Académie de Calvin em Genebra, que publicou a regra em uma forma geral (mas sem demonstração) em 1750. Para sistemas pequenos, o resultado já era conhecido antes.

Equações Diferenciais Lineares de Ordem Mais Alta **131**

EXEMPLO 4.4.1

Sabendo que $y_1(t) = e^t$, $y_2(t) = te^t$ e $y_3(t) = e^{-t}$ são soluções da equação homogênea associada a

$$y''' - y'' - y' + y = g(t), \qquad (14)$$

determine uma solução particular da Eq. (14) em termos de uma integral.

Solução:

Usaremos a Eq. (13). Em primeiro lugar, temos

$$W(t) = W[e^t, te^t, e^{-t}](t) = \begin{vmatrix} e^t & te^t & e^{-t} \\ e^t & (t+1)e^t & -e^{-t} \\ e^t & (t+2)e^t & e^{-t} \end{vmatrix}.$$

Colocando em evidência e retirando do determinante e^t nas duas primeiras colunas e e^{-t} da terceira coluna, obtemos

$$W(t) = e^t \begin{vmatrix} 1 & t & 1 \\ 1 & t+1 & -1 \\ 1 & t+2 & 1 \end{vmatrix}.$$

Subtraindo, então, a primeira linha da segunda e da terceira, temos

$$W(t) = e^t \begin{vmatrix} 1 & t & 1 \\ 0 & 1 & -2 \\ 0 & 2 & 0 \end{vmatrix}.$$

Finalmente, calculando este último determinante por expansão em relação à primeira coluna, vemos que

$$W(t) = 4e^t.$$

Em seguida,

$$W_1(t) = \begin{vmatrix} 0 & te^t & e^{-t} \\ 0 & (t+1)e^t & -e^{-t} \\ 1 & (t+2)e^t & e^{-t} \end{vmatrix}.$$

Expandindo em relação à primeira coluna, obtemos

$$W_1(t) = \begin{vmatrix} te^t & e^{-t} \\ (t+1)e^t & -e^{-t} \end{vmatrix} = -2t - 1.$$

De maneira análoga,

$$W_2(t) = \begin{vmatrix} e^t & 0 & e^{-t} \\ e^t & 0 & -e^{-t} \\ e^t & 1 & e^{-t} \end{vmatrix} = -\begin{vmatrix} e^t & e^{-t} \\ e^t & -e^{-t} \end{vmatrix} = 2$$

e

$$W_3(t) = \begin{vmatrix} e^t & te^t & 0 \\ e^t & (t+1)e^t & 0 \\ e^t & (t+2)e^t & 1 \end{vmatrix} = \begin{vmatrix} e^t & te^t \\ e^t & (t+1)e^t \end{vmatrix} = e^{2t}.$$

Substituindo esses resultados na Eq. (13), temos

$$\begin{aligned} Y(t) &= e^t \int_{t_0}^t \frac{g(s)(-1-2s)}{4e^s}\,ds + te^t \int_{t_0}^t \frac{g(s)(2)}{4e^s}\,ds + \\ &\quad + e^{-t} \int_{t_0}^t \frac{g(s)e^{2s}}{4e^s}\,ds = \\ &= \frac{1}{4}\int_{t_0}^t \left(e^{t-s}(-1+2(t-s)) + e^{-(t-s)}\right)g(s)\,ds. \qquad (15) \end{aligned}$$

Dependendo da função específica $g(t)$, pode ser possível ou não calcular as integrais na Eq. (15) em termos de funções elementares.

Embora o procedimento seja bastante direto, os cálculos algébricos envolvidos na determinação de $Y(t)$ pela Eq. (13) tornam-se cada vez mais complicados quando n aumenta. Em alguns casos, os cálculos podem ser um pouco simplificados usando-se a identidade de Abel (Problema **15d** da Seção 4.1),

$$W(t) = W[y_1, \dots, y_n](t) = c\exp\left(-\int p_1(t)\,dt\right).$$

A constante c pode ser determinada calculando W em algum ponto conveniente.

Problemas

Nos Problemas **1** a **4**, use o método de variação dos parâmetros para determinar a solução geral da equação diferencial dada.

1. $y''' + y' = \tan(t), \qquad -\dfrac{\pi}{2} < t < \dfrac{\pi}{2}$

2. $y''' - y' = t$

3. $y''' - 2y'' - y' + 2y = e^{4t}$

4. $y''' - y'' + y' - y = e^{-t}\,\mathrm{sen}(t)$

Nos Problemas **5** e **6**, encontre a solução geral da equação diferencial dada. Deixe sua resposta em função de uma ou mais integrais.

5. $y''' - y'' + y' - y = \sec(t), \qquad -\dfrac{\pi}{2} < t < \dfrac{\pi}{2}$

6. $y''' - y' = \csc(t), \qquad 0 < t < \pi$

Nos Problemas **7** e **8**, encontre a solução do problema de valor inicial dado. Depois faça um gráfico da solução.

G 7. $y''' - y'' + y' - y = \sec(t); \qquad y(0) = 2, \quad y'(0) = -1,$
$y''(0) = 1$

G 8. $y''' - y' = \tan(t); \qquad y\left(\dfrac{\pi}{4}\right) = 2, \quad y'\left(\dfrac{\pi}{4}\right) = 1,$
$y''\left(\dfrac{\pi}{4}\right) = -1$

9. Dado que x, x^2 e $1/x$ são soluções da equação homogênea associada a

$$x^3 y''' + x^2 y'' - 2xy' + 2y = 2x^4, \qquad x > 0,$$

determine uma solução particular.

10. Encontre uma fórmula envolvendo integrais para uma solução particular da equação diferencial

$$y''' - y'' + y' - y = g(t).$$

11. Encontre uma fórmula envolvendo integrais para uma solução particular da equação diferencial

$$y^{(4)} - y = g(t).$$

132 Capítulo 4

Sugestão: as funções sen(t), cos(t), senh(t) e cosh(t) formam um conjunto fundamental de soluções para a equação homogênea.

12. Encontre uma fórmula envolvendo integrais para uma solução particular da equação diferencial

$$y''' - 3y'' + 3y' - y = g(t).$$

Se $g(t) = t^{-2}e^t$, determine $Y(t)$.

Questões Conceituais

C4.1. O "teste do wronskiano" é um modo válido para determinar se uma coleção de n funções é linearmente independente? Explique.

C4.2. Existe alguma equação diferencial linear cuja equação característica tem um número ímpar de soluções que assumem valores complexos? Explique.

C4.3. Qual é a menor ordem possível de uma equação diferencial linear com coeficientes constantes que tem uma equação característica com uma raiz $r = i$ com multiplicidade 3?

C4.4. A Tabela 3.5.1 fornece um bom resumo do Método de Coeficientes Indeterminados para equações diferenciais lineares de segunda ordem com coeficientes constantes. O Capítulo 4 não tem um resumo semelhante do Método de Coeficientes

Indeterminados para equações diferenciais lineares de ordem n com coeficientes constantes. Como a tabela para equações diferenciais de ordem mais alta diferiria da Tabela 3.5.1?

C4.5. Por que é importante encontrar um conjunto fundamental de soluções para a equação diferencial homogênea correspondente antes de procurar uma solução particular para a equação diferencial não homogênea?

C4.6. O que significa, para uma equação diferencial, estar na forma padrão?

C4.7. Por que é importante que a equação diferencial esteja na forma padrão antes de aplicar o Método de Variação dos Parâmetros? E por que isto não é um problema para o Método dos Coeficientes Indeterminados?

Respostas das Questões Conceituais

C4.1. Não. O teste do wronskiano só é válido para verificar a independência linear se as funções também forem soluções de uma equação diferencial linear de ordem n.

C4.2. Não. Soluções complexas da equação característica sempre aparecem em pares conjugados: $r_1 = \alpha + i\beta$ e $r_2 = \overline{r_1} = \alpha - i\beta$. Se uma dessas raízes for repetida mais de uma vez, a outra também será repetida o mesmo número de vezes. (Como observado no texto, raízes complexas repetidas só são possíveis se a ordem da equação diferencial for maior ou igual a 4.)

C4.3. Se $r = i$ é uma raiz de multiplicidade 3, então $r = -i$ também é uma raiz de multiplicidade 3:

$$(r - i)^3(r + i)^3 = ((r - i)(r + i))^3 = (r^2 + 1)^3 = r^6 + 3r^4 + 3r^2 + 1.$$

Esta é a equação característica para a equação diferencial de sexta ordem

$$y^{(6)} + 3y^{(4)} + 3y'' + y = 0.$$

C4.4. As três linhas na tabela não mudariam. O cabeçalho deveria ser atualizado para refletir que ele se aplica a qualquer equação diferencial linear homogênea com coeficientes constantes, e a seção de "Notas" precisa ser atualizada para mostrar que s pode ser qualquer inteiro de 0 até a ordem da equação diferencial inclusive.

C4.5. Se você escolher a forma de uma solução particular com base na expressão à direita do sinal de igualdade e não verificar se algum dos termos também é uma solução da equação diferencial homogênea correspondente, então você não vai saber quando será necessário multiplicar por uma potência apropriada de t para garantir que a forma escolhida não tem algum termo da solução homogênea correspondente.

C4.6. Uma equação diferencial linear de ordem n está na forma padrão quando o coeficiente do termo de maior ordem, $y^{(n)}$, for 1.

C4.7. A forma padrão normaliza, efetivamente, a equação diferencial. Se o termo líder na equação diferencial for $ay^{(n)}$, em que $a \neq 0$ e $a \neq 1$, e o processo de Variação dos Parâmetros for seguido até o fim, a última equação será

$$ay_1^{(n-1)}u_1' + ay_2^{(n-1)}u_2' + \ldots + ay_n^{(n-1)}u_n' = g(t)$$

Logo, para garantir que a matriz de coeficientes para o sistema linear para u_1', ..., u_n' é a matriz cujo determinante é o wronskiano, a equação (linha) final tem de ser dividida por a. É mais fácil lembrar de colocar a equação diferencial na forma padrão do que lembrar de dividir a equação final no sistema linear. O resultado é o mesmo, de qualquer modo.

Bibliografia

Três textos clássicos que fornecem demonstrações dos teoremas introduzidos aqui, além de mais informações, são:

Coddington, E. A. *An Introduction to Ordinary Differential Equations*. Englewood Cliffs, NJ: Prentice-Hall, 1961; New York: Dover, 1989.

Coddington, E. A. and Carlson, R. *Linear Ordinary Differential Equations*. Philadelphia, PA: Society for Industrial and Applied Mathematics, 1997.

Ince, E. L. *Ordinary Differential Equations*. London: Longmans, Green, 1927; New York: Dover, 1956.

CAPÍTULO 5

Soluções em Série para Equações Lineares de Segunda Ordem

Encontrar a solução geral de uma equação diferencial linear depende da determinação de um conjunto fundamental de soluções da equação homogênea. Até agora, só vimos um procedimento sistemático para a construção de soluções fundamentais quando a equação tem coeficientes constantes. Para tratar a classe muito maior de equações com coeficientes variáveis, é necessário estender nossa procura de soluções além das funções elementares usuais do Cálculo. A ferramenta principal é a representação de uma função dada em série de potências. A ideia básica é semelhante ao método dos coeficientes indeterminados: supomos que a solução de uma equação diferencial dada tem expansão em série de potências e, depois, tentamos determinar os coeficientes de modo a satisfazer a equação diferencial.

5.1 Revisão de Séries de Potências

Neste capítulo, vamos discutir a utilização de séries de potências para construir conjuntos fundamentais de soluções para equações diferenciais lineares de segunda ordem cujos coeficientes são funções da variável independente. Começamos resumindo, muito rapidamente, os resultados pertinentes sobre séries de potências que precisaremos. Os leitores familiares com séries de potências podem ir diretamente para a Seção 5.2. Os que precisarem de mais detalhes do que os contidos aqui devem consultar um livro de Cálculo.

1. Dizemos que uma série de potências $\sum_{n=0}^{\infty} a_n (x - x_0)^n$ *converge em um ponto x se*

$$\lim_{m \to \infty} \sum_{n=0}^{m} a_n (x - x_0)^n$$

existe para este x. A série certamente converge em $x = x_0$; pode convergir para todo x, ou pode convergir para alguns valores de x e não convergir para outros.

2. Dizemos que a série $\sum_{n=0}^{\infty} a_n (x - x_0)^n$ *converge absolutamente em um ponto x se* a série de potências associada

$$\sum_{n=0}^{\infty} |a_n (x - x_0)^n| = \sum_{n=0}^{\infty} |a_n| |x - x_0|^n$$

converge. Pode-se mostrar que, se a série convergir absolutamente, então ela irá convergir; no entanto, a recíproca não é necessariamente verdadeira.

3. Um dos testes mais úteis para a convergência absoluta de uma série de potências é o teste da razão: se $a_n \neq 0$ e se, para um valor fixo de x,

$$\lim_{n \to \infty} \left| \frac{a_{n+1}(x - x_0)^{n+1}}{a_n (x - x_0)^n} \right| = |x - x_0| \lim_{n \to \infty} \left| \frac{a_{n+1}}{a_n} \right| = |x - x_0| L,$$

então a série de potências converge absolutamente naquele valor de x se $|x - x_0| L < 1$ e diverge se $|x - x_0| L > 1$. Se $|x - x_0| L = 1$, o teste é inconclusivo.

EXEMPLO 5.1.1

Para quais valores de x a série de potências

$$\sum_{n=1}^{\infty} (-1)^{n+1} n(x - 2)^n = (x - 2) - 2(x - 2)^2 + 3(x - 2)^3 - \cdots$$

converge?

Solução:

Vamos usar o teste da razão para testar a convergência. Temos

$$\lim_{n \to \infty} \left| \frac{(-1)^{n+2}(n+1)(x - 2)^{n+1}}{(-1)^{n+1} n(x - 2)^n} \right| = |x - 2| \lim_{n \to \infty} \frac{n+1}{n} = |x - 2|.$$

De acordo com o item 3, a série converge absolutamente para $|x - 2| < 1$, ou $1 < x < 3$, e diverge para $|x - 2| > 1$. Os valores de x para os quais $|x - 2| = 1$ são $x = 1$ e $x = 3$. A série diverge para cada um desses valores de x, já que o n-ésimo termo da série não tende a zero quando $n \to \infty$. Esta série de potências converge (absolutamente) para $1 < x < 3$ e diverge para $x \leq 1$ e para $x \geq 3$.

---

4. Se a série de potências $\sum_{n=0}^{\infty} a_n (x - x_0)^n$ convergir em $x = x_1$, então ela convergirá absolutamente para $|x - x_0| < |x_1 - x_0|$; e se ela divergir em $x = x_1$, então irá divergir para $|x - x_0| > |x_1 - x_0|$.

5. Para séries típicas como a do Exemplo 5.1.1, existe um número positivo ρ, chamado **raio de convergência**, tal que $\sum_{n=0}^{\infty} a_n (x - x_0)^n$ converge absolutamente para $|x - x_0| < \rho$ e diverge para $|x - x_0| > \rho$. O intervalo $|x - x_0| < \rho$ é chamado

intervalo de convergência; é indicado pelo trecho com hachuras na **Figura 5.1.1**. A série pode convergir ou divergir quando $|x - x_0| = \rho$. Muitas séries de potências importantes convergem para todos os valores de x. Nesse caso, é costume dizer que ρ é infinito e que o intervalo de convergência é a reta inteira. Também é possível que uma série de potências convirja apenas em x_0. Para tais séries, dizemos que $\rho = 0$ e a série não tem intervalo de convergência. Incluindo esses casos excepcionais, toda série de potências tem um raio de convergência não negativo e, se $\rho > 0$, existe um intervalo de convergência (finito ou infinito) centrado em x_0.

FIGURA 5.1.1 Intervalo de convergência de uma série de potências.

EXEMPLO 5.1.2

Determine o raio de convergência da série de potências

$$\sum_{n=1}^{\infty} \frac{(x+1)^n}{n2^n}.$$

Solução:

Vamos aplicar o teste da razão:

$$\lim_{n\to\infty} \left|\frac{(x+1)^{n+1}}{(n+1)2^{n+1}} \frac{n2^n}{(x+1)^n}\right| = \frac{|x+1|}{2} \lim_{n\to\infty} \frac{n}{n+1} = \frac{|x+1|}{2}.$$

Assim, a série converge absolutamente para $|x + 1| < 2$, ou seja, $-3 < x < 1$, e diverge para $|x + 1| > 2$. O raio de convergência da série de potências é $\rho = 2$. Finalmente, vamos verificar os extremos do intervalo de convergência. Em $x = 1$, a série torna-se a série harmônica

$$\sum_{n=1}^{\infty} \frac{1}{n},$$

que diverge. Em $x = -3$, temos

$$\sum_{n=1}^{\infty} \frac{(-3+1)^n}{n2^n} = \sum_{n=1}^{\infty} \frac{(-1)^n}{n}.$$

Esta é a série harmônica alternada, que converge, mas não converge absolutamente. Dizemos que a série converge condicionalmente em $x = -3$. Para resumir, a série de potências dada converge para $-3 \leq x < 1$ e diverge, caso contrário. Ela converge absolutamente em $-3 < x < 1$ e tem raio de convergência 2.

Suponha que $\sum_{n=0}^{\infty} a_n(x - x_0)^n$ e $\sum_{n=0}^{\infty} b_n(x - x_0)^n$ convergem para $f(x)$ e $g(x)$, respectivamente, nos pontos em que $|x - x_0| < \rho, \rho > 0$.

6. As duas séries podem ser somadas ou subtraídas termo a termo,

$$f(x) \pm g(x) = \sum_{n=0}^{\infty}(a_n \pm b_n)(x - x_0)^n;$$

a série resultante converge pelo menos para $|x - x_0| < \rho$.

7. As duas séries podem ser multiplicadas formalmente e

$$f(x)g(x) = \left(\sum_{n=0}^{\infty} a_n(x - x_0)^n\right)\left(\sum_{n=0}^{\infty} b_n(x - x_0)^n\right) =$$
$$= \sum_{n=0}^{\infty} c_n(x - x_0)^n,$$

em que $c_n = a_0 b_n + a_1 b_{n-1} + \cdots + a_n b_0$. A série resultante converge pelo menos quando $|x - x_0| < \rho$.

Além disso, se $b_0 \neq 0$, então $g(x_0) \neq 0$, e a série para $f(x)$ pode ser formalmente dividida pela série para $g(x)$,

$$\frac{f(x)}{g(x)} = \sum_{n=0}^{\infty} d_n(x - x_0)^n.$$

Na maioria dos casos, os coeficientes d_n podem ser obtidos mais facilmente igualando-se os coeficientes correspondentes na relação equivalente

$$\sum_{n=0}^{\infty} a_n(x - x_0)^n = \left(\sum_{n=0}^{\infty} d_n(x - x_0)^n\right)\left(\sum_{n=0}^{\infty} b_n(x - x_0)^n\right)$$
$$= \sum_{n=0}^{\infty}\left(\sum_{k=0}^{n} d_k b_{n-k}\right)(x - x_0)^n.$$

No caso da divisão, o raio de convergência da série de potências resultante pode ser menor do que ρ.

8. A função f é contínua e tem derivadas de todas as ordens para $|x - x_0| < \rho$. Além disso, $f', f'', \ldots$ podem ser calculadas derivando-se a série termo a termo, ou seja,

$$f'(x) = a_1 + 2a_2(x - x_0) + \cdots + na_n(x - x_0)^{n-1} + \cdots$$
$$= \sum_{n=1}^{\infty} na_n(x - x_0)^{n-1},$$
$$f''(x) = 2a_2 + 6a_3(x - x_0) + \cdots + n(n-1)a_n(x - x_0)^{n-2} + \cdots$$
$$= \sum_{n=2}^{\infty} n(n-1)a_n(x - x_0)^{n-2},$$

e assim por diante, e cada uma dessas séries converge absolutamente no intervalo $|x - x_0| < \rho$.

9. O valor de a_n é dado por

$$a_n = \frac{f^{(n)}(x_0)}{n!}.$$

A série é chamada de série de Taylor[1] para a função f em torno de $x = x_0$.

---

[1]Brook Taylor (1685-1731), matemático inglês, estudou na Cambridge University. Seu livro *Methodus incrementorum directa et inversa*, publicado em 1715, inclui uma versão geral do teorema de expansão que leva seu nome. Este é um resultado básico em todos os ramos da análise, mas sua importância fundamental não foi reconhecida até 1772 (por Lagrange). Taylor foi também o primeiro a usar integração por partes, um dos fundadores do cálculo de diferenças finitas e o primeiro a reconhecer a existência de soluções singulares de equações diferenciais.

10. Se $\sum_{n=0}^{\infty} a_n(x-x_0)^n = \sum_{n=0}^{\infty} b_n(x-x_0)^n$ para todo x em algum intervalo aberto centrado em x_0, então $a_n = b_n$ para $n = 0$, 1, 2, 3, ... Em particular, se $\sum_{n=0}^{\infty} a_n(x-x_0)^n = 0$ para cada um desses x, então $a_0 = a_1 = \cdots = a_n = \cdots = 0$.

Uma função f que tem uma expansão em série de Taylor em torno de $x = x_0$

$$f(x) = \sum_{n=0}^{\infty} \frac{f^{(n)}(x_0)}{n!}(x-x_0)^n,$$

com raio de convergência $\rho > 0$ é dita **analítica** em $x = x_0$. Todas as funções usuais do Cálculo são analíticas, exceto talvez em alguns pontos facilmente reconhecíveis. Por exemplo, sen(x) e e^x são analíticas em todos os pontos, $1/x$ é analítica, exceto em $x = 0$, e tan(x) é analítica, exceto em múltiplos ímpares de $\pi/2$. De acordo com as afirmações 6 e 7, se f e g forem analíticas em x_0, então $f \pm g, f \cdot g$ e f/g (desde que $g(x_0) \neq 0$) também serão analíticas em $x = x_0$. Em muitos aspectos, o contexto natural para a utilização de séries de potências é o plano complexo. Os métodos e resultados deste capítulo podem ser estendidos, quase sempre, a equações diferenciais em que as variáveis independente e dependente assumem valores complexos.

Deslocamento do Índice de Somatório. O índice de somatório em uma série infinita é uma variável muda, da mesma forma que a variável de integração em uma integral definida é uma variável muda. Logo, não importa a letra usada para o índice de um somatório. Por exemplo,

$$\sum_{n=0}^{\infty} \frac{2^n x^n}{n!} = \sum_{j=0}^{\infty} \frac{2^j x^j}{j!}.$$

Da mesma maneira que podemos mudar a variável de integração em uma integral definida, é conveniente fazer mudanças no índice de somatório ao calcular soluções em série para equações diferenciais. Ilustraremos, com diversos exemplos, como mudar o índice de somatório.

EXEMPLO 5.1.3

Escreva $\sum_{n=2}^{\infty} a_n x^n$ como uma série cujo primeiro termo corresponde a $n = 0$, em vez de $n = 2$.

Solução:

Seja $m = n - 2$; então $n = m + 2$ e $n = 2$ corresponde a $m = 0$. Logo,

$$\sum_{n=2}^{\infty} a_n x^n = \sum_{m=0}^{\infty} a_{m+2} x^{m+2}. \tag{1}$$

Escrevendo alguns termos iniciais de cada uma dessas séries, pode-se verificar que elas contêm precisamente os mesmos termos. Finalmente, na série à direita do sinal de igualdade na Eq. (1), podemos substituir a variável muda m por n, obtendo

$$\sum_{n=2}^{\infty} a_n x^n = \sum_{n=0}^{\infty} a_{n+2} x^{n+2}. \tag{2}$$

De fato, deslocamos o índice para cima de duas unidades e compensamos começando a contar dois níveis mais baixos do que originalmente.

EXEMPLO 5.1.4

Escreva a série

$$\sum_{n=2}^{\infty} (n+2)(n+1)a_n(x-x_0)^{n-2} \tag{3}$$

como uma série cujo termo geral envolve $(x-x_0)^n$, em vez de $(x-x_0)^{n-2}$.

Solução:

Novamente, deslocamos o índice de somatório de duas unidades, de modo que n é substituído por $n + 2$ e começamos a contar duas unidades abaixo. Obtemos

$$\sum_{n=0}^{\infty} (n+4)(n+3)a_{n+2}(x-x_0)^n. \tag{4}$$

Você pode verificar facilmente que os termos nas séries (3) e (4) são exatamente os mesmos.

EXEMPLO 5.1.5

Escreva a expressão

$$x^2 \sum_{n=0}^{\infty} (r+n)a_n x^{r+n-1} \tag{5}$$

como uma série cujo termo geral envolve x^{r+n}.

Solução:

Primeiro, coloque x^2 dentro do somatório, obtendo

$$\sum_{n=0}^{\infty} (r+n)a_n x^{r+n+1}. \tag{6}$$

A seguir, mude o índice do somatório de uma unidade e comece a contar uma unidade acima. Assim,

$$\sum_{n=0}^{\infty} (r+n)a_n x^{r+n+1} = \sum_{n=1}^{\infty} (r+n-1)a_{n-1} x^{r+n}. \tag{7}$$

Novamente, você pode verificar facilmente que as duas séries na Eq. (7) são idênticas e que ambas são exatamente iguais à expressão em (5).

EXEMPLO 5.1.6

Suponha que

$$\sum_{n=1}^{\infty} na_n x^{n-1} = \sum_{n=0}^{\infty} a_n x^n \tag{8}$$

para todo x e determine o que isso implica sobre os coeficientes a_n.

Solução:

Queremos usar a afirmação 10 para igualar os coeficientes correspondentes nas duas séries. Para isso, precisamos primeiro escrever a Eq. (8) de modo que as duas séries tenham a mesma potência de x em seus termos gerais. Por exemplo, podemos substituir n por $n + 1$ na série à esquerda do sinal de igualdade na Eq. (8) e começar a contar de uma unidade a menos. Assim, a Eq. (8) fica

$$\sum_{n=0}^{\infty} (n+1)a_{n+1} x^n = \sum_{n=0}^{\infty} a_n x^n. \tag{9}$$

De acordo com a afirmação 10, podemos concluir que

$$(n+1)a_{n+1} = a_n, \quad n = 0, 1, 2, 3, \cdots$$

ou

$$a_{n+1} = \frac{a_n}{n+1}, \quad n = 0, 1, 2, 3, \cdots \tag{10}$$

136 Capítulo 5

Logo, escolhendo valores sucessivos de n na Eq. (10), temos

$$a_1 = a_0, \quad a_2 = \frac{a_1}{2} = \frac{a_0}{2}, \quad a_3 = \frac{a_2}{3} = \frac{a_0}{3!},$$

e assim por diante. Em geral,

$$a_n = \frac{a_0}{n!}, \quad n = 1, 2, 3, \cdots \tag{11}$$

Portanto, a relação (8) determina todos os coeficientes em função de a_0. Finalmente, usando os coeficientes dados pela Eq. (11), obtemos

$$\sum_{n=0}^{\infty} a_n x^n = \sum_{n=0}^{\infty} \frac{a_0}{n!} x^n = a_0 \sum_{n=0}^{\infty} \frac{x^n}{n!} = a_0 e^x,$$

em que seguimos a convenção usual de que $0! = 1$ e lembramos que $e^x = \sum_{n=0}^{\infty} \frac{x^n}{n!}$ para todos os valores de x. (Veja o Problema 8.)

Problemas

Nos Problemas 1 a 6, determine o raio de convergência da série de potências dada.

1. $\displaystyle\sum_{n=0}^{\infty} (x-3)^n$

2. $\displaystyle\sum_{n=0}^{\infty} \frac{n}{2^n} x^n$

3. $\displaystyle\sum_{n=0}^{\infty} \frac{x^{2n}}{n!}$

4. $\displaystyle\sum_{n=0}^{\infty} 2^n x^n$

5. $\displaystyle\sum_{n=1}^{\infty} \frac{(x-x_0)^n}{n}$

6. $\displaystyle\sum_{n=1}^{\infty} \frac{(-1)^n n^2 (x+2)^n}{3^n}$

Nos Problemas 7 a 13, determine a série de Taylor da função dada em torno do ponto x_0. Determine, também, o raio de convergência da série.

7. $\operatorname{sen}(x), \quad x_0 = 0$

8. $e^x, \quad x_0 = 0$

9. $x, \quad x_0 = 1$

10. $x^2, \quad x_0 = -1$

11. $\ln(x), \quad x_0 = 1$

12. $\dfrac{1}{1-x}, \quad x_0 = 0$

13. $\dfrac{1}{1-x}, \quad x_0 = 2$

14. Seja $y = \displaystyle\sum_{n=0}^{\infty} n x^n$.

  a. Calcule y' e escreva os quatro primeiros termos da série.

  b. Calcule y'' e escreva os quatro primeiros termos da série.

15. Seja $y = \displaystyle\sum_{n=0}^{\infty} a_n x^n$.

  a. Calcule y' e y'' e escreva os quatro primeiros termos de cada série, assim como o coeficiente de x^n no termo geral.

  b. Mostre que, se $y'' = y$, então os coeficientes a_0 e a_1 são arbitrários. Determine a_2 e a_3 em função de a_0 e a_1.

  c. Mostre que $a_{n+2} = \dfrac{a_n}{(n+2)(n+1)}$, $n = 0, 1, 2, 3, \ldots$

Nos Problemas 16 e 17, verifique a equação dada.

16. $\displaystyle\sum_{n=0}^{\infty} a_n (x-1)^{n+1} = \sum_{n=1}^{\infty} a_{n-1} (x-1)^n$

17. $\displaystyle\sum_{k=0}^{\infty} a_{k+1} x^k + \sum_{k=0}^{\infty} a_k x^{k+1} = a_1 + \sum_{k=1}^{\infty} (a_{k+1} + a_{k-1}) x^k$

Nos Problemas 18 a 22, escreva a expressão dada como uma série cujo termo geral envolve x^n.

18. $\displaystyle\sum_{n=2}^{\infty} n(n-1) a_n x^{n-2}$

19. $x \displaystyle\sum_{n=1}^{\infty} n a_n x^{n-1} + \sum_{k=0}^{\infty} a_k x^k$

20. $\displaystyle\sum_{m=2}^{\infty} m(m-1) a_m x^{m-2} + x \sum_{k=1}^{\infty} k a_k x^{k-1}$

21. $\displaystyle\sum_{n=1}^{\infty} n a_n x^{n-1} + x \sum_{n=0}^{\infty} a_n x^n$

22. $x \displaystyle\sum_{n=2}^{\infty} n(n-1) a_n x^{n-2} + \sum_{n=0}^{\infty} a_n x^n$

23. Determine a_n que satisfazem a equação

$$\sum_{n=1}^{\infty} n a_n x^{n-1} + 2 \sum_{n=0}^{\infty} a_n x^n = 0.$$

Tente identificar a função representada pela série $\displaystyle\sum_{n=0}^{\infty} a_n x^n$.

5.2   Soluções em Série Perto de um Ponto Ordinário, Parte I

No Capítulo 3, descrevemos métodos para resolver equações diferenciais lineares de segunda ordem com coeficientes constantes. Vamos considerar, agora, métodos para resolver equações lineares de segunda ordem quando os coeficientes são funções da variável independente. Neste capítulo, denotaremos a variável independente por x. Basta considerar a equação homogênea

$$P(x) \frac{d^2 y}{dx^2} + Q(x) \frac{dy}{dx} + R(x) y = 0, \tag{1}$$

já que o procedimento para a equação não homogênea associada é semelhante.

Muitos problemas em Física-Matemática levam a equações da forma (1) com coeficientes polinomiais; exemplos incluem a equação de Bessel

$$x^2 y'' + xy' + (x^2 - \nu^2)y = 0,$$

em que ν é uma constante, e a equação de Legendre

$$(1 - x^2)y'' - 2xy' + \alpha(\alpha + 1)y = 0,$$

na qual α é uma constante. Por essa razão, assim como para simplificar os cálculos algébricos, vamos considerar principalmente o caso em que as funções P, Q e R são polinômios. No entanto, como veremos mais adiante, o método de solução também é aplicável quando P, Q e R são funções analíticas genéricas.

Por enquanto, então, vamos supor que P, Q e R são polinômios e que não têm fatores do tipo $(x - c)$ comuns aos três. Se existir tal fator comum $(x - c)$, divida por ele antes de prosseguir. Suponha, também, que queremos resolver a Eq. (1) em uma vizinhança de um ponto x_0. A solução da Eq. (1) em um intervalo contendo x_0 está intimamente associada ao comportamento de P neste intervalo.

Um ponto x_0 no qual $P(x_0) \neq 0$ é chamado **ponto ordinário**. Como P é contínuo, segue que existe um intervalo aberto contendo x_0 no qual $P(x)$ nunca se anula. Neste intervalo, que denotaremos por I, podemos dividir a Eq. (1) por $P(x)$ para obter

$$y'' + p(x)y' + q(x)y = 0, \qquad (2)$$

em que $p(x) = Q(x)/P(x)$ e $q(x) = R(x)/P(x)$ são funções contínuas em I. Logo, pelo Teorema 3.2.1 de existência e unicidade, existe uma única solução da Eq. (1) no intervalo I que também satisfaz as condições iniciais $y(x_0) = y_0$, $y'(x_0) = y_0'$ para valores arbitrários de y_0 e y_0'. Nesta e na próxima seção, vamos discutir soluções da Eq. (1) na vizinhança de um ponto ordinário.

Por outro lado, se $P(x_0) = 0$, então x_0 é chamado **ponto singular** da Eq. (1). Neste caso, como $(x - x_0)$ não é um fator de P, Q e R, pelo menos um entre $Q(x_0)$ e $R(x_0)$ é diferente de zero. Em consequência, pelo menos um dos coeficientes p e q na Eq. (2) torna-se ilimitado quando $x \to x_0$ e, portanto, o Teorema 3.2.1 não se aplica neste caso. As Seções 5.4 a 5.7 tratam do problema de encontrar soluções da Eq. (1) na vizinhança de um ponto singular.

Vamos começar o problema de resolução da Eq. (1) em uma vizinhança de um ponto ordinário x_0. Procuramos soluções da forma

$$y = a_0 + a_1(x - x_0) + \cdots + a_n(x - x_0)^n + \cdots$$
$$= \sum_{n=0}^{\infty} a_n (x - x_0)^n \qquad (3)$$

e supomos que a série converge no intervalo $|x - x_0| < \rho$ para algum $\rho > 0$.

Enquanto, à primeira vista, pode não parecer atraente procurar uma solução em forma de série de potências, esta é, de fato, uma forma conveniente e útil para uma solução. Dentro de seu intervalo de convergência, séries de potências se comportam de maneira muito semelhante a polinômios e são fáceis de manipular tanto analítica, quanto numericamente.

De fato, mesmo se obtivermos uma solução em termos de funções elementares, tais como funções exponenciais ou trigonométricas, precisaremos, provavelmente, de uma série de potências ou expressão equivalente se quisermos calculá-la numericamente ou desenhar seu gráfico.

O modo mais prático de determinar os coeficientes a_n é substituir y, y' e y'' na Eq. (1) pela série (3) e suas derivadas. Os exemplos a seguir ilustram este processo. As operações envolvidas nos procedimentos, como a diferenciação, são justificáveis, desde que permaneçamos no intervalo de convergência. As equações diferenciais nesses exemplos são equações bastante importantes.

EXEMPLO 5.2.1

Encontre uma solução em série para a equação

$$y'' + y = 0, \qquad -\infty < x < \infty. \qquad (4)$$

Solução:

Como sabemos, um conjunto fundamental de soluções para esta equação é composto por $\mathrm{sen}(x)$ e $\cos(x)$, de modo que os métodos de expansão em série não são necessários para resolver a equação. No entanto, este exemplo ilustra o uso de séries de potências em um caso relativamente simples. Para a Eq. (4), $P(x) = 1$, $Q(x) = 0$ e $R(x) = 1$; logo, todo ponto é um ponto ordinário.

Vamos procurar uma solução em forma de série de potências em torno de $x_0 = 0$,

$$y = a_0 + a_1 x + a_2 x^2 + a_3 x^3 + \cdots + a_n x^n + \cdots = \sum_{n=0}^{\infty} a_n x^n \qquad (5)$$

e vamos supor que a série converge em algum intervalo $|x| < \rho$. Diferenciando a Eq. (5) termo a termo, obtemos

$$y' = a_1 + 2a_2 x + 3a_3 x^2 + \cdots + na_n x^{n-1} + \cdots = \sum_{n=1}^{\infty} na_n x^{n-1} \qquad (6)$$

e

$$y'' = 2a_2 + 3 \cdot 2a_3 x + \cdots + n(n-1)a_n x^{n-2} + \cdots =$$
$$= \sum_{n=2}^{\infty} n(n-1)a_n x^{n-2}. \qquad (7)$$

A substituição de y e y'' pelas séries (5) e (7) na Eq. (4) fornece

$$\sum_{n=2}^{\infty} n(n-1)a_n x^{n-2} + \sum_{n=0}^{\infty} a_n x^n = 0.$$

Para combinar as duas séries, precisamos reescrever pelo menos uma delas de modo que ambas tenham o mesmo termo geral. (Veja o Problema 22 na Seção 5.1.) Assim, mudamos o índice do somatório na primeira série substituindo n por $n + 2$ e começando a soma em zero em vez de dois. Obtemos

$$\sum_{n=0}^{\infty} (n+2)(n+1)a_{n+2} x^n + \sum_{n=0}^{\infty} a_n x^n = 0$$

ou

$$\sum_{n=0}^{\infty} \left((n+2)(n+1)a_{n+2} + a_n \right) x^n = 0.$$

Para que esta equação seja satisfeita para todo x, é preciso que o coeficiente de cada potência de x seja nulo; logo, podemos concluir que

$$(n+2)(n+1)a_{n+2} + a_n = 0, \quad n = 0, 1, 2, 3, \cdots \qquad (8)$$

A Eq. (8) é conhecida como uma **relação de recorrência**. Os coeficientes sucessivos podem ser calculados um a um escrevendo-se a relação de recorrência, primeiro para $n = 0$, depois para $n = 1$, e assim por diante. Neste exemplo, a Eq. (8) relaciona cada coeficiente com o que está dois antes dele. Assim, os coeficientes com índices pares ($a_0, a_2, a_4, \ldots$) e os com índices ímpares ($a_1, a_3, a_5, \ldots$) são determinados separadamente. Para os pares, temos

$$a_2 = -\frac{a_0}{2\cdot 1} = -\frac{a_0}{2!}, \quad a_4 = -\frac{a_2}{4\cdot 3} = +\frac{a_0}{4!},$$
$$a_6 = -\frac{a_4}{6\cdot 5} = -\frac{a_0}{6!}, \ldots$$

Esses resultados sugerem que, em geral, se $n = 2k$, então

$$a_n = a_{2k} = \frac{(-1)^k}{(2k)!}a_0, \quad k = 1, 2, 3, \ldots \quad (9)$$

Podemos provar a Eq. (9) por indução matemática. Em primeiro lugar, note que ela é válida para $k = 1$. A seguir, suponha que é válida para um valor arbitrário de k e considere o caso $k + 1$. Temos

$$a_{2k+2} = -\frac{a_{2k}}{(2k+2)(2k+1)} =$$
$$= -\frac{(-1)^k}{(2k+2)(2k+1)(2k)!}a_0 = \frac{(-1)^{k+1}}{(2k+2)!}a_0.$$

Portanto, a Eq. (9) também é verdadeira para $k + 1$ e, em consequência, é verdadeira para todos os inteiros positivos k.

De maneira similar, para os coeficientes com índices ímpares,

$$a_3 = -\frac{a_1}{2\cdot 3} = -\frac{a_1}{3!}, \quad a_5 = -\frac{a_3}{5\cdot 4} = +\frac{a_1}{5!},$$
$$a_7 = -\frac{a_5}{7\cdot 6} = -\frac{a_1}{7!}, \ldots$$

e, em geral, se $n = 2k + 1$, então[2]

$$a_n = a_{2k+1} = \frac{(-1)^k}{(2k+1)!}a_1, \quad k = 1, 2, 3, \ldots \quad (10)$$

Substituindo esses coeficientes na Eq. (5), temos

$$y = a_0 + a_1 x - \frac{a_0}{2!}x^2 - \frac{a_1}{3!}x^3 + \frac{a_0}{4!}x^4 + \frac{a_1}{5!}x^5 + \cdots$$
$$+ \frac{(-1)^n a_0}{(2n)!}x^{2n} + \frac{(-1)^n a_1}{(2n+1)!}x^{2n+1} + \cdots$$
$$= a_0\left(1 - \frac{x^2}{2!} + \frac{x^4}{4!} + \cdots + \frac{(-1)^n}{(2n)!}x^{2n} + \cdots\right) +$$
$$+ a_1\left(x - \frac{x^3}{3!} + \frac{x^5}{5!} + \cdots + \frac{(-1)^n}{(2n+1)!}x^{2n+1} + \cdots\right) =$$
$$= a_0 \sum_{n=0}^{\infty} \frac{(-1)^n}{(2n)!}x^{2n} + a_1 \sum_{n=0}^{\infty} \frac{(-1)^n}{(2n+1)!}x^{2n+1}. \quad (11)$$

Identificamos as duas soluções em série para a Eq. (4):

$$y_1(x) = \sum_{n=0}^{\infty} \frac{(-1)^n}{(2n)!}x^{2n} \quad \text{e} \quad y_2(x) = \sum_{n=0}^{\infty} \frac{(-1)^n}{(2n+1)!}x^{2n+1}.$$

Usando o teste da razão, podemos mostrar que cada uma das séries, para $y_1(x)$ e para $y_2(x)$, converge para todo x, e isso justifica, de forma retroativa, todos os passos usados para obter as soluções. De fato, a série para $y_1(x)$ é exatamente a série de Taylor para $\cos(x)$ em torno de $x = 0$ e a série para $y_2(x)$ é a série de Taylor correspondente para $\operatorname{sen}(x)$ em torno de $x = 0$. Assim, como antecipado na Eq. (11), obtivemos a solução geral da Eq. (4) na forma $y = a_0 \cos(x) + a_1 \operatorname{sen}(x)$.

Note que não foram impostas condições sobre a_0 e a_1; portanto, elas são constantes arbitrárias. Das Eqs. (5) e (6), vemos que y e y' calculadas em $x = 0$ tomam os valores a_0 e a_1, respectivamente. Como as condições iniciais $y(0)$ e $y'(0)$ podem ser escolhidas arbitrariamente, segue que a_0 e a_1 devem ser arbitrárias até que sejam dadas condições iniciais específicas.

As **Figuras 5.2.1** e **5.2.2** mostram como as somas parciais das soluções em série $y_1(x)$ e $y_2(x)$ aproximam $\cos(x)$ e $\operatorname{sen}(x)$, respectivamente. À medida que cresce o número de termos, o intervalo no qual a aproximação é satisfatória torna-se maior e, para cada x nesse intervalo, a precisão da aproximação melhora. No entanto, você sempre deve se lembrar de que uma série de potências truncada fornece apenas uma aproximação local da solução em uma vizinhança do ponto inicial $x = 0$; ela não pode representar adequadamente a solução para valores grandes de $|x|$.

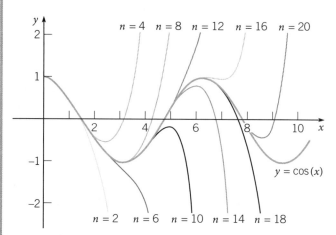

FIGURA 5.2.1 Aproximações polinomiais de $y = \cos(x)$. O valor de n é o grau do polinômio na aproximação.

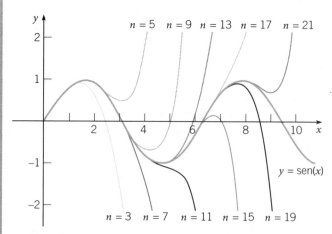

FIGURA 5.2.2 Aproximações polinomiais de $y = \operatorname{sen}(x)$. O valor de n é o grau do polinômio na aproximação.

No Exemplo 5.2.1, sabíamos desde o início que $\operatorname{sen}(x)$ e $\cos(x)$ formavam um conjunto fundamental de soluções para a Eq. (4). No entanto, se não soubéssemos disso e tivéssemos tentado simplesmente resolver a Eq. (4) usando expansão em série, ainda assim teríamos obtido a solução (11). Em reconhecimento do

---

[2]O resultado dado na Eq. (10) e os de outras fórmulas análogas neste capítulo podem ser demonstrados por um argumento de indução semelhante ao que acabamos de dar para a Eq. (9). Admitimos que esses resultados são plausíveis e omitimos o argumento de indução daqui para a frente. (Veja o Problema **16**.)

Soluções em Série para Equações Lineares de Segunda Ordem **139**

fato de que a Eq. (4) ocorre com frequência em aplicações, poderíamos dar nomes especiais às duas soluções da Eq. (11), talvez

$$C(x) = \sum_{n=0}^{\infty} \frac{(-1)^n}{(2n)!} x^{2n}, \quad S(x) = \sum_{n=0}^{\infty} \frac{(-1)^n}{(2n+1)!} x^{2n+1}. \tag{12}$$

Poderíamos, então, perguntar quais as propriedades dessas funções. Por exemplo, podemos ter certeza de que $C(x)$ e $S(x)$ formam um conjunto fundamental de soluções? Segue imediatamente, da expansão em série, que $C(0) = 1$ e $S(0) = 0$. Diferenciando as séries para $C(x)$ e $S(x)$ termo a termo, vemos que

$$S'(x) = C(x), \quad C'(x) = -S(x). \tag{13}$$

Assim, em $x = 0$ temos que $S'(0) = 1$ e $C'(0) = 0$. Em consequência, o wronskiano de C e S em $x = 0$ é

$$W[C,S](0) = \begin{vmatrix} 1 & 0 \\ 0 & 1 \end{vmatrix} = 1, \tag{14}$$

de modo que essas funções formam, de fato, um conjunto fundamental de soluções. Substituindo x por $-x$ em cada uma das Eqs. (12), vemos que $C(-x) = C(x)$ e que $S(-x) = -S(x)$. Além disso, calculando a série infinita,[3] podemos mostrar que as funções $C(x)$ e $S(x)$ têm todas as propriedades analíticas e algébricas das funções cosseno e seno, respectivamente.

Embora você tenha visto, provavelmente, as funções seno e cosseno pela primeira vez de um modo mais elementar em termos de triângulos retângulos, é interessante que essas funções podem ser definidas como soluções de certas equações diferenciais lineares de segunda ordem simples. Para ser preciso, a função sen(x) pode ser definida como a única solução do problema de valor inicial $y'' + y = 0$, $y(0) = 0$, $y'(0) = 1$; de maneira análoga, cos(x) pode ser definido como a única solução do problema de valor inicial $y'' + y = 0$, $y(0) = 1$, $y'(0) = 0$. Muitas outras funções importantes em Física-Matemática também são definidas como soluções de determinado valor inicial. Para a maioria delas, não existe maneira mais simples ou mais elementar de estudá-las.

EXEMPLO 5.2.2

Encontre uma solução em série de potências de x para a equação de Airy[4]

$$y'' - xy = 0, \quad -\infty < x < \infty. \tag{15}$$

Solução:

Para esta equação, $P(x) = 1$, $Q(x) = 0$ e $R(x) = -x$; logo, todo ponto é um ponto ordinário. Vamos supor que

$$y = \sum_{n=0}^{\infty} a_n x^n \tag{16}$$

---

[3]Tal análise é feita na Seção 24 do livro de Knopp (veja a Bibliografia ao fim deste capítulo).

[4]Sir George Biddell Airy (1801-1892), astrônomo e matemático inglês, foi diretor do Greenwich Observatory de 1835 a 1881. Ele estudou a equação que leva seu nome em um artigo de 1838 sobre óptica. Uma razão pela qual a equação de Airy é interessante é que, para x negativo, as soluções são semelhantes a funções trigonométricas e, para x positivo, são semelhantes a funções hiperbólicas. Você pode explicar por que é razoável esperar tal comportamento?

e que a série converge em algum intervalo $|x| < \rho$. A série para y'' é dada pela Eq. (7); como explicado no exemplo precedente, podemos reescrevê-la como

$$y'' = \sum_{n=0}^{\infty} (n+2)(n+1)a_{n+2} x^n. \tag{17}$$

Substituindo y e y'' na Eq. (15) pelas séries (16) e (17), obtemos

$$\sum_{n=0}^{\infty} (n+2)(n+1)a_{n+2} x^n - x\sum_{n=0}^{\infty} a_n x^n =$$
$$= \sum_{n=0}^{\infty} (n+2)(n+1)a_{x+2} x^n - \sum_{n=0}^{\infty} a_n x^{n+1}. \tag{18}$$

A seguir, mudamos o índice da última série à direita na Eq. (18) substituindo n por $n - 1$ e começando a somar a partir de um em vez de zero. Então, escrevemos a Eq. (15) como

$$2 \cdot 1 a_2 + \sum_{n=1}^{\infty} (n+2)(n+1)a_{n+2} x^n - \sum_{n=1}^{\infty} a_{n-1} x^n = 0.$$

Novamente, para que esta equação seja satisfeita para todo x em algum intervalo, os coeficientes das potências iguais de x têm de ser iguais; portanto, $a_2 = 0$, e obtemos a relação de recorrência

$$(n+2)(n+1)a_{n+2} - a_{n-1} = 0 \text{ para } n = 1, 2, 3, \ldots \tag{19}$$

Como a_{n+2} é dado em função de a_{n-1}, os coeficientes são determinados de três em três. Assim, a_0 determina a_3, que, por sua vez, determina $a_6, \ldots$; a_1 determina a_4, que determina $a_7, \ldots$; e a_2 determina a_5, que determina $a_8, \ldots$ Como $a_2 = 0$, concluímos imediatamente que $a_5 = a_8 = a_{11} = \cdots = 0$.

Para a sequência $a_0, a_3, a_6, a_9, \ldots$, fazemos $n = 1, 4, 7, 10, \ldots$ na relação de recorrência:

$$a_3 = \frac{a_0}{2 \cdot 3}, \quad a_6 = \frac{a_3}{5 \cdot 6} = \frac{a_0}{2 \cdot 3 \cdot 5 \cdot 6},$$
$$a_9 = \frac{a_6}{8 \cdot 9} = \frac{a_0}{2 \cdot 3 \cdot 5 \cdot 6 \cdot 8 \cdot 9}, \cdots$$

Esses resultados sugerem a fórmula geral

$$a_{3n} = \frac{a_0}{2 \cdot 3 \cdot 5 \cdot 6 \cdots (3n-1)(3n)}, \quad n \geq 1.$$

Para a sequência $a_1, a_4, a_7, a_{10}, \ldots$, fazemos $n = 2, 5, 8, 11, \ldots$ na relação de recorrência:

$$a_4 = \frac{a_1}{3 \cdot 4}, \quad a_7 = \frac{a_4}{6 \cdot 7} = \frac{a_1}{3 \cdot 4 \cdot 6 \cdot 7},$$
$$a_{10} = \frac{a_7}{9 \cdot 10} = \frac{a_1}{3 \cdot 4 \cdot 6 \cdot 7 \cdot 9 \cdot 10}, \cdots$$

Em geral, temos

$$a_{3n+1} = \frac{a_1}{3 \cdot 4 \cdot 6 \cdot 7 \cdots (3n)(3n+1)}, \quad n \geq 1.$$

Assim, a solução geral da equação de Airy é

$$y(x) = a_0 \left(1 + \frac{x^3}{2 \cdot 3} + \frac{x^6}{2 \cdot 3 \cdot 5 \cdot 6} + \cdots + \frac{x^{3n}}{2 \cdot 3 \cdots (3n-1)(3n)} + \cdots \right) +$$
$$+ a_1 \left(x + \frac{x^4}{3 \cdot 4} + \frac{x^7}{3 \cdot 4 \cdot 6 \cdot 7} + \cdots + \frac{x^{3n+1}}{3 \cdot 4 \cdots (3n)(3n+1)} + \cdots \right) =$$
$$= a_0 y_1(x) + a_1 y_2(x) \tag{20}$$

em que $y_1(x)$ e $y_2(x)$ são, respectivamente, a primeira e a segunda expressões entre parênteses na Eq. (20).

Tendo obtido essas duas soluções em série, podemos investigar agora sua convergência. Em razão do rápido crescimento dos denominadores dos termos nas séries para $y_1(x)$ e para $y_2(x)$, poderíamos esperar que elas tivessem um raio de convergência grande. De fato, é fácil usar o teste da razão para mostrar que ambas as séries convergem para todo x; veja o Problema 17.

Supondo, por um instante, que as séries para y_1 e para y_2 convergem para todo x. Então, escolhendo primeiro $a_0 = 1$, $a_1 = 0$ e depois $a_0 = 0$, $a_1 = 1$, segue que y_1 e y_2 são, individualmente, soluções da Eq. (15). Note que y_1 satisfaz as condições iniciais $y_1(0) = 1$, $y'_1(0) = 0$ e que y_2 satisfaz as condições iniciais $y_2(0) = 0$, $y'_2(0) = 1$. Portanto, $W[y_1, y_2](0) = 1 \neq 0$ e, em consequência, y_1 e y_2 formam um conjunto fundamental de soluções. Logo, a solução geral da equação de Airy é

$$y = a_0 y_1(x) + a_1 y_2(x) \quad -\infty < x < \infty.$$

As **Figuras 5.2.3** e **5.2.4** mostram os gráficos das soluções y_1 e y_2, respectivamente, da equação de Airy, assim como os gráficos de diversas somas parciais das duas séries na Eq. (20). Novamente, as somas parciais fornecem aproximações locais para as soluções em uma vizinhança da origem. Embora a qualidade da aproximação melhore à medida que aumenta o número de termos, nenhum polinômio pode representar de modo adequado y_1 e y_2 para valores grandes de $|x|$. Um modo prático de estimar o intervalo no qual uma soma parcial dada é razoavelmente precisa consiste em comparar os gráficos daquela soma parcial e da próxima, obtida incluindo-se mais um termo. Assim que pudermos notar a separação dos gráficos, podemos ter certeza de que a soma parcial original deixa de ser precisa. Por exemplo, na Figura 5.2.3 os gráficos para $n = 24$ e $n = 27$ começam a se separar em torno de $x = -9/2$. Portanto, além desse ponto, a soma parcial de grau 24 não serve como uma aproximação da solução.

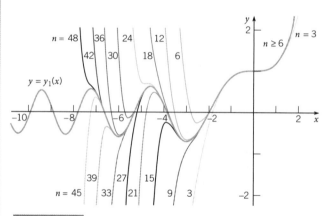

FIGURA 5.2.3 Aproximações polinomiais da solução $y = y_1(x)$ da equação de Airy. O valor de n é o grau do polinômio na aproximação.

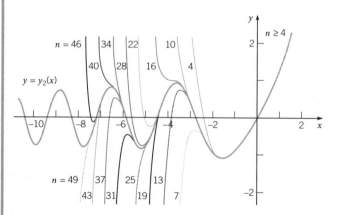

FIGURA 5.2.4 Aproximações polinomiais da solução $y = y_2(x)$ da equação de Airy. O valor de n é o grau do polinômio na aproximação.

Observe que ambas as funções y_1 e y_2 são monótonas para $x > 0$ e oscilatórias para $x < 0$. Você também pode ver, das figuras, que as oscilações não são uniformes, mas decaem em amplitude e aumentam em frequência quando aumenta a distância da origem. Em contraste com o Exemplo 5.2.1, as soluções y_1 e y_2 da equação de Airy não são funções elementares que você já encontrou em Cálculo. No entanto, pela sua importância em algumas aplicações físicas, essas funções têm sido estudadas extensivamente e suas propriedades são bem conhecidas entre matemáticos aplicados e cientistas.

EXEMPLO 5.2.3

Encontre uma solução da equação de Airy em potências de $x - 1$.

Solução:

O ponto $x = 1$ é um ponto ordinário da Eq. (15) e, portanto, procuramos por uma solução da forma

$$y = \sum_{n=0}^{\infty} a_n (x-1)^n,$$

em que supomos que a série converge em algum intervalo $|x - 1| < \rho$. Então

$$y' = \sum_{n=1}^{\infty} n a_n (x-1)^{n-1} = \sum_{n=0}^{\infty} (n+1) a_{n+1} (x-1)^n$$

e

$$y'' = \sum_{n=2}^{\infty} n(n-1) a_n (x-1)^{n-2} =$$
$$= \sum_{n=0}^{\infty} (n+2)(n+1) a_{n+2} (x-1)^n.$$

Substituindo y e y'' na Eq. (15), obtemos

$$\sum_{n=0}^{\infty} (n+2)(n+1) a_{n+2} (x-1)^n = x \sum_{n=0}^{\infty} a_n (x-1)^n. \quad (21)$$

Para igualar os coeficientes das potências iguais de $(x - 1)$, precisamos escrever x, o coeficiente de y na Eq. (15), em potências de $x - 1$; ou seja, escrevemos $x = 1 + (x - 1)$. Note que essa é precisamente a série de Taylor de x em torno de $x = 1$. (Veja o Problema 9 na Seção 5.1.) Logo, a Eq. (21) fica

$$\sum_{n=0}^{\infty} (n+2)(n+1) a_{n+2} (x-1)^n =$$
$$= (1 + (x-1)) \sum_{n=0}^{\infty} a_n (x-1)^n =$$
$$= \sum_{n=0}^{\infty} a_n (x-1)^n + \sum_{n=0}^{\infty} a_n (x-1)^{n+1}.$$

Mudando o índice da última série à direita, obtemos

$$\sum_{n=0}^{\infty} (n+2)(n+1) a_{n+2} (x-1)^n =$$
$$= \sum_{n=0}^{\infty} a_n (x-1)^n + \sum_{n=1}^{\infty} a_{n-1} (x-1)^n.$$

Igualando os coeficientes das potências iguais de $x - 1$, encontramos

$$2a_2 = a_0,$$
$$(3 \cdot 2) a_3 = a_1 + a_0,$$
$$(4 \cdot 3) a_4 = a_2 + a_1,$$
$$(5 \cdot 4) a_5 = a_3 + a_2,$$
$$\vdots$$

A relação de recorrência geral é

$$(n+2)(n+1)a_{n+2} = a_n + a_{n-1} \quad \text{para} \quad n \geq 1. \tag{22}$$

Resolvendo para os primeiros coeficientes em função de a_0 e a_1, encontramos

$$a_2 = \frac{a_0}{2}, a_3 = \frac{a_1}{6} + \frac{a_0}{6}, \quad a_4 = \frac{a_2}{12} + \frac{a_1}{12} = \frac{a_0}{24} + \frac{a_1}{12},$$

$$a_5 = \frac{a_3}{20} + \frac{a_2}{20} = \frac{a_0}{30} + \frac{a_1}{120}.$$

Portanto,

$$\begin{aligned} y = a_0 &\left(1 + \frac{(x-1)^2}{2} + \frac{(x-1)^3}{6} + \frac{(x-1)^4}{24} + \frac{(x-1)^5}{30} + \cdots\right) + \\ &+ a_1 \left((x-1) + \frac{(x-1)^3}{6} + \frac{(x-1)^4}{12} + \frac{(x-1)^5}{120} + \cdots\right). \end{aligned} \tag{23}$$

Em geral, quando a relação de recorrência tem mais de dois termos, como na Eq. (22), a determinação de uma fórmula para a_n em função de a_0 e a_1 é bem complicada, se não impossível. Neste exemplo, tal fórmula não parece ser fácil, mas sem ela não podemos testar a convergência das duas séries na Eq. (23) por métodos diretos, como o teste da razão. No entanto, mesmo sem ter uma fórmula para a_n, veremos na Seção 5.3 que é possível mostrar que as duas séries na Eq. (23) convergem para todo x. Além disso, as funções que elas definem, y_3 e y_4, formam um conjunto fundamental de soluções da equação de Airy (15). Assim,

$$y = a_0 y_3(x) + a_1 y_4(x)$$

é a solução geral da equação de Airy para $-\infty < x < \infty$.

Embora a equação de Airy não seja particularmente complicada, o Exemplo 5.2.3 mostra algumas das complicações encontradas ao procurarmos uma solução em série de potências expressa em potências de $x - x_0$ com $x_0 \neq 0$. Existe uma alternativa. Podemos fazer uma mudança de variável $x - x_0 = t$, obtendo uma nova equação diferencial para y em função de t e depois procurar soluções dessa nova equação da forma $\sum_{n=0}^{\infty} a_n t^n$. Ao terminar os cálculos, substituímos t por $x - x_0$ (veja o Problema 15).

Nos Exemplos 5.2.2 e 5.2.3, encontramos dois conjuntos de soluções da equação de Airy. As funções y_1 e y_2 definidas pelas séries na Eq. (20) formam um conjunto fundamental de soluções para a Eq. (15) para todo x, o que também é verdade para as funções y_3 e y_4 definidas pelas séries na Eq. (23). De acordo com a teoria geral de equações lineares de segunda ordem, cada uma entre as duas primeiras funções pode ser expressa como combinação linear das duas últimas funções, e vice-versa – um resultado que, certamente, não é óbvio examinando-se apenas as séries.

Finalmente, enfatizamos que não é particularmente importante se não formos capazes de determinar o coeficiente geral a_n em função de a_0 e a_1, como no Exemplo 5.2.3. O essencial é podermos determinar *quantos coeficientes quisermos*. Assim, podemos encontrar quantos termos quisermos nas duas soluções em série, mesmo sem conhecer o termo geral. Embora a tarefa de calcular diversos coeficientes em uma solução em série de potências não seja difícil, ela pode ser tediosa. Um pacote de manipulação simbólica pode ajudar aqui; alguns são capazes de encontrar um número de termos especificado em uma solução em série de potências em resposta a um único comando. Com um pacote gráfico apropriado, podemos também produzir gráficos como os que aparecem nas figuras desta seção.

Problemas

Nos Problemas 1 a 11:

  a. Procure soluções em séries de potências da equação diferencial dada em torno do ponto dado x_0; encontre a relação de recorrência que os coeficientes têm de satisfazer.

  b. Encontre os quatro primeiros termos em cada uma das duas soluções y_1 e y_2 (a menos que a série termine antes).

  c. Calculando o wronskiano $W[y_1, y_2](x_0)$, mostre que y_1 e y_2 formam um conjunto fundamental de soluções.

  d. Se possível, encontre o termo geral em cada solução.

1. $y'' - y = 0, \quad x_0 = 0$

2. $y'' + 3y' = 0, \quad x_0 = 0$

3. $y'' - xy' - y = 0, \quad x_0 = 0$

4. $y'' - xy' - y = 0, \quad x_0 = 1$

5. $y'' + k^2 x^2 y = 0, \quad x_0 = 0, \quad k$ uma constante

6. $(1-x)y'' + y = 0, \quad x_0 = 0$

7. $y'' + xy' + 2y = 0, \quad x_0 = 0$

8. $xy'' + y' + xy = 0, \quad x_0 = 1$

9. $(3-x^2)y'' - 3xy' - y = 0, \quad x_0 = 0$

10. $2y'' + xy' + 3y = 0, \quad x_0 = 0$

11. $2y'' + (x+1)y' + 3y = 0, \quad x_0 = 2$

Nos Problemas 12 a 14:

  a. Encontre os cinco primeiros termos não nulos na solução do problema de valor inicial dado.

  🄶 b. Faça gráficos das aproximações da solução com quatro e cinco termos no mesmo conjunto de eixos.

  c. Estime, a partir dos gráficos no item **(b)**, o intervalo no qual a aproximação com quatro termos é razoavelmente precisa.

12. $y'' - xy' - y = 0, \quad y(0) = 2, \quad y'(0) = 1$; veja o Problema 3

13. $y'' + xy' + 2y = 0, \quad y(0) = 4, \quad y'(0) = -1$; veja o Problema 7

14. $(1-x)y'' + xy' - y = 0, \quad y(0) = -3, \quad y'(0) = 2$

15. a. Fazendo a mudança de variável $x - 1 = t$ e supondo que y tem uma série de Taylor em potências em t, encontre duas soluções da equação

$$y'' + (x-1)^2 y' + (x^2 - 1)y = 0$$

em séries de potências de $x - 1$.

  b. Mostre que você obtém o mesmo resultado diretamente supondo que y é dado por uma série de Taylor em potências de

142 Capítulo 5

$x - 1$ e também expressando o coeficiente $x^2 - 1$ em potências de $x - 1$.

16. Demonstre a Eq. (10).

17. Mostre diretamente, usando o teste da razão, que as duas soluções em série da equação de Airy em torno do ponto $x = 0$ convergem para todo x; veja a Eq. (20) do texto.

18. **Equação de Hermite.** A equação

$$y'' - 2xy' + \lambda y = 0, \quad -\infty < x < \infty,$$

em que λ é constante, é conhecida como a equação de Hermite.[5] Esta é uma equação importante em Física-Matemática.

   a. Encontre os quatro primeiros termos não nulos em cada uma das duas soluções em torno de $x = 0$ e mostre que elas formam um conjunto fundamental de soluções.

   b. Note que, se λ for um inteiro par não negativo, então uma ou outra das soluções em série termina e torna-se um polinômio. Encontre as soluções polinomiais para $\lambda = 0, 2, 4, 6, 8$ e 10. Note que cada polinômio é determinado a menos de uma constante multiplicativa.

   c. O polinômio de Hermite $H_n(x)$ é definido como a solução polinomial da equação de Hermite com $\lambda = 2n$ para a qual o coeficiente de x^n é 2^n. Encontre $H_0(x)$, $H_1(x)$, ..., $H_5(x)$.

19. Considere o problema de valor inicial $y' = \sqrt{1 - y^2}$, $y(0) = 0$.

   a. Mostre que $y = \text{sen}(x)$ é a solução deste problema de valor inicial.

   b. Procure uma solução do problema de valor inicial em forma de série de potências em torno de $x = 0$. Encontre os coeficientes desta série até o termo contendo x^3.

Nos Problemas **20** a **23**, faça o gráfico de diversas somas parciais da solução em série do problema de valor inicial dado em torno de $x = 0$, obtendo, assim, gráficos análogos aos ilustrados nas Figuras 5.2.1 a 5.2.4 (exceto que não conhecemos uma fórmula explícita para a solução atual).

G 20. $y'' + xy' + 2y = 0$, $y(0) = 0$, $y'(0) = 1$; veja o Problema 7

G 21. $(4 - x^2)y'' + 2y = 0$, $y(0) = 0$, $y'(0) = 1$

G 22. $y'' + x^2 y = 0$, $y(0) = 1$, $y'(0) = 0$; veja o Problema 5

G 23. $(1 - x)y'' + xy' - 2y = 0$, $y(0) = 0$, $y'(0) = 1$

5.3 Soluções em Série Perto de um Ponto Ordinário, Parte II

Consideramos, na seção precedente, o problema de encontrar soluções de

$$P(x)y'' + Q(x)y' + R(x)y = 0, \tag{1}$$

em que P, Q e R são polinômios, na vizinhança de um ponto ordinário x_0. Supondo que a Eq. (1) tem, de fato, uma solução $y = \phi(x)$ e que ϕ tem uma série de Taylor

$$\phi(x) = \sum_{n=0}^{\infty} a_n (x - x_0)^n \tag{2}$$

que converge em $|x - x_0| < \rho$, em que $\rho > 0$, vimos que a_n pode ser determinado substituindo-se, diretamente, y na Eq. (1) pela série (2).

Vamos considerar, agora, como justificar a afirmação de que, se x_0 é um ponto ordinário da Eq. (1), então existem soluções da forma (2). Vamos considerar, também, a questão do raio de convergência de tal série. Ao fazer isso, seremos levados a uma generalização da definição de ponto ordinário.

Suponha, então, que existe uma solução da Eq. (1) da forma (2). Diferenciando a Eq. (2) m vezes e fazendo x igual a x_0, segue que

$$m! a_m = \phi^{(m)}(x_0). \tag{3}$$

Logo, para calcular a_n na série (2), precisamos mostrar que podemos determinar $\phi^{(n)}(x_0)$ para $n = 0, 1, 2, ...$ a partir da equação diferencial (1).

Suponha que $y = \phi(x)$ seja uma solução da Eq. (1) satisfazendo as condições iniciais $y(x_0) = y_0$, $y'(x_0) = y'_0$. Então, $a_0 = y_0$ e $a_1 = y'_0$. Se estivermos interessados apenas em encontrar uma solução da Eq. (1) sem especificar condições iniciais, então a_0 e a_1 permanecem arbitrários. Para determinar $\phi^{(n)}(x_0)$ e os coeficientes correspondentes a_n para $n = 2, 3, ...$, voltamos para a Eq. (1) com o objetivo de encontrar uma fórmula para $\phi''(x)$, $\phi'''(x)$, ... Como ϕ é uma solução da Eq. (1), temos

$$P(x)\phi''(x) + Q(x)\phi'(x) + R(x)\phi(x) = 0.$$

No intervalo em torno de x_0 em que P nunca se anula, podemos escrever esta equação na forma

$$\phi''(x) = -p(x)\phi'(x) - q(x)\phi(x), \tag{4}$$

em que $p(x) = Q(x)/P(x)$ e $q(x) = R(x)/P(x)$. Note que, em $x = x_0$, a expressão à direita do sinal de igualdade na Eq. (4) é conhecida, o que nos permite calcular $\phi''(x_0)$: fazendo x igual a x_0 na Eq. (4), obtemos

$$\phi''(x_0) = -p(x_0)\phi'(x_0) - q(x_0)\phi(x_0) = -p(x_0)a_1 - q(x_0)a_0.$$

Portanto, usando a Eq. (3) com $m = 2$, vemos que a_2 é dado por

$$2! a_2 = \phi''(x_0) = -p(x_0)a_1 - q(x_0)a_0. \tag{5}$$

Para determinar a_3, diferenciamos a Eq. (4) e depois fazemos x igual a x_0, obtendo

$$3! a_3 = \phi'''(x_0) = -(p(x)\phi'(x) + q(x)\phi(x))'|_{x=x_0} = \\ = -2! p(x_0)a_2 - (p'(x_0) + q(x_0))a_1 - q'(x_0)a_0. \tag{6}$$

A substituição de a_2 pela expressão obtida da Eq. (5) fornece a_3 em termos de a_1 e a_0.

Como P, Q e R são polinômios e $P(x_0) \neq 0$, todas as derivadas de p e q existem em x_0. Logo, podemos continuar a diferenciar a Eq. (4) indefinidamente, determinando, após cada diferenciação, os coeficientes sucessivos $a_4, a_5, ...$ fazendo x igual a x_0.

---

[5]Charles Hermite (1822-1901) foi um influente analista e algebrista francês. Professor inspirado, Hermite lecionou na École Polytechnique e na Sorbonne. Introduziu as funções de Hermite em 1864 e mostrou, em 1873, que e é um número transcendente (ou seja, e não é raiz de nenhuma equação polinomial com coeficientes racionais). Seu nome também está associado às matrizes hermitianas (veja a Seção 7.3), algumas cujas propriedades ele descobriu.

EXEMPLO 5.3.1

Seja $y = \phi(x)$ uma solução do problema de valor inicial $(1 + x^2) y'' + 2xy' + 4x^2y = 0$, $y(0) = 0$, $y'(0) = 1$. Determine $\phi''(0)$, $\phi'''(0)$ e $\phi^{(4)}(0)$.

Solução:

Para encontrar $\phi''(0)$, basta fazer $x = 0$ na equação diferencial:

$$(1 + 0^2)\phi''(0) + 2 \cdot 0 \cdot \phi'(0) + 4 \cdot 0^2 \cdot \phi(0) = 0,$$

de modo que $\phi''(0) = 0$.

Para encontrar $\phi'''(0)$, primeiro derive a equação diferencial em relação a x:

$$(1 + x^2)\phi'''(x) + 2x\phi''(x) + 2x\phi''(x) + $$
$$+ 2\phi'(x) + 4x^2\phi'(x) + 8x\phi(x) = 0. \tag{7}$$

Depois faça $x = 0$ na Eq. (7):

$$\phi'''(0) + 2\phi'(0) = 0.$$

Logo, $\phi'''(0) = -2\phi'(0) = -2$ (já que $\phi'(0) = 1$).

Finalmente, para encontrar $\phi^{(4)}(0)$, começamos derivando a Eq. (7) em relação a x:

$$(1 + x^2)\phi^{(4)}(x) + 2x\phi'''(x) + 4x\phi'''(x) + 4\phi''(x) + $$
$$+ (2 + 4x^2)\phi''(x) + 8x\phi'(x) + 8x\phi'(x) + 8\phi(x) = 0.$$

Calculando esta última equação em $x = 0$, encontramos

$$\phi^{(4)}(0) + 6\phi''(0) + 8\phi(0) = 0.$$

Finalmente, usando que $\phi(0) = 0$ e que $\phi''(0) = 0$, concluímos que $\phi^{(4)}(0) = 0$.

Note que a propriedade importante que usamos na determinação de a_n é que podemos calcular uma infinidade de derivadas das funções p e q. Pode parecer razoável relaxar nossa hipótese de que as funções p e q são quocientes de polinômios e supor, simplesmente, que sejam infinitamente diferenciáveis em uma vizinhança de x_0. Infelizmente, essa condição é muito fraca para garantir que podemos provar a convergência da expansão em série resultante para $y = \phi(x)$. É necessário supor que as funções p e q são *analíticas* em x_0, ou seja, que elas têm expansões em série de Taylor que convergem em algum intervalo em torno do ponto x_0:

$$p(x) = p_0 + p_1(x - x_0) + \cdots + p_n(x - x_0)^n + \cdots = $$
$$= \sum_{n=0}^{\infty} p_n(x - x_0)^n, \tag{8}$$

$$q(x) = q_0 + q_1(x - x_0) + \cdots + q_n(x - x_0)^n + \cdots = $$
$$= \sum_{n=0}^{\infty} q_n(x - x_0)^n. \tag{9}$$

Com essa ideia em mente, podemos generalizar as definições de ponto ordinário e ponto singular da Eq. (1) da seguinte maneira: se as funções $p(x) = Q(x)/P(x)$ e $q(x) = R(x)/P(x)$ forem analíticas em x_0, então o ponto x_0 será dito um **ponto ordinário** da equação diferencial (1); caso contrário, ele será um **ponto singular**.

Vamos agora considerar o problema do intervalo de convergência da solução em série. Uma possibilidade é calcular, explicitamente, a solução em série para cada problema e usar um

dos testes de convergência de uma série infinita para determinar seu raio de convergência. Infelizmente, esses testes requerem que obtenhamos uma expressão para o coeficiente geral a_n em função de n, com frequência uma tarefa muito difícil, se não impossível; lembre-se do Exemplo 5.2.3. No entanto, essa questão pode ser respondida imediatamente, para uma classe ampla de problemas, pelo teorema a seguir.

Teorema 5.3.1

Se x_0 for um ponto ordinário da equação diferencial (1)

$$P(x)y'' + Q(x)y' + R(x)y = 0,$$

ou seja, se $p(x) = Q(x)/P(x)$ e $q(x) = R(x)/P(x)$ forem analíticas em x_0, então a solução geral da Eq. (1) será

$$y = \sum_{n=0}^{\infty} a_n(x - x_0)^n = a_0 y_1(x) + a_1 y_2(x),$$

em que a_0 e a_1 são arbitrários, e y_1 e y_2 são duas soluções em séries de potências que são analíticas em x_0. As soluções y_1 e y_2 formam um conjunto fundamental de soluções. Além disso, o raio de convergência de cada uma das soluções em série y_1 e y_2 é pelo menos tão grande quanto o menor dos raios de convergência das séries para as funções p e q.

Para ver que y_1 e y_2 formam um conjunto fundamental de soluções, note que eles têm a forma $y_1(x) = 1 + b_2(x - x_0)^2 + \cdots$ e $y_2(x) = (x - x_0) + c_2(x - x_0)^2 + \cdots$, em que $b_2 + c_2 = a_2$. Logo, y_1 satisfaz as condições iniciais $y_1(x_0) = 1$, $y_1'(x_0) = 0$ e y_2 satisfaz as condições iniciais $y_2(x_0) = 0$, $y_2'(x_0) = 1$. Então, $W[y_1, y_2](x_0) = 1$.

Note também que, embora o cálculo dos coeficientes a partir de diferenciações sucessivas da equação diferencial seja excelente do ponto de vista teórico, não é, em geral, um procedimento computacional prático. Em vez disso, é melhor substituir y na equação diferencial (1) pela série (2) e determinar os coeficientes de modo que a equação diferencial seja satisfeita, como nos exemplos da seção precedente.

Não demonstraremos esse teorema que, em uma forma ligeiramente mais geral, foi estabelecido por Fuchs.[6] O que importa para nossos propósitos é que existe uma solução em série da forma (2) e que o raio de convergência dessa solução em série não pode ser menor do que o menor entre os raios de convergência das séries para p e q; logo, precisamos apenas determinar esses raios.

Isso pode ser feito de duas maneiras. Novamente, uma possibilidade é calcular as séries de potências para p e q e depois determinar seus raios de convergência usando um dos testes de convergência para séries infinitas. No entanto, existe um modo mais fácil quando $P(x)$, $Q(x)$ e $R(x)$ são polinômios. Na teoria de funções de uma variável complexa, mostra-se que a razão de dois polinômios, digamos $Q(x)/P(x)$, tem uma

---

[6]Lazarus Immanuel Fuchs (1833-1902), um matemático alemão, foi estudante e, mais tarde, professor na University of Berlin. Provou o resultado do Teorema 5.3.1 em 1866. Sua pesquisa mais importante foi sobre pontos singulares de equações diferenciais lineares. Ele reconheceu a importância dos pontos singulares regulares (Seção 5.4), e as equações cujas únicas singularidades, incluindo o ponto no infinito, são pontos singulares regulares são conhecidas como equações de Fuchs.

144 Capítulo 5

expansão em série de potências que converge em torno de um ponto $x = x_0$ se $P(x_0) \neq 0$. Além disso, supondo que todos os fatores comuns entre $Q(x)$ e $P(x)$ foram cancelados, o raio de convergência da série de potências para $Q(x)/P(x)$ em torno do ponto x_0 é exatamente a distância de x_0 à raiz mais próxima de $P(x)$. Ao determinar esta distância, precisamos lembrar que $P(x) = 0$ pode ter raízes complexas, e estas também têm de ser levadas em consideração.

EXEMPLO 5.3.2

Qual é o raio de convergência da série de Taylor para $(1 + x^2)^{-1}$ em torno de $x = 0$?

Solução:

Um modo de proceder é encontrar a série de Taylor em questão, a saber,

$$\frac{1}{1+x^2} = 1 - x^2 + x^4 - x^6 + \cdots + (-1)^n x^{2n} + \cdots.$$

Pode-se verificar, pelo teste da razão, que $\rho = 1$. Outra abordagem é notar que os zeros de $1 + x^2$ são $x = \pm i$. Como a distância de 0 a i, ou a $-i$, no plano complexo é um, o raio de convergência da série de potências em torno de $x = 0$ é um.

EXEMPLO 5.3.3

Qual é o raio de convergência da série de Taylor para $(x^2 - 2x + 2)^{-1}$ em torno de $x = 0$? E em torno de $x = 1$?

Solução:

Em primeiro lugar, note que

$$x^2 - 2x + 2 = 0$$

tem soluções $x = 1 \pm i$. A distância de $x = 0$ a $x = 1 + i$, ou a $x = 1 - i$, no plano complexo, é $\sqrt{2}$; logo, o raio de convergência da expansão em série de Taylor $\sum_{n=0}^{\infty} a_n x^n$ em torno de $x = 0$ é $\sqrt{2}$.

A distância no plano complexo de $x = 1$ a $x = 1 + i$, ou a $x = 1 - i$, é um; logo, o raio de convergência da expansão em série de Taylor $\sum_{n=0}^{\infty} b_n (x - 1)^n$ em torno de $x = 1$ é um.

De acordo com o Teorema 5.3.1, as soluções em série da equação de Airy nos Exemplos 5.3.2 e 5.3.3 da seção precedente convergem para todos os valores de x e $x - 1$, respectivamente, já que, em cada um dos problemas, $P(x) = 1$ e, portanto, nunca se anula.

Uma solução em série pode convergir para outros valores de x, além dos indicados no Teorema 5.3.1, de modo que o teorema fornece, de fato, apenas uma cota inferior para o raio de convergência da solução em série. Isto pode ser ilustrado pelos polinômios de Legendre, que satisfazem a equação de Legendre dada no próximo exemplo.

EXEMPLO 5.3.4

Determine uma cota inferior para o raio de convergência das soluções em série em torno de $x = 0$ da equação de Legendre

$$(1 - x^2)y'' - 2xy' + \alpha(\alpha + 1)y = 0,$$

em que α é uma constante.

Solução:

Note que $P(x) = 1 - x^2$, $Q(x) = -2x$ e $R(x) = \alpha(\alpha + 1)$ são polinômios, e que os zeros de P, a saber, $x = \pm 1$, distam um de $x = 0$. Logo, uma solução em série da forma $\sum_{n=0}^{\infty} a_n x^n$ converge pelo menos para $|x| < 1$ e, possivelmente, para valores maiores de x. De fato, pode-se mostrar que, se α for um inteiro positivo, uma das soluções em série terminará após um número finito de termos, ou seja, uma solução é polinomial e, portanto, convergirá para todo x e não apenas para $|x| < 1$. Por exemplo, se $\alpha = 1$, a solução polinomial é $y = x$. Veja os Problemas **17** a **23**, no fim desta seção, para uma discussão mais completa da equação de Legendre.

EXEMPLO 5.3.5

Determine uma cota inferior para o raio de convergência da solução em série da equação diferencial

$$(1 + x^2)y'' + 2xy' + 4x^2 y = 0 \tag{10}$$

em torno do ponto $x = 0$ e em torno do ponto $x = -\dfrac{1}{2}$.

Solução:

Novamente, P, Q e R são polinômios, e P tem raízes $x = \pm i$. A distância no plano complexo de 0 a $\pm i$ é um, e a distância de $-\dfrac{1}{2}$ a $\pm i$ é $\sqrt{1 + \dfrac{1}{4}} = \dfrac{\sqrt{5}}{2}$. Assim, no primeiro caso, a série $\sum_{n=0}^{\infty} a_n x^n$ converge pelo menos para $|x| < 1$ e, no segundo, a série $\sum_{n=0}^{\infty} b_n \left(x + \dfrac{1}{2}\right)^n$ converge pelo menos para $\left|x + \dfrac{1}{2}\right| < \dfrac{\sqrt{5}}{2}$.

Uma observação interessante que podemos fazer sobre a Eq. (10) segue dos Teoremas 3.2.1 e 5.3.1. Suponha que são dadas as condições iniciais $y(0) = y_0$ e $y'(0) = y'_0$. Como $1 + x^2 \neq 0$ para todo x, sabemos, do Teorema 3.2.1, que o problema de valor inicial tem uma única solução em $-\infty < x < \infty$. Por outro lado, o Teorema 5.3.1 garante apenas uma solução em série da forma $\sum_{n=0}^{\infty} a_n x^n$ (com $a_0 = y_0$, $a_1 = y'_0$) para $-1 < x < 1$. A solução única no intervalo $-\infty < x < \infty$ pode não ter expansão em série de potências em torno de $x = 0$ que convirja para todo x.

EXEMPLO 5.3.6

Podemos determinar uma solução em série em torno de $x = 0$ para a equação diferencial

$$y'' + (\text{sen}(x))y' + (1 + x^2)y = 0$$

e, se for o caso, qual é o raio de convergência?

Solução:

Para esta equação diferencial, $p(x) = \text{sen}(x)$ e $q(x) = 1 + x^2$. Lembre-se, do Cálculo, de que $\text{sen}(x)$ tem uma expansão em série de Taylor em torno de $x = 0$, que converge para todo x. Além disso, q também tem uma expansão em série de Taylor em torno de $x = 0$, a saber, $q(x) = 1 + x^2$, que converge para todo x. Portanto, a equação tem uma solução em série da forma $y = \sum_{n=0}^{\infty} a_n x^n$, com a_0 e a_1 arbitrários, e a série converge para todo x.

Problemas

Nos Problemas 1 a 3, determine $\phi''(x_0)$, $\phi'''(x_0)$ e $\phi^{(4)}(x_0)$ para o ponto x_0 dado, se $y = \phi(x)$ é uma solução do problema de valor inicial dado.

1. $y'' + xy' + y = 0$; $y(0) = 1$, $y'(0) = 0$

2. $x^2 y'' + (1+x)y' + 3(\ln(x))y = 0$; $y(1) = 2$, $y'(1) = 0$

3. $y'' + x^2 y' + (\text{sen}(x))y = 0$; $y(0) = a_0$, $y'(0) = a_1$

Nos Problemas 4 a 6, determine uma cota inferior para o raio de convergência da solução em série da equação diferencial dada em torno de cada ponto x_0 dado.

4. $y'' + 4y' + 6xy = 0$; $x_0 = 0$, $x_0 = 4$

5. $(x^2 - 2x - 3)y'' + xy' + 4y = 0$; $x_0 = 4$, $x_0 = -4$, $x_0 = 0$

6. $(1 + x^3)y'' + 4xy' + y = 0$; $x_0 = 0$, $x_0 = 2$

7. Determine uma cota inferior para o raio de convergência da solução em série em torno de x_0 dado para cada uma das equações diferenciais dos Problemas 1 a 11 da Seção 5.2.

8. **Equação de Chebyshev.** A equação diferencial de Chebyshev[7] é
$$(1 - x^2)y'' - xy' + \alpha^2 y = 0,$$
em que α é uma constante.

   a. Determine duas soluções em séries de potências de x para $|x| < 1$, e mostre que elas formam um conjunto fundamental de soluções.
   b. Mostre que, se α for um inteiro não negativo n, então existirá uma solução polinomial de grau n. Esses polinômios, quando normalizados adequadamente, são chamados **polinômios de Chebyshev**. São muito úteis em problemas que necessitam de uma aproximação polinomial para uma função definida em $-1 \le x \le 1$.
   c. Encontre uma solução polinomial para cada um dos casos $\alpha = n = 0, 1, 2, 3$.

Para cada uma das equações diferenciais nos Problemas 9 a 11, encontre os quatro primeiros termos não nulos em cada uma de duas soluções em série em torno da origem. Mostre que elas formam um conjunto fundamental de soluções. Qual o valor que você espera que tenha o raio de convergência de cada solução?

9. $y'' + (\text{sen}(x))y = 0$

10. $e^x y'' + xy = 0$

11. $(\cos(x))y'' + xy' - 2y = 0$

12. Sejam $y = x$ e $y = x^2$ soluções da equação diferencial $P(x)y'' + Q(x)y' + R(x)y = 0$. Você pode dizer se o ponto $x = 0$ é um ponto ordinário ou um ponto singular? Prove sua resposta.

Equações de Primeira Ordem. Os métodos de expansão em série discutidos nesta seção são diretamente aplicáveis à equação diferencial linear de primeira ordem $P(x)y' + Q(x)y = 0$ em um ponto x_0, se a

função $p = Q/P$ tiver uma expansão em série de Taylor em torno deste ponto. Tal ponto é chamado de ponto ordinário e, além disso, o raio de convergência da série $y = \sum_{n=0}^{\infty} a_n (x - x_0)^n$ é pelo menos tão grande quanto o raio de convergência da série para Q/P. Nos Problemas 13 a 16, resolva a equação diferencial dada por uma série de potências em x e verifique que a_0 é arbitrário em cada caso. O Problema 16 envolve uma equação diferencial não homogênea para a qual os métodos de expansão em série podem ser estendidos facilmente. Sempre que possível, compare a solução em série com a obtida pelos métodos do Capítulo 2.

13. $y' - y = 0$

14. $y' - xy = 0$

15. $(1 - x)y' = y$

16. $y' - y = x^2$

Equação de Legendre. Os Problemas 17 a 23 tratam da equação de Legendre[8]
$$(1 - x^2)y'' - 2xy' + \alpha(\alpha + 1)y = 0.$$

Como indicado no Exemplo 5.3.4, o ponto $x = 0$ é um ponto ordinário desta equação, e a distância da origem ao zero mais próximo de $P(x) = 1 - x^2$ é um. Logo, o raio de convergência da solução em série em torno de $x = 0$ é pelo menos um. Note, também, que basta considerar $\alpha > -1$, pois, se $\alpha \le -1$, então a substituição $\alpha = -(1 + \gamma)$, em que $\gamma \ge 0$, leva à equação de Legendre $(1 - x^2)y'' - 2xy' + \gamma(\gamma + 1)y = 0$.

17. Mostre que duas soluções da equação de Legendre para $|x| < 1$ são
$$y_1(x) = 1 - \frac{\alpha(\alpha+1)}{2!}x^2 + \frac{\alpha(\alpha-2)(\alpha+1)(\alpha+3)}{4!}x^4 +$$
$$+ \sum_{m=3}^{\infty}(-1)^m \frac{\alpha \cdots (\alpha-2m+2)(\alpha+1)\cdots(\alpha+2m-1)}{(2m)!}x^{2m},$$
$$y_2(x) = x - \frac{(\alpha-1)(\alpha+2)}{3!}x^3 +$$
$$+ \frac{(\alpha-1)(\alpha-3)(\alpha+2)(\alpha+4)}{5!}x^5 +$$
$$+ \sum_{m=3}^{\infty}(-1)^m \times$$
$$\times \frac{(\alpha-1)\cdots(\alpha-2m+1)(\alpha+2)\cdots(\alpha+2m)}{(2m+1)!}x^{2m+1}.$$

18. Mostre que, se α for zero ou um inteiro positivo par $2n$, a solução em série y_1 se reduzirá a um polinômio de grau $2n$ contendo apenas potências pares de x. Encontre os polinômios correspondentes a $\alpha = 0$, 2 e 4. Mostre que, se α for um inteiro positivo ímpar $2n + 1$, a solução em série y_2 se reduzirá a um polinômio de grau $2n + 1$ contendo apenas potências ímpares de x. Encontre os polinômios correspondentes a $\alpha = 1$, 3 e 5.

19. O polinômio de Legendre $P_n(x)$ é definido como a solução polinomial da equação de Legendre com $\alpha = n$ que satisfaz, também, a condição $P_n(1) = 1$.

---

[7]Pafnuty L. Chebyshev (1821-1894), o matemático russo mais influente do século XIX, foi professor, durante 35 anos, da University of St. Petersburg, que produziu uma longa linhagem de matemáticos importantes. Seus estudos sobre os polinômios de Chebyshev começaram em torno de 1854, como parte de uma investigação de aproximação de funções por polinômios. Chebyshev também é conhecido por seu trabalho em teoria dos números e probabilidade.

[8]Adrien-Marie Legendre (1752-1833) teve várias posições na French Académie des Sciences a partir de 1783. Seus trabalhos principais foram nos campos de funções elípticas e teoria dos números. As funções de Legendre, soluções da equação de Legendre, apareceram pela primeira vez em 1784, em seu estudo sobre a atração de esferoides.

146 Capítulo 5

a. Usando os resultados do Problema 18, encontre os polinômios de Legendre $P_0(x)$, ..., $P_5(x)$.

G b. Faça os gráficos de $P_0(x)$, ..., $P_5(x)$ para $-1 \le x \le 1$.

N c. Encontre os zeros de $P_0(x)$, ..., $P_5(x)$.

20. Os polinômios de Legendre têm um papel importante em Física-Matemática. Por exemplo, ao resolver a equação de Laplace (equação do potencial) em coordenadas esféricas, encontramos a equação

$$\frac{d^2 F(\varphi)}{d\varphi^2} + \cot \varphi \frac{dF(\varphi)}{d\varphi} + n(n+1)F(\varphi) = 0, \quad 0 < \varphi < \pi,$$

em que n é um inteiro positivo. Mostre que a mudança de variável $x = \cos(\varphi)$ leva a uma equação de Legendre com $\alpha = n$ para $y = f(x) = F(\arccos x)$.

21. Mostre que, para $n = 0, 1, 2, 3$, o polinômio de Legendre correspondente é dado por

$$P_n(x) = \frac{1}{2^n n!} \frac{d^n}{dx^n} (x^2 - 1)^n.$$

Esta fórmula, conhecida como fórmula de Rodrigues,[9] é válida para todos os inteiros positivos n.

22. Mostre que a equação de Legendre também pode ser escrita como

$$((1 - x^2)y')' = -\alpha(\alpha + 1)y.$$

Segue, então, que

$$((1 - x^2)P_n'(x))' = -n(n+1)P_n(x)$$

e

$$((1 - x^2)P_m'(x))' = -m(m+1)P_m(x).$$

Multiplicando a primeira equação por $P_m(x)$, a segunda por $P_n(x)$, integrando por partes e depois subtraindo uma equação da outra, mostre que

$$\int_{-1}^{1} P_n(x)P_m(x)dx = 0 \text{ se } n \ne m.$$

Esta propriedade dos polinômios de Legendre é conhecida como a propriedade de ortogonalidade. Se $m = n$, pode-se mostrar que o valor da integral acima é $2/(2n + 1)$.

23. Dado um polinômio f de grau n, é possível expressar f como uma combinação linear de $P_0, P_1, P_2, ..., P_n$:

$$f(x) = \sum_{k=0}^{n} a_k P_k(x).$$

Usando o resultado do Problema 22, mostre que

$$a_k = \frac{2k+1}{2} \int_{-1}^{1} f(x)P_k(x)dx.$$

5.4 Equações de Euler; Pontos Singulares Regulares

Vamos começar esta seção considerando como resolver equações da forma

$$P(x)y'' + Q(x)y' + R(x)y = 0 \tag{1}$$

na vizinhança de um ponto singular x_0. Lembre-se de que, se as funções P, Q e R forem polinômios sem fatores comuns aos três, os pontos singulares da Eq. (1) serão os pontos em que $P(x) = 0$.

Equações de Euler. Uma equação diferencial relativamente simples que tem um ponto singular é a **equação de Euler**[10]

$$L[y] = x^2 y'' + \alpha x y' + \beta y = 0, \tag{2}$$

em que α e β são constantes reais. Neste caso, $P(x) = x^2$, $Q(x) = \alpha x$ e $R(x) = \beta$. Se $\beta \ne 0$, então $P(x)$, $Q(x)$ e $R(x)$ não têm fatores comuns, logo o único ponto singular da Eq. (2) é $x = 0$; todos os outros pontos são pontos ordinários. Por conveniência, vamos considerar primeiro o intervalo $x > 0$; mais tarde, estenderemos nossos resultados para o intervalo $x < 0$.

Note que $(x^r)' = rx^{r-1}$ e $(x^r)'' = r(r-1)x^{r-2}$. Logo, se supusermos que a Eq. (2) tem uma solução da forma

$$y = x^r, \tag{3}$$

obteremos

$$\begin{aligned} L[x^r] &= x^2 (x^r)'' + \alpha x (x^r)' + \beta x^r = \\ &= x^2 r(r-1)x^{r-2} + \alpha x(rx^{r-1}) + \beta x^r = \tag{4} \\ &= x^r (r(r-1) + \alpha r + \beta). \end{aligned}$$

Se r for raiz da equação de segundo grau

$$F(r) = r(r-1) + \alpha r + \beta = 0, \tag{5}$$

então $L[x^r]$ será zero e $y = x^r$ será uma solução da Eq. (2). As raízes da Eq. (5) são

$$r_1, r_2 = \frac{-(\alpha - 1) \pm \sqrt{(\alpha - 1)^2 - 4\beta}}{2}, \tag{6}$$

e o polinômio de segundo grau $F(r)$ definido na Eq. (5) também pode ser escrito como $F(r) = (r - r_1)(r - r_2)$. Como no caso de equações diferenciais lineares de segunda ordem com coeficientes constantes, vamos considerar separadamente os casos nos quais as raízes são reais e diferentes, reais e iguais, ou complexas conjugadas. De fato, a discussão inteira sobre equações de Euler é semelhante ao tratamento de equações diferenciais lineares de segunda ordem com coeficientes constantes no Capítulo 3, com e^{rx} substituído por x^r.

Raízes Reais e Distintas. Se $F(r) = 0$ tiver raízes reais r_1 e r_2 com $r_1 \ne r_2$, então $y_1(x) = x^{r_1}$ e $y_2(x) = x^{r_2}$ serão soluções da Eq. (2). Como

$$W[x^{r_1}, x^{r_2}] = (r_2 - r_1)x^{r_1 + r_2 - 1}$$

não se anula se $r_1 \ne r_2$ e $x > 0$, segue que a solução geral da Eq. (2) é

$$y = c_1 x^{r_1} + c_2 x^{r_2}, \quad x > 0. \tag{7}$$

---

[9]Benjamin Olinde Rodrigues (1795-1851) publicou este resultado como parte de sua tese de doutorado na University of Paris em 1815. Tornou-se banqueiro e reformador social, mas permaneceu interessado em Matemática. Infelizmente, seus últimos artigos não receberam a devida atenção até o fim do século XX.

[10]Esta equação é chamada, às vezes, de equação de Cauchy-Euler ou equação equidimensional. Ela foi estudada por Euler em torno de 1740, mas sua solução já era conhecida por Johann Bernoulli antes de 1700.

Note que, se r não for racional, então x^r será definida por $x^r = e^{r \ln(x)}$.

EXEMPLO 5.4.1

Resolva

$$2x^2 y'' + 3xy' - y = 0, \quad x > 0. \tag{8}$$

Solução:

Fazendo $y = x^r$ na Eq. (8), obtemos

$$x^r(2r(r-1)+3r-1) = x^r(2r^2+r-1) =$$
$$= x^r(2r-1)(r+1) = 0.$$

Logo, $r_1 = \dfrac{1}{2}$ e $r_2 = -1$, de modo que a solução geral da Eq. (8) é

$$y = c_1 x^{1/2} + c_2 x^{-1}, \quad x > 0. \tag{9}$$

Raízes Iguais. Se as raízes r_1 e r_2 forem iguais, obtemos apenas uma solução $y_1(x) = x^{r_1}$ da forma proposta. Podemos obter uma segunda solução pelo método de redução de ordem, mas vamos considerar, para nossa discussão futura, um método alternativo. Como $r_1 = r_2$, $F(r) = (r - r_1)^2$. Assim, nesse caso, além de $F(r_1) = 0$, temos, também, $F'(r_1) = 0$. Isso sugere a diferenciação da Eq. (4) em relação a r e, depois, a atribuição r igual a r_1. Diferenciando a Eq. (4) em relação a r, obtemos

$$\frac{\partial}{\partial r} L[x^r] = \frac{\partial}{\partial r}\left(x^r F(r)\right) = \frac{\partial}{\partial r}\left(x^r (r-r_1)^2\right) =$$
$$= (r-r_1)^2 x^r \ln(x) + 2(r-r_1) x^r. \tag{10}$$

Entretanto, trocando as ordens de integração em relação a x e em relação a r, também obtemos

$$\frac{\partial}{\partial r} L[x^r] = L\left[\frac{\partial}{\partial r} x^r\right] = L[x^r \ln(x)].$$

A expressão à direita do sinal de igualdade na Eq. (10) é 0 para $r = r_1$; logo, $L[x^{r_1} \ln(x)] = 0$. Portanto,

$$y_2(x) = x^{r_1} \ln(x), \quad x > 0. \tag{11}$$

é uma segunda solução da Eq. (2). Calculando o wronskiano de y_1 e y_2, vemos que

$$W[x^{r_1}, x^{r_1} \ln(x)] = x^{2r_1-1}.$$

Então x^{r_1} e $x^{r_1} \ln(x)$ formam um conjunto fundamental de soluções para $x > 0$, e a solução geral da Eq. (2) é

$$y = (c_1 + c_2 \ln(x)) x^{r_1}, \quad x > 0. \tag{12}$$

EXEMPLO 5.4.2

Resolva

$$x^2 y'' + 5xy' + 4y = 0, \quad x > 0. \tag{13}$$

Solução:

Fazendo $y = x^r$ na Eq. (13), obtemos

$$x^r(r(r-1)+5r+4) = x^r(r^2+4r+4) = 0.$$

Portanto, $r_1 = r_2 = -2$ e

$$y = x^{-2}(c_1 + c_2 \ln(x)), \quad x > 0 \tag{14}$$

é a solução geral da Eq. (13).

Raízes Complexas. Finalmente, suponha que as raízes r_1 e r_2 da Eq. (5) são complexas conjugadas, digamos, $r_1 = \lambda + i\mu$ e $r_2 = \lambda - i\mu$, com $\mu \neq 0$. Precisamos explicar agora o significado de x^r quando r é complexo. Lembrando que

$$x^r = e^{r \ln(x)} \tag{15}$$

quando $x > 0$ e r é real, podemos usar esta equação para *definir* x^r quando r for complexo. Então, usando a fórmula de Euler para $e^{i\mu \ln(x)}$, obtemos

$$x^{\lambda+i\mu} = e^{(\lambda+i\mu)\ln(x)} = e^{\lambda \ln(x)} e^{i\mu \ln(x)} = x^{\lambda} e^{i\mu \ln(x)} =$$
$$= x^{\lambda}(\cos(\mu \ln(x)) + i\,\text{sen}(\mu \ln(x))), \quad x > 0. \tag{16}$$

Com esta definição de x^r para valores complexos de r, pode-se verificar que as regras usuais da álgebra e do cálculo diferencial continuam válidas; logo, x^{r_1} e x^{r_2} são, de fato, soluções da Eq. (2). A solução geral da Eq. (2) é

$$y = c_1 x^{\lambda+i\mu} + c_2 x^{\lambda-i\mu}. \tag{17}$$

A desvantagem desta expressão é que as funções $x^{\lambda+i\mu}$ e $x^{\lambda-i\mu}$ assumem valores complexos. Lembre-se de que tivemos uma situação semelhante no estudo de equações diferenciais lineares de segunda ordem com coeficientes constantes quando as raízes da equação característica eram complexas. Da mesma maneira que fizemos anteriormente, podemos usar o Teorema 3.2.6 para obter soluções reais da Eq. (2) usando as partes real e imaginária de $x^{\lambda+i\mu}$, a saber,

$$x^{\lambda} \cos(\mu \ln(x)) \quad \text{e} \quad x^{\lambda} \,\text{sen}(\mu \ln(x)). \tag{18}$$

Um cálculo direto (veja o Problema **29**) mostra que

$$W[x^{\lambda} \cos(\mu \ln(x)), x^{\lambda} \,\text{sen}(\mu \ln(x))] = \mu x^{2\lambda-1}.$$

Portanto, essas soluções formam um conjunto fundamental de soluções para $x > 0$, e a solução geral da equação de Euler (2) é

$$y = c_1 x^{\lambda} \cos(\mu \ln(x)) + c_2 x^{\lambda} \,\text{sen}(\mu \ln(x)), \quad x > 0. \tag{19}$$

EXEMPLO 5.4.3

Resolva

$$x^2 y'' + xy' + y = 0. \tag{20}$$

Solução:

Fazendo $y = x^r$ na Eq. (20), obtemos

$$x^r(r(r-1)+r+1) = x^r(r^2+1) = 0.$$

Logo, $r = \pm i$, e a solução geral é

$$y = c_1 \cos(\ln(x)) + c_2 \,\text{sen}(\ln(x)), \quad x > 0. \tag{21}$$

O fator x^{λ} não parece explicitamente na Eq. (21) porque, neste exemplo, $\lambda = 0$ e $x^{\lambda} = 1$.

Vamos considerar, agora, o comportamento qualitativo das soluções da Eq. (2) perto do ponto singular $x = 0$. Isso depende inteiramente dos valores dos expoentes r_1 e r_2. Em primeiro lugar, se r for real e positivo, $x^r \to 0$ quando x tende a zero assumindo apenas valores positivos. Por outro lado, se r for real e negativo, então x^r tornar-se-á ilimitado. Finalmente, se $r = 0$, $x^r = 1$. Essas possibilidades estão ilustradas na **Figura 5.4.1** para diversos valores de r. Se r for complexo, uma solução típica será $x^\lambda \cos(\mu \ln(x))$. Esta função torna-se ilimitada ou tende a zero se λ for, respectivamente, negativo ou positivo, e também oscila cada vez mais rapidamente quando $x \to 0$. Esses comportamentos estão ilustrados nas **Figuras 5.4.2 e 5.4.3** para valores selecionados de λ e de μ. Se $\lambda = 0$, a oscilação tem amplitude constante. Finalmente, se as raízes forem repetidas, então uma das soluções terá a forma $x^r \ln(x)$, que tende a zero se $r > 0$, e é ilimitada se $r \leq 0$. Um exemplo de cada caso aparece na **Figura 5.4.4**.

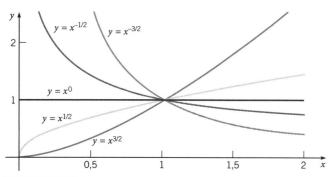

FIGURA 5.4.1 Soluções de uma equação de Euler; raízes reais ($\mu = 0$).

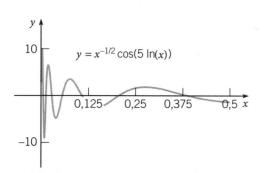

FIGURA 5.4.2 Solução de uma equação de Euler; raízes complexas com parte real negativa.

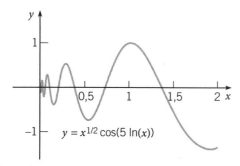

FIGURA 5.4.3 Solução de uma equação de Euler; raízes complexas com parte real positiva.

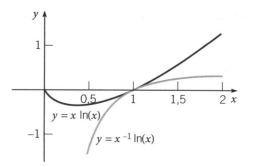

FIGURA 5.4.4 Segundas soluções típicas de uma equação de Euler com raízes iguais: $r > 0$ (em cinza-escuro), $r < 0$ (em cinza-claro).

A extensão das soluções da Eq. (2) para o intervalo $x < 0$ pode ser feita de modo relativamente direto. A dificuldade está em compreender o significado de x^r quando x for negativo e r não for inteiro; de modo similar, $\ln x$ não está definido para $x < 0$. Pode-se mostrar que as soluções da equação de Euler que encontramos para $x > 0$ são válidas para $x < 0$, mas, em geral, são complexas. Assim, no Exemplo 5.4.1, a solução $x^{1/2}$ é imaginária para $x < 0$.

Sempre é possível obter soluções reais da equação de Euler (2) no intervalo $x < 0$ fazendo a mudança de variável a seguir. Seja $x = -\xi$, em que $\xi > 0$, e seja $y = u(\xi)$. Temos, então,

$$\frac{dy}{dx} = \frac{du}{d\xi}\frac{d\xi}{dx} = -\frac{du}{d\xi}, \quad \frac{d^2y}{dx^2} = \frac{d}{d\xi}\left(-\frac{du}{d\xi}\right)\frac{d\xi}{dx} = \frac{d^2u}{d\xi^2}. \quad (22)$$

Logo, para $x < 0$, a Eq. (2) fica na forma

$$\xi^2 \frac{d^2u}{d\xi^2} + \alpha\xi\frac{du}{d\xi} + \beta u = 0, \quad \xi > 0. \quad (23)$$

Mas, exceto pelos nomes das variáveis, esta é exatamente a mesma que a Eq. (2); das Eqs. (7), (12) e (19), temos

$$u(\xi) = \begin{cases} c_1\xi^{r_1} + c_2\xi^{r_2} & \text{se } r_1 \text{ e } r_2 \text{ são reais e diferentes} \\ (c_1 + c_2\ln(\xi))\xi^{r_1} & \text{se } r_1 \text{ e } r_2 \text{ são reais com } r_1 = r_2 \\ c_1\xi^\lambda \cos(\mu\ln(\xi)) + & \text{se } r_{1,2} = \lambda \pm i\mu \text{ são complexos} \\ + c_2\xi^\lambda \text{sen}(\mu\ln(\xi)) & (\mu \neq 0), \end{cases} \quad (24)$$

dependendo da natureza dos zeros de $F(r) = r(r-1) + \alpha r + \beta = 0$. Para obter u em função de x, substituímos ξ por $-x$ nas Eqs. (24).

Podemos combinar os resultados para $x > 0$ e $x < 0$ lembrando que $|x| = x$ quando $x > 0$ e $|x| = -x$ quando $x < 0$. Assim, precisamos apenas substituir x por $|x|$ nas Eqs. (7), (12) e (19) para obter soluções reais válidas em qualquer intervalo que não contém a origem.

Portanto, a solução geral da equação de Euler (2)

$$x^2 y'' + \alpha x y' + \beta y = 0$$

em qualquer intervalo que não contém a origem é determinada pelas raízes r_1 e r_2 da equação

$$F(r) = r(r-1) + \alpha r + \beta = 0$$

como se segue. Se as raízes r_1 e r_2 forem reais e diferentes, então

$$y = c_1 \, |x|^{r_1} + c_2 \, |x|^{r_2} \, . \tag{25}$$

Se as raízes forem reais e iguais, então

$$y = (c_1 + c_2 \ln|x|)\,|x|^{r_1} \, . \tag{26}$$

Se as raízes forem complexas conjugadas, $r_{1,2} = \lambda \pm i\mu$, então

$$y = |x|^{\lambda} \, (c_1 \cos(\mu \ln|x|) + c_2 \operatorname{sen}(\mu \ln|x|)). \tag{27}$$

As soluções de uma equação de Euler da forma

$$(x - x_0)^2 \, y'' + \alpha(x - x_0)y' + \beta y = 0 \tag{28}$$

são semelhantes. Se procurarmos soluções da forma $y = (x - x_0)^r$, então a solução geral é dada por uma das Eqs. (25), (26) ou (27) substituindo x por $x - x_0$. Outra maneira é reduzir a Eq. (28) à forma da Eq. (2) fazendo uma mudança da variável independente $t = x - x_0$.

Pontos Singulares Regulares. Agora vamos voltar a considerar a equação geral (1)

$$P(x)y'' + Q(x)y' + R(x)y = 0,$$

em que x_0 é um ponto singular. Isto significa que $P(x_0) = 0$ e que pelo menos um entre Q e R não se anula em x_0.

Infelizmente, se tentarmos usar os métodos das duas seções precedentes para resolver a Eq. (1) na vizinhança de um ponto singular x_0, descobriremos que esses métodos não funcionam. Isso se deve ao fato de que, frequentemente, as soluções da Eq. (1) não são analíticas em x_0 e, portanto, não podem ser representadas por uma série de Taylor em potências de $x - x_0$. Os Exemplos 5.4.1, 5.4.2 e 5.4.3 apresentados ilustram esse fato; em cada um desses exemplos, a solução não tem uma expansão em séries de potências em torno do ponto singular $x = 0$. Portanto, para termos alguma chance de resolver a Eq. (1) na vizinhança de um ponto singular, precisamos usar um tipo de expansão em série mais geral.

Como uma equação diferencial tem, em geral, poucos pontos singulares, poderíamos especular se eles não poderiam ser, simplesmente, ignorados, uma vez que já sabemos como construir soluções em torno de pontos ordinários. No entanto, isso não é possível. Os pontos singulares determinam as características principais das soluções de forma muito mais profunda do que poderíamos suspeitar à primeira vista. Na vizinhança de um ponto singular, a solução torna-se, frequentemente, muito grande em módulo, ou experimenta mudanças rápidas em seu módulo. Por exemplo, as soluções encontradas nos Exemplos 5.4.1, 5.4.2 e 5.4.3 ilustram isso. Assim, o comportamento de um sistema físico modelado por uma equação diferencial é, com frequência, mais interessante em uma vizinhança de um ponto singular. Muitas vezes, singularidades geométricas em um problema físico, como bicos ou arestas, geram pontos singulares na equação diferencial correspondente. Então, embora possamos querer, inicialmente, evitar os poucos pontos em que uma equação diferencial é singular, é precisamente nestes pontos que cabe estudar a equação com mais cuidado.

Como alternativa aos métodos analíticos, poderia ser considerada a utilização de métodos numéricos, que serão discutidos no Capítulo 8. Entretanto, esses métodos não são adequados para o estudo de soluções na proximidade de um ponto singular. Dessa maneira, mesmo adotando uma abordagem numérica, é vantajoso combiná-la com os métodos analíticos deste capítulo para que se possa examinar o comportamento das soluções na proximidade de um ponto singular.

Sem nenhuma informação adicional sobre o comportamento de Q/P e R/P na vizinhança do ponto singular, é impossível descrever o comportamento das soluções da Eq. (1) perto de $x = x_0$. Pode acontecer de existirem duas soluções distintas da Eq. (1) que permanecem limitadas quando $x \to x_0$ (como no Exemplo 5.4.3); ou uma delas pode permanecer limitada enquanto a outra se torna ilimitada quando $x \to x_0$ (como no Exemplo 5.4.1); ou ambas podem tornar-se ilimitadas quando $x \to x_0$ (como no Exemplo 5.4.2). Se a Eq. (1) tiver soluções que se tornam ilimitadas quando $x \to x_0$, muitas vezes é importante determinar como essas soluções se comportam quando $x \to x_0$. Por exemplo, $y \to \infty$ do mesmo modo que $(x - x_0)^{-1}$, ou como $|x - x_0|^{-1/2}$, ou de alguma outra maneira?

Nosso objetivo é estender o método já desenvolvido para resolver a Eq. (1) perto de um ponto ordinário de modo que ele possa também ser aplicado na vizinhança de um ponto singular x_0. Para fazer isso de modo razoavelmente simples, é necessário restringirmo-nos a casos nos quais as singularidades das funções Q/P e R/P em $x = x_0$ não são muito severas, ou seja, o que poderíamos chamar de "singularidades fracas". Nesse ponto não está claro o que seria exatamente uma singularidade aceitável. No entanto, ao desenvolvermos o método de solução, você verá que as condições apropriadas (veja também o Problema 16 na Seção 5.6) para distinguirmos "singularidades fracas" são

$$\lim_{x \to x_0} (x - x_0)\frac{Q(x)}{P(x)} \text{ é finito} \tag{29}$$

e

$$\lim_{x \to x_0} (x - x_0)^2 \frac{R(x)}{P(x)} \text{ é finito.} \tag{30}$$

Isso significa que a singularidade em Q/P não pode ser pior do que $(x - x_0)^{-1}$ e a singularidade em R/P não pode ser pior do que $(x - x_0)^{-2}$. Tal ponto é chamado **ponto singular regular** da Eq. (1). Para equações com coeficientes mais gerais do que polinômios, x_0 será um ponto singular regular da Eq. (1) se for um ponto singular e se ambas as funções[11]

$$(x - x_0)\frac{Q(x)}{P(x)} \quad \text{e} \quad (x - x_0)^2 \frac{R(x)}{P(x)} \tag{31}$$

tiverem séries de Taylor convergentes em torno de x_0, ou seja, se as funções na Eq. (31) forem analíticas em $x = x_0$. As Eqs. (29) e (30) implicam que isso será verdade quando P, Q e R forem polinômios. Qualquer ponto singular da Eq. (1) que não seja um ponto singular regular é chamado **ponto singular irregular** da Eq. (1).

---

[11]As funções dadas na Eq. (31) podem não estar definidas em x_0; neste caso, são atribuídos seus valores em x_0 como seus limites quando $x \to x_0$.

150 Capítulo 5

Note que as condições nas Eqs. (29) e (30) são satisfeitas pela equação de Euler (28). Logo, a singularidade em uma equação de Euler é um ponto singular regular. De fato, veremos que todas as equações da forma (1) se comportam de modo muito parecido com as equações de Euler perto de um ponto singular regular. Ou seja, soluções perto de um ponto singular regular podem incluir potências de x com expoentes negativos ou que não sejam inteiros, logaritmos, ou senos ou cossenos com argumentos logarítmicos.

Nas seções a seguir, discutiremos como resolver a Eq. (1) na vizinhança de um ponto singular regular. Uma discussão de soluções de equações diferenciais na vizinhança de pontos singulares irregulares é mais complicada e pode ser encontrada em livros mais avançados.

EXEMPLO 5.4.4

Determine os pontos singulares da equação de Legendre
$$(1-x^2)y'' - 2xy' + \alpha(\alpha+1)y = 0 \tag{32}$$
e indique se eles são regulares ou irregulares.

Solução:

Neste caso, $P(x) = 1 - x^2$, de modo que os pontos singulares são $x = 1$ e $x = -1$. Observe que, quando dividimos a Eq. (32) por $1 - x^2$, os coeficientes de y' e de y ficam iguais a $-2x/(1-x^2)$ e $\alpha(\alpha+1)/(1-x^2)$, respectivamente. Vamos considerar primeiro o ponto $x = 1$. Então, das Eqs. (29) e (30), calculamos
$$\lim_{x\to 1}(x-1)\frac{-2x}{1-x^2} = \lim_{x\to 1}\frac{(x-1)(-2x)}{(1-x)(1+x)} = \lim_{x\to 1}\frac{2x}{1+x} = 1$$
e
$$\lim_{x\to 1}(x-1)^2\frac{\alpha(\alpha+1)}{1-x^2} = \lim_{x\to 1}\frac{(x-1)^2\alpha(\alpha+1)}{(1-x)(1+x)} =$$
$$= \lim_{x\to 1}\frac{(x-1)(-\alpha)(\alpha+1)}{1+x} = 0.$$
Como esses limites são finitos, o ponto $x = 1$ é um ponto singular regular.

Pode-se mostrar, de maneira semelhante, que $x = -1$ também é um ponto singular regular.

EXEMPLO 5.4.5

Determine os pontos singulares da equação diferencial
$$2x(x-2)^2 y'' + 3xy' + (x-2)y = 0$$
e classifique-os como regulares ou irregulares.

Solução:

Dividindo a equação diferencial por $2x(x-2)^2$, temos
$$y'' + \frac{3}{2(x-2)^2}y' + \frac{1}{2x(x-2)}y = 0,$$
de modo que $p(x) = \dfrac{Q(x)}{P(x)} = \dfrac{3}{2(x-2)^2}$ e $q(x) = \dfrac{R(x)}{P(x)} = \dfrac{1}{2x(x-2)}$.

Os pontos singulares são $x = 0$ e $x = 2$. Considere $x = 0$. Temos
$$\lim_{x\to 0} xp(x) = \lim_{x\to 0} x\frac{3}{2(x-2)^2} = 0$$
e
$$\lim_{x\to 0} x^2 q(x) = \lim_{x\to 0} x^2\frac{1}{2x(x-2)} = 0.$$
Como esses limites são finitos, $x = 0$ é um ponto singular regular. Para $x = 2$, temos
$$\lim_{x\to 2}(x-2)p(x) = \lim_{x\to 2}(x-2)\frac{3}{2(x-2)^2} = \lim_{x\to 2}\frac{3}{2(x-2)},$$
de modo que o limite não existe; portanto, $x = 2$ é um ponto singular irregular.

EXEMPLO 5.4.6

Determine os pontos singulares de
$$\left(x-\frac{\pi}{2}\right)^2 y'' + (\cos(x))y' + (\text{sen}(x))y = 0$$
e classifique-os como regulares ou irregulares.

Solução:

O único ponto singular é $x = \dfrac{\pi}{2}$. Para estudá-lo, vamos considerar as funções
$$\left(x-\frac{\pi}{2}\right)p(x) = \left(x-\frac{\pi}{2}\right)\frac{Q(x)}{P(x)} = \frac{\cos(x)}{x-\pi/2}$$
e
$$\left(x-\frac{\pi}{2}\right)^2 q(x) = \left(x-\frac{\pi}{2}\right)^2\frac{R(x)}{P(x)} = \text{sen}(x).$$
A partir da série de Taylor para $\cos(x)$ em torno de $x = \dfrac{\pi}{2}$, encontramos
$$\frac{\cos(x)}{x-\pi/2} = -1 + \frac{(x-\pi/2)^2}{3!} - \frac{(x-\pi/2)^4}{5!} + \cdots,$$
que converge para todo x. De maneira análoga, $\text{sen}(x)$ é analítica em $x = \dfrac{\pi}{2}$. Portanto, concluímos que $\dfrac{\pi}{2}$ é um ponto singular regular para esta equação.

Problemas

Nos Problemas 1 a 8, determine a solução geral da equação diferencial dada, válida em qualquer intervalo que não inclua o ponto singular.

1. $x^2 y'' + 4xy' + 2y = 0$

2. $(x+1)^2 y'' + 3(x+1)y' + 0{,}75y = 0$

3. $x^2 y'' - 3xy' + 4y = 0$

4. $x^2 y'' - xy' + y = 0$

5. $x^2 y'' + 6xy' - y = 0$

6. $2x^2 y'' - 4xy' + 6y = 0$

7. $x^2 y'' - 5xy' + 9y = 0$

8. $(x-2)^2 y'' + 5(x-2)y' + 8y = 0$

Nos Problemas 9 a 11, encontre a solução do problema de valor inicial dado. Faça o gráfico da solução e descreva como ela se comporta quando $x \to 0$.

Soluções em Série para Equações Lineares de Segunda Ordem **151**

Ⓖ 9. $2x^2y'' + xy' - 3y = 0$, $y(1) = 1$, $y'(1) = 4$

Ⓖ 10. $4x^2y'' + 8xy' + 17y = 0$, $y(1) = 2$, $y'(1) = -3$

Ⓖ 11. $x^2y'' - 3xy' + 4y = 0$, $y(-1) = 2$, $y'(-1) = 3$

Nos Problemas 12 a 23, encontre todos os pontos singulares da equação dada e determine se cada um deles é regular ou irregular.

12. $xy'' + (1-x)y' + xy = 0$

13. $x^2(1-x)^2y'' + 2xy' + 4y = 0$

14. $x^2(1-x)y'' + (x-2)y' - 3xy = 0$

15. $x^2(1-x^2)y'' + \left(\dfrac{2}{x}\right)y' + 4y = 0$

16. $(1-x^2)^2y'' + x(1-x)y' + (1+x)y = 0$

17. $x^2y'' + xy' + (x^2 - \nu^2)y = 0$ (equação de Bessel)

18. $(x+2)^2(x-1)y'' + 3(x-1)y' - 2(x+2)y = 0$

19. $x(3-x)y'' + (x+1)y' - 2y = 0$

20. $xy'' + e^xy' + (3\cos(x))y = 0$

21. $y'' + (\ln|x|)y' + 3xy = 0$

22. $(\text{sen } x)y'' + xy' + 4y = 0$

23. $(x \,\text{sen } x)y'' + 3y' + xy = 0$

24. Encontre todos os valores de α para os quais todas as soluções de $x^2y'' + \alpha xy' + \dfrac{5}{2}y = 0$ tendem a zero quando $x \to 0$.

25. Encontre todos os valores de β para os quais todas as soluções de $x^2y'' + \beta y = 0$ tendem a zero quando $x \to 0$.

26. Encontre γ de modo que a solução do problema de valor inicial $x^2y'' - 2y = 0$, $y(1) = 1$, $y'(1) = \gamma$ permaneça limitada quando $x \to 0$.

27. Considere a equação de Euler $x^2y'' + \alpha xy' + \beta y = 0$. Encontre condições sobre α e β para que:

 a. Todas as soluções tendam a zero quando $x \to 0$.
 b. Todas as soluções permaneçam limitadas quando $x \to 0$.
 c. Todas as soluções tendam a zero quando $x \to \infty$.
 d. Todas as soluções permaneçam limitadas quando $x \to \infty$.
 e. Todas as soluções permaneçam limitadas, tanto quando $x \to 0$ como quando $x \to \infty$.

28. Usando o método de redução de ordem, mostre que, se r_1 for uma raiz repetida de

$$r(r-1) + \alpha r + \beta = 0,$$

então x^{r_1} e $x^{r_1}\ln x$ serão soluções de $x^2y'' + \alpha xy' + \beta y = 0$ para $x > 0$.

29. Verifique que $W[x^\lambda\cos(\mu\ln(x)), x^\lambda\text{sen}(\mu\ln(x))] = \mu x^{2\lambda-1}$.

Nos Problemas 30 e 31, mostre que o ponto $x = 0$ é um ponto singular regular. Tente, em cada problema, encontrar soluções da forma $\sum_{n=0}^{\infty} a_n x^n$. Mostre que (exceto por múltiplos constantes) o Problema 30 tem apenas uma solução não nula desta forma e que o Problema 31 não tem soluções não nulas desta forma. Assim, em nenhum dos casos a solução geral pode ser encontrada desse modo. Isso é típico de equações com pontos singulares.

30. $2xy'' + 3y' + xy = 0$

31. $2x^2y'' + 3xy' - (1+x)y = 0$

32. **Singularidades no Infinito.** As definições dadas nas seções precedentes de ponto ordinário e ponto singular regular só se aplicam se o ponto x_0 for finito. Em trabalhos mais avançados de equações diferenciais, é necessário, com frequência, discutir o ponto no infinito. Isso é feito por meio da mudança de variável $\xi = 1/x$ e do estudo da equação resultante em $\xi = 0$. Mostre que, para a equação diferencial

$$P(x)y'' + Q(x)y' + R(x)y = 0,$$

o ponto no infinito é um ponto ordinário se

$$\frac{1}{P(1/\xi)}\left(\frac{2P(1/\xi)}{\xi} - \frac{Q(1/\xi)}{\xi^2}\right) \quad \text{e} \quad \frac{R(1/\xi)}{\xi^4 P(1/\xi)}$$

tiverem expansões em série de Taylor em torno de $\xi = 0$. Mostre, também, que o ponto no infinito é um ponto singular regular se pelo menos uma das funções anteriores não tem expansão em série de Taylor, mas ambas as funções

$$\frac{\xi}{P(1/\xi)}\left(\frac{2P(1/\xi)}{\xi} - \frac{Q(1/\xi)}{\xi^2}\right) \quad \text{e} \quad \frac{R(1/\xi)}{\xi^2 P(1/\xi)}$$

têm tais expansões.

Nos Problemas 33 a 37, use os resultados do Problema 32 para determinar se o ponto no infinito é um ponto ordinário, singular regular ou singular irregular da equação diferencial dada.

33. $y'' + y = 0$

34. $x^2y'' + xy' - 4y = 0$

35. $(1-x^2)y'' - 2xy' + \alpha(\alpha+1)y = 0$ (equação de Legendre)

36. $y'' - 2xy' + \lambda y = 0$ (equação de Hermite)

37. $y'' - xy = 0$ (equação de Airy)

5.5 Soluções em Série Perto de um Ponto Singular Regular, Parte I

Vamos considerar agora o problema de resolver a equação diferencial geral linear de segunda ordem

$$P(x)y'' + Q(x)y' + R(x)y = 0 \qquad (1)$$

em uma vizinhança de um ponto singular regular $x = x_0$. Vamos supor, por conveniência, que $x_0 = 0$. Se $x_0 \neq 0$, podemos transformar a equação em uma equação para a qual o ponto singular regular está na origem igualando $x - x_0$ a t.

A hipótese de que $x = 0$ é um ponto singular regular da Eq. (1) significa que $xQ(x)/P(x) = xp(x)$ e $x^2R(x)/P(x) = x^2q(x)$ têm limites finitos quando $x \to 0$ e são analíticas em $x = 0$. Logo, têm expansão em séries de potências convergentes da forma

$$xp(x) = \sum_{n=0}^{\infty} p_n x^n, \qquad x^2q(x) = \sum_{n=0}^{\infty} q_n x^n, \qquad (2)$$

152 Capítulo 5

em algum intervalo $|x| < \rho$ em torno da origem, em que $\rho > 0$. Para fazer com que as funções $xp(x)$ e $x^2q(x)$ apareçam na Eq. (1), é conveniente dividir a Eq. (1) por $P(x)$ e depois multiplicá-la por x^2, obtendo

$$x^2 y'' + x(xp(x))y' + (x^2 q(x))y = 0, \qquad (3)$$

ou

$$x^2 y'' + x(p_0 + p_1 x + \cdots + p_n x^n + \cdots)y' +$$
$$+ (q_0 + q_1 x + \cdots + q_n x^n + \cdots)y = 0. \qquad (4)$$

Note que os primeiros termos de $xp(x)$ e $x^2q(x)$ são

$$p_0 = \lim_{x \to 0} \frac{xQ(x)}{P(x)} \quad \text{e} \quad q_0 = \lim_{x \to 0} \frac{x^2 R(x)}{P(x)}. \qquad (5)$$

Se todos os outros coeficientes p_n e q_n para $n \geq 1$ na Eq. (2) forem nulos, então a Eq. (4) se reduzirá à equação de Euler

$$x^2 y'' + p_0 xy' + q_0 y = 0, \qquad (6)$$

que foi discutida na seção precedente.

É claro que, em geral, alguns dos coeficientes p_n e q_n, $n \geq 1$, não são nulos. Entretanto, o caráter essencial das soluções da Eq. (4) na vizinhança de um ponto singular é idêntico ao das soluções da equação de Euler (6). A presença dos termos $p_1 x + \cdots + p_n x^n + \cdots$ e $q_1 x + \cdots + q_n x^n + \cdots$ só complica os cálculos.

Vamos restringir nossa discussão principalmente ao intervalo $x > 0$. O intervalo $x < 0$ pode ser tratado, como para a equação de Euler, pela mudança de variável $x = -\xi$ e posterior resolução da equação resultante para $\xi > 0$.

Os coeficientes da Eq. (4) são "coeficientes de Euler" multiplicados por séries de potências. Para ver isso, você pode escrever o coeficiente de y' na Eq. (4) como

$$p_0 x \left(1 + \frac{p_1}{p_0} x + \frac{p_2}{p_0} x^2 + \cdots + \frac{p_n}{p_0} x^n + \cdots \right)$$

e, de modo similar, para o coeficiente de y. Pode parecer natural, então, procurar soluções da Eq. (4) na forma de "soluções de Euler" multiplicadas por uma série de potências. Supomos, portanto, que

$$y = x^r (a_0 + a_1 x + \cdots + a_n x^n + \cdots) = x^r \sum_{n=0}^{\infty} a_n x^n =$$
$$= \sum_{n=0}^{\infty} a_n x^{r+n}, \qquad (7)$$

em que $a_0 \neq 0$. Em outras palavras, r é o expoente do primeiro termo não nulo da série e a_0 é seu coeficiente. Como parte da solução, temos que determinar:

1. Os valores de r para os quais a Eq. (1) tem uma solução da forma (7).

2. A relação de recorrência para os coeficientes a_n.

3. O raio de convergência da série $\sum_{n=0}^{\infty} a_n x^n$.

A teoria geral foi construída por Frobenius[12] e é razoavelmente complicada. Em vez de tentar apresentar essa teoria,

vamos supor, simplesmente, nesta e nas duas próximas seções, que existe uma solução da forma especificada. Em particular, vamos supor que qualquer série de potências em uma expressão para uma solução tem raio de convergência não nulo e nos concentrar em mostrar como determinar os coeficientes em tal série. Para ilustrar o método de Frobenius, considere um exemplo.

EXEMPLO 5.5.1

Resolva a equação diferencial

$$2x^2 y'' - xy' + (1+x)y = 0. \qquad (8)$$

Solução:

É fácil mostrar que $x = 0$ é um ponto singular regular da Eq. (8). Além disso, $xp(x) = -1/2$ e $x^2q(x) = (1+x)/2$. Assim, $p_0 = -1/2$, $q_0 = 1/2$, $q_1 = 1/2$ e todos os outros coeficientes p_n e q_n são nulos. Então, da Eq. (6), a equação de Euler correspondente à Eq. (8) é

$$2x^2 y'' - xy' + y = 0. \qquad (9)$$

Para resolver a Eq. (8), vamos supor que existe uma solução da forma (7). Logo, y' e y'' são dados por

$$y' = \sum_{n=0}^{\infty} a_n (r+n) x^{r+n-1} \qquad (10)$$

e

$$y'' = \sum_{n=0}^{\infty} a_n (r+n)(r+n-1) x^{r+n-2}. \qquad (11)$$

Substituindo as expressões para y, y' e y'' na Eq. (8), obtemos

$$2x^2 y'' - xy' + (1+x)y = \sum_{n=0}^{\infty} 2a_n (r+n)(r+n-1) x^{r+n} -$$
$$- \sum_{n=0}^{\infty} a_n (r+n) x^{r+n} + \sum_{n=0}^{\infty} a_n x^{r+n} + \sum_{n=0}^{\infty} a_n x^{r+n+1}. \qquad (12)$$

O último termo na Eq. (12) pode ser escrito como $\sum_{n=1}^{\infty} a_{n-1} x^{r+n}$, de modo que, combinando os termos na Eq. (12), obtemos

$$2x^2 y'' - xy' + (1+x)y = a_0 (2r(r-1) - r + 1) x^r +$$
$$+ \sum_{n=1}^{\infty} ((2(r+n)(r+n-1) - (r+n) + 1)a_n + a_{n-1}) x^{r+n} = 0. \qquad (13)$$

Como a Eq. (13) tem de ser satisfeita para todo x, o coeficiente de cada potência de x na Eq. (13) tem de ser zero. Como $a_0 \neq 0$, obtemos do coeficiente de x^r

$$2r(r-1) - r + 1 = 2r^2 - 3r + 1 = (r-1)(2r-1) = 0. \qquad (14)$$

A Eq. (14) é chamada **equação indicial** para a Eq. (8). Note que ela é exatamente a equação polinomial que obteríamos para a equação de Euler (9) associada à Eq. (8). As raízes da equação indicial são

$$r_1 = 1, \qquad r_2 = \frac{1}{2}. \qquad (15)$$

---

[12]Ferdinand Georg Frobenius (1849-1917) cresceu nos subúrbios de Berlim, recebeu seu doutorado, em 1870, da University of Berlin e voltou como professor em 1892. Durante a maior parte dos anos intervenientes, foi professor na

Eidgenössische Polytechnikum, em Zurique. Mostrou como construir soluções em série em torno de pontos singulares regulares em 1874. Seu trabalho mais importante, no entanto, foi em álgebra, um dos primeiros desenvolvedores da teoria de grupos.

Esses valores de r são chamados **expoentes na singularidade** para o ponto singular regular $x = 0$. Eles determinam o comportamento qualitativo da solução (7) na vizinhança do ponto singular.

Vamos voltar, agora, para a Eq. (13) e igualar o coeficiente de x^{r+n} a zero. Isso nos fornece a relação

$$(2(r+n)(r+n-1)-(r+n)+1)a_n + a_{n-1} = 0, \quad n \geq 1, \quad (16)$$

ou

$$a_n = -\frac{a_{n-1}}{2(r+n)^2 - 3(r+n)+1} =$$
$$= -\frac{a_{n-1}}{((r+n)-1)(2(r+n)-1)}, \quad n \geq 1. \quad (17)$$

Para cada raiz r_1 e r_2 da equação indicial, usamos a relação de recorrência (17) para determinar um conjunto de coeficientes a_1, a_2, ... Para $r = r_1 = 1$, a Eq. (17) fica

$$a_n = -\frac{a_{n-1}}{(2n+1)n}, \quad n \geq 1.$$

Então,

$$a_1 = -\frac{a_0}{3 \cdot 1},$$
$$a_2 = -\frac{a_1}{5 \cdot 2} = \frac{a_0}{(3 \cdot 5)(1 \cdot 2)}$$

e

$$a_3 = -\frac{a_2}{7 \cdot 3} = -\frac{a_0}{(3 \cdot 5 \cdot 7)(1 \cdot 2 \cdot 3)}.$$

Em geral, temos

$$a_n = \frac{(-1)^n}{(3 \cdot 5 \cdot 7 \cdots (2n+1))n!}a_0, \quad n \geq 1. \quad (18)$$

Multiplicando o numerador e o denominador na expressão à direita do sinal de igualdade na Eq. (18) por $2 \cdot 4 \cdot 6 \cdot \ldots \cdot 2n = 2^n n!$, podemos reescrever a_n como

$$a_n = \frac{(-1)^n 2^n}{(2n+1)!}a_0, \quad n \geq 1.$$

Portanto, se omitirmos a constante multiplicativa a_0, uma solução da Eq. (8) é

$$y_1(x) = x\left(1 + \sum_{n=1}^{\infty} \frac{(-1)^n 2^n}{(2n+1)!}x^n\right), \quad x > 0. \quad (19)$$

Para determinar o raio de convergência da série na Eq. (19), usamos o teste da razão:

$$\lim_{n\to\infty}\left|\frac{a_{n+1}x^{n+1}}{a_n x^n}\right| = \lim_{n\to\infty}\frac{2|x|}{(2n+2)(2n+3)} = 0$$

para todo x. Logo, a série converge para todo x.

Vamos proceder de modo análogo para a segunda raiz $r = r_2 = \frac{1}{2}$. Da Eq. (17), temos

$$a_n = -\frac{a_{n-1}}{2n\left(n - \frac{1}{2}\right)} = -\frac{a_{n-1}}{n(2n-1)}, \quad n \geq 1.$$

Portanto,

$$a_1 = -\frac{a_0}{1 \cdot 1},$$
$$a_2 = -\frac{a_1}{2 \cdot 3} = \frac{a_0}{(1 \cdot 2)(1 \cdot 3)},$$

$$a_3 = -\frac{a_2}{3 \cdot 5} = -\frac{a_0}{(1 \cdot 2 \cdot 3)(1 \cdot 3 \cdot 5)}$$

e, em geral,

$$a_n = \frac{(-1)^n}{n!(1 \cdot 3 \cdot 5 \cdots (2n-1))}a_0, \quad n \geq 1. \quad (20)$$

Como no caso da primeira raiz r_1, multiplicamos o numerador e o denominador por $2 \cdot 4 \cdot 6 \cdot \ldots \cdot 2n = 2^n n!$. Temos, então,

$$a_n = \frac{(-1)^n 2^n}{(2n)!}a_0, \quad n \geq 1.$$

Omitindo novamente a constante multiplicativa a_0, obtemos a segunda solução

$$y_2(x) = x^{1/2}\left(1 + \sum_{n=1}^{\infty} \frac{(-1)^n 2^n}{(2n)!}x^n\right), \quad x > 0. \quad (21)$$

Como anteriormente, podemos mostrar que a série na Eq. (21) converge para todo x. Como y_1 e y_2 se comportam como x e $x^{1/2}$, respectivamente, perto de $x = 0$, essas funções são linearmente independentes e formam um conjunto fundamental de soluções. Então, a solução geral da Eq. (8) é

$$y = c_1 y_1(x) + c_2 y_2(x), \quad x > 0.$$

O exemplo precedente ilustra o fato de que, se $x = 0$ for um ponto singular regular, então, algumas vezes, existirão duas soluções da forma (7) em uma vizinhança deste ponto. Analogamente, se existir um ponto singular regular em $x = x_0$, poderão existir duas soluções da forma

$$y = (x - x_0)^r \sum_{n=0}^{\infty} a_n(x - x_0)^n \quad (22)$$

válidas perto de $x = x_0$. No entanto, assim como uma equação de Euler pode não ter duas soluções da forma $y = x^r$, uma equação mais geral com um ponto singular regular pode não ter duas soluções da forma (7) ou (22). Em particular, vamos mostrar na próxima seção que, se as raízes r_1 e r_2 da equação indicial forem iguais ou diferirem por um inteiro, então a segunda solução terá, normalmente, uma estrutura mais complicada. Em todos os casos, no entanto, é possível encontrar pelo menos uma solução da forma (7) ou (22); se r_1 e r_2 diferirem por um inteiro, essa solução corresponderá ao maior valor de r. Se existir apenas uma dessas soluções, então a segunda solução envolverá um termo logarítmico, como na equação de Euler quando as raízes da equação característica são iguais. O método de redução de ordem ou algum outro procedimento pode ser usado para determinar a segunda solução nesse caso. Isso será discutido nas Seções 5.6 e 5.7.

Se as raízes da equação indicial forem complexas, então elas não poderão ser iguais nem diferir por um inteiro, de modo que sempre existirão duas soluções da forma (7) ou (22). É claro que essas soluções serão funções complexas de x. No entanto, como para a equação de Euler, é possível obter soluções reais tomando as partes real e imaginária das soluções complexas.

Finalmente, vamos mencionar uma questão prática. Se P, Q e R forem polinômios, será bem melhor trabalhar diretamente com a Eq. (1) do que com a Eq. (3). Isso evita a necessidade de

154 Capítulo 5

expandir $xQ(x)/P(x)$ e $x^2R(x)/P(x)$ em séries de potências. Por exemplo, é mais conveniente considerar a equação

$$x(1+x)y'' + 2y' + xy = 0$$

do que escrevê-la na forma

$$x^2 y'' + \frac{2x}{1+x} y' + \frac{x^2}{1+x} y = 0,$$

o que implicaria expandir $\dfrac{2x}{1+x}$ e $\dfrac{x^2}{1+x}$ em séries de potências.

Problemas

Nos Problemas 1 a 6:

    a. Mostre que a equação diferencial dada tem um ponto singular regular em $x = 0$.

    b. Determine a equação indicial, a relação de recorrência e as raízes da equação indicial.

    c. Encontre a solução em série $(x > 0)$ correspondente à maior raiz.

    d. Se as raízes forem diferentes e não diferirem por um inteiro, encontre também a solução em série correspondente à menor raiz.

1. $2xy'' + y' + xy = 0$

2. $x^2 y'' + xy' + \left(x^2 - \dfrac{1}{9}\right)y = 0$

3. $xy'' + y = 0$

4. $xy'' + y' - y = 0$

5. $x^2 y'' + xy' + (x-2)y = 0$

6. $xy'' + (1-x)y' - y = 0$

7. A equação de Legendre de ordem α é

$$(1-x^2)y'' - 2xy' + \alpha(\alpha+1)y = 0.$$

A solução desta equação perto do ponto ordinário $x = 0$ foi discutida nos Problemas 17 e 18 da Seção 5.3. O Exemplo 5.4.4 mostrou que $x = \pm 1$ são pontos singulares regulares.

    a. Determine a equação indicial e suas raízes para o ponto $x = 1$.

    b. Encontre uma solução em série de potências de $x - 1$ para $x - 1 > 0$.

    Sugestão: escreva $1 + x = 2 + (x-1)$ e $x = 1 + (x-1)$. Outra maneira é fazer a mudança de variável $x - 1 = t$ e determinar uma solução em série de potências de t.

8. A equação de Chebyshev é

$$(1-x^2)y'' - xy' + \alpha^2 y = 0,$$

em que α é constante; veja o Problema 8 da Seção 5.3.

    a. Mostre que $x = 1$ e $x = -1$ são pontos singulares regulares e encontre os expoentes em cada uma dessas singularidades.

    b. Encontre duas soluções em torno de $x = 1$.

9. A equação diferencial de Laguerre[13] é

$$xy'' + (1-x)y' + \lambda y = 0.$$

    a. Mostre que $x = 0$ é um ponto singular regular.

    b. Determine a equação indicial, suas raízes e a relação de recorrência.

    c. Encontre uma solução (para $x > 0$). Mostre que, se $\lambda = m$ for um inteiro positivo, esta solução se reduzirá a um polinômio. Quando normalizado apropriadamente, este polinômio é conhecido como **polinômio de Laguerre**, $L_m(x)$.

10. A equação de Bessel de ordem zero é

$$x^2 y'' + xy' + x^2 y = 0.$$

    a. Mostre que $x = 0$ é um ponto singular regular.

    b. Mostre que as raízes da equação indicial são $r_1 = r_2 = 0$.

    c. Mostre que uma solução para $x > 0$ é

$$J_0(x) = 1 + \sum_{n=1}^{\infty} \frac{(-1)^n x^{2n}}{2^{2n}(n!)^2}.$$

A função J_0 é conhecida como a **função de Bessel de primeira espécie de ordem zero.**

    d. Mostre que a série para $J_0(x)$ converge para todo x.

11. No que se refere ao Problema 10, use o método de redução de ordem para mostrar que a segunda solução da equação de Bessel de ordem zero contém um termo logarítmico.

    Sugestão: se $y_2(x) = J_0(x)v(x)$, então

$$y_2(x) = J_0(x) \int \frac{dx}{x(J_0(x))^2}.$$

Encontre o primeiro termo na expansão em série de $\dfrac{1}{x(J_0(x))^2}$.

12. A equação de Bessel de ordem um é

$$x^2 y'' + xy' + (x^2 - 1)y = 0.$$

    a. Mostre que $x = 0$ é um ponto singular regular.

    b. Mostre que as raízes da equação indicial são $r_1 = 1$ e $r_2 = -1$.

    c. Mostre que uma solução para $x > 0$ é

$$J_1(x) = \frac{x}{2} \sum_{n=0}^{\infty} \frac{(-1)^n x^{2n}}{(n+1)!\,n!\,2^{2n}}.$$

A função J_1 é conhecida como a **função de Bessel de primeira espécie de ordem um.**

    d. Mostre que a série para $J_1(x)$ converge para todo x.

    e. Mostre que é impossível determinar uma segunda solução da forma

$$x^{-1} \sum_{n=0}^{\infty} b_n x^n, \qquad x > 0.$$

5.6 Soluções em Série Perto de um Ponto Singular Regular, Parte II

Vamos considerar, agora, o problema geral de determinar uma solução da equação

$$L[y] = x^2 y'' + x(xp(x))y' + (x^2 q(x))y = 0, \tag{1}$$

em que

$$xp(x) = \sum_{n=0}^{\infty} p_n x^n, \quad x^2 q(x) = \sum_{n=0}^{\infty} q_n x^n, \tag{2}$$

e ambas as séries convergem em um intervalo $|x| < \rho$ para algum $\rho > 0$. O ponto $x = 0$ é um ponto singular regular e a equação de Euler correspondente é

---

[13]Edmond Nicolas Laguerre (1834-1886), geômetra e analista francês, estudou os polinômios que levam seu nome em torno de 1879. Ele também é conhecido por um algoritmo para calcular raízes de equações polinomiais.

$$x^2 y'' + p_0 xy' + q_0 y = 0. \qquad (3)$$

Procuramos uma solução da Eq. (1) para $x > 0$ e supomos que ela tem a forma

$$y = \phi(r, x) = x^r \sum_{n=0}^{\infty} a_n x^n = \sum_{n=0}^{\infty} a_n x^{r+n}, \qquad (4)$$

em que $a_0 \neq 0$, e escrevemos $y = \phi(r, x)$ para enfatizar que ϕ depende tanto de r quanto de x. Segue que

$$y' = \sum_{n=0}^{\infty} (r+n) a_n x^{r+n-1},$$
$$y'' = \sum_{n=0}^{\infty} (r+n)(r+n-1) a_n x^{r+n-2}. \qquad (5)$$

Então, substituindo as Eqs. (2), (4) e (5) na Eq. (1), obtemos

$$L[\phi](r,x) = a_0 r(r-1)x^r + a_1(r+1)rx^{r+1} + \cdots$$
$$+ a_n(r+n)(r+n-1)x^{r+n} + \cdots + (p_0 + p_1 x + \cdots$$
$$+ p_n x^n + \cdots)(a_0 r x^r + a_1(r+1)x^{r+1} + \cdots$$
$$+ a_n(r+n)x^{r+n} + \cdots) + (q_0 + q_1 x + \cdots + q_n x^n + \cdots)$$
$$(a_0 x^r + a_1 x^{r+1} + \cdots + a_n x^{r+n} + \cdots) =$$
$$= 0.$$

Multiplicando as séries infinitas e depois juntando os termos semelhantes, temos

$$L[\phi](r,x) = a_0 F(r)x^r + (a_1 F(r+1) + a_0(p_1 r + q_1))x^{r+1} +$$
$$+ (a_2 F(r+2) + a_0(p_2 r + q_2) + a_1(p_1(r+1) + q_1))x^{r+2} + \cdots$$
$$+ (a_n F(r+n) + a_0(p_n r + q_n) + a_1(p_{n-1}(r+1) + q_{n-1}) + \cdots$$
$$+ a_{n-1}(p_1(r+n-1) + q_1))x^{r+n} + \cdots = 0,$$

ou, em forma mais compacta,

$$L[\phi] = a_0 F(r)x^r + \sum_{n=1}^{\infty} (F(r+n)a_n +$$
$$+ \sum_{k=0}^{n-1} a_k((r+k)p_{n-k} + q_{n-k}))x^{r+n} = 0, \qquad (6)$$

em que

$$F(r) = r(r-1) + p_0 r + q_0. \qquad (7)$$

Para que a Eq. (6) seja satisfeita para todo $x > 0$, o coeficiente de cada potência de x tem de ser igual a zero.

Como $a_0 \neq 0$, o termo envolvendo x^r leva à equação $F(r) = 0$. Essa equação é chamada *equação indicial*; note que é exatamente a equação que obteríamos procurando por soluções da forma $y = x^r$ da equação de Euler (3). Vamos denotar as raízes da equação indicial por r_1 e r_2, com $r_1 \geq r_2$ se as raízes forem reais. Se as raízes forem complexas, não importa sua designação. Esperamos encontrar soluções da Eq. (1) da forma (4) somente para esses dois valores de r. As raízes r_1 e r_2 são chamadas de *expoentes na singularidade*; elas determinam a natureza qualitativa das soluções em uma vizinhança do ponto singular.

Igualando a zero o coeficiente de x^{r+n} na Eq. (6), obtemos a **relação de recorrência**

$$F(r+n)a_n + \sum_{k=0}^{n-1} a_k((r+k)p_{n-k} + q_{n-k}) = 0, \qquad n \geq 1. \quad (8)$$

A Eq. (8) mostra que, em geral, a_n depende do valor de r e de todos os coeficientes anteriores a_0, a_1, ..., a_{n-1}. Ela mostra, também, que podemos calcular sucessivamente os valores de a_1, a_2, ..., a_n, ... em função de a_0 e dos coeficientes nas séries para $xp(x)$ e para $x^2 q(x)$, desde que $F(r+1)$, $F(r+2)$, ..., $F(r+n)$, ... não sejam nulos. Os únicos valores de r para os quais $F(r) = 0$ são $r = r_1$ e $r = r_2$; como $r_1 \geq r_2$, segue que $r_1 + n$ não é igual a r_1 nem a r_2 se $n \geq 1$. Em consequência, $F(r_1 + n) \neq 0$ para $n \geq 1$. Logo, sempre podemos determinar uma solução da Eq. (1) da forma (4), a saber,

$$y_1(x) = x^{r_1}\left(1 + \sum_{n=1}^{\infty} a_n(r_1)x^n\right), \qquad x > 0. \qquad (9)$$

Introduzimos a notação $a_n(r_1)$ para indicar que a_n foi determinado da Eq. (8) com $r = r_1$. A solução envolve uma constante arbitrária; a solução na Eq. (9) foi obtida atribuindo-se o valor um a a_0.

Se r_2 não for igual a r_1 e se $r_1 - r_2$ não for um inteiro positivo, então $r_2 + n$ será diferente de r_1 para todo valor de $n \geq 1$; portanto, $F(r_2 + n) \neq 0$, e sempre poderemos obter uma segunda solução

$$y_2(x) = x^{r_2}\left(1 + \sum_{n=1}^{\infty} a_n(r_2)x^n\right), \qquad x > 0. \qquad (10)$$

Da mesma maneira que para as soluções em série em torno de um ponto ordinário, discutidas na Seção 5.3, as séries nas Eqs. (9) e (10) convergem pelo menos no intervalo $|x| < \rho$ em que ambas as séries para $xp(x)$ e $x^2 q(x)$ convergem. Dentro de seus raios de convergência, as séries de potências $1 + \sum_{n=1}^{\infty} a_n(r_1)x^n$ e $1 + \sum_{n=1}^{\infty} a_n(r_2)x^n$ definem funções analíticas em $x = 0$. Assim, o comportamento singular das funções y_1 e y_2, se existirem, será consequência dos fatores x^{r_1} e x^{r_2} que multiplicam essas duas funções analíticas.

A seguir, para obter soluções reais para $x < 0$, podemos fazer a substituição $x = -\xi$ com $\xi > 0$. Como poderíamos esperar da nossa discussão sobre a equação de Euler, basta substituir x^{r_1} na Eq. (9) e x^{r_2} na Eq. (10) por $|x|^{r_1}$ e $|x|^{r_2}$, respectivamente.

Finalmente, note que, se r_1 e r_2 forem números complexos, então serão, necessariamente, complexos conjugados e $r_2 \neq r_1 + N$ para qualquer inteiro positivo N. Assim, neste caso, sempre podemos encontrar duas soluções em série da forma (4); no entanto, elas são funções complexas de x. Soluções reais podem ser obtidas tomando-se as partes real e imaginária das soluções complexas.

Os casos excepcionais em que $r_1 = r_2$ ou $r_1 - r_2 = N$, em que N é um inteiro positivo, necessitam de uma discussão maior e serão considerados mais tarde nesta seção.

É importante compreender que r_1 e r_2, os expoentes no ponto singular, são fáceis de encontrar e que eles determinam

156 Capítulo 5

o comportamento qualitativo das soluções. Para calcular r_1 e r_2, basta resolver a equação indicial de segundo grau

$$r(r-1) + p_0 r + q_0 = 0, \qquad (11)$$

cujos coeficientes são dados por

$$p_0 = \lim_{x \to 0} x p(x), \qquad q_0 = \lim_{x \to 0} x^2 q(x). \qquad (12)$$

Note que esses são exatamente os limites que precisam ser calculados para classificar a singularidade como ponto singular regular; assim, em geral, eles já foram determinados em um estágio anterior da investigação.

Além disso, se $x = 0$ for um ponto singular regular da equação

$$P(x)y'' + Q(x)y' + R(x)y = 0, \qquad (13)$$

em que as funções P, Q e R são polinômios, então $xp(x) = xQ(x)/P(x)$ e $x^2 q(x) = x^2 R(x)/P(x)$. Logo,

$$p_0 = \lim_{x \to 0} x \frac{Q(x)}{P(x)}, \qquad q_0 = \lim_{x \to 0} x^2 \frac{R(x)}{P(x)}. \qquad (14)$$

Finalmente, os raios de convergência das séries nas Eqs. (9) e (10) são, pelo menos, iguais à distância da origem ao zero mais próximo de $P(x)$ diferente do próprio $x = 0$.

EXEMPLO 5.6.1

Discuta a natureza das soluções da equação

$$2x(1+x)y'' + (3+x)y' - xy = 0$$

perto dos pontos singulares.

Solução:

Esta equação é da forma (13) com $P(x) = 2x(1+x)$, $Q(x) = 3+x$ e $R(x) = -x$. Os pontos $x = 0$ e $x = -1$ são os únicos pontos singulares. O ponto $x = 0$ é um ponto singular regular, já que

$$\lim_{x \to 0} x \frac{Q(x)}{P(x)} = \lim_{x \to 0} x \frac{3+x}{2x(1+x)} = \frac{3}{2},$$

$$\lim_{x \to 0} x^2 \frac{R(x)}{P(x)} = \lim_{x \to 0} x^2 \frac{-x}{2x(1+x)} = 0.$$

Além disso, da Eq. (14), $p_0 = \dfrac{3}{2}$ e $q_0 = 0$. Logo, a equação indicial é $r(r-1) + \dfrac{3}{2} r = 0$, e as raízes são $r_1 = 0$, $r_2 = -\dfrac{1}{2}$. Como as raízes não são iguais nem diferem por um inteiro, existem duas soluções da forma

$$y_1(x) = 1 + \sum_{n=1}^{\infty} a_n(0) x^n \quad \text{e}$$

$$y_2(x) = |x|^{-1/2} \left(1 + \sum_{n=1}^{\infty} a_n \left(-\frac{1}{2} \right) x^n \right)$$

para $0 < |x| < \rho$. Uma cota inferior para o raio de convergência de cada série é 1, a distância de $x = 0$ a $x = -1$, o outro zero de $P(x)$. Note que a solução y_1 permanece limitada quando $x \to 0$ e é, de fato, analítica aí; a segunda solução y_2 torna-se ilimitada quando $x \to 0$.

O ponto $x = -1$ também é um ponto singular regular, pois

$$\lim_{x \to -1} (x+1) \frac{Q(x)}{P(x)} = \lim_{x \to -1} \frac{(x+1)(3+x)}{2x(1+x)} = -1,$$

$$\lim_{x \to -1} (x+1)^2 \frac{R(x)}{P(x)} = \lim_{x \to -1} \frac{(x+1)^2(-x)}{2x(1+x)} = 0.$$

Nesse caso, $p_0 = -1$, $q_0 = 0$, de modo que a equação indicial é $r(r-1) - r = 0$. As raízes da equação indicial são $r_1 = 2$ e $r_2 = 0$. Correspondendo à maior raiz, existe uma solução da forma

$$y_1(x) = (x+1)^2 \left[1 + \sum_{n=1}^{\infty} a_n(2)(x+1)^n \right].$$

A série converge pelo menos para $|x + 1| < 1$, e y_1 é uma função analítica aí. Como as duas raízes diferem por um inteiro positivo, pode existir ou não uma segunda solução da forma

$$y_2(x) = 1 + \sum_{n=1}^{\infty} a_n(0)(x+1)^n.$$

Não podemos dizer mais nada sem uma análise mais profunda.

Note que não foram necessários cálculos complicados para descobrir informações sobre as soluções apresentadas neste exemplo. Só tivemos que calcular alguns limites e resolver duas equações do segundo grau.

Vamos considerar, agora, os casos em que a equação indicial tem raízes iguais ou que diferem por um inteiro positivo, $r_1 - r_2 = N$. Como mostramos anteriormente, sempre existe uma solução da forma (9) correspondente à maior raiz r_1 da equação indicial. Por analogia com a equação de Euler, poderíamos esperar que, se $r_1 = r_2$, então a segunda solução conteria um termo logarítmico. Isso também poderá ser verdade se as raízes diferirem por um inteiro.

Raízes Iguais. O método para encontrar a segunda solução é, essencialmente, o mesmo que usamos para encontrar a segunda solução da equação de Euler (veja a Seção 5.4) quando as raízes da equação indicial eram iguais. Vamos considerar r como uma variável contínua e determinar a_n em função de r resolvendo a relação de recorrência (8). Para essa escolha de $a_n(r)$ para $n \geq 1$, todos os termos na Eq. (6) envolvendo $x^{r+1}, x^{r+2}, x^{r+3}, \dots$ têm coeficientes nulos. Então, como r_1 é uma raiz repetida de $F(r)$, a Eq. (6) se reduz a

$$L[\phi](r, x) = a_0 F(r) x^r = a_0 (r - r_1)^2 x^r. \qquad (15)$$

Fazendo $r = r_1$ na Eq. (15), encontramos que $L[\phi](r_1, x) = 0$; logo, como já sabíamos, $y_1(x)$ dado pela Eq. (9) é uma solução da Eq. (1). Porém, mais importante, segue também da Eq. (15), da mesma maneira que para a equação de Euler, que

$$L\left[\frac{\partial \phi}{\partial r} \right](r_1, x) = a_0 \frac{\partial}{\partial r} \left(x^r (r - r_1)^2 \right) \bigg|_{r=r_1} = \\ = a_0 \left((r - r_1)^2 x^r \ln x + 2(r - r_1) x^r \right) \big|_{r=r_1} = 0. \qquad (16)$$

Portanto, uma segunda solução da Eq. (1) é

$$y_2(x) = \frac{\partial \phi(r, x)}{\partial r} \bigg|_{r=r_1} = \\ = \frac{\partial}{\partial r} \left(x^r \left(a_0 + \sum_{n=1}^{\infty} a_n(r) x^n \right) \right) \bigg|_{r=r_1} = \\ = (x^{r_1} \ln x) \left(a_0 + \sum_{n=1}^{\infty} a_n(r_1) x^n \right) + x^{r_1} \sum_{n=1}^{\infty} a_n'(r_1) x^n = \\ = y_1(x) \ln x + x^{r_1} \sum_{n=1}^{\infty} a_n'(r_1) x^n, \; x > 0, \qquad (17)$$

Soluções em Série para Equações Lineares de Segunda Ordem **157**

em que $a'_n(r_1)$ denota a derivada $\dfrac{da_n}{dr}$ calculada em $r = r_1$.

Embora a Eq. (17) forneça uma expressão explícita para a segunda solução $y_2(x)$, pode ser difícil determinar $a_n(r)$ como função de r a partir da relação de recorrência (8) e depois diferenciar a expressão resultante em relação a r. Outra maneira é, simplesmente, supor que y tem a *forma* da Eq. (17). Ou seja, suponha que

$$y = y_1(x)\ln x + x^{r_1}\sum_{n=1}^{\infty}b_n x^n, \qquad x > 0, \tag{18}$$

em que $y_1(x)$ já foi encontrado. Os coeficientes b_n são calculados, como de hábito, substituindo na equação diferencial, juntando os termos correspondentes e igualando os coeficientes de cada potência de x a zero. Uma terceira possibilidade é usar o método de redução de ordem para encontrar $y_2(x)$, uma vez conhecido $y_1(x)$.

Raízes r_1 e r_2 Diferindo por um Inteiro N. Neste caso, a dedução da segunda solução é bem mais complicada e não será apresentada aqui. A forma dessa solução é dada pela Eq. (24) no próximo teorema. Os coeficientes $c_n(r_2)$ na Eq. (24) são dados por

$$c_n(r_2) = \frac{d}{dr}((r-r_2)a_n(r))\Big|_{r=r_2}, \quad n=1, 2, \ldots, \tag{19}$$

em que $a_n(r)$ é determinado da relação de recorrência (8) com $a_0 = 1$. Além disso, o coeficiente de a na Eq. (24) é

$$a = \lim_{r\to r_2}(r-r_2)a_N(r). \tag{20}$$

Se $a_N(r_2)$ for finito, então $a = 0$ e y_2 não tem termo logarítmico. Uma dedução completa das fórmulas (19) e (20) pode ser encontrada no livro de Coddington (Capítulo 4).

Na prática, a melhor maneira de determinar se a é igual a zero na segunda solução é tentar, simplesmente, calcular os a_n correspondentes à raiz r_2 e ver se é possível determinar $a_N(r_2)$. Se for, não há problema. Se não, precisaremos usar a forma (24) com $a \neq 0$.

Quando $r_1 - r_2 = N$, existem, novamente, três maneiras de encontrar uma segunda solução. Primeira, podemos calcular a e $c_n(r_2)$ diretamente, substituindo y pela expressão (24) na Eq. (1). Segunda, podemos calcular $c_n(r_2)$ e a da Eq. (24) usando as fórmulas (19) e (20). Se esse for o procedimento planejado, ao calcular a solução correspondente a $r = r_1$, não se esqueça de obter a fórmula geral para $a_n(r)$, em vez de encontrar apenas $a_n(r_1)$. A terceira maneira é usar o método de redução de ordem.

O teorema a seguir resume os resultados obtidos nesta seção.

Teorema 5.6.1

Considere a equação diferencial (1)

$$x^2 y'' + x(xp(x))y' + (x^2 q(x))y = 0,$$

em que $x = 0$ é um ponto singular regular. Então, $xp(x)$ e $x^2 q(x)$ são analíticas em $x = 0$ com expansão em séries de potências convergentes

$$xp(x) = \sum_{n=0}^{\infty}p_n x^n, \qquad x^2 q(x) = \sum_{n=0}^{\infty}q_n x^n$$

para $|x| < \rho$, em que $\rho > 0$ é o mínimo entre os raios de convergência das séries de potências para $xp(x)$ e $x^2 q(x)$. Sejam r_1 e r_2 as raízes da equação indicial

$$F(r) = r(r-1) + p_0 r + q_0 = 0,$$

com $r_1 \geq r_2$, se r_1 e r_2 forem reais. Então, em um dos intervalos $-\rho < x < 0$ ou $0 < x < \rho$, existe uma solução da forma

$$y_1(x) = |x|^{r_1}\left(1 + \sum_{n=1}^{\infty}a_n(r_1)x^n\right), \tag{21}$$

em que os $a_n(r_1)$ são dados pela relação de recorrência (8) com $a_0 = 1$ e $r = r_1$.

CASO 1 Se $r_1 - r_2$ não for zero nem um inteiro positivo, então, em um dos intervalos $-\rho < x < 0$ ou $0 < x < \rho$, existe uma segunda solução da forma

$$y_2(x) = |x|^{r_2}\left(1 + \sum_{n=1}^{\infty}a_n(r_2)x^n\right). \tag{22}$$

Os $a_n(r_2)$ também são determinados pela relação de recorrência (8), com $a_0 = 1$ e $r = r_2$. As séries de potências nas Eqs. (21) e (22) convergem pelo menos para $|x| < \rho$.

CASO 2 Se $r_1 = r_2$, então a segunda solução é

$$y_2(x) = y_1(x)\ln|x| + |x|^{r_1}\sum_{n=1}^{\infty}b_n(r_1)x^n. \tag{23}$$

CASO 3 Se $r_1 - r_2 = N$, um inteiro positivo, então

$$y_2(x) = ay_1(x)\ln|x| + |x|^{r_2}\left(1 + \sum_{n=1}^{\infty}c_n(r_2)x^n\right). \tag{24}$$

Os coeficientes $a_n(r_1), b_n(r_1), c_n(r_2)$ e a constante a podem ser determinados substituindo-se a forma da solução em série para y na Eq. (1). A constante a pode ser nula, caso em que a solução (24) não tem termo logarítmico. Cada uma das séries nas Eqs. (23) e (24) converge pelo menos para $|x| < \rho$ e define uma função analítica em alguma vizinhança de $x = 0$.

Em todos os três casos, as duas soluções $y_1(x)$ e $y_2(x)$ formam um conjunto fundamental de soluções para a equação diferencial dada.

Problemas

Nos Problemas 1 a 8:

   a. Encontre todos os pontos singulares regulares da equação diferencial dada.

   b. Determine a equação indicial e os expoentes na singularidade para cada ponto singular regular.

1. $xy'' + 2xy' + 6e^x y = 0$

2. $x^2 y'' - x(2+x)y' + (2+x^2)y = 0$

3. $y'' + 4xy' + 6y = 0$

4. $2x(x+2)y'' + y' - xy = 0$

5. $x^2 y'' + \dfrac{1}{2}(x + \mathrm{sen}(x))y' + y = 0$

6. $x^2(1-x)y'' - (1+x)y' + 2xy = 0$

7. $(x-2)^2(x+2)y'' + 2xy' + 3(x-2)y = 0$

8. $(4-x^2)y'' + 2xy' + 3y = 0$

158 Capítulo 5

Nos Problemas 9 a 12:

    a. Mostre que $x = 0$ é um ponto singular regular da equação diferencial dada.

    b. Encontre os expoentes no ponto singular $x = 0$.

    c. Encontre os três primeiros termos não nulos em cada uma das duas soluções (que não são múltiplas uma da outra) em torno de $x = 0$.

9. $xy'' + y' - y = 0$

10. $xy'' + 2xy' + 6e^x y = 0$ (veja o Problema 1)

11. $xy'' + y = 0$

12. $x^2 y'' + (\operatorname{sen}(x))y' - (\cos(x))y = 0$

13. **a.** Mostre que

$$(\ln(x))y'' + \frac{1}{2}y' + y = 0$$

    tem um ponto singular regular em $x = 1$.

    b. Determine as raízes da equação indicial em $x = 1$.

    c. Determine os três primeiros termos não nulos na série $\sum_{n=0}^{\infty} a_n (x-1)^{r+n}$ correspondente à raiz maior. Você pode supor que $x - 1 > 0$.

    d. Qual o valor que você esperaria para o raio de convergência da série?

14. Em diversos problemas em Física-Matemática, é necessário estudar a equação diferencial

$$x(1-x)y'' + (\gamma - (1 + \alpha + \beta)x)y' - \alpha\beta y = 0, \qquad (25)$$

em que α, β e γ são constantes. Essa equação é conhecida como **equação hipergeométrica**.

    a. Mostre que $x = 0$ é um ponto singular regular e que as raízes da equação indicial são 0 e $1 - \gamma$.

    b. Mostre que $x = 1$ é um ponto singular regular e que as raízes da equação indicial são 0 e $\gamma - \alpha - \beta$.

    c. Supondo que $1 - \gamma$ não é um inteiro positivo, mostre que uma solução da Eq. (25) em uma vizinhança de $x = 0$ é

$$y_1(x) = 1 + \frac{\alpha\beta}{\gamma \cdot 1!}x + \frac{\alpha(\alpha+1)\beta(\beta+1)}{\gamma(\gamma+1)2!}x^2 + \cdots$$

    Qual o valor que você esperaria para o raio de convergência desta série?

    d. Supondo que $1 - \gamma$ não é inteiro positivo nem zero, mostre que uma segunda solução para $0 < x < 1$ é

$$y_2(x) = x^{1-\gamma}\left(1 + \frac{(\alpha - \gamma + 1)(\beta - \gamma + 1)}{(2 - \gamma)1!}x + \right.$$
$$\left. + \frac{(\alpha - \gamma + 1)(\alpha - \gamma + 2)(\beta - \gamma + 1)(\beta - \gamma + 2)}{(2 - \gamma)(3 - \gamma)2!}x^2 + \cdots\right).$$

    e. Mostre que o ponto no infinito é um ponto singular regular e que as raízes da equação indicial são α e β. Veja o Problema 32 da Seção 5.4.

15. Considere a equação diferencial

$$x^3 y'' + \alpha xy' + \beta y = 0,$$

em que α e β são constantes reais e $\alpha \neq 0$.

    a. Mostre que $x = 0$ é um ponto singular irregular.

    b. Ao tentar encontrar uma solução da forma $\sum_{n=0}^{\infty} a_n x^{r+n}$, mostre que a equação indicial para r é linear e, portanto, existe apenas uma solução formal nessa forma proposta.

    c. Mostre que, se $\beta/\alpha = -1, 0, 1, 2, \ldots$, então a solução formal em série termina e é, portanto, uma solução de fato. Para outros valores de β/α, mostre que a solução formal em série tem raio de convergência nulo, logo não representa uma solução de fato em nenhum intervalo.

16. Considere a equação diferencial

$$y'' + \frac{\alpha}{x^s}y' + \frac{\beta}{x^t}y = 0, \qquad (26)$$

em que $\alpha \neq 0$ e $\beta \neq 0$ são números reais, e s e t são inteiros positivos, arbitrários por enquanto.

    a. Mostre que, se $s > 1$ ou $t > 2$, então o ponto $x = 0$ é um ponto singular irregular.

    b. Tente encontrar uma solução da Eq. (26) da forma

$$y = \sum_{n=0}^{\infty} a_n x^{r+n}, \qquad x > 0. \qquad (27)$$

    Mostre que, se $s = 2$ e $t = 2$, então existe apenas um valor possível para r para o qual existe uma solução formal da Eq. (26) da forma (27).

    c. Mostre que, se $s = 1$ e $t = 3$, então não existe solução da Eq. (26) da forma (27).

    d. Mostre que os valores máximos de s e de t para os quais a equação indicial é de segundo grau em r [e, portanto, podemos esperar encontrar duas soluções da forma (27)] são $s = 1$ e $t = 2$. Essas são precisamente as condições que distinguem uma "singularidade fraca", ou um ponto singular regular, de um ponto singular irregular, como definimos na Seção 5.4.

Como aviso, deveríamos esclarecer que, embora às vezes seja possível obter uma solução formal em série da forma (27) em um ponto singular irregular, a série pode não ter raio de convergência positivo. Veja o Problema 15 para um exemplo.

5.7 Equação de Bessel

Nesta seção, vamos ilustrar a discussão na Seção 5.6 considerando três casos especiais da equação de Bessel,[14]

$$x^2 y'' + xy' + (x^2 - \nu^2)y = 0, \qquad (1)$$

em que ν é uma constante. É fácil mostrar que $x = 0$ é um ponto singular regular da Eq. (1). Temos

$$p_0 = \lim_{x \to 0} x \frac{Q(x)}{P(x)} = \lim_{x \to 0} x \frac{1}{x} = 1,$$

$$q_0 = \lim_{x \to 0} x^2 \frac{R(x)}{P(x)} = \lim_{x \to 0} x^2 \frac{x^2 - \nu^2}{x^2} = -\nu^2.$$

---

[14]Friedrich Wilhelm Bessel (1784-1846) largou os estudos com 14 anos para começar uma carreira em negócios de importação e exportação, mas interessou-se logo por Astronomia e Matemática. Foi designado diretor do observatório em Königsberg em 1810 e manteve esta posição até sua morte. Seu estudo sobre perturbações planetárias o levou, em 1824, a fazer a primeira análise sistemática das soluções da Eq. (1), conhecidas como funções de Bessel.

É famoso, também, por fazer o primeiro cálculo preciso da distância da Terra a uma estrela em 1838.

Logo, a equação indicial é
$$F(r) = r(r-1) + p_0 r + q_0 = r(r-1) + r - \nu^2 =$$
$$= r^2 - \nu^2 = 0,$$
com raízes $r = \pm \nu$. Consideraremos os três casos $\nu = 0$, $\nu = \frac{1}{2}$ e $\nu = 1$ para o intervalo $x > 0$. As funções de Bessel aparecerão novamente nas Seções 11.4 e 11.5.

Equação de Bessel de Ordem Zero. Neste caso, $\nu = 0$, de modo que a Eq. (1) fica reduzida a
$$L[y] = x^2 y'' + x y' + x^2 y = 0, \qquad (2)$$
e as raízes da equação indicial são iguais: $r_1 = r_2 = 0$. Substituindo
$$y = \phi(r, x) = a_0 x^r + \sum_{n=1}^{\infty} a_n x^{r+n} \qquad (3)$$
na Eq. (2), obtemos
$$L[\phi](r,x) = \sum_{n=0}^{\infty} a_n ((r+n)(r+n-1) + (r+n)) x^{r+n} +$$
$$+ \sum_{n=0}^{\infty} a_n x^{r+n+2} = a_0 (r(r-1) + r) x^r + a_1 ((r+1)r + (r+1)) x^{r+1} +$$
$$+ \sum_{n=2}^{\infty} (a_n ((r+n)(r+n-1) + (r+n)) + a_{n-2}) x^{r+n} = 0. \qquad (4)$$

Como já observamos, as raízes da equação indicial $F(r) = r(r-1) + r = 0$ são $r_1 = 0$ e $r_2 = 0$. A relação de recorrência é
$$a_n(r) = -\frac{a_{n-2}(r)}{(r+n)(r+n-1) + (r+n)} =$$
$$= -\frac{a_{n-2}(r)}{(r+n)^2}, \quad n \geq 2. \qquad (5)$$

Para determinar $y_1(x)$, fazemos r igual a 0. Então, da Eq. (4), segue que, para que o coeficiente de x^{r+1} seja zero, temos que escolher $a_1 = 0$. Portanto, da Eq. (5), $a_3 = a_5 = a_7 = \ldots = 0$. Além disso,
$$a_n(0) = -\frac{a_{n-2}(0)}{n^2}, \quad n = 2, 4, 6, 8, \cdots,$$
ou, fazendo $n = 2m$, obtemos
$$a_{2m}(0) = -\frac{a_{2m-2}(0)}{(2m)^2}, \quad m = 1, 2, 3, \cdots$$
Logo,
$$a_2(0) = -\frac{a_0}{2^2}, \quad a_4(0) = \frac{a_0}{2^4 2^2}, \quad a_6(0) = -\frac{a_0}{2^6 (3 \cdot 2)^2}$$
e, em geral,
$$a_{2m}(0) = \frac{(-1)^m a_0}{2^{2m} (m!)^2}, \quad m = 1, 2, 3, \ldots \qquad (6)$$
Portanto,
$$y_1(x) = a_0 \left(1 + \sum_{m=1}^{\infty} \frac{(-1)^m x^{2m}}{2^{2m} (m!)^2} \right), \quad x > 0. \qquad (7)$$

A função entre colchetes é conhecida como a **função de Bessel de primeira espécie de ordem zero**, sendo denotada por $J_0(x)$.

Segue, do Teorema 5.6.1, que a série converge para todo x e que J_0 é analítica em $x = 0$. Algumas das propriedades importantes de J_0 estão discutidas nos problemas. A **Figura 5.7.1** mostra os gráficos de $y = J_0(x)$ e de algumas das somas parciais da série (7).

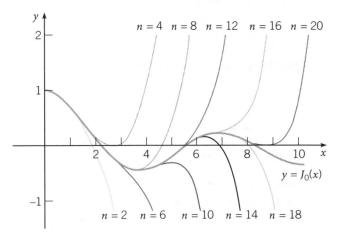

FIGURA 5.7.1 Aproximações polinomiais de $J_0(x)$, a função de Bessel de primeira espécie de ordem zero. O valor de n é o grau do polinômio na aproximação.

Para determinar $y_2(x)$, usaremos a Eq. (17) na Seção 5.6. Para isso, precisamos calcular[15] $a'_n(0)$. Primeiro, note que, em razão do coeficiente de x^{r+1} na Eq. (4), $(r+1)^2 a_1(r) = 0$. Logo, $a_1(r) = 0$ para todo r próximo de $r = 0$. Então, não só $a_1(0) = 0$, mas também $a'_1(0) = (0)$. Da relação de recorrência (5), segue que
$$a'_3(0) = a'_5(0) = \cdots = a'_{2n+1}(0) = \cdots = 0;$$
portanto, precisamos apenas calcular $a'_{2m}(0)$, $m = 1, 2, 3, \ldots$ Da Eq. (5), temos
$$a_{2m}(r) = -\frac{a_{2m-2}(r)}{(r+2m)^2} \quad m = 1, 2, 3, \cdots$$
Resolvendo esta relação de recorrência, obtemos
$$a_2(r) = -\frac{a_0}{(r+2)^2}, \quad a_4(r) = \frac{a_0}{(r+2)^2 (r+4)^2}$$
e, em geral,
$$a_{2m}(r) = \frac{(-1)^m a_0}{(r+2)^2 \cdots (r+2m)^2}, \quad m \geq 1. \qquad (8)$$

Podemos efetuar os cálculos para $a'_{2m}(r)$ de maneira mais conveniente notando que, se
$$f(x) = (x - \alpha_1)^{\beta_1} (x - \alpha_2)^{\beta_2} (x - \alpha_3)^{\beta_3} \cdots (x - \alpha_n)^{\beta_n},$$
e se x for diferente de $\alpha_1, \alpha_2, \ldots, \alpha_n$, então
$$\frac{f'(x)}{f(x)} = \frac{\beta_1}{x - \alpha_1} + \frac{\beta_2}{x - \alpha_2} + \cdots + \frac{\beta_n}{x - \alpha_n}.$$

---
[15] O Problema 9 esquematiza um procedimento alternativo no qual substituímos, simplesmente, a fórmula (23) da Seção 5.6 na Eq. (2) e depois determinamos os b_n.

Aplicando este resultado a $a_{2m}(r)$ na Eq. (8), encontramos

$$\frac{a'_{2m}(r)}{a_{2m}(r)} = -2\left(\frac{1}{r+2} + \frac{1}{r+4} + \cdots + \frac{1}{r+2m}\right),$$

e fazendo r igual a 0, obtemos

$$a'_{2m}(0) = -2\left(\frac{1}{2} + \frac{1}{4} + \cdots + \frac{1}{2m}\right)a_{2m}(0).$$

Substituindo $a_{2m}(0)$ dado pela Eq. (6) e definindo

$$H_m = 1 + \frac{1}{2} + \frac{1}{3} + \cdots + \frac{1}{m}, \qquad (9)$$

obtemos, finalmente,

$$a'_{2m}(0) = -H_m \frac{(-1)^m a_0}{2^{2m}(m!)^2}, \quad m = 1, 2, 3, \cdots$$

A segunda solução da equação de Bessel de ordem zero é encontrada fazendo $a_0 = 1$ e substituindo, na Eq. (23) da Seção 5.6, $y_1(x)$ e $a'_{2m}(0) = b_{2m}(0)$. Obtemos

$$y_2(x) = J_0(x)\ln x + \sum_{m=1}^{\infty} \frac{(-1)^{m+1} H_m}{2^{2m}(m!)^2} x^{2m}, \quad x > 0. \qquad (10)$$

Em vez de y_2, a segunda solução considerada, em geral, é uma determinada combinação linear de J_0 e y_2. Ela é conhecida como a **função de Bessel de segunda espécie de ordem zero**, sendo denotada por Y_0. Seguindo Copson (Capítulo 12), definimos[16]

$$Y_0(x) = \frac{2}{\pi}(y_2(x) + (\gamma - \ln 2)J_0(x)). \qquad (11)$$

Aqui, γ é uma constante, conhecida como a constante de Euler-Máscheroni;[17] ela é definida pela equação

$$\gamma = \lim_{n \to \infty}(H_n - \ln n) \cong 0{,}5772. \qquad (12)$$

Substituindo $y_2(x)$ na Eq. (11), obtemos

$$Y_0(x) = \frac{2}{\pi}\left(\left(\gamma + \ln\frac{x}{2}\right)J_0(x) + \sum_{m=1}^{\infty} \frac{(-1)^{m+1} H_m}{2^{2m}(m!)^2} x^{2m}\right), x > 0. \quad (13)$$

A solução geral da equação de Bessel de ordem zero para $x > 0$ é

$$y = c_1 J_0(x) + c_2 Y_0(x).$$

Note que $J_0(x) \to 1$ quando $x \to 0$ e que $Y_0(x)$ tem uma singularidade logarítmica em $x = 0$, ou seja, $Y_0(x)$ se comporta como $(2/\pi)\ln x$ quando $x \to 0$ por valores positivos. Então, se estivermos interessados em soluções da equação de Bessel de ordem zero que sejam finitas na origem, o que ocorre muitas vezes, teremos que descartar Y_0. Os gráficos das funções J_0 e Y_0 estão ilustrados na **Figura 5.7.2**.

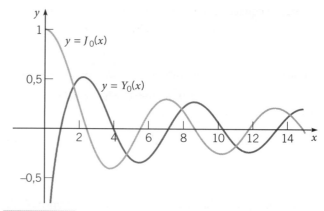

FIGURA 5.7.2 Funções de Bessel de ordem zero: $y = J_0(x)$ (em cinza-claro) e $y = Y_0(x)$ (em cinza-escuro).

É interessante observar na Figura 5.7.2 que, para x grande, ambas as funções $J_0(x)$ e $Y_0(x)$ oscilam. Poderíamos ter antecipado tal comportamento a partir da equação original; de fato, isso é verdade para as soluções da equação de Bessel de ordem ν. Dividindo a Eq. (1) por x^2, obtemos

$$y'' + \frac{1}{x}y' + \left(1 - \frac{\nu^2}{x^2}\right)y = 0.$$

Para x muito grande, é razoável suspeitar que os termos $(1/x)y'$ e $(\nu^2/x^2)y$ são pequenos e, portanto, podem ser desprezados. Se isto for verdade, então a equação de Bessel de ordem ν pode ser aproximada por

$$y'' + y = 0.$$

As soluções desta equação são $\text{sen}(x)$ e $\cos(x)$; poderíamos, então, antecipar que as soluções da equação de Bessel para valores grandes de x são semelhantes a combinações lineares de $\text{sen}(x)$ e $\cos(x)$. Isso está correto no sentido de que as funções de Bessel são oscilatórias; no entanto, está apenas parcialmente correto. Para x grande, as funções J_0 e Y_0 também decaem quando x aumenta; assim, a equação $y'' + y = 0$ não fornece uma aproximação adequada para a equação de Bessel para valores grandes de x e uma análise mais cuidadosa faz-se necessária. De fato, é possível mostrar que

$$J_0(x) \cong \left(\frac{2}{\pi x}\right)^{1/2} \cos\left(x - \frac{\pi}{4}\right) \text{ quando } x \to \infty \qquad (14)$$

e que

$$Y_0(x) \cong \left(\frac{2}{\pi x}\right)^{1/2} \text{sen}\left(x - \frac{\pi}{4}\right) \text{ quando } x \to \infty. \qquad (15)$$

Essas aproximações assintóticas quando $x \to \infty$ são, de fato, muito boas. Por exemplo, a **Figura 5.7.3** mostra que a aproximação assintótica (14) para $J_0(x)$ é razoavelmente precisa para todo $x \geq 1$. Assim, para aproximar $J_0(x)$ em todo o intervalo de zero a infinito, você pode usar dois ou três termos da série (7) para $x \leq 1$ e a aproximação assintótica (14) para $x \geq 1$.

---

[16]Outros autores usam outras definições de Y_0. Esta escolha para Y_0 também é conhecida como função de Weber, em homenagem a Heinrich Weber (1842-1913), que ensinou em diversas universidades alemãs.

[17]A constante de Euler-Máscheroni apareceu primeiro em um artigo de Euler em 1734. Lorenzo Máscheroni (1750-1800) era um padre italiano que foi professor na University of Pavia. Ele calculou corretamente as 19 primeiras casas decimais γ em 1790.

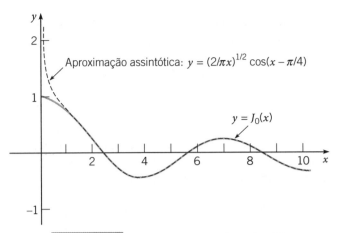

FIGURA 5.7.3 Aproximação assintótica de $J_0(x)$.

Equação de Bessel de Ordem Meio. Este caso ilustra a situação na qual as raízes da equação indicial diferem por um inteiro positivo, mas a segunda solução não tem termo logarítmico. Fazendo $v = \frac{1}{2}$ na Eq. (1), obtemos

$$L[y] = x^2 y'' + xy' + \left(x^2 - \frac{1}{4}\right) y = 0. \quad (16)$$

Substituindo $y = \phi(r, x)$ pela série (3), obtemos

$$L[\phi](r,x) = \sum_{n=0}^{\infty}\left((r+n)(r+n-1)+(r+n)-\frac{1}{4}\right)a_n x^{r+n} +$$

$$+ \sum_{n=0}^{\infty} a_n x^{r+n+2} = (r^2 - \frac{1}{4})a_0 x^r + \left((r+1)^2 - \frac{1}{4}\right)a_1 x^{r+1} +$$

$$+ \sum_{n=2}^{\infty}\left[\left((r+n)^2 - \frac{1}{4}\right)a_n + a_{n-2}\right]x^{r+n} = 0. \quad (17)$$

As raízes da equação indicial $r^2 - \frac{1}{4} = 0$ são $r_1 = \frac{1}{2}$ e $r_2 = -\frac{1}{2}$; logo, as raízes diferem por um inteiro. A relação de recorrência é

$$\left((r+n)^2 - \frac{1}{4}\right)a_n = -a_{n-2}, \quad n \geq 2. \quad (18)$$

Correspondendo à raiz maior $r_1 = \frac{1}{2}$, pelo coeficiente de x^{r+1} na Eq. (17), vemos que $a_1 = 0$. Logo, da Eq. (18), $a_3 = a_5 = \ldots = a_{2n+1} = \ldots = 0$. Além disso, para $r = \frac{1}{2}$,

$$a_n = -\frac{a_{n-2}}{n(n+1)}, \quad n = 2, 4, 6, \cdots,$$

ou, fazendo $n = 2m$, obtemos

$$a_{2m} = -\frac{a_{2m-2}}{2m(2m+1)}, \quad m = 1, 2, 3, \cdots$$

Resolvendo a relação de recorrência, encontramos

$$a_2 = -\frac{a_0}{3!}, \quad a_4 = \frac{a_0}{5!}, \cdots$$

e, em geral,

$$a_{2m} = \frac{(-1)^m a_0}{(2m+1)!}, \quad m = 1, 2, 3, \cdots$$

Portanto, fazendo $a_0 = 1$, obtemos

$$y_1(x) = x^{1/2}\left(1 + \sum_{m=1}^{\infty} \frac{(-1)^m x^{2m}}{(2m+1)!}\right) =$$
$$= x^{-1/2} \sum_{m=0}^{\infty} \frac{(-1)^m x^{2m+1}}{(2m+1)!}, \quad x > 0. \quad (19)$$

A segunda série de potências na Eq. (19) é precisamente a série de Taylor para sen(x); logo, uma solução para a equação de Bessel de ordem meio é $x^{-1/2}$ sen(x). A **função de Bessel de primeira espécie de ordem meio**, $J_{1/2}$, é definida como $(2/\pi)^{1/2} y_1$. Assim,

$$J_{1/2}(x) = \left(\frac{2}{\pi x}\right)^{1/2} \text{sen}(x), \quad x > 0. \quad (20)$$

Correspondendo à raiz $r_2 = -\frac{1}{2}$, é possível que encontremos dificuldade em calcular a_1, já que $N = r_1 - r_2 = 1$. No entanto, da Eq. (17) para $r = -\frac{1}{2}$, os coeficientes de x^r e de x^{r+1} são ambos nulos, independentemente da escolha de a_0 e a_1. Portanto, a_0 e a_1 podem ser escolhidos arbitrariamente. Da relação de recorrência (18), obtemos um conjunto de coeficientes com índices pares correspondendo a a_0 e um conjunto de coeficientes com índices ímpares correspondendo a a_1. Então, não é necessário um termo logarítmico para obter uma segunda solução nesse caso. Deixamos como exercício mostrar que, para $r = -\frac{1}{2}$,

$$a_{2n} = \frac{(-1)^n a_0}{(2n)!}, \quad a_{2n+1} = \frac{(-1)^n a_1}{(2n+1)!}, \quad n = 1, 2, \ldots$$

Logo,

$$y_2(x) = x^{-1/2}\left(a_0 \sum_{n=0}^{\infty}\frac{(-1)^n x^{2n}}{(2n)!} + a_1 \sum_{n=0}^{\infty}\frac{(-1)^n x^{2n+1}}{(2n+1)!}\right) =$$
$$= a_0 \frac{\cos(x)}{x^{1/2}} + a_1 \frac{\text{sen}(x)}{x^{1/2}}, \quad x > 0. \quad (21)$$

A constante a_1 simplesmente introduz um múltiplo de $y_1(x)$. A segunda solução da equação de Bessel de ordem meio é escolhida, em geral, como a solução para a qual $a_0 = (2/\pi)^{1/2}$ e $a_1 = 0$. Ela é denotada por $J_{-1/2}$. Então

$$J_{-1/2}(x) = \left(\frac{2}{\pi x}\right)^{1/2} \cos(x), \quad x > 0. \quad (22)$$

A solução geral da Eq. (16) é $y = c_1 J_{1/2}(x) + c_2 J_{-1/2}(x)$.

Comparando as Eqs. (20) e (22) com as Eqs. (14) e (15), vemos que, exceto por um deslocamento de fase de $\pi/4$, as funções $J_{-1/2}$ e $J_{1/2}$ se parecem com J_0 e Y_0, respectivamente, para valores grandes de x. Os gráficos de $J_{1/2}$ e $J_{-1/2}$ estão ilustrados na **Figura 5.7.4**.

Equação de Bessel de Ordem Um. Este caso ilustra a situação na qual as raízes da equação indicial diferem por um inteiro positivo e a segunda solução envolve um termo logarítmico. Fazendo $v = 1$ na Eq. (1), temos

$$L[y] = x^2 y'' + xy' + (x^2 - 1)y = 0. \quad (23)$$

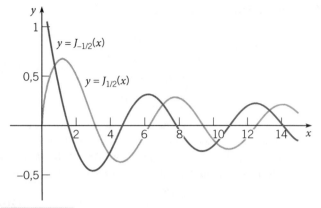

FIGURA 5.7.4 Funções de Bessel de ordem meio: $y = J_{1/2}(x)$ (em cinza-claro) e $y = J_{-1/2}(x)$ (em cinza-escuro).

Se substituirmos $y = \phi(r, x)$ pela série em (3) e juntarmos os termos como nos casos precedentes, obteremos

$$L[\phi](r, x) = a_0(r^2 - 1)x^r + a_1((r+1)^2 - 1)x^{r+1} + \sum_{n=2}^{\infty}(((r+n)^2 - 1)a_n + a_{n-2})x^{r+n} = 0. \quad (24)$$

As raízes da equação indicial $r^2 - 1 = 0$ são $r_1 = 1$ e $r_2 = -1$. A relação de recorrência é

$$\left((r+n)^2 - 1\right)a_n(r) = -a_{n-2}(r), \quad n \geq 2. \quad (25)$$

Correspondendo à raiz maior $r = 1$, a relação de recorrência fica

$$a_n = -\frac{a_{n-2}}{(n+2)n}, \quad n = 2, 3, 4, \cdots$$

Pelo coeficiente de x^{r+1} na Eq. (24), vemos também que $a_1 = 0$; logo, pela relação de recorrência, $a_3 = a_5 = \cdots = 0$. Para valores pares de n, seja $n = 2m$, em que m é um inteiro positivo; então

$$a_{2m} = -\frac{a_{2m-2}}{(2m+2)(2m)} = -\frac{a_{2m-2}}{2^2(m+1)m}, \quad m = 1, 2, 3, \cdots$$

Resolvendo esta relação de recorrência, obtemos

$$a_{2m} = \frac{(-1)^m a_0}{2^{2m}(m+1)!m!}, \quad m = 1, 2, 3, \cdots \quad (26)$$

A função de Bessel de primeira espécie de ordem um, denotada por J_1, é obtida escolhendo-se $a_0 = 1/2$. Portanto,

$$J_1(x) = \frac{x}{2}\sum_{m=0}^{\infty}\frac{(-1)^m x^{2m}}{2^{2m}(m+1)!m!}. \quad (27)$$

A série converge absolutamente para todo x, de modo que J_1 é analítica em toda a parte.

Ao determinar uma segunda solução da equação de Bessel de ordem um, vamos ilustrar o método de substituição direta. O cálculo do termo geral na Eq. (28) a seguir é bastante complicado, mas os primeiros poucos coeficientes podem ser encontrados facilmente. De acordo com o Teorema 5.6.1, vamos supor que

$$y_2(x) = aJ_1(x)\ln x + x^{-1}\left(1 + \sum_{n=1}^{\infty}c_n x^n\right), \quad x > 0. \quad (28)$$

Calculando $y_2'(x), y_2''(x)$, substituindo na Eq. (23) e usando o fato de que J_1 é uma solução da Eq. (23), obtemos

$$2axJ_1'(x) + \sum_{n=0}^{\infty}((n-1)(n-2)c_n + (n-1)c_n - c_n)x^{n-1} + \\ + \sum_{n=0}^{\infty}c_n x^{n+1} = 0, \quad (29)$$

em que $c_0 = 1$. Substituindo $J_1(x)$ por sua expressão na Eq. (27), mudando os índices dos somatórios nas duas séries e efetuando diversos cálculos algébricos, chegamos a

$$-c_1 + (0 \cdot c_2 + c_0)x + \sum_{n=2}^{\infty}((n^2 - 1)c_{n+1} + c_{n-1})x^n = \\ = -a\left(x + \sum_{m=1}^{\infty}\frac{(-1)^m(2m+1)x^{2m+1}}{2^{2m}(m+1)!m!}\right). \quad (30)$$

Da Eq. (30), notamos primeiro que $c_1 = 0$ e $a = -c_0 = -1$. Além disso, como a expressão à direita do sinal de igualdade contém apenas potências ímpares de x, o coeficiente de cada potência par de x na expressão à esquerda do sinal de igualdade tem de ser nulo. Então, como $c_1 = 0$, temos $c_3 = c_5 = \cdots = 0$. Correspondendo às potências ímpares de x, obtemos a relação de recorrência [faça $n = 2m + 1$ na série à esquerda do sinal de igualdade na Eq. (30)]:

$$\left((2m+1)^2 - 1\right)c_{2m+2} + c_{2m} = \\ = \frac{(-1)^m(2m+1)}{2^{2m}(m+1)!m!}, \quad m = 1, 2, 3, \ldots \quad (31)$$

Fazendo $m = 1$ na Eq. (31), obtemos

$$(3^2 - 1)c_4 + c_2 = \frac{(-1)3}{2^2 \cdot 2!}.$$

Note que c_2 pode ser escolhido *arbitrariamente* e esta equação, então, determina c_4. Note, também, que, na equação para o coeficiente de x, c_2 aparece multiplicado por 0, e esta equação foi usada para determinar a. Não é surpreendente que c_2 seja arbitrário, já que c_2 é o coeficiente de x na expressão $x^{-1}\left(1 + \sum_{n=1}^{\infty}c_n x^n\right)$.

Em consequência, c_2 gera, simplesmente, um múltiplo de J_1, e y_2 só está determinado a menos de múltiplos de J_1. De acordo com a prática usual, escolhemos $c_2 = 1/2^2$. Obtemos, então,

$$c_4 = \frac{-1}{2^4 \cdot 2}\left(\frac{3}{2} + 1\right) = \frac{-1}{2^4 2!}\left(\left(1 + \frac{1}{2}\right) + 1\right) = \\ = \frac{(-1)}{2^4 \cdot 2!}(H_2 + H_1).$$

É possível mostrar que a solução da relação de recorrência (31) é

$$c_{2m} = \frac{(-1)^{m+1}(H_m + H_{m-1})}{2^{2m}m!(m-1)!}, \quad m = 1, 2, \ldots$$

com a convenção de que $H_0 = 0$. Assim,

$$y_2(x) = -J_1(x)\ln x +$$
$$+ \frac{1}{x}\left(1 - \sum_{m=1}^{\infty} \frac{(-1)^m (H_m + H_{m-1})}{2^{2m} m!(m-1)!} x^{2m}\right), \quad x > 0. \quad (32)$$

O cálculo de $y_2(x)$ usando outro procedimento [veja as Eqs. (19) e (20) da Seção 5.6] no qual determinamos $c_n(r_2)$ é ligeiramente mais fácil. Em particular, este último procedimento fornece uma fórmula geral para c_{2m} sem a necessidade de resolver uma relação de recorrência da forma (31) (veja o Problema 10). Nesse sentido, você pode querer, também, comparar os cálculos da segunda solução da equação de Bessel de ordem zero no texto e no Problema 9.

A segunda solução da Eq. (23), a função de Bessel de segunda espécie de ordem um, Y_1, é escolhida, em geral, como uma determinada combinação linear de J_1 e y_2. Seguindo Copson (Capítulo 12), Y_1 é definida como

$$Y_1(x) = \frac{2}{\pi}(-y_2(x) + (\gamma - \ln 2)J_1(x)), \quad (33)$$

em que γ é definido pela Eq. (12). A solução geral da Eq. (23) para $x > 0$ é

$$y = c_1 J_1(x) + c_2 Y_1(x).$$

Note que, enquanto J_1 é analítica em $x = 0$, a segunda solução Y_1 torna-se ilimitada do mesmo modo que $1/x$ quando $x \to 0$. A **Figura 5.7.5** mostra os gráficos de J_1 e Y_1.

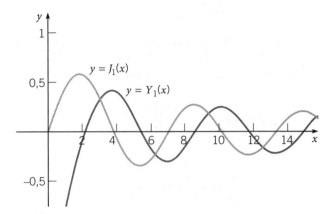

FIGURA 5.7.5 Funções de Bessel de ordem um: $y = J_1(x)$ (em cinza-claro) e $y = Y_1(x)$ (em cinza-escuro).

Problemas

Nos Problemas 1 a 3, mostre que a equação diferencial dada tem um ponto singular regular em $x = 0$, e determine duas soluções para $x > 0$.

1. $x^2 y'' + 2xy' + xy = 0$
2. $x^2 y'' + 3xy' + (1+x)y = 0$
3. $x^2 y'' + xy' + 2xy = 0$
4. Encontre duas soluções (que não sejam uma múltipla da outra) para a equação de Bessel de ordem $\frac{3}{2}$

$$x^2 y'' + xy' + \left(x^2 - \frac{9}{4}\right)y = 0, \quad x > 0.$$

5. Mostre que a equação de Bessel de ordem meio

$$x^2 y'' + xy' + \left(x^2 - \frac{1}{4}\right)y = 0, \quad x > 0$$

pode ser reduzida à equação

$$v'' + v = 0$$

pela mudança da variável dependente $y = x^{-1/2} v(x)$. Conclua disso que $y_1(x) = x^{-1/2} \cos(x)$ e $y_2(x) = x^{-1/2} \text{sen}(x)$ são soluções da equação de Bessel de ordem meio.

6. Mostre diretamente que a série para $J_0(x)$, Eq. (7), converge absolutamente para todo x.
7. Mostre diretamente que a série para $J_1(x)$, Eq. (27), converge absolutamente para todo x e que $J_0'(x) = -J_1(x)$.
8. Considere a equação de Bessel de ordem ν,

$$x^2 y'' + xy' + (x^2 - \nu^2)y = 0, \quad x > 0,$$

em que ν é real e positivo.

   a. Mostre que $x = 0$ é um ponto singular regular e que as raízes da equação indicial são ν e $-\nu$.

   b. Correspondendo à raiz maior ν, mostre que uma solução é

$$y_1(x) = x^\nu \left(1 - \frac{1}{1!(1+\nu)}\left(\frac{x}{2}\right)^2 + \frac{1}{2!(1+\nu)(2+\nu)}\left(\frac{x}{2}\right)^4 + \right.$$
$$\left. + \sum_{m=3}^{\infty} \frac{(-1)^m}{m!(1+\nu)\cdots(m+\nu)}\left(\frac{x}{2}\right)^{2m}\right).$$

   c. Se 2ν não for inteiro, mostre que uma segunda solução será

$$y_2(x) = x^{-\nu}\left(1 - \frac{1}{1!(1-\nu)}\left(\frac{x}{2}\right)^2 + \frac{1}{2!(1-\nu)(2-\nu)}\left(\frac{x}{2}\right)^4 + \right.$$
$$\left. + \sum_{m=3}^{\infty} \frac{(-1)^m}{m!(1-\nu)\cdots(m-\nu)}\left(\frac{x}{2}\right)^{2m}\right).$$

Note que $y_1(x) \to 0$ quando $x \to 0$ e que $y_2(x)$ torna-se ilimitado quando $x \to 0$.

   d. Verifique, por métodos diretos, que as séries de potências nas expressões para $y_1(x)$ e $y_2(x)$ convergem absolutamente para todo x. Verifique, também, que y_2 é uma solução, bastando apenas que ν não seja inteiro.

9. Mostramos, nesta seção, que uma solução da equação de Bessel de ordem zero

$$L[y] = x^2 y'' + xy' + x^2 y = 0$$

é J_0, em que $J_0(x)$ é dada pela Eq. (7) com $a_0 = 1$. De acordo com o Teorema 5.6.1, uma segunda solução tem a forma ($x > 0$)

$$y_2(x) = J_0(x)\ln x + \sum_{n=1}^{\infty} b_n x^n.$$

   a. Mostre que

$$L[y_2](x) = \sum_{n=2}^{\infty} n(n-1)b_n x^n + \sum_{n=1}^{\infty} nb_n x^n + \quad (34)$$
$$+ \sum_{n=1}^{\infty} b_n x^{n+2} + 2x J_0'(x).$$

164 Capítulo 5

b. Substituindo a representação em série de $J_0(x)$ na Eq. (34), mostre que

$$b_1 x + 2^2 b_2 x^2 + \sum_{n=3}^{\infty} (n^2 b_n + b_{n-2}) x^n =$$
$$= -2 \sum_{n=1}^{\infty} \frac{(-1)^n 2n x^{2n}}{2^{2n} (n!)^2}. \tag{35}$$

c. Note que aparecem apenas potências pares de x na expressão à direita do sinal de igualdade na Eq. (35). Mostre que $b_1 = b_3 = b_5 = \ldots = 0$, $b_2 = \dfrac{1}{2^2 (1!)^2}$ e que

$$(2n)^2 b_{2n} + b_{2n-2} = -2 \frac{(-1)^n (2n)}{2^{2n} (n!)^2}, \quad n = 2, 3, 4, \cdots$$

Deduza que

$$b_4 = -\frac{1}{2^2 4^2} \left(1 + \frac{1}{2} \right) \quad \text{e} \quad b_6 = \frac{1}{2^2 4^2 6^2} \left(1 + \frac{1}{2} + \frac{1}{3} \right).$$

A solução geral da relação de recorrência é $b_{2n} = \dfrac{(-1)^{n+1} H_n}{2^{2n} (n!)^2}$.

Substituindo b_n na expressão para $y_2(x)$, obtemos a solução dada na Eq. (10).

10. Encontre uma segunda solução da equação de Bessel de ordem um calculando os $c_n(r_2)$ e a da Eq. (24) da Seção 5.6, de acordo com as fórmulas (19) e (20) daquela seção. Algumas diretrizes para este cálculo são as seguintes. Primeiro, use a Eq. (24) desta seção para mostrar que $a_1(-1)$ e $a_1'(-1)$ são iguais a zero. Depois, mostre que $c_1(-1) = 0$ e, da relação de recorrência, que $c_n(-1) = 0$ para $n = 3, 5, \ldots$ Finalmente, use a Eq. (25) para mostrar que

$$a_2(r) = -\frac{a_0}{(r+1)(r+3)},$$

$$a_4(r) = \frac{a_0}{(r+1)(r+3)(r+3)(r+5)},$$

e que

$$a_{2m}(r) = \frac{(-1)^m a_0}{(r+1)\cdots(r+2m-1)(r+3)\cdots(r+2m+1)}, \quad m \geq 1.$$

Depois, mostre que

$$c_{2m}(-1) = \frac{(-1)^{m+1} (H_m + H_{m-1})}{2^{2m} m! (m-1)!}, \quad m \geq 1.$$

11. Às vezes é possível, mediante uma mudança de variável adequada, transformar outra equação diferencial em uma equação de Bessel. Por exemplo, mostre que uma solução de

$$x^2 y'' + \left(\alpha^2 \beta^2 x^{2\beta} + \frac{1}{4} - \nu^2 \beta^2 \right) y = 0, \quad x > 0$$

é fornecida por $y = x^{1/2} f(\alpha x^\beta)$, em que $f(\xi)$ é uma solução da equação de Bessel de ordem ν.

12. Usando o resultado do Problema 11, mostre que a solução geral da equação de Airy

$$y'' - xy = 0, \quad x > 0$$

é $y = x^{1/2} \left[c_1 f_1 \left(\frac{2}{3} i x^{3/2} \right) + c_2 f_2 \left(\frac{2}{3} i x^{3/2} \right) \right]$, em que $f_1(\xi)$ e $f_2(\xi)$ formam um conjunto fundamental de soluções da equação de Bessel de ordem um terço.

13. Pode-se mostrar que J_0 tem uma infinidade de zeros para $x > 0$. Em particular, os três primeiros zeros são aproximadamente iguais a 2,405; 5,520 e 8,653 (veja a Figura 5.7.1). Denote por λ_j, $j = 1, 2, 3, \ldots$ os zeros de J_0; segue que

$$J_0(\lambda_j x) = \begin{cases} 1, & x = 0, \\ 0, & x = 1. \end{cases}$$

Verifique que $y = J_0(\lambda_j x)$ satisfaz a equação diferencial

$$y'' + \frac{1}{x} y' + \lambda_j^2 y = 0, \quad x > 0.$$

Mostre que, portanto,

$$\int_0^1 x J_0(\lambda_i x) J_0(\lambda_j x) \, dx = 0 \quad \text{se} \quad \lambda_i \neq \lambda_j.$$

Esta propriedade importante de $J_0(\lambda_i x)$, conhecida como **propriedade de ortogonalidade**, é útil na resolução de valores de contorno.

Sugestão: escreva a equação diferencial para $J_0(\lambda_i x)$. Multiplique-a por $x J_0(\lambda_j x)$ e a subtraia de $x J_0(\lambda_i x)$ vezes a equação diferencial para $J_0(\lambda_j x)$. Depois, integre de zero a um.

Questões Conceituais

C5.1. Qual é a série de potências para $f(x) = e^x$? Qual é seu intervalo de convergência?

C5.2. Qual é a série de potências para $f(x) = \dfrac{1}{1-x}$? Qual é seu intervalo de convergência?

C5.3. O que significa uma série de potências $y(x) = \sum_{n=0}^{\infty} \dfrac{f^{(n)}(x_0)}{n!} (x - x_0)^n$ ser analítica em $x = x_0$?

C5.4. O que significa dizer que um ponto x_0 é um ponto ordinário para uma equação diferencial $P(x)y'' + Q(x)y' + R(x)y = 0$? Por que isto é importante? (Suponha que $P(x)$, $Q(x)$ e $R(x)$ são polinômios.)

C5.5. O que significa dizer que um ponto x_0 é um ponto singular para uma equação diferencial $P(x)y'' + Q(x)y' + R(x)y = 0$? Por que isto é importante? (Suponha que $P(x)$, $Q(x)$ e $R(x)$ são polinômios.)

C5.6. Se x_0 for um ponto ordinário para $P(x)y'' + Q(x)y' + R(x)y = 0$ e se $y_1(x)$ e $y_2(x)$ forem duas soluções em série de potências que são analíticas em x_0, o que você sabe sobre os raios de convergência de y_1 e y_2?

C5.7. Por que $y = x^r$ é uma forma razoável para procurar por soluções de $x^2 y'' + \alpha x y' + \beta y = 0$?

C5.8. Qual é a importância da equação diferencial de Euler de $x^2 y'' + \alpha x y' + \beta y = 0$ na discussão sobre pontos singulares regulares?

C5.9. São encontradas soluções da equação diferencial de Euler supondo soluções da forma $y = x^r$ e encontrando as duas raízes de $r(r-1) + \alpha r + \beta = 0$. Quais são os três casos possíveis para as raízes r_1 e r_2 e qual é um conjunto fundamental de soluções em cada caso?

C5.10. Quais são as duas classificações de pontos singulares?

Soluções em Série para Equações Lineares de Segunda Ordem **165**

C5.11. Quando $P(x)y'' + Q(x)y' + R(x)y = 0$ tem um ponto singular, por que é aceitável supor que esse ponto singular ocorre em $x = 0$?

C5.12. Quais são a equação indicial e os expoentes da singularidade para uma equação diferencial em forma padrão $y'' + p(x)y' + q(z)y = 0$ com um ponto singular regular em $x = 0$?

C5.13. Como você encontra uma segunda solução em um conjunto fundamental de soluções para uma equação diferencial linear de segunda ordem com um ponto singular regular em $x = 0$ quando os expoentes da singularidade não forem iguais e não diferirem por um inteiro? (Suponha que $x > 0$ e, se as raízes forem reais, que $r_2 \geq r_1$.)

C5.14. Como você encontra uma segunda solução em um conjunto fundamental de soluções para uma equação diferencial linear de segunda ordem com um ponto singular regular em $x = 0$ quando os expoentes da singularidade forem iguais? (Suponha que $x > 0$ e, se as raízes forem reais, que $r_2 \geq r_1$.)

C5.15. Como você encontra uma segunda solução em um conjunto fundamental de soluções para uma equação diferencial linear de segunda ordem com um ponto singular regular em $x = 0$ quando os expoentes da singularidade diferirem por um inteiro? (Suponha que $x > 0$ e, se as raízes forem reais, que $r_2 \geq r_1$.)

C5.16. Qual é o significado de $x = 0$ ser um ponto singular regular da equação de Bessel?

C5.17. Qual é o significado dos três exemplos da equação de Bessel considerados na Seção 5.7?

Respostas das Questões Conceituais

C5.1. A série de potências para a função exponencial é:
$$f(x) = e^x = \sum_{k=0}^{\infty} \frac{x^k}{k!}$$
O intervalo de convergência é $(-\infty, \infty)$.

C5.2. A função $f(x) = \dfrac{1}{1-x}$ é a soma da série geométrica com primeiro termo 1 e razão x.
$$f(x) = \frac{1}{1-x} = \sum_{k=0}^{\infty} x^k$$
O intervalo de convergência é $(-1, 1)$.

C5.3. Uma função é analítica no ponto $x = x_0$ quando a expansão em série de Taylor da função em torno de $x = x_0$ tem um raio de convergência positivo centrado em x_0.

C5.4. O ponto x_0 é um ponto ordinário quando $P(x) \neq 0$. Isto significa que, quando a equação é colocada na forma padrão dividindo-se por $P(x)$, os novos coeficientes $Q(x)/P(x)$ e $R(x)/P(x)$ serão contínuos em um intervalo contendo $x = x_0$, de modo que o Teorema 3.2.1 pode ser aplicado e concluímos que este problema tem uma única solução para quaisquer condições iniciais da forma $y(x_0) = y_0$ e $y'(x_0) = v_0$.

C5.5. O ponto x_0 é um ponto singular quando $P(x_0) = 0$ e pelo menos uma das equações $Q(x_0) \neq 0$ e $R(x_0) \neq 0$ é válida. Isto garante que $P(x)$, $Q(x)$ e $R(x)$ não têm um fator comum $x - x_0$, de modo que pelo menos um dos coeficientes da equação na forma padrão, $Q(x)/P(x)$ e $R(x)/P(x)$, será ilimitado em $x = x_0$. Isto significa que as hipóteses do Teorema 3.2.1 não são satisfeitas, de modo que não podemos garantir que este problema tem uma única solução duas vezes diferenciável. (Estudaremos esta situação em mais detalhes nas Seções 5.4 a 5.7.)

C5.6. De acordo com o Teorema 5.3.1, o raio de convergência de cada uma das séries $y_1(x)$ e $y_2(x)$ é, pelo menos, tão grande como o menor dos raios de convergência das séries para $p(x) = Q(x)/P(x)$ e $q(x) = R(x)/P(x)$. (Isto pode ser muito útil, já que encontrar o raio de convergência de uma série cujos termos são definidos por meio de uma relação de recorrência pode ser muito difícil.)

C5.7. Cada derivada de x^r reduz a potência de um. O x extra no termo y' soma um à potência, fazendo com que esse termo seja um múltiplo de x^r. Analogamente, o x^2 extra no termo y'' soma dois à potência. Então todos os três termos são múltiplos de x^r, que pode ser simplificado, levando a um polinômio quadrático: $r(r - 1) + \alpha r + \beta = 0$.

Os três casos para as duas raízes desta equação do segundo grau têm de ser tratados separadamente. Embora os detalhes sejam diferentes, a estrutura subjacente lembra muito a busca por soluções exponenciais de equações diferenciais lineares homogêneas com coeficientes constantes.

C5.8. A equação diferencial de Euler é um exemplo simples de uma equação diferencial de segunda ordem com um ponto singular em $x = 0$. E sabemos como encontrar um conjunto fundamental de soluções para a equação diferencial de Euler.

C5.9.

Caso 1: (Raízes Reais Distintas) Quando as raízes forem $r_1 \neq r_2$, um conjunto fundamental de soluções será $\left\{ x^{r_1}, x^{r_2} \right\}, x > 0$.

Caso 2: (Raízes Reais Iguais) Quando as raízes forem $r_1 = r_2$, um conjunto fundamental de soluções será $\left\{ x^{r_1}, x^{r_1} \ln(x) \right\}, x > 0$.

Caso 3: (Raízes Complexas) Quando $r_{1,2} = \lambda \pm i\mu$, um conjunto fundamental de soluções é $\left\{ x^\lambda \cos(\mu \ln(x)), x^\lambda \operatorname{sen}(\mu \ln(x)) \right\}, x > 0$.

C5.10. Um ponto singular pode ser regular ou irregular. Para a equação diferencial $P(x)y'' + Q(x)y' + R(x)y = 0$, $x = x_0$ é um ponto singular regular se ambos $\lim_{x \to x_0} (x - x_0) \dfrac{Q(x)}{P(x)}$ e $\lim_{x \to x_0} (x - x_0)^2 \dfrac{R(x)}{P(x)}$ forem finitos. Se um ou ambos desses limites não existir, então $x = x_0$ será um ponto singular irregular. [Lembre-se de que ser um ponto singular significa que pelo menos um dos limites $\lim_{x \to x_0} \dfrac{Q(x)}{P(x)}$ e $\lim_{x \to x_0} \dfrac{R(x)}{P(x)}$ não existe (são limitados em geral).]

C5.11. Se o ponto singular ocorrer em $x = x_0 \neq 0$, faça uma mudança de variáveis $t = x - x_0$. A equação diferencial resultante com um ponto singular na origem é
$$P^\star(t) \frac{d^2 y}{dt^2} + Q^\star(t) \frac{dy}{dt} + R^\star(t)y = 0,$$
em que $P^\star(t) = P(x_0 + t)$, $Q^\star(t) = Q(x_0 + t)$ e $R^\star(t) = R(x_0 + t)$.

C5.12. Como essa equação diferencial tem um ponto singular regular em $x = 0$, $xp(x)$ e $x^2 q(x)$ são analíticas em $x = 0$. Em particular, podemos definir $p_0 = \lim_{x \to 0} xp(x)$ e $q_0 = \lim_{x \to 0} x^2 q(x)$. A equação indicial é $r(r - 1) + p_0 r + q_0 = 0$ e suas duas raízes são expoentes da singularidade.

166 Capítulo 5

C5.13. Quando $r_2 - r_1$ não é zero nem um inteiro positivo, a segunda solução tem a forma

$$y_2(x) = x^{r_2}\left(1 + \sum_{k=1}^{\infty} a_k(r_2)x^k\right),$$

em que os coeficientes $a_k(r_2)$ são encontrados usando a mesma relação de recorrência usada para encontrar os coeficientes de $y_1(x)$ usando $a_0 = 1$ e $r = r_2$.

C5.14. Quando $r_1 = r_2$, a segunda solução tem a forma

$$y_2(x) = y_1(x)\ln(x) + x^{r_1}\sum_{k=1}^{\infty} b_k x^k,$$

em que os coeficientes b_k são encontrados substituindo-se essa forma (e $y_1(x)$) na equação diferencial e igualando a zero o coeficiente de cada potência de x.

C5.15. Quando $r_1 = r_2 + N$, a segunda solução pode ser encontrada na forma

$$y_2(x) = ay_1(x)\ln(x) + x^{r_1}\sum_{k=1}^{\infty} b_k x^k,$$

em que os coeficientes a e b_k são encontrados substituindo-se essa forma (e $y_1(x)$) e igualando a zero o coeficiente de cada potência de x. (Note que é possível que $a = 0$ e não exista termo logarítmico.)

C5.16. A equação de Bessel de ordem v é $x^2y'' + xy' + (x^2 - v^2)y = 0$. O fato de que $P(0) = 0$ e que não temos $Q(0)$ e $R(0)$ nulos faz com que $x = 0$ seja um ponto singular. O fato de que

$$p_0 = \lim_{x\to 0} x\frac{Q(x)}{P(x)} = \lim_{x\to 0} x\frac{x}{x^2} = 1 \text{ e } q_0 = \lim_{x\to 0} x^2\frac{R(x)}{P(x)}$$

$$= \lim_{x\to 0} x^2\frac{x^2 - v^2}{x^2} = -v^2 \text{ são finitos significa que o ponto}$$

singular é regular.

C5.17. Os três casos com $v = 0$, $v = \frac{1}{2}$ e $v = 1$ exibem três formas diferentes para a segunda solução no conjunto fundamental de soluções para a equação de Bessel de ordem v.

Quando $v = 0$, os expoentes da singularidade em $x = 0$ são iguais: $r_1 = r_2 = 0$. A primeira solução, $y_1(x)$, é uma série de potências com potências inteiras de x. A segunda solução, $y_2(x)$, tem a forma $y_1(x)\ln(x)$ mais uma segunda série de potências com potências inteiras de x.

Quando $v = \frac{1}{2}$, os expoentes da singularidade em $x = 0$ diferem por um inteiro positivo: $r_1 = \frac{1}{2}$, $r_2 = -\frac{1}{2}$. Neste caso, a segunda solução não tem um termo logarítmico.

Quando $v = 1$, os expoentes da singularidade em $x = 0$ também diferem por um inteiro positivo: $r_1 = 1$, $r_2 = -1$. Neste caso, a segunda solução tem um termo logarítmico.

Bibliografia

Coddington, E. A. *An Introduction to Ordinary Differential Equations.* Englewood Cliffs, NJ: Prentice-Hall, 1961; New York: Dover, 1989.

Coddington, E. A. and Carlson, R. *Linear Ordinary Differential Equations.* Philadelphia, PA: Society for Industrial and Applied Mathematics, 1997.

Copson, E. T. *An Introduction to the Theory of Functions of a Complex Variable.* Oxford: Oxford University Press, 1935.

Knopp, K. *Theory and Applications of Infinite Series.* New York: Hafner, 1951.

Demonstrações dos Teoremas 5.3.1 e 5.6.1 podem ser encontradas em livros intermediários ou avançados; veja, por exemplo, os Capítulos 3 e 4 de Coddington, os Capítulos 5 e 6 de Coddington e Carlson, ou os Capítulos 3 e 4 de:

Rainville, E. D. *Intermediate Differential Equations.* 2. ed. New York: Macmillan, 1964.

Veja, também, esses textos para uma discussão do ponto no infinito, mencionado no Problema 32 da Seção 5.4. O comportamento de soluções perto de um ponto singular irregular é um tópico ainda mais avançado; uma discussão sucinta pode ser encontrada no Capítulo 5 de:

Coddington, E. A. and Levinson, N. *Theory of Ordinary Differential Equations.* New York: McGraw-Hill, 1955; Malabar, FL: Krieger, 1984.

Discussões mais completas da equação de Bessel, da equação de Legendre e de muitas outras equações que levam o nome de pessoas podem ser encontradas em livros avançados de equações diferenciais, de métodos de matemática aplicada e de funções especiais. Um livro que trata de funções especiais, como polinômios de Legendre e funções de Bessel, é:

Hochstadt, H. *Special Functions of Mathematical Physics.* New York: Holt, 1961.

Uma compilação excelente de fórmulas, gráficos e tabelas de funções de Bessel, funções de Legendre e outras funções especiais da Física-Matemática pode ser encontrada em:

Abramowitz, M. and Stegun, I. A. (ed.). *Handbook of Mathematical Functions with Formulas, Graphs, and Mathematical Tables.* New York: Dover, 1965; publicado originalmente pelo Departamento Nacional de Padrões, Washington, DC, 1964.

O sucessor digital de Abramowitz e Stegun é:

Digital Library of Mathematical Functions. Released August 29, 2011. National Institute of Standards and Technology from http://dlmf.nist.gov/.

CAPÍTULO **6**

Transformada de Laplace

Muitos problemas práticos de Engenharia envolvem sistemas mecânicos ou elétricos sob a ação de forças externas descontínuas ou de impulsos. Os métodos descritos no Capítulo 3 são, muitas vezes, complicados de usar em tais problemas. Outro método particularmente adequado para esses problemas, embora possa ser usado de maneira mais geral, baseia-se na transformada de Laplace. Vamos descrever, neste capítulo, como este importante método funciona, enfatizando problemas típicos que aparecem nas aplicações de Engenharia.

6.1 Definição da Transformada de Laplace

Integrais Impróprias. Como a transformada de Laplace envolve uma integral de zero a infinito, é necessário conhecimento sobre integrais impróprias desse tipo para apreciar o desenvolvimento subsequente das propriedades da transformada. Vamos fornecer aqui uma revisão rápida de tais integrais impróprias. Se você já estiver familiarizado com integrais impróprias, pode querer pular essa revisão. Por outro lado, se uma integral imprópria é novidade para você, então deveria, provavelmente, consultar um livro de Cálculo, no qual encontrará muito mais detalhes e exemplos.

Uma integral imprópria em um intervalo ilimitado é definida como um limite de integrais em intervalos finitos; assim,

$$\int_a^\infty f(t)dt = \lim_{A\to\infty}\int_a^A f(t)dt, \qquad (1)$$

em que A é um número real positivo. Se a integral de a até A existir para todo $A > a$ e se existir o limite quando $A \to \infty$, diremos que a integral imprópria **converge** para este valor limite. Caso contrário, a integral **diverge** ou não existe. Os exemplos a seguir ilustram ambas as possibilidades.

EXEMPLO 6.1.1

A integral imprópria $\int_1^\infty \dfrac{dt}{t}$ diverge ou converge?

Solução:

Da Eq. (1), temos

$$\int_1^\infty \frac{dt}{t} = \lim_{A\to\infty}\int_1^A \frac{dt}{t} = \lim_{A\to\infty}\ln(A).$$

Como $\lim\limits_{A\to\infty}\ln(A) = \infty$, a integral imprópria diverge.

EXEMPLO 6.1.2

Calcule a integral imprópria $\int_0^\infty e^{ct}dt$. Para que valores de c esta integral imprópria converge?

Solução:

Suponha que c é uma constante não nula. Então

$$\int_0^\infty e^{ct}dt = \lim_{A\to\infty}\int_0^A e^{ct}dt = \lim_{A\to\infty}\frac{e^{ct}}{c}\bigg|_0^A =$$

$$= \lim_{A\to\infty}\frac{1}{c}(e^{cA}-1).$$

Segue que a integral imprópria converge para o valor $-1/c$ se $c < 0$ e diverge se $c > 0$. Se $c = 0$, o integrando e^{ct} é a função constante igual a um. Neste caso,

$$\lim_{A\to\infty}\int_0^A 1\,dt = \lim_{A\to\infty}(A-0) = \infty,$$

de modo que a integral diverge novamente.

EXEMPLO 6.1.3

Encontre todos os números reais p para os quais a integral imprópria $\int_1^\infty t^{-p}dt$ converge. Para que valores de p ela diverge?

Solução:

Suponha que p é uma constante real, com $p \neq 1$; o caso $p = 1$ foi considerado no Exemplo 6.1.1. Então

$$\int_1^\infty t^{-p}dt = \lim_{A\to\infty}\int_1^A t^{-p}dt = \lim_{A\to\infty}\frac{1}{1-p}(A^{1-p}-1).$$

Quando $A \to \infty$, $A^{1-p} \to 0$ se $p > 1$, mas $A^{1-p} \to \infty$ se $p < 1$. Portanto, $\int_1^\infty t^{-p}dt$ converge para o valor $1/(p-1)$ para $p > 1$, mas diverge (incorporando o resultado do Exemplo 6.1.1) para $p \leq 1$.

Esses resultados são análogos àqueles para a série infinita $\sum\limits_{n=1}^\infty n^{-p}$.

Antes de discutir a possível existência de $\int_a^\infty f(t)dt$, vamos definir alguns termos. Uma função é dita **seccionalmente**

contínua ou **contínua por partes** em um intervalo $\alpha \leq t \leq \beta$ se o intervalo[1] puder ser dividido por um número finito de pontos $\alpha = t_0 < t_1 < \cdots < t_n = \beta$ de modo que

1. f seja contínua em cada subintervalo aberto $t_{i-1} < t < t_i$.
2. f tenda a um limite finito nos extremos de cada subintervalo por pontos no interior do subintervalo.

Em outras palavras, f será seccionalmente contínua em $\alpha \leq t \leq \beta$ se for contínua aí, exceto por um número finito de descontinuidades do tipo salto. Se f for seccionalmente contínua em $\alpha \leq t \leq \beta$ para todo $\beta > \alpha$, então dizemos que f é seccionalmente contínua em $t \geq \alpha$. A **Figura 6.1.1** mostra um exemplo de uma função seccionalmente contínua.

A integral de uma função seccionalmente contínua em um intervalo finito é, simplesmente, a soma das integrais nos subintervalos criados pelos pontos da partição. Por exemplo, para a função $f(t)$ na **Figura 6.1.1**, temos

$$\int_\alpha^\beta f(t)dt = \int_\alpha^{t_1} f(t)dt + \int_{t_1}^{t_2} f(t)dt + \int_{t_2}^\beta f(t)dt. \qquad (2)$$

Para a função na Figura 6.1.1, atribuímos valores para a função nos extremos α e β e nos pontos da partição t_1 e t_2. No entanto, para as integrais na Eq. (2), não importa se a função $f(t)$ está definida nesses pontos, ou quais os valores atribuídos a $f(t)$ neles. Os valores das integrais na Eq. (2) permanecem os mesmos.

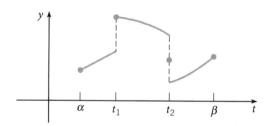

FIGURA 6.1.1 Função seccionalmente contínua $y = f(t)$.

Logo, se f for seccionalmente contínua no intervalo $a \leq t \leq A$, a integral $\int_a^A f(t)dt$ existe. Portanto, se f for seccionalmente contínua para $t \geq a$, então $\int_a^A f(t)dt$ existirá para todo $A > a$. No entanto, a continuidade por partes não é suficiente para garantir a convergência da integral imprópria $\int_a^\infty f(t)dt$, como mostram os exemplos precedentes.

Se f não puder ser integrada facilmente em termos de funções elementares, a definição de convergência de $\int_a^\infty f(t)dt$ pode ser difícil de aplicar. Com frequência, a maneira mais conveniente de testar a convergência ou divergência de uma integral imprópria é usando o teorema de comparação a seguir, análogo a um teorema semelhante para séries infinitas.

Teorema 6.1.1

Se f for seccionalmente contínua para $t \geq a$, se $|f(t)| \leq g(t)$ quando $t \geq M$ para alguma constante positiva M e se $\int_M^\infty g(t)dt$ convergir, então $\int_a^\infty f(t)dt$ também convergirá.

Por outro lado, se $f(t) \geq g(t) \geq 0$ para $t \geq M$ e se $\int_M^\infty g(t)dt$ divergir, então $\int_a^\infty f(t)dt$ também divergirá.

A demonstração deste resultado de Cálculo não será dada aqui. Ele se torna plausível, no entanto, se compararmos as áreas representadas por $\int_M^\infty g(t)dt$ e por $\int_M^\infty |f(t)|dt$. As funções mais úteis para efeitos de comparação são e^{ct} e t^{-p}, que consideramos nos Exemplos 6.1.1 a 6.1.3.

Transformada de Laplace. Entre as ferramentas muito úteis para a resolução de equações diferenciais estão as **transformadas integrais**. Uma transformada integral é uma relação da forma

$$F(s) = \int_\alpha^\beta K(s,t)f(t)dt, \qquad (3)$$

em que $K(s, t)$ é uma função dada, chamada **núcleo** da transformação, e os limites de integração α e β também são dados. É possível que $\alpha = -\infty$ ou $\beta = \infty$, ou ambos. A relação (3) transforma a função f em outra função F, que é chamada **transformada** de f.

Existem diversas transformadas integrais úteis em Matemática aplicada, mas vamos considerar, neste capítulo, apenas a transformada de Laplace.[2] Esta transformada é definida da seguinte maneira. Suponha que $f(t)$ é uma função definida para $t \geq 0$ e que f satisfaz certas condições que serão especificadas mais adiante. Então, a transformada de Laplace de f, que denotaremos por $\mathcal{L}\{f(t)\}$ ou por $F(s)$, é definida pela equação

$$\mathcal{L}\{f(t)\} = F(s) = \int_0^\infty e^{-st} f(t)dt, \qquad (4)$$

sempre que esta integral imprópria convergir. A transformada de Laplace usa o núcleo $K(s, t) = e^{-st}$. Como as soluções das equações diferenciais lineares com coeficientes constantes se baseiam na função exponencial, a transformada de Laplace é particularmente útil para essas equações. A ideia geral quando se usa a transformada de Laplace para resolver uma equação diferencial é a seguinte:

1. Use a relação (4) para transformar um problema de valor inicial para uma função desconhecida f no domínio dos t em um problema mais simples (de fato, um problema algébrico) para F, no domínio dos s.
2. Resolva esse problema algébrico para encontrar F.
3. Recupere a função desejada f de sua transformada F. Esta última etapa é conhecida como "inverter a transformada".

---

[1] Não é essencial que o intervalo seja fechado; a mesma definição se aplica se o intervalo for aberto em uma das extremidades ou nas duas.

[2] A transformada de Laplace tem esse nome em homenagem ao eminente matemático francês P. S. Laplace, que estudou a relação (3) em 1782. No entanto, as técnicas descritas neste capítulo só foram desenvolvidas um século depois ou mais tarde. Elas se devem, principalmente, a Oliver Heaviside (1850-1925), um engenheiro elétrico inglês inovador e autodidata, que fez contribuições importantes para o desenvolvimento e a aplicação da teoria eletromagnética. Ele também foi um dos que desenvolveram o cálculo vetorial.

Em geral, o parâmetro s pode ser complexo e todo o poder da transformada de Laplace só se torna disponível quando $F(s)$ é considerada uma função de variável complexa. No entanto, para os problemas discutidos aqui, basta considerar apenas valores reais de s.

A transformada de Laplace F de uma função f vai existir se f satisfizer determinadas condições, como as enunciadas no teorema a seguir.

Teorema 6.1.2

Suponha que

(i) f é seccionalmente contínua no intervalo $0 \leq t \leq A$ para qualquer A positivo e
(ii) existem constantes reais K, a e M, com K e M positivas, tais que
$$|f(t)| \leq Ke^{at} \text{ quando } t \geq M.$$
Então, a transformada de Laplace $\mathcal{L}\{f(t)\} = F(s)$, definida pela Eq. (4), existe para $s > a$.

Para estabelecer este teorema, vamos mostrar que a integral na Eq. (4) converge para $s > a$. Separando a integral imprópria em duas partes, temos
$$\int_0^\infty e^{-st} f(t)dt = \int_0^M e^{-st} f(t)dt + \int_M^\infty e^{-st} f(t)dt. \quad (5)$$
A primeira integral à direita do sinal de igualdade na Eq. (5) existe pela hipótese (i) do teorema; então, a existência de $F(s)$ depende da convergência da segunda integral. Pela hipótese (ii), temos, para $t \geq M$,
$$|e^{-st} f(t)| \leq Ke^{-st} e^{at} = Ke^{(a-s)t},$$
logo, pelo Teorema 6.1.1, $F(s)$ existe se $\int_M^\infty e^{(a-s)t} dt$ convergir. Pelo Exemplo 6.1.2, com $a - s$ no lugar de c, vemos que esta última integral converge quando $a - s < 0$, o que estabelece o Teorema 6.1.2.

Neste capítulo (exceto na Seção 6.5), trataremos, quase que exclusivamente, de funções que satisfazem as condições do Teorema 6.1.2. Tais funções são descritas como seccionalmente contínuas e de **ordem exponencial** quando $t \to \infty$. Note que existem funções que não são de ordem exponencial quando $t \to \infty$. Uma delas é $f(t) = e^{t^2}$. Quando $t \to \infty$, esta função cresce mais rapidamente do que Ke^{at}, independentemente de quão grande sejam as constantes K e a.

As transformadas de Laplace de algumas funções elementares importantes são dadas nos exemplos a seguir.

EXEMPLO 6.1.4

Encontre $\mathcal{L}\{1\}$.

Solução:

Seja $f(t) = 1$, $t \geq 0$. Então, como no Exemplo 6.1.2,
$$\mathcal{L}\{1\} = \int_0^\infty e^{-st} dt = -\lim_{A \to \infty} \left.\frac{e^{-st}}{s}\right|_0^A = \frac{1}{s}, \quad s > 0.$$

EXEMPLO 6.1.5

Encontre $\mathcal{L}\{e^{at}\}$.

Solução:

Seja $f(t) = e^{at}$, $t \geq 0$. Então, novamente referindo-nos ao Exemplo 6.1.2,
$$\mathcal{L}\{e^{at}\} = \int_0^\infty e^{-st} e^{at} dt = \int_0^\infty e^{-(s-a)t} dt$$
$$= \frac{1}{s-a}, \quad s > a.$$

EXEMPLO 6.1.6

Encontre a transformada de Laplace da função cujo gráfico aparece na **Figura 6.1.2**.

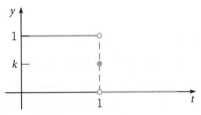

FIGURA 6.1.2 Gráfico da função seccionalmente contínua no Exemplo 6.1.6.

Solução:

Seja
$$f(t) = \begin{cases} 1, & 0 \leq t < 1, \\ k, & t = 1, \\ 0, & t > 1, \end{cases}$$

em que k é constante. Em contextos de engenharia, $f(t)$ representa, muitas vezes, um impulso unitário, talvez uma força ou uma voltagem.

Note que f é uma função seccionalmente contínua. Então
$$\mathcal{L}\{f(t)\} = \int_0^\infty e^{-st} f(t)dt = \int_0^1 e^{-st} dt = -\left.\frac{e^{-st}}{s}\right|_0^1 = \frac{1-e^{-s}}{s}, \quad s > 0.$$

Observe que $\mathcal{L}\{f(t)\}$ não depende de k, o valor da função no ponto de descontinuidade. Mesmo que $f(t)$ não esteja definida nesse ponto, a transformada de Laplace de f permanece a mesma. Logo, existem muitas funções, diferindo de valor em um único ponto, que têm a mesma transformada de Laplace.

EXEMPLO 6.1.7

Encontre $\mathcal{L}\{\text{sen}(at)\}$. Para que valores de s esta transformada está definida?

Solução:

Seja $f(t) = \text{sen}(at)$, $t \geq 0$. Então
$$\mathcal{L}\{\text{sen}(at)\} = F(s) = \int_0^\infty e^{-st} \text{sen}(at) dt, \quad s > 0.$$

Como
$$F(s) = \lim_{A \to \infty} \int_0^A e^{-st} \text{sen}(at) dt,$$

170 Capítulo 6

integrando por partes, obtemos

$$F(s) = \lim_{A \to \infty} \left(-\frac{e^{-st}\cos(at)}{a} \Big|_0^A - \frac{s}{a}\int_0^A e^{-st}\cos(at)dt \right)$$

$$= \frac{1}{a} - \frac{s}{a}\int_0^\infty e^{-st}\cos(at)dt.$$

Uma segunda integração por partes fornece

$$F(s) = \frac{1}{a} - \frac{s^2}{a^2}\int_0^\infty e^{-st}\,\text{sen}(at)dt$$

$$= \frac{1}{a} - \frac{s^2}{a^2}F(s).$$

Portanto, resolvendo para $F(s)$, temos

$$F(s) = \frac{a}{s^2 + a^2}, \qquad s > 0.$$

No Problema 5 você usará um processo semelhante para encontrar $\mathcal{L}\{\cos(at)\} = \dfrac{s}{s^2 + a^2}$ para $s > 0$. Agora vamos supor que f_1 e f_2 são duas funções cujas transformadas de Laplace existem para $s > a_1$ e $s > a_2$, respectivamente. Então, para s maior do que o máximo de a_1 e a_2,

$$\mathcal{L}\{c_1 f_1(t) + c_2 f_2(t)\} = \int_0^\infty e^{-st}(c_1 f_1(t) + c_2 f_2(t))dt =$$

$$= c_1 \int_0^\infty e^{-st}f_1(t)dt + c_2 \int_0^\infty e^{-st}f_2(t)dt;$$

logo,

$$\mathcal{L}\{c_1 f_1(t) + c_2 f_2(t)\} = c_1\mathcal{L}\{f_1(t)\} + c_2\mathcal{L}\{f_2(t)\}. \qquad (6)$$

A Eq. (6) afirma que a transformada de Laplace é um **operador linear** e faremos uso frequente desta propriedade mais tarde. A soma na Eq. (6) pode ser prontamente estendida para um número arbitrário de parcelas.

EXEMPLO 6.1.8

Encontre a transformada de Laplace de $f(t) = 5e^{-2t} - 3\text{sen}(4t), t \geq 0$.

Solução:

Usando a Eq. (6), escrevemos

$$\mathcal{L}\{f(t)\} = 5\mathcal{L}\{e^{-2t}\} - 3\mathcal{L}\{\text{sen}(4t)\}.$$

Então, dos Exemplos 6.1.5 e 6.1.7, obtemos

$$\mathcal{L}\{f(t)\} = \frac{5}{s+2} - \frac{12}{s^2+16}, \qquad s > 0.$$

Problemas

Nos Problemas 1 a 3, esboce o gráfico da função dada. Em cada caso, determine se f é contínua, seccionalmente contínua, ou nenhuma das duas no intervalo $0 \leq t \leq 3$.

1. $f(t) = \begin{cases} t^2, & 0 \leq t \leq 1 \\ 2+t, & 1 < t \leq 2 \\ 6-t, & 2 < t \leq 3 \end{cases}$

2. $f(t) = \begin{cases} t^2, & 0 \leq t \leq 1 \\ (t-1)^{-1}, & 1 < t \leq 2 \\ 1, & 2 < t \leq 3 \end{cases}$

3. $f(t) = \begin{cases} t^2, & 0 \leq t \leq 1 \\ 1, & 1 < t \leq 2 \\ 3-t, & 2 < t \leq 3 \end{cases}$

4. Encontre a transformada de Laplace de cada uma das funções a seguir:
   a. $f(t) = t$
   b. $f(t) = t^2$
   c. $f(t) = t^n$, em que n é um inteiro positivo.

5. Encontre a transformada de Laplace de $f(t) = \cos(at)$, em que a é uma constante real.

   Lembre-se de que

   $$\cosh(bt) = \frac{1}{2}(e^{bt} + e^{-bt}) \text{ e senh}(bt) = \frac{1}{2}(e^{bt} - e^{-bt}).$$

Nos Problemas 6 e 7, use a linearidade da transformada de Laplace para encontrar a transformada de Laplace da função dada; a e b são constantes reais.

6. $f(t) = \cosh(bt)$

7. $f(t) = \text{senh}(bt)$

   Lembre-se de que

   $$\cos(bt) = \frac{1}{2}(e^{ibt} + e^{-ibt}) \text{ e sen}(bt) = \frac{1}{2i}(e^{ibt} - e^{-ibt}).$$

Nos Problemas 8 a 11, use a linearidade da transformada de Laplace para encontrar a transformada de Laplace da função dada; a e b são constantes reais. Suponha que as fórmulas de integração elementares podem ser estendidas para esse caso.

8. $f(t) = \text{sen}(bt)$

9. $f(t) = \cos(bt)$

10. $f(t) = e^{at}\,\text{sen}(bt)$

11. $f(t) = e^{at}\cos(bt)$

Nos Problemas 12 a 15, use integração por partes para encontrar a transformada de Laplace da função dada; n é um inteiro positivo e a é uma constante real.

12. $f(t) = te^{at}$

13. $f(t) = t\,\text{sen}(at)$

14. $f(t) = t^n e^{at}$

15. $f(t) = t^2\,\text{sen}(at)$

Nos Problemas 16 a 18, encontre a transformada de Laplace da função dada.

16. $f(t) = \begin{cases} 1, & 0 \leq t < \pi \\ 0, & \pi \leq t < \infty \end{cases}$

17. $f(t) = \begin{cases} t, & 0 \le t < 1 \\ 1, & 1 \le t < \infty \end{cases}$

18. $f(t) = \begin{cases} t, & 0 \le t < 1 \\ 2 - t, & 1 \le t < 2 \\ 0, & 2 \le t < \infty \end{cases}$

Nos Problemas 19 a 21, determine se a integral dada converge ou diverge.

19. $\displaystyle\int_0^\infty (t^2 + 1)^{-1} dt$

20. $\displaystyle\int_0^\infty t e^{-t} dt$

21. $\displaystyle\int_1^\infty t^{-2} e^t dt$

22. Suponha que f e f' são contínuas em $t \ge 0$ e de ordem exponencial quando $t \to \infty$. Integrando por partes, mostre que, se $F(s) = \mathcal{L}\{f(t)\}$, então $\displaystyle\lim_{s\to\infty} F(s) = 0$. O resultado continua válido sob condições menos restritivas, como as do Teorema 6.1.2.

23. **Função Gama.** A função gama, denotada por $\Gamma(p)$, é definida pela integral

$$\Gamma(p+1) = \int_0^\infty e^{-x} x^p dx. \tag{7}$$

A integral converge quando $x \to \infty$ para todo p. Para $p < 0$, também é imprópria em $x = 0$, já que o integrando se torna ilimitado quando $x \to 0$. No entanto, pode-se mostrar que a integral converge em $x = 0$ para $p > -1$.

a. Mostre que, para $p > 0$,

$$\Gamma(p+1) = p\Gamma(p).$$

b. Mostre que $\Gamma(1) = 1$.

c. Se p for um inteiro positivo n, mostre que

$$\Gamma(n+1) = n!.$$

Como $\Gamma(p)$ também está definido quando p não é inteiro, esta função fornece uma extensão da função fatorial para valores não inteiros da variável independente. Note que também é consistente definir $0! = 1$.

d. Mostre que, para $p > 0$,

$$p(p+1)(p+2)\cdots(p+n-1) = \frac{\Gamma(p+n)}{\Gamma(p)}.$$

Assim, $\Gamma(p)$ pode ser determinado para todos os valores positivos de p se $\Gamma(p)$ for conhecido em um único intervalo de comprimento um – por exemplo, em $0 < p \le 1$. É possível mostrar que $\Gamma\left(\dfrac{1}{2}\right) = \sqrt{\pi}$. Encontre $\Gamma\left(\dfrac{3}{2}\right)$ e $\Gamma\left(\dfrac{11}{2}\right)$.

24. Considere a transformada de Laplace de t^p, em que $p > -1$.

a. Usando o Problema 23, mostre que

$$\mathcal{L}\{t^p\} = \int_0^\infty e^{-st} t^p dt = \frac{1}{s^{p+1}} \int_0^\infty e^{-x} x^p dx =$$
$$= \frac{\Gamma(p+1)}{s^{p+1}}, \quad s > 0.$$

b. Seja p um inteiro positivo n no item (a); mostre que

$$\mathcal{L}\{t^n\} = \frac{n!}{s^{n+1}}, \quad s > 0.$$

c. Mostre que

$$\mathcal{L}\{t^{-1/2}\} = \frac{2}{\sqrt{s}} \int_0^\infty e^{-x^2} dx, \quad s > 0.$$

É possível mostrar que

$$\int_0^\infty e^{-x^2} dx = \frac{\sqrt{\pi}}{2};$$

portanto,

$$\mathcal{L}\{t^{-1/2}\} = \sqrt{\frac{\pi}{s}}, \quad s > 0.$$

d. Mostre que

$$\mathcal{L}\{t^{1/2}\} = \frac{\sqrt{\pi}}{2s^{3/2}}, \quad s > 0.$$

6.2 Solução de Problemas de Valor Inicial

Nesta seção, vamos mostrar como a transformada de Laplace pode ser usada para resolver problemas de valor inicial para equações diferenciais lineares com coeficientes constantes. A utilidade da transformada de Laplace neste contexto reside no fato de que a transformada de f' está relacionada de maneira simples com a transformada de f. Esta relação está explicitada no teorema a seguir.

> **Teorema 6.2.1**
>
> Suponha que f é contínua e que f' é seccionalmente contínua em qualquer intervalo $0 \le t \le A$. Além disso, considere que existem constantes K, a e M tais que $|f(t)| \le Ke^{at}$ para $t \ge M$. Então, $\mathcal{L}\{f'(t)\}$ existe para $s > a$ e, além disso,
>
> $$\mathcal{L}\{f'(t)\} = s\mathcal{L}\{f(t)\} - f(0). \tag{1}$$

Para demonstrar esse teorema, vamos considerar a integral

$$\int_0^A e^{-st} f'(t) dt,$$

cujo limite quando $A \to \infty$, se existir, será a transformada de Laplace de f'. Para calcular este limite, precisamos primeiro escrever a integral em uma forma adequada. Se f' tiver pontos de descontinuidade no intervalo $0 \le t \le A$, vamos denotá-los por $t_1, t_2, \ldots, t_k$. Podemos, então, escrever essa integral como

$$\int_0^A e^{-st} f'(t) dt = \int_0^{t_1} e^{-st} f'(t) dt + \int_{t_1}^{t_2} e^{-st} f'(t) dt + \cdots$$
$$+ \int_{t_k}^A e^{-st} f'(t) dt.$$

Integrando cada parcela à direita do sinal de igualdade por partes, obtemos

$$\int_0^A e^{-st} f'(t) dt = e^{-st} f(t) \Big|_0^{t_1} + e^{-st} f(t) \Big|_{t_1}^{t_2} + \cdots + e^{-st} f(t) \Big|_{t_k}^A +$$
$$+ s\left(\int_0^{t_1} e^{-st} f(t) dt + \int_{t_1}^{t_2} e^{-st} f(t) dt + \cdots + \int_{t_k}^A e^{-st} f(t) dt \right).$$

Como f é contínua, as contribuições em $t_1, t_2, \ldots, t_k$ das parcelas integradas se cancelam. Além disso, as integrais à direita do sinal de igualdade podem ser combinadas em uma única integral, de modo que obtemos

172 Capítulo 6

$$\int_0^A e^{-st} f'(t)dt = e^{-sA} f(A) - f(0) + s \int_0^A e^{-st} f(t)dt. \qquad (2)$$

Vamos fazer $A \to \infty$ na Eq. (2). A integral à direita do sinal de igualdade nesta equação tende a $\mathcal{L}\{f(t)\}$. Além disso, para $A \geq M$, temos $|f(A)| \leq Ke^{aA}$; em consequência, $|e^{-sA}f(A)| \leq Ke^{-(s-a)A}$. Portanto, $e^{-sA}f(A) \to 0$ quando $A \to \infty$ sempre que $s > a$. Assim, a expressão à direita do sinal de igualdade na Eq. (2) tem limite $s\mathcal{L}\{f(t)\} - f(0)$. Em consequência, a expressão à esquerda do sinal de igualdade na Eq. (2) também tem limite e, como observamos antes, este limite é $\mathcal{L}\{f'(t)\}$. Logo, para $s > a$, concluímos que

$$\mathcal{L}\{f'(t)\} = s\mathcal{L}\{f(t)\} - f(0),$$

o que prova o Teorema 6.2.1.

Se f' e f'' satisfizerem as mesmas condições impostas sobre f e f', respectivamente, no Teorema 6.2.1, então a transformada de Laplace de f'' também existirá para $s > a$ e será dada por

$$\begin{aligned} \mathcal{L}\{f''(t)\} &= s\mathcal{L}\{f'(t)\} - f'(0) = \\ &= s(s\mathcal{L}\{f(t)\} - f(0)) - f'(0) = \\ &= s^2\mathcal{L}\{f(t)\} - sf(0) - f'(0). \end{aligned} \qquad (3)$$

De fato, desde que a função f e suas derivadas satisfaçam condições adequadas, pode-se obter uma expressão para a n-ésima derivada $f^{(n)}$ por meio de n aplicações sucessivas desse teorema. O resultado é dado no corolário a seguir.

Corolário 6.2.2

Suponha que as funções $f, f', ..., f^{(n-1)}$ são contínuas e que $f^{(n)}$ é seccionalmente contínua em qualquer intervalo $0 \leq t \leq A$. Suponha, além disso, que existem constantes K, a e M tais que $|f(t)| \leq Ke^{at}$, $|f'(t)| \leq Ke^{at}, ..., |f^{(n-1)}(t)| \leq Ke^{at}$ para $t \geq M$. Então, $\mathcal{L}\{f^{(n)}(t)\}$ existe para $s > a$ e é dada por

$$\mathcal{L}\{f^{(n)}(t)\} = s^n\mathcal{L}\{f(t)\} - s^{n-1}f(0) - \cdots - sf^{(n-2)}(0) - f^{(n-1)}(0). \quad (4)$$

Vamos mostrar, agora, como a transformada de Laplace pode ser usada para resolver problemas de valor inicial. Sua utilidade maior é em problemas envolvendo equações diferenciais não homogêneas, como mostraremos em seções mais adiante neste capítulo. Entretanto, vamos começar olhando algumas equações homogêneas, que são um pouco mais simples.

EXEMPLO 6.2.1

Encontre a solução da equação diferencial

$$y'' - y' - 2y = 0 \qquad (5)$$

que satisfaz as condições iniciais

$$y(0) = 1, \quad y'(0) = 0. \qquad (6)$$

Solução:

Este problema pode ser resolvido facilmente pelos métodos da Seção 3.1. A equação característica é

$$r^2 - r - 2 = (r-2)(r+1) = 0$$

e, em consequência, a solução geral da Eq. (5) é

$$y = c_1 e^{-t} + c_2 e^{2t}. \qquad (7)$$

Para satisfazer as condições iniciais (6), precisamos ter $c_1 + c_2 = 1$ e $-c_1 + 2c_2 = 0$; logo, $c_1 = \dfrac{2}{3}$ e $c_2 = \dfrac{1}{3}$, de modo que a solução do problema de valor inicial (5) e (6) é

$$y = \phi(t) = \frac{2}{3}e^{-t} + \frac{1}{3}e^{2t}. \qquad (8)$$

Vamos agora resolver o mesmo problema usando a transformada de Laplace. Para isso, precisamos supor que o problema tem uma solução $y = y(t)$ tal que as duas primeiras derivadas satisfazem as condições do Corolário 6.2.2. Então, calculando a transformada de Laplace da equação diferencial (5), obtemos

$$\mathcal{L}\{y'' - y' - 2y\} = \mathcal{L}\{y''\} - \mathcal{L}\{y'\} - 2\mathcal{L}\{y\} = 0, \qquad (9)$$

em que usamos a linearidade da transformada para escrever a transformada de uma soma como a soma das transformadas separadas. Usando o Corolário 6.2.2 para expressar $\mathcal{L}\{y''\}$ e $\mathcal{L}\{y'\}$ em função de $\mathcal{L}\{y\}$, vemos que a Eq. (9) fica

$$s^2\mathcal{L}\{y\} - sy(0) - y'(0) - (s\mathcal{L}\{y\} - y(0)) - 2\mathcal{L}\{y\} = 0,$$

ou

$$(s^2 - s - 2)Y(s) + (1-s)y(0) - y'(0) = 0, \qquad (10)$$

em que $Y(s) = \mathcal{L}\{y\}$. Substituindo os valores de $y(0)$ e $y'(0)$ dados pelas condições iniciais (6) na Eq. (10) e depois resolvendo para $Y(s)$, obtemos

$$Y(s) = \frac{s-1}{s^2 - s - 2} = \frac{s-1}{(s-2)(s+1)}. \qquad (11)$$

Obtivemos, assim, uma expressão para a transformada de Laplace $Y(s)$ da solução $y(t)$ do problema de valor inicial dado. Para determinar a solução $y(t)$, precisamos encontrar a função cuja transformada de Laplace é $Y(s)$ dada pela Eq. (11).

Isso pode ser feito mais facilmente expandindo-se a expressão à direita do sinal de igualdade na Eq. (11) em frações parciais. Escrevemos, então,

$$Y(s) = \frac{s-1}{(s-2)(s+1)} = \frac{a}{s-2} + \frac{b}{s+1} = \frac{a(s+1) + b(s-2)}{(s-2)(s+1)}, \qquad (12)$$

em que os coeficientes a e b têm de ser determinados. Igualando os numeradores da segunda e da quarta expressões na Eq. (12), obtemos

$$s - 1 = a(s+1) + b(s-2),$$

uma equação que tem de ser satisfeita para todos os valores de s. Em particular, fazendo $s = 2$, temos que $a = \dfrac{1}{3}$. De maneira análoga, se $s = -1$, então $b = \dfrac{2}{3}$. Substituindo esses valores para a e b na Eq. (12), temos

$$Y(s) = \frac{1/3}{s-2} + \frac{2/3}{s+1}. \qquad (13)$$

Finalmente, usando o resultado do Exemplo 6.1.5, segue que $\dfrac{1}{3}e^{2t}$ tem transformada $\dfrac{1}{3}(s-2)^{-1}$; de modo similar, a transformada de $\dfrac{2}{3}e^{-t}$ é $\dfrac{2}{3}(s+1)^{-1}$. Portanto, pela linearidade da transformada de Laplace,

$$y(t) = \frac{1}{3}e^{2t} + \frac{2}{3}e^{-t}$$

tem a transformada (13) e é, portanto, solução do problema de valor inicial (5), (6). Note que ela satisfaz as condições do Corolário 6.2.2, como supusemos inicialmente. Certamente, esta é a mesma solução que obtivemos antes.

O mesmo procedimento pode ser aplicado a equações lineares gerais de segunda ordem com coeficientes constantes

$$ay'' + by' + cy = f(t).\tag{14}$$

Supondo que a solução $y(t)$ satisfaz as condições do Corolário 6.2.2 para $n = 2$, podemos calcular a transformada da Eq. (14) obtendo, assim,

$$a(s^2 Y(s) - sy(0) - y'(0)) + b(sY(s) - y(0)) + cY(s) = F(s),\tag{15}$$

em que $F(s)$ é a transformada de $f(t)$. Resolvendo a Eq. (15) para $Y(s)$, encontramos

$$Y(s) = \frac{(as + b)y(0) + ay'(0)}{as^2 + bs + c} + \frac{F(s)}{as^2 + bs + c}.\tag{16}$$

O problema, então, está resolvido, desde que possamos encontrar a função $y(t)$ cuja transformada é $Y(s)$.

Mesmo nesse estágio inicial de nossa discussão, podemos apontar algumas das características essenciais do método da transformada de Laplace. Em primeiro lugar, a transformada $Y(s)$ da função desconhecida $y(t)$ é encontrada resolvendo-se uma *equação algébrica* em vez de uma equação diferencial. Já vimos isso em duas situações diferentes: no Exemplo 6.2.1, em que a equação algébrica (10) substituiu a equação diferencial (5), e para o caso geral, em que a equação diferencial (14) é substituída pela equação algébrica (15). Essa é a chave da utilidade da transformada de Laplace para resolver equações diferenciais ordinárias lineares com coeficientes constantes – o problema é reduzido de uma equação diferencial para uma equação algébrica. A seguir, a solução satisfazendo as condições iniciais dadas é encontrada automaticamente, de modo que a tarefa de determinar os valores apropriados para as constantes arbitrárias na solução geral não aparece. Além disso, como indicado na Eq. (15), as equações não homogêneas são tratadas exatamente da mesma maneira que as homogêneas; não é necessário resolver primeiro a equação homogênea associada. Finalmente, o método pode ser aplicado da mesma maneira para equações de ordem maior, desde que suponhamos que a solução satisfaz as condições do Corolário 6.2.2 para o valor apropriado de n.

Note que o polinômio $as^2 + bs + c$ no denominador da fração à direita do sinal de igualdade na Eq. (16) é precisamente o polinômio característico associado à Eq. (14). Como a expansão de $Y(s)$ em frações parciais para determinar $y(t)$ necessita da fatoração desse polinômio, a utilização da transformada de Laplace não evita a necessidade de encontrar as raízes da equação característica. Para equações de ordem maior do que dois, pode ser necessária uma aproximação numérica, especialmente se as raízes forem irracionais ou complexas.

A dificuldade maior que ocorre quando se resolve um problema de valor inicial pela técnica da transformada está na determinação da função $y(t)$ correspondente à transformada $Y(s)$. Este problema é conhecido como o problema de inversão da transformada de Laplace; $y(t)$ é chamada **transformada de Laplace inversa** de $Y(s)$, e o processo de encontrar $y(t)$ a partir de $Y(s)$ é conhecido como *inverter a transformada de Laplace*. Usamos, também, a notação $\mathcal{L}^{-1}\{Y(s)\}$ para denotar a transformada inversa de $Y(s)$. Existe uma fórmula geral para

a transformada de Laplace inversa, mas ela requer alguma familiaridade com a teoria de funções de uma variável complexa, e não vamos considerá-la neste livro. No entanto, ainda é possível desenvolver muitas propriedades importantes da transformada de Laplace e resolver muitos problemas interessantes sem usar variáveis complexas.

Ao resolver o problema de valor inicial (5), (6), não consideramos o problema da possível existência de outras funções, além da fornecida pela Eq. (8), que também tenham a transformada (13). Sabemos, do Teorema 3.2.1, que o problema de valor inicial não tem outras soluções. Sabemos, também, que a solução única (8) do problema de valor inicial é contínua. Consistente com este fato, é possível mostrar que, se f e g forem funções contínuas com a mesma transformada de Laplace, então f e g serão idênticas. Por outro lado, se f e g forem apenas seccionalmente contínuas, elas poderão diferir em um ou mais pontos de descontinuidade e, ainda, terem a mesma transformada de Laplace; veja o Exemplo 6.1.6. Esta falta de unicidade da transformada de Laplace inversa para funções seccionalmente contínuas não tem importância prática nas aplicações.

Então, existe, essencialmente, uma bijeção entre as funções e suas transformadas de Laplace. Este fato sugere a compilação de uma tabela, como a **Tabela 6.2.1**, que fornece as transformadas de Laplace das funções encontradas com mais frequência e vice-versa. As funções na segunda coluna da Tabela 6.2.1 são as transformadas das funções na primeira coluna. Talvez mais importante, as funções na primeira coluna são as transformadas inversas das funções na segunda coluna. Assim, por exemplo, se a transformada da solução de uma equação diferencial for conhecida, a solução poderá ser encontrada, muitas vezes, por uma simples inspeção da tabela. Algumas das funções na Tabela 6.2.1 foram usadas como exemplos, outras aparecem como problemas na Seção 6.1, enquanto outras serão encontradas mais adiante neste capítulo. A terceira coluna da tabela indica onde pode ser encontrada a dedução da transformada dada. Embora a Tabela 6.2.1 seja suficiente para os exemplos e problemas dados neste livro, estão disponíveis tabelas muito mais completas (veja a Bibliografia ao fim deste capítulo). Transformadas e transformadas inversas também podem ser encontradas com a utilização de sistemas algébricos computacionais.

Com frequência, uma transformada de Laplace $F(s)$ pode ser expressa como uma soma de diversas parcelas,

$$F(s) = F_1(s) + F_2(s) + \cdots + F_n(s).\tag{17}$$

Suponha que $f_1(t) = \mathcal{L}^{-1}\{F_1(s)\}, \ldots, f_n(t) = \mathcal{L}^{-1}\{F_n(s)\}$. Então, a função

$$f(t) = f_1(t) + \cdots + f_n(t)$$

tem transformada de Laplace $F(s)$. Pela unicidade enunciada anteriormente, não existe outra função contínua f tendo a mesma transformada. Assim,

$$\mathcal{L}^{-1}\{F(s)\} = \mathcal{L}^{-1}\{F_1(s)\} + \cdots + \mathcal{L}^{-1}\{F_n(s)\};\tag{18}$$

ou seja, a transformada de Laplace inversa também é um operador linear.

174 Capítulo 6

TABELA 6.2.1 Transformadas de Laplace Elementares

$f(t) = \mathcal{L}^{-1}\{F(s)\}$	$F(s) = \mathcal{L}\{f(t)\}$	Notas
1. 1	$\dfrac{1}{s}, \quad s > 0$	Seção 6.1; Exemplo 4
2. e^{at}	$\dfrac{1}{s-a}, \quad s > a$	Seção 6.1; Exemplo 5
3. t^n, n um inteiro positivo	$\dfrac{n!}{s^{n+1}}, \quad s > 0$	Seção 6.1; Problema 24
4. t^p, $\quad p > -1$	$\dfrac{\Gamma(p+1)}{s^{p+1}}, \quad s > 0$	Seção 6.1; Problema 24
5. $\operatorname{sen}(at)$	$\dfrac{a}{s^2+a^2}, \quad s > 0$	Seção 6.1; Exemplo 7
6. $\cos(at)$	$\dfrac{s}{s^2+a^2}, \quad s > 0$	Seção 6.1; Problema 5
7. $\operatorname{senh}(at)$	$\dfrac{a}{s^2-a^2}, \quad s > |a|$	Seção 6.1; Problema 7
8. $\cosh(at)$	$\dfrac{s}{s^2-a^2}, \quad s > |a|$	Seção 6.1; Problema 6
9. $e^{at}\operatorname{sen}(bt)$	$\dfrac{b}{(s-a)^2+b^2}, \quad s > a$	Seção 6.1; Problema 10
10. $e^{at}\cos(bt)$	$\dfrac{s-a}{(s-a)^2+b^2}, \quad s > a$	Seção 6.1; Problema 11
11. $t^n e^{at}$, n um inteiro positivo	$\dfrac{n!}{(s-a)^{n+1}}, \quad s > a$	Seção 6.1; Problema 14
12. $u_c(t) = \begin{cases} 0 & t < c \\ 1 & t \ge c \end{cases}$	$\dfrac{e^{-cs}}{s}, \quad s > 0$	Seção 6.3
13. $u_c(t)f(t-c)$	$e^{-cs}F(s)$	Seção 6.3
14. $e^{ct}f(t)$	$F(s-c)$	Seção 6.3
15. $f(ct)$	$\dfrac{1}{c}F\left(\dfrac{s}{c}\right), \quad c > 0$	Seção 6.3; Problema 17
16. $(f*g)(t) = \int_0^t f(t-\tau)g(\tau)\,d\tau$	$F(s)G(s)$	Seção 6.6
17. $\delta(t-c)$	e^{-cs}	Seção 6.5
18. $f^{(n)}(t)$	$s^n F(s) - s^{n-1}f(0) - \cdots - f^{(n-1)}(0)$	Seção 6.2; Corolário 6.2.2
19. $(-t)^n f(t)$	$F^{(n)}(s)$	Seção 6.2; Problema 21

Em muitos problemas, é conveniente usar a linearidade, decompondo uma transformada dada em uma soma de funções cujas transformadas inversas já são conhecidas ou podem ser encontradas em uma tabela. Expansões em frações parciais são particularmente úteis nesse contexto, e um resultado geral cobrindo muitos casos é dado no Problema 29. Outras propriedades úteis da transformada de Laplace serão deduzidas mais adiante neste capítulo.

Os exemplos a seguir fornecem ilustrações adicionais da técnica de resolução de problemas de valor inicial usando transformada de Laplace e expansão em frações parciais.

EXEMPLO 6.2.2

Encontre a solução da equação diferencial
$$y'' + y = \text{sen}(2t) \tag{19}$$
satisfazendo as condições iniciais
$$y(0) = 2, \quad y'(0) = 1. \tag{20}$$

Solução:

Vamos supor que este problema de valor inicial tem uma solução $y(t)$ com as duas primeiras derivadas satisfazendo as condições do Corolário 6.2.2. Então, calculando a transformada de Laplace da equação diferencial (19), temos
$$s^2 Y(s) - s y(0) - y'(0) + Y(s) = \frac{2}{s^2 + 4},$$
em que a transformada de sen$(2t)$ foi obtida da linha 5 na Tabela 6.2.1. Substituindo $y(0)$ e $y'(0)$ pelos valores dados nas condições iniciais e resolvendo para $Y(s)$, obtemos
$$Y(s) = \frac{2s^3 + s^2 + 8s + 6}{(s^2 + 1)(s^2 + 4)}. \tag{21}$$
Usando frações parciais, podemos escrever $Y(s)$ na forma
$$Y(s) = \frac{as + b}{s^2 + 1} + \frac{cs + d}{s^2 + 4} = \frac{(as + b)(s^2 + 4) + (cs + d)(s^2 + 1)}{(s^2 + 1)(s^2 + 4)}. \tag{22}$$

Expandindo o numerador da fração à direita do segundo sinal de igualdade na Eq. (22) e igualando-o ao numerador na Eq. (21), encontramos
$$2s^3 + s^2 + 8s + 6 = (a + c)s^3 + (b + d)s^2 + (4a + c)s + (4b + d) \tag{23}$$

para todo s. Então, comparando os coeficientes de mesma potência de s, temos[3]
$$a + c = 2, \quad b + d = 1,$$
$$4a + c = 8, \quad 4b + d = 6.$$
Em consequência, $a = 2, c = 0, b = \dfrac{5}{3}$ e $d = -\dfrac{2}{3}$, do qual segue que
$$Y(s) = \frac{2s}{s^2 + 1} + \frac{5/3}{s^2 + 1} - \frac{2/3}{s^2 + 4}. \tag{24}$$
Das linhas 5 e 6 na Tabela 6.2.1, a solução do problema de valor inicial dado é
$$y = 2\cos(t) + \frac{5}{3}\text{sen}(t) - \frac{1}{3}\text{sen}(2t). \tag{25}$$

EXEMPLO 6.2.3

Encontre a solução do problema de valor inicial
$$y^{(4)} - y = 0, \tag{26}$$
$$y(0) = 0, \quad y'(0) = 1, \quad y''(0) = 0, \quad y'''(0) = 0. \tag{27}$$

Solução:

Neste problema, precisamos supor que a solução $y(t)$ satisfaz as condições do Corolário 6.2.2 para $n = 4$. A transformada de Laplace da equação diferencial (26) é
$$s^4 Y(s) - s^3 y(0) - s^2 y'(0) - s y''(0) - y'''(0) - Y(s) = 0.$$

Então, usando as condições iniciais (27) e resolvendo para $Y(s)$, temos
$$Y(s) = \frac{s^2}{s^4 - 1}. \tag{28}$$
Uma expansão em frações parciais para $Y(s)$ é
$$Y(s) = \frac{as + b}{s^2 - 1} + \frac{cs + d}{s^2 + 1}, \tag{29}$$
e segue que
$$(as + b)(s^2 + 1) + (cs + d)(s^2 - 1) = s^2 \tag{30}$$
para todo s. Aqui, vamos usar uma combinação de substituir valores de s e igualar coeficientes da mesma potência de s. Fazendo $s = 1$ e $s = -1$, respectivamente, na Eq. (30), obtemos o par de equações
$$2(a + b) = 1, \quad 2(-a + b) = 1,$$
e, portanto, $a = 0$ e $b = \dfrac{1}{2}$. Se fizermos $s = 0$ na Eq. (30), então $b - d = 0$, de modo que $d = \dfrac{1}{2}$. Finalmente, igualando os coeficientes das parcelas contendo as potências cúbicas nos dois lados da Eq. (30), vemos que $a + c = 0$, logo $c = 0$. Assim,
$$Y(s) = \frac{1/2}{s^2 - 1} + \frac{1/2}{s^2 + 1} \tag{31}$$
e, das linhas 7 e 5 da Tabela 6.2.1, a solução do problema de valor inicial (26), (27) é
$$y(t) = \frac{1}{2}(\text{senh}(t) + \text{sen}(t)). \tag{32}$$

Concluímos com a observação de que poderíamos ter procurado uma expansão em frações parciais para $Y(s)$ da forma
$$Y(s) = \frac{a}{s - 1} + \frac{b}{s + 1} + \frac{cs + d}{s^2 + 1}.$$
Usamos a forma na Eq. (29), porque a Tabela 6.2.1 inclui as transformadas inversas de $1/(s^2 \pm 1)$ e de $s/(s^2 \pm 1)$.

As aplicações elementares mais importantes da transformada de Laplace estão no estudo de vibrações mecânicas e na análise de circuitos elétricos; as equações que governam esses fenômenos foram deduzidas na Seção 3.7. Um sistema mola-massa em vibração tem equação de movimento
$$m\frac{d^2 u}{dt^2} + \gamma\frac{du}{dt} + ku = F(t), \tag{33}$$
em que m é a massa, γ é o coeficiente de amortecimento, k é a constante da mola e $F(t)$ é a força externa que está sendo aplicada. A equação que descreve um circuito elétrico com indutância L, resistência R e capacitância C (um circuito LRC) é
$$L\frac{d^2 Q}{dt^2} + R\frac{dQ}{dt} + \frac{1}{C}Q = E(t), \tag{34}$$
em que $Q(t)$ é a carga no capacitor e $E(t)$ é a voltagem aplicada. Em termos da corrente $I(t) = dQ(t)/dt$, podemos diferenciar a Eq. (34) e escrever
$$L\frac{d^2 I}{dt^2} + R\frac{dI}{dt} + \frac{1}{C}I = \frac{dE}{dt}(t). \tag{35}$$
Também têm de ser dadas condições iniciais adequadas para u, Q ou I.

Observamos anteriormente, na Seção 3.7, que a Eq. (33) para o sistema mola-massa e a Eq. (34) ou (35) para o circuito

---

[3] Poderíamos encontrar os valores dos quatro coeficientes calculando a Eq. (23) para quatro valores diferentes de s, mas, diferentemente do Exemplo 6.2.1, aqui não está claro quais quatro valores de s fornecerão equações triviais para resolver para a, b, c e d.

176 Capítulo 6

elétrico são idênticas matematicamente, diferindo apenas pela interpretação das constantes e variáveis que aparecem nelas. A mesma equação diferencial linear de segunda ordem aparece em outras situações físicas. Assim, uma vez resolvido o problema matemático, sua solução pode ser interpretada para cada contexto físico correspondente de interesse atual.

Nas listas de problemas no fim desta e de outras seções neste capítulo, são dados muitos problemas de valor inicial para equações diferenciais lineares de segunda ordem com coeficientes constantes. Muitos podem ser interpretados como modelos de sistemas físicos particulares, mas, em geral, não explicitamos isso.

Problemas

Nos Problemas 1 a 7, encontre a transformada de Laplace inversa da função dada.

1. $F(s) = \dfrac{3}{s^2 + 4}$

2. $F(s) = \dfrac{4}{(s-1)^3}$

3. $F(s) = \dfrac{2}{s^2 + 3s - 4}$

4. $F(s) = \dfrac{2s + 2}{s^2 + 2s + 5}$

5. $F(s) = \dfrac{2s - 3}{s^2 - 4}$

6. $F(s) = \dfrac{8s^2 - 4s + 12}{s(s^2 + 4)}$

7. $F(s) = \dfrac{1 - 2s}{s^2 + 4s + 5}$

Nos Problemas 8 a 16, use a transformada de Laplace para resolver o problema de valor inicial dado.

8. $y'' - y' - 6y = 0;\quad y(0) = 1,\ y'(0) = -1$

9. $y'' + 3y' + 2y = 0;\quad y(0) = 1,\ y'(0) = 0$

10. $y'' - 2y' + 2y = 0;\quad y(0) = 0,\ y'(0) = 1$

11. $y'' - 2y' + 4y = 0;\quad y(0) = 2,\ y'(0) = 0$

12. $y'' + 2y' + 5y = 0;\quad y(0) = 2,\ y'(0) = -1$

13. $y^{(4)} - 4y''' + 6y'' - 4y' + y = 0;\quad y(0) = 0,$
    $y'(0) = 1,\ y''(0) = 0,\ y'''(0) = 1$

14. $y^{(4)} - y = 0;\quad y(0) = 1,\ y'(0) = 0,\ y''(0) = 1,\ y'''(0) = 0$

15. $y'' + \omega^2 y = \cos(2t),\quad \omega^2 \neq 4;\ y(0) = 1,\ y'(0) = 0$

16. $y'' - 2y' + 2y = e^{-t};\quad y(0) = 0,\ y'(0) = 1$

Nos Problemas 17 a 19, encontre a transformada de Laplace $Y(s) = \mathcal{L}\{y\}$ da solução do problema de valor inicial dado. Será desenvolvido um método para determinar a transformada inversa na Seção 6.3. Você pode querer olhar os Problemas 16 a 18 na Seção 6.1.

17. $y'' + 4y = \begin{cases} 1, & 0 \leq t < \pi, \\ 0, & \pi \leq t < \infty; \end{cases}\quad y(0) = 1,\ y'(0) = 0$

18. $y'' + 4y = \begin{cases} t, & 0 \leq t < 1, \\ 1, & 1 \leq t < \infty; \end{cases}\quad y(0) = 0,\ y'(0) = 0$

19. $y'' + y = \begin{cases} t, & 0 \leq t < 1, \\ 2 - t, & 1 \leq t < 2, \\ 0, & 2 \leq t < \infty; \end{cases}\quad y(0) = 0,\ y'(0) = 0$

20. As transformadas de Laplace de certas funções podem ser encontradas de modo conveniente pelas suas expansões em séries de Taylor.

   a. Use a série de Taylor para $\text{sen}(t)$
   $$\text{sen}(t) = \sum_{n=0}^{\infty} \frac{(-1)^n t^{2n+1}}{(2n+1)!}$$
   e, supondo que a transformada de Laplace desta série pode ser calculada termo a termo, verifique que
   $$\mathcal{L}\{\text{sen}(t)\} = \frac{1}{s^2 + 1},\quad s > 1.$$

   b. Seja
   $$f(t) = \begin{cases} \dfrac{\text{sen}(t)}{t}, & t \neq 0, \\ 1, & t = 0. \end{cases}$$
   Mostre que $f(t)$ é contínua para todos os valores reais de t. Encontre a série de Taylor de f em torno de $t = 0$. Supondo que a transformada de Laplace desta função pode ser calculada termo a termo, verifique que
   $$\mathcal{L}\{f(t)\} = \arctan\left(\frac{1}{s}\right),\quad s > 1.$$

   c. A função de Bessel de primeira espécie de ordem zero, J_0, tem a série de Taylor (veja a Seção 5.7)
   $$J_0(t) = \sum_{n=0}^{\infty} \frac{(-1)^n t^{2n}}{2^{2n}(n!)^2}.$$
   Supondo que as transformadas de Laplace a seguir podem ser calculadas termo a termo, verifique que
   $$\mathcal{L}\{J_0(t)\} = (s^2 + 1)^{-1/2},\quad s > 1$$
   e
   $$\mathcal{L}\{J_0(\sqrt{t})\} = s^{-1} e^{-1/(4s)},\quad s > 0.$$

Os Problemas 21 a 27 tratam da diferenciação de transformadas de Laplace.

21. Seja
$$F(s) = \int_0^{\infty} e^{-st} f(t)\, dt.$$
É possível mostrar que, enquanto f satisfizer as condições do Teorema 6.1.2, é possível diferenciar sob o sinal de integral em relação ao parâmetro s quando $s > a$.

   a. Mostre que $F'(s) = \mathcal{L}\{-tf(t)\}$.

   b. Mostre que $F^{(n)}(s) = \mathcal{L}\{(-t)^n f(t)\}$; portanto, derivar a transformada de Laplace corresponde a multiplicar a função original por $-t$.

Nos Problemas 22 a 25, use o resultado do Problema 21 para encontrar a transformada de Laplace da função dada; a e b são números reais e n é um inteiro positivo.

22. $f(t) = te^{at}$

23. $f(t) = t^2 \operatorname{sen}(bt)$

24. $f(t) = t^n e^{at}$

25. $f(t) = te^{at} \operatorname{sen}(bt)$

26. Considere a equação de Bessel de ordem zero

$$ty'' + y' + ty = 0.$$

Lembre-se, da Seção 5.7, de que $t = 0$ é um ponto singular regular para esta equação e, portanto, as soluções podem se tornar ilimitadas quando $t \to 0$. No entanto, vamos tentar determinar se existem soluções que permanecem limitadas em $t = 0$ e têm derivadas finitas aí. Supondo que existe tal solução $y = \phi(t)$, seja $Y(s) = \mathcal{L}\{\phi(t)\}$.

a. Mostre que $Y(s)$ satisfaz

$$(1 + s^2)Y'(s) + sY(s) = 0.$$

b. Mostre que $Y(s) = c(1 + s^2)^{-1/2}$, em que c é uma constante arbitrária.

c. Escrevendo $(1 + s^2)^{-1/2} = s^{-1}(1 + s^{-2})^{-1/2}$, expandindo em uma série binomial válida para $s > 1$ e supondo que é permitido inverter a transformada termo a termo, mostre que

$$y = c\sum_{n=0}^{\infty} \frac{(-1)^n t^{2n}}{2^{2n}(n!)^2} = cJ_0(t),$$

em que J_0 é a função de Bessel de primeira espécie de ordem zero. Note que $J_0(0) = 1$ e que J_0 tem derivadas finitas de todas as ordens em $t = 0$. Foi demonstrado na Seção 5.7 que a segunda solução dessa equação se torna ilimitada quando $t \to 0$.

27. Nos problemas de valor inicial a seguir, use os resultados do Problema **21** para encontrar a equação diferencial satisfeita por $Y(s) = \mathcal{L}\{y(t)\}$, em que $y(t)$ é a solução do problema de valor inicial dado.

a. $y'' - ty = 0$; $y(0) = 1$, $y'(0) = 0$ (equação de Airy)
b. $(1 - t^2)y'' - 2ty' + \alpha(\alpha + 1)y = 0$; $y(0) = 0$, $y'(0) = 1$ (equação de Legendre)

Note que a equação diferencial para $Y(s)$ é de primeira ordem no item (**a**), mas de segunda ordem no item (**b**). Isso porque t aparece no máximo elevado à primeira potência na equação no item (**a**), enquanto aparece elevado à segunda potência na equação do item (**b**). Isso ilustra o fato de que a transformada de Laplace nem sempre é útil para resolver equações diferenciais com coeficientes variáveis, a menos que todos os coeficientes sejam, no máximo, funções lineares da variável independente.

28. Suponha que

$$g(t) = \int_0^t f(\tau)d\tau.$$

Se $G(s)$ e $F(s)$ forem as transformadas de Laplace de $g(t)$ e $f(t)$, respectivamente, mostre que

$$G(s) = \frac{F(s)}{s}.$$

29. Neste problema, vamos mostrar como se pode usar uma expansão geral em frações parciais para calcular muitas transformadas de Laplace inversas. Suponha que

$$F(s) = \frac{P(s)}{Q(s)},$$

em que $Q(s)$ é um polinômio de grau n com n raízes distintas r_1, ..., r_n, e $P(s)$ é um polinômio de grau menor do que n. Neste caso, é possível mostrar que $P(s)/Q(s)$ tem uma expansão em frações parciais da forma

$$\frac{P(s)}{Q(s)} = \frac{A_1}{s - r_1} + \cdots + \frac{A_n}{s - r_n}, \qquad (36)$$

em que os coeficientes A_1, ..., A_n precisam ser determinados.

a. Mostre que

$$A_k = \frac{P(r_k)}{Q'(r_k)}, \quad k = 1, \dots, n.$$

Sugestão: um modo de fazer isso é multiplicar a Eq. (36) por $s - r_k$ e depois tomar o limite quando $s \to r_k$. Note que os limites são usados porque não podemos simplesmente calcular a Eq. (36) multiplicada por $s - r_k$, já que a Eq. (36) não está definida em cada raiz de $Q(s)$.

b. Mostre que

$$\mathcal{L}^{-1}\{F(s)\} = \sum_{k=1}^{n} \frac{P(r_k)}{Q'(r_k)}e^{r_k t}.$$

6.3 Funções Degrau

Na Seção 6.2, esboçamos o procedimento geral usado para resolver um problema de valor inicial a partir da transformada de Laplace. Algumas das aplicações elementares mais interessantes do método de transformada ocorrem na solução de equações diferenciais lineares sob a ação de funções descontínuas ou de impulso. Equações desse tipo aparecem com frequência na análise do fluxo de corrente em circuitos elétricos ou nas vibrações de sistemas mecânicos. Nesta e nas seções seguintes no Capítulo 6, vamos desenvolver algumas propriedades adicionais da transformada de Laplace úteis na solução de tais problemas. A menos que se diga explicitamente o contrário, supomos que todas as funções a seguir são seccionalmente contínuas e de ordem exponencial, de modo que suas transformadas de Laplace existem, pelo menos para s suficientemente grande.

Para tratar de maneira efetiva funções com saltos, é útil definir uma função conhecida como **função degrau unitário** ou **função de Heaviside**. Esta função será denotada por u_c e definida por

$$u_c(t) = \begin{cases} 0, & t < c, \\ 1, & t \geq c. \end{cases} \qquad (1)$$

Como a transformada de Laplace envolve valores de t no intervalo $[0, \infty)$, estaremos interessados apenas em valores não negativos de c. A **Figura 6.3.1** mostra o gráfico de $y = u_c(t)$. Atribuímos, de forma um tanto arbitrária, o valor um a u_c em $t = c$. Entretanto, para uma função seccionalmente contínua como u_c, o valor em um ponto de descontinuidade é irrelevante, em geral. O degrau também pode ser negativo. Por exemplo, a **Figura 6.3.2** mostra o gráfico de $y = 1 - u_c(t)$.

Se associarmos o valor um com "ligado" (*on*) e o valor zero com "desligado" (*off*), então a função $u_c(t)$ representa um interruptor ligado no instante c. De modo semelhante, $1 - u_c(t)$ representa um interruptor desligado no instante c.

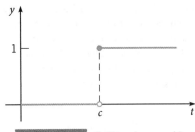

FIGURA 6.3.1 Gráfico de $y = u_c(t)$.

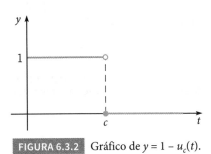

FIGURA 6.3.2 Gráfico de $y = 1 - u_c(t)$.

EXEMPLO 6.3.1

Esboce o gráfico de $y = h(t)$, em que

$$h(t) = u_\pi(t) - u_{2\pi}(t), \quad t \geq 0.$$

Solução:

Da definição de $u_c(t)$ na Eq. (1), temos

$$h(t) = \begin{cases} 0, & t < \pi, \\ 1, & t \geq \pi \end{cases} - \begin{cases} 0, & t < 2\pi, \\ 1, & t \geq 2\pi \end{cases} = \begin{cases} 0-0, & 0 \leq t < \pi, \\ 1-0, & \pi \leq t < 2\pi, \\ 1-1, & 2\pi \leq t < \infty, \end{cases}$$

$$= \begin{cases} 0, & 0 \leq t < \pi, \\ 1, & \pi \leq t < 2\pi, \\ 0, & 2\pi \leq t < \infty. \end{cases}$$

Logo, a equação $y = h(t)$ tem o gráfico ilustrado na **Figura 6.3.3**. Essa função pode ser pensada a partir de um interruptor inicialmente desligado, ligado em $t = \pi$ e então desligado em $t = 2\pi$; pode-se pensar nesta função como um **pulso retangular**.

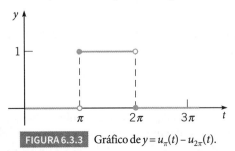

FIGURA 6.3.3 Gráfico de $y = u_\pi(t) - u_{2\pi}(t)$.

EXEMPLO 6.3.2

Considere a função

$$f(t) = \begin{cases} 2, & 0 \leq t < 4, \\ 5, & 4 \leq t < 7, \\ -1, & 7 \leq t < 9, \\ 1, & t \geq 9. \end{cases} \tag{2}$$

Esboce o gráfico de $y = f(t)$. Expresse $f(t)$ em termos de $u_c(t)$.

Solução:

O gráfico de $y = f(t)$ é constante por partes. Prestando atenção para incluir a extremidade esquerda de cada segmento horizontal, chegamos à **Figura 6.3.4**.

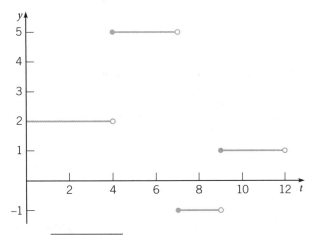

FIGURA 6.3.4 Gráfico da função na Eq. (2).

Começamos com a função $f_1(t) = 2$, que coincide com $f(t)$ em $[0, 4)$. Para produzir o salto de três unidades em $t = 4$, somamos $3u_4(t)$ a $f_1(t)$, obtendo

$$f_2(t) = 2 + 3u_4(t),$$

que coincide com $f(t)$ em $[0, 7)$. O salto negativo de seis unidades em $t = 7$ corresponde a somar $-6u_7(t)$, o que dá

$$f_3(t) = 2 + 3u_4(t) - 6u_7(t).$$

Finalmente, precisamos somar $2u_9(t)$ para corresponder ao salto de duas unidades em $t = 9$. Obtemos, então,

$$f(t) = 2 + 3u_4(t) - 6u_7(t) + 2u_9(t). \tag{3}$$

A transformada de Laplace de u_c para $c \geq 0$ é determinada facilmente:

$$\mathcal{L}\{u_c(t)\} = \int_0^\infty e^{-st} u_c(t) dt = \int_c^\infty e^{-st} dt = \\ = \frac{e^{-cs}}{s}, \quad s > 0. \tag{4}$$

Note que

$$\mathcal{L}\{u_0(t)\} = \frac{e^0}{s} = \frac{1}{s} = \mathcal{L}\{1\}.$$

Isso é verdade porque $u_0(t) = 1$ para todo $t \geq 0$.

Para uma função f dada definida para $t \geq 0$, vamos considerar, muitas vezes, a função relacionada g definida por

$$g(t) = \begin{cases} 0, & t < c, \\ f(t-c), & t \geq c, \end{cases}$$

que representa uma translação de f por uma distância c no sentido dos t positivos e é zero para $t < c$; veja a **Figura 6.3.5**. Usando a função degrau unitário, podemos escrever $g(t)$ na forma conveniente

$$g(t) = u_c(t) f(t-c).$$

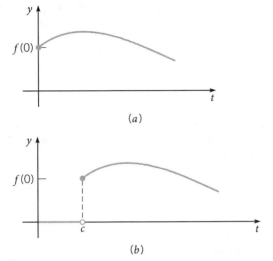

FIGURA 6.3.5 Translação da função dada. (a) $y = f(t)$; (b) $y = u_c(t)f(t-c)$.

A função degrau unitário é particularmente importante no uso da transformada de Laplace em face da relação dada a seguir entre a transformada de $f(t)$ e a de sua translação $u_c(t)f(t-c)$.

Teorema 6.3.1

Se a transformada de Laplace de $f(t)$, $F(s) = \mathcal{L}\{f(t)\}$, existir para $s > a \geq 0$ e se c for uma constante positiva, então

$$\mathcal{L}\{u_c(t)f(t-c)\} = e^{-cs}\mathcal{L}\{f(t)\} = e^{-cs}F(s), \quad s > a. \quad (5)$$

De modo recíproco, se $f(t)$ for a transformada de Laplace inversa de $F(s)$, $f(t) = \mathcal{L}^{-1}\{F(s)\}$, então

$$u_c(t)f(t-c) = \mathcal{L}^{-1}\{e^{-cs}F(s)\}. \quad (6)$$

O Teorema 6.3.1 diz, simplesmente, que a translação de $f(t)$ por uma distância c no sentido dos t positivos corresponde à multiplicação de $F(s)$ por e^{-cs}. Para provar o Teorema 6.3.1, basta calcular a transformada de $u_c(t)f(t-c)$:

$$\mathcal{L}\{u_c(t)f(t-c)\} = \int_0^\infty e^{-st}u_c(t)f(t-c)dt =$$
$$= \int_c^\infty e^{-st}f(t-c)dt.$$

Fazendo uma mudança na variável de integração $\sigma = t - c$, temos

$$\mathcal{L}\{u_c(t)f(t-c)\} = \int_0^\infty e^{-(\sigma+c)s}f(\sigma)d\sigma =$$
$$= e^{-cs}\int_0^\infty e^{-s\sigma}f(\sigma)d\sigma = e^{-cs}F(s).$$

Isso estabelece a Eq. (5); a Eq. (6) segue calculando-se a transformada inversa na Eq. (5).

Um exemplo simples desse teorema ocorre quando $f(t) = 1$. Lembrando que $\mathcal{L}\{1\} = 1/s$, temos imediatamente, da Eq. (5), que $\mathcal{L}\{u_c(t)\} = e^{-cs}/s$. Este resultado está de acordo com o da Eq. (4). Os Exemplos 6.3.3 e 6.3.4 ilustram ainda mais como o Teorema 6.3.1 pode ser usado no cálculo de transformadas de Laplace e transformadas inversas de Laplace.

EXEMPLO 6.3.3

Dada a função f definida por

$$f(t) = \begin{cases} \operatorname{sen}(t), & 0 \leq t < \dfrac{\pi}{4}, \\ \operatorname{sen}(t) + \cos(t - \dfrac{\pi}{4}), & t \geq \dfrac{\pi}{4}, \end{cases}$$

esboce o gráfico de $y = f(t)$ no intervalo $0 \leq t \leq 3$. Encontre $\mathcal{L}\{f(t)\}$.

Solução:

O gráfico de $y = f(t)$ está ilustrado na **Figura 6.3.6**.

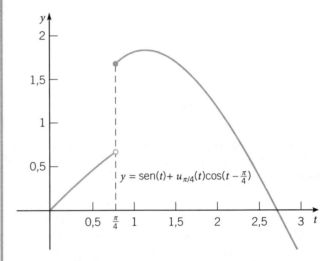

FIGURA 6.3.6 Gráfico da função no Exemplo 6.3.3.

Note que $f(t) = \operatorname{sen}(t) + g(t)$, em que

$$g(t) = \begin{cases} 0, & t < \dfrac{\pi}{4} \\ \cos\left(t - \dfrac{\pi}{4}\right), & t \geq \dfrac{\pi}{4} \end{cases} = u_{\pi/4}(t)\cos(t - \dfrac{\pi}{4}).$$

Logo,

$$\mathcal{L}\{f(t)\} = \mathcal{L}\{\operatorname{sen}(t)\} + \mathcal{L}\left\{u_{\pi/4}(t)\cos\left(t - \dfrac{\pi}{4}\right)\right\}$$
$$= \mathcal{L}\{\operatorname{sen}(t)\} + e^{-\pi s/4}\mathcal{L}\{\cos(t)\}.$$

Lembrando das transformadas de Laplace de $\operatorname{sen}(t)$ e $\cos(t)$, obtemos

$$\mathcal{L}\{f(t)\} = \frac{1}{s^2+1} + e^{-\pi s/4}\frac{s}{s^2+1} = \frac{1 + se^{-\pi s/4}}{s^2+1}.$$

Você deve comparar este método com o cálculo de $\mathcal{L}\{f(t)\}$ diretamente das integrais impróprias na definição da transformada de Laplace.

EXEMPLO 6.3.4

Encontre a transformada de Laplace inversa de

$$F(s) = \frac{1 - e^{-2s}}{s^2}.$$

Faça o gráfico de $y = f(t)$.

Solução:
Da linearidade da transformada inversa, temos

$$f(t) = \mathcal{L}^{-1}\{F(s)\} = \mathcal{L}^{-1}\left\{\frac{1}{s^2}\right\} - \mathcal{L}^{-1}\left\{\frac{e^{-2s}}{s^2}\right\}$$
$$= t - u_2(t)(t-2).$$

Para facilitar o desenho do gráfico de $y = f(t)$, é útil representar a função por partes, ou seja,

$$f(t) = t - \begin{cases} 0, & 0 \leq t < 2 \\ t-2, & t \geq 2 \end{cases} = \begin{cases} t, & 0 \leq t < 2, \\ 2, & t \geq 2. \end{cases}$$

A **Figura 6.3.7** mostra o gráfico de $y = f(t)$.

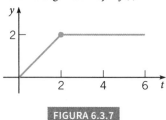

FIGURA 6.3.7

O teorema a seguir contém outra propriedade bastante útil das transformadas de Laplace, semelhantes às dadas no Teorema 6.3.1.

Teorema 6.3.2
Se $F(s) = \mathcal{L}\{f(t)\}$ existir para $s > a \geq 0$ e se c for uma constante, então

$$\mathcal{L}\{e^{ct}f(t)\} = F(s-c), \quad s > a + c. \qquad (7)$$

De modo inverso, se $f(t) = \mathcal{L}^{-1}\{F(s)\}$, então

$$e^{ct}f(t) = \mathcal{L}^{-1}\{F(s-c)\}. \qquad (8)$$

De acordo com o Teorema 6.3.2, a multiplicação de $f(t)$ por e^{ct} resulta na translação da transformada $F(s)$ uma distância c no sentido dos s positivos e reciprocamente. Para provar esse teorema, vamos calcular $\mathcal{L}\{e^{ct}f(t)\}$. Temos

$$\mathcal{L}\{e^{ct}f(t)\} = \int_0^\infty e^{-st}e^{ct}f(t)dt = \int_0^\infty e^{-(s-c)t}f(t)dt = F(s-c),$$

que é a Eq. (7). A restrição $s > a + c$ segue da observação de que, de acordo com a hipótese (ii) do Teorema 6.1.2, $|f(t)| \leq Ke^{at}$; portanto, $|e^{ct}f(t)| \leq Ke^{(a+c)t}$. A Eq. (8) é obtida calculando-se a transformada inversa da Eq. (7), e a demonstração está completa.

A aplicação principal do Teorema 6.3.2 está no cálculo de determinadas transformadas inversas, como ilustrado no Exemplo 6.3.5.

EXEMPLO 6.3.5

Encontre a transformada de Laplace inversa de

$$G(s) = \frac{1}{s^2 - 4s + 5}.$$

Solução:
Primeiro, para evitar as raízes complexas do denominador $s^2 - 4s + 5$, completamos os quadrados no denominador:

$$G(s) = \frac{1}{(s-2)^2 + 1} = F(s-2),$$

em que $F(s) = (s^2 + 1)^{-1}$. Como $\mathcal{L}^{-1}\{F(s)\} = \text{sen}(t)$, segue do Teorema 6.3.2 que

$$g(t) = \mathcal{L}^{-1}\{G(s)\} = e^{2t}\text{sen}(t).$$

Muitas vezes, os resultados desta seção são úteis na resolução de equações diferenciais, particularmente aquelas sob a ação de forças externas descontínuas. A próxima seção é devotada a exemplos que ilustram este fato.

Problemas

Nos Problemas 1 a 4, esboce o gráfico da função dada no intervalo $t \geq 0$.

1. $g(t) = u_1(t) + 2u_3(t) - 6u_4(t)$
2. $g(t) = f(t-\pi)u_\pi(t)$, em que $f(t) = t^2$
3. $g(t) = f(t-3)u_3(t)$, em que $f(t) = \text{sen}(t)$
4. $g(t) = (t-1)u_1(t) - 2(t-2)u_2(t) + (t-3)u_3(t)$

Nos Problemas 5 a 8:
   a. Esboce o gráfico da função dada.
   b. Expresse $f(t)$ em termos da função degrau unitário $u_c(t)$.

5. $f(t) = \begin{cases} 0, & 0 \leq t < 3, \\ -2, & 3 \leq t < 5, \\ 2, & 5 \leq t < 7, \\ 1, & t \geq 7. \end{cases}$

6. $f(t) = \begin{cases} 1, & 0 \leq t < 1, \\ -1, & 1 \leq t < 2, \\ 1, & 2 \leq t < 3, \\ -1, & 3 \leq t < 4, \\ 0, & t \geq 4. \end{cases}$

7. $f(t) = \begin{cases} 1, & 0 \leq t < 2, \\ e^{-(t-2)}, & t \geq 2. \end{cases}$

8. $f(t) = \begin{cases} t, & 0 \leq t < 2, \\ 2, & 2 \leq t < 5, \\ 7-t, & 5 \leq t < 7, \\ 0, & t \geq 7. \end{cases}$

Nos Problemas 9 a 12, encontre a transformada de Laplace da função dada.

9. $f(t) = \begin{cases} 0, & t < 2 \\ (t-2)^2, & t \geq 2 \end{cases}$

10. $f(t) = \begin{cases} 0, & t < \pi \\ t-\pi, & \pi \leq t < 2\pi \\ 0, & t \geq 2\pi \end{cases}$

11. $f(t) = u_1(t) + 2u_3(t) - 6u_4(t)$

12. $f(t) = (t-3)u_2(t) - (t-2)u_3(t)$

Nos Problemas 13 a 16, encontre a transformada de Laplace inversa da função dada.

13. $F(s) = \dfrac{3!}{(s-2)^4}$

14. $F(s) = \dfrac{e^{-2s}}{s^2+s-2}$

15. $F(s) = \dfrac{2(s-1)e^{-2s}}{s^2-2s+2}$

16. $F(s) = \dfrac{e^{-s}+e^{-2s}-e^{-3s}-e^{-4s}}{s}$

17. Suponha que $F(s) = \mathcal{L}\{f(t)\}$ existe para $s > a \geq 0$.

    a. Mostre que, se c for uma constante positiva, então
    $$\mathcal{L}\{f(ct)\} = \frac{1}{c}F\left(\frac{s}{c}\right), \quad s > ca.$$

    b. Mostre que, se k for uma constante positiva, então
    $$\mathcal{L}^{-1}\{F(ks)\} = \frac{1}{k}f\left(\frac{t}{k}\right).$$

    c. Mostre que, se a e b forem constantes com $a > 0$, então
    $$\mathcal{L}^{-1}\{F(as+b)\} = \frac{1}{a}e^{-bt/a}f\left(\frac{t}{a}\right).$$

Nos Problemas 18 a 20, use os resultados do Problema 17 para encontrar a transformada de Laplace inversa da função dada.

18. $F(s) = \dfrac{2^{n+1}n!}{s^{n+1}}$

19. $F(s) = \dfrac{2s+1}{4s^2+4s+5}$

20. $F(s) = \dfrac{1}{9s^2-12s+3}$

Nos Problemas 21 a 23, encontre a transformada de Laplace da função dada. No Problema 23, suponha que é permitido integrar a série infinita termo a termo.

21. $f(t) = \begin{cases} 1, & 0 \leq t < 1 \\ 0, & t \geq 1 \end{cases}$

22. $f(t) = \begin{cases} 1, & 0 \leq t < 1 \\ 0, & 1 \leq t < 2 \\ 1, & 2 \leq t < 3 \\ 0, & t \geq 3 \end{cases}$

23. $f(t) = 1 + \sum_{k=1}^{\infty}(-1)^k u_k(t)$. Veja a **Figura 6.3.8**.

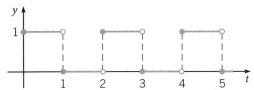

FIGURA 6.3.8 Função $f(t)$ no Problema 23; uma onda quadrada.

24. Suponha que f satisfaz $f(t+T) = f(t)$ para todo $t \geq 0$ e para algum número positivo fixo T; f é dita **periódica com período** T em $0 \leq t < \infty$. Mostre que
$$\mathcal{L}\{f(t)\} = \frac{\int_0^T e^{-st}f(t)dt}{1-e^{-sT}}.$$

Nos Problemas 25 a 28, use o resultado do Problema 24 para encontrar a transformada de Laplace da função dada.

25. $f(t) = \begin{cases} 1, & 0 \leq t < 1, \\ 0, & 1 \leq t < 2; \end{cases} \quad f(t+2) = f(t).$

    Compare com o Problema 23.

26. $f(t) = \begin{cases} 1, & 0 \leq t < 1, \\ -1, & 1 \leq t < 2; \end{cases} \quad f(t+2) = f(t).$

    Veja a **Figura 6.3.9**.

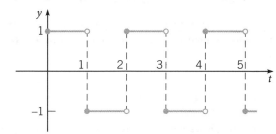

FIGURA 6.3.9 Função $f(t)$ no Problema 26; uma onda quadrada.

27. $f(t) = t, \quad 0 \leq t < 1; \quad f(t+1) = f(t).$

    Veja a **Figura 6.3.10**.

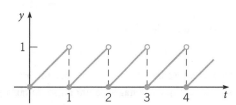

FIGURA 6.3.10 Função $f(t)$ no Problema 27; uma onda dente de serra.

28. $f(t) = \operatorname{sen}(t), \quad 0 \leq t < \pi; \quad f(t+\pi) = f(t).$

    Veja a **Figura 6.3.11**.

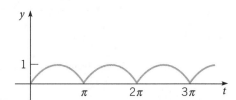

FIGURA 6.3.11 Função $f(t)$ no Problema 28; uma onda seno retificada.

29. a. Se $f(t) = 1 - u_1(t)$, encontre $\mathcal{L}\{f(t)\}$. Esboce o gráfico de $y = f(t)$. Compare com o Problema 21.

    b. Seja $g(t) = \int_0^t f(\xi)d\xi$, em que a função f está definida no item (a). Esboce o gráfico de $y = g(t)$ e encontre $\mathcal{L}\{g(t)\}$. Use sua expressão para $\mathcal{L}\{g(t)\}$ para encontrar uma fórmula explícita para $g(t)$.
    Sugestão: veja o Problema 28 na Seção 6.2.

    c. Seja $h(t) = g(t) - u_1(t)g(t-1)$, em que g está definida no item (b). Esboce o gráfico de $y = h(t)$ e encontre $\mathcal{L}\{h(t)\}$. Use sua expressão para $\mathcal{L}\{h(t)\}$ para encontrar uma fórmula explícita para $h(t)$.

30. Considere a função p definida por
$$p(t) = \begin{cases} t, & 0 \leq t < 1, \\ 2-t, & 1 \leq t < 2; \end{cases} \quad p(t+2) = p(t).$$

    a. Esboce o gráfico de $y = p(t)$.

182 Capítulo 6

b. Encontre $\mathcal{L}\{p(t)\}$, notando que p é a extensão periódica da função h no Problema 29c; depois use o resultado do Problema 24.

c. Encontre $\mathcal{L}\{p(t)\}$, observando que

$$p(t) = \int_0^t f(x)dx,$$

em que f é a função no Problema 26; depois, use o Teorema 6.2.1.

6.4 Equações Diferenciais sob a Ação de Forças Externas Descontínuas

Nesta seção, voltaremos nossa atenção para alguns exemplos nos quais o termo não homogêneo, ou **força externa**, é descontínuo.

EXEMPLO 6.4.1

Encontre a solução da equação diferencial

$$2y'' + y' + 2y = g(t), \tag{1}$$

em que

$$g(t) = u_5(t) - u_{20}(t) = \begin{cases} 1, & 5 \le t < 20, \\ 0, & 0 \le t < 5 \text{ ou } t \ge 20. \end{cases} \tag{2}$$

Suponha que as condições iniciais sejam

$$y(0) = 0, \quad y'(0) = 0. \tag{3}$$

Este problema representa a carga em um capacitor em um circuito elétrico simples em que a voltagem é um pulso unitário para $5 \le t < 20$. A função y pode representar, também, a resposta de um oscilador amortecido sob a ação de uma força aplicada $g(t)$.

Solução:

A transformada de Laplace da Eq. (1) é

$$2s^2 Y(s) - 2sy(0) - 2y'(0) + sY(s) - y(0) + 2Y(s) =$$
$$= \mathcal{L}\{u_5(t)\} - \mathcal{L}\{u_{20}(t)\} = \frac{1}{s}(e^{-5s} - e^{-20s}).$$

Usando as condições iniciais (3) e resolvendo para $Y(s)$, obtemos

$$Y(s) = \frac{e^{-5s} - e^{-20s}}{s(2s^2 + s + 2)}. \tag{4}$$

Para encontrar $y(t)$, é conveniente escrever $Y(s)$ como

$$Y(s) = (e^{-5s} - e^{-20s})H(s), \tag{5}$$

em que

$$H(s) = \frac{1}{s(2s^2 + s + 2)}. \tag{6}$$

Então, se $h(t) = \mathcal{L}^{-1}\{H(s)\}$, temos

$$y(t) = u_5(t)h(t-5) - u_{20}(t)h(t-20). \tag{7}$$

Note que usamos o Teorema 6.3.1 para escrever a transformada inversa de $e^{-5s}H(s)$ e de $e^{-20s}H(s)$, respectivamente. Finalmente, para determinar $h(t)$, usamos a expansão em frações parciais de $H(s)$:

$$H(s) = \frac{a}{s} + \frac{bs + c}{2s^2 + s + 2}. \tag{8}$$

Determinando os coeficientes, encontramos $a = \dfrac{1}{2}$, $b = -1$ e $c = -\dfrac{1}{2}$. Logo,

$$H(s) = \frac{1}{2}s - \frac{s + \dfrac{1}{2}}{2s^2 + s + 2} = \frac{1}{2}s - \frac{1}{2}\frac{\left(s + \dfrac{1}{4}\right) + \dfrac{1}{4}}{\left(s + \dfrac{1}{4}\right)^2 + \dfrac{15}{16}} =$$

$$= \frac{1}{2s} - \frac{1}{2}\left[\frac{s + \dfrac{1}{4}}{\left(s + \dfrac{1}{4}\right)^2 + \left(\dfrac{\sqrt{15}}{4}\right)^2} + \frac{1}{\sqrt{15}}\frac{\dfrac{\sqrt{15}}{4}}{\left(s + \dfrac{1}{4}\right)^2 + \left(\dfrac{\sqrt{15}}{4}\right)^2}\right]. \tag{9}$$

Então, pelas linhas 9 e 10 da Tabela 6.2.1, obtemos

$$h(t) = \frac{1}{2} - \frac{1}{2}\left[e^{-t/4}\cos\left(\frac{\sqrt{15}}{4}t\right) + \frac{1}{\sqrt{15}}e^{-t/4}\operatorname{sen}\left(\frac{\sqrt{15}}{4}t\right)\right]. \tag{10}$$

Na **Figura 6.4.1**, o gráfico de $y(t)$ das Eqs. (7) e (10) mostra que a solução tem três partes distintas. Para $0 < t < 5$, a equação diferencial é

$$2y'' + y' + 2y = 0, \tag{11}$$

e as condições iniciais são dadas pela Eq. (3). Como as condições iniciais não fornecem energia ao sistema e como não há força externa, o sistema permanece em repouso, ou seja, $y = 0$ para $0 < t < 5$. Isso pode ser confirmado resolvendo-se a Eq. (11) sujeita às condições iniciais (3). Em particular, calculando a solução e suas derivadas em $t = 5$ ou, mais precisamente, quando t tende a cinco por valores menores, temos

$$y(5) = 0, \quad y'(5) = 0. \tag{12}$$

Quando $t > 5$, a equação diferencial fica

$$2y'' + y' + 2y = 1, \tag{13}$$

cuja solução é a soma de uma constante (a resposta à força externa constante) com uma oscilação amortecida (a solução da equação homogênea correspondente). O gráfico na Figura 6.4.1 mostra claramente este comportamento no intervalo $5 \le t \le 20$. Podemos encontrar uma expressão para esta parte da solução resolvendo a equação diferencial (13) sujeita às condições iniciais (12). De outro modo, como $u_5(t) = 1$ e $u_{20}(t) = 0$ para $5 \le t < 20$, as Eqs. (7) e (10) se reduzem a

$$y(t) = h(t-5) = \frac{1}{2} - \frac{1}{2}e^{-(t-5)/4}\cos\left(\frac{\sqrt{15}(t-5)}{4}\right) +$$
$$+ \frac{1}{2\sqrt{15}}e^{-(t-5)/4}\operatorname{sen}\left(\frac{\sqrt{15}(t-5)}{4}\right). \tag{14}$$

Finalmente, para $t > 20$, a equação diferencial torna-se novamente a Eq. (11), e as condições iniciais são obtidas calculando-se a solução das Eqs. (13), (12), ou seja, Eq. (14) e sua derivada, em $t = 20$. Esses valores são, aproximadamente,

$$y(20) \cong 0{,}50162, \quad y'(20) \cong 0{,}01125. \tag{15}$$

O problema de valor inicial (11), (15) não contém força externa, de modo que sua solução é uma oscilação amortecida em torno de $y = 0$, como pode ser visto na Figura 6.4.1.

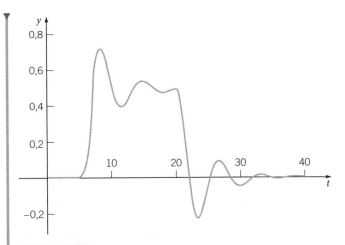

FIGURA 6.4.1 Solução do problema de valor inicial (1), (2), (3): $2y'' + y' + 2y = u_5(t) - u_{20}(t)$, $y(0) = 0$, $y'(0) = 0$.

Embora possa ser útil visualizar a solução mostrada na Figura 6.4.1 sendo composta de três problemas separados de valor inicial em três intervalos diferentes, é um tanto tedioso encontrar a solução resolvendo-se esses três problemas separadamente. O método da transformada de Laplace fornece uma abordagem muito mais conveniente e elegante para este e outros problemas sob a ação de forças externas descontínuas.

O efeito da descontinuidade da força externa pode ser visto se examinarmos a solução $y(t)$ do Exemplo 6.4.1 com mais cuidado. De acordo com o teorema de existência e unicidade (Teorema 3.2.1), a solução $y(t)$ e suas duas primeiras derivadas são contínuas, exceto, possivelmente, nos pontos $t = 5$ e $t = 20$, em que g é descontínua. Isso também pode ser visto imediatamente da Eq. (7). Pode-se mostrar, também, por cálculos diretos a partir da Eq. (7), que $y(t)$ e $y'(t)$ são contínuas, mesmo em $t = 5$ e $t = 20$. No entanto, se calcularmos $y''(t)$, veremos que

$$\lim_{t \to 5^-} y''(t) = 0, \quad \lim_{t \to 5^+} y''(t) = \frac{1}{2}.$$

Em consequência, $y''(t)$ tem um salto de $\frac{1}{2}$ em $t = 5$. De maneira semelhante, pode-se mostrar que $y''(t)$ tem um salto de $-\frac{1}{2}$ em $t = 20$. Assim, o salto do termo não homogêneo $g(t)$ nesses pontos é equilibrado por um salto correspondente no termo de maior ordem $2y''$ à esquerda do sinal de igualdade na equação.

Considere, agora, a equação linear de segunda ordem geral

$$y'' + p(t)y' + q(t)y = g(t), \tag{16}$$

em que p e q são contínuas em algum intervalo $\alpha < t < \beta$, mas g só é seccionalmente contínua aí. Se $y(t)$ for uma solução da Eq. (16), então $y(t)$ e $y'(t)$ serão contínuas em $\alpha < t < \beta$, mas $y''(t)$ terá descontinuidades do tipo salto nos mesmos pontos que g. Observações semelhantes podem ser feitas para equações de ordem maior; a derivada da solução de ordem igual à ordem mais alta que aparece na equação diferencial tem saltos nos mesmos pontos que a força externa, mas a solução e suas derivadas de ordem mais baixa são contínuas, inclusive nesses pontos.

EXEMPLO 6.4.2

Descreva a natureza qualitativa da solução do problema de valor inicial

$$y'' + 4y = g(t), \tag{17}$$

$$y(0) = 0, \quad y'(0) = 0, \tag{18}$$

em que

$$g(t) = \begin{cases} 0, & 0 \leq t < 5, \\ \frac{1}{5}(t-5), & 5 \leq t < 10, \\ 1, & t \geq 10, \end{cases} \tag{19}$$

e depois encontre a solução.

Solução:

Neste exemplo, a força externa tem o gráfico ilustrado na **Figura 6.4.2**; este gráfico é conhecido como **rampa crescente**. É relativamente fácil identificar a forma geral da solução. Para $t < 5$, a solução é, simplesmente, $y = 0$. Por outro lado, para $t > 10$, a solução tem a forma

$$y = c_1 \cos(2t) + c_2 \sen(2t) + \frac{1}{4}. \tag{20}$$

A constante 1/4 é uma solução particular da equação não homogênea, enquanto os outros dois termos formam a solução geral da equação homogênea associada. Assim, a solução (20) corresponde a uma oscilação harmônica simples em torno de $y = 1/4$. De modo similar, no intervalo intermediário $5 < t < 10$, a solução oscila em torno de determinada função linear. Em um contexto de engenharia, por exemplo, poderíamos estar interessados em saber a amplitude da oscilação estado estacionário final.

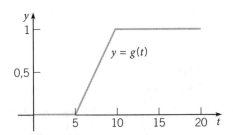

FIGURA 6.4.2 Rampa crescente; $y = g(t)$ da Eq. (19) ou da Eq. (21).

Para resolver o problema, é conveniente escrever

$$g(t) = \frac{1}{5}(u_5(t)(t-5) - u_{10}(t)(t-10)), \tag{21}$$

como você pode verificar. Calculando a transformada de Laplace da equação diferencial e usando as condições iniciais, obtemos

$$(s^2 + 4)Y(s) = \frac{e^{-5s} - e^{-10s}}{5s^2}$$

ou

$$Y(s) = \frac{1}{5}(e^{-5s} - e^{-10s})H(s), \tag{22}$$

em que

$$H(s) = \frac{1}{s^2(s^2+4)}. \tag{23}$$

Logo, a solução do problema de valor inicial (17), (18), (19) é

$$y(t) = \frac{1}{5}(u_5(t)h(t-5) - u_{10}(t)h(t-10)), \quad (24)$$

em que $h(t)$ é a transformada inversa de $H(s)$.

A expansão em frações parciais de $H(s)$ é

$$H(s) = \frac{1/4}{s^2} - \frac{1/4}{s^2+4}, \quad (25)$$

e segue, então, das linhas 3 e 5 da Tabela 6.2.1, que

$$h(t) = \frac{1}{4}t - \frac{1}{8}\operatorname{sen}(2t). \quad (26)$$

A **Figura 6.4.3** mostra o gráfico de $y(t)$. Note que ele tem o aspecto qualitativo indicado anteriormente. Para encontrar a amplitude da oscilação estado estacionário final, basta localizar um dos pontos de máximo ou mínimo para $t > 10$. Igualando a derivada da solução (24) a zero, vemos que o primeiro máximo está localizado aproximadamente em (10,642; 0,2979), de modo que a amplitude da oscilação é de aproximadamente 0,2979 − 0,25 = 0,0479.

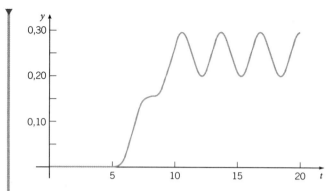

FIGURA 6.4.3 Solução do problema de valor inicial (17), (18), (19).

Note que, neste exemplo, a força externa g é contínua, mas g' é descontínua em $t = 5$ e $t = 10$. Então, a solução $y(t)$ e suas duas primeiras derivadas são contínuas em toda a parte, mas $y'''(t)$ tem descontinuidades em $t = 5$ e $t = 10$ do mesmo tipo das descontinuidades de g' nesses pontos.

Problemas

Nos Problemas 1 a 8:
  a. Esboce o gráfico da força externa em um intervalo apropriado.
  b. Encontre a solução do problema de valor inicial dado.
  🅖 c. Desenhe o gráfico da solução.
  d. Explique como os gráficos da força externa e da solução estão relacionados.

1. $y'' + y = f(t); \quad y(0) = 0, \quad y'(0) = 1;$
   $f(t) = \begin{cases} 1, & 0 \leq t < 3\pi \\ 0, & 3\pi \leq t < \infty \end{cases}$

2. $y'' + 2y' + 2y = h(t); \quad y(0) = 0, \quad y'(0) = 1;$
   $h(t) = \begin{cases} 1, & \pi \leq t < 2\pi \\ 0, & 0 \leq t < \pi \text{ ou } t \geq 2\pi \end{cases}$

3. $y'' + 4y = \operatorname{sen}(t) - u_{2\pi}(t)\operatorname{sen}(t - 2\pi); \quad y(0) = 0, \quad y'(0) = 0$

4. $y'' + 3y' + 2y = f(t); \quad y(0) = 0, \quad y'(0) = 0;$
   $f(t) = \begin{cases} 1, & 0 \leq t < 10 \\ 0, & t \geq 10 \end{cases}$

5. $y'' + y' + \frac{5}{4}y = t - u_{\pi/2}(t)\left(t - \frac{\pi}{2}\right); \quad y(0) = 0, \quad y'(0) = 0$

6. $y'' + y' + \frac{5}{4}y = g(t); \quad y(0) = 0, \quad y'(0) = 0;$
   $g(t) = \begin{cases} \operatorname{sen}(t), & 0 \leq t < \pi \\ 0, & t \geq \pi \end{cases}$

7. $y'' + 4y = u_\pi(t) - u_{3\pi}(t); \quad y(0) = 0, \quad y'(0) = 0$

8. $y^{(4)} + 5y'' + 4y = 1 - u_\pi(t); \quad y(0) = 0, \quad y'(0) = 0,$
   $y''(0) = 0, \quad y'''(0) = 0$

9. Encontre uma expressão envolvendo $u_c(t)$ para uma função f cujo gráfico é uma rampa crescente de zero em $t = t_0$ até o valor h em $t = t_0 + k$.

10. Encontre uma expressão envolvendo $u_c(t)$ para uma função g cujo gráfico é uma rampa crescente de zero em $t = t_0$ até o valor h em $t = t_0 + k$, seguida de uma rampa decrescente que chega a zero em $t = t_0 + 2k$.

11. Determinado sistema mola-massa satisfaz o problema de valor inicial

$$u'' + \frac{1}{4}u' + u = kg(t), \quad u(0) = 0, \quad u'(0) = 0,$$

em que $g(t) = u_{3/2}(t) - u_{5/2}(t)$ e $k > 0$ é um parâmetro.
  a. Esboce o gráfico de $g(t)$. Note que é um pulso de tamanho unitário que se estende por uma unidade de tempo.
  b. Resolva o problema de valor inicial.
  🅖 c. Desenhe o gráfico da solução para $k = 1/2$, $k = 1$ e $k = 2$. Descreva as características principais da solução e como elas dependem de k.
  🅝 d. Encontre, com duas casas decimais, o menor valor de k para o qual a solução $u(t)$ alcança o valor 2.
  🅝 e. Suponha que $k = 2$. Encontre o instante τ após o qual $|u(t)| < 0{,}1$ para todo $t > \tau$.

12. Modifique o problema no Exemplo 6.4.2 desta seção substituindo a força externa $g(t)$ por

$$f(t) = \frac{1}{k}\bigl(u_5(t)(t-5) - u_{5+k}(t)(t-5-k)\bigr).$$

  a. Esboce o gráfico de $f(t)$ e descreva como ele depende de k. Para que valores de k a função $f(t)$ é idêntica a $g(t)$ no exemplo?
  b. Resolva o problema de valor inicial

$$y'' + 4y = f(t), \quad y(0) = 0, \quad y'(0) = 0.$$

  🅖 c. A solução no item **(b)** depende de k, mas, para t suficientemente grande, a solução é sempre uma oscilação harmônica simples em torno de $y = 1/4$. Tente decidir como a amplitude desta oscilação final depende de k. Depois confirme sua conclusão fazendo o gráfico da solução para alguns valores diferentes de k.

Ressonância e Batimento. Na Seção 3.8, observamos como um oscilador harmônico não amortecido (como um sistema mola-massa) sob a ação de uma força senoidal entra em ressonância se a frequência da força externa for a mesma que a frequência natural. Se a frequência da força for

Transformada de Laplace **185**

ligeiramente diferente da frequência natural, então o sistema apresenta um batimento. Nos Problemas 13 a 17, exploramos o efeito de algumas forças externas periódicas não senoidais.

13. Considere o problema de valor inicial

$$y'' + y = f(t), \quad y(0) = 0, \quad y'(0) = 0,$$

em que

$$f(t) = u_0(t) + 2\sum_{k=1}^{n} (-1)^k u_{k\pi}(t).$$

a. Desenhe o gráfico de $f(t)$ em um intervalo como $0 \le t \le 6\pi$.

b. Encontre a solução do problema de valor inicial.

G c. Seja $n = 15$. Desenhe o gráfico da solução para $0 \le t \le 60$. Descreva a solução e explique por que ela se comporta dessa maneira.

d. Investigue como a solução varia quando n aumenta. O que acontece quando $n \to \infty$?

14. Considere o problema de valor inicial

$$y'' + 0{,}1y' + y = f(t), \quad y(0) = 0, \quad y'(0) = 0,$$

em que a função $f(t)$ é a mesma que no Problema 13.

G a. Desenhe o gráfico da solução. Use um valor de n suficientemente grande e um intervalo de tempo longo o bastante para que a parte transiente da solução se torne desprezível e o estado estacionário apareça claramente.

b. Estime a amplitude e a frequência da parte correspondente ao estado estacionário da solução.

c. Compare os resultados do item (b) com os da Seção 3.8 para um oscilador sob a ação de uma força senoidal.

15. Considere o problema de valor inicial

$$y'' + y = g(t), \quad y(0) = 0, \quad y'(0) = 0,$$

em que

$$g(t) = u_0(t) + \sum_{k=1}^{n} (-1)^k u_{k\pi}(t).$$

a. Desenhe o gráfico de $g(t)$ em um intervalo como $0 \le t \le 6\pi$. Compare com o gráfico de $f(t)$ no Problema 13a.

b. Encontre a solução do problema de valor inicial.

G c. Seja $n = 15$. Desenhe o gráfico da solução para $0 \le t \le 60$. Descreva a solução e explique por que ela se comporta dessa maneira. Compare-a com a solução do Problema 13.

d. Investigue como a solução varia quando n aumenta. O que acontece quando $n \to \infty$?

16. Considere o problema de valor inicial

$$y'' + 0{,}1y' + y = g(t), \quad y(0) = 0, \quad y'(0) = 0,$$

em que $g(t)$ é a mesma que no Problema 15.

G a. Desenhe o gráfico da solução. Use um valor de n suficientemente grande e um intervalo de tempo longo o bastante para que a parte transiente da solução se torne desprezível e o estado estacionário apareça claramente.

N b. Estime a amplitude e a frequência da parte correspondente ao estado estacionário da solução.

c. Compare os resultados do item (b) com os do Problema 15 e os da Seção 3.8 para um oscilador sob a ação de uma força senoidal.

17. Considere o problema de valor inicial

$$y'' + y = h(t), \quad y(0) = 0, \quad y'(0) = 0,$$

em que

$$h(t) = u_0(t) + 2\sum_{k=1}^{n} (-1)^k u_{11k/4}(t).$$

Observe que este problema é idêntico ao Problema 15, exceto que a frequência da força externa foi um pouco aumentada.

a. Encontre a solução deste problema de valor inicial.

G b. Seja $n \ge 33$ e desenhe o gráfico da solução para um intervalo $0 \le t \le 90$ ou maior. Seu gráfico deve mostrar um batimento claramente reconhecível.

N c. Do gráfico no item (b), estime o "período lento" e o "período rápido" para este oscilador.

d. Para um oscilador sob a ação de uma força senoidal, mostramos, na Seção 3.8, que a "frequência lenta" é dada por $\frac{1}{2}|\omega - \omega_0|$, em que ω_0 é a frequência natural do sistema e ω é a frequência da força externa. Analogamente, a "frequência rápida" é $\frac{1}{2}(\omega + \omega_0)$. Use essas expressões para calcular o "período rápido" e o "período lento" para o oscilador neste problema. Quão próximos esses resultados estão de suas estimativas no item (c)?

6.5 Funções de Impulso

Em algumas aplicações, é necessário tratar fenômenos de natureza impulsiva – por exemplo, voltagens ou forças de módulo grande que agem por um período de tempo muito curto. Tais problemas levam, muitas vezes, a equações diferenciais da forma

$$ay'' + by' + cy = g(t), \tag{1}$$

em que $g(t)$ é grande em um intervalo pequeno $t_0 - \tau < t < t_0 + \tau$ para algum $\tau > 0$ e é zero nos outros pontos.

A integral $I(\tau)$, definida por

$$I(\tau) = \int_{t_0 - \tau}^{t_0 + \tau} g(t)\,dt, \tag{2}$$

ou, como $g(t) = 0$ fora do intervalo $(t_0 - \tau, t_0 + \tau)$, por

$$I(\tau) = \int_{-\infty}^{\infty} g(t)\,dt, \tag{3}$$

é uma medida da força do termo não homogêneo. Em um sistema mecânico, em que $g(t)$ é uma força, $I(\tau)$ é o **impulso**

total da força $g(t)$ sobre o intervalo de tempo $(t_0 - \tau, t_0 + \tau)$. De maneira análoga, se y for a corrente em um circuito elétrico e $g(t)$ for a derivada da voltagem em relação ao tempo, então $I(\tau)$ representa a voltagem total impressa no circuito durante o intervalo de tempo $(t_0 - \tau, t_0 + \tau)$.

Em particular, vamos supor que t_0 é zero e que $g(t)$ é dada por

$$g(t) = d_\tau(t) = \begin{cases} \dfrac{1}{2\tau}, & -\tau < t < \tau, \\ 0, & t \le -\tau \ \text{ou}\ t \ge \tau, \end{cases} \tag{4}$$

em que τ é uma constante positiva pequena (veja a **Figura 6.5.1**). De acordo com a Eq. (2) ou (3), segue imediatamente que, neste caso, $I(\tau) = 1$ independentemente do valor de τ, desde que $\tau \ne 0$. Vamos agora usar uma função externa ideal d_τ, fazendo com que ela aja em intervalos de tempo cada vez mais curtos, ou seja, vamos considerar $d_\tau(t)$ quando $\tau \to 0^+$ (veja a **Figura 6.5.2**). Como resultado deste limite, obtemos

$$\lim_{\tau \to 0^+} d_\tau(t) = 0, \quad t \ne 0. \tag{5}$$

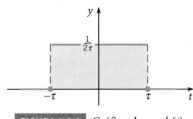

FIGURA 6.5.1 Gráfico de $y = d_\tau(t)$.

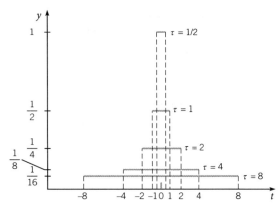

FIGURA 6.5.2 Gráficos de $y = d_\tau(t)$ quando $\tau \to 0^+$.

Além disso, como $I(\tau) = 1$ para todo $\tau \neq 0$, segue que

$$\lim_{\tau \to 0^+} I(\tau) = 1. \qquad (6)$$

As Eqs. (5) e (6) são usadas para definir uma **função impulso unitário** δ, que funciona como um impulso de magnitude um em $t = 0$, mas é zero para todos os outros valores de t diferentes de zero. Em outras palavras, a "função" δ é definida como tendo as propriedades

$$\delta(t) = 0, \quad t \neq 0; \qquad (7)$$

$$\int_{-\infty}^{\infty} \delta(t) dt = 1. \qquad (8)$$

Não existe uma função, no sentido usual da palavra, estudada em Cálculo que satisfaça ambas as Eqs. (7) e (8). A "função" δ definida por essas equações é um exemplo de algo conhecido como **funções generalizadas**, chamada, em geral, de **função delta de Dirac**.[4] Como $\delta(t)$ corresponde a um impulso unitário em $t = 0$, um impulso unitário em um ponto arbitrário $t = t_0$ é dado por $\delta(t - t_0)$. Das Eqs. (7) e (8), segue que

$$\delta(t - t_0) = 0, \quad t \neq t_0; \qquad (9)$$

$$\int_{-\infty}^{\infty} \delta(t - t_0) dt = 1. \qquad (10)$$

A função delta de Dirac não satisfaz as condições do Teorema 6.1.2, mas, ainda assim, sua transformada de Laplace pode ser definida formalmente. Como $\delta(t)$ é definida como o limite de $d_\tau(t)$ quando $\tau \to 0^+$, é natural definir a transformada de Laplace de δ como um limite análogo da transformada de d_τ. Em particular, vamos supor que $t_0 > 0$ e definir $\mathcal{L}\{\delta(t - t_0)\}$ pela equação

$$\mathcal{L}\{\delta(t - t_0)\} = \lim_{\tau \to 0^+} \mathcal{L}\{d_\tau(t - t_0)\}. \qquad (11)$$

Para calcular o limite na Eq. (11), note primeiro que, se $\tau < t_0$, o que vai acabar acontecendo quando $\tau \to 0^+$, então $t_0 - \tau > 0$. Como $d_\tau(t - t_0)$ é diferente de zero apenas no intervalo de $t_0 - \tau$ a $t_0 + \tau$, temos

$$\mathcal{L}\{d_\tau(t - t_0)\} = \int_0^\infty e^{-st} d_\tau(t - t_0) dt$$

$$= \int_{t_0-\tau}^{t_0+\tau} e^{-st} d_\tau(t - t_0) dt.$$

Substituindo $d_\tau(t - t_0)$ pela expressão na Eq. (4), obtemos

$$\mathcal{L}\{d_\tau(t - t_0)\} = \frac{1}{2\tau} \int_{t_0-\tau}^{t_0+\tau} e^{-st} dt = -\frac{1}{2s\tau} e^{-st} \bigg|_{t=t_0-\tau}^{t=t_0+\tau}$$

$$= \frac{1}{2s\tau} e^{-st_0} (e^{s\tau} - e^{-s\tau})$$

ou

$$\mathcal{L}\{d_\tau(t - t_0)\} = \frac{\operatorname{senh}(s\tau)}{s\tau} e^{-st_0}. \qquad (12)$$

O quociente $\operatorname{senh}(s\tau)/(s\tau)$ é indeterminado quando $\tau \to 0^+$, mas seu limite pode ser calculado pela regra de L'Hôpital.[5] Obtemos

$$\lim_{\tau \to 0^+} \frac{\operatorname{senh}(s\tau)}{s\tau} = \lim_{\tau \to 0^+} \frac{s \cosh(s\tau)}{s} = 1.$$

Então, segue da Eq. (11) que

$$\mathcal{L}\{\delta(t - t_0)\} = e^{-st_0}. \qquad (13)$$

A Eq. (13) define $\mathcal{L}\{\delta(t - t_0)\}$ para qualquer $t_0 > 0$. Vamos estender este resultado, para permitir que t_0 seja igual a zero, fazendo $t_0 \to 0^+$ à direita do sinal de igualdade na Eq. (13); assim,

$$\mathcal{L}\{\delta(t)\} = \lim_{t_0 \to 0^+} e^{-st_0} = 1. \qquad (14)$$

É reconfortante ver que as fórmulas para a transformada de Laplace deduzidas nas Eqs. (13) e (14) são consistentes com a transformada de Laplace de uma função deslocada horizontalmente:

$$\mathcal{L}\{\delta(t - t_0)\} = e^{-st_0} \mathcal{L}\{\delta(t)\} = e^{-st_0}.$$

De maneira semelhante, é possível definir a integral do produto da função delta por qualquer função contínua f. Temos

---

[4]Paul A. M. Dirac (1902-1984), físico matemático inglês, recebeu seu Ph.D. de Cambridge em 1926 e foi professor de Matemática ali até 1969. Recebeu o prêmio Nobel de Física em 1933 (juntamente com Erwin Schrödinger) por seu trabalho fundamental em Mecânica Quântica. Seu resultado mais conhecido foi a equação relativística para o elétron, publicado em 1928. A partir desta equação, ele previu o "antielétron", ou pósitron, que foi observado pela primeira vez em 1932. Depois de se aposentar em Cambridge, Dirac se mudou para os Estados Unidos, onde atuou como professor pesquisador na Florida State University.

[5]O marquês Guillaume de L'Hôpital (1661-1704) foi um nobre francês profundamente interessado em Matemática. Durante algum tempo ele contratou Johann Bernoulli como seu professor particular de Cálculo. L'Hôpital publicou seu primeiro livro-texto sobre cálculo diferencial em 1696; nele, aparece a propriedade de limites que leva seu nome.

$$\int_{-\infty}^{\infty} \delta(t-t_0)f(t)dt = \lim_{\tau \to 0^+} \int_{-\infty}^{\infty} d_\tau(t-t_0)f(t)dt. \quad (15)$$

Usando a definição (4) de $d_\tau(t)$ e o teorema do valor médio para integrais, encontramos

$$\int_{-\infty}^{\infty} d_\tau(t-t_0)f(t)dt = \frac{1}{2\tau}\int_{t_0-\tau}^{t_0+\tau} f(t)dt =$$
$$= \frac{1}{2\tau}\cdot 2\tau \cdot f(t^*) = f(t^*),$$

em que $t_0 - \tau < t^* < t_0 + \tau$. Portanto, $t^* \to t_0$ quando $\tau \to 0^+$, e segue da Eq. (15) que

$$\int_{-\infty}^{\infty} \delta(t-t_0)f(t)dt = f(t_0). \quad (16)$$

O exemplo a seguir ilustra o uso da função delta na resolução de um problema de valor inicial com uma força externa impulsiva.

EXEMPLO 6.5.1

Encontre a solução do problema de valor inicial

$$2y'' + y' + 2y = \delta(t-5), \quad (17)$$

$$y(0) = 0, \quad y'(0) = 0. \quad (18)$$

Solução:

Este problema de valor inicial vem do estudo do mesmo circuito elétrico ou oscilador mecânico no Exemplo 6.4.1. A única diferença é a força externa.

Para resolver o problema dado, calculamos a transformada de Laplace da equação diferencial e usamos as condições iniciais, obtendo

$$(2s^2 + s + 2)Y(s) = e^{-5s}.$$

Assim,

$$Y(s) = \frac{e^{-5s}}{2s^2+s+2} = \frac{e^{-5s}}{2}\frac{1}{\left(s+\frac{1}{4}\right)^2 + \frac{15}{16}}. \quad (19)$$

Pelo Teorema 6.3.2 ou pela linha 9 da Tabela 6.2.1,

$$\mathcal{L}^{-1}\left\{\frac{1}{\left(s+\frac{1}{4}\right)^2 + \frac{15}{16}}\right\} = \frac{4}{\sqrt{15}}e^{-t/4}\operatorname{sen}\left(\frac{\sqrt{15}}{4}t\right) \quad (20)$$

Portanto, pelo Teorema 6.3.1, temos

$$y(t) = \mathcal{L}^{-1}\{Y(s)\} = \frac{2}{\sqrt{15}}u_5(t)e^{-(t-5)/4}\operatorname{sen}\left(\frac{\sqrt{15}}{4}(t-5)\right) \quad (21)$$

que é a solução formal do problema dado. Também é possível escrever $y(t)$ na forma

$$y = \begin{cases} 0, & t<5, \\ \dfrac{2}{\sqrt{15}}e^{-(t-5)/4}\operatorname{sen}\left(\dfrac{\sqrt{15}}{4}(t-5)\right), & t\geq 5. \end{cases} \quad (22)$$

O gráfico da Eq. (22) aparece na **Figura 6.5.3**. Como as condições iniciais em $t=0$ são homogêneas e não existe excitação externa até $t=5$, não há resposta no intervalo $0 < t < 5$. O impulso em $t=5$ produz uma oscilação que decai, mas persiste indefinidamente. A resposta é contínua em $t=5$, apesar da singularidade da força externa neste ponto. No entanto, a derivada primeira da solução tem um salto em $t=5$ e a derivada segunda tem uma descontinuidade infinita aí. Isso tem de ocorrer pela equação diferencial (17), já que uma singularidade em um dos lados do sinal de igualdade tem de ser equilibrada por uma singularidade correspondente do outro lado.

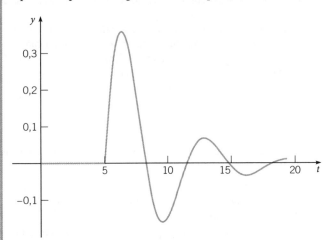

FIGURA 6.5.3 Solução do problema de valor inicial (17), (18): $2y'' + y' + 2y = \delta(t-5)$, $y(0) = 0$, $y'(0) = 0$.

Ao se trabalhar com problemas envolvendo uma força externa impulsiva, geralmente a utilização da função delta simplifica os cálculos matemáticos, muitas vezes de maneira muito significativa. No entanto, se a excitação atual se estende a um intervalo de tempo curto, mas não nulo, será introduzido um erro ao se modelar a excitação como instantânea. Este erro pode ser muito pequeno, mas não deve ser desprezado em um problema prático sem ser analisado. Pede-se que você investigue essa questão no Problema 12 para um oscilador harmônico simples.

Problemas

Nos Problemas 1 a 8:
   a. Encontre a solução do problema de valor inicial dado.
   b. Desenhe um gráfico da solução.

1. $y'' + 2y' + 2y = \delta(t-\pi); \quad y(0) = 1, \quad y'(0) = 0$

2. $y'' + 4y = \delta(t-\pi) - \delta(t-2\pi); \quad y(0) = 0, \quad y'(0) = 0$

3. $y'' + 3y' + 2y = \delta(t-5) + u_{10}(t); \quad y(0) = 0, \quad y'(0) = 1/2$

4. $y'' + 2y' + 3y = \operatorname{sen}(t) + \delta(t-3\pi); \quad y(0) = 0, \quad y'(0) = 0$

5. $y'' + y = \delta(t-2\pi)\cos(t); \quad y(0) = 0, \quad y'(0) = 1$

6. $y'' + 4y = 2\delta(t-\pi/4); \quad y(0) = 0, \quad y'(0) = 0$

188 Capítulo 6

7. $y'' + 2y' + 2y = \cos(t) + \delta(t - \pi/2);\quad y(0) = 0,\ y'(0) = 0$

8. $y^{(4)} - y = \delta(t - 1);\quad y(0) = 0,\ y'(0) = 0,$
   $y''(0) = 0,\ y'''(0) = 0$

9. Considere, novamente, o sistema no Exemplo 6.5.1 desta seção, no qual uma oscilação é gerada por um impulso unitário em $t = 5$. Suponha que desejamos colocar o sistema em repouso após exatamente um ciclo, ou seja, quando a resposta volta, pela primeira vez, à posição de equilíbrio movendo-se no sentido positivo.

   N a. Determine o impulso $k\delta(t - t_0)$ que deve ser aplicado ao sistema para alcançar este objetivo. Note que k é a magnitude do impulso e t_0 é o instante de sua aplicação.

   G b. Resolva o problema de valor inicial resultante e faça o gráfico de sua solução para confirmar que se comporta da maneira especificada.

N 10. Considere o problema de valor inicial

$$y'' + \gamma y' + y = \delta(t - 1),\quad y(0) = 0,\ y'(0) = 0,$$

em que γ é o coeficiente de amortecimento (ou resistência).

   G a. Seja $\gamma = \frac{1}{2}$. Encontre a solução do problema de valor inicial e desenhe seu gráfico.

   b. Encontre o instante t_1 no qual a solução atinge seu valor máximo. Encontre, também, o valor máximo y_1 da solução.

   G c. Seja $\gamma = \frac{1}{4}$ e repita os itens (a) e (b).

   d. Determine como t_1 e y_1 variam quando γ diminui. Quais são os valores de t_1 e de y_1 quando $\gamma = 0$?

11. Considere o problema de valor inicial

$$y'' + \gamma y' + y = k\delta(t - 1),\quad y(0) = 0,\ y'(0) = 0,$$

em que k é a magnitude de um impulso em $t = 1$ e γ é o coeficiente de amortecimento (ou resistência).

   G a. Seja $\gamma = \frac{1}{2}$. Encontre o valor de k para o qual a resposta tem um valor máximo de dois; chame este valor de k_1.

   G b. Repita o item (a) para $\gamma = \frac{1}{4}$.

   c. Determine como k_1 varia quando γ diminui. Qual o valor de k_1 quando $\gamma = 0$?

12. Considere o problema de valor inicial

$$y'' + y = f_k(t),\quad y(0) = 0,\ y'(0) = 0,$$

em que $f_k(t) = \frac{1}{2k}(u_{4-k}(t) - u_{4+k}(t))$ com $0 < k \leq 1$.

   a. Encontre a solução $y = \phi(t, k)$ do problema de valor inicial.

   b. Calcule $\lim_{k \to 0^+} \phi(t, k)$ da solução encontrada no item (a).

   c. Observe que $\lim_{k \to 0^+} f_k(t) = \delta(t - 4)$. Encontre a solução $\phi_0(t)$ do problema de valor inicial dado com $f_k(t)$ substituído por $\delta(t - 4)$. É verdade que $\phi_0(t) = \lim_{k \to 0^+} \phi(t, k)$?

   G d. Faça os gráficos de $\phi\left(t, \frac{1}{2}\right)$, $\phi\left(t, \frac{1}{4}\right)$ e $\phi_0(t)$ nos mesmos eixos. Descreva a relação entre $\phi(t, k)$ e $\phi_0(t)$.

Os Problemas 13 a 16 tratam do efeito de uma sequência de impulsos aplicados em um oscilador não amortecido. Suponha que

$$y'' + y = f(t),\quad y(0) = 0,\ y'(0) = 0.$$

Para cada uma das escolhas para $f(t)$:

   a. Tente prever a natureza da solução sem resolver o problema.

   G b. Teste sua previsão encontrando a solução e desenhando seu gráfico.

   c. Determine o que acontece após o fim da sequência de impulsos.

13. $f(t) = \displaystyle\sum_{k=1}^{20} \delta(t - k\pi)$

14. $f(t) = \displaystyle\sum_{k=1}^{20} (-1)^{k+1} \delta(t - k\pi)$

15. $f(t) = \displaystyle\sum_{k=1}^{15} \delta(t - (2k-1)\pi)$

16. $f(t) = \displaystyle\sum_{k=1}^{40} (-1)^{k+1} \delta\left(t - \frac{11}{4}k\right)$

17. A posição de determinado oscilador ligeiramente amortecido satisfaz o problema de valor inicial

$$y'' + 0{,}1y' + y = \sum_{k=1}^{20} (-1)^{k+1} \delta(t - k\pi),\quad y(0) = 0,\ y'(0) = 0.$$

Note que, exceto pelo termo de amortecimento, este problema é igual ao Problema 14.

   a. Tente prever a natureza da solução sem resolver o problema.

   G b. Teste sua previsão encontrando a solução e desenhando seu gráfico.

   c. Determine o que acontece após o fim da sequência de impulsos.

G 18. Proceda como no Problema 17 para o oscilador satisfazendo

$$y'' + 0{,}1y' + y = \sum_{k=1}^{15} \delta(t - (2k-1)\pi),\quad y(0) = 0,\ y'(0) = 0.$$

Note que, exceto pelo termo de amortecimento, este problema é igual ao Problema 15.

19. a. Use o método de variação dos parâmetros para mostrar que a solução do problema de valor inicial

$$y'' + 2y' + 2y = f(t);\quad y(0) = 0,\ y'(0) = 0$$

é

$$y = \int_0^t e^{-(t-\tau)} f(\tau) \operatorname{sen}(t - \tau)\,d\tau.$$

   b. Mostre que, se $f(t) = \delta(t - \pi)$, então a solução do item (a) se reduz a

$$y = u_\pi(t) e^{-(t-\pi)} \operatorname{sen}(t - \pi).$$

   c. Use uma transformada de Laplace para resolver o problema de valor inicial dado com $f(t) = \delta(t - \pi)$ e confirme que a solução coincide com a encontrada no item (b).

6.6 Integral de Convolução

Às vezes, é possível identificar uma transformada de Laplace $H(s)$ como o produto de duas outras transformadas $F(s)$ e $G(s)$, estas últimas correspondendo a funções conhecidas f e g, respectivamente. Neste caso, poderíamos pensar que $H(s)$ seria a transformada do produto de f e g. Isso não acontece, no entanto; em outras palavras, a transformada de Laplace não pode ser comutada com a multiplicação usual. Por outro lado, se definirmos, convenientemente, um "produto generalizado", então a situação muda, conforme enunciado no teorema a seguir.

Teorema 6.6.1 | Teorema de Convolução

Se ambas $F(s) = \mathcal{L}\{f(t)\}$ e $G(s) = \mathcal{L}\{g(t)\}$ existem para $s > a \geq 0$, então

$$H(s) = F(s)G(s) = \mathcal{L}\{h(t)\}, \quad s > a, \quad (1)$$

em que

$$h(t) = \int_0^t f(t-\tau)g(\tau)d\tau = \int_0^t f(\tau)g(t-\tau)d\tau. \quad (2)$$

A função h é conhecida como a **convolução de f e g**; eventualmente, as integrais na Eq. (2) são chamadas **integrais de convolução**.

A igualdade das duas integrais na Eq. (2) segue da mudança de variável $t - \tau = \xi$ na primeira integral. Antes de demonstrar esse teorema, vamos fazer algumas observações sobre a integral de convolução. De acordo com esse teorema, a transformada da convolução de duas funções, em vez da transformada de seu produto usual, é o produto das transformadas separadas. É conveniente enfatizar que a convolução pode ser considerada um "produto generalizado" escrevendo-se

$$h(t) = (f*g)(t). \quad (3)$$

Em particular, a notação $f*g)(t)$ serve para indicar a primeira integral que aparece na Eq. (2); a segunda é denotada por $(g*f)(t)$.

A convolução $f*g$ tem muitas das propriedades da multiplicação usual. Por exemplo, é relativamente simples mostrar que

$$f*g = g*f \quad \text{(comutatividade)} \quad (4)$$

$$f*(g_1 + g_2) = f*g_1 + f*g_2 \quad \text{(distributividade)} \quad (5)$$

$$(f*g)*h = f*(g*h) \quad \text{(associatividade)} \quad (6)$$

$$f*0 = 0*f = 0. \quad \text{(propriedade da função nula)} \quad (7)$$

Na Eq. (7), os zeros não denotam o número zero, mas a função que assume o valor zero em cada valor de t. As demonstrações desses resultados são deixadas como exercício.

No entanto, a multiplicação usual tem outras propriedades que a convolução não tem. Por exemplo, não é verdade, em geral, que $f*1$ seja igual a f. Para ver isso, note que

$$(f*1)(t) = \int_0^t f(t-\tau) \cdot 1 d\tau = \int_0^t f(t-\tau)d\tau.$$

Se, por exemplo, $f(t) = \cos(t)$, então

$$(f*1)(t) = \int_0^t \cos(t-\tau)d\tau = -\text{sen}(t-\tau)\Big|_{\tau=0}^{\tau=t} =$$
$$= -\text{sen}(0) + \text{sen}(t) =$$
$$= \text{sen}(t).$$

É claro que $(f*1)(t) \neq f(t)$ neste caso. De modo semelhante, pode não ser verdade que $f*f$ seja não negativa. Veja o Problema 3 para um exemplo.

As integrais de convolução aparecem em diversas aplicações em que o comportamento do sistema em qualquer instante t não depende apenas do estado no instante t, mas também de sua história passada. Sistemas desse tipo são chamados, às vezes, de **sistemas hereditários** e ocorrem em campos tão diversos quanto transporte de nêutrons, viscoelasticidade e dinâmica populacional, entre outros.

Voltando à demonstração do Teorema 6.6.1, observe, em primeiro lugar, que, se

$$F(s) = \int_0^\infty e^{-s\xi} f(\xi)d\xi \text{ e } G(s) = \int_0^\infty e^{-s\tau} g(\tau)d\tau,$$

então

$$F(s)G(s) = \int_0^\infty e^{-s\xi} f(\xi)d\xi \int_0^\infty e^{-s\tau} g(\tau)d\tau. \quad (8)$$

Como o integrando na primeira integral não depende da variável de integração da segunda integral, podemos escrever $F(s)G(s)$ como uma integral iterada,

$$F(s)G(s) = \int_0^\infty e^{-s\tau} g(\tau) \left(\int_0^\infty e^{-s\xi} f(\xi)d\xi \right) d\tau =$$
$$= \int_0^\infty g(\tau) \left(\int_0^\infty e^{-s(\xi+\tau)} f(\xi)d\xi \right) d\tau. \quad (9)$$

A última integral pode ser colocada em uma forma mais conveniente por meio de uma mudança de variáveis. Seja $\xi = t - \tau$ para τ fixo, de modo que $d\xi = dt$. Então, $\xi = 0$ corresponde a $t = \tau$, e $\xi = \infty$ corresponde a $t = \infty$; logo, a integral em relação a ξ na Eq. (9) vira uma integral em relação a t:

$$F(s)G(s) = \int_0^\infty g(\tau) \left(\int_\tau^\infty e^{-st} f(t-\tau)dt \right) d\tau. \quad (10)$$

A integral iterada à direita do sinal de igualdade na Eq. (10) é calculada sobre a região ilimitada em forma de cunha no plano $t\tau$ que aparece sombreada na **Figura 6.6.1**. Supondo que podemos trocar a ordem de integração, reescrevemos a Eq. (10) de modo a calcular primeiro a integral em relação a τ. Dessa forma, obtemos

$$F(s)G(s) = \int_0^\infty e^{-st} \left(\int_0^t f(t-\tau)g(\tau)d\tau \right) dt \quad (11)$$

ou

$$F(s)G(s) = \int_0^\infty e^{-st} h(t)dt = \mathcal{L}\{h(t)\}, \quad (12)$$

em que $h(t)$ é definida pela Eq. (2), o que completa a demonstração do Teorema 6.6.1.

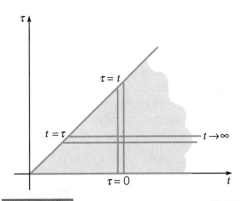

FIGURA 6.6.1 Região de integração para $F(s)G(s)$.

190 Capítulo 6

EXEMPLO 6.6.1

Encontre a transformada inversa de

$$H(s) = \frac{a}{s^2(s^2 + a^2)}. \tag{13}$$

Solução:

É conveniente pensar em $H(s)$ como o produto de s^{-2} e $a/(s^2 + a^2)$, que são, de acordo com as linhas 3 e 5 da Tabela 6.2.1, as transformadas de t e de $\text{sen}(at)$, respectivamente. Portanto, pelo Teorema 6.6.1, a transformada inversa de $H(s)$ é

$$h(t) = \int_0^t (t - \tau)\,\text{sen}(a\tau)d\tau = \frac{at - \text{sen}(at)}{a^2}. \tag{14}$$

Você pode verificar que se obtém o mesmo resultado se a função $h(t)$ for escrita na forma alternativa

$$h(t) = \int_0^t \tau\,\text{sen}(a(t - \tau))d\tau,$$

o que confirma a Eq. (2) neste caso. É claro que $h(t)$ também pode ser encontrada expandindo-se $H(s)$ em frações parciais.

EXEMPLO 6.6.2

Encontre a solução do problema de valor inicial

$$y'' + 4y = g(t), \tag{15}$$

$$y(0) = 3, \quad y'(0) = -1. \tag{16}$$

Solução:

Calculando a transformada de Laplace da equação diferencial e usando as condições iniciais, obtemos

$$s^2 Y(s) - 3s + 1 + 4Y(s) = G(s)$$

ou

$$Y(s) = \frac{3s - 1}{s^2 + 4} + \frac{G(s)}{s^2 + 4}. \tag{17}$$

Note que a primeira e a segunda parcelas à direita do sinal de igualdade na Eq. (17) contêm, respectivamente, a dependência de $Y(s)$ nas condições iniciais e na força externa. É conveniente escrever $Y(s)$ na forma

$$Y(s) = 3\frac{s}{s^2 + 4} - \frac{1}{2}\frac{2}{s^2 + 4} + \frac{1}{2}\frac{2}{s^2 + 4}G(s). \tag{18}$$

Então, usando as linhas 5 e 6 da Tabela 6.2.1 e o Teorema 6.6.1, obtemos

$$y = 3\cos(2t) - \frac{1}{2}\text{sen}(2t) + \frac{1}{2}\int_0^t \text{sen}(2(t - \tau))g(\tau)d\tau. \tag{19}$$

Se uma função específica g for dada, então a integral na Eq. (19) poderá ser calculada (por métodos numéricos, se necessário).

O Exemplo 6.6.2 ilustra o poder da convolução como ferramenta para se escrever a solução de um problema de valor inicial em função de uma integral. De fato, é possível proceder de modo semelhante em problemas mais gerais. Considere o problema que consiste na equação diferencial

$$ay'' + by' + cy = g(t), \tag{20}$$

em que a, b e c são constantes reais e g é uma função dada, com as condições iniciais

$$y(0) = y_0, \quad y'(0) = y_0'. \tag{21}$$

A abordagem de transformada de Laplace fornece uma compreensão mais profunda sobre a estrutura da solução de qualquer problema desse tipo.

É comum a referência ao problema de valor inicial (20), (21) como um problema de entrada-saída. Os coeficientes a, b e c descrevem as propriedades de algum sistema físico, e $g(t)$ corresponde à entrada do sistema. Os valores y_0 e y_0' descrevem o estado inicial, e a solução y é a saída no instante t.

Calculando a transformada de Laplace da Eq. (20) e usando as condições iniciais (21), obtemos

$$(as^2 + bs + c)Y(s) - (as + b)y_0 - ay_0' = G(s).$$

Se definirmos

$$\Phi(s) = \frac{(as + b)y_0 + ay_0'}{as^2 + bs + c} \quad \text{e} \quad \Psi(s) = \frac{G(s)}{as^2 + bs + c}, \tag{22}$$

poderemos escrever

$$Y(s) = \Phi(s) + \Psi(s). \tag{23}$$

Em consequência,

$$y(t) = \phi(t) + \psi(t), \tag{24}$$

em que $\phi(t) = \mathcal{L}^{-1}\{\Phi(s)\}$ e $\psi(t) = \mathcal{L}^{-1}\{\Psi(s)\}$. Note que $\phi(t)$ é a solução do problema de valor inicial

$$ay'' + by' + cy = 0, \quad y(0) = y_0, \quad y'(0) = y_0', \tag{25}$$

obtido das Eqs. (20) e (21) fazendo $g(t)$ igual a zero. Analogamente, $\psi(t)$ é a solução de

$$ay'' + by' + cy = g(t), \quad y(0) = 0, \quad y'(0) = 0, \tag{26}$$

em que os valores iniciais y_0 e y_0' são substituídos por zero.

Uma vez dados valores específicos para a, b e c, podemos encontrar $\phi(t) = \mathcal{L}^{-1}\{\Phi(s)\}$ usando a Tabela 6.2.1, possivelmente em conjunto com uma translação ou uma expansão em frações parciais. Para encontrar $\psi(t) = \mathcal{L}^{-1}\{\Psi(s)\}$, é conveniente escrever $\Psi(s)$ como

$$\Psi(s) = H(s)G(s), \tag{27}$$

em que $H(s) = (as^2 + bs + c)^{-1}$. A função H é conhecida como **função de transferência**[6] e depende apenas das propriedades do sistema em questão, ou seja, $H(s)$ fica inteiramente determinada pelos coeficientes a, b e c. Por outro lado, $G(s)$ depende exclusivamente da força externa $g(t)$ aplicada ao sistema. Pelo Teorema de Convolução (Teorema 6.6.1), podemos escrever

$$\psi(t) = \mathcal{L}^{-1}\{H(s)G(s)\} = \int_0^t h(t - \tau)g(\tau)d\tau, \tag{28}$$

em que $h(t) = \mathcal{L}^{-1}\{H(s)\}$, e $g(t)$ é a força externa dada.

Para uma melhor compreensão do significado de $h(t)$, vamos considerar o caso em que $G(s) = 1$; então, $g(t) = \delta(t)$ e $\Psi(s) = H(s)$. Isso significa que $y = h(t)$ é solução do problema de valor inicial

---

[6]Esta terminologia vem do fato de que $H(s)$ é a razão entre as transformadas da saída e da entrada do problema 20.

$$ay'' + by' + cy = \delta(t), \quad y(0) = 0, \quad y'(0) = 0, \qquad (29)$$

obtido da Eq. (26) substituindo-se $g(t)$ por $\delta(t)$. Logo, $h(t)$ é a resposta do sistema a um impulso unitário aplicado em $t = 0$, e é natural chamar $h(t)$ de **resposta ao impulso** do sistema. A Eq. (28) diz, então, que $\psi(t)$ é a convolução da resposta ao impulso com a força externa.

No que se refere ao Exemplo 6.6.2, observamos que a função de transferência é $H(s) = 1/(s^2 + 4)$ e a resposta ao impulso é $h(t) = \frac{1}{2}\,\text{sen}(2t)$. Além disso, as duas primeiras parcelas à direita do sinal de igualdade na Eq. (19) constituem a função $\phi(t)$, a solução da equação homogênea associada que satisfaz as condições iniciais dadas.

Problemas

1. Prove a comutatividade, a distributividade e a associatividade para a convolução.
   a. $f * g = g * f$
   b. $f * (g_1 + g_2) = f * g_1 + f * g_2$
   c. $f * (g * h) = (f * g) * h$

2. Encontre um exemplo, diferente do que foi dado no texto, mostrando que $(f * 1)(t)$ não precisa ser igual a $f(t)$.

3. Mostre que $f * f$ não precisa ser não negativa usando o exemplo $f(t) = \text{sen}(t)$.

Nos Problemas 4 a 6, encontre a transformada de Laplace da função dada.

4. $f(t) = \displaystyle\int_0^t (t-\tau)^2 \cos(2\tau)d\tau$

5. $f(t) = \displaystyle\int_0^t e^{-(t-\tau)}\,\text{sen}(\tau)d\tau$

6. $f(t) = \displaystyle\int_0^t \text{sen}(t-\tau)\cos(\tau)d\tau$

Nos Problemas 7 a 9, encontre a transformada de Laplace inversa da função dada usando o teorema de convolução.

7. $F(s) = \dfrac{1}{s^4(s^2+1)}$

8. $F(s) = \dfrac{s}{(s+1)(s^2+4)}$

9. $F(s) = \dfrac{1}{(s+1)^2(s^2+4)}$

10. a. Se $f(t) = t^m$ e se $g(t) = t^n$, em que m e n são inteiros positivos, mostre que
$$f * g = t^{m+n+1}\int_0^1 u^m(1-u)^n\,du.$$
   b. Use o teorema de convolução para mostrar que
$$\int_0^1 u^m(1-u)^n\,du = \frac{m!\,n!}{(m+n+1)!}.$$
   c. Estenda o resultado do item (b) para o caso em que m e n são números positivos, mas não necessariamente inteiros.

Nos Problemas 11 a 15, expresse a solução do problema de valor inicial dado em função de uma integral de convolução.

11. $y'' + \omega^2 y = g(t); \quad y(0) = 0, \quad y'(0) = 1$

12. $4y'' + 4y' + 17y = g(t); \quad y(0) = 0, \quad y'(0) = 0$

13. $y'' + y' + \dfrac{5}{4}y = 1 - u_\pi(t); \quad y(0) = 1, \quad y'(0) = -1$

14. $y'' + 3y' + 2y = \cos(\alpha t); \quad y(0) = 1, \quad y'(0) = 0$

15. $y^{(4)} + 5y'' + 4y = g(t); \quad y(0) = 1, \quad y'(0) = 0,$
    $\quad y''(0) = 0, \quad y'''(0) = 0$

16. Considere a equação
$$\phi(t) + \int_0^t k(t-\xi)\phi(\xi)d\xi = f(t),$$
em que f e k são funções conhecidas e ϕ deve ser determinada. Como a função desconhecida ϕ aparece debaixo do sinal de integral, a equação dada é dita **equação integral**; em particular, ela pertence à classe de equações integrais conhecidas como **equações integrais de Volterra**.[7] Calcule a transformada de Laplace da equação integral dada e obtenha uma expressão para $\mathcal{L}\{\phi(t)\}$ em função das transformadas $\mathcal{L}\{f(t)\}$ e $\mathcal{L}\{k(t)\}$ das funções dadas f e k. A transformada inversa de $\mathcal{L}\{\phi(t)\}$ é a solução da equação integral original.

17. Considere a equação integral de Volterra (veja o Problema 16)
$$\phi(t) + \int_0^t (t-\xi)\phi(\xi)d\xi = \text{sen}(2t). \qquad (30)$$
   a. Resolva a equação integral (30) usando a transformada de Laplace.
   b. Diferenciando a Eq. (30) duas vezes, mostre que $\phi(t)$ satisfaz a equação diferencial
$$\phi''(t) + \phi(t) = -4\,\text{sen}(2t).$$
   Mostre, também, que as condições iniciais são
$$\phi(0) = 0, \quad \phi'(0) = 2.$$
   c. Resolva o problema de valor inicial do item (b) e verifique que a solução é a mesma que a obtida no item (a).

Nos Problemas 18 e 19:
   a. Resolva a equação integral de Volterra dada usando a transformada de Laplace.
   b. Converta a equação integral a um problema de valor inicial, como no Problema 17b.
   c. Resolva o problema de valor inicial no item (b) e verifique que a solução é a mesma que a encontrada no item (a).

18. $\phi(t) + \displaystyle\int_0^t (t-\xi)\phi(\xi)d\xi = 1$

19. $\phi(t) + 2\displaystyle\int_0^t \cos(t-\xi)\phi(\xi)d\xi = e^{-t}$

Existem também equações, conhecidas como **equações íntegro-diferenciais**, em que aparecem tanto derivadas quanto integrais da função desconhecida. Nos Problemas 20 e 21:
   a. Resolva a equação íntegro-diferencial dada usando a transformada de Laplace.
   b. Diferenciando a equação íntegro-diferencial um número suficiente de vezes, converta-a em um problema de valor inicial.
   c. Resolva o problema de valor inicial no item (b) e verifique que a solução é a mesma que a encontrada no item (a).

20. $\phi'(t) + \displaystyle\int_0^t (t-\xi)\phi(\xi)d\xi = t, \quad \phi(0) = 0$

---

[7] Veja a nota de rodapé sobre **Vito Volterra** na Seção 9.5.

21. $\phi'(t) - \dfrac{1}{2}\displaystyle\int_0^t (t-\xi)^2 \phi(\xi)\,d\xi = -t, \quad \phi(0)=1$

22. **Tautócrona.** Um problema de interesse na história da Matemática é a de encontrar a **tautócrona**[8] – a curva descrita por uma partícula deslizando livremente sob a ação apenas da gravidade, atingindo o fundo no mesmo instante independentemente de seu ponto de partida na curva. Este problema apareceu na construção de um relógio com pêndulo, cujo período é independente da amplitude de seu movimento. A tautócrona foi encontrada por Christian Huygens (1629-1695) em 1673 por métodos geométricos e, mais tarde, por Leibniz e Jakob Bernoulli usando argumentos analíticos. A solução de Bernoulli (em 1690) foi uma das primeiras ocasiões em que se resolveu explicitamente uma equação diferencial. A configuração geométrica está ilustrada na **Figura 6.6.2**. O ponto inicial $P(a, b)$ é unido ao ponto final $(0, 0)$ pelo arco C. O comprimento de arco s é medido a partir da origem, e $f(y)$ denota a taxa de variação de s em relação a y:

$$f(y) = \dfrac{ds}{dy} = \left(1 + \left(\dfrac{dx}{dy}\right)^2\right)^{1/2}. \qquad (31)$$

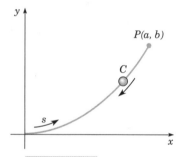

FIGURA 6.6.2 Tautócrona.

Segue, então, do **princípio de conservação de energia**, que o tempo $T(b)$ necessário para uma partícula deslizar de P até a origem é

$$T(b) = \dfrac{1}{\sqrt{2g}} \int_0^b \dfrac{f(y)}{\sqrt{b-y}}\,dy. \qquad (32)$$

a. Suponha que $T(b) = T_0$, uma constante, para cada b. Calculando a transformada de Laplace da Eq. (32) neste caso, e usando o teorema de convolução, Teorema 6.6.1, mostre que

$$F(s) = \sqrt{\dfrac{2g}{\pi}}\dfrac{T_0}{\sqrt{s}}; \qquad (33)$$

então, mostre que

$$f(y) = \dfrac{\sqrt{2g}}{\pi}\dfrac{T_0}{\sqrt{y}}. \qquad (34)$$

Sugestão: veja o Problema 24 da Seção 6.1.

b. Combinando as Eqs. (31) e (34), mostre que

$$\dfrac{dx}{dy} = \sqrt{\dfrac{2\alpha - y}{y}}, \qquad (35)$$

em que $\alpha = gT_0^2/\pi^2$.

c. Use a substituição $y = 2\alpha\,\text{sen}^2(\theta/2)$ para resolver a Eq. (35) e mostre que

$$x = \alpha(\theta + \text{sen}(\theta)), \quad y = \alpha(1 - \cos(\theta)). \qquad (36)$$

As Eqs. (36) podem ser identificadas como equações paramétricas de uma cicloide. Assim, a tautócrona é um arco de uma cicloide.

Questões Conceituais

C6.1. O que é um exemplo de uma função que não é de ordem exponencial quando $t \to \infty$?

C6.2. Descreva em palavras, sem símbolos matemáticos, as funções que têm uma transformada de Laplace bem definida.

C6.3. a. Descreva, usando apenas palavras, a transformada de Laplace da derivada de uma função.

b. Resuma essa definição usando apenas símbolos.

C6.4. Não existe fórmula para a transformada de Laplace inversa de uma função. Como encontrar a transformada de Laplace inversa?

C6.5. Compare o processo de solução para resolver um problema de valor inicial para uma equação diferencial linear de segunda ordem não homogênea com coeficientes constantes, desenvolvido no Capítulo 3 com o processo usando transformadas de Laplace.

C6.6. Qual é o objetivo de expressar uma força descontínua em termos da função de Heaviside?

C6.7. Qual é a pista principal de que a transformada de Laplace inversa envolve a função de Heaviside? Isso significa que a solução é descontínua?

C6.8. Descreva, em palavras, o processo básico para encontrar a transformada de Laplace inversa de uma expressão $e^{-cs}F(s)$.

C6.9. Descreva, em palavras, as propriedades essenciais da função delta de Dirac.

C6.10. Por que não é correto chamar a função delta de Dirac de "função"?

C6.11. Como a convolução muda a maneira de encontrar a transformada de Laplace inversa?

C6.12. Qual é a função de transferência para esse problema de valor inicial?

C6.13. Qual problema de valor inicial é satisfeito pela transformada de Laplace inversa da função de transferência?

C6.14. Como a função de transferência é utilizada para encontrar a solução do problema de valor inicial no início dessa questão?

Respostas das Questões Conceituais

C6.1. O exemplo dado no texto é $f(t) = e^{t^2}$.

C6.2. Podemos garantir que as funções contínuas por partes e de ordem exponencial quando $t \to \infty$ têm uma transformada de Laplace.

C6.3. a. transformada de Laplace da derivada de uma função é s vezes a transformada de Laplace da função menos o valor da função em zero.

---

[8] A palavra "tautócrona" tem origem nas palavras gregas *tauto*, que significa o "mesmo", e *chronos*, que significa "tempo".

b. $\mathcal{L}\{y'(t)\} = s\mathcal{L}\{y(t)\} - y(0) = sY(s) - y(0)$

C6.4. A transformada de Laplace inversa de uma função $F(s)$ é encontrada, em geral, decompondo $F(s)$ em frações parciais e depois usando uma tabela de transformadas de Laplace (como a Tabela 2.6.1) para associar cada termo na decomposição com a função que produz essa transformada.

C6.5. O método no Capítulo 3 requer diversos passos: (i) encontrar um conjunto fundamental de soluções para a equação diferencial homogênea correspondente; (ii) encontrar uma solução particular (pelo método dos Coeficientes Indeterminados ou pelo método de Variação dos Parâmetros); (iii) encontrar a solução geral somando as soluções encontradas em (i) e (ii); (iv) encontrar os valores únicos das constantes que produzem uma solução satisfazendo as condições iniciais.

Por outro lado, a transformada de Laplace do problema de valor inicial produz uma equação algébrica equivalente que pode ser resolvida para $Y(s)$, a transformada de Laplace da solução. Aí é só usar a decomposição em frações parciais para expressar $Y(s)$ em termos de expressões que aparecem em uma tabela de transformadas de Laplace. Este método produz, simultaneamente, a solução complementar e a solução particular e satisfaz as condições iniciais.

C6.6. Expressar uma função descontínua em termos de funções de Heaviside facilita encontrar sua transformada de Laplace sem ter de calcular explicitamente uma integral imprópria.

C6.7. Quando uma expressão envolve uma exponencial (e^{-as}), sua transformada de Laplace inversa será escrita em termos de $u_a(t)$. Isto significa que a solução está definida por partes, mas não significa que a solução será descontínua em $t = a$. (De fato, em quase todos os casos, a solução de um problema de valor inicial bem posto será contínua em todo o domínio de sua existência.)

C6.8. O fator e^{-cs} indica que a transformada de Laplace inversa inclui uma função degrau $u_c(t)$. O outro fator na transformada de Laplace inversa é a transformada de Laplace inversa de $F(s)$, ou seja, $f(t)$, com uma translação horizontal (para a direita) de c. Então a transformada de Laplace inversa de $e^{-cs}F(s)$ é $u_c(t) f(t - c)$.

C6.9. O que é tão especial sobre $\delta(t)$ é que a área sob a função é 1, mas o valor da função é 0 para todos os valores de t, exceto em um ponto isolado, $t = 0$, onde a função não está definida.

C6.10. Não existe valor associado a $\delta(0)$. Tudo que se pode dizer sobre a definição em $t = 0$ é que $\int_{-\infty}^{\infty} \delta(t)dt = 1$.

C6.11. Quando uma expressão pode ser identificada como o produto de duas transformadas de Laplace, sua transformada de Laplace inversa é a convolução das transformadas de Laplace inversas dos dois fatores. A vantagem disto é que fornece um modo de evitar a decomposição em frações parciais de um produto. (Mas o cálculo da integral pode ser entediante.)

As três questões a seguir tratam do problema de valor inicial:

$$ay'' + by' + cy = g(t), \tag{1}$$
$$y(0) = 0, \quad y'(0) = 0. \tag{2}$$

C6.12. A função de transferência é $H(s) = \dfrac{1}{as^2 + bs + c}$, a transformada de Laplace da solução com $g(t) = \delta(t)$.

C6.13. A função de transferência é a transformada de Laplace da solução do mesmo problema de valor inicial, exceto que a expressão à direita do sinal de igualdade na equação diferencial é $\delta(t)$. Ou seja, $y = h(t)$ é a solução de $ay'' + by' + cy = \delta(t)$, $y(0) = 0$ e $y'(0) = 0$.

C6.14. A transformada de Laplace da solução de (1)-(2) é $Y(s) = H(s)G(s)$, em que $H(s)$ é a função transformada e $G(s) = \mathcal{L}\{g(t)\}$. Então, pelo Teorema de Convolução, $y(t) = (h * g)(t) = \int_0^t h(t-\tau)g(\tau)d\tau$, em que $h(t)$ é a função $h(t) = L^{-1}\{H(s)\}$. Isto fornece uma única fórmula para a solução, que é válida para qualquer termo não homogêneo contínuo $g(t)$.

Bibliografia

Os livros listados a seguir contêm informações adicionais sobre a transformada de Laplace e suas aplicações. Cada um também contém uma tabela extensa de transformadas de Laplace.

Churchill, R. V. *Operational Mathematics*. 3. ed. New York: McGraw-Hill, 1971.

Doetsch, G. *Introduction to the Theory and Application of the Laplace Transform*. Tradução de W. Nader. New York: Springer, 1974.

Kaplan, W. *Operational Methods for Linear Systems*. Reading, MA: Addison-Wesley, 1962.

Kuhfittig, P. K. F. *Introduction to the Laplace Transform*. New York: Plenum, 1978.

Miles, J. W. *Integral Transforms in Applied Mathematics*. Oxford: Cambridge University Press, 2008.

Rainville, E. D. *The Laplace Transform: An Introduction*. New York: Macmillan, 1963.

Também estão disponíveis tabelas mais extensas. Veja, por exemplo:

Erdelyi, A. (ed.). *Tables of Integral Transforms*. New York: McGraw-Hill, 1954. v. 1.

Roberts, G. E. and Kaufman, H. *Table of Laplace Transforms*. Philadelphia: Saunders, 1966.

Mais detalhes sobre funções generalizadas podem ser encontrados em:

Lighthill, M. J. *An Introduction to Fourier Analysis and Generalized Functions*. Cambridge, UK: Cambridge University Press, 1958.

CAPÍTULO 7

Sistemas de Equações Lineares de Primeira Ordem

Existem muitos problemas físicos que envolvem diversos elementos separados, mas associados de alguma maneira. Por exemplo, a corrente e a voltagem em um circuito elétrico, cada massa em um sistema mecânico, cada elemento (ou composto) em um sistema químico ou cada espécie em um sistema biológico têm essa característica. Nesses e em casos semelhantes, o problema matemático correspondente consiste em um *sistema* de duas ou mais equações diferenciais, que sempre podem ser escritas como equações diferenciais de primeira ordem. Vamos estudar, neste capítulo, sistemas de equações diferenciais *lineares* de primeira ordem, em particular equações diferenciais com coeficientes constantes, utilizando alguns aspectos elementares da álgebra linear para unificar a apresentação. Em muitos aspectos, este capítulo segue a mesma linha que o tratamento dado às equações lineares de segunda ordem no Capítulo 3.

7.1 Introdução

Sistemas de equações diferenciais ordinárias simultâneas aparecem naturalmente em problemas envolvendo diversas variáveis dependentes, cada uma delas sendo função da mesma variável independente única. Vamos denotar a variável independente por t e as variáveis dependentes, que são funções de t, por x_1, x_2, x_3, ... A diferenciação[1] em relação a t será denotada por uma linha; por exemplo, $\frac{dx_1}{dt}$ ou x'_1.

Vamos começar considerando o sistema mola-massa na **Figura 7.1.1**. As duas massas se movem em uma superfície sem atrito sob a influência de forças externas $F_1(t)$ e $F_2(t)$ e estão, também, restringidas em seu movimento pelas três molas com constantes k_1, k_2 e k_3, respectivamente. Vamos considerar movimento e deslocamento para a direita como positivo.

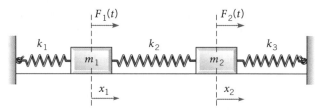

FIGURA 7.1.1 Sistema com duas massas e três molas.

Usando argumentos semelhantes aos da Seção 3.7, encontramos as seguintes equações para as coordenadas x_1 e x_2 para as duas massas:

$$m_1 \frac{d^2 x_1}{dt^2} = k_2(x_2 - x_1) - k_1 x_1 + F_1(t) =$$
$$= -(k_1 + k_2) x_1 + k_2 x_2 + F_1(t),$$
$$m_2 \frac{d^2 x_2}{dt^2} = -k_3 x_2 - k_2(x_2 - x_1) + F_2(t) =$$
$$= k_2 x_1 - (k_2 + k_3) x_2 + F_2(t). \tag{1}$$

Veja o Problema 14 para uma dedução completa do sistema de equações diferenciais (1).

A seguir, vamos considerar o circuito LRC em paralelo ilustrado na **Figura 7.1.2**. Seja V a diferença de tensão no capacitor e seja I a corrente passando pelo indutor. Então, de acordo com a Seção 3.7 e com o Problema 16 desta seção, podemos mostrar que a diferença de tensão e a corrente são descritas pelo sistema de equações

$$\frac{dI}{dt} = \frac{V}{L},$$
$$\frac{dV}{dt} = -\frac{I}{C} - \frac{V}{RC}, \tag{2}$$

em que L é a indutância, C a capacitância e R a resistência.

Uma razão pela qual os sistemas de equações de primeira ordem são particularmente importantes é que equações de ordem maior sempre podem ser transformadas em tais sistemas. Isso será necessário, em geral, se for planejada uma abordagem numérica, já que, como veremos no Capítulo 8, quase todos os códigos para gerar soluções numéricas aproximadas de

---

[1]Em alguns textos você encontrará a diferenciação em relação ao tempo representada por um ponto acima da função, como em $\dot{x}_1 = \frac{dx_1}{dt}$ ou $\ddot{x}_1 = \frac{d^2 x_1}{dt^2}$. Reservaremos esta notação para uma situação específica, que será introduzida na Seção 9.6.

equações diferenciais são escritos para sistemas de equações de primeira ordem. O exemplo a seguir ilustra o quão fácil é fazer a transformação de uma equação diferencial de segunda ordem para um sistema com duas equações diferenciais de primeira ordem.

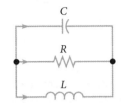

FIGURA 7.1.2 Circuito *LRC* em paralelo.

EXEMPLO 7.1.1

O movimento de determinado sistema mola-massa (veja o Exemplo 3.7.3) é descrito pela equação diferencial de segunda ordem

$$u'' + \frac{1}{8}u' + u = 0. \quad (3)$$

Escreva esta equação como um sistema de equações de primeira ordem.

Solução:

Sejam $x_1 = u$ e $x_2 = u'$. Então $x_1' = x_2$. Além disso, $u'' = x_2'$. Então, substituindo u, u' e u'' na Eq. (3), obtemos

$$x_2' + \frac{1}{8}x_2 + x_1 = 0.$$

Logo, x_1 e x_2 satisfazem o seguinte sistema de duas equações diferenciais de primeira ordem:

$$\begin{aligned} x_1' &= x_2, \\ x_2' &= -x_1 - \frac{1}{8}x_2. \end{aligned} \quad (4)$$

A equação geral de movimento de um sistema mola-massa

$$mu'' + \gamma u' + ku = F(t) \quad (5)$$

pode ser transformada em um sistema de primeira ordem do mesmo modo. Definindo $x_1 = u$ e $x_2 = u'$ e procedendo como no Exemplo 7.1.1, obtemos rapidamente o sistema

$$\begin{aligned} x_1' &= x_2, \\ x_2' &= -\frac{k}{m}x_1 - \frac{\gamma}{m}x_2 + \frac{1}{m}F(t) \end{aligned} \quad (6)$$

Para transformar uma equação arbitrária de ordem n

$$y^{(n)} = F(t, y, y', \ldots, y^{(n-1)}) \quad (7)$$

em um sistema de n equações de primeira ordem, estendemos o método do Exemplo 7.1.1 definindo as variáveis $x_1, x_2, \ldots, x_n$ por

$$x_1 = y, \quad x_2 = y', \quad x_3 = y'', \ldots, \quad x_n = y^{(n-1)}. \quad (8)$$

Segue imediatamente que

$$\begin{aligned} x_1' &= x_2, \\ x_2' &= x_3, \\ &\vdots \\ x_{n-1}' &= x_n, \end{aligned} \quad (9)$$

e, da Eq. (7),

$$x_n' = F(t, x_1, x_2, \ldots, x_n). \quad (10)$$

As Eqs. (9) e (10) são casos particulares do sistema mais geral

$$\begin{aligned} x_1' &= F_1(t, x_1, x_2, \ldots, x_n), \\ x_2' &= F_2(t, x_1, x_2, \ldots, x_n), \\ &\vdots \\ x_n' &= F_n(t, x_1, x_2, \ldots, x_n). \end{aligned} \quad (11)$$

De maneira análoga, o sistema (1) pode ser reduzido a um sistema de quatro equações de primeira ordem da forma (11), enquanto o sistema (2) já está nesta forma. De fato, sistemas da forma (11) incluem quase todos os casos de interesse. Grande parte da teoria mais avançada de equações diferenciais é dedicada a tais sistemas.

Uma **solução** do sistema (11) no intervalo $I: \alpha < t < \beta$ consiste em um conjunto de n funções

$$x_1 = \phi_1(t), \quad x_2 = \phi_2(t), \ldots, \quad x_n = \phi_n(t) \quad (12)$$

diferenciáveis em todos os pontos do intervalo I e que satisfazem o sistema de equações (11) em todos os pontos do intervalo I. Além do sistema de equações diferenciais dado, podem ser fornecidas, também, condições iniciais da forma

$$x_1(t_0) = x_1^0, \quad x_2(t_0) = x_2^0, \ldots, \quad x_n(t_0) = x_n^0, \quad (13)$$

em que t_0 é um valor especificado de t em I, e $x_1^0, \ldots, x_n^0$ são números dados. As equações diferenciais (11) e as condições iniciais (13) juntas formam um **problema de valor inicial**.

Uma solução (12) pode ser vista como um conjunto de equações paramétricas em um espaço de dimensão n. Para um valor de t dado, as Eqs. (12) fornecem valores para as coordenadas $x_1, \ldots, x_n$ de um ponto no espaço. À medida que t varia, as coordenadas, em geral, também mudam. A coleção de pontos correspondentes para $\alpha < t < \beta$ forma uma curva no espaço. Muitas vezes, é útil pensar na curva como a trajetória ou o caminho percorrido por uma partícula movendo-se de acordo com o sistema de equações diferenciais (11). As condições iniciais (13) determinam o ponto inicial da partícula em movimento. Será mais fácil visualizar esta curva quando $n = 2$ e a curva pertencer ao plano $x_1 x_2$.

As condições a seguir sobre $F_1, F_2, \ldots, F_n$, facilmente verificadas em problemas específicos, são suficientes para garantir que o problema de valor inicial (11), (13) tenha uma solução única. O Teorema 7.1.1 é análogo ao Teorema 2.4.2, o teorema de existência e unicidade para uma única equação de primeira ordem.

Teorema 7.1.1

Suponha que cada uma das n funções $F_1, \ldots, F_n$ e das n^2 derivadas parciais $\dfrac{\partial F_1}{\partial x_1}, \ldots, \dfrac{\partial F_1}{\partial x_n}, \ldots, \dfrac{\partial F_n}{\partial x_1}, \ldots, \dfrac{\partial F_n}{\partial x_n}$ são contínuas em uma região R do espaço $tx_1, x_2 \ldots x_n$ definida por $\alpha < t < \beta$, $\alpha_1 < x_1 < \beta_1, \ldots$, $\alpha_n < x_n < \beta_n$, e seja $\left(t_0, x_1^0, x_2^0, \ldots, x_n^0\right)$ um ponto em R. Então, existe

196 Capítulo 7

um intervalo $|t - t_0| < h$ no qual existe uma única solução $x_1 = \phi_1(t), \ldots, x_n = \phi_n(t)$ do sistema de equações diferenciais (11) que também satisfaz as condições iniciais (13).

A demonstração deste teorema pode ser construída generalizando-se o argumento dado na Seção 2.8, mas não faremos isso aqui. No entanto, note que, nas hipóteses do teorema, nada é dito sobre as derivadas parciais de $F_1, \ldots, F_n$ em relação à variável independente t. Além disso, na conclusão, o comprimento $2h$ do intervalo no qual a solução existe não está especificado exatamente e, em alguns casos, pode ser muito curto. Finalmente, o mesmo resultado pode ser provado sob hipóteses mais fracas, mas muito mais complicadas, de modo que o teorema, como enunciado, não é o mais geral conhecido e as condições dadas são suficientes, mas não necessárias, para a conclusão ser válida.

Se cada uma das funções $F_1, \ldots, F_n$ nas Eqs. (11) for uma função linear das variáveis dependentes $x_1, \ldots, x_n$, então o sistema de equações é dito **linear**; caso contrário, é **não linear**. Assim, o sistema mais geral de n equações diferenciais lineares de primeira ordem tem a forma

$$
\begin{aligned}
x_1' &= p_{11}(t)x_1 + \cdots + p_{1n}(t)x_n + g_1(t), \\
x_2' &= p_{21}(t)x_1 + \cdots + p_{2n}(t)x_n + g_2(t), \\
&\vdots \\
x_n' &= p_{n1}(t)x_1 + \cdots + p_{nn}(t)x_n + g_n(t).
\end{aligned}
\tag{14}
$$

Se todas as funções $g_1(t), \ldots, g_n(t)$ forem identicamente nulas no intervalo I, então o sistema (14) é dito **homogêneo**; caso contrário, ele é **não homogêneo**. Observe que os sistemas (1) e (2) são ambos lineares. O sistema (1) é não homogêneo, a menos que $F_1(t) = F_2(t) = 0$, enquanto o sistema (2) é homogêneo.

Para o sistema linear (14), o teorema de existência e unicidade é mais simples e também tem uma conclusão mais forte. É análogo aos Teoremas 2.4.1 e 3.2.1.

Teorema 7.1.2

Se as funções $p_{11}, p_{12}, \ldots, p_{nn}, g_1, \ldots, g_n$ forem contínuas em um intervalo aberto I: $\alpha < t < \beta$, então existirá uma única solução $x_1 = \phi_1(t), \ldots, x_n = \phi_n(t)$ do sistema (14) que também satisfaz as condições iniciais (13), em que t_0 é qualquer ponto em I e $x_1^0, \ldots, x_n^0$ são números dados. Além disso, a solução existe em todo o intervalo I.

Note que, em contraste com a situação para um sistema não linear, a existência e unicidade de solução para um sistema linear estão garantidas em todo o intervalo no qual as hipóteses são satisfeitas. Além disso, para um sistema linear, os valores iniciais $x_1^0, \ldots, x_n^0$ em $t = t_0$ são inteiramente arbitrários, enquanto, no caso não linear, o ponto inicial tem de estar contido na região R definida no Teorema 7.1.1.

O restante deste capítulo é dedicado a sistemas lineares de equações de primeira ordem (sistemas não lineares estarão incluídos nas discussões dos Capítulos 8 e 9). Nossa apresentação utiliza notação matricial e supõe que o leitor esteja familiarizado com as propriedades de matrizes. Os fatos básicos sobre matrizes estão resumidos nas Seções 7.2 e 7.3; material mais avançado será revisto, quando necessário, em seções posteriores.

Problemas

Nos Problemas 1 a 3, transforme a equação dada em um sistema de equações de primeira ordem.

1. $u'' + 0,5u' + 2u = 0$

2. $t^2 u'' + t u' + (t^2 - 0,25)u = 0$

3. $u^{(4)} - u = 0$

Nos Problemas 4 e 5, transforme o problema de valor inicial dado em um problema de valor inicial para duas equações de primeira ordem.

4. $u'' + 0,25u' + 4u = 2\cos(3t)$, $u(0) = 1$, $u'(0) = -2$

5. $u'' + p(t)u' + q(t)u = g(t)$, $u(0) = u_0$, $u'(0) = u_0'$

6. Sistemas de equações de primeira ordem podem ser transformados, algumas vezes, em uma única equação de ordem maior. Considere o sistema
$$x_1' = -2x_1 + x_2, \quad x_2' = x_1 - 2x_2.$$
   a. Resolva a primeira equação diferencial para x_2.
   b. Substitua o resultado de **(a)** na segunda equação diferencial, obtendo, assim, uma equação diferencial de segunda ordem para x_1.
   c. Resolva a equação diferencial encontrada no item **(b)** para x_1.
   d. Use os resultados dos itens **(a)** e **(c)** para encontrar x_2.

Nos Problemas 7 a 9, proceda como no Problema 6.
   a. Transforme o sistema dado em uma única equação de segunda ordem.

   b. Encontre x_1 e x_2 que satisfazem, também, as condições iniciais dadas.
   c. Esboce o gráfico da solução no plano $x_1 x_2$ para $t \geq 0$.

7. $x_1' = 3x_1 - 2x_2$, $\quad x_1(0) = 3$
   $x_2' = 2x_1 - 2x_2$, $\quad x_2(0) = \dfrac{1}{2}$

8. $x_1' = 2x_2$, $\quad x_1(0) = 3$
   $x_2' = -2x_1$, $\quad x_2(0) = 4$

9. $x_1' = -\dfrac{1}{2}x_1 + 2x_2$, $\quad x_1(0) = -2$

   $x_2' = -2x_1 - \dfrac{1}{2}x_2$, $\quad x_2(0) = 2$

10. Transforme as Eqs. (2) para o circuito em paralelo em uma única equação de segunda ordem.

11. Mostre que, se a_{11}, a_{12}, a_{21} e a_{22} forem constantes, com a_{12} e a_{21} sem serem nulos ao mesmo tempo, e se as funções g_1 e g_2 forem diferenciáveis, então o problema de valor inicial
$$
\begin{aligned}
x_1' &= a_{11}x_1 + a_{12}x_2 + g_1(t), \quad x_1(0) = x_1^0 \\
x_2' &= a_{21}x_1 + a_{22}x_2 + g_2(t), \quad x_2(0) = x_2^0
\end{aligned}
$$
poderá ser transformado em um problema de valor inicial para uma única equação de segunda ordem. Pode-se usar o mesmo procedimento se $a_{11}, \ldots, a_{22}$ forem funções de t?

12. Considere o sistema linear homogêneo
$$x' = p_{11}(t)x + p_{12}(t)y,$$
$$y' = p_{21}(t)x + p_{22}(t)y.$$

Mostre que, se $x = x_1(t), y = y_1(t)$ e $x = x_2(t), y = y_2(t)$ forem duas soluções do sistema dado, então $x = c_1x_1(t) + c_2x_2(t), y = c_1y_1(t) + c_2y_2(t)$ também será solução, quaisquer que sejam as constantes c_1 e c_2. Este é o princípio da superposição: será discutido em mais detalhes na Seção 7.4.

13. Sejam $x = x_1(t), y = y_1(t)$ e $x = x_2(t), y = y_2(t)$ duas soluções do sistema linear não homogêneo
$$x' = p_{11}(t)x + p_{12}(t)y + g_1(t),$$
$$y' = p_{21}(t)x + p_{22}(t)y + g_2(t).$$

Mostre que $x = x_1(t) - x_2(t), y = y_1(t) - y_2(t)$ é uma solução do sistema homogêneo associado.

14. As Eqs. (1) podem ser deduzidas desenhando-se um diagrama mostrando as forças agindo sobre cada massa. A **Figura 7.1.3**(*a*) mostra a situação quando os deslocamentos x_1 e x_2 das duas massas são ambos positivos (para a direita) e $x_2 > x_1$. Neste caso, as molas 1 e 2 estão alongadas e a mola 3 está comprimida, gerando as forças ilustradas na **Figura 7.1.3**(*b*). Use a lei de Newton ($F = ma$) para deduzir as Eqs. (1).

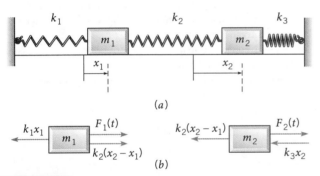

FIGURA 7.1.3 (*a*) Os deslocamentos x_1 e x_2 são ambos positivos. (*b*) Diagrama de forças para o sistema mola-massa.

15. Transforme o sistema (1) em um sistema de primeira ordem fazendo $y_1 = x_1, y_2 = x_2, y_3 = x'_1$ e $y_4 = x'_2$.

Circuitos Elétricos. A teoria de circuitos elétricos, do tipo ilustrado na Figura 7.1.2, consistindo em indutores, resistências e capacitores, baseia-se nas leis de Kirchhoff: (1) o fluxo total de corrente atravessando cada nó (ou junção) é zero; (2) a diferença de tensão total em cada laço fechado é zero. Além das leis de Kirchhoff, temos, também, a relação entre a corrente I, em ampères, passando por cada elemento do circuito e a diferença de potencial V naquele elemento:

$$V = RI, \quad R = \text{resistência em ohms;}$$
$$C\frac{dV}{dt} = I, \quad C = \text{capacitância em farads;}^2$$
$$L\frac{dI}{dt} = V, \quad L = \text{indutância em henrys.}$$

As leis de Kirchhoff e a relação entre corrente e diferença de tensão em cada elemento do circuito fornecem um sistema de equações algébricas e diferenciais de onde é possível determinar a diferença de tensão e a corrente em todo o circuito. Os Problemas **16** a **18** ilustram o procedimento que acabamos de descrever.

---
[2]Capacitores, de fato, têm suas capacitâncias, em geral, medidas em microfarad. Usamos farad como unidade por conveniência numérica.

16. Considere o circuito ilustrado na Figura 7.1.2. Sejam I_1, I_2 e I_3 as correntes atravessando, respectivamente, o capacitor, a resistência e o indutor. De maneira análoga, sejam V_1, V_2 e V_3 as diferenças de tensão correspondentes. As setas denotam as direções, escolhidas arbitrariamente, nas quais as correntes e diferenças de tensão serão consideradas positivas.

a. Aplicando a segunda lei de Kirchhoff ao laço superior do circuito, mostre que
$$V_1 - V_2 = 0. \quad (15)$$
De maneira análoga, mostre que
$$V_2 - V_3 = 0. \quad (16)$$

b. Aplicando a primeira lei de Kirchhoff a qualquer dos nós no circuito, mostre que
$$I_1 + I_2 + I_3 = 0. \quad (17)$$

c. Use a relação entre a corrente e a diferença de tensão em cada elemento do circuito para obter as equações
$$CV'_1 = I_1, \quad V_2 = RI_2, \quad LI'_3 = V_3. \quad (18)$$

d. Elimine V_2, V_3, I_1 e I_2 das Eqs. (15) a (18) para obter
$$CV'_1 = -I_3 - \frac{V_1}{R}, \quad LI'_3 = V_1. \quad (19)$$

Observe que, se omitirmos os índices nas Eqs. (19), teremos o sistema (2) desta seção.

17. Considere o circuito ilustrado na **Figura 7.1.4**. Use o método esboçado no Problema **16** para mostrar que a corrente I através do indutor e a diferença de tensão V através do capacitor satisfazem o sistema de equações diferenciais
$$\frac{dI}{dt} = -I - V, \quad \frac{dV}{dt} = 2I - V.$$

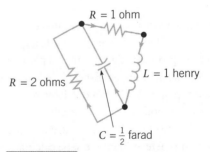

FIGURA 7.1.4 Circuito no Problema 17.

18. Considere o circuito ilustrado na **Figura 7.1.5**. Use o método esboçado no Problema **16** para mostrar que a corrente I através do indutor e a diferença de tensão V através do capacitor satisfazem o sistema de equações diferenciais
$$L\frac{dI}{dt} = -R_1 I - V, \quad C\frac{dV}{dt} = I - \frac{V}{R_2}.$$

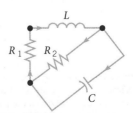

FIGURA 7.1.5 Circuito no Problema 18.

19. Considere os dois tanques interligados ilustrados na **Figura 7.1.6**.*
O Tanque 1 contém, inicialmente, 30 gal de água e 25 oz de sal, enquanto o Tanque 2 contém, inicialmente, 20 gal de água e 15 oz de sal. Entra no Tanque 1 uma mistura de água contendo 1 oz/gal de sal a uma taxa de 1,5 gal/min. A mistura flui do Tanque 1 para o Tanque 2 a uma taxa de 3 gal/min. Entra, também, no Tanque 2 (vindo de fora) uma mistura de água contendo 3 oz/gal de sal a uma taxa de 1 gal/min. A mistura escorre do Tanque 2 a uma taxa de 4 gal/min e parte dela volta para o Tanque 1 a uma taxa de 1,5 gal/min, enquanto o restante deixa o sistema.

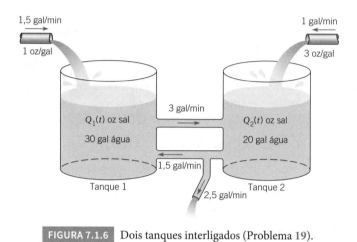

FIGURA 7.1.6 Dois tanques interligados (Problema 19).

a. Sejam $Q_1(t)$ e $Q_2(t)$, respectivamente, as quantidades de sal em cada tanque no instante t. Escreva as equações diferenciais e as condições iniciais que modelam o processo de fluxo. Observe que o sistema de equações diferenciais é não homogêneo.

b. Encontre os valores de Q_1 e Q_2 para os quais o sistema está em equilíbrio – ou seja, não varia com o tempo. Sejam Q_1^E e Q_2^E os valores de equilíbrio. Você pode prever qual tanque atingirá seu estado de equilíbrio mais rapidamente?

c. Sejam $x_1 = Q_1(t) - Q_1^E$ e $x_2 = Q_2(t) - Q_2^E$. Determine um problema de valor inicial para x_1 e x_2. Observe que o sistema de equações para x_1 e x_2 é homogêneo.

20. Considere dois tanques interligados de maneira análoga aos da Figura 7.1.6. Inicialmente, o Tanque 1 contém 60 gal de água e Q_1^0 oz de sal, enquanto o Tanque 2 contém 100 gal de água e Q_2^0 oz de sal. Está entrando no Tanque 1, a uma taxa de 3 gal/min, uma mistura de água contendo q_1 oz/gal. A mistura no Tanque 1 sai a uma taxa de 4 gal/min, da qual metade entra no Tanque 2, enquanto o restante deixa o sistema. O Tanque 2 recebe de fora uma mistura de água com q_2 oz/gal de sal a uma taxa de 1 gal/min. A mistura no Tanque 2 sai a uma taxa de 3 gal/min, mas uma parte disso volta para o Tanque 1 a uma taxa de 1 gal/min, enquanto o restante deixa o sistema.

a. Desenhe um diagrama que ilustre o processo de fluxo descrito aqui. Sejam $Q_1(t)$ e $Q_2(t)$, respectivamente, as quantidades de sal em cada tanque no instante t. Escreva as equações diferenciais e as condições iniciais para Q_1 e Q_2 que modelam o processo de fluxo.

b. Encontre os valores de equilíbrio Q_1^E e Q_2^E em função das concentrações q_1 e q_2.

c. É possível (ajustando q_1 e q_2) obter $Q_1^E = 60$ e $Q_2^E = 50$ como um estado de equilíbrio?

d. Descreva os estados de equilíbrio possíveis para este sistema para diversos valores de q_1 e q_2.

7.2 Matrizes

Por questões tanto teóricas quanto computacionais, é recomendável ter em mente alguns dos resultados de álgebra matricial[3] para resolver um problema de valor inicial para um sistema de equações diferenciais lineares. Esta e a próxima seção serão dedicadas a um pequeno resumo dos fatos que usaremos depois. Mais detalhes podem ser encontrados em qualquer livro elementar de álgebra linear. Supomos, no entanto, que você está familiarizado com determinantes e sabe calculá-los.

Vamos denotar matrizes por letras maiúsculas em negrito, **A**, **B**, **C**, ..., usando, de vez em quando, letras gregas maiúsculas como **Φ**, **Ψ**, ... Uma matriz **A** consiste em um arranjo retangular de números ou elementos arrumados em m linhas e n colunas – ou seja,

$$\mathbf{A} = \begin{pmatrix} a_{11} & a_{12} & \cdots & a_{1n} \\ a_{21} & a_{22} & \cdots & a_{2n} \\ \vdots & \vdots & & \vdots \\ a_{m1} & a_{m2} & \cdots & a_{mn} \end{pmatrix}. \quad (1)$$

Dizemos que **A** é uma **matriz** $m \times n$. Embora mais adiante neste capítulo façamos, muitas vezes, a hipótese de que os elementos de determinadas matrizes são números reais, nesta seção vamos supor que os elementos podem ser números complexos. O elemento que está na i-ésima linha e j-ésima coluna será denotado por a_{ij}, em que o primeiro índice identifica a linha, e o segundo, a coluna. Às vezes, utiliza-se a notação (a_{ij}) para denotar a matriz cujo elemento genérico é a_{ij}.

Associada a cada matriz **A** existe a matriz $\mathbf{A}^T$, conhecida como a **transposta** de **A**, que é obtida de **A** permutando-se as linhas e colunas de **A**. Assim, se $\mathbf{A} = (a_{ij})$, então $\mathbf{A}^T = (a_{ji})$. Além disso, denotaremos por $\overline{a_{ij}}$ o complexo conjugado de a_{ij} e por $\overline{\mathbf{A}}$ a matriz obtida de **A** trocando-se cada elemento a_{ij} pelo seu conjugado $\overline{a_{ij}}$. A matriz $\overline{\mathbf{A}}$ é a **conjugada** de **A**. Será necessário, também, considerar a transposta da matriz conjugada, $\overline{\mathbf{A}}^T$. Esta matriz é chamada **adjunta** de **A** e será denotada por $\mathbf{A}^*$.

Por exemplo, considere

$$\mathbf{A} = \begin{pmatrix} 3 & 2-i \\ 4+3i & -5+2i \end{pmatrix}.$$

---

*N.T.: Usamos as abreviações **gal** para galões, **oz** para onças e **min** para minutos; 1 oz ≅ 28,3495 g e 1 gal ≅ 4,546 litros.

[3] As propriedades de matrizes foram exploradas pela primeira vez em um artigo de 1858 escrito pelo algebrista inglês Arthur Cayley (1821-1895), embora a palavra "matriz" tenha sido introduzida por seu amigo James Sylvester (1814-1897) em 1850. Cayley fez parte de seu trabalho matemático mais importante enquanto advogava, de 1849 a 1863; tornou-se, depois, professor de Matemática em Cambridge, uma posição que manteve até o fim de sua vida. Depois do trabalho pioneiro de Cayley, o desenvolvimento da teoria de matrizes foi rápido, com contribuições importantes de Charles Hermite, Georg Frobenius e Camille Jordan, entre outros.

Então

$$\mathbf{A}^T = \begin{pmatrix} 3 & 4+3i \\ 2-i & -5+2i \end{pmatrix}, \quad \overline{\mathbf{A}} = \begin{pmatrix} 3 & 2+i \\ 4-3i & -5-2i \end{pmatrix},$$

$$\mathbf{A}^* = \begin{pmatrix} 3 & 4-3i \\ 2+i & -5-2i \end{pmatrix}.$$

Estamos particularmente interessados em dois tipos especiais de matrizes: **matrizes quadradas**, que têm o mesmo número de linhas e colunas, ou seja, $m = n$; e **vetores** (ou **vetores colunas**), que podem ser considerados matrizes $n \times 1$ ou matrizes tendo apenas uma coluna. Dizemos que uma matriz quadrada com n linhas e n colunas é de ordem n. Denotaremos vetores (colunas) por letras minúsculas em negrito, $\mathbf{x}, \mathbf{y}, \boldsymbol{\xi}, \boldsymbol{\eta}, \ldots$ A transposta $\mathbf{x}^T$ de um vetor coluna $n \times 1$ é um vetor linha $1 \times n$, ou seja, a matriz consistindo em apenas uma linha cujos elementos são iguais aos elementos nas posições correspondentes de $\mathbf{x}$.

Propriedades de Matrizes.

1. **Igualdade.** Duas matrizes $m \times n$ $\mathbf{A}$ e $\mathbf{B}$ são ditas iguais se todos os elementos correspondentes são iguais, ou seja, se $a_{ij} = b_{ij}$ para todo i e todo j.

2. **Matriz Nula.** O símbolo $\mathbf{0}$ será usado para denotar a matriz (ou vetor) com todos os elementos iguais a zero.

3. **Soma.** A soma de duas matrizes $m \times n$ $\mathbf{A}$ e $\mathbf{B}$ é definida como a matriz obtida somando-se os elementos correspondentes:

$$\mathbf{A} + \mathbf{B} = (a_{ij}) + (b_{ij}) = (a_{ij} + b_{ij}). \tag{2}$$

Com esta definição, segue que a soma de matrizes é comutativa e associativa, de modo que

$$\mathbf{A} + \mathbf{B} = \mathbf{B} + \mathbf{A}, \quad \mathbf{A} + (\mathbf{B} + \mathbf{C}) = (\mathbf{A} + \mathbf{B}) + \mathbf{C}. \tag{3}$$

4. **Multiplicação por um Número.** O produto de uma matriz $\mathbf{A}$ por um número real ou complexo α é definido da seguinte maneira:

$$\alpha \mathbf{A} = \alpha(a_{ij}) = (\alpha a_{ij}); \tag{4}$$

ou seja, cada elemento de $\mathbf{A}$ é multiplicado por α. As propriedades distributivas

$$\alpha(\mathbf{A} + \mathbf{B}) = \alpha \mathbf{A} + \alpha \mathbf{B}, \quad (\alpha + \beta)\mathbf{A} = \alpha \mathbf{A} + \beta \mathbf{A} \tag{5}$$

são satisfeitas por esse tipo de multiplicação. Em particular, a matriz negativa de $\mathbf{A}$, denotada por $-\mathbf{A}$, é definida por

$$-\mathbf{A} = (-1)\mathbf{A}. \tag{6}$$

5. **Subtração.** A diferença $\mathbf{A} - \mathbf{B}$ de duas matrizes $m \times n$ é definida por

$$\mathbf{A} - \mathbf{B} = \mathbf{A} + (-\mathbf{B}). \tag{7}$$

Assim

$$\mathbf{A} - \mathbf{B} = (a_{ij}) - (b_{ij}) = (a_{ij} - b_{ij}). \tag{8}$$

6. **Multiplicação.** O produto $\mathbf{AB}$ de duas matrizes está definido sempre que o número de colunas da primeira for igual ao número de linhas da segunda. Se $\mathbf{A}$ e $\mathbf{B}$ forem matrizes $m \times n$ e $n \times r$, respectivamente, então o produto $\mathbf{C} = \mathbf{AB}$ será uma matriz $m \times r$. O elemento na i-ésima linha e j-ésima coluna de $\mathbf{C}$ é encontrado multiplicando-se cada elemento da i-ésima linha de $\mathbf{A}$ pelo elemento correspondente da j-ésima coluna de $\mathbf{B}$ e, depois, somando-se os produtos resultantes. Em símbolos,

$$c_{ij} = \sum_{k=1}^{n} a_{ik} b_{kj}. \tag{9}$$

Pode-se mostrar, por um cálculo direto, que a multiplicação de matrizes é associativa

$$(\mathbf{AB})\mathbf{C} = \mathbf{A}(\mathbf{BC}) \tag{10}$$

e distributiva

$$\mathbf{A}(\mathbf{B} + \mathbf{C}) = \mathbf{AB} + \mathbf{AC}. \tag{11}$$

No entanto, em geral, a *multiplicação de matrizes não é comutativa*. Para que ambos os produtos $\mathbf{AB}$ e $\mathbf{BA}$ existam e sejam do mesmo tamanho, é necessário que as matrizes $\mathbf{A}$ e $\mathbf{B}$ sejam quadradas de mesma ordem. Mesmo neste caso, os produtos são, normalmente, diferentes. Em geral,

$$\mathbf{AB} \neq \mathbf{BA}. \tag{12}$$

EXEMPLO 7.2.1

Para ilustrar a multiplicação de matrizes e o fato de que a multiplicação não é comutativa, considere as matrizes

$$\mathbf{A} = \begin{pmatrix} 1 & -2 & 1 \\ 0 & 2 & -1 \\ 2 & 1 & 1 \end{pmatrix}, \quad \mathbf{B} = \begin{pmatrix} 2 & 1 & -1 \\ 1 & -1 & 0 \\ 2 & -1 & 1 \end{pmatrix}.$$

Solução:

Da definição de multiplicação dada pela Eq. (9), temos

$$\mathbf{AB} = \begin{pmatrix} 2-2+2 & 1+2-1 & -1+0+1 \\ 0+2-2 & 0-2+1 & 0+0-1 \\ 4+1+2 & 2-1-1 & -2+0+1 \end{pmatrix} =$$

$$= \begin{pmatrix} 2 & 2 & 0 \\ 0 & -1 & -1 \\ 7 & 0 & -1 \end{pmatrix}.$$

De modo similar, vemos que

$$\mathbf{BA} = \begin{pmatrix} 0 & -3 & 0 \\ 1 & -4 & 2 \\ 4 & -5 & 4 \end{pmatrix}.$$

É claro que $\mathbf{AB} \neq \mathbf{BA}$.

---

7. **Multiplicação de Vetores.** Existem diversas maneiras de formar um produto de dois vetores $\mathbf{x}$ e $\mathbf{y}$, cada um com n componentes. Uma é a extensão direta para a dimensão n do **produto escalar** usual da Física e do Cálculo; denotamos esse produto por $\mathbf{x}^T\mathbf{y}$ e escrevemos

$$\mathbf{x}^T \mathbf{y} = \sum_{i=1}^{n} x_i y_i. \tag{13}$$

O resultado da Eq. (13) é um número real ou complexo e segue diretamente da Eq. (13) que

$$\mathbf{x}^T\mathbf{y} = \mathbf{y}^T\mathbf{x}, \quad \mathbf{x}^T(\mathbf{y}+\mathbf{z}) = \mathbf{x}^T\mathbf{y} + \mathbf{x}^T\mathbf{z},$$
$$(\alpha\mathbf{x})^T\mathbf{y} = \alpha(\mathbf{x}^T\mathbf{y}) = \mathbf{x}^T(\alpha\mathbf{y}). \tag{14}$$

Existe outro produto entre vetores definido para dois vetores quaisquer com o mesmo número de componentes. Este produto, denotado por $(\mathbf{x},\mathbf{y})$, é chamado **produto interno*** e definido por

$$(\mathbf{x},\mathbf{y}) = \sum_{i=1}^{n} x_i\overline{y}_i. \tag{15}$$

O produto interno também é um número real ou complexo; comparando as Eqs. (13) e (15), vemos que

$$(\mathbf{x},\mathbf{y}) = \mathbf{x}^T\overline{\mathbf{y}}. \tag{16}$$

Então, se todos os elementos de $\mathbf{y}$ forem reais, os dois produtos (13) e (15) são idênticos. Segue, da Eq. (15), que

$$(\mathbf{x},\mathbf{y}) = \overline{(\mathbf{y},\mathbf{x})}, \quad (\mathbf{x},\mathbf{y}+\mathbf{z}) = (\mathbf{x},\mathbf{y}) + (\mathbf{x},\mathbf{z}),$$
$$(\alpha\mathbf{x},\mathbf{y}) = \alpha(\mathbf{x},\mathbf{y}), \quad (\mathbf{x},\alpha\mathbf{y}) = \overline{\alpha}(\mathbf{x},\mathbf{y}). \tag{17}$$

Note que, mesmo que o vetor $\mathbf{x}$ tenha elementos com parte imaginária não nula, o produto interno de $\mathbf{x}$ consigo mesmo é um número real não negativo:

$$(\mathbf{x},\mathbf{x}) = \sum_{i=1}^{n} x_i\overline{x}_i = \sum_{i=1}^{n} |x_i|^2. \tag{18}$$

A quantidade não negativa $(\mathbf{x},\mathbf{x})^{1/2}$, denotada frequentemente por $\|\mathbf{x}\|$, é chamada **comprimento** ou **tamanho** ou **magnitude** de $\mathbf{x}$. O único vetor de comprimento zero, $(\mathbf{x},\mathbf{x}) = 0$, é o vetor nulo $\mathbf{x} = \mathbf{0}$; todos os outros vetores têm comprimento positivo. Se $(\mathbf{x},\mathbf{y}) = 0$, os dois vetores $\mathbf{x}$ e $\mathbf{y}$ são ditos **ortogonais**. Por exemplo, os vetores unitários $\mathbf{i}$, $\mathbf{j}$ e $\mathbf{k}$ da geometria vetorial tridimensional formam um conjunto ortogonal. Por outro lado, se alguns dos elementos de $\mathbf{x}$ não forem reais, então o produto

$$\mathbf{x}^T\mathbf{x} = \sum_{i=1}^{n} x_i^2 \tag{19}$$

pode não ser um número real. Além disso, $\mathbf{x}^T\mathbf{x}$ pode ser zero para alguns vetores não nulos.

Por exemplo, sejam

$$\mathbf{x} = \begin{pmatrix} i \\ -2 \\ 1+i \end{pmatrix}, \mathbf{y} = \begin{pmatrix} 2-i \\ i \\ 3 \end{pmatrix} \text{ e } \mathbf{z} = \begin{pmatrix} 1 \\ 0 \\ i \end{pmatrix}.$$

Então

$$\mathbf{x}^T\mathbf{y} = (i)(2-i) + (-2)(i) + (1+i)(3) = 4 + 3i,$$
$$(\mathbf{x},\mathbf{y}) = (i)(2+i) + (-2)(-i) + (1+i)(3) = 2 + 7i,$$
$$\mathbf{x}^T\mathbf{x} = (i)^2 + (-2)^2 + (1+i)^2 = 3 + 2i,$$

---

*N.T.: Em português, este produto também é chamado, muitas vezes, de produto escalar. No entanto, em português, para não confundir com o produto definido pela Eq. (13), reservamos a nomenclatura "escalar" para o produto definido por (13).

$$(\mathbf{x},\mathbf{x}) = (i)(-i) + (-2)(-2) + (1+i)(1-i) = 7,$$
$$\mathbf{z}^T\mathbf{z} = (1)(1) + (0)(0) + (i)(i) = 1 + 0 - 1 = 0,$$
$$(\mathbf{z},\mathbf{z}) = (1)(1) + (0)(0) + (i)(-i) = 1 + 0 + 1 = 2.$$

8. **Identidade.** A identidade multiplicativa $n \times n$, ou, simplesmente, a matriz identidade $n \times n$ $\mathbf{I}$, é dada por

$$\mathbf{I} = \overbrace{\begin{pmatrix} 1 & 0 & \cdots & 0 \\ 0 & 1 & \cdots & 0 \\ \vdots & \vdots & \ddots & \vdots \\ 0 & 0 & \cdots & 1 \end{pmatrix}}^{n \text{ colunas}} \left.\vphantom{\begin{pmatrix} 1 \\ 0 \\ \vdots \\ 0 \end{pmatrix}}\right\} n \text{ linhas} \tag{20}$$

Da definição de multiplicação matricial, temos

$$\mathbf{AI} = \mathbf{IA} = \mathbf{A} \tag{21}$$

para qualquer matriz (quadrada) $\mathbf{A}$. Portanto, a comutatividade será válida para matrizes quadradas se uma delas for a matriz identidade.

9. **Inversa e Determinante.** A matriz quadrada $n \times n$ $\mathbf{A}$ será dita **não singular** ou **invertível** se existir outra matriz $\mathbf{B}$ tal que $\mathbf{AB} = \mathbf{I}$ e $\mathbf{BA} = \mathbf{I}$, em que $\mathbf{I}$ é a matriz identidade $n \times n$. Se existir tal $\mathbf{B}$, é possível mostrar que existe apenas uma. Ela é chamada de inversa multiplicativa, ou, simplesmente, **inversa** de $\mathbf{A}$, e escrevemos $\mathbf{B} = \mathbf{A}^{-1}$. Então

$$\mathbf{AA}^{-1} = \mathbf{A}^{-1}\mathbf{A} = \mathbf{I}. \tag{22}$$

Matrizes que não têm inversas são ditas **singulares** ou **não invertíveis**.

Existem várias maneiras de calcular $\mathbf{A}^{-1}$ a partir de $\mathbf{A}$, supondo que exista. Uma envolve o uso de determinantes. A cada elemento a_{ij} de uma matriz dada, associa-se o **menor** M_{ij}, que é o determinante da matriz obtida excluindo-se a i-ésima linha e a j-ésima coluna da matriz original, ou seja, a linha e a coluna que contêm o elemento a_{ij}. Associa-se também a cada elemento a_{ij} o **cofator** C_{ij} definido pela equação

$$C_{ij} = (-1)^{i+j} M_{ij}. \tag{23}$$

O **determinante** de $\mathbf{A}$, denotado por $\det \mathbf{A}$, pode ser encontrado como a soma dos produtos de seus elementos com os cofatores correspondentes ao longo de qualquer linha ou coluna de $\mathbf{A}$. Por exemplo, expandindo ao longo da primeira linha, obtemos a fórmula

$$\det \mathbf{A} = a_{11}C_{11} + a_{12}C_{12} + \cdots + a_{1n}C_{1n}.$$

Quando $\det \mathbf{A} \neq 0$, $\mathbf{A}$ é invertível e $\mathbf{A}^{-1}$ existe. Se $\mathbf{B} = \mathbf{A}^{-1}$, pode-se mostrar que o elemento geral b_{ij} é dado por

$$b_{ij} = \frac{C_{ji}}{\det \mathbf{A}}. \tag{24}$$

Embora a fórmula (24) não seja um modo eficiente[4] de calcular $\mathbf{A}^{-1}$, ela sugere uma condição que $\mathbf{A}$ precisa satisfazer para ter inversa. De fato, a condição é necessária e suficiente: $\mathbf{A}$ é invertível se, e somente se, det $\mathbf{A} \neq 0$. De modo equivalente, $\mathbf{A}$ é singular se, e somente se, det $\mathbf{A} = 0$.

Outra maneira (geralmente melhor) de calcular $\mathbf{A}^{-1}$ é a partir de operações elementares sobre as linhas. Existem três dessas operações:

1. Permutar duas linhas.
2. Multiplicar uma linha por um escalar diferente de zero.
3. Somar qualquer múltiplo de uma linha a outra linha.

A transformação de uma matriz por uma sequência de operações elementares é chamada de **redução por linhas** ou **método de eliminação de Gauss**.[5] Qualquer matriz invertível $\mathbf{A}$ pode ser transformada na identidade $\mathbf{I}$ a partir de uma sequência sistemática dessas operações. É possível mostrar que, se a mesma sequência de operações for efetuada em $\mathbf{I}$, então $\mathbf{I}$ será transformada em $\mathbf{A}^{-1}$. É mais eficiente executar a sequência de operações nas duas matrizes ao mesmo tempo formando a matriz aumentada $(\mathbf{A} \mid \mathbf{I})$. O exemplo a seguir ilustra o cálculo de uma matriz inversa desse modo.

EXEMPLO 7.2.2

Encontre a inversa da matriz

$$\mathbf{A} = \begin{pmatrix} 1 & -1 & -1 \\ 3 & -1 & 2 \\ 2 & 2 & 3 \end{pmatrix}.$$

Solução:

O primeiro passo para encontrar $\mathbf{A}^{-1}$ é formar a matriz aumentada $(\mathbf{A} \mid \mathbf{I})$:

$$(\mathbf{A} \mid \mathbf{I}) = \begin{pmatrix} 1 & -1 & -1 & 1 & 0 & 0 \\ 3 & -1 & 2 & 0 & 1 & 0 \\ 2 & 2 & 3 & 0 & 0 & 1 \end{pmatrix}.$$

A linha vertical serve para lembrar que esta matriz 3×6 é formada por duas matrizes 3×3. A matriz $\mathbf{A}$ pode ser transformada em $\mathbf{I}$ pela sequência de operações a seguir e, ao mesmo tempo, $\mathbf{I}$ é transformada em $\mathbf{A}^{-1}$. O resultado de cada passo aparece abaixo do enunciado.

(a) Obtenha zeros na primeira coluna (sombreados) fora da diagonal somando (-3) vezes a primeira linha à segunda linha e somando (-2) vezes a primeira linha à terceira linha.

$$\begin{pmatrix} 1 & -1 & -1 & 1 & 0 & 0 \\ 0 & 2 & 5 & -3 & 1 & 0 \\ 0 & 4 & 5 & -2 & 0 & 1 \end{pmatrix}$$

(b) Obtenha um na posição diagonal na segunda coluna (sombreado) multiplicando a segunda linha por $\frac{1}{2}$.

$$\begin{pmatrix} 1 & -1 & -1 & 1 & 0 & 0 \\ 0 & 1 & \dfrac{5}{2} & -\dfrac{3}{2} & \dfrac{1}{2} & 0 \\ 0 & 4 & 5 & -2 & 0 & 1 \end{pmatrix}$$

(c) Obtenha zeros na segunda coluna (sombreados) fora da diagonal somando a segunda linha à primeira e somando (-4) vezes a segunda linha à terceira linha.

$$\begin{pmatrix} 1 & 0 & \dfrac{3}{2} & -\dfrac{1}{2} & \dfrac{1}{2} & 0 \\ 0 & 1 & \dfrac{5}{2} & -\dfrac{3}{2} & \dfrac{1}{2} & 0 \\ 0 & 0 & -5 & 4 & -2 & 1 \end{pmatrix}$$

(d) Obtenha um na posição diagonal (sombreado) na terceira coluna multiplicando a terceira linha por $-\frac{1}{5}$.

$$\begin{pmatrix} 1 & 0 & \dfrac{3}{2} & -\dfrac{1}{2} & \dfrac{1}{2} & 0 \\ 0 & 1 & \dfrac{5}{2} & -\dfrac{3}{2} & \dfrac{1}{2} & 0 \\ 0 & 0 & 1 & -\dfrac{4}{5} & \dfrac{2}{5} & -\dfrac{1}{5} \end{pmatrix}$$

(e) Obtenha zeros na terceira coluna (sombreados) fora da diagonal somando $\left(-\dfrac{3}{2}\right)$ vezes a terceira linha à primeira e somando $\left(-\dfrac{5}{2}\right)$ vezes a terceira linha à segunda.

$$\begin{pmatrix} 1 & 0 & 0 & \dfrac{7}{10} & -\dfrac{1}{10} & \dfrac{3}{10} \\ 0 & 1 & 0 & \dfrac{1}{2} & -\dfrac{1}{2} & \dfrac{1}{2} \\ 0 & 0 & 1 & -\dfrac{4}{5} & \dfrac{2}{5} & -\dfrac{1}{5} \end{pmatrix} = (\mathbf{I} \mid \mathbf{A}^{-1}).$$

Assim

$$\mathbf{A}^{-1} = \begin{pmatrix} \dfrac{7}{10} & -\dfrac{1}{10} & \dfrac{3}{10} \\ \dfrac{1}{2} & -\dfrac{1}{2} & \dfrac{1}{2} \\ -\dfrac{4}{5} & \dfrac{2}{5} & -\dfrac{1}{5} \end{pmatrix}.$$

Que esta matriz é, de fato, $\mathbf{A}^{-1}$ pode ser verificado diretamente mediante a multiplicação pela matriz original $\mathbf{A}$.

Este exemplo tornou-se ligeiramente mais simples pelo fato de que a matriz original $\mathbf{A}$ tinha o primeiro elemento igual a um ($a_{11} = 1$). Se não for o caso, então o primeiro passo será produzir um nessa posição, multiplicando-se a primeira linha por $1/a_{11}$ se $a_{11} \neq 0$. Se $a_{11} = 0$, então a primeira linha

---

[4]Para valores grandes de n, o número de multiplicações necessárias para calcular $\mathbf{A}^{-1}$ pela Eq. (24) é proporcional a $n!$. Com a utilização de métodos mais eficientes, como o procedimento descrito nesta seção de redução por linhas, o número de multiplicações fica proporcional a n^3 apenas. Mesmo para valores pequenos de n (como $n = 4$), determinantes não são ferramentas boas para o cálculo de inversas, sendo preferíveis métodos de redução por linhas.

[5]Carl Friedrich Gauss (1777-1855) nasceu em Brunswick (na Alemanha) e passou a maior parte de sua vida como professor de astronomia e diretor do Observatório da University of Göttingen. Gauss fez contribuições importantes em muitas áreas da Matemática, incluindo teoria dos números, álgebra, geometria não euclidiana, geometria diferencial e análise, assim como em campos mais aplicados como geodésia, estatística e mecânica celeste. É considerado, em geral, como estando entre a meia dúzia de melhores matemáticos de todos os tempos.

202 Capítulo 7

tem de ser trocada por outra, de modo a trazer um elemento diferente de zero para o primeiro elemento da primeira linha antes de prosseguir. Se isso não for possível, porque todo elemento na primeira coluna é nulo, então a matriz não tem inversa e é singular. Uma situação semelhante também pode ocorrer em estágios posteriores do processo, e o remédio é o mesmo: troque a linha dada com uma linha inferior de modo a obter um elemento não nulo na posição diagonal desejada. Se, em qualquer estágio, isso não puder ser feito, então a matriz original será singular.

Funções Matriciais. Algumas vezes, é necessário considerar vetores ou matrizes cujos elementos são funções de uma variável real t. Escrevemos

$$\mathbf{x}(t) = \begin{pmatrix} x_1(t) \\ \vdots \\ x_n(t) \end{pmatrix} \text{ e } \mathbf{A}(t) = \begin{pmatrix} a_{11}(t) & \cdots & a_{1n}(t) \\ \vdots & & \vdots \\ a_{m1}(t) & \cdots & a_{mn}(t) \end{pmatrix}, \quad (25)$$

respectivamente.

A matriz $\mathbf{A}(t)$ será dita contínua em $t = t_0$ ou em um intervalo $\alpha < t < \beta$, se cada elemento de $\mathbf{A}$ for uma função contínua de t no ponto dado ou no intervalo dado. Analogamente, $\mathbf{A}(t)$ será dita diferenciável se todos os seus elementos forem diferenciáveis e sua derivada $d\mathbf{A}/dt$ será definida por

$$\frac{d\mathbf{A}}{dt} = \left(\frac{da_{ij}}{dt} \right); \quad (26)$$

ou seja, cada elemento de $d\mathbf{A}/dt$ é a derivada do elemento correspondente de $\mathbf{A}$. Do mesmo modo, a integral de uma matriz de funções é definida por

$$\int_a^b \mathbf{A}(t)dt = \left(\int_a^b a_{ij}(t)dt \right). \quad (27)$$

Por exemplo, se

$$\mathbf{A}(t) = \begin{pmatrix} \text{sen}(t) & t \\ 1 & \cos(t) \end{pmatrix},$$

então

$$\mathbf{A}'(t) = \begin{pmatrix} \cos(t) & 1 \\ 0 & -\text{sen}(t) \end{pmatrix} \text{ e } \int_0^\pi \mathbf{A}(t)dt = \begin{pmatrix} 2 & \pi^2/2 \\ \pi & 0 \end{pmatrix}.$$

Muitas das propriedades do Cálculo elementar podem ser facilmente estendidas para funções matriciais; em particular,

$$\frac{d}{dt}(\mathbf{CA}) = \mathbf{C}\frac{d\mathbf{A}}{dt}, \text{ em que } \mathbf{C} \text{ é uma matriz constante;} \quad (28)$$

$$\frac{d}{dt}(\mathbf{A} + \mathbf{B}) = \frac{d\mathbf{A}}{dt} + \frac{d\mathbf{B}}{dt}; \quad (29)$$

$$\frac{d}{dt}(\mathbf{AB}) = \mathbf{A}\frac{d\mathbf{B}}{dt} + \frac{d\mathbf{A}}{dt}\mathbf{B}. \quad (30)$$

É preciso tomar cuidado em cada termo das Eqs. (28) e (30) para evitar trocar a ordem de multiplicação. As definições expressas pelas Eqs. (26) e (27) também se aplicam ao caso particular de vetores.

Concluímos esta seção com um lembrete importante: algumas operações com matrizes são efetuadas aplicando-se a operação separadamente em cada elemento da matriz. Exemplos incluem multiplicação por um número, diferenciação e integração. Entretanto, isso não é verdade para muitas outras operações. Por exemplo, o quadrado de uma matriz não é obtido calculando-se o quadrado de cada um de seus elementos.

Problemas

1. Se $\mathbf{A} = \begin{pmatrix} 1 & -2 & 0 \\ 3 & 2 & -1 \\ -2 & 1 & 3 \end{pmatrix}$ e $\mathbf{B} = \begin{pmatrix} 4 & -2 & 3 \\ -1 & 5 & 0 \\ 6 & 1 & 2 \end{pmatrix}$, encontre

 a. $2\mathbf{A} + \mathbf{B}$
 b. $\mathbf{A} - 4\mathbf{B}$
 c. $\mathbf{AB}$
 d. $\mathbf{BA}$

2. Se $\mathbf{A} = \begin{pmatrix} 1+i & -1+2i \\ 3+2i & 2-i \end{pmatrix}$ e $\mathbf{B} = \begin{pmatrix} i & 3 \\ 2 & -2i \end{pmatrix}$, encontre

 a. $\mathbf{A} - 2\mathbf{B}$
 b. $3\mathbf{A} + \mathbf{B}$
 c. $\mathbf{AB}$
 d. $\mathbf{BA}$

3. Se $\mathbf{A} = \begin{pmatrix} -2 & 1 & 2 \\ 1 & 0 & -3 \\ 2 & -1 & 1 \end{pmatrix}$ e $\mathbf{B} = \begin{pmatrix} 1 & 2 & 3 \\ 3 & -1 & -1 \\ -2 & 1 & 0 \end{pmatrix}$, encontre

 a. $\mathbf{A}^T$
 b. $\mathbf{B}^T$
 c. $\mathbf{A}^T + \mathbf{B}^T$
 d. $(\mathbf{A} + \mathbf{B})^T$

4. Se $\mathbf{A} = \begin{pmatrix} 3-2i & 1+i \\ 2-i & -2+3i \end{pmatrix}$, encontre

 a. $\mathbf{A}^T$
 b. $\overline{\mathbf{A}}$
 c. $\mathbf{A}^*$

5. Se $\mathbf{A} = \begin{pmatrix} 1 & -2 & 0 \\ 3 & 2 & -1 \\ -2 & 0 & 3 \end{pmatrix}$, $\mathbf{B} = \begin{pmatrix} 2 & 1 & -1 \\ -2 & 3 & 3 \\ 1 & 0 & 2 \end{pmatrix}$ e $\mathbf{C} = \begin{pmatrix} 2 & 1 & 0 \\ 1 & 2 & 2 \\ 0 & 1 & -1 \end{pmatrix}$,

 verifique que

 a. $(\mathbf{AB})\mathbf{C} = \mathbf{A}(\mathbf{BC})$
 b. $(\mathbf{A} + \mathbf{B}) + \mathbf{C} = \mathbf{A} + (\mathbf{B} + \mathbf{C})$
 c. $\mathbf{A}(\mathbf{B} + \mathbf{C}) = \mathbf{AB} + \mathbf{AC}$
 d. $\alpha(\mathbf{A} + \mathbf{B}) = \alpha\mathbf{A} + \alpha\mathbf{B}$

6. Prove cada uma das propriedades a seguir da álgebra de matrizes:

 a. $\mathbf{A} + \mathbf{B} = \mathbf{B} + \mathbf{A}$
 b. $\mathbf{A} + (\mathbf{B} + \mathbf{C}) = (\mathbf{A} + \mathbf{B}) + \mathbf{C}$

Sistemas de Equações Lineares de Primeira Ordem **203**

c. $\alpha(\mathbf{A}+\mathbf{B})=\alpha\mathbf{A}+\alpha\mathbf{B}$

d. $(\alpha+\beta)\mathbf{A}=\alpha\mathbf{A}+\beta\mathbf{A}$

e. $\mathbf{A}(\mathbf{BC})=(\mathbf{AB})\mathbf{C}$

f. $\mathbf{A}(\mathbf{B}+\mathbf{C})=\mathbf{AB}+\mathbf{AC}$

7. Se $\mathbf{x}=\begin{pmatrix}2\\3i\\1-i\end{pmatrix}$ e $\mathbf{y}=\begin{pmatrix}-1+i\\2\\3-i\end{pmatrix}$, encontre

a. $\mathbf{x}^T\mathbf{y}$

b. $\mathbf{y}^T\mathbf{y}$

c. $(\mathbf{x},\mathbf{y})$

d. $(\mathbf{y},\mathbf{y})$

Nos Problemas 8 a 14, se a matriz dada for invertível, calcule sua inversa. Se a matriz for singular, verifique que seu determinante é nulo.

8. $\begin{pmatrix}1 & 4\\-2 & 3\end{pmatrix}$

9. $\begin{pmatrix}3 & -1\\6 & 2\end{pmatrix}$

10. $\begin{pmatrix}1 & 2 & 3\\2 & 4 & 5\\3 & 5 & 6\end{pmatrix}$

11. $\begin{pmatrix}1 & 2 & 1\\-2 & 1 & 8\\1 & -2 & -7\end{pmatrix}$

12. $\begin{pmatrix}2 & 1 & 0\\0 & 2 & 1\\0 & 0 & 2\end{pmatrix}$

13. $\begin{pmatrix}2 & 3 & 1\\-1 & 2 & 1\\4 & -1 & -1\end{pmatrix}$

14. $\begin{pmatrix}1 & 0 & 0 & -1\\0 & -1 & 1 & 0\\-1 & 0 & 1 & 0\\0 & 1 & -1 & 1\end{pmatrix}$

15. Seja $\mathbf{A}$ uma matriz quadrada. Prove que, se houver duas matrizes $\mathbf{B}$ e $\mathbf{C}$ tais que $\mathbf{AB}=\mathbf{I}$ e $\mathbf{CA}=\mathbf{I}$, então $\mathbf{B}=\mathbf{C}$. Assim, se a matriz tiver inversa, ela só poderá ter uma.

16. Se $\mathbf{A}(t)=\begin{pmatrix}e^t & 2e^{-t} & e^{2t}\\2e^t & e^{-t} & -e^{2t}\\-e^t & 3e^{-t} & 2e^{2t}\end{pmatrix}$ e

$\mathbf{B}(t)=\begin{pmatrix}2e^t & e^{-t} & 3e^{2t}\\-e^t & 2e^{-t} & e^{2t}\\3e^t & -e^{-t} & -e^{2t}\end{pmatrix}$, encontre

a. $\mathbf{A}+3\mathbf{B}$

b. $\mathbf{AB}$

c. $\dfrac{d\mathbf{A}}{dt}$

d. $\displaystyle\int_0^1 \mathbf{A}(t)dt$

Nos Problemas 17 e 18, verifique que o vetor dado satisfaz a equação diferencial dada.

17. $\mathbf{x}'=\begin{pmatrix}2 & -1\\3 & -2\end{pmatrix}\mathbf{x}+\begin{pmatrix}1\\-1\end{pmatrix}e^t,$

$\mathbf{x}=\begin{pmatrix}(1+2t)e^t\\2te^t\end{pmatrix}=\begin{pmatrix}1\\0\end{pmatrix}e^t+2\begin{pmatrix}1\\1\end{pmatrix}te^t$

18. $\mathbf{x}'=\begin{pmatrix}1 & 1 & 1\\2 & 1 & -1\\0 & -1 & 1\end{pmatrix}\mathbf{x},$

$\mathbf{x}=\begin{pmatrix}6e^{-t}\\-8e^{-t}+2e^{2t}\\-4e^{-t}-2e^{2t}\end{pmatrix}=\begin{pmatrix}6\\-8\\-4\end{pmatrix}e^{-t}+2\begin{pmatrix}0\\1\\-1\end{pmatrix}e^{2t}$

Nos Problemas 19 e 20, verifique se a matriz dada satisfaz a equação diferencial dada.

19. $\mathbf{\Psi}'=\begin{pmatrix}1 & 1\\4 & -2\end{pmatrix}\mathbf{\Psi},\quad \mathbf{\Psi}(t)=\begin{pmatrix}e^{-3t} & e^{2t}\\-4e^{-3t} & e^{2t}\end{pmatrix}$

20. $\mathbf{\Psi}'=\begin{pmatrix}1 & -1 & 4\\3 & 2 & -1\\2 & 1 & -1\end{pmatrix}\mathbf{\Psi},\quad \mathbf{\Psi}(t)=\begin{pmatrix}e^t & e^{-2t} & e^{3t}\\-4e^t & -e^{-2t} & 2e^{3t}\\-e^t & -e^{-2t} & e^{3t}\end{pmatrix}$

7.3 Sistemas Lineares de Equações Algébricas; Independência Linear, Autovalores, Autovetores

Vamos rever, nesta seção, alguns resultados de álgebra linear importantes para a resolução de sistemas de equações diferenciais lineares. Alguns desses resultados são facilmente demonstráveis, outros não; como estamos interessados apenas em resumir uma informação útil de forma compacta, não daremos indicação da demonstração em nenhum dos casos. Todos os resultados nesta seção dependem de alguns fatos básicos sobre sistemas lineares de equações algébricas.

Sistemas Lineares de Equações Algébricas. Um conjunto de n equações algébricas lineares simultâneas em n variáveis

$$a_{11}x_1+a_{12}x_2+\cdots+a_{1n}x_n=b_1,$$
$$\vdots \qquad (1)$$
$$a_{n1}x_1+a_{n2}x_2+\cdots+a_{nn}x_n=b_n$$

pode ser escrito em forma matricial como

$$\mathbf{Ax}=\mathbf{b}, \qquad (2)$$

em que a matriz $n\times n$ $\mathbf{A}$ e o vetor $\mathbf{b}$ de dimensão n são dados, e as componentes do vetor $\mathbf{x}$ de dimensão n têm de ser

204 Capítulo 7

determinadas. Se $\mathbf{b} = \mathbf{0}$, o sistema é dito **homogêneo**; caso contrário, ele é **não homogêneo**.

Se a matriz de coeficientes $\mathbf{A}$ for invertível – ou seja, se det $\mathbf{A}$ for diferente de zero – então, o sistema (2) terá uma única solução para qualquer vetor $\mathbf{b}$. Como $\mathbf{A}$ é invertível, $\mathbf{A}^{-1}$ existe e a solução pode ser encontrada multiplicando-se cada lado da Eq. (2) à esquerda por $\mathbf{A}^{-1}$; assim,

$$\mathbf{x} = \mathbf{A}^{-1}\mathbf{b}. \tag{3}$$

Em particular, o problema homogêneo $\mathbf{A}\mathbf{x} = \mathbf{0}$, correspondente a $\mathbf{b} = \mathbf{0}$ na Eq. (2), tem apenas a solução trivial $\mathbf{x} = \mathbf{0}$.

Por outro lado, se $\mathbf{A}$ for singular – ou seja, se det $\mathbf{A}$ for zero – então, dependendo do vetor $\mathbf{b}$ à direita do sinal de igualdade, ou não existe solução da Eq. (2) ou existe, mas não é única. Como $\mathbf{A}$ é singular, $\mathbf{A}^{-1}$ não existe, de modo que a Eq. (3) não é mais válida.

Quando $\mathbf{A}$ for singular, o sistema homogêneo

$$\mathbf{A}\mathbf{x} = \mathbf{0} \tag{4}$$

terá (uma infinidade de) soluções não nulas, além da solução trivial. A situação para o sistema não homogêneo (2) é mais complicada. Este sistema não terá solução, a menos que o vetor $\mathbf{b}$ satisfaça determinada condição. Esta condição é que

$$(\mathbf{b}, \mathbf{y}) = 0, \tag{5}$$

para todos os vetores $\mathbf{y}$ tais que $\mathbf{A}^*\mathbf{y} = \mathbf{0}$, em que $\mathbf{A}^*$ é a adjunta de $\mathbf{A}$. Se a condição (5) for satisfeita, então o sistema (2) terá (uma infinidade de) soluções. Cada uma dessas soluções terá a forma

$$\mathbf{x} = \mathbf{x}^{(0)} + \boldsymbol{\xi}, \tag{6}$$

em que $\mathbf{x}^{(0)}$ é uma solução particular da Eq. (2), e $\boldsymbol{\xi}$ é a solução mais geral do sistema homogêneo (4). Note a semelhança entre a Eq. (6) e a solução de uma equação diferencial linear não homogênea. As demonstrações de algumas das afirmações precedentes estão esboçadas nos Problemas **21c** a **25**.

Os resultados no parágrafo precedente são importantes para classificar as soluções de sistemas lineares. No entanto, para resolver um sistema particular, é melhor, em geral, usar redução por linhas para transformar o sistema em um muito mais simples, do qual a solução (ou as soluções), se existir(em), pode(m) ser escrita(s) facilmente. Para fazer isso de maneira eficiente, podemos formar a matriz aumentada

$$(\mathbf{A} \mid \mathbf{b}) = \begin{pmatrix} a_{11} & \cdots & a_{1n} & \bigg| & b_1 \\ \vdots & & \vdots & \bigg| & \vdots \\ a_{n1} & \cdots & a_{nn} & \bigg| & b_n \end{pmatrix} \tag{7}$$

juntando o vetor $\mathbf{b}$ à matriz de coeficientes $\mathbf{A}$ como uma coluna adicional. A linha vertical fica no lugar dos sinais de igualdade e divide a matriz aumentada. Agora efetuamos as operações elementares na matriz aumentada de modo a transformar $\mathbf{A}$ em uma **matriz triangular superior**, ou seja, em uma matriz cujos elementos abaixo da diagonal principal são todos nulos. Uma vez feito isso, é fácil ver se o sistema tem ou não solução e, se tiver, encontrá-la. Observe que as operações elementares sobre as linhas da matriz aumentada (7) correspondem a operações legítimas sobre as equações do sistema (1). O exemplo a seguir ilustra o processo.

EXEMPLO 7.3.1

Resolva o sistema de equações

$$\begin{aligned} x_1 - 2x_2 + 3x_3 &= 7, \\ -x_1 + x_2 - 2x_3 &= -5, \\ 2x_1 - x_2 - x_3 &= 4. \end{aligned} \tag{8}$$

Solução:

A matriz aumentada para o sistema (8) é

$$\begin{pmatrix} 1 & -2 & 3 & \bigg| & 7 \\ -1 & 1 & -2 & \bigg| & -5 \\ 2 & -1 & -1 & \bigg| & 4 \end{pmatrix}. \tag{9}$$

Vamos agora efetuar operações elementares sobre as linhas da matriz (9) com o objetivo de introduzir zeros na matriz em sua parte inferior à esquerda. Cada passo está descrito e o resultado mostrado em seguida.

(a) Some a primeira linha à segunda e some (–2) vezes a primeira linha à terceira.

$$\begin{pmatrix} 1 & -2 & 3 & \bigg| & 7 \\ 0 & -1 & 1 & \bigg| & 2 \\ 0 & 3 & -7 & \bigg| & -10 \end{pmatrix}$$

(b) Multiplique a segunda linha por –1.

$$\begin{pmatrix} 1 & -2 & 3 & \bigg| & 7 \\ 0 & 1 & -1 & \bigg| & -2 \\ 0 & 3 & -7 & \bigg| & -10 \end{pmatrix}$$

(c) Some (–3) vezes a segunda linha à terceira.

$$\begin{pmatrix} 1 & -2 & 3 & \bigg| & 7 \\ 0 & 1 & -1 & \bigg| & -2 \\ 0 & 0 & -4 & \bigg| & -4 \end{pmatrix}$$

(d) Divida a terceira linha por –4.

$$\begin{pmatrix} 1 & -2 & 3 & \bigg| & 7 \\ 0 & 1 & -1 & \bigg| & -2 \\ 0 & 0 & 1 & \bigg| & 1 \end{pmatrix}$$

A matriz obtida desse modo corresponde ao sistema de equações

$$\begin{aligned} x_1 - 2x_2 + 3x_3 &= 7, \\ x_2 - x_3 &= -2, \\ x_3 &= 1, \end{aligned} \tag{10}$$

que é equivalente ao sistema original (8). Note que os coeficientes nas Eqs. (10) formam uma matriz triangular. Da última das Eqs. (10), concluímos que $x_3 = 1$; da segunda, $x_2 = -2 + x_3 = -1$, e da primeira, $x_1 = 7 + 2x_2 - 3x_3 = 2$. Obtemos, assim,

$$\mathbf{x} = \begin{pmatrix} 2 \\ -1 \\ 1 \end{pmatrix},$$

que é a solução do sistema dado (8). Aliás, como a solução é única, concluímos que a matriz de coeficientes é invertível.

EXEMPLO 7.3.2

Discuta as soluções do sistema

$$\begin{aligned} x_1 - 2x_2 + 3x_3 &= b_1, \\ -x_1 + x_2 - 2x_3 &= b_2, \\ 2x_1 - x_2 + 3x_3 &= b_3 \end{aligned} \tag{11}$$

para diversos valores de b_1, b_2 e b_3.

Solução:

Observe que os coeficientes no sistema (11) são os mesmos do sistema (8), exceto pelo coeficiente de x_3 na terceira equação. A matriz aumentada do sistema (11) é

$$\begin{pmatrix} 1 & -2 & 3 & \big| & b_1 \\ -1 & 1 & -2 & \big| & b_2 \\ 2 & -1 & 3 & \big| & b_3 \end{pmatrix}. \tag{12}$$

Efetuando as operações (a), (b) e (c) como no Exemplo 7.3.1, transformamos a matriz (12) em

$$\begin{pmatrix} 1 & -2 & 3 & \big| & b_1 \\ 0 & 1 & -1 & \big| & -b_1 - b_2 \\ 0 & 0 & 0 & \big| & b_1 + 3b_2 + b_3 \end{pmatrix}. \tag{13}$$

A equação correspondente à terceira linha da matriz (13) é

$$b_1 + 3b_2 + b_3 = 0; \tag{14}$$

logo, o sistema (11) não tem solução, a menos que a condição (14) seja satisfeita por b_1, b_2 e b_3. É possível mostrar que esta condição é exatamente a Eq. (5) para o sistema (11).

Vamos supor que $b_1 = 2$, $b_2 = 1$ e $b_3 = -5$, caso em que a Eq. (14) é satisfeita. Então, as duas primeiras linhas da matriz (13) correspondem às equações

$$\begin{aligned} x_1 - 2x_2 + 3x_3 &= 2, \\ x_2 - x_3 &= -3. \end{aligned} \tag{15}$$

Para resolver o sistema (15), escolhemos uma das incógnitas arbitrariamente e resolvemos para as outras duas. Fazendo $x_3 = \alpha$, em que α é arbitrário, segue que

$$\begin{aligned} x_2 &= x_3 - 3 = \alpha - 3, \\ x_1 &= 2x_2 - 3x_3 + 2 = 2(\alpha - 3) - 3\alpha + 2 = -\alpha - 4. \end{aligned}$$

Escrevendo a solução em notação vetorial, temos

$$\mathbf{x} = \begin{pmatrix} -\alpha - 4 \\ \alpha - 3 \\ \alpha \end{pmatrix} = \alpha \begin{pmatrix} -1 \\ 1 \\ 1 \end{pmatrix} + \begin{pmatrix} -4 \\ -3 \\ 0 \end{pmatrix}. \tag{16}$$

É fácil verificar que a segunda parcela à direita do segundo sinal de igualdade na Eq. (16) é uma solução do sistema não homogêneo (11), enquanto a primeira parcela é a solução mais geral possível do sistema homogêneo correspondente a (11).

A redução por linhas é também útil na resolução de sistemas homogêneos e de sistemas nos quais o número de equações é diferente do número de incógnitas.

Dependência e Independência Linear. Um conjunto de k vetores $\mathbf{x}^{(1)}, \ldots, \mathbf{x}^{(k)}$ será dito **linearmente dependente** se existir um conjunto de números reais ou complexos $c_1, \ldots, c_k$, nem todos nulos, tais que

$$c_1 \mathbf{x}^{(1)} + \cdots + c_k \mathbf{x}^{(k)} = \mathbf{0}. \tag{17}$$

Em outras palavras, $\mathbf{x}^{(1)}, \ldots, \mathbf{x}^{(k)}$ serão linearmente dependentes quando existir uma relação linear entre eles. Por outro lado, se o único conjunto $c_1, \ldots, c_k$ para o qual a Eq. (17) é satisfeita for $c_1 = c_2 = \cdots = c_k = 0$, então $\mathbf{x}^{(1)}, \ldots, \mathbf{x}^{(k)}$ serão ditos **linearmente independentes**.

Considere um conjunto de n vetores, cada um deles com n componentes. Forme a matriz $n \times n$ $\mathbf{X}$ colocando o vetor $\mathbf{x}^{(j)}$ na coluna j de $\mathbf{X}$. Então, $\mathbf{X} = (x_{ij})$, em que $x_{ij} = x_i^{(j)}$, a i-ésima componente do vetor $\mathbf{x}^{(j)}$. Seja também $\mathbf{c} = (c_j)$. Então, a Eq. (17) pode ser escrita como

$$\begin{pmatrix} x_1^{(1)} c_1 + \cdots + x_1^{(n)} c_n \\ \vdots \\ x_n^{(1)} c_1 + \cdots + x_n^{(n)} c_n \end{pmatrix} = \begin{pmatrix} x_{11} c_1 + \cdots + x_{1n} c_n \\ \vdots \\ x_{n1} c_1 + \cdots + x_{nn} c_n \end{pmatrix} = \mathbf{0},$$

ou, equivalentemente,

$$\mathbf{Xc} = \mathbf{0}. \tag{18}$$

Se $\det \mathbf{X} \neq 0$, então a única solução da Eq. (18) é $\mathbf{c} = \mathbf{0}$, mas, se $\det \mathbf{X} = 0$, existem soluções não nulas. Logo, o conjunto de vetores $\mathbf{x}^{(1)}, \ldots, \mathbf{x}^{(k)}$ será linearmente independente se, e somente se, $\det \mathbf{X} \neq 0$.

Por exemplo, os vetores $\begin{pmatrix} 1 \\ -1 \\ 2 \end{pmatrix}$, $\begin{pmatrix} -2 \\ 1 \\ -1 \end{pmatrix}$ e $\begin{pmatrix} 3 \\ -2 \\ -1 \end{pmatrix}$ são linearmente independentes; veja o Exemplo 7.3.1. De maneira análoga, do Exemplo 7.3.2, sabemos que os vetores $\begin{pmatrix} 1 \\ -1 \\ 2 \end{pmatrix}$, $\begin{pmatrix} -2 \\ 1 \\ -1 \end{pmatrix}$ e $\begin{pmatrix} 3 \\ -2 \\ 3 \end{pmatrix}$ são linearmente dependentes.

EXEMPLO 7.3.3

Determine se os vetores

$$\mathbf{x}^{(1)} = \begin{pmatrix} 1 \\ 2 \\ -1 \end{pmatrix}, \mathbf{x}^{(2)} = \begin{pmatrix} 2 \\ 1 \\ 3 \end{pmatrix}, \mathbf{x}^{(3)} = \begin{pmatrix} -4 \\ 1 \\ -11 \end{pmatrix} \tag{19}$$

são linearmente independentes ou linearmente dependentes. Se forem linearmente dependentes, encontre uma relação linear entre eles.

Solução:

Para determinar se $\mathbf{x}^{(1)}$, $\mathbf{x}^{(2)}$ e $\mathbf{x}^{(3)}$ são linearmente dependentes, procuramos constantes c_1, c_2 e c_3 tais que

$$c_1 \mathbf{x}^{(1)} + c_2 \mathbf{x}^{(2)} + c_3 \mathbf{x}^{(3)} = \mathbf{0}. \tag{20}$$

A Eq. (20) também pode ser escrita na forma

$$\begin{pmatrix} 1 & 2 & -4 \\ 2 & 1 & 1 \\ -1 & 3 & -11 \end{pmatrix} \begin{pmatrix} c_1 \\ c_2 \\ c_3 \end{pmatrix} = \begin{pmatrix} 0 \\ 0 \\ 0 \end{pmatrix} \tag{21}$$

e resolvida por meio de operações elementares sobre as linhas da matriz aumentada

$$\begin{pmatrix} 1 & 2 & -4 & \big| & 0 \\ 2 & 1 & 1 & \big| & 0 \\ -1 & 3 & -11 & \big| & 0 \end{pmatrix}. \tag{22}$$

Vamos proceder como nos Exemplos 7.3.1 e 7.3.2.

206 Capítulo 7

(a) Some (−2) vezes a primeira linha à segunda e some a primeira à terceira linha.

$$\left(\begin{array}{ccc|c} 1 & 2 & -4 & 0 \\ 0 & -3 & 9 & 0 \\ 0 & 5 & -15 & 0 \end{array}\right)$$

(b) Divida a segunda linha por −3; depois some (−5) vezes a segunda linha à terceira.

$$\left(\begin{array}{ccc|c} 1 & 2 & -4 & 0 \\ 0 & 1 & -3 & 0 \\ 0 & 0 & 0 & 0 \end{array}\right)$$

Obtemos, assim, o sistema equivalente

$$c_1 + 2c_2 - 4c_3 = 0,$$
$$c_2 - 3c_3 = 0. \tag{23}$$

Neste ponto, sabemos que existirá uma solução não trivial para a Eq. (20), de modo que $\mathbf{x}^{(1)}$, $\mathbf{x}^{(2)}$ e $\mathbf{x}^{(3)}$ são linearmente dependentes.

Para encontrar uma relação linear entre $\mathbf{x}^{(1)}$, $\mathbf{x}^{(2)}$ e $\mathbf{x}^{(3)}$, note que a segunda das Eqs. (23) pode ser escrita na forma $c_2 = 3c_3$ e, da primeira, obtemos $c_1 = 4c_3 - 2c_2 = -2c_3$. Resolvemos, então, para c_1 e c_2 em função de c_3, com este último arbitrário. Se escolhermos, por conveniência, $c_3 = -1$, teremos $c_1 = 2$ e $c_2 = -3$. Neste caso, a relação linear (20) fica

$$2\mathbf{x}^{(1)} - 3\mathbf{x}^{(2)} - \mathbf{x}^{(3)} = \mathbf{0},$$

e os vetores dados são linearmente dependentes.

De maneira alternativa, se denotarmos por $\mathbf{X}$ a matriz de coeficientes 3×3 na Eq. (21), podemos calcular det $\mathbf{X}$. Assim,

$$\det \mathbf{X} = \begin{vmatrix} 1 & 2 & -4 \\ 2 & 1 & 1 \\ -1 & 3 & -11 \end{vmatrix} =$$
$$= (1)\begin{vmatrix} 1 & 1 \\ 3 & -11 \end{vmatrix} - (2)\begin{vmatrix} 2 & 1 \\ -1 & -11 \end{vmatrix} + (-4)\begin{vmatrix} 2 & 1 \\ -1 & 3 \end{vmatrix} =$$
$$= -14 - 2(-21) - 4(7) = 0.$$

Portanto, $\mathbf{x}^{(1)}$, $\mathbf{x}^{(2)}$ e $\mathbf{x}^{(3)}$ são linearmente dependentes. No entanto, se os coeficientes c_1, c_2 e c_3 na relação linear entre esses três vetores forem necessários, ainda precisaremos resolver a Eq. (20) para encontrá-los.

Com frequência, é útil pensar nas colunas (ou linhas) de uma matriz $\mathbf{A}$ como vetores. Esses vetores colunas (ou linhas) serão linearmente independentes se, e somente se, det $\mathbf{A} \neq 0$. Além disso, se $\mathbf{C} = \mathbf{AB}$, pode-se mostrar que det $\mathbf{C} = (\det \mathbf{A})(\det \mathbf{B})$. Portanto, se as colunas (ou linhas) de ambas, $\mathbf{A}$ e $\mathbf{B}$, forem linearmente independentes, então as colunas (ou linhas) de $\mathbf{C}$ também o serão.

Vamos agora estender os conceitos de dependência e independência linear a um conjunto de funções vetoriais $\mathbf{x}^{(1)}(t)$, ..., $\mathbf{x}^{(k)}(t)$ definidas em um intervalo $\alpha < t < \beta$. Os vetores $\mathbf{x}^{(1)}(t)$, ..., $\mathbf{x}^{(k)}(t)$ serão ditos linearmente dependentes em $\alpha < t < \beta$ se existir um conjunto de constantes c_1, ..., c_k, não todas nulas, tais que

$$c_1\mathbf{x}^{(1)}(t) + \cdots + c_k\mathbf{x}^{(k)}(t) = \mathbf{0} \text{ para todo } t \text{ no intervalo.}$$

Caso contrário, $\mathbf{x}^{(1)}(t)$, ..., $\mathbf{x}^{(k)}(t)$ serão ditos linearmente independentes. Note que, se $\mathbf{x}^{(1)}(t)$, ..., $\mathbf{x}^{(k)}(t)$ forem linearmente dependentes em um intervalo, então eles serão linearmente dependentes em todos os pontos do intervalo. No entanto, se $\mathbf{x}^{(1)}(t)$, ..., $\mathbf{x}^{(k)}(t)$ forem linearmente independentes em um intervalo, eles podem ser linearmente independentes ou não em cada ponto; eles podem, de fato, ser linearmente dependentes em cada ponto, mas com um conjunto diferente de constantes em pontos diferentes. Veja o Problema 13 para um exemplo.

Autovalores e Autovetores. A equação

$$\mathbf{A}\mathbf{x} = \mathbf{y} \tag{24}$$

pode ser vista como uma transformação linear que leva (ou transforma) um vetor dado $\mathbf{x}$ em um novo vetor $\mathbf{y}$. Vetores que são transformados em múltiplos de si mesmo são importantes em muitas aplicações, inclusive para encontrar soluções de sistemas de equações diferenciais lineares de primeira ordem com coeficientes constantes.[6]

Para encontrar tais vetores, fazemos $\mathbf{y} = \lambda\mathbf{x}$, em que λ é um fator escalar de proporcionalidade, e procuramos soluções das equações

$$\mathbf{A}\mathbf{x} = \lambda\mathbf{x}, \tag{25}$$

ou

$$(\mathbf{A} - \lambda\mathbf{I})\mathbf{x} = \mathbf{0}. \tag{26}$$

A última equação terá soluções não nulas se, e somente se, λ for escolhido de modo que

$$\det(\mathbf{A} - \lambda\mathbf{I}) = 0. \tag{27}$$

A Eq. (27) é uma equação polinomial de grau n em λ e chamada **equação característica** da matriz $\mathbf{A}$. Os valores de λ que satisfazem a Eq. (27) podem ser reais ou complexos e são chamados **autovalores** da matriz $\mathbf{A}$. As soluções não nulas da Eq. (25) ou da Eq. (26) obtidas usando tal valor de λ são chamadas **autovetores** correspondentes, ou associados, àquele autovalor.

O exemplo a seguir ilustra como encontrar autovalores e autovetores.

EXEMPLO 7.3.4

Encontre os autovalores e autovetores da matriz

$$\mathbf{A} = \begin{pmatrix} 3 & -1 \\ 4 & -2 \end{pmatrix}. \tag{28}$$

Solução:

Os autovalores λ e os autovetores $\mathbf{x}$ satisfazem a equação $(\mathbf{A} - \lambda\mathbf{I})\mathbf{x} = \mathbf{0}$ ou

$$\begin{pmatrix} 3-\lambda & -1 \\ 4 & -2-\lambda \end{pmatrix}\begin{pmatrix} x_1 \\ x_2 \end{pmatrix} = \begin{pmatrix} 0 \\ 0 \end{pmatrix}. \tag{29}$$

---

[6]Por exemplo, este problema aparece na busca dos eixos principais de tensão em um corpo elástico e na busca dos modos de vibração livre em um sistema conservativo com um número finito de graus de liberdade.

Os autovalores são as raízes da equação

$$\det(\mathbf{A} - \lambda\mathbf{I}) = \begin{vmatrix} 3-\lambda & -1 \\ 4 & -2-\lambda \end{vmatrix} = \lambda^2 - \lambda - 2 = \qquad (30)$$
$$= (\lambda-2)(\lambda+1) = 0.$$

Logo, os autovalores são $\lambda_1 = 2$ e $\lambda_2 = -1$.

Para encontrar os autovetores, voltamos à Eq. (29) e substituímos λ por cada um dos autovalores encontrados. Para $\lambda = 2$, temos

$$\begin{pmatrix} 1 & -1 \\ 4 & -4 \end{pmatrix}\begin{pmatrix} x_1 \\ x_2 \end{pmatrix} = \begin{pmatrix} 0 \\ 0 \end{pmatrix}. \qquad (31)$$

Logo, cada linha desta equação vetorial leva à condição $x_1 - x_2 = 0$, de modo que x_1 e x_2 são iguais, mas seus valores não estão determinados. Se $x_1 = c$, então $x_2 = c$ também, e o autovetor $\mathbf{x}^{(1)}$ é

$$\mathbf{x}^{(1)} = c\begin{pmatrix} 1 \\ 1 \end{pmatrix}, \quad c \neq 0. \qquad (32)$$

Então, para o autovalor $\lambda_1 = 2$, existe uma família infinita de autovetores, indexada pela constante arbitrária c. Escolheremos um único membro dessa família como representante; neste exemplo, parece mais simples escolher $c = 1$. Assim, em vez da Eq. (32), escrevemos

$$\mathbf{x}^{(1)} = \begin{pmatrix} 1 \\ 1 \end{pmatrix} \qquad (33)$$

e lembramos que qualquer múltiplo não nulo desse vetor também é um autovetor. Dizemos que $\mathbf{x}^{(1)}$ é o autovetor correspondente ao autovalor $\lambda_1 = 2$.

Fazendo, agora, $\lambda = -1$ na Eq. (29), obtemos

$$\begin{pmatrix} 4 & -1 \\ 4 & -1 \end{pmatrix}\begin{pmatrix} x_1 \\ x_2 \end{pmatrix} = \begin{pmatrix} 0 \\ 0 \end{pmatrix}. \qquad (34)$$

Novamente, obtemos uma única condição sobre x_1 e x_2, a saber, $4x_1 - x_2 = 0$. Portanto, o autovetor correspondente ao autovalor $\lambda_2 = -1$ é

$$\mathbf{x}^{(2)} = \begin{pmatrix} 1 \\ 4 \end{pmatrix} \qquad (35)$$

ou qualquer múltiplo não nulo deste vetor.

Como ilustrado no Exemplo 7.3.4, os autovetores estão determinados a menos de uma constante multiplicativa não nula; se esta constante for especificada de algum modo, então os autovetores serão ditos **normalizados**. No Exemplo 7.3.4, escolhemos a constante c para que as componentes dos autovetores fossem inteiros pequenos. No entanto, qualquer outra escolha de c seria igualmente válida, embora talvez não tão conveniente. Às vezes, é conveniente normalizar um autovetor $\mathbf{x}$ escolhendo a constante de modo que seu comprimento seja $\|\mathbf{x}\| = (\mathbf{x}, \mathbf{x})^{1/2} = 1$.

Como a equação característica (27) para uma matriz $\mathbf{A}$ $n \times n$ é uma equação polinomial de grau n em λ, cada uma dessas matrizes tem n autovalores $\lambda_1, \ldots, \lambda_n$, alguns dos quais podem ser repetidos. Se determinado autovalor aparecer m vezes como raiz da Eq. (27), ele será dito **multiplicidade algébrica** m. Cada autovalor tem pelo menos um autovetor associado, mas pode ter outros autovetores linearmente independentes. Se um autovalor tiver q autovetores linearmente independentes, diremos que o autovalor tem **multiplicidade geométrica** q. É possível mostrar que

$$1 \leq q \leq m. \qquad (36)$$

Ou seja, a multiplicidade geométrica nunca é maior do que a multiplicidade algébrica. Exemplos mostram que q pode assumir qualquer valor inteiro nesse intervalo. Se todos os autovalores de uma matriz $\mathbf{A}$ forem **simples** (se tiverem multiplicidade algébrica 1), então cada autovalor também terá multiplicidade geométrica 1.

É possível mostrar que, se λ_1 e λ_2 forem dois autovalores de $\mathbf{A}$ com $\lambda_1 \neq \lambda_2$, então seus autovetores correspondentes $\mathbf{x}^{(1)}$ e $\mathbf{x}^{(2)}$ serão linearmente independentes (Problema 29). Este resultado pode ser estendido para qualquer conjunto $\lambda_1, \ldots, \lambda_k$ de autovalores distintos: seus autovetores $\mathbf{x}^{(1)}, \ldots, \mathbf{x}^{(k)}$ são linearmente independentes. Então, se todos os autovalores de uma matriz $n \times n$ forem simples, os n autovetores de $\mathbf{A}$, um para cada autovalor, serão linearmente independentes. Por outro lado, se $\mathbf{A}$ tiver um ou mais autovalores repetidos, então $\mathbf{A}$ pode ter menos do que n autovetores associados linearmente independentes, já que um autovalor repetido pode ter $q < m$ autovetores. Como veremos na Seção 7.8, este fato pode levar a complicações posteriores na resolução de sistemas de equações diferenciais.

EXEMPLO 7.3.5

Encontre os autovalores e autovetores da matriz

$$\mathbf{A} = \begin{pmatrix} 0 & 1 & 1 \\ 1 & 0 & 1 \\ 1 & 1 & 0 \end{pmatrix}. \qquad (37)$$

Solução:

Os autovalores λ e os autovetores $\mathbf{x}$ satisfazem a equação $(\mathbf{A} - \lambda\mathbf{I})\mathbf{x} = \mathbf{0}$, ou

$$\begin{pmatrix} -\lambda & 1 & 1 \\ 1 & -\lambda & 1 \\ 1 & 1 & -\lambda \end{pmatrix}\begin{pmatrix} x_1 \\ x_2 \\ x_3 \end{pmatrix} = \begin{pmatrix} 0 \\ 0 \\ 0 \end{pmatrix}. \qquad (38)$$

Os autovalores são as raízes da equação

$$\det(\mathbf{A} - \lambda\mathbf{I}) = \begin{vmatrix} -\lambda & 1 & 1 \\ 1 & -\lambda & 1 \\ 1 & 1 & -\lambda \end{vmatrix} = -\lambda^3 + 3\lambda + 2 = 0. \qquad (39)$$

As raízes da Eq. (39) são $\lambda_1 = 2$, $\lambda_2 = -1$ e $\lambda_3 = -1$. Assim, 2 é um autovalor simples, e -1 é um autovalor de multiplicidade algébrica 2 ou um autovalor duplo.

Para encontrar o autovetor $\mathbf{x}^{(1)}$ associado ao autovalor λ_1, substituímos $\lambda = 2$ na Eq. (38); isso nos leva ao sistema

$$\begin{pmatrix} -2 & 1 & 1 \\ 1 & -2 & 1 \\ 1 & 1 & -2 \end{pmatrix}\begin{pmatrix} x_1 \\ x_2 \\ x_3 \end{pmatrix} = \begin{pmatrix} 0 \\ 0 \\ 0 \end{pmatrix}. \qquad (40)$$

Podemos usar operações elementares para reduzi-lo ao sistema equivalente

$$\begin{pmatrix} 2 & -1 & -1 \\ 0 & 1 & -1 \\ 0 & 0 & 0 \end{pmatrix}\begin{pmatrix} x_1 \\ x_2 \\ x_3 \end{pmatrix} = \begin{pmatrix} 0 \\ 0 \\ 0 \end{pmatrix}. \qquad (41)$$

Resolvendo este sistema, obtemos o autovetor

$$\mathbf{x}^{(1)} = \begin{pmatrix} 1 \\ 1 \\ 1 \end{pmatrix}. \qquad (42)$$

208 Capítulo 7

Para $\lambda = -1$, a Eq. (38) se reduz imediatamente a uma única equação

$$x_1 + x_2 + x_3 = 0. \tag{43}$$

Assim, valores para duas das quantidades x_1, x_2 e x_3 podem ser escolhidos arbitrariamente, e o terceiro valor fica determinado pela Eq. (43). Por exemplo, se $x_1 = c_1$ e $x_2 = c_2$, então $x_3 = -c_1 - c_2$. Em notação vetorial, temos

$$\mathbf{x} = \begin{pmatrix} c_1 \\ c_2 \\ -c_1 - c_2 \end{pmatrix} = c_1 \begin{pmatrix} 1 \\ 0 \\ -1 \end{pmatrix} + c_2 \begin{pmatrix} 0 \\ 1 \\ -1 \end{pmatrix}. \tag{44}$$

Por exemplo, escolhendo $c_1 = 1$ e $c_2 = 0$, obtemos o autovetor

$$\mathbf{x}^{(2)} = \begin{pmatrix} 1 \\ 0 \\ -1 \end{pmatrix}. \tag{45}$$

Qualquer múltiplo não nulo de $\mathbf{x}^{(2)}$ também é um autovetor, mas um segundo autovetor linearmente independente pode ser encontrado para outra escolha de c_1 e c_2 – por exemplo, $c_1 = 0$ e $c_2 = 1$. Neste caso, obtemos

$$\mathbf{x}^{(3)} = \begin{pmatrix} 0 \\ 1 \\ -1 \end{pmatrix}, \tag{46}$$

que é linearmente independente de $\mathbf{x}^{(2)}$. Portanto, neste exemplo, existem dois autovetores linearmente independentes associados ao autovalor duplo.

Uma classe importante de matrizes, chamadas de **autoadjuntas** ou **hermitianas**, é formada pelas que satisfazem $\mathbf{A}^* = \mathbf{A}$, ou seja, $\overline{a}_{ji} = a_{ij}$. A classe das matrizes autoadjuntas inclui, como subclasse, as matrizes simétricas reais, ou seja, matrizes com todos os elementos reais tais que $\mathbf{A}^T = \mathbf{A}$. Os autovalores e autovetores de matrizes autoadjuntas têm as seguintes propriedades úteis:

1. Todos os autovalores são reais.
2. Sempre existe um conjunto completo de n autovetores linearmente independentes, independentemente das multiplicidades algébricas dos autovalores.
3. Se $\mathbf{x}^{(1)}$ e $\mathbf{x}^{(2)}$ forem autovetores correspondentes a autovalores distintos, então $(\mathbf{x}^{(1)}, \mathbf{x}^{(2)}) = 0$. Logo, se todos os autovalores forem simples, os autovetores associados formarão um conjunto ortogonal de vetores.
4. É possível escolher m autovetores ortogonais entre si associados a um autovalor de multiplicidade algébrica m. Assim, o conjunto completo de n autovetores sempre pode ser escolhido de modo que seja um conjunto ortogonal, além de linearmente independente.

As demonstrações das afirmações 1 e 3 estão esquematizadas nos Problemas 27 e 28. O Exemplo 7.3.5 envolve uma matriz simétrica real e ilustra as propriedades 1, 2 e 3, mas a escolha que fizemos para $\mathbf{x}^{(2)}$ e $\mathbf{x}^{(3)}$ não ilustra a propriedade 4. No entanto, sempre é possível escolher $\mathbf{x}^{(2)}$ e $\mathbf{x}^{(3)}$ de modo que $(\mathbf{x}^{(2)}, \mathbf{x}^{(3)}) = 0$. Por exemplo, poderíamos ter escolhido, no Exemplo 7.3.5, $\mathbf{x}^{(2)}$ como antes e $\mathbf{x}^{(3)}$ usando $c_1 = 1$ e $c_2 = -2$ na Eq. (46). Dessa maneira, obteríamos

$$\mathbf{x}^{(2)} = \begin{pmatrix} 1 \\ 0 \\ -1 \end{pmatrix}, \quad \mathbf{x}^{(3)} = \begin{pmatrix} 1 \\ -2 \\ 1 \end{pmatrix}$$

como autovetores associados ao autovalor $\lambda = -1$. Esses autovetores são ortogonais entre si e, também, ortogonais ao autovetor $\mathbf{x}^{(1)}$ associado ao autovalor $\lambda = 2$.

Problemas

Nos Problemas 1 a 5, resolva o sistema de equações dado ou mostre que não tem solução.

1. $\begin{aligned} x_1 \quad - \quad x_3 &= 0 \\ 3x_1 + x_2 + \quad x_3 &= 1 \\ -x_1 + x_2 + 2x_3 &= 2 \end{aligned}$

2. $\begin{aligned} x_1 + 2x_2 - \quad x_3 &= 1 \\ 2x_1 + \quad x_2 + \quad x_3 &= 1 \\ x_1 - \quad x_2 + 2x_3 &= 1 \end{aligned}$

3. $\begin{aligned} x_1 + 2x_2 - \quad x_3 &= 2 \\ 2x_1 + \quad x_2 + \quad x_3 &= 1 \\ x_1 - \quad x_2 + 2x_3 &= -1 \end{aligned}$

4. $\begin{aligned} x_1 + 2x_2 - \quad x_3 &= 0 \\ 2x_1 + \quad x_2 + \quad x_3 &= 0 \\ x_1 - \quad x_2 + 2x_3 &= 0 \end{aligned}$

5. $\begin{aligned} x_1 \quad - \quad x_3 &= 0 \\ 3x_1 + x_2 + \quad x_3 &= 0 \\ -x_1 + x_2 + 2x_3 &= 0 \end{aligned}$

Nos Problemas 6 a 9, determine se os elementos do conjunto de vetores dados são linearmente independentes. Se forem linearmente dependentes, encontre uma relação linear entre eles. Nos Problemas 6 a 9, 11 e 12, os vetores estão escritos na forma de linhas para economizar espaço, mas podem ser considerados vetores colunas, ou seja, podem ser usadas as transpostas dos vetores dados, em vez dos vetores.

6. $\mathbf{x}^{(1)} = (1, 1, 0), \quad \mathbf{x}^{(2)} = (0, 1, 1), \quad \mathbf{x}^{(3)} = (1, 0, 1)$

7. $\mathbf{x}^{(1)} = (2, 1, 0), \quad \mathbf{x}^{(2)} = (0, 1, 0), \quad \mathbf{x}^{(3)} = (-1, 2, 0)$

8. $\mathbf{x}^{(1)} = (1, 2, -1, 0), \quad \mathbf{x}^{(2)} = (2, 3, 1, -1),$
$\mathbf{x}^{(3)} = (-1, 0, 2, 2), \quad \mathbf{x}^{(4)} = (3, -1, 1, 3)$

9. $\mathbf{x}^{(1)} = (1, 2, -2), \quad \mathbf{x}^{(2)} = (3, 1, 0),$
$\mathbf{x}^{(3)} = (2, -1, 1), \quad \mathbf{x}^{(4)} = (4, 3, -2)$

10. Suponha que cada um dos vetores $\mathbf{x}^{(1)}, \ldots, \mathbf{x}^{(m)}$ tem n componentes, em que $n < m$. Mostre que $\mathbf{x}^{(1)}, \ldots, \mathbf{x}^{(m)}$ são linearmente dependentes.

Nos Problemas 11 e 12, determine se os elementos do conjunto de vetores dado são linearmente independentes para

$-\infty < t < \infty$. Se forem linearmente dependentes, encontre uma relação linear entre eles.

11. $\mathbf{x}^{(1)}(t) = (e^{-t}, 2e^{-t})$, $\mathbf{x}^{(2)}(t) = (e^{-t}, e^{-t})$,

$\mathbf{x}^{(3)}(t) = (3e^{-t}, 0)$

12. $\mathbf{x}^{(1)}(t) = (2\,\text{sen}(t), \text{sen}(t))$, $\mathbf{x}^{(2)}(t) = (\text{sen}(t), 2\,\text{sen}(t))$

13. Sejam

$$\mathbf{x}^{(1)}(t) = \begin{pmatrix} e^t \\ te^t \end{pmatrix}, \qquad \mathbf{x}^{(2)}(t) = \begin{pmatrix} 1 \\ t \end{pmatrix}.$$

Mostre que $\mathbf{x}^{(1)}(t)$ e $\mathbf{x}^{(2)}(t)$ são linearmente dependentes em cada ponto do intervalo $0 \le t \le 1$. Apesar disso, mostre que $\mathbf{x}^{(1)}(t)$ e $\mathbf{x}^{(2)}(t)$ são linearmente independentes em $0 \le t \le 1$.

Nos Problemas 14 a 20, encontre todos os autovalores e autovetores da matriz dada.

14. $\begin{pmatrix} 5 & -1 \\ 3 & 1 \end{pmatrix}$

15. $\begin{pmatrix} 3 & -2 \\ 4 & -1 \end{pmatrix}$

16. $\begin{pmatrix} -2 & 1 \\ 1 & -2 \end{pmatrix}$

17. $\begin{pmatrix} 1 & \sqrt{3} \\ \sqrt{3} & -1 \end{pmatrix}$

18. $\begin{pmatrix} 1 & 0 & 0 \\ 2 & 1 & -2 \\ 3 & 2 & 1 \end{pmatrix}$

19. $\begin{pmatrix} 3 & 2 & 2 \\ 1 & 4 & 1 \\ -2 & -4 & -1 \end{pmatrix}$

20. $\begin{pmatrix} \dfrac{11}{9} & -\dfrac{2}{9} & \dfrac{8}{9} \\[2mm] -\dfrac{2}{9} & \dfrac{2}{9} & \dfrac{10}{9} \\[2mm] \dfrac{8}{9} & \dfrac{10}{9} & \dfrac{5}{9} \end{pmatrix}$

Os Problemas 21 a 25 tratam da resolução de $\mathbf{Ax} = \mathbf{b}$ quando $\det \mathbf{A} = 0$.

21. a. Suponha que $\mathbf{A}$ é uma matriz real $n \times n$. Mostre que $(\mathbf{Ax}, \mathbf{y}) = (\mathbf{x}, \mathbf{A}^T\mathbf{y})$, quaisquer que sejam os vetores $\mathbf{x}$ e $\mathbf{y}$. *Sugestão*: você

pode achar mais simples considerar primeiro o caso $n = 2$; depois, estenda o resultado para um valor arbitrário de n.

b. Se $\mathbf{A}$ não for necessariamente real, mostre que $(\mathbf{Ax}, \mathbf{y}) = (\mathbf{x}, \mathbf{A}^*\mathbf{y})$, quaisquer que sejam os vetores $\mathbf{x}$ e $\mathbf{y}$.

c. Se $\mathbf{A}$ for hermitiana, mostre que $(\mathbf{Ax}, \mathbf{y}) = (\mathbf{x}, \mathbf{Ay})$, quaisquer que sejam os vetores $\mathbf{x}$ e $\mathbf{y}$.

22. Suponha que, para uma matriz dada $\mathbf{A}$, existe um vetor não nulo $\mathbf{x}$ tal que $\mathbf{Ax} = \mathbf{0}$. Mostre que existe, também, um vetor não nulo $\mathbf{y}$ tal que $\mathbf{A}^*\mathbf{y} = \mathbf{0}$.

23. Suponha que $\det \mathbf{A} = 0$ e que $\mathbf{Ax} = \mathbf{b}$ tem solução. Mostre que $(\mathbf{b}, \mathbf{y}) = 0$, em que $\mathbf{y}$ é qualquer solução de $\mathbf{A}^*\mathbf{y} = \mathbf{0}$. Verifique que esta afirmação é verdadeira para o conjunto de equações no Exemplo 7.3.2. *Sugestão*: use o resultado do Problema 21b.

24. Suponha que $\det \mathbf{A} = 0$ e que $\mathbf{x} = \mathbf{x}^{(0)}$ é uma solução de $\mathbf{Ax} = \mathbf{b}$. Mostre que, se $\boldsymbol{\xi}$ for uma solução de $\mathbf{A}\boldsymbol{\xi} = \mathbf{0}$ e se α for qualquer constante, então $\mathbf{x} = \mathbf{x}^{(0)} + \alpha\boldsymbol{\xi}$ também será solução de $\mathbf{Ax} = \mathbf{b}$.

25. Suponha que $\det \mathbf{A} = 0$ e que $\mathbf{y}$ é uma solução de $\mathbf{A}^*\mathbf{y} = \mathbf{0}$. Mostre que, se $(\mathbf{b}, \mathbf{y}) = 0$ para todos esses $\mathbf{y}$, então $\mathbf{Ax} = \mathbf{b}$ tem solução. Note que isso é a recíproca do Problema 23; a forma da solução é dada pelo Problema 24. *Sugestão*: o que a relação $\mathbf{A}^*\mathbf{y} = \mathbf{0}$ diz sobre as linhas de $\mathbf{A}$? Novamente, pode ajudar considerar primeiro o caso $n = 2$.

26. Prove que $\lambda = 0$ será um autovalor de $\mathbf{A}$ se, e somente se, $\mathbf{A}$ for singular.

27. Vamos mostrar neste problema que os autovalores de uma matriz autoadjunta $\mathbf{A}$ são reais. Seja $\mathbf{x}$ um autovetor associado ao autovalor λ.

a. Mostre que $(\mathbf{Ax}, \mathbf{x}) = (\mathbf{x}, \mathbf{Ax})$. *Sugestão*: veja o Problema 21c.

b. Mostre que $\lambda(\mathbf{x}, \mathbf{x}) = \overline{\lambda}(\mathbf{x}, \mathbf{x})$. *Sugestão*: lembre-se de que $\mathbf{Ax} = \lambda\mathbf{x}$.

c. Mostre que $\lambda = \overline{\lambda}$, ou seja, o autovalor λ é real.

28. Mostre que, se λ_1 e λ_2 forem autovalores de uma matriz $\mathbf{A}$ autoadjunta e se $\lambda_1 \ne \lambda_2$, então os autovetores correspondentes $\mathbf{x}^{(1)}$ e $\mathbf{x}^{(2)}$ serão ortogonais. *Sugestão*: use os resultados dos Problemas 21c e 27 para mostrar que $(\lambda_1 - \lambda_2)(\mathbf{x}^{(1)}, \mathbf{x}^{(2)}) = 0$.

29. Mostre que, se λ_1 e λ_2 forem autovalores de uma matriz $\mathbf{A}$ qualquer e se $\lambda_1 \ne \lambda_2$, então os autovetores correspondentes $\mathbf{x}^{(1)}$ e $\mathbf{x}^{(2)}$ serão linearmente independentes. *Sugestão*: comece com $c_1\mathbf{x}^{(1)} + c_2\mathbf{x}^{(2)} = \mathbf{0}$; multiplique por $\mathbf{A}$ para obter $c_1\lambda_1\mathbf{x}^{(1)} + c_2\lambda_2\mathbf{x}^{(2)} = \mathbf{0}$. Depois, mostre que $c_1 = c_2 = 0$.

7.4 Teoria Básica de Sistemas de Equações Lineares de Primeira Ordem

A teoria geral para sistemas de n equações lineares de primeira ordem

$$\begin{aligned} x_1' &= p_{11}(t)x_1 + \cdots + p_{1n}(t)x_n + g_1(t), \\ &\vdots \\ x_n' &= p_{n1}(t)x_1 + \cdots + p_{nn}(t)x_n + g_n(t) \end{aligned} \qquad (1)$$

é bastante semelhante à teoria para uma única equação linear de ordem n. A discussão nesta seção, portanto, segue as mesmas linhas gerais que a feita nas Seções 3.2 e 4.1. Para discutir

o sistema (1) de maneira mais eficiente, usaremos notação matricial. Ou seja, vamos considerar $x_1 = x_1(t), \ldots, x_n = x_n(t)$ como componentes de um vetor $\mathbf{x} = \mathbf{x}(t)$; analogamente, $g_1(t), \ldots, g_n(t)$ são componentes de um vetor $\mathbf{g}(t)$ e $p_{11}(t), \ldots, p_{nn}(t)$ são elementos de uma matriz $n \times n\ \mathbf{P}(t)$. A Eq. (1) fica, então, como

$$\mathbf{x}' = \mathbf{P}(t)\mathbf{x} + \mathbf{g}(t). \qquad (2)$$

A utilização de vetores e matrizes não só economiza muito espaço e facilita os cálculos, mas, também, enfatiza a semelhança entre sistemas de equações diferenciais e uma única equação diferencial (escalar).

210 Capítulo 7

Diremos que um vetor $\mathbf{x} = \mathbf{x}(t)$ é uma solução da Eq. (2) se suas componentes satisfizerem o sistema de equações (1). Ao longo desta seção, vamos supor que $\mathbf{P}$ e $\mathbf{g}$ são contínuas em algum intervalo $\alpha < t < \beta$, ou seja, cada uma das funções escalares $p_{11}, \ldots, p_{nn}, g_1, \ldots, g_n$ é contínua neste intervalo. De acordo com o Teorema 7.1.2, isso é suficiente para garantir a existência de soluções da Eq. (2) no intervalo $\alpha < t < \beta$.

É conveniente considerar primeiro a equação homogênea

$$\mathbf{x}' = \mathbf{P}(t)\mathbf{x} \tag{3}$$

obtida da Eq. (2) fazendo-se $\mathbf{g}(t) = \mathbf{0}$. Como vimos no caso de uma única equação diferencial linear (de qualquer ordem), uma vez resolvida a equação homogênea, existem diversos métodos para resolver a equação não homogênea (2); isso será feito na Seção 7.9.

Usaremos a notação

$$\mathbf{x}^{(1)}(t) = \begin{pmatrix} x_{11}(t) \\ x_{21}(t) \\ \vdots \\ x_{n1}(t) \end{pmatrix}, \ldots, \mathbf{x}^{(k)}(t) = \begin{pmatrix} x_{1k}(t) \\ x_{2k}(t) \\ \vdots \\ x_{nk}(t) \end{pmatrix}, \ldots \tag{4}$$

para denotar soluções específicas do sistema (3). Note que $x_{ij}(t) = x_i^{(j)}(t)$ denota a i-ésima componente da j-ésima solução $\mathbf{x}^{(j)}(t)$. Os fatos principais sobre a estrutura das soluções do sistema (3) estão enunciados nos Teoremas 7.4.1 a 7.4.5. Eles são bastante semelhantes aos teoremas correspondentes nas Seções 3.2 e 4.1; algumas das demonstrações ficam como exercício para o leitor.

Teorema 7.4.1 | Princípio da Superposição

Se as funções vetoriais $\mathbf{x}^{(1)}$ e $\mathbf{x}^{(2)}$ forem soluções do sistema (3), então a combinação linear $c_1\mathbf{x}^{(1)} + c_2\mathbf{x}^{(2)}$ também será solução, quaisquer que sejam as constantes c_1 e c_2.

Este é o **princípio da superposição**; para prová-lo, basta derivar $c_1\mathbf{x}^{(1)} + c_2\mathbf{x}^{(2)}$ e usar o fato de que $\mathbf{x}^{(1)}$ e $\mathbf{x}^{(2)}$ satisfazem a Eq. (3). Como exemplo, pode-se verificar que

$$\mathbf{x}^{(1)}(t) = \begin{pmatrix} e^{3t} \\ 2e^{3t} \end{pmatrix} = \begin{pmatrix} 1 \\ 2 \end{pmatrix}e^{3t}, \quad \mathbf{x}^{(2)}(t) = \begin{pmatrix} e^{-t} \\ -2e^{-t} \end{pmatrix} = \begin{pmatrix} 1 \\ -2 \end{pmatrix}e^{-t} \tag{5}$$

satisfazem a equação

$$\mathbf{x}' = \begin{pmatrix} 1 & 1 \\ 4 & 1 \end{pmatrix}\mathbf{x}. \tag{6}$$

Logo, de acordo com o Teorema 7.4.1,

$$\mathbf{x} = c_1\mathbf{x}^{(1)}(t) + c_2\mathbf{x}^{(2)}(t) = c_1\begin{pmatrix} 1 \\ 2 \end{pmatrix}e^{3t} + c_2\begin{pmatrix} 1 \\ -2 \end{pmatrix}e^{-t} =$$

$$= \begin{pmatrix} c_1e^{3t} + c_2e^{-t} \\ 2c_1e^{3t} - 2c_2e^{-t} \end{pmatrix} \tag{7}$$

também satisfaz a Eq. (6).

Aplicando repetidamente o Teorema 7.4.1, podemos concluir que, se $\mathbf{x}^{(1)}, \ldots, \mathbf{x}^{(k)}$ forem soluções da Eq. (3), então

$$\mathbf{x} = c_1\mathbf{x}^{(1)}(t) + \cdots + c_k\mathbf{x}^{(k)}(t) \tag{8}$$

também será solução, quaisquer que sejam as constantes $c_1, \ldots, c_k$. Portanto, toda combinação linear finita de soluções da Eq. (3) também é solução. A questão, agora, é saber se todas as soluções da Eq. (3) podem ser encontradas dessa maneira. Por analogia com casos anteriores, é razoável esperar que, para um sistema da forma (3) de ordem n, seja suficiente formar combinações lineares de n soluções escolhidas apropriadamente. Sejam, então, $\mathbf{x}^{(1)}, \ldots, \mathbf{x}^{(n)}$ n soluções do sistema (3) e considere a matriz $\mathbf{X}(t)$ cujas colunas são os vetores $\mathbf{x}^{(1)}(t), \ldots, \mathbf{x}^{(n)}(t)$:

$$\mathbf{X}(t) = \begin{pmatrix} x_{11}(t) & \cdots & x_{1n}(t) \\ \vdots & & \vdots \\ x_{n1}(t) & \cdots & x_{nn}(t) \end{pmatrix}. \tag{9}$$

Lembre-se, da Seção 7.3, de que as colunas de $\mathbf{X}(t)$ serão linearmente independentes para um valor dado de t se, e somente se, $\det \mathbf{X} \neq 0$ para aquele valor de t. Este determinante é chamado de wronskiano das n soluções $\mathbf{x}^{(1)}, \ldots, \mathbf{x}^{(n)}$ e denotado por $W[\mathbf{x}^{(1)}, \ldots, \mathbf{x}^{(n)}]$, ou seja,

$$W\left[\mathbf{x}^{(1)}, \ldots, \mathbf{x}^{(n)}\right](t) = \det\mathbf{X}(t). \tag{10}$$

Logo, as soluções $\mathbf{x}^{(1)}, \ldots, \mathbf{x}^{(n)}$ serão linearmente independentes em um ponto se, e somente se, $W[\mathbf{x}^{(1)}, \ldots, \mathbf{x}^{(n)}]$ for diferente de zero neste ponto.

Teorema 7.4.2

Se as funções vetoriais $\mathbf{x}^{(1)}, \ldots, \mathbf{x}^{(n)}$ forem soluções linearmente independentes do sistema (3) em cada ponto do intervalo $\alpha < t < \beta$, então cada solução $\mathbf{x} = \mathbf{x}(t)$ do sistema (3) poderá ser expressa como uma combinação linear de $\mathbf{x}^{(1)}, \ldots, \mathbf{x}^{(n)}$,

$$\mathbf{x}(t) = c_1\mathbf{x}^{(1)}(t) + \cdots + c_n\mathbf{x}^{(n)}(t) \tag{11}$$

de exatamente um modo.

Antes de provar o Teorema 7.4.2, note que, de acordo com o Teorema 7.4.1, todas as expressões da forma (11) são soluções do sistema (3), enquanto, pelo Teorema 7.4.2, todas as soluções da Eq. (3) podem ser escritas na forma (11). Se pensarmos nas constantes $c_1, \ldots, c_n$ como arbitrárias, então a Eq. (11) inclui todas as soluções do sistema (3) e é costume chamá-la de **solução geral**. Qualquer conjunto de soluções $\{\mathbf{x}^{(1)}, \ldots, \mathbf{x}^{(n)}\}$ da Eq. (3) que seja linearmente independente em cada ponto do intervalo $\alpha < t < \beta$ é dito um **conjunto fundamental de soluções** para este intervalo.

Para provar o Teorema 7.4.2, vamos mostrar que qualquer solução $\mathbf{x}(t)$ da Eq. (3) pode ser escrita na forma $\mathbf{x}(t) = c_1\mathbf{x}^{(1)}(t) + \ldots + c_n\mathbf{x}^{(n)}(t)$ para valores apropriados de $c_1, \ldots, c_n$. Seja $t = t_0$ algum ponto no intervalo $\alpha < t < \beta$ e seja $\mathbf{y} = \mathbf{x}(t_0)$. Queremos determinar se existe alguma solução da forma $\mathbf{x} = c_1\mathbf{x}^{(1)}(t) + \ldots + c_n\mathbf{x}^{(n)}(t)$ que também satisfaça a condição inicial $\mathbf{x}(t_0) = \mathbf{y}$. Em outras palavras, queremos saber se existem valores $c_1, \ldots, c_n$ para os quais

$$c_1\mathbf{x}^{(1)}(t_0) + \cdots + c_n\mathbf{x}^{(n)}(t_0) = \mathbf{y}, \tag{12}$$

ou, em forma escalar,

$$c_1 x_{11}(t_0) + \cdots + c_n x_{1n}(t_0) = y_1,$$
$$\vdots \tag{13}$$
$$c_1 x_{n1}(t_0) + \cdots + c_n x_{nn}(t_0) = y_n.$$

A condição necessária e suficiente para que as Eqs. (13) possuam uma única solução $c_1, \ldots, c_n$ é exatamente que o determinante da matriz dos coeficientes, que é o wronskiano $W[\mathbf{x}^{(1)}, \ldots, \mathbf{x}^{(n)}]$ calculado no ponto $t = t_0$, seja diferente de zero. A hipótese que $\mathbf{x}^{(1)}, \ldots, \mathbf{x}^{(n)}$ são linearmente independentes em todo o intervalo $\alpha < t < \beta$ garante que $W[\mathbf{x}^{(1)}, \ldots, \mathbf{x}^{(n)}]$ não se anula em $t = t_0$ e, portanto, existe uma (única) solução da Eq. (3) da forma $\mathbf{x} = c_1\mathbf{x}^{(1)}(t) + \ldots + c_n\mathbf{x}^{(n)}(t)$ que também satisfaz a condição inicial (12). Pela unicidade no Teorema 7.1.2, esta solução é idêntica a $\mathbf{x}(t)$, logo $\mathbf{x}(t) = c_1\mathbf{x}^{(1)}(t) + \ldots + c_n\mathbf{x}^{(n)}(t)$, como queríamos provar.

Teorema 7.4.3 | Teorema de Abel

Se $\mathbf{x}^{(1)}, \ldots, \mathbf{x}^{(n)}$ forem soluções da Eq. (3) no intervalo $\alpha < t < \beta$, então $W[\mathbf{x}^{(1)}, \ldots, \mathbf{x}^{(n)}]$ ou é identicamente nulo ou nunca se anula neste intervalo.

A importância do Teorema 7.4.3 reside no fato de que ele nos livra da necessidade de examinar $W[\mathbf{x}^{(1)}, \ldots, \mathbf{x}^{(n)}]$ em todos os pontos do intervalo de interesse e nos permite determinar se $\mathbf{x}^{(1)}, \ldots, \mathbf{x}^{(n)}$ forma um conjunto fundamental de soluções simplesmente calculando seu wronskiano em qualquer ponto conveniente do intervalo.

A demonstração do Teorema 7.4.3 é feita estabelecendo-se, primeiro, que o wronskiano de $\mathbf{x}^{(1)}, \ldots, \mathbf{x}^{(n)}$ satisfaz a equação diferencial (veja o Problema 8)

$$\frac{dW}{dt} = (p_{11}(t) + p_{22}(t) + \cdots + p_{nn}(t))W. \tag{14}$$

Portanto,

$$W(t) = c \exp\left(\int \big(p_{11}(t) + \cdots + p_{nn}(t)\big)dt\right), \tag{15}$$

em que c é uma constante arbitrária, e a conclusão do teorema segue imediatamente. A expressão para $W(t)$ na Eq. (15) é conhecida como **fórmula de Abel**; observe a semelhança deste resultado com o Teorema 3.2.7 e, especialmente, com a Eq. (23) da Seção 3.2.

De maneira alternativa, o Teorema 7.4.3 pode ser demonstrado provando-se que, se n soluções $\mathbf{x}^{(1)}, \ldots, \mathbf{x}^{(n)}$ da Eq. (3) forem linearmente dependentes em um ponto $t = t_0$, então serão linearmente dependentes em todos os pontos em $\alpha < t < \beta$ (veja o Problema 14). Em consequência, se $\mathbf{x}^{(1)}, \ldots, \mathbf{x}^{(n)}$ forem linearmente independentes em um ponto, terão de ser linearmente independentes em todos os pontos do intervalo.

O próximo teorema diz que o sistema (3) tem pelo menos um conjunto fundamental de soluções.

Teorema 7.4.4

Sejam

$$\mathbf{e}^{(1)} = \begin{pmatrix} 1 \\ 0 \\ 0 \\ \vdots \\ 0 \end{pmatrix}, \mathbf{e}^{(2)} = \begin{pmatrix} 0 \\ 1 \\ 0 \\ \vdots \\ 0 \end{pmatrix}, \ldots, \mathbf{e}^{(n)} = \begin{pmatrix} 0 \\ 0 \\ \vdots \\ 0 \\ 1 \end{pmatrix};$$

além disso, suponha que $\mathbf{x}^{(1)}, \ldots, \mathbf{x}^{(n)}$ são soluções do sistema (3) satisfazendo as condições iniciais

$$\mathbf{x}^{(1)}(t_0) = \mathbf{e}^{(1)}, \ldots, \mathbf{x}^{(n)}(t_0) = \mathbf{e}^{(n)}, \tag{16}$$

respectivamente, em que t_0 é um ponto qualquer no intervalo $\alpha < t < \beta$. Então, $\mathbf{x}^{(1)}, \ldots, \mathbf{x}^{(n)}$ formam um conjunto fundamental de soluções para o sistema (3).

Para provar este teorema, note que a existência e unicidade de soluções $\mathbf{x}^{(1)}, \ldots, \mathbf{x}^{(n)}$ mencionadas no Teorema 7.4.4 são garantidas pelo Teorema 7.1.2. Não é difícil ver que o wronskiano dessas soluções é igual a um quando $t = t_0$; portanto, $\mathbf{x}^{(1)}, \ldots, \mathbf{x}^{(n)}$ é um conjunto fundamental de soluções.

Uma vez encontrado um conjunto fundamental de soluções, podem ser gerados outros conjuntos a partir de combinações lineares (independentes) do primeiro conjunto. Para fins teóricos, o conjunto dado pelo Teorema 7.4.4 é, em geral, o mais simples.

Finalmente, pode ocorrer (como no caso de equações lineares de segunda ordem) que um sistema tendo todos os coeficientes reais gere soluções complexas. Neste caso, o teorema a seguir é análogo ao Teorema 3.2.6 e permite que obtenhamos soluções reais.

Teorema 7.4.5

Considere o sistema (3)

$$\mathbf{x}' = \mathbf{P}(t)\mathbf{x},$$

em que cada elemento de $\mathbf{P}$ é uma função contínua que assume valores reais. Se $\mathbf{x} = \mathbf{u}(t) + i\mathbf{v}(t)$ for uma solução complexa da Eq. (3), então sua parte real $\mathbf{u}(t)$ e sua parte imaginária $\mathbf{v}(t)$ também serão soluções desta equação.

Para provar este resultado, substituímos $\mathbf{x}$ por $\mathbf{u}(t) + i\mathbf{v}(t)$ na Eq. (3), obtendo

$$\mathbf{x}' - \mathbf{P}(t)\mathbf{x} = \mathbf{u}'(t) - \mathbf{P}(t)\mathbf{u}(t) + i(\mathbf{v}'(t) - \mathbf{P}(t)\mathbf{v}(t)) = \mathbf{0}. \tag{17}$$

Usamos a hipótese de que $\mathbf{P}(t)$ assume valores reais para separar a Eq. (17) em suas partes real e imaginária. Como um número complexo será igual a zero se, e somente se, suas partes real e imaginária forem iguais a zero, concluímos que $\mathbf{u}'(t) - \mathbf{P}(t)\mathbf{u}(t) = \mathbf{0}$ e $\mathbf{v}'(t) - \mathbf{P}(t)\mathbf{v}(t) = \mathbf{0}$. Portanto, $\mathbf{u}(t)$ e $\mathbf{v}(t)$ são soluções da Eq. (3).

212 Capítulo 7

Resumindo os resultados desta seção:

1. Qualquer conjunto de n soluções linearmente independentes do sistema $\mathbf{x}' = \mathbf{P}(t)\mathbf{x}$ constitui um conjunto fundamental de soluções.

2. Sob as condições dadas nesta seção, tais conjuntos fundamentais sempre existem.

3. Toda solução do sistema $\mathbf{x}' = \mathbf{P}(t)\mathbf{x}$ pode ser representada como uma combinação linear de qualquer conjunto fundamental de soluções.

Problemas

Nos Problemas 1 a 6 é dado um sistema homogêneo de equações diferenciais lineares de primeira ordem e duas funções vetoriais $\mathbf{x}^{(1)}$ e $\mathbf{x}^{(2)}$.

   a. Mostre que as funções dadas são soluções do sistema de equações diferenciais dado.

   b. Mostre que $\mathbf{x} = c_1\mathbf{x}^{(1)} + c_2\mathbf{x}^{(2)}$ também é solução do sistema de equações diferenciais dado para quaisquer valores de c_1 e c_2.

   c. Mostre que as funções dadas formam um conjunto fundamental de soluções do sistema dado.

   d. Para os Problemas 1 a 4, encontre a solução do sistema dado que satisfaz a condição inicial $\mathbf{x}(0) = (1, 2)^T$. Para os Problemas 5 e 6, use a condição inicial $\mathbf{x}(2) = (1, 2)^T$.

   e. Encontre $W[\mathbf{x}^{(1)}, \mathbf{x}^{(2)}](t)$.

   f. Mostre que o wronskiano $W = W[\mathbf{x}^{(1)}, \mathbf{x}^{(2)}]$ encontrado no item **(e)** é uma solução da equação de Abel: $W' = (p_{11}(t) + p_{22}(t))W$.

1. $\mathbf{x}' = \begin{pmatrix} 2 & -1 \\ 3 & -2 \end{pmatrix}\mathbf{x}; \mathbf{x}^{(1)} = \begin{pmatrix} 1 \\ 1 \end{pmatrix}e^t, \mathbf{x}^{(2)} = \begin{pmatrix} 1 \\ 3 \end{pmatrix}e^{-t}$

2. $\mathbf{x}' = \begin{pmatrix} 1 & 1 \\ 4 & -2 \end{pmatrix}\mathbf{x}; \mathbf{x}^{(1)} = \begin{pmatrix} 1 \\ -4 \end{pmatrix}e^{-3t}, \mathbf{x}^{(2)} = \begin{pmatrix} 1 \\ 1 \end{pmatrix}e^{2t}$

3. $\mathbf{x}' = \begin{pmatrix} 2 & -5 \\ 1 & -2 \end{pmatrix}\mathbf{x}; \mathbf{x}^{(1)} = \begin{pmatrix} 5\cos(t) \\ 2\cos(t) + \mathrm{sen}(t) \end{pmatrix}, \mathbf{x}^{(2)} = \begin{pmatrix} 5\,\mathrm{sen}(t) \\ 2\,\mathrm{sen}(t) - \cos(t) \end{pmatrix}$

4. $\mathbf{x}' = \begin{pmatrix} 4 & -2 \\ 8 & -4 \end{pmatrix}\mathbf{x}; \mathbf{x}^{(1)} = \begin{pmatrix} 2 \\ 4 \end{pmatrix}, \mathbf{x}^{(2)} = \begin{pmatrix} 2 \\ 4 \end{pmatrix}t - \begin{pmatrix} 0 \\ 1 \end{pmatrix}$

5. $t\mathbf{x}' = \begin{pmatrix} 2 & -1 \\ 3 & -2 \end{pmatrix}\mathbf{x}\ (t > 0); \mathbf{x}^{(1)} = \begin{pmatrix} 1 \\ 1 \end{pmatrix}t, \mathbf{x}^{(2)} = \begin{pmatrix} 1 \\ 3 \end{pmatrix}t^{-1}$

6. $t\mathbf{x}' = \begin{pmatrix} 3 & -2 \\ 2 & -2 \end{pmatrix}\mathbf{x}\ (t > 0); \mathbf{x}^{(1)} = \begin{pmatrix} 1 \\ 2 \end{pmatrix}t^{-1}, \mathbf{x}^{(2)} = \begin{pmatrix} 2 \\ 1 \end{pmatrix}t^2$

7. Prove a generalização do Teorema 7.4.1, como expressa na frase que contém a Eq. (8), para um valor arbitrário do inteiro k.

8. Neste problema, vamos esquematizar uma demonstração do Teorema 7.4.3 no caso $n = 2$. Sejam $\mathbf{x}^{(1)}$ e $\mathbf{x}^{(2)}$ soluções da Eq. (3) para $\alpha < t < \beta$ e seja W o wronskiano de $\mathbf{x}^{(1)}$ e $\mathbf{x}^{(2)}$.

   a. Mostre que

$$\frac{dW}{dt} = \begin{vmatrix} \dfrac{dx_1^{(1)}}{dt} & \dfrac{dx_1^{(2)}}{dt} \\ x_2^{(1)} & x_2^{(2)} \end{vmatrix} + \begin{vmatrix} x_1^{(1)} & x_1^{(2)} \\ \dfrac{dx_2^{(1)}}{dt} & \dfrac{dx_2^{(2)}}{dt} \end{vmatrix}.$$

   b. Usando a Eq. (3), mostre que

$$\frac{dW}{dt} = (p_{11} + p_{22})W.$$

   c. Resolva a equação diferencial obtida no item **(b)** para encontrar $W(t)$. Use esta expressão para obter a conclusão enunciada no Teorema 7.4.3.

   d. Demonstre o Teorema 7.4.3 para um valor arbitrário de n generalizando os procedimentos dos itens **(a)**, **(b)** e **(c)**.

9. Mostre que os wronskianos de dois conjuntos fundamentais de soluções do sistema (3) podem diferir, no máximo, por uma constante multiplicativa. *Sugestão*: use a Eq. (15).

10. Se $x_1 = y$ e $x_2 = y'$, então a equação de segunda ordem

$$y'' + p(t)y' + q(t)y = 0 \tag{18}$$

corresponde ao sistema

$$\begin{aligned} x_1' &= x_2, \\ x_2' &= -q(t)x_1 - p(t)x_2. \end{aligned} \tag{19}$$

Mostre que, se $\mathbf{x}^{(1)}$ e $\mathbf{x}^{(2)}$ formarem um conjunto fundamental de soluções para (19) e se $y^{(1)}$ e $y^{(2)}$ formarem um conjunto fundamental de soluções para (18), então $W[y^{(1)}, y^{(2)}] = cW[\mathbf{x}^{(1)}, \mathbf{x}^{(2)}]$, em que c é uma constante não nula. *Sugestão*: $y^{(1)}(t)$ e $y^{(2)}(t)$ têm de ser combinações lineares de $x_{11}(t)$ e $x_{12}(t)$.

11. Mostre que a solução geral de $\mathbf{x}' = \mathbf{P}(t)\mathbf{x} + \mathbf{g}(t)$ é a soma de qualquer solução particular $\mathbf{x}^{(p)}$ desta equação com a solução geral $\mathbf{x}^{(c)}$ da equação homogênea associada.

12. Considere os vetores $\mathbf{x}^{(1)}(t) = \begin{pmatrix} t \\ 1 \end{pmatrix}$ e $\mathbf{x}^{(2)}(t) = \begin{pmatrix} t^2 \\ 2t \end{pmatrix}$.

   a. Calcule o wronskiano de $\mathbf{x}^{(1)}$ e $\mathbf{x}^{(2)}$.

   b. Em que intervalos $\mathbf{x}^{(1)}$ e $\mathbf{x}^{(2)}$ são linearmente independentes?

   c. Que conclusão podemos tirar sobre os coeficientes no sistema homogêneo de equações diferenciais satisfeito por $\mathbf{x}^{(1)}$ e $\mathbf{x}^{(2)}$?

   d. Encontre este sistema de equações e verifique as conclusões do item **(c)**.

13. Considere os vetores $\mathbf{x}^{(1)}(t) = \begin{pmatrix} t^2 \\ 2t \end{pmatrix}$ e $\mathbf{x}^{(2)}(t) = \begin{pmatrix} e^t \\ e^t \end{pmatrix}$, e responda às mesmas perguntas que no Problema 12.

Os Problemas 14 e 15 indicam outra demonstração para o Teorema 7.4.2.

14. Sejam $\mathbf{x}^{(1)}, \ldots, \mathbf{x}^{(m)}$ soluções de $\mathbf{x}' = \mathbf{P}(t)\mathbf{x}$ no intervalo $\alpha < t < \beta$. Suponha que $\mathbf{P}$ é contínua e seja t_0 um ponto arbitrário no intervalo dado. Mostre que $\mathbf{x}^{(1)}, \ldots, \mathbf{x}^{(m)}$ são linearmente dependentes para $\alpha < t < \beta$ se (e somente se) $\mathbf{x}^{(1)}(t_0), \ldots, \mathbf{x}^{(m)}(t_0)$ são linearmente dependentes. Em outras palavras, $\mathbf{x}^{(1)}, \ldots, \mathbf{x}^{(m)}$ são linearmente dependentes no intervalo (α, β) se forem linearmente dependentes em qualquer ponto nele. *Sugestão*: existem constantes $c_1, \ldots, c_m$ que satisfazem

$$c_1\mathbf{x}^{(1)}(t_0) + \cdots + c_m\mathbf{x}^{(m)}(t_0) = \mathbf{0}.$$

Seja $\mathbf{z}(t) = c_1\mathbf{x}^{(1)}(t) + \ldots + c_m\mathbf{x}^{(m)}(t)$, e use o teorema de unicidade para mostrar que $\mathbf{z}(t) = \mathbf{0}$ para todo t em $\alpha < t < \beta$.

15. Sejam $\mathbf{x}^{(1)}, \ldots, \mathbf{x}^{(n)}$ soluções linearmente independentes de $\mathbf{x}' = \mathbf{P}(t)\mathbf{x}$, em que $\mathbf{P}$ é contínua em $\alpha < t < \beta$.

   a. Mostre que qualquer solução $\mathbf{x} = \mathbf{z}(t)$ pode ser escrita na forma

$$\mathbf{z}(t) = c_1\mathbf{x}^{(1)}(t) + \cdots + c_n\mathbf{x}^{(n)}(t)$$

para constantes apropriadas $c_1, \ldots, c_n$. *Sugestão*: use o resultado do Problema 10 da Seção 7.3 e o do Problema 14 anterior.

   b. Mostre que a expressão para a solução $\mathbf{z}(t)$ no item **(a)** é única, ou seja, se $\mathbf{z}(t) = k_1\mathbf{x}^{(1)}(t) + \cdots + k_n\mathbf{x}^{(n)}(t)$, então $k_1 = c_1, \ldots, k_n = c_n$.

Sugestão: mostre que $(k_1 - c_1)\mathbf{x}^{(1)}(t) + \cdots + (k_n - c_n)\mathbf{x}^{(n)}(t) = \mathbf{0}$ para todo t em $\alpha < t < \beta$, e use a independência linear de $\mathbf{x}^{(1)}, \ldots, \mathbf{x}^{(n)}$.

7.5 Sistemas Lineares Homogêneos com Coeficientes Constantes

Concentraremos a maior parte da nossa atenção em sistemas de equações lineares homogêneas com coeficientes constantes – ou seja, sistemas da forma

$$\mathbf{x}' = \mathbf{A}\mathbf{x}, \tag{1}$$

em que $\mathbf{A}$ é uma matriz constante $n \times n$. A menos que se diga o contrário, vamos supor que todos os elementos de $\mathbf{A}$ são números reais (em vez de complexos).

Se $n = 1$, então o sistema se reduz a uma única equação de primeira ordem

$$\frac{dx}{dt} = ax, \tag{2}$$

cuja solução é $x(t) = ce^{at}$. Note que $x = 0$ é o único ponto crítico quando $a \neq 0$. Se $a < 0$, então todas as soluções não triviais se aproximam de $x(t) = 0$ quando t aumenta e, neste caso, dizemos que $x(t) = 0$ é uma solução de equilíbrio assintoticamente estável. Por outro lado, se $a > 0$, então todas as soluções (com exceção da própria solução de equilíbrio $x(t) = 0$) se afastam da solução de equilíbrio quando t aumenta. Assim, neste caso, $x(t) = 0$ é instável.

Para sistemas de n equações, a situação é semelhante, porém mais complicada. Soluções de equilíbrio são encontradas resolvendo-se $\mathbf{A}\mathbf{x} = \mathbf{0}$. Em geral, vamos supor que $\det \mathbf{A} \neq 0$, de modo que a única solução de equilíbrio é $\mathbf{x} = \mathbf{0}$. Uma pergunta importante é se outras soluções se aproximam ou se afastam desta quando t aumenta; em outras palavras, $\mathbf{x} = \mathbf{0}$ é assintoticamente estável ou instável? Existem outras possibilidades?

O caso $n = 2$ é particularmente importante e permite a visualização no plano $x_1 x_2$, chamado **plano de fase**. Calculando $\mathbf{A}\mathbf{x}$ em um grande número de pontos e fazendo o gráfico dos vetores resultantes, obtemos um campo de direções de vetores tangentes a soluções do sistema de equações diferenciais. Pode-se obter, em geral, uma compreensão qualitativa do comportamento de soluções a partir de um campo de direções. Incluindo no gráfico algumas curvas soluções, ou trajetórias, pode-se obter informação mais precisa. Um gráfico contendo uma amostra representativa de trajetórias para um sistema dado é chamado **retrato de fase**. Um retrato de fase bem construído fornece informação facilmente compreensível sobre todas as soluções de um sistema bidimensional em um único gráfico. Embora a criação de retratos de fase precisos do ponto de vista quantitativo necessite de auxílio computacional, é possível, em geral, esboçar retratos de fase à mão que são precisos do ponto de vista qualitativo, como mostraremos nos Exemplos 7.5.2 e 7.5.3 mais adiante.

Nossa primeira tarefa, no entanto, é mostrar como encontrar soluções de sistemas como o da Eq. (1). Vamos começar com um exemplo especialmente simples.

EXEMPLO 7.5.1

Encontre a solução geral do sistema

$$\mathbf{x}' = \begin{pmatrix} 2 & 0 \\ 0 & -3 \end{pmatrix} \mathbf{x}. \tag{3}$$

Solução:

A característica mais importante deste sistema é que os elementos fora da diagonal na matriz de coeficientes são nulos, ou seja, ela é uma **matriz diagonal**. Escrevendo o sistema em forma escalar, obtemos

$$x_1' = 2x_1, \quad x_2' = -3x_2.$$

Cada uma dessas equações envolve apenas uma das variáveis desconhecidas, de modo que podemos resolver as duas equações separadamente. Assim, encontramos

$$x_1 = c_1 e^{2t}, \quad x_2 = c_2 e^{-3t},$$

em que c_1 e c_2 são constantes arbitrárias. Então, escrevendo a solução em forma vetorial, temos

$$\mathbf{x} = \begin{pmatrix} c_1 e^{2t} \\ c_2 e^{-3t} \end{pmatrix} = c_1 \begin{pmatrix} e^{2t} \\ 0 \end{pmatrix} + c_2 \begin{pmatrix} 0 \\ e^{-3t} \end{pmatrix} = $$
$$= c_1 \begin{pmatrix} 1 \\ 0 \end{pmatrix} e^{2t} + c_2 \begin{pmatrix} 0 \\ 1 \end{pmatrix} e^{-3t}. \tag{4}$$

Agora, definimos as duas soluções $\mathbf{x}^{(1)}$ e $\mathbf{x}^{(2)}$ por

$$\mathbf{x}^{(1)}(t) = \begin{pmatrix} 1 \\ 0 \end{pmatrix} e^{2t}, \quad \mathbf{x}^{(2)}(t) = \begin{pmatrix} 0 \\ 1 \end{pmatrix} e^{-3t}. \tag{5}$$

O wronskiano dessas duas soluções é

$$W[\mathbf{x}^{(1)}, \mathbf{x}^{(2)}](t) = \begin{vmatrix} e^{2t} & 0 \\ 0 & e^{-3t} \end{vmatrix} = e^{-t}, \tag{6}$$

que nunca se anula. Portanto, $\mathbf{x}^{(1)}$ e $\mathbf{x}^{(2)}$ formam um conjunto fundamental de soluções, e a solução geral da Eq. (3) é dada pela Eq. (4).

No Exemplo 7.5.1, encontramos duas soluções independentes do sistema dado (3) na forma de uma função exponencial multiplicada por um vetor. Isso talvez devesse ser esperado, já que vimos que outras equações lineares com coeficientes constantes têm soluções exponenciais e a incógnita $\mathbf{x}$ no sistema (3) é um vetor. Vamos então tentar estender esta ideia ao sistema geral (1) procurando soluções da forma

$$\mathbf{x} = \boldsymbol{\xi} e^{rt}, \tag{7}$$

em que o expoente r e o vetor $\boldsymbol{\xi}$ devem ser determinados. Substituindo $\mathbf{x}$ dado pela Eq. (7) no sistema (1), obtemos

$$r\boldsymbol{\xi} e^{rt} = \mathbf{A}\boldsymbol{\xi} e^{rt}.$$

Cancelando o fator escalar não nulo e^{rt}, obtemos $\mathbf{A}\boldsymbol{\xi} = r\boldsymbol{\xi}$, ou

$$(\mathbf{A} - r\mathbf{I})\boldsymbol{\xi} = \mathbf{0}, \tag{8}$$

em que $\mathbf{I}$ é a matriz identidade $n \times n$. Assim, para resolver o sistema de equações diferenciais (1), precisamos resolver o sistema de equações algébricas (8). Este último problema é precisamente o que determina os autovalores e autovetores da matriz $\mathbf{A}$. Portanto, o vetor $\mathbf{x}$ dado pela Eq. (7) é uma solução da Eq. (1), desde que r seja um autovalor e $\boldsymbol{\xi}$ seja um autovetor associado da matriz de coeficientes $\mathbf{A}$.

Os dois exemplos a seguir são sistemas 2×2 típicos com autovalores reais e diferentes. Em cada exemplo, resolveremos o sistema e construiremos retratos de fase correspondentes.

Veremos que as soluções têm padrões geométricos bem distintos, dependendo se os autovalores têm o mesmo sinal ou sinais opostos. Mais adiante, nesta seção, voltaremos à discussão do sistema geral $n \times n$.

EXEMPLO 7.5.2

Considere o sistema
$$\mathbf{x}' = \begin{pmatrix} 1 & 1 \\ 4 & 1 \end{pmatrix} \mathbf{x}. \tag{9}$$

Faça um gráfico do campo de direções e determine o comportamento qualitativo das soluções. Depois encontre a solução geral e desenhe um retrato de fase contendo diversas trajetórias.

Solução:

O campo de direções ilustrado na **Figura 7.5.1** consiste em 441 setas desenhadas no reticulado 21×21 do quadrado $-2,5 \leq x_1 \leq 2,5$, $-2,5 \leq x_2 \leq 2,5$. (O tamanho do passo nos dois eixos x_1 e x_2 é 0,25.) Em cada ponto (x_1, x_2) do reticulado, a seta está desenhada na *direção e sentido* do vetor
$$\begin{pmatrix} 1 & 1 \\ 4 & 1 \end{pmatrix} \begin{pmatrix} x_1 \\ x_2 \end{pmatrix}.$$

Por exemplo, no ponto $(1, 0)$ a direção e o sentido são dados pelo vetor $(1, 4)^T$ e no ponto $(-1, -1)$, pelo vetor $(-2, -5)^T$. (Os dois vetores correspondentes aparecem em cinza-escuro.) Todos os vetores no campo de direções têm o mesmo comprimento, que é suficientemente pequeno para que as setas não se cruzem.

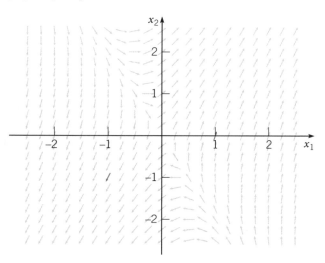

FIGURA 7.5.1 Campo de direções para o sistema (9).

As trajetórias das soluções seguem as setas no campo de direções. Em particular, note que uma solução típica no segundo quadrante acaba se movendo para o primeiro ou terceiro quadrante, o mesmo ocorrendo para uma solução típica no quarto quadrante. Por outro lado, nenhuma solução sai do primeiro ou do terceiro quadrante. Além disso, parece que uma solução típica se afasta da vizinhança da origem e acaba tendo retas tangentes com coeficientes angulares aproximadamente iguais a dois.

Para encontrar soluções explicitamente, vamos supor que $\mathbf{x} = \boldsymbol{\xi} e^{rt}$ e substituir na Eq. (9). Somos levados ao sistema de equações algébricas
$$\begin{pmatrix} 1-r & 1 \\ 4 & 1-r \end{pmatrix} \begin{pmatrix} \xi_1 \\ \xi_2 \end{pmatrix} = \begin{pmatrix} 0 \\ 0 \end{pmatrix}. \tag{10}$$

A Eq. (10) terá uma solução não trivial se, e somente se, o determinante da matriz de coeficientes for zero. Logo, os valores permitidos para r são encontrados pela equação
$$\begin{vmatrix} 1-r & 1 \\ 4 & 1-r \end{vmatrix} = (1-r)^2 - 4 = r^2 - 2r - 3 = $$
$$= (r-3)(r+1) = 0. \tag{11}$$

A Eq. (11) tem raízes $r_1 = 3$ e $r_2 = -1$; estes são os autovalores da matriz de coeficientes na Eq. (9).

Quando $r = 3$, as duas equações no sistema (10) se reduzem a uma única equação
$$-2\xi_1 + \xi_2 = 0. \tag{12}$$

Então, $\xi_2 = 2\xi_1$, e o autovetor correspondente a $r_1 = 3$ pode ser escolhido como
$$\boldsymbol{\xi}^{(1)} = \begin{pmatrix} 1 \\ 2 \end{pmatrix}. \tag{13}$$

De modo análogo, correspondendo a $r_2 = -1$, encontramos $\xi_2 = -2\xi_1$, de modo que o autovetor é
$$\boldsymbol{\xi}^{(2)} = \begin{pmatrix} 1 \\ -2 \end{pmatrix}. \tag{14}$$

As soluções correspondentes da equação diferencial são
$$\mathbf{x}^{(1)}(t) = \begin{pmatrix} 1 \\ 2 \end{pmatrix} e^{3t}, \quad \mathbf{x}^{(2)}(t) = \begin{pmatrix} 1 \\ -2 \end{pmatrix} e^{-t}. \tag{15}$$

O wronskiano dessas soluções é
$$W[\mathbf{x}^{(1)}, \mathbf{x}^{(2)}](t) = \begin{vmatrix} e^{3t} & e^{-t} \\ 2e^{3t} & -2e^{-t} \end{vmatrix} = -4e^{2t}, \tag{16}$$

que nunca se anula. Portanto, as soluções $\mathbf{x}^{(1)}$ e $\mathbf{x}^{(2)}$ formam um conjunto fundamental de soluções, e a solução geral do sistema (9) é
$$\mathbf{x} = c_1 \mathbf{x}^{(1)}(t) + c_2 \mathbf{x}^{(2)}(t) = $$
$$= c_1 \begin{pmatrix} 1 \\ 2 \end{pmatrix} e^{3t} + c_2 \begin{pmatrix} 1 \\ -2 \end{pmatrix} e^{-t}, \tag{17}$$

em que c_1 e c_2 são constantes arbitrárias.

Para visualizar a solução (17), é útil considerarmos seu gráfico no plano $x_1 x_2$ para diversos valores das constantes c_1 e c_2. Começamos com $\mathbf{x} = c_1 \mathbf{x}^{(1)}(t)$ ou, em forma escalar,
$$x_1 = c_1 e^{3t}, \quad x_2 = 2c_1 e^{3t}.$$

Eliminando t nessas duas equações, vemos que a solução pertence à reta $x_2 = 2x_1$; veja a **Figura 7.5.2(a)**. Esta é a reta que contém a origem e tem a direção do autovetor $\boldsymbol{\xi}^{(1)}$. Se olharmos a solução como a trajetória de uma partícula em movimento, então a partícula está no primeiro quadrante quando $c_1 > 0$ e no terceiro quando $c_1 < 0$. Em qualquer desses casos, a partícula se afasta da origem quando t aumenta.

Considere agora $\mathbf{x} = c_2 \mathbf{x}^{(2)}(t)$ ou
$$x_1 = c_2 e^{-t}, \quad x_2 = -2c_2 e^{-t}.$$

Esta solução pertence à reta $x_2 = -2x_1$, cuja direção é determinada pelo autovetor $\boldsymbol{\xi}^{(2)}$. A solução está no quarto quadrante quando $c_2 > 0$ e no segundo quando $c_2 < 0$, como mostra a Figura 7.5.2(a). Em ambos os casos, a partícula se aproxima da origem quando t aumenta.

A solução geral (17) é uma combinação linear de $\mathbf{x}^{(1)}(t)$ e $\mathbf{x}^{(2)}(t)$. Para valores grandes de t, a parcela $c_1 \mathbf{x}^{(1)}(t)$ é dominante e a parcela $c_2 \mathbf{x}^{(2)}(t)$ torna-se desprezível. Logo, todas as soluções para as quais $c_1 \neq 0$ são assintóticas à reta $x_2 = 2x_1$ quando $t \to \infty$.

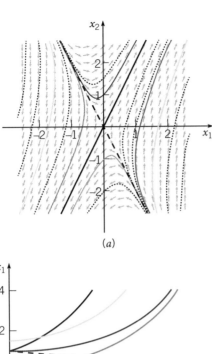

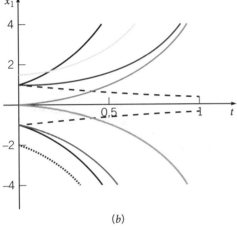

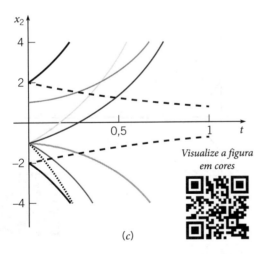

FIGURA 7.5.2 (a) Um retrato de fase para o sistema (9); a origem é um ponto de sela. (b) Gráficos típicos de x_1 em função de t para o sistema (9). (c) Gráficos típicos de x_2 em função de t para o sistema (9). Os gráficos das componentes em (b) e em (c) estão na mesma cor que suas trajetórias em (a). A curva sólida em preto e a curva tracejada em preto mostram as soluções fundamentais $\mathbf{x}^{(1)}$ e $\mathbf{x}^{(2)}$, respectivamente. A curva pontilhada corresponde à solução contendo o ponto $(-2, -1)$; a cinza-escura contém o ponto $(-1, -1)$; a cinza mais clara, $(0, -1)$; a cinza meio tom, $(1, -1)$; a cinza-clara, $(3/2, -1)$; a cinza mais escura, $(0, 1)$.

Sistemas de Equações Lineares de Primeira Ordem **215**

Analogamente, todas as soluções para as quais $c_2 \neq 0$ são assintóticas à reta $x_2 = -2x_1$ quando $t \to -\infty$. A Figura 7.5.2(a) mostra um retrato de fase para o sistema (9). As soluções fundamentais $\mathbf{x}^{(1)}$ e $\mathbf{x}^{(2)}$ correspondem às curvas sólida em preto e tracejada em preto, respectivamente; diversas outras trajetórias também estão exibidas. O padrão de trajetórias nesta figura é típico dos sistemas 2×2 $\mathbf{x}' = \mathbf{A}\mathbf{x}$ para os quais os autovalores são reais e têm sinais opostos. A origem é chamada **ponto de sela** neste caso. Pontos de sela são sempre instáveis porque quase todas as trajetórias se afastam dele quando t aumenta.

No parágrafo precedente, descrevemos como desenhar, manualmente, um esboço qualitativamente correto das trajetórias de um sistema como na Eq. (9), uma vez determinados os autovalores e autovetores. No entanto, para produzir um desenho detalhado e preciso como na Figura 7.5.2(a) e em outras figuras que aparecem mais adiante neste capítulo, um computador é extremamente útil, se não indispensável.

Como alternativa à Figura 7.5.2(a), você pode fazer, também, o gráfico de x_1 ou de x_2 como função de t; alguns gráficos típicos de x_1 em função de t aparecem na **Figura 7.5.2(b)**, e os de x_2 em função de t na **Figura 7.5.2(c)**. Para determinadas condições iniciais, $c_1 = 0$ na Eq. (17), de modo que $x_1 = c_2 e^{-t}$ e $x_1 \to 0$ quando $t \to \infty$. A Figura 7.5.2(b) mostra um desses gráficos, correspondente a uma trajetória que se aproxima da origem na Figura 7.5.2(a). Para a maioria das condições iniciais, no entanto, $c_1 \neq 0$ e x_1 é dado por $x_1 = c_1 e^{3t} + c_2 e^{-t}$. A presença da parcela contendo uma exponencial positiva faz com que x_1 cresça exponencialmente em módulo quando t aumenta. A Figura 7.5.2(b) mostra diversos gráficos desse tipo, correspondendo a trajetórias que se afastam da origem na Figura 7.5.2(a). É importante compreender a relação entre o campo de direções em (a) e os gráficos das componentes em (b) e (c) da Figura 7.5.2 e de outras figuras semelhantes que aparecerão mais tarde, já que você pode querer visualizar soluções no plano $x_1 x_2$ ou como funções da variável independente t.

EXEMPLO 7.5.3

Considere o sistema

$$\mathbf{x}' = \begin{pmatrix} -3 & \sqrt{2} \\ \sqrt{2} & -2 \end{pmatrix} \mathbf{x}. \quad (18)$$

Desenhe um campo de direções para este sistema e encontre sua solução geral. Depois desenhe um retrato de fase mostrando diversas trajetórias típicas no plano de fase.

Solução:

O campo de direções para o sistema (18) na **Figura 7.5.3** mostra claramente que todas as soluções se aproximam da origem.

Para encontrar as soluções, suponha que $\mathbf{x} = \boldsymbol{\xi} e^{rt}$; obtemos, então, o sistema algébrico

$$\begin{pmatrix} -3-r & \sqrt{2} \\ \sqrt{2} & -2-r \end{pmatrix} \begin{pmatrix} \xi_1 \\ \xi_2 \end{pmatrix} = \begin{pmatrix} 0 \\ 0 \end{pmatrix}. \quad (19)$$

Os autovalores satisfazem

$$(-3-r)(-2-r) - 2 = \\ = r^2 + 5r + 4 = (r+1)(r+4) = 0, \quad (20)$$

de modo que $r_1 = -1$ e $r_2 = -4$. Para $r = -1$, a Eq. (19) fica

$$\begin{pmatrix} -2 & \sqrt{2} \\ \sqrt{2} & -1 \end{pmatrix} \begin{pmatrix} \xi_1 \\ \xi_2 \end{pmatrix} = \begin{pmatrix} 0 \\ 0 \end{pmatrix}. \quad (21)$$

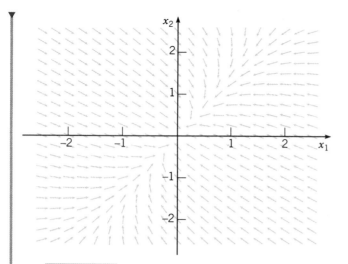

FIGURA 7.5.3 Campo de direções para o sistema (18).

Logo, $\xi_2 = \sqrt{2}\,\xi_1$, e o autovetor $\boldsymbol{\xi}^{(1)}$ associado ao autovalor $r_1 = -1$ pode ser escolhido como

$$\boldsymbol{\xi}^{(1)} = \begin{pmatrix} 1 \\ \sqrt{2} \end{pmatrix}. \tag{22}$$

Analogamente, correspondendo ao autovalor $r_2 = -4$, temos $\xi_1 = -\sqrt{2}\,\xi_2$, de modo que o autovetor é

$$\boldsymbol{\xi}^{(2)} = \begin{pmatrix} -\sqrt{2} \\ 1 \end{pmatrix}. \tag{23}$$

Portanto, um conjunto fundamental de soluções para o sistema (18) é

$$\mathbf{x}^{(1)}(t) = \begin{pmatrix} 1 \\ \sqrt{2} \end{pmatrix} e^{-t}, \quad \mathbf{x}^{(2)}(t) = \begin{pmatrix} -\sqrt{2} \\ 1 \end{pmatrix} e^{-4t}, \tag{24}$$

e a solução geral é

$$\mathbf{x} = c_1 \mathbf{x}^{(1)}(t) + c_2 \mathbf{x}^{(2)} = c_1 \begin{pmatrix} 1 \\ \sqrt{2} \end{pmatrix} e^{-t} + c_2 \begin{pmatrix} -\sqrt{2} \\ 1 \end{pmatrix} e^{-4t}. \tag{25}$$

Um retrato de fase para o sistema (18) está ilustrado na **Figura 7.5.4(a)**. A trajetória correspondente à solução $\mathbf{x}^{(1)}(t)$ é a curva tracejada em preto; ela se aproxima da origem ao longo da reta $x_2 = \sqrt{2}\,x_1$. A curva sólida em preto é a trajetória correspondente à solução $\mathbf{x}^{(2)}(t)$; ela se aproxima da origem ao longo da reta $x_1 = -\sqrt{2}\,x_2$. As inclinações dessas retas são determinadas pelos autovetores $\boldsymbol{\xi}^{(1)}$ e $\boldsymbol{\xi}^{(2)}$, respectivamente. Em geral, temos uma combinação dessas duas soluções fundamentais. Quando $t \to \infty$, como e^{-4t} é muito menor do que e^{-t}, a solução $\mathbf{x}^{(2)}(t)$ é desprezível se comparada com $\mathbf{x}^{(1)}(t)$. Então, a menos que $c_1 = 0$, a solução (25) se aproxima da origem tangente à reta $x_2 = \sqrt{2}\,x_1$. O padrão de trajetórias ilustrado na Figura 7.5.4(a) é típico de todos os sistemas 2×2 $\mathbf{x}' = \mathbf{A}\mathbf{x}$ para os quais os autovalores são reais, distintos e de mesmo sinal. A origem é chamada de **nó** para tais sistemas. Se os autovalores fossem positivos, em vez de negativos, as trajetórias seriam semelhantes, mas o sentido de percurso seria oposto. Os nós serão assintoticamente estáveis se os autovalores forem negativos e instáveis se os autovalores forem positivos.

Embora a Figura 7.5.4(a) tenha sido gerada por computador, um esboço qualitativamente correto das trajetórias pode ser feito rapidamente à mão, baseado no conhecimento dos autovalores e autovetores.

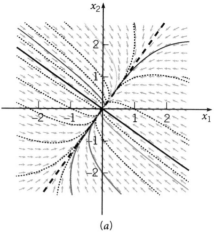

(a)

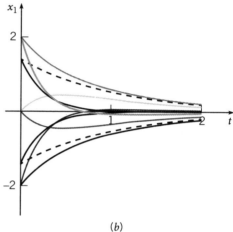

(b)

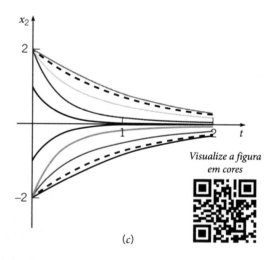

(c)

Visualize a figura em cores

FIGURA 7.5.4 (a) Retrato de fase para o sistema (18); a origem é um nó assintoticamente estável. (b) Gráficos típicos de x_1 em função de t para o sistema (18). (c) Gráficos típicos de x_2 em função de t para o sistema (18). Os gráficos das componentes em (b) e em (c) estão na mesma cor que suas trajetórias em (a). A curva sólida em preto e a curva tracejada em preto mostram as soluções fundamentais $\mathbf{x}^{(1)}$ e $\mathbf{x}^{(2)}$, respectivamente. A curva pontilhada corresponde à solução contendo o ponto $(-2, -2)$; a cinza-escura contém o ponto $(0, -2)$; a cinza mais clara, $(2, -2)$; a cinza meio tom, $(-2, 2)$; a cinza-clara, $(0, 2)$; a cinza mais escura, $(2, 2)$.

A **Figura 7.5.4(b)** mostra alguns gráficos típicos de x_1 em função de t; os gráficos correspondentes de x_2 em função de t aparecem na **Figura 7.5.4(c)**. Note que cada um dos gráficos de coordenadas nas Figuras 7.5.4(b) e 7.5.4(c) se aproxima assintoticamente do eixo dos t quando t aumenta, correspondendo a uma trajetória que se aproxima da origem na Figura 7.5.2(a).

Os Exemplos 7.5.2 e 7.5.3 ilustram os dois casos principais para um sistema 2×2 com autovalores reais distintos. Os autovalores têm sinais opostos (Exemplo 7.5.2) ou o mesmo sinal (Exemplo 7.5.3). Outra possibilidade é zero ser autovalor, mas, neste caso, $\det \mathbf{A} = 0$, o que contradiz a hipótese feita no início desta seção. No entanto, veja os Problemas 5 e 6.

Voltando ao sistema geral $n \times n$ (1), procedemos como nos exemplos. Para encontrar soluções da equação diferencial (1), precisamos encontrar os autovalores e autovetores de $\mathbf{A}$ a partir do sistema algébrico associado (8). Os autovalores $r_1, \ldots, r_n$ (que não precisam ser todos diferentes) são raízes da equação polinomial de grau n

$$\det(\mathbf{A} - r\mathbf{I}) = 0. \tag{26}$$

A natureza dos autovalores e dos autovetores associados determina a natureza da solução geral do sistema (1). Se supusermos que $\mathbf{A}$ é uma matriz real, então precisaremos considerar as seguintes possibilidades para os autovalores de $\mathbf{A}$:

1. Todos os autovalores são reais e distintos entre si.
2. Alguns autovalores ocorrem em pares complexos conjugados.
3. Alguns autovalores, reais ou complexos, são repetidos.

Se os n autovalores forem reais e distintos, como nos três exemplos precedentes, então cada autovalor terá multiplicidades algébrica e geométrica iguais a um. Logo, existirá um autovetor real $\boldsymbol{\xi}^{(i)}$ associado a cada autovalor r_i, e o conjunto de n autovetores $\boldsymbol{\xi}^{(1)}, \ldots, \boldsymbol{\xi}^{(n)}$ será linearmente independente. As soluções correspondentes do sistema diferencial (1) são

$$\mathbf{x}^{(1)}(t) = \boldsymbol{\xi}^{(1)} e^{r_1 t}, \ldots, \mathbf{x}^{(n)}(t) = \boldsymbol{\xi}^{(n)} e^{r_n t}. \tag{27}$$

Para mostrar que essas soluções formam um conjunto fundamental, calculamos seu wronskiano:

$$W[\mathbf{x}^{(1)}, \ldots, \mathbf{x}^{(n)}](t) = \begin{vmatrix} \xi_1^{(1)} e^{r_1 t} & \cdots & \xi_1^{(n)} e^{r_n t} \\ \vdots & & \vdots \\ \xi_n^{(1)} e^{r_1 t} & \cdots & \xi_n^{(n)} e^{r_n t} \end{vmatrix} =$$

$$= e^{(r_1 + \cdots + r_n)t} \begin{vmatrix} \xi_1^{(1)} & \cdots & \xi_1^{(n)} \\ \vdots & & \vdots \\ \xi_n^{(1)} & \cdots & \xi_n^{(n)} \end{vmatrix}. \tag{28}$$

Em primeiro lugar, note que a função exponencial nunca se anula. Segundo, como os autovetores $\boldsymbol{\xi}^{(1)}, \ldots, \boldsymbol{\xi}^{(n)}$ são linearmente independentes, o último determinante na Eq. (28) é diferente de zero. Em consequência, o wronskiano $W[\mathbf{x}^{(1)}, \ldots, \mathbf{x}^{(n)}](t)$ nunca se anula; portanto, $\mathbf{x}^{(1)}, \ldots, \mathbf{x}^{(n)}$ formam um conjunto fundamental de soluções. Logo, a solução geral da Eq. (1) é

$$\mathbf{x} = c_1 \boldsymbol{\xi}^{(1)} e^{r_1 t} + \cdots + c_n \boldsymbol{\xi}^{(n)} e^{r_n t}. \tag{29}$$

Se $\mathbf{A}$ for real e simétrica (um caso particular de matrizes autoadjuntas), lembre-se, da Seção 7.3, de que todos os autovalores $r_1, \ldots, r_n$ têm de ser reais. Além disso, mesmo que alguns autovalores sejam repetidos, sempre existe um conjunto completo de n autovetores $\boldsymbol{\xi}^{(1)}, \ldots, \boldsymbol{\xi}^{(n)}$ que são linearmente independentes (de fato, ortogonais). Portanto, as soluções correspondentes do sistema diferencial (1) dadas pela Eq. (27) formam um conjunto fundamental de soluções, e a solução geral é dada, novamente, pela Eq. (29). O exemplo a seguir ilustra este caso.

EXEMPLO 7.5.4

Encontre a solução geral de

$$\mathbf{x}' = \begin{pmatrix} 0 & 1 & 1 \\ 1 & 0 & 1 \\ 1 & 1 & 0 \end{pmatrix} \mathbf{x}. \tag{30}$$

Solução:

Note que a matriz de coeficientes é real e simétrica. Os autovalores e autovetores desta matriz foram encontrados no Exemplo 7.3.5:

$$r_1 = 2, \quad \boldsymbol{\xi}^{(1)} = \begin{pmatrix} 1 \\ 1 \\ 1 \end{pmatrix}; \tag{31}$$

$$r_2 = -1, \quad r_3 = -1; \quad \boldsymbol{\xi}^{(2)} = \begin{pmatrix} 1 \\ 0 \\ -1 \end{pmatrix}, \quad \boldsymbol{\xi}^{(3)} = \begin{pmatrix} 0 \\ 1 \\ -1 \end{pmatrix}. \tag{32}$$

Portanto, um conjunto fundamental de soluções da Eq. (30) é

$$\mathbf{x}^{(1)}(t) = \begin{pmatrix} 1 \\ 1 \\ 1 \end{pmatrix} e^{2t}, \quad \mathbf{x}^{(2)}(t) = \begin{pmatrix} 1 \\ 0 \\ -1 \end{pmatrix} e^{-t}, \quad \mathbf{x}^{(3)}(t) = \begin{pmatrix} 0 \\ 1 \\ -1 \end{pmatrix} e^{-t}, \tag{33}$$

e a solução geral é

$$\mathbf{x} = c_1 \begin{pmatrix} 1 \\ 1 \\ 1 \end{pmatrix} e^{2t} + c_2 \begin{pmatrix} 1 \\ 0 \\ -1 \end{pmatrix} e^{-t} + c_3 \begin{pmatrix} 0 \\ 1 \\ -1 \end{pmatrix} e^{-t}. \tag{34}$$

Este exemplo ilustra o fato de que, embora um autovalor ($r = -1$) tenha multiplicidade algébrica 2, pode ainda ser possível encontrar dois autovetores linearmente independentes $\boldsymbol{\xi}^{(2)}$ e $\boldsymbol{\xi}^{(3)}$ e, então, construir a solução geral (34).

O comportamento da solução (34) depende, de modo crítico, das condições iniciais. Para valores grandes de t, a primeira parcela na Eq. (34), por causa de sua exponencial positiva, é a dominante; logo, se $c_1 \neq 0$, todas as componentes de $\mathbf{x}$ tornam-se ilimitadas quando $t \to \infty$. Por outro lado, para determinadas condições iniciais, c_1 pode ser zero. Nestes casos, a solução só tem termos exponenciais com potências negativas, e $\mathbf{x} \to \mathbf{0}$ quando $t \to \infty$. Os pontos iniciais que fazem com que c_1 seja nulo são exatamente aqueles que pertencem ao plano determinado pelos autovetores $\boldsymbol{\xi}^{(2)}$ e $\boldsymbol{\xi}^{(3)}$ associados aos dois autovalores negativos. Assim, soluções que começam neste plano se aproximam da origem quando $t \to \infty$, enquanto todas as outras soluções tornam-se ilimitadas.

Se alguns dos autovalores ocorrerem em pares complexos conjugados, então ainda existirão n soluções linearmente independentes da forma (27), desde que todos os autovalores sejam distintos. É claro

218 Capítulo 7

que soluções vindas de autovalores complexos assumem valores complexos. No entanto, como na Seção 3.3, é possível obter um conjunto completo de soluções reais. Isto será discutido na Seção 7.6.

Dificuldades mais sérias podem ocorrer se um autovalor for repetido. Nessa eventualidade, o número de autovetores linearmente independentes pode ser menor do que a multiplicidade algébrica do autovalor. Se isso acontecer, o número de soluções linearmente independentes da forma $\boldsymbol{\xi}e^{rt}$ será menor do que n. Para construir um conjunto fundamental de soluções, será necessário, então, procurar soluções adicionais de outra

forma. A situação é parecida com o caso de uma equação linear de ordem n com coeficientes constantes; uma raiz repetida da equação diferencial fornecia soluções da forma e^{rt}, te^{rt}, t^2e^{rt}, ... etc. O caso de autovalores repetidos será tratado na Seção 7.8.

Finalmente, se a matriz $\mathbf{A}$ for complexa, então os autovalores complexos não precisam aparecer em pares conjugados e os autovetores serão, em geral, complexos, mesmo que o autovalor associado seja real. As soluções da equação diferencial (1) ainda serão da forma (27), desde que existam n autovetores linearmente independentes, mas, em geral, todas as soluções serão complexas.

Problemas

Nos Problemas 1 a 4:

G a. Desenhe um campo de direções.
b. Encontre a solução geral do sistema de equações dado e descreva o comportamento das soluções quando $t \to \infty$.
G c. Faça o gráfico de algumas trajetórias do sistema.

1. $\mathbf{x}' = \begin{pmatrix} 3 & -2 \\ 2 & -2 \end{pmatrix}\mathbf{x}$

2. $\mathbf{x}' = \begin{pmatrix} 1 & -2 \\ 3 & -4 \end{pmatrix}\mathbf{x}$

3. $\mathbf{x}' = \begin{pmatrix} 2 & -1 \\ 3 & -2 \end{pmatrix}\mathbf{x}$

4. $\mathbf{x}' = \begin{pmatrix} \dfrac{5}{4} & \dfrac{3}{4} \\ \dfrac{3}{4} & \dfrac{5}{4} \end{pmatrix}\mathbf{x}$

Nos Problemas 5 e 6 a matriz de coeficientes tem um autovalor zero. Como resultado, o padrão de trajetórias é diferente daquele nos exemplos do texto. Para cada sistema:

G a. Desenhe um campo de direções.
b. Encontre a solução geral do sistema de equações dado.
G c. Faça o gráfico de algumas trajetórias do sistema.

5. $\mathbf{x}' = \begin{pmatrix} 4 & -3 \\ 8 & -6 \end{pmatrix}\mathbf{x}$

6. $\mathbf{x}' = \begin{pmatrix} 3 & 6 \\ -1 & -2 \end{pmatrix}\mathbf{x}$

Nos Problemas 7 a 9, encontre a solução geral do sistema de equações dado.

7. $\mathbf{x}' = \begin{pmatrix} 1 & 1 & 2 \\ 1 & 2 & 1 \\ 2 & 1 & 1 \end{pmatrix}\mathbf{x}$

8. $\mathbf{x}' = \begin{pmatrix} 3 & 2 & 4 \\ 2 & 0 & 2 \\ 4 & 2 & 3 \end{pmatrix}\mathbf{x}$

9. $\mathbf{x}' = \begin{pmatrix} 1 & -1 & 4 \\ 3 & 2 & -1 \\ 2 & 1 & -1 \end{pmatrix}\mathbf{x}$

Nos Problemas 10 a 12, resolva o problema de valor inicial dado. Descreva o comportamento da solução quando $t \to \infty$.

10. $\mathbf{x}' = \begin{pmatrix} 5 & -1 \\ 3 & 1 \end{pmatrix}\mathbf{x}, \quad \mathbf{x}(0) = \begin{pmatrix} 2 \\ -1 \end{pmatrix}$

11. $\mathbf{x}' = \begin{pmatrix} -2 & 1 \\ -5 & 4 \end{pmatrix}\mathbf{x}, \quad \mathbf{x}(0) = \begin{pmatrix} 1 \\ 3 \end{pmatrix}$

12. $\mathbf{x}' = \begin{pmatrix} 0 & 0 & -1 \\ 2 & 0 & 0 \\ -1 & 2 & 4 \end{pmatrix}\mathbf{x}, \quad \mathbf{x}(0) = \begin{pmatrix} 7 \\ 5 \\ 5 \end{pmatrix}$

13. O sistema $t\mathbf{x}' = \mathbf{A}\mathbf{x}$ é análogo à equação de Euler de segunda ordem (Seção 5.4). Supondo que $\mathbf{x} = \boldsymbol{\xi}t^r$, em que $\boldsymbol{\xi}$ é um vetor constante, mostre que $\boldsymbol{\xi}$ e r têm de satisfazer $(\mathbf{A} - r\mathbf{I})\boldsymbol{\xi} = \mathbf{0}$ para obter soluções não triviais da equação diferencial dada.

Referindo-se ao Problema 13, resolva o sistema de equações dado nos Problemas 14 a 16. Suponha que $t > 0$.

14. $t\mathbf{x}' = \begin{pmatrix} 2 & -1 \\ 3 & -2 \end{pmatrix}\mathbf{x}$

15. $t\mathbf{x}' = \begin{pmatrix} 5 & -1 \\ 3 & 1 \end{pmatrix}\mathbf{x}$

16. $t\mathbf{x}' = \begin{pmatrix} 4 & -3 \\ 8 & -6 \end{pmatrix}\mathbf{x}$

Nos Problemas 17 a 19, são dados os autovalores e autovetores de uma matriz $\mathbf{A}$. Considere o sistema correspondente $\mathbf{x}' = \mathbf{A}\mathbf{x}$.

G a. Esboce um retrato de fase do sistema.
G b. Esboce a trajetória que contém o ponto inicial (2, 3).
G c. Para a trajetória no item (b), esboce os gráficos de x_1 e de x_2 em função de t.

17. $r_1 = -1, \quad \boldsymbol{\xi}^{(1)} = \begin{pmatrix} -1 \\ 2 \end{pmatrix}; \quad r_2 = -2, \quad \boldsymbol{\xi}^{(2)} = \begin{pmatrix} 1 \\ 2 \end{pmatrix}$

18. $r_1 = 1, \quad \boldsymbol{\xi}^{(1)} = \begin{pmatrix} -1 \\ 2 \end{pmatrix}; \quad r_2 = -2, \quad \boldsymbol{\xi}^{(2)} = \begin{pmatrix} 1 \\ 2 \end{pmatrix}$

19. $r_1 = 1, \quad \boldsymbol{\xi}^{(1)} = \begin{pmatrix} 1 \\ 2 \end{pmatrix}; \quad r_2 = 2, \quad \boldsymbol{\xi}^{(2)} = \begin{pmatrix} 1 \\ -2 \end{pmatrix}$

20. Considere um sistema 2×2 $\mathbf{x}' = \mathbf{A}\mathbf{x}$. Se supusermos que $r_1 \neq r_2$, a solução geral será $\mathbf{x} = c_1\boldsymbol{\xi}^{(1)}e^{r_1t} + c_2\boldsymbol{\xi}^{(2)}e^{r_2t}$, desde que $\boldsymbol{\xi}^{(1)}$ e $\boldsymbol{\xi}^{(2)}$ sejam linearmente independentes. Neste problema, vamos estabelecer a independência linear de $\boldsymbol{\xi}^{(1)}$ e $\boldsymbol{\xi}^{(2)}$ supondo que são linearmente dependentes e depois mostrando que isso nos leva a uma contradição.

Sistemas de Equações Lineares de Primeira Ordem **219**

a. Explique como sabemos que $\boldsymbol{\xi}^{(1)}$ satisfaz a equação matricial $(\mathbf{A} - r_1\mathbf{I})\boldsymbol{\xi}^{(1)} = \mathbf{0}$; analogamente, explique por que $(\mathbf{A} - r_2\mathbf{I})\boldsymbol{\xi}^{(2)} = \mathbf{0}$.

b. Mostre que $(\mathbf{A} - r_2\mathbf{I})\,\boldsymbol{\xi}^{(1)} = (r_1 - r_2)\boldsymbol{\xi}^{(1)}$.

c. Suponha que $\boldsymbol{\xi}^{(1)}$ e $\boldsymbol{\xi}^{(2)}$ são linearmente dependentes. Então, $c_1\boldsymbol{\xi}^{(1)} + c_2\boldsymbol{\xi}^{(2)} = \mathbf{0}$ e pelo menos um entre c_1 e c_2 (digamos, c_1) é diferente de zero. Mostre que $(\mathbf{A} - r_2\mathbf{I})(\,c_1\boldsymbol{\xi}^{(1)} + c_2\boldsymbol{\xi}^{(2)}) = \mathbf{0}$ e que $(\mathbf{A} - r_2\mathbf{I})(\,c_1\boldsymbol{\xi}^{(1)} + c_2\boldsymbol{\xi}^{(2)}) = c_1(r_1 - r_2)\boldsymbol{\xi}^{(1)}$. Logo, $c_1 = 0$, uma contradição. Portanto, $\boldsymbol{\xi}^{(1)}$ e $\boldsymbol{\xi}^{(2)}$ são linearmente independentes.

d. Modifique o argumento no item (c) para o caso em que $c_2 \neq 0$.

e. Faça um argumento semelhante para o caso em que $\mathbf{A}$ é 3×3; note que o procedimento pode ser estendido para um valor arbitrário de n.

21. Considere a equação

$$ay'' + by' + cy = 0, \qquad (35)$$

em que a, b e c são constantes com $a \neq 0$. Foi mostrado, no Capítulo 3, que a solução geral depende das raízes da equação característica

$$ar^2 + br + c = 0. \qquad (36)$$

a. Transforme a Eq. (35) em um sistema de equações de primeira ordem fazendo $x_1 = y$, $x_2 = y'$. Encontre o sistema de equações $\mathbf{x}' = \mathbf{A}\mathbf{x}$ satisfeito por $\mathbf{x} = \begin{pmatrix} x_1 \\ x_2 \end{pmatrix}$.

b. Encontre a equação que determina os autovalores da matriz de coeficientes $\mathbf{A}$ no item (a). Observe que esta equação é, simplesmente, a equação característica (36) da Eq. (35).

22. O sistema de dois tanques do Problema 19 na Seção 7.1 nos leva ao problema de valor inicial

$$\mathbf{x}' = \begin{pmatrix} -\dfrac{1}{10} & \dfrac{3}{40} \\ \dfrac{1}{10} & -\dfrac{1}{5} \end{pmatrix}\mathbf{x}, \quad \mathbf{x}(0) = \begin{pmatrix} -17 \\ -21 \end{pmatrix},$$

em que x_1 e x_2 são os desvios dos níveis de sal Q_1 e Q_2 dos seus respectivos pontos de equilíbrio.

a. Encontre a solução do problema de valor inicial dado.

G b. Faça os gráficos de x_1 e de x_2 em função de t no mesmo conjunto de eixos.

N c. Encontre o menor instante T tal que $|x_1(t)| \leq 0{,}5$ e $|x_2(t)| \leq 0{,}5$ para todo $t \geq T$.

23. Considere o sistema

$$\mathbf{x}' = \begin{pmatrix} -1 & -1 \\ -\alpha & -1 \end{pmatrix}\mathbf{x}.$$

a. Resolva o sistema para $\alpha = \frac{1}{2}$. Quais são os autovalores da matriz de coeficientes? Classifique o ponto de equilíbrio na origem em relação ao tipo.

b. Resolva o sistema para $\alpha = 2$. Quais são os autovalores da matriz de coeficientes? Classifique o ponto de equilíbrio na origem em relação ao tipo.

c. As soluções encontradas nos itens **(a)** e **(b)** exibem dois tipos de comportamento bem diferentes. Encontre os autovalores da matriz de coeficientes em função de α e determine o valor de α entre $\frac{1}{2}$ e 2 em que ocorre a transição de um tipo de comportamento para outro. Este valor de α é chamado **valor de bifurcação** para este problema.

Circuitos Elétricos. Os Problemas **24** e **25** tratam do circuito elétrico descrito pelo sistema de equações diferenciais dado no Problema **18** da Seção 7.1:

$$\frac{d}{dt}\begin{pmatrix} I \\ V \end{pmatrix} = \begin{pmatrix} -\dfrac{R_1}{L} & -\dfrac{1}{L} \\ \dfrac{1}{C} & -\dfrac{1}{CR_2} \end{pmatrix}\begin{pmatrix} I \\ V \end{pmatrix}, \ I(0) = I_0, V(0) = V_0. \quad (37)$$

24. a. Encontre a solução geral da Eq. (37) se $R_1 = 1\ \Omega$, $R_2 = \frac{3}{5}\ \Omega$, $L = 2$ H e $C = \frac{2}{3}$ F.

b. Mostre que $I(t) \to 0$ e $V(t) \to 0$ quando $t \to \infty$, independentemente dos valores iniciais I_0 e V_0.

25. Considere o sistema precedente de equações diferenciais (37).

a. Encontre uma condição que R_1, R_2, C e L têm de satisfazer para que os autovalores da matriz de coeficientes sejam reais e distintos.

b. Se a condição encontrada no item **(a)** for satisfeita, mostre que ambos os autovalores serão negativos. Depois, mostre que $I(t) \to 0$ e $V(t) \to 0$ quando $t \to \infty$, independentemente das condições iniciais.

c. Se a condição encontrada no item **(a)** não for satisfeita, então os autovalores serão complexos ou repetidos. Você acredita que $I(t) \to 0$ e $V(t) \to 0$ quando $t \to \infty$ também nesses casos?

Sugestão: uma abordagem possível para o item **(c)** é transformar o sistema (37) em uma única equação de segunda ordem. Vamos, também, discutir autovalores complexos e repetidos nas Seções 7.6 e 7.8.

7.6 Autovalores Complexos

Nesta seção, vamos considerar, novamente, um sistema de n equações lineares homogêneas com coeficientes constantes

$$\mathbf{x}' = \mathbf{A}\mathbf{x}, \qquad (1)$$

em que a matriz de coeficientes $\mathbf{A}$ é real. Se procurarmos soluções da forma $\mathbf{x} = \boldsymbol{\xi}e^{rt}$, então, como na Seção 7.5, segue que r terá que ser um autovalor e $\boldsymbol{\xi}$ será um autovetor associado da matriz de coeficientes $\mathbf{A}$. Lembre-se de que os autovalores r_1, ..., r_n de $\mathbf{A}$ são as raízes da equação característica

$$\det(\mathbf{A} - r\mathbf{I}) = 0 \qquad (2)$$

e que os autovetores associados satisfazem

$$(\mathbf{A} - r\mathbf{I})\boldsymbol{\xi} = \mathbf{0}. \qquad (3)$$

Se $\mathbf{A}$ for real, os coeficientes na equação polinomial (2) para r serão reais, e os autovalores complexos terão que aparecer em pares conjugados. Por exemplo, se $r_1 = \lambda + i\mu$ for um autovalor de $\mathbf{A}$, em que λ e μ são reais, então $r_2 = \lambda - i\mu$ também o será. Para explorar o efeito de autovalores complexos, vamos começar com um exemplo.

EXEMPLO 7.6.1

Encontre um conjunto fundamental de soluções reais para o sistema

$$\mathbf{x}' = \begin{pmatrix} -\dfrac{1}{2} & 1 \\ -1 & -\dfrac{1}{2} \end{pmatrix}\mathbf{x}. \qquad (4)$$

Desenhe um retrato de fase e faça gráficos de componentes de soluções típicas.

Solução:

A **Figura 7.6.1** mostra um campo de direções para o sistema (4). Esse gráfico sugere que as trajetórias no plano de fase são espirais aproximando-se da origem no sentido horário.

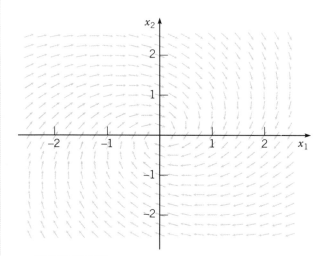

FIGURA 7.6.1 Campo de direções para o sistema (4).

Para encontrar um conjunto fundamental de soluções, supomos que

$$\mathbf{x} = \boldsymbol{\xi} e^{rt} \quad (5)$$

e obtemos o conjunto de equações lineares algébricas

$$\begin{pmatrix} -\dfrac{1}{2}-r & 1 \\ -1 & -\dfrac{1}{2}-r \end{pmatrix} \begin{pmatrix} \xi_1 \\ \xi_2 \end{pmatrix} = \begin{pmatrix} 0 \\ 0 \end{pmatrix} \quad (6)$$

para os autovalores e autovetores de **A**. A equação característica é

$$\begin{vmatrix} -\dfrac{1}{2}-r & 1 \\ -1 & -\dfrac{1}{2}-r \end{vmatrix} = r^2 + r + \dfrac{5}{4} = 0; \quad (7)$$

portanto, os autovalores são $r_1 = -\dfrac{1}{2}+i$ e $r_2 = -\dfrac{1}{2}-i$. Um cálculo direto a partir da Eq. (6) mostra que os autovetores associados são

$$\boldsymbol{\xi}^{(1)} = \begin{pmatrix} 1 \\ i \end{pmatrix}, \quad \boldsymbol{\xi}^{(2)} = \begin{pmatrix} 1 \\ -i \end{pmatrix}. \quad (8)$$

Observe que os autovetores $\boldsymbol{\xi}^{(1)}$ e $\boldsymbol{\xi}^{(2)}$ também são complexos conjugados. Logo, um conjunto fundamental de soluções para o sistema (4) é

$$\mathbf{x}^{(1)}(t) = \begin{pmatrix} 1 \\ i \end{pmatrix} e^{(-1/2+i)t}, \quad \mathbf{x}^{(2)}(t) = \begin{pmatrix} 1 \\ -i \end{pmatrix} e^{(-1/2-i)t}. \quad (9)$$

Para obter um conjunto de soluções reais, podemos (pelo Teorema 7.4.5) escolher a parte real e a parte imaginária de $\mathbf{x}^{(1)}$ ou de $\mathbf{x}^{(2)}$. De fato,

$$\mathbf{x}^{(1)}(t) = \begin{pmatrix} 1 \\ i \end{pmatrix} e^{-t/2}(\cos(t) + i\,\text{sen}(t)) = \begin{pmatrix} e^{-t/2}\cos(t) \\ -e^{-t/2}\text{sen}(t) \end{pmatrix} + i \begin{pmatrix} e^{-t/2}\text{sen}(t) \\ e^{-t/2}\cos(t) \end{pmatrix}. \quad (10)$$

Portanto, um par de soluções reais da Eq. (4) é

$$\mathbf{u}(t) = e^{-t/2}\begin{pmatrix} \cos(t) \\ -\text{sen}(t) \end{pmatrix}, \quad \mathbf{v}(t) = e^{-t/2}\begin{pmatrix} \text{sen}(t) \\ \cos(t) \end{pmatrix}. \quad (11)$$

Para verificar que $\mathbf{u}(t)$ e $\mathbf{v}(t)$ são linearmente independentes, calculamos seu wronskiano:

$$W[\mathbf{u},\mathbf{v}](t) = \begin{vmatrix} e^{-t/2}\cos(t) & e^{-t/2}\text{sen}(t) \\ -e^{-t/2}\text{sen}(t) & e^{-t/2}\cos(t) \end{vmatrix} = e^{-t}(\cos^2(t) + \text{sen}^2(t)) = e^{-t}.$$

Como o wronskiano $W[\mathbf{u},\mathbf{v}](t)$ nunca se anula, segue que $\mathbf{u}(t)$ e $\mathbf{v}(t)$ formam um conjunto fundamental de soluções (reais) do sistema (4).

Os gráficos das soluções $\mathbf{u}(t)$ e $\mathbf{v}(t)$ aparecem na **Figura 7.6.2(a)**, um retrato de fase para o sistema (4). Como

$$\mathbf{u}(0) = \begin{pmatrix} 1 \\ 0 \end{pmatrix}, \quad \mathbf{v}(0) = \begin{pmatrix} 0 \\ 1 \end{pmatrix},$$

os gráficos de $\mathbf{u}(t)$ e de $\mathbf{v}(t)$ contêm os pontos $(1, 0)$ e $(0, 1)$, respectivamente. Outras soluções do sistema (4) são combinações lineares de $\mathbf{u}(t)$ e $\mathbf{v}(t)$, e a Figura 7.6.2(a) mostra, também, os gráficos de algumas dessas soluções. Todas as trajetórias se aproximam da origem ao longo de uma espiral quando $t \to \infty$, formando uma infinidade de caminhos em torno da origem; isso se deve ao fato de que as soluções (11) são produtos de uma exponencial decrescente com fatores seno ou cosseno. Alguns gráficos típicos de x_1 em função de t estão ilustrados na **Figura 7.6.2(b)**; cada um representa uma oscilação decrescente no tempo. Os gráficos correspondentes de x_2 em função de t estão exibidos na **Figura 7.6.2(c)**.

A Figura 7.6.2(a) é típica de sistemas 2×2 $\mathbf{x}' = \mathbf{A}\mathbf{x}$ cujos autovalores são complexos com parte real negativa. A origem é chamada **ponto espiral** e é assintoticamente estável, já que todas as trajetórias se aproximam dela quando t aumenta. Para um sistema cujos autovalores têm parte real positiva, as trajetórias são semelhantes às da Figura 7.6.2(a), exceto que o sentido do movimento é oposto, se afastando da origem, e as trajetórias são ilimitadas. Neste caso, a origem é instável.

Se a parte real dos autovalores for nula, então as trajetórias não se aproximarão da origem nem se tornarão ilimitadas, mas, em vez disso, percorrerão, repetidamente, uma curva fechada em torno da origem. Exemplos deste comportamento podem ser vistos nas **Figuras 7.6.3(b)** e **7.6.4(b)**, mais adiante. Neste caso, a origem é chamada de **centro** e também dita estável, mas não assintoticamente estável. Nos três casos, o sentido do movimento pode ser horário, como neste exemplo, ou trigonométrico, dependendo dos elementos na matriz de coeficientes **A**.

O retrato de fase na Figura 7.6.2(a) foi desenhado por um computador, mas é possível produzir um esboço útil do retrato de fase à mão. Observamos que, quando os autovalores forem complexos, $\lambda \pm i\mu$, então as trajetórias serão espirais que se aproximam ($\lambda < 0$), ou se afastam ($\lambda > 0$) da origem, ou percorrem, repetidamente, uma curva fechada em torno da origem ($\lambda = 0$). Para determinar se o sentido do movimento é horário ou trigonométrico, basta determinar o sentido do movimento em um único ponto conveniente. Por exemplo, no sistema (4), poderíamos escolher $\mathbf{x} = (0, 1)^T$. Então, $\mathbf{A}\mathbf{x} = \left(1, -\dfrac{1}{2}\right)^T$. Logo, no ponto $(0, 1)$ no plano de fase, o vetor $\mathbf{x}'$ tangente à trajetória nesse ponto tem componente x_1 positiva e, portanto, está direcionado do segundo para o primeiro quadrante. Isso implica que o sentido do movimento é horário para as trajetórias deste sistema.

Sistemas de Equações Lineares de Primeira Ordem **221**

Visualize a figura em cores

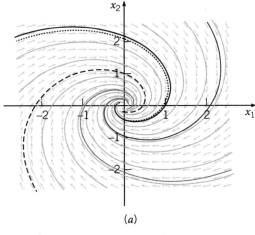

(a)

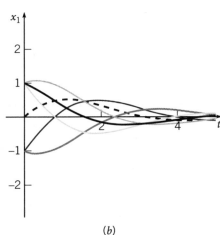

(b)

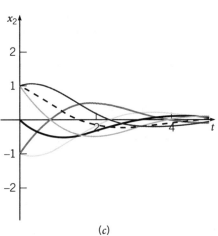

(c)

FIGURA 7.6.2 (a) Retrato de fase para o sistema (4); a origem é um ponto espiral. (b) Gráficos de x_1 em função de t para o sistema (4). (c) Gráficos de x_2 em função de t para o sistema (4). Os gráficos das componentes em (b) e em (c) estão na mesma cor que suas trajetórias em (a). A curva sólida em preto corresponde à solução $\mathbf{u}(t)$ que contém o ponto $(1, 0)$; a curva tracejada em preto mostra $\mathbf{v}(t)$ que contém o ponto $(0, 1)$; a curva pontilhada contém $(1, 1)$; a cinza-escura, $(-1, 1)$; a cinza mais clara, $(-1, -1)$; a cinza meio tom, $(1, -1)$.

Voltando à equação geral (1)

$$\mathbf{x}' = \mathbf{A}\mathbf{x},$$

podemos proceder como no exemplo. Suponha que existe um par de autovalores complexos conjugados $r_1 = \lambda + i\mu$ e $r_2 = \lambda - i\mu$. Então, os autovetores associados $\boldsymbol{\xi}^{(1)}$ e $\boldsymbol{\xi}^{(2)}$ também são complexos conjugados. Para ver isso, lembre-se de que r_1 e $\boldsymbol{\xi}^{(1)}$ satisfazem

$$(\mathbf{A} - r_1\mathbf{I})\boldsymbol{\xi}^{(1)} = \mathbf{0}. \tag{12}$$

Calculando a equação complexa conjugada desta e observando que $\mathbf{A}$ e $\mathbf{I}$ são reais, obtemos

$$\overline{(A - r_1 I)\boldsymbol{\xi}^{(1)}} = (\mathbf{A} - \overline{r_1}\mathbf{I})\overline{\boldsymbol{\xi}^{(1)}} = \mathbf{0}, \tag{13}$$

em que $\overline{r_1}$ e $\overline{\boldsymbol{\xi}^{(1)}}$ são os complexos conjugados de r_1 e de $\boldsymbol{\xi}^{(1)}$, respectivamente. Em outras palavras, $r_2 = \overline{r_1}$ também é um autovalor, e $\boldsymbol{\xi}^{(2)} = \overline{\boldsymbol{\xi}^{(1)}}$ é um autovetor associado. As soluções correspondentes

$$\mathbf{x}^{(1)}(t) = \boldsymbol{\xi}^{(1)} e^{r_1 t}, \quad \mathbf{x}^{(2)}(t) = \overline{\boldsymbol{\xi}^{(1)}} e^{\overline{r_1} t} \tag{14}$$

da equação diferencial (1) são, então, complexas conjugadas uma da outra. Portanto, como no Exemplo 7.6.1, podemos encontrar duas soluções reais da Eq. (1) correspondentes aos autovalores r_1 e r_2 escolhendo a parte real e a parte imaginária de $\mathbf{x}^{(1)}(t)$ ou de $\mathbf{x}^{(2)}(t)$ dadas pela Eq. (14).

Vamos escrever $\boldsymbol{\xi}^{(1)} = \mathbf{a} + i\mathbf{b}$, em que $\mathbf{a}$ e $\mathbf{b}$ são reais; então,

$$\mathbf{x}^{(1)}(t) = (\mathbf{a} + i\mathbf{b})e^{(\lambda + i\mu)t} =$$
$$= (\mathbf{a} + i\mathbf{b})e^{\lambda t}(\cos(\mu t) + i\,\text{sen}(\mu t)). \tag{15}$$

Separando $\mathbf{x}^{(1)}(t)$ em suas partes real e imaginária, obtemos

$$\mathbf{x}^{(1)}(t) = e^{\lambda t}(\mathbf{a}\cos(\mu t) - \mathbf{b}\,\text{sen}(\mu t)) +$$
$$+ ie^{\lambda t}(\mathbf{a}\,\text{sen}(\mu t) + \mathbf{b}\cos(\mu t)). \tag{16}$$

222 Capítulo 7

Se escrevermos $\mathbf{x}^{(1)}(t) = \mathbf{u}(t) + i\mathbf{v}(t)$, então os vetores

$$\mathbf{u}(t) = e^{\lambda t}(\mathbf{a}\cos(\mu t) - \mathbf{b}\,\text{sen}(\mu t)),$$
$$\mathbf{v}(t) = e^{\lambda t}(\mathbf{a}\,\text{sen}(\mu t) + \mathbf{b}\cos(\mu t)) \tag{17}$$

serão soluções reais da Eq. (1). É possível mostrar que $\mathbf{u}$ e $\mathbf{v}$ são soluções linearmente independentes (veja o Problema 22).

Por exemplo, suponha que a matriz $\mathbf{A}$ tem dois autovalores complexos $r_1 = \lambda + i\mu$, $r_2 = \lambda - i\mu$, e que $r_3, \ldots, r_n$ são reais e distintos. Sejam $\boldsymbol{\xi}^{(1)} = \mathbf{a} + i\mathbf{b}$, $\boldsymbol{\xi}^{(2)} = \mathbf{a} - i\mathbf{b}$, $\boldsymbol{\xi}^{(3)}, \ldots, \boldsymbol{\xi}^{(n)}$ os autovetores associados. Então, a solução geral da Eq. (1) é

$$\mathbf{x} = c_1\mathbf{u}(t) + c_2\mathbf{v}(t) + c_3\boldsymbol{\xi}^{(3)}e^{r_3 t} + \cdots + c_n\boldsymbol{\xi}^{(n)}e^{r_n t}, \tag{18}$$

em que $\mathbf{u}(t)$ e $\mathbf{v}(t)$ são dados pelas Eqs. (17). Enfatizamos que esta análise se aplica apenas quando a matriz de coeficientes $\mathbf{A}$ na Eq. (1) for real, pois só neste caso os autovalores e autovetores complexos têm de aparecer em pares complexos conjugados.

Para sistemas 2×2 com coeficientes reais, completamos nossa descrição dos três casos principais que podem ocorrer, quais sejam:

1. Autovalores reais com sinais opostos; $\mathbf{x} = \mathbf{0}$ é um ponto de sela.
2. Autovalores reais diferentes, mas com o mesmo sinal; $\mathbf{x} = \mathbf{0}$ é um nó.
3. Autovalores complexos com parte real diferente de zero; $\mathbf{x} = \mathbf{0}$ é um ponto espiral.

Outras possibilidades ocorrem como transição entre dois dos casos que acabamos de listar, sendo menos prováveis em aplicações no mundo real. Um autovalor zero ocorre durante a transição entre um ponto de sela e um nó. Autovalores imaginários puros aparecem durante a transição entre pontos espirais assintoticamente estáveis e pontos espirais instáveis. Finalmente, autovalores reais e iguais aparecem durante a transição entre nós e pontos espirais.

EXEMPLO 7.6.2

O sistema

$$\mathbf{x}' = \begin{pmatrix} \alpha & 2 \\ -2 & 0 \end{pmatrix}\mathbf{x} \tag{19}$$

contém um parâmetro α. Descreva como as soluções dependem qualitativamente de α; em particular, encontre os valores de bifurcação de α, ou seja, os valores de α nos quais o comportamento qualitativo das trajetórias no plano de fase muda drasticamente.

Solução:

O comportamento das trajetórias é controlado pelos autovalores da matriz de coeficientes. A equação característica é

$$r^2 - \alpha r + 4 = 0, \tag{20}$$

de modo que os autovalores são

$$r = \frac{\alpha \pm \sqrt{\alpha^2 - 16}}{2}. \tag{21}$$

Da Eq. (21), segue que os autovalores são complexos conjugados para $-4 < \alpha < 4$ e reais nos outros casos.

Dois valores de bifurcação são $\alpha = -4$ e $\alpha = 4$, em que os autovalores mudam de reais para complexos ou vice-versa. Para $\alpha < -4$, ambos os autovalores são negativos, de modo que todas as trajetórias se aproximam da origem, que é um nó assintoticamente estável. Para $\alpha > 4$, ambos os autovalores são positivos, de modo que a origem é, novamente, um nó, só que, desta vez, instável; todas as trajetórias (exceto $\mathbf{x} = \mathbf{0}$) tornam-se ilimitadas. No intervalo intermediário $-4 < \alpha < 4$, os autovalores são complexos e as trajetórias são espirais. Porém, para $-4 < \alpha < 0$, a parte real dos autovalores é negativa, as espirais estão orientadas para dentro e a origem é assintoticamente estável, enquanto para $0 < \alpha < 4$ a parte real dos autovalores é positiva e a origem é instável.

Um terceiro valor de bifurcação é $\alpha = 0$, em que o sentido do movimento espiral muda de dentro para fora. Quando $\alpha = 0$, a origem é um centro e as trajetórias são curvas fechadas em torno da origem, correspondendo a soluções periódicas no tempo. Os outros valores de bifurcação, $\alpha = \pm 4$, geram autovalores reais e iguais. Neste caso, a origem é, novamente, um nó, mas o retrato de fase é um pouco diferente dos da Seção 7.5. Vamos analisar este caso na Seção 7.8.

Sistema Mola-Massa Múltiplo. Considere o sistema com duas massas e três molas ilustrado na Figura 7.1.1, cujas equações de movimento são dadas pelas Eqs. (1) na Seção 7.1. Se supusermos que não há forças externas, então $F_1(t) = 0$, $F_2(t) = 0$ e as equações resultantes serão

$$m_1\frac{d^2x_1}{dt^2} = -(k_1 + k_2)x_1 + k_2x_2,$$
$$m_2\frac{d^2x_2}{dt^2} = k_2x_1 - (k_2 + k_3)x_2. \tag{22}$$

Essas equações podem ser resolvidas como um sistema de duas equações de segunda ordem (veja o Problema 24), mas, consistente com nossa abordagem neste capítulo, vamos transformá-las em um sistema de quatro equações de primeira ordem. Sejam $y_1 = x_1$, $y_2 = x_2$, $y_3 = x_1'$ e $y_4 = x_2'$. Então

$$y_1' = y_3, \quad y_2' = y_4 \tag{23}$$

e, das Eqs. (22),

$$m_1y_3' = -(k_1 + k_2)y_1 + k_2y_2,$$
$$m_2y_4' = k_2y_1 - (k_2 + k_3)y_2. \tag{24}$$

O exemplo a seguir trata um caso particular deste sistema com duas massas e três molas.

EXEMPLO 7.6.3

Suponha que $m_1 = 2$, $m_2 = 9/4$, $k_1 = 1$, $k_2 = 3$ e $k_3 = 15/4$ nas Eqs. (23) e (24), de modo que essas equações ficam

$$y_1' = y_3, \quad y_2' = y_4, \quad y_3' = -2y_1 + \frac{3}{2}y_2, \quad y_4' = \frac{4}{3}y_1 - 3y_2. \tag{25}$$

Analise os movimentos possíveis descritos pelas Eqs. (25) e desenhe gráficos mostrando comportamentos típicos.

Solução:

Seja $\mathbf{y} = (y_1, y_2, y_3, y_4)^T$. Podemos escrever o sistema (25) em forma matricial como

$$\mathbf{y}' = \begin{pmatrix} 0 & 0 & 1 & 0 \\ 0 & 0 & 0 & 1 \\ -2 & \frac{3}{2} & 0 & 0 \\ \frac{4}{3} & -3 & 0 & 0 \end{pmatrix} \mathbf{y} = \mathbf{A}\mathbf{y}. \tag{26}$$

Mantenha em mente que y_1 e y_2 são as posições das duas massas em relação às suas posições de equilíbrio, e que y_3 e y_4 são suas velocidades. Supomos, como de hábito, que $\mathbf{y} = \boldsymbol{\xi}e^{rt}$, em que r tem de ser um autovalor da matriz $\mathbf{A}$ e $\boldsymbol{\xi}$ um autovetor associado. É possível, embora trabalhoso, encontrar os autovalores e autovetores de $\mathbf{A}$ manualmente, mas é fácil com um programa de computador apropriado. O polinômio característico de $\mathbf{A}$ é

$$r^4 + 5r^2 + 4 = (r^2+1)(r^2+4), \tag{27}$$

de modo que os autovalores são $r_1 = i$, $r_2 = -i$, $r_3 = 2i$ e $r_4 = -2i$. Os autovetores associados são

$$\boldsymbol{\xi}^{(1)} = \begin{pmatrix} 3 \\ 2 \\ 3i \\ 2i \end{pmatrix}, \quad \boldsymbol{\xi}^{(2)} = \begin{pmatrix} 3 \\ 2 \\ -3i \\ -2i \end{pmatrix}, \quad \boldsymbol{\xi}^{(3)} = \begin{pmatrix} 3 \\ -4 \\ 6i \\ -8i \end{pmatrix}, \quad \boldsymbol{\xi}^{(4)} = \begin{pmatrix} 3 \\ -4 \\ -6i \\ 8i \end{pmatrix}. \tag{28}$$

As soluções complexas $\boldsymbol{\xi}^{(1)}e^{it}$ e $\boldsymbol{\xi}^{(2)}e^{-it}$ são complexas conjugadas, logo, podemos encontrar duas soluções reais usando as partes real e imaginária de uma das soluções complexas. Por exemplo, temos

$$\boldsymbol{\xi}^{(1)}e^{it} = \begin{pmatrix} 3 \\ 2 \\ 3i \\ 2i \end{pmatrix}(\cos(t) + i\,\mathrm{sen}(t))$$

$$= \begin{pmatrix} 3\cos(t) \\ 2\cos(t) \\ -3\,\mathrm{sen}(t) \\ -2\,\mathrm{sen}(t) \end{pmatrix} + i\begin{pmatrix} 3\,\mathrm{sen}(t) \\ 2\,\mathrm{sen}(t) \\ 3\cos(t) \\ 2\cos(t) \end{pmatrix} = \mathbf{u}^{(1)}(t) + i\mathbf{v}^{(1)}(t). \tag{29}$$

De maneira semelhante, obtemos

$$\boldsymbol{\xi}^{(3)}e^{2it} = \begin{pmatrix} 3 \\ -4 \\ 6i \\ -8i \end{pmatrix}(\cos(2t) + i\,\mathrm{sen}(2t)) =$$

$$= \begin{pmatrix} 3\cos(2t) \\ -4\cos(2t) \\ -6\,\mathrm{sen}(2t) \\ 8\,\mathrm{sen}(2t) \end{pmatrix} + i\begin{pmatrix} 3\,\mathrm{sen}(2t) \\ -4\,\mathrm{sen}(2t) \\ 6\cos(2t) \\ -8\cos(2t) \end{pmatrix} = \mathbf{u}^{(2)}(t) + i\mathbf{v}^{(2)}(t). \tag{30}$$

Deixamos para o leitor a verificação de que $\mathbf{u}^{(1)}$, $\mathbf{v}^{(1)}$, $\mathbf{u}^{(2)}$ e $\mathbf{v}^{(2)}$ são linearmente independentes e formam, portanto, um conjunto fundamental de soluções. Assim, a solução geral da Eq. (26) é

$$\mathbf{y} = c_1\begin{pmatrix} 3\cos(t) \\ 2\cos(t) \\ -3\,\mathrm{sen}(t) \\ -2\,\mathrm{sen}(t) \end{pmatrix} + c_2\begin{pmatrix} 3\,\mathrm{sen}(t) \\ 2\,\mathrm{sen}(t) \\ 3\cos(t) \\ 2\cos(t) \end{pmatrix} + c_3\begin{pmatrix} 3\cos(2t) \\ -4\cos(2t) \\ -6\,\mathrm{sen}(2t) \\ 8\,\mathrm{sen}(2t) \end{pmatrix} + c_4\begin{pmatrix} 3\,\mathrm{sen}(2t) \\ -4\,\mathrm{sen}(2t) \\ 6\cos(2t) \\ -8\cos(2t) \end{pmatrix}, \tag{31}$$

em que c_1, c_2, c_3 e c_4 são constantes arbitrárias.

O espaço de fase para este sistema tem dimensão quatro e cada solução, obtida por um conjunto particular de valores para c_1, c_2, c_3 e c_4 na Eq. (31), corresponde a uma trajetória neste espaço. Como cada solução, dada pela Eq. (31), é periódica com período 2π, cada trajetória é uma curva fechada. Não importa onde a trajetória começa em $t = 0$, ela retorna a este ponto em $t = 2\pi$, $t = 4\pi$, e assim por diante, percorrendo a mesma curva repetidamente em intervalos de tempo de comprimento 2π. Não tentaremos mostrar nenhuma dessas trajetórias de dimensão quatro aqui. Em vez disso, exibimos projeções de algumas trajetórias nos planos $y_1 y_3$ ou $y_2 y_4$ nas figuras mais adiante, mostrando, assim, o movimento de cada massa separadamente.

As duas primeiras parcelas à direita do sinal de igualdade na Eq. (31) descrevem movimentos com frequência 1 e período 2π. Note que $y_2 = \frac{2}{3}y_1$ nessas parcelas e que $y_4 = \frac{2}{3}y_3$. Isso significa que as duas massas se movem para a frente e para trás juntas, sempre no mesmo sentido, mas com a segunda massa percorrendo apenas dois terços da distância percorrida pela primeira, com dois terços da velocidade. Se focalizarmos na solução $\mathbf{u}^{(1)}(t)$ e fizermos o gráfico de y_1 e y_2 em função de t nos mesmos eixos, obteremos os gráficos de cossenos com amplitudes 3 e 2, respectivamente, ilustrados na **Figura 7.6.3(a)**. A trajetória da primeira massa no plano $y_1 y_3$ permanece no círculo de raio 3 na **Figura 7.6.3(b)**, percorrido no sentido horário começando no ponto $(3, 0)$ e completando uma volta em um tempo 2π. Esta figura também mostra a trajetória da segunda massa no plano $y_2 y_4$, que permanece no círculo de raio 2, também percorrido no sentido horário, começando em $(2, 0)$ e também completando uma volta em um tempo 2π. A origem é um centro nos planos respectivos $y_1 y_3$ e $y_2 y_4$. Gráficos semelhantes (com um deslocamento apropriado no tempo) são obtidos de $\mathbf{v}^{(1)}$ ou de uma combinação linear de $\mathbf{u}^{(1)}$ e $\mathbf{v}^{(1)}$.

As parcelas remanescentes à direita do sinal de igualdade na Eq. (31) descrevem movimentos com frequência 2 e período π. Observe que, neste caso, $y_2 = -\frac{4}{3}y_1$ e $y_4 = -\frac{4}{3}y_3$. Isso significa que as duas massas estão sempre se movendo em sentidos opostos e que a segunda massa percorre quatro terços da distância percorrida pela primeira e se move quatro terços mais rapidamente. Considerando apenas $\mathbf{u}^{(2)}(t)$ e fazendo os gráficos de y_1 e y_2 em função de t nos mesmos eixos, obtemos a **Figura 7.6.4(a)**. Existe uma diferença de fase de π, e a amplitude de y_2 é quatro terços da amplitude de y_1, confirmando as afirmações precedentes sobre o movimento das massas. A **Figura 7.6.4(b)** mostra uma superposição das trajetórias das duas massas em seus respectivos planos de fase. Ambas são elipses, a interna correspondendo à primeira massa, e a externa, à segunda. A trajetória da elipse interna começa em $(3, 0)$ e a da elipse externa, em $(-4, 0)$. Ambas são percorridas no sentido horário e a volta é completada em um tempo π. A origem é um centro nos planos respectivos $y_1 y_3$ e $y_2 y_4$. Mais uma vez, gráficos semelhantes são obtidos de $\mathbf{v}^{(2)}$ ou de uma combinação linear de $\mathbf{u}^{(2)}$ e $\mathbf{v}^{(2)}$.

Os tipos de movimento descritos nos dois parágrafos precedentes são chamados **modos fundamentais** de vibração para o sistema com duas massas. Cada um deles resulta de condições iniciais bem especiais. Por exemplo, para obter o modo fundamental de frequência 1, ambas as constantes c_3 e c_4 na Eq. (31) têm de ser nulas. Isso só ocorre para condições iniciais nas quais $3y_2(0) = 2y_1(0)$ e $3y_4(0) = 2y_3(0)$. De maneira similar, o modo fundamental de frequência 2 só é obtido quando ambas as constantes c_1 e c_2 na Eq. (31) são nulas – ou seja, quando as condições iniciais são tais que $3y_2(0) = -4y_1(0)$ e $3y_4(0) = -4y_3(0)$.

Para condições iniciais mais gerais, a solução é uma combinação dos dois modos fundamentais. A **Figura 7.6.5(a)** mostra um gráfico de y_1 em função de t para um caso típico, e a projeção da trajetória correspondente no plano $y_1 y_3$ está na **Figura 7.6.5(b)**.

224 Capítulo 7

Note que esta última figura pode dar uma ideia errada, já que mostra a projeção da trajetória cruzando a si mesma. Isso não pode ocorrer na trajetória atual em quatro dimensões, pois violaria o teorema geral de existência e unicidade: não podem existir duas soluções diferentes saindo do mesmo ponto inicial.

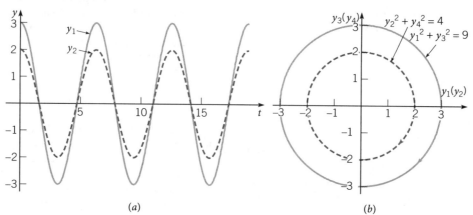

FIGURA 7.6.3 (a) Gráfico de y_1 em função de t (curva sólida cinza-clara) e de y_2 em função de t (curva tracejada cinza-escura) para a solução $\mathbf{u}^{(1)}(t)$. (b) Superposição de projeções de trajetórias nos planos y_1y_3 e y_2y_4 para a solução $\mathbf{u}^{(1)}(t)$.

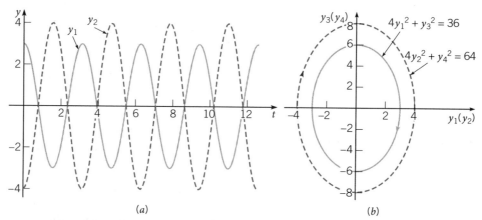

FIGURA 7.6.4 (a) Gráficos das duas componentes da solução $\mathbf{u}^{(2)}(t)$: y_1 em função de t (curva sólida cinza-clara) e de y_2 em função de t (curva tracejada cinza-escura). (b) Superposição de projeções de trajetórias nos planos y_1y_3 e y_2y_4 para a solução $\mathbf{u}^{(2)}(t)$.

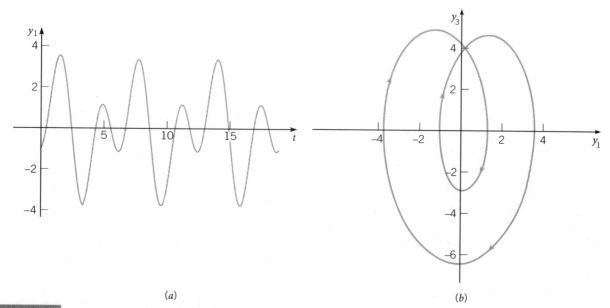

FIGURA 7.6.5 Solução do sistema (25) satisfazendo a condição inicial $\mathbf{y}(0) = (-1, 4, 1, 1)^T$. (a) Um gráfico de y_1 em função de t. (b) A projeção da trajetória no plano y_1y_3. Como dito no texto, a trajetória real em quatro dimensões não se intercepta.

Sistemas de Equações Lineares de Primeira Ordem **225**

Problemas

Nos Problemas 1 a 4:

   G **a.** Desenhe um campo de direções e esboce algumas trajetórias.

   b. Expresse a solução geral do sistema de equações dado em termos de funções reais.

   c. Descreva o comportamento das soluções quando $t \to \infty$.

1. $\mathbf{x}' = \begin{pmatrix} -1 & -4 \\ 1 & -1 \end{pmatrix} \mathbf{x}$

2. $\mathbf{x}' = \begin{pmatrix} 2 & -5 \\ 1 & -2 \end{pmatrix} \mathbf{x}$

3. $\mathbf{x}' = \begin{pmatrix} 1 & -1 \\ 5 & -3 \end{pmatrix} \mathbf{x}$

4. $\mathbf{x}' = \begin{pmatrix} 1 & 2 \\ -5 & -1 \end{pmatrix} \mathbf{x}$

Nos Problemas 5 e 6, expresse a solução geral do sistema de equações dado em termos de funções reais.

5. $\mathbf{x}' = \begin{pmatrix} 1 & 0 & 0 \\ 2 & 1 & -2 \\ 3 & 2 & 1 \end{pmatrix} \mathbf{x}$

6. $\mathbf{x}' = \begin{pmatrix} -3 & 0 & 2 \\ 1 & -1 & 0 \\ -2 & -1 & 0 \end{pmatrix} \mathbf{x}$

Nos Problemas 7 e 8, encontre a solução do problema de valor inicial dado. Descreva o comportamento da solução quando $t \to \infty$.

7. $\mathbf{x}' = \begin{pmatrix} 1 & -5 \\ 1 & -3 \end{pmatrix} \mathbf{x}, \qquad \mathbf{x}(0) = \begin{pmatrix} 1 \\ 1 \end{pmatrix}$

8. $\mathbf{x}' = \begin{pmatrix} -3 & 2 \\ -1 & -1 \end{pmatrix} \mathbf{x}, \qquad \mathbf{x}(0) = \begin{pmatrix} 1 \\ -2 \end{pmatrix}$

Nos Problemas 9 e 10:

   a. Encontre os autovalores do sistema dado.

   G **b.** Escolha um ponto inicial (diferente da origem) e desenhe a trajetória correspondente no plano x_1x_2.

   G **c.** Para a trajetória encontrada no item **(b)**, desenhe os gráficos de x_1 e x_2 em função de t.

   G **d.** Para a trajetória encontrada no item **(b)**, desenhe o gráfico correspondente no espaço tridimensional tx_1x_2. Note que as projeções deste gráfico em cada um dos planos coordenados devem coincidir com os três gráficos produzidos nos itens **(b)** e **(c)**.

9. $\mathbf{x}' = \begin{pmatrix} \dfrac{3}{4} & -2 \\ 1 & -\dfrac{5}{4} \end{pmatrix} \mathbf{x}$

10. $\mathbf{x}' = \begin{pmatrix} -\dfrac{4}{5} & 2 \\ -1 & \dfrac{6}{5} \end{pmatrix} \mathbf{x}$

Nos Problemas 11 a 15, a matriz de coeficientes contém um parâmetro α. Em cada um desses problemas:

   a. Determine os autovalores em função de α.

   b. Encontre o valor ou valores de bifurcação de α em que muda a natureza qualitativa do retrato de fase para o sistema.

   G **c.** Desenhe retratos de fase para um valor de α ligeiramente menor, e para outro valor ligeiramente maior, do que cada valor de bifurcação.

11. $\mathbf{x}' = \begin{pmatrix} \alpha & 1 \\ -1 & \alpha \end{pmatrix} \mathbf{x}$

12. $\mathbf{x}' = \begin{pmatrix} 0 & -5 \\ 1 & \alpha \end{pmatrix} \mathbf{x}$

13. $\mathbf{x}' = \begin{pmatrix} \dfrac{5}{4} & \dfrac{3}{4} \\ \alpha & \dfrac{5}{4} \end{pmatrix} \mathbf{x}$

14. $\mathbf{x}' = \begin{pmatrix} -1 & \alpha \\ -1 & -1 \end{pmatrix} \mathbf{x}$

15. $\mathbf{x}' = \begin{pmatrix} 4 & \alpha \\ 8 & -6 \end{pmatrix} \mathbf{x}$

Nos Problemas 16 e 17, resolva o sistema de equações dado pelo método do Problema 13 da Seção 7.5. Suponha que $t > 0$.

16. $t\mathbf{x}' = \begin{pmatrix} -1 & -1 \\ 2 & -1 \end{pmatrix} \mathbf{x}$

17. $t\mathbf{x}' = \begin{pmatrix} 2 & -5 \\ 1 & -2 \end{pmatrix} \mathbf{x}$

Nos Problemas 18 e 19:

   a. Encontre os autovalores do sistema dado.

   G **b.** Escolha um ponto inicial (diferente da origem) e desenhe as trajetórias correspondentes no plano x_1x_2. Desenhe, também, as trajetórias nos planos x_1x_3 e x_2x_3.

   G **c.** Para o ponto inicial escolhido no item **(b)**, desenhe a trajetória correspondente no espaço $x_1x_2x_3$.

18. $\mathbf{x}' = \begin{pmatrix} -\dfrac{1}{4} & 1 & 0 \\ -1 & -\dfrac{1}{4} & 0 \\ 0 & 0 & -\dfrac{1}{4} \end{pmatrix} \mathbf{x}$

19. $\mathbf{x}' = \begin{pmatrix} -\dfrac{1}{4} & 1 & 0 \\ -1 & -\dfrac{1}{4} & 0 \\ 0 & 0 & \dfrac{1}{10} \end{pmatrix} \mathbf{x}$

20. Considere o circuito elétrico ilustrado na **Figura 7.6.6**. Suponha que $R_1 = R_2 = 4\ \Omega$, $C = \frac{1}{2}$ F e $L = 8$ H.

   a. Mostre que este circuito é descrito pelo sistema de equações diferenciais

$$\frac{d}{dt}\begin{pmatrix} I \\ V \end{pmatrix} = \begin{pmatrix} -\dfrac{1}{2} & -\dfrac{1}{8} \\ 2 & -\dfrac{1}{2} \end{pmatrix}\begin{pmatrix} I \\ V \end{pmatrix}, \tag{32}$$

em que I é a corrente passando no indutor e V é a queda de tensão no capacitor. *Sugestão*: veja o Problema 18 da Seção 7.1.

   b. Encontre a solução geral da Eq. (32) em termos de funções reais.

c. Encontre $I(t)$ e $V(t)$ se $I(0) = 2$ A e $V(0) = 3$ V.
d. Determine os valores limites de $I(t)$ e $V(t)$ quando $t \to \infty$. Esses valores limites dependem das condições iniciais?

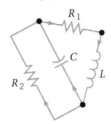

FIGURA 7.6.6 Circuito no Problema 20.

21. O circuito elétrico ilustrado na **Figura 7.6.7** é descrito pelo sistema de equações diferenciais

$$\frac{d}{dt}\begin{pmatrix} I \\ V \end{pmatrix} = \begin{pmatrix} 0 & \dfrac{1}{L} \\ -\dfrac{1}{C} & -\dfrac{1}{RC} \end{pmatrix}\begin{pmatrix} I \\ V \end{pmatrix}, \quad (33)$$

em que I é a corrente passando no indutor e V é a queda de tensão no capacitor. Essas equações diferenciais foram deduzidas no Problema 16 da Seção 7.1.

a. Mostre que os autovalores da matriz de coeficientes são reais e distintos se $L > 4R^2C$; mostre que são complexos conjugados se $L < 4R^2C$.
b. Suponha que $R = 1\,\Omega$, $C = \frac{1}{2}$ F e $L = 1$ H. Encontre a solução geral do sistema (33) neste caso.
c. Encontre $I(t)$ e $V(t)$ se $I(0) = 2$ A e $V(0) = 1$ V.
d. Para o circuito no item (b), determine os valores limites de $I(t)$ e $V(t)$ quando $t \to \infty$. Esses valores limites dependem das condições iniciais?

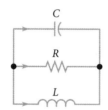

FIGURA 7.6.7 Circuito no Problema 21.

22. Vamos indicar, neste problema, como mostrar que $\mathbf{u}(t)$ e $\mathbf{v}(t)$ dados pelas Eqs. (17) são linearmente independentes. Sejam $r_1 = \lambda + i\mu$ e $\overline{r_1} = \lambda - i\mu$ um par de autovalores conjugados da matriz de coeficientes $\mathbf{A}$ da Eq. (1); sejam $\boldsymbol{\xi}^{(1)} = \mathbf{a} + i\mathbf{b}$ e $\overline{\boldsymbol{\xi}^{(1)}} = \mathbf{a} - i\mathbf{b}$ os autovetores associados. Lembre-se de que foi dito na Seção 7.3 que dois autovalores diferentes têm autovetores linearmente independentes, de modo que, se $r_1 \neq \overline{r_1}$, então $\boldsymbol{\xi}^{(1)}$ e $\overline{\boldsymbol{\xi}^{(1)}}$ são linearmente independentes.

a. Vamos mostrar primeiro que $\mathbf{a}$ e $\mathbf{b}$ são linearmente independentes. Considere a equação $c_1\mathbf{a} + c_2\mathbf{b} = \mathbf{0}$. Expresse $\mathbf{a}$ e $\mathbf{b}$ em função de $\boldsymbol{\xi}^{(1)}$ e de $\overline{\boldsymbol{\xi}^{(1)}}$ e, depois, mostre que $(c_1 - ic_2)\boldsymbol{\xi}^{(1)} + (c_1 + ic_2)\overline{\boldsymbol{\xi}^{(1)}} = \mathbf{0}$.
b. Mostre que $c_1 - ic_2 = 0$ e $c_1 + ic_2 = 0$ e, portanto, $c_1 = 0$ e $c_2 = 0$. Em consequência, $\mathbf{a}$ e $\mathbf{b}$ são linearmente independentes.
c. Para mostrar que $\mathbf{u}(t)$ e $\mathbf{v}(t)$ são linearmente independentes, considere a equação $c_1\mathbf{u}(t_0) + c_2\mathbf{v}(t_0) = \mathbf{0}$, em que t_0 é um ponto arbitrário. Reescreva esta equação em termos de $\mathbf{a}$ e $\mathbf{b}$, e depois prossiga como no item (b) para mostrar que $c_1 = 0$ e $c_2 = 0$.

Isto mostra que, $\mathbf{u}(t)$ e $\mathbf{v}(t)$ são linearmente independentes no ponto arbitrário t_0. Portanto, são linearmente independentes em qualquer ponto e em qualquer intervalo.

23. Uma massa m em uma mola com constante k satisfaz a equação diferencial (veja a Seção 3.7)

$$mu'' + ku = 0,$$

em que $u(t)$ é o deslocamento da massa no instante t a partir de sua posição de equilíbrio.

a. Sejam $x_1 = u$, $x_2 = u'$; mostre que o sistema resultante é

$$\mathbf{x}' = \begin{pmatrix} 0 & 1 \\ -\dfrac{k}{m} & 0 \end{pmatrix}\mathbf{x}.$$

b. Encontre os autovalores da matriz para o sistema no item (a).
c. Esboce diversas trajetórias do sistema. Escolha uma de suas trajetórias e esboce os gráficos correspondentes de x_1 e de x_2 em função de t. Esboce ambos os gráficos no mesmo conjunto de eixos.
d. Qual é a relação entre os autovalores da matriz de coeficientes e a frequência natural do sistema mola-massa?

24. Considere o sistema com duas massas e três molas do Exemplo 7.6.3 no texto. Em vez de converter o problema em um sistema de quatro equações de primeira ordem, vamos indicar aqui como proceder diretamente das Eqs. (22).

a. Mostre que as Eqs. (22) podem ser escritas na forma

$$\mathbf{x}'' = \begin{pmatrix} -2 & \dfrac{3}{2} \\ \dfrac{4}{3} & -3 \end{pmatrix}\mathbf{x} = \mathbf{A}\mathbf{x}. \quad (34)$$

b. Suponha que $\mathbf{x} = \boldsymbol{\xi}e^{rt}$ e mostre que

$$(\mathbf{A} - r^2\mathbf{I})\boldsymbol{\xi} = \mathbf{0}.$$

Note que r^2 (em vez de r) é um autovalor de $\mathbf{A}$ associado ao autovetor $\boldsymbol{\xi}$.

c. Encontre os autovalores e autovetores de $\mathbf{A}$.
d. Escreva expressões para x_1 e x_2. Deve haver quatro constantes arbitrárias nessas expressões.
e. Diferenciando os resultados do item (d), escreva expressões para x_1' e x_2'. Seus resultados nos itens (d) devem estar de acordo com a Eq. (31) no texto.

25. Considere o sistema com duas massas e três molas cujas equações de movimento são as Eq. (22) no texto. Suponha que $m_1 = 1$, $m_2 = 4/3$, $k_1 = 1$, $k_2 = 3$ e $k_3 = 4/3$.

a. Como no Exemplo 7.6.3, transforme o sistema em quatro equações de primeira ordem da forma $\mathbf{y}' = \mathbf{A}\mathbf{y}$. Determine a matriz de coeficientes $\mathbf{A}$.
b. Encontre os autovalores e autovetores de $\mathbf{A}$.
c. Escreva a solução geral do sistema.
G d. Descreva os modos fundamentais de vibração. Para cada modo fundamental, desenhe gráficos de y_1 e de y_2 em função de t. Desenhe, também, as trajetórias correspondentes nos planos y_1y_3 e y_2y_4.
G e. Considere a condição inicial $\mathbf{y}(0) = (2, 1, 0, 0)^T$. Calcule as constantes arbitrárias na solução geral do item (c). Qual é o período do movimento neste caso? Desenhe gráficos de y_1 e de y_2 em função de t. Desenhe, também, as trajetórias correspondentes nos planos y_1y_3 e y_2y_4. Certifique-se de que você compreende como as trajetórias são percorridas durante um período completo.
G f. Considere outras condições iniciais de sua escolha e desenhe gráficos semelhantes aos pedidos no item (e).

Sistemas de Equações Lineares de Primeira Ordem **227**

7.7 Matrizes Fundamentais

A estrutura de soluções de sistemas de equações diferenciais lineares pode ficar mais clara pela introdução da ideia de matriz fundamental. Suponha que $\mathbf{x}^{(1)}(t)$, ..., $\mathbf{x}^{(n)}(t)$ formem um conjunto fundamental de soluções para a equação

$$\mathbf{x}' = \mathbf{P}(t)\mathbf{x} \tag{1}$$

em algum intervalo $\alpha < t < \beta$. Então, a matriz

$$\mathbf{\Psi}(t) = \left(\mathbf{x}^{(1)}(t) \mid \mathbf{x}^{(2)}(t) \mid \cdots \mid \mathbf{x}^{(n)}(t)\right) =$$
$$= \begin{pmatrix} x_1^{(1)}(t) & \cdots & x_1^{(n)}(t) \\ \vdots & & \vdots \\ x_n^{(1)}(t) & \cdots & x_n^{(n)}(t) \end{pmatrix}, \tag{2}$$

cujas colunas são os vetores $\mathbf{x}^{(1)}(t)$, ..., $\mathbf{x}^{(n)}(t)$, é dita **matriz fundamental** para o sistema (1). Note que uma matriz fundamental é invertível, já que suas colunas são vetores linearmente independentes.

EXEMPLO 7.7.1

Encontre uma matriz fundamental para o sistema

$$\mathbf{x}' = \begin{pmatrix} 1 & 1 \\ 4 & 1 \end{pmatrix}\mathbf{x}. \tag{3}$$

Solução:

No Exemplo 7.5.2, vimos que

$$\mathbf{x}^{(1)}(t) = \begin{pmatrix} e^{3t} \\ 2e^{3t} \end{pmatrix}, \quad \mathbf{x}^{(2)}(t) = \begin{pmatrix} e^{-t} \\ -2e^{-t} \end{pmatrix}$$

são soluções linearmente independentes da Eq. (3). Logo, uma matriz fundamental para o sistema (3) é

$$\mathbf{\Psi}(t) = \begin{pmatrix} e^{3t} & e^{-t} \\ 2e^{3t} & -2e^{-t} \end{pmatrix}. \tag{4}$$

A solução de um problema de valor inicial pode ser escrita de maneira bem compacta em termos de uma matriz fundamental. A solução geral da Eq. (1) é

$$\mathbf{x} = c_1\mathbf{x}^{(1)}(t) + \cdots + c_n\mathbf{x}^{(n)}(t) \tag{5}$$

ou, em termos de $\mathbf{\Psi}(t)$,

$$\mathbf{x} = \mathbf{\Psi}(t)\mathbf{c}, \tag{6}$$

em que $\mathbf{c}$ é um vetor constante com componentes arbitrárias c_1, ..., c_n. Para um problema de valor inicial consistindo na equação diferencial (1) e na condição inicial

$$\mathbf{x}(t_0) = \mathbf{x}^0, \tag{7}$$

em que t_0 é um ponto dado em $\alpha < t < \beta$ e $\mathbf{x}^0$ é um vetor inicial dado, basta escolher o vetor $\mathbf{c}$ na Eq. (6) que satisfaça a condição inicial (7). Portanto, $\mathbf{c}$ tem de satisfazer

$$\mathbf{\Psi}(t_0)\mathbf{c} = \mathbf{x}^0. \tag{8}$$

Então, como $\mathbf{\Psi}(t_0)$ é invertível,

$$\mathbf{c} = \mathbf{\Psi}^{-1}(t_0)\mathbf{x}^0 \tag{9}$$

e

$$\mathbf{x} = \mathbf{\Psi}(t)\mathbf{\Psi}^{-1}(t_0)\mathbf{x}^0 \tag{10}$$

é a solução do problema de valor inicial (1), (7). Enfatizamos, no entanto, que, para resolver um problema de valor inicial dado, normalmente resolvemos a Eq. (8) por redução de linhas e depois substituímos a solução $\mathbf{c}$ na Eq. (6), em vez de calcular $\mathbf{\Psi}^{-1}(t_0)$ e usar a Eq. (10).

Lembre-se de que cada coluna da matriz fundamental $\mathbf{\Psi}$ é uma solução da Eq. (1). Segue que $\mathbf{\Psi}$ satisfaz a equação diferencial matricial

$$\mathbf{\Psi}' = \mathbf{P}(t)\mathbf{\Psi}. \tag{11}$$

Esta relação é confirmada imediatamente comparando-se os dois lados da Eq. (11) coluna a coluna.

Às vezes, é conveniente usar a matriz fundamental especial, denotada por $\mathbf{\Phi}(t)$, cujas colunas são os vetores $\mathbf{x}^{(1)}(t)$, ..., $\mathbf{x}^{(n)}(t)$ dados no Teorema 7.4.4. Além da equação diferencial (1), esses vetores satisfazem as condições iniciais

$$\mathbf{x}^{(j)}(t_0) = \mathbf{e}^{(j)}, \tag{12}$$

em que $\mathbf{e}^{(j)}$ é o vetor unitário, definido no Teorema 7.4.4, com um na j-ésima posição e zero em todas as outras componentes. Assim, $\mathbf{\Phi}(t)$ tem a propriedade de que

$$\mathbf{\Phi}(t_0) = \begin{pmatrix} 1 & 0 & \cdots & 0 \\ 0 & 1 & \cdots & 0 \\ \vdots & \vdots & & \vdots \\ 0 & 0 & \cdots & 1 \end{pmatrix} = \mathbf{I}. \tag{13}$$

Vamos sempre reservar o símbolo $\mathbf{\Phi}$ para denotar a matriz fundamental que satisfaz a condição inicial (13) e usar $\mathbf{\Psi}$ quando desejarmos uma matriz fundamental arbitrária. Em termos de $\mathbf{\Phi}(t)$, a solução do problema de valor inicial (1), (7) parece até mais simples; como $\mathbf{\Phi}^{-1}(t_0) = \mathbf{I}$, segue, da Eq. (10), que

$$\mathbf{x} = \mathbf{\Phi}(t)\mathbf{x}^0. \tag{14}$$

Embora a matriz fundamental $\mathbf{\Phi}(t)$ seja, muitas vezes, mais complicada do que $\mathbf{\Psi}(t)$, ela será particularmente útil se o mesmo sistema de equações diferenciais for resolvido repetidamente sujeito a condições iniciais diferentes. Isso corresponde a um sistema físico dado que pode começar em muitos estados iniciais diferentes. Se a matriz fundamental $\mathbf{\Phi}(t)$ tiver sido determinada, então a solução para cada conjunto de condições iniciais poderá ser encontrada, simplesmente, pela multiplicação de matrizes, como indicado na Eq. (14). A matriz $\mathbf{\Phi}(t)$ representa, assim, uma transformação das condições iniciais $\mathbf{x}^0$ na solução $\mathbf{x}(t)$ em um instante arbitrário t. Comparando as Eqs. (10) e (14), fica claro que $\mathbf{\Phi}(t) = \mathbf{\Psi}(t)\mathbf{\Psi}^{-1}(t_0)$.

228 Capítulo 7

EXEMPLO 7.7.2

Para o sistema (3),

$$\mathbf{x}' = \begin{pmatrix} 1 & 1 \\ 4 & 1 \end{pmatrix} \mathbf{x}$$

no Exemplo 7.7.1, encontre a matriz fundamental $\mathbf{\Phi}$ tal que $\mathbf{\Phi}(0) = \mathbf{I}$.

Solução:

As colunas de $\mathbf{\Phi}$ são as soluções da Eq. (3) que satisfazem as condições iniciais

$$\mathbf{x}^{(1)}(0) = \begin{pmatrix} 1 \\ 0 \end{pmatrix}, \quad \mathbf{x}^{(2)}(0) = \begin{pmatrix} 0 \\ 1 \end{pmatrix}. \tag{15}$$

Como a solução geral da Eq. (3) é

$$\mathbf{x} = c_1 \begin{pmatrix} 1 \\ 2 \end{pmatrix} e^{3t} + c_2 \begin{pmatrix} 1 \\ -2 \end{pmatrix} e^{-t},$$

podemos encontrar a solução que satisfaz o primeiro conjunto de condições iniciais escolhendo $c_1 = c_2 = \frac{1}{2}$; de maneira análoga, obtemos a solução que satisfaz o segundo conjunto de condições iniciais escolhendo $c_1 = \frac{1}{4}$ e $c_2 = -\frac{1}{4}$. Logo,

$$\mathbf{\Phi}(t) = \begin{pmatrix} \dfrac{1}{2}e^{3t} + \dfrac{1}{2}e^{-t} & \dfrac{1}{4}e^{3t} - \dfrac{1}{4}e^{-t} \\[2ex] e^{3t} - e^{-t} & \dfrac{1}{2}e^{3t} + \dfrac{1}{2}e^{-t} \end{pmatrix}. \tag{16}$$

Note que os elementos de $\mathbf{\Phi}(t)$ são mais complicados do que o da matriz fundamental $\mathbf{\Psi}(t)$ dada pela Eq. (4); no entanto, agora é fácil determinar a solução correspondente a qualquer conjunto de condições iniciais.

Matriz exp(At). Lembre-se de que a solução do problema de valor inicial escalar

$$x' = ax, \quad x(0) = x_0, \tag{17}$$

em que a é constante, é

$$x = x_0 \exp(at). \tag{18}$$

Considere, agora, o problema de valor inicial correspondente para um sistema $n \times n$, a saber,

$$\mathbf{x}' = \mathbf{A}\mathbf{x}, \quad \mathbf{x}(0) = \mathbf{x}^0, \tag{19}$$

em que $\mathbf{A}$ é uma matriz constante. Aplicando os resultados desta seção ao problema de valor inicial (19), podemos escrever sua solução como

$$\mathbf{x} = \mathbf{\Phi}(t)\mathbf{x}^0, \tag{20}$$

em que $\mathbf{\Phi}(0) = \mathbf{I}$. A comparação entre os Problemas (17) e (19) e suas soluções (18) e (20) sugere que a matriz $\mathbf{\Phi}(t)$ pode ter um caráter exponencial. Vamos explorar esta possibilidade.

A função exponencial escalar $\exp(at)$ pode ser representada pela série de potências

$$\exp(at) = 1 + \sum_{n=1}^{\infty} \frac{a^n t^n}{n!} = 1 + at + \frac{a^2 t^2}{2!} + \cdots + \frac{a^n t^n}{n!} + \cdots, \tag{21}$$

que converge para todo t. Vamos, agora, substituir o escalar a pela matriz constante $\mathbf{A}$ $n \times n$, o escalar 1 pela matriz identidade $\mathbf{I}$ $n \times n$, e considerar a série correspondente

$$\mathbf{I} + \sum_{n=1}^{\infty} \frac{\mathbf{A}^n t^n}{n!} = \mathbf{I} + \mathbf{A}t + \frac{\mathbf{A}^2 t^2}{2!} + \cdots + \frac{\mathbf{A}^n t^n}{n!} + \cdots. \tag{22}$$

Cada termo na série (22) é uma matriz $n \times n$. É possível mostrar que cada elemento desta soma de matrizes converge para todo t quando $n \to \infty$. Logo, a série (22) define uma nova matriz como sua soma, que denotamos por $\exp(\mathbf{A}t)$, ou seja,

$$\exp(\mathbf{A}t) = \mathbf{I} + \sum_{n=1}^{\infty} \frac{\mathbf{A}^n t^n}{n!}, \tag{23}$$

análoga à expansão (21) da função escalar $\exp(at)$.

Diferenciando a série (23) termo a termo, obtemos

$$\frac{d}{dt}\exp(\mathbf{A}t) = \sum_{n=1}^{\infty} \frac{\mathbf{A}^n t^{n-1}}{(n-1)!} = \mathbf{A}\left(\mathbf{I} + \sum_{n=1}^{\infty} \frac{\mathbf{A}^n t^n}{n!}\right) = \mathbf{A}\exp(\mathbf{A}t). \tag{24}$$

Assim, $\exp(\mathbf{A}t)$ satisfaz a equação diferencial

$$\frac{d}{dt}\exp(\mathbf{A}t) = \mathbf{A}\exp(\mathbf{A}t). \tag{25}$$

Além disso, quando $t = 0$ na Eq. (23), vemos que $\exp(\mathbf{A}t)$ satisfaz a condição inicial

$$\exp(\mathbf{A}t)\bigg|_{t=0} = \mathbf{I} + \sum_{n=1}^{\infty} \frac{\mathbf{A}^n 0^n}{n!} = \mathbf{I}. \tag{26}$$

A matriz fundamental $\mathbf{\Phi}$ satisfaz o mesmo problema de valor inicial que $\exp(\mathbf{A}t)$, a saber,

$$\mathbf{\Phi}' = \mathbf{A}\mathbf{\Phi}, \quad \mathbf{\Phi}(0) = \mathbf{I}. \tag{27}$$

Então, pela parte referente à unicidade no Teorema 7.1.2 (estendido para equações diferenciais matriciais), concluímos que $\exp(\mathbf{A}t)$ e a matriz fundamental $\mathbf{\Phi}(t)$ são iguais. Logo, podemos escrever a solução do problema de valor inicial (19) na forma

$$\mathbf{x} = \exp(\mathbf{A}t)\mathbf{x}^0, \tag{28}$$

que é análoga à solução (18) do problema de valor inicial (17).

Para justificar, definitivamente, a utilização de $\exp(\mathbf{A}t)$ para a soma da série (22), deveríamos demonstrar que esta função matricial tem, de fato, as propriedades que associamos à função exponencial usual. Um modo de fazer isso está esquematizado no Problema 12.

Matrizes Diagonalizáveis. A razão básica de por que um sistema linear de equações (algébricas ou diferenciais) apresenta alguma dificuldade é que as equações estão, em geral, *acopladas*. Em outras palavras, algumas das equações envolvem mais de uma das incógnitas, muitas vezes todas elas. Portanto, as equações em um sistema têm de ser resolvidas *simultaneamente*. Por outro lado, se cada equação dependesse de uma única variável, então cada equação poderia ser resolvida independentemente de todas as outras, o que é uma tarefa muito mais simples. Esta observação sugere que um modo de resolver um sistema de equações pode ser transformando-o em um sistema equivalente *desacoplado*, no qual cada equação contém uma única incógnita. Isso corresponde a transformar a matriz de coeficientes $\mathbf{A}$ em uma matriz *diagonal*.

Autovetores servem para obter tal transformação. Suponha que a matriz $n \times n$ $\mathbf{A}$ tem um conjunto completo de n autovetores linearmente independentes. Lembre-se de que isso certamente ocorrerá quando os autovalores de $\mathbf{A}$ forem todos distintos ou quando $\mathbf{A}$ for autoadjunta. Denotando por $\boldsymbol{\xi}^{(1)}, \ldots, \boldsymbol{\xi}^{(n)}$ esses autovetores e por $\lambda_1, \ldots, \lambda_n$ os autovalores associados, forme a matriz $\mathbf{T}$ cujas colunas são os autovetores, ou seja,

$$\mathbf{T} = \begin{pmatrix} \xi_1^{(1)} & \cdots & \xi_1^{(n)} \\ \vdots & & \vdots \\ \xi_n^{(1)} & \cdots & \xi_n^{(n)} \end{pmatrix}. \tag{29}$$

Como as colunas de $\mathbf{T}$ são vetores linearmente independentes, $\det \mathbf{T} \neq 0$; logo, $\mathbf{T}$ é invertível e $\mathbf{T}^{-1}$ existe. Um cálculo direto mostra que as colunas da matriz $\mathbf{AT}$ são, simplesmente, os vetores $\mathbf{A}\boldsymbol{\xi}^{(1)}, \ldots, \mathbf{A}\boldsymbol{\xi}^{(n)}$. Como $\mathbf{A}\boldsymbol{\xi}^{(k)} = \lambda_k \boldsymbol{\xi}^{(k)}$, segue que

$$\mathbf{AT} = \begin{pmatrix} \lambda_1 \xi_1^{(1)} & \cdots & \lambda_n \xi_1^{(n)} \\ \vdots & & \vdots \\ \lambda_1 \xi_n^{(1)} & \cdots & \lambda_n \xi_n^{(n)} \end{pmatrix} = \mathbf{TD}, \tag{30}$$

em que

$$\mathbf{D} = \begin{pmatrix} \lambda_1 & 0 & \cdots & 0 \\ 0 & \lambda_2 & \cdots & 0 \\ \vdots & \vdots & \ddots & \vdots \\ 0 & 0 & \cdots & \lambda_n \end{pmatrix} \tag{31}$$

é uma matriz diagonal cujos elementos diagonais são os autovalores de $\mathbf{A}$. Da Eq. (30), segue que

$$\mathbf{T}^{-1}\mathbf{AT} = \mathbf{D}. \tag{32}$$

Então, se os autovalores e autovetores de $\mathbf{A}$ forem conhecidos, $\mathbf{A}$ poderá ser transformada em uma matriz diagonal pelo processo mostrado na Eq. (32). Este processo é conhecido como **transformação de semelhança**, e a Eq. (32) é descrita, em palavras, dizendo-se que $\mathbf{A}$ é **semelhante** à matriz diagonal $\mathbf{D}$. Outra maneira é dizer que $\mathbf{A}$ é **diagonalizável**. Note que uma transformação de semelhança não muda os autovalores de $\mathbf{A}$ e transforma seus autovetores nos vetores coordenados $\mathbf{e}^{(1)}, \ldots, \mathbf{e}^{(n)}$.

Se a matriz $\mathbf{A}$ for autoadjunta, será muito simples encontrar $\mathbf{T}^{-1}$. Sabemos que os autovetores $\boldsymbol{\xi}^{(1)}, \ldots, \boldsymbol{\xi}^{(n)}$ de $\mathbf{A}$ são ortogonais entre si, logo podemos escolhê-los de modo que estejam normalizados por $(\boldsymbol{\xi}^{(i)}, \boldsymbol{\xi}^{(i)}) = 1$ para cada i. É fácil verificar que $\mathbf{T}^{-1} = \mathbf{T}^*$; em outras palavras, a inversa de $\mathbf{T}$ é igual à sua adjunta (a transposta de sua complexa conjugada).

Finalmente, observamos que, se $\mathbf{A}$ tiver menos do que n autovetores linearmente independentes, então não existe matriz $\mathbf{T}$ tal que $\mathbf{T}^{-1}\mathbf{AT} = \mathbf{D}$. Neste caso, $\mathbf{A}$ não é semelhante a uma matriz diagonal e não é diagonalizável. Esta situação será discutida na Seção 7.8.

EXEMPLO 7.7.3

Considere a matriz

$$\mathbf{A} = \begin{pmatrix} 1 & 1 \\ 4 & 1 \end{pmatrix}. \tag{33}$$

Encontre uma matriz $\mathbf{T}$ que define uma semelhança e mostre que $\mathbf{A}$ é diagonalizável.

Solução:

No Exemplo 7.5.2, vimos que os autovalores e autovetores de $\mathbf{A}$ são

$$r_1 = 3, \quad \boldsymbol{\xi}^{(1)} = \begin{pmatrix} 1 \\ 2 \end{pmatrix} \text{ e } r_2 = -1, \quad \boldsymbol{\xi}^{(2)} = \begin{pmatrix} 1 \\ -2 \end{pmatrix}. \tag{34}$$

Logo, a matriz de semelhança $\mathbf{T}$ e sua inversa $\mathbf{T}^{-1}$ são dadas por

$$\mathbf{T} = \begin{pmatrix} 1 & 1 \\ 2 & -2 \end{pmatrix} \text{ e } \mathbf{T}^{-1} = \begin{pmatrix} \dfrac{1}{2} & \dfrac{1}{4} \\ \dfrac{1}{2} & -\dfrac{1}{4} \end{pmatrix}. \tag{35}$$

Portanto, você pode verificar que

$$\mathbf{T}^{-1}\mathbf{AT} = \begin{pmatrix} 3 & 0 \\ 0 & -1 \end{pmatrix} = \mathbf{D}. \tag{36}$$

Vamos voltar, agora, para o sistema

$$\mathbf{x}' = \mathbf{Ax}, \tag{37}$$

em que $\mathbf{A}$ é uma matriz constante. Nas Seções 7.5 e 7.6, descrevemos como resolver tal sistema partindo da hipótese que $\mathbf{x} = \boldsymbol{\xi} e^{rt}$. Vamos fornecer, agora, outro ponto de vista, baseado na diagonalização da matriz de coeficientes $\mathbf{A}$.

De acordo com os resultados enunciados anteriormente nesta seção, é possível diagonalizar $\mathbf{A}$ sempre que $\mathbf{A}$ tiver um conjunto completo de n autovetores linearmente independentes. Sejam $\boldsymbol{\xi}^{(1)}, \ldots, \boldsymbol{\xi}^{(n)}$ os autovetores de $\mathbf{A}$ associados aos autovalores $r_1, \ldots, r_n$, e forme a matriz de semelhança $\mathbf{T}$ cujas colunas são $\boldsymbol{\xi}^{(1)}, \ldots, \boldsymbol{\xi}^{(n)}$. Então, definindo uma nova variável dependente $\mathbf{y}$ pela relação

$$\mathbf{x} = \mathbf{Ty}, \tag{38}$$

temos, da Eq. (37),

$$\mathbf{Ty}' = \mathbf{ATy}. \tag{39}$$

Multiplicando por $\mathbf{T}^{-1}$, obtemos

$$\mathbf{y}' = (\mathbf{T}^{-1}\mathbf{AT})\mathbf{y}, \tag{40}$$

ou, usando a Eq. (32),

$$\mathbf{y}' = \mathbf{Dy}. \tag{41}$$

Lembre-se de que $\mathbf{D}$ é a matriz diagonal cujos elementos diagonais são os autovalores $r_1, \ldots, r_n$ de $\mathbf{A}$. Uma matriz fundamental para o sistema (41) é a matriz diagonal (veja o Problema 13)

$$\mathbf{Q}(t) = \exp(\mathbf{D}t) = \begin{pmatrix} e^{r_1 t} & 0 & \cdots & 0 \\ 0 & e^{r_2 t} & \cdots & 0 \\ \vdots & \vdots & \ddots & \vdots \\ 0 & 0 & \cdots & e^{r_n t} \end{pmatrix}. \tag{42}$$

230 Capítulo 7

Uma matriz fundamental $\mathbf{\Psi}$ para o sistema (37) é formada, então, a partir de $\mathbf{Q}$ pela transformação (38)

$$\mathbf{\Psi} = \mathbf{TQ}; \tag{43}$$

ou seja,

$$\mathbf{\Psi}(t) = \begin{pmatrix} \xi_1^{(1)} e^{r_1 t} & \cdots & \xi_1^{(n)} e^{r_n t} \\ \vdots & & \vdots \\ \xi_n^{(1)} e^{r_1 t} & \cdots & \xi_n^{(n)} e^{r_n t} \end{pmatrix}. \tag{44}$$

As colunas de $\mathbf{\Psi}(t)$ são iguais às soluções na Eq. (27) da Seção 7.5. O processo de diagonalização não tem nenhuma vantagem computacional em relação ao método da Seção 7.5, já que, em qualquer caso, é preciso calcular os autovalores e autovetores da matriz de coeficientes no sistema de equações diferenciais.

EXEMPLO 7.7.4

Considere, novamente, o sistema de equações diferenciais

$$\mathbf{x}' = \mathbf{Ax}, \tag{45}$$

em que $\mathbf{A}$ é dada pela Eq. (33). Usando a transformação $\mathbf{x} = \mathbf{Ty}$, em que $\mathbf{T}$ é dada pela Eq. (35), você pode reduzir o sistema (45) ao sistema diagonal

$$\mathbf{y}' = \begin{pmatrix} 3 & 0 \\ 0 & -1 \end{pmatrix} \mathbf{y} = \mathbf{Dy}. \tag{46}$$

Obtenha uma matriz fundamental para o sistema (46) e, então, a transforme para obter uma matriz fundamental para o sistema original (45).

Solução:

Multiplicando a matriz $\mathbf{D}$ por si mesma, repetidamente, vemos que

$$\mathbf{D}^2 = \begin{pmatrix} 9 & 0 \\ 0 & 1 \end{pmatrix}, \quad \mathbf{D}^3 = \begin{pmatrix} 27 & 0 \\ 0 & -1 \end{pmatrix}, \dots \tag{47}$$

Portanto, segue da Eq. (23) que $\exp(\mathbf{D}t)$ é uma matriz diagonal com elementos diagonais e^{3t} e e^{-t}, ou seja,

$$e^{\mathbf{D}t} = \begin{pmatrix} e^{3t} & 0 \\ 0 & e^{-t} \end{pmatrix}. \tag{48}$$

Finalmente, obtemos a matriz fundamental desejada $\mathbf{\Psi}(t)$ multiplicando $\mathbf{T}$ por $\exp(\mathbf{D}t)$:

$$\mathbf{\Psi}(t) = \begin{pmatrix} 1 & 1 \\ 2 & -2 \end{pmatrix} \begin{pmatrix} e^{3t} & 0 \\ 0 & e^{-t} \end{pmatrix} = \begin{pmatrix} e^{3t} & e^{-t} \\ 2e^{3t} & -2e^{-t} \end{pmatrix}. \tag{49}$$

Note que esta matriz fundamental é a mesma que foi encontrada no Exemplo 7.7.1.

Problemas

Nos Problemas 1 a 8:

    a. Encontre uma matriz fundamental para o sistema de equações dado.

    b. Encontre, também, a matriz fundamental $\mathbf{\Phi}(t)$ que satisfaz $\mathbf{\Phi}(0) = \mathbf{I}$.

1. $\mathbf{x}' = \begin{pmatrix} 3 & -2 \\ 2 & -2 \end{pmatrix} \mathbf{x}$

2. $\mathbf{x}' = \begin{pmatrix} -\dfrac{3}{4} & \dfrac{1}{2} \\ \dfrac{1}{8} & -\dfrac{3}{4} \end{pmatrix} \mathbf{x}$

3. $\mathbf{x}' = \begin{pmatrix} 2 & -5 \\ 1 & -2 \end{pmatrix} \mathbf{x}$

4. $\mathbf{x}' = \begin{pmatrix} -1 & -4 \\ 1 & -1 \end{pmatrix} \mathbf{x}$

5. $\mathbf{x}' = \begin{pmatrix} 5 & -1 \\ 3 & 1 \end{pmatrix} \mathbf{x}$

6. $\mathbf{x}' = \begin{pmatrix} 1 & -1 \\ 5 & -3 \end{pmatrix} \mathbf{x}$

7. $\mathbf{x}' = \begin{pmatrix} 1 & 1 & 1 \\ 2 & 1 & -1 \\ -8 & -5 & -3 \end{pmatrix} \mathbf{x}$

8. $\mathbf{x}' = \begin{pmatrix} 1 & -1 & 4 \\ 3 & 2 & -1 \\ 2 & 1 & -1 \end{pmatrix} \mathbf{x}$

9. Use a matriz fundamental $\mathbf{\Phi}(t)$ encontrada no Problema 4 para resolver o problema de valor inicial

$$\mathbf{x}' = \begin{pmatrix} -1 & -4 \\ 1 & -1 \end{pmatrix} \mathbf{x}, \quad \mathbf{x}(0) = \begin{pmatrix} 3 \\ 1 \end{pmatrix}.$$

10. Mostre que $\mathbf{\Phi}(t) = \mathbf{\Psi}(t)\,\mathbf{\Psi}^{-1}(t_0)$, em que $\mathbf{\Phi}(t)$ e $\mathbf{\Psi}(t)$ são como definidas nesta seção.

11. A matriz fundamental $\mathbf{\Phi}(t)$ para o sistema (3) foi encontrada no Exemplo 7.7.2. Mostre que $\mathbf{\Phi}(t)\,\mathbf{\Phi}(s) = \mathbf{\Phi}(t + s)$ multiplicando $\mathbf{\Phi}(t)$ e $\mathbf{\Phi}(s)$.

12. Seja $\mathbf{\Phi}(t)$ a matriz fundamental satisfazendo $\mathbf{\Phi}' = \mathbf{A}\mathbf{\Phi}$, $\mathbf{\Phi}(0) = \mathbf{I}$. No texto, denotamos esta matriz também por $\exp(\mathbf{A}t)$. Neste problema, vamos mostrar que $\mathbf{\Phi}$ tem, de fato, as propriedades algébricas principais associadas à função exponencial.

    a. Mostre que $\mathbf{\Phi}(t)\,\mathbf{\Phi}(s) = \mathbf{\Phi}(t + s)$, ou seja, mostre que $\exp(\mathbf{A}t)\exp(\mathbf{A}s) = \exp(\mathbf{A}(t + s))$. *Sugestão*: mostre que, se s estiver fixo e t for variável, ambas $\mathbf{\Phi}(t)\,\mathbf{\Phi}(s)$ e $\mathbf{\Phi}(t + s)$ satisfarão o problema de valor inicial $\mathbf{Z}' = \mathbf{A}\mathbf{Z}$, $\mathbf{Z}(0) = \mathbf{\Phi}(s)$.

    b. Mostre que $\mathbf{\Phi}(t)\,\mathbf{\Phi}(-t) = \mathbf{I}$, ou seja, $\exp(\mathbf{A}t)\exp(\mathbf{A}(-t)) = \mathbf{I}$. Depois, mostre que $\mathbf{\Phi}(-t) = \mathbf{\Phi}^{-1}(t)$.

    c. Mostre que $\mathbf{\Phi}(t - s) = \mathbf{\Phi}(t)\,\mathbf{\Phi}^{-1}(s)$.

13. Mostre que, se $\mathbf{A}$ for uma matriz diagonal com elementos diagonais $a_1, a_2, \dots, a_n$, então $\exp(\mathbf{A}t)$ também será uma matriz diagonal com elementos diagonais $\exp(a_1 t), \exp(a_2 t), \dots, \exp(a_n t)$.

14. Considere um oscilador satisfazendo o problema de valor inicial

$$u'' + \omega^2 u = 0, \quad u(0) = u_0, \quad u'(0) = v_0. \tag{50}$$

    a. Sejam $x_1 = u$, $x_2 = u'$, e coloque as Eqs. (50) na forma

$$\mathbf{x} = \mathbf{Ax}, \quad \mathbf{x}(0) = \mathbf{x}^0. \tag{51}$$

Sistemas de Equações Lineares de Primeira Ordem **231**

b. Use a série (23) para mostrar que

$$\exp(\mathbf{A}t) = \mathbf{I}\cos(\omega t) + \mathbf{A}\frac{\operatorname{sen}(\omega t)}{\omega}. \tag{52}$$

c. Encontre a solução do problema de valor inicial (51).

15. O método de aproximações sucessivas (veja a Seção 2.8) também pode ser aplicado a sistemas de equações. Por exemplo, considere o problema de valor inicial

$$\mathbf{x}' = \mathbf{A}\mathbf{x}, \quad \mathbf{x}(0) = \mathbf{x}^0, \tag{53}$$

em que **A** é uma matriz constante e $\mathbf{x}^0$ um vetor dado.

a. Supondo que existe uma solução $\mathbf{x} = \boldsymbol{\phi}(t)$, mostre que ela tem de satisfazer a equação integral

$$\boldsymbol{\phi}(t) = \mathbf{x}^0 + \int_0^t \boldsymbol{\phi}(s)\,ds. \tag{54}$$

b. Comece com a aproximação inicial $\boldsymbol{\phi}^{(0)}(t) = \mathbf{x}^0$. Substitua $\boldsymbol{\phi}(s)$ no lado direito da Eq. (51) por esta expressão e obtenha uma nova aproximação $\boldsymbol{\phi}^{(1)}(t)$. Mostre que

$$\boldsymbol{\phi}^{(1)}(t) = (\mathbf{I} + \mathbf{A}t)\mathbf{x}^0. \tag{55}$$

c. Repita este processo obtendo, assim, uma sequência de aproximações $\boldsymbol{\phi}^{(0)}, \boldsymbol{\phi}^{(1)}, \boldsymbol{\phi}^{(2)}, \ldots, \boldsymbol{\phi}^{(n)}, \ldots$ Prove por indução que

$$\boldsymbol{\phi}^{(n)}(t) = \left(\mathbf{I} + \mathbf{A}t + \mathbf{A}^2\frac{t^2}{2!} + \cdots + \mathbf{A}^n\frac{t^n}{n!}\right)\mathbf{x}^0. \tag{56}$$

d. Faça $n \to \infty$ e mostre que a solução do problema de valor inicial (53) é

$$\boldsymbol{\phi}(t) = \exp(\mathbf{A}t)\mathbf{x}^0. \tag{57}$$

7.8 | Autovalores Repetidos

Concluiremos nossa discussão do sistema linear homogêneo de equações diferenciais com coeficientes constantes

$$\mathbf{x}' = \mathbf{A}\mathbf{x} \tag{1}$$

considerando o caso em que a matriz **A** tem autovalores repetidos. Lembre-se de que observamos, na Seção 7.3, que um autovalor repetido com multiplicidade algébrica $m \geq 2$ pode ter multiplicidade geométrica menor do que m. Em outras palavras, este autovalor pode ter menos do que m autovetores linearmente independentes associados a ele. O exemplo a seguir ilustra esta possibilidade.

EXEMPLO 7.8.1

Encontre os autovalores e autovetores da matriz

$$\mathbf{A} = \begin{pmatrix} 1 & -1 \\ 1 & 3 \end{pmatrix}. \tag{2}$$

Solução:

Os autovalores r e os autovetores $\boldsymbol{\xi}$ satisfazem a equação $(\mathbf{A} - r\mathbf{I})\boldsymbol{\xi} = \mathbf{0}$, ou

$$\begin{pmatrix} 1-r & -1 \\ 1 & 3-r \end{pmatrix}\begin{pmatrix} \xi_1 \\ \xi_2 \end{pmatrix} = \begin{pmatrix} 0 \\ 0 \end{pmatrix}. \tag{3}$$

Os autovalores são as raízes da equação

$$\det(\mathbf{A} - r\mathbf{I}) = \begin{vmatrix} 1-r & -1 \\ 1 & 3-r \end{vmatrix} = r^2 - 4r + 4 = (r-2)^2 = 0. \tag{4}$$

Logo, os dois autovalores são $r_1 = r_2 = 2$, ou seja, o autovalor 2 tem multiplicidade algébrica 2.

Para determinar os autovetores, precisamos voltar para a Eq. (3) e usar $r = 2$. Isso fornece

$$\begin{pmatrix} -1 & -1 \\ 1 & 1 \end{pmatrix}\begin{pmatrix} \xi_1 \\ \xi_2 \end{pmatrix} = \begin{pmatrix} 0 \\ 0 \end{pmatrix}. \tag{5}$$

Obtemos, portanto, uma única condição $\xi_1 + \xi_2 = 0$, que determina ξ_2 em função de ξ_1, ou vice-versa. Então, um autovetor associado ao autovalor $r = 2$ é

$$\boldsymbol{\xi}^{(1)} = \begin{pmatrix} 1 \\ -1 \end{pmatrix}, \tag{6}$$

ou qualquer múltiplo não nulo deste vetor. Note que existe apenas um autovetor linearmente independente associado ao autovalor duplo.

Voltando para o sistema (1), suponha que $r = \rho$ é uma raiz de multiplicidade m da equação característica

$$\det(\mathbf{A} - r\mathbf{I}) = 0. \tag{7}$$

Então, ρ é um autovalor de multiplicidade algébrica m da matriz **A**. Neste caso, existem duas possibilidades: ou existem m autovetores linearmente independentes associados ao autovalor ρ ou, como no Exemplo 7.8.1, existem menos do que m autovetores linearmente independentes.

No primeiro caso, sejam $\boldsymbol{\xi}^{(1)}, \ldots, \boldsymbol{\xi}^{(m)}$ os m autovetores linearmente independentes associados ao autovalor ρ de multiplicidade algébrica m. Então, existem m soluções linearmente independentes $\mathbf{x}^{(1)}(t) = \boldsymbol{\xi}^{(1)}e^{\rho t}, \ldots, \mathbf{x}^{(m)}(t) = \boldsymbol{\xi}^{(m)}e^{\rho t}$ da Eq. (1). Assim, neste caso, não faz diferença que o autovalor $r = \rho$ seja repetido; ainda existe um conjunto fundamental de soluções da Eq. (1) da forma $\boldsymbol{\xi}e^{rt}$. Este caso sempre ocorrerá quando a matriz **A** de coeficientes for hermitiana (ou real e simétrica).

No entanto, se a matriz de coeficientes não for autoadjunta, então podem existir menos do que m vetores linearmente independentes associados ao autovalor ρ de multiplicidade algébrica m, e, neste caso, haverá menos do que m soluções da Eq. (1) da forma $\boldsymbol{\xi}e^{\rho t}$ associadas a este autovalor. Portanto, para construir a solução geral da Eq. (1), será preciso encontrar outras soluções de forma diferente. Lembre-se de que uma situação semelhante ocorreu na Seção 3.4 para a equação linear $ay'' + by' + cy = 0$, quando a equação característica tinha uma raiz dupla r. Naquele caso, encontramos uma solução exponencial $y_1(t) = e^{rt}$, mas uma segunda solução independente tinha a forma $y_2(t) = te^{rt}$. Com este resultado em mente, vamos considerar o exemplo a seguir.

EXEMPLO 7.8.2

Encontre um conjunto fundamental de soluções para

$$\mathbf{x}' = \mathbf{A}\mathbf{x} = \begin{pmatrix} 1 & -1 \\ 1 & 3 \end{pmatrix}\mathbf{x} \tag{8}$$

e desenhe um retrato de fase para este sistema.

Solução:

A **Figura 7.8.1** mostra um campo de direções para o sistema (8). Nesta figura, parece que todas as soluções não nulas se afastam da origem.

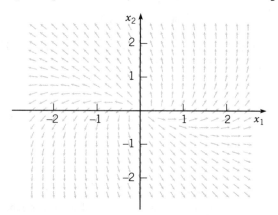

FIGURA 7.8.1 Campo de direções para o sistema (8).

Para resolver este sistema, note que a matriz de coeficientes **A** é igual à matriz no Exemplo 7.8.1. Sabemos, então, que $r = 2$ é um autovalor duplo que tem um único autovetor associado, que podemos escolher como $\boldsymbol{\xi} = (1, -1)^T$. Logo, uma solução do sistema (8) é

$$\mathbf{x}^{(1)}(t) = \begin{pmatrix} 1 \\ -1 \end{pmatrix} e^{2t}, \quad (9)$$

mas não existe uma segunda solução da forma $\mathbf{x} = \boldsymbol{\xi} e^{rt}$.

Com base no procedimento usado para equações lineares de segunda ordem na Seção 3.4, parece natural tentar encontrar uma segunda solução do sistema (8) da forma

$$\mathbf{x} = \boldsymbol{\xi} t e^{2t}, \quad (10)$$

em que $\boldsymbol{\xi}$ é um vetor constante a ser determinado. Substituindo $\mathbf{x}$ na Eq. (8), obtemos

$$2\boldsymbol{\xi} t e^{2t} + \boldsymbol{\xi} e^{2t} = \mathbf{A}\boldsymbol{\xi} t e^{2t}. \quad (11)$$

Para que a Eq. (11) seja satisfeita para todo t, é necessário igualar os coeficientes de te^{2t} e de e^{2t} dos dois lados da Eq. (11). Do termo e^{2t}, vemos que

$$\boldsymbol{\xi} = \mathbf{0}. \quad (12)$$

Então, não existe solução não nula do sistema (8) da forma (10).

Como a Eq. (11) contém termos em te^{2t} e e^{2t}, parece que, além de $\boldsymbol{\xi} t e^{2t}$, a segunda solução tem de conter, também, um termo da forma $\boldsymbol{\eta} e^{2t}$; em outras palavras, precisamos supor que

$$\mathbf{x} = \boldsymbol{\xi} t e^{2t} + \boldsymbol{\eta} e^{2t}, \quad (13)$$

em que $\boldsymbol{\xi}$ e $\boldsymbol{\eta}$ são vetores constantes que deverão ser determinados. Substituindo $\mathbf{x}$ na Eq. (8) por esta expressão, obtemos

$$2\boldsymbol{\xi} t e^{2t} + (\boldsymbol{\xi} + 2\boldsymbol{\eta}) e^{2t} = \mathbf{A}(\boldsymbol{\xi} t e^{2t} + \boldsymbol{\eta} e^{2t}). \quad (14)$$

Igualando os coeficientes de te^{2t} e de e^{2t} de cada lado da Eq. (14), encontramos as duas condições

$$2\boldsymbol{\xi} = \mathbf{A}\boldsymbol{\xi}$$

e

$$\boldsymbol{\xi} + 2\boldsymbol{\eta} = \mathbf{A}\boldsymbol{\eta}$$

para a determinação de $\boldsymbol{\xi}$ e de $\boldsymbol{\eta}$. Vamos escrever estas condições na forma

$$(\mathbf{A} - 2\mathbf{I})\boldsymbol{\xi} = \mathbf{0} \quad (15)$$

e

$$(\mathbf{A} - 2\mathbf{I})\boldsymbol{\eta} = \boldsymbol{\xi}, \quad (16)$$

respectivamente. A Eq. (15) será satisfeita se $\boldsymbol{\xi}$ for um autovetor de **A** associado ao autovalor $r = 2$, como $\boldsymbol{\xi} = (1, -1)^T$. Como $\det(\mathbf{A} - 2\mathbf{I})$ é nulo, a Eq. (16) terá solução se, e somente se, $\boldsymbol{\xi}$ satisfizer determinada condição. Felizmente, $\boldsymbol{\xi}$ e seus múltiplos são exatamente os vetores que permitem que a Eq. (16) tenha solução.[7] A matriz aumentada para a Eq. (16) é

$$\begin{pmatrix} -1 & -1 & | & 1 \\ 1 & 1 & | & -1 \end{pmatrix}.$$

A segunda linha desta matriz é proporcional à primeira, de modo que o sistema pode ser resolvido. Temos

$$-\eta_1 - \eta_2 = 1,$$

de modo que, se $\eta_1 = k$, em que k é arbitrário, então $\eta_2 = -k - 1$. Se escrevermos

$$\boldsymbol{\eta} = \begin{pmatrix} k \\ -1-k \end{pmatrix} = \begin{pmatrix} 0 \\ -1 \end{pmatrix} + k \begin{pmatrix} 1 \\ -1 \end{pmatrix}, \quad (17)$$

então, substituindo $\boldsymbol{\xi}$ e $\boldsymbol{\eta}$ na Eq. (13), obteremos

$$\mathbf{x} = \boldsymbol{\xi} t e^{2t} + \boldsymbol{\eta} e^{2t} = \begin{pmatrix} 1 \\ -1 \end{pmatrix} t e^{2t} + \begin{pmatrix} 0 \\ -1 \end{pmatrix} e^{2t} + k \begin{pmatrix} 1 \\ -1 \end{pmatrix} e^{2t}. \quad (18)$$

O último termo na Eq. (18) é, simplesmente, um múltiplo da primeira solução $\mathbf{x}^{(1)}(t)$ e pode ser ignorado, mas os dois primeiros termos constituem uma nova solução:

$$\mathbf{x}^{(2)}(t) = \begin{pmatrix} 1 \\ -1 \end{pmatrix} t e^{2t} + \begin{pmatrix} 0 \\ -1 \end{pmatrix} e^{2t}. \quad (19)$$

Um cálculo elementar mostra que $W[\mathbf{x}^{(1)}, \mathbf{x}^{(2)}](t) = -e^{4t} \neq 0$ e, portanto, $\mathbf{x}^{(1)}$ e $\mathbf{x}^{(2)}$ formam um conjunto fundamental de soluções para o sistema (8). A solução geral é

$$\mathbf{x} = c_1 \mathbf{x}^{(1)}(t) + c_2 \mathbf{x}^{(2)}(t) =$$
$$= c_1 \begin{pmatrix} 1 \\ -1 \end{pmatrix} e^{2t} + c_2 \left(\begin{pmatrix} 1 \\ -1 \end{pmatrix} t e^{2t} + \begin{pmatrix} 0 \\ -1 \end{pmatrix} e^{2t} \right). \quad (20)$$

As principais características de um retrato de fase para a solução (20) são consequências da presença do fator exponencial e^{2t} em todos os termos. Portanto, $\mathbf{x} \to \mathbf{0}$ quando $t \to -\infty$ e, a menos que ambos c_1 e c_2 sejam nulos, $\mathbf{x}$ torna-se ilimitada quando $t \to \infty$. Se c_1 e c_2 não forem ambos nulos, então, ao longo de qualquer trajetória, teremos

$$\lim_{t \to -\infty} \frac{x_2(t)}{x_1(t)} = \frac{-c_1 e^{2t} + c_2(-t e^{2t} - e^{2t})}{c_1 e^{2t} + c_2 t e^{2t}} =$$
$$= \lim_{t \to -\infty} \frac{-c_1 - c_2 t - c_2}{c_1 + c_2 t} = -1.$$

Portanto, quando $t \to -\infty$, todas as trajetórias se aproximam da origem e são tangentes à reta $x_2 = -x_1$ determinada pelo autovetor; este comportamento está evidente na **Figura 7.8.2(a)**. Além disso, quando $t \to \infty$, a inclinação de cada trajetória também se aproxima de -1. No entanto, é possível mostrar que as trajetórias não se aproximam de uma única assíntota quando $t \to \infty$. Diversas trajetórias do sistema (8), incluindo $\mathbf{x}^{(1)}$ (curva sólida em preto) e $\mathbf{x}^{(2)}$ (a curva tracejada em preto), aparecem na Figura 7.8.2(a), e alguns gráficos típicos de x_1 em função de t e de x_2 em função de t são mostrados nas **Figuras 7.8.2(b)** e **7.8.2(c)**, respectivamente.

---

[7]Esta condição é que $(\boldsymbol{\xi}, \mathbf{y}) = 0$ qualquer que seja a solução não trivial $\mathbf{y}$ de $(\mathbf{A} - 2\mathbf{I})^*\mathbf{y} = \mathbf{0}$. Usando o fato de que toda matriz e sua adjunta têm os mesmos autovalores (veja os Problemas 21 a 25 na Seção 7.3), concluímos que os vetores $\mathbf{y}$ são os autovetores de $\mathbf{A}^*$ associados ao autovalor (repetido) $r = 2$. Um cálculo fácil mostra que $\mathbf{y} = c(1, 1)^T$ (veja o Problema 16). Como $\boldsymbol{\xi} = (1, -1)^T$, vemos que $(\boldsymbol{\xi}, \mathbf{y}) = 0$, Então, a Eq. (16) tem solução.

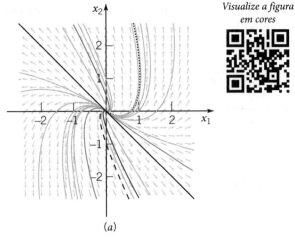

Visualize a figura em cores

(a)

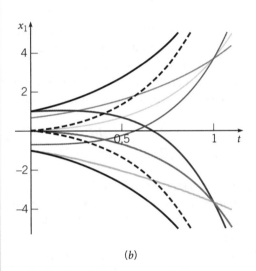

(b)

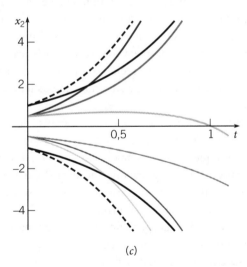

(c)

FIGURA 7.8.2 (a) Retrato de fase do sistema (8); a origem é um nó impróprio. (b) Gráficos de x_1 em função de t para o sistema (8). (c) Gráficos de x_2 em função de t para o sistema (8). Os gráficos das componentes em (b) e (c) estão na mesma cor que suas trajetórias em (a). A curva pontilhada corresponde à solução que contém o ponto $(-1, 1/2)$; a cinza-escura contém $(-1, -1/2)$; a cinza mais clara, $(0, 1/2)$; a cinza meio tom, $(0, -1/2)$; a cinza-clara, $(1, 1/2)$; a cinza mais escura, $(1, -1/2)$.

Sistemas de Equações Lineares de Primeira Ordem 233

O padrão de trajetórias na Figura 7.8.2(a) é típico de sistemas 2×2 $\mathbf{x}' = \mathbf{A}\mathbf{x}$ com autovalores iguais e apenas um autovetor independente. A origem é chamada de **nó impróprio**, neste caso. Se os autovalores forem negativos, então as trajetórias serão semelhantes, mas percorridas em sentido oposto. Um nó impróprio pode ser assintoticamente estável ou instável, dependendo de se os autovalores são negativos ou positivos.

Uma diferença entre um sistema de duas equações de primeira ordem e uma única equação de segunda ordem é evidente no exemplo precedente. Para uma equação linear de segunda ordem cuja equação característica tem uma raiz repetida r_1, não é necessário um termo da forma $ce^{r_1 t}$ na segunda solução, já que é um múltiplo da primeira solução. Por outro lado, para um sistema com duas equações de primeira ordem, o termo $\boldsymbol{\eta} e^{r_1 t}$ da Eq. (13) com $r_1 = 2$ não é, em geral, um múltiplo da primeira solução $\boldsymbol{\xi} e^{r_1 t}$, de modo que o termo $\boldsymbol{\eta} e^{r_1 t}$ precisa ser mantido.

O Exemplo 7.8.2 é típico do caso geral quando existe um autovalor duplo e um único autovetor associado. Considere, novamente, o sistema (1) e suponha que $r = \rho$ é um autovalor duplo de $\mathbf{A}$, mas que existe apenas um autovetor associado $\boldsymbol{\xi}$. Então, uma solução, semelhante à Eq. (9), é

$$\mathbf{x}^{(1)}(t) = \boldsymbol{\xi} e^{\rho t}, \tag{21}$$

em que $\boldsymbol{\xi}$ satisfaz

$$(\mathbf{A} - \rho\mathbf{I})\boldsymbol{\xi} = \mathbf{0}. \tag{22}$$

Procedendo como no Exemplo 7.8.2, vemos que uma segunda solução, semelhante à Eq. (19), é

$$\mathbf{x}^{(2)}(t) = \boldsymbol{\xi} t e^{\rho t} + \boldsymbol{\eta} e^{\rho t}, \tag{23}$$

em que $\boldsymbol{\xi}$ satisfaz a Eq. (22) e $\boldsymbol{\eta}$ é determinado por

$$(\mathbf{A} - \rho\mathbf{I})\boldsymbol{\eta} = \boldsymbol{\xi}. \tag{24}$$

Embora $\det(\mathbf{A} - \rho\mathbf{I}) = 0$, pode-se mostrar que é sempre possível resolver a Eq. (24) para $\boldsymbol{\eta}$. Não iremos apresentar todos os detalhes, mas um passo importante na demonstração é notar que, se multiplicarmos a Eq. (24) por $\mathbf{A} - \rho\mathbf{I}$ e usarmos a Eq. (22), obteremos

$$(\mathbf{A} - \rho\mathbf{I})^2 \boldsymbol{\eta} = \mathbf{0}.$$

O vetor $\boldsymbol{\eta}$ é conhecido como de **autovetor generalizado** da matriz $\mathbf{A}$ associado ao autovalor ρ.

Matrizes Fundamentais. Como explicado na Seção 7.7, matrizes fundamentais são formadas colocando-se soluções linearmente independentes em colunas. Assim, por exemplo, pode-se formar uma matriz fundamental para o sistema (8) usando as soluções $\mathbf{x}^{(1)}(t)$ e $\mathbf{x}^{(2)}(t)$ dadas pelas Eqs. (9) e (19), respectivamente:

$$\boldsymbol{\Psi}(t) = \begin{pmatrix} e^{2t} & te^{2t} \\ -e^{2t} & -te^{2t} - e^{2t} \end{pmatrix} = e^{2t}\begin{pmatrix} 1 & t \\ -1 & -1-t \end{pmatrix}. \tag{25}$$

A matriz fundamental especial $\boldsymbol{\Phi}$ que satisfaz $\boldsymbol{\Phi}(0) = \mathbf{I}$ também pode ser encontrada imediatamente pela relação $\boldsymbol{\Phi}(t) = \boldsymbol{\Psi}(t)\boldsymbol{\Psi}^{-1}(0)$. Da Eq. (25), temos

$$\boldsymbol{\Psi}(0) = \begin{pmatrix} 1 & 0 \\ -1 & -1 \end{pmatrix}, \text{ de modo que } \boldsymbol{\Psi}^{-1}(0) = \begin{pmatrix} 1 & 0 \\ -1 & -1 \end{pmatrix} \tag{26}$$

234 Capítulo 7

e, portanto,

$$\Phi(t) = \Psi(t)\Psi^{-1}(0) = e^{2t}\begin{pmatrix} 1 & -t \\ -1 & -1-t \end{pmatrix}\begin{pmatrix} 1 & 0 \\ -1 & -1 \end{pmatrix} =$$
$$= e^{2t}\begin{pmatrix} 1-t & -t \\ t & 1+t \end{pmatrix}. \tag{27}$$

Lembre-se de que a matriz fundamental $\Phi(t)$ com $\Phi(0) = \mathbf{I}$ também pode ser escrita como $\exp(\mathbf{A}t)$. Para a matriz $\mathbf{A}$ no Exemplo 7.8.2, a solução de $\mathbf{x}' = \mathbf{A}\mathbf{x}$ com $\mathbf{x}(0) = \mathbf{x}^0$ é $\mathbf{x}(t) = \exp(\mathbf{A}t)\mathbf{x}^0$ ou $\mathbf{x}(t) = \Phi(t)\mathbf{x}^0$ com $\Phi(t)$ dada pela Eq. (27).

Formas de Jordan. Como vimos na Seção 7.7, uma matriz $\mathbf{A}$ $n \times n$ só é diagonalizável se tiver um conjunto completo de n autovetores linearmente independentes. Se existirem menos autovetores (em razão de autovalores repetidos), então, $\mathbf{A}$ sempre pode ser transformada em uma matriz quase diagonal denominada sua forma canônica de Jordan,[8] que tem os autovalores de $\mathbf{A}$ em sua diagonal principal, o número um em determinadas posições acima da diagonal principal e o número zero em todos os outros lugares.

Considere, novamente, a matriz $\mathbf{A}$ dada pela Eq. (2). Para transformar $\mathbf{A}$ em sua forma canônica de Jordan, construímos a matriz de semelhança $\mathbf{T}$ com o único autovetor $\boldsymbol{\xi}$ dado pela Eq. (6) em sua primeira coluna e com o autovetor generalizado $\boldsymbol{\eta}$ dado pela Eq. (17), com $k = 0$ na segunda coluna. Então, $\mathbf{T}$ e sua inversa são dados por

$$\mathbf{T} = \begin{pmatrix} 1 & 0 \\ -1 & -1 \end{pmatrix} \text{ e } \mathbf{T}^{-1} = \begin{pmatrix} 1 & 0 \\ -1 & -1 \end{pmatrix}. \tag{28}$$

Como você pode verificar, segue que

$$\mathbf{T}^{-1}\mathbf{A}\mathbf{T} = \begin{pmatrix} 2 & 1 \\ 0 & 2 \end{pmatrix} = \mathbf{J}. \tag{29}$$

A matriz $\mathbf{J}$ na Eq. (29) é a **forma canônica de Jordan** de $\mathbf{A}$. Ela é típica de todas as formas canônicas de Jordan por ter o número um acima da diagonal principal na coluna correspondente ao autovetor que está faltando (e é substituído em $\mathbf{T}$ pelo autovetor generalizado).

Se começarmos de novo da Eq. (1),

$$\mathbf{x}' = \mathbf{A}\mathbf{x},$$

a transformação $\mathbf{x} = \mathbf{T}\mathbf{y}$, em que $\mathbf{T}$ é dado pela Eq. (28), produz o sistema

$$\mathbf{y}' = \mathbf{J}\mathbf{y}, \tag{30}$$

em que $\mathbf{J}$ é dado pela Eq. (29). Em forma escalar, o sistema (30) é

$$y_1' = 2y_1 + y_2, \quad y_2' = 2y_2. \tag{31}$$

Estas equações podem ser resolvidas imediatamente em ordem inversa, ou seja, começando com a equação para y_2. Dessa forma, obtemos

$$y_2(t) = c_1 e^{2t} \text{ e } y_1(t) = c_1 t e^{2t} + c_2 e^{2t}. \tag{32}$$

Logo, as duas soluções independentes do sistema (30) são

$$\mathbf{y}^{(1)}(t) = \begin{pmatrix} 1 \\ 0 \end{pmatrix} e^{2t} \text{ e } \mathbf{y}^{(2)}(t) = \begin{pmatrix} t \\ 1 \end{pmatrix} e^{2t}, \tag{33}$$

e a matriz fundamental correspondente é

$$\hat{\Psi}(t) = \begin{pmatrix} e^{2t} & t e^{2t} \\ 0 & e^{2t} \end{pmatrix}. \tag{34}$$

Como $\hat{\Psi}(0) = \mathbf{I}$, podemos identificar, também, a matriz na Eq. (34) como $\exp(\mathbf{J}t)$. O mesmo resultado pode ser encontrado calculando-se as potências de $\mathbf{J}$ e substituindo-as na série exponencial (veja os Problemas **19** a **21**). Para obter uma matriz fundamental para o sistema original, formamos o produto

$$\Psi(t) = \mathbf{T}\exp(\mathbf{J}t) = \begin{pmatrix} e^{2t} & t e^{2t} \\ -e^{2t} & -e^{2t} - t e^{2t} \end{pmatrix}, \tag{35}$$

que é igual à matriz fundamental dada na Eq. (25).

Não discutiremos aqui sistemas $n \times n$ $\mathbf{x}' = \mathbf{A}\mathbf{x}$ em mais detalhes. Para n grande, é possível que existam autovalores com multiplicidade algébrica m alta e talvez com multiplicidade geométrica muito menor q, originando $m - q$ autovetores generalizados. Os Problemas **17** e **18** exploram o uso de formas canônicas de Jordan para sistemas com três equações diferenciais. Para $n \geq 4$, podem existir também autovalores complexos repetidos. Uma discussão completa[9] da forma canônica de Jordan para uma matriz $n \times n$ geral requer conhecimentos mais profundos de álgebra linear do que supomos que os leitores deste livro têm.

A quantidade de aritmética necessária na análise de um sistema $n \times n$ geral pode ser muito complicada para resolução à mão, mesmo que n não seja maior do que 3 ou 4. Em consequência, programas computacionais apropriados devem ser usados rotineiramente, na maioria dos casos. Isso não resolve todas as dificuldades, mas torna muitos problemas bem mais tratáveis. Finalmente, para um conjunto de equações proveniente da modelagem de um sistema físico, é provável que alguns dos elementos na matriz de coeficientes $\mathbf{A}$ resultem de medidas de alguma quantidade física. As imprecisões inevitáveis em medidas levam a incertezas sobre os valores dos autovalores de $\mathbf{A}$. Por exemplo, em tais casos pode não ficar claro se dois autovalores são de fato iguais ou se estão apenas muito próximos.

---

[8]Marie Ennemond Camille Jordan (1838-1922) foi professor da École Polytechnique e do Collège de France. É conhecido por suas contribuições importantes à analise, à topologia (o teorema da curva de Jordan) e, especialmente, pelo seu trabalho fundamental em teoria dos grupos. A forma canônica de Jordan de uma matriz apareceu em seu livro influente *Traité des substitutions et des équations algébriques*, publicado em 1870.

[9]Veja, por exemplo, os livros listados na Bibliografia ao fim deste capítulo.

Problemas

Nos Problemas 1 a 3:

   a. Desenhe um campo de direções e esboce algumas trajetórias.

   G b. Descreva o comportamento das soluções quando $t \to \infty$.

   c. Encontre a solução geral do sistema de equações.

1. $\mathbf{x}' = \begin{pmatrix} 3 & -4 \\ 1 & -1 \end{pmatrix} \mathbf{x}$

2. $\mathbf{x}' = \begin{pmatrix} 4 & -2 \\ 8 & -4 \end{pmatrix} \mathbf{x}$

3. $\mathbf{x}' = \begin{pmatrix} -\dfrac{3}{2} & 1 \\ -\dfrac{1}{4} & -\dfrac{1}{2} \end{pmatrix} \mathbf{x}$

Nos Problemas 4 e 5, encontre a solução geral do sistema de equações dado.

4. $\mathbf{x}' = \begin{pmatrix} 1 & 1 & 1 \\ 2 & 1 & -1 \\ 0 & -1 & 1 \end{pmatrix} \mathbf{x}$

5. $\mathbf{x}' = \begin{pmatrix} 0 & 1 & 1 \\ 1 & 0 & 1 \\ 1 & 1 & 0 \end{pmatrix} \mathbf{x}$

Nos Problemas 6 a 8:

   a. Encontre a solução do problema de valor inicial dado.

   b. Desenhe a trajetória da solução no plano x_1x_2 e desenhe, também, o gráfico de x_1 em função de t.

6. $\mathbf{x}' = \begin{pmatrix} 1 & -4 \\ 4 & -7 \end{pmatrix} \mathbf{x}, \quad \mathbf{x}(0) = \begin{pmatrix} 3 \\ 2 \end{pmatrix}$

7. $\mathbf{x}' = \begin{pmatrix} -\dfrac{5}{2} & \dfrac{3}{2} \\ -\dfrac{3}{2} & \dfrac{1}{2} \end{pmatrix} \mathbf{x}, \quad \mathbf{x}(0) = \begin{pmatrix} 3 \\ -1 \end{pmatrix}$

8. $\mathbf{x}' = \begin{pmatrix} 3 & 9 \\ -1 & -3 \end{pmatrix} \mathbf{x}, \quad \mathbf{x}(0) = \begin{pmatrix} 2 \\ 4 \end{pmatrix}$

Nos Problemas 9 e 10:

   a. Encontre a solução do problema de valor inicial dado.

   G b. Desenhe a trajetória correspondente no espaço $x_1x_2x_3$.

   c. Esboce o gráfico de x_1 em função de t.

9. $\mathbf{x}' = \begin{pmatrix} 1 & 0 & 0 \\ -4 & 1 & 0 \\ 3 & 6 & 2 \end{pmatrix} \mathbf{x}, \quad \mathbf{x}(0) = \begin{pmatrix} -1 \\ 2 \\ -30 \end{pmatrix}$

10. $\mathbf{x}' = \begin{pmatrix} -\dfrac{5}{2} & 1 & 1 \\ 1 & -\dfrac{5}{2} & 1 \\ 1 & 1 & -\dfrac{5}{2} \end{pmatrix} \mathbf{x}, \quad \mathbf{x}(0) = \begin{pmatrix} 2 \\ 3 \\ -1 \end{pmatrix}$

Nos Problemas 11 e 12, resolva o sistema de equações dado pelo método do Problema 13 da Seção 7.5. Suponha que $t > 0$.

11. $t\mathbf{x}' = \begin{pmatrix} 3 & -4 \\ 1 & -1 \end{pmatrix} \mathbf{x}$

12. $t\mathbf{x}' = \begin{pmatrix} 1 & -4 \\ 4 & -7 \end{pmatrix} \mathbf{x}$

13. Mostre que todas as soluções do sistema

$$\mathbf{x}' = \begin{pmatrix} a & b \\ c & d \end{pmatrix} \mathbf{x}$$

tendem a zero quando $t \to \infty$ se, e somente se, $a + d < 0$ e $ad - bc > 0$. Compare este resultado com o do Problema 28 na Seção 3.4.

14. Considere, novamente, o circuito elétrico no Problema 21 da Seção 7.6. Este circuito é descrito pelo sistema de equações diferenciais

$$\frac{d}{dt} \begin{pmatrix} I \\ V \end{pmatrix} = \begin{pmatrix} 0 & \dfrac{1}{L} \\ -\dfrac{1}{C} & -\dfrac{1}{RC} \end{pmatrix} \begin{pmatrix} I \\ V \end{pmatrix}.$$

   a. Mostre que os autovalores são reais e iguais se $L = 4R^2C$.

   b. Suponha que $R = 1 \, \Omega$, $C = 1$ F e $L = 4$ H. Suponha, também, que $I(0) = 1$ A e $V(0) = 2$ V. Encontre $I(t)$ e $V(t)$.

15. Considere novamente o sistema

$$\mathbf{x}' = \mathbf{A}\mathbf{x} = \begin{pmatrix} 1 & -1 \\ 1 & 3 \end{pmatrix} \mathbf{x} \tag{36}$$

que discutimos no Exemplo 7.8.2. Vimos lá que $\mathbf{A}$ tem um autovalor duplo $r_1 = r_2 = 2$ com um único autovetor associado $\boldsymbol{\xi}^{(1)} = (1, -1)^T$, ou qualquer múltiplo dele. Então, uma solução do sistema (36) é $\mathbf{x}^{(1)}(t) = \boldsymbol{\xi}^{(1)}e^{2t}$ e uma segunda solução independente tem a forma

$$\mathbf{x}^{(2)}(t) = \boldsymbol{\xi}te^{2t} + \boldsymbol{\eta}e^{2t},$$

em que $\boldsymbol{\xi}$ e $\boldsymbol{\eta}$ satisfazem

$$(\mathbf{A} - 2\mathbf{I})\boldsymbol{\xi} = \mathbf{0}, \quad (\mathbf{A} - 2\mathbf{I})\boldsymbol{\eta} = \boldsymbol{\xi}. \tag{37}$$

No texto, resolvemos a primeira equação para $\boldsymbol{\xi}$ e, depois, a segunda para $\boldsymbol{\eta}$. Aqui, pedimos que você resolva em ordem inversa.

   a. Mostre que $\boldsymbol{\eta}$ satisfaz $(\mathbf{A} - 2\mathbf{I})^2\boldsymbol{\eta} = \mathbf{0}$.

   b. Mostre que $(\mathbf{A} - 2\mathbf{I})^2 = \mathbf{0}$. Logo, o autovetor generalizado $\boldsymbol{\eta}$ pode ser escolhido arbitrariamente, exceto que tem de ser independente de $\boldsymbol{\xi}^{(1)}$.

   c. Seja $\boldsymbol{\eta} = (0, -1)^T$. Determine $\boldsymbol{\xi}$ da segunda das equações em (37) e note que $\boldsymbol{\xi} = (1, -1)^T = \boldsymbol{\xi}^{(1)}$. Esta escolha de $\boldsymbol{\eta}$ reproduz a solução encontrada no Exemplo 7.8.2.

   d. Seja $\boldsymbol{\eta} = (1, 0)^T$ e determine o autovetor correspondente $\boldsymbol{\xi}$.

   e. Seja $\boldsymbol{\eta} = (k_1, k_2)^T$, em que k_1 e k_2 são números arbitrários. Que condição sobre k_1 e k_2 garantem que $\boldsymbol{\eta}$ e $\boldsymbol{\xi}^{(1)}$ são linearmente independentes? Determine $\boldsymbol{\xi}$. Qual é a relação entre este último vetor e o autovetor $\boldsymbol{\xi}^{(1)}$?

16. No Exemplo 7.8.2, com $\mathbf{A}$ dado na Eq. (36), foi afirmado que a Eq. (16) tem solução, embora a matriz $\mathbf{A} - 2\mathbf{I}$ seja singular. Este problema justifica aquela afirmação.

   a. Encontre todos os autovalores e autovetores para $\mathbf{A}^*$, a adjunta de $\mathbf{A}$.

   b. Mostre que os autovetores de $\mathbf{A}$ e os autovetores correspondentes de $\mathbf{A}^*$ são ortogonais.

   c. Explique por que isso prova que a Eq. (16) tem solução.

Autovalores de Multiplicidade 3. Se a matriz $\mathbf{A}$ tiver um autovalor de multiplicidade algébrica 3, então poderão existir um, dois ou três autovetores associados linearmente independentes. A solução geral do sistema $\mathbf{x}' = \mathbf{A}\mathbf{x}$ será diferente dependendo do número de autovetores independentes associados ao autovalor triplo. Como observado no

236 Capítulo 7

texto, não há dificuldade se existem três autovetores, já que, neste caso, existem três soluções independentes da forma $\mathbf{x} = \boldsymbol{\xi}e^{rt}$. Os dois problemas a seguir ilustram o procedimento para encontrar a solução no caso de um autovalor triplo com um ou dois autovetores independentes, respectivamente.

17. Considere o sistema

$$\mathbf{x}' = \mathbf{A}\mathbf{x} = \begin{pmatrix} 1 & 1 & 1 \\ 2 & 1 & -1 \\ -3 & 2 & 4 \end{pmatrix}\mathbf{x}. \quad (38)$$

a. Mostre que $r = 2$ é um autovalor de multiplicidade 3 da matriz de coeficientes $\mathbf{A}$ e que existe apenas um autovetor associado, a saber,

$$\boldsymbol{\xi}^{(1)} = \begin{pmatrix} 0 \\ 1 \\ -1 \end{pmatrix}.$$

b. Usando a informação do item **(a)**, escreva uma solução $\mathbf{x}^{(1)}(t)$ do sistema (38). Não existe outra solução da forma puramente exponencial $\mathbf{x} = \boldsymbol{\xi}e^{rt}$.

c. Para encontrar uma segunda solução, suponha que $\mathbf{x} = \boldsymbol{\xi}te^{2t} + \boldsymbol{\eta}e^{2t}$. Mostre que $\boldsymbol{\xi}$ e $\boldsymbol{\eta}$ satisfazem as equações

$$(\mathbf{A} - 2\mathbf{I})\boldsymbol{\xi} = \mathbf{0}, \quad (\mathbf{A} - 2\mathbf{I})\boldsymbol{\eta} = \boldsymbol{\xi}.$$

Como $\boldsymbol{\xi}$ já foi encontrado no item **(a)**, resolva a segunda equação para $\boldsymbol{\eta}$. Despreze o múltiplo de $\boldsymbol{\xi}^{(1)}$ que aparece em $\boldsymbol{\eta}$, já que nos leva apenas a um múltiplo da primeira solução $\mathbf{x}^{(1)}$. Depois, escreva uma segunda solução $\mathbf{x}^{(2)}(t)$ do sistema (38).

d. Para encontrar uma terceira solução, suponha que

$$\mathbf{x} = \boldsymbol{\xi}\frac{t^2}{2}e^{2t} + \boldsymbol{\eta}te^{2t} + \boldsymbol{\zeta}e^{2t}.$$

Mostre que $\boldsymbol{\xi}$, $\boldsymbol{\eta}$ e $\boldsymbol{\zeta}$ satisfazem as equações

$$(\mathbf{A} - 2\mathbf{I})\boldsymbol{\xi} = \mathbf{0}, \quad (\mathbf{A} - 2\mathbf{I})\boldsymbol{\eta} = \boldsymbol{\xi}, \quad (\mathbf{A} - 2\mathbf{I})\boldsymbol{\zeta} = \boldsymbol{\eta}.$$

As duas primeiras equações são as mesmas do item **(c)**, logo, para resolver a equação para $\boldsymbol{\zeta}$, despreze novamente o múltiplo de $\boldsymbol{\xi}^{(1)}$ que aparece. Depois, escreva uma terceira solução $\mathbf{x}^{(3)}(t)$ do sistema (38).

e. Escreva uma matriz fundamental $\boldsymbol{\Psi}(t)$ para o sistema (38).

f. Forme a matriz $\mathbf{T}$ com o autovetor $\boldsymbol{\xi}^{(1)}$ na primeira coluna e os autovetores generalizados $\boldsymbol{\eta}$ e $\boldsymbol{\zeta}$ na segunda e terceira colunas. Depois, encontre $\mathbf{T}^{-1}$ e forme o produto $\mathbf{J} = \mathbf{T}^{-1}\mathbf{A}\mathbf{T}$. A matriz $\mathbf{J}$ é a forma canônica de Jordan de $\mathbf{A}$.

18. Considere o sistema

$$\mathbf{x}' = \mathbf{A}\mathbf{x} = \begin{pmatrix} 5 & -3 & -2 \\ 8 & -5 & -4 \\ -4 & 3 & 3 \end{pmatrix}\mathbf{x}. \quad (39)$$

a. Mostre que $r = 1$ é um autovalor triplo da matriz de coeficientes $\mathbf{A}$ e que existem dois autovetores associados linearmente independentes, que podemos escolher como

$$\boldsymbol{\xi}^{(1)} = \begin{pmatrix} 1 \\ 0 \\ 2 \end{pmatrix}, \quad \boldsymbol{\xi}^{(2)} = \begin{pmatrix} 0 \\ 2 \\ -3 \end{pmatrix}. \quad (40)$$

Encontre duas soluções linearmente independentes $\mathbf{x}^{(1)}(t)$ e $\mathbf{x}^{(2)}(t)$ da Eq. (39).

b. Para encontrar uma terceira solução, suponha que $\mathbf{x} = \boldsymbol{\xi}te^{t} + \boldsymbol{\eta}e^{t}$; mostre, então, que $\boldsymbol{\xi}$ e $\boldsymbol{\eta}$ têm de satisfazer

$$(\mathbf{A} - \mathbf{I})\boldsymbol{\xi} = \mathbf{0}, \quad (41)$$

$$(\mathbf{A} - \mathbf{I})\boldsymbol{\eta} = \boldsymbol{\xi}. \quad (42)$$

c. A Eq. (41) será satisfeita se $\boldsymbol{\xi}$ for um autovetor, logo, um modo de proceder é escolher $\boldsymbol{\xi}$ como uma combinação linear apropriada de $\boldsymbol{\xi}^{(1)}$ e $\boldsymbol{\xi}^{(2)}$ para que a Eq. (42) tenha solução e depois resolvê-la para $\boldsymbol{\eta}$. Mas vamos proceder de maneira diferente, seguindo o padrão do Problema 15. Primeiro, mostre que $\boldsymbol{\eta}$ satisfaz

$$(\mathbf{A} - \mathbf{I})^2\boldsymbol{\eta} = \mathbf{0}.$$

Depois, mostre que $(\mathbf{A} - \mathbf{I})^2 = \mathbf{0}$. Logo, $\boldsymbol{\eta}$ pode ser escolhido arbitrariamente, exceto que tem de ser independente de $\boldsymbol{\xi}^{(1)}$ e de $\boldsymbol{\xi}^{(2)}$.

d. Uma escolha conveniente para $\boldsymbol{\eta}$ é $\boldsymbol{\eta} = (0, 0, 1)^T$. Encontre o $\boldsymbol{\xi}$ correspondente usando a Eq. (42). Verifique que $\boldsymbol{\xi}$ é um autovetor de $\mathbf{A}$.

e. Escreva uma matriz fundamental $\boldsymbol{\Psi}(t)$ para o sistema (39).

f. Forme a matriz $\mathbf{T}$ com o autovetor $\boldsymbol{\xi}^{(1)}$ na primeira coluna e com o autovetor encontrado no item **(d)** e o autovetor generalizado $\boldsymbol{\eta}$ nas duas últimas colunas. Encontre $\mathbf{T}^{-1}$ e forme o produto $\mathbf{J} = \mathbf{T}^{-1}\mathbf{A}\mathbf{T}$. A matriz $\mathbf{J}$ é a forma canônica de Jordan de $\mathbf{A}$.

19. Seja $\mathbf{J} = \begin{pmatrix} \lambda & 1 \\ 0 & \lambda \end{pmatrix}$, em que λ é um número real arbitrário.

a. Encontre $\mathbf{J}^2$, $\mathbf{J}^3$ e $\mathbf{J}^4$.

b. Prove por indução que $\mathbf{J}^n = \begin{pmatrix} \lambda^n & n\lambda^{n-1} \\ 0 & \lambda^n \end{pmatrix}$.

c. Determine $\exp(\mathbf{J}t)$.

d. Use $\exp(\mathbf{J}t)$ para resolver o problema de valor inicial $\mathbf{x}' = \mathbf{J}\mathbf{x}$, $\mathbf{x}(0) = \mathbf{x}^0$.

20. Seja

$$\mathbf{J} = \begin{pmatrix} \lambda & 0 & 0 \\ 0 & \lambda & 1 \\ 0 & 0 & \lambda \end{pmatrix},$$

em que λ é um número real arbitrário.

a. Encontre $\mathbf{J}^2$, $\mathbf{J}^3$ e $\mathbf{J}^4$.

b. Prove por indução que

$$\mathbf{J}^n = \begin{pmatrix} \lambda^n & 0 & 0 \\ 0 & \lambda^n & n\lambda^{n-1} \\ 0 & 0 & \lambda^n \end{pmatrix}.$$

c. Determine $\exp(\mathbf{J}t)$.

d. Observe que, se você escolher $\lambda = 1$, então a matriz $\mathbf{J}$ neste problema é igual à matriz $\mathbf{J}$ no Problema 18f. Usando a matriz $\mathbf{T}$ do Problema 18f, forme o produto $\mathbf{T}\exp(\mathbf{J}t)$ com $\lambda = 1$.

e. A matriz resultante é a mesma que a matriz fundamental $\boldsymbol{\Psi}(t)$ no Problema 18e? Se não for, explique a discrepância.

21. Seja

$$\mathbf{J} = \begin{pmatrix} \lambda & 1 & 0 \\ 0 & \lambda & 1 \\ 0 & 0 & \lambda \end{pmatrix},$$

em que λ é um número real arbitrário.

a. Encontre $\mathbf{J}^2$, $\mathbf{J}^3$ e $\mathbf{J}^4$.

b. Prove por indução que

$$\mathbf{J}^n = \begin{pmatrix} \lambda^n & n\lambda^{n-1} & \frac{1}{2}n(n-1)\lambda^{n-2} \\ 0 & \lambda^n & n\lambda^{n-1} \\ 0 & 0 & \lambda^n \end{pmatrix}.$$

c. Determine $\exp(\mathbf{J}t)$.

d. Observe que, se você escolher $\lambda = 2$, então a matriz $\mathbf{J}$ neste problema será igual à matriz $\mathbf{J}$ no Problema 17f. Usando a matriz $\mathbf{T}$ do Problema 17f, forme o produto $\mathbf{T}\exp(\mathbf{J}t)$ com $\lambda = 2$. A matriz resultante é a mesma que a matriz fundamental $\mathbf{\Psi}(t)$ no Problema 17e? Se não for, explique a discrepância.

7.9 Sistemas Lineares Não Homogêneos

Nesta seção, vamos considerar o sistema não homogêneo de equações diferenciais lineares de primeira ordem

$$\mathbf{x}' = \mathbf{P}(t)\mathbf{x} + \mathbf{g}(t), \tag{1}$$

em que a matriz $n \times n$ $\mathbf{P}(t)$ e o vetor $n \times 1$ $\mathbf{g}(t)$ são contínuos em $\alpha < t < \beta$. Pelo mesmo argumento usado na Seção 3.5 (veja, também, o Problema 12 nesta seção), a solução geral da Eq. (1) pode ser expressa na forma

$$\mathbf{x} = c_1\mathbf{x}^{(1)}(t) + \cdots + c_n\mathbf{x}^{(n)}(t) + \mathbf{v}(t), \tag{2}$$

em que $c_1\mathbf{x}^{(1)}(t) + \cdots + c_n\mathbf{x}^{(n)}(t)$ é a solução geral do sistema homogêneo $\mathbf{x}' = \mathbf{P}(t)\mathbf{x}$, e $\mathbf{v}(t)$ é uma solução particular do sistema não homogêneo (1). Vamos descrever, rapidamente, diversos métodos para encontrar $\mathbf{v}(t)$.

Diagonalização. Começamos com um sistema da forma

$$\mathbf{x}' = \mathbf{A}\mathbf{x} + \mathbf{g}(t), \tag{3}$$

em que $\mathbf{A}$ é uma matriz $n \times n$ constante diagonalizável. Diagonalizando a matriz de coeficientes $\mathbf{A}$, como indicado na Seção 7.7, podemos transformar a Eq. (3) em um sistema de equações que pode ser resolvido facilmente.

Seja $\mathbf{T}$ a matriz cujas colunas são os autovetores $\boldsymbol{\xi}^{(1)}$, ..., $\boldsymbol{\xi}^{(n)}$ de $\mathbf{A}$, e defina uma variável dependente nova $\mathbf{y}$ por

$$\mathbf{x} = \mathbf{T}\mathbf{y}. \tag{4}$$

Então, substituindo $\mathbf{x}$ na Eq. (3) pela expressão anterior, obtemos

$$\mathbf{T}\mathbf{y}' = \mathbf{A}\mathbf{T}\mathbf{y} + \mathbf{g}(t).$$

Multiplicando essa equação (à esquerda) por $\mathbf{T}^{-1}$, segue que

$$\mathbf{y}' = (\mathbf{T}^{-1}\mathbf{A}\mathbf{T})\mathbf{y} + \mathbf{T}^{-1}\mathbf{g}(t) = \mathbf{D}\mathbf{y} + \mathbf{h}(t), \tag{5}$$

em que $\mathbf{h}(t) = \mathbf{T}^{-1}\mathbf{g}(t)$ e $\mathbf{D}$ é a matriz diagonal cujos elementos diagonais são os autovalores r_1, ..., r_n de $\mathbf{A}$, arrumados na mesma ordem que os autovetores correspondentes $\boldsymbol{\xi}^{(1)}$, ..., $\boldsymbol{\xi}^{(n)}$ que aparecem como colunas de $\mathbf{T}$. A Eq. (5) é um sistema de n equações diferenciais lineares de primeira ordem *desacopladas* para $y_1(t)$, ..., $y_n(t)$; em consequência, as equações diferenciais podem ser resolvidas separadamente. Em forma escalar, a Eq. (5) fica

$$y_j'(t) = r_j y_j(t) + h_j(t), \quad j = 1, \ldots, n, \tag{6}$$

em que $h_j(t)$ é uma determinada combinação linear de $g_1(t)$, ..., $g_n(t)$. A Eq. (6) é uma equação diferencial linear de primeira ordem e pode ser resolvida pelos métodos da Seção 2.1. De fato, temos

$$y_j(t) = e^{r_j t} \int_{t_0}^{t} e^{-r_j s} h_j(s)\,ds + c_j e^{r_j t}, \quad j = 1, \ldots, n, \tag{7}$$

em que os c_j são constantes arbitrárias. Finalmente, a solução $\mathbf{x}$ da Eq. (3) é obtida da Eq. (4). Ao ser multiplicado pela matriz de semelhança $\mathbf{T}$, o segundo termo do lado direito do sinal de igualdade na Eq. (7) fornece a solução geral da equação homogênea $\mathbf{x}' = \mathbf{A}\mathbf{x}$, enquanto o primeiro termo fornece uma solução particular do sistema não homogêneo (3).

EXEMPLO 7.9.1

Encontre a solução geral do sistema

$$\mathbf{x}' = \begin{pmatrix} -2 & 1 \\ 1 & -2 \end{pmatrix}\mathbf{x} + \begin{pmatrix} 2e^{-t} \\ 3t \end{pmatrix} = \mathbf{A}\mathbf{x} + \mathbf{g}(t). \tag{8}$$

Solução:

Procedendo como na Seção 7.5, vemos que os autovalores da matriz de coeficientes são $r_1 = -3$ e $r_2 = -1$, e os autovetores correspondentes são

$$\boldsymbol{\xi}^{(1)} = \begin{pmatrix} 1 \\ -1 \end{pmatrix} \text{ e } \boldsymbol{\xi}^{(2)} = \begin{pmatrix} 1 \\ 1 \end{pmatrix}. \tag{9}$$

Logo, a solução geral do sistema homogêneo é

$$\mathbf{x} = c_1 \begin{pmatrix} 1 \\ -1 \end{pmatrix} e^{-3t} + c_2 \begin{pmatrix} 1 \\ 1 \end{pmatrix} e^{-t}. \tag{10}$$

Antes de escrever a matriz $\mathbf{T}$ de autovetores, lembre-se de que vamos precisar encontrar $\mathbf{T}^{-1}$. A matriz de coeficientes $\mathbf{A}$ é real e simétrica, logo, podemos usar o resultado enunciado antes do Exemplo 7.7.3: $\mathbf{T}^{-1}$ é simplesmente a adjunta, que neste caso (como $\mathbf{T}$ é real) é a transposta de $\mathbf{T}$, desde que os autovetores de $\mathbf{A}$ estejam normalizados para terem comprimento um, ou seja, $(\boldsymbol{\xi}, \boldsymbol{\xi}) = 1$. Portanto, como ambos $\boldsymbol{\xi}^{(1)}$ e $\boldsymbol{\xi}^{(2)}$ têm comprimento $\sqrt{2}$, definimos

$$\mathbf{T} = \frac{1}{\sqrt{2}}\begin{pmatrix} 1 & 1 \\ -1 & 1 \end{pmatrix}, \text{ logo } \mathbf{T}^{-1} = \frac{1}{\sqrt{2}}\begin{pmatrix} 1 & -1 \\ 1 & 1 \end{pmatrix}. \tag{11}$$

Fazendo $\mathbf{x} = \mathbf{T}\mathbf{y}$ e substituindo $\mathbf{x}$ na Eq. (8), obtemos o seguinte sistema de equações para a variável dependente nova $\mathbf{y}$:

$$\mathbf{y}' = \mathbf{D}\mathbf{y} + \mathbf{T}^{-1}\mathbf{g}(t) = \begin{pmatrix} -3 & 0 \\ 0 & -1 \end{pmatrix}\mathbf{y} + \frac{1}{\sqrt{2}}\begin{pmatrix} 2e^{-t} - 3t \\ 2e^{-t} + 3t \end{pmatrix}. \tag{12}$$

Assim

$$\begin{aligned} y_1' + 3y_1 &= \sqrt{2}e^{-t} - \frac{3}{\sqrt{2}}t, \\ y_2' + y_2 &= \sqrt{2}e^{-t} + \frac{3}{\sqrt{2}}t. \end{aligned} \tag{13}$$

Cada uma das Eqs. (13) é uma equação diferencial linear de primeira ordem e, portanto, pode ser resolvida pelos métodos da Seção 2.1. Desse modo, obtemos

$$\begin{aligned} y_1 &= \frac{\sqrt{2}}{2}e^{-t} - \frac{3}{\sqrt{2}}\left(\frac{t}{3} - \frac{1}{9}\right) + c_1 e^{-3t}, \\ y_2 &= \sqrt{2}te^{-t} + \frac{3}{\sqrt{2}}(t-1) + c_2 e^{-t}. \end{aligned} \tag{14}$$

238 Capítulo 7

Finalmente, escrevemos a solução em função das variáveis originais:

$$\mathbf{x} = \mathbf{Ty} = \frac{1}{\sqrt{2}}\begin{pmatrix} y_1 + y_2 \\ -y_1 + y_2 \end{pmatrix} =$$

$$= \begin{pmatrix} \dfrac{c_1}{\sqrt{2}}e^{-3t} + \left(\dfrac{c_2}{\sqrt{2}} + \dfrac{1}{2}\right)e^{-t} + t - \dfrac{4}{3} + te^{-t} \\[3mm] -\dfrac{c_1}{\sqrt{2}}e^{-3t} + \left(\dfrac{c_2}{\sqrt{2}} - \dfrac{1}{2}\right)e^{-t} + 2t - \dfrac{5}{3} + te^{-t} \end{pmatrix} =$$

$$= k_1\begin{pmatrix} 1 \\ -1 \end{pmatrix}e^{-3t} + k_2\begin{pmatrix} 1 \\ 1 \end{pmatrix}e^{-t} + \frac{1}{2}\begin{pmatrix} 1 \\ -1 \end{pmatrix}e^{-t} + \begin{pmatrix} 1 \\ 1 \end{pmatrix}te^{-t} +$$

$$+ \begin{pmatrix} 1 \\ 2 \end{pmatrix}t - \frac{1}{3}\begin{pmatrix} 4 \\ 5 \end{pmatrix}, \tag{15}$$

em que $k_1 = c_1/\sqrt{2}$ e $k_2 = c_2/\sqrt{2}$. As duas primeiras parcelas à direita do último sinal de igualdade na Eq. (15) formam a solução geral do sistema homogêneo associado à Eq. (8). As parcelas restantes formam uma solução particular do sistema não homogêneo.

Se a matriz de coeficientes $\mathbf{A}$ na Eq. (3) não for diagonalizável (em razão de autovalores repetidos e da falta de autovetores), ela pode, de qualquer jeito, ser reduzida à sua forma canônica de Jordan $\mathbf{J}$ por meio de uma matriz de semelhança apropriada $\mathbf{T}$, envolvendo tanto autovetores quanto autovetores generalizados. Neste caso, as equações diferenciais para $y_1, \ldots, y_n$ não estarão totalmente desacopladas, já que algumas linhas de $\mathbf{J}$ têm dois elementos não nulos: um autovalor na posição diagonal e um número um na posição adjacente à direita. No entanto, as equações para $y_1, \ldots, y_n$ ainda podem ser resolvidas consecutivamente, começando com y_n. Então, a solução do sistema original (3) pode ser encontrada pela relação $\mathbf{x} = \mathbf{Ty}$.

Coeficientes Indeterminados. Uma segunda maneira de encontrar uma solução particular do sistema não homogêneo (1) é o método dos coeficientes indeterminados que discutimos na Seção 3.5. Para usar este método, supomos que a solução tem determinada forma com alguns ou todos os coeficientes indeterminados e, depois, procuramos estes coeficientes de modo a satisfazer a equação diferencial. Do ponto de vista prático, este método só é aplicável se a matriz de coeficientes $\mathbf{P}$ for constante e se as componentes de $\mathbf{g}$ forem funções polinomiais, exponenciais, senoidais ou somas ou produtos de tais funções. Nesses casos, a forma correta da solução pode ser prevista de maneira simples e sistemática. O procedimento para escolher a forma da solução é, essencialmente, o mesmo que o dado na Seção 3.5 para uma única equação linear de segunda ordem. A diferença principal pode ser ilustrada pelo caso de um termo não homogêneo da forma $\mathbf{u}e^{\lambda t}$, em que λ é uma raiz simples da equação característica. Nesta situação, em vez de supor uma solução da forma $\mathbf{a}te^{\lambda t}$, é preciso usar $\mathbf{a}te^{\lambda t} + \mathbf{b}e^{\lambda t}$, em que $\mathbf{a}$ e $\mathbf{b}$ são determinados substituindo-se a expressão na equação diferencial.

EXEMPLO 7.9.2

Use o método dos coeficientes indeterminados para encontrar uma solução particular de

$$\mathbf{x}' = \begin{pmatrix} -2 & 1 \\ 1 & -2 \end{pmatrix}\mathbf{x} + \begin{pmatrix} 2e^{-t} \\ 3t \end{pmatrix} = \mathbf{Ax} + \mathbf{g}(t). \tag{16}$$

Solução:

Este é o mesmo sistema de equações que no Exemplo 7.9.1. Para usar o método dos coeficientes a determinar, escrevemos $\mathbf{g}(t)$ na forma

$$\mathbf{g}(t) = \begin{pmatrix} 2 \\ 0 \end{pmatrix}e^{-t} + \begin{pmatrix} 0 \\ 3 \end{pmatrix}t. \tag{17}$$

Note que $r = -1$ é um autovalor da matriz de coeficientes e, portanto, precisamos incluir tanto $\mathbf{a}te^{-t}$ quanto $\mathbf{b}e^{-t}$ na solução. Vamos supor, então, que

$$\mathbf{x} = \mathbf{v}(t) = \mathbf{a}te^{-t} + \mathbf{b}e^{-t} + \mathbf{c}t + \mathbf{d}, \tag{18}$$

em que $\mathbf{a}$, $\mathbf{b}$, $\mathbf{c}$ e $\mathbf{d}$ são vetores a serem determinados. Substituindo a Eq. (18) na Eq. (16) e juntando os termos semelhantes, obtemos as seguintes equações algébricas para $\mathbf{a}$, $\mathbf{b}$, $\mathbf{c}$ e $\mathbf{d}$:

$$\begin{aligned} \mathbf{Aa} &= -\mathbf{a}, \\ \mathbf{Ab} &= \mathbf{a} - \mathbf{b} - \begin{pmatrix} 2 \\ 0 \end{pmatrix}, \\ \mathbf{Ac} &= -\begin{pmatrix} 0 \\ 3 \end{pmatrix}, \\ \mathbf{Ad} &= \mathbf{c}. \end{aligned} \tag{19}$$

Da primeira das Eqs. (19), vemos que $\mathbf{a}$ é um autovetor de $\mathbf{A}$ associado ao autovalor $r = -1$. Logo, $\mathbf{a} = (\alpha, \alpha)^T$, em que α é qualquer constante diferente de zero. Note que a segunda das Eqs. (19) só pode ser resolvida se $\alpha = 1$ e, neste caso,

$$\mathbf{b} = k\begin{pmatrix} 1 \\ 1 \end{pmatrix} - \begin{pmatrix} 0 \\ 1 \end{pmatrix} \tag{20}$$

para qualquer constante k. A escolha mais simples é $k = 0$, da qual $\mathbf{b} = (0, -1)^T$.

A terceira e a quarta equações em (19) fornecem, então, $\mathbf{c} = (1, 2)^T$ e $\mathbf{d} = -\frac{1}{3}(4,5)^T$, respectivamente. Então, substituindo $\mathbf{a}$, $\mathbf{b}$, $\mathbf{c}$ e $\mathbf{d}$ na Eq. (18), obtemos a solução particular

$$\mathbf{v}(t) = \begin{pmatrix} 1 \\ 1 \end{pmatrix}te^{-t} - \begin{pmatrix} 0 \\ 1 \end{pmatrix}e^{-t} + \begin{pmatrix} 1 \\ 2 \end{pmatrix}t - \frac{1}{3}\begin{pmatrix} 4 \\ 5 \end{pmatrix}. \tag{21}$$

A solução particular (21) não é idêntica à contida na Eq. (15) do Exemplo 7.9.1 porque o termo contendo e^{-t} é diferente. No entanto, se escolhermos $k = \frac{1}{2}$ na Eq. (20), teremos $\mathbf{b} = -\frac{1}{2}(1,1)^T$ e as duas soluções particulares ficarão idênticas.

Variação dos Parâmetros. Vamos considerar, agora, problemas mais gerais em que a matriz de coeficientes não é constante ou não é diagonalizável. Seja

$$\mathbf{x}' = \mathbf{P}(t)\mathbf{x} + \mathbf{g}(t), \tag{22}$$

em que $\mathbf{P}(t)$ e $\mathbf{g}(t)$ são contínuas em $\alpha < t < \beta$. Suponha que uma matriz fundamental $\mathbf{\Psi}(t)$ para o sistema homogêneo associado

$$\mathbf{x}' = \mathbf{P}(t)\mathbf{x} \tag{23}$$

já foi encontrada. Vamos usar o método de variação dos parâmetros para construir uma solução particular e, portanto, a solução geral do sistema não homogêneo (22).

Como a solução geral do sistema homogêneo (23) é $\mathbf{\Psi}(t)\mathbf{c}$, é natural proceder como na Seção 3.6 e buscar uma solução do sistema não homogêneo (22) substituindo o vetor constante $\mathbf{c}$ por uma função vetorial $\mathbf{u}(t)$. Assim, supomos que

$$\mathbf{x} = \mathbf{\Psi}(t)\mathbf{u}(t), \tag{24}$$

em que $\mathbf{u}(t)$ é um vetor a ser encontrado. Diferenciando $\mathbf{x}$ dado pela Eq. (24) e impondo que a Eq. (22) seja satisfeita, obtemos

$$\boldsymbol{\Psi}'(t)\mathbf{u}(t) + \boldsymbol{\Psi}(t)\mathbf{u}'(t) = \mathbf{P}(t)\boldsymbol{\Psi}(t)\mathbf{u}(t) + \mathbf{g}(t). \qquad (25)$$

Como $\boldsymbol{\Psi}(t)$ é uma matriz fundamental, $\boldsymbol{\Psi}'(t) = \mathbf{P}(t)\boldsymbol{\Psi}(t)$; logo, a Eq. (25) se reduz a

$$\boldsymbol{\Psi}(t)\mathbf{u}'(t) = \mathbf{g}(t). \qquad (26)$$

Lembre-se de que $\boldsymbol{\Psi}(t)$ é invertível em qualquer intervalo em que $\mathbf{P}$ é contínua. Então, $\boldsymbol{\Psi}^{-1}(t)$ existe e temos

$$\mathbf{u}'(t) = \boldsymbol{\Psi}^{-1}(t)\mathbf{g}(t). \qquad (27)$$

Logo, podemos selecionar como $\mathbf{u}(t)$ qualquer vetor na classe de vetores que satisfazem a Eq. (27). Esses vetores estão determinados a menos de um vetor constante aditivo arbitrário; portanto, denotamos $\mathbf{u}(t)$ por

$$\mathbf{u}(t) = \int \boldsymbol{\Psi}^{-1}(t)\mathbf{g}(t)dt + \mathbf{c}, \qquad (28)$$

em que o vetor constante $\mathbf{c}$ é arbitrário. Se as integrais na Eq. (28) puderem ser calculadas, a solução geral do sistema (22) poderá ser encontrada substituindo-se $\mathbf{u}(t)$ na Eq. (24) pela expressão na Eq. (28). No entanto, mesmo se as integrais não puderem ser calculadas, ainda poderemos escrever a solução geral da Eq. (22) na forma

$$\mathbf{x} = \boldsymbol{\Psi}(t)\mathbf{c} + \boldsymbol{\Psi}(t)\int_{t_1}^{t} \boldsymbol{\Psi}^{-1}(s)\mathbf{g}(s)ds, \qquad (29)$$

em que t_1 é qualquer ponto no intervalo (α, β). Note que a primeira parcela à direita do sinal de igualdade na Eq. (29) é a solução geral do sistema homogêneo associado (23), e a segunda parcela é uma solução particular da Eq. (22).

Vamos considerar, agora, o problema de valor inicial consistindo na equação diferencial (22) e na condição inicial

$$\mathbf{x}(t_0) = \mathbf{x}^0. \qquad (30)$$

Poderemos encontrar a solução deste problema de maneira conveniente se escolhermos o limite inferior de integração na Eq. (29) como o ponto inicial t_0. Então, a solução geral da equação diferencial é

$$\mathbf{x} = \boldsymbol{\Psi}(t)\mathbf{c} + \boldsymbol{\Psi}(t)\int_{t_0}^{t} \boldsymbol{\Psi}^{-1}(s)\mathbf{g}(s)ds. \qquad (31)$$

Para $t = t_0$, a integral na Eq. (31) é zero, de modo que a condição inicial (30) também será satisfeita se escolhermos

$$\mathbf{c} = \boldsymbol{\Psi}^{-1}(t_0)\mathbf{x}^0. \qquad (32)$$

Portanto,

$$\mathbf{x} = \boldsymbol{\Psi}(t)\boldsymbol{\Psi}^{-1}(t_0)\mathbf{x}^0 + \boldsymbol{\Psi}(t)\int_{t_0}^{t} \boldsymbol{\Psi}^{-1}(s)\mathbf{g}(s)ds \qquad (33)$$

é a solução do problema de valor inicial dado. Mais uma vez, embora seja útil usar $\boldsymbol{\Psi}^{-1}$ para escrever as soluções (29) e (33), em geral, em casos particulares, é melhor resolver as equações necessárias por redução de linhas do que calcular $\boldsymbol{\Psi}^{-1}$ e substituir nas Eqs. (29) e (33).

A solução (33) fica em uma forma ligeiramente mais simples se usarmos a matriz fundamental $\boldsymbol{\Phi}(t)$ que satisfaz $\boldsymbol{\Phi}(t_0) = \mathbf{I}$. Neste caso, temos

$$\mathbf{x} = \boldsymbol{\Phi}(t)\mathbf{x}^0 + \boldsymbol{\Phi}(t)\int_{t_0}^{t} \boldsymbol{\Phi}^{-1}(s)\mathbf{g}(s)ds. \qquad (34)$$

A Eq. (34) pode ser ainda mais simplificada se a matriz de coeficientes $\mathbf{P}(t)$ for constante (veja o Problema 16).

EXEMPLO 7.9.3

Use o método de variação dos parâmetros para encontrar a solução geral do sistema

$$\mathbf{x}' = \begin{pmatrix} -2 & 1 \\ 1 & -2 \end{pmatrix}\mathbf{x} + \begin{pmatrix} 2e^{-t} \\ 3t \end{pmatrix} = \mathbf{A}\mathbf{x} + \mathbf{g}(t). \qquad (35)$$

Este é o mesmo sistema de equações que nos Exemplos 7.9.1 e 7.9.2.

Solução:

A solução geral do sistema homogêneo associado foi dada na Eq. (10). Assim,

$$\boldsymbol{\Psi}(t) = \begin{pmatrix} e^{-3t} & e^{-t} \\ -e^{-3t} & e^{-t} \end{pmatrix} \qquad (36)$$

é uma matriz fundamental. Então, a solução $\mathbf{x}$ da Eq. (35) é dada por $\mathbf{x} = \boldsymbol{\Psi}(t)\mathbf{u}(t)$, em que $\mathbf{u}(t)$ satisfaz $\boldsymbol{\Psi}(t)\mathbf{u}'(t) = \mathbf{g}(t)$ ou

$$\begin{pmatrix} e^{-3t} & e^{-t} \\ -e^{-3t} & e^{-t} \end{pmatrix}\begin{pmatrix} u_1' \\ u_2' \end{pmatrix} = \begin{pmatrix} 2e^{-t} \\ 3t \end{pmatrix}. \qquad (37)$$

Resolvendo a Eq. (37) por redução de linhas, obtemos

$$u_1' = e^{2t} - \frac{3}{2}te^{3t},$$

$$u_2' = 1 + \frac{3}{2}te^{t}.$$

Portanto,

$$u_1(t) = \frac{1}{2}e^{2t} - \frac{1}{2}te^{3t} + \frac{1}{6}e^{3t} + c_1,$$

$$u_2(t) = t + \frac{3}{2}te^{t} - \frac{3}{2}e^{t} + c_2$$

e

$$\mathbf{x} = \boldsymbol{\Psi}(t)\mathbf{u}(t) =$$
$$= c_1\begin{pmatrix} 1 \\ -1 \end{pmatrix}e^{-3t} + c_2\begin{pmatrix} 1 \\ 1 \end{pmatrix}e^{-t} + \frac{1}{2}\begin{pmatrix} 1 \\ -1 \end{pmatrix}e^{-t} +$$
$$+ \begin{pmatrix} 1 \\ 1 \end{pmatrix}te^{-t} + \begin{pmatrix} 1 \\ 2 \end{pmatrix}t - \frac{1}{3}\begin{pmatrix} 4 \\ 5 \end{pmatrix}, \qquad (38)$$

que é a mesma solução obtida no Exemplo 7.9.1 (compare com a Eq. (15)) e é equivalente à solução obtida no Exemplo 7.9.2 (compare com a Eq. (21)).

Transformadas de Laplace. Usamos a transformada de Laplace no Capítulo 6 para resolver equações lineares de qualquer ordem. Ela também pode ser usada de maneira semelhante para resolver sistemas de equações. Como a transformada é uma integral, a transformada de um vetor é calculada componente a componente. Assim, $\mathcal{L}\{\mathbf{x}(t)\}$ é o vetor cujas componentes são as transformadas das componentes respectivas de $\mathbf{x}(t)$ e, de modo similar, para $\mathcal{L}\{\mathbf{x}'(t)\}$. Denotaremos $\mathcal{L}\{\mathbf{x}(t)\}$ por $\mathbf{X}(s)$. Então, por uma extensão do Teorema 6.2.1 para vetores, temos

$$\mathcal{L}\{\mathbf{x}'(t)\} = s\mathbf{X}(s) - \mathbf{x}(0). \qquad (39)$$

240 Capítulo 7

EXEMPLO 7.9.4

Use o método de transformada de Laplace para resolver o sistema

$$\mathbf{x}' = \begin{pmatrix} -2 & 1 \\ 1 & -2 \end{pmatrix} \mathbf{x} + \begin{pmatrix} 2e^{-t} \\ 3t \end{pmatrix} = \mathbf{A}\mathbf{x} + \mathbf{g}(t). \tag{40}$$

Este é o mesmo sistema de equações que nos Exemplos 7.9.1, 7.9.2 e 7.9.3.

Solução:

Calculando a transformada de Laplace de cada parcela na Eq. (40), obtemos

$$s\mathbf{X}(s) - \mathbf{x}(0) = \mathbf{A}\mathbf{X}(s) + \mathbf{G}(s), \tag{41}$$

em que $\mathbf{G}(s)$ é a transformada de $\mathbf{g}(t)$. A transformada $\mathbf{G}(s)$ é dada por

$$\mathbf{G}(s) = \begin{pmatrix} \dfrac{2}{s+1} \\ \dfrac{3}{s^2} \end{pmatrix}. \tag{42}$$

Para continuar, precisamos escolher o vetor inicial $\mathbf{x}(0)$. Para simplificar, vamos escolher $\mathbf{x}(0) = \mathbf{0}$. Então, a Eq. (41) fica

$$(s\mathbf{I} - \mathbf{A})\mathbf{X}(s) = \mathbf{G}(s), \tag{43}$$

em que, como de hábito, $\mathbf{I}$ é a matriz identidade 2×2. Logo, $\mathbf{X}(s)$ é dada por

$$\mathbf{X}(s) = (s\mathbf{I} - \mathbf{A})^{-1}\mathbf{G}(s). \tag{44}$$

A matriz $(s\mathbf{I} - \mathbf{A})^{-1}$ é chamada **matriz de transferência** porque, multiplicando-a pela transformada do vetor de entrada $\mathbf{g}(t)$, obtemos a transformada do vetor de saída $\mathbf{x}(t)$. Neste exemplo, temos

$$s\mathbf{I} - \mathbf{A} = \begin{pmatrix} s+2 & -1 \\ -1 & s+2 \end{pmatrix}, \tag{45}$$

e obtemos, por um cálculo direto,

$$(s\mathbf{I} - \mathbf{A})^{-1} = \frac{1}{(s+1)(s+3)} \begin{pmatrix} s+2 & 1 \\ 1 & s+2 \end{pmatrix}. \tag{46}$$

Então, substituindo as Eqs. (42) e (46) na Eq. (44) e efetuando as multiplicações indicadas, vemos que

$$\mathbf{X}(s) = \begin{pmatrix} \dfrac{2(s+2)}{(s+1)^2(s+3)} + \dfrac{3}{s^2(s+1)(s+3)} \\ \dfrac{2}{(s+1)^2(s+3)} + \dfrac{3(s+2)}{s^2(s+1)(s+3)} \end{pmatrix}. \tag{47}$$

Finalmente, precisamos obter a solução $\mathbf{x}(t)$ de sua transformada $\mathbf{X}(s)$. Isso pode ser feito expandindo as expressões na Eq. (47) em frações parciais e usando a Tabela 6.2.1 ou (mais eficientemente) usando ferramentas computacionais apropriadas. De qualquer modo, depois de simplificado, o resultado fica

$$\mathbf{x}(t) = \begin{pmatrix} 2 \\ 1 \end{pmatrix} e^{-t} - \frac{2}{3}\begin{pmatrix} 1 \\ -1 \end{pmatrix} e^{-3t} + \begin{pmatrix} 1 \\ 1 \end{pmatrix} te^{-t} + \begin{pmatrix} 1 \\ 2 \end{pmatrix} t - \frac{1}{3}\begin{pmatrix} 4 \\ 5 \end{pmatrix}. \tag{48}$$

A Eq. (48) fornece a solução particular do sistema (40) que satisfaz a condição inicial $\mathbf{x}(0) = \mathbf{0}$. Por esta razão, ela difere ligeiramente das soluções particulares obtidas nos três exemplos precedentes. Para obter a solução geral da Eq. (40), você precisa somar a expressão na Eq. (48) à solução geral (10) do sistema homogêneo associado à Eq. (40).

Cada um dos métodos para resolver equações não homogêneas tem vantagens e desvantagens. O método dos coeficientes indeterminados não precisa de integração, mas tem escopo limitado e pode levar a diversos conjuntos de equações algébricas. O método de diagonalização requer que se encontrem a inversa da matriz de semelhança e a solução de um conjunto de equações diferenciais lineares de primeira ordem desacopladas, seguida de uma multiplicação de matrizes. Sua principal vantagem é que, no caso de matrizes de coeficiente autoadjuntas, a inversa da matriz de semelhança pode ser encontrada sem cálculos – uma característica mais importante para sistemas grandes. O método da transformada de Laplace envolve a inversão de uma matriz para encontrar a matriz de transferência, seguida de uma multiplicação e, finalmente, da determinação da transformada inversa de cada parcela na expressão resultante. Ela é particularmente útil em problemas com funções externas contendo termos descontínuos ou impulsivos. O método de variação dos parâmetros é o mais geral. Por outro lado, ele envolve a solução de um conjunto de equações lineares algébricas com coeficientes variáveis, seguido de uma integração e de uma multiplicação de matrizes, de modo que também é o mais complicado do ponto de vista computacional. Para muitos sistemas pequenos com coeficientes constantes, como os dos exemplos desta seção, todos esses métodos funcionam bem e pode não fazer muita diferença qual deles é escolhido.

Problemas

Nos Problemas 1 a 8, encontre a solução geral do sistema de equações dado.

1. $\mathbf{x}' = \begin{pmatrix} 2 & -1 \\ 3 & -2 \end{pmatrix} \mathbf{x} + \begin{pmatrix} e^t \\ t \end{pmatrix}$

2. $\mathbf{x}' = \begin{pmatrix} 2 & -5 \\ 1 & -2 \end{pmatrix} \mathbf{x} + \begin{pmatrix} -\cos(t) \\ \text{sen}(t) \end{pmatrix}$

3. $\mathbf{x}' = \begin{pmatrix} 1 & 1 \\ 4 & -2 \end{pmatrix} \mathbf{x} + \begin{pmatrix} e^{-2t} \\ -2e^t \end{pmatrix}$

4. $\mathbf{x}' = \begin{pmatrix} 4 & -2 \\ 8 & -4 \end{pmatrix} \mathbf{x} + \begin{pmatrix} t^{-3} \\ -t^{-2} \end{pmatrix}, \quad t > 0$

5. $\mathbf{x}' = \begin{pmatrix} 1 & 1 \\ 4 & 1 \end{pmatrix} \mathbf{x} + \begin{pmatrix} 2 \\ -1 \end{pmatrix} e^t$

6. $\mathbf{x}' = \begin{pmatrix} 2 & -1 \\ 3 & -2 \end{pmatrix} \mathbf{x} + \begin{pmatrix} 1 \\ -1 \end{pmatrix} e^t$

7. $\mathbf{x}' = \begin{pmatrix} -3 & \sqrt{2} \\ \sqrt{2} & -2 \end{pmatrix} \mathbf{x} + \begin{pmatrix} 1 \\ -1 \end{pmatrix} e^{-t}$

8. $\mathbf{x}' = \begin{pmatrix} 2 & -5 \\ 1 & -2 \end{pmatrix} \mathbf{x} + \begin{pmatrix} 0 \\ \cos(t) \end{pmatrix}, \quad 0 < t < \pi$

9. O circuito elétrico mostrado na **Figura 7.9.1** é descrito pelo sistema de equações diferenciais

$$\frac{d\mathbf{x}}{dt} = \begin{pmatrix} -\frac{1}{2} & -\frac{1}{8} \\ 2 & -\frac{1}{2} \end{pmatrix} \mathbf{x} + \begin{pmatrix} \frac{1}{2} \\ 0 \end{pmatrix} I(t), \quad (49)$$

em que x_1 é a corrente através do indutor, x_2 é a queda de tensão no capacitor, e $I(t)$ é a corrente fornecida pela fonte externa.

a. Determine uma matriz fundamental $\mathbf{\Psi}(t)$ para o sistema homogêneo associado à Eq. (49). Veja o Problema 20 da Seção 7.6.
b. Se $I(t) = e^{-t/2}$, determine a solução do sistema (49) que satisfaz a condição inicial $\mathbf{x}(0) = \mathbf{0}$.

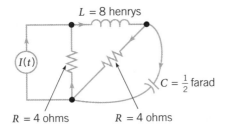

FIGURA 7.9.1 Circuito no Problema 9.

Nos Problemas 10 e 11, verifique que o vetor dado é a solução geral do sistema homogêneo associado e, depois, resolva o sistema não homogêneo. Suponha que $t > 0$.

10. $t\mathbf{x}' = \begin{pmatrix} 2 & -1 \\ 3 & -2 \end{pmatrix} \mathbf{x} + \begin{pmatrix} 1-t^2 \\ 2t \end{pmatrix}$,

$\mathbf{x}^{(c)} = c_1 \begin{pmatrix} 1 \\ 1 \end{pmatrix} t + c_2 \begin{pmatrix} 1 \\ 3 \end{pmatrix} t^{-1}$

11. $t\mathbf{x}' = \begin{pmatrix} 3 & -2 \\ 2 & -2 \end{pmatrix} \mathbf{x} + \begin{pmatrix} -2t \\ t^4 - 1 \end{pmatrix}$,

$\mathbf{x}^{(c)} = c_1 \begin{pmatrix} 1 \\ 2 \end{pmatrix} t^{-1} + c_2 \begin{pmatrix} 2 \\ 1 \end{pmatrix} t^2$

12. Seja $\mathbf{x} = \boldsymbol{\phi}(t)$ a solução geral de $\mathbf{x}' = \mathbf{P}(t)\mathbf{x} + \mathbf{g}(t)$, e seja $\mathbf{x} = \mathbf{v}(t)$ uma solução particular do mesmo sistema. Considerando a diferença $\boldsymbol{\phi}(t) - \mathbf{v}(t)$, mostre que $\boldsymbol{\phi}(t) = \mathbf{u}(t) + \mathbf{v}(t)$, em que $\mathbf{u}(t)$ é a solução geral do sistema homogêneo $\mathbf{x}' = \mathbf{P}(t)\mathbf{x}$.

Dedução Alternativa do Método de Variação dos Parâmetros. Quando encontramos o método de variação dos parâmetros, primeiro para uma equação diferencial linear de segunda ordem na Seção 3.6 e, novamente, para equações diferenciais lineares de ordem maior na Seção 4.4, algumas das equações usadas para determinar os coeficientes variáveis desconhecidos parecem ter sido escolhidas especialmente para evitar que derivadas de ordem maior dos coeficientes variáveis entrassem no processo. De fato, como mostramos nos Problemas 13 a 15, as equações do método de variação dos parâmetros podem ser completamente explicadas quando vistas da perspectiva de sistemas equivalentes de equações diferenciais lineares de primeira ordem. Os Problemas 13 e 14 reconsideram dois problemas da Seção 3.6; o Problema 15 mostra que esta conexão é verdadeira para qualquer equação diferencial linear de segunda ordem. As mesmas ideias podem ser usadas para explicar o método de variação dos parâmetros para equações diferenciais lineares de ordem maior.[10]

Nos Problemas 13 e 14, são dadas uma equação diferencial linear de segunda ordem não homogênea e duas soluções linearmente independentes y_1 e y_2 da equação diferencial homogênea associada. Use esta informação para completar os seguintes passos:

a. Encontre o sistema não homogêneo equivalente de equações diferenciais lineares de primeira ordem para $x_1 = y$ e $x_2 = y'$.
b. Mostre que $\mathbf{x}^{(1)} = (y_1, y_1')^T$ e $\mathbf{x}^{(2)} = (y_2, y_2')^T$ são soluções do sistema homogêneo de equações diferenciais associado ao sistema no item (a). (Em consequência, $\mathbf{\Psi} = (\mathbf{x}^{(1)} \mid \mathbf{x}^{(2)})$ é uma matriz fundamental para este mesmo sistema homogêneo.)
c. Encontre as equações do método de variação dos parâmetros que têm de ser satisfeitas para que $y = y_1(t)u_1(t) + y_2(t)u_2(t)$ seja uma solução particular da equação diferencial de segunda ordem não homogênea dada.
d. Encontre as equações do método de variação dos parâmetros que têm de ser satisfeitas para que $\mathbf{x} = \mathbf{\Psi}(t)\mathbf{u}(t)$ seja uma solução particular do sistema não homogêneo de equações diferenciais lineares de primeira ordem encontrado no item (a).
e. Use as definições de $\mathbf{x}^{(1)}$ e $\mathbf{x}^{(2)}$ no item (b) para mostrar que o sistema de equações encontrado no item (c) e as equações encontradas no item (d) são equivalentes.

13. $y'' - 5y' + 6y = 2e^t, y_1 = e^{2t}, y_2 = e^{3t}$ (Problema 1, Seção 3.6)

14. $t^2 y'' - t(t+2)y' + (t+2)y = 2t^3 (t > 0), y_1 = t, y_2 = te^t$ (Problema 11, Seção 3.6)

15. Faça os passos de (a) até (e) para a equação diferencial linear de segunda ordem não homogênea geral $y'' + p(t)y' + q(t)y = g(t)$, em que $y_1 = y_1(t)$ e $y_2 = y_2(t)$ formam um conjunto fundamental de soluções para a equação diferencial homogênea associada.

16. Considere o problema de valor inicial

$$\mathbf{x}' = \mathbf{A}\mathbf{x} + \mathbf{g}(t), \quad \mathbf{x}(0) = \mathbf{x}^0.$$

a. Depois de olhar o Problema 12c na Seção 7.7, mostre que

$$\mathbf{x} = \mathbf{\Phi}(t)\mathbf{x}^0 + \int_0^t \mathbf{\Phi}(t-s)\mathbf{g}(s)ds.$$

b. Mostre, também, que

$$\mathbf{x} = \exp(\mathbf{A}t)\mathbf{x}^0 + \int_0^t \exp(\mathbf{A}(t-s))\mathbf{g}(s)ds.$$

Compare esses resultados com os do Problema 22 na Seção 3.6.

17. Use a transformada de Laplace para resolver o sistema

$$\mathbf{x}' = \begin{pmatrix} -2 & 1 \\ 1 & -2 \end{pmatrix} \mathbf{x} + \begin{pmatrix} 2e^{-t} \\ 3t \end{pmatrix} = \mathbf{A}\mathbf{x} + \mathbf{g}(t) \quad (50)$$

usado nos exemplos desta seção. Em vez de usar condições iniciais nulas, como no Exemplo 7.9.4, seja

$$\mathbf{x}(0) = \begin{pmatrix} \alpha_1 \\ \alpha_2 \end{pmatrix}, \quad (51)$$

em que α_1 e α_2 são arbitrários. Como devem ser escolhidos α_1 e α_2 para que a solução fique idêntica à Eq. (38)?

---

[10] Estes problemas foram motivados por correspondências com Weishi Liu, da University of Kansas.

242 Capítulo 7

Questões Conceituais

C7.1. Compare e contraste os Teoremas de Existência e Unicidade para Equações Lineares de Primeira Ordem (Teorema 2.4.1) e para Sistemas Lineares de Primeira Ordem (Teorema 7.1.2).

C7.2. Compare e contraste os Teoremas de Existência e Unicidade para Equações não Lineares de Primeira Ordem (Teorema 2.4.2) e para Sistemas não Lineares de Primeira Ordem (Teorema 7.1.1).

C7.3. Quais são as quatro propriedades dos autovalores e autovetores de matrizes autoadjuntas que garantem a existência de uma base de autovetores para $\mathbb{R}^n$?

C7.4. Como sabemos que as matrizes autoadjuntas reais são simétricas?

C7.5. Explique por que as definições do wronskiano nas Seções 3.2 e 7.4 são consistentes.

C7.6. Explique por que as definições do wronskiano nas Seções 4.1 e 7.4 são consistentes.

C7.7. Para que vetores $\boldsymbol{\xi}$ e números r a função vetorial $\mathbf{x}(t) = \boldsymbol{\xi} e^{rt}$ é uma solução de $\mathbf{x}' = \mathbf{Ax}$?

C7.8. O que a hipótese de que $\mathbf{A}$ é invertível diz sobre as soluções de equilíbrio?

C7.9. Quando $\mathbf{A}$ é uma matriz 2×2 invertível com autovalores reais e distintos, como são os autovetores correspondentes aos autovalores visíveis em um retrato de fase de $\mathbf{x}' = \mathbf{Ax}$? Pode-se determinar alguma coisa sobre os autovalores?

C7.10. O que determina se um sistema $\mathbf{x}' = \mathbf{Ax}$ tem um conjunto fundamental de n soluções na forma $\mathbf{x} = \boldsymbol{\xi} e^{rt}$? (Suponha que $\mathbf{A}$ só tem autovalores reais, mas não necessariamente distintos.)

C7.11. Que características distintas tem um retrato de fase quando $\mathbf{A}$ é uma matriz 2×2 com autovalores complexos?

C7.12. Para uma matriz $\mathbf{A}$ 2×2 com autovalores complexos, como as trajetórias em um retrato de fase de $\mathbf{x}' = \mathbf{Ax}$ revelam o sinal da parte real dos autovalores?

C7.13. Como autovalores complexos com autovetores complexos produzem soluções reais para $\mathbf{x}' = \mathbf{Ax}$?

C7.14. Como os sinais dos autovalores de uma matriz $\mathbf{A}$ 2×2 determinam a classificação qualitativa da solução de equilíbrio $\mathbf{x} = \mathbf{0}$ de $\mathbf{x}' = \mathbf{Ax}$?

C7.15. Por que toda matriz fundamental tem de ser invertível?

C7.16. Uma vez conhecida a matriz fundamental $\boldsymbol{\Psi}(t)$, que trabalho adicional é necessário para encontrar a matriz fundamental $\boldsymbol{\Phi}(t)$ que satisfaz $\boldsymbol{\Phi}(0) = \mathbf{I}$? Quando vale a pena esse trabalho extra para encontrar $\boldsymbol{\Phi}(t)$?

C7.17. Como se sabe que a matriz fundamental $\boldsymbol{\Phi}(t)$ com $\boldsymbol{\Phi}(0) = \mathbf{I}$ para um sistema $\mathbf{x}' = \mathbf{Ax}$ é igual à matriz exponencial e^{At}?

C7.18. Quantos autovalores linearmente independentes têm uma matriz diagonalizável $\mathbf{A}$ $n \times n$? Quais são os dois tipos de matrizes para as quais isto é garantido?

C7.19. Quando $\mathbf{A}$ é diagonalizável, como podemos calcular a matriz fundamental $\boldsymbol{\Phi}(t)$ que satisfaz $\boldsymbol{\Phi}(0) = \mathbf{I}$ diretamente dos autovalores e autovetores de $\mathbf{A}$?

C7.20. Quais são os dois tipos de multiplicidades associadas a um autovalor r de uma matriz $\mathbf{A}$? Explique, em palavras, a diferença entre esses dois tipos de multiplicidades, incluindo seus tamanhos relativos.

C7.21. Nem todos os autovalores repetidos são problemáticos. Quais são os casos distintos? Qual ou quais requerem atenção especial?

C7.22. Suponha que $\boldsymbol{\xi}$ é um autovetor associado ao autovalor ρ de $\mathbf{A}$. Suponha que a multiplicidade geométrica de ρ é menor do que sua multiplicidade algébrica. Então $\mathbf{x} = \boldsymbol{\xi} e^{\rho t}$ é uma solução de $\mathbf{x}' = \mathbf{Ax}$. Por que $\mathbf{x} = \boldsymbol{\xi} t e^{\rho t}$ não é uma segunda solução linearmente independente de $\mathbf{x}' = \mathbf{Ax}$? Qual expressão nos leva a uma segunda solução linearmente independente de $\mathbf{x}' = \mathbf{Ax}$?

C7.23. Liste quatro métodos para resolver um sistema não homogêneo de equações diferenciais lineares de primeira ordem: $\mathbf{x}' = \mathbf{Ax} + \mathbf{g}(t)$.

C7.24. Explique, em palavras, a ideia básica do método de diagonalização para resolver $\mathbf{x}' = \mathbf{Ax} + \mathbf{g}(t)$.

C7.25. Explique, em palavras, a ideia básica do método de coeficientes indeterminados para resolver $\mathbf{x}' = \mathbf{Ax} + \mathbf{g}(t)$.

C7.26. Explique, usando o mínimo de notação possível, a ideia básica do método de variação dos parâmetros para resolver $\mathbf{x}' = \mathbf{Ax} + \mathbf{g}(t)$.

C7.27. Explique, usando o mínimo de notação possível, a ideia básica do método de transformada de Laplace para resolver $\mathbf{x}' = \mathbf{Ax} + \mathbf{g}(t)$, $\mathbf{x}(0) = \mathbf{x}^0$.

Respostas das Questões Conceituais

C7.1. Os dois teoremas de existência e unicidade para equações lineares são bastante semelhantes. As maiores diferenças são que, no lugar de um coeficiente $p(t)$, existem n^2 coeficientes $p_{ij}(t)$ e, no lugar de uma expressão à direita de um sinal de igualdade $g(t)$, existem n expressões à direita de n sinais de igualdade, $g_i(t)$. Tudo o que é necessário para garantir a existência de uma única solução em um intervalo contendo t_0 é a continuidade das funções correspondentes neste intervalo.

C7.2. Os dois teoremas de existência e unicidade para equações não lineares também são bastante semelhantes. No caso escalar, as duas funções $F(t, y)$ e $\dfrac{\partial F}{\partial y}$ precisam ser contínuas em um retângulo contendo a condição inicial (t_0, y_0). Para o caso do sistema, as n funções $F_i(t, x_1, x_2, \ldots, x_n)$ e suas n^2 derivadas parciais $\dfrac{\partial F_i}{\partial x_j}$, mas não as derivadas em n com respeito a t,

precisam ser contínuas em um retângulo de dimensão $n + 1$ que contém a condição inicial $(t, x_1, x_2, \ldots, x_n)$. Em ambos os casos, a existência de uma única solução é garantida em algum intervalo aberto contendo t.

C7.3. a. Todos os autovalores são reais.

b. Existe um conjunto completo de n autovetores linearmente independentes.

c. Autovetores associados a autovalores diferentes são ortogonais.

d. A multiplicidade geométrica de cada autovalor é igual à sua multiplicidade algébrica.

C7.4. Uma matriz autoadjunta satisfaz $\mathbf{A}^* = \mathbf{A}$, em que $\mathbf{A}^* = \overline{\mathbf{A}}^T$. Como todos os elementos de $\mathbf{A}$ são reais, $\overline{\mathbf{A}} = \mathbf{A}$. Portanto, $\mathbf{A} = \mathbf{A}^* = \mathbf{A}^T$, ou seja, toda matriz autoadjunta real é simétrica e vice-versa.

Sistemas de Equações Lineares de Primeira Ordem **243**

C7.5. Na Seção 3.2, o wronskiano de um conjunto fundamental de soluções de uma equação diferencial linear de segunda ordem foi definido por

$$W[y_1, y_2](t) = \det\begin{pmatrix} y_1(t) & y_2(t) \\ y_1'(t) & y_2'(t) \end{pmatrix}.$$

Na Seção 7.4, o wronskiano de um conjunto fundamental de soluções de um sistema de duas equações diferenciais lineares de primeira ordem foi definido por

$$W[\mathbf{x}^{(1)}, \mathbf{x}^{(2)}](t) = \det\begin{pmatrix} x_{11}(t) & x_{12}(t) \\ x_{21}(t) & x_{22}(t) \end{pmatrix}.$$

Uma equação diferencial linear de segunda ordem para $y(t)$ tem um sistema equivalente de duas equações diferenciais lineares de primeira ordem para $\mathbf{x}(t)$, em que $\mathbf{x}(t) = \begin{pmatrix} y(t) \\ y'(t) \end{pmatrix}$.

Com essa associação, as duas funções, $y_1(t)$ e $y_2(t)$, em um conjunto fundamental de soluções correspondem a duas funções, $\mathbf{x}^{(1)}(t)$ e $\mathbf{x}^{(2)}(t)$, em que

$$\mathbf{x}^{(1)}(t) = \begin{pmatrix} x_{11}(t) \\ x_{12}(t) \end{pmatrix} = \begin{pmatrix} y_1(t) \\ y_1'(t) \end{pmatrix},$$

$$\mathbf{x}^{(2)}(t) = \begin{pmatrix} x_{21}(t) \\ x_{22}(t) \end{pmatrix} = \begin{pmatrix} y_2(t) \\ y_2'(t) \end{pmatrix}.$$

Com essa associação, $W[y_1, y_2](t) = W[\mathbf{x}^{(1)}, \mathbf{x}^{(2)}](t)$ e as duas definições são consistentes.

C7.6. Na Seção 4.1, o wronskiano de um conjunto fundamental de soluções de uma equação diferencial linear de ordem n foi definido por

$$W[y_1, y_2, \ldots, y_n](t) = \det\begin{pmatrix} y_1(t) & y_2(t) & \ldots & y_n(t) \\ y_1'(t) & y_2'(t) & \ldots & y_n'(t) \\ \vdots & \vdots & \ddots & \vdots \\ y_1^{(n-1)} & y_2^{(n-1)} & \ldots & y_n^{(n-1)}(t) \end{pmatrix}.$$

Na Seção 7.4, o wronskiano de um conjunto fundamental de soluções de um sistema de n equações diferenciais lineares de primeira ordem foi definido por

$$W[\mathbf{x}^{(1)}, \mathbf{x}^{(2)}, \ldots, \mathbf{x}^{(n)}](t) = \det\begin{pmatrix} x_{11}(t) & x_{12}(t) & \ldots & x_{1n}(t) \\ x_{21}(t) & x_{22}(t) & \ldots & x_{2n}(t) \\ \vdots & \vdots & \ddots & \vdots \\ x_{n1}(t) & x_{n2}(t) & \ldots & x_{nn}(t) \end{pmatrix}.$$

Uma equação diferencial linear de ordem n para $y(t)$ tem um sistema equivalente de n equações diferenciais lineares de primeira ordem para $\mathbf{x}(t)$, em que

$$\mathbf{x}(t) = \begin{pmatrix} y(t) \\ y'(t) \\ \vdots \\ y^{(n)}(t) \end{pmatrix}.$$

Com essa associação, as funções $y_1(t)$, $y_2(t)$, $\ldots$, $y_n(t)$ em um conjunto fundamental de soluções correspondem a n funções $\mathbf{x}^{(1)}(t)$, $\mathbf{x}^{(2)}(t)$, $\ldots$, $\mathbf{x}^{(n)}(t)$, em que

$$\mathbf{x}^{(1)}(t) = \begin{pmatrix} x_{11}(t) \\ x_{12}(t) \\ \vdots \\ x_{1n}(t) \end{pmatrix} = \begin{pmatrix} y_1(t) \\ y_1'(t) \\ \vdots \\ y_1^{(n-1)}(t) \end{pmatrix},$$

$$\mathbf{x}^{(2)}(t) = \begin{pmatrix} x_{21}(t) \\ x_{22}(t) \\ \vdots \\ x_{2n}(t) \end{pmatrix} = \begin{pmatrix} y_2(t) \\ y_2'(t) \\ \vdots \\ y_2^{(n-1)}(t) \end{pmatrix},$$

$$\vdots$$

$$\mathbf{x}^{(n)}(t) = \begin{pmatrix} x_{n1}(t) \\ x_{n2}(t) \\ \vdots \\ x_{nn}(t) \end{pmatrix} = \begin{pmatrix} y_n(t) \\ y_n'(t) \\ \vdots \\ y_n^{(n-1)}(t) \end{pmatrix}.$$

Com esta associação, $W[y_1, y_2, \ldots, y_n](t) = W[\mathbf{x}^{(1)}, \mathbf{x}^{(2)}, \ldots, \mathbf{x}^{(n)}](t)$ e as duas definições são consistentes.

C7.7. O número r tem de ser um autovalor de $\mathbf{A}$ e o vetor não nulo $\boldsymbol{\xi}$ tem de ser o autovetor de $\mathbf{A}$ correspondente ao autovalor r.

C7.8. Quando $\mathbf{A}$ é invertível, sabemos que $r = 0$ não é um autovalor de $\mathbf{A}$. Isto significa que $\mathbf{x} = \mathbf{0}$ é a única solução de equilíbrio de $\mathbf{x}' = \mathbf{A}\mathbf{x}$.

C7.9. Uma maneira conveniente de identificar visualmente os autovetores de uma matriz $\mathbf{A}$ 2×2 com dois autovalores reais e distintos é desenhar o retrato de fase de $\mathbf{x}' = \mathbf{A}\mathbf{x}$ e localizar as duas trajetórias que são retas contendo a origem. As direções dos vetores dessas retas correspondem aos autovetores de $\mathbf{A}$.

Se a trajetória ao longo de um autovetor se move na direção da origem, então o autovalor correspondente é negativo. Analogamente, se a trajetória ao longo de um autovetor se afasta da origem, então o autovalor correspondente é positivo.

C7.10. Se a matriz $\mathbf{A}$ $n \times n$ tiver n autovalores (reais) distintos $r_1, r_2, \ldots$, r_n, com autovetores correspondentes $\boldsymbol{\xi}^{(1)}, \boldsymbol{\xi}^{(2)}, \ldots, \boldsymbol{\xi}^{(n)}$, as multiplicidades algébrica e geométrica de cada autovalor será 1. Um conjunto fundamental de soluções é $\{\boldsymbol{\xi}^{(1)}e^{r_1 t}, \boldsymbol{\xi}^{(2)}e^{r_2 t}, \ldots, \boldsymbol{\xi}^{(n)}e^{r_n t}\}$.

Se $\mathbf{A}$ tiver autovalores repetidos, só existirá um conjunto fundamental de soluções da forma $\mathbf{x} = \boldsymbol{\xi}e^{rt}$ quando, para cada autovalor, a multiplicidade geométrica for igual à sua multiplicidade algébrica. Quando existir algum autovalor cuja multiplicidade geométrica for menor do que sua multiplicidade algébrica, não haverá n soluções linearmente independentes da forma $\mathbf{x} = \boldsymbol{\xi}e^{rt}$. (Este caso é tratado na Seção 7.8.)

C7.11. O retrato de fase para um sistema 2×2 $\mathbf{x}' = \mathbf{A}\mathbf{x}$ com autovalores complexos pode ser identificado pela ausência de soluções ao longo de retas contendo a origem. Todas as soluções espiralam em curvas em torno da origem.

C7.12. Se as espirais estão se aproximando da origem, então a parte real dos autovalores é negativa. Se as espirais estão se afastando da origem, então a parte real dos autovalores é positiva. Se as trajetórias são círculos, a parte real dos autovalores é zero.

C7.13. Enquanto o autovalor complexo $r = \lambda + i\mu$ com o autovetor associado $\boldsymbol{\xi} = \mathbf{a} + i\mathbf{b}$ produzem a solução complexa $\mathbf{x}(t) = \boldsymbol{\xi}e^{rt} = e^{\lambda t}(\cos(\mu t)\mathbf{a} - \text{sen}(\mu t)\mathbf{b}) + ie^{\lambda t}(\text{sen}(\mu t)\mathbf{a} + \cos(\mu t)\mathbf{b})$, as partes real e imaginária desta solução são soluções reais e linearmente independentes de $\mathbf{x}' = \mathbf{A}\mathbf{x}$:

$$\mathbf{x}^{(1)}(t) = e^{\lambda t}(\cos(\mu t)\mathbf{a} - \text{sen}(\mu t)\mathbf{b}),$$

$$\mathbf{x}^{(2)}(t) = e^{\lambda t}(\text{sen}(\mu t)\mathbf{a} + \cos(\mu t)\mathbf{b}).$$

Note que os conjugados do par autovalor-autovetor r e $\boldsymbol{\xi}$ também são um par autovalor-autovetor para $\mathbf{A}$. Este processo leva às mesmas soluções reais $\mathbf{x}^{(1)}$ e $\mathbf{x}^{(2)}$. Assim, os dois autovalores r e $\bar{r}$, com autovetores correspondentes $\boldsymbol{\xi}$ e $\bar{\boldsymbol{\xi}}$, levam a duas soluções reais.

244 Capítulo 7

Se um autovalor complexo tiver multiplicidade geométrica igual à sua multiplicidade algébrica, cada par conjugado linearmente independente do autovetor complexo produzirá duas soluções reais linearmente independentes.

C7.14. Se os autovalores de $\mathbf{A}$ forem:

a. reais e positivos, $\mathbf{x} = \mathbf{0}$ é uma fonte (nó);

b. reais e negativos, $\mathbf{x} = \mathbf{0}$ é um sorvedouro (nó);

c. reais com sinais opostos, $\mathbf{x} = \mathbf{0}$ é um ponto de sela;

d. complexos com parte real positiva, $\mathbf{x} = \mathbf{0}$ é uma fonte espiral;

e. complexos com parte real negativa, $\mathbf{x} = \mathbf{0}$ é um sorvedouro espiral;

f. complexos com parte real nula, $\mathbf{x} = \mathbf{0}$ é um centro.

(Existem mais alguns poucos casos na transição entre dois dos casos anteriores que ainda não foram completamente considerados.)

C7.15. Como as n colunas de uma matriz fundamental formam um conjunto fundamental de soluções para um sistema de n equações diferenciais lineares de primeira ordem, estes n vetores têm de ser linearmente independentes, logo a matriz é invertível. (Note, também, que o determinante de uma matriz fundamental é o wronskiano do conjunto fundamental de soluções, logo não é nulo em um intervalo apropriado.)

C7.16. A matriz fundamental é $\mathbf{\Phi}(t) = \mathbf{\Psi}(t)\mathbf{\Psi}^{-1}(0)$, de modo que é necessário encontrar a inversa de $\mathbf{\Psi}(0)$ e depois multiplicar o resultado (à esquerda) por $\mathbf{\Psi}(t)$. Note que encontrar essa inversa torna-se cada vez mais complicado se o sistema tiver muito mais do que três equações diferenciais. Mas pode valer a pena se você tiver de resolver o mesmo sistema de equações diferenciais com muitas condições iniciais diferentes.

C7.17. Não é fácil verificar por meio de manipulação direta dos elementos de qualquer uma das matrizes. Mas é porque ambas as matrizes satisfazem o mesmo problema de valor inicial $\mathbf{\Phi}' = \mathbf{A}\mathbf{\Phi}$, $\mathbf{\Phi}(0) = \mathbf{I}$, e este problema de valor inicial tem uma única solução.

C7.18. Matrizes diagonalizáveis têm um conjunto completo de autovetores linearmente independentes. Se $\mathbf{A}$ for $n \times n$, isto significa que existem n autovetores linearmente independentes. Isto só acontecerá quando $\mathbf{A}$ tiver autovalores distintos ou quando $\mathbf{A}$ for autoadjunta (ou seja, simétrica, se todos os elementos de $\mathbf{A}$ forem reais).

C7.19. Como $\mathbf{A}$ é diagonalizável, ela tem um conjunto completo de autovetores. Crie a matriz $\mathbf{T}$ $n \times n$ cujas n colunas são os n autovetores linearmente independentes de $\mathbf{A}$. Forme, também, a matriz diagonal $\mathbf{D}$ com os autovalores de $\mathbf{A}$ correspondentes aos autovetores em $\mathbf{T}$ (na mesma ordem). Com essa construção, $\mathbf{A} = \mathbf{T}\mathbf{D}\mathbf{T}^{-1}$. Então, $e^{\mathbf{A}t} = \mathbf{T}e^{\mathbf{D}t}\mathbf{T}^{-1}$, em que $e^{\mathbf{D}t}$ é a matriz diagonal com elementos $e^{\lambda_i t}$.

C7.20. A multiplicidade algébrica de um autovalor r de $\mathbf{A}$ é o número de vezes em que r aparece na lista das n raízes da equação característica. A soma das multiplicidades algébricas tem de ser n.

A multiplicidade geométrica de um autovalor r de $\mathbf{A}$ é a dimensão do espaço nulo de $\mathbf{A} - r\mathbf{I}$. A soma das multiplicidades geométricas nunca será maior do que n, mas pode ser menor.

Para cada autovalor, a multiplicidade geométrica é pelo menos 1 (já que $\mathbf{A} - r\mathbf{I}$ é singular) e nunca pode ser maior do que a multiplicidade algébrica.

C7.21. Quando a multiplicidade geométrica e a algébrica forem iguais para todos os autovalores de $\mathbf{A}$, existirá um conjunto completo de autovetores linearmente independentes de $\mathbf{A}$ e estes n autovetores produzirão um conjunto fundamental de soluções para $\mathbf{x}' = \mathbf{A}\mathbf{x}$.

Quando existir pelo menos um autovalor (repetido) cuja multiplicidade geométrica for estritamente menor do que a algébrica, será necessário trabalho adicional para completar o conjunto fundamental de soluções.

C7.22. Quando $\mathbf{x} = \boldsymbol{\xi}te^{\rho t}$ for substituído na equação $\mathbf{x}' = \mathbf{A}\mathbf{x}$, igualando os termos para $te^{\rho t}$, obtemos $\mathbf{A}\boldsymbol{\xi} = \rho\boldsymbol{\xi}$ e, igualando os termos para $e^{\rho t}$, obtemos $\boldsymbol{\xi} = \mathbf{0}$. Assim, $\mathbf{x}(t) = \mathbf{0}$ é a única solução desta forma e $\mathbf{x}(t) = \mathbf{0}$ não é linearmente independente de nenhuma outra solução desta equação diferencial.

Para encontrar uma segunda solução de $\mathbf{x}' = \mathbf{A}\mathbf{x}$ linearmente independente, use $\mathbf{x} = \boldsymbol{\xi}te^{\rho t} + \boldsymbol{\eta}e^{\rho t}$. Isto vai funcionar quando ρ for um autovalor de $\mathbf{A}$ com autovetor correspondente $\boldsymbol{\xi}$ e $\boldsymbol{\eta}$ for um autovetor generalizado, ou seja, $(\mathbf{A} - \rho\mathbf{I})\boldsymbol{\xi} = \mathbf{0}$ e $(\mathbf{A} - \rho\mathbf{I})\boldsymbol{\eta} = \boldsymbol{\xi}$.

C7.23. Diagonalização, coeficiente indeterminado, variação dos parâmetros e transformada de Laplace.

C7.24. Quando a matriz de coeficientes $\mathbf{A}$ for diagonalizável, o sistema de equações diferenciais pode ser reformulado como um sistema equivalente de equações diferenciais lineares de primeira ordem desacopladas. Cada uma destas n equações diferenciais pode ser resolvida encontrando-se um fator integrante, como discutido na Seção 2.1. Para terminar, o processo de diagonalização precisa ser revertido. (Se A não for diagonalizável, este método não funcionará.)

C7.25. O método de coeficientes indeterminados para um sistema de equações diferenciais funciona da mesma forma que para uma única equação diferencial. Só é aplicável quando a matriz de coeficientes for constante ($\mathbf{P}(t) = \mathbf{A}$) e o termo não homogêneo consistir apenas de somas e produtos de polinômios, exponenciais, senos e cossenos (como nos Capítulos 3 e 4).

O método requer que a solução geral do problema homogêneo associado seja conhecida. A maior diferença em relação ao caso escalar é que os coeficientes indeterminados são vetores e não escalares (números). Por causa disto, quando um termo não homogêneo tiver a mesma forma que um termo na solução homogênea, em vez de apenas multiplicar o termo por uma potência apropriada de t, será necessário incluir todas as potências de menor ordem de t (os termos de menor ordem que não forem soluções da equação diferencial homogênea, a menos que o coeficiente vetorial seja um autovetor).

C7.26. O método de variação dos parâmetros é aplicável a um sistema de equações diferenciais lineares não homogêneo geral, desde que a solução geral do sistema homogêneo associado seja conhecida.

Para explicar esse método, seja $\mathbf{\Psi}(t)$ uma matriz fundamental para $\mathbf{x}' = \mathbf{P}(t)\mathbf{x}$. A solução geral da equação diferencial homogênea correspondente é $\mathbf{\Psi}(t)\mathbf{c}$ e uma solução particular encontrada pela variação dos parâmetros é da forma $\mathbf{x}(t) = \mathbf{\Psi}(t)\mathbf{u}(t)$, em que o vetor $\mathbf{u}(t)$ satisfaz $\mathbf{\Psi}(t)\mathbf{u}'(t) = \mathbf{g}(t)$. Para encontrar uma solução, resolva este sistema para $\mathbf{u}'(t)$, integre e calcule o produto de matriz por vetor $\mathbf{x}(t) = \mathbf{\Psi}(t)\mathbf{u}(t)$.

C7.27. Lembre-se de que a transformada de Laplace é aplicável para sistemas com coeficientes constantes: $\mathbf{x}' = \mathbf{A}\mathbf{x} + \mathbf{g}(t)$. O termo não homogêneo precisa ser algo que tenha uma transformada de Laplace, incluindo funções degrau e funções impulso. Um requerimento complicado para esse método é encontrar a inversa de $s\mathbf{I} - \mathbf{A}$. E é necessário encontrar a transformada de Laplace inversa de cada termo em $\mathbf{X}(s) = (s\mathbf{I} - \mathbf{A})^{-1}(\mathbf{G}(s) + \mathbf{x}^0)$.

Bibliografia*

Mais informações sobre matrizes e álgebra linear estão disponíveis em qualquer livro introdutório sobre o assunto. Eis uma amostra representativa:

Anton, H. and Rorres, C. *Elementary Linear Algebra*. 10. ed. Hoboken, NJ: Wiley, 2010.

Johnson, L.W., Riess, R. D., and Arnold, J. T. *Introduction to Linear Algebra*. 6. ed. Boston: Addison-Wesley, 2008.

Kolman, B. and Hill, D. R. *Elementary Linear Algebra*. 8. ed. Upper Saddle River, NJ: Pearson, 2004.

Lay, D. C. *Linear Algebra and Its Applications*. 4. ed. Boston: Addison-Wesley, 2012.

Leon, S. J. *Linear Algebra with Applications*. 8. ed. Upper Saddle River, NJ: Pearson/Prentice-Hall, 2010.

Strang, G. *Linear Algebra and Its Applications*. 4. ed. Belmont, CA: Thomson, Brooks/Cole, 2006.

Um tratamento mais extenso de equações lineares de primeira ordem pode ser encontrado em diversos livros, incluindo os seguintes:

Coddington, E. A. and Carlson, R. *Linear Ordinary Differential Equations*. Philadelphia, PA: Society for Industrial and Applied Mathematics, 1997.

Hirsch, M. W., Smale, S., and Devaney, R. L. *Differential Equations, Dynamical Systems, and an Introduction to Chaos*. 2. ed. San Diego, CA: Academic Press, 2004.

O livro a seguir trata equações diferenciais elementares, com ênfase especial em sistemas de equações de primeira ordem:

Brannan, J. R. and Boyce, W. E. *Differential Equations: An Introduction to Modern Methods and Applications*. 3. ed. New York: Wiley, 2015.

---

*N.T.: A segunda edição do livro de Brannan e Boyce e os livros de álgebra linear (com exceção do Johnson, Riess e Arnold) foram traduzidos para o português; o livro do Strang está disponível na internet em pdf.

CAPÍTULO **8**

Métodos Numéricos

Até agora, discutimos métodos para resolver equações diferenciais usando técnicas analíticas como integração ou expansão em séries. Em geral, a ênfase era em encontrar uma expressão exata para a solução. Infelizmente, existem muitos problemas importantes em Engenharia e ciência, especialmente problemas não lineares, nos quais esses métodos ou não se aplicam, ou seu uso é muito complicado. Neste capítulo, adotaremos uma abordagem alternativa, a utilização de métodos numéricos aproximados para obtermos uma aproximação precisa da solução de um problema de valor inicial. Vamos apresentar esses métodos no contexto o mais simples possível, ou seja, uma única equação escalar de primeira ordem. No entanto, eles podem ser estendidos diretamente para sistemas de equações de primeira ordem, e isso está esquematizado brevemente na Seção 8.5. Os procedimentos aqui descritos podem ser executados facilmente em uma ampla variedade de dispositivos computacionais, desde celulares a supercomputadores.

8.1 Método de Euler ou Método da Reta Tangente

Para discutir o desenvolvimento e a utilização de procedimentos numéricos, vamos nos concentrar, principalmente, em problemas de valor inicial para equações de primeira ordem, que consiste na equação diferencial

$$\frac{dy}{dt} = f(t, y) \tag{1}$$

e na condição inicial

$$y(t_0) = y_0. \tag{2}$$

Vamos supor que as funções f e f_y são contínuas em algum retângulo no plano ty contendo o ponto (t_0, y_0). Então, pelo Teorema 2.4.2, existe uma única solução $y = \phi(t)$ do problema dado em algum intervalo em torno de t_0. Se a Eq. (1) for não linear, então o intervalo de existência da solução pode não só ser difícil de ser determinado, mas não ter uma relação simples com a função f. No entanto, vamos supor, em todas as nossas discussões, que existe uma única solução do problema de valor inicial (1), (2) no intervalo de interesse.

Na Seção 2.7, descrevemos o método mais antigo e mais simples de aproximação numérica, a saber, o método de Euler

ou método da reta tangente. Para deduzir esse método, vamos escrever a equação diferencial (1) no ponto $t = t_n$ na forma

$$\frac{d\phi}{dt}(t_n) = f(t_n, \phi(t_n)). \tag{3}$$

Depois, aproximamos a derivada na Eq. (3) pelo quociente de diferenças (para a frente), obtendo

$$\frac{\phi(t_{n+1}) - \phi(t_n)}{t_{n+1} - t_n} \cong f(t_n, \phi(t_n)). \tag{4}$$

Finalmente, se substituirmos $\phi(t_{n+1})$ e $\phi(t_n)$ pelos seus valores aproximados y_{n+1} e y_n, respectivamente, e resolvermos para y_{n+1}, obteremos a fórmula de Euler

$$y_{n+1} = y_n + f(t_n, y_n)(t_{n+1} - t_n), \quad n = 0, 1, 2, \ldots \tag{5}$$

Se o tamanho do passo $t_{n+1} - t_n$ tiver valor uniforme h para todo n e se denotarmos $f(t_n, y_n)$ por f_n, então a Eq. (5) fica mais simples:

$$y_{n+1} = y_n + h f_n, \quad n = 0, 1, 2, \ldots \tag{6}$$

O método de Euler consiste em calcular, repetidamente, a Eq. (5) ou a (6), usando o resultado de cada passo para executar o próximo passo. Dessa maneira, obtemos uma sequência de valores $y_0, y_1, y_2, \ldots, y_n, \ldots$ que aproximam os valores da solução $\phi(t)$ nos pontos $t_0, t_1, t_2, \ldots, t_n, \ldots$

Um programa de computador para o método de Euler tem uma estrutura como a dada a seguir. As instruções específicas podem ser escritas em qualquer linguagem de programação conveniente.

Método de Euler	
Passo 1.	**defina** $f(t, y)$
Passo 2.	**entre** com os valores iniciais $t = t0$ e $y = y0$
Passo 3.	**entre** o tamanho do passo h e o número de passos n
Passo 4.	**escreva** $t0$ e $y0$
Passo 5.	**para** j de 1 até n **faça**
Passo 6.	$f_n = f(t, y)$
	$y = y + h * f_n$
	$t = t + h$
Passo 7.	**escreva** t e y
Passo 8.	**fim**

Alguns exemplos do método de Euler aparecem na Seção 2.7. Como outro exemplo, considere o problema de valor inicial

$$y' = 1 - t + 4y, \quad (7)$$

$$y(0) = 1. \quad (8)$$

A Eq. (7) é uma equação linear de primeira ordem e pode-se verificar facilmente que a solução que satisfaz a condição inicial (8) é

$$y = \phi(t) = \frac{1}{4}t - \frac{3}{16} + \frac{19}{16}e^{4t}. \quad (9)$$

Como a solução exata do problema de valor inicial (7), (8) é conhecida, não precisamos de métodos numéricos para aproximar essa solução. Por outro lado, a disponibilidade da solução exata torna fácil determinar a precisão de qualquer procedimento numérico utilizado neste problema. Usaremos este problema ao longo do capítulo para ilustrar e comparar os métodos numéricos diferentes. As soluções da Eq. (7) divergem rapidamente umas das outras, de modo que deveríamos esperar uma dificuldade razoável em aproximar bem a solução (9) em qualquer intervalo de comprimento moderado. De fato, esta é a razão da escolha deste problema particular: será relativamente fácil observar as vantagens de usar métodos mais eficientes.

EXEMPLO 8.1.1

Usando a fórmula de Euler (6) e tamanhos de passo $h = 0{,}05$; $0{,}025$; $0{,}01$ e $0{,}001$, determine valores aproximados da solução $y = \phi(t)$ do problema (7), (8) no intervalo $0 \leq t \leq 2$.

Solução:

Os cálculos indicados foram feitos, e a **Tabela 8.1.1** mostra alguns resultados. A acurácia não impressiona muito. Para $h = 0{,}01$, o erro percentual é de 3,85% em $t = 0{,}5$; 7,49% em $t = 1{,}0$ e 14,4% em $t = 2{,}0$. Os erros percentuais correspondentes para $h = 0{,}001$ são de 0,40%; 0,79% e 1,58%, respectivamente. Note que, se $h = 0{,}001$, precisaremos de 2.000 passos para atravessar o intervalo de $t = 0$ até $t = 2$. Assim, é necessária uma quantidade considerável de cálculos para obter uma precisão razoavelmente boa para este problema usando-se o método de Euler. Quando discutirmos outros métodos numéricos, mais adiante neste capítulo, veremos que é possível obter acurácia comparável, ou até melhor, com tamanhos de passo muito maiores e muito menos passos computacionais.

TABELA 8.1.1 Comparação dos Resultados de Aproximações Numéricas da Solução de $y' = 1 - t + 4y$, $y(0) = 1$, Usando o Método de Euler para Diferentes Tamanhos de Passo h

t	h = 0,05	h = 0,025	h = 0,01	h = 0,001	Exata
0,0	1,0000000	1,0000000	1,0000000	1,0000000	1,0000000
0,1	1,5475000	1,5761188	1,5952901	1,6076289	1,6090418
0,2	2,3249000	2,4080117	2,4644587	2,5011159	2,5053299
0,3	3,4333560	3,6143837	3,7390345	3,8207130	3,8301388
0,4	5,0185326	5,3690304	5,6137120	5,7754845	5,7942260
0,5	7,2901870	7,9264062	8,3766865	8,6770692	8,7120041
1,0	45,588400	53,807866	60,037126	64,382558	64,897803
1,5	282,07187	361,75945	426,40818	473,55979	479,25919
2,0	1.745,6662	2.432,7878	3.029,3279	3.484,1608	3.540,2001

Para começar a investigar os erros na utilização de aproximações numéricas e sugerir, também, maneiras de construir algoritmos mais precisos, é útil mencionar algumas maneiras alternativas de olhar o método de Euler.

Um modo de proceder é escrever o problema como uma equação integral. Seja $y = \phi(t)$ a solução do problema (1), (2); então, integrando de t_n até t_{n+1}, obtemos

$$\int_{t_n}^{t_{n+1}} \phi'(t)dt = \int_{t_n}^{t_{n+1}} f(t, \phi(t))dt,$$

ou

$$\phi(t_{n+1}) = \phi(t_n) + \int_{t_n}^{t_{n+1}} f(t, \phi(t))dt. \quad (10)$$

A integral na Eq. (10) representa, geometricamente, a área sob a curva na **Figura 8.1.1** entre $t = t_n$ e $t = t_{n+1}$. Se aproximarmos a integral substituindo $f(t, \phi(t))$ por seu valor $f(t_n, \phi(t_n))$ em $t = t_n$, estaremos aproximando a área real pela área do retângulo sombreado. Supondo que cada passo tem tamanho h, ou seja, $t_{n+1} - t_n = h$ para todo n, obtemos

$$\phi(t_{n+1}) \cong \phi(t_n) + f(t_n, \phi(t_n))(t_{n+1} - t_n) = $$
$$= \phi(t_n) + hf(t_n, \phi(t_n)). \quad (11)$$

Finalmente, para obter uma aproximação y_{n+1} para $\phi(t_{n+1})$, fazemos uma segunda aproximação substituindo $\phi(t_n)$ pelo seu valor aproximado y_n na Eq. (11). Isso nos dá a fórmula de Euler $y_{n+1} = y_n + hf(t_n, y_n)$. Um algoritmo mais preciso pode ser obtido por uma aproximação mais exata da integral. Isso será discutido na Seção 8.2.

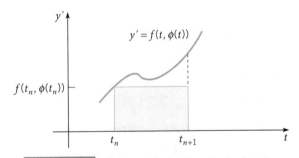

FIGURA 8.1.1 Dedução integral do método de Euler.

Outra abordagem é supor que a solução $y = \phi(t)$ tem uma série de Taylor em torno do ponto t_n. Então,

$$\phi(t_n + h) = \phi(t_n) + \phi'(t_n)h + \phi''(t_n)\frac{h^2}{2!} + \cdots,$$

ou

$$\phi(t_{n+1}) = \phi(t_n) + f(t_n, \phi(t_n))h + \phi''(t_n)\frac{h^2}{2!} + \cdots \quad (12)$$

Se a série for truncada depois das duas primeiras parcelas, e $\phi(t_{n+1})$ e $\phi(t_n)$ forem substituídos por seus valores aproximados y_{n+1} e y_n, novamente obteremos a fórmula de Euler (6). Se forem usadas mais parcelas na série, obteremos uma fórmula mais precisa. Além disso, usando uma série de Taylor com resto, é possível estimar o tamanho do erro na fórmula. Isso será discutido mais adiante nesta seção.

248 Capítulo 8

Fórmula de Euler Inversa. Pode-se obter uma variante da fórmula de Euler aproximando-se a integral definida na equação integral (10) pela área do retângulo com altura determinada pelo valor da função no extremo direito do intervalo. Ou seja,

$$\phi(t_{n+1}) \cong \phi(t_n) + f\big(t_{n+1}, \phi(t_{n+1})\big)(t_{n+1} - t_n).$$

Isso nos leva ao que é conhecido como a **fórmula de Euler inversa**

$$y_{n+1} = y_n + hf(t_{n+1}, y_{n+1}). \tag{13}$$

Supondo y_n conhecido e y_{n+1} a ser calculado, note que a Eq. (13) não fornece uma fórmula explícita para y_{n+1}. Em vez disso, é uma equação que define implicitamente y_{n+1} e precisa ser resolvida para determinar o valor de y_{n+1}. Por essa razão, este método é chamado, algumas vezes, de **fórmula de Euler implícita**. O quão difícil é resolver para y_{n+1} depende, exclusivamente, da natureza da função f.

EXEMPLO 8.1.2

Use a fórmula de Euler inversa (13) e tamanhos de passo $h = 0{,}05$; $0{,}025$; $0{,}01$ e $0{,}001$ para encontrar valores aproximados da solução do problema de valor inicial (7), (8) no intervalo $0 \le t \le 2$.

Solução:

Para este problema, a fórmula de Euler inversa (13) fica

$$y_{n+1} = y_n + h(1 - t_{n+1} + 4y_{n+1}).$$

Como a equação diferencial (7) é linear, a equação anterior para y_{n+1} também é linear. Resolvendo esta equação para y_{n+1}, obtemos

$$y_{n+1} = \frac{y_n + h(1 - t_{n+1})}{1 - 4h}.$$

No primeiro passo com $h = 0{,}05$ e $n = 0$, temos

$$y_1 = y_0 + h(1 - t_1 + 4y_1) = 1 + (0{,}05)(1 - 0{,}05 + 4y_1).$$

Resolvendo essa equação para y_1, obtemos

$$y_1 = \frac{1{,}0475}{0{,}8} = 1{,}309375.$$

Então, usando a fórmula para y_{n+1} com $n = 1$, encontramos

$$y_2 = y_1 + h(1 - t_2 + 4y_2) = 1{,}309375 + (0{,}05)(1 - 0{,}1 + 4y_2),$$

o que leva a

$$y_2 = \frac{1{,}354375}{0{,}8} = 1{,}69296875.$$

Continuando os cálculos, obtemos os resultados ilustrados na **Tabela 8.1.2**. Os valores dados pela fórmula de Euler inversa são, uniformemente, muito grandes para este problema, enquanto os valores obtidos pelo método de Euler eram muito pequenos. Neste problema, os erros são um pouco maiores para a fórmula de Euler inversa do que para o método de Euler, embora, para valores pequenos de h, a diferença seja insignificante.

TABELA 8.1.2	Comparação dos Resultados de Aproximações Numéricas da Solução de $y' = 1 - t + 4y$, $y(0) = 1$, Usando o Método de Euler Inverso para Diferentes Tamanhos de Passo h				
t	$h = 0{,}05$	$h = 0{,}025$	$h = 0{,}01$	$h = 0{,}001$	Exata
0,0	1,0000000	1,0000000	1,0000000	1,0000000	1,0000000
0,1	1,6929688	1,6474375	1,6236638	1,6104634	1,6090418
0,2	2,7616699	2,6211306	2,5491368	2,5095731	2,5053299
0,3	4,4174530	4,0920886	3,9285724	3,8396379	3,8301388
0,4	6,9905516	6,3209569	5,9908303	5,8131282	5,7942260
0,5	10,996956	9,7050002	9,0801473	8,7472667	8,7120041
1,0	103,06171	80,402761	70,452395	65,419964	64,897803
1,5	959,44236	661,00731	542,12432	485,05825	479,25919
2,0	8.934,0696	5.435,7294	4.172,7228	3.597,4478	3.540,2001

Observe que a fórmula de Euler inversa recebe este nome porque pode ser obtida pela inversão da ordem, ou seja, usando o quociente de diferenças para trás $\dfrac{1}{h}\big(\phi(t_n) - \phi(t_{n-1})\big)$ para aproximar a derivada na equação diferencial (3), em vez do quociente de diferenças para a frente usado na Eq. (4).

Como o método de Euler inverso não parece ser mais preciso do que o direto e é um pouco mais complicado, então por que mencioná-lo? A resposta é que ele é o exemplo mais simples de uma classe de métodos conhecidos como fórmulas inversas de diferenciação que são muito úteis para certos tipos de equações diferenciais. Voltaremos a essa questão no fim da Seção 8.4.

Erros em Aproximações Numéricas. A utilização de um procedimento numérico para resolver um problema de valor inicial, como a fórmula de Euler, levanta uma série de questões que precisam ser respondidas antes de aceitar a solução numérica aproximada como satisfatória. Uma dessas é a questão da **convergência**, ou seja, quando o tamanho do passo h tende a zero, os valores da solução numérica $y_1, y_2, \ldots, y_n, \ldots$ tendem ao valor correspondente da solução exata? Mesmo supondo que a resposta é afirmativa, resta o problema prático importante de quão rápida a aproximação numérica converge para a solução. Em outras palavras, quão pequeno tem de ser o tamanho do passo para garantir determinado nível de precisão? Queremos usar um tamanho de passo que seja suficientemente pequeno para garantir a acurácia necessária, mas que não seja pequeno demais. Um passo desnecessariamente pequeno torna os cálculos mais lentos, mais caros e, em alguns casos, pode até causar perda de precisão.

Existem três fontes fundamentais de erro ao se aproximar numericamente a solução de um problema de valor inicial.

1. A fórmula, ou algoritmo, usada nos cálculos é aproximada. Por exemplo, a fórmula de Euler usa aproximações por retas em vez da solução exata.
2. Exceto pelo primeiro passo, os dados de entrada usados nos cálculos são apenas aproximações dos valores exatos da solução nos pontos especificados.

3. O computador usado para os cálculos tem precisão finita; em outras palavras, apenas um número finito de algarismos é retido em cada passo.

Vamos supor, temporariamente, que nosso computador pode efetuar todos os cálculos com precisão absoluta, ou seja, mantendo um número infinito (se necessário) de casas decimais em cada passo. A diferença E_n entre a solução $y = \phi(t)$ do problema de valor inicial (1), (2) e sua aproximação numérica y_n no ponto $t = t_n$ é dada por

$$E_n = \phi(t_n) - y_n. \qquad (14)$$

O erro E_n é conhecido como **erro de truncamento global**. Ele é consequência das duas primeiras fontes de erro listadas anteriormente, ou seja, utilização de uma fórmula aproximada em dados aproximados.

Entretanto, na prática, precisamos fazer os cálculos usando aritmética de precisão finita, o que significa que podemos guardar apenas um número finito de dígitos em cada passo. Isso nos leva a um **erro de arredondamento** R_n definido por

$$R_n = y_n - Y_n, \qquad (15)$$

em que Y_n é o valor *calculado de fato* pelo método numérico dado.

O valor absoluto do erro total em calcular $\phi(t_n)$ é dado por

$$|\phi(t_n) - Y_n| = |\phi(t_n) - y_n + y_n - Y_n|. \qquad (16)$$

Usando a desigualdade triangular, $|a + b| \leq |a| + |b|$, obtemos, da Eq. (16),

$$\begin{aligned} |\phi(t_n) - Y_n| &\leq |\phi(t_n) - y_n| + |y_n - Y_n| \\ &\leq |E_n| + |R_n|. \end{aligned} \qquad (17)$$

Logo, o erro total é limitado pela soma dos valores absolutos dos erros de truncamento e de arredondamento.

Para os procedimentos numéricos discutidos neste livro, é possível obter estimativas úteis do erro de truncamento global. O erro de arredondamento é mais difícil de analisar, já que depende do tipo de computador utilizado, da ordem em que os cálculos são efetuados, do método de arredondamento e assim por diante. Uma análise cuidadosa do erro de arredondamento está além do escopo deste livro, mas veja, por exemplo, o livro de Henrici listado na Bibliografia. Alguns dos perigos do erro de arredondamento estão discutidos nos Problemas 22 a 24 e na Seção 8.6.

Em geral, é útil considerar separadamente a parte do erro de truncamento global relacionado apenas com o uso de uma fórmula aproximada. Podemos fazer isso supondo que os dados de entrada no n-ésimo passo são precisos, ou seja, que $y_n = \phi(t_n)$. Esse erro é conhecido como **erro de truncamento local** e será denotado por e_n.

Erro de Truncamento Local para o Método de Euler. Vamos supor que a solução $y = \phi(t)$ do problema de valor inicial (1), (2) tem derivada segunda contínua no intervalo de interesse. Para garantir isso, podemos supor que f, f_t e f_y são contínuas. Observe que, se f tiver essas propriedades e se ϕ for uma solução do problema de valor inicial (1), (2), então

$$\phi'(t) = f(t, \phi(t))$$

e, pela regra da cadeia,

$$\begin{aligned} \phi''(t) &= f_t(t, \phi(t)) + f_y(t, \phi(t))\phi'(t) = \\ &= f_t(t, \phi(t)) + f_y(t, \phi(t)) f(t, \phi(t)). \end{aligned} \qquad (18)$$

Como a expressão à direita do sinal de igualdade nessa equação é contínua, ϕ'' também é contínua.

Usando, então, um polinômio de Taylor com resto para expandir ϕ em torno de t_n, obtemos

$$\phi(t_n + h) = \phi(t_n) + \phi'(t_n)h + \frac{1}{2}\phi''(\overline{t_n})h^2, \qquad (19)$$

em que $\overline{t_n}$ é algum ponto no intervalo $t_n < \overline{t_n} < t_n + h$. Então, observando que $\phi(t_n + h) = \phi(t_{n+1})$ e $\phi'(t_n) = f(t_n, \phi(t_n))$, podemos escrever a Eq. (19) como

$$\phi(t_{n+1}) = \phi(t_n) + hf(t_n, \phi(t_n)) + \frac{1}{2}\phi''(\overline{t_n})h^2. \qquad (20)$$

Agora, vamos usar a fórmula de Euler para calcular uma aproximação de $\phi(t_{n+1})$ sob a hipótese de que conhecemos o valor exato de y_n em t_n, ou seja, $y_n = \phi(t_n)$. O resultado é

$$y_{n+1}^* = \phi(t_n) + hf(t_n, \phi(t_n)), \qquad (21)$$

em que o asterisco está sendo usado para designar esse valor hipotético aproximado para $\phi(t_{n+1})$. A diferença entre $\phi(t_{n+1})$ e y_{n+1}^* é o erro de truncamento local para o $(n + 1)$-ésimo passo no método de Euler, que denotaremos por e_{n+1}. Subtraindo a Eq. (21) da Eq. (20), encontramos

$$e_{n+1} = \phi(t_{n+1}) - y_{n+1}^* = \frac{1}{2}\phi''(\overline{t_n})h^2, \qquad (22)$$

já que os outros termos nas Eqs. (20) e (21) se cancelam.

Assim, o erro de truncamento local para o método de Euler é proporcional ao quadrado do tamanho do passo h, e o fator de proporcionalidade depende da derivada segunda da solução ϕ. A expressão dada pela Eq. (22) depende de n e, em geral, é diferente para cada passo. Uma cota uniforme, válida em um intervalo $[a, b]$, é dada por

$$|e_n| \leq \frac{1}{2}Mh^2, \qquad (23)$$

em que M é o máximo de $|\phi''(t)|$ no intervalo $[a, b]$. Como a Eq. (23) é baseada no pior caso possível – ou seja, o maior valor possível de $|\phi''(t)|$ – esta pode ser uma estimativa bem maior do que o erro de truncamento local em certas partes do intervalo $[a, b]$.

Um dos usos da Eq. (23) é escolher um tamanho de passo que resultará em um erro de truncamento local que não ultrapasse um nível de tolerância dado. Por exemplo, se o erro de truncamento local não pode exceder ε, então, da Eq. (23), temos

$$\frac{1}{2}Mh^2 \leq \epsilon \quad \text{ou} \quad h \leq \sqrt{\frac{2\epsilon}{M}}. \qquad (24)$$

A dificuldade básica em usar qualquer das Eqs. (22), (23) ou (24) reside na estimativa de $|\phi''(t)|$ ou M. No entanto, o fato central expresso por essas equações é que o erro de truncamento local é proporcional a h^2. Por exemplo, se for usado um novo

250 Capítulo 8

valor para h que é a metade do valor original, então o erro será reduzido a um quarto do valor anterior.

O erro de truncamento global E_n é mais importante do que o erro de truncamento local. A análise para estimar E_n é muito mais difícil do que para e_n. Apesar disso, pode-se mostrar que o erro de truncamento global para o método de Euler em um intervalo finito não é maior do que uma constante vezes h. Assim,

$$|E_n| \leq Kh \tag{25}$$

para alguma constante K; veja o Problema **20** para mais detalhes. O método de Euler é chamado de **método de primeira ordem** porque seu erro de truncamento global é proporcional à primeira potência do tamanho do passo.

Por ser mais acessível, vamos usar, daqui para a frente, o erro de truncamento local como nossa medida principal da precisão de um método numérico e para comparar métodos diferentes. Se tivermos uma informação *a priori* sobre a solução do problema de valor inicial dado, podemos usar o resultado (22) para obter informação mais precisa sobre como o erro de truncamento local varia com t.

Como exemplo, considere o problema ilustrativo

$$y' = 1 - t + 4y, \quad y(0) = 1 \tag{26}$$

no intervalo $0 \leq t \leq 2$. Seja $y = \phi(t)$ a solução do problema de valor inicial (26). Então, como observado anteriormente,

$$\phi(t) = \frac{1}{16}(4t - 3 + 19e^{4t})$$

e, portanto,

$$\phi''(t) = 19e^{4t}.$$

A Eq. (22) diz então que

$$e_{n+1} = \frac{19e^{4\overline{t}_n}h^2}{2}, \quad t_n < \overline{t}_n < t_n + h. \tag{27}$$

O surgimento do fator 19 e o crescimento rápido de e^{4t} explicam por que os resultados na Tabela 8.1.1 não foram muito precisos.

Por exemplo, para $h = 0{,}05$, o erro no primeiro passo é

$$e_1 = \phi(t_1) - y_1 = \frac{19e^{4\overline{t}_0}(0{,}0025)}{2}, \quad 0 < \overline{t}_0 < 0{,}05.$$

É claro que e_1 é positivo, e, como $e^{4\overline{t}_0} < e^{0{,}2}$, temos

$$e_1 \leq \frac{19e^{0{,}2}(0{,}0025)}{2} \cong 0{,}02901. \tag{28}$$

Note também que $e^{4\overline{t}_0} > 1$; logo, $e_1 > \dfrac{19}{2}(0{,}0025) = 0{,}02375$. O erro é, de fato, 0,02542. Segue, da Eq. (27), que o erro piora progressivamente quando t aumenta; isso também está claro nos resultados que aparecem na Tabela 8.1.1. Cálculos semelhantes para cotas do erro de truncamento local fornecem

$$1{,}0617 \cong \frac{19e^{3{,}8}(0{,}0025)}{2} \leq e_{20} \leq \frac{19e^{4}(0{,}0025)}{2} \cong 1{,}2967 \tag{29}$$

para se ir de 0,95 para 1,0 e

$$57{,}96 \cong \frac{19e^{7{,}8}(0{,}0025)}{2} \leq e_{40} \leq \frac{19e^{8}(0{,}0025)}{2} \cong 70{,}80 \tag{30}$$

para se ir de 1,95 para 2,0.

Esses resultados indicam que, para este problema, o erro de truncamento local é em torno de 2.500 vezes maior perto de $t = 2$ do que próximo a $t = 0$. Assim, para reduzir o erro de truncamento local a um nível aceitável em todo o intervalo $0 \leq t \leq 2$, é preciso escolher um tamanho de passo baseado na análise em uma vizinhança de $t = 2$. É claro que esse tamanho de passo será muito menor do que o necessário próximo a $t = 0$. Por exemplo, para obtermos um erro de truncamento local de 0,01 para este problema, precisamos de um tamanho de passo em torno de 0,00059 próximo a $t = 2$ e de um tamanho de passo de aproximadamente 0,032 perto de $t = 0$. A utilização de um tamanho de passo uniforme menor do que era preciso em boa parte do intervalo resulta em mais cálculos do que o necessário, mais tempo consumido e, possivelmente, mais perigo de erros de arredondamento inaceitáveis.

Outra abordagem é manter o erro de truncamento local aproximadamente constante ao longo do intervalo reduzindo, gradualmente, o tamanho do passo à medida que t aumenta. No problema do exemplo, precisaríamos reduzir h por um fator de mais ou menos 50 ao se ir de $t = 0$ para $t = 2$. Um método que fornece a variação do tamanho do passo é dito **adaptativo**. Todos os códigos computacionais modernos para resolver equações diferenciais têm a capacidade de ajustar o tamanho do passo quando necessário. Voltaremos a essa questão na próxima seção.

Problemas

Ⓝ **1.** Complete os cálculos que fornecem os elementos nas colunas três e quatro da Tabela 8.1.1.

Ⓝ **2.** Complete os cálculos que fornecem os elementos nas colunas três e quatro da Tabela 8.1.2.

Nos Problemas 3 a 7, encontre valores aproximados da solução do problema de valor inicial dado em $t = 0{,}1$; 0,2; 0,3 e 0,4.

    Ⓝ **a.** Use o método de Euler com $h = 0{,}05$.

    Ⓝ **b.** Use o método de Euler com $h = 0{,}025$.

    Ⓝ **c.** Use o método de Euler inverso com $h = 0{,}05$.

    Ⓝ **d.** Use o método de Euler inverso com $h = 0{,}025$.

3. $y' = 5t - 3\sqrt{y}, \quad y(0) = 2$

4. $y' = 2y - 3t, \quad y(0) = 1$

5. $y' = 2t + e^{-ty}, \quad y(0) = 1$

6. $y' = (y^2 + 2ty)/(3 + t^2), \quad y(0) = 0{,}5$

7. $y' = (t^2 - y^2)\operatorname{sen}(y), \quad y(0) = -1$

Nos Problemas 8 a 12, encontre valores aproximados da solução do problema de valor inicial dado em $t = 0{,}5$; 1,0; 1,5 e 2,0.

Ⓝ a. Use o método de Euler com $h = 0,025$.
Ⓝ b. Use o método de Euler com $h = 0,0125$.
Ⓝ c. Use o método de Euler inverso com $h = 0,025$.
Ⓝ d. Use o método de Euler inverso com $h = 0,0125$.

8. $y' = 0,5 - t + 2y, \quad y(0) = 1$

9. $y' = 5t - 3\sqrt{y}, \quad y(0) = 2$

10. $y' = 2t + e^{-ty}, \quad y(0) = 1$

11. $y' = (4 - ty)/(1 + y^2), \quad y(0) = -2$

12. $y' = (y^2 + 2ty)/(3 + t^2), \quad y(0) = 0,5$

13. Usando três parcelas da série de Taylor dada na Eq. (12) e fazendo $h = 0,1$, determine valores aproximados da solução do exemplo ilustrativo $y' = 1 - t + 4y, y(0) = 1$ em $t = 0,1$ e $0,2$. Compare os resultados com os do método de Euler e com os valores exatos. *Sugestão*: se $y' = f(t, y)$, o que é y''?

Nos Problemas **14** e **15**,

Ⓝ a. Estime o erro de truncamento local para o método de Euler em termos da solução $y = \phi(t)$.
Ⓝ b. Obtenha uma cota para e_{n+1} em termos de t e de $\phi(t)$ que seja válida no intervalo $0 \le t \le 1$.
Ⓝ c. Usando uma fórmula para a solução, obtenha uma cota mais precisa para e_{n+1}.
Ⓝ d. Para $h = 0,1$, calcule uma cota para e_1 e compare-a com o erro exato em $t = 0,1$.
Ⓝ e. Calcule uma cota para o erro e_4 no quarto passo.

14. $y' = 2y - 1, \quad y(0) = 1$

15. $y' = \dfrac{1}{2} - t + 2y, \quad y(0) = 1$

Nos Problemas **16** a **18**, obtenha uma fórmula para o erro de truncamento local para o método de Euler em termos de t e da solução exata $y = \phi(t)$.

16. $y' = 5t - 3\sqrt{y}, \quad y(0) = 2$

17. $y' = \sqrt{t + y}, \quad y(1) = 3$

18. $y' = 2t + e^{-ty}, \quad y(0) = 1$

19. Considere o problema de valor inicial
$$y' = \cos(5\pi t), \quad y(0) = 1.$$

Ⓝ a. Determine valores aproximados para $\phi(t)$ em $t = 0,2$; $0,4$ e $0,6$ usando o método de Euler com $h = 0,2$.
Ⓝ b. Determine a solução $y = \phi(t)$ e desenhe o gráfico de $y = \phi(t)$ para $0 \le t \le 1$.
Ⓖ c. Desenhe um gráfico com segmentos de reta para a solução aproximada e compare-o com o gráfico da solução exata.
Ⓝ d. Repita o cálculo do item (**a**) para $0 \le t \le 0,4$, mas com $h = 0,1$.
Ⓝ e. Mostre, por meio do cálculo do erro de truncamento local, que nenhum desses tamanhos de passo é suficientemente pequeno.
Ⓝ f. Determine um valor de h que garanta que o erro de truncamento local é menor do que $0,05$ ao longo do intervalo $0 \le t \le 1$. O fato de ser necessário um valor tão pequeno de h é consequência de o máx$|\phi''(t)|$ ser tão grande.

20. Vamos discutir, neste problema, o erro de truncamento global associado ao método de Euler para o problema de valor inicial $y' = f(t, y), y(t_0) = y_0$. Quando as funções f e f_y são contínuas em uma região R fechada e limitada do plano ty que inclui o ponto

(t_0, y_0), pode-se mostrar que existe uma constante L tal que $|f(t, y) - f(t, \tilde{y})| \le L|y - \tilde{y}|$, em que (t, y) e $(t, \tilde{y})$ são dois pontos em R com a mesma coordenada t (veja o Problema 14 da Seção 2.8). Além disso, vamos supor que f_t é contínua, de modo que a solução ϕ tem derivada segunda contínua.

a. Usando a Eq. (20), mostre que
$$\begin{aligned} |E_{n+1}| &\le |E_n| + h \,|f(t_n, \phi(t_n)) - f(t_n, y_n)| + \\ &\quad + \frac{1}{2}h^2\,|\phi''(\bar{t_n})| \\ &\le \alpha|E_n| + \beta h^2, \end{aligned} \tag{31}$$
em que $\alpha = 1 + hL$ e $\beta = \text{máx}\,\dfrac{1}{2}\left|\phi''(t)\right|$ em $t_0 \le t \le t_{n+1}$.

b. Suponha que, se $E_0 = 0$ e se $|E_n|$ satisfizer a Eq. (31), então $|E_n| \le \beta h^2(\alpha^n - 1)/(\alpha - 1)$ para $\alpha \ne 1$. Use este resultado para mostrar que
$$|E_n| \le \frac{(1 + hL)^n - 1}{L}\beta h. \tag{32}$$
A Eq. (32) fornece uma cota para $|E_n|$ em termos de h, L, n e β. Note que, para um h fixo, essa cota aumenta quando n aumenta, ou seja, o erro aumenta com a distância ao ponto inicial t_0.

c. Mostre que $(1 + hL)^n \le e^{nhL}$; portanto,
$$|E_n| \le \frac{e^{nhL} - 1}{L}\beta h.$$
Se selecionarmos um ponto final T maior do que t_0 e depois escolhermos um tamanho de passo h de modo que sejam necessários n passos para percorrer o intervalo $[t_0, T]$, então $nh = T - t_0$ e
$$|E_n| \le \frac{e^{(T-t_0)L} - 1}{L}\beta h = Kh,$$
que é a Eq. (25). Note que K depende do comprimento $T - t_0$ do intervalo e das constantes L e β que são determinadas a partir da função f.

21. Deduza uma expressão análoga à Eq. (22) para o erro de truncamento local para a fórmula de Euler inversa. *Sugestão*: construa uma aproximação de Taylor apropriada de $\phi(t)$ em torno de $t = t_{n+1}$.

22. Usando um tamanho de passo $h = 0,05$ e o método de Euler, mas mantendo apenas três dígitos ao longo dos cálculos, determine valores aproximados para a solução em $t = 0,1$; $0,2$; $0,3$ e $0,4$ para cada um dos problemas de valor inicial a seguir.

Ⓝ a. $y' = 1 - t + 4y, \quad y(0) = 1$

Ⓝ b. $y' = 3 + t - y, \quad y(0) = 1$

Ⓝ c. $y' = 2y - 3t, \quad y(0) = 1$

Compare os resultados do item (**a**) com os obtidos no Exemplo 8.1.1 e no Problema 1, e os resultados do item (**c**) com os obtidos no Problema 4. As pequenas diferenças entre alguns daqueles resultados arredondados para três dígitos e os resultados atuais são causadas pelo erro de arredondamento. O erro de arredondamento tornar-se-ia importante se os cálculos exigissem muitos passos.

23. O problema a seguir ilustra um perigo que ocorre em decorrência do erro de arredondamento quando números quase iguais são subtraídos e a diferença é multiplicada depois por um número muito grande. Calcule a quantidade
$$1.000 \cdot \begin{vmatrix} 6,010 & 18,04 \\ 2,004 & 6,000 \end{vmatrix}$$

das seguintes maneiras:

N a. Arredonde primeiro cada elemento no determinante para dois algarismos.

N b. Arredonde primeiro cada elemento no determinante para três algarismos.

N c. Retenha todos os quatro algarismos. Compare este valor com os resultados dos itens **(a)** e **(b)**.

24. A distributividade $a(b-c) = ab - ac$ não vale, em geral, se os produtos forem arredondados para um número menor de algarismos. Para mostrar isso em um caso específico, faça $a = 0{,}22$, $b = 3{,}19$ e $c = 2{,}17$. Depois de cada multiplicação, arredonde retirando o último dígito.

8.2 Aprimoramentos no Método de Euler

Para muitos problemas, o método de Euler precisa de um tamanho de passo muito pequeno para obter resultados suficientemente precisos. Houve um grande esforço para desenvolver métodos mais eficientes. Nas próximas três seções, discutiremos alguns deles. Considere o problema de valor inicial

$$y' = f(t, y), \quad y(t_0) = y_0 \tag{1}$$

e denote por $y = \phi(t)$ sua solução. Da Eq. (10) da Seção 8.1, lembre-se de que, ao integrar a equação diferencial dada de t_n até t_{n+1}, obtemos

$$\phi(t_{n+1}) = \phi(t_n) + \int_{t_n}^{t_{n+1}} f(t, \phi(t)) dt. \tag{2}$$

A fórmula de Euler

$$y_{n+1} = y_n + h f(t_n, y_n) \tag{3}$$

é obtida substituindo-se $f(t, \phi(t))$ na Eq. (2) por seu valor aproximado $f(t_n, y_n)$ no extremo esquerdo do intervalo de integração. Outras aproximações da integral definida levam a outros métodos numéricos de solução para problemas de valor inicial.

Fórmula de Euler Aprimorada. Uma fórmula de aproximação melhor pode ser obtida se a integral definida na Eq. (2) for aproximada de modo mais preciso. Um modo de fazer isso é aproximar o integrando pela média de seus valores nas duas extremidades, a saber, $\frac{1}{2}\left(f(t_n, \phi(t_n)) + f(t_{n+1}, \phi(t_{n+1}))\right)$. Isso é equivalente a aproximar a área embaixo da curva na **Figura 8.2.1** entre $t = t_n$ e $t = t_{n+1}$ pela área do trapézio sombreado. Além disso, substituímos $\phi(t_n)$ e $\phi(t_{n+1})$ pelos seus valores aproximados respectivos y_n e y_{n+1}. Dessa maneira, obtemos, da Eq. (2),

$$y_{n+1} = y_n + \frac{f(t_n, y_n) + f(t_{n+1}, y_{n+1})}{2} h. \tag{4}$$

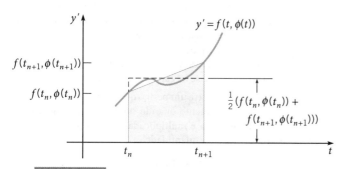

FIGURA 8.2.1 Dedução do método de Euler aprimorado.

Como a incógnita y_{n+1} aparece como um dos argumentos de f à direita do sinal de igualdade na Eq. (4), esta equação define y_{n+1} implicitamente, em vez de explicitamente. Dependendo da natureza da função f, pode ser bem difícil resolver a Eq. (4) para y_{n+1}. Essa dificuldade pode ser sanada substituindo y_{n+1} à direita do sinal de igualdade na Eq. (4) pelo valor obtido usando-se a fórmula de Euler (3). Então,

$$\begin{aligned} y_{n+1} &= y_n + \frac{f(t_n, y_n) + f(t_n + h, y_n + h f(t_n, y_n))}{2} h \\ &= y_n + \frac{f_n + f(t_n + h, y_n + h f_n)}{2} h, \end{aligned} \tag{5}$$

em que t_{n+1} foi substituído por $t_n + h$.

A Eq. (5) nos dá uma fórmula explícita para calcular y_{n+1}, o valor aproximado de $\phi(t_{n+1})$, em função dos dados em t_n. Esta fórmula é conhecida como **fórmula de Euler aprimorada** ou **fórmula de Heun**.[1] A fórmula de Euler aprimorada é exemplo de um método em duas etapas: primeiro, calculamos $y_n + h f_n$ da fórmula de Euler e, depois, usamos este resultado para calcular y_{n+1} da Eq. (5).

A fórmula de Euler aprimorada (5) representa uma melhoria sobre a fórmula de Euler (3), já que o erro de truncamento local quando se usa a Eq. (5) é proporcional a h^3, enquanto, para o método de Euler, é proporcional a h^2. Essa estimativa para o erro na fórmula de Euler aprimorada está demonstrada no Problema 12. Pode-se mostrar, também, que, para um intervalo finito, o erro de truncamento global para a fórmula de Euler aprimorada é limitado por uma constante vezes h^2, de modo que esse método é de segunda ordem. Note que essa precisão maior é obtida ao custo de mais trabalho computacional, já que agora é necessário calcular $f(t, y)$ duas vezes para se ir de t_n a t_{n+1}.

Se $f(t, y)$ depender apenas de t e não de y, então a resolução da equação diferencial $y' = f(t, y)$ se reduzirá a integrar $f(t)$. Neste caso, a fórmula de Euler aprimorada (5) fica

$$y_{n+1} = y_n + \frac{h}{2}(f(t_n) + f(t_n + h)), \tag{6}$$

que é, simplesmente, a regra do trapézio para integração numérica.

EXEMPLO 8.2.1

Use a fórmula de Euler aprimorada (5) com tamanhos de passos $h = 0{,}025$ e $h = 0{,}01$ para calcular valores aproximados da solução do problema de valor inicial

$$y' = 1 - t + 4y, \quad y(0) = 1 \tag{7}$$

---

[1] A fórmula tem esse nome em homenagem ao matemático alemão Karl Heun (1859-1929), professor da Technische Hochschule Karlsruhe.

no intervalo $0 \leq t \leq 2$.

Solução:

Para tornar claro exatamente que cálculos são necessários, vamos mostrar alguns passos em detalhe. Para este problema, $f(t, y) = 1 - t + 4y$; logo,

$$f_n = 1 - t_n + 4y_n$$

e

$$f(t_n + h, y_n + hf_n) = 1 - (t_n + h) + 4(y_n + hf_n).$$

Além disso, $t_0 = 0$, $y_0 = 1$ e $f_0 = 1 - t_0 + 4y_0 = 5$. Se $h = 0{,}025$, então

$$f(t_0 + h, y_0 + hf_0) = 1 - 0{,}025 + 4(1 + (0{,}025)(5)) = 5{,}475.$$

Portanto, da Eq. (5), temos

$$y_1 = 1 + (0{,}5)(5 + 5{,}475)(0{,}025) = 1{,}1309375. \tag{8}$$

No segundo passo, precisamos calcular

$$f_1 = 1 - 0{,}025 + 4(1{,}1309375) = 5{,}49875,$$
$$y_1 + hf_1 = 1{,}1309375 + (0{,}025)(5{,}49875) = 1{,}26840625$$

e

$$f(t_2, y_1 + hf_1) = 1 - 0{,}05 + 4(1{,}26840625) = 6{,}023625.$$

Logo, da Eq. (5),

$$y_2 = 1{,}1309375 + (0{,}5)(5{,}49875 + 6{,}023625)(0{,}025) =$$
$$= 1{,}2749671875. \tag{9}$$

A **Tabela 8.2.1** mostra outros resultados para $0 \leq t \leq 2$ obtidos com o uso do método de Euler aprimorado com $h = 0{,}025$ e $h = 0{,}01$. Para comparar os resultados do método de Euler aprimorado com os do método de Euler, note que o método de Euler aprimorado precisa de dois cálculos dos valores de f em cada passo, enquanto o método de Euler precisa só de um. Isso é importante, já que, geralmente, a maior parte do tempo computacional de cada passo é gasto calculando os valores de f, de modo que contar essas operações é uma maneira razoável de estimar o esforço computacional total. Então, para um tamanho de passo dado h, o método de Euler aprimorado precisa do dobro dos cálculos de valores de f do método de Euler. De outro ponto de vista, o método de Euler aprimorado com tamanho de passo h necessita do mesmo número de cálculos de valores de f que o método de Euler com passo $h/2$.

As soluções aproximadas na Tabela 8.2.1 confirmam que o método de Euler aprimorado com $h = 0{,}025$ dá resultados muito melhores do que o método de Euler com $h = 0{,}01$. Note que, para alcançar $t = 2$ com esses tamanhos de passo, o método de Euler aprimorado precisa de 160 cálculos de valores de f, enquanto o método de Euler precisa de 200. Mais importante de se notar é que o método de Euler aprimorado com $h = 0{,}025$ é ligeiramente mais preciso do que o método de Euler com $h = 0{,}001$ (2.000 cálculos de valores de f). Em outras palavras, com algo da ordem de um doze avos do esforço computacional, o método de Euler aprimorado fornece resultados, para este problema, comparáveis ou um pouco melhores do que os gerados pelo método de Euler. Isso ilustra o fato de que, comparado ao método de Euler, o método de Euler aprimorado é claramente mais eficiente, gerando resultados substancialmente melhores, ou precisando de muito menos esforço computacional total, ou ambos.

Os erros percentuais em $t = 2$ para o método de Euler aprimorado são de 1,23% para $h = 0{,}025$ e de 0,21% para $h = 0{,}01$.

TABELA 8.2.1 Comparação dos Resultados Usando-se os Métodos de Euler e de Euler Aprimorado para o Problema de Valor Inicial $y' = 1 - t + 4y$, $y(0) = 1$

| | Euler | | Euler Aprimorado | | |
t	$h = 0{,}01$	$h = 0{,}001$	$h = 0{,}025$	$h = 0{,}01$	Exata
0,0	1,0000000	1,0000000	1,0000000	1,0000000	1,0000000
0,1	1,5952901	1,6076289	1,6079462	1,6088585	1,6090418
0,2	2,4644587	2,5011159	2,5020618	2,5047827	2,5053299
0,3	3,7390345	3,8207130	3,8228282	3,8289146	3,8301388
0,4	5,6137120	5,7754845	5,7796888	5,7917911	5,7942260
0,5	8,3766865	8,6770692	8,6849039	8,7074637	8,7120041
1,0	60,037126	64,382558	64,497931	64,830722	64,897803
1,5	426,40818	473,55979	474,83402	478,51588	479,25919
2,0	3.029,3279	3.484,1608	3.496,6702	3.532,8789	3.540,2001

Um programa de computador para o método de Euler pode ser imediatamente modificado para implementar o método de Euler aprimorado. Basta substituir o Passo 6 no algoritmo da Seção 8.1 pelo seguinte:

Método de Euler Aprimorado

Passo 6. $k1 = f(t, y)$

$k2 = f(t + h, y + h * k1)$

$y = y + (h/2) * (k1 + k2)$

$t = t + h$

Variação no Tamanho dos Passos. Na Seção 8.1, mencionamos a possibilidade de ajustar o tamanho dos passos à medida que os cálculos prosseguem, de modo a manter o erro de truncamento local em um nível mais ou menos constante. O objetivo é não usar mais passos do que o necessário e, ao mesmo tempo, manter algum controle sobre a precisão das aproximações. Vamos descrever aqui como isso pode ser feito. Escolhemos, primeiro, a tolerância do erro ε, que é o erro de truncamento local que aceitamos. Suponha que chegamos ao ponto (t_n, y_n) depois de n passos. Escolhemos um tamanho de passo h e calculamos y_{n+1}. A seguir, estimamos o erro que fizemos ao calcular y_{n+1}. Sem conhecer a solução exata, o melhor que podemos fazer é usar um método mais preciso e repetir os cálculos a partir de (t_n, y_n). Por exemplo, se tivermos usado o método de Euler para o cálculo original, poderemos repeti-lo com o método de Euler aprimorado. Então, a diferença entre os dois valores calculados é uma estimativa e_{n+1}^{est} do erro ao usarmos o método original. Se o erro estimado for maior do que a tolerância de erro ε, então ajustamos o tamanho do passo e repetimos o cálculo. A chave para fazer esse ajuste eficientemente é saber como o erro de truncamento local e_{n+1} depende do tamanho do passo h. Para o método de Euler, o erro de truncamento local é proporcional a h^2, de modo que, para diminuir o erro estimado (ou aumentar) ao nível de tolerância ε, precisamos multiplicar o tamanho do passo original pelo fator $\sqrt{\varepsilon / e_{n+1}^{\text{est}}}$.

Para ilustrar esse procedimento, vamos considerar o Problema (7) do exemplo:

$$y' = 1 - t + 4y, \quad y(0) = 1.$$

Suponha que você escolheu a tolerância do erro ε como 0,05. Você pode verificar que, após um passo com $h = 0,1$, obtemos os valores 1,5 e 1,595 com os métodos de Euler e de Euler aprimorado, respectivamente. Logo, o erro estimado para o método de Euler é 0,095. Como esse erro é maior do que o nível de tolerância de 0,05, precisamos diminuir o tamanho do passo multiplicando-o pelo fator $\sqrt{0,05/0,095} \cong 0,73$. Arredondando para baixo para ser conservador, vamos escolher o tamanho de passo ajustado como $h = 0,07$. Obtemos, então, da fórmula de Euler,

$$y_1 = 1 + (0,07)f(0,1) = 1,35 \cong \phi(0,07).$$

Usando a fórmula de Euler aprimorada com $h = 0,07$, obtemos $y_1 = 1,39655$, de modo que o erro estimado ao usarmos a fórmula de Euler é 0,04655, ligeiramente menor do que a tolerância especificada. O erro de fato, baseado em uma comparação com a solução exata, é um pouco maior, a saber, 0,05122.

Podemos seguir o mesmo procedimento em cada passo dos cálculos, mantendo, assim, o erro de truncamento local aproximadamente constante ao longo de todo o processo. Códigos modernos adaptativos para a resolução de equações diferenciais ajustam o tamanho do passo à medida que prosseguem de maneira bem semelhante a esta, embora usem, em geral, fórmulas mais precisas do que as de Euler e de Euler aprimorado. Em consequência, são, ao mesmo tempo, eficientes e precisos, usando passos muito pequenos apenas onde é realmente necessário.

Problemas

N 1. Complete os cálculos que levam à obtenção dos elementos nas colunas quatro e cinco da Tabela 8.2.1.

Nos Problemas 2 a 6, encontre valores aproximados da solução do problema de valor inicial dado em $t = 0,1; 0,2; 0,3$ e $0,4$. Compare os resultados com os obtidos pelo método de Euler e pelo método de Euler inverso na Seção 8.1 e com a solução exata (se disponível).

N a. Use o método de Euler aprimorado com $h = 0,05$.
N b. Use o método de Euler aprimorado com $h = 0,025$.
N c. Use o método de Euler aprimorado com $h = 0,0125$.

2. $y' = 3 + t - y, \quad y(0) = 1$

3. $y' = 2y - 3t, \quad y(0) = 1$

4. $y' = 2t + e^{-ty}, \quad y(0) = 1$

5. $y' = (y^2 + 2ty)/(3 + t^2), \quad y(0) = 0,5$

6. $y' = (t^2 - y^2)\operatorname{sen} y, \quad y(0) = -1$

Nos Problemas 7 a 11, encontre valores aproximados da solução do problema de valor inicial dado em $t = 0,5; 1,0; 1,5$ e $2,0$.

N a. Use o método de Euler aprimorado com $h = 0,025$.
N b. Use o método de Euler aprimorado com $h = 0,0125$.

7. $y' = 0,5 - t + 2y, \quad y(0) = 1$

8. $y' = 5t - 3\sqrt{y}, \quad y(0) = 2$

9. $y' = \sqrt{t + y}, \quad y(0) = 3$

10. $y' = 2t + e^{-ty}, \quad y(0) = 1$

11. $y' = (y^2 + 2ty)/(3 + t^2), \quad y(0) = 0,5$

12. Neste problema, vamos provar que o erro de truncamento local para a fórmula de Euler aprimorada é proporcional a h^3. Se supusermos que a solução ϕ do problema de valor inicial $y' = f(t, y), y(t_0) = y_0$ tem derivadas contínuas até a terceira ordem (f tem derivadas parciais de segunda ordem contínuas), segue que

$$\phi(t_n + h) = \phi(t_n) + \phi'(t_n)h + \frac{\phi''(t_n)}{2!}h^2 + \frac{\phi'''(\overline{t_n})}{3!}h^3,$$

em que $t_n < \overline{t_n} < t_n + h$. Suponha que $y_n = \phi(t_n)$.

a. Mostre que, para y_{n+1} dado pela Eq. (5),

$$e_{n+1} = \phi(t_{n+1}) - y_{n+1} =$$
$$= \frac{\phi''(t_n)h - (f(t_n + h, y_n + hf(t_n, y_n)) - f(t_n, y_n))}{2!}h +$$
$$+ \frac{\phi'''(\overline{t_n})h^3}{3!}. \tag{10}$$

b. Usando os fatos de que $\phi''(t) = f_t(t, \phi(t)) + f_y(t, \phi(t))\phi'(t)$ e de que a aproximação de Taylor com resto para uma função $F(t, y)$ de duas variáveis é da forma

$$F(a + h, b + k) = F(a, b) + F_t(a, b)h + F_y(a, b)k +$$
$$+ \frac{1}{2!}(h^2 F_{tt} + 2hk F_{ty} + k^2 F_{yy})\Big|_{t=\xi, y=\eta},$$

em que ξ está entre a e $a + h$, e η está entre b e $b + k$, mostre que o primeiro termo à direita do sinal de igualdade na Eq. (10) é proporcional a h^3 mais termos de ordem maior. Esta é a estimativa crítica necessária para provar que o erro de truncamento local é proporcional a h^3.

c. Mostre que, se $f(t, y)$ for linear em t e y, então

$$e_{n+1} = \frac{1}{6}\phi'''(\overline{t_n})h^3 \text{ para } \overline{t_n} \text{ com } t_n < \overline{t_n} < t_{n+1}.$$

Sugestão: o que são f_{tt}, f_{ty} e f_{yy}?

13. Considere o método de Euler aprimorado para resolver o problema de valor inicial ilustrativo $y' = 1 - t + 4y, y(0) = 1$.
a. Usando o resultado do Problema 12c e a solução exata do problema de valor inicial, determine e_{n+1} e uma cota para o erro em qualquer passo em $0 \leq t \leq 2$.
b. Compare o erro encontrado no item (a) com o obtido na Eq. (27) da Seção 8.1 usando o método de Euler.
c. Obtenha, também, uma cota para e_1 com $h = 0,05$ e compare com a Eq. (28) da Seção 8.1.

Nos Problemas 14 e 15,
a. Use a solução exata $\phi(t)$ para determinar e_{n+1} e uma cota para e_{n+1} em qualquer passo no intervalo $0 \leq t \leq 1$ para o método de Euler aprimorado para o problema de valor inicial dado.
b. Obtenha, também, uma cota para e_1 com $h = 0,1$ e compare com a estimativa semelhante para o método de Euler e com o erro exato usando o método de Euler aprimorado.

14. $y' = 2y - 1, \quad y(0) = 1$

15. $y' = 0,5 - t + 2y, \quad y(0) = 1$

Nos Problemas 16 a 19, efetue um passo do método de Euler e do método de Euler aprimorado usando o tamanho de passo $h = 0,1$. Suponha que se deseja um erro de truncamento local não maior do que $\varepsilon = 0,0025$. Estime o tamanho de passo necessário para o método de Euler satisfazer essa condição no primeiro passo.

N **16.** $y' = 0,5 - t + 2y$, $y(0) = 1$

N **17.** $y' = 5t - 3\sqrt{y}$, $y(0) = 2$

N **18.** $y' = \sqrt{t + y}$, $y(0) = 3$

N **19.** $y' = (y^2 + 2ty)/(3 + t^2)$, $y(0) = 0,5$

20. A **fórmula de Euler modificada** para o problema de valor inicial $y' = f(t, y)$, $y(t_0) = y_0$ é dada por

$$y_{n+1} = y_n + hf\left(t_n + \frac{1}{2}h, y_n + \frac{1}{2}hf(t_n, y_n)\right).$$

Seguindo o procedimento esquematizado no Problema 12, mostre que o erro de truncamento local na fórmula de Euler modificada é proporcional a h^3.

Nos Problemas 21 a 24, use a fórmula de Euler modificada do Problema 20 com $h = 0,05$ para calcular valores aproximados da solução do problema de valor inicial dado em $t = 0,1$; $0,2$; $0,3$ e $0,4$.

N **21.** $y' = 3 + t - y$, $y(0) = 1$ (Compare com o Problema 2)

N **22.** $y' = 5t - 3\sqrt{y}$, $y(0) = 2$

N **23.** $y' = 2y - 3t$, $y(0) = 1$ (Compare com o Problema 3)

N **24.** $y' = 2t + e^{-ty}$, $y(0) = 1$ (Compare com o Problema 4)

25. Mostre que a fórmula de Euler modificada do Problema 20 será idêntica à fórmula de Euler aprimorada da Eq. (5) para $y' = f(t, y)$ se f for linear em ambos t e y.

8.3 Método de Runge-Kutta

Introduzimos, nas Seções 8.1 e 8.2, a fórmula de Euler, a fórmula de Euler inversa e a fórmula de Euler aprimorada como maneiras de aproximar numericamente a solução do problema de valor inicial

$$y' = f(t, y), \qquad y(t_0) = y_0. \tag{1}$$

Os erros de truncamento locais para esses métodos são proporcionais a h^2, h^2 e h^3, respectivamente. Os métodos de Euler e de Euler aprimorado pertencem à classe hoje conhecida como a classe de métodos de Runge-Kutta.[2]

Nesta seção, discutiremos o método desenvolvido, originalmente, por Runge e Kutta. Este método é chamado, atualmente, de **método** clássico **de Runge-Kutta de quarta ordem em quatro estágios**, mas, na prática, as pessoas se referem a ele como, simplesmente, *o método de Runge-Kutta*, e seguiremos esta prática por brevidade. Este método tem um erro de truncamento local proporcional a h^5. Assim, é duas ordens de grandeza mais preciso do que o método de Euler aprimorado e três ordens de grandeza melhor do que o método de Euler. É relativamente simples de usar e suficientemente preciso para tratar muitos problemas de maneira eficiente. Isto é particularmente verdadeiro para os métodos de Runge-Kutta adaptativos, nos quais se pode variar o tamanho dos passos quando necessário. Voltaremos a essa questão no fim desta seção.

A fórmula de Runge-Kutta envolve uma média ponderada de valores de $f(t, y)$ em quatro pontos diferentes no intervalo $t_n \leq t \leq t_{n+1}$. É dada por

$$y_{n+1} = y_n + h\left(\frac{k_{n1} + 2k_{n2} + 2k_{n3} + k_{n4}}{6}\right), \tag{2}$$

em que

$$
\begin{aligned}
k_{n1} &= f(t_n, y_n), \\
k_{n2} &= f\left(t_n + \frac{1}{2}h, y_n + \frac{1}{2}hk_{n1}\right), \\
k_{n3} &= f\left(t_n + \frac{1}{2}h, y_n + \frac{1}{2}hk_{n2}\right), \\
k_{n4} &= f(t_n + h, y_n + hk_{n3}).
\end{aligned}
\tag{3}
$$

A soma $\frac{1}{6}(k_{n1} + 2k_{n2} + 2k_{n3} + k_{n4})$ pode ser interpretada como um coeficiente angular médio. Note que k_{n1} é o coeficiente angular no extremo esquerdo do intervalo, k_{n2} é o coeficiente angular no ponto médio usando a fórmula de Euler para ir de t_n a $t_n + h/2$, k_{n3} é a segunda aproximação do coeficiente angular no ponto médio e k_{n4} é o coeficiente angular em $t_n + h$ usando a fórmula de Euler e o coeficiente angular k_{n3} para ir de t_n a $t_n + h$.

Embora, em princípio, não seja difícil mostrar que a Eq. (2) difere da expansão de Taylor da solução ϕ por termos proporcionais a h^5, os cálculos algébricos são bem longos.[3] Então, vamos simplesmente enunciar, sem demonstração, que o erro de truncamento local quando se usa a Eq. (2) é proporcional a h^5 e que, para um intervalo finito, o erro de truncamento global é, no máximo, uma constante vezes h^4. A descrição anterior deste método como um método de quarta ordem em quatro estágios reflete os fatos de que o erro de truncamento global é de quarta ordem no tamanho do passo h e de que há quatro estágios intermediários nos cálculos (os cálculos de $k_{n1}, \ldots, k_{n4}$).

É claro que as fórmulas de Runge-Kutta, Eqs. (2) e (3), são mais complicadas do que qualquer das fórmulas discutidas até agora. Isso não é muito importante, no entanto, já que não é difícil escrever um programa de computador que implemente este método. Tal programa tem a mesma estrutura que o algoritmo para o método de Euler esquematizado na Seção 8.1. Especificamente, as linhas no Passo 6 no algoritmo de Euler têm de ser substituídas pelas seguintes:

---

[2]Carl David Runge (1856-1927), matemático e físico alemão, trabalhou muitos anos em espectroscopia. A análise de dados o levou a considerar problemas em computação numérica, e o método de Runge-Kutta tem origem em seu artigo sobre soluções numéricas de equações diferenciais de 1895. O método foi estendido para sistemas de equações em 1901 por Martin Wilhelm Kutta (1867-1944). Kutta era um matemático alemão que trabalhava com aerodinâmica e é, também, muito conhecido por suas contribuições importantes à teoria clássica de aerofólio.

[3]Veja, por exemplo, o Capítulo 3 do livro de Henrici listado na Bibliografia.

256 Capítulo 8

> **Método de Runge-Kutta**
> **Passo 6.** $k1 = f(t, y)$
> $k2 = f(t + h/2, y + (h/2) * k1)$
> $k3 = f(t + h/2, y + (h/2) * k2)$
> $k4 = f(t + h, y + h * k3)$
> $y = y + (h/6) * (k1 + 2 * k2 + 2 * k3 + k4)$
> $t = t + h$

Note que, se f não depender de y, então

$$k_{n1} = f(t_n), \quad k_{n2} = k_{n3} = f\left(t_n + \frac{h}{2}\right), \quad k_{n4} = f(t_n + h), \text{ (4)}$$

e a Eq. (2) se reduzirá a

$$y_{n+1} - y_n = \frac{h}{6}\left[f(t_n) + 4f\left(t_n + \frac{h}{2}\right) + f(t_n + h)\right]. \quad (5)$$

A Eq. (5) pode ser identificada como a regra de Simpson[4] para o cálculo aproximado da integral de $y' = f(t)$. O fato de que a regra de Simpson tem um erro proporcional a h^5 é consistente com o erro de truncamento local na fórmula de Runge-Kutta.

EXEMPLO 8.3.1

Use o método de Runge-Kutta para calcular valores aproximados da solução $y = \phi(t)$ do problema de valor inicial

$$y' = 1 - t + 4y, \quad y(0) = 1. \quad (6)$$

Solução:

Fazendo $h = 0,2$, temos

$k_{01} = f(0,1) = 5;$ $\qquad \frac{1}{2}hk_{01} = 0,5,$

$k_{02} = f(0 + 0,1; 1 + 0,5) = 6,9;$ $\qquad \frac{1}{2}hk_{02} = 0,69,$

$k_{03} = f(0 + 0,1; 1 + 0,69) = 7,66;$ $\qquad hk_{03} = 1,532,$

$k_{04} = f(0 + 0,2; 1 + 1,532) = 10,928.$

Assim

$$y_1 = 1 + \frac{0,2}{6}(5 + 2(6,9) + 2(7,66) + 10,928) =$$
$$= 1 + 1,5016 = 2,5016.$$

A **Tabela 8.3.1** mostra outros resultados obtidos pelo método de Runge-Kutta com $h = 0,2$, $h = 0,1$ e $h = 0,05$. Note que o método de Runge-Kutta fornece um valor em $t = 2$ que difere da solução exata por apenas 0,122%, se o tamanho do passo for $h = 0,1$, e por apenas 0,00903% quando $h = 0,05$. No último caso, o erro é menor do que uma parte em 10.000 e o valor calculado em $t = 2$ está correto até quatro dígitos.

Para efeitos de comparação, note que ambos os métodos de Runge-Kutta com $h = 0,05$ e o de Euler aprimorado com $h = 0,025$ precisam de 160 cálculos de valores de f para chegar a $t = 2$. O método de Euler aprimorado fornece um resultado em $t = 2$ com erro de 1,23%. Embora esse erro possa ser aceitável para alguns fins, é mais de 135 vezes o erro feito pelo método de Runge-Kutta com esforço computacional comparável. Note, também, que o método

de Runge-Kutta com $h = 0,2$, ou 40 cálculos de valores de f, produz um valor em $t = 2$ com erro de 1,40%, que é só ligeiramente maior do que o erro no método de Euler aprimorado com $h = 0,025$, que calcula 160 valores de f. Assim, vemos, novamente, que um algoritmo mais preciso é mais eficiente; produz melhores resultados com esforço semelhante, ou resultados análogos com menos esforço.

TABELA 8.3.1 Comparação dos Resultados para a Aproximação Numérica da Solução do Problema de Valor Inicial $y' = 1 - t + 4y$, $y(0) = 1$

	Euler aprimorado	Runge-Kutta			
t	$h = 0,025$	$h = 0,2$	$h = 0,1$	$h = 0,05$	Exata
0,0	1,0000000	1,0000000	1,0000000	1,0000000	1,0000000
0,1	1,6079462		1,6089333	1,6090338	1,6090418
0,2	2,5020618	2,5016000	2,5050062	2,5053060	2,5053299
0,3	3,8228282		3,8294145	3,8300854	3,8301388
0,4	5,7796888	5,7776358	5,7927853	5,7941197	5,7942260
0,5	8,6849039		8,7093175	8,7118060	8,7120041
1,0	64,497931	64,441579	64,858107	64,894875	64,897803
1,5	474,83402		478,81928	479,22674	479,25919
2,0	3.496,6702	3.490,5574	3.535,8667	3.539,8804	3.540,2001

O método clássico de Runge-Kutta sofre dos mesmos defeitos que outros métodos com tamanho de passo fixo para problemas em que o erro de truncamento local varia muito no intervalo de interesse. Ou seja, um passo suficientemente pequeno para obter precisão satisfatória em algumas partes do intervalo pode ser muito menor do que o necessário em outras partes. Isso estimulou o desenvolvimento de métodos de Runge-Kutta adaptativos, que providenciam a modificação do tamanho do passo automaticamente à medida que os cálculos vão prosseguindo, de modo a manter o erro de truncamento local próximo ou abaixo de um nível de tolerância especificado. Como explicado na Seção 8.2, faz-se necessária a estimativa do erro de truncamento local em cada passo. Um modo de fazer isso consiste em repetir os cálculos com um método de quinta ordem – que tem um erro de truncamento local proporcional a h^6 – e depois usar a diferença entre os dois resultados como uma estimativa para o erro. Se for feito de modo direto, o uso de um método de quinta ordem precisa de pelo menos mais cinco cálculos de f em cada etapa, além dos necessários originalmente pelo método de quarta ordem. No entanto, se fizermos uma escolha apropriada dos pontos intermediários e dos coeficientes de peso nas expressões para $k_{n1}, \ldots, k_{n4}$ em determinado método de Runge-Kutta de quarta ordem, então essas expressões poderão ser usadas novamente, juntamente com um estágio adicional, em um método de quinta ordem correspondente, resultando em um ganho substancial em eficiência. Acontece que isso pode ser feito de mais de uma maneira.

O primeiro par de métodos de Runge-Kutta de quarta e quinta ordens foi desenvolvido por Erwin Fehlberg[5] no fim da

---

[4] A regra de Simpson leva esse nome em homenagem a Thomas Simpson (1710-1761), um matemático inglês e autor de livros-texto, que a publicou em 1743.

[5] Erwin Fehlberg (1911-1990) nasceu na Alemanha, recebeu seu doutorado da Technical University of Berlin em 1942, emigrou para os Estados Unidos depois da Segunda Guerra Mundial e trabalhou na NASA por muitos anos. O método de Runge-Kutta-Fehlberg foi publicado pela primeira vez em um Relatório Técnico da NASA em 1969.

Métodos Numéricos **257**

década de 1960, sendo conhecido como o método de Runge-Kutta-Fehlberg, ou método RKF.[6] A popularidade do método RKF foi consideravelmente aumentada, em 1977, pela sua implementação RKF45 em Fortran por Lawrence F. Shampine e H. A. Watts. O método RKF e outros métodos de Runge-Kutta adaptativos são métodos muito poderosos e eficientes para a aproximação numérica de soluções de uma classe enorme de problemas de valor inicial. Implementações específicas de um ou mais deles estão disponíveis amplamente em pacotes comerciais de *softwares*.

Problemas

N 1. Confirme os resultados na Tabela 8.3.1 executando os cálculos indicados.

Nos Problemas 2 a 6, encontre valores aproximados da solução do problema de valor inicial dado em $t = 0{,}1$; $0{,}2$; $0{,}3$ e $0{,}4$. Compare os resultados com os obtidos usando outros métodos e com a solução exata (se disponível).

    N a. Use o método de Runge-Kutta com $h = 0{,}1$.
    N b. Use o método de Runge-Kutta com $h = 0{,}05$.

2. $y' = 3 + t - y$, $y(0) = 1$

3. $y' = 5t - 3\sqrt{y}$, $y(0) = 2$

4. $y' = 2t + e^{-ty}$, $y(0) = 1$

5. $y' = (y^2 + 2ty)/(3 + t^2)$, $y(0) = 0{,}5$

6. $y' = (t^2 - y^2)\operatorname{sen}(y)$, $y(0) = -1$

Nos Problemas 7 a 11, encontre valores aproximados da solução do problema de valor inicial dado em $t = 0{,}5$; $1{,}0$; $1{,}5$ e $2{,}0$. Compare os resultados com os obtidos por outros métodos e com a solução exata (se disponível).

    N a. Use o método de Runge-Kutta com $h = 0{,}1$.
    N b. Use o método de Runge-Kutta com $h = 0{,}05$.

7. $y' = 0{,}5 - t + 2y$, $y(0) = 1$

8. $y' = 5t - 3\sqrt{y}$, $y(0) = 2$

9. $y' = \sqrt{t + y}$, $y(0) = 3$

10. $y' = 2t + e^{-ty}$, $y(0) = 1$

11. $y' = (y^2 + 2ty)/(3 + t^2)$, $y(0) = 0{,}5$

12. Considere o problema de valor inicial

$$y' = 3t^2/(3y^2 - 4), \quad y(0) = 0.$$

Seja t_M o extremo direito do intervalo de existência da solução deste problema.

    G a. Desenhe um campo de direções para esta equação.
    b. Use o campo de direções criado em **(a)** para estimar t_M. O que acontece em t_M para impedir a solução de continuar?
    N c. Use o método de Runge-Kutta com passos de diversos tamanhos para determinar o valor aproximado de t_M.
    d. Se você continuar os cálculos de Runge-Kutta para $t > t_M$, você pode continuar a gerar valores de y. Qual o significado, se algum, desses valores?
    N e. Suponha que a condição inicial é modificada para $y(0) = 1$. Repita os itens **(b)** e **(c)** para este problema.

8.4   Métodos de Passos Múltiplos

Discutimos, em seções anteriores, procedimentos numéricos para aproximar a solução do problema de valor inicial

$$y' = f(t, y), \quad y(t_0) = y_0, \tag{1}$$

no qual os dados no ponto $t = t_n$ são usados para calcular um valor aproximado da solução $\phi(t_{n+1})$ no próximo ponto da partição $t = t_{n+1}$. Em outras palavras, o valor calculado da solução exata ϕ em qualquer ponto da partição depende, apenas, dos dados no ponto anterior da partição. Tais métodos são chamados de **métodos de partida** ou **métodos de passo único**. Entretanto, uma vez obtidos valores aproximados da solução exata $y = \phi(t)$ em alguns pontos além de t_0, é natural perguntar se podemos usar parte dessa informação – não só o valor no último ponto – para calcular o valor de $\phi(t)$ no próximo ponto. Especificamente, se forem conhecidos y_1 em t_1, y_2 em t_2, ..., y_n em t_n, como poderemos usar essa informação para determinar y_{n+1} em t_{n+1}? Métodos que utilizam informação em mais do que o último ponto da partição são conhecidos como **métodos de passos múltiplos**. Vamos descrever dois tipos de tais métodos nesta seção, os métodos de Adams[7] e as fórmulas inversas de diferenciação. Dentro de cada tipo, é possível obter níveis de precisão diversos, dependendo do número de pontos de dados utilizados. Por simplicidade, vamos supor ao longo de nossa discussão que o tamanho do passo h é constante.

Métodos de Adams. Lembre-se de que a solução $\phi(t)$ do problema de valor inicial (1) satisfaz

$$\phi(t_{n+1}) - \phi(t_n) = \int_{t_n}^{t_{n+1}} \phi'(t)dt. \tag{2}$$

A ideia básica de um método de Adams é aproximar $\phi'(t)$ por um polinômio $P_k(t)$ de grau k e usar o polinômio para calcular a integral na Eq. (2). Os coeficientes de $P_k(t)$ são determinados com o uso dos $k + 1$ dados calculados anteriormente.

Por exemplo, suponha que queremos usar um polinômio de primeiro grau $P_1(t) = At + B$. Precisamos, então, de dois pontos de dados apenas, (t_n, y_n) e (t_{n-1}, y_{n-1}). Para P_1 interpolar ϕ' em $t = t_n$ e $t = t_{n-1}$, é necessário que $P_1(t_n) = \phi'(t_n) =$

---

[6]Os detalhes do método RKF podem ser encontrados, por exemplo, no livro de Ascher e Petzold e no de Mattheij e Molenaar, listados na Bibliografia.

[7]John Couch Adams (1819-1892), matemático e astrônomo inglês, é mais famoso pela sua descoberta, juntamente com Joseph Leverrier, do planeta Netuno em 1846. Esteve associado à Cambridge University a maior parte de sua vida, como estudante (1839–1843), professor auxiliar, *lowdean* professor e diretor do Observatório. Adams era extremamente habilidoso em cálculo; seu procedimento para integração numérica de equações diferenciais foi publicado em 1883 em um livro de coautoria com Francis Bashforth sobre ação capilar.

$f(t_n, y_n)$ e que $P_1(t_{n-1}) = \phi'(t_{n-1}) = f(t_{n-1}, y_{n-1})$. Lembre-se de que denotamos $f(t_j, y_j)$ por f_j para j inteiro. Então, A e B têm de satisfazer as equações

$$At_n + B = f_n,$$
$$At_{n-1} + B = f_{n-1}. \tag{3}$$

Resolvendo para A e B, obtemos

$$A = \frac{f_n - f_{n-1}}{h} \quad \text{e} \quad B = \frac{f_{n-1}t_n - f_n t_{n-1}}{h}. \tag{4}$$

Substituindo $\phi'(t)$ por $P_1(t)$ e calculando a integral na Eq. (2), vemos que

$$\phi(t_{n+1}) - \phi(t_n) = \int_{t_n}^{t_{n+1}} (At + B)dt =$$
$$= \frac{A}{2}(t_{n+1}^2 - t_n^2) + B(t_{n+1} - t_n).$$

Finalmente, substituímos $\phi(t_{n+1})$ e $\phi(t_n)$ por y_{n+1} e y_n, respectivamente, e fazemos algumas simplificações algébricas. Para um tamanho de passo constante h, obtemos

$$y_{n+1} = y_n + \frac{3}{2}hf_n - \frac{1}{2}hf_{n-1}. \tag{5}$$

A Eq. (5) é a **fórmula de Adams-Bashforth**[8] **de segunda ordem**. É uma fórmula explícita para y_{n+1} em função de y_n e y_{n-1} e tem erro de truncamento local proporcional a h^3.

Observamos que a **fórmula de Adams-Bashforth de primeira ordem**, baseada no polinômio $P_0(t) = f_n$ de grau zero, é simplesmente a fórmula de Euler original (veja o Problema **11a**).

Fórmulas de Adams mais precisas podem ser obtidas usando-se o procedimento aqui esquematizado, só que com um polinômio de ordem maior e um número correspondente maior de pontos. Por exemplo, suponha que está sendo usado um polinômio de grau três, $P_3(t)$. Os coeficientes são determinados pelos quatro pontos (t_n, y_n), (t_{n-1}, y_{n-1}), (t_{n-2}, y_{n-2}) e (t_{n-3}, y_{n-3}). Substituindo $\phi'(t)$ por esse polinômio na Eq. (2), calculando a integral e simplificando o resultado, obtemos, finalmente, a **fórmula de Adams-Bashforth de quarta ordem**

$$y_{n+1} = y_n + \frac{h}{24}(55f_n - 59f_{n-1} + 37f_{n-2} - 9f_{n-3}). \tag{6}$$

O erro de truncamento local para esta fórmula de quarta ordem é proporcional a h^5.

Uma variação na dedução das fórmulas de Adams-Bashforth fornece outro conjunto de fórmulas conhecido como as **fórmulas de Adams-Moulton**.[9] Para ver a diferença, vamos considerar, novamente, o caso de segunda ordem. Mais uma vez, usamos um polinômio de primeiro grau $Q_1(t) = \alpha t + \beta$,

mas determinamos os coeficientes usando os pontos (t_n, y_n) e (t_{n+1}, y_{n+1}). Então, α e β têm de satisfazer

$$\alpha t_n + \beta = f_n,$$
$$\alpha t_{n+1} + \beta = f_{n+1}, \tag{7}$$

e segue que

$$\alpha = \frac{f_{n+1} - f_n}{h}, \quad \beta = \frac{f_n t_{n+1} - f_{n+1} t_n}{h}. \tag{8}$$

Substituindo $\phi'(t)$ por $Q_1(t)$ na Eq. (2) e simplificando, obtemos

$$y_{n+1} = y_n + \frac{1}{2}hf_n + \frac{1}{2}hf(t_{n+1}, y_{n+1}), \tag{9}$$

que é a **fórmula de Adams-Moulton de segunda ordem**. Escrevemos $f(t_{n+1}, y_{n+1})$ na última parcela para enfatizar que a fórmula de Adams-Moulton é implícita, em vez de explícita, já que a incógnita y_{n+1} aparece nos dois lados da equação. O erro de truncamento local para a fórmula de Adams-Moulton de segunda ordem é proporcional a h^3.

A **fórmula de Adams-Moulton de primeira ordem** é simplesmente a fórmula de Euler inversa, como você poderia imaginar por analogia com a fórmula de Adams-Bashforth de primeira ordem. (Veja o Problema **11b**.)

Fórmulas mais precisas de ordem mais alta podem ser obtidas usando-se um polinômio de maior grau. A **fórmula de Adams-Moulton de quarta ordem**, com um erro de truncamento local proporcional a h^5, é

$$y_{n+1} = y_n + \frac{h}{24}(9f_{n+1} + 19f_n - 5f_{n-1} + f_{n-2}). \tag{10}$$

Observe que esta também é uma fórmula implícita, já que y_{n+1} aparece em f_{n+1}.

Embora ambas as fórmulas de Adams-Bashforth e de Adams-Moulton de mesma ordem tenham erros de truncamento local proporcionais à mesma potência de h, as fórmulas de Adams-Moulton de ordem moderada são, de fato, bem mais precisas. Por exemplo, embora as fórmulas de quarta ordem (6) e (10) tenham, ambas, erros de truncamento proporcionais a h^5, a constante de proporcionalidade para a fórmula de Adams-Moulton é menor do que $\frac{1}{10}$ da constante de proporcionalidade para a fórmula de Adams-Bashforth.

É melhor usar a fórmula de Adams-Bashforth explícita (e mais rápida) ou a fórmula de Adams-Moulton, mais precisa, porém implícita (e mais lenta)? A resposta depende se, ao usar a fórmula mais precisa, você pode aumentar o tamanho do passo, reduzindo o número de passos o suficiente para compensar os cálculos adicionais necessários em cada passo.

De fato, analistas numéricos tentaram obter, ao mesmo tempo, simplicidade e precisão combinando as duas fórmulas no que é conhecido como **método de previsão e correção**. Uma vez conhecidos $y_{n-3}, y_{n-2}, y_{n-1}$ e y_n, podemos calcular $f_{n-3}, f_{n-2}, f_{n-1}$ e f_n, e depois usar a fórmula de Adams-Bashforth (6) (previsão) para obter um primeiro valor para y_{n+1}. Calculamos depois f_{n+1} e usamos a fórmula de Adams-Moulton (10) (correção), que não é mais implícita, para obter um valor melhorado de y_{n+1}. Podemos, é claro, continuar a usar a fórmula de correção (10) se a mudança em y_{n+1} for muito grande. No entanto, se

---

[8]Francis Bashforth (1819-1912), matemático inglês e pastor anglicano, foi colega de turma de J. C. Adams em Cambridge. Tinha um interesse especial em balística e inventou o cronógrafo de Bashforth para medir a velocidade de projéteis de artilharia.

[9]Forest Ray Moulton (1872-1952), astrônomo e administrador científico norte-americano, foi professor de astronomia na University of Chicago durante muitos anos. Durante a Primeira Guerra Mundial, ficou responsável pelo Departamento de Balística do Exército dos EUA no Campo de Treinamento em Aberdeen (MD). Enquanto calculava trajetórias balísticas, fez melhorias substanciais na fórmula de Adams.

for necessário usar a fórmula de correção mais de uma vez, ou talvez duas vezes, isso significa que o tamanho do passo h está muito grande e deve ser reduzido.

Para usar qualquer dos métodos de passos múltiplos, é necessário calcular primeiro alguns y_j por outro método. Por exemplo, o método de Adams-Moulton de quarta ordem precisa de valores para y_1 e y_2, enquanto o método de Adams-Bashforth de quarta ordem precisa, também, de um valor para y_3. Uma possibilidade é usar um método de partida de precisão comparável para calcular os valores iniciais necessários. Então, para um método de passos múltiplos de quarta ordem, pode-se usar o método de Runge-Kutta de quarta ordem para calcular os valores iniciais. Esse é o método utilizado no próximo exemplo.

Outra abordagem consiste em usar um método de ordem baixa com um h bem pequeno para calcular y_1 e depois ir aumentando, gradualmente, tanto a ordem quanto o tamanho do passo até determinar um número suficiente de valores.

EXEMPLO 8.4.1

Considere, novamente, o problema de valor inicial

$$y' = 1 - t + 4y, \quad y(0) = 1. \tag{11}$$

Com um tamanho de passo $h = 0{,}1$, determine um valor aproximado da solução $y = \phi(t)$ em $t = 0{,}4$ usando a fórmula de Adams-Bashforth de quarta ordem, a fórmula de Adams-Moulton de quarta ordem e o método de previsão e correção.

Solução:

Para os dados iniciais, vamos usar os valores y_1, y_2 e y_3 obtidos pelo método de Runge-Kutta. Esses valores estão na Tabela 8.3.1. A seguir, calculamos os valores correspondentes de $f(t, y)$, obtendo

$$
\begin{aligned}
y_0 &= 1, & f_0 &= 5, \\
y_1 &= 1{,}6089333, & f_1 &= 7{,}3357332, \\
y_2 &= 2{,}5050062, & f_2 &= 10{,}820025, \\
y_3 &= 3{,}8294145, & f_3 &= 16{,}017658.
\end{aligned}
$$

Então, da fórmula de Adams-Bashforth (6), vemos que $y_4 = 5{,}7836305$. O valor exato da solução em $t = 0{,}4$, correto até oito dígitos, é $5{,}7942260$, de modo que o erro é $-0{,}0105955$.

A fórmula de Adams-Moulton (10) nos leva à equação

$$y_4 = 4{,}9251275 + 0{,}15 y_4,$$

da qual $y_4 = 5{,}7942676$, com um erro de apenas $0{,}0000416$.

Finalmente, usando o resultado da fórmula de Adams-Bashforth como valor previsto para $\phi(0{,}4)$, podemos usar a Eq. (10) para correção. Correspondendo ao valor previsto de y_4, encontramos $f_4 = 23{,}734522$. Portanto, da Eq. (10), o valor correto de y_4 é $5{,}7926721$. Isso resulta em um erro de $-0{,}0015539$.

Observe que o método de Adams-Bashforth é o mais simples e mais rápido desses métodos, já que envolve apenas o cálculo de uma única fórmula explícita. Também é o menos preciso. Usar a fórmula de Adams-Moulton para a correção aumenta a quantidade de cálculos, mas o método ainda é explícito. Neste exemplo, o erro no valor corrigido de y_4 é reduzido por, aproximadamente, um fator de 7 (14,7%) quando comparado com o erro no valor previsto. O método de Adams-Moulton sozinho fornece o melhor resultado, de longe, com um erro em torno de $\dfrac{1}{40}$ (2,7%) do erro do método de previsão e correção.

Lembre-se, no entanto, de que a fórmula de Adams-Moulton é implícita, o que significa que é necessário resolver uma equação em cada passo. No problema considerado aqui, essa equação é linear; logo, a solução foi encontrada rapidamente, mas, em outros problemas, essa parte do procedimento pode levar muito mais tempo.

O método de Runge-Kutta com $h = 0{,}1$ fornece $y_4 = 5{,}7927853$, com um erro de $-0{,}0014407$; veja a Tabela 8.3.1. Assim, para este problema, o método de Runge-Kutta é comparável, em precisão, ao método de previsão e correção.

Fórmulas Inversas de Diferenciação. Outro tipo de método de passos múltiplos aparece quando se usa um polinômio $P_k(t)$ para aproximar a solução $\phi(t)$ do problema de valor inicial (1), em vez de sua derivada $\phi'(t)$ como nos métodos de Adams. Diferenciamos, então, $P_k(t)$ e igualamos $P'_k(t_{n+1})$ a $f(t_{n+1}, y_{n+1})$ para obter uma fórmula implícita para y_{n+1}. Essas são chamadas de **fórmulas inversas de diferenciação**. Esses métodos foram amplamente utilizados na década de 1970 a partir do trabalho de C. William Gear[10] nas chamadas *equações diferenciais rígidas*, cujas soluções são muito difíceis de serem aproximadas pelos métodos discutidos até agora; veja a Seção 8.6.

O caso mais simples usa um polinômio de primeiro grau $P_1(t) = At + B$. Os coeficientes são escolhidos de modo que $P_1(t_n)$ e $P_1(t_{n+1})$ coincidam com os valores calculados da solução y_n e y_{n+1}, respectivamente: $P_1(t_n) = y_n$ e $P_1(t_{n+1}) = y_{n+1}$. Assim, A e B têm de satisfazer

$$
\begin{aligned}
At_n + B &= y_n, \\
At_{n+1} + B &= y_{n+1}.
\end{aligned}
\tag{12}
$$

Resolvendo as equações algébricas lineares (12) para A e B, obtemos

$$A = \frac{y_{n+1} - y_n}{h} \quad \text{e} \quad B = \frac{y_{n+1}t_n - y_n t_{n+1}}{h}. \tag{13}$$

Como $P'_1(t) = A$, a igualdade $P'_1(t_{n+1}) = f(t_{n+1}, y_{n+1})$ é, simplesmente, $A = f(t_{n+1}, y_{n+1})$. Igualando este valor de A e o valor de A dado na Eq. (13), depois rearrumando os termos, obtemos a **fórmula inversa de diferenciação de primeira ordem**

$$y_{n+1} = y_n + hf(t_{n+1}, y_{n+1}). \tag{14}$$

Note que a Eq. (14) é, simplesmente, a fórmula de Euler inversa que vimos na Seção 8.1.

É possível obter fórmulas inversas de diferenciação de qualquer ordem usando polinômios de ordem maior e mais pontos de dados correspondentes. A **fórmula inversa de diferenciação de segunda ordem** é

$$y_{n+1} = \frac{1}{3}\big(4y_n - y_{n-1} + 2hf(t_{n+1}, y_{n+1})\big), \tag{15}$$

e a **fórmula inversa de diferenciação de quarta ordem** é

$$
\begin{aligned}
y_{n+1} = \frac{1}{25}\big(&48y_n - 36y_{n-1} + 16y_{n-2} - 3y_{n-3} + \\
&+ 12hf(t_{n+1}, y_{n+1})\big).
\end{aligned}
\tag{16}
$$

---

[10]C. William Gear (1935-2022), nascido em Londres, na Inglaterra, fez sua graduação na Cambridge University e recebeu seu doutorado em 1960 na University of Illinois. Foi professor da University of Illinois durante a maior parte de sua carreira, com contribuições relevantes tanto para projetos de computador quanto em análise numérica. Seu importante livro sobre análise numérica para equações diferenciais está listado na Bibliografia.

260 Capítulo 8

Essas fórmulas têm erros de truncamento local proporcionais a h^3 e h^5, respectivamente.

EXEMPLO 8.4.2

Use a fórmula inversa de diferenciação de quarta ordem com $h = 0,1$ e os dados no Exemplo 8.4.1 para determinar um valor aproximado da solução $y = \phi(t)$ em $t = 0,4$ para o problema de valor inicial (11).

Solução:

Usando a Eq. (16) com $n = 3$, $h = 0,1$ e $y_0, \ldots, y_3$ dados no Exemplo 8.4.1, obtemos a equação

$$y_4 = 4,6837842 + 0,192 y_4.$$

Logo,

$$y_4 = 5,7967626.$$

Comparando o valor calculado com o valor exato $\phi(0,4) = 5,7942260$, vemos que o erro é de 0,0025366. Este resultado é um pouco melhor do que o obtido pelo método de Adams-Bashforth, mas não tão bom quanto o obtido pelo método de previsão e correção, e está longe de ser tão bom quanto o resultado obtido pelo método de Adams-Moulton.

Uma comparação entre métodos de passo único e de passos múltiplos tem de levar em consideração diversos fatores.

O método de Runge-Kutta de quarta ordem precisa de quatro cálculos de valores de f em cada passo, enquanto o método de Adams-Bashforth de quarta ordem (após os valores iniciais) precisa de apenas um e o de previsão e correção, de apenas dois. Então, para um tamanho de passo h dado, os dois últimos métodos podem ser bem mais rápidos do que o de Runge-Kutta. No entanto, se o método de Runge-Kutta for mais preciso e usar, portanto, menos passos, então a diferença em velocidade será reduzida e, talvez, eliminada.

Para o método de Adams-Moulton e as fórmulas inversas de diferenciação, é preciso levar em consideração, também, a dificuldade em resolver a equação implícita em cada passo. Todos os métodos de passos múltiplos têm a possibilidade de que erros em passos anteriores possam ser realimentados em cálculos posteriores com consequências desfavoráveis. Por outro lado, as aproximações polinomiais subjacentes em métodos de passos múltiplos facilitam as aproximações da solução em pontos fora da partição, caso isso seja desejável. Os métodos de passos múltiplos tornaram-se populares, principalmente porque é relativamente fácil tanto estimar o erro em cada passo, quanto ajustar a ordem ou o tamanho do passo para controlá-lo. Para uma discussão mais profunda dessas questões, veja os livros citados no fim deste capítulo; em particular, Shampine (1994) é uma fonte importante.

Problemas

Nos Problemas 1 a 5, determine um valor aproximado da solução em $t = 0,4$ e $t = 0,5$ usando o método especificado. Para os valores iniciais, use o método de Runge-Kutta; veja os Problemas 2 a 6 da Seção 8.3. Compare os resultados dos vários métodos entre si e com a solução exata (se disponível).

    🅽 a. Use o método de previsão e correção de quarta ordem com $h = 0,1$. Use a fórmula de correção uma vez em cada passo.

    🅽 b. Use o método de Adams-Moulton de quarta ordem com $h = 0,1$.

    🅽 c. Use o método inverso de diferenciação de quarta ordem com $h = 0,1$.

1. $y' = 3 + t - y$, $y(0) = 1$

2. $y' = 5t - 3\sqrt{y}$, $y(0) = 2$

3. $y' = 2t + e^{-ty}$, $y(0) = 1$

4. $y' = (y^2 + 2ty)/(3 + t^2)$, $y(0) = 0,5$

5. $y' = (t^2 - y^2)\,\text{sen}(y)$, $y(0) = -1$

Nos Problemas 6 a 10, encontre valores aproximados da solução do problema de valor inicial dado em $t = 0,5$; 1,0; 1,5 e 2,0 usando o método especificado. Para os valores iniciais, use os valores dados pelo método de Runge-Kutta; veja os Problemas 7 a 11 da Seção 8.3. Compare os resultados dos vários métodos entre si e com a solução exata (se disponível).

    🅽 a. Use o método de previsão e correção de quarta ordem com $h = 0,05$. Use a fórmula de correção uma vez em cada passo.

    🅽 b. Use o método de Adams-Moulton de quarta ordem com $h = 0,05$.

    🅽 c. Use o método inverso de diferenciação de quarta ordem com $h = 0,05$.

6. $y' = 0,5 - t + 2y$, $y(0) = 1$

7. $y' = 5t - 3\sqrt{y}$, $y(0) = 2$

8. $y' = \sqrt{t + y}$, $y(0) = 3$

9. $y' = 2t + e^{-ty}$, $y(0) = 1$

10. $y' = (y^2 + 2ty)/(3 + t^2)$, $y(0) = 0,5$

11. a. Mostre que o método de Adams-Bashforth de primeira ordem é o método de Euler.

    b. Mostre que o método de Adams-Moulton de primeira ordem é o método de Euler inverso.

12. Mostre que a fórmula de Adams-Bashforth de terceira ordem é

$$y_{n+1} = y_n + \frac{h}{12}(23 f_n - 16 f_{n-1} + 5 f_{n-2}).$$

13. Mostre que a fórmula de Adams-Moulton de terceira ordem é

$$y_{n+1} = y_n + \frac{h}{12}(5 f_{n+1} + 8 f_n - f_{n-1}).$$

14. Deduza a fórmula inversa de diferenciação de segunda ordem dada pela Eq. (15) nesta seção.

8.5 Sistemas de Equações de Primeira Ordem

Até agora, neste capítulo, discutimos apenas métodos numéricos para aproximar a solução de problemas de valor inicial associados a uma única equação diferencial de primeira ordem. Esses métodos também podem ser aplicados a sistemas de equações diferenciais de primeira ordem. Como equações de ordem mais alta sempre podem ser reduzidas a um sistema de equações diferenciais de primeira ordem, basta lidar com sistemas de equações diferenciais de primeira ordem. Por simplicidade, vamos considerar um sistema com duas equações diferenciais de primeira ordem

$$x' = f(t, x, y), \quad y' = g(t, x, y), \tag{1}$$

com as condições iniciais

$$x(t_0) = x_0, \quad y(t_0) = y_0. \tag{2}$$

Vamos supor que as funções f e g satisfazem as condições do Teorema 7.1.1, de modo que o problema de valor inicial (1), (2) tem uma única solução em algum intervalo do eixo dos t contendo o ponto t_0. Queremos determinar valores aproximados $x_1, x_2, \ldots, x_n, \ldots$ e $y_1, y_2, \ldots, y_n, \ldots$ da solução $x = \phi(t)$, $y = \psi(t)$ nos pontos $t_n = t_0 + nh$ com $n = 1, 2, \ldots$

Em notação vetorial, o problema de valor inicial (1), (2) pode ser escrito como

$$\mathbf{x}' = \mathbf{f}(t, \mathbf{x}), \quad \mathbf{x}(t_0) = \mathbf{x}_0, \tag{3}$$

em que $\mathbf{x}$ é o vetor com coordenadas x e y, $\mathbf{f}$ é a função vetorial com componentes f e g, e $\mathbf{x}_0$ é o vetor com coordenadas x_0 e y_0. Uma vantagem da notação vetorial é que, independentemente do número de equações no sistema, o problema de valor inicial sempre tem a mesma forma. Só varia o número de componentes nos vetores $\mathbf{x}$, $\mathbf{f}$ e $\mathbf{x}_0$.

Os métodos das seções anteriores podem ser imediatamente generalizados para tratar sistemas de duas (ou mais) equações. Tudo que é necessário (formalmente) consiste em substituir a variável escalar y pelo vetor $\mathbf{x}$ e a função escalar f pela função vetorial $\mathbf{f}$ nas equações apropriadas. Por exemplo, a fórmula de Euler torna-se

$$\mathbf{x}_{n+1} = \mathbf{x}_n + h\mathbf{f}_n, \tag{4}$$

em que $\mathbf{f}_n = \mathbf{f}(t_n, \mathbf{x}_n)$ ou, em forma de componentes,

$$\begin{pmatrix} x_{n+1} \\ y_{n+1} \end{pmatrix} = \begin{pmatrix} x_n \\ y_n \end{pmatrix} + h \begin{pmatrix} f(t_n, x_n, y_n) \\ g(t_n, x_n, y_n) \end{pmatrix}. \tag{5}$$

As condições iniciais são usadas para determinar $\mathbf{f}_0 = \mathbf{f}(t_0, \mathbf{x}_0)$. A igualdade $\mathbf{f}_0 = \phi(t_0)$ significa que $\mathbf{f}_0$ é o vetor tangente ao gráfico da solução $\mathbf{x} = \phi(t)$ no ponto inicial $\mathbf{x}_0$ no plano xy. A solução aproximada se move na direção desse vetor tangente por um período de tempo h para encontrar o próximo ponto $\mathbf{x}_1$. Aí calculamos um novo vetor tangente $\mathbf{f}_1$ em $\mathbf{x}_1$, movemo-nos ao longo dele por um período de tempo h para encontrar $\mathbf{x}_2$ e assim por diante.

De maneira análoga, o método de Runge-Kutta pode ser generalizado para sistemas. Para o passo de t_n para t_{n+1}, temos

$$\mathbf{x}_{n+1} = \mathbf{x}_n + \frac{h}{6}(\mathbf{k}_{n1} + 2\mathbf{k}_{n2} + 2\mathbf{k}_{n3} + \mathbf{k}_{n4}), \tag{6}$$

em que

$$\begin{aligned} \mathbf{k}_{n1} &= \mathbf{f}(t_n, \mathbf{x}_n), \\ \mathbf{k}_{n2} &= \mathbf{f}\left(t_n + \frac{h}{2}, \mathbf{x}_n + \frac{h}{2}\mathbf{k}_{n1}\right), \\ \mathbf{k}_{n3} &= \mathbf{f}\left(t_n + \frac{h}{2}, \mathbf{x}_n + \frac{h}{2}\mathbf{k}_{n2}\right), \\ \mathbf{k}_{n4} &= \mathbf{f}(t_n + h, \mathbf{x}_n + h\mathbf{k}_{n3}). \end{aligned} \tag{7}$$

As fórmulas para o método de previsão e correção de Adams-Moulton de quarta ordem aplicadas ao problema de valor inicial (1), (2) são dadas no Problema 8.

Considerando a observação anterior de que todo sistema de equações diferenciais de primeira ordem pode ser escrito na forma da Eq. (3), a Eq. (4) é a fórmula de Euler e as Eqs. (6) e (7) são as fórmulas de Runge-Kutta de quarta ordem para qualquer sistema de equações diferenciais de primeira ordem. Só varia o número de componentes nos vetores.

EXEMPLO 8.5.1

Determine valores aproximados para a solução $x = \phi(t)$, $y = \psi(t)$ do problema de valor inicial

$$x' = x - 4y, \quad x(0) = 1 \quad y' = -x + y, \quad y(0) = 0$$

no ponto $t = 0,2$. Use o método de Euler com $h = 0,1$ e o método de Runge-Kutta com $h = 0,2$. Compare os resultados com os valores da solução exata:

$$\phi(t) = \frac{e^{-t} + e^{3t}}{2} \quad \text{e} \quad \psi(t) = \frac{e^{-t} - e^{3t}}{4}. \tag{8}$$

Solução:

Vamos usar primeiro o método de Euler. Para este problema, $f_n = x_n - 4y_n$ e $g_n = -x_n + y_n$; logo,

$$f_0 = 1 - (4)(0) = 1 \quad \text{e} \quad g_0 = -1 + 0 = -1.$$

Então, das fórmulas de Euler (5), obtemos

$$x_1 = 1 + (0,1)(1) = 1,1 \quad \text{e} \quad y_1 = 0 + (0,1)(-1) = -0,1.$$

No próximo passo,

$$f_1 = 1,1 - (4)(-0,1) = 1,5 \quad \text{e} \quad g_1 = -1,1 + (-0,1) = -1,2.$$

Portanto,

$$x_2 = 1,1 + (0,1)(1,5) = 1,25 \quad \text{e} \quad y_2 = -0,1 + (0,1)(-1,2) = -0,22.$$

Os valores da solução exata, corretos até oito dígitos, são $\phi(0,2) = 1,3204248$ e $\psi(0,2) = -0,25084701$. Logo, os valores calculados pelo método de Euler têm erros em torno de 0,0704 e 0,0308, respectivamente, correspondendo a erros percentuais próximos de 5,3 e 12,3%.

262 Capítulo 8

Vamos usar agora o método de Runge-Kutta para aproximar $\phi(0,2)$ e $\psi(0,2)$. Para usar as equações vetoriais (7), defina

$$\mathbf{x} = \begin{pmatrix} x \\ y \end{pmatrix}, \mathbf{f}(\mathbf{x}) = \begin{pmatrix} f(x,y) \\ g(x,y) \end{pmatrix} = \begin{pmatrix} x - 4y \\ -x + y \end{pmatrix} \text{ e } \mathbf{x}_0 = \begin{pmatrix} 1 \\ 0 \end{pmatrix}.$$

Com $h = 0,2$, obtemos os seguintes valores das Eqs. (7):

$$\mathbf{k}_{01} = \mathbf{f}\left(0, \begin{pmatrix} 1 \\ 0 \end{pmatrix}\right) = \begin{pmatrix} 1 \\ -1 \end{pmatrix};$$

$$\mathbf{k}_{02} = \mathbf{f}\left(0,1, \begin{pmatrix} 1 \\ 0 \end{pmatrix} + 0,1 \begin{pmatrix} 1 \\ -1 \end{pmatrix}\right) = \mathbf{f}\left(0,1, \begin{pmatrix} 1,1 \\ -0,1 \end{pmatrix}\right) = \begin{pmatrix} 1,5 \\ -1,2 \end{pmatrix};$$

$$\mathbf{k}_{03} = \mathbf{f}\left(0,1, \begin{pmatrix} 1 \\ 0 \end{pmatrix} + 0,1 \begin{pmatrix} 1,5 \\ -1,2 \end{pmatrix}\right) = \mathbf{f}\left(0,1, \begin{pmatrix} 1,15 \\ -0,12 \end{pmatrix}\right) = \begin{pmatrix} 1,63 \\ -1,27 \end{pmatrix};$$

$$\mathbf{k}_{04} = \mathbf{f}\left(0,2, \begin{pmatrix} 1 \\ 0 \end{pmatrix} + 0,2 \begin{pmatrix} 1,63 \\ -1,27 \end{pmatrix}\right) = \mathbf{f}\left(0,2, \begin{pmatrix} 1,326 \\ -0,254 \end{pmatrix}\right) = \begin{pmatrix} 2,342 \\ -1,580 \end{pmatrix}.$$

Então, substituindo esses valores na Eq. (6), obtemos

$$\mathbf{x}_1 = \begin{pmatrix} 1 \\ 0 \end{pmatrix} + \frac{0,2}{6}\left(\begin{pmatrix} 1 \\ -1 \end{pmatrix} + 2\begin{pmatrix} 1,5 \\ -1,2 \end{pmatrix} + 2\begin{pmatrix} 1,63 \\ -1,27 \end{pmatrix} + \begin{pmatrix} 2,342 \\ -1,580 \end{pmatrix}\right) =$$

$$= \begin{pmatrix} 1,3200667 \\ -0,25066667 \end{pmatrix}.$$

Esses valores de x_1 e y_1 têm erros em torno de 0,000358 e 0,000180, respectivamente, com erros percentuais menores do que um décimo de 1%.

Este exemplo ilustra, mais uma vez, a grande diferença de acurácia obtida por métodos de aproximação mais precisos, como o de Runge-Kutta. Nos cálculos aqui indicados, o método de Runge-Kutta só precisa do dobro de cálculos do que o método de Euler, mas o erro no método de Euler é cerca de 200 vezes maior do que o erro no método de Runge-Kutta.

Problemas

Nos Problemas 1 a 5, determine valores aproximados da solução $x = \phi(t)$, $y = \psi(t)$ do problema de valor inicial dado em $t = 0,2$; $0,4$; $0,6$; $0,8$ e $1,0$. Compare os resultados obtidos por métodos diferentes e tamanhos de passos diferentes.

    N a. Use o método de Euler com $h = 0,1$.
    N b. Use o método de Runge-Kutta com $h = 0,2$.
    N c. Use o método de Runge-Kutta com $h = 0,1$.

1. $x' = x + y + t$, $y' = 4x - 2y$; $x(0) = 1$, $y(0) = 0$

2. $x' = -tx - y - 1$, $y' = x$; $x(0) = 1$, $y(0) = 1$

3. $x' = x - y + xy$, $y' = 3x - 2y - xy$; $x(0) = 0$, $y(0) = 1$

4. $x' = x(1 - 0,5x - 0,5y)$, $y' = y(-0,25 + 0,5x)$; $x(0) = 4$, $y(0) = 1$

5. $x' = \exp(-x + y) - \cos(x)$, $y' = \operatorname{sen}(x - 3y)$; $x(0) = 1$, $y(0) = 2$

N 6. Considere o problema do Exemplo 8.6.1: $x' = x - 4y$, $y' = -x + y$ com as condições iniciais $x(0) = 1$, $y(0) = 0$. Use o método de Runge-Kutta para encontrar valores aproximados da solução deste problema no intervalo $0 \leq t \leq 1$. Comece com $h = 0,2$ e depois repita os cálculos com $h = 0,1$; $0,05$; $\ldots$, cada um como a metade do anterior. Continue o processo até os cinco primeiros dígitos da solução em $t = 1$ permanecerem constantes para tamanhos sucessivos de passos. Determine se esses dígitos são precisos comparando-os com a solução exata dada nas Eqs. (8) no texto.

N 7. Considere o problema de valor inicial

$$x'' + t^2 x' + 3x = t, \quad x(0) = 1, \quad x'(0) = 2.$$

Transforme este problema em um sistema de duas equações de primeira ordem e determine valores aproximados da solução em $t = 0,5$ e $t = 1,0$ usando o método de Runge-Kutta com $h = 0,1$.

N 8. Considere o problema de valor inicial $x' = f(t, x, y)$ e $y' = g(t, x, y)$, com $x(t_0) = x_0$ e $y(t_0) = y_0$. A generalização do método de previsão e correção de Adams-Moulton da Seção 8.4 é

$$x_{n+1} = x_n + \frac{1}{24}h(55f_n - 59f_{n-1} + 37f_{n-2} - 9f_{n-3}),$$

$$y_{n+1} = y_n + \frac{1}{24}h(55g_n - 59g_{n-1} + 37g_{n-2} - 9g_{n-3})$$

e

$$x_{n+1} = x_n + \frac{1}{24}h(9f_{n+1} + 19f_n - 5f_{n-1} + f_{n-2}),$$

$$y_{n+1} = y_n + \frac{1}{24}h(9g_{n+1} + 19g_n - 5g_{n-1} + g_{n-2}).$$

Determine um valor aproximado da solução em $t = 0,4$ para o problema de valor inicial do exemplo, $x' = x - 4y$, $y' = -x + y$ com $x(0) = 1$, $y(0) = 0$. Use $h = 0,1$. Corrija o valor previsto uma vez. Para os valores $x_1, \ldots, y_3$, use os valores da solução exata arredondados para seis dígitos: $x_1 = 1,12735$; $x_2 = 1,32042$; $x_3 = 1,60021$; $y_1 = -0,111255$; $y_2 = -0,250847$ e $y_3 = -0,429696$.

8.6   Mais sobre Erros; Estabilidade

Na Seção 8.1, discutimos algumas ideias relacionadas com erros que podem ocorrer na aproximação numérica da solução do problema de valor inicial

$$y' = f(t, y), \quad y(t_0) = y_0. \tag{1}$$

Vamos continuar essa discussão nesta seção e mostrar, também, outras dificuldades que podem aparecer. Alguns dos pontos que queremos destacar são bem difíceis de tratar em detalhes e, portanto, serão ilustrados com exemplos.

Erros de Truncamento e de Arredondamento. Lembre-se de que mostramos, para o método de Euler, que o erro de truncamento local é proporcional a h^2 e que, para um intervalo finito, o erro de truncamento global é, no máximo, uma constante vezes h. Em geral, para um método de ordem p, o erro de truncamento local é proporcional a h^{p+1} e o erro de truncamento global em um intervalo finito é limitado por uma constante vezes h^p. Por exemplo, o método de Euler é um método de ordem 1.

Para obter uma precisão melhor, usamos, normalmente, um procedimento numérico com p razoavelmente grande, talvez quatro ou mais. À medida que p aumenta, a fórmula usada para calcular y_{n+1} vai ficando, em geral, mais complicada, sendo necessários mais cálculos em cada passo. No entanto, isso não apresenta um problema sério, a menos que $f(t, y)$ seja muito complicada, ou que seja necessário repetir os cálculos muitas vezes.

Se o tamanho do passo h for diminuído, o erro de truncamento global diminui pelo mesmo fator elevado à potência p. No entanto, como mencionamos na Seção 8.1, se h for muito pequeno, serão necessários muitos passos para cobrir um intervalo fixo, e o erro de arredondamento global pode ser maior do que o erro de truncamento global. A **Figura 8.6.1** ilustra essa situação graficamente. Supomos que o erro de arredondamento R_n é proporcional ao número de cálculos efetuados e, portanto, é inversamente proporcional ao tamanho do passo h. Por outro lado, o erro de truncamento E_n é proporcional a uma potência positiva de h. Da Eq. (17) da Seção 8.1, sabemos que o erro total é limitado por $|E_n| + |R_n|$; logo, queremos escolher h de modo a minimizar essa quantidade. O valor ótimo de h ocorre quando a taxa de crescimento do erro de truncamento (quando h aumenta) é equilibrada pela taxa de decaimento do erro de arredondamento, como indicado na Figura 8.6.1.

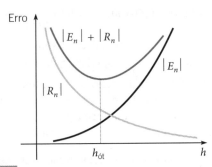

FIGURA 8.6.1 Dependência do erro de truncamento $|E_n|$ (em preto), do erro de arredondamento $|R_n|$ (em cinza-claro) e do erro total $|E_n| + |R_n|$ (em cinza-escuro) em relação ao tamanho do passo h.

EXEMPLO 8.6.1

Considere o problema

$$y' = 1 - t + 4y, \quad y(0) = 1. \quad (2)$$

Usando o método de Euler com diversos tamanhos de passos, calcule valores aproximados para a solução $\phi(t)$ em $t = 0,5$ e $t = 1$. Tente determinar o tamanho de passo ótimo.

Solução:

A **Tabela 8.6.1** mostra os resultados da aplicação do método de Euler com nove valores diferentes de h. Os resultados foram obtidos usando um programa configurado para usar apenas quatro algarismos significativos. Isso foi feito de propósito, tornando o erro de arredondamento mais significativo para valores maiores de h do que se fossem usados mais algarismos significativos nas operações em ponto flutuante. As duas primeiras colunas correspondem ao tamanho do passo h e ao número de passos N necessários para percorrer o intervalo $0 \leq t \leq 1$. Então, $y_{N/2}$ e y_N são aproximações de $\phi(0,5) = 8,712$ e de $\phi(1) = 64,90$, respectivamente. Essas quantidades aparecem nas terceira e quinta colunas. As colunas quatro e seis mostram as diferenças entre os valores calculados e o valor exato da solução.

TABELA 8.6.1 Aproximações da Solução do Problema de Valor Inicial $y' = 1 - t + 4y$, $y(0) = 1$ Usando o Método de Euler com Tamanhos de Passos Diferentes

h	N	$y_{N/2}$	Erro	y_N	Erro
0,01	100	8,390	−0,322	60,12	−4,78
0,005	200	8,551	−0,161	62,51	−2,39
0,002	500	8,633	−0,079	63,75	−1,15
0,001	1.000	8,656	−0,056	63,94	−0,96
0,0008	1.250	8,636	−0,076	63,78	−1,12
0,000625	1.600	8,616	−0,096	64,35	−0,55
0,0005	2.000	8,772	0,060	64,00	−0,90
0,0004	2.500	8,507	0,205	63,40	−1,50
0,00025	4.000	8,231	0,481	56,77	−8,13

Para tamanhos de passos relativamente grandes, o erro de arredondamento é muito menor do que o erro de truncamento global. Em consequência, o erro total é aproximadamente igual ao erro de truncamento global, que é, para o método de Euler, limitado por uma constante vezes h. Assim, quando se reduz o tamanho do passo, o erro é reduzido proporcionalmente. As três primeiras linhas na Tabela 8.6.1 mostram esse tipo de comportamento. Para $h = 0,001$, o erro continua sendo reduzido, mas muito menos, proporcionalmente; isso indica que o erro de arredondamento está se tornando importante. Quando se reduz h ainda mais, o erro começa a flutuar e torna-se problemática a obtenção de melhorias significativas na precisão. Para valores de h menores do que 0,0005, o erro está, claramente, aumentando, o que indica que o erro de arredondamento é agora a parte dominante do erro total.

Esses resultados também podem ser expressos em termos do número de passos N. Para N menor do que algo em torno de 1.000, a precisão pode ser melhorada usando-se mais passos, enquanto para N maior do que algo em torno de 2.000, o aumento do número de passos tem o efeito contrário. Assim, para este problema, é melhor usar um N que esteja entre 1.000 e 2.000. Para os cálculos ilustrados na Tabela 8.6.1, o melhor resultado para $t = 0,5$ ocorre com $N = 1.000$, enquanto o melhor resultado para $t = 1,0$ ocorre com $N = 1.600$.

Você deve tomar cuidado para não inferir demais dos resultados mostrados no Exemplo 8.6.1. Os intervalos para os valores ótimos de h e de N dependem da equação diferencial, do método numérico usado e do número de dígitos que são retidos nos cálculos. Apesar disso, geralmente é verdade que, se forem necessários passos demais em um cálculo, então, provavelmente, o erro de arredondamento vai acabar acumulando a tal ponto que pode diminuir, consideravelmente, a precisão do procedimento. Isso não nos preocupa em muitos problemas: para eles, qualquer um dos métodos de quarta ordem discutidos nas Seções 8.3 e 8.4 produzirão bons resultados com um número de passos muito menor do que o que torna o erro de arredondamento importante. Para alguns problemas, no entanto, o erro de arredondamento torna-se de importância vital. Para tais problemas, a escolha do método pode ser crucial. Essa é, também, uma boa razão pela qual códigos modernos fornecem modos de ajuste do tamanho do passo durante o procedimento,

264 Capítulo 8

usando um tamanho de passo grande sempre que possível e um tamanho muito pequeno apenas onde necessário.

Assíntotas Verticais. Como segundo exemplo, considere o problema de aproximar a solução $y = \phi(t)$ de

$$y' = t^2 + y^2, \quad y(0) = 1. \tag{3}$$

Como a equação diferencial é não linear, o teorema de existência e unicidade (Teorema 2.4.2) só garante que existe solução em *algum* intervalo em torno de $t = 0$. Suponha que tentamos calcular uma solução do problema de valor inicial no intervalo $0 \le t \le 1$ usando procedimentos numéricos diferentes.

Se usarmos o método de Euler com $h = 0,1$; $0,05$ e $0,01$, encontraremos os seguintes valores aproximados em $t = 1$: $7,189548$; $12,32093$ e $90,75551$, respectivamente. As enormes diferenças entre os valores calculados é uma evidência convincente de que necessitamos usar um método numérico mais preciso – o método de Runge-Kutta, por exemplo. Usando o método de Runge-Kutta com $h = 0,1$, obtemos o valor aproximado $735,0991$ em $t = 1$, que é bem diferente dos obtidos pelo método de Euler. Repetindo os cálculos com $h = 0,05$ e $h = 0,01$, obtemos a informação listada na **Tabela 8.6.2**.

TABELA 8.6.2	Aproximações da Solução do Problema de Valor Inicial $y' = t^2 + y^2$, $y(0) = 1$, Usando o Método de Runge-Kutta	
h	$t = 0,90$	$t = 1,0$
0,1	14,02182	735,0991
0,05	14,27117	$1,75863 \times 10^5$
0,01	14,30478	$2,0913 \times 10^{2.893}$
0,001	14,30486	

Os valores em $t = 0,9$ são razoáveis e poderíamos acreditar que a solução tem valor aproximado de $14,305$ em $t = 0,9$. No entanto, não está claro o que está acontecendo entre $t = 0,9$ e $t = 1,0$. Para ajudar a descobrir, vamos fazer algumas aproximações analíticas da solução do problema de valor inicial (3). Note que, em $0 \le t \le 1$,

$$y^2 \le t^2 + y^2 \le 1 + y^2. \tag{4}$$

Isso sugere que a solução $y = \phi_1(t)$ de

$$y' = 1 + y^2, \quad y(0) = 1 \tag{5}$$

e a solução $y = \phi_2(t)$ de

$$y' = y^2, \quad y(0) = 1 \tag{6}$$

são cotas superior e inferior, respectivamente, para a solução $y = \phi(t)$ do problema original, já que todas essas soluções têm o mesmo valor no instante inicial. De fato, pode-se mostrar (pelo método de iteração da Seção 2.8, por exemplo) que $\phi_2(t) \le \phi(t) \le \phi_1(t)$ enquanto essas funções existirem. É importante

observar que podemos resolver as Eqs. (5) e (6) para ϕ_1 e ϕ_2 por separação de variáveis. Encontramos

$$\phi_1(t) = \tan\left(t + \frac{\pi}{4}\right), \quad \phi_2(t) = \frac{1}{1-t}. \tag{7}$$

Logo, $\phi_2(t) \to \infty$ quando $t \to 1$ e $\phi_1(t) \to \infty$ quando $t \to \frac{\pi}{4} \cong 0,785$. Esses cálculos mostram que a solução do problema de valor inicial original existe pelo menos em $0 \le t < \frac{\pi}{4}$ e, no máximo, em $0 \le t < 1$. A solução do problema (3) tem uma assíntota vertical para algum t em $\frac{\pi}{4} \le t \le 1$ e, portanto, não existe no intervalo inteiro $0 \le t \le 1$.

Nossos cálculos numéricos, no entanto, sugerem que podemos ir além de $t = \frac{\pi}{4}$ e, provavelmente, além de $t = 0,9$. Supondo que a solução do problema de valor inicial existe em $t = 0,9$ e tem um valor aproximado de $14,305$, podemos obter uma estimativa mais precisa do que acontece para valores maiores de t considerando os problemas de valor inicial (5) e (6) com a condição $y(0) = 1$ substituída por $y(0,9) = 14,305$. Obtemos, então,

$$\phi_1(t) = \tan(t + 0,60100), \quad \phi_2(t) = \frac{1}{0,96991 - t}, \tag{8}$$

em que guardamos cinco casas decimais nos cálculos. Logo, $\phi_1(t) \to \infty$ quando $t \to \frac{\pi}{2} - 0,60100 \cong 0,96980$ e $\phi_2(t) \to \infty$ quando $t \to 0,96991$. Concluímos que a assíntota da solução do problema de valor inicial (3) está entre esses dois valores. Este exemplo ilustra que tipo de informação pode ser obtida por uma combinação cuidadosa de métodos analíticos e numéricos.

Estabilidade. O conceito de estabilidade está associado à possibilidade de que pequenos erros introduzidos durante um procedimento matemático possam ser reduzidos à medida que o procedimento continua. Reciprocamente, ocorre instabilidade se pequenos erros tendem a aumentar, talvez sem limite. Por exemplo, identificamos, na Seção 2.5, soluções de equilíbrio de uma equação diferencial como (assintoticamente) estáveis ou instáveis, dependendo se as soluções inicialmente próximas à solução de equilíbrio tendem a se aproximar ou a se afastar dela quando t aumenta. De maneira um pouco mais geral, a solução de um problema de valor inicial é assintoticamente estável se soluções inicialmente próximas tendem a se aproximar da solução dada e é assintoticamente instável se tendem a se afastar. Visualmente, em um problema assintoticamente estável, os gráficos das soluções irão se aproximar, enquanto em um problema instável, eles irão se separar.

Se estivermos resolvendo numericamente um problema de valor inicial, o melhor que podemos esperar é que a aproximação numérica tenha comportamento semelhante ao da solução exata. Não podemos transformar um problema instável em um estável simplesmente aproximando sua solução numericamente. No entanto, pode acontecer que um procedimento numérico introduza instabilidade, que não fazia parte do problema original, o que pode causar problemas quando se aproxima a solução. Para evitar tal instabilidade, pode ser necessário impor restrições sobre o tamanho do passo h.

Para ilustrar o que pode acontecer no contexto mais simples possível, considere a equação diferencial

$$\frac{dy}{dt} = ry, \qquad (9)$$

em que r é constante. Suponha que, ao aproximar a solução dessa equação, chegamos ao ponto (t_n, y_n). Vamos comparar a solução exata da Eq. (9) cujo gráfico contém esse ponto, ou seja,

$$\phi(t) = y_n \exp(r(t - t_n)), \qquad (10)$$

com as aproximações numéricas obtidas da fórmula de Euler

$$y_{n+1} = y_n + hf(t_n, y_n) \qquad (11)$$

e da fórmula inversa de Euler

$$y_{n+1} = y_n + hf(t_{n+1}, y_{n+1}). \qquad (12)$$

Da fórmula de Euler (11), obtemos

$$y_{n+1} = y_n + hry_n = y_n(1 + rh). \qquad (13)$$

De maneira análoga, da fórmula inversa de Euler (12), temos

$$y_{n+1} = y_n + hry_{n+1},$$

ou

$$y_{n+1} = \frac{y_n}{1 - rh} = y_n(1 + rh + (rh)^2 + \cdots). \qquad (14)$$

Finalmente, calculando a solução (10) em $t_n + h$, encontramos

$$\phi(t_{n+1}) = y_n \exp(rh) = y_n \left(1 + rh + \frac{(rh)^2}{2} + \cdots \right). \qquad (15)$$

Comparando as Eqs. (13), (14) e (15), vemos que os erros $y_{n+1} - \phi(t_{n+1})$ em ambas as fórmulas de Euler e inversa de Euler são da ordem de h^2, como previsto pela teoria.

Suponha agora que mudamos o valor de y_n para $y_n + \delta$. Se quiser, você pode pensar em δ como um erro acumulado até chegarmos a $t = t_n$. A questão é saber se esse erro aumenta ou diminui quando se dá mais um passo para t_{n+1}.

Para a solução exata (15), a mudança em $\phi(t_{n+1})$ decorrente da variação δ em y_n é, simplesmente, $\delta \exp(rh)$. Essa quantidade é menor do que δ se $\exp(rh) < 1$ ou, em outras palavras, se $r < 0$. Isso confirma nossa conclusão no Capítulo 2 de que a Eq. (9) é assintoticamente estável se $r < 0$ e instável se $r > 0$.

Para o método de Euler inverso, a variação em y_{n+1} na Eq. (14) em razão da substituição de y_n por $y_n + \delta$ é $\delta/(1 - rh)$. Para $r < 0$, a quantidade $1/(1 - rh)$ é sempre não negativa e menor do que um. Então, se a equação diferencial for estável, o método de Euler inverso também o será para um passo de tamanho arbitrário h.

Por outro lado, para o método de Euler, a mudança em y_{n+1} na Eq. (13) resultante da substituição de y_n por $y_n + \delta$ é $\delta(1 + rh)$. Para $r < 0$, podemos escrever $1 + rh$ como $1 - |r|h$. Então, a condição $|1 + rh| < 1$ é equivalente a

$$-1 < 1 - |r|h < 1 \quad \text{ou} \quad 0 < |r|h < 2.$$

Em consequência, h terá que satisfazer $h < \dfrac{2}{|r|}$. Logo, o método de Euler não é estável para este problema, a menos que h seja suficientemente pequeno.

A restrição sobre o tamanho do passo h quando se usa o método de Euler no exemplo anterior é bem fraca, a não ser que $|r|$ seja muito grande. De qualquer jeito, o exemplo ilustra que pode ser necessário restringir h para obter estabilidade no método numérico, mesmo quando o problema inicial é estável para todos os valores de h. Problemas para os quais é necessário um tamanho de passo muito menor para estabilidade do que para precisão são chamados de **rígidos**. As fórmulas inversas de diferenciação descritas na Seção 8.4 (entre as quais a fórmula inversa de Euler é o exemplo de menor ordem) são as mais populares para tratar problemas rígidos. O exemplo a seguir ilustra o tipo de instabilidade que pode ocorrer quando se tenta aproximar a solução de um problema rígido.

EXEMPLO 8.6.2 | Problema Rígido

Considere o problema de valor inicial

$$y' = -100y + 100t + 1, \quad y(0) = 1. \qquad (16)$$

Encontre aproximações numéricas para a solução em $0 \leq t \leq 1$ usando os métodos de Euler, de Euler inverso e de Runge-Kutta. Compare os resultados numéricos com a solução exata.

Solução:

Como a equação diferencial é linear, é fácil de resolver, e a solução do problema de valor inicial (16) é

$$y = \phi(t) = e^{-100t} + t. \qquad (17)$$

A **Figura 8.6.2** mostra o gráfico da solução. Existe uma camada fina (às vezes, chamada **camada limite**) à direita de $t = 0$ na qual o termo exponencial é relevante e a solução varia rapidamente. Uma vez passada essa camada, no entanto, $\phi(t) \cong t$ e o gráfico da solução é, essencialmente, uma reta. A largura da camada limite é um tanto arbitrária, mas certamente pequena. Em $t = 0,1$, por exemplo, $\exp(-100t) \cong 0,000045$.

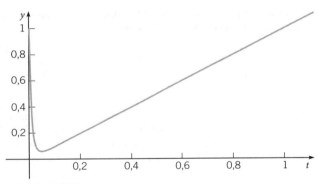

FIGURA 8.6.2 Solução do problema de valor inicial $y' = -100y + 100t + 1, y(0) = 1$.

A segunda coluna da **Tabela 8.6.3** mostra alguns valores da solução $\phi(t)$, corretos até seis casas decimais.

Se planejarmos aproximar a solução (17) numericamente, poderíamos esperar, intuitivamente, que só seria necessário um tamanho de passo pequeno na camada limite. Para tornar essa expectativa um pouco mais precisa, lembre-se, da Seção 8.1, de que os erros de

266 Capítulo 8

TABELA 8.6.3 **Aproximações Numéricas da Solução do Problema de Valor Inicial $y' = -100y + 100t + 1$, $y(0) = 1$**

t	Exata	Euler $h = 0,025$	Euler $h = 0,0166\ldots$	Runge-Kutta $h = 0,0333\ldots$	Runge-Kutta $h = 0,025$	Euler Inverso $h = 0,1$
0,0	1,000000	1,000000	1,000000	1,000000	1,000000	1,000000
0,05	0,056738	2,300000	$-0,246296$		0,470471	
0,1	0,100045	5,162500	0,187792	10,6527	0,276796	0,190909
0,2	0,200000	25,8289	0,207707	111,559	0,231257	0,208264
0,4	0,400000	657,241	0,400059	$1,24 \times 10^4$	0,400977	0,400068
0,6	0,600000	$1,68 \times 10^4$	0,600000	$1,38 \times 10^6$	0,600031	0,600001
0,8	0,800000	$4,31 \times 10^5$	0,800000	$1,54 \times 10^8$	0,800001	0,800000
1,0	1,000000	$1,11 \times 10^7$	1,000000	$1,71 \times 10^{10}$	1,000000	1,000000

truncamento local para os métodos de Euler e de Euler inverso são proporcionais a $\phi''(t)$. Para este problema, $\phi''(t) = 10^4 e^{-100t}$, que varia de um valor de 10^4 em $t = 0$ até quase zero para $t > 0,2$. Logo, é necessário um tamanho de passo muito pequeno para obter precisão perto de $t = 0$, mas um tamanho de passo muito maior é adequado quando t é um pouco maior.

Por outro lado, a análise de estabilidade das Eqs. (9) a (15) também se aplica a este problema. Como $r = -100$ para a Eq. (16), segue que precisamos de $h < 2/|r| = 0,02$ para a estabilidade do método de Euler, mas não existe restrição correspondente para o método de Euler inverso.

As colunas três ($h = 0,025$) e quatro ($h = 0,01666\ldots$) da Tabela 8.6.3 mostram alguns resultados usando o método de Euler. Os valores obtidos para $h = 0,025$ não servem, em face da instabilidade,

enquanto os valores para $h = 0,01666\ldots$ são razoavelmente precisos para $t \geq 0,2$. No entanto, pode-se obter precisão comparável para esse intervalo de t com $h = 0,1$ usando o método de Euler inverso, como mostram os resultados na coluna sete da tabela.

A situação não irá melhorar se usarmos, em vez do método de Euler, um método mais preciso, como o de Runge-Kutta. Para este problema, o método de Runge-Kutta é instável para $h = 0,033\ldots$, mas estável para $h = 0,025$, como mostram os resultados nas colunas cinco e seis da Tabela 8.6.3.

Os resultados dados na tabela para $t = 0,05$ e $t = 0,1$ mostram que é preciso um tamanho de passo menor na camada limite para se obter uma aproximação acurada. O Problema 3 convida você a explorar mais esta questão.

O exemplo a seguir ilustra outras dificuldades que podem ser encontradas na busca de aproximações numéricas para equações diferenciais instáveis.

EXEMPLO 8.6.3

Considere o problema de determinar duas soluções linearmente independentes da equação linear de segunda ordem

$$y'' - 10\pi^2 y = 0 \tag{18}$$

para $t > 0$. Note quaisquer dificuldades que podem aparecer.

Solução:

Como estamos considerando uma abordagem numérica para este problema, vamos primeiro transformar a Eq. (18) em um sistema de duas equações de primeira ordem para podermos usar os métodos da Seção 8.5. Definimos $x_1 = y$ e $x_2 = y'$. Obtemos, então, o sistema

$$x_1' = x_2, \quad x_2' = 10\pi^2 x_1,$$

ou, se $\mathbf{x} = (x_1, x_2)^T$,

$$\mathbf{x}' = \begin{pmatrix} 0 & 1 \\ 10\pi^2 & 0 \end{pmatrix} \mathbf{x}. \tag{19}$$

Os autovalores e autovetores da matriz de coeficientes na Eq. (19) são

$$r_1 = \sqrt{10}\pi, \quad \boldsymbol{\xi}^{(1)} = \begin{pmatrix} 1 \\ \sqrt{10}\pi \end{pmatrix}; \quad r_2 = -\sqrt{10}\pi, \quad \boldsymbol{\xi}^{(2)} = \begin{pmatrix} 1 \\ -\sqrt{10}\pi \end{pmatrix}, \tag{20}$$

de modo que duas soluções linearmente independentes do sistema (19) são

$$\mathbf{x}^{(1)}(t) = \begin{pmatrix} 1 \\ \sqrt{10}\pi \end{pmatrix} e^{\sqrt{10}\pi t}, \quad \mathbf{x}^{(2)}(t) = \begin{pmatrix} 1 \\ -\sqrt{10}\pi \end{pmatrix} e^{-\sqrt{10}\pi t}. \tag{21}$$

As soluções correspondentes da equação diferencial de segunda ordem (18) são as primeiras componentes de $\mathbf{x}^{(1)}(t)$ e de $\mathbf{x}^{(2)}(t)$: $y_1(t) = e^{\sqrt{10}\pi t}$ e $y_2(t) = e^{-\sqrt{10}\pi t}$, respectivamente.

Podemos também querer considerar outro par de soluções linearmente independentes formando combinações lineares de $\mathbf{x}^{(1)}(t)$ e $\mathbf{x}^{(2)}(t)$:

$$\mathbf{x}^{(3)}(t) = \frac{1}{2}\mathbf{x}^{(1)}(t) + \frac{1}{2}\mathbf{x}^{(2)}(t) = \begin{pmatrix} \cosh(\sqrt{10}\pi t) \\ \sqrt{10}\pi \operatorname{senh}(\sqrt{10}\pi t) \end{pmatrix} \tag{22}$$

e

$$\mathbf{x}^{(4)}(t) = \frac{1}{2}\mathbf{x}^{(1)}(t) - \frac{1}{2}\mathbf{x}^{(2)}(t) = \begin{pmatrix} \operatorname{senh}(\sqrt{10}\pi t) \\ \sqrt{10}\pi \cosh(\sqrt{10}\pi t) \end{pmatrix} \tag{23}$$

Embora as expressões para $\mathbf{x}^{(3)}(t)$ e $\mathbf{x}^{(4)}(t)$ sejam bastante diferentes, lembre-se de que, para t grande, temos $\cosh(\sqrt{10}\pi t) \cong \frac{1}{2} e^{\sqrt{10}\pi t}$ e $\operatorname{senh}(\sqrt{10}\pi t) \cong \frac{1}{2} e^{\sqrt{10}\pi t}$. Então, se t for suficientemente grande e se for retido apenas um número fixo de algarismos, as duas funções vetoriais $\mathbf{x}^{(3)}(t)$ e $\mathbf{x}^{(4)}(t)$ parecem ser a mesma numericamente. Por exemplo, com oito algarismos corretos, temos, para $t = 1$,

$$\operatorname{senh}(\sqrt{(10}\pi) = \cosh(\sqrt{10}\pi) = 10.315,894.$$

Se retivermos apenas oito dígitos, as duas soluções $\mathbf{x}^{(3)}(t)$ e $\mathbf{x}^{(4)}(t)$ serão idênticas em $t = 1$ e, de fato, para todo $t > 1$. Mesmo se retivermos mais algarismos, as duas soluções vão acabar parecendo idênticas (numericamente). Esse fenômeno é chamado de **dependência numérica**.

Qual solução um método numérico irá produzir dependerá da condição inicial. Em particular, $\mathbf{x}^{(1)}$ é obtida com a condição inicial $\mathbf{x}(0) = \left(1, \sqrt{10}\pi\right)^T$, $\mathbf{x}^{(2)}$ com $\mathbf{x}(0) = \left(1, -\sqrt{10}\pi\right)^T$, $\mathbf{x}^{(3)}$ com $\mathbf{x}(0) = (1, 0)^T$ e $\mathbf{x}^{(4)}$ com $\mathbf{x}(0) = \left(0, \sqrt{30}\pi\right)^T$.

Para o sistema (19), podemos evitar a questão de dependência numérica usando as soluções $\mathbf{x}^{(1)}(t)$ e $\mathbf{x}^{(2)}(t)$. Da Eq. (21), sabemos que $\mathbf{x}^{(1)}(t)$ é proporcional a $e^{\sqrt{10}\pi t}$, enquanto $\mathbf{x}^{(2)}(t)$ é proporcional a $e^{-\sqrt{10}\pi t}$, de modo que elas se comportam de maneira muito diferente quando t aumenta. Mesmo assim, encontramos dificuldade para calcular $\mathbf{x}^{(2)}(t)$ corretamente em um intervalo grande. Note que $\mathbf{x}^{(2)}(t)$ é a solução da Eq. (19) sujeita à condição inicial

$$\mathbf{x}(0) = \begin{pmatrix} 1 \\ -\sqrt{10}\pi \end{pmatrix}. \tag{24}$$

Se tentarmos aproximar a solução do problema de valor inicial (19), (24) numericamente, introduziremos erros de truncamento e de arredondamento em cada passo dos cálculos. Então, em cada ponto t_n, os dados que serão usados para se chegar ao próximo ponto não são precisamente os valores das componentes de $\mathbf{x}^{(2)}(t_n)$. A solução do problema de valor inicial com esses dados em t_n não envolve apenas $e^{-\sqrt{10}\pi t}$, mas também $e^{\sqrt{10}\pi t}$. Como o erro nos dados em t_n é pequeno, esta última função aparece com um coeficiente bem pequeno. Apesar disso, como $e^{-\sqrt{10}\pi t}$ tende a zero e $e^{\sqrt{10}\pi t}$ cresce rapidamente, esta última função acaba dominando, e a solução calculada fica muito longe de $\mathbf{x}^{(2)}(t)$.

Especificamente, suponha que tentamos aproximar a solução do problema de valor inicial (19), (24), cuja primeira componente é a solução $y_2(t) = e^{-\sqrt{10}\pi t}$ do problema de valor inicial de segunda ordem

$$y'' - 10\pi^2 y = 0, \quad y(0) = 1, \quad y'(0) = -\sqrt{10}\pi. \tag{25}$$

Usando o método de Runge-Kutta com um tamanho de passo $h = 0,01$ e mantendo oito dígitos nos cálculos, obtemos os resultados na **Tabela 8.6.4**. É evidente, desses resultados, que a aproximação numérica começa a ficar significativamente diferente da solução exata para $t > 0,5$, e logo difere dela por várias ordens de grandeza. A razão é a presença, na aproximação numérica, de uma pequena componente da quantidade $e^{\sqrt{10}\pi t}$, que cresce exponencialmente. Com aritmética de oito dígitos, podemos esperar um erro de arredondamento da ordem de 10^{-8} em cada passo. Como $e^{\sqrt{10}\pi t}$ cresce por um fator de $3,7 \times 10^{21}$ de $t = 0$ a $t = 5$, um erro de 10^{-8} perto de $t = 0$ pode produzir um erro da ordem de 10^{13} em $t = 5$, mesmo que não sejam introduzidos outros erros nos cálculos intermediários. Os resultados fornecidos na Tabela 8.6.4 mostram que isso é exatamente o que acontece.

Você deve ter em mente que os valores numéricos dos elementos na segunda coluna da Tabela 8.6.4 são extremamente sensíveis a pequenas variações no modo como os cálculos são executados. Independentemente desses detalhes, no entanto, o crescimento exponencial da aproximação ficará evidente.

A Eq. (18) é altamente instável e o comportamento ilustrado neste exemplo é típico de problemas instáveis. Podemos seguir precisamente a solução por um tempo, e o intervalo pode ser estendido usando tamanhos menores de passos ou métodos mais precisos, mas, finalmente, a instabilidade no próprio problema domina e leva a grandes erros.

TABELA 8.6.4	Solução Exata de $y'' - 10\pi^2 y = 0$, $y(0) = 1$, $y'(0) = -\sqrt{10}\pi$ e Aproximação Numérica Usando o Método de Runge-Kutta com $h = 0,01$	
	y	
t	Runge-Kutta ($h = 0,001$)	Exata
0,0	1,0000	1,0000
0,25	$8,3439 \times 10^{-2}$	$8,3438 \times 10^{-2}$
0,5	$6,9623 \times 10^{-3}$	$6,9620 \times 10^{-3}$
0,75	$5,8409 \times 10^{-4}$	$5,8089 \times 10^{-4}$
1,0	$8,6688 \times 10^{-5}$	$4,8469 \times 10^{-5}$
1,5	$5,4900 \times 10^{-3}$	$3,3744 \times 10^{-7}$
2,0	$7,8852 \times 10^{-1}$	$2,3492 \times 10^{-9}$
2,5	$1,1326 \times 10^{2}$	$1,6355 \times 10^{-11}$
3,0	$1,6268 \times 10^{4}$	$1,1386 \times 10^{-13}$
3,5	$2,3368 \times 10^{6}$	$7,9272 \times 10^{-16}$
4,0	$3,3565 \times 10^{8}$	$5,5189 \times 10^{-18}$
4,5	$4,8211 \times 10^{10}$	$3,8422 \times 10^{-20}$
5,0	$6,9249 \times 10^{12}$	$2,6749 \times 10^{-22}$

Alguns Comentários sobre a Escolha de um Método Numérico. Introduzimos, neste capítulo, diversos métodos numéricos para aproximar a solução de um problema de valor inicial. Tentamos enfatizar algumas ideias importantes mantendo, ao mesmo tempo, um nível razoável de complexidade. Um exemplo disso é que, exceto pelos comentários no fim da Seção 8.2, sempre usamos um tamanho de passo uniforme, embora a produção atual de códigos forneça maneiras de mudar o tamanho do passo à medida que os cálculos prosseguem.

Existem diversas considerações que devem ser levadas em conta ao se escolher o tamanho do passo. É claro que uma delas é a precisão; um tamanho de passo muito grande leva a um resultado impreciso. Normalmente, uma tolerância para o erro é prescrita com antecedência, e o tamanho do passo em cada etapa tem de ser consistente com essa tolerância. Como vimos, o tamanho do passo também tem de ser escolhido de modo que o método seja estável. Caso contrário, pequenos erros irão crescer e logo tornarão sem valor os cálculos subsequentes. Finalmente, para métodos implícitos, é necessário resolver uma equação em cada passo e o método usado para resolvê-la pode impor restrições adicionais sobre o tamanho do passo.

Ao escolher um método, é preciso, também, equilibrar as questões de precisão e estabilidade com o tempo necessário para executar cada passo. Um método implícito, como o de Adams-Moulton, requer mais cálculos em cada passo, mas, se sua precisão e sua estabilidade permitirem um tamanho de passo maior (e, em consequência, menos passos), então isso pode mais do que compensar os cálculos adicionais. As fórmulas inversas de diferenciação de ordem moderada (quatro, por exemplo) são altamente estáveis e, portanto, indicadas para problemas rígidos, para os quais a estabilidade é o fator controlador.

Alguns códigos atuais permitem, também, que se varie a ordem do método, além do tamanho do passo, à medida que se efetuam os cálculos. O erro é estimado em cada passo, e a ordem e o tamanho do passo são escolhidos de modo a satisfazer

268 Capítulo 8

a tolerância de erro desejada. Na prática, são utilizados os métodos de Adams até a ordem 12 e as fórmulas inversas de diferenciação até a ordem cinco. Fórmulas inversas de diferenciação de ordem mais elevada não são convenientes em função da falta de estabilidade.

Finalmente, observamos que a suavidade da função f – ou seja, o número de derivadas contínuas que ela tem – é um fator que deve ser considerado na escolha do método a ser usado. Métodos de ordem mais alta perdem alguma precisão se a função f não tiver derivadas contínuas até uma ordem correspondente.

Uma disciplina de análise numérica irá fornecer, provavelmente, uma investigação mais profunda sobre erros, estabilidade e eficiência. Informação semelhante pode ser encontrada na Bibliografia ao fim deste capítulo.

Problemas

1. Para obter alguma ideia dos perigos possíveis de pequenos erros nas condições iniciais, tais como aqueles decorrentes de arredondamentos, considere o problema de valor inicial

$$y' = t + y - 3, \quad y(0) = 2.$$

  a. Mostre que a solução é $y = \phi_1(t) = 2 - t$.
  b. Suponha que é feito um erro na condição inicial e utilizado o valor 2,001 em vez de 2. Determine a solução $y = \phi_2(t)$ neste caso, e compare a diferença $\phi_2(t) - \phi_1(t)$ em $t = 1$ e quando $t \to \infty$.

2. Considere o problema de valor inicial

$$y' = t^2 + e^y, \quad y(0) = 0. \tag{26}$$

Usando o método de Runge-Kutta com tamanho de passo h, obtemos os resultados na **Tabela 8.6.5**. Esses resultados sugerem que a solução tem uma assíntota vertical entre $t = 0,9$ e $t = 1,0$.

TABELA 8.6.5	Aproximações da Solução do Problema de Valor Inicial $y' = t^2 + e^y$, $y(0) = 0$ Usando o Método de Runge-Kutta	
h	$y(0,9)$	$y(1,0)$
0,02	3,42985	$> 10^{38}$
0,01	3,42982	$> 10^{38}$

  a. Seja $y = \phi(t)$ a solução do problema de valor inicial (26). Além disso, seja $y = \phi_1(t)$ a solução de

$$y' = 1 + e^y, \quad y(0) = 0, \tag{27}$$

e seja $y = \phi_2(t)$ a solução de

$$y' = e^y, \quad y(0) = 0. \tag{28}$$

Mostre que

$$\phi_2(t) \leq \phi(t) \leq \phi_1(t) \tag{29}$$

em algum intervalo contido em $0 \leq t \leq 1$, em que todas as três soluções existem.

  b. Determine $\phi_1(t)$ e $\phi_2(t)$. Depois mostre que $\phi(t) \to \infty$ para algum t entre $t = \ln(2) \cong 0,69315$ e $t = 1$.
  c. Resolva as equações diferenciais $y' = e^y$ e $y' = 1 + e^y$, respectivamente, com a condição inicial $y(0,9) = 3,4298$. Use os resultados para mostrar que $\phi(t) \to \infty$ quando $t \cong 0,932$.

3. Considere novamente o problema de valor inicial (16) do Exemplo 8.6.2. Investigue o quão pequeno tem de ser o tamanho do passo h para garantir que o erro em $t = 0,05$ e em $t = 0,1$ seja menor do que 0,0005.

  Ⓝ a. Use o método de Euler.
  Ⓝ b. Use o método de Euler inverso.
  Ⓝ c. Use o método de Runge-Kutta.

4. Considere o problema de valor inicial

$$y' = -10y + 2,5t^2 + 0,5t, \quad y(0) = 4.$$

  a. Encontre a solução $y = \phi(t)$ e desenhe seu gráfico para $0 \leq t \leq 5$.
  Ⓝ b. A análise de estabilidade no texto sugere que, para este problema, o método de Euler só é estável para $h < 0,2$. Confirme que isso é verdade aplicando o método de Euler a este problema para $0 \leq t \leq 5$ com tamanhos de passos próximos de 0,2.
  Ⓝ c. Aplique o método de Runge-Kutta a este problema para $0 \leq t \leq 5$ com diversos tamanhos de passos. O que você pode concluir sobre a estabilidade desse método?
  Ⓝ d. Aplique o método de Euler inverso a este problema para $0 \leq t \leq 5$ com diversos tamanhos de passos. Qual o tamanho de passo necessário para que o erro em $t = 5$ seja menor do que 0,01?

Nos Problemas 5 e 6:

  a. Encontre uma fórmula para a solução do problema de valor inicial e observe que ela é independente de λ.
  Ⓝ b. Use o método de Runge-Kutta com $h = 0,01$ para calcular valores aproximados da solução em $0 \leq t \leq 1$ para diversos valores de λ, como $\lambda = 1, 10, 20$ e 50.
  c. Explique as diferenças, se existirem, entre a solução exata e as aproximações numéricas.

5. $y' - \lambda y = 1 - \lambda t, \quad y(0) = 0$

6. $y' - \lambda y = 2t - \lambda t^2, \quad y(0) = 0$

Questões Conceituais

C8.1. Depois de aprender tantos métodos de solução que produzem soluções exatas para uma grande variedade de equações diferenciais, por que é necessário agora discutir métodos numéricos que produzem soluções aproximadas?

C8.2. Qual é a diferença fundamental entre o método de Euler e o método de Euler inverso?

C8.3. Descreva as três fontes fundamentais de erro em um algoritmo numérico para resolver um problema de valor inicial.

Métodos Numéricos **269**

C8.4. Descreva dois tipos de erros de truncamento diferentes.

C8.5. O que significa dizer que o método de Euler é um método de primeira ordem?

C8.6. Qual é o limite uniforme no erro de truncamento local para o método de Euler em um intervalo $[a, b]$?

C8.7. O que significa dizer que o método de Euler aprimorado é um método em duas etapas?

C8.8. Embora o número de etapas não influencie diretamente a ordem do método numérico resultante, espera-se que o trabalho extra forneça uma aproximação melhor. Quais são os erros de truncamento local e global do método de Euler aprimorado? Qual é a ordem deste método?

C8.9. Explique por que um método de segunda ordem é melhor do que um método de primeira ordem.

C8.10. O método de Runge-Kutta é significativamente mais complicado do que qualquer dos outros métodos discutidos (método de Euler, método de Euler inverso e método de Euler aprimorado). Quais são os benefícios de se usar o método de Runge-Kutta?

C8.11. Dada a eficácia do método de Runge-Kutta, por que alguém quereria considerar outros métodos que não são mais precisos do que os já introduzidos?

C8.12. O que diferencia os métodos de Adams-Bashforth e de Adams-Moulton? Por que estas diferenças são importantes?

C8.13. Que ideia nova é introduzida com as fórmulas inversas de diferenciação? Como estes métodos se comparam com os outros métodos de passos múltiplos?

C8.14. Muitas ideias foram introduzidas neste capítulo. As primeiras foram introduzidas com muitos detalhes, mas algumas das últimas foram bem breves. O que você pode tirar de todas estas ideias?

C8.15. Todos os métodos numéricos discutidos neste capítulo foram para equações diferenciais de primeira ordem. Por que não é necessário considerar métodos numéricos para equações diferencias de ordem maior?

C8.16. Explique os termos ordem, etapa e passos quando usados no contexto de uma solução aproximada de um problema de valor inicial.

C8.17. Explique por que um método de ordem p tem truncamento local proporcional a h^{p+1}.

C8.18. Por que tamanhos menores de passos nem sempre resultam em erros menores?

C8.19. O que significa dizer que um método numérico é estável?

C8.20. Ao escolher um método numérico para um problema de valor inicial, quais são as principais considerações?

Respostas das Questões Conceituais

C8.1. Métodos numéricos são necessários porque os tipos de equações diferenciais que têm soluções explícitas são muito poucos. Equações diferenciais não lineares são particularmente problemáticas, a menos que sejam separáveis.

C8.2. Três maneiras de descrever as diferenças entre o método de Euler e o método de Euler inverso estão resumidas a seguir. (Obs.: existem outras maneiras de descrever esta diferença.)

Método de Euler	Método de Euler inverso
$y_{n+1} = y_n + hf(t_n, y_n)$	$y_{n+1} = y_n + hf(t_{n+1}, y_{n+1})$
usa a inclinação na extremidade esquerda do intervalo	usa a inclinação na extremidade direita do intervalo
método explícito	método implícito

C8.3. 1. Usar uma fórmula aproximada (ou algoritmo).

2. Usar dados aproximados como entrada para a fórmula (aproximada) da solução.

3. Aritmética de precisão finita.

C8.4. O erro de truncamento global (E_n) resulta da aplicação de uma fórmula aproximada a dados aproximados. O erro de truncamento local (e_n) resulta da aplicação de uma fórmula aproximada a dados exatos. Na ausência de erros de arredondamento, pode-se pensar no erro de truncamento global como acumulação de erros de truncamento locais ao longo de muitos passos.

C8.5. Dizer que o método de Euler é um método de primeira ordem significa que o erro de truncamento global não é maior do que uma constante vezes h elevada a uma primeira potência: $|E_n| \leq Kh$.

C8.6. A cota superior uniforme para o erro de truncamento global é $|e_n| \leq \frac{1}{2} Mh^2$, em que M é o máximo de $|\phi''(t)|$ em $[a, b]$.

C8.7. Os métodos em duas etapas são caracterizados pelo fato de que a aproximação da solução, no próximo passo, necessita de dois cálculos separados da expressão à direita (do sinal de igualdade) na equação diferencial em dois pontos diferentes e o segundo ponto onde será feito o cálculo envolve o resultado do primeiro cálculo:

$$u_n = y_n + hf(t_n, y_n)$$
$$y_{n+1} = y_n + \frac{1}{2}\left(f(t_n, y_n) + f(t_n + h, u_n)\right).$$

C8.8. O erro de truncamento local satisfaz $|e_n| \leq kh^3$. O erro de truncamento global satisfaz $|E_n| \leq Kh^2$. O método de Euler aprimorado é um método de segunda ordem. Esta convergência aprimorada bem que pode fazer com que valha a pena este trabalho extra em cada passo.

C8.9. Para um método de primeira ordem, a redução do tamanho do passo por um fator de 10 deve reduzir, também, o erro de truncamento global por um fator de 10. Para um método de segunda ordem, a redução do tamanho do passo por um fator de 10 deve reduzir o erro de truncamento global por um fator de $10^2 = 100$. Note que o erro de truncamento global real pode não diminuir por estes fatores, mas a cota superior para o erro de truncamento global diminui, de fato, deste modo.

C8.10. A complexidade do método de Runge-Kutta é refletida em sua descrição como um método em quatro etapas. Enquanto é necessário o cálculo da expressão à direita (do sinal de igualdade) na equação diferencial em quatro tempos diferentes, a ordem também é maior do que os outros métodos discutidos. O método de Runge-Kutta é de quarta ordem, o que significa que, se o tamanho do passo for diminuído por um fator de 10, então a cota superior do erro de truncamento global diminuirá por um fator de $10^4 = 10.000$. Esta é uma redução imensa! É 100

270 Capítulo 8

vezes menor do que as cotas correspondentes para o método de segunda ordem (método de Euler implícito) e 1.000 vezes menor do que para os métodos de primeira ordem (método de Euler e método de Euler inverso).

C8.11. Uma vantagem fundamental dos métodos de passos múltiplos é o uso de valores aproximados calculados anteriormente para criar um valor aproximado aprimorado no próximo instante. Isto é particularmente importante quando o cálculo de $f(t, \mathbf{x})$ for "caro".

C8.12. A diferença mais significativa entre as fórmulas de Adams-Bashforth e de Adams-Moulton da mesma ordem é que as fórmulas de Adams-Bashforth fornecem uma fórmula explícita para y_{n+1}, enquanto as fórmulas de Adams-Moulton precisam da solução de uma equação implícita para y_{n+1}. A equação implícita para y_{n+1} é não linear, em geral, e necessita de mais tempo para ser resolvida.

C8.13. As fórmulas inversas de diferenciação são obtidas supondo-se que a solução em um intervalo de tempo é um polinômio e depois obrigando que a derivada deste polinômio coincida com o coeficiente angular dado pela equação diferencial ao fim do próximo passo. Todos métodos discutidos anteriormente baseiam-se na aproximação da derivada da solução.

As fórmulas inversas de diferenciação são implícitas, em geral, como as fórmulas de Adams-Moulton, de modo que esta complicação tem de ser tratada.

Uma vantagem das fórmulas inversas de diferenciação é que são fórmulas (polinomiais) que fornecem uma solução aproximada em qualquer ponto do intervalo, não apenas nas extremidades de cada intervalo.

C8.14. A fórmula não é o ponto principal. Enquanto as fórmulas são úteis para ilustrar algumas das diferenças entre os métodos (implícito ou explícito, passo único ou passos múltiplos, ...), o objetivo real deste capítulo é apresentar algumas das ideias diferentes que podem ser usadas para criar um método numérico para aproximar a solução de um problema de valor inicial.

Cada problema precisa ser avaliado por seu próprio mérito. Embora possam ser feitas algumas conclusões gerais, a maioria dos problemas necessita de uma análise cuidadosa e experimentação para o desenvolvimento de uma aproximação numérica ótima. Algumas das considerações incluem complexidade, velocidade, custo, precisão, ... Outra consideração importante é como a solução aproximada será usada.

À medida que as decisões sobre métodos específicos de interesse forem feitas, mais detalhes e opções podem ser encontrados na Bibliografia ou na internet.

C8.15. Lembre-se de que qualquer equação diferencial de ordem n pode ser formulada, de modo equivalente, como um sistema de n equações diferenciais de primeira ordem. Então, qualquer método numérico para um sistema de equações diferenciais de primeira ordem pode ser usado para aproximar a solução.

C8.16. *Ordem* é a potência de h na cota superior do erro de truncamento global de um método. Um método de ordem p satisfaz $|E_n| \leq Kh^p$. *Etapa* é o número de cálculos separados (em geral, avaliações de f em valores apropriados do argumento) necessários para completar uma etapa do método numérico.

Passos é o número de subintervalos envolvidos em cada passo no método. Cada uma destas descrições é importante à sua maneira. Em geral, preferimos métodos de ordem maior que não envolvem etapas nem passos demais.

C8.17. Quando o tamanho do passo é h, são necessários $\dfrac{b-a}{h}$ passos para fornecer o erro de truncamento global em todo o intervalo $[a, b]$. Quando o erro de truncamento local em cada passo é proporcional a h^{p+1}, somar esses para cada um dos $\dfrac{b-a}{h}$ passos fornece um erro de truncamento global que é proporcional a $\dfrac{h^{p+1}}{h} = h^p$, e isto é o que significa o método ser de ordem p.

C8.18. Erros nem sempre ficam pequenos quando o tamanho do passo é diminuído, já que a análise dos erros de truncamento não considera os efeitos dos erros de arredondamento. Erros de arredondamento são, em geral, pequenos para passos de tamanho moderado, mas podem se tornar bastante significativos quando o tamanho do passo torna-se "pequeno demais".

C8.19. Métodos numéricos, em geral, introduzem erros em cada passo. A instabilidade ocorre quando erros pequenos aumentam, tornando muito difícil a obtenção de uma solução aproximada precisa ao longo de um intervalo.

Alguns métodos implícitos podem ajudar com os problemas conhecidos como rígidos. Quando um problema é rígido, simplesmente reduzir o tamanho do passo não irá, provavelmente, melhorar a aproximação tanto quanto esperado.

C8.20. Precisão (erros: ordem), estabilidade (rigidez) e o custo de execução de cada passo do método (etapas, passos, implícito/explícito) são as três considerações principais ao escolher um método numérico e o tamanho do passo. Outra consideração é a maneira (ou maneiras) que a solução aproximada será usada.

Bibliografia

Existem muitos livros, com níveis de sofisticação variáveis, que tratam de análise numérica em geral e solução numérica de equações diferenciais ordinárias em particular. Entre esses, estão:

Ascher, Uri M., and Petzold, Linda R. *Computer Methods for Ordinary Differential Equations and Differential-Algebraic Equations.* Philadelphia: Society for Industrial and Applied Mathematics, 1998.

Atkinson, Kendall E., Han, Weimin, and Stewart, David. *Numerical Solution of Ordinary Differential Equations.* Hoboken, NJ: Wiley, 2009.

Gautschi, W. *Numerical Analysis.* 2. ed. New York: Birkhäuser, 2011.

Gear, C. William. *Numerical Initial Value Problems in Ordinary Differential Equations.* Englewood Cliffs, NJ: Prentice-Hall, 1971.

Henrici, Peter. *Discrete Variable Methods in Ordinary Differential Equations.* New York: Wiley, 1962.

Henrici, Peter. *Error Propagation for Difference Methods.* New York: Wiley, 1963; Huntington, NY: Krieger, 1977.

Iserles, A. *A First Course in Numerical Analysis of Differential Equations.* New York: Cambridge University Press, 2009.

Mattheij, Robert, and Molenaar, Jaap. *Ordinary Differential Equations in Theory and Practice.* New York: Wiley, 1996; Philadelphia: Society for Industrial and Applied Mathematics, 2002.

Shampine, Lawrence F. *Numerical Solution of Ordinary Differential Equations.* New York: Chapman and Hall, 1994.

Uma exposição detalhada dos métodos de previsão e correção de Adams, incluindo guias práticos para implementação, pode ser encontrada em:

Shampine, L. F., and Gordon, M. K. *Computer Solution of Ordinary Differential Equations: The Initial Value Problem.* San Francisco: Freeman, 1975.

Muitos livros de análise numérica têm capítulos sobre equações diferenciais. Em um nível elementar, veja, por exemplo:

Burden, Richard L., and Faires, J. Douglas. *Numerical Analysis.* 9. ed. Boston: Brooks/Cole, Cengage Learning, 2011.

Os três livros a seguir estão em um nível ligeiramente mais alto e incluem informação sobre a implementação de algoritmos no MATLAB.

Atkinson, Kendall E., and Han, Weimin. *Elementary Numerical Analysis.* 3. ed. Hoboken, NJ: Wiley, 2004.

Shampine, L. F., Gladwell, I., and Thompson, S. *Solving ODEs with MATLAB.* New York: Cambridge University Press, 2003.

Stoer, J., and Bulirsch, R. *Introduction to Numerical Analysis.* 3. ed. New York: Springer, 2002.

CAPÍTULO 9

Equações Diferenciais Não Lineares e Estabilidade

Existem muitas equações diferenciais, especialmente não lineares, que não são suscetíveis à solução analítica de qualquer maneira razoavelmente conveniente. Métodos numéricos, como os discutidos no Capítulo 8, fornecem um modo de tratar essas equações. Outra abordagem, apresentada neste capítulo, tem caráter geométrico e nos leva a uma compreensão qualitativa do comportamento das soluções, em vez de uma informação quantitativa detalhada.

9.1 Plano de Fase: Sistemas Lineares

Como muitas equações diferenciais não podem ser resolvidas convenientemente por métodos analíticos, é importante considerar que informações qualitativas[1] podem ser obtidas sobre suas soluções sem resolver, de fato, as equações. As questões que consideraremos neste capítulo estão relacionadas com a ideia de estabilidade de uma solução, e os métodos que empregaremos são, basicamente, geométricos. Tanto o conceito de estabilidade quanto a utilização de análise geométrica foram introduzidos no Capítulo 1 e usados na Seção 2.5 para equações autônomas de primeira ordem

$$\frac{dy}{dt} = f(y). \tag{1}$$

Neste capítulo, vamos refinar essas ideias e estender a discussão a sistemas de equações. Estamos particularmente interessados em sistemas não lineares, já que, geralmente, eles não podem ser resolvidos em termos de funções elementares. Além disso, vamos considerar principalmente sistemas com duas equações,

pois eles permitem análise geométrica em um plano, em vez de espaços de dimensão maior.

Entretanto, antes de considerar sistemas não lineares, vamos resumir alguns dos resultados que obtivemos no Capítulo 7 para sistemas bidimensionais de equações lineares homogêneas de primeira ordem com coeficientes constantes. Tal sistema tem a forma

$$\frac{d\mathbf{x}}{dt} = \mathbf{A}\mathbf{x}, \tag{2}$$

em que $\mathbf{A}$ é uma matriz constante 2×2 e $\mathbf{x}$ é um vetor 2×1. Nas Seções 7.5 a 7.8, vimos que podemos resolver tais sistemas buscando soluções da forma $\mathbf{x} = \boldsymbol{\xi}e^{rt}$. Substituindo $\mathbf{x}$ na Eq. (2), obtemos

$$(\mathbf{A} - r\mathbf{I})\boldsymbol{\xi} = \mathbf{0}. \tag{3}$$

Logo, r tem de ser um autovalor e $\boldsymbol{\xi}$ um autovetor correspondente da matriz de coeficientes $\mathbf{A}$. Os autovalores são as raízes da equação polinomial

$$\det(\mathbf{A} - r\mathbf{I}) = 0, \tag{4}$$

e os autovetores são determinados pela Eq. (3) a menos de uma constante multiplicativa arbitrária. Embora tenhamos apresentado gráficos de soluções de equações da forma (2) nas Seções 7.5, 7.6 e 7.8, nossa ênfase ali foi encontrar uma expressão conveniente para a solução geral. Nosso propósito nesta seção consiste em concentrar a informação geométrica para sistemas lineares em um lugar e desenvolver a habilidade de esboçar trajetórias no plano de fase manualmente. Usaremos essa informação no restante deste capítulo para introduzir métodos qualitativos similares que podem ser aplicados a sistemas não lineares muito mais difíceis.

Vimos, na Seção 2.5, que pontos nos quais a expressão à direita do sinal de igualdade na Eq. (1) é nula têm importância especial. Tais pontos correspondem a soluções constantes, ou **soluções de equilíbrio**, da Eq. (1) e são chamados, frequentemente, de **pontos críticos**. De modo similar, para o sistema (2), os pontos nos quais $\mathbf{A}\mathbf{x} = \mathbf{0}$ correspondem a soluções (constantes) de equilíbrio e também são chamados de pontos críticos. Vamos supor que $\mathbf{A}$ é invertível, ou seja, que $\det \mathbf{A} \neq 0$. Segue que $\mathbf{x} = \mathbf{0}$ é o único ponto crítico do sistema (2).

---

[1]A teoria qualitativa de equações diferenciais foi criada por Henri Poincaré (1854-1912) em diversos artigos importantes entre 1880 e 1886. Poincaré foi professor na University of Paris e geralmente é considerado o matemático mais importante de seu tempo. Ele fez descobertas fundamentais em muitas áreas diferentes da Matemática, incluindo teoria de funções complexas, equações diferenciais parciais e mecânica celeste. Iniciou o uso de métodos modernos em topologia em uma série de artigos a partir de 1894. Foi pioneiro na utilização de séries assintóticas em equações diferenciais, uma das ferramentas mais poderosas da Matemática aplicada contemporânea. Entre outras coisas, usou expansões assintóticas para obter soluções em torno de pontos singulares irregulares, estendendo o trabalho de Fuchs e Frobenius discutido no Capítulo 5.

Lembre-se de que uma solução da Eq. (2) é uma função vetorial $\mathbf{x} = \mathbf{x}(t)$ que satisfaz a equação diferencial. Tal função pode ser considerada uma representação paramétrica de uma curva no plano $x_1 x_2$. Com frequência, é útil pensar nessa curva como um caminho, ou **trajetória**, percorrida por uma partícula em movimento cuja velocidade $d\mathbf{x}/dt$ é especificada pela equação diferencial. O plano $x_1 x_2$ é chamado de **plano de fase**, e um conjunto representativo de trajetórias é chamado de **retrato de fase**.

Ao analisar o sistema (2), precisamos considerar diversos casos diferentes, dependendo da natureza dos autovalores de **A**. Iremos caracterizar a equação diferencial de acordo com o padrão geométrico formado por suas trajetórias em um retrato de fase. Em cada caso, vamos discutir o comportamento das trajetórias em geral e ilustrá-lo com um exemplo. Com um pouco de prática, fica fácil visualizar ou esboçar um retrato de fase qualitativamente correto uma vez conhecidos os autovalores e autovetores do sistema. É importante que você se familiarize com os tipos de comportamento das trajetórias em cada caso, pois eles são os ingredientes básicos da teoria qualitativa de equações diferenciais lineares e não lineares.

CASO 1 **Autovalores Reais e Distintos de Mesmo Sinal.** Neste caso, a solução geral da Eq. (2) é

$$\mathbf{x} = c_1 \boldsymbol{\xi}^{(1)} e^{r_1 t} + c_2 \boldsymbol{\xi}^{(2)} e^{r_2 t}, \tag{5}$$

em que r_1 e r_2 são ambos positivos ou ambos negativos. Suponha primeiro que $r_1 < r_2 < 0$ e que os autovetores $\boldsymbol{\xi}^{(1)}$ e $\boldsymbol{\xi}^{(2)}$ são como na **Figura 9.1.1**. Segue, da Eq. (5), que $\mathbf{x} \to \mathbf{0}$ quando $t \to \infty$, independentemente dos valores de c_1 e c_2; em outras palavras, todas as soluções se aproximam do ponto crítico na origem quando $t \to \infty$.

Se a solução começar em um ponto inicial na reta contendo a origem na direção de $\boldsymbol{\xi}^{(1)}$, então $c_2 = 0$. Essa solução permanecerá nesta reta para todo t e tenderá à origem quando $t \to \infty$. De maneira análoga, se o ponto inicial pertencer à reta contendo a origem na direção de $\boldsymbol{\xi}^{(2)}$, então a solução tenderá à origem ao longo dessa reta.

Na situação geral, é útil escrever a Eq. (5) na forma

$$\mathbf{x} = e^{r_2 t} \left(c_1 \boldsymbol{\xi}^{(1)} e^{(r_1 - r_2)t} + c_2 \boldsymbol{\xi}^{(2)} \right). \tag{6}$$

Note que $r_1 - r_2 < 0$. Portanto, enquanto $c_2 \neq 0$, o termo $c_1 \boldsymbol{\xi}^{(1)} \exp((r_1 - r_2)t)$ é desprezível comparado com $c_2 \boldsymbol{\xi}^{(2)}$ para valores suficientemente grandes de t. Assim, quando $t \to \infty$, não só as trajetórias se aproximam da origem, mas o fazem tendendo, também, à reta na direção de $\boldsymbol{\xi}^{(2)}$. Logo, todas as soluções são tangentes a $\boldsymbol{\xi}^{(2)}$ no ponto crítico, exceto as que começam exatamente na reta na direção de $\boldsymbol{\xi}^{(1)}$. A Figura 9.1.1 mostra diversas trajetórias. Esse tipo de ponto crítico é chamado de **nó**, ou **nó atrator**, ou **sorvedouro**.

Vamos agora olhar para trás no tempo e tentar descobrir o que acontece quando $t \to -\infty$. Ainda supondo que $r_1 < r_2 < 0$, observamos que, se $c_1 \neq 0$, então o termo dominante na Eq. (5) quando $t \to -\infty$ é o termo envolvendo $e^{r_1 t}$. Assim, exceto pelas trajetórias ao longo da reta contendo $\boldsymbol{\xi}^{(2)}$, para valores de t negativos grandes em módulo, as trajetórias têm inclinações muito próximas da do autovetor $\boldsymbol{\xi}^{(1)}$. Isso também está indicado na Figura 9.1.1.

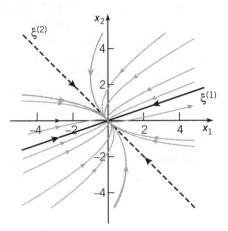

FIGURA 9.1.1 Trajetórias no plano de fase quando a origem é um nó com $r_1 < r_2 < 0$. As curvas em preto sólidas e tracejadas mostram, respectivamente, as soluções fundamentais $\boldsymbol{\xi}^{(1)} e^{r_1 t}$ e $\boldsymbol{\xi}^{(2)} e^{r_2 t}$.

Se r_1 e r_2 forem ambos positivos e se $0 < r_2 < r_1$, então as trajetórias têm o mesmo padrão que na Figura 9.1.1, mas o sentido do movimento é se afastando do ponto crítico na origem, em vez de se aproximando. Nesse caso, x_1 e x_2 crescem exponencialmente como funções de t. O ponto crítico é chamado, novamente, de **nó** ou de **fonte**.

Vimos outro exemplo de nó no Exemplo 7.5.3; suas trajetórias e gráficos de componentes estão ilustrados na Figura 7.5.4.

CASO 2 **Autovalores Reais com Sinais Opostos.** A solução geral da Eq. (2) é

$$\mathbf{x} = c_1 \boldsymbol{\xi}^{(1)} e^{r_1 t} + c_2 \boldsymbol{\xi}^{(2)} e^{r_2 t}, \tag{7}$$

em que $r_1 > 0$ e $r_2 < 0$. Suponha que os autovetores $\boldsymbol{\xi}^{(1)}$ e $\boldsymbol{\xi}^{(2)}$ são como ilustrados pelas curvas sólida e tracejada na **Figura 9.1.2**. Se a solução começar em um ponto inicial na reta contendo a origem na direção de $\boldsymbol{\xi}^{(1)}$, então $c_2 = 0$. Em consequência, a solução permanecerá nesta reta para todo t e, como $r_1 > 0$, $\|\mathbf{x}\| \to \infty$ quando $t \to \infty$.

Se a solução começar em um ponto inicial pertencente à reta contendo a origem na direção de $\boldsymbol{\xi}^{(2)}$, então ela sempre permanecerá nesta reta e $\|\mathbf{x}\| \to 0$ quando $t \to \infty$, já que $r_2 < 0$. Para soluções que começam em outros pontos iniciais, a exponencial positiva é o termo dominante na Eq. (7) para valores grandes de t, de modo que todas essas soluções tenderão a infinito assintoticamente à reta determinada pelo autovetor $\boldsymbol{\xi}^{(1)}$ correspondente ao autovalor positivo r_1. As únicas soluções que se aproximam do ponto crítico na origem são as que começam precisamente na reta determinada por $\boldsymbol{\xi}^{(2)}$.

Para valores de t negativos grandes em módulo, o termo dominante na Eq. (7) é a exponencial negativa, de modo que uma solução típica é assintótica à reta determinada pelo autovetor $\boldsymbol{\xi}^{(2)}$ quando $t \to -\infty$. As exceções são as soluções que estão exatamente sobre a reta determinada pelo autovetor $\boldsymbol{\xi}^{(1)}$; essas soluções tendem à origem quando $t \to -\infty$. O retrato de fase ilustrado na Figura 9.1.2 é típico dos casos em que os autovalores são reais e de sinais opostos. A origem, nesse caso, é chamada de **ponto de sela**.

Outro exemplo de ponto de sela apareceu no Exemplo 7.5.2 e suas trajetórias e gráficos de componentes estão ilustrados na Figura 7.5.2.

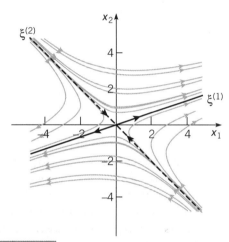

FIGURA 9.1.2 Trajetórias no plano de fase quando a origem é um ponto de sela com $r_1 > 0$, $r_2 < 0$. As curvas em preto sólidas e tracejadas mostram as soluções fundamentais $\boldsymbol{\xi}^{(1)} e^{r_1 t}$ e $\boldsymbol{\xi}^{(2)} e^{r_2 t}$, respectivamente.

CASO 3 **Autovalores Iguais.** Vamos supor agora que $r_1 = r_2 = r$. Vamos considerar o caso em que os autovalores são negativos; se forem positivos, as trajetórias serão semelhantes, mas o movimento será em sentido contrário. Existem dois subcasos, dependendo se o autovalor repetido tem dois autovetores independentes ou apenas um.

(a) Dois autovetores independentes. A solução geral da Eq. (2) é

$$\mathbf{x} = c_1 \boldsymbol{\xi}^{(1)} e^{rt} + c_2 \boldsymbol{\xi}^{(2)} e^{rt}, \qquad (8)$$

em que $\boldsymbol{\xi}^{(1)}$ e $\boldsymbol{\xi}^{(2)}$ são autovetores independentes. A razão x_2/x_1 é independente de t, mas depende das coordenadas de $\boldsymbol{\xi}^{(1)}$ e $\boldsymbol{\xi}^{(2)}$ e das constantes arbitrárias c_1 e c_2. Logo, toda trajetória está contida em uma reta contendo a origem, como ilustrado na **Figura 9.1.3(a)**, e os gráficos das componentes x_1 e x_2 são curvas exponenciais, como ilustrado nas **Figuras 9.1.3(b)** e **9.1.3(c)**, respectivamente. O ponto crítico é chamado de **nó próprio** ou, algumas vezes, de **ponto estrela**.

(b) Um autovetor independente. Como vimos na Seção 7.8, a solução geral da Eq. (2) neste caso é

$$\mathbf{x} = c_1 \boldsymbol{\xi} e^{rt} + c_2 (\boldsymbol{\xi} t e^{rt} + \boldsymbol{\eta} e^{rt}), \qquad (9)$$

em que $\boldsymbol{\xi}$ é um autovetor e $\boldsymbol{\eta}$ é um autovetor generalizado associado ao autovalor repetido, ou seja, $(\mathbf{A} - r\mathbf{I})\boldsymbol{\xi} = \mathbf{0}$ e $(\mathbf{A} - r\mathbf{I})\boldsymbol{\eta} = \boldsymbol{\xi}$. Para t grande, o termo dominante na Eq. (9) é $c_2 \boldsymbol{\xi} t e^{rt}$. Assim, quando $t \to \infty$, todas as trajetórias tendem à origem tangentes à reta na direção do autovetor. Isto é verdadeiro mesmo quando $c_2 = 0$, pois, nesse caso, a solução $\mathbf{x} = c_1 \boldsymbol{\xi} e^{rt}$ pertence a essa reta. De forma similar, para valores de t negativos grandes em módulo, o termo $c_2 \boldsymbol{\xi} t e^{rt}$ é outra vez dominante, de modo que, quando $t \to -\infty$, a inclinação de cada trajetória tende à inclinação do autovetor $\boldsymbol{\xi}$.

A orientação das trajetórias depende das posições relativas de $\boldsymbol{\xi}$ e $\boldsymbol{\eta}$. Uma situação possível está ilustrada na **Figura 9.1.4(a)**. Para localizar as trajetórias, é melhor escrever a solução (9) na forma

$$\mathbf{x} = \left((c_1 \boldsymbol{\xi} + c_2 \boldsymbol{\eta}) + c_2 \boldsymbol{\xi} t \right) e^{rt} = \mathbf{y} e^{rt}, \qquad (10)$$

em que $\mathbf{y} = (c_1 \boldsymbol{\xi} + c_2 \boldsymbol{\eta}) + c_2 \boldsymbol{\xi} t$. Note que o vetor $\mathbf{y}$ determina a direção e o sentido de $\mathbf{x}$, enquanto a quantidade escalar e^{rt} afeta apenas o tamanho de $\mathbf{x}$. Observe também que, para valores fixos de c_1 e c_2, a expressão para $\mathbf{y}$ é uma equação vetorial da reta contendo o ponto $c_1 \boldsymbol{\xi} + c_2 \boldsymbol{\eta}$ e paralela a $\boldsymbol{\xi}$.

Para esboçar a trajetória correspondente a um par de valores de c_1 e c_2, você pode proceder da seguinte maneira. Primeiro, desenhe a reta dada por $(c_1 \boldsymbol{\xi} + c_2 \boldsymbol{\eta}) + c_2 \boldsymbol{\xi} t$ e note o sentido do movimento quando t cresce nesta reta. A Figura 9.1.4(a) mostra duas dessas retas, uma para $c_2 > 0$ e outra para $c_2 < 0$. A seguir, observe que a trajetória dada contém o ponto $c_1 \boldsymbol{\xi} + c_2 \boldsymbol{\eta}$ quando $t = 0$. Além disso, quando t aumenta, o vetor $\mathbf{x}$ dado pela Eq. (10) tem o mesmo sentido de quando t aumenta na reta, mas o tamanho de $\mathbf{x}$ decresce rapidamente e tende a zero, em razão do fator exponencial decaindo e^{rt}. Finalmente, quando t tende a $-\infty$, o sentido de $\mathbf{x}$ é determinado por pontos na parte correspondente da reta, e o tamanho de $\mathbf{x}$ tende a infinito. Dessa maneira, obtemos as trajetórias em preto na Figura 9.1.4(a). Algumas outras trajetórias também estão esboçadas para ajudar a completar o diagrama.

Outra situação possível está ilustrada na **Figura 9.1.4(b)**, em que a orientação relativa de $\boldsymbol{\xi}$ e $\boldsymbol{\eta}$ está invertida. Como indicado na figura, isso resulta em uma mudança de sentido na orientação das trajetórias.

Se $r_1 = r_2 > 0$, você pode esboçar as trajetórias seguindo o mesmo procedimento. Nesse caso, as trajetórias são percorridas no sentido para fora, e a orientação das trajetórias em relação a $\boldsymbol{\xi}$ e $\boldsymbol{\eta}$ também são invertidas.

Quando um autovalor duplo tem um único autovetor independente, o ponto crítico é chamado de

Equações Diferenciais Não Lineares e Estabilidade **275**

Visualize a figura em cores

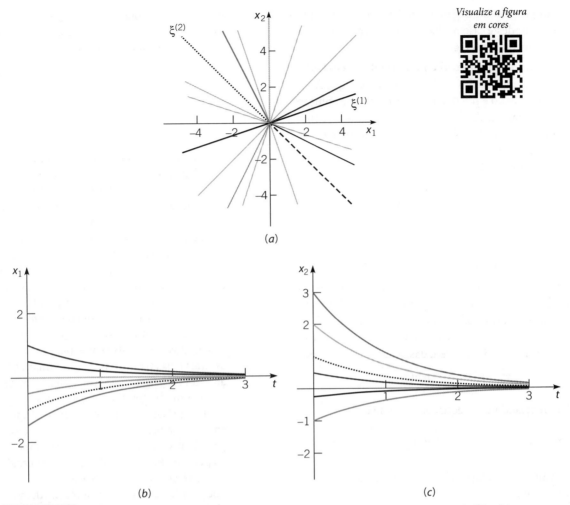

FIGURA 9.1.3 (a) Trajetórias no plano de fase quando a origem é um nó próprio com $r_1 = r_2 < 0$. (b) e (c) mostram os gráficos das componentes correspondentes x_1 e x_2 em função de t, respectivamente. As curvas em preto sólidas e tracejadas mostram as soluções fundamentais $\boldsymbol{\xi}^{(1)}e^{r_1 t}$ e $\boldsymbol{\xi}^{(2)}e^{r_2 t}$, respectivamente. A curva pontilhada corresponde à solução que contém o ponto $(-1, 1)$; a cinza meio tom corresponde a que contém o ponto $(-1/2, -1)$; cinza mais clara, $(-3/2, 3)$; cinza-escura, $(1, 1/2)$; preta mais clara, $(1/2, -1/4)$ e cinza mais escura, $(0, 2)$.

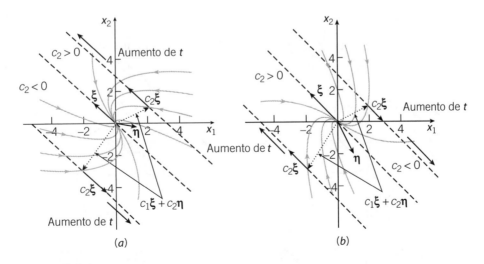

FIGURA 9.1.4 (a) Plano de fase para um nó impróprio com autovalores $r_1 = r_2 < 0$ e um autovetor independente $\boldsymbol{\xi}$. (b) Plano de fase para os mesmos autovalores $r_1 = r_2 < 0$ e autovetor $\boldsymbol{\xi}$, mas com um autovetor generalizado diferente $\boldsymbol{\eta}$.

nó impróprio ou **degenerado**. Vimos um exemplo particular deste caso no Exemplo 7.8.2; as trajetórias estão ilustradas na Figura 7.8.2.

CASO 4 Autovalores Complexos com Parte Real Não Nula. Suponha que os autovalores são $\lambda \pm i\mu$, em que λ e μ são reais, $\lambda \neq 0$ e $\mu > 0$. É possível escrever a solução geral em termos dos autovalores e autovetores, como vimos na Seção 7.6. No entanto, vamos proceder de modo diferente.

Vamos considerar o sistema

$$\mathbf{x}' = \begin{pmatrix} \lambda & \mu \\ -\mu & \lambda \end{pmatrix} \mathbf{x}, \quad (11)$$

cuja forma escalar é

$$x_1' = \lambda x_1 + \mu x_2, \quad x_2' = -\mu x_1 + \lambda x_2. \quad (12)$$

Basta examinar o sistema (11), já que todo sistema 2×2 com autovalores $\lambda \pm i\mu$ pode ser transformado na forma (11) por uma transformação linear (o Problema 19 dá um exemplo de como isso pode ser feito). Vamos introduzir coordenadas polares r, θ dadas por

$$r^2 = x_1^2 + x_2^2, \quad \tan(\theta) = \frac{x_2}{x_1}.$$

Diferenciando essas equações, obtemos

$$rr' = x_1 x_1' + x_2 x_2', \quad (\sec^2(\theta))\theta' = \frac{x_1 x_2' - x_2 x_1'}{x_1^2}. \quad (13)$$

Substituindo as Eqs. (12) na primeira das Eqs. (13), vemos que

$$r' = \lambda r \quad (14)$$

e, portanto,

$$r = ce^{\lambda t}, \quad (15)$$

em que c é uma constante. Analogamente, substituindo as Eqs. (12) na segunda das Eqs. (13), e usando o fato de que $\sec^2(\theta) = r^2/x_1^2$, temos

$$\theta' = -\mu. \quad (16)$$

Logo,

$$\theta = -\mu t + \theta_0, \quad (17)$$

em que θ_0 é o valor de θ quando $t = 0$.

As Eqs. (15) e (17) são equações paramétricas em coordenadas polares das trajetórias do sistema (11). Como $\mu > 0$, segue, da Eq. (17), que θ diminui quando t aumenta, de modo que o movimento em uma trajetória é no sentido horário. Quando $t \to \infty$, vemos, da Eq. (15), que $r \to 0$ se $\lambda < 0$ e que $r \to \infty$ se $\lambda > 0$. Então, as trajetórias são espirais que tendem ou se afastam da origem, dependendo do sinal de λ. O caso em que $\lambda < 0$ está ilustrado na **Figura 9.1.5(a)**. A **Figura 9.1.5(b)** mostra o gráfico correspondente quando $\lambda > 0$. O ponto crítico é chamado de **ponto espiral** nesses casos. Os termos **atrator espiral** e **fonte espiral** são usados, frequentemente, para se referir a pontos espirais cujas trajetórias se aproximam ($\lambda < 0$) ou se afastam ($\lambda > 0$), respectivamente, do ponto crítico.

De modo geral, as trajetórias são espirais para qualquer sistema com autovalores complexos $\lambda \pm i\mu$, em que $\lambda \neq 0$. As espirais são percorridas no sentido para dentro ou para fora, dependendo se λ é negativo ou positivo. Podem ser alongadas e retorcidas em relação aos eixos coordenados, e o sentido do movimento pode ser horário ou anti-horário. Além disso, é fácil obter uma ideia geral da orientação das trajetórias diretamente das equações diferenciais. Suponha que

$$\begin{pmatrix} \dfrac{dx}{dt} \\ \dfrac{dy}{dt} \end{pmatrix} = \begin{pmatrix} a & b \\ c & d \end{pmatrix} \begin{pmatrix} x \\ y \end{pmatrix} \quad (18)$$

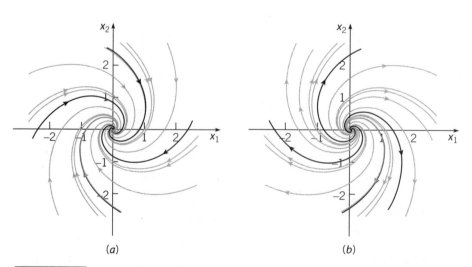

FIGURA 9.1.5 Trajetórias no plano de fase para um sistema linear com autovalores $\lambda \pm i\mu$. (a) Um atrator espiral, $\lambda < 0$, e (b) uma fonte espiral, $\lambda > 0$.

tem autovalores complexos $\lambda \pm i\mu$, e considere o ponto $(0, 1)$ no semieixo positivo dos y. Nesse ponto, segue da Eq. (18) que $dx/dt = b$ e $dy/dt = d$. Dependendo dos sinais de b e d, podemos inferir o sentido do movimento e a orientação aproximada das trajetórias. Por exemplo, se b for positivo e d for negativo, então, como a trajetória que passa pelo ponto $(1, 0)$ se move para a direita ($dx/dt = b > 0$) e para baixo ($dy/dt = d < 0$), ela vai para o primeiro quadrante. Se, além disso, $\lambda < 0$, então as trajetórias têm de ser espirais direcionadas para dentro, semelhantes às da Figura 9.1.5(a); quando $\lambda > 0$, as trajetórias são espirais que se afastam da origem, como na Figura 9.1.5(b). Outro caso foi apresentado no Exemplo 7.6.1, cujas trajetórias e gráficos de componentes aparecem na Figura 7.6.2.

CASO 5 Autovalores Imaginários Puros. Nesse caso, $\lambda = 0$, e o sistema (11) se reduz a

$$\mathbf{x}' = \begin{pmatrix} 0 & \mu \\ -\mu & 0 \end{pmatrix} \mathbf{x} \qquad (19)$$

com autovalores $\pm i\mu$. Usando o mesmo argumento que no Caso 4, encontramos

$$r' = 0, \quad \theta' = -\mu \qquad (20)$$

e, portanto,

$$r = c, \quad \theta = -\mu t + \theta_0, \qquad (21)$$

em que c e θ_0 são constantes. Logo, as trajetórias são círculos centrados na origem, percorridos no sentido horário se $\mu > 0$ e no sentido anti-horário se $\mu < 0$. Um circuito completo em torno da origem é feito em um intervalo de tempo de comprimento $2\pi/\mu$, de modo que todas as soluções são periódicas com período $2\pi/\mu$. O ponto crítico é chamado de **centro**.

Em geral, quando os autovalores são imaginários puros, é possível mostrar (veja o Problema 16) que as trajetórias são elipses centradas na origem. A **Figura 9.1.6** mostra uma situação típica e inclui, também, alguns gráficos característicos de x_1 e de x_2 em função de t. Veja também o Exemplo 7.6.3, especialmente as Figuras 7.6.3 e 7.6.4.

Refletindo sobre esses cinco casos e examinando as figuras correspondentes, podemos fazer diversas observações:

1. Depois de um longo período de tempo, cada trajetória individual exibe apenas um entre três tipos de comportamento. Quando $t \to \infty$, cada trajetória

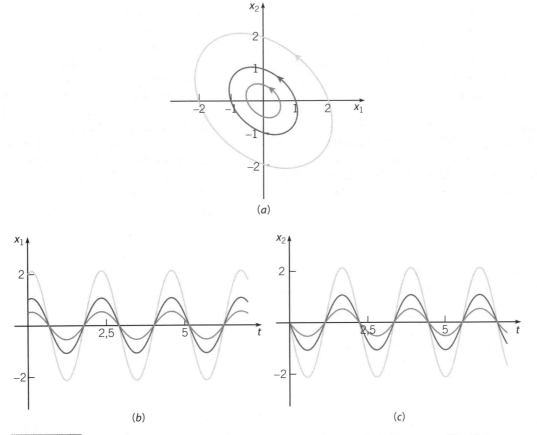

FIGURA 9.1.6 (a) Trajetórias no plano de fase quando o sistema linear tem autovalores $\pm i\mu$. (b) e (c) mostram gráficos das componentes x_1 e x_2 em função de t, respectivamente. A curva cinza meio tom contém o ponto $(1/2, 0)$, a cinza-escura o ponto $(1, 0)$ e a cinza mais clara o ponto $(2, 0)$.

278 Capítulo 9

se aproxima do ponto crítico $\mathbf{x} = \mathbf{0}$, ou percorre, repetidamente, uma curva fechada (correspondente a uma solução periódica) em torno do ponto crítico, ou torna-se ilimitada.

2. Do ponto de vista global, o padrão das trajetórias em cada caso é relativamente simples. Para ser mais específico, por cada ponto (x_0, y_0) no plano de fase passa uma única trajetória; assim, as trajetórias não se cruzam. Não interprete mal as figuras, nas quais aparecem, às vezes, muitas trajetórias que parecem passar pelo ponto crítico $\mathbf{x} = \mathbf{0}$. De fato, a única solução que contém origem é a solução de equilíbrio $\mathbf{x} = \mathbf{0}$. As outras soluções que parecem conter a origem apenas se aproximam desse ponto quando $t \to \infty$ ou $t \to -\infty$.

3. Em cada caso, o conjunto de todas as trajetórias é tal que uma das três situações a seguir ocorre.

    (a) Todas as trajetórias se aproximam do ponto crítico $\mathbf{x} = \mathbf{0}$ quando $t \to \infty$. Este é o caso quando os autovalores são reais e negativos ou complexos com parte real negativa. A origem é um nó atrator ou um atrator espiral.

    (b) Todas as trajetórias permanecem limitadas, mas não tendem à origem quando $t \to \infty$. Isso ocorrerá quando os autovalores forem imaginários puros. A origem é um centro.

    (c) Algumas trajetórias e, possivelmente, todas as trajetórias exceto $\mathbf{x} = \mathbf{0}$ tornam-se ilimitadas quando $t \to \infty$. Este será o caso se pelo menos um dos autovalores for positivo ou se os autovalores tiverem parte real positiva. A origem é um nó fonte, ou uma fonte espiral, ou um ponto de sela.

As situações descritas anteriormente em 3(a), (b) e (c) ilustram os conceitos de estabilidade assintótica, estabilidade e instabilidade, respectivamente, da solução de equilíbrio $\mathbf{x} = \mathbf{0}$ do sistema (2). As definições precisas desses termos serão dadas na Seção 9.2, mas seus significados básicos devem estar claros da discussão geométrica feita nesta seção. A informação que obtivemos sobre o sistema (2) está resumida na **Tabela 9.1.1**. Veja, também, os Problemas 17 e 18.

TABELA 9.1.1	Propriedades de Estabilidade de Sistemas Lineares $\mathbf{x}' = \mathbf{A}\mathbf{x}$ com $\det(\mathbf{A} - r\mathbf{I}) = 0$ e $\det \mathbf{A} \neq 0$	
Autovalores	**Tipo de Ponto Crítico**	**Estabilidade**
$r_1 > r_2 > 0$	Nó	Instável
$r_1 < r_2 < 0$	Nó	Assintoticamente estável
$r_2 < 0 < r_1$	Ponto de sela	Instável
$r_1 = r_2 > 0$	Nó próprio ou impróprio	Instável
$r_1 = r_2 < 0$	Nó próprio ou impróprio	Assintoticamente estável
$r_1, r_2 = \lambda \pm i\mu$		
$\lambda > 0$	Ponto espiral	Instável
$\lambda < 0$	Ponto espiral	Assintoticamente estável
$\lambda = 0$	Centro	Estável

A análise nesta seção se aplica apenas a sistemas de dimensão dois $\mathbf{x}' = \mathbf{A}\mathbf{x}$ com $\det \mathbf{A} \neq 0$ cujas soluções podem ser visualizadas como curvas no plano de fase. Uma análise semelhante, embora mais complicada, pode ser feita para um sistema de dimensão n, com uma matriz de coeficientes $\mathbf{A}$ $n \times n$, cujas soluções são representadas geometricamente por curvas em um espaço de fase de dimensão n. Os casos que podem ocorrer para sistemas de dimensão mais alta são, essencialmente, combinações do que vimos em duas dimensões. Por exemplo, em um sistema de dimensão três com um espaço de fase tridimensional, uma possibilidade é que soluções em determinado plano sejam espirais se aproximando da origem, enquanto outras soluções podem tender ao infinito ao longo de uma reta transversal a este plano. Isso ocorrerá se a matriz de coeficientes tiver dois autovalores complexos com parte real negativa e um autovalor real positivo. No entanto, em função de sua complexidade, não discutiremos sistemas de ordem maior do que dois.

Problemas

Nos Problemas 1 a 10:

    a. Encontre os autovalores e autovetores.

    b. Classifique o ponto crítico $(0, 0)$ em relação ao tipo e determine se é estável, assintoticamente estável ou instável.

    c. Esboce à mão (sem usar um dispositivo que desenhe gráficos) diversas trajetórias no plano de fase.

    G **d.** Use um dispositivo apropriado para desenhar precisamente diversas trajetórias no plano de fase e os gráficos correspondentes de x_1 e de x_2 em função de t.

1. $\mathbf{x}' = \begin{pmatrix} 3 & -2 \\ 2 & -2 \end{pmatrix} \mathbf{x}$

2. $\mathbf{x}' = \begin{pmatrix} 5 & -1 \\ 3 & 1 \end{pmatrix} \mathbf{x}$

3. $\mathbf{x}' = \begin{pmatrix} 2 & -1 \\ 3 & -2 \end{pmatrix} \mathbf{x}$

4. $\mathbf{x}' = \begin{pmatrix} 1 & -4 \\ 4 & -7 \end{pmatrix} \mathbf{x}$

5. $\mathbf{x}' = \begin{pmatrix} 1 & -5 \\ 1 & -3 \end{pmatrix} \mathbf{x}$

6. $\mathbf{x}' = \begin{pmatrix} 2 & -5 \\ 1 & -2 \end{pmatrix} \mathbf{x}$

7. $\mathbf{x}' = \begin{pmatrix} 3 & -2 \\ 4 & -1 \end{pmatrix} \mathbf{x}$

8. $\mathbf{x}' = \begin{pmatrix} -1 & -1 \\ 0 & -0{,}25 \end{pmatrix} \mathbf{x}$

9. $\mathbf{x}' = \begin{pmatrix} 1 & 2 \\ -5 & -1 \end{pmatrix} \mathbf{x}$

10. $\mathbf{x}' = \begin{pmatrix} -1 & 0 \\ 0 & -1 \end{pmatrix} \mathbf{x}$

Os Problemas 11 a 13 envolvem a classificação do tipo e o exame da estabilidade de um ponto crítico de uma equação diferencial não homogênea da forma $\mathbf{x}' = \mathbf{A}\mathbf{x} + \mathbf{b}$. Um ponto crítico, se existir, é um vetor $\mathbf{x} = \mathbf{x}^0$ que satisfaz $\mathbf{A}\mathbf{x} + \mathbf{b} = \mathbf{0}$. A transformação $\mathbf{u} = \mathbf{x} - \mathbf{x}^0$ reduz o problema não homogêneo a uma equação diferencial homogênea $\mathbf{u}' = \mathbf{A}\mathbf{u}$. O tipo e a estabilidade dos pontos críticos $\mathbf{u} = \mathbf{0}$ para $\mathbf{u}' = \mathbf{A}\mathbf{u}$ e $\mathbf{x} = \mathbf{x}^0$ para $\mathbf{x}' = \mathbf{A}\mathbf{x} + \mathbf{b}$ são os mesmos. Em cada problema, determine o ponto crítico do problema não homogêneo, mostre que $\mathbf{u} = \mathbf{x} - \mathbf{x}^0$ satisfaz o problema homogêneo correspondente e use este problema para classificar o tipo e examinar a estabilidade do ponto crítico $\mathbf{x} = \mathbf{x}^0$ da equação diferencial não homogênea original.

11. $\mathbf{x}' = \begin{pmatrix} 1 & 1 \\ 1 & -1 \end{pmatrix} \mathbf{x} - \begin{pmatrix} 2 \\ 0 \end{pmatrix}$

12. $\mathbf{x}' = \begin{pmatrix} -1 & -1 \\ 2 & -1 \end{pmatrix} \mathbf{x} + \begin{pmatrix} -1 \\ 5 \end{pmatrix}$

13. $\mathbf{x}' = \begin{pmatrix} 0 & -\beta \\ \delta & 0 \end{pmatrix} \mathbf{x} + \begin{pmatrix} \alpha \\ -\gamma \end{pmatrix}; \quad \alpha, \beta, \gamma, \delta > 0$

14. A equação de movimento de um sistema mola-massa com amortecimento (veja a Seção 3.7) é
$$m\frac{d^2 u}{dt^2} + c\frac{du}{dt} + ku = 0,$$
em que m, c e k são positivos. Escreva esta equação de segunda ordem como um sistema de duas equações de primeira ordem para $x = u$, $y = du/dt$. Mostre que $x = 0$, $y = 0$ é um ponto crítico, e analise a estrutura e a estabilidade do ponto crítico em função dos parâmetros m, c e k. Note que a mesma análise pode ser aplicada à equação do circuito elétrico (veja a Seção 3.7)
$$L\frac{d^2 I}{dt^2} + R\frac{dI}{dt} + \frac{1}{C}I = 0.$$

15. Considere o sistema $\mathbf{x}' = \mathbf{A}\mathbf{x}$ e suponha que $\mathbf{A}$ tem um autovalor nulo.
    a. Mostre que $\det \mathbf{A} = 0$.
    b. Mostre que $\mathbf{x} = \mathbf{0}$ é um ponto crítico e que, além disso, todo ponto pertencente a determinada reta contendo a origem também é um ponto crítico.
    c. Sejam $r_1 = 0$ e $r_2 \neq 0$, e sejam $\boldsymbol{\xi}^{(1)}$ e $\boldsymbol{\xi}^{(2)}$ os autovetores associados. Mostre que as trajetórias são como as indicadas na **Figura 9.1.7**.

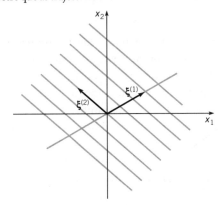

FIGURA 9.1.7 Trajetórias para um sistema linear com pontos críticos não isolados, ou seja, $r_1 = 0$, $r_2 \neq 0$. Todo ponto pertencente à reta determinada por $\boldsymbol{\xi}^{(1)}$ é um ponto crítico.

Qual é o sentido do movimento nas trajetórias? O que determina o sentido do movimento ao longo de uma trajetória?

16. Neste problema, indicamos como mostrar que as trajetórias são elipses quando os autovalores são imaginários puros. Considere o sistema
$$\begin{pmatrix} x \\ y \end{pmatrix}' = \begin{pmatrix} a_{11} & a_{12} \\ a_{21} & a_{22} \end{pmatrix} \begin{pmatrix} x \\ y \end{pmatrix}. \quad (22)$$

    a. Mostre que os autovalores da matriz de coeficientes são imaginários puros se, e somente se,
    $$a_{11} + a_{22} = 0, \quad a_{11}a_{22} - a_{12}a_{21} > 0. \quad (23)$$

    b. As trajetórias do sistema (22) podem ser encontradas convertendo-se as Eqs. (22) em uma única equação
    $$\frac{dy}{dx} = \frac{dy/dt}{dx/dt} = \frac{a_{21}x + a_{22}y}{a_{11}x + a_{12}y}. \quad (24)$$

    Use a primeira das Eqs. (23) para mostrar que a Eq. (24) é uma equação diferencial exata. (Veja a Seção 2.6.)

    c. Resolva a Eq. (24) como uma equação diferencial exata e mostre que
    $$a_{21}x^2 + 2a_{22}xy - a_{12}y^2 = k, \quad (25)$$
    em que k é uma constante. Use as Eqs. (23) para concluir que o gráfico da Eq. (25) é sempre uma elipse. *Sugestão*: qual é o discriminante da forma quadrática na Eq. (25)?

17. Considere o sistema linear
$$\frac{dx}{dt} = a_{11}x + a_{12}y, \quad \frac{dy}{dt} = a_{21}x + a_{22}y,$$

em que a_{11}, a_{12}, a_{21} e a_{22} são constantes reais. Seja $p = a_{11} + a_{22}$, $q = a_{11}a_{22} - a_{12}a_{21}$ e $\Delta = p^2 - 4q$. Note que p e q são, respectivamente, o traço e o determinante da matriz de coeficientes do sistema dado. Mostre que o ponto crítico $(0, 0)$ é um

    a. Nó, se $q > 0$ e $\Delta \geq 0$;
    b. Ponto de sela, se $q < 0$;
    c. Ponto espiral, se $p \neq 0$ e $\Delta < 0$;
    d. Centro, se $p = 0$ e $q > 0$.

    Sugestão: essas conclusões podem ser obtidas estudando-se os autovalores r_1 e r_2. Também pode ajudar estabelecer, e depois usar, as relações $r_1 r_2 = q$ e $r_1 + r_2 = p$.

18. Continuando o Problema 17, mostre que o ponto crítico $(0, 0)$ é
    a. Assintoticamente estável, se $q > 0$ e $p < 0$;
    b. Estável, se $q > 0$ e $p = 0$;
    c. Instável, se $q < 0$ ou $p > 0$.

Os resultados dos Problemas 17 e 18 estão resumidos visualmente na **Figura 9.1.8**.

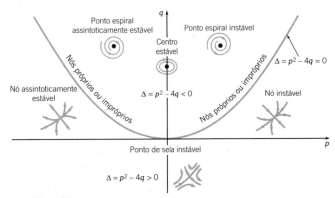

FIGURA 9.1.8 Estabilidade e classificação do ponto crítico $(0, 0)$ como função de $p = a_{11} + a_{22}$ e $q = a_{11}a_{22} - a_{12}a_{21}$.

280 Capítulo 9

19. Neste problema, vamos ilustrar como um sistema 2×2 com autovalores $\lambda \pm i\mu$ pode ser transformado no sistema (11).

$$\mathbf{x}' = \begin{pmatrix} 2 & -2,5 \\ 1,8 & -1 \end{pmatrix} \mathbf{x} = \mathbf{A}\mathbf{x}. \tag{26}$$

a. Mostre que os autovalores deste sistema são $r_{1,2} = 0,5 \pm 1,5i$.

b. Mostre que um autovetor associado a r_1 é

$$\boldsymbol{\xi}^{(1)} = \begin{pmatrix} 5 \\ 3 - 3i \end{pmatrix} = \begin{pmatrix} 5 \\ 3 \end{pmatrix} + i \begin{pmatrix} 0 \\ -3 \end{pmatrix}. \tag{27}$$

c. Seja $\mathbf{P}$ a matriz cujas colunas são formadas pela parte real e pela parte imaginária de $\boldsymbol{\xi}^{(1)}$. Então

$$\mathbf{P} = \begin{pmatrix} 5 & 0 \\ 3 & -3 \end{pmatrix}. \tag{28}$$

Seja $\mathbf{x} = \mathbf{P}\mathbf{y}$ e substitua $\mathbf{x}$ na Eq. (26). Mostre que

$$\mathbf{y}' = (\mathbf{P}^{-1}\mathbf{A}\mathbf{P})\mathbf{y}. \tag{29}$$

d. Encontre $\mathbf{P}^{-1}$ e mostre que

$$\mathbf{P}^{-1}\mathbf{A}\mathbf{P} = \begin{pmatrix} 0,5 & 1,5 \\ -1,5 & 0,5 \end{pmatrix}. \tag{30}$$

Assim, a Eq. (30) tem a forma da Eq. (11).

9.2 Sistemas Autônomos e Estabilidade

Nesta seção, começaremos a juntar e expandir as ideias geométricas introduzidas na Seção 2.5 para certas equações de primeira ordem e na Seção 9.1 para sistemas de duas equações lineares homogêneas de primeira ordem com coeficientes constantes. Essas ideias estão relacionadas com o estudo qualitativo de equações diferenciais e com o conceito de estabilidade, uma ideia que será definida precisamente mais adiante, ainda nesta seção.

Sistemas Autônomos. Vamos considerar sistemas com duas equações diferenciais simultâneas da forma

$$\frac{dx}{dt} = F(x, y), \quad \frac{dy}{dt} = G(x, y). \tag{1}$$

Vamos supor que as funções F e G são contínuas com derivadas parciais contínuas em algum domínio D do plano xy. Se (x_0, y_0) for um ponto nesse domínio, então, pelo Teorema 7.1.1, existe uma única solução $x = x(t)$, $y = y(t)$ do sistema (1) satisfazendo as condições iniciais

$$x(t_0) = x_0, \quad y(t_0) = y_0. \tag{2}$$

A solução está definida em algum intervalo de tempo I que contém o ponto t_0.

Com frequência, escreveremos o problema de valor inicial (1), (2) na forma vetorial

$$\frac{d\mathbf{x}}{dt} = \mathbf{f}(\mathbf{x}), \quad \mathbf{x}(t_0) = \mathbf{x}^0, \tag{3}$$

em que $\mathbf{x} = (x, y)^T$, $\mathbf{f}(\mathbf{x}) = (F(x, y), G(x, y))^T$ e $\mathbf{x}^0 = (x_0, y_0)^T$. Nesse caso, a solução é expressa como $\mathbf{x} = (x(t), y(t))^T$. Como de hábito, vamos interpretar a solução $\mathbf{x} = \mathbf{x}(t)$ como uma curva traçada por um ponto se movendo no plano xy, o plano de fase.

Note que as funções F e G nas Eqs. (1) não dependem da variável independente t, mas apenas das variáveis dependentes x e y. Um sistema com essa propriedade é dito **autônomo**. O sistema

$$\mathbf{x}' = \mathbf{A}\mathbf{x}, \tag{4}$$

em que $\mathbf{A}$ é uma matriz constante 2×2, é um exemplo simples de um sistema autônomo bidimensional. Por outro lado, se um ou mais elementos da matriz de coeficientes for uma função da variável independente t, então o sistema não será autônomo. A distinção entre sistemas autônomos e não autônomos é importante porque a análise qualitativa geométrica desenvolvida na Seção 9.1 pode ser efetivamente estendida para sistemas autônomos bidimensionais em geral, mas não é tão útil para sistemas que não são autônomos.

Em particular, o sistema autônomo (1) tem um campo de direções associado que é independente do tempo. Em consequência, existe apenas uma trajetória passando por cada ponto (x_0, y_0) no plano de fase. Em outras palavras, todas as soluções que satisfazem uma condição inicial da forma (2) percorrem a mesma trajetória, independentemente do instante t_0 no qual elas estão em (x_0, y_0). Logo, como no caso do sistema linear com coeficientes constantes (4), um único retrato de fase mostra, simultaneamente, informação qualitativa importante sobre todas as soluções do sistema (1). Veremos este fato confirmado repetidas vezes neste capítulo.

Sistemas autônomos ocorrem com frequência em aplicações. Fisicamente, um sistema autônomo é um cuja configuração é independente do tempo, incluindo parâmetros físicos e forças ou efeitos externos. Portanto, a resposta do sistema a condições iniciais dadas é independente do instante em que as condições são impostas.

Estabilidade e Instabilidade. Os conceitos de estabilidade, estabilidade assintótica e instabilidade já foram mencionados diversas vezes neste livro. Está na hora de dar uma definição matemática precisa desses conceitos, pelo menos para sistemas autônomos da forma

$$\mathbf{x}' = \mathbf{f}(\mathbf{x}). \tag{5}$$

Nas definições a seguir e em outros lugares, usaremos a notação $\|\mathbf{x}\|$ para designar o comprimento, ou tamanho, do vetor $\mathbf{x}$.

Os pontos, se existirem, em que $\mathbf{f}(\mathbf{x}) = \mathbf{0}$ são chamados de **pontos críticos** do sistema autônomo (5). Em tais pontos, temos também $\mathbf{x}' = \mathbf{0}$, de modo que os pontos críticos correspondem a soluções constantes, ou de equilíbrio, do sistema de equações diferenciais. Um ponto crítico $\mathbf{x}^0$ do sistema (5) é dito **estável** se, dado qualquer $\epsilon > 0$, existe um $\delta > 0$, tal que toda solução $\mathbf{x} = \mathbf{x}(t)$ do sistema (1), que satisfaz a condição

$$\|\mathbf{x}(0) - \mathbf{x}^0\| < \delta \tag{6}$$

em $t = 0$, existe para todo t positivo e satisfaz

$$\|\mathbf{x}(t) - \mathbf{x}^0\| < \epsilon \tag{7}$$

para todo $t \geq 0$. Isso está ilustrado geometricamente nas **Figuras 9.2.1(a) e (b)**. Essas proposições matemáticas dizem que todas as soluções que começam "suficientemente próximas" (ou seja, a uma distância menor do que δ) de $\mathbf{x}^0$ permanecem "próximas" (a uma distância menor do que ϵ) de $\mathbf{x}^0$. Note que, na Figura 9.2.1(a), a trajetória está no interior do círculo $\|\mathbf{x} - \mathbf{x}^0\| = \delta$ em $t = 0$ e, embora saia logo deste círculo, permanece no interior do círculo $\|\mathbf{x} = \mathbf{x}^0\| = \epsilon$ para todo $t \geq 0$. No entanto, a trajetória da solução não tem de se aproximar do ponto crítico $\mathbf{x}^0$ quando $t \to \infty$; só precisa permanecer dentro do círculo de raio ϵ, como ilustrado na Figura 9.2.1(b). Um ponto crítico que não é estável é dito **instável**.

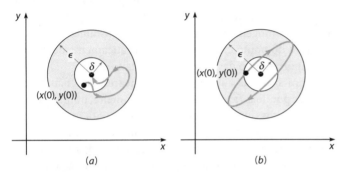

FIGURA 9.2.1 Representação gráfica de trajetórias que exibem (a) estabilidade assintótica e (b) estabilidade.

Um ponto crítico $\mathbf{x}^0$ é dito **assintoticamente estável** se, além de ser estável, existir um δ_0 ($\delta_0 > 0$) tal que, se uma solução $\mathbf{x} = \mathbf{x}(t)$ satisfizer

$$\|\mathbf{x}(0) - \mathbf{x}^0\| < \delta_0, \tag{8}$$

então

$$\lim_{t \to \infty} \mathbf{x}(t) = \mathbf{x}^0. \tag{9}$$

Logo, as trajetórias que começam "suficientemente próximas" de $\mathbf{x}^0$ não apenas permanecem "próximas", mas têm de acabar tendendo a $\mathbf{x}^0$ quando $t \to \infty$. Esse é o caso para a trajetória na Figura 9.2.1(a), mas não para a trajetória na Figura 9.2.1(b). Note que a estabilidade assintótica é uma propriedade mais forte do que a estabilidade, já que um ponto crítico tem de ser estável antes que possamos falar sobre se é ou não assintoticamente estável. Por outro lado, a condição limite (9), que é uma propriedade essencial para a estabilidade assintótica, sozinha, não implica nem mesmo estabilidade simples. De fato, é possível construir exemplos nos quais todas as trajetórias tendem a $\mathbf{x}^0$ quando $t \to \infty$, mas para as quais $\mathbf{x}^0$ não é ponto crítico estável. Geometricamente, basta construir uma família de trajetórias com elementos que começam arbitrariamente próximos de $\mathbf{x}^0$, depois se afastam até uma distância arbitrariamente grande antes de, por fim, aproximar-se novamente de $\mathbf{x}^0$ quando $t \to \infty$.

Neste capítulo, estamos nos concentrando em sistemas de duas equações, mas as definições que acabamos de dar são independentes do tamanho do sistema. Se os vetores nas equações de (5) a (9) forem interpretados como de dimensão n, então as definições de estabilidade, estabilidade assintótica e instabilidade também se aplicam a sistemas com n equações. Os conceitos expressos nessas definições podem se tornar mais claros ao serem interpretados em termos de um problema físico específico.

Pêndulo Oscilatório. Os conceitos de estabilidade assintótica, estabilidade e instabilidade podem ser visualizados facilmente em termos de um pêndulo oscilatório. Considere a configuração ilustrada na **Figura 9.2.2**, em que uma massa m está presa a uma das extremidades de uma barra rígida, mas sem peso, de comprimento L. A outra extremidade da barra está presa na origem O, e a barra está livre para rodar no plano do papel. A posição do pêndulo é descrita pelo ângulo θ entre a barra e a direção vertical orientada para baixo, com o sentido anti-horário sendo considerado positivo. A força gravitacional mg age para baixo, enquanto a força de amortecimento $c|d\theta/dt|$, em que c é positivo, tem sempre o sentido oposto ao do movimento. Supomos que tanto θ quanto $d\theta/dt$ são positivos. A equação de movimento pode ser deduzida, rapidamente, do princípio de momento angular, que diz que a taxa de variação no tempo do movimento angular em torno de qualquer ponto é igual ao momento da força resultante naquele ponto. O momento angular em torno da origem é $mL^2(d\theta/dt)$, de modo que a equação de movimento é

$$mL^2 \frac{d^2\theta}{dt^2} = -cL\frac{d\theta}{dt} - mgL\,\text{sen}(\theta). \tag{10}$$

Os fatores L e $L\,\text{sen}(\theta)$ à direita do sinal de igualdade na Eq. (10) são os momentos relativos à força de atrito e à força gravitacional, respectivamente; os sinais de menos resultam do fato de que as duas forças tendem a fazer com que o pêndulo se mova no sentido horário (negativo). Você deveria verificar, como exercício, que a mesma equação é obtida para as outras três possíveis combinações de sinais de θ e $d\theta/dt$.

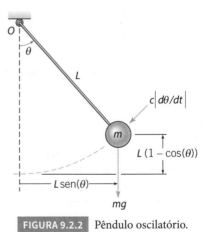

FIGURA 9.2.2 Pêndulo oscilatório.

Efetuando algumas operações algébricas diretas, podemos escrever a Eq. (10) na forma canônica

$$\frac{d^2\theta}{dt^2} + \frac{c}{mL}\frac{d\theta}{dt} + \frac{g}{L}\text{sen}(\theta) = 0, \tag{11}$$

ou

$$\frac{d^2\theta}{dt^2} + \gamma \frac{d\theta}{dt} + \omega^2 \text{sen}(\theta) = 0, \qquad (12)$$

em que $\gamma = \dfrac{c}{mL}$ e $\omega^2 = \dfrac{g}{L}$. Para transformar a Eq. (12) em um sistema de duas equações de primeira ordem, fazemos $x = \theta$ e $y = d\theta/dt$; então

$$\frac{dx}{dt} = y, \quad \frac{dy}{dt} = -\omega^2 \text{sen}(x) - \gamma y. \qquad (13)$$

Como γ e ω^2 são constantes, o sistema (13) é um sistema autônomo da forma (1).

Os pontos críticos das Eqs. (13) são encontrados resolvendo-se as equações

$$y = 0, \quad -\omega^2 \text{sen}(x) - \gamma y = 0.$$

Obtemos $y = 0$ e $x = \pm n\pi$, em que n é um inteiro. Esses pontos correspondem a duas posições físicas de equilíbrio, uma com a massa diretamente abaixo do ponto de suporte ($\theta = 0$) e a outra com a massa diretamente acima do ponto de suporte ($\theta = \pi$). Nossa intuição sugere que a primeira posição é estável e a segunda, instável.

Mais precisamente, se a massa for ligeiramente deslocada da posição de equilíbrio abaixo, ela irá oscilar para a direita e para a esquerda com uma amplitude diminuindo gradualmente, até atingir a posição de equilíbrio quando a energia potencial inicial for dissipada pela força de amortecimento. Esse tipo de movimento ilustra a *estabilidade assintótica* e está ilustrado na **Figura 9.2.3(a)**.

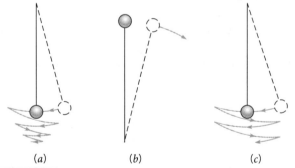

FIGURA 9.2.3 Movimento qualitativo de um pêndulo. (*a*) Com resistência do ar. (*b*) Com ou sem resistência do ar. (*c*) Sem resistência do ar.

Por outro lado, se a massa for ligeiramente deslocada da posição de equilíbrio acima do suporte, ela cairá rapidamente sob a influência da gravidade e irá acabar chegando, também nesse caso, à outra posição de equilíbrio abaixo do suporte. Esse tipo de movimento ilustra a *instabilidade*. Veja a **Figura 9.2.3(b)**. Na prática, é impossível manter o pêndulo em sua posição de equilíbrio acima do suporte por qualquer período de tempo sem que haja um mecanismo externo que a segure, já que a mais leve perturbação fará com que a massa caia.

Finalmente, considere a situação ideal na qual o coeficiente de amortecimento c (ou γ) é nulo. Nesse caso, se a massa for deslocada ligeiramente de sua posição de equilíbrio abaixo do suporte, ela vai oscilar indefinidamente com amplitude constante em torno do ponto de equilíbrio. Como não há dissipação no sistema, a massa vai permanecer próxima à posição de equilíbrio, mas não vai tender a ela assintoticamente. Esse tipo de movimento é *estável*, mas não assintoticamente estável, como indicado na **Figura 9.2.3(c)**. Em geral, esse movimento é impossível de obter experimentalmente, já que, por menor que seja a resistência do ar ou o atrito no ponto de suporte, essa força fará com que, finalmente, o pêndulo atinja sua posição de repouso.

As soluções das equações do pêndulo serão discutidas mais detalhadamente na próxima seção.

Importância de Pontos Críticos. Pontos críticos correspondem a soluções de equilíbrio, ou seja, soluções para as quais $x(t)$ e $y(t)$ são constantes. Para tais soluções, o sistema descrito por x e y não varia, mas permanece em seu estado inicial para sempre. Pode parecer razoável concluir que tais pontos não são muito interessantes. Lembre-se, no entanto, de que, para sistemas lineares homogêneos com coeficientes constantes $\mathbf{x}' = \mathbf{Ax}$, a natureza do ponto crítico na origem praticamente determina o comportamento das trajetórias no plano xy.

Para sistemas autônomos não lineares, isso não é mais verdade por duas razões, pelo menos. Primeira, porque podem existir muitos pontos críticos competindo para influenciar as trajetórias. Segunda, as não linearidades do sistema também são importantes, especialmente bem longe dos pontos críticos. Apesar disso, pontos críticos de sistemas não lineares autônomos podem ser classificados da mesma maneira que os sistemas lineares. Discutiremos os detalhes na Seção 9.3. Aqui, ilustraremos como isso pode ser feito graficamente, supondo que você tenha um programa que possa construir campos de direção e esboçar, talvez, o gráfico de aproximações numéricas boas de algumas trajetórias.

EXEMPLO 9.2.1

Considere o sistema

$$\frac{dx}{dt} = -(x-y)(1-x-y), \quad \frac{dy}{dt} = x(2+y). \qquad (14)$$

Encontre os pontos críticos para este sistema e desenhe campos de direção em retângulos contendo os pontos críticos. Inspecionando os campos de direção, classifique cada ponto crítico em relação ao tipo e diga se é assintoticamente estável, estável ou instável.

Solução:

Os pontos críticos do sistema são encontrados resolvendo-se as equações algébricas

$$(x-y)(1-x-y) = 0, \quad x(2+y) = 0. \qquad (15)$$

Podemos satisfazer a segunda equação escolhendo $x = 0$. Então, a primeira equação fica $y(1-y) = 0$, de modo que $y = 0$ ou $y = 1$. Outras soluções podem ser encontradas escolhendo $y = -2$ na segunda equação. Logo, a primeira equação fica $(x+2)(3-x) = 0$, portanto $x = -2$ ou $x = 3$. Obtemos, assim, os quatro pontos críticos $(0, 0)$, $(0, 1)$, $(-2, -2)$ e $(3, -2)$.

A **Figura 9.2.4** mostra um campo de direções contendo os dois primeiros pontos críticos. Comparando-a com as figuras na Seção 9.1 e no Capítulo 7, deve ficar claro que a origem é um ponto de sela e $(0, 1)$ é um ponto espiral (de fato, um atrator espiral). É evidente que o ponto de sela é instável. As trajetórias próximas ao ponto espiral parecem estar se aproximando do ponto, de modo que concluímos que ele é assintoticamente estável.

A **Figura 9.2.5** mostra um campo de direções contendo os outros dois pontos críticos. Cada um deles é um nó. As setas apontam na direção do ponto (−2, −2) e se distanciam do ponto (3, −2); concluímos que o primeiro é assintoticamente estável (um atrator) e o segundo é instável (uma fonte).

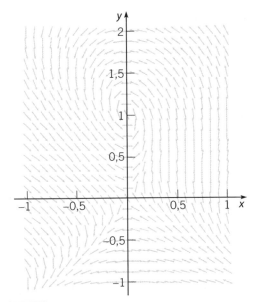

FIGURA 9.2.4 Campo de direções para o sistema (14) contendo os pontos críticos (0, 0) e (0, 1); o primeiro é um ponto de sela e o segundo, um atrator espiral.

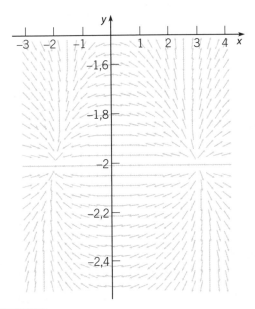

FIGURA 9.2.5 Campo de direções para o sistema (14) contendo os pontos críticos (−2, −2) e (3, −2); o primeiro é um nó atrator e o segundo, um nó fonte.

Para um sistema autônomo de dimensão dois com pelo menos um ponto crítico assintoticamente estável, com frequência é interessante determinar onde estão as trajetórias que se aproximam do ponto crítico no plano de fase. Seja P um ponto no plano xy tal que uma trajetória passando por P acaba tendendo ao ponto crítico quando $t \to \infty$. Então, dizemos que essa trajetória é atraída pelo ponto crítico. Além disso, o conjunto de todos os pontos P com essa propriedade é chamado de **bacia de atração** ou **região de estabilidade assintótica** do ponto crítico. Uma trajetória que limita uma bacia de atração é chamada de **separatriz**, já que separa as trajetórias que tendem a um ponto crítico particular de outras trajetórias que não têm essa propriedade. A determinação das bacias de atração é importante para a compreensão do comportamento em grande escala das soluções de um sistema autônomo.

EXEMPLO 9.2.2

Considere, novamente, o sistema (14) do Exemplo 9.2.1. Descreva a bacia de atração de cada um dos pontos críticos assintoticamente estáveis.

Solução:

A **Figura 9.2.6** mostra um retrato de fase para este sistema com um campo de direções no fundo. Note que estão desenhadas duas trajetórias tendendo ao ponto de sela na origem quando $t \to \infty$. Uma delas está no quarto quadrante e é quase uma reta saindo do nó instável em (3, −2). A outra se aproxima do ponto de sela pelo segundo quadrante e, se a seguirmos voltando no tempo, veremos que ela dá uma volta em torno do ponto espiral e acaba se aproximando do nó instável (3, −2) quando $t \to -\infty$. Essas duas trajetórias são separatrizes; a região entre elas (sem incluí-las) é a bacia de atração para o ponto espiral em (0, 1). Essa região está sombreada na Figura 9.2.6.

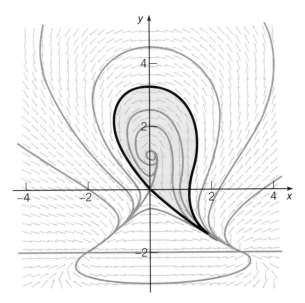

FIGURA 9.2.6 Campos de direção, trajetórias e pontos críticos do sistema (14). As separatrizes estão em preto. A bacia de atração para o ponto espiral (0, 1) está sombreada.

A bacia de atração para o nó assintoticamente estável em (−2, −2) consiste no resto do plano xy com poucas exceções. As separatrizes tendem ao ponto de sela, como já observamos, em vez do nó. O próprio ponto de sela e o nó estável são soluções de equilíbrio, logo, permanecem fixos por todo o tempo. Finalmente, existe uma trajetória contida na reta $y = -2$ para $x > 3$ na qual o sentido do movimento é sempre para a direita; esta trajetória também não se aproxima do ponto (−2, −2).

As Figuras 9.2.4, 9.2.5 e 9.2.6 mostram que, na vizinhança imediata de um ponto crítico, o campo de direções e o padrão das trajetórias parecem com os de um sistema linear com coeficientes constantes. Isso fica até mais claro se você usar um programa de computador para ampliar cada vez mais a região em torno de um ponto crítico. Assim, temos evidência visual de que um sistema não linear se comporta de maneira muito semelhante a um linear, pelo menos na vizinhança de um ponto crítico. Seguiremos esta ideia na próxima seção.

Determinação de Trajetórias. As trajetórias de um sistema autônomo bidimensional

$$\frac{dx}{dt} = F(x, y), \quad \frac{dy}{dt} = G(x, y) \quad (16)$$

podem ser encontradas, às vezes, resolvendo-se uma equação diferencial de primeira ordem relacionada. Das Eqs. (16), temos

$$\frac{dy}{dx} = \frac{dy/dt}{dx/dt} = \frac{G(x, y)}{F(x, y)}, \quad (17)$$

que é uma equação de primeira ordem nas variáveis x e y. Observe que tal redução não é possível, em geral, se F e G também dependerem de t. Se a Eq. (17) puder ser resolvida por algum dos métodos do Capítulo 2 e se escrevermos a solução (implicitamente) na forma

$$H(x, y) = c, \quad (18)$$

então, a Eq. (18) será uma equação para as trajetórias do sistema (16). Em outras palavras, as trajetórias estão contidas nas curvas de nível de $H(x, y)$. Mantenha em mente que não existe maneira geral de resolver a Eq. (17) para a obtenção da função H, de modo que essa abordagem só é possível em casos especiais.

EXEMPLO 9.2.3

Encontre as trajetórias do sistema autônomo

$$\frac{dx}{dt} = y, \quad \frac{dy}{dt} = x. \quad (19)$$

Solução:

Nesse caso, a Eq. (17) fica

$$\frac{dy}{dx} = \frac{x}{y}. \quad (20)$$

Essa equação é separável, já que pode ser escrita na forma

$$y\,dy = x\,dx,$$

e suas soluções são dadas por

$$H(x, y) = y^2 - x^2 = c, \quad (21)$$

em que c é arbitrário. Logo, as trajetórias do sistema (19) são as hipérboles ilustradas na **Figura 9.2.7**. As duas trajetórias em preto correspondem às duas soluções de $H(x, y) = 0$, ou seja, $y = x$ (sólida) e $y = -x$ (tracejada). A direção do movimento das trajetórias pode ser inferida do fato de que ambas as derivadas dx/dt e dy/dt são positivas no primeiro quadrante. O único ponto crítico é o ponto de sela na origem.

Outro modo de obter as trajetórias é resolver o sistema (19) pelos métodos da Seção 7.5. Omitimos os detalhes, mas o resultado é

$$x = c_1 e^t + c_2 e^{-t}, \quad y = c_1 e^t - c_2 e^{-t}.$$

Eliminando t destas duas equações nos leva, novamente, à Eq. (21).

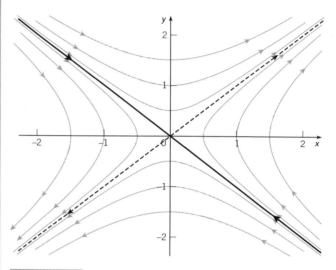

FIGURA 9.2.7 Trajetórias do sistema (19); a origem é um ponto de sela.

EXEMPLO 9.2.4

Encontre as trajetórias do sistema

$$\frac{dx}{dt} = 4 - 2y, \quad \frac{dy}{dt} = 12 - 3x^2. \quad (22)$$

Solução:

Das equações

$$4 - 2y = 0, \quad 12 - 3x^2 = 0$$

vemos que os pontos críticos do sistema (22) são os pontos $(-2, 2)$ e $(2, 2)$. Para determinar as trajetórias, note que, para este sistema, a Eq. (17) fica

$$\frac{dy}{dx} = \frac{12 - 3x^2}{4 - 2y}. \quad (23)$$

Separando as variáveis na Eq. (23) e integrando, vemos que as soluções satisfazem

$$H(x, y) = 4y - y^2 - 12x + x^3 = c, \quad (24)$$

em que c é uma constante arbitrária. Uma rotina computacional para fazer gráficos ajuda a mostrar as curvas de nível de $H(x, y)$, algumas das quais ilustradas na **Figura 9.2.8**. O sentido do movimento nas trajetórias pode ser determinado desenhando-se um campo de direções para o sistema (22), ou calculando-se dx/dt e dy/dt em um ou dois pontos selecionados. Pode-se ver, da Figura 9.2.8, que o ponto crítico $(2, 2)$ é um ponto de sela, enquanto o ponto $(-2, 2)$ é um centro. Observe que há uma separatriz (em preto) que sai do ponto de sela (quando $t \to -\infty$), dá uma volta em torno do centro e volta ao ponto de sela (quando $t \to +\infty$). Dentro da separatriz, há trajetórias fechadas, ou soluções periódicas, em torno do centro. Fora da separatriz, as trajetórias tornam-se ilimitadas, exceto pela trajetória (em cinza-escuro) que entra no ponto de sela pela direita.

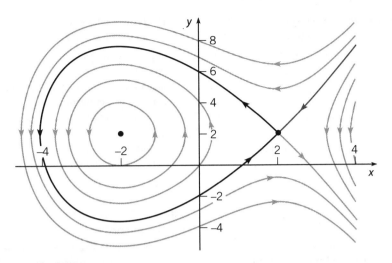

FIGURA 9.2.8 Trajetórias do sistema (22). O ponto (−2, 2) é um centro e o ponto (2, 2) é um ponto de sela. A curva em preto é uma separatriz.

Problemas

Nos Problemas 1 a 3, use um dispositivo gráfico apropriado para desenhar um campo de direções e a trajetória correspondente à solução que satisfaz as condições iniciais dadas; indique o sentido do movimento quando t cresce.

1. $dx/dt = -x$, $dy/dt = -2y$; $x(0) = 4$, $y(0) = 2$
2. $dx/dt = -x$, $dy/dt = 2y$;
   $x(0) = 4$, $y(0) = 2$ e $x(0) = 4$, $y(0) = 0$
3. $dx/dt = ay$, $dy/dt = -bx$, $a > 0$, $b > 0$;
   $x(0) = \sqrt{a}$, $y(0) = 0$

Para cada um dos sistemas nos Problemas 4 a 13:

a. Encontre todos os pontos críticos (soluções de equilíbrio).
b. Use um dispositivo gráfico apropriado para desenhar um campo de direções e um retrato de fase para o sistema.
c. Do(s) gráfico(s) no item (b), determine se cada ponto crítico é assintoticamente estável, estável ou instável, e classifique-o quanto ao tipo.
d. Descreva a bacia de atração de cada ponto crítico assintoticamente estável.

4. $dx/dt = x - xy$, $dy/dt = y + 2xy$
5. $dx/dt = 1 + 2y$, $dy/dt = 1 - 3x^2$
6. $dx/dt = 2x - x^2 - xy$, $dy/dt = 3y - 2y^2 - 3xy$
7. $dx/dt = -(2+y)(x+y)$, $dy/dt = -y(1-x)$
8. $dx/dt = y(2-x-y)$, $dy/dt = -x - y - 2xy$
9. $dx/dt = (2+x)(y-x)$, $dy/dt = y(2+x-x^2)$
10. $dx/dt = (2+x)(y-x)$, $dy/dt = (4-x)(y+x)$
11. $dx/dt = (2-x)(y-x)$, $dy/dt = y(2-x-x^2)$
12. $dx/dt = x(2-x-y)$, $dy/dt = -x + 3y - 2xy$
13. $dx/dt = x(2-x-y)$, $dy/dt = (1-y)(2+x)$

Nos Problemas 14 a 20:

a. Encontre uma equação da forma $H(x, y) = c$ para as trajetórias.
b. Desenhe diversas curvas de nível para a função H. Essas são as trajetórias do sistema dado. Indique o sentido do movimento em cada trajetória.

14. $dx/dt = 2y$, $dy/dt = 8x$
15. $dx/dt = 2y$, $dy/dt = -8x$
16. $dx/dt = y$, $dy/dt = 2x + y$
17. $dx/dt = -x + y$, $dy/dt = -x - y$
18. $dx/dt = 2x^2y - 3x^2 - 4y$, $dy/dt = -2xy^2 + 6xy$
19. $dx/dt = y$, $dy/dt = -\text{sen}(x)$ (pêndulo não amortecido)
20. $\dfrac{dx}{dt} = y$, $\dfrac{dy}{dt} = -x + \left(\dfrac{x^3}{6}\right)$ (equação de Duffing[2])

21. Dado que $x = \phi(t)$, $y = \psi(t)$ é uma solução do sistema autônomo
$$\frac{dx}{dt} = F(x, y), \quad \frac{dy}{dt} = G(x, y)$$
para $\alpha < t < \beta$, mostre que
$$x = \Phi(t) = \phi(t-s), \quad y = \Psi(t) = \psi(t-s)$$
é uma solução para $\alpha + s < t < \beta + s$ para qualquer número real s.

22. Prove que, para o sistema
$$\frac{dx}{dt} = F(x, y), \quad \frac{dy}{dt} = G(x, y)$$
existe no máximo uma trajetória passando por um ponto dado (x_0, y_0). *Sugestão:* seja C_0 a trajetória gerada pela solução $x = \phi_0(t)$, $y = \psi_0(t)$, com $\phi_0(t_0) = x_0$, $\psi_0(t_0) = y_0$, e seja C_1 a trajetória gerada pela solução $x = \phi_1(t)$, $y = \psi_1(t)$ com $\phi_1(t_1) = x_0$, $\psi_1(t_1) = y_0$. Use o fato

---
[2]Georg Duffing (1861-1944) foi um engenheiro alemão pioneiro no estudo de oscilações de sistemas mecânicos não lineares. Seu trabalho mais importante foi a monografia influente *Erzwungene Schwingungen bei veränderlicher Eigenfrequenz und ihre technische Bedeutung* [Oscilações Forçadas com Frequência Natural Variável e seu Significado Técnico], publicado em 1918.

de que o sistema é autônomo e, também, o teorema de existência e unicidade, para mostrar que C_0 e C_1 são iguais.

23. Prove que, se uma trajetória começa em um ponto não crítico do sistema

$$\frac{dx}{dt} = F(x,y), \quad \frac{dy}{dt} = G(x,y),$$

então não pode atingir um ponto crítico (x_0, y_0) em um intervalo de tempo finito.

Sugestão: suponha o contrário, ou seja, suponha que a solução $x = \phi(t)$, $y = \psi(t)$ satisfaz $\phi(a) = x_0$, $\psi(a) = y_0$.

Depois use o fato de que $x = x_0$, $y = y_0$ é uma solução do sistema dado que satisfaz a condição inicial $x = x_0$, $y = y_0$ em $t = a$.

24. Supondo que a trajetória correspondente a uma solução $x = \phi(t)$, $y = \psi(t)$, $-\infty < t < \infty$, de um sistema autônomo é fechada, mostre que a solução é periódica. *Sugestão:* como a trajetória é fechada, existe pelo menos um ponto (x_0, y_0) tal que $\phi(t_0) = x_0$, $\psi(t_0) = y_0$ e um número $T > 0$ tal que $\phi(t_0 + T) = x_0$, $\psi(t_0 + T) = y_0$. Mostre que $x = \Phi(t) = \phi(t + T)$, $y = \Psi(t) = \psi(t + T)$ é uma solução, e use o teorema de existência e unicidade para mostrar que $\Phi(t) = \phi(t)$, $\Psi(t) = \psi(t)$ para todo t.

9.3 Sistemas Localmente Lineares

Na Seção 9.1, descrevemos as propriedades de estabilidade da solução de equilíbrio $\mathbf{x} = \mathbf{0}$ do sistema linear bidimensional

$$\mathbf{x}' = \mathbf{A}\mathbf{x}. \tag{1}$$

Os resultados estão resumidos na Tabela 9.1.1. Lembre-se de que supusemos que det $\mathbf{A} \neq 0$, de modo que $\mathbf{x} = \mathbf{0}$ é o único ponto crítico do sistema (1). Agora que já definimos os conceitos de estabilidade assintótica, estabilidade e instabilidade mais precisamente, podemos enunciar esses resultados no teorema a seguir.

Teorema 9.3.1

O ponto crítico $\mathbf{x} = \mathbf{0}$ do sistema linear (1) será:

1. assintoticamente estável, se os autovalores r_1 e r_2 forem reais e negativos ou tiverem parte real negativa;
2. estável, mas não assintoticamente estável, se r_1 e r_2 forem imaginários puros;
3. instável, se r_1 e r_2 forem reais e um deles for positivo, ou se ambos tiverem parte real positiva.

Efeito de Pequenas Perturbações. Fica claro, desse teorema ou da Tabela 9.1.1, que os autovalores r_1, r_2 da matriz de coeficientes $\mathbf{A}$ determinam o tipo de ponto crítico em $\mathbf{x} = \mathbf{0}$ e suas características de estabilidade. Por sua vez, os valores de r_1 e r_2 dependem dos coeficientes no sistema (1). Quando um sistema desses aparece em algum campo aplicado, os coeficientes resultam, em geral, de medidas de determinadas quantidades físicas. Tais medidas estão sujeitas, muitas vezes, a pequenos erros, de modo que cabe investigar se pequenas mudanças (perturbações) nos coeficientes podem afetar a estabilidade ou instabilidade de um ponto crítico e/ou alterar de maneira significativa o padrão de trajetórias.

Lembre-se de que os autovalores r_1, r_2 são as raízes da equação polinomial

$$\det(\mathbf{A} - r\mathbf{I}) = 0. \tag{2}$$

É possível mostrar que perturbações *pequenas* em alguns ou em todos os coeficientes são refletidas em perturbações *pequenas* nos autovalores. A situação mais sensível acontece quando $r_1 = i\mu$ e $r_2 = -i\mu$. Nesse caso, o ponto crítico é um centro e as trajetórias são curvas fechadas (elipses) em volta dele. Se for feita uma ligeira mudança nos coeficientes, então os autovalores r_1 e r_2 terão novos valores $r'_1 = \lambda' + i\mu'$ e $r'_2 = \lambda' - i\mu'$, em que λ' é pequeno em valor absoluto e $\mu' \cong \mu$ (veja a **Figura 9.3.1**). Se $\lambda' \neq 0$, o que acontece quase sempre, então as trajetórias do sistema perturbado serão espirais, em vez de elipses. O sistema será assintoticamente estável se $\lambda' < 0$, mas será instável se $\lambda' > 0$. Assim, no caso de um centro, pequenas perturbações nos coeficientes podem transformar um sistema estável em um instável e, em qualquer caso, pode-se esperar uma mudança nas trajetórias de elipses para espirais (veja o Problema 24).

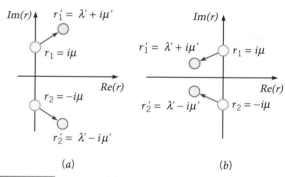

FIGURA 9.3.1 Perturbação esquemática de $r_1 = i\mu$, $r_2 = -i\mu$, transformando-os em autovalores complexos conjugados com (a) parte real positiva ou (b) parte real negativa.

Outro caso, ligeiramente menos sensível, acontece se os autovalores r_1 e r_2 forem iguais; nesse caso, o ponto crítico é um nó. Pequenas perturbações nos coeficientes, normalmente, fazem com que as raízes iguais se separem (bifurquem). Se as raízes separadas forem reais, então o ponto crítico do sistema perturbado permanecerá um nó, mas, se as raízes separadas forem complexas conjugadas, então o ponto crítico se transformará em um ponto espiral. A **Figura 9.3.2** mostra essas duas possibilidades de modo esquemático. Nesse caso, a estabilidade ou instabilidade do sistema não é afetada por pequenas perturbações nos coeficientes, mas o tipo de ponto crítico pode mudar (veja o Problema 25).

Em todos os outros casos, perturbações suficientemente pequenas dos coeficientes não alteram a estabilidade ou instabilidade do sistema nem o tipo de ponto crítico. Por exemplo, se r_1 e r_2 forem reais, negativos e distintos, então uma mudança *pequena* nos coeficientes não vai alterar os sinais de r_1 e r_2, nem vai permitir que eles se tornem iguais. Assim, o ponto crítico permanecerá um nó assintoticamente estável.

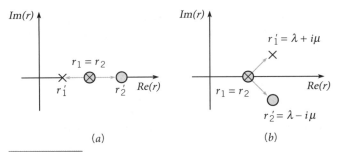

FIGURA 9.3.2 Perturbação esquemática de $r_1 = r_2$, transformando-os em um par de autovalores (a) reais distintos ou (b) complexos conjugados.

Aproximações Lineares de Sistemas Não Lineares. Vamos considerar, agora, um sistema autônomo bidimensional não linear

$$\mathbf{x}' = \mathbf{f}(\mathbf{x}). \quad (3)$$

Nosso objetivo principal é investigar o comportamento das trajetórias do sistema (3) perto de um ponto crítico $\mathbf{x}^0$. Lembre-se de que observamos, no Exemplo 9.2.1, que, perto de cada ponto crítico de um sistema não linear, o padrão das trajetórias é parecido com o das trajetórias de determinado sistema linear. Isso sugere que, perto de um ponto crítico, talvez possamos aproximar o sistema não linear (3) por um sistema linear apropriado cujas trajetórias sejam fáceis de descrever. A pergunta crucial é se, e como, podemos encontrar um sistema linear cujas trajetórias estejam muito próximas das trajetórias do sistema não linear perto do ponto crítico.

É conveniente escolher o ponto crítico como a origem. Isso não envolve perda de generalidade, já que, se $\mathbf{x}^0 \neq \mathbf{0}$, sempre será possível fazer a substituição $\mathbf{u} = \mathbf{x} - \mathbf{x}^0$ na Eq. (3). Então, $\mathbf{u}$ satisfará um sistema autônomo com um ponto crítico na origem.

Em primeiro lugar, vamos considerar o que significa, para o sistema não linear (3), estar "próximo" de um sistema linear (1). Suponha, então, que

$$\mathbf{x}' = \mathbf{A}\mathbf{x} + \mathbf{g}(\mathbf{x}) \quad (4)$$

e que $\mathbf{x} = \mathbf{0}$ é um **ponto crítico isolado** do sistema (4). Isto significa que existe algum círculo em torno da origem no interior do qual não existem outros pontos críticos. Além disso, vamos supor que det $\mathbf{A} \neq 0$, de modo que $\mathbf{x} = \mathbf{0}$ também é um ponto crítico isolado do sistema linear $\mathbf{x}' = \mathbf{A}\mathbf{x}$. Para que o sistema não linear (4) esteja próximo do sistema linear $\mathbf{x}' = \mathbf{A}\mathbf{x}$, temos que supor que $\mathbf{g}(\mathbf{x})$ é pequeno. Mais precisamente, vamos supor que as componentes de $\mathbf{g}$ têm derivadas parciais de primeira ordem contínuas e que $\mathbf{g}$ satisfaz a condição limite

$$\frac{\|\mathbf{g}(\mathbf{x})\|}{\|\mathbf{x}\|} \to 0 \quad \text{quando} \quad \mathbf{x} \to \mathbf{0}; \quad (5)$$

ou seja, $\|\mathbf{g}(\mathbf{x})\|$ é pequeno em comparação com $\|\mathbf{x}\|$ perto da origem. Tal sistema é chamado de **sistema localmente linear** na vizinhança do ponto crítico $\mathbf{x} = \mathbf{0}$.

Pode ser útil escrever a condição (5) em forma escalar usando coordenadas polares. Se $\mathbf{x} = (x, y)^T$, então $\|\mathbf{x}\| = (x^2 + y^2)^{1/2} = r$. De maneira semelhante, se $\mathbf{g}(\mathbf{x}) = (g_1(x, y), g_2(x, y))^T$, então

Equações Diferenciais Não Lineares e Estabilidade 287

$\|\mathbf{g}(\mathbf{x})\| = (g_1^2(x, y) + g_2^2(x, y))^{1/2}$. Segue, então, que a condição (5) será satisfeita se, e somente se,

$$\frac{g_1(r\cos(\theta), r\sen(\theta))}{r} \to 0, \quad \frac{g_2(r\cos(\theta), r\sen(\theta))}{r} \to 0$$

quando $r \to 0$ para todo $0 \leq \theta \leq 2\pi$. \quad (6)

EXEMPLO 9.3.1

Determine se o sistema

$$\begin{pmatrix} x \\ y \end{pmatrix}' = \begin{pmatrix} 1 & 0 \\ 0 & 0{,}5 \end{pmatrix}\begin{pmatrix} x \\ y \end{pmatrix} + \begin{pmatrix} -x^2 - xy \\ -0{,}75xy - 0{,}25y^2 \end{pmatrix} \quad (7)$$

é localmente linear em uma vizinhança da origem.

Solução:

Observe que o sistema (7) é da forma (4), que $(0, 0)$ é um ponto crítico e que det $\mathbf{A} \neq 0$. Não é difícil mostrar que os outros pontos críticos da Eq. (7) são $(0, 2)$, $(1, 0)$ e $\left(\frac{1}{2}, \frac{1}{2}\right)$; em consequência, a origem é um ponto crítico isolado. Para verificar a condição (6), é conveniente introduzir coordenadas polares, fazendo $x = r\cos(\theta)$, $y = r\sen(\theta)$. Então,

$$\frac{g_1(x, y)}{r} = \frac{-x^2 - xy}{r} = \frac{-r^2\cos^2(\theta) - r^2\sen(\theta)\cos(\theta)}{r} =$$
$$= -r(\cos^2(\theta) + \sen(\theta)\cos(\theta)) \to 0$$

quando $r \to 0$. De maneira análoga, pode-se mostrar que $g_2(x, y)/r \to 0$ quando $r \to 0$. Portanto, o sistema (7) é localmente linear perto da origem.

EXEMPLO 9.3.2

O movimento de um pêndulo é descrito pelo sistema [veja a Eq. (13) da Seção 9.2]

$$\frac{dx}{dt} = y, \quad \frac{dy}{dt} = -\omega^2 \sen(x) - \gamma y. \quad (8)$$

Os pontos críticos são $(0, 0)$, $(\pm\pi, 0)$, $(\pm 2\pi, 0)$, ..., de modo que a origem é um ponto crítico isolado deste sistema. Mostre que o sistema é localmente linear próximo à origem.

Solução:

Para converter as Eqs. (8) na forma do sistema (4), precisamos escrever as Eqs. (8) de modo a identificar claramente os termos lineares e os não lineares. Escrevendo $\sen(x) = x + (\sen(x) - x)$ e substituindo esta expressão na segunda das Eqs. (8), obtemos o sistema equivalente

$$\begin{pmatrix} x \\ y \end{pmatrix}' = \begin{pmatrix} 0 & 1 \\ -\omega^2 & -\gamma \end{pmatrix}\begin{pmatrix} x \\ y \end{pmatrix} - \omega^2 \begin{pmatrix} 0 \\ \sen(x) - x \end{pmatrix}. \quad (9)$$

Então, vemos que $g_1(x, y) = 0$ e $g_2(x, y) = -\omega^2(\sen(x) - x)$. Da série de Taylor para $\sen(x)$, sabemos que $\sen(x) - x$ irá se comportar como $-x^3/3! = -(r^3 \cos^3(\theta))/3!$ quando x for pequeno. Em consequência, $(\sen(x) - x)/r \to 0$ quando $r \to 0$. Portanto, as condições (6) são satisfeitas, e o sistema (9) é localmente linear perto da origem.

Vamos voltar para o sistema não linear geral (3) que, em forma escalar, fica

$$x' = F(x, y), \quad y' = G(x, y); \quad (10)$$

ou seja, $\mathbf{x} = (x, y)^T$ e $\mathbf{f}(\mathbf{x}) = (F(x, y), G(x, y))^T$.

288 Capítulo 9

> ### Teorema 9.3.2
>
> O sistema (10) será localmente linear em uma vizinhança de um ponto crítico (x_0, y_0) sempre que as funções F e G tiverem derivadas parciais contínuas até a segunda ordem.

Para mostrar isso, usamos a expansão de Taylor em torno do ponto (x_0, y_0) para escrever $F(x, y)$ e $G(x, y)$ na forma

$$
\begin{aligned}
F(x, y) = F(x_0, y_0) &+ F_x(x_0, y_0)(x - x_0) + \\
&+ F_y(x_0, y_0)(y - y_0) + \eta_1(x, y), \\
G(x, y) = G(x_0, y_0) &+ G_x(x_0, y_0)(x - x_0) + \\
&+ G_y(x_0, y_0)(y - y_0) + \eta_2(x, y),
\end{aligned}
$$

em que $\eta_1(x, y)/((x - x_0)^2 + (y - y_0)^2)^{1/2} \to 0$ quando $(x, y) \to (x_0, y_0)$, e da mesma forma para η_2. Note que $F(x_0, y_0) = G(x_0, y_0) = 0$, e que $dx/dt = d(x - x_0)/dt$ e $dy/dt = d(y - y_0)/dt$. Então, o sistema (10) se reduz a

$$
\begin{aligned}
\frac{d}{dt}\begin{pmatrix} x - x_0 \\ y - y_0 \end{pmatrix} = & \begin{pmatrix} F_x(x_0, y_0) & F_y(x_0, y_0) \\ G_x(x_0, y_0) & G_y(x_0, y_0) \end{pmatrix}\begin{pmatrix} x - x_0 \\ y - y_0 \end{pmatrix} + \\
& + \begin{pmatrix} \eta_1(x, y) \\ \eta_2(x, y) \end{pmatrix},
\end{aligned} \tag{11}
$$

ou, em notação vetorial,

$$
\frac{d\mathbf{u}}{dt} = \frac{d\mathbf{f}}{d\mathbf{x}}(\mathbf{x}^0)\mathbf{u} + \boldsymbol{\eta}(\mathbf{x}), \tag{12}
$$

em que $\mathbf{u} = (x - x_0, y - y_0)^T$ e $\boldsymbol{\eta} = (\eta_1, \eta_2)^T$.

O Teorema 9.3.2 tem duas consequências importantes. A primeira é que, se as funções F e G forem duas vezes diferenciáveis, então o sistema (10) será localmente linear e não será necessário recorrer ao processo limite utilizado nos Exemplos 9.3.1 e 9.3.2. A segunda é que o sistema linear que aproxima o sistema não linear (10) perto de (x_0, y_0) é dado pela parte linear da Eq. (11) ou da Eq. (12):

$$
\frac{d}{dt}\begin{pmatrix} u_1 \\ u_2 \end{pmatrix} = \begin{pmatrix} F_x(x_0, y_0) & F_y(x_0, y_0) \\ G_x(x_0, y_0) & G_y(x_0, y_0) \end{pmatrix}\begin{pmatrix} u_1 \\ u_2 \end{pmatrix}, \tag{13}
$$

em que $u_1 = x - x_0$ e $u_2 = y - y_0$. A Eq. (13) fornece um método simples e geral para encontrar o sistema linear correspondente a um sistema localmente linear perto de um ponto crítico.

A matriz

$$
\mathbf{J} = \mathbf{J}[F, G](x, y) = \begin{pmatrix} F_x(x, y) & F_y(x, y) \\ G_x(x, y) & G_y(x, y) \end{pmatrix}, \tag{14}
$$

que aparece como matriz de coeficientes na Eq. (13), é chamada **matriz jacobiana**[3] das funções F e G em relação a x e y.

---

[3]Carl Gustav Jacob Jacobi (1804-1851), um analista alemão que foi professor e lecionou nas Universidades de Königsberg e de Berlim, fez contribuições importantes à teoria de funções elípticas. O determinante de $\mathbf{J}$ e sua extensão a n funções de n variáveis é chamado de jacobiano em razão de seu artigo notável publicado em 1841 sobre as propriedades desse determinante. A matriz correspondente também leva o nome de Jacobi, embora matrizes só tenham sido desenvolvidas depois de sua morte.

Precisamos supor que det $\mathbf{J}$ não se anula em (x_0, y_0), para que este ponto seja também um ponto crítico isolado do sistema linear (13).

EXEMPLO 9.3.3

Use a Eq. (13) para encontrar o sistema linear correspondente às equações do pêndulo (8) perto da origem e perto do ponto crítico $(\pi, 0)$.

Solução:

Nesse caso, da Eq. (8), temos

$$
F(x, y) = y, \quad G(x, y) = -\omega^2 \operatorname{sen}(x) - \gamma y; \tag{15}
$$

como essas funções são tão diferenciáveis quanto necessário, o sistema (8) é localmente linear perto de cada ponto crítico. As primeiras derivadas parciais de F e G são

$$
F_x = 0, \quad F_y = 1, \quad G_x = -\omega^2 \cos(x), \quad G_y = -\gamma. \tag{16}
$$

Então, na origem, o sistema linear correspondente é

$$
\frac{d}{dt}\begin{pmatrix} x \\ y \end{pmatrix} = \begin{pmatrix} 0 & 1 \\ -\omega^2 & -\gamma \end{pmatrix}\begin{pmatrix} x \\ y \end{pmatrix}, \tag{17}
$$

o que está de acordo com a Eq. (9) do Exemplo 9.3.2.

De modo similar, calculando as derivadas parciais dadas na Eq. (16) em $(\pi, 0)$, obtemos

$$
\frac{d}{dt}\begin{pmatrix} u \\ v \end{pmatrix} = \begin{pmatrix} 0 & 1 \\ \omega^2 & -\gamma \end{pmatrix}\begin{pmatrix} u \\ v \end{pmatrix}, \tag{18}
$$

em que $u = x - \pi, v = y$. Este é o sistema linear correspondente às Eqs. (8) perto do ponto $(\pi, 0)$.

Vamos voltar agora ao sistema localmente linear (4). Como o termo não linear $\mathbf{g}(\mathbf{x})$ é pequeno comparado ao termo linear $\mathbf{Ax}$ quando $\mathbf{x}$ é pequeno, é razoável esperar que as trajetórias do sistema linear (1) sejam boas aproximações das trajetórias do sistema não linear (4), pelo menos perto da origem. Isso ocorre na maioria dos casos (mas não em todos), como diz o teorema a seguir.

> ### Teorema 9.3.3
>
> Sejam r_1 e r_2 os autovalores do sistema linear (1), $\mathbf{x}' = \mathbf{Ax}$, correspondente ao sistema localmente linear (4), $\mathbf{x}' = \mathbf{Ax} + \mathbf{g}(\mathbf{x})$. Então, o tipo e a estabilidade do ponto crítico $(0, 0)$ do sistema linear (1) e do sistema localmente linear (4) são como descritos na **Tabela 9.3.1**.

A demonstração do Teorema 9.3.3 é difícil demais para colocar aqui, de modo que aceitaremos este resultado sem demonstração. As afirmações para a estabilidade assintótica e para a instabilidade seguem como consequência de um resultado discutido na Seção 9.6, e os Problemas **9** a **11** daquela seção esboçam uma demonstração. Essencialmente, o Teorema 9.3.3 diz que, para $\mathbf{x}$ (ou $\mathbf{x} - \mathbf{x}^0$) pequeno, os termos não lineares também são pequenos e não afetam a estabilidade e o tipo de ponto crítico determinados pelo sistema linear, exceto em dois casos sensíveis. Se r_1 e r_2 forem imaginários puros, então os termos não lineares pequenos podem transformar um centro estável

TABELA 9.3.1 — Propriedades de Estabilidade e Instabilidade de Sistemas Lineares e Localmente Lineares

Autovalores	Sistema Linear		Sistema Localmente Linear	
	Tipo	Estabilidade	Tipo	Estabilidade
$r_1 > r_2 > 0$	N	Instável	N	Instável
$r_1 < r_2 < 0$	N	Assintoticamente estável	N	Assintoticamente estável
$r_2 < 0 < r_1$	PS	Instável	PS	Instável
$r_1 = r_2 > 0$	NP ou NI	Instável	N ou PSp	Instável
$r_1 = r_2 < 0$	NP ou NI	Assintoticamente estável	N ou PSp	Assintoticamente estável
$r_1, r_2 = \lambda \pm i\mu$				
$\quad \lambda > 0$	PSp	Instável	PSp	Instável
$\quad \lambda < 0$	PSp	Assintoticamente estável	PSp	Assintoticamente estável
$\quad \lambda = 0$	C	Estável	C ou PSp	Indeterminado

Nota: N, nó; NI, nó impróprio; NP, nó próprio; PS, ponto de sela; PSp, ponto espiral; C, centro.

em um ponto espiral, que pode ser assintoticamente estável ou instável. Se r_1 e r_2 forem reais iguais e positivos, ou reais iguais e negativos, então os termos não lineares podem transformar um nó em um ponto espiral, mas sua estabilidade assintótica ou instabilidade permanece inalterada. Lembre-se de que antes, nesta seção, afirmamos que pequenas perturbações nos coeficientes do sistema linear (1) e, portanto, nos autovalores r_1 e r_2, só podem alterar o tipo e a estabilidade nesses dois casos. É razoável esperar que o pequeno termo não linear na Eq. (4) possa ter um efeito substancial semelhante, pelo menos nesses dois casos. Isso ocorre, mas o resultado mais importante do Teorema 9.3.3 é que, em *todos os outros casos*, o termo pequeno não linear não altera o tipo ou a estabilidade do ponto crítico. A conclusão essencial que tiramos dessa discussão é a seguinte: exceto nos dois casos sensíveis, o tipo e a estabilidade do ponto crítico do sistema não linear (4) podem ser determinados por um estudo do sistema linear (1), muito mais simples.

Mesmo que o ponto crítico seja do mesmo tipo que o do sistema linear, as trajetórias do sistema localmente linear podem ter aparência bem diferente das do sistema linear correspondente, exceto muito próximo do ponto crítico. No entanto, pode-se mostrar que os coeficientes angulares das retas tangentes às trajetórias que "entram" ou "saem" do ponto crítico são dadas corretamente pelo sistema linear.

Pêndulo Amortecido. Vamos continuar nossa discussão sobre o pêndulo amortecido iniciada nos Exemplos 9.3.2 e 9.3.3. Perto da origem, as equações não lineares (8) são aproximadas pelo sistema linear (17), cujos autovalores são

$$r_1, r_2 = \frac{-\gamma \pm \sqrt{\gamma^2 - 4\omega^2}}{2}. \qquad (19)$$

A natureza das soluções das Eqs. (8) e (17) depende do sinal de $\gamma^2 - 4\omega^2$ da seguinte maneira:

1. Se $\gamma^2 - 4\omega^2 > 0$, então os autovalores são reais, distintos e negativos. O ponto crítico (0, 0) é um nó assintoticamente

estável do sistema linear (17) e do sistema localmente linear (8).

2. Se $\gamma^2 - 4\omega^2 = 0$, então os autovalores são reais, iguais e negativos. O ponto crítico (0, 0) é um nó (próprio ou impróprio) assintoticamente estável do sistema linear (17). Pode ser um nó assintoticamente estável ou um ponto espiral do sistema localmente linear (8).

3. Se $\gamma^2 - 4\omega^2 < 0$, então os autovalores são complexos com parte real negativa. O ponto crítico (0, 0) é um ponto espiral assintoticamente estável do sistema linear (17) e do sistema localmente linear (8).

Assim, o ponto crítico (0, 0) será um ponto espiral do sistema (8) se o amortecimento γ for pequeno, e será um nó se γ for suficientemente grande. Em qualquer dos casos, a origem é assintoticamente estável.

Consideraremos com mais detalhes o caso $\gamma^2 - 4\omega^2 < 0$, correspondente a um amortecimento pequeno. O sentido de movimento das espirais próximas de (0, 0) pode ser obtido diretamente das Eqs. (8). Considere o ponto no qual a espiral intercepta o semieixo positivo dos y $(x = 0, y > 0)$. Em tal ponto, segue das Eqs. (8) que $dx/dt > 0$. Logo, o ponto (x, y) na trajetória está se movendo para a direita, de modo que o sentido do movimento nas espirais é horário.

O comportamento do pêndulo perto dos pontos críticos da forma $(\pm n\pi, 0)$, com n par, é o mesmo que perto da origem. Esperamos que isso seja verdade por considerações físicas, já que todos esses pontos críticos correspondem à posição de equilíbrio mais baixa do pêndulo. A conclusão pode ser confirmada repetindo-se a análise feita anteriormente para a origem. A **Figura 9.3.3** mostra as espirais no sentido horário em alguns desses pontos críticos.

Vamos considerar agora o ponto crítico $(\pi, 0)$. Aqui as equações não lineares (8) são aproximadas pelo sistema linear (18), cujos autovalores são

$$r_1, r_2 = \frac{-\gamma \pm \sqrt{\gamma^2 + 4\omega^2}}{2}. \qquad (20)$$

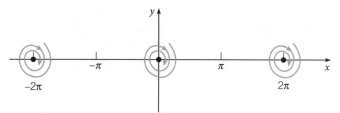

FIGURA 9.3.3 Pontos espirais assintoticamente estáveis em $(\pm 2n\pi, 0)$ para o pêndulo amortecido com amortecimento pequeno, $\gamma^2 - 4\omega^2 < 0$.

Um autovalor (r_1) é positivo e o outro (r_2) é negativo. Portanto, independentemente de quão forte é o amortecimento, o ponto crítico $(x, y) = (\pi, 0)$ é um ponto de sela instável tanto do sistema linear (18) quanto do sistema localmente linear (8).

Para examinar o comportamento das trajetórias perto do ponto de sela $(\pi, 0)$ mais detalhadamente, escrevemos a solução geral das Eqs. (18), a saber,

$$\begin{pmatrix} u \\ v \end{pmatrix} = C_1 \begin{pmatrix} 1 \\ r_1 \end{pmatrix} e^{r_1 t} + C_2 \begin{pmatrix} 1 \\ r_2 \end{pmatrix} e^{r_2 t}, \qquad (21)$$

em que C_1 e C_2 são constantes arbitrárias. Como $r_1 > 0$ e $r_2 < 0$, segue que a solução que tende a zero quando $t \to \infty$ corresponde a $C_1 = 0$. Para esta solução, $v/u = r_2$, de modo que o coeficiente angular da reta tangente às trajetórias que entram é negativo; uma está no segundo quadrante ($C_2 < 0$) e a outra, no quarto quadrante ($C_2 > 0$). Para $C_2 = 0$, obtemos o par de trajetórias "saindo" do ponto de sela. Essas trajetórias têm inclinação $r_1 > 0$; uma está no primeiro quadrante ($C_1 > 0$) e a outra, no terceiro quadrante ($C_1 < 0$).

A situação é a mesma nos outros pontos críticos da forma $(n\pi, 0)$, com n ímpar. Todos eles correspondem à posição de equilíbrio mais alta do pêndulo, de modo que esperamos que sejam instáveis. A análise em $(\pi, 0)$ pode ser repetida para mostrar que são pontos de sela orientados da mesma maneira que o ponto em $(\pi, 0)$. A **Figura 9.3.4** mostra diagramas das trajetórias em vizinhanças de dois pontos de sela.

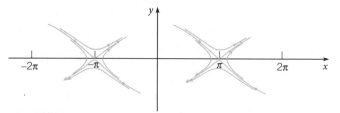

FIGURA 9.3.4 Pontos de sela instáveis em $(\pm(2n+1)\pi, 0)$ para o pêndulo amortecido com amortecimento pequeno, $\gamma^2 - 4\omega^2 < 0$.

EXEMPLO 9.3.4

As equações de movimento de determinado pêndulo são

$$\frac{dx}{dt} = y, \qquad \frac{dy}{dt} = -9\,\text{sen}(x) - \frac{1}{5}y, \qquad (22)$$

em que $x = \theta$ e $y = d\theta/dt$. Desenhe um retrato de fase para este sistema e explique como ele mostra os movimentos possíveis do pêndulo.

Solução:

Traçando o gráfico de trajetórias começando em diversos pontos iniciais no plano de fase, obtemos o retrato de fase ilustrado na **Figura**

9.3.5. Como vimos, os pontos críticos (soluções de equilíbrio) são os pontos da forma $(n\pi, 0)$, em que $n = 0, \pm 1, \pm 2, \ldots$ Valores pares de n, incluindo o zero, correspondem à posição mais baixa do pêndulo, enquanto valores ímpares de n correspondem à posição mais alta. Perto de cada um dos pontos críticos assintoticamente estáveis, as trajetórias são espirais no sentido horário que representam uma oscilação que vai diminuindo, tendendo à posição de equilíbrio mais baixa. As partes horizontais em forma de ondas das trajetórias que ocorrem para valores grandes de $|y|$ representam movimentos do pêndulo que vão além da posição de equilíbrio mais alta. Note que tais movimentos não podem continuar indefinidamente, não importa o quão grande é $|y|$; eventualmente, a velocidade angular será tão reduzida pelo termo de amortecimento que o pêndulo não poderá ir mais alto do que o ponto de equilíbrio mais alto e, em vez disso, começará a oscilar em torno do ponto de equilíbrio mais baixo.

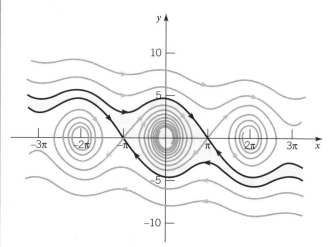

FIGURA 9.3.5 Retrato de fase para o pêndulo amortecido do Exemplo 9.3.4. A região sombreada é a bacia de atração para $(0, 0)$.

A bacia de atração da origem aparece sombreada na Figura 9.3.5. Ela é limitada pelas trajetórias (em preto) que entram nos dois pontos de sela adjacentes em $(\pi, 0)$ e $(-\pi, 0)$. As trajetórias que limitam a região são separatrizes. Cada ponto crítico assintoticamente estável tem sua própria bacia de atração, limitada pelas separatrizes entrando nos dois pontos de sela vizinhos. Todas as bacias de atração são congruentes à bacia sombreada; a única diferença é que estão transladadas horizontalmente por múltiplos inteiros de 2π. Note que é matematicamente possível (embora fisicamente irrealizável) escolher condições iniciais exatamente sobre a separatriz, de modo que o movimento resultante levaria a um pêndulo oscilando em uma posição acima do equilíbrio instável.

Uma diferença importante entre sistemas autônomos não lineares e os sistemas lineares discutidos na Seção 9.1 é ilustrada pelas equações do pêndulo. Lembre-se de que, se det $\mathbf{A} \neq 0$, o sistema linear (1) só tem um ponto crítico em $\mathbf{x} = \mathbf{0}$. Assim, se a origem for assintoticamente estável, então, não só as trajetórias que começam perto da origem tendem a ela, mas, de fato, todas as trajetórias tendem à origem. Nesse caso, o ponto crítico $\mathbf{x} = \mathbf{0}$ é dito **globalmente assintoticamente estável**. Esta propriedade de sistemas lineares não é válida, em geral, para sistemas não lineares, mesmo se o sistema não linear tiver apenas um ponto crítico assintoticamente estável. Portanto, para sistemas não lineares, o problema importante é determinar (ou estimar) a bacia de atração para cada ponto crítico assintoticamente estável.

Problemas

Nos Problemas 1 a 3, verifique que $(0, 0)$ é um ponto crítico, mostre que o sistema é localmente linear e discuta o tipo e a estabilidade do ponto crítico $(0, 0)$ examinando o sistema linear correspondente.

1. $dx/dt = x - y^2$, $\quad dy/dt = x - 2y + x^2$

2. $dx/dt = (1 + x)\operatorname{sen}(y)$, $\quad dy/dt = 1 - x - \cos(y)$

3. $dx/dt = x + y^2$, $\quad dy/dt = x + y$

Nos Problemas 4 a 15:

  a. Determine todos os pontos críticos do sistema de equações dado.

  b. Encontre o sistema linear correspondente perto de cada ponto crítico.

  c. Encontre os autovalores de cada sistema linear. O que você pode concluir sobre o sistema não linear?

  [G] d. Desenhe um retrato de fase do sistema não linear para confirmar suas conclusões, ou para estendê-las nos casos em que o sistema linear não fornece informações definidas sobre o sistema não linear.

4. $dx/dt = (2 + x)(y - x)$, $\quad dy/dt = (4 - x)(y + x)$

5. $dx/dt = x - x^2 - xy$, $\quad dy/dt = 3y - xy - 2y^2$

6. $dx/dt = 1 - y$, $\quad dy/dt = x^2 - y^2$

7. $dx/dt = (2 + y)(2y - x)$, $\quad dy/dt = (2 - x)(2y + x)$

8. $dx/dt = x + x^2 + y^2$, $\quad dy/dt = y - xy$

9. $dx/dt = (1 + x)\operatorname{sen}(y)$, $\quad dy/dt = 1 - x - \cos(y)$

10. $dx/dt = x - y^2$, $\quad dy/dt = y - x^2$

11. $dx/dt = 1 - xy$, $\quad dy/dt = x - y^3$

12. $dx/dt = -2x - y - x\left(x^2 + y^2\right)$,

    $dy/dt = x - y + y\left(x^2 + y^2\right)$

13. $dx/dt = y + x\left(1 - x^2 - y^2\right)$,

    $dy/dt = -x + y\left(1 - x^2 - y^2\right)$

14. $dx/dt = 4 - y^2$, $\quad dy/dt = (1{,}5 + x)(y - x)$

15. $dx/dt = (1 - y)(2x - y)$, $\quad dy/dt = (2 + x)(x - 2y)$

16. Considere o sistema autônomo

$$\frac{dx}{dt} = y, \quad \frac{dy}{dt} = x + 2x^3.$$

  a. Mostre que o ponto crítico $(0, 0)$ é um ponto de sela.

  b. Esboce as trajetórias para o sistema linear correspondente integrando a equação para dy/dx. Mostre, a partir da forma paramétrica da solução, que a única trajetória na qual $x \to 0$, $y \to 0$ quando $t \to \infty$ é $y = -x$.

  c. Determine as trajetórias para o sistema não linear integrando a equação para dy/dx. Esboce as trajetórias para o sistema não linear que correspondem a $y = -x$ e a $y = x$ para o sistema linear.

17. Considere o sistema autônomo

$$\frac{dx}{dt} = x, \quad \frac{dy}{dt} = -2y + x^3.$$

  a. Mostre que o ponto crítico $(0, 0)$ é um ponto de sela.

  b. Esboce as trajetórias para o sistema linear correspondente e mostre que a trajetória na qual $x \to 0$, $y \to 0$ quando $t \to \infty$ é $x = 0$.

  c. Determine as trajetórias para o sistema não linear para $x \neq 0$ integrando a equação para dy/dx. Mostre que a trajetória correspondente a $x = 0$ para o sistema não linear não se altera, mas que a correspondente a $y = 0$ é $y = x^3/5$. Esboce diversas trajetórias para o sistema não linear.

18. A equação de movimento de um pêndulo não amortecido é $d^2\theta/dt^2 + \omega^2 \operatorname{sen}(\theta) = 0$, em que $\omega^2 = g/L$. Faça $x = \theta$, $y = d\theta/dt$ para obter o sistema de equações

$$\frac{dx}{dt} = y, \quad \frac{dy}{dt} = -\omega^2 \operatorname{sen}(x).$$

  a. Mostre que os pontos críticos são $(\pm n\pi, 0)$, $n = 0, 1, 2, \ldots$ e que o sistema é localmente linear na vizinhança de cada ponto crítico.

  b. Mostre que o ponto crítico $(0, 0)$ é um centro (estável) do sistema linear correspondente. Usando o Teorema 9.3.3, o que você pode dizer sobre o sistema não linear? A situação é semelhante nos pontos críticos $(\pm 2n\pi, 0)$, $n = 1, 2, 3, \ldots$ Qual é a interpretação física desses pontos críticos?

  c. Mostre que o ponto crítico $(\pi, 0)$ é um ponto de sela (instável) do sistema linear correspondente. O que você pode concluir sobre o sistema não linear? A situação é semelhante nos pontos críticos $(\pm(2n - 1)\pi, 0)$, $n = 1, 2, 3, \ldots$ Qual é a interpretação física desses pontos críticos?

  [G] d. Escolha um valor para ω^2 e faça o gráfico de algumas trajetórias do sistema não linear na vizinhança da origem. Você pode concluir mais alguma coisa sobre a natureza do ponto crítico $(0, 0)$ para o sistema não linear?

  [G] e. Usando o valor de ω^2 do item (**d**), desenhe um retrato de fase para o pêndulo. Compare seu gráfico com o da Figura 9.3.5 para o pêndulo amortecido.

19. a. Resolvendo a equação para dy/dx, mostre que as equações das trajetórias do pêndulo não amortecido do Problema 18 podem ser escritas na forma

$$\frac{1}{2}y^2 + \omega^2(1 - \cos(x)) = c, \tag{23}$$

  em que c é uma constante de integração.

  b. Multiplique a Eq. (23) por mL^2. Depois expresse o resultado em termos de θ para obter

$$\frac{1}{2}mL^2\left(\frac{d\theta}{dt}\right)^2 + mgL(1 - \cos(\theta)) = E, \tag{24}$$

  em que $E = mL^2 c$.

  c. Mostre que o primeiro termo na Eq. (24) é a energia cinética do pêndulo e que o segundo termo é a energia potencial em função da gravidade. Logo, a energia total E do pêndulo é constante ao longo de qualquer trajetória; seu valor é determinado pelas condições iniciais.

20. O movimento de determinado pêndulo não amortecido é descrito pelas equações

$$\frac{dx}{dt} = y, \quad \frac{dy}{dt} = -4\operatorname{sen}(x).$$

Se o pêndulo for colocado em movimento com um deslocamento angular A e sem velocidade inicial, então as condições iniciais serão $x(0) = A$, $y(0) = 0$.

  [G] a. Considere $A = 0{,}25$ e faça o gráfico de x em função de t. Do gráfico, estime a amplitude R e o período T do movimento resultante do pêndulo.

292 Capítulo 9

Ⓖ b. Repita o item **(a)** para $A = 0{,}5$; $1{,}0$; $1{,}5$ e $2{,}0$.

Ⓖ c. De que modo a amplitude e o período do movimento do pêndulo dependem da posição inicial A? Desenhe um gráfico para mostrar cada uma dessas relações. Você pode dizer alguma coisa sobre o valor limite do período quando $A \to 0$?

Ⓖ d. Seja $A = 4$ e faça o gráfico de x em função de t. Explique por que esse gráfico difere dos gráficos nos itens **(a)** e **(b)**. Para que valor de A ocorre a mudança?

21. Considere, mais uma vez, as equações do pêndulo (veja o Problema 20)
$$\frac{dx}{dt} = y, \qquad \frac{dy}{dt} = -4\,\mathrm{sen}(x).$$
Se o pêndulo for colocado em movimento a partir de sua posição mais baixa de equilíbrio com velocidade angular v, então as condições iniciais serão $x(0) = 0$, $y(0) = v$.

Ⓖ a. Faça os gráficos de x em função de t para $v = 2$ e, também, para $v = 5$. Explique os movimentos diferentes do pêndulo representados por esses dois gráficos.

b. Existe um valor crítico de v, que denotaremos por v_c, tal que um tipo de movimento ocorre para $v < v_c$ e o outro tipo ocorre para $v > v_c$. Estime o valor de v_c.

22. Este problema estende o Problema 21 para o caso de um pêndulo amortecido. As equações de movimento são
$$\frac{dx}{dt} = y, \qquad \frac{dy}{dt} = -4\,\mathrm{sen}(x) - \gamma y,$$
em que γ é o coeficiente de amortecimento, com condições iniciais $x(0) = 0$, $y(0) = v$.

Ⓖ a. Para $\gamma = 0{,}25$, faça o gráfico de x em função de t para $v = 2$ e $v = 5$. Explique esses gráficos em termos dos movimentos do pêndulo que representam. Explique, também, qual a relação entre eles e os gráficos correspondentes no Problema **21a**.

b. Estime o valor crítico v_c da velocidade inicial em que ocorre a transição de um tipo de movimento para outro.

c. Repita o item **(b)** para outros valores de γ e determine como v_c depende de γ.

23. O Teorema 9.3.3 não fornece informação sobre a estabilidade de um ponto crítico de um sistema localmente linear se este ponto for um centro do sistema linear correspondente. Que este deve ser o caso está ilustrado pelos sistemas
$$\frac{dx}{dt} = y + \alpha x(x^2 + y^2),$$
$$\frac{dy}{dt} = -x + \alpha y(x^2 + y^2) \tag{25}$$
e
$$\frac{dx}{dt} = y - x(x^2 + y^2),$$
$$\frac{dy}{dt} = -x - y(x^2 + y^2) \tag{26}$$
em que α é uma constante real.

a. Mostre que, para todos os valores de α, $(0, 0)$ é um ponto crítico do sistema (25) e que, além disso, é um centro do sistema linear correspondente.

b. Mostre que, para todos os valores de α, o sistema (25) é localmente linear.

c. Seja $r^2 = x^2 + y^2$ e note que $x\,dx/dt + y\,dy/dt = r\,dr/dt$. Mostre que $dr/dt = \alpha r^3$.

d. Mostre que, para qualquer $\alpha < 0$, r diminui para 0 quando $t \to \infty$; logo, o ponto crítico é assintoticamente estável.

e. Mostre que, para qualquer $\alpha > 0$, a solução do problema de valor inicial para r com $r = r_0$ em $t = 0$ torna-se ilimitada quando t aumenta se aproximando de $1/(2\alpha r_0^2)$ e, portanto, o ponto crítico é instável.

24. Neste problema, vamos mostrar como pequenas mudanças nos coeficientes de um sistema de equações lineares podem afetar um ponto crítico que é um centro. Considere o sistema
$$\mathbf{x}' = \begin{pmatrix} 0 & 1 \\ -1 & 0 \end{pmatrix} \mathbf{x}.$$
Mostre que os autovalores são $\pm i$, de modo que $(0, 0)$ é um centro. Agora, considere o sistema
$$\mathbf{x}' = \begin{pmatrix} \epsilon & 1 \\ -1 & \epsilon \end{pmatrix} \mathbf{x},$$
em que $|\epsilon|$ é arbitrariamente pequeno. Mostre que os autovalores são $\epsilon \pm i$. Assim, não importa o quão pequeno for $|\epsilon| \neq 0$, o centro torna-se um ponto espiral. Se $\epsilon < 0$, o ponto espiral será assintoticamente estável; se $\epsilon > 0$, o ponto espiral será instável.

25. Neste problema, vamos mostrar como pequenas mudanças nos coeficientes de um sistema de equações lineares podem afetar um ponto crítico quando os autovalores são iguais. Considere o sistema
$$\mathbf{x}' = \begin{pmatrix} -1 & 1 \\ 0 & -1 \end{pmatrix} \mathbf{x}.$$
Mostre que os autovalores são $r_1 = -1$, $r_2 = -1$, de modo que o ponto crítico $(0, 0)$ é um nó assintoticamente estável. Considere, agora, o sistema
$$\mathbf{x}' = \begin{pmatrix} -1 & 1 \\ -\epsilon & -1 \end{pmatrix} \mathbf{x},$$
em que $|\epsilon|$ é arbitrariamente pequeno. Mostre que, se $\epsilon > 0$, então os autovalores serão $-1 \pm i\sqrt{\epsilon}$, de modo que o nó assintoticamente estável se transformou em um ponto espiral assintoticamente estável. Se $\epsilon < 0$, então as raízes serão $-1 \pm \sqrt{|\epsilon|}$, e o ponto crítico permanecerá sendo um nó assintoticamente estável.

26. Neste problema, vamos deduzir uma fórmula para o período natural de um pêndulo não linear não amortecido [Eq. (10) com $c = 0$ na Seção 9.2]. Suponha que a massa é puxada por um ângulo positivo α e depois é solta com velocidade zero.

a. Pensamos, em geral, em θ e $d\theta/dt$ como funções de t. No entanto, invertendo os papéis de t e θ, podemos considerar t como função de θ e, portanto, pensar, também, em $d\theta/dt$ como função de θ. Deduzimos, então, a seguinte sequência de equações:
$$\frac{1}{2}mL^2 \frac{d}{d\theta}\left(\left(\frac{d\theta}{dt}\right)^2\right) = -mgL\,\mathrm{sen}(\theta),$$
$$\frac{1}{2}m\left(L\frac{d\theta}{dt}\right)^2 = mgL(\cos(\theta) - \cos(\alpha)),$$
$$dt = -\sqrt{\frac{L}{2g}}\,\frac{d\theta}{\sqrt{\cos(\theta) - \cos(\alpha)}}.$$

Por que foi escolhida a raiz quadrada negativa na última equação?

b. Supondo que T é o período natural de oscilação, deduza a fórmula
$$\frac{T}{4} = -\sqrt{\frac{L}{2g}} \int_\alpha^0 \frac{d\theta}{\sqrt{\cos(\theta) - \cos(\alpha)}}.$$

c. Use as identidades $\cos(\theta) = 1 - 2\,\mathrm{sen}^2\left(\frac{\theta}{2}\right)$ e $\cos(\alpha) = 1 - 2\,\mathrm{sen}^2\left(\frac{\alpha}{2}\right)$, seguidas pela mudança de variável $\mathrm{sen}\left(\frac{\theta}{2}\right) = k\,\mathrm{sen}(\phi)$ com $k = \mathrm{sen}\left(\frac{\alpha}{2}\right)$, para mostrar que

$$T = 4\sqrt{\frac{L}{g}} \int_0^{\pi/2} \frac{d\phi}{\sqrt{1 - k^2 \operatorname{sen}^2(\phi)}}.$$

A integral é chamada uma **integral elíptica** de primeira espécie. Note que o período depende da razão L/g e, também, do deslocamento inicial α, a partir de $k = \operatorname{sen}(\alpha/2)$.

N d. Calculando a integral na expressão para T, obtenha valores de T que você possa comparar com as estimativas gráficas obtidas no Problema **20**.

27. Uma generalização da equação do pêndulo amortecido discutida no texto, ou de um sistema mola-massa amortecido, é a equação de Liénard[4]

$$\frac{d^2x}{dt^2} + c(x)\frac{dx}{dt} + g(x) = 0.$$

Se $c(x)$ for uma constante e $g(x) = kx$, então esta equação terá a forma da equação linear do pêndulo (compare com a Eq. (12) da Seção 9.2 com $\operatorname{sen}(\theta)$ substituído pela sua aproximação linear θ); caso contrário, o amortecimento $c(x)dx/dt$ e a força restauradora $g(x)$ serão não lineares. Suponha que c é continuamente diferenciável, que g é duas vezes continuamente diferenciável e que $g(0) = 0$.

a. Escreva a equação de Liénard como um sistema de duas equações de primeira ordem introduzindo a variável $y = dx/dt$.

b. Mostre que $(0, 0)$ é um ponto crítico e que o sistema é localmente linear em uma vizinhança de $(0, 0)$.

c. Mostre que, se $c(0) > 0$ e $g'(0) > 0$, então o ponto crítico será assintoticamente estável e, se $c(0) < 0$ ou $g'(0) < 0$, então o ponto crítico será instável. *Sugestão:* use a série de Taylor para aproximar c e g em uma vizinhança de $x = 0$.

9.4 Espécies em Competição

Nesta seção e na próxima, vamos explorar a aplicação da análise do plano de fase em alguns problemas em dinâmica populacional. Esses problemas envolvem duas populações interagindo e são extensões dos discutidos na Seção 2.5, que trataram de uma única população. Embora as equações discutidas aqui sejam extremamente simples quando comparadas às relações bastante complexas que existem na natureza, ainda é possível compreender algumas coisas sobre os princípios ecológicos pelo estudo desses modelos. Modelos iguais ou semelhantes também foram usados para estudar outros tipos de situações competitivas – por exemplo, negócios competindo pelo mesmo mercado.

Suponha que, em algum ambiente fechado, duas espécies semelhantes estão competindo por um suprimento limitado de comida – por exemplo, duas espécies de peixe em um lago, nenhuma sendo presa da outra, mas ambas competindo pela comida disponível. Vamos denotar por x e y as populações das duas espécies em um instante t. Como discutido na Seção 2.5, vamos supor que a população de cada espécie, na ausência da outra, seja governada por uma equação logística. Então

$$\begin{aligned} \frac{dx}{dt} &= x(\epsilon_1 - \sigma_1 x), \\ \frac{dy}{dt} &= y(\epsilon_2 - \sigma_2 y), \end{aligned} \tag{1}$$

respectivamente, em que ϵ_1 e ϵ_2 são as taxas de crescimento das duas populações e ϵ_1/σ_1 e ϵ_2/σ_2 são seus níveis de saturação. No entanto, quando ambas as espécies estão presentes, cada uma vai afetar o suprimento de comida disponível para a outra. De fato, elas reduzem as taxas de crescimento e os níveis de saturação uma da outra. A expressão mais simples para reduzir a taxa de crescimento da espécie x em decorrência da presença da espécie y é substituir o fator de crescimento $\epsilon_1 - \sigma_1 x$ na primeira das Eqs. (1) por $\epsilon_1 - \sigma_1 x - \alpha_1 y$, em que α_1 é uma medida do grau de interferência da espécie y sobre a espécie x. De modo similar,

substituímos $\epsilon_2 - \sigma_2 y$ na segunda das Eqs. (1) por $\epsilon_2 - \sigma_2 y - \alpha_2 x$. Obtemos, assim, o sistema de equações

$$\begin{aligned} \frac{dx}{dt} &= x(\epsilon_1 - \sigma_1 x - \alpha_1 y), \\ \frac{dy}{dt} &= y(\epsilon_2 - \sigma_2 y - \alpha_2 x). \end{aligned} \tag{2}$$

Os valores das constantes positivas $\epsilon_1, \sigma_1, \alpha_1, \epsilon_2, \sigma_2$ e α_2 dependem das espécies em consideração e têm de ser determinados, em geral, a partir de observações. Estamos interessados nas soluções das Eqs. (2) para as quais x e y não são negativos. Nos dois exemplos a seguir, discutimos dois problemas típicos em detalhe. Voltaremos às equações gerais (2) no fim desta seção.

EXEMPLO 9.4.1

Discuta o comportamento qualitativo das soluções do sistema

$$\begin{aligned} \frac{dx}{dt} &= x(1 - x - y), \\ \frac{dy}{dt} &= \frac{y}{4}(3 - 4y - 2x). \end{aligned} \tag{3}$$

Solução:

Encontramos os pontos críticos resolvendo o sistema de equações algébricas

$$x(1 - x - y) = 0, \quad \frac{y}{4}(3 - 4y - 2x) = 0. \tag{4}$$

A primeira equação pode ser satisfeita escolhendo-se $x = 0$; então, a segunda nos fornece $y = 0$ ou $y = \frac{3}{4}$. De modo similar, a segunda equação pode ser satisfeita escolhendo-se $y = 0$ e, então, a primeira equação nos dá $x = 0$ ou $x = 1$. Encontramos três pontos críticos, a saber, $(0, 0)$, $\left(0, \frac{3}{4}\right)$ e $(1, 0)$. Se nem x nem y forem nulos, as Eqs. (4) também serão satisfeitas pelas soluções do sistema

$$1 - x - y = 0, \quad 3 - 4y - 2x = 0, \tag{5}$$

o que nos leva ao quarto ponto crítico $\left(\frac{1}{2}, \frac{1}{2}\right)$. Esses quatro pontos críticos correspondem às soluções de equilíbrio do sistema (3). Os três primeiros desses pontos envolvem a extinção de uma das espécies ou de ambas; apenas o último corresponde à sobrevivência, em longo prazo, de ambas as espécies. Outras soluções são representadas por curvas ou trajetórias no plano xy que descrevem a evolução

---

[4]Alfred-Marie Liénard (1869-1958), físico e engenheiro francês, foi professor na l'École des Mines em Paris. Trabalhou principalmente em eletricidade, mecânica e Matemática aplicada. Os resultados de sua investigação sobre esta equação diferencial foram publicados em 1928.

das populações ao longo do tempo. Para começar a descobrir seu comportamento qualitativo, vamos proceder da maneira seguinte.

Primeiro, note que os eixos coordenados são trajetórias. Isso segue diretamente das Eqs. (3), já que $dx/dt = 0$ no eixo dos y (em que $x = 0$) e, analogamente, $dy/dt = 0$ no eixo dos x (em que $y = 0$). Assim, nenhuma outra trajetória pode cruzar os eixos coordenados. Para um problema populacional, apenas fazem sentido valores não negativos de x e y; logo, podemos concluir que qualquer trajetória que comece no primeiro quadrante permanece aí para todo o sempre.

A **Figura 9.4.1** mostra um campo de direções para o sistema (3) no primeiro quadrante; os pontos pretos nessa figura são os pontos críticos, ou soluções de equilíbrio. Uma análise do campo de direções parece indicar que o ponto $\left(\frac{1}{2},\frac{1}{2}\right)$ atrai outras soluções e é, portanto, assintoticamente estável, enquanto os outros três pontos críticos são instáveis. Para confirmar essas conclusões, podemos considerar as aproximações lineares perto de cada ponto crítico.

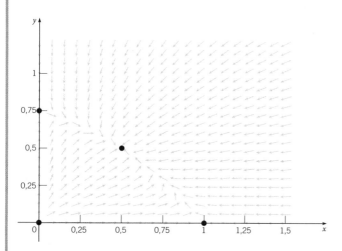

FIGURA 9.4.1 Pontos críticos e campo de direções para o sistema (3).

O sistema (3) é localmente linear em vizinhanças de cada ponto crítico. Existem duas maneiras de obter o sistema linear perto de um ponto crítico (X, Y). Primeira, podemos usar a substituição $x = X + u$, $y = Y + v$ nas Eqs. (3), retendo, apenas, os termos lineares em u e v. Ou, como vimos na Seção 9.3, podemos calcular a matriz jacobiana **J** em cada ponto crítico para obter a matriz de coeficientes do sistema linear; veja a Eq. (13) na Seção 9.3. Quando tivermos que investigar diversos pontos críticos, será melhor usar, em geral, a matriz jacobiana. Para o sistema (3), temos

$$F(x,y) = x(1-x-y), \quad G(x,y) = y(0,75 - y - 0,5x), \quad (6)$$

logo

$$\mathbf{J} = \mathbf{J}[F,G](x,y) = \begin{pmatrix} 1-2x-y & -x \\ -0,5y & 0,75-2y-0,5x \end{pmatrix}. \quad (7)$$

Examinaremos cada ponto crítico por vez.

(x, y) = (0, 0). Este ponto crítico corresponde ao estado em que nenhuma das espécies está presente. Para determinar o que ocorre perto da origem, fazemos $x = y = 0$ na Eq. (7), o que nos leva ao sistema linear correspondente

$$\frac{d}{dt}\begin{pmatrix} x \\ y \end{pmatrix} = \begin{pmatrix} 1 & 0 \\ 0 & 0,75 \end{pmatrix}\begin{pmatrix} x \\ y \end{pmatrix}. \quad (8)$$

Os autovalores e autovetores do sistema (8) são

$$r_1 = 1, \quad \boldsymbol{\xi}^{(1)} = \begin{pmatrix} 1 \\ 0 \end{pmatrix}; \quad r_2 = 0,75, \quad \boldsymbol{\xi}^{(2)} = \begin{pmatrix} 0 \\ 1 \end{pmatrix}, \quad (9)$$

de modo que a solução geral do sistema é

$$\begin{pmatrix} x \\ y \end{pmatrix} = c_1 \begin{pmatrix} 1 \\ 0 \end{pmatrix} e^t + c_2 \begin{pmatrix} 0 \\ 1 \end{pmatrix} e^{0,75t}. \quad (10)$$

Assim, a origem é um nó instável de ambos os sistemas, do linear (8) e do não linear (3). Em uma vizinhança da origem, como $r_1 = 1$ é o autovalor dominante, todas as trajetórias são tangentes ao eixo dos y, exceto por uma trajetória que está contida no eixo dos x. Se uma ou ambas as espécies estiverem presentes em número pequeno, a população ou as populações crescerão.

(x, y) = (1, 0). Este ponto corresponde a um estado em que a espécie x sobrevive à competição, mas a espécie y, não. Calculando **J** da Eq. (7) em (1, 0), vemos que o sistema linear correspondente é

$$\frac{d}{dt}\begin{pmatrix} u \\ v \end{pmatrix} = \begin{pmatrix} -1 & -1 \\ 0 & 1/4 \end{pmatrix}\begin{pmatrix} u \\ v \end{pmatrix}. \quad (11)$$

Seus autovalores e autovetores são

$$r_1 = -1, \quad \boldsymbol{\xi}^{(1)} = \begin{pmatrix} 1 \\ 0 \end{pmatrix}; \quad r_2 = 1/4, \quad \boldsymbol{\xi}^{(2)} = \begin{pmatrix} 4 \\ -5 \end{pmatrix}, \quad (12)$$

e sua solução geral é

$$\begin{pmatrix} u \\ v \end{pmatrix} = c_1 \begin{pmatrix} 1 \\ 0 \end{pmatrix} e^{-t} + c_2 \begin{pmatrix} 4 \\ -5 \end{pmatrix} e^{t/4}. \quad (13)$$

Como os autovalores têm sinais opostos, o ponto (1, 0) é um ponto de sela e, portanto, é um ponto de equilíbrio instável do sistema linear (11) e do sistema não linear (3). O comportamento das trajetórias perto de (1, 0) pode ser visto da Eq. (13). Se $c_2 = 0$, então existe um par de trajetórias que se aproximam do ponto crítico ao longo do eixo dos x. Em outras palavras, se a população y for inicialmente nula, então permanecerá nula para sempre. Todas as outras trajetórias se afastam de uma vizinhança de (1, 0); se y for inicialmente pequeno e positivo, então a população y aumentará com o tempo. Quando $t \to -\infty$, uma trajetória tende ao ponto de sela tangente ao autovetor $\boldsymbol{\xi}^{(2)}$, cuja inclinação é $-5/4$.

(x, y) = $\left(0, \frac{3}{4}\right)$. Este ponto crítico corresponde a um estado em que a espécie y está presente, mas a espécie x, não. A análise é semelhante à análise para o ponto (1, 0). O sistema linear correspondente é

$$\frac{d}{dt}\begin{pmatrix} u \\ v \end{pmatrix} = \begin{pmatrix} 0,25 & 0 \\ -0,375 & -0,75 \end{pmatrix}\begin{pmatrix} u \\ v \end{pmatrix}. \quad (14)$$

Os autovalores e autovetores são

$$r_1 = \frac{1}{4}, \quad \boldsymbol{\xi}^{(1)} = \begin{pmatrix} 8 \\ -3 \end{pmatrix}; \quad r_2 = -\frac{3}{4}, \quad \boldsymbol{\xi}^{(2)} = \begin{pmatrix} 0 \\ 1 \end{pmatrix}, \quad (15)$$

de modo que a solução geral da Eq. (14) é

$$\begin{pmatrix} u \\ v \end{pmatrix} = c_1 \begin{pmatrix} 8 \\ -3 \end{pmatrix} e^{t/4} + c_2 \begin{pmatrix} 0 \\ 1 \end{pmatrix} e^{-3t/4}. \quad (16)$$

Logo, o ponto (0; 3/4) também é um ponto de sela. Todas as trajetórias deixam uma vizinhança desse ponto, exceto um par que se aproxima ao longo do eixo dos y. A trajetória que tende ao ponto de sela quando $t \to -\infty$ é tangente à reta com coeficiente angular $-3/8 = -0,375$ determinada pelo autovetor $\boldsymbol{\xi}^{(1)}$. Se a população x for inicialmente nula, permanecerá nula, mas uma população x pequena e positiva aumentará.

$(x, y) = \left(\dfrac{1}{2}, \dfrac{1}{2}\right)$. Este ponto crítico corresponde a um estado de equilíbrio misto, ou de **coexistência**, na competição entre as duas espécies. Os autovalores e autovetores do sistema linear correspondente

$$\frac{d}{dt}\begin{pmatrix} u \\ v \end{pmatrix} = \begin{pmatrix} -0,5 & -0,5 \\ -0,25 & -0,5 \end{pmatrix}\begin{pmatrix} u \\ v \end{pmatrix} \quad (17)$$

são

$$r_1 = \frac{1}{4}(-2 + \sqrt{2}) \cong -0,146, \quad \xi^{(1)} = \begin{pmatrix} \sqrt{2} \\ -1 \end{pmatrix};$$

$$r_2 = \frac{1}{4}(-2 - \sqrt{2}) \cong -0,854, \quad \xi^{(2)} = \begin{pmatrix} \sqrt{2} \\ 1 \end{pmatrix}. \quad (18)$$

Portanto, a solução geral da Eq. (17) é

$$\begin{pmatrix} u \\ v \end{pmatrix} = c_1 \begin{pmatrix} \sqrt{2} \\ -1 \end{pmatrix} e^{-0,146t} + c_2 \begin{pmatrix} \sqrt{2} \\ 1 \end{pmatrix} e^{-0,854t}. \quad (19)$$

Como ambos os autovalores são negativos, o ponto crítico (1/2, 1/2) é um nó assintoticamente estável do sistema (17) e do sistema não linear (3). Todas as trajetórias próximas se aproximam do ponto crítico quando $t \to \infty$. Um par de trajetórias tende ao ponto crítico ao longo da reta com coeficiente angular $\sqrt{2}/2 \cong 0,707$ determinada pelo autovetor $\xi^{(2)}$. Todas as outras trajetórias tendem ao ponto crítico tangencialmente à reta com coeficiente angular $-\sqrt{2}/2 \cong -0,707$ definida pelo autovetor $\xi^{(1)}$.

A **Figura 9.4.2** mostra um retrato de fase do sistema (3). Olhando bem de perto as trajetórias próximas de cada ponto crítico, você pode ver que elas se comportam da maneira prevista pelo sistema linear perto daquele ponto. Além disso, note que os termos quadráticos à direita do sinal de igualdade na Eq. (3) são todos negativos. Como esses são os termos dominantes para x e y positivos e grandes, segue que, longe da origem no primeiro quadrante, ambos x' e y' são negativos, ou seja, as trajetórias estão orientadas para dentro. Logo, todas as trajetórias que começam em um ponto (x_0, y_0) com $x_0 > 0$ e $y_0 > 0$ vão acabar tendendo ao ponto (0,5; 0,5). Em outras palavras, todo o primeiro quadrante é a bacia de atração para (0,5; 0,5).

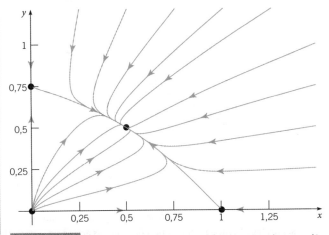

FIGURA 9.4.2 Retrato de fase do sistema (3). O ponto crítico em (0, 0) é um nó instável, os pontos críticos em (1, 0) e (0, 3/4) são pontos de sela e o ponto em (1/2, 1/2) é um nó assintoticamente estável.

EXEMPLO 9.4.2

Discuta o comportamento qualitativo das soluções do sistema

$$\begin{aligned} \frac{dx}{dt} &= x(1 - x - y), \\ \frac{dy}{dt} &= y(0,5 - 0,25y - 0,75x), \end{aligned} \quad (20)$$

em que x e y não são negativos. Observe que este sistema é, também, um caso particular do sistema (2) para duas espécies em competição.

Solução:

Mais uma vez, existem quatro pontos críticos, a saber, (0, 0), (1, 0), (0, 2) e (0,5; 0,5), correspondendo às posições de equilíbrio do sistema (20). A **Figura 9.4.3** mostra um campo de direções para o sistema (20), juntamente com os quatro pontos críticos. O campo de direções parece indicar que a solução de equilíbrio misto (0,5; 0,5) é um ponto de sela e, portanto, instável, enquanto os pontos (1; 0) e (0; 2) são assintoticamente estáveis. Assim, para a competição descrita pelas Eqs. (20), uma espécie vai acabar sobrepujando a outra, levando-a à extinção. A espécie sobrevivente é determinada pelo estado inicial do sistema. Para confirmar essas conclusões, vamos considerar as aproximações lineares perto de cada ponto crítico. Vamos registrar a matriz jacobiana **J** do sistema (20) para usar mais tarde:

$$\mathbf{J} = \begin{pmatrix} F_x(x,y) & F_y(x,y) \\ G_x(x,y) & G_y(x,y) \end{pmatrix} = \begin{pmatrix} 1 - 2x - y & -x \\ -0,75y & 0,5 - 0,5y - 0,75x \end{pmatrix}. \quad (21)$$

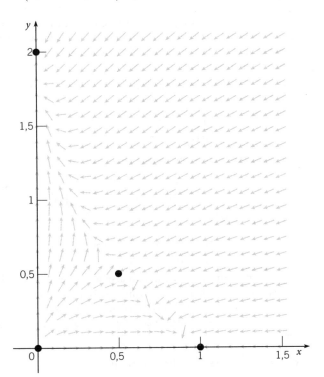

FIGURA 9.4.3 Pontos críticos e campo de direções para o sistema (20).

$(x, y) = (0, 0)$. Usando a matriz jacobiana **J** da Eq. (21) calculada em (0, 0), obtemos o sistema linear

$$\frac{d}{dt}\begin{pmatrix} x \\ y \end{pmatrix} = \begin{pmatrix} 1 & 0 \\ 0 & 0,5 \end{pmatrix}\begin{pmatrix} x \\ y \end{pmatrix}, \quad (22)$$

que é válido perto da origem. Os autovalores e autovetores do sistema (22) são

$$r_1 = 1, \quad \boldsymbol{\xi}^{(1)} = \begin{pmatrix} 1 \\ 0 \end{pmatrix}; \quad r_2 = 0,5, \quad \boldsymbol{\xi}^{(2)} = \begin{pmatrix} 0 \\ 1 \end{pmatrix}, \quad (23)$$

de modo que a solução geral é

$$\begin{pmatrix} x \\ y \end{pmatrix} = c_1 \begin{pmatrix} 1 \\ 0 \end{pmatrix} e^t + c_2 \begin{pmatrix} 0 \\ 1 \end{pmatrix} e^{0,5t}. \quad (24)$$

Portanto, a origem é um nó instável do sistema linear (22) e, também, do sistema não linear (20). Todas as trajetórias deixam a origem tangencialmente ao eixo dos y, exceto por uma trajetória que está contida no eixo dos x.

(x, y) = (1, 0). O sistema linear correspondente é

$$\frac{d}{dt}\begin{pmatrix} u \\ v \end{pmatrix} = \begin{pmatrix} -1 & -1 \\ 0 & -0,25 \end{pmatrix}\begin{pmatrix} u \\ v \end{pmatrix}. \quad (25)$$

Seus autovalores e autovetores são

$$r_1 = -1, \quad \boldsymbol{\xi}^{(1)} = \begin{pmatrix} 1 \\ 0 \end{pmatrix}; \quad r_2 = -0,25, \quad \boldsymbol{\xi}^{(2)} = \begin{pmatrix} 4 \\ -3 \end{pmatrix}, \quad (26)$$

e sua solução geral é

$$\begin{pmatrix} u \\ v \end{pmatrix} = c_1 \begin{pmatrix} 1 \\ 0 \end{pmatrix} e^{-t} + c_2 \begin{pmatrix} 4 \\ -3 \end{pmatrix} e^{-0,25t}. \quad (27)$$

O ponto (1, 0) é um nó assintoticamente estável do sistema linear (25) e do sistema não linear (20). Se os valores iniciais de x e y estiverem suficientemente próximos de (1, 0), então o processo de interação irá chegar, finalmente, àquele estado — ou seja, à sobrevivência da espécie x e à extinção da espécie y. Existe um par de trajetórias que tendem ao ponto crítico ao longo do eixo dos x. Todas as outras trajetórias tendem a (1, 0) tangencialmente à reta com coeficiente angular $-3/4$ determinada pelo autovetor $\boldsymbol{\xi}^{(2)}$.

(x, y) = (0, 2). A análise, nesse caso, é semelhante à análise para o ponto (1, 0). O sistema linear apropriado é

$$\frac{d}{dt}\begin{pmatrix} u \\ v \end{pmatrix} = \begin{pmatrix} -1 & 0 \\ -1,5 & -0,5 \end{pmatrix}\begin{pmatrix} u \\ v \end{pmatrix}. \quad (28)$$

Os autovalores e autovetores desse sistema são

$$r_1 = -1, \quad \boldsymbol{\xi}^{(1)} = \begin{pmatrix} 1 \\ 3 \end{pmatrix}; \quad r_2 = -0,5, \quad \boldsymbol{\xi}^{(2)} = \begin{pmatrix} 0 \\ 1 \end{pmatrix}, \quad (29)$$

e sua solução geral é

$$\begin{pmatrix} u \\ v \end{pmatrix} = c_1 \begin{pmatrix} 1 \\ 3 \end{pmatrix} e^{-t} + c_2 \begin{pmatrix} 0 \\ 1 \end{pmatrix} e^{-0,5t}. \quad (30)$$

Logo, o ponto crítico (0, 2) é um nó assintoticamente estável do sistema linear (28) e do sistema não linear (20). Todas as trajetórias próximas tendem ao ponto crítico tangente ao eixo dos y, exceto por uma trajetória que se aproxima ao longo da reta com coeficiente angular 3.

(x, y) = $\left(\frac{1}{2}, \frac{1}{2}\right)$. O sistema linear correspondente é

$$\frac{d}{dt}\begin{pmatrix} u \\ v \end{pmatrix} = \begin{pmatrix} -0,5 & -0,5 \\ -0,375 & -0,125 \end{pmatrix}\begin{pmatrix} u \\ v \end{pmatrix}. \quad (31)$$

Os autovalores e autovetores são

$$r_1 = \frac{1}{16}\left(-5 + \sqrt{57}\right) \cong 0,1594,$$

$$\boldsymbol{\xi}^{(1)} = \left(\frac{1}{8}\left(-3 - \sqrt{57}\right)\right) \cong \begin{pmatrix} 1 \\ -1,3187 \end{pmatrix},$$

$$r_2 = \frac{1}{16}\left(-5 - \sqrt{57}\right) \cong -0,7844,$$

$$\boldsymbol{\xi}^{(2)} = \left(\frac{1}{8}\left(-3 + \sqrt{57}\right)\right) \cong \begin{pmatrix} 1 \\ 0,5687 \end{pmatrix}, \quad (32)$$

de modo que a solução geral é

$$\begin{pmatrix} u \\ v \end{pmatrix} = c_1 \begin{pmatrix} 1 \\ -1,3187 \end{pmatrix} e^{0,1594t} + c_2 \begin{pmatrix} 1 \\ 0,5687 \end{pmatrix} e^{-0,7844t}. \quad (33)$$

Como os autovalores têm sinais opostos, o ponto crítico (0,5; 0,5) é um ponto de sela e, portanto, instável, como tínhamos deduzido anteriormente. Todas as trajetórias se afastam da vizinhança do ponto crítico, exceto por um par que tende ao ponto de sela quando $t \to \infty$. Ao se aproximarem do ponto crítico, as trajetórias entram tangencialmente à reta com coeficiente angular $(\sqrt{57} - 3)/8 \cong 0,5687$, determinada pelo autovetor $\boldsymbol{\xi}^{(2)}$. Existe também um par de trajetórias que tendem ao ponto de sela quando $t \to -\infty$. Essas trajetórias são tangentes à reta com coeficiente angular $-1,3187$ correspondente a $\boldsymbol{\xi}^{(1)}$.

A **Figura 9.4.4** mostra um retrato de fase do sistema (20). Perto de cada ponto crítico, as trajetórias do sistema não linear se comportam como previsto pela aproximação linear correspondente. De interesse especial é o par de trajetórias que entram no ponto de sela. Essas trajetórias formam uma separatriz que divide o primeiro quadrante em duas bacias de atração. As trajetórias começando acima da separatriz acabam se aproximando do nó em (0, 2), enquanto as trajetórias começando abaixo da separatriz tendem ao nó em (1, 0). Se o ponto inicial pertencer à separatriz, então a solução (x, y) tenderá ao ponto de sela quando $t \to \infty$. No entanto, a menor perturbação do ponto (x, y) ao seguir essa trajetória irá deslocar o ponto da separatriz e fará com que ele se aproxime de um dos dois nós. Logo, na prática, uma espécie vai sobreviver à competição, e a outra não.

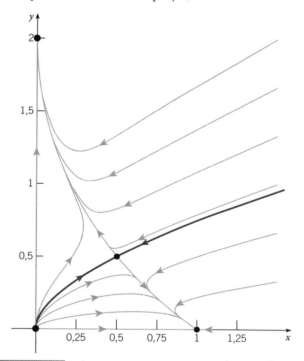

FIGURA 9.4.4 Retrato de fase do sistema (20). A curva cinza-escura é a separatriz. Soluções com condições iniciais acima da separatriz tendem ao ponto crítico (0, 2). Soluções com condições iniciais abaixo da separatriz tendem ao ponto crítico (1, 0). O ponto crítico (0, 0) é um nó instável e o ponto (1/2, 1/2) é um ponto de sela.

Os Exemplos 9.4.1 e 9.4.2 mostram que, em alguns casos, a competição entre duas espécies leva a um estado de equilíbrio de coexistência, enquanto, em outros casos, a competição resulta, finalmente, na extinção de uma das espécies. Para compreender mais claramente como e por que isso acontece, e para aprender como prever qual situação vai ocorrer, vamos considerar, mais uma vez, o sistema geral (2). Existem quatro casos a serem considerados, dependendo da orientação relativa das retas

$$\epsilon_1 - \sigma_1 x - \alpha_1 y = 0 \quad \text{e} \quad \epsilon_2 - \sigma_2 y - \alpha_2 x = 0, \quad (34)$$

como mostra a **Figura 9.4.5**. Essas retas são chamadas, respectivamente, de **retas de crescimento nulo**[5] de x e de y do sistema (2), já que x' se anula na primeira e y' se anula na segunda. Em cada um dos quatro casos na Figura 9.4.5, a reta de crescimento nulo de x é a reta sólida e a de y é a reta tracejada.

Denote por (X, Y) qualquer ponto crítico em qualquer um dos quatro casos. Como nos Exemplos 9.4.1 e 9.4.2, o sistema (2) é localmente linear em uma vizinhança deste ponto, já que a expressão à direita do sinal de igualdade em cada equação diferencial é um polinômio de grau 2. Para estudar o sistema (2) em uma vizinhança deste ponto crítico, vamos considerar o sistema linear correspondente obtido da Eq. (13) da Seção 9.3:

$$\frac{d}{dt}\begin{pmatrix} u \\ v \end{pmatrix} = \begin{pmatrix} \epsilon_1 - 2\sigma_1 X - \alpha_1 Y & -\alpha_1 X \\ -\alpha_2 Y & \epsilon_2 - 2\sigma_2 Y - \alpha_2 X \end{pmatrix}\begin{pmatrix} u \\ v \end{pmatrix}. \quad (35)$$

Vamos usar agora a Eq. (35) para determinar as condições sob as quais o modelo descrito pelas Eqs. (2) permite a coexistência das duas espécies x e y. Dos quatro casos possíveis ilustrados na Figura 9.4.5, a coexistência só é possível nos casos (c) e (d). Nestes casos, os valores não nulos de X e Y são obtidos resolvendo-se as equações algébricas (34); o resultado é

$$X = \frac{\epsilon_1 \sigma_2 - \epsilon_2 \alpha_1}{\sigma_1 \sigma_2 - \alpha_1 \alpha_2}, \quad Y = \frac{\epsilon_2 \sigma_1 - \epsilon_1 \alpha_2}{\sigma_1 \sigma_2 - \alpha_1 \alpha_2}. \quad (36)$$

Além disso, como $\epsilon_1 - \sigma_1 X - \alpha_1 Y = 0$ e $\epsilon_2 - \sigma_2 Y - \alpha_2 X = 0$, a Eq. (35) se reduz, imediatamente, a

$$\frac{d}{dt}\begin{pmatrix} u \\ v \end{pmatrix} = \begin{pmatrix} -\sigma_1 X & -\alpha_1 X \\ -\alpha_2 Y & -\sigma_2 Y \end{pmatrix}\begin{pmatrix} u \\ v \end{pmatrix}. \quad (37)$$

Os autovalores do sistema (37) são encontrados a partir da equação

$$r^2 + (\sigma_1 X + \sigma_2 Y)r + (\sigma_1 \sigma_2 - \alpha_1 \alpha_2)XY = 0. \quad (38)$$

Logo

$$r_1, r_2 = \frac{-(\sigma_1 X + \sigma_2 Y) \pm \sqrt{(\sigma_1 X + \sigma_2 Y)^2 - 4(\sigma_1 \sigma_2 - \alpha_1 \alpha_2)XY}}{2}. \quad (39)$$

Se $\sigma_1 \sigma_2 - \alpha_1 \alpha_2 < 0$, então o radicando na Eq. (39) é positivo e maior do que $(\sigma_1 X + \sigma_2 Y)^2$. Logo, os autovalores são reais e de sinais opostos. Em consequência, o ponto crítico (X, Y) é um ponto de sela (instável) e a coexistência não é possível. Este é

---

[5]A reta vertical $x = 0$ também é uma reta de crescimento nulo para o sistema (2). A reta horizontal $y = 0$ também é uma reta de crescimento nulo para o sistema (2).

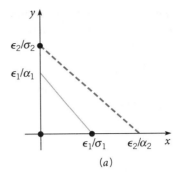

(a)

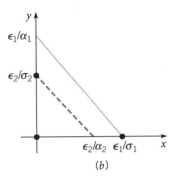

(b)

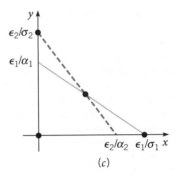

(c)

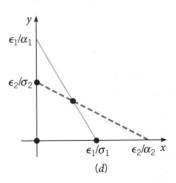

(d)

FIGURA 9.4.5 Quatro casos para o sistema (2) de espécies em competição. A reta de crescimento nulo de x é a reta sólida, e a de y é a reta tracejada.

o caso no Exemplo 9.4.2, no qual $\sigma_1 = 1$, $\alpha_1 = 1$, $\sigma_2 = 0{,}25$, $\alpha_2 = 0{,}75$ e $\sigma_1\sigma_2 - \alpha_1\alpha_2 = -0{,}5$.

Por outro lado, se $\sigma_1\sigma_2 - \alpha_1\alpha_2 > 0$, então o radicando na Eq. (39) é menor do que $(\sigma_1 X + \sigma_2 Y)^2$. Portanto, os autovalores são reais negativos e distintos, ou complexos conjugados com parte real negativa. Uma análise direta do radicando na Eq. (39) mostra que os autovalores não podem ser complexos (veja

298 Capítulo 9

o Problema 5). Portanto, o ponto crítico é um nó assintoticamente estável, e uma coexistência sustentável é possível. Isso está ilustrado no Exemplo 9.4.1, em que $\sigma_1 = 1$, $\alpha_1 = 1$, $\sigma_2 = 1$, $\alpha_2 = \dfrac{1}{2}$ e $\sigma_1\sigma_2 - \alpha_1\alpha_2 = \dfrac{1}{2}$.

Vamos relacionar este resultado com as Figuras 9.4.5(c) e 9.4.5(d). Na Figura 9.4.5(c), temos

$$\frac{\epsilon_1}{\sigma_1} > \frac{\epsilon_2}{\alpha_2} \text{ ou } \epsilon_1\alpha_2 > \epsilon_2\sigma_1 \text{ e } \frac{\epsilon_2}{\sigma_2} > \frac{\epsilon_1}{\alpha_1} \text{ ou } \epsilon_2\alpha_1 > \epsilon_1\sigma_2. \quad (40)$$

Estas desigualdades, acopladas à condição de que X e Y dados pela Eq. (36) são positivos, nos levam à desigualdade $\sigma_1\sigma_2 < \alpha_1\alpha_2$. Logo, nesse caso, o ponto crítico é um ponto de sela. Por outro lado, na Figura 9.4.5(d), temos

$$\frac{\epsilon_1}{\sigma_1} < \frac{\epsilon_2}{\alpha_2} \text{ ou } \epsilon_1\alpha_2 < \epsilon_2\sigma_1 \text{ e } \frac{\epsilon_2}{\sigma_2} < \frac{\epsilon_1}{\alpha_1} \text{ ou } \epsilon_2\alpha_1 < \epsilon_1\sigma_2. \quad (41)$$

A condição de que X e Y são positivos nos leva, agora, a $\sigma_1\sigma_2 > \alpha_1\alpha_2$. Portanto, o ponto crítico é assintoticamente estável. Para este caso, podemos mostrar, também, que os outros pontos críticos $(0, 0)$, $(\epsilon_1/\sigma_1, 0)$ e $(0, \epsilon_2/\sigma_2)$ são instáveis. Assim, para quaisquer valores iniciais positivos de x e y, as duas populações irão tender ao estado de equilíbrio de coexistência dado pelas Eqs. (36).

As Eqs. (2) fornecem a interpretação biológica do resultado de que a coexistência ocorrerá ou não, dependendo se $\sigma_1\sigma_2 - \alpha_1\alpha_2$ for positivo ou negativo. Os σ medem o efeito inibitório que o crescimento de cada população tem sobre si mesma, enquanto os α medem o efeito inibitório que o crescimento de cada população tem sobre a outra espécie. Então, quando $\sigma_1\sigma_2 > \alpha_1\alpha_2$, a interação (competição) é "fraca" e as espécies podem coexistir; quando $\sigma_1\sigma_2 < \alpha_1\alpha_2$, a interação (competição) é "forte" e as espécies não podem coexistir – uma tem de ser extinta.

Problemas

Cada um dos Problemas 1 a 4 pode ser interpretado como descrevendo a interação de duas espécies com populações x e y. Em cada um desses problemas, faça o seguinte:

    G a. Desenhe um campo de direções e descreva o comportamento das soluções.

    b. Encontre os pontos críticos.

    c. Para cada ponto crítico, encontre o sistema linear correspondente. Encontre os autovalores e autovetores do sistema linear; classifique cada ponto crítico em relação ao tipo e determine se é assintoticamente estável, estável ou instável.

    d. Esboce as trajetórias em uma vizinhança de cada ponto crítico.

    G e. Calcule e faça o gráfico de um número suficiente de trajetórias do sistema dado de modo a mostrar, claramente, o comportamento das soluções.

    f. Determine o comportamento limite de x e y quando $t \to \infty$ e interprete os resultados em termos das populações das duas espécies.

1. $dx/dt = x(1,5 - x - 0,5y)$
     $dy/dt = y(2 - y - 0,75x)$

2. $dx/dt = x(1,5 - x - 0,5y)$
     $dy/dt = y(2 - 0,5y - 1,5x)$

3. $dx/dt = x(1 - x - y)$
     $dy/dt = y(1,5 - y - x)$

4. $dx/dt = x(1 - x + 0,5y)$
     $dy/dt = y(2,5 - 1,5y + 0,25x)$

5.   Considere os autovalores dados pela Eq. (39) no texto. Mostre que

$$(\sigma_1 X + \sigma_2 Y)^2 - 4(\sigma_1\sigma_2 - \alpha_1\alpha_2)XY = (\sigma_1 X - \sigma_2 Y)^2 + 4\alpha_1\alpha_2 XY.$$

Conclua, então, que os autovalores nunca podem ser complexos.

6.   Duas espécies de peixe que competem por comida, mas não caçam um ao outro, são o *lepomis macrochirus*, um peixe de água fresca e cor azulada que habita águas norte-americanas, que chamaremos de peixe azulado, e *lepomis microlophus*, um peixe do sudeste e centro dos Estados Unidos com guelra vermelha-brilhante que chamaremos de vermelhão. Suponha que um lago contém esses dois tipos de peixes, e denote por x e y, respectivamente, as populações de peixe azulado e de vermelhão no instante t. Suponha, ainda, que a competição é modelada pelas equações

$$\frac{dx}{dt} = x(\epsilon_1 - \sigma_1 x - \alpha_1 y), \frac{dy}{dt} = y(\epsilon_2 - \sigma_2 y - \alpha_2 x).$$

    a. Se $\epsilon_2/\alpha_2 > \epsilon_1/\sigma_1$ e $\epsilon_2/\sigma_2 > \epsilon_1/\alpha_1$, mostre que as únicas populações de equilíbrio no lago são: sem as duas espécies, sem o peixe azulado ou sem o vermelhão. O que vai acontecer para valores grandes de t?

    b. Se $\epsilon_1/\sigma_1 > \epsilon_2/\alpha_2$ e $\epsilon_1/\alpha_1 > \epsilon_2/\sigma_2$, mostre que as únicas populações de equilíbrio no lago são: sem as duas espécies, sem o vermelhão ou sem o peixe azulado. O que vai acontecer para valores grandes de t?

7.   Considere a competição entre o peixe azulado e o vermelhão mencionada no Problema 6. Suponha que $\epsilon_2/\alpha_2 > \epsilon_1/\sigma_1$ e $\epsilon_1/\alpha_1 > \epsilon_2/\sigma_2$, de modo que, como mostrado no texto, existe um ponto de equilíbrio estável no qual ambas as espécies podem coexistir. É conveniente reescrever as equações diferenciais do Problema 6 em termos das capacidades de sustentação do lago para o peixe azulado ($B = \epsilon_1/\sigma_1$) na ausência de vermelhão e para o vermelhão ($R = \epsilon_2/\sigma_2$) na ausência do peixe azulado.

    a. Mostre que as equações do Problema 6 tomam a forma

$$\frac{dx}{dt} = \epsilon_1 x\left(1 - \frac{1}{B}x - \frac{\gamma_1}{B}y\right), \frac{dy}{dt} = \epsilon_2 y\left(1 - \frac{1}{R}y - \frac{\gamma_2}{R}x\right),$$

    em que $\gamma_1 = \alpha_1/\sigma_1$ e $\gamma_2 = \alpha_2/\sigma_2$. Determine o ponto de equilíbrio de coexistência (X, Y) em função de B, R, γ_1 e γ_2.

    b. Suponha, agora, que um pescador só pesca o peixe azulado, o que reduz B. Qual o efeito disso nas populações de equilíbrio? É possível reduzir a população do peixe azulado por meio da pesca a tal nível que serão extintos?

8.   Considere o sistema (2) e suponha que $\sigma_1\sigma_2 - \alpha_1\alpha_2 = 0$.

    a. Encontre todos os pontos críticos do sistema. Observe que o resultado depende se $\sigma_1\epsilon_2 - \alpha_2\epsilon_1$ é nulo ou não.

    b. Se $\sigma_1\epsilon_2 - \alpha_2\epsilon_1 > 0$, classifique cada ponto crítico e determine se é assintoticamente estável, estável ou instável. Note que o Problema 3 é desse tipo. Depois, faça o mesmo quando $\sigma_1\epsilon_2 - \alpha_2\epsilon_1 < 0$.

    c. Analise a natureza das trajetórias quando $\sigma_1\epsilon_2 - \alpha_2\epsilon_1 = 0$.

9.   Considere o sistema (3) no Exemplo 9.4.1 do texto. Lembre-se de que este sistema tem um ponto crítico assintoticamente estável em $(0,5; 0,5)$, correspondente à coexistência estável das populações

das duas espécies. Suponha, agora, que a imigração ou emigração ocorrem com taxas constantes δa e δb para as espécies x e y, respectivamente. Nesse caso, as Eqs. (3) são substituídas por

$$\frac{dx}{dt}=x(1-x-y)+\delta a, \quad \frac{dy}{dt}=\frac{y}{4}(3-4y-2x)+\delta b. \quad (42)$$

O problema é saber qual o efeito disso na localização do ponto de equilíbrio estável.

a. Para encontrar o novo ponto crítico, precisamos resolver as equações

$$x(1-x-y)+\delta a=0,$$
$$\frac{y}{4}(3-4y-2x)+\delta b=0. \quad (43)$$

Um modo de fazer isso é supor que x e y são dados por séries de potências no parâmetro δ; então,

$$x=x_0+x_1\delta+\cdots, \quad y=y_0+y_1\delta+\cdots \quad (44)$$

Substitua as Eqs. (44) nas Eqs. (43) e junte os termos de acordo com as potências de δ.

b. Dos termos constantes (os termos que não envolvem δ), mostre que $x_0=0,5$ e $y_0=0,5$, confirmando que, na falta de imigração ou emigração, o ponto crítico é (0,5; 0,5).

c. Dos termos lineares em δ, mostre que

$$x_1=4a-4b, \quad y_1=-2a+4b. \quad (45)$$

d. Suponha que $a>0$ e $b>0$, de modo que a imigração ocorre para ambas as espécies. Mostre que a solução de equilíbrio resultante pode representar um aumento nas duas populações, ou um acréscimo em uma e um decréscimo em outra. Explique, intuitivamente, por que esse é um resultado razoável.

10. O sistema

$$x'=-y, \quad y'=-\gamma y-x(x-0,15)(x-2)$$

resulta de uma aproximação das equações de Hodgkin-Huxley,[6] que modelam a transmissão de impulsos neurais ao longo de um axônio.*

a. Encontre os pontos críticos e classifique-os, investigando o sistema linear aproximado perto de cada um.
Ⓖ b. Desenhe os retratos de fase para $\gamma=0,8$ e $\gamma=1,5$.
Ⓖ c. Considere a trajetória que sai do ponto crítico (2, 0). Encontre o valor de γ para o qual esta trajetória se aproxima da origem quando $t\to\infty$. Desenhe um retrato de fase para este valor de γ.

Pontos de Bifurcação. Considere o sistema

$$x'=F(x,y,\alpha), \quad y'=G(x,y,\alpha), \quad (46)$$

em que α é um parâmetro. As equações

$$F(x,y,\alpha)=0, \quad G(x,y,\alpha)=0 \quad (47)$$

determinam as retas de crescimento nulo de x e de y, respectivamente; qualquer ponto em que as retas de crescimento nulo de x e de y se interceptam é um ponto crítico. Quando α varia e as configurações das retas de crescimento nulo mudam, pode acontecer que, para determinado valor de α, dois pontos críticos se juntem formando um só. Quando α continuar variando, esse ponto crítico pode se separar

novamente em dois ou pode desaparecer completamente. Ou o processo pode acontecer ao contrário: para determinado valor de α, duas retas de crescimento nulo que não se encontravam podem se interceptar criando um ponto crítico e, quando α continua a variar, esse ponto pode se dividir em dois. Um valor de α para o qual tal fenômeno ocorre é um ponto de bifurcação. Também é usual para um ponto crítico mudar seu tipo e suas propriedades de estabilidade em um ponto de bifurcação. Assim, tanto o número quanto o tipo dos pontos críticos podem variar abruptamente quando α passa por um ponto de bifurcação. Como o retrato de fase de um sistema depende muito da localização e da natureza dos pontos críticos, é essencial termos uma boa compreensão de bifurcações para se entender o comportamento global das soluções do sistema.

Nos Problemas 11 a 14:

a. Esboce as retas de crescimento nulo e descreva como os pontos críticos se movem quando α aumenta.
b. Encontre os pontos críticos.
Ⓖ c. Seja $\alpha=2$. Classifique cada ponto crítico investigando o sistema linear correspondente. Desenhe um retrato de fase em um retângulo contendo os pontos críticos.
Ⓖ d. Encontre o ponto de bifurcação α_0 no qual os pontos críticos coincidem. Localize este ponto crítico e encontre os autovalores do sistema linear aproximado. Desenhe um retrato de fase.
Ⓖ e. Para $\alpha>\alpha_0$, não existem pontos críticos. Escolha um desses valores de α e desenhe um retrato de fase.

11. $x'=-4x+y+x^2, \quad y'=\dfrac{3}{2}\alpha-y$

12. $x'=\dfrac{3}{2}\alpha-y, \quad y'=-4x+y+x^2$

13. $x'=-4x+y+x^2, \quad y'=-\alpha-x+y$

14. $x'=-\alpha-x+y, \quad y'=-4x+y+x^2$

Os Problemas 15 a 17 tratam de sistemas competitivos, bem semelhantes aos dos Exemplos 9.4.1 e 9.4.2, exceto que alguns coeficientes dependem de um parâmetro α. Em cada um desses problemas, suponha que x, y e α são sempre não negativos. Nos Problemas 15 a 17:

a. Esboce, à mão, as retas de crescimento nulo no primeiro quadrante, como na Figura 9.4.5. Para intervalos diferentes de α, seu esboço pode se assemelhar a partes diferentes da Figura 9.4.5.
b. Encontre os pontos críticos.
c. Determine os pontos de bifurcação.
d. Encontre a matriz jacobiana $\mathbf{J}$ e calcule-a em cada um dos pontos críticos.
e. Determine o tipo e as propriedades de estabilidade de cada ponto crítico. Dê atenção especial ao que acontece quando α passa por um ponto de bifurcação.
Ⓖ f. Desenhe retratos de fase para o sistema para valores selecionados de α para confirmar suas conclusões.

15. $dx/dt=x(1-x-y), \quad dy/dt=y(\alpha-y-0,5x)$

16. $dx/dt=x(1-x-y), \quad dy/dt=y(0,75-\alpha y-0,5x)$

17. $dx/dt=x(1-x-y), \quad dy/dt=y(\alpha-y-(2\alpha-1)x)$

---

[6]Sir Alan L. Hodgkin (1914-1998) e Sir Andrew F. Huxley (1917-2012), fisiologistas e biofísicos ingleses, estudaram a excitação e a transmissão de impulsos neurais na Cambridge University, na Inglaterra, e no Marine Biological Association Laboratory em Plymouth, nos Estados Unidos. Este trabalho foi ao mesmo tempo teórico (resultando em um sistema de equações diferenciais não lineares) e experimental (envolvendo medidas do axônio gigante da lula do Atlântico). Eles ganharam o prêmio Nobel em Fisiologia ou Medicina em 1963.

*N.T.: Prolongamento da célula nervosa; cilindro-eixo.

9.5 Equações Predador-Presa

Na seção precedente, discutimos um modelo de duas espécies que interagem competindo por um suprimento comum de comida ou outro recurso natural. Nesta seção, vamos investigar a situação em que uma das espécies (o predador) se alimenta da outra (a presa), enquanto a presa se alimenta de outro tipo de comida. Considere, por exemplo, raposas e coelhos em uma floresta fechada. As raposas caçam os coelhos, que vivem da vegetação na floresta. Outros exemplos são peixes que se alimentam dos vermelhões, que encontramos anteriormente, em um mesmo lago, ou joaninha como predador e pulgão como presa. Enfatizamos, mais uma vez, que um modelo envolvendo apenas duas espécies não pode descrever completamente as relações complexas que ocorrem, de fato, na natureza. Apesar disso, o estudo de modelos simples é o primeiro passo para a compreensão de fenômenos mais complicados.

Vamos denotar por x e y as populações da presa e do predador, respectivamente, em um instante t. Ao construir um modelo para a interação de duas espécies, fazemos as seguintes hipóteses:

1. Na ausência do predador, a população de presas aumenta a uma taxa proporcional à população atual; assim, $dx/dt = ax$, $a > 0$, quando $y = 0$.
2. Na ausência da presa, o predador é extinto; logo, $dy/dt = -cy$, $c > 0$, quando $x = 0$.
3. O número de encontros entre predador e presa é proporcional ao produto das duas populações. Cada um de tais encontros tende a promover o crescimento da população de predadores e a inibir o crescimento da população de presas. Então, a taxa de crescimento da população de predadores é aumentada por um termo da forma γxy, enquanto a taxa de crescimento para a população de presas é diminuída por um termo da forma $-\alpha xy$, em que γ e α são constantes positivas.

Em consequência dessas hipóteses, somos levados às equações

$$\frac{dx}{dt} = ax - \alpha xy = x(a - \alpha y),$$
$$\frac{dy}{dt} = -cy + \gamma xy = y(-c + \gamma x). \quad (1)$$

As constantes a, c, α e γ são todas positivas; a e c são as taxas de crescimento da população de presas e de morte da população de predadores, respectivamente, e α e γ são medidas do efeito da interação entre as duas espécies. As Eqs. (1) são chamadas de **equações de Lotka-Volterra**. Foram desenvolvidas em artigos escritos por Lotka[7] em 1925 e por Volterra[8] em 1926.

Embora essas equações sejam bem simples, elas caracterizam uma classe ampla de problemas. No fim desta seção e nos problemas, discutiremos maneiras de torná-las mais realistas. Nosso objetivo aqui é determinar o comportamento qualitativo das soluções (trajetórias) do sistema (1) para valores iniciais positivos arbitrários de x e de y. Vamos fazer isto primeiro para um exemplo específico e voltaremos, depois, no fim desta seção, às equações gerais (1).

EXEMPLO 9.5.1

Discuta as soluções do sistema

$$\frac{dx}{dt} = x(1 - 0{,}5y) = x - 0{,}5xy = F(x, y),$$
$$\frac{dy}{dt} = y(-0{,}75 + 0{,}25x) = -0{,}75y + 0{,}25xy = G(x, y) \quad (2)$$

para x e y positivos.

Solução:

Os pontos críticos deste sistema são as soluções das equações algébricas

$$x(1 - 0{,}5y) = 0, \quad y(-0{,}75 + 0{,}25x) = 0, \quad (3)$$

a saber, os pontos $(0, 0)$ e $(3, 2)$. A **Figura 9.5.1** mostra os pontos críticos e um campo de direções para o sistema (2). Esta figura parece indicar que as trajetórias no primeiro quadrante circulam em torno do ponto crítico $(3, 2)$. Não é possível determinar definitivamente do campo de direções se as trajetórias são de fato curvas fechadas ou se elas espiralam para dentro ou para fora. A origem parece ser um ponto de sela. Da mesma maneira que nas equações competitivas na Seção 9.4, os eixos coordenados são trajetórias das Eqs. (1) ou (2). Em consequência, nenhuma outra trajetória pode cruzar um eixo coordenado, o que significa que toda solução que começa no primeiro quadrante permanece aí para todo o sempre.

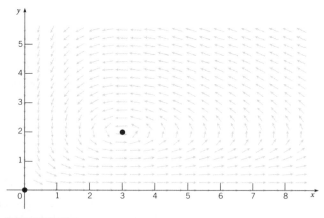

FIGURA 9.5.1 Pontos críticos e campo de direções para o sistema predador-presa (2).

---

[7] Alfred J. Lotka (1880-1949), um biofísico norte-americano, nasceu onde é hoje a Ucrânia, sendo que a maior parte de sua educação foi adquirida na Europa. É lembrado, principalmente, por sua formulação das equações de Lotka-Volterra. Foi também o autor, em 1924, do primeiro livro sobre biologia matemática, disponível, atualmente, com o título de *Elements of Mathematical Biology* (New York: Dover, 1956).

[8] Vito Volterra (1860-1940), um matemático italiano importante, foi catedrático em Pisa, Turim e Roma. É particularmente famoso por seu trabalho em equações integrais e análise funcional. De fato, uma das maiores classes de equações integrais leva seu nome; veja o Problema 16 da Seção 6.6. Sua teoria de espécies interagindo foi motivada por dados obtidos por um amigo, Humberto D'Ancona, relativos à pesca no Mar Adriático. Uma tradução (para o inglês) de seu artigo de 1926 pode ser encontrada em um apêndice do livro de R. N. Chapman, *Animal Ecology with Special Reference to Insects* (New York: McGraw-Hill, 1931).

Vamos examinar o comportamento local das soluções perto de cada ponto crítico.

(x, y) = (0, 0). Perto da origem, podemos desprezar os termos não lineares nas Eqs. (2) para obter o sistema linear correspondente

$$\frac{d}{dt}\begin{pmatrix} x \\ y \end{pmatrix} = \begin{pmatrix} 1 & 0 \\ 0 & -0{,}75 \end{pmatrix}\begin{pmatrix} x \\ y \end{pmatrix}. \quad (4)$$

Os autovalores e autovetores da Eq. (4) são

$$r_1 = 1, \quad \xi^{(1)} = \begin{pmatrix} 1 \\ 0 \end{pmatrix}; \quad r_2 = -0{,}75, \quad \xi^{(2)} = \begin{pmatrix} 0 \\ 1 \end{pmatrix}, \quad (5)$$

de modo que a solução geral é

$$\begin{pmatrix} x \\ y \end{pmatrix} = c_1 \begin{pmatrix} 1 \\ 0 \end{pmatrix} e^t + c_2 \begin{pmatrix} 0 \\ 1 \end{pmatrix} e^{-0{,}75t}. \quad (6)$$

Assim, a origem é um ponto de sela para ambos, o sistema linear (4) e o sistema não linear (2), portanto é instável. Uma trajetória entra na origem ao longo do eixo dos y; todas as outras trajetórias se afastam de uma vizinhança da origem.

(x, y) = (3, 2). Para examinar o ponto crítico (3, 2), podemos usar a matriz jacobiana

$$\mathbf{J} = \mathbf{J}[F,G](x,y) = \begin{pmatrix} F_x(x,y) & F_y(x,y) \\ G_x(x,y) & G_y(x,y) \end{pmatrix} = \\ = \begin{pmatrix} 1-0{,}5y & -0{,}5x \\ 0{,}25y & -0{,}75+0{,}25x \end{pmatrix}. \quad (7)$$

Calculando $\mathbf{J}$ no ponto (3, 2), obtemos o sistema linear

$$\frac{d}{dt}\begin{pmatrix} u \\ v \end{pmatrix} = \begin{pmatrix} 0 & -1{,}5 \\ 0{,}5 & 0 \end{pmatrix}\begin{pmatrix} u \\ v \end{pmatrix}, \quad (8)$$

em que $u = x - 3$ e $v = y - 2$. Os autovalores e autovetores deste sistema são

$$r_1 = \frac{\sqrt{3}i}{2}, \quad \xi^{(1)} = \begin{pmatrix} 1 \\ -i/\sqrt{3} \end{pmatrix}; \quad r_2 = -\frac{\sqrt{3}i}{2}, \quad \xi^{(2)} = \begin{pmatrix} 1 \\ i/\sqrt{3} \end{pmatrix}. \quad (9)$$

Como os autovalores são imaginários, o ponto crítico (3, 2) é centro do sistema linear (8) e, portanto, um ponto crítico estável para este sistema. Lembre-se, da Seção 9.3, de que este é um dos casos em que o comportamento do sistema linear pode não ser o mesmo do sistema não linear, de modo que a natureza do ponto (3, 2) para o sistema não linear (2) não pode ser determinada por esta informação.

A maneira mais simples de encontrar as trajetórias do sistema linear (8) é dividir a segunda das Eqs. (8) pela primeira, de modo a obter a equação diferencial

$$\frac{dv}{du} = \frac{dv/dt}{du/dt} = \frac{0{,}5u}{-1{,}5v} = -\frac{u}{3v},$$

ou

$$u\,du + 3v\,dv = 0. \quad (10)$$

Em consequência

$$u^2 + 3v^2 = k, \quad (11)$$

em que k é uma constante de integração não negativa arbitrária. Logo, as trajetórias do sistema linear (8) são elipses centradas no ponto crítico e um tanto alongadas na direção horizontal.

Vamos voltar para o sistema não linear (2). Dividindo a segunda das Eqs. (2) pela primeira, obtemos

$$\frac{dy}{dx} = \frac{y(-0{,}75+0{,}25x)}{x(1-0{,}5y)}. \quad (12)$$

A Eq. (12) é uma equação separável e pode ser colocada na forma

$$\frac{1-0{,}5y}{y}dy = \frac{-0{,}75+0{,}25x}{x}dx,$$

da qual segue que

$$0{,}75\ln x + \ln y - 0{,}5y - 0{,}25x = c, \quad (13)$$

em que c é uma constante de integração. Embora não possamos resolver a Eq. (13) explicitamente para qualquer uma das variáveis em função da outra usando apenas funções elementares, é possível mostrar que o gráfico da equação, para um valor fixo de c, é uma curva fechada em torno do ponto (3, 2). Logo, o ponto crítico também é um centro para o sistema não linear (2), e as populações de predadores e presas exibem uma variação cíclica.

A **Figura 9.5.2** mostra um retrato de fase para o sistema (2). Para algumas condições iniciais, a trajetória representa pequenas variações em x e y em torno do ponto crítico e tem uma forma quase elíptica, como sugere a análise linear. Para outras condições iniciais, as oscilações em x e y são mais pronunciadas, e a forma da trajetória é bem diferente de uma elipse. Observe que as trajetórias são percorridas no sentido anti-horário. A **Figura 9.5.3** mostra a dependência de x e y em t para a trajetória em cinza-escuro na Figura 9.5.2. Note que x e y são funções periódicas de t, como têm de ser, já que as trajetórias são curvas fechadas. Além disso, a oscilação da população predadora vem depois da oscilação de presas. Começando em um estado no qual ambas as populações, de predadores e de presas, são relativamente pequenas, há, primeiramente, um aumento no número de presas, uma vez que há poucos predadores. Então, a população de predadores, com comida abundante, também cresce, o que aumenta a caça e a população de presas tende a diminuir. Finalmente, com uma disponibilidade menor de comida, a população de predadores também diminui, e o sistema volta ao seu estado original. A partir daí a trajetória começa a se repetir.

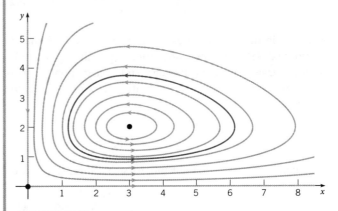

FIGURA 9.5.2 Retrato de fase para o sistema (2). O ponto crítico em (3, 2) é um centro e o ponto crítico em (0, 0) é um ponto de sela. Os gráficos das componentes para a curva em cinza-escuro com condições iniciais $x(0) = 2$ e $y(0) = 1$ estão ilustrados na Figura 9.5.3.

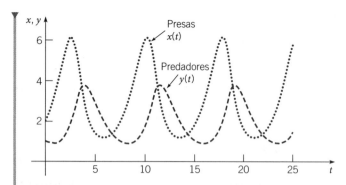

FIGURA 9.5.3 Variações nas populações de presas (curva cinza-escura pontilhada) e de predadores (curva cinza-escura tracejada) em relação ao tempo para o sistema (2) com condições iniciais $x(0) = 2$ e $y(0) = 1$.

O sistema geral (1) pode ser analisado exatamente do mesmo modo que no exemplo. Os pontos críticos do sistema (1) são as soluções de

$$x(a - \alpha y) = 0, \quad y(-c + \gamma x) = 0,$$

ou seja, os pontos $(0, 0)$ e $(c/\gamma, a/\alpha)$. Vamos examinar primeiro as soluções do sistema linear correspondente perto de cada ponto crítico.

Em uma vizinhança da origem, o sistema linear correspondente é

$$\frac{d}{dt}\begin{pmatrix} x \\ y \end{pmatrix} = \begin{pmatrix} a & 0 \\ 0 & -c \end{pmatrix}\begin{pmatrix} x \\ y \end{pmatrix}. \tag{14}$$

Os autovalores e autovetores são

$$r_1 = a, \quad \boldsymbol{\xi}^{(1)} = \begin{pmatrix} 1 \\ 0 \end{pmatrix}; \quad r_2 = -c, \quad \boldsymbol{\xi}^{(2)} = \begin{pmatrix} 0 \\ 1 \end{pmatrix}, \tag{15}$$

de modo que a solução geral é

$$\begin{pmatrix} x \\ y \end{pmatrix} = c_1 \begin{pmatrix} 1 \\ 0 \end{pmatrix} e^{at} + c_2 \begin{pmatrix} 0 \\ 1 \end{pmatrix} e^{-ct}. \tag{16}$$

Logo, a origem é um ponto de sela e, portanto, instável. A entrada no ponto de sela é por meio do semieixo (positivo) dos y; todas as outras trajetórias se afastam da vizinhança do ponto crítico.

A seguir, considere o ponto crítico $(c/\gamma, a/\alpha)$. A matriz jacobiana é

$$\mathbf{J} = \begin{pmatrix} a - \alpha y & -\alpha x \\ \gamma y & -c + \gamma x \end{pmatrix}.$$

Calculando $\mathbf{J}$ em $(c/\gamma, a/\alpha)$, obtemos o sistema linear aproximado

$$\frac{d}{dt}\begin{pmatrix} u \\ v \end{pmatrix} = \begin{pmatrix} 0 & -\alpha c/\gamma \\ \gamma a/\alpha & 0 \end{pmatrix}\begin{pmatrix} u \\ v \end{pmatrix}, \tag{17}$$

em que $u = x - c/\gamma$ e $v = y - a/\alpha$. Os autovalores do sistema (17) são $r = \pm i\sqrt{ac}$, de modo que o ponto crítico é um centro (estável) para o sistema linear. Para encontrar as trajetórias do sistema (17), podemos dividir a segunda equação pela primeira para obter

$$\frac{dv}{du} = \frac{dv/dt}{du/dt} = -\frac{(\gamma a/\alpha)u}{(\alpha c/\gamma)v}, \tag{18}$$

ou

$$\gamma^2 au\,du + \alpha^2 cv\,dv = 0. \tag{19}$$

Em consequência,

$$\gamma^2 au^2 + \alpha^2 cv^2 = k, \tag{20}$$

em que k é uma constante de integração não negativa. Logo, as trajetórias do sistema linear (17) são elipses, como no exemplo.

Voltando, rapidamente, ao sistema não linear (1), note que ele pode ser reduzido a uma única equação

$$\frac{dy}{dx} = \frac{dy/dt}{dx/dt} = \frac{y(-c + \gamma x)}{x(a - \alpha y)}. \tag{21}$$

A Eq. (21) é separável e tem a solução

$$a\ln y - \alpha y + c\ln x - \gamma x = C, \tag{22}$$

em que C é uma constante de integração. Novamente, é possível mostrar que, para C fixo, o gráfico da Eq. (22) é uma curva fechada em torno do ponto crítico $(c/\gamma, a/\alpha)$. Então, este ponto crítico também é um centro para o sistema geral não linear (1).

A variação cíclica das populações de predadores e de presas pode ser analisada em mais detalhe quando os desvios em relação ao ponto $(c/\gamma, a/\alpha)$ são pequenos e o sistema linear (17) pode ser usado. A solução do sistema (17) pode ser escrita na forma

$$u = \frac{c}{\gamma} K \cos\left(\sqrt{ac}\,t + \phi\right), \quad v = \frac{a}{\alpha}\sqrt{\frac{c}{a}} K \operatorname{sen}\left(\sqrt{ac}\,t + \phi\right), \tag{23}$$

em que as constantes K e ϕ são determinadas pelas condições iniciais. Assim,

$$\begin{aligned} x &= \frac{c}{\gamma} + \frac{c}{\gamma} K \cos\left(\sqrt{ac}\,t + \phi\right), \\ y &= \frac{a}{\alpha} + \frac{a}{\alpha}\sqrt{\frac{c}{a}} K \operatorname{sen}\left(\sqrt{ac}\,t + \phi\right). \end{aligned} \tag{24}$$

Essas equações são boas aproximações para as trajetórias quase elípticas perto do ponto crítico $(c/\gamma, a/\alpha)$. Podemos usá-las para tirar diversas conclusões sobre a variação cíclica das populações de predadores e de presas em tais trajetórias.

1. Os tamanhos das populações de predadores e de presas variam de forma senoidal com período $2\pi/\sqrt{ac}$. Este período de oscilação é independente das condições iniciais.
2. As populações de predadores e de presas estão defasadas por um quarto de ciclo. O número de presas varia primeiro e o número de predadores varia depois, como explicado no exemplo.
3. As amplitudes das oscilações são Kc/γ para a população de presas e $\sqrt{ac}K/\alpha$ para a de predadores e, portanto, dependem tanto das condições iniciais quanto dos parâmetros do problema.
4. As populações médias de predadores e de presas, em um ciclo completo, são c/γ e a/α, respectivamente. Elas são iguais às populações de equilíbrio; veja o Problema 10.

Variações cíclicas nas populações de predadores e de presas, como previstas pelas Eqs. (1), foram observadas na natureza.

Um exemplo impressionante foi descrito por Odum (p. 191-192); com base nos registros da Companhia Hudson's Bay do Canadá, a abundância de linces e de lebres, como indicada pelo número de peles compradas no período de 1845-1935, mostra uma clara variação periódica com período de 9 a 10 anos. Os picos de abundância são seguidos por declínios muito rápidos, e os picos de abundância de lince e de lebre estão defasados, com os picos das lebres antecedendo os picos dos linces por um ano ou mais.

Como o ponto crítico $(c/\gamma, a/\alpha)$ é um centro, esperamos que pequenas perturbações das equações de Lotka-Volterra possam levar a soluções que não são periódicas. Em outras palavras, a menos que as equações de Lotka-Volterra descrevam exatamente uma relação predador-presa, as flutuações das populações de fato podem ser muito diferentes das previstas pelas equações de Lotka-Volterra em razão de pequenas imprecisões nas equações do modelo. Isso levou a muitas tentativas[9] de substituir as equações de Lotka-Volterra por outros sistemas

menos suscetíveis a pequenas perturbações. O Problema 13 introduz um desses modelos alternativos.

Outra crítica das equações de Lotka-Volterra é que, na ausência de predadores, a população de presas aumenta sem limites. Isto pode ser corrigido permitindo-se o efeito natural inibidor que uma população crescente tem sobre a taxa de crescimento populacional. Por exemplo, a primeira das Eqs. (1) pode ser modificada de modo que, quando $y = 0$, ela se reduza a uma equação logística para x. Os efeitos dessa modificação são explorados nos Problemas 11 e 12. Os Problemas 14 a 16 tratam do controle de uma relação predador-presa. Os resultados podem parecer bem pouco intuitivos.

Finalmente, repetimos um aviso dado antes: as relações entre as espécies na vida real são muitas vezes complexas e sutis. Você não deve esperar muito de um sistema simples de duas equações diferenciais para descrever tais relações. Mesmo se estiver convencido de que a forma geral das equações é sólida, a determinação de valores numéricos para os coeficientes pode apresentar sérias dificuldades.

Problemas

Cada um dos Problemas 1 a 5 pode ser interpretado como descrevendo a interação entre duas espécies com densidades populacionais x e y. Em cada um desses problemas, faça o seguinte:

- G a. Desenhe um campo de direções e descreva como as soluções parecem se comportar.
- b. Encontre os pontos críticos.
- c. Para cada ponto crítico, encontre o sistema linear correspondente. Encontre os autovalores e autovetores do sistema linear; classifique cada ponto crítico em relação ao tipo e determine se é assintoticamente estável, estável ou instável.
- d. Esboce as trajetórias em uma vizinhança de cada ponto crítico.
- G e. Desenhe um retrato de fase para o sistema.
- f. Determine o comportamento limite de x e y quando $t \to \infty$.
- g. Interprete os resultados em termos das populações das duas espécies.

1. $dx/dt = x(1,5 - 0,5y)$
   $dy/dt = y(-0,5 + x)$

2. $dx/dt = x(1 - 0,5y)$
   $dy/dt = y(-0,25 + 0,5x)$

3. $dx/dt = x(1 - 0,5x - 0,5y)$
   $dy/dt = y(-0,25 + 0,5x)$

4. $dx/dt = x\left(-1 + 2,5x - 0,3y - x^2\right)$
   $dy/dt = y(-1,5 + x)$

5. $dx/dt = x(-0,5 + y)$
   $dy/dt = y\left(-0,25 + y - 0,5x - y^2\right)$

6. Neste problema, vamos examinar a diferença de fase entre as variações cíclicas das populações de predadores e de presas dadas pelas Eqs. (24) desta seção. Vamos supor que $K > 0$ e que o tempo

t é medido a partir de um instante em que a população de presas é máxima; então $\phi = 0$.

- a. Mostre que a população y de predadores tem um máximo em $t = \pi/(2\sqrt{ac}) = T/4$, em que T é o período da oscilação.
- b. Quando a população de presas está crescendo o mais rapidamente possível? Quando está diminuindo o mais rapidamente possível? Quando atinge um mínimo?
- c. Responda às perguntas no item (b) para a população de predadores.
- d. Desenhe uma trajetória elíptica típica em torno do ponto $(c/\gamma, a/\alpha)$ e marque nela os pontos encontrados nos itens (a), (b) e (c).

7. a. Encontre a razão entre as amplitudes das oscilações das populações de presas e de predadores em torno do ponto crítico $(c/\gamma, a/\alpha)$ usando a aproximação (24), válida para oscilações pequenas. Observe que a razão é independente das condições iniciais.
   - b. Calcule a razão encontrada no item (a) para o sistema (2).
   - c. Estime a razão entre as amplitudes para a solução do sistema não linear (2) ilustrada na Figura 9.5.3. Este resultado está de acordo com o obtido da aproximação linear?
   - G d. Determine a razão entre as amplitudes presa-predador para outras soluções do sistema (2), ou seja, para soluções satisfazendo outras condições iniciais. A razão é independente das condições iniciais?

8. a. Encontre o período de oscilação das populações de presas e de predadores usando a aproximação (24), válida para pequenas oscilações. Note que o período independe da amplitude das oscilações.
   - b. Para a solução do sistema não linear (2) ilustrada na Figura 9.5.3, estime o período o melhor possível. O resultado é o mesmo que para a aproximação linear?
   - G c. Calcule outras soluções do sistema (2) – ou seja, soluções satisfazendo outras condições iniciais – e determine seus períodos. O período é o mesmo para todas as condições iniciais?

9. Considere o sistema

$$\frac{dx}{dt} = ax\left(1 - \frac{y}{2}\right), \quad \frac{dy}{dt} = by\left(-1 + \frac{x}{3}\right),$$

---

[9]Veja o livro de Brauer e Castillo-Chávez listado na Bibliografia para uma longa discussão de modelos alternativos para as relações predadores-presas.

304 Capítulo 9

em que a e b são constantes positivas. Observe que este sistema é o mesmo que o sistema do exemplo no texto quando $a = 1$ e $b = 0,75$. Suponha que as condições iniciais são $x(0) = 5$ e $y(0) = 2$.

> **G** a. Sejam $a = 1$ e $b = 1$. Desenhe a trajetória no plano de fase e determine (ou estime) o período da oscilação.
>
> **G** b. Repita o item **(a)** para $a = 3$ e $a = 1/3$, com $b = 1$.
>
> **G** c. Repita o item **(a)** para $b = 3$ e $b = 1/3$, com $a = 1$.
>
> d. Descreva como o período e a forma da trajetória dependem de a e de b.

10. As populações médias de presas e de predadores são definidas por

$$\overline{x} = \frac{1}{T}\int_A^{A+T} x(t)dt, \quad \overline{y} = \frac{1}{T}\int_A^{A+T} y(t)dt,$$

respectivamente, em que T é o período de um ciclo completo e A é uma constante não negativa arbitrária.

> a. Usando a aproximação (24), válida perto do ponto crítico, mostre que $\overline{x} = c/\gamma$ e $\overline{y} = a/\alpha$.
>
> **N** b. Para a solução do sistema não linear (2) ilustrada na Figura 9.5.3, estime $\overline{x}$ e $\overline{y}$ o melhor que puder. Tente determinar se $\overline{x}$ e $\overline{y}$ são dados por c/γ e a/α, respectivamente, neste caso. *Sugestão:* considere como você pode estimar o valor de uma integral, mesmo sem ter uma fórmula para o integrando.
>
> **G** c. Calcule outras soluções do sistema (2) – ou seja, soluções satisfazendo outras condições iniciais – e determine $\overline{x}$ e $\overline{y}$ para essas soluções. Os valores de $\overline{x}$ e $\overline{y}$ são os mesmos para todas as soluções?

Nos Problemas 11 e 12, vamos considerar o efeito de modificar a equação para a presa x incluindo um termo $-\sigma x^2$, de modo que esta equação se reduza à equação logística na ausência do predador y. O Problema 11 trata de um sistema específico desse tipo, e o Problema 12 leva esta modificação para o sistema de Lotka-Volterra geral. O sistema no Problema 3 é outro exemplo deste tipo.

11. Considere o sistema

$$x' = x(1 - \sigma x - 0,5y), \quad y' = y(-0,75 + 0,25x),$$

em que $\sigma > 0$. Note que este sistema é uma modificação do sistema (2) no Exemplo 9.5.1.

> a. Encontre todos os pontos críticos. Como variam suas localizações quando σ aumenta a partir de zero? Note que só existe ponto crítico no interior do primeiro quadrante se $\sigma < 1/3$.
>
> b. Determine o tipo e as propriedades de estabilidade de cada ponto crítico. Encontre o valor σ_1 em que muda a natureza do ponto crítico no interior do primeiro quadrante. Descreva a mudança que ocorre quando σ passa por σ_1.
>
> **G** c. Desenhe um campo de direções e um retrato de fase para um valor de σ entre zero e σ_1, e para um valor de σ entre σ_1 e $1/3$.
>
> d. Descreva o efeito nas duas populações quando σ varia de zero a $1/3$.

12. Considere o sistema

$$dx/dt = x(a - \sigma x - \alpha y), \quad dy/dt = y(-c + \gamma x),$$

em que a, σ, α, c e γ são constantes positivas.

> a. Encontre todos os pontos críticos do sistema dado. Como variam suas localizações quando σ aumenta a partir de zero? Suponha que $a/\sigma > c/\gamma$, ou seja, $\sigma < a\gamma/c$. Por que esta hipótese é necessária?
>
> b. Determine a natureza e as propriedades de estabilidade de cada ponto crítico.
>
> c. Mostre que existe um valor de σ entre zero e $a\gamma/c$ em que o ponto crítico no interior do primeiro quadrante muda de um ponto espiral para um nó.

> d. Descreva o efeito nas duas populações quando σ varia de zero a $a\gamma/c$.

13. Nas equações de Lotka-Volterra, a interação entre as duas espécies é modelada por termos proporcionais ao produto xy das duas populações. Se a população de presas for muito maior do que a de predadores, este valor poderá ser muito maior do que as interações; por exemplo, um predador pode caçar só quando está com fome, ignorando a presa em todos os outros momentos. Neste problema, vamos considerar um modelo alternativo proposto por Rosenzweig e MacArthur.[10]

> a. Considere o sistema
>
> $$x' = x\left(1 - \frac{x}{5} - \frac{2y}{x+6}\right), \quad y' = y\left(-\frac{1}{4} + \frac{x}{x+6}\right).$$
>
> Determine todos os pontos críticos deste sistema.
>
> b. Determine o tipo e as propriedades de estabilidade de cada ponto crítico.
>
> **G** c. Desenhe um campo de direções e um retrato de fase para este sistema.

Administrando uma Relação Predador-presa. Em uma situação predador-presa, pode ocorrer que uma ou talvez ambas as espécies sejam fontes valiosas de comida. Ou a presa pode ser considerada uma peste, levando a esforços para que seu número seja reduzido. Em um modelo de administração com esforço constante, introduzimos um termo $-E_1 x$ na equação da presa e um termo $-E_2 y$ na equação do predador, em que E_1 e E_2 são medidas do esforço investido na administração das respectivas espécies. Um modelo de administração com produção constante é obtido incluindo-se um termo $-H_1$ na equação da presa e um termo $-H_2$ na equação do predador. As constantes E_1, E_2, H_1 e H_2 são sempre não negativas. Os Problemas 14 e 15 tratam de modelos de administração com esforço constante, enquanto o Problema 16 trata de modelos de administração com produção constante.

14. Aplicando um modelo de administração com esforço constante às equações de Lotka-Volterra (1), obtemos o sistema

$$x' = x(a - \alpha y - E_1), \quad y' = y(-c + \gamma x - E_2).$$

Quando não há administração, a solução de equilíbrio é $(c/\gamma, a/\alpha)$.

> a. Antes de fazer qualquer análise matemática, pense sobre a situação intuitivamente. Como você acha que as populações irão variar se apenas as presas forem administradas? E se só os predadores forem administrados? E se ambos forem administrados?
>
> b. Como varia a solução de equilíbrio se as presas forem administradas, mas os predadores não ($E_1 > 0$, $E_2 = 0$)?
>
> c. Como varia a solução de equilíbrio, se os predadores forem administrados, mas as presas não ($E_1 = 0$, $E_2 > 0$)?
>
> d. Como varia a solução de equilíbrio, se ambos forem administrados ($E_1 > 0$, $E_2 > 0$)?

15. Se modificarmos as equações de Lotka-Volterra incluindo um termo autolimitador $-\sigma x^2$ na equação da presa e depois supusermos uma administração com esforço constante, obteremos as equações

$$x' = x(a - \sigma x - \alpha y - E_1), \quad y' = y(-c + \gamma x - E_2).$$

Na ausência de administração, a solução de equilíbrio de interesse é $x = c/\gamma$, $y = (a/\alpha) - (\sigma c)/(\alpha\gamma)$.

> a. Como varia a solução de equilíbrio se as presas forem administradas ($E_1 > 0$), mas os predadores não ($E_2 = 0$)?
>
> b. Como varia a solução de equilíbrio se os predadores forem administrados ($E_2 > 0$), mas as presas não ($E_1 = 0$)?
>
> c. Como varia a solução de equilíbrio se ambos, as presas e os predadores, forem administrados ($E_1 > 0$, $E_2 > 0$)?

---

[10]Veja o livro de Brauer e Castillo-Chávez para mais detalhes.

Equações Diferenciais Não Lineares e Estabilidade **305**

16. Neste problema, aplicamos um modelo de administração com produção constante à situação no Exemplo 9.5.1. Considere o sistema

$$x' = x(1 - 0,5y) - H_1, \quad y' = y(-0,75 + 0,25x) - H_2,$$

em que H_1 e H_2 são constantes não negativas. Lembre-se de que, se $H_1 = H_2 = 0$, então (3, 2) será uma solução de equilíbrio para este sistema.

a. Antes de fazer qualquer análise matemática, pense sobre a situação intuitivamente. Como você acha que as populações irão variar se apenas as presas forem administradas? E se só os predadores forem administrados? E se ambos forem administrados?

b. Como varia a solução de equilíbrio se as presas forem administradas ($H_1 > 0$), mas os predadores não ($H_2 = 0$)?

c. Como varia a solução de equilíbrio se os predadores forem administrados ($H_2 > 0$), mas as presas não ($H_1 = 0$)?

d. Como varia a solução de equilíbrio se ambos, predadores e presas, forem administrados ($H_1 > 0$, $H_2 > 0$)?

9.6 Segundo Método de Liapunov

Na Seção 9.3, mostramos como a estabilidade de um ponto crítico de um sistema localmente linear pode ser determinada por meio de um estudo do sistema linear correspondente. No entanto, nada se poderá concluir quando o ponto crítico for um centro do sistema linear correspondente. Exemplos dessa situação são o pêndulo não amortecido, as Eqs. (1) e (2) a seguir e o problema predador-presa discutido na Seção 9.5. Para um ponto crítico assintoticamente estável, pode ser importante, também, investigar a bacia de atração – ou seja, o domínio tal que todas as soluções que começam nele tendem ao ponto crítico. A teoria de sistemas localmente lineares não fornece informações sobre este problema.

Nesta seção, vamos discutir outra abordagem, conhecida como o **segundo método de Liapunov**[11] ou **método direto**. O método também é conhecido como método direto porque não há necessidade de se conhecer algo sobre a solução do sistema de equações diferenciais. Em vez disso, chega-se a conclusões sobre a estabilidade ou instabilidade de um ponto crítico mediante a construção de uma função auxiliar apropriada. Esta é uma técnica muito poderosa que fornece um tipo de informação mais global – por exemplo, uma estimativa da extensão da bacia de atração de um ponto crítico. O segundo método de Liapunov também pode ser usado para estudar sistemas de equações que não são localmente lineares; no entanto, não discutiremos tais problemas.

Equações do Pêndulo. Basicamente, o segundo método de Liapunov é uma generalização de dois princípios físicos para sistemas conservativos, a saber, (i) uma posição de repouso é estável se a energia potencial é um mínimo local; caso contrário, é instável, e (ii) a energia total é constante durante todo o movimento. Para ilustrar esses conceitos, considere, novamente, o pêndulo não amortecido (um sistema mecânico conservativo), governado pela equação

$$m\frac{d^2\theta}{dt^2} + \frac{mg}{L}\text{sen}(\theta) = 0. \tag{1}$$

O sistema de primeira ordem correspondente é

$$\frac{dx}{dt} = y, \quad \frac{dy}{dt} = -\frac{g}{L}\text{sen}(x), \tag{2}$$

em que $x = \theta$ e $y = d\theta/dt$. Se omitirmos uma constante arbitrária, a energia potencial U é o trabalho feito quando se levanta o pêndulo para uma posição acima de sua posição mais baixa, a saber,

$$U(x,y) = mgL(1 - \cos(x)); \tag{3}$$

veja a Figura 9.2.2. Os pontos críticos do sistema (2) são $(x,y) = (\pm n\pi, 0)$, $n = 0, 1, 2, 3, \ldots$, correspondendo a $\theta = \pm n\pi$, $d\theta/dt = 0$. Fisicamente, esperamos que os pontos $(x,y) = (0,0)$, $(\pm 2\pi, 0)$, \ldots, correspondendo a $\theta = 0, \pm 2\pi, \ldots$, sejam estáveis, já que, para eles, o eixo do pêndulo está na posição vertical com o peso para baixo. Além disso, esperamos que os pontos $(x,y) = (\pm\pi, 0)$, $(\pm 3\pi, 0)$, \ldots, correspondendo a $\theta = \pm\pi, \pm 3\pi, \ldots$, sejam instáveis, já que, para eles, o eixo do pêndulo está na posição vertical com o peso para cima. Isso está de acordo com (i), já que, nos pontos anteriores, U é um mínimo igual a zero e, nos pontos posteriores, é um máximo igual a $2mgL$.

Considere, agora, a energia total V, que é a soma da energia potencial U com a energia cinética $\frac{1}{2}mL^2\left(d\theta/dt\right)^2$. Em termos de x e y,

$$V(x,y) = U(x,y) + \frac{1}{2}mL^2 y^2 = mgL(1 - \cos(x)) + \frac{1}{2}mL^2 y^2. \tag{4}$$

Em uma trajetória correspondente à solução $(x,y) = (x(t), y(t))$ das Eqs. (2), V pode ser considerada uma função de t. A derivada de $V(x(t), y(t))$ em relação a t é chamada de taxa de variação de V ao longo da trajetória. Pela regra da cadeia,

$$\frac{dV(x(t),y(t))}{dt} = V_x(x(t),y(t))\frac{dx(t)}{dt} + V_y(x(t),y(t))\frac{dy(t)}{dt} =$$
$$= (mgL\,\text{sen}(x))\frac{dx}{dt} + mL^2 y\frac{dy}{dt}, \tag{5}$$

em que está subentendido que x e y são, de fato, funções de t: $x = x(t)$ e $y = y(t)$. Finalmente, como (x, y) é uma solução do sistema (2), sabemos que $dx/dt = y$ e $dy/dt = -(g/L)$ sen (x); substituindo dx/dt e dy/dt na Eq. (5) por estes valores, vemos que $dV/dt = 0$. Logo, V é constante ao longo de qualquer trajetória do sistema (2), que é o princípio (ii).

É importante observar que, em qualquer ponto (x, y), a taxa de variação de V ao longo da trajetória que passa por aquele ponto foi calculada sem resolver o sistema (2). É precisamente este fato que nos permite usar o segundo método de Liapunov

---

[11]Alexander M. Liapunov (1857-1918), estudante de Chebyshev em São Petersburgo, ensinou na University of Kharkov de 1885 a 1901, quando se tornou acadêmico em Matemática aplicada na Academy of Sciences de São Petersburgo. Em 1917, mudou-se para Odessa, em razão da saúde frágil de sua esposa. Sua pesquisa em estabilidade incluía tanto análise teórica quanto aplicações a diversos problemas físicos. Seu segundo método é parte de seu trabalho mais influente, *General Problem of Stability of Motion* (Problema Geral de Estabilidade do Movimento), publicado em 1892.

306 Capítulo 9

para sistemas cujas soluções não conhecemos, e esta é a razão principal de sua importância.

Nos pontos críticos estáveis, $(x, y) = (\pm 2n\pi, 0)$, $n = 0, 1, 2, \ldots$, a energia V é nula. Se o estado inicial (x_1, y_1) do pêndulo estiver suficientemente próximo de um ponto crítico estável, então a energia $V(x_1, y_1)$ será pequena e o movimento (trajetória) associado a esta energia permanecerá próximo do ponto crítico. Pode-se mostrar que, se $V(x_1, y_1)$ for suficientemente pequena, então a trajetória será fechada e conterá o ponto crítico. Por exemplo, suponha que (x_1, y_1) está perto de $(0, 0)$ e que $V(x_1, y_1)$ é muito pequena. A equação da trajetória com energia $V(x_1, y_1)$ é

$$V(x, y) = mgL(1 - \cos(x)) + \frac{1}{2}mL^2 y^2 = V(x_1, y_1).$$

Para x pequeno, temos $1 - \cos(x) = 1 - (1 - x^2/2! + \ldots) \cong x^2/2$. Logo, a equação da trajetória é, aproximadamente,

$$\frac{1}{2}mgLx^2 + \frac{1}{2}mL^2 y^2 = V(x_1, y_1),$$

ou

$$\frac{x^2}{2V(x_1, y_1)/(mgL)} + \frac{y^2}{2V(x_1, y_1)/(mL^2)} = 1.$$

Esta é a equação de uma elipse em torno do ponto crítico $(0, 0)$; quanto menor for $V(x_1, y_1)$, menores serão os eixos da elipse. Fisicamente, a trajetória fechada corresponde a uma solução periódica no tempo – o movimento é uma pequena oscilação em torno do ponto de equilíbrio.

No caso de amortecimento, no entanto, é natural esperar que a amplitude do movimento diminua com o tempo e que o ponto crítico estável (centro) se torne um ponto crítico assintoticamente estável (ponto espiral). Veja o retrato de fase para o pêndulo amortecido na Figura 9.3.5. Quase podemos construir um argumento a partir de $\dfrac{dV}{dt}$. Para o pêndulo amortecido, a energia total ainda é dada pela Eq. (4), mas agora, quando $(x, y) = (x(t), y(t))$ é uma solução para as Eqs. (13) da Seção 9.2, $\dfrac{dx}{dt} = y$ e $\dfrac{dy}{dt} = -\dfrac{g}{L}\text{sen}(x) - \dfrac{c}{mL}y$. Substituindo dx/dt e dy/dt na Eq. (5) por estes valores, obtemos $\dfrac{dV}{dt} = -cLy^2 \leq 0$. Portanto, a energia é não decrescente ao longo de qualquer trajetória e, exceto pela trajetória que se aproxima da origem ao longo da reta $y = 0$, o movimento é tal que a energia diminui. Então, cada trajetória tem de se aproximar de um ponto de energia mínima – um ponto de equilíbrio estável. Se $\dfrac{dV}{dt} < 0$, em vez de $\dfrac{dV}{dt} \leq 0$, é razoável esperar que *todas* as trajetórias que começarem suficientemente próximas da origem, um ponto de equilíbrio estável, irão se aproximar da origem quando t aumentar.

Sistemas Gerais. Para continuar aprofundando essas ideias, considere o sistema autônomo

$$\frac{dx}{dt} = F(x, y), \quad \frac{dy}{dt} = G(x, y), \tag{6}$$

e suponha que o ponto $(x, y) = (0, 0)$ é um ponto crítico assintoticamente estável. Então, existe algum domínio D contendo $(0, 0)$ tal que toda trajetória que começa em D tende à origem quando $t \to \infty$. Suponha que existe uma função "energia" V tal que $V \geq 0$ para (x, y) em D, com $V = 0$ apenas na origem. Como cada trajetória em D tende à origem quando $t \to \infty$, seguindo qualquer trajetória particular, V tenderá a zero quando t tender a infinito. O tipo de resultado que queremos provar é, essencialmente, a recíproca: se, em todas as trajetórias, V tender a zero quando t tender a infinito, então as trajetórias terão que se aproximar da origem quando $t \to \infty$ e, portanto, a origem será assintoticamente estável. Primeiro, no entanto, precisamos de várias definições.

Suponha que V está definida em um domínio D contendo a origem. A função V é dita **positiva definida** em D se $V(0, 0) = 0$ e $V(x, y) > 0$ em todos os outros pontos de D. De maneira análoga, V é **negativa definida** em D se $V(0, 0) = 0$ e $V(x, y) < 0$ em todos os outros pontos de D. Se as desigualdades $>$ e $<$ forem substituídas por $\geq$ e $\leq$, então V será dita **positiva semidefinida** e **negativa semidefinida**, respectivamente. Enfatizamos que, quando falamos de uma função positiva definida (negativa definida, …) em um domínio D contendo a origem, a função tem de se anular na origem, além de satisfazer a desigualdade apropriada em todos os outros pontos de D.

EXEMPLO 9.6.1

Verifique que a função

$$V(x, y) = \text{sen}\left(x^2 + y^2\right)$$

é positiva definida em $x^2 + y^2 < \pi/2$.

Verifique, também, que a função

$$W(x, y) = (x + y)^2$$

é positiva semidefinida para todo (x, y).

Solução:

Como $V(0, 0) = 0$ e $V(x, y) > 0$ para $0 < x^2 + y^2 < \pi/2$, V é positiva definida em $0 < x^2 + y^2 < \pi/2$.

Analogamente, $W(0, 0) = 0$ e $W(x, y) \geq 0$ para todo (x, y). Mas o fato de que $W(x, y) = 0$ ao longo da reta $y = -x$ significa que W só é positiva semidefinida.

Queremos considerar, também, a função

$$\dot{V}(x, y) = V_x(x, y)F(x, y) + V_y(x, y)G(x, y), \tag{7}$$

em que F e G são as mesmas funções que as das Eqs. (6). Escolhemos esta notação porque $\dot{V}(x, y)$ pode ser identificada como a taxa de variação de V *ao longo da trajetória do sistema* (6) que passa pelo ponto (x, y). Em outras palavras, se $(x, y) = (x(t), y(t))$ for uma solução do sistema (6), então

$$\begin{aligned}
\frac{dV(x(t), y(t))}{dt} &= V_x(x(t), y(t))\frac{dx(t)}{dt} + V_y(x(t), y(t))\frac{dy(t)}{dt} \\
&= V_x(x, y)F(x, y) + V_y(x, y)G(x, y) \\
&= \dot{V}(x, y). \tag{8}
\end{aligned}$$

Vamos nos referir à função $\dot{V}$, muitas vezes, como a **derivada de V em relação ao sistema** (6).

Vamos agora enunciar dois teoremas de Liapunov, o primeiro sobre estabilidade e o segundo sobre instabilidade.

Teorema 9.6.1 | Teorema de Estabilidade de Liapunov

Suponha que o sistema autônomo (6) tenha um ponto crítico isolado na origem. Se existir uma função V que é contínua, com derivadas parciais de primeira ordem contínuas, positiva definida e para a qual a função $\dot{V}$, dada pela Eq. (7), é negativa definida em algum domínio D no plano xy contendo $(0, 0)$, então a origem será um ponto crítico assintoticamente estável. Se $\dot{V}$ for negativa semidefinida, então a origem será um ponto crítico estável.

Teorema 9.6.2 | Teorema de Instabilidade de Liapunov

Suponha que a origem é um ponto crítico isolado do sistema autônomo (6). Seja V uma função contínua com derivadas parciais de primeira ordem contínuas. Suponha que $V(0, 0) = 0$ e que, em toda vizinhança da origem, existe pelo menos um ponto no qual V é positiva (negativa). Se existir um domínio D contendo a origem tal que a função $\dot{V}$, dada pela Eq. (7), seja positiva definida (negativa definida) em D, então a origem será um ponto crítico instável.

A função V é chamada de **função de Liapunov**. Antes de esboçarmos argumentos geométricos para os Teoremas 9.6.1 e 9.6.2, observamos que a dificuldade na utilização desses teoremas é que eles não nos dizem como construir uma função de Liapunov, supondo que exista uma. Nos casos em que o sistema autônomo (6) representa um problema físico, é natural considerar, primeiro, a energia total do sistema como uma função de Liapunov possível. Entretanto, os Teoremas 9.6.1 e 9.6.2 podem ser aplicados em casos em que o conceito de energia física não é pertinente. Em tais situações, pode ser necessária uma abordagem envolvendo tentativa e erro.

Vamos considerar a segunda parte do Teorema 9.6.1, ou seja, o caso em que $\dot{V} \leq 0$. Seja $c \geq 0$ uma constante e considere a curva no plano xy dada por $V(x, y) = c$. Para $c = 0$, a curva se reduz a um único ponto $(x, y) = (0, 0)$. Vamos supor que, se $0 < c_1 < c_2$, então a curva $V(x, y) = c_1$ contém a origem e está contida no interior da curva $V(x, y) = c_2$, como ilustrado na **Figura 9.6.1(a)**. Vamos mostrar que uma trajetória começando no interior de uma curva fechada $V(x, y) = c$ não pode cruzar a curva para sair. Logo, dado um círculo de raio ϵ em torno da origem, escolhendo c suficientemente pequeno, podemos garantir que toda trajetória começando no interior da curva fechada $V(x, y) = c$ permanece no interior do círculo de raio ϵ; de fato, permanece no interior da própria curva $V(x, y) = c$. Portanto, a origem é um ponto crítico estável.

Para mostrar isso, lembre-se do cálculo de que o vetor

$$\nabla V(x, y) = V_x(x, y)\mathbf{i} + V_y(x, y)\mathbf{j}, \qquad (9)$$

conhecido como o **gradiente de** V, é normal à curva de nível $V(x, y) = c$ e aponta no sentido do crescimento de V. No caso atual, V aumenta quando se afasta da origem, de modo que ∇V aponta para longe da origem, como indicado na **Figura 9.6.1(b)**. Considere, agora, uma trajetória $(x, y) = (x(t), y(t))$ do sistema (6) e lembre-se de que o vetor $\mathbf{T}(t) = x'(t)\mathbf{i} + y'(t)\mathbf{j}$ é tangente à trajetória em cada ponto; veja a Figura 9.6.1(b). Seja $(x_1, y_1) = (x(t_1), y(t_1))$ um ponto de interseção da trajetória com uma curva fechada $V(x, y) = c$. Nesse ponto, $x'(t_1) = F(x_1, y_1)$ e $y'(t_1) = G(x_1, y_1)$, logo, da Eq. (7), obtemos

$$\begin{aligned}\dot{V}(x_1, y_1) &= V_x(x_1, y_1)x'(t_1) + V_y(x_1, y_1)y'(t_1) \\ &= \left(V_x(x_1, y_1)\mathbf{i} + V_y(x_1, y_1)\mathbf{j}\right) \cdot \left(x'(t_1)\mathbf{i} + y'(t_1)\mathbf{j}\right) \\ &= \nabla V(x_1, y_1) \cdot \mathbf{T}(t_1).\end{aligned} \qquad (10)$$

Dessa construção, reconhecemos $\dot{V}(x_1, y_1)$ como o produto escalar do vetor $\nabla V(x_1, y_1)$ com o vetor $\mathbf{T}(t_1)$. Como $\dot{V}(x_1, y_1) \leq 0$, segue que o cosseno do ângulo entre $\nabla V(x_1, y_1)$ e $\mathbf{T}(t_1)$ também é menor ou igual a zero; portanto, o ângulo está no intervalo $\left[\dfrac{\pi}{2}, \dfrac{3\pi}{2}\right]$. Logo, o movimento da trajetória em relação a $V(x_1, y_1) = c$ é para dentro ou, no pior caso, é tangente a esta curva. As trajetórias que começam dentro de uma curva fechada $V(x_1, y_1) = c$ (não importa quão pequeno seja c) não podem escapar, de modo que a origem é um ponto estável. Se $\dot{V}(x_1, y_1) < 0$, então o ângulo entre $\nabla V(x_1, y_1)$ e $\mathbf{T}(t_1)$ pertence ao intervalo aberto $\left(\dfrac{\pi}{2}, \dfrac{3\pi}{2}\right)$, e as trajetórias passando por pontos

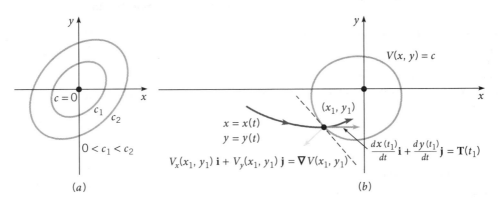

FIGURA 9.6.1 (a) Ponto $V(x, y) = 0$ e as curvas $V(x, y) = c_1$ e $V(x, y) = c_2$, com $0 < c_1 < c_2$. (b) Interpretação geométrica do segundo método de Liapunov.

308 Capítulo 9

na curva dirigem-se, de fato, para dentro. Em consequência, pode-se mostrar que as trajetórias começando suficientemente próximas da origem têm de se aproximar da origem; portanto, a origem é assintoticamente estável.

Um argumento geométrico para o Teorema 9.6.2 segue de maneira análoga. Descrevendo rapidamente o argumento, suponha que $\dot{V}$ é positiva definida e que, dado qualquer círculo em torno da origem, existe um ponto interior (x_1, y_1) no qual $V(x_1, y_1) > 0$. Considere uma trajetória que começa em (x_1, y_1). Segue, da Eq. (8), que, ao longo desta trajetória, V tem de crescer, já que $\dot{V}(x_1, y_1) > 0$; além disso, como $V(x_1, y_1) > 0$, a trajetória não pode se aproximar da origem, pois $V(0, 0) = 0$. Isso mostra que a origem não pode ser assintoticamente estável. Explorando mais o fato de que $\dot{V}(x_1, y_1) > 0$, é possível mostrar que a origem é um ponto crítico instável; no entanto, não continuaremos este argumento.

EXEMPLO 9.6.2

Use o Teorema 9.6.1 para mostrar que $(x, y) = (0, 0)$ é um ponto crítico estável para as equações do pêndulo sem amortecimento (2).

Solução:

Antes de começar, note que a estabilidade da origem não pode ser determinada pelo Teorema 9.3.2 porque $(0, 0)$ é um centro do sistema linear correspondente. Para aplicar o Teorema de Estabilidade de Liapunov (Teorema 9.6.1), seja V a energia total dada pela Eq. (4):

$$V(x, y) = mgL(1 - \cos(x)) + \frac{1}{2}mL^2y^2. \tag{4}$$

Escolhendo D como o domínio $-\pi/2 < x < \pi/2$, $-\infty < y < \infty$, então V é positiva em D, exceto na origem, em que o valor de V é zero. Logo, V é positiva definida em D. Além disso, como já vimos,

$$\dot{V} = (mgL \operatorname{sen}(x))(y) + (mL^2y)\left(-\frac{g}{L}\operatorname{sen}(x)\right) = 0$$

para todo x e todo y. Assim, $\dot{V}$ é negativa semidefinida em D e, portanto, pela última afirmação no Teorema 9.6.1, a origem é um ponto crítico estável para o pêndulo sem amortecimento.

EXEMPLO 9.6.3

Use o Teorema de Instabilidade de Liapunov (Teorema 9.6.2) para mostrar que $(x, y) = (\pi, 0)$ é um ponto crítico instável para as equações (2) do pêndulo sem amortecimento.

Solução:

Para o ponto crítico $(\pi, 0)$, a função de Liapunov dada pela Eq. (4) não é mais apropriada, já que o Teorema 9.6.2 pede uma função V para a qual $\dot{V}$ é positiva definida ou negativa definida. Para analisar o ponto $(\pi, 0)$, é conveniente movê-lo para a origem a partir da mudança de variáveis $x = \pi + u$, $y = v$. Então, as equações diferenciais (2) ficam

$$\frac{du}{dt} = v, \quad \frac{dv}{dt} = \frac{g}{L}\operatorname{sen}(u), \tag{11}$$

e o ponto crítico no plano uv é $(0, 0)$. Considere a função

$$V(u, v) = v\operatorname{sen}(u) \tag{12}$$

e seja D o domínio $-\pi/4 < u < \pi/4$, $-\infty < v < \infty$. Então,

$$\dot{V} = (v\cos(u))(v) + (\operatorname{sen}(u))\left(\frac{g}{L}\operatorname{sen}(u)\right) = v^2\cos(u) + \frac{g}{L}\operatorname{sen}^2(u) \tag{13}$$

é positiva definida em D. A única coisa que falta verificar é se existem pontos em todas as vizinhanças da origem em que o próprio V é positivo. Da Eq. (12), vemos que $V(u, v) > 0$ no primeiro quadrante (no qual ambos sen u e v são positivos) e no terceiro quadrante (em que ambos são negativos). Assim, as condições do Teorema 9.6.2 são satisfeitas, e o ponto $(0, 0)$ no plano uv, correspondente ao ponto $(\pi, 0)$ no plano xy, é instável.

As equações para o pêndulo amortecido estão discutidas no Problema 6.

Do ponto de vista prático, frequentemente, estamos mais interessados na bacia de atração. O teorema a seguir fornece alguma informação sobre o assunto.

Teorema 9.6.3

Suponha que a origem é um ponto isolado do sistema autônomo (6). Seja V uma função contínua com derivadas parciais de primeira ordem contínuas. Se existir um domínio limitado D_K, contendo a origem, em que $V(x, y) < K$ para algum K positivo, V é positiva definida e $\dot{V}$ é negativa definida, então toda solução das Eqs. (6) que começa em um ponto em D_K tenderá à origem quando t tender a infinito.

Em outras palavras, o Teorema 9.6.3 diz que, se $(x, y) = (x(t), y(t))$ é a solução das Eqs. (6) com dados iniciais em D_K, então (x, y) tende ao ponto crítico $(0, 0)$ quando $t \to \infty$. Logo, D_K é uma região de estabilidade assintótica; é claro que pode não ser toda a bacia de atração. Este teorema é demonstrado mostrando que (i) não existe solução periódica do sistema (6) em D_K, e (ii) não existem outros pontos críticos em D_K. Segue, então, que as trajetórias começando em D_K não podem escapar e, portanto, têm de tender à origem quando t tende a infinito.

Os Teoremas 9.6.1 e 9.6.2 fornecem condições suficientes para a estabilidade e a instabilidade, respectivamente, mas essas condições não são necessárias. A nossa falha em determinar uma função de Liapunov adequada também não significa que não existe uma. Infelizmente, não existe método geral para a construção de funções de Liapunov; entretanto, já foi realizado um extenso trabalho de construção de funções de Liapunov para classes especiais de equações. Um resultado algébrico elementar que costuma ser útil na construção de funções positivas definidas ou negativas definidas está enunciado no próximo teorema sem demonstração.

Teorema 9.6.4

A função

$$V(x, y) = ax^2 + bxy + cy^2 \tag{14}$$

será positiva definida se, e somente se,

$$a > 0 \text{ e } 4ac - b^2 > 0 \tag{15}$$

e será negativa definida se, e somente se,

$$a < 0 \text{ e } 4ac - b^2 > 0. \tag{16}$$

O uso do Teorema 9.6.4 está ilustrado no próximo exemplo.

EXEMPLO 9.6.4

Mostre que o ponto crítico $(x, y) = (0, 0)$ do sistema autônomo

$$\frac{dx}{dt} = -x - xy^2, \quad \frac{dy}{dt} = -y - x^2y \qquad (17)$$

é assintoticamente estável.

Solução:

A única solução de equilíbrio do sistema (17) é $(x, y) = (0, 0)$. Vamos tentar construir uma função de Liapunov da forma (14). Então $V_x(x, y) = 2ax + by$, $V_y(x, y) = bx + 2cy$, de modo que

$$\dot{V}(x, y) = (2ax + by)\left(-x - xy^2\right) + (bx + 2cy)\left(-y - x^2y\right)$$
$$= -\left(2a\left(x^2 + x^2y^2\right) + b\left(2xy + xy^3 + x^3y\right) + 2c\left(y^2 + x^2y^2\right)\right).$$

Se escolhermos $b = 0$ e a e c como dois números positivos quaisquer, então $\dot{V}$ será negativa definida e V será positiva definida pelo Teorema 9.6.4. Logo, pelo Teorema 9.6.1, a origem é um ponto crítico assintoticamente estável.

EXEMPLO 9.6.5

Considere o sistema

$$\frac{dx}{dt} = x(1 - x - y),$$
$$\frac{dy}{dt} = \frac{y}{4}(3 - 4y - 2x). \qquad (18)$$

Vimos, no Exemplo 9.4.1, que este sistema modela determinado par de espécies em competição e que o ponto crítico $\left(\frac{1}{2}, \frac{1}{2}\right)$ é assintoticamente estável. Confirme esta conclusão encontrando uma função de Liapunov adequada.

Solução:

Podemos simplificar colocando o ponto $\left(\frac{1}{2}, \frac{1}{2}\right)$ na origem. Para isso, sejam

$$x = \frac{1}{2} + u, \quad y = \frac{1}{2} + v. \qquad (19)$$

Então, substituindo x e y nas Eqs. (18), obtemos o novo sistema

$$\frac{du}{dt} = -\frac{1}{2}u - \frac{1}{2}v - u^2 - uv,$$
$$\frac{dv}{dt} = -\frac{1}{4}u - \frac{1}{2}v - \frac{1}{2}uv - v^2. \qquad (20)$$

Para manter os cálculos relativamente simples, considere a função $V(u, v) = u^2 + v^2$ como uma função de Liapunov possível. Esta função é, claramente, positiva definida, de modo que só precisamos determinar se existe uma região contendo a origem no plano uv em que a derivada $\dot{V}$ em relação ao sistema (20) é negativa definida. Calculamos $\dot{V}(u, v)$ e encontramos

$$\dot{V}(u, v) = V_u\frac{du}{dt} + V_v\frac{dv}{dt} =$$
$$= 2u\left(-\frac{1}{2}u - \frac{1}{2}v - u^2 - uv\right) + 2v\left(-\frac{1}{4}u - \frac{1}{2}v - \frac{1}{2}uv - v^2\right),$$

ou

$$\dot{V}(u, v) = -\left(\left[u^2 + \frac{3}{2}uv + v^2\right] + \left(2u^3 + 2u^2v + uv^2 + 2v^3\right)\right), \qquad (21)$$

em que juntamos os termos quadráticos e os cúbicos. Queremos mostrar que a expressão entre colchetes na Eq. (21) é positiva definida, pelo menos para u e v suficientemente pequenos. Pelo Teorema 9.6.4 com $a = c = 1$ e $b = 1,5$, a quantidade $4ac - b^2$ é positiva, de modo que $u^2 + 1,5uv + v^2$ é positiva definida. Por outro lado, o termo cúbico na Eq. (21) pode ter qualquer sinal. Então, precisamos mostrar que, em alguma vizinhança de $(u, v) = (0, 0)$, os termos cúbicos são menores em módulo do que os quadráticos. Para alcançar este objetivo, observe que os termos quadráticos podem ser escritos na forma

$$u^2 + \frac{3}{2}uv + v^2 = \frac{1}{4}\left(u^2 + v^2\right) + \frac{3}{4}(u + v)^2. \qquad (22)$$

Assim, queremos mostrar que, para u e v suficientemente pequenos,

$$\left|2u^3 + 2u^2v + uv^2 + 2v^3\right| < \frac{1}{4}\left(u^2 + v^2\right) + \frac{3}{4}(u + v)^2. \qquad (23)$$

Para estimar a expressão à esquerda do sinal de desigualdade na Eq. (23), vamos introduzir coordenadas polares $u = r\cos(\theta)$, $v = r\sin(\theta)$. Então,

$$\left|2u^3 + 2u^2v + uv^2 + 2v^3\right| =$$
$$= r^3\left|2\cos^3(\theta) + 2\cos^2(\theta)\sin(\theta) + \cos(\theta)\sin^2(\theta) + 2\sin^3(\theta)\right| \le$$
$$\le r^3\left(2\left|\cos^3(\theta)\right| + 2\cos^2(\theta)\left|\sin(\theta)\right| + \left|\cos(\theta)\right|\sin^2(\theta) + 2\left|\sin^3(\theta)\right|\right) \le$$
$$\le 7r^3,$$

já que ambos $|\sin(\theta)|$ e $|\cos(\theta)|$ são limitados superiormente por um. Para satisfazer a Eq. (23), certamente basta satisfazer a condição mais forte

$$7r^3 < \frac{1}{4}(u^2 + v^2) = \frac{1}{4}r^2,$$

que fornece $r < \frac{1}{28}$. Logo, pelo menos neste disco, as hipóteses do Teorema 9.6.1 são satisfeitas, de modo que a origem é um ponto crítico assintoticamente estável do sistema (20). O mesmo é verdade, então, para o ponto crítico $\left(\frac{1}{2}, \frac{1}{2}\right)$ do sistema original (18).

Referindo-nos ao Teorema 9.6.3, o argumento precedente mostra, também, que o disco com centro em $\left(\frac{1}{2}, \frac{1}{2}\right)$ e raio $\frac{1}{28}$ é uma região de estabilidade assintótica para o sistema (18). Esta região é bem menor do que a bacia de atração inteira, como mostra a discussão na Seção 9.4. Para obter uma estimativa melhor da bacia de atração do Teorema 9.6.3, os termos na Eq. (23) teriam de ser estimados de modo mais preciso, ou teria de ser usada uma função de Liapunov melhor (e, possivelmente, mais complicada), ou ambos.

Problemas

Nos Problemas **1** a **3**, construa uma função de Liapunov adequada da forma $ax^2 + cy^2$, em que a e c devem ser determinados. Depois mostre que o ponto crítico na origem é do tipo indicado.

1. $\dfrac{dx}{dt} = -x^3 + xy^2, \quad \dfrac{dy}{dt} = -2x^2 y - y^3$; assintoticamente estável

2. $\dfrac{dx}{dt} = -x^3 + 2y^3, \quad \dfrac{dy}{dt} = -2xy^2$; estável (pelo menos)

3. $\dfrac{dx}{dt} = x^3 - y^3, \quad \dfrac{dy}{dt} = 2xy^2 + 4x^2 y + 2y^3$; instável

4. Considere o sistema de equações
$$\frac{dx}{dt} = y - xf(x,y), \quad \frac{dy}{dt} = -x - yf(x,y),$$
em que f é contínua e tem derivadas parciais de primeira ordem contínuas. Mostre que, se $f(x, y) > 0$ em alguma vizinhança da origem, então a origem é um ponto crítico assintoticamente estável e, se $f(x, y) < 0$ em alguma vizinhança da origem, então a origem é um ponto crítico instável. *Sugestão:* construa uma função de Liapunov da forma $c(x^2 + y^2)$.

5. Uma generalização da equação do pêndulo não amortecido é
$$\frac{d^2 u}{dt^2} + g(u) = 0, \qquad (24)$$
em que $g(0) = 0$, $g(u) > 0$ para $0 < u < k$ e $g(u) < 0$ para $-k < u < 0$, ou seja, $ug(u) > 0$ para $u \neq 0$, $-k < u < k$. Note que $g(u) = \text{sen}(u)$ tem esta propriedade em $(-\pi/2, \pi/2)$.

   a. Fazendo $x = u$, $y = du/dt$, escreva a Eq. (24) como um sistema de duas equações, e mostre que $x = 0$, $y = 0$ é um ponto crítico.

   b. Mostre que
$$V(x,y) = \frac{1}{2} y^2 + \int_0^x g(s)\,ds, \quad -k < x < k \qquad (25)$$
é positiva definida. Use este resultado para mostrar que o ponto crítico $(0, 0)$ é estável. Note que a função de Liapunov V dada pela Eq. (25) corresponde à função energia $V(x,y) = \frac{1}{2} y^2 + (1 - \cos(x))$ para o caso em que $g(u) = \text{sen}(u)$.

6. Introduzindo variáveis adimensionais apropriadas, o sistema de equações não lineares para o pêndulo amortecido [Eqs. (8) da Seção 9.3] pode ser escrito na forma
$$\frac{dx}{dt} = y, \quad \frac{dy}{dt} = -y - \text{sen}(x).$$

   a. Mostre que a origem é um ponto crítico.

   b. Mostre que, embora $V(x, y) = x^2 + y^2$ seja positiva definida, $\dot{V}(x,y)$ assume valores positivos e negativos em qualquer domínio contendo a origem, logo, V não é uma função de Liapunov. *Sugestão:* $x - \text{sen}(x) > 0$ para $x > 0$ e $x - \text{sen}(x) < 0$ para $x < 0$. Considere esses casos com y positivo, mas tão pequeno que y^2 pode ser desprezado se comparado a y.

   c. Usando a função energia $V(x,y) = \frac{1}{2} y^2 + (1 - \cos(x))$, mencionada no Problema **5b**, mostre que a origem é um ponto crítico estável. Como o sistema tem amortecimento, podemos esperar que a origem seja assintoticamente estável. No entanto, não é possível chegar a esta conclusão usando essa função de Liapunov.

   d. Para mostrar a estabilidade assintótica, é necessário construir uma função de Liapunov melhor do que a usada no item **(c)**. Mostre que $V(x,y) = \frac{1}{2}(x+y)^2 + x^2 + \frac{1}{2} y^2$ é tal função de Liapunov, e conclua que a origem é um ponto crítico

assintoticamente estável. *Sugestão:* da fórmula de Taylor com resto, segue que $\text{sen}(x) = x - \alpha x^3/3!$, em que α depende de x, mas $0 < \alpha < 1$ para $-\pi/2 < x < \pi/2$. Então, fazendo $x = r \cos(\theta)$, $y = r\,\text{sen}(\theta)$, mostre que $\dot{V}(r\cos(\theta), r\,\text{sen}(\theta)) = -r^2 (1 + h(r,\theta))$, em que $|h(r, \theta)| < 1$ se r for suficientemente pequeno.

7. A equação de Liénard (Problema **27** da Seção 9.3) é
$$\frac{d^2 u}{dt^2} + c(u)\,\frac{du}{dt} + g(u) = 0,$$
em que g satisfaz as condições do Problema **5** e $c(u) \geq 0$. Mostre que o ponto $u = 0$, $du/dt = 0$ é um ponto crítico estável.

8. a. Um caso particular da equação de Liénard do Problema **7** é
$$\frac{d^2 u}{dt^2} + \frac{du}{dt} + g(u) = 0,$$
em que g satisfaz as condições do Problema **5**. Fazendo $x = u$, $y = du/dt$, mostre que a origem é um ponto crítico do sistema resultante. Esta equação pode ser interpretada como descrevendo o movimento de um sistema mola-massa com amortecimento proporcional à velocidade e uma força restauradora não linear. Usando a função de Liapunov do Problema **5**, mostre que a origem é um ponto crítico estável, mas note que, mesmo com amortecimento, não podemos concluir a estabilidade assintótica com esta função de Liapunov.

   b. A estabilidade assintótica do ponto crítico $(0, 0)$ pode ser estabelecida construindo-se uma função de Liapunov melhor, como foi feito no item **(d)** do Problema **6**. No entanto, a análise para uma função g geral é um pouco mais sofisticada e vamos apenas mencionar que uma forma apropriada para V é
$$V(x,y) = \frac{1}{2} y^2 + Ayg(x) + \int_0^x g(s)\,ds,$$
em que A é uma constante positiva a ser escolhida de modo que V seja positiva definida e que $\dot{V}$ seja negativa definida. Para o problema do pêndulo com $g(x) = \text{sen}(x)$, use V como na equação precedente com $A = \dfrac{1}{2}$ para mostrar que a origem é assintoticamente estável. *Sugestão:* use $\text{sen}(x) = x - \alpha x^3/3!$ e $\cos(x) = 1 - \beta x^2/2!$, em que α e β dependem de x, mas $0 < \alpha < 1$ e $0 < \beta < 1$ para $-\pi/2 < x < \pi/2$; sejam $x = r\cos(\theta)$, $y = r\,\text{sen}(\theta)$, e mostre que $\dot{V}(r\cos(\theta), r\,\text{sen}(\theta)) = -\frac{1}{2} r^2 \left[1 + \frac{1}{2}\text{sen}(2\theta) + h(r,\theta) \right]$, em que $|h(r, \theta)| < \dfrac{1}{2}$ para r suficientemente pequeno. Para mostrar que V é positiva definida, use $\cos(x) = 1 - x^2/2 + \gamma x^4/4!$, em que γ depende de x e $0 < \gamma < 1$ para $-\pi/2 < x < \pi/2$.

Nos Problemas **9** e **10**, vamos provar parte do Teorema 9.3.3: se o ponto crítico $(0, 0)$ do sistema localmente linear
$$\frac{dx}{dt} = a_{11} x + a_{12} y + F_1(x,y), \quad \frac{dy}{dt} = a_{21} x + a_{22} y + G_1(x,y) \quad (26)$$
for um ponto crítico assintoticamente estável do sistema linear correspondente
$$\frac{dx}{dt} = a_{11} x + a_{12} y, \quad \frac{dy}{dt} = a_{21} x + a_{22} y, \qquad (27)$$
então, ele será um ponto crítico assintoticamente estável do sistema localmente linear (26). O Problema **11** trata do resultado correspondente para a instabilidade.

9. Considere o sistema linear (27).

   a. Como $(0, 0)$ é um ponto crítico assintoticamente estável, mostre que $a_{11} + a_{22} < 0$ e $a_{11} a_{22} - a_{12} a_{21} > 0$. (Veja o Problema **18** da Seção 9.1.)

Equações Diferenciais Não Lineares e Estabilidade **311**

b. Construa uma função de Liapunov $V(x, y) = Ax^2 + Bxy + Cy^2$ tal que V é positiva definida e $\dot{V}$ é negativa definida. Um modo de garantir que $\dot{V}$ seja negativa definida é escolher A, B e C tais que $\dot{V}(x, y) = -x^2 - y^2$. Mostre que isso leva ao resultado

$$A = -\frac{a_{21}^2 + a_{22}^2 + (a_{11}a_{22} - a_{12}a_{21})}{2\Delta}, \quad B = \frac{a_{12}a_{22} + a_{11}a_{21}}{\Delta},$$

$$C = -\frac{a_{11}^2 + a_{12}^2 + (a_{11}a_{22} - a_{12}a_{21})}{2\Delta},$$

em que $\Delta = (a_{11} + a_{22})(a_{11}a_{22} - a_{12}a_{21})$.

c. Usando o resultado do item (a), mostre que $A > 0$ e depois que (são necessários vários passos algébricos)

$$4AC - B^2 =$$
$$= \frac{\left(a_{11}^2 + a_{12}^2 + a_{21}^2 + a_{22}^2\right)(a_{11}a_{22} - a_{12}a_{21}) + 2(a_{11}a_{22} - a_{12}a_{21})^2}{\Delta^2} > 0.$$

Logo, pelo Teorema 9.6.4, V é positiva definida.

10. Neste problema, vamos mostrar que a função de Liapunov construída no problema precedente também é uma função de Liapunov para o sistema localmente linear (26). Precisamos mostrar que

existe alguma região contendo a origem na qual $\dot{V}$ é negativa definida.

a. Mostre que

$$V(x, y) = -\left(x^2 + y^2\right) + (2Ax + By)F_1(x, y) + $$
$$+ (Bx + 2Cy)G_1(x, y).$$

b. Lembre-se de que $F_1(x, y)/r \to 0$ e $G_1(x, y)/r \to 0$ quando $r = (x^2 + y^2)^{1/2} \to 0$. Isso significa que, dado qualquer $\epsilon > 0$, existe um círculo $r = R$ em torno da origem tal que, se $0 < r < R$, então $|F_1(x, y)| < \epsilon r$ e $|G_1(x, y)| < \epsilon r$. Escolhendo M como o máximo entre $|2A|$, $|B|$ e $|2C|$, mostre, usando coordenadas polares, que R pode ser escolhido de modo que $\dot{V}(x, y) < 0$ para $r < R$. *Sugestão*: escolha ϵ suficientemente pequeno em função de M.

11. Neste problema, vamos provar uma parte do Teorema 9.3.3 no que se refere à instabilidade.

a. Mostre que, se $a_{11} + a_{22} > 0$ e $a_{11}a_{22} - a_{12}a_{21} > 0$, então o ponto crítico $(0, 0)$ do sistema linear (27) é instável.

b. O mesmo resultado é válido para o sistema localmente linear (26). Como nos Problemas 9 e 10, construa uma função positiva definida V tal que $\dot{V}(x, y) = x^2 + y^2$, logo positiva definida, e invoque o Teorema 9.6.2.

9.7 Soluções Periódicas e Ciclos Limites

Nesta seção, discutiremos com mais profundidade a possível existência de soluções periódicas de sistemas autônomos bidimensionais da forma

$$\mathbf{x}' = \mathbf{f}(\mathbf{x}). \tag{1}$$

Tais soluções satisfazem a relação

$$\mathbf{x}(t + T) = \mathbf{x}(t) \tag{2}$$

para todo t e para alguma constante não negativa T chamada de período. As trajetórias correspondentes são *curvas fechadas* no plano de fase. Soluções periódicas, com frequência, têm um papel importante em problemas físicos, pois representam fenômenos que ocorrem repetidamente. Em muitas situações, uma solução periódica representa um "estado final" para o qual todas as soluções "vizinhas" tendem quando a parte transiente, em razão das condições iniciais, vai sumindo.

Um caso particular de solução periódica é a solução constante $\mathbf{x} = \mathbf{x}^0$, que corresponde a um ponto crítico do sistema autônomo. É claro que tal solução é periódica com qualquer período. Nesta seção, ao falarmos de solução periódica, queremos dizer uma solução periódica não constante. Nesse caso, o período T é positivo e escolhido, em geral, como o menor número positivo para o qual a Eq. (2) é válida.

Lembre-se de que as soluções do sistema autônomo linear

$$\mathbf{x}' = \mathbf{Ax} \tag{3}$$

serão periódicas se, e somente se, os autovalores da matriz $\mathbf{A}$ forem imaginários puros. Nesse caso, o ponto crítico na origem é um centro, como discutido na Seção 9.1. Enfatizamos que, se os autovalores de $\mathbf{A}$ forem imaginários puros, então toda solução do sistema linear (3) será periódica, ao passo que, se os autovalores não forem imaginários puros, não existirão soluções periódicas (não constantes). As equações predador-presa discutidas na Seção 9.5, embora não lineares, comportam-se

de maneira análoga: todas as soluções no primeiro quadrante são periódicas. O exemplo a seguir ilustra um modo diferente em que podem aparecer soluções periódicas de sistemas autônomos não lineares.

EXEMPLO 9.7.1

Discuta as soluções do sistema

$$\begin{pmatrix} x \\ y \end{pmatrix}' = \begin{pmatrix} x + y - x\left(x^2 + y^2\right) \\ -x + y - y\left(x^2 + y^2\right) \end{pmatrix}. \tag{4}$$

Solução:

Não é difícil mostrar que $(0, 0)$ é o único ponto crítico do sistema (4) e, também, que o sistema é localmente linear em uma vizinhança da origem. O sistema linear correspondente

$$\begin{pmatrix} x \\ y \end{pmatrix}' = \begin{pmatrix} 1 & 1 \\ -1 & 1 \end{pmatrix}\begin{pmatrix} x \\ y \end{pmatrix} \tag{5}$$

tem autovalores $1 \pm i$. Logo, a origem é um ponto espiral instável, tanto para o sistema linear (5), quanto para o sistema não linear (4). Assim, qualquer solução que comece próxima à origem no plano de fase vai se afastar da origem ao longo de uma espiral.

Como não existem outros pontos críticos, poderíamos imaginar que todas as soluções das Eqs. (4) correspondem a trajetórias que tendem a infinito ao longo de espirais. No entanto, vamos mostrar que isto não está correto, porque, muito longe da origem, as trajetórias estão orientadas para dentro.

A presença de $x^2 + y^2$ no sistema (4) sugere que é conveniente usar coordenadas polares r e θ, em que

$$x = r\cos(\theta), \quad y = r\,\text{sen}(\theta) \tag{6}$$

e $r \geq 0$. Diferenciando os dois lados de $r^2 = x^2 + y^2$ em relação a t, obtemos

$$2r\frac{dr}{dt} = 2x\frac{dx}{dt} + 2y\frac{dy}{dt}.$$

Se multiplicarmos a primeira das Eqs. (4) por x, a segunda por y e depois somarmos (e dividirmos por dois), obteremos

$$x\frac{dx}{dt} + y\frac{dy}{dt} = \left(x^2 + y^2\right) - \left(x^2 + y^2\right)^2. \tag{7}$$

Em termos de coordenadas polares, a Eq. (7) pode ser escrita como

$$r\frac{dr}{dt} = r^2\left(1 - r^2\right). \tag{8}$$

Esta equação é semelhante às equações discutidas na Seção 2.5. Os pontos críticos (para $r \geq 0$) são a origem e o ponto $r = 1$, correspondendo ao círculo unitário no plano de fase. Da Eq. (8), segue que $\frac{dr}{dt} > 0$ se $r < 1$ e $\frac{dr}{dt} < 0$ se $r > 1$. Logo, no interior do círculo unitário, as trajetórias estão orientadas para fora, enquanto, no exterior, estão orientadas para dentro. Aparentemente, o círculo $r = 1$ é uma trajetória limite para este sistema.

Para completar a conversão do sistema (4) para coordenadas polares, precisamos de uma equação envolvendo $\frac{d\theta}{dt}$. Para encontrar esta equação, note que, ao calcular $\frac{dx}{dt}$ e $\frac{dy}{dt}$ das Eqs. (6), temos

$$y\frac{dx}{dt} - x\frac{dy}{dt} = -r^2\frac{d\theta}{dt}. \tag{9}$$

Assim, quando as duas equações no sistema (4) são usadas para substituir $\frac{dx}{dt}$ e $\frac{dy}{dt}$ na Eq. (9), encontramos

$$-r^2\frac{d\theta}{dt} = y\frac{dx}{dt} - x\frac{dy}{dt} = x^2 + y^2 = r^2.$$

Cancelando o fator comum r^2, obtemos

$$\frac{d\theta}{dt} = -1. \tag{10}$$

O sistema de Eqs. (8), (10) para r e θ é equivalente ao sistema original (4). Uma solução do sistema (8), (10) é

$$r = 1, \quad \theta = -t + t_0, \tag{11}$$

em que t_0 é uma constante arbitrária. Quando t aumenta, um ponto que satisfaça as Eqs. (11) move-se no sentido horário em cima do círculo unitário. Logo, o sistema autônomo (4) tem uma solução periódica. Outras soluções podem ser obtidas resolvendo a Eq. (8) pelo método de separação de variáveis; se $r \neq 0$ e $r \neq 1$, então

$$\frac{dr}{r(1 - r^2)} = dt. \tag{12}$$

A Eq. (12) pode ser resolvida usando-se frações parciais para reescrever a expressão à esquerda do sinal de igualdade e depois integrando. Fazendo estes cálculos, vemos que a solução das Eqs. (10) e (12) é

$$r = \frac{1}{\sqrt{1 + c_0 e^{-2t}}}, \quad \theta = -t + t_0, \tag{13}$$

em que c_0 e t_0 são constantes arbitrárias. A solução (13) contém, também, a solução (11), que pode ser obtida fazendo-se $c_0 = 0$ na primeira das Eqs. (13).

A solução satisfazendo as condições iniciais $r = \rho$, $\theta = \alpha$ em $t = 0$ é dada por

$$r = \frac{1}{\sqrt{1 + \left((1/\rho^2) - 1\right)e^{-2t}}}, \quad \theta = -(t - \alpha). \tag{14}$$

Se $\rho < 1$, então $r \to 1$ por dentro quando $t \to \infty$; se $\rho > 1$, então $r \to 1$ por fora quando $t \to \infty$. Logo, em todos os casos, as trajetórias são espirais que se aproximam do círculo $r = 1$ quando $t \to \infty$. A **Figura 9.7.1** mostra diversas trajetórias.

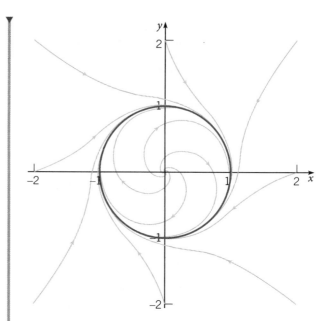

FIGURA 9.7.1 Todas as trajetórias do sistema (4) são espirais que se aproximam do círculo em cinza-escuro $r = 1$ quando $t \to \infty$.

Nesse exemplo, o círculo $r = 1$ não corresponde apenas a soluções periódicas do sistema (4), mas também atrai outras trajetórias não fechadas que espiralam em sua direção quando $t \to \infty$. Em geral, uma trajetória fechada no plano de fase tal que outras trajetórias não fechadas tendem a ela, por dentro ou por fora, quando $t \to \infty$, é chamada de **ciclo limite**. Assim, o círculo $r = 1$ é um ciclo limite para o sistema (4). Se todas as trajetórias que começam perto de uma trajetória fechada (tanto dentro quanto fora) espiralarem na direção da trajetória fechada quando $t \to \infty$, então o ciclo limite será **assintoticamente estável**.

Como a trajetória limite é, ela própria, uma órbita periódica, em vez de um ponto de equilíbrio, esse tipo de estabilidade é chamado, muitas vezes, de **estabilidade orbital**. Se as trajetórias de um lado espiralam em direção à trajetória fechada, enquanto as do outro lado se afastam quando $t \to \infty$, então o ciclo limite é dito **semiestável**. Se as trajetórias de ambos os lados da trajetória fechada espiralam se afastando quando $t \to \infty$, então a trajetória fechada é **instável**. Também é possível haver trajetórias fechadas tais que outras trajetórias nem se aproximam nem se afastam dela – por exemplo, as soluções periódicas das equações predador-presa na Seção 9.5. Nesse caso, a trajetória fechada é **estável**.

A existência de um ciclo limite assintoticamente estável foi estabelecida, no Exemplo 9.7.1, resolvendo-se as equações explicitamente. No entanto, geralmente isso não é possível, de modo que vale a pena conhecer teoremas gerais relativos à existência ou não existência de ciclos limites para sistemas autônomos não lineares. Para discutir esses teoremas, é conveniente escrever o sistema (1) em forma escalar:

$$\frac{dx}{dt} = F(x, y), \quad \frac{dy}{dt} = G(x, y). \tag{15}$$

> ## Teorema 9.7.1
>
> Suponha que as funções F e G têm derivadas parciais de primeira ordem contínuas em um domínio D do plano xy. Uma trajetória fechada do sistema (15) tem, necessariamente, que conter pelo menos um ponto crítico (de equilíbrio) em seu interior. Se contiver apenas um ponto crítico, este ponto não poderá ser de sela.

Não vamos demonstrar este teorema, mas é fácil mostrar exemplos disso. Um é dado pelo Exemplo 9.7.1 e a Figura 9.7.1, no qual a trajetória fechada contém, em seu interior, o ponto crítico $(0, 0)$, um ponto espiral. Outro exemplo é o sistema de equações predador-presa na Seção 9.5; veja a Figura 9.5.2. Cada trajetória fechada contém, em seu interior, o ponto crítico $(3, 2)$; nesse caso, o ponto crítico é um centro.

O Teorema 9.7.1 também é útil de maneira negativa. Se dada região não contém pontos críticos, não podem existir trajetórias fechadas inteiramente contidas na região. A mesma conclusão poderá ser obtida se a região contiver um único ponto crítico e se este ponto for de sela. Por exemplo, no Exemplo 9.4.2 da Seção 9.4, que trata de duas espécies em competição, o único ponto crítico no interior do primeiro quadrante é o ponto de sela $(0,5; 0,5)$. Portanto, usando a contrapositiva do Teorema 9.7.1, este sistema não tem trajetórias fechadas contidas no primeiro quadrante.

Um segundo resultado sobre a não existência de trajetórias fechadas é dado pelo teorema a seguir.

> ## Teorema 9.7.2
>
> Suponha que as funções F e G têm derivadas parciais de primeira ordem contínuas em um domínio simplesmente conexo D do plano xy. Se $F_x + G_y$ tiver o mesmo sinal em todos os pontos de D, então não existirá trajetória fechada do sistema (15) inteiramente contida em D.

Um domínio **simplesmente conexo** em duas dimensões é um domínio que não tem buracos. O Teorema 9.7.2 é uma consequência direta do Teorema de Green no plano; veja o Problema 13. A quantidade $F_x + G_y$ que aparece no Teorema 9.7.2 é a divergência do campo vetorial $F\mathbf{i} + G\mathbf{j}$. Note que, se $F_x + G_y$ mudar de sinal no domínio, não poderemos concluir coisa alguma; poderão existir ou não trajetórias fechadas em D.

Para ilustrar o Teorema 9.7.2, considere o sistema (4). Um cálculo rotineiro mostra que

$$F_x(x, y) + G_y(x, y) = 2 - 4\left(x^2 + y^2\right) = 2\left(1 - 2r^2\right), \quad (16)$$

em que, como de hábito, $r^2 = x^2 + y^2$. Logo, $F_x + G_y$ é positiva para $0 \le r < 1/\sqrt{2}$, de modo que não existe trajetória fechada neste disco. Naturalmente, mostramos no Exemplo 9.7.1 que não existe trajetória fechada na região maior $r < 1$. Isto ilustra que a informação dada pelo Teorema 9.7.2 pode não ser o melhor resultado possível. Referindo-nos, mais uma vez, à Eq. (16), note que $F_x + G_y < 0$ para $r > 1/\sqrt{2}$. No entanto, o teorema não se aplica neste caso, já que essa região anular não é simplesmente conexa. De fato, como mostramos no Exemplo 9.7.1, o círculo unitário é um ciclo limite.

O teorema a seguir nos dá condições que garantem a existência de uma trajetória fechada.

> ## Teorema 9.7.3 | Teorema de Poincaré-Bendixson[12]
>
> Sejam F e G funções com derivadas parciais de primeira ordem contínuas em um domínio D no plano xy. Seja D_1 um subdomínio limitado de D e seja R a região que consiste na união de D_1 a sua fronteira (todos os pontos de R pertencem a D). Suponha que R não contém pontos críticos do sistema (15). Se existir uma solução do sistema (15) que permanece em R para todo $t \ge t_0$ (para alguma constante t_0), então, ou a solução é uma solução periódica (trajetória fechada), ou a solução espirala tendendo a uma trajetória fechada quando $t \to \infty$. Em qualquer dos casos, o sistema (15) tem uma solução periódica em R.

Note que, se R contiver uma trajetória fechada, então, necessariamente, pelo Teorema 9.7.1, esta trajetória terá que conter um ponto crítico em seu interior. No entanto, este ponto crítico não pode pertencer a R. Logo, R não pode ser simplesmente conexo; tem de ter um buraco.

Como aplicação do Teorema de Poincaré-Bendixson, considere, novamente, o sistema (4). Como a origem é um ponto crítico, ela tem de ser excluída. Por exemplo, podemos considerar a região R definida por $0,5 \le r \le 2$. A seguir, precisamos mostrar que existe uma solução cuja trajetória permanece em R para todo t maior ou igual a algum t_0. Isto segue imediatamente da Eq. (8). Para $r = 0,5$, $dr/dt > 0$, de modo que r aumenta, enquanto para $r = 2$, $dr/dt < 0$, de modo que r diminui. Logo, qualquer trajetória que cruza a fronteira de R está entrando em R. Em consequência, qualquer solução das Eqs. (4) que começa em R em $t = t_0$ não pode sair, mas tem de permanecer em R para $t > t_0$. É claro que outros números, diferentes de $0,5$ e 2, podem ser usados; o importante é que incluam $r = 1$.

Não deveríamos inferir, desta discussão dos teoremas precedentes, que é fácil determinar se um sistema autônomo não linear dado tem soluções periódicas ou não; muitas vezes isto não é simples. Com frequência, os Teoremas 9.7.1 e 9.7.2 não são conclusivos, enquanto, para o Teorema 9.7.3, é difícil, muitas vezes, determinar uma região R e uma solução que sempre permaneça nela.

Vamos encerrar esta seção com outro exemplo de um sistema não linear que tem um ciclo limite.

EXEMPLO 9.7.2

A **equação de van der Pol**[13]

$$u'' - \mu(1 - u^2)u' + u = 0, \quad (17)$$

---

[12]Ivar Otto Bendixson (1861-1935), um matemático sueco, recebeu seu doutorado da Uppsala University; foi professor e depois reitor durante muitos anos na Stockholm University. Este teorema melhorou um resultado de Poincaré e surgiu em um artigo publicado por Bendixson na revista *Acta Mathematica* em 1901.

[13]Balthasar van der Pol (1889-1959) foi um físico e engenheiro eletricista holandês que trabalhou no Philips Research Laboratory em Eindhoven. Foi pioneiro no estudo experimental de fenômenos não lineares e investigou a equação que tem seu nome em um artigo publicado em 1926.

em que μ é uma constante não negativa, descreve a corrente u em um oscilador tríodo. Discuta as soluções desta equação.

Solução:

Se $\mu = 0$, a Eq. (17) se reduz a $u'' + u = 0$, cujas soluções são ondas de seno ou cosseno de período 2π. Para $\mu > 0$, o segundo termo na expressão à esquerda do sinal de igualdade na Eq. (17) também tem de ser considerado. Este é o termo da resistência, proporcional a u', com um coeficiente $-\mu(1 - u^2)$ que depende de u. Para valores grandes de u, este termo é positivo e age, como de hábito, para reduzir a amplitude da resposta. No entanto, para u pequeno, o termo de resistência é negativo e, portanto, faz com que a resposta cresça. Isto sugere que talvez exista uma solução de tamanho intermediário para a qual outras soluções tendam quando t aumenta.

Para analisar a Eq. (17) com mais cuidado, vamos escrevê-la como um sistema de duas equações introduzindo as variáveis $x = u$, $y = u'$. Segue que

$$x' = y \text{ e } y' = -x + \mu(1 - x^2)y. \quad (18)$$

O único ponto crítico do sistema (18) é a origem. Perto da origem, o sistema linear de equações diferenciais correspondente é

$$\begin{pmatrix} x \\ y \end{pmatrix}' = \begin{pmatrix} 0 & 1 \\ -1 & \mu \end{pmatrix} \begin{pmatrix} x \\ y \end{pmatrix}, \quad (19)$$

cujos autovalores são $\frac{1}{2}\left(\mu \pm \sqrt{\mu^2 - 4}\right)$. Logo, a origem é um ponto espiral instável para $0 < \mu < 2$ e um nó instável para $\mu \geq 2$. Em todos os casos, uma solução que começa perto da origem cresce quando t aumenta.

Em relação a soluções periódicas, os Teoremas 9.7.1 e 9.7.2 fornecem apenas informação parcial. Do Teorema 9.7.1 concluímos que, se existirem trajetórias fechadas, a origem terá que estar em seu interior. A seguir, com $F(x, y) = y$ e $G(x, y) = -x + \mu(1 - x^2)$, obtemos

$$F_x(x, y) + G_y(x, y) = \mu(1 - x^2). \quad (20)$$

Então, como $F_x + G_y > 0$ quando $|x| < 1$, segue do Teorema 9.7.2 que, se existirem trajetórias fechadas, elas não poderão estar contidas na faixa vertical $|x| < 1$.

A aplicação do teorema de Poincaré-Bendixson a este problema não é tão simples quanto no Exemplo 9.7.1. Se introduzirmos coordenadas polares, veremos que a equação para a variável radial r é (veja o Problema 12)

$$r' = \mu(1 - r^2 \cos^2(\theta))r\,\text{sen}^2(\theta). \quad (21)$$

Como no Exemplo 9.7.1, considere uma região anular R dada por $r_1 \leq r \leq r_2$, em que r_1 é pequeno e r_2 é grande. Quando $r = r_1$, o termo linear à direita do sinal de igualdade na Eq. (21) domina e $r' > 0$, exceto no eixo dos x, em que sen(θ) = 0 e, portanto, $r' = 0$ também. Logo, trajetórias estão entrando em R em todos os pontos do círculo $r = r_1$, com a possível exceção dos contidos no eixo dos x, em que as trajetórias são tangentes ao círculo. Quando $r = r_2$, o termo cúbico à direita do sinal de igualdade na Eq. (21) é o dominante. Nesse caso, $r' < 0$, exceto nos pontos pertencentes ao eixo dos x, em que $r' = 0$, e nos pontos próximos ao eixo dos y, em que $r^2 \cos^2(\theta) < 1$ e o termo linear faz com que $r' > 0$. Portanto, não importa o quão grande seja o círculo, sempre haverá pontos sobre ele (a saber, os pontos pertencentes ou próximos ao eixo dos y) em que as trajetórias estão saindo de R. Assim, o teorema de Poincaré-Bendixson não é aplicável, a não ser que consideremos regiões mais complicadas.

É possível mostrar, por uma análise mais elaborada, que a equação de van der Pol tem um único ciclo limite. No entanto, não prosseguiremos com esta linha de argumentação. Em vez disso, vamos considerar uma abordagem diferente, na qual fazemos o gráfico de soluções aproximadas calculadas numericamente. Observações experimentais indicam que a equação de van der Pol tem uma solução periódica assintoticamente estável cujo período e amplitude dependem do parâmetro μ. Olhando gráficos de trajetórias no plano de fase e de u em função de t, podemos entender melhor esse comportamento periódico.

A **Figura 9.7.2** mostra duas trajetórias da equação de van der Pol no plano de fase para $\mu = 0{,}2$. A trajetória que passa pelo ponto $(0, 1/3)$ afasta-se em forma de espiral e está orientada no sentido horário; isto é consistente com o comportamento da aproximação linear perto da origem. A outra trajetória é uma espiral que passa pelo ponto $(-3, 2)$ e vai para dentro, novamente no sentido horário. Ambas as trajetórias se aproximam de uma curva fechada que corresponde a uma solução periódica estável. A **Figura 9.7.3** mostra os gráficos de u em função de t para as soluções correspondentes às trajetórias na Figura 9.7.2. A solução inicialmente menor tem sua amplitude gradualmente aumentada, enquanto a solução maior decai gradualmente. Ambas as soluções tendem a um movimento periódico estável que corresponde ao ciclo limite. A Figura 9.7.3 também mostra que existe uma diferença de fase entre as duas soluções quando elas se aproximam do ciclo limite. Os gráficos de u em função de t têm forma quase senoidal, consistente com o ciclo limite, que, nesse caso, é quase circular.

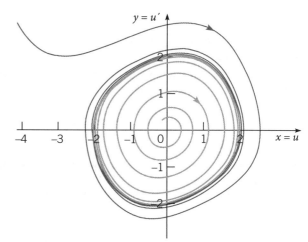

FIGURA 9.7.2 Duas trajetórias da equação de van der Pol (17) para $\mu = 0{,}2$. A trajetória em cinza-escuro passa pelo ponto $(-3, 2)$; a trajetória em cinza-claro passa pelo ponto $(0, 1/3)$.

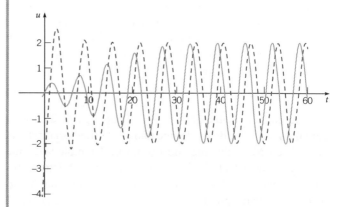

FIGURA 9.7.3 Gráficos de u em função de t para as trajetórias na Figura 9.7.2. A curva cinza-clara corresponde à trajetória que passa pelo ponto $(0, 1/3)$; a curva cinza-escura tracejada, à trajetória que passa por $(-3, 2)$.

As **Figuras 9.7.4** e **9.7.5** mostram gráficos semelhantes para o caso $\mu = 1$. As trajetórias, novamente, movem-se no sentido horário no plano de fase, mas o ciclo limite é bem diferente de um círculo. Os gráficos de u em função de t tendem mais rapidamente à oscilação limite e, mais uma vez, mostram uma diferença de fase. As oscilações são um pouco menos simétricas neste caso, com uma subida mais íngreme do que a descida.

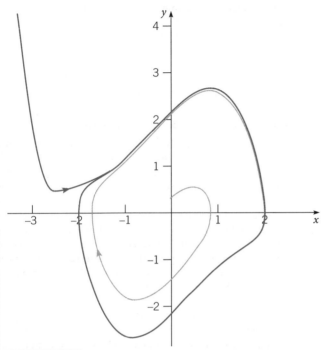

FIGURA 9.7.4 Duas trajetórias da equação de van der Pol (17) para $\mu = 1$.

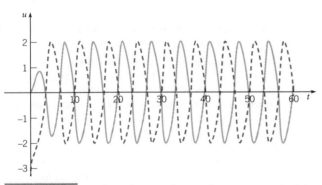

FIGURA 9.7.5 Gráficos de u em função de t para as trajetórias na Figura 9.7.4. Note que os gráficos ondulatórios são periódicos e completamente fora de fase.

A **Figura 9.7.6** mostra o plano de fase para $\mu = 5$. O movimento permanece no sentido horário, e o ciclo limite é ainda mais alongado, especialmente na direção do eixo dos y. A **Figura 9.7.7** mostra um gráfico de u em função de t. Embora a solução comece longe do ciclo limite, a oscilação limite é praticamente alcançada em uma fração de um período. Começando em um de seus valores extremos no eixo dos x no plano de fase, a solução se move para a outra posição extrema, começando devagar, mas, depois de atingir determinado ponto na trajetória, o restante da transição é completado rapidamente. O processo é repetido, então, no sentido oposto. A forma de onda do ciclo limite, como ilustrado na Figura 9.7.7, é bem diferente de uma onda seno.

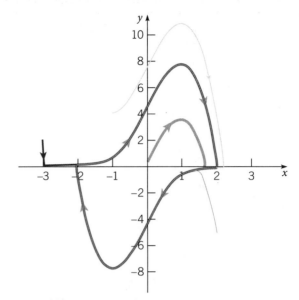

FIGURA 9.7.6 Quatro trajetórias da equação de van der Pol (17) para $\mu = 5$.

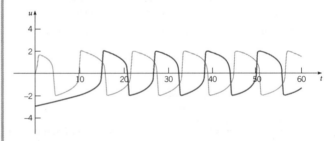

FIGURA 9.7.7 Gráfico de u em função de t para a trajetória que espirala para fora passando por (0, 1/3) (em cinza-claro) e para a trajetória que espirala para dentro passando por $(-3, 2)$ (em cinza-escuro). Embora os gráficos ondulatórios para $\mu = 5$ sejam muito menos suaves que os para $\mu = 1$, eles ainda são periódicos e fora de fase.

Esses gráficos mostram claramente que, na ausência de excitação externa, o oscilador de van der Pol tem determinados modos de vibração característicos para cada valor de μ. Os gráficos de u em função de t mostram que a amplitude dessa oscilação varia muito pouco com μ, mas o período aumenta quando μ aumenta. Enfatizamos que, para valores pequenos de μ, o ciclo limite é quase um círculo de raio 2. Quando μ aumenta, o ciclo limite é esticado na direção do eixo dos y, mas permanece horizontalmente no intervalo $[-2, 2]$. Ao mesmo tempo, a forma da onda muda de uma quase senoidal para uma muito menos suave.

A presença de um único movimento periódico que atrai todas as soluções (próximas), ou seja, um ciclo limite assintoticamente estável, é um dos fenômenos característicos que aparecem em muitas equações diferenciais não lineares.

316 Capítulo 9

Problemas

Nos Problemas 1 a 6, um sistema autônomo está expresso em coordenadas polares. Determine todas as soluções periódicas, todos os ciclos limites e suas características de estabilidade.

1. $\dfrac{dr}{dt} = r^2\left(1-r^2\right), \quad \dfrac{d\theta}{dt} = 1$

2. $\dfrac{dr}{dt} = r(1-r)^2, \quad \dfrac{d\theta}{dt} = -1$

3. $\dfrac{dr}{dt} = r(r-1)(r-3), \quad \dfrac{d\theta}{dt} = 1$

4. $\dfrac{dr}{dt} = r(1-r)(r-2), \quad \dfrac{d\theta}{dt} = -1$

5. $\dfrac{dr}{dt} = \operatorname{sen}(\pi r), \quad \dfrac{d\theta}{dt} = 1$

6. $\dfrac{dr}{dt} = r\,|\,r-2\,|\,(r-3), \quad \dfrac{d\theta}{dt} = -1$

7. a. Mostre que o sistema

$$\frac{dx}{dt} = -y + xf(r)/r, \quad \frac{dy}{dt} = x + yf(r)/r$$

tem soluções periódicas correspondentes aos zeros de $f(r)$. Qual o sentido do movimento nas trajetórias fechadas no plano de fase?

b. Seja $f(r) = r(r-2)^2(r^2 - 4r + 3)$. Determine todas as soluções periódicas e suas características de estabilidade.

8. Determine as soluções periódicas, se existirem, do sistema

$$\frac{dx}{dt} = y + \frac{x}{\sqrt{x^2 + y^2}}(x^2 + y^2 - 2),$$

$$\frac{dy}{dt} = -x + \frac{y}{\sqrt{x^2 + y^2}}(x^2 + y^2 - 2).$$

9. Usando o Teorema 9.7.2, mostre que o sistema autônomo linear

$$\frac{dx}{dt} = a_{11}x + a_{12}y, \quad \frac{dy}{dt} = a_{21}x + a_{22}y$$

não tem solução periódica (diferente de $x = 0$, $y = 0$) se $a_{11} + a_{22} \neq 0$.

Nos Problemas 10 e 11, mostre que o sistema dado não tem soluções periódicas que não sejam soluções não constantes.

10. $\dfrac{dx}{dt} = x + y + x^3 - y^2, \quad \dfrac{dy}{dt} = -x + 2y + x^2y + \dfrac{1}{3}y^3$

11. $\dfrac{dx}{dt} = -2x - 3y - xy^2, \quad \dfrac{dy}{dt} = y + x^3 - x^2y$

12. Deduza a Eq. (21) no Exemplo 9.7.2.

13. Prove o Teorema 9.7.2 completando o argumento a seguir. De acordo com o teorema de Green no plano, se C for uma curva fechada simples suficientemente suave, e se F e G forem funções contínuas com derivadas parciais de primeira ordem contínuas, então

$$\int_C \left(F(x,y)dy - G(x,y)dx\right) = \iint_R \left(F_x(x,y) + G_y(x,y)\right)dA,$$

em que C é percorrida no sentido anti-horário e R é a região limitada por C. Suponha que $x = \phi(t)$, $y = \psi(t)$ é uma solução periódica do sistema (15) com período T. Seja C a curva fechada dada por $x = \phi(t)$, $y = \psi(t)$ para $0 \leq t \leq T$. Mostre que, para esta curva, a integral de linha é nula. Depois, mostre que a conclusão do Teorema 9.7.2 deve seguir.

14. G a. Examinando os gráficos de u em função de t nas Figuras 9.7.3, 9.7.5 e 9.7.7, estime o período T do oscilador de van der Pol nesses casos.

G b. Faça os gráficos das soluções da equação de van der Pol para outros valores do parâmetro μ. Estime o período T também nesses casos.

G c. Faça o gráfico dos valores estimados de T em função de μ. Descreva como T depende de μ.

15. A equação

$$u'' - \mu\left(1 - \frac{1}{3}u'^2\right)u' + u = 0$$

é chamada, muitas vezes, de equação de Rayleigh.[14]

a. Escreva a equação de Rayleigh como um sistema de duas equações de primeira ordem.

b. Mostre que a origem é o único ponto crítico deste sistema. Determine seu tipo e se é assintoticamente estável, estável ou instável.

G c. Seja $\mu = 1$. Escolha condições iniciais e calcule a solução correspondente para o sistema em um intervalo como $0 \leq t \leq 20$ ou maior. Faça o gráfico de u em função de t e, também, o gráfico da trajetória no plano de fase. Observe que a trajetória tende a uma curva fechada (um ciclo limite). Estime a amplitude A e o período T do ciclo limite.

G d. Repita o item (c) para outros valores de μ, como $\mu = 0,2$; 0,5; 2 e 5. Em cada caso, estime a amplitude A e o período T.

e. Descreva como o ciclo limite muda quando μ aumenta. Por exemplo, faça uma tabela e/ou um gráfico de A e T em função de μ.

16. Considere o sistema de equações

$$x' = \mu x + y - x\left(x^2 + y^2\right), \quad y' = -x + \mu y - y\left(x^2 + y^2\right), \quad (22)$$

em que μ é um parâmetro. Observe que este sistema é o mesmo que o do Exemplo 9.7.1, exceto pela introdução de μ.

a. Mostre que a origem é o único ponto crítico.

b. Encontre o sistema linear que aproxima as Eqs. (22) perto da origem e encontre seus autovalores. Determine o tipo e a estabilidade do ponto crítico na origem. Como esta classificação depende de μ?

c. Referindo-se ao Exemplo 9.7.1, se necessário, coloque as Eqs. (22) em coordenadas polares.

G d. Mostre que, quando $\mu > 0$, existe uma solução periódica $r = \sqrt{\mu}$. Resolvendo o sistema encontrado no item (c), ou fazendo gráficos de soluções aproximadas calculadas numericamente, conclua que esta solução periódica atrai todas as outras soluções não nulas.

Nota: quando o parâmetro μ aumenta passando pelo valor zero, o ponto crítico na origem, anteriormente assintoticamente estável, perde sua estabilidade e, ao mesmo tempo, aparece uma solução nova assintoticamente estável (o ciclo limite). Assim, o ponto

---

[14]John William Strutt (1842-1919), o terceiro Lord Rayleigh, fez contribuições notáveis em diversas áreas da Física-Matemática. Sua teoria de espalhamento (1871) forneceu a primeira explicação correta de por que o céu é azul, e seu tratado em dois volumes *The Theory of Sound* (A Teoria do Som), publicado em 1877 e 1878, é um dos clássicos da Matemática aplicada. Fora cinco anos como Professor de Física da Cátedra Cavendish em Cambridge, trabalhou principalmente em seu laboratório particular em casa. Ganhou o prêmio Nobel de Física em 1904 pela descoberta do argônio.

$\mu = 0$ é um ponto de bifurcação; este tipo de bifurcação é chamado **bifurcação de Hopf**.[15]

17. Considere o sistema de van der Pol

$$x' = y, \quad y' = -x + \mu\left(1 - x^2\right)y,$$

em que permitimos agora que o parâmetro μ seja qualquer número real.

a. Mostre que a origem é o único ponto crítico. Determine seu tipo e propriedades de estabilidade, e como eles dependem de μ.

Ⓖ b. Seja $\mu = -1$; desenhe um retrato de fase e conclua que existe uma solução periódica contendo a origem em seu interior. Note que esta solução periódica é instável. Compare seu gráfico com o da Figura 9.7.4.

Ⓖ c. Desenhe um retrato de fase para alguns outros valores negativos de μ. Descreva como a forma da solução periódica varia com μ.

Ⓖ d. Considere valores de μ pequenos em módulo, positivos ou negativos. Desenhando retratos de fase, determine como a solução periódica varia quando $\mu \to 0$. Compare o comportamento do sistema de van der Pol quando μ aumenta passando por zero com o comportamento do sistema no Problema 16.

Os Problemas 18 e 19 estendem as considerações sobre o modelo predador-presa de Rosenzweig e MacArthur introduzido no Problema 13 da Seção 9.5.

18. Considere o sistema

$$x' = x\left(2,4 - 0,2x - \frac{2y}{x+6}\right), \quad y' = y\left(-0,25 + \frac{x}{x+6}\right).$$

Note que esse sistema só difere do sistema no Problema 13 da Seção 9.5 na taxa de crescimento da presa.

a. Encontre todos os pontos críticos.

b. Determine o tipo e as propriedades de estabilidade de cada ponto crítico.

Ⓖ c. Desenhe um retrato de fase no primeiro quadrante e conclua que existe um ciclo limite assintoticamente estável. Assim, este modelo prevê uma oscilação estável em longo prazo das populações da presa e do predador.

19. Considere o sistema

$$x' = x\left(a - 0,2x - \frac{2y}{x+6}\right), \quad y' = y\left(-0,25 + \frac{x}{x+6}\right),$$

em que a é um parâmetro positivo. Note que este sistema inclui o do Problema 18 anterior e também o do Problema 13 na Seção 9.5.

a. Encontre todos os pontos críticos.

b. Considere o ponto crítico no interior do primeiro quadrante. Encontre os autovalores do sistema linear aproximado. Determine o valor a_0 em que este ponto crítico muda de assintoticamente estável para instável.

Ⓖ c. Desenhe um retrato de fase para um valor de a ligeiramente maior do que a_0. Observe que aparece um ciclo limite. Como este ciclo limite varia quando a aumenta mais?

20. Existem determinadas reações químicas nas quais as concentrações constituintes oscilam periodicamente com o tempo. O sistema

$$x' = 1 - (b+1)x + \frac{1}{4}x^2 y, \quad y' = bx - \frac{1}{4}x^2 y$$

é um caso particular de um modelo, conhecido como **bruxelador**,* deste tipo de reação. Suponha que b é um parâmetro positivo e considere soluções no primeiro quadrante do plano xy.

a. Mostre que o único ponto crítico é $(1, 4b)$.

b. Encontre os autovalores do sistema linear aproximado no ponto crítico.

c. Classifique o ponto crítico quanto ao tipo e estabilidade. Como a classificação depende de b?

d. Quando b aumenta e passa por determinado valor crítico b_0, o ponto crítico muda de assintoticamente estável para instável. Qual é este valor b_0?

Ⓖ e. Desenhe trajetórias no plano de fase para valores de b ligeiramente menores e ligeiramente maiores do que b_0. Observe o ciclo limite quando $b > b_0$; o bruxelador tem um ponto de bifurcação de Hopf em b_0.

Ⓖ f. Desenhe trajetórias para diversos valores de $b > b_0$ e observe como o ciclo limite se deforma quando b aumenta.

21. O sistema

$$x' = 3\left(x + y - \frac{1}{3}x^3 - k\right), \quad y' = -\frac{1}{3}(x + 0,8y - 0,7)$$

é um caso particular das equações de Fitzhugh-Nagumo,[16] que modelam a transmissão de impulsos neurais ao longo de um axônio. O parâmetro k é o estímulo externo.

a. Mostre que o sistema tem um único ponto crítico, independentemente do valor de k.

Ⓖ b. Encontre o ponto crítico para $k = 0$ e mostre que é um ponto espiral assintoticamente estável. Repita a análise para $k = 0,5$ e mostre que o ponto crítico é agora um ponto espiral instável. Desenhe um retrato de fase para o sistema em cada caso.

Ⓖ c. Encontre o valor k_0 em que o ponto crítico muda de assintoticamente estável para instável. Encontre o ponto crítico e desenhe um retrato de fase para o sistema para $k = k_0$.

Ⓖ d. Para $k > k_0$, o sistema exibe um ciclo limite assintoticamente estável; o sistema tem um ponto de bifurcação de Hopf em k_0. Desenhe um retrato de fase para $k = 0,4$; 0,5 e 0,6; note que o ciclo limite não é pequeno quando k está perto de k_0. Faça também o gráfico de x em função de t e estime o período T em cada caso.

e. Quando k aumenta mais, existe um valor k_1 no qual o ponto crítico torna-se novamente assintoticamente estável e o ciclo limite desaparece. Encontre k_1.

---

[15]Eberhard Hopf (1902-1983) nasceu na Áustria e foi educado na University of Berlin, mas passou grande parte de sua vida nos Estados Unidos, principalmente na Indiana University. Foi um dos fundadores da teoria ergódiga. As bifurcações de Hopf receberam este nome por seu tratamento rigoroso em um artigo de 1942.

*N.T.: *Brusselator*, no original inglês; tem este nome por ter sido proposto pelo grupo de Ilya Prigogine em Bruxelas.

[16]Richard Fitzhugh (1922-2007), do Serviço de Saúde Pública dos Estados Unidos, e Jin-Ichi Nagumo (1926-1999), da University of Tokyo, propuseram, independentemente, uma simplificação do modelo de Hodgkin e Huxley para transmissão neural por volta de 1961.

9.8 Caos e Atratores Estranhos: Equações de Lorenz

Em princípio, os métodos descritos neste capítulo para sistemas autônomos bidimensionais também podem ser aplicados para sistemas em dimensões maiores. Na prática, surgem diversas dificuldades quando se tenta fazer isso. Um problema é que existe um número maior de casos que podem ocorrer, e este número cresce com o número de equações no sistema (e com a dimensão do espaço de fase). Outro problema é a dificuldade para traçar gráficos de trajetórias de maneira precisa em um espaço de fase com dimensão maior do que dois; mesmo em três dimensões, pode não ser fácil construir um gráfico claro e compreensível das trajetórias, e se torna mais difícil quando o número de variáveis aumenta. Finalmente – e isto só se tornou claro desde os anos 1970 – existem fenômenos diferentes e muito complexos que não ocorrem em sistemas bidimensionais e que podem ocorrer, e o fazem com frequência, em sistemas de dimensão n com $n \geq 3$. Nosso objetivo nesta seção é oferecer uma breve introdução a alguns desses fenômenos discutindo um sistema autônomo particular tridimensional que tem sido estudado intensamente. Em alguns aspectos, a apresentação aqui é semelhante ao tratamento da equação de diferenças logística na Seção 2.9.

Um problema importante em meteorologia e em outras aplicações de dinâmica dos fluidos trata do movimento de uma camada de fluido, como a atmosfera da Terra, que é mais quente embaixo do que em cima; veja a **Figura 9.8.1**. Se a diferença de temperatura vertical ΔT for pequena, então a temperatura irá variar linearmente com a altitude, mas não haverá um movimento significativo da camada de fluido. No entanto, se ΔT for suficientemente grande, o ar quente irá subir, deslocando o ar frio que está sobre ele, o que resultará em um movimento regular que se propaga. Se as diferenças de temperatura aumentarem ainda mais, então, finalmente, o fluxo regular em propagação transformar-se-á em um movimento mais complexo e mais turbulento.

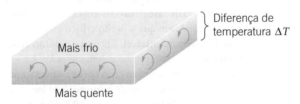

FIGURA 9.8.1 Camada de fluido aquecida por baixo.

Ao investigar este fenômeno, Edward N. Lorenz[17] foi levado (por um processo muito complicado para ser descrito aqui) ao sistema não linear autônomo tridimensional

$$\frac{dx}{dt} = \sigma(-x+y), \quad \frac{dy}{dt} = rx - y - xz, \quad \frac{dz}{dt} = -bz + xy. \quad (1)$$

---
[17]Edward N. Lorenz (1917-2008), um meteorologista norte-americano, recebeu seu PhD do Massachusetts Institute of Technology em 1948 e ficou associado a esta instituição ao longo de sua carreira científica. Seus primeiros estudos sobre o sistema (1) aparecem em um artigo famoso de 1963 (citado na Bibliografia) que tratava da estabilidade de fluxos de fluidos na atmosfera.

É comum se referir ao sistema de equações diferenciais (1) como as **equações de Lorenz**.[18] Observe que a primeira equação é linear, mas a segunda e a terceira equações contêm termos não lineares quadráticos. No entanto, exceto por ser um sistema de três equações, as equações de Lorenz parecem, superficialmente, não mais complicadas do que as equações para duas espécies em competição, ou equações predador-presa, discutidas nas Seções 9.4 e 9.5.

A variável x nas Eqs. (1) está relacionada com a intensidade do movimento do fluido, enquanto as variáveis y e z estão associadas às variações de temperatura nas direções horizontal e vertical. As equações de Lorenz envolvem, também, três parâmetros σ, r e b, todos reais e positivos. Os parâmetros σ e b dependem do material e das propriedades geométricas da camada de fluido. Para a atmosfera da Terra, valores razoáveis para estes parâmetros são $\sigma = 10$ e $b = \frac{8}{3}$; atribuiremos estes valores na maior parte do que se segue nesta seção. O parâmetro r, por outro lado, é proporcional à diferença de temperatura ΔT, e nosso objetivo é investigar como a natureza das soluções das Eqs. (1) varia com r.

Antes de prosseguir, observamos que, para um sistema autônomo com três equações de primeira ordem

$$\frac{dx}{dt} = F(x,y,z), \quad \frac{dy}{dt} = G(x,y,z), \quad \frac{dz}{dt} = H(x,y,z), \quad (2)$$

a matriz jacobiana $\mathbf{J}$ é definida por

$$\mathbf{J} = \mathbf{J}[F,G,H](x,y,z) = \begin{pmatrix} F_x & F_y & F_z \\ G_x & G_y & G_z \\ H_x & H_y & H_z \end{pmatrix}. \quad (3)$$

Assim, para as equações de Lorenz (1), a matriz jacobiana é

$$\mathbf{J} = \begin{pmatrix} -\sigma & \sigma & 0 \\ r-z & -1 & -x \\ y & x & -b \end{pmatrix}. \quad (4)$$

O primeiro passo para analisar as equações de Lorenz consiste em localizar os pontos críticos, resolvendo o sistema algébrico

$$\begin{aligned} \sigma x - \sigma y &= 0, \\ rx - y - xz &= 0, \\ -bz + xy &= 0. \end{aligned} \quad (5)$$

Da primeira equação, temos $y = x$. Então, eliminando y da segunda e terceira equações, obtemos

$$\begin{aligned} x(r-1-z) &= 0, \\ -bz + x^2 &= 0. \end{aligned} \quad (6)$$

Um modo de satisfazer a Eq. (6) é escolher $x = 0$. Segue, então, que $y = 0$ e, da segunda equação em (6), $z = 0$. De maneira alternativa, podemos satisfazer a primeira equação em (6) escolhendo $z = r - 1$. Então, a segunda equação em (6) implica que $x = \pm\sqrt{b(r-1)}$ e $y = \pm\sqrt{b(r-1)}$ também. Observe que estas expressões para x e y só são reais quando $r \geq 1$. Assim,

---
[18]O livro de Sparrow, listado na Bibliografia ao fim deste capítulo, contém um tratamento bastante completo das equações de Lorenz.

$(0,0,0)$, que denotaremos por P_0, é um ponto crítico para todos os valores de r, e é o único ponto crítico para $r \leq 1$. No entanto, quando $r > 1$, também existem outros dois pontos críticos, a saber, $\left(\sqrt{b(r-1)}, \sqrt{b(r-1)}, r-1\right)$ e $\left(-\sqrt{b(r-1)}, -\sqrt{b(r-1)}, r-1\right)$. Vamos denotar estes dois últimos pontos por P_1 e P_2, respectivamente. Note que todos os três pontos críticos coincidem quando $r = 1$. Quando r aumenta, passando por um, o ponto crítico P_0 na origem bifurca[19] e, além de P_0, aparecem os pontos críticos P_1 e P_2.

Vamos determinar agora o comportamento local das soluções em uma vizinhança de cada ponto crítico. Embora a maior parte da análise a ser feita funcione para valores arbitrários de σ e b, simplificaremos nosso trabalho usando os valores $\sigma = 10$ e $b = \dfrac{8}{3}$. Perto da origem (o ponto crítico P_0), o sistema linear aproximado é

$$\begin{pmatrix} x \\ y \\ z \end{pmatrix}' = \begin{pmatrix} -10 & 10 & 0 \\ r & -1 & 0 \\ 0 & 0 & -8/3 \end{pmatrix} \begin{pmatrix} x \\ y \\ z \end{pmatrix}. \qquad (7)$$

Os autovalores[20] são determinados pela equação

$$\begin{vmatrix} -10-\lambda & 10 & 0 \\ r & -1-\lambda & 0 \\ 0 & 0 & -8/3-\lambda \end{vmatrix} =$$

$$= -\left(\frac{8}{3}+\lambda\right)\left((10+\lambda)(1+\lambda)-10r\right) = \qquad (8)$$

$$= -\left(\frac{8}{3}+\lambda\right)\left(\lambda^2 + 11\lambda - 10(r-1)\right) = 0.$$

Portanto,

$$\lambda_1 = -\frac{8}{3}, \quad \lambda_2 = \frac{-11-\sqrt{81+40r}}{2} \quad \text{e}$$
$$\lambda_3 = \frac{-11+\sqrt{81+40r}}{2}. \qquad (9)$$

Note que todos os três autovalores são negativos para $r < 1$; por exemplo, quando $r = 1/2$, os autovalores são $\lambda_1 = -8/3$, $\lambda_2 = -10{,}52494$ e $\lambda_3 = -0{,}47506$. Então, a origem é assintoticamente estável para $0 \leq r < 1$, tanto para a aproximação linear (8) quanto para o sistema original (1). No entanto, λ_3 muda de sinal quando $r = 1$ e é positivo para $r > 1$. O valor $r = 1$ corresponde ao início da propagação do fluxo no problema físico descrito anteriormente. Quando $r > 1$, a origem é uma solução de equilíbrio instável tanto para o problema linearizado quanto para as equações de Lorenz. Todas as soluções do sistema linearizado começando perto da origem tendem a crescer, exceto as que pertencem ao plano determinado pelos autovetores associados a λ_1 e λ_2. Para o sistema não linear (1), o mesmo é verdade,

exceto que as soluções excepcionais são as que pertencem a determinada superfície tangente ao plano determinado pelos autovetores associados a λ_1 e λ_2 na origem.

O segundo ponto crítico é $P_1 = \left(\sqrt{8(r-1)/3}, \sqrt{8(r-1)/3}, r-1\right)$ para $r > 1$. Para considerar uma vizinhança deste ponto crítico, suponha que u, v e w são as perturbações do ponto crítico nas direções dos eixos de x, y e z, respectivamente. O sistema linear aproximado é

$$\begin{pmatrix} u \\ v \\ w \end{pmatrix}' = \begin{pmatrix} -10 & 10 & 0 \\ 1 & -1 & -\sqrt{\dfrac{8}{3}(r-1)} \\ \sqrt{\dfrac{8}{3}(r-1)} & \sqrt{\dfrac{8}{3}(r-1)} & -\dfrac{8}{3} \end{pmatrix} \begin{pmatrix} u \\ v \\ w \end{pmatrix}. \qquad (10)$$

Os autovalores da matriz de coeficientes da Eq. (10) são determinados pela equação

$$3\lambda^3 + 41\lambda^2 + 8(r+10)\lambda + 160(r-1) = 0, \qquad (11)$$

que é obtida a partir de cálculos algébricos diretos omitidos aqui. (Veja o Problema 2.) As soluções da Eq. (11) dependem de r, da seguinte maneira:

Para $1 < r < r_1 \cong 1{,}3456$, existem três autovalores reais negativos distintos.

Para $r_1 < r < r_2 \cong 24{,}737$, existem um autovalor real negativo e dois autovalores complexos com parte real negativa.

Para $r > r_2$, existem um autovalor real negativo e dois autovalores complexos com parte real positiva.

Os mesmos resultados são obtidos para o ponto crítico P_2. Logo, existem diversas situações diferentes.

Para $0 < r < 1$, o único ponto crítico é P_0 e ele é assintoticamente estável. Todas as soluções tendem a este ponto (a origem) quando $t \to \infty$.

Para $1 < r < r_1$, os pontos críticos P_1 e P_2 são assintoticamente estáveis e P_0 é instável. Todas as soluções próximas tendem a um dos pontos P_1 e P_2 exponencialmente.

Para $r_1 < r < r_2$, os pontos críticos P_1 e P_2 são assintoticamente estáveis e P_0 é instável. Todas as soluções próximas tendem a um dos pontos P_1 e P_2; a maior parte delas tem forma de espiral entrando no ponto crítico.

Para $r > r_2$, todos os três pontos críticos são instáveis. A maior parte das soluções próximas de P_1 ou P_2 tem forma espiral e se afasta do ponto crítico.

No entanto, este não é o fim da história. Vamos considerar soluções para r um pouco maior do que r_2. Nesse caso, P_0 tem um autovalor positivo e cada um dos pontos P_1 e P_2 tem um par de autovalores complexos com parte real positiva. Uma trajetória pode se aproximar de qualquer um dos pontos críticos, mas somente quando começa em um dos caminhos altamente restritivos. O menor desvio desses caminhos faz com que a trajetória se afaste do ponto crítico. Como nenhum dos pontos críticos é estável, poderíamos esperar que a maioria das trajetórias tendesse ao infinito para t muito grande. Entretanto,

---

[19]Como esta transição é de um ponto crítico para $r < 1$ para três pontos críticos para $r > 1$, tecnicamente deveríamos dizer que em $r = 1$ o ponto crítico P_0 **trifurca** em P_0, P_1 e P_2. Mas é costume usar o termo bifurcação sempre que há uma mudança no número ou na classificação de pontos críticos de um problema.

[20]Como r aparece como um parâmetro nas equações de Lorenz, usaremos λ para denotar os autovalores.

pode-se mostrar que todas as soluções permanecem limitadas quando $t \to \infty$; veja o Problema 5. De fato, pode-se mostrar que todas as soluções acabam tendendo a determinado conjunto limite de pontos com volume nulo. Aliás, isso não é válido só para $r > r_2$, mas para todos os valores positivos de r.

A **Figura 9.8.2** mostra um gráfico de valores calculados de x, y e z em função de t para uma solução típica com $r > r_2$. Note que as soluções x e y oscilam entre valores positivos e negativos de um modo um tanto errático. De fato, os gráficos de x em função de t e de y em função de t parecem vibrações aleatórias, embora as equações de Lorenz sejam inteiramente determinísticas e a solução esteja completamente determinada pelas condições iniciais. Apesar disso, a solução exibe, também, certa regularidade, no sentido de que a frequência e a amplitude permanecem essencialmente constantes no tempo.

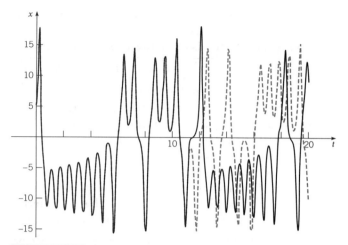

FIGURA 9.8.3 Gráficos de x em função de t para duas soluções das equações de Lorenz com $r = 28$; o ponto inicial para a curva tracejada em cinza-claro é (5; 5; 5) e para a curva sólida em preto é (5,01; 5; 5).

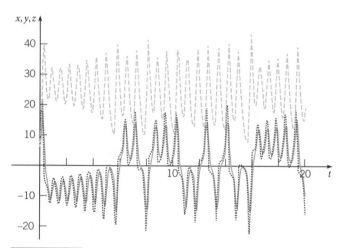

FIGURA 9.8.2 Gráficos de x (curva sólida em cinza mais escuro), de y (curva pontilhada em preto) e de z (curva tracejada em cinza mais claro) em função de t para as equações de Lorenz (1) com $r = 28$; o ponto inicial é (5, 5, 5).

As soluções das equações de Lorenz são, também, extremamente sensíveis a perturbações nas condições iniciais. A **Figura 9.8.3** mostra os gráficos dos valores calculados de x em função de t para duas soluções com condições iniciais (5; 5; 5) e (5,01; 5; 5). A curva tracejada em cinza-claro é a mesma que a da Figura 9.8.2, enquanto a curva sólida em preto começa em um ponto próximo. As duas soluções permanecem próximas até t chegar perto de dez, quando elas se tornam bem diferentes e, de fato, parecem não ter relação entre si. (As componentes y e z das soluções exibem diferenças semelhantes começando um pouco depois de $t = 10$.) Foi esta propriedade que atraiu a atenção de Lorenz em seu estudo original dessas equações, e fez com que ele concluísse que previsões de tempo em longo prazo são, provavelmente, impossíveis.

O conjunto atrator, nesse caso, embora de volume nulo, tem uma estrutura bastante complicada e é chamado de **atrator estranho**. O termo **caótico** tem sido usado, em geral, para descrever sistemas de equações diferenciais com a propriedade de que soluções com condições iniciais semelhantes podem ser muito diferentes, como as ilustradas na Figura 9.8.3.

Para determinar como e por que o atrator estranho é criado, convém investigar soluções para valores menores de r. Para $r = 21$, a **Figura 9.8.4** mostra soluções que começam em três pontos iniciais diferentes. Para o ponto inicial (3, 8, 0), a solução começa a convergir para o ponto $P_2 = (-7,303, -7,303, 20)$ quase imediatamente; veja a Figura 9.8.4(a). Para o segundo ponto inicial (5, 5, 5), existe um intervalo razoavelmente curto de comportamento transiente, depois do qual a solução converge para $P_1 = (7,303, 7,303, 20)$; veja a Figura 9.8.4(b). No entanto, como mostra a Figura 9.8.4(c), para o terceiro ponto inicial (5, 5, 10), existe um intervalo muito mais longo de comportamento transiente caótico antes de a solução acabar convergindo para P_2. Quando r aumenta, a duração do comportamento caótico transiente também aumenta. Quando $r = r_3 \cong 24{,}06$, o comportamento caótico transiente parece durar indefinidamente, e o atrator estranho passa a existir.

Podemos mostrar, também, as trajetórias das equações de Lorenz no espaço de fase tridimensional ou, pelo menos, projeções delas em diversos planos. As **Figuras 9.8.5** e **9.8.6** mostram projeções nos planos xy e xz, respectivamente, da trajetória que começa em (5, 5, 5). Observe que os gráficos nessas figuras parecem se cruzar repetidamente, mas isto não pode ser verdade para as trajetórias no espaço tridimensional em razão do teorema geral de unicidade. Esses cruzamentos aparentes decorrem do caráter bidimensional das figuras.

A sensibilidade das soluções a perturbações nos dados iniciais tem implicações, também, para cálculos numéricos, como os apresentados aqui. Tamanhos de passos diferentes, algoritmos numéricos diferentes ou mesmo a execução do mesmo algoritmo em máquinas diferentes vão introduzir pequenas diferenças na solução calculada numericamente, o que acaba levando a grandes desvios. Por exemplo, a sequência exata de laços negativos e positivos na solução calculada depende fortemente do algoritmo numérico escolhido e de sua implementação, além das condições iniciais. No entanto, a aparência geral da solução e a estrutura do conjunto atrator são independentes de todos esses fatores.

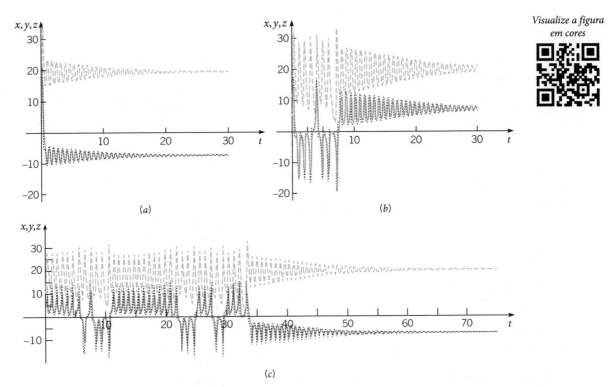

FIGURA 9.8.4 Gráficos de x (curva sólida em cinza mais escuro), de y (curva pontilhada em preto) e de z (curva tracejada em cinza mais claro) em função de t para soluções das equações de Lorenz com $r = 21$ e três condições iniciais diferentes. (a) O ponto inicial é (3, 8, 0); a solução converge para P_2. (b) O ponto inicial é (5, 5, 5); a solução converge para P_1. (c) O ponto inicial é (5, 5, 10); a solução converge (finalmente) para P_2.

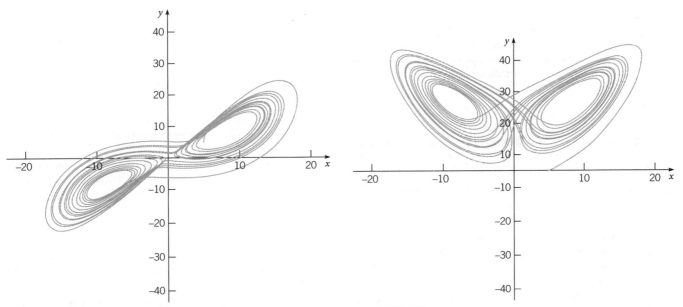

FIGURA 9.8.5 Projeções no plano xy de uma trajetória das equações de Lorenz (com $r = 28$) com condição inicial (5, 5, 5).

FIGURA 9.8.6 Projeções no plano xz de uma trajetória das equações de Lorenz (com $r = 28$) com condição inicial (5, 5, 5).

Soluções das equações de Lorenz para outros intervalos do parâmetro exibem outros tipos interessantes de comportamento. Por exemplo, para determinados valores de r maiores do que r_2, comportamento caótico intermitente separa intervalos longos de oscilação periódica aparentemente regular. Para outros intervalos de r, as soluções mostram a propriedade de duplicação de período que vimos na Seção 2.9 para a equação de diferenças logística. Algumas dessas características são discutidas nos problemas.

Desde aproximadamente 1975, as equações de Lorenz e outros sistemas autônomos de ordem mais alta têm sido estudados intensamente, sendo esta uma das áreas mais ativas da pesquisa matemática atual. O comportamento caótico de soluções parece ser muito mais comum do que se suspeitava anteriormente, e muitas perguntas permanecem sem resposta. Algumas delas são de natureza matemática, enquanto outras estão relacionadas com aplicações físicas ou interpretação de soluções.

322 Capítulo 9

Problemas

Os Problemas **1** a **3** pedem para você preencher alguns detalhes da análise das equações de Lorenz feitas nesta seção.

1. a. Mostre que os autovalores do sistema linear (8), válidos perto da origem, são dados pela Eq. (9).

   b. Determine os autovetores associados.

   c. Determine os autovalores e autovetores do sistema (7) quando $r = 28$.

2. a. Mostre que a aproximação linear válida perto do ponto crítico P_1 é dada pela Eq. (10).

   b. Mostre que os autovalores do sistema (10) satisfazem a Eq. (11).

   N c. Para $r = 28$, resolva a Eq. (11) e determine, assim, os autovalores do sistema (10).

3. **N** a. Resolvendo a Eq. (11) numericamente, mostre que a parte real das raízes complexas muda de sinal quando $r \cong 24{,}737$.

   b. Mostre que um polinômio de grau três da forma $x^3 + Ax^2 + Bx + C$ tem uma raiz real e duas raízes imaginárias puras somente se $AB = C$.

   c. Aplicando o resultado do item (b) à Eq. (11), mostre que a parte real das raízes complexas muda de sinal quando $r = \dfrac{470}{19}$.

4. Use a função de Liapunov $V(x, y, z) = x^2 + \sigma y^2 + \sigma z^2$ para mostrar que a origem é um ponto crítico global assintoticamente estável para as equações de Lorenz (1) se $r < 1$.

5. Considere o elipsoide

   $$V(x, y, z) = rx^2 + \sigma y^2 + \sigma(z - 2r)^2 = c > 0.$$

   a. Calcule $\dfrac{dV}{dt}$ ao longo das trajetórias das equações de Lorenz (1).

   b. Determine uma condição suficiente sobre c para que toda trajetória cruzando $V(x, y, z) = c$ esteja orientada para dentro.

   c. Calcule a condição encontrada no item (b) no caso em que $\sigma = 10$, $b = 8/3$, $r = 28$.

Os Problemas **6** a **10** sugerem outras investigações sobre as equações de Lorenz.

G 6. Para $r = 28$, faça o gráfico de x em função de t para os casos ilustrados nas Figuras 9.8.2 e 9.8.3. Seus gráficos são iguais aos das figuras? Lembre-se da discussão sobre cálculos numéricos no texto.

G 7. Para $r = 28$, faça as projeções nos planos xy e xz, respectivamente, da trajetória que começa no ponto $(5, 5, 5)$. Os gráficos são iguais aos das Figuras 9.8.5 e 9.8.6?

8. **G** a. Para $r = 21$, faça os gráficos de x em função de t para as soluções com pontos iniciais $(3, 8, 0)$, $(5, 5, 5)$ e $(5, 5, 10)$. Use um intervalo para t de, pelo menos, $0 \le t \le 30$. Compare seus gráficos com os da Figura 9.8.4.

   G b. Repita o item (a) para $r = 22$, $r = 23$ e $r = 24$. Aumente o intervalo para t o quanto for necessário para que você possa determinar quando cada solução começa a convergir para um dos pontos críticos. Registre a duração aproximada do estado transiente caótico em cada caso. Descreva como esta quantidade depende do valor de r.

   G c. Repita os itens (a) e (b) para valores de r ligeiramente maiores do que 24. Tente estimar o valor de r para o qual a duração do estado transiente caótico tende a infinito.

9. Em determinados intervalos, ou janelas, para r, as equações de Lorenz exibem uma propriedade de duplicação do período semelhante ao que ocorre na equação de diferenças logística discutida na Seção 2.9. Cálculos cuidadosos podem revelar esse fenômeno.

G a. Um intervalo de duplicação do período inclui o valor $r = 100$. Seja $r = 100$ e faça o gráfico da trajetória que começa em $(5, 5, 5)$ ou em outro ponto inicial de sua escolha. A solução parece ser periódica? Qual é o período?

G b. Repita o item (a) para valores ligeiramente menores de r. Quando $r \cong 99{,}98$, você pode ser capaz de observar que o período da solução dobra. Tente observar este resultado fazendo cálculos para valores próximos de r.

G c. Quando r diminui mais, o período da solução dobra repetidamente. O próximo valor de r para o qual o período dobra é em torno de $r = 99{,}629$. Tente observar isso traçando trajetórias para valores próximos de r.

10. Considere agora valores de r ligeiramente maiores do que os no Problema 9.

    G a. Faça o gráfico de trajetórias das equações de Lorenz para valores de r entre 100 e 100,78. Você deveria observar uma solução periódica regular para este intervalo de valores de r.

    G b. Faça o gráfico de trajetórias das equações de Lorenz para valores de r entre 100,78 e 100,8. Determine, o melhor que puder, como e quando a trajetória periódica deixa de existir.

Sistema de Rössler.[21] O sistema

$$x' = -y - z, \quad y' = x + ay, \quad z' = b + z(x - c), \quad (12)$$

em que a, b e c são parâmetros positivos, é conhecido como o sistema de Rössler.[22] É um sistema relativamente simples que consiste em duas equações lineares e uma terceira equação com uma única não linearidade quadrática. Nos Problemas **11** a **15**, pedimos que você faça algumas investigações numéricas sobre este sistema com o objetivo de explorar sua propriedade de duplicação de período. Para simplificar, faça $a = 1/4$, $b = 1/2$, e deixe $c > 0$ permanecer arbitrário.

11. a. Mostre que não existem pontos críticos quando $c < 1/\sqrt{2}$, existe um único ponto crítico quando $c = 1/\sqrt{2}$ e existem dois pontos críticos quando $c > 1/\sqrt{2}$.

    b. Encontre o(s) ponto(s) crítico(s) e determine os autovalores correspondentes da matriz jacobiana quando $c = 1/\sqrt{2}$ e quando $c = 1$.

    G c. Como você acha que será o comportamento das trajetórias do sistema para $c = 1$? Desenhe a trajetória que começa na origem. Ela se comporta da maneira que você esperava?

    G d. Escolha um ou dois outros pontos iniciais e desenhe as trajetórias correspondentes. Esses gráficos estão de acordo com suas expectativas?

12. a. Seja $c = 1{,}3$. Encontre os pontos críticos e os autovalores correspondentes. O que você pode concluir desta informação, se é que pode concluir alguma coisa?

    G b. Desenhe a trajetória que começa na origem. Qual é o comportamento limite desta trajetória? Para ver claramente o comportamento limite, você deve escolher um intervalo de t para seu gráfico de modo a eliminar o comportamento transiente inicial.

    G c. Escolha um ou dois outros pontos iniciais e desenhe as trajetórias correspondentes. O comportamento limite de cada uma é igual ao do item (b)?

---

[21]Otto E. Rössler (1940-), médico e bioquímico alemão, foi estudante e depois professor na University of Tübingen. As equações que recebem seu nome apareceram pela primeira vez em um artigo que publicou em 1976.

[22]Veja o livro de Strogatz para uma discussão mais completa e outras referências.

Equações Diferenciais Não Lineares e Estabilidade **323**

G d. Note que existe um ciclo limite cuja bacia de atração é razoavelmente grande (mas não é todo o espaço xyz). Faça um gráfico de x, y ou z em função de t e estime o período T_1 de movimento em torno do ciclo limite.

13. O ciclo limite encontrado no Problema 12 aparece como resultado de uma bifurcação de Hopf em um valor c_1 de c entre 1 e 1,3. Determine, ou pelo menos estime com mais precisão, o valor de c_1. Existem diversas maneiras de fazer isso.

G a. Desenhe trajetórias para diversos valores de c.
b. Calcule os autovalores nos pontos críticos para diversos valores de c.
c. Use o resultado do Problema 13b.

14. a. Seja $c = 3$. Encontre os pontos críticos e os autovalores correspondentes.

G b. Desenhe a trajetória que começa no ponto $(1, 0, -2)$. Observe que o ciclo limite agora consiste em dois laços antes de fechar; é chamado frequentemente de 2-ciclo.

G c. Faça o gráfico de x, y ou z em função de t, e mostre que o período T_2 de movimento no 2-ciclo está muito próximo do dobro do período T_1 do ciclo limite simples no Problema 12. Ocorreu uma bifurcação com duplicação de período dos ciclos para algum valor de c entre 1,3 e 3.

15. a. Seja $c = 3,8$. Encontre os pontos críticos e os autovalores correspondentes.

G b. Desenhe a trajetória que começa no ponto $(1, 0, -2)$. Observe que o ciclo limite agora é um 4-ciclo. Encontre o período T_4 do movimento. Ocorreu outra bifurcação com duplicação de período para c entre 3 e 3,8.

G c. Para $c = 3,85$, mostre que o ciclo limite é um 8-ciclo. Verifique que seu período está muito próximo de oito vezes o período do ciclo limite simples no Problema 12.

Nota: à medida que c continua aumentando, há uma sequência acelerada de bifurcações com duplicação de período. Os valores de bifurcação de c convergem para um limite que marca o início do caos.

Questões Conceituais

C9.1. Considere o sistema bidimensional de equações diferenciais homogêneas lineares de primeira ordem $\dfrac{d\mathbf{x}}{dt} = \mathbf{Ax}$, em que $\mathbf{A}$ é uma matriz constante invertível 2×2. Descreva os tipos diferentes possíveis de comportamento qualitativo. Quais propriedades a matriz $\mathbf{A}$ tem de ter para produzir esses comportamentos qualitativos diferentes?

C9.2. Considere o sistema de equações diferenciais lineares $\mathbf{x'} = \mathbf{Ax}$. O que significa a hipótese de $\mathbf{A}$ ser invertível?

C9.3. Explique, em palavras, por que duas trajetórias de um sistema autônomo de equações diferenciais, $\mathbf{x'} = \mathbf{F(x)}$, não podem se cruzar.

C9.4. Para um sistema bidimensional de primeira ordem, $\dfrac{dx}{dt} = F(x, y)$, $\dfrac{dy}{dt} = G(x, y)$, como pode ser encontrada a trajetória que passa pelo ponto (x_0, y_0)?

C9.5. Explique, do modo mais breve possível, o efeito de perturbações pequenas para $\mathbf{x'} = \mathbf{Ax}$. (Não se preocupe sobre casos especiais; eles serão tratados separadamente.)

C9.6. Qual é o processo para encontrar e classificar o tipo e a estabilidade dos pontos críticos de um sistema não linear de equações diferenciais $x' = F(x, y)$, $y' = G(x, y)$?

C9.7. Quais são os dois casos em que a classificação qualitativa de $\mathbf{x} = \mathbf{0}$ para sistemas próximos não pode ser prevista? Quais são as classificações possíveis em cada caso?

C9.8. Explique a baía de atração. Por que a baía de atração não é discutida para sistemas lineares? (Suponha $\mathbf{A}$ invertível.)

C9.9. Descreva as hipóteses de modelagem associadas ao modelo para espécies em competição.

C9.10. Qual é o modelo básico para duas espécies em competição?

C9.11. Descreva as retas de crescimento nulo. Qual o papel das retas de crescimento nulo para a identificação dos pontos críticos de um sistema?

C9.12. Qual é a pergunta fundamental a ser feita na maior parte dos problemas sobre espécies em competição?

C9.13. Quando o modelo para espécies em competição tem um ponto crítico de coexistência assintoticamente estável?

C9.14. Descreva as hipóteses de modelagem associadas ao modelo predador-presa.

C9.15. Qual é o modelo básico predador-presa?

C9.16. Qual é outro nome associado ao modelo predador-presa?

C9.17. Qual é o propósito do segundo método de Liapunov?

C9.18. Quais são as propriedades definidoras de uma função de Liapunov para um sistema $x' = F(x, y)$, $y' = G(x, y)$ com um ponto crítico em $(0, 0)$?

C9.19. Como encontrar uma função de Liapunov?

C9.20. Qual é a diferença entre estabilidade e estabilidade orbital?

C9.21. Quais relações simples entre pontos de equilíbrio e ciclos limites podem ser usadas para concluir que $x' = F(x, y)$, $y' = G(x, y)$ não tem uma trajetória fechada?

C9.22. O que significa dizer que um sistema de equações diferenciais é caótico?

Respostas das Questões Conceituais

C9.1. O fato de que $\mathbf{A}$ é invertível significa que $\mathbf{x} = \mathbf{0}$ é o único ponto crítico. Existem três comportamentos distintos possíveis:

1. Todas as trajetórias se aproximam da origem quando $t \to \infty$; a origem é assintoticamente estável. Isto ocorre quando ambos os autovalores de $\mathbf{A}$ são negativos (nó atrator) ou quando ambos os autovalores de $\mathbf{A}$ têm parte real negativa (atrator espiral).

2. Todas as trajetórias permanecem limitadas, mas não se aproximam da origem quando $t \to \infty$; a origem é estável. Isto ocorre quando os autovalores de $\mathbf{A}$ são imaginários puros (centro).

3. Algumas ou todas as trajetórias tornam-se ilimitadas quando $t \to \infty$; a origem é instável. Isto ocorre quando pelo menos um autovalor de $\mathbf{A}$ é positivo (nó fonte) ou quando os autovalores têm parte real positiva (fonte espiral).

324 Capítulo 9

C9.2. Embora $\mathbf{x} = \mathbf{0}$ seja sempre uma solução de $\mathbf{Ax} = \mathbf{0}$, esta é a única solução quando $\mathbf{A}$ é invertível. (Quando $\mathbf{A}$ é singular, existe uma infinidade de pontos críticos de $\mathbf{x}' = \mathbf{Ax}$, já que todos os vetores no espaço nulo de $\mathbf{A}$ são pontos críticos de $\mathbf{x}' = \mathbf{Ax}$.)

C9.3. Em cada ponto do espaço de fase, a equação diferencial determina a direção e o sentido do movimento da trajetória. Se duas soluções alcançarem o mesmo ponto, então, a partir daí, as duas trajetórias serão iguais. As soluções podem ficar muito próximas e se aproximarem do mesmo limite, mas nunca podem chegar no mesmo ponto ou se cruzarem. (Isso tudo é uma consequência da unicidade de solução.)

C9.4. Das duas equações diferenciais sabemos que $\dfrac{dy}{dx} = \dfrac{G(x, y)}{F(x, y)}$. A passagem por um ponto específico (x_0, y_0) transforma-se em uma condição inicial: $y(x_0) = y_0$. Isto é um problema de valor inicial de primeira ordem para $y = y(x)$. Sua solução é a trajetória para o sistema de primeira ordem original. (Pode não ser possível resolver a equação diferencial, mas deve ser possível mostrar que o problema de valor inicial tem solução.)

C9.5. Eis duas das muitas explicações breves possíveis do efeito de perturbações pequenas de $\mathbf{x}' = \mathbf{Ax}$:

1. Como os autovalores dependem continuamente dos coeficientes na matriz $\mathbf{A}$, a estabilidade e o tipo do ponto crítico $\mathbf{x} = \mathbf{0}$ são iguais, geralmente, para os dois sistemas.

2. Mudanças pequenas nos coeficientes em $\mathbf{A}$ levam a mudanças pequenas nos autovalores (e autovetores), de modo que o ponto crítico comum aos dois sistemas ($\mathbf{x} = \mathbf{0}$) tem, geralmente, a mesma classificação qualitativa (estabilidade e tipo).

C9.6. O primeiro passo é encontrar todos os pontos críticos resolvendo as duas equações $F(x, y) = 0$ e $G(x, y) = 0$. Depois, para cada ponto crítico (x_0, y_0), complete os três passos a seguir:

1. Encontre a matriz jacobiana,

$$ J[F, G](x_0, y_0) = \begin{pmatrix} F_x(x_0, y_0) & F_y(x_0, y_0) \\ G_x(x_0, y_0) & G_y(x_0, y_0) \end{pmatrix}. $$

2. Determine os autovalores $r_{1, 2}$ de $\mathbf{A} = J[F, G](x_0, y_0)$.

3. Use r_1 e r_2 para determinar a estabilidade e o tipo do ponto crítico (x_0, y_0).

C9.7. Os dois casos em que a classificação qualitativa de $\mathbf{x} = \mathbf{0}$ em sistemas próximos não pode ser prevista são:

1. Se $r = \pm i\mu$ forem autovalores imaginários puros complexos conjugados, então os autovalores correspondentes do sistema próximo podem ter parte real positiva ou negativa. Se as partes reais se tornarem positivas, então $\mathbf{x} = \mathbf{0}$ muda de um centro estável para uma espiral instável. Analogamente, se as partes reais se tornarem negativas, então $\mathbf{x} = \mathbf{0}$ muda de um centro estável para uma espiral assintoticamente estável.

2. Se r for um autovalor repetido, então os autovalores correspondentes do sistema próximo podem ser dois autovalores reais (possivelmente distintos) ou dois autovalores complexos com parte imaginária não nula. Nesse caso, a estabilidade ou instabilidade não é afetada (porque as partes reais nos dois sistemas ainda serão ambas positivas ou ambas negativas), mas o tipo do ponto crítico pode não mudar (ir de nó para nó) ou mudar (de nó para espiral).

Em todos os outros casos, os autovalores têm espaço para se mover (pelo menos um pouco) e não muda a estabilidade ou o tipo do ponto crítico em $\mathbf{x} = \mathbf{0}$.

C9.8. A baía de atração para um ponto crítico (x_0, y_0) é o conjunto de todos os pontos P com a propriedade de que a trajetória que passa por P acaba se aproximando de (x_0, y_0). (Pode ser muito difícil encontrar a baía de atração.)

Para sistemas lineares com $\mathbf{A}$ invertível, existe um único ponto crítico. Se este ponto for assintoticamente estável, então todas as trajetórias se aproximam do ponto crítico. Ou seja, a baía de atração é o plano de fase inteiro. (Se o ponto crítico for instável, então a baía de atração é um único ponto: o próprio ponto crítico.) Assim, não há necessidade de falar sobre baía de atração para sistemas lineares.

C9.9. As quatro hipóteses de modelagem associadas ao modelo de duas espécies em competição são:

1. Duas espécies semelhantes competem por uma oferta limitada de alimento.

2. Estas espécies não se atacam entre si.

3. Na ausência de outras espécies, cada uma dessas espécies é governada por uma equação logística.

4. Quando as duas espécies estão presentes, cada uma delas reduz a taxa de crescimento da outra.

C9.10. O modelo básico de competição entre duas espécies é

$$ \frac{dx}{dt} = x(\varepsilon_1 - \sigma_1 x - \alpha_1 y) \qquad x(0) = x_0 $$

$$ \frac{dy}{dt} = x(\varepsilon_2 - \sigma_2 y - \alpha_2 x) \qquad y(0) = y_0. $$

As seis constantes são todas positivas, assim como as populações iniciais x_0 e y_0.

C9.11. As retas de crescimento nulo em x são as curvas que satisfazem $dx/dt = 0$ e as retas de crescimento nulo em y são as curvas que satisfazem $dy/dt = 0$. Pontos críticos ocorrem nas interseções de uma reta de crescimento nulo em x com uma reta de crescimento nulo em y.

C9.12. Existe um estado de equilíbrio (estável) com ambas as espécies coexistindo?

C9.13. Em palavras, o ponto crítico da coexistência é assintoticamente estável quando a competição é fraca comparada ao efeito inibitório que o crescimento de cada população tem sobre si mesma. Quando a competição é forte, o ponto crítico da coexistência é instável; uma das duas espécies tem de desaparecer.

Em termos dos parâmetros do modelo, o ponto crítico da coexistência é $(x, y) = \left(\dfrac{\varepsilon_1 \sigma_2 - \varepsilon_2 \alpha_1}{\sigma_1 \sigma_2 - \alpha_1 \alpha_2}, \dfrac{\varepsilon_2 \sigma_1 - \varepsilon_1 \alpha_2}{\sigma_1 \sigma_2 - \alpha_1 \alpha_2} \right)$. Este ponto crítico é assintoticamente estável quando $\sigma_1 \sigma_2 > \alpha_1 \alpha_2$ e é instável quando $\sigma_1 \sigma_2 < \alpha_1 \alpha_2$.

C9.14. As três hipóteses de modelagem associadas ao modelo predador-presa são:

1. Na ausência do predador, a população de presas cresce a uma taxa proporcional à sua população.

2. Na ausência de presas, a população de predadores tende a desaparecer.

3. O número de encontros entre predadores e presas é proporcional ao produto de suas populações.

C9.15. O modelo básico predador-presa é

$$ \frac{dx}{dt} = x(a - \alpha y) \qquad x(0) = x_0 $$

$$ \frac{dy}{dt} = y(-c + \gamma x) \qquad y(0) = y_0. $$

Equações Diferenciais Não Lineares e Estabilidade **325**

As quatro constantes são todas positivas, assim como as populações iniciais x_0 e y_0.

C9.16. O modelo predador-presa também é conhecido como as equações de Lotka-Volterra.

C9.17. O segundo método de Liapunov fornece um modo de determinar a estabilidade de um ponto crítico e até estimar sua baía de atração.

C9.18. Uma função de Liapunov $V = V(x, y)$ é uma função contínua, com derivadas de primeira ordem contínuas e positiva definida em um domínio D contendo a origem. Além disso, $\dot{V} = \dfrac{dV}{dt}(x(t), y(t)) = V_x F + V_y G$ é negativa definida. (V ser positiva definida em D significa que $V(0, 0) = 0$ e $V(x, y) > 0$ para todos os outros pontos (x, y) em D.)

C9.19. Não existe maneira geral de encontrar uma função de Liapunov para todos os sistemas. De fato, é possível que alguns sistemas não tenham uma função de Liapunov. Quando o sistema de equações diferenciais vem de um problema físico, pode ser possível usar a energia total do sistema como uma função de Liapunov.

C9.20. A estabilidade se refere a trajetórias que se aproximam de um ponto de equilíbrio. A estabilidade orbital é usada para descrever uma situação em que as trajetórias se aproximam de um ciclo limite. (Uma trajetória fechada no plano de fase que é aproximada por outras trajetórias não fechadas.)

C9.21. Dois fatos importantes sobre trajetórias fechadas são:

1. Trajetórias fechadas contêm em seu interior pelo menos um ponto crítico.

2. Trajetórias fechadas nunca contêm em seu interior um ponto de sela.

Três situações nas quais um sistema não pode ter uma trajetória fechada são:

1. Qualquer sistema que não tem algum ponto de equilíbrio em uma região não pode ter uma trajetória fechada nesta região.

2. Qualquer sistema que tem um ponto de equilíbrio que é um ponto de sela em uma região não pode ter uma trajetória fechada nesta região.

3. Se $F_x + G_y$ não mudar de sinal em um domínio simplesmente conexo D no plano xy, então não existirá trajetória fechada em D.

C9.22. Um sistema de equações diferenciais é dito caótico quando as trajetórias para o mesmo sistema com condições iniciais próximas são muito diferentes, ou seja, o mesmo sistema com condições iniciais próximas tem soluções muito diferentes. (Em muitos casos, as soluções podem ficar próximas por um tempo antes de ir para direções muito diferentes.)

Bibliografia

Existem muitos livros que expandem o material tratado neste capítulo. Eles incluem:

Drazin, P. G. *Nonlinear Systems*. Cambridge: Cambridge University Press, 1992.

Glendinning, P. *Stability, Instability, and Chaos*. Cambridge: Cambridge University Press, 1994.

Grimshaw, R. *Nonlinear Ordinary Differential Equations*. Oxford: Blackwell Scientific Publications, 1990; New York: CRC Press, 1991.

Hirsch, M. W., Smale, S., and Devaney, R. L. *Differential Equations, Dynamical Systems, and an Introduction to Chaos*. 2. ed. San Diego, CA: Academic Press, 2004.

Hubbard, J. H., and West, B. H. *Differential Equations: A Dynamical Systems Approach, Higher Dimensional Systems*. New York/Berlin: Springer-Verlag, 1995.

Dois livros especialmente importantes do ponto de vista de aplicações são:

Danby, J. M. A. *Computer Applications to Differential Equations*. Englewood Cliffs, NJ: Prentice-Hall, 1985.

Strogatz, S. H. *Nonlinear Dynamics and Chaos*. Reading, MA: Addison-Wesley, 1994.

Boas referências sobre o segundo método de Liapunov são:

LaSalle, J., and Lefschetz, S. *Stability by Liapunov's Direct Method with Applications*. New York: Academic Press, 1961.

Liapunov, A. M. *The general problem of stability of motion, translated by A. T. Fuller*. London: Taylor & Francis, 1992, ISBN 978-0-7484-0062-1, revisto em detalhe por M. C. Smith: *Automatica*, 3(2), 353-356, 1995.

Entre o grande número de livros mais completos sobre equações diferenciais, estão:

Arnol'd, V. I. *Ordinary Differential Equations*, translated by Roger Cooke. New York/Berlin: Springer-Verlag, 1992. Translation of the third Russian edition.

Brauer, F., and Nohel, J. *Qualitative Theory of Ordinary Differential Equations*. New York: Benjamin, 1969; New York: Dover, 1989.

Guckenheimer, J. C., and Holmes, P. *Nonlinear Oscillations, Dynamical Systems, and Bifurcations of Vector Fields*. New York/Berlin: Springer-Verlag, 1983.

Uma referência clássica sobre Ecologia é:

Odum, E. P., and Barrett, G. W. *Fundamentals of Ecology*. 5. ed. Belmont, CA: Thompson Brooks/Cole, 2005.

Três livros que tratam de Ecologia e dinâmica populacional em um nível mais matemático são:

Brauer, F. and Castillo-Chávez, C. *Mathematical Models in Population Biology and Epidemiology*. New York/Berlin: Springer-Verlag, 2001.

May, R. M. *Stability and Complexity in Model Ecosystems*. Princeton, NJ: Princeton University Press, 1973.

Pielou, E. C. *Mathematical Ecology*. New York: Wiley, 1977.

O artigo original sobre as equações de Lorenz é:

Lorenz, E. N. "Deterministic Nonperiodic Flow". *Journal of the Atmospheric Sciences*, 20, 130-141, 1963.

Um tratamento bastante detalhado das equações de Lorenz está em:

Sparrow, C. *The Lorenz Equations: Bifurcations, Chaos, and Strange Attractors*. New York/Berlin: Springer-Verlag, 1982.

Uma excelente exposição não técnica do início do desenvolvimento da teoria do caos pode ser encontrada em:

Gleick, James. *Chaos: Making a New Science*. New York: Viking Penguin, 1987.

Teschi, G. *Ordinary Differential Equations and Dynamical Systems, American Mathematical Society, Graduate Studies in Mathematics*, v. 140, 2012, ISBN 978-0-8218-8328-0.

CAPÍTULO **10**

Equações Diferenciais Parciais e Séries de Fourier

Este capítulo encontra-se disponível integralmente no Ambiente de aprendizagem do GEN.
Consulte a página de Material Suplementar para detalhes sobre o acesso.

CAPÍTULO **11**

Problemas de Valores de Contorno e Teoria de Sturm-Liouville

Este capítulo encontra-se disponível integralmente no Ambiente de aprendizagem do GEN.
Consulte a página de Material Suplementar para detalhes sobre o acesso.

Respostas dos Problemas

As Respostas dos Problemas encontram-se disponíveis integralmente no Ambiente de aprendizagem do GEN. Consulte a página de Material Suplementar para detalhes sobre o acesso.

Índice Alfabético

As marcações em negrito correspondem às páginas dos Capítulos 10 e 11 que se encontram na íntegra no Ambiente de aprendizagem do GEN.

A
Abel, Niels Henrik, 84
Aceleração da convergência, **e-13**
Adams, John Couch, 257
Administração de um recurso renovável, 48
Advecção, **e-59**
Airy, George Biddell Airy, 139
Alternativa de Fredholm, **e-62**
Amortecimento
    crítico, 108
    viscoso, 105
Amplitude
    crítica, 47
    do movimento, 106
Análise
    do modelo, 29
    espectral, **e-9**
Ângulo de fase, 106, 113
Aprimoramentos no método de Euler, 252
Aproximações
    lineares de sistemas não lineares, 287
    numéricas, 54
Arquimedes, 110
Assíntotas verticais, 264
Atrator
    espiral, 276
    estranho, 318, 320
Autofunções, **e-3, e-50**
Autovalor(es), 203, 206, 231, **e-3, e-50**
    complexo(s), 219, 276
        com parte real não nula, 276
    da matriz **A**, 206
    de multiplicidade 3, 235
    iguais, 274
    imaginários puros, 277
    reais
        com sinais opostos, 273
        e distintos de mesmo sinal, 273
    repetidos, 231
Autovetor(es), 203, 206
    generalizado, 233
    independente, 274
    normalizados, 207

B
Bacia de atração, 283
Barra com extremidades isoladas, **e-24**
Bashforth, Francis, 258
Batimento, 115, 184
Bendixson, Ivar Otto, 313
Bernoulli, Daniel, 5
Bessel, Friedrich Wilhelm, 158
Bifurcação, 50, 69
    transcrítica, 50
    tridente, 50

C
Campo
    de direções, 2, 3
    de inclinações, 2
Caos, 318
Caótica, 69
Caótico, 320
Capacidade de sustentação ambiental, 44
Capacitância, 109
Carga total, 109
Cayley, Arthur, 198
Chebyshev, Pafnuty L., 145
Ciclo limite, 311, 312
    assintoticamente estável, 312
    semiestável, 312
Circuitos elétricos, 109, 197, 219
Classificação de equações diferenciais, 12
Coeficientes
    de Fourier de f em relação ao conjunto
    ortonormal, **e-76**
    descontínuos, 42
    indeterminados, 238
Coexistência, 295
Cofator, 200
Comprimento, 200
    de onda, **e-30**
Condição(ões)
    de contorno, **e-1, e-23, e-58**
        não homogêneas, **e-23**
        periódicas, **e-58**
    de Lipschitz, 64
    de normalização, **e-55**
    inicial, 8, 65
Condução de calor em uma barra, **e-18**
Conjunto
    fundamental de soluções, 82, 120, 210
    ortonormal, **e-55**
Constante de Euler-Máscheroni, 160
Construção
    de modelos matemáticos, 4
    gráfica ou numérica de curvas integrais, 41
Convergência, 59, 63, 248
    do método de Euler, 59
    na média, **e-75**
    pontual, **e-75**
    uniforme, 63
Convolução, 103, 189
Corda elástica
    com deslocamento inicial não nulo, **e-29**
    com velocidade inicial não nula, **e-32**
Crescimento
    exponencial, 43
    logístico, 43
        com limiar, 47
Curvas integrais, 8

D
Declínio, 43
Decremento logarítmico, 110
Dedução
    alternativa do método de variação dos parâ-
    metros, 241
    da equação
        de calor, **e-44**
        de onda, **e-46**
Deformação de uma coluna elástica, **e-59**
Delta de Kronecker, **e-55**
Demonstração do método dos coeficientes
    indeterminados, 98
Dependência
    linear, 120, 205
    numérica, 267
Desigualdade de Bessel, **e-78**
Deslocamento do índice de somatório, 135
Determinação de trajetórias, 284
Determinante
    de **A**, 200
    wronskiano, 81
Diagonalização, 237
Diagrama de bifurcação, 50
Diferenças entre equações diferenciais lineares e
    não lineares, 37
Diferenciais, 7
Difusividade térmica, **e-18, e-45**
Dirac, Paul A. M., 186
Dirichlet, Peter Gustav Lejeune, **e-36**
Dispersão mecânica, **e-59**
Domínio simplesmente conexo, 313

E
Efeito de pequenas perturbações, 286
Epidemias, 49
Equação(ões)
    adjunta, 85
    autônomas, 42
    característica, 76, 123
        da matriz **A**, 206
    de Airy, 140, 141, 144
    de Bernoulli, 42
    de Bessel, 158
        de ordem meio, 161
        de ordem um, 161
        de ordem zero, 159
    de calor, **e-45**
        generalizada, **e-46**
    de Chebyshev, 145, 154
    de diferenças
        de primeira ordem, 65
        linear, 65
        logística, 66, 70
        não linear, 65
    de difusão, **e-45**
    de Euler, 89, 94, 146, 148
    de Helmholtz, **e-74**

330 Índice Alfabético

de Hermite, 142
de Laplace, **e-35**
de Legendre, 144, 145
de Lorenz, 318
de Lotka-Volterra, 303
de onda, **e-28**
 em uma dimensão espacial, **e-47**
de Parseval, **e-78**
de primeira ordem, 145
de Riccati, 73
de van der Pol, 313
de Verhulst, 43
diferencial(is)
 autônomas e dinâmica populacional, 42
 de primeira ordem, 19
 de segunda ordem especiais, 73
 exata, 51
 homogêneas com coeficientes constantes, 75, 123
 linear(es), 19, 75, 119
  de ordem mais alta, 119
  de primeira ordem, 19
  de segunda ordem, 75
   homogênea, 75
   linear, 75
   não homogênea, 76
   não linear, 75
 não lineares e estabilidade, 272
 ordinária, 12
 parcial, 12, **e-1**
 separáveis, 24
 sob a ação de forças externas descontínuas, 182
do calor, **e-18**
do pêndulo, 305
do potencial, **e-36**
do telégrafo, **e-47**
exatas, 85
homogênea, 28, 119
indicial, 152
integral, 60
 de Volterra, 191
íntegro-diferenciais, 191
lineares, 13, 65
logística, 43
não homogênea, 94, 121
não linear, 13, 66
predador-presa, 300
sem a variável
 dependente, 74
 independente, 74
separável, 25
Erro(s)
de arredondamento, 249, 262, 263
de truncamento
 global, 249, 262
 local para o método de Euler, 249
em aproximações numéricas, 248
Escolha de um método numérico, 267
Espaço de fase, 223
Espécies em competição, 293
Estabilidade, 262, 264, 272, 280, 282, 312
 assintótica, 282
 orbital, 312
Existência e unicidade de soluções, 60
Expansão
 em funções de Bessel, **e-72**
 em série de Taylor, 135
Expoentes na singularidade, 153

F
Fase, 106
Fatores integrantes, 20, 51, 52
Fehlberg, Erwin, 256
Feigenbaum, Mitchell, 70
Fenômeno de Gibbs, **e-12**
Ferro, Scipione Dal, 124
Fitzhugh, Richard, 317
Fluxo em um aquífero, **e-41**
Fonte, 273
 de calor externa, **e-28**
 espiral, 276
Força(s)
 amortecedora viscosa, **e-47**
 externa(s), 182
  periódica(s), **e-13**
 restauradora elástica, **e-47**
Forma de Jordan, 234
Fórmula(s)
 de Abel, 84, 211
 de Adams-Bashforth
  de primeira ordem, 258
  de quarta ordem, 258
  de segunda ordem, 258
 de Adams-Moulton, 258
  de primeira ordem, 258
  de quarta ordem, 258
  de segunda ordem, 258
 de Euler, 86, 248, 252
  aprimorada, 252
  implícita, 248
  inversa, 248
 de Euler-Fourier, **e-6**
 de Heun, 252
 de Rodrigues, 146
 de Runge-Kutta, 255
 inversas de diferenciação, 259
  de primeira ordem, 259
  de quarta ordem, 259
  de segunda ordem, 259
Fourier, Jean Baptiste Joseph, **e-5**
Fredholm, Erik Ivar, **e-62**
Frequência(s) natural(is), **e-30**
 da vibração, 106
Frobenius, Ferdinand Georg, 152
Fuchs, Lazarus Immanuel, 143
Função(ões)
 conjunto ortogonal, **e-6**
 contínua por partes, 168
 de Bessel, 154, 159-162
  de primeira espécie de ordem
   meio, 161
   um, 154
   zero, 159
  de segunda espécie de ordem zero, 160
 de deformação, **e-36**
 de fluxo, **e-36**
 de Green, **e-66**, **e-67**
 de Heaviside, 177
 de impulso, 185
 de Liapunov, 307
 de transferência, 190
 degrau, 177
  unitário, 177
 delta de Dirac, 186
 gama, 171
 generalizadas, 186
 ímpar, **e-13**
 impulso unitário, 186
 linearmente
  dependentes, 120

independentes, 120
matriciais, 202
negativa
 definida, 306
 semidefinida, 306
ortogonais, **e-6**
par, **e-13**
positiva
 definida, 306
 semidefinida, 306
potencial velocidade, **e-36**
seccionalmente contínua, 168, **e-10**
taxa, 3

G
Gauss, Carl Friedrich, 123, 201
Gear, C. William, 259
Gompertz, Benjamin, 48

H
Harmônico simples, 106
Helmholtz, Hermann von, **e-74**
Hermite, Charles, 142
Hodgkin, Alan L., 299
Hoëné-Wronski, Jósef Maria, 81
Hooke, Robert, 104
Hopf, Eberhard, 317
Huxley, Andrew F, 299
Huygens, Christian, 192

I
Identidade, 200
 de Lagrange, **e-54**
Igualdade, 199
Impulso, 185
Independência linear, 120, 121, 203, 205
Indutância, 109
Instabilidade, 280, 282
Integral(is)
 converge, 167
 de convolução, 188, 189
 diverge, 167
 elíptica, 293
 impróprias, 167
Intervalo
 de convergência, 134
 de existência, 40
Inversa e determinante, 200

J
Jacobi, Carl Gustav Jacob, 288
Jordan, Marie Ennemond Camille, 234
Juros compostos, 30

K
Kirchhoff, Gustav, 109
Kolmogorov, Andrey Nikolaevich, 16
Kronecker, Leopold, **e-55**
Kutta, Martin Wilhelm, 255

L
Lagrange, Joseph-Louis, 10
Laguerre, Edmond Nicolas, 154
Laplace, Pierre-Simon de, 10, 168, **e-35**
Legendre, Adrien-Marie, 145
Lei
 da condução do calor de Fourier, **e-44**
 de Hooke, 104
 de Kirchhoff, 109, 197
 do movimento de Newton, 9
Leibniz, Gottfried Wilhelm, 4, 5

Liapunov, Alexander M., 305
Libby, Willard F., 34
Liénard, Alfred-Marie, 293
Limiar, 45, 46
Limiar crítico, 45
Linearização, 13
Lipschitz, Rudolf, 64
Lorenz, Edward N., 318
Lotka, Alfred J., 300

M
Magnitude, 200
Malthus, Thomas, 43
Máscheroni, Lorenzo, 160
Matriz(es), 198
    adjunta de A, 198
    autoadjuntas, 208
    conjugada de A, 198
    diagonal, 213, 228
    diagonalizáveis, 228
    $\exp(At)$, 228
    fundamental, 227, 233
    hermitianas, 208
    não invertíveis, 200
    não singular ou invertível, 200
    nula, 199
    quadradas, 199
    singulares, 200
    transposta de A, 198
    triangular superior, 204
May, Robert M., 15, 70
Meia-vida, 11
Método(s)
    adaptativo, 250
    da colocação, e-75
    da reta tangente, 55, 246
    das aproximações sucessivas, 60
    de Adams, 257
    de Adams-Bashforth de quarta ordem, 260
    de Adams-Moulton, 260
    de coeficientes indeterminados, 128
    de eliminação de Gauss, 201
    de Euler, 54, 55, 57, 246
    de iteração de Picard, 60
    de Lagrange, 100
    de partida, 257
    de passo(s)
        múltiplos, 257
        único, 257
    de previsão e correção, 258
    de primeira ordem, 250
    de redução de ordem, 93, 121
    de Runge-Kutta, 255, 257, 260
    de Runge-Kutta-Fehlberg, 257
    de separação de variáveis, e-19, e-72
    de transformada de Laplace, 240
    de variação dos parâmetros, 102, 130
    direto, 305
    dos aniquiladores, 129
    dos coeficientes indeterminados, 94, 95, 127
    dos fatores integrantes, 19
    numéricos, 246
Millikan, George Gabriel, 36
Millikan, R. A., 36
Mistura, 29
Modelagem
    com equações de primeira ordem, 28
    matemática, 9
Modelo(s)
    de Schaefer, 49
    matemáticos básicos, 1
    populacional dos ratos do campo, 10

Modo(s)
    fundamentais, 223
    natural, e-30
Modulação da amplitude, 115
Moulton, Forest Ray, 258
Movimento superamortecido, 108
Mudança
    de estabilidade, 50, 67
    de variáveis, 89
Multiplicação, 199
    de vetores, 199
    por um número, 199
Multiplicidade
    algébrica, 207
    geométrica, 207

N
Newton, Isaac, 4, 5
Nível de saturação, 44
Nó
    atrator, 273
    de sela, 50
    degenerado, 276
    impróprio, 233, 276
    próprio, 274
Núcleo, 103, 168
    da transformação, 168

O
Objeto em queda, 1, 2, 9
Ocorrência de problema de valores de contorno em fronteiras com dois pontos, e-49
Operador
    diferencial, 79
    linear, 170
Ordem, 12, 169
    exponencial, 169
Ortogonalidade
    das autofunções de Sturm-Liouville, e-55
    das funções seno e cosseno, e-5

P
Parseval, Marc-Antoine, e-13
Pêndulo
    amortecido, 289
    oscilatório, 281
Periodicidade das funções seno e cosseno, e-5
Período do movimento, 106
Picard, Charles-Émile, 60
Plano de fase, 110, 213, 273
Poincaré, Henri, 16, 272
Poiseuille, Jean Louis Marie, e-4
Pol, Balthasar van der, 313
Polinômio(s)
    característico, 123
    de Legendre, 144, 146
Ponto(s)
    crítico, 43, 272
        assintoticamente estável, 281
        estável, 280
        globalmente assintoticamente estável, 290
        isolado, 287
    de bifurcação, 50
    de sela, 215, 274
    espiral, 220, 276
    estrela, 274
    ordinário, 137, 143
    singular, 137, 143
        regular, 146, 149
Princípio
    da superposição, 80, 210

de Arquimedes, 110
de conservação de energia, 192
Problema(s)
    autoadjuntos, e-57
    da braquistócrona, 5, 37
    de autovalores, e-3
    de condução de calor, e-23
        não homogêneos, e-63
    de contorno de Sturm-Liouville singulares, e-58
    de Dirichlet, e-36, e-38
        em um círculo, e-38
        em um retângulo, e-36
    de Neumann, e-36
    de Sturm-Liouville
        não homogêneos, e-60
        singular, e-68, e-70
    de unicidade, 14
    de valor inicial, 8, 195
    de valores de contorno, e-1, e-49, e-53, e-60
        de Sturm-Liouville, e-53
        não homogêneos, e-60
        para fronteira com dois pontos, e-1
    geral para a corda elástica, e-32
    homogêneo, e-1
    não homogêneo, e-1
    rígido, 265
Produção máxima sustentável, 49
Produto(s)
    escalar, 199, 200
    interno, 200, e-5
    químicos em uma lagoa, 32
Propriedades de matrizes, 199

Q
Quase
    frequência, 107
    período, 107

R
Raio de convergência, 133, 134
Raízes
    complexas, 86, 87, 124, 147
        da equação característica, 86
    iguais, 147, 156
    reais e distintas, 123, 146
    repetidas, 90, 125
Rampa crescente, 183
Ratos do campo e corujas, 3
Reações químicas, 50
Redução
    de ordem, 90, 93
    por linhas, 201
Região de estabilidade assintótica, 283
Regra
    de Cramer, 130
    de Simpson, 256
Relação
    de recorrência, 155
    predador-presa, 304
Resistência, 109
Resposta
    ao impulso, 191
    forçada do sistema, 112
Ressonância, 113, 184
Reta(s)
    de crescimento nulo, 297
    de fase, 44
Retrato de fase, 110, 213, 215, 216, 220, 273, 296
Revisão de séries de potências, 133
Rodrigues, Benjamin Olinde, 146
Rössler, Otto E., 322
Runge, Carl David, 255
Russell, John Scott, 15

332 Índice Alfabético

S

Segunda lei de Newton, 1
Segundo método de Liapunov, 305
Separação de variáveis, e-18
Separatriz, 283
Série
  de Fourier, e-1, e-5, e-14, e-15, e-17
    em cossenos, e-14
    em senos, e-15
    mais especializadas, e-17
  de funções ortogonais, e-75
  de Taylor, 247
  em cossenos, e-14
  em senos, e-14
Singularidades no infinito, 151
Sistema(s)
  autônomo, 280
    e estabilidade, 280
  de equações
    de primeira ordem, 261
    diferenciais, 12
    lineares
      algébricas, 203
      de primeira ordem, 194
  de Rössler, 322
  hereditários, 189
  homogêneo, 196, 204
  linear(es), 196, 272
    homogêneos com coeficientes constantes, 213
    não homogêneos, 237
  localmente linear, 286, 287
  mola-massa múltiplo, 222
  não homogêneo, 204
  não linear, 196
Solução(ões)
  assintoticamente estável, 45
  complementar, 95
  de algumas equações, 7
  de equações lineares homogêneas, 79
  de equilíbrio, 3, 43, 45, 47, 65, 272
    instável, 45
    semiestável, 47
  de problemas valores iniciais, 171
  em série
    para equações lineares de segunda ordem, 133
    perto de um ponto

      ordinário, 136, 142
      singular regular, 151, 154
  estado estacionário, 112
  geral, 8
  particular, 95
  periódicas, 311
Soma, 199
Sorvedouro, 273
Stefan, Jozef, 35
Strutt, John William, 316
Sturm, Charles-François, e-53
Subtração, 199
Supremo, e-75

T

Tamanho, 200
Tautócrona, 192
Taxa
  constante, 3
  de crescimento, 3, 43
  de crescimento intrínseca, 43
Taylor, Brook, 134
Tensão, 109
Teorema
  de Abel, 84, 211
  de convergência de Fourier, e-10, e-11
  de convolução, 189
  de estabilidade de Liapunov, 307
  de existência e unicidade, 37, 38, 59, 79
    para equações
      lineares de primeira ordem, 37
      não lineares de primeira ordem, 38
  de instabilidade de Liapunov, 307
  de Poincaré-Bendixson, 313
Teoria
  básica de sistemas de equações lineares de primeira ordem, 209
  de Sturm-Liouville, e-49
  do caos, 15
  dos operadores lineares, e-57
  geral para equações diferenciais lineares de ordem n, 119
Termo
  de absorção, e-44
  de fluxo, e-44
Torricelli, Evangelista, 34

Trajetória, 273, 312
  fechada estável, 312
Transformação de semelhança, 229
Transformada(s)
  de f, 168
  de Laplace, 167, 168, 173, 174, 239
    elementares, 174
    inversa, 173
  integrais, 168
Transiente, 112

U

Uso de tecnologia em equações diferenciais, 14

V

Valor de bifurcação, 69, 219
Variação
  dos parâmetros, 24, 100, 238
  no tamanho dos passos, 253
Variáveis adimensionais, e-22
Velocidade
  da onda, e-47
  de escape, 33
  terminal, 3
Verhulst, Pierre F., 43
Vetores, 199, 200
  colunas, 199
  ortogonais, 200
Vibrações
  de uma corda elástica, e-28
  de uma membrana elástica circular, e-72
  forçadas, 111, 114
    com amortecimento, 111
    sem amortecimento, 114
  livres
    amortecidas, 107
    não amortecidas, 106
  mecânicas e elétricas, 104
Volterra, Vito, 300

W

Wronskiano, 79, 81, 83